실체에 이르는 길

2권

국립중앙도서관 출판시도서목록(CIP)

실체에 이르는 길 : 우주의 법칙으로 인도하는 완벽한 안내서. 2 /
로저 펜로즈 지음 ; 박병철 옮김. -- 서울 : 승산, 2010
p. ; cm

원표제: Road to reality : a complete guide to the laws of the universe
원저자명: Roger Penrose
색인수록
영어 원작을 한국어로 번역
ISBN 978-89-6139-037-8 94420 : ₩35000
ISBN 978-89-6139-035-4(세트)

수리 물리학[數理物理學]
물리 법칙[物理法則]

420.1-KDC5
530.1-DDC21 CIP2010004066

THE ROAD TO REALITY

실체에 이르는 길

우주의 법칙으로 인도하는 완벽한 안내서

『황제의 새 마음』의 저자 로저 펜로즈 지음 | 박병철 옮김

2

승산

전 세계에서 『실체에 이르는 길』에 쏟아진 찬사들!

무엇으로도 대체 불가능한, 유일무이한 책이다.

E. Robb (영국, 런던)

어제 책을 읽기 시작했는데 오늘까지 손을 떼지 못하고 있다. 처음 150쪽 정도는 내가 대학에서 공부했던 내용이었는데, 그때 그것을 이해했다고 생각했지만 이 책을 읽으면서 그것이 착각이었음을 알게 되었다. 새로운 시각을 주는, 정말이지 스릴 넘치는 책이다.

GM (미국 캘리포니아 주, 캠벨)

수학이나 물리학과 친하지 않지만, 친구의 추천으로 『실체에 이르는 길』을 읽게 되었다. 이 책은 놀랍다. 펜로즈는 이해하기 어렵고 복잡한 수학의 아이디어를 무척이나 "쉽게" 만드는 능력을 지녔다. 다 읽고 이해하기까지 시간이 좀 걸리긴 하지만, 계속 읽고 싶게 만드는 매력적인 책이다.

T. K. Sheppard-Williams (미국 뉴저지 주)

『실체에 이르는 길』은 보석이다. 로저 펜로즈는 훌륭한 학자일 뿐만 아니라 훌륭한 교육자이다. 이 한 권으로 물리학의 아름다움과 물리학이 설명하는 자연의 깊은 곳을 엿보기에 손색이 없다.

Vincent (네덜란드)

서점에서 이 책을 처음 봤을 때 1,000페이지가 넘는 분량과 1.4킬로그램이 넘는 무게에 덜컥 겁부터 났다. 하지만, 일단 읽기 시작하자 손에서 놓을 수가 없었다. 결국 책을 사고 말았고 며칠 동안 시간 가는 줄 모르고 즐겁게 읽었다. 이 책을 단지 전시용으로만 사기에는 너무 아깝다. 『실체에 이르는 길』은 읽고, 또 읽고, 계속 읽어야 하는 책이다.

Palle Jorgensen (미국 아이오와 주, 아이오와 시티)

물리학을 공부해 본 적도 없는데 이 책을 구입한 이유는 순전히 로저 펜로즈라는 이름 때문이다. 그는 서평을 읽지 않더라도 믿음이 가는 작가이다. 이 책은 맥 레인의 『수학, 형식과 기능』, 스티븐 호킹의 『시간의 역사』와 함께 내 책장에 영원히 존재할 것이다.

Stephen Turnbull (일본, 쓰쿠바)

우리 시대 가장 뛰어난 수리물리학자가, 실체를 서술하는 물리 법칙을 특히 수학적 요소에 중점을 두어 서술한 철저한 보고서이다.

Rama Rao (미국 버지니아 주, 아난데일)

교양과학계의 베스트셀러를 많이 갖고 있지만, 『실체에 이르는 길』에는 또 다른 특별함이 있다. 마치 혼자서 펜로즈의 이야기를 듣고 있는 것 같은 기쁨을 준다. 또 깊이 있는 설명과 현대 물리학의 아름다움을 동시에 제공해 다른 대중 과학 도서들은 따라갈 수 없는 최고의 책이다.

J. Koelman (미국 텍사스 주, 휴스턴)

펜로즈는 보란 듯이 성공했다. 그와 함께라면 물리학은 지루하지 않다! 『실체에 이르는 길』은 수학과 물리학이 어떤 학문인가를 솔직하게 보여 준다. 수식과 마주쳐야만 하지만, 이 책은 독자를 아주 쉬운 수준에서부터 편안하게 준비시킬 것이고 나중에는 오히려 수식을 원하게 될 것이다! 과학을 본격적으로 공부하는 고등학생들에게 우선 추천하지만, 수학을 전공하지 않은 일반인, 교사, 다른 분야의 과학자, 대학생에게도 가치 있는 책이다.

Palle E. T. Jorgensen (미국 아이오와 주, 아이오와 시티)

드디어 역사에 길이 남을 대작이 탄생하였다. 『실체에 이르는 길』은 진정한 예술품이며, 반드시 고전이 될 책이다. 학교는 이 책을 갖춰 두고 수학이나 이론 물리학을 공부하게 될 미래의 모든 학생이 대학 공부를 시작하기 전에 읽도록 해야 한다.

Mr. R. L. Holden (영국, 런던)

아주 인상적인 책이다. 매우 수학적인 내용이지만 누구나 이해할 수 있도록 풀어서 설명하는 까닭에, 내 수준이 이 정도로 높았나 하는 생각이 들게 한다.

Angar18 (미국)

중요한 부분에 대한 자세한 서술을 지나치게 아끼는 대중 과학서나 어려운 세부 사항 때문에 나무만 보여주고 숲을 보여주지 못하는 학술 서적 사이에서 중용을 지킨 책이다. 핵심 수학을 피해가지 않으면서도 이 모두가 무엇을 의미하는지에 대한 탁월한 설명을 놓치지 않는 『실체에 이르는 길』은 당신의 서재를 완벽하게 보완할 것이다.

Mr. J. D. Small (영국 켄트 주, 파버샴)

이 책은 결말이 뜯겨진 추리 소설과도 같아서 당신은 필사적으로 책의 마지막 장을 좇을 것이다. 당신의 영웅이 아인슈타인, 디랙, 리처드 파인만, 스티븐 호킹이라면 반드시 이 책을 읽으라. 그렇지 않은 사람이라도 어쨌든 읽으라. 그들이 당신의 영웅이 될 것이다.

P. Turner (영국)

차례

—제 2권—

제21장 양자 입자 … 17

21.1 교환법칙을 만족하지 않는 변수들 … 17

21.2 양자 해밀토니안 … 22

21.3 슈뢰딩거 방정식 … 25

21.4 양자이론의 실험적 배경 … 28

21.5 파동-입자의 이중성을 어떻게 이해할 것인가? … 34

21.6 양자적 실체란 무엇인가? … 38

21.7 파동함수의 총체적 특성 … 44

21.8 마술 같은 '양자 점프' … 50

21.9 파동함수의 확률분포 … 52

21.10 위치상태 … 56

21.11 운동량 공간 표현 … 58

제22장 양자대수학, 양자기하학, 스핀 … 66

22.1 양자적 과정 : U와 R … 66

22.2 U의 선형성과 R에 관한 문제들 … 70

22.3 유니터리 구조, 힐베르트 공간, 디랙 표기법 … 75

22.4 유니터리한 시간변화 : 슈뢰딩거와 하이젠베르크 … 78

22.5 양자적 '관측가능량' … 83
22.6 YES/NO 관측 : 프로젝터 … 88
22.7 빈 관측 : 나선성 … 92
22.8 스핀과 스피너 … 99
22.9 2-상태 계의 리만 구면 … 105
22.10 큰 스핀 : 마요라나 묘사법 … 113
22.11 구면조화함수 … 117
22.12 상대론적 양자 각운동량 … 124
22.13 고립된 양자적 객체 … 129

제23장 서로 얽혀 있는 양자세계 … 142
23.1 다입자계의 양자역학적 서술 … 142
23.2 거대한 다입자 상태공간 … 145
23.3 양자얽힘 : 벨 부등식 … 149
23.4 봄 타입의 EPR 실험 … 153
23.5 확률이 '거의 배제된' 하디의 EPR 타입 실험 … 159
23.6 양자얽힘에 숨어 있는 두 가지 미스터리 … 162
23.7 보존과 페르미온 … 166
23.8 보존과 페르미온의 양자상태 … 169
23.9 양자 원격이동 … 173
23.10 퀸글먼트 … 179

제24장 디랙의 전자와 반입자 … 188
24.1 양자역학과 상대성이론 사이의 팽팽한 긴장관계 … 188
24.2 반입자의 존재가 양자장으로 귀결되는 이유 … 190
24.3 양자역학적 에너지가 양의 값을 갖는 이유 … 193

24.4 상대론적 에너지공식의 난점 … 195
24.5 $\partial/\partial t$의 비불변성 … 198
24.6 파동연산자 $\Box$의 클리포드-디랙 제곱근 … 201
24.7 디랙 방정식 … 204
24.8 디랙의 양전자 … 207

제25장 입자물리학의 표준모형 … 215
25.1 현대 입자물리학의 기원 … 215
25.2 전자의 지그재그 도식 … 217
25.3 약전자기 상호작용 : 반전 비대칭 … 223
25.4 전하켤레(C), 반전성(P), 시간되짚기(T) … 230
25.5 약전자기 대칭군 … 234
25.6 강한 상호작용을 주고받는 입자들 … 239
25.7 쿼크의 색 … 244
25.8 표준모형을 넘어서 … 249

제26장 양자장이론 … 256
26.1 양자장이론의 현주소 … 256
26.2 생성연산자와 소멸연산자 … 259
26.3 무한차원 대수 … 263
26.4 양자장이론에서의 반입자 … 266
26.5 또 하나의 진공상태 … 269
26.6 상호작용 : 라그랑지안과 경로적분 … 271
26.7 발산하는 경로적분: 파인만의 해결책 … 277
26.8 파인만 그래프 : S-행렬 … 280
26.9 재규격화 … 285

26.10 라그랑지안과 파인만 그래프 … 291
26.11 파인만 그래프와 진공의 선택 … 293

제27장 빅뱅이 남긴 열역학적 유산 … 301
27.1 시간대칭과 역학적 진행과정 … 301
27.2 극미세 요소들 … 304
27.3 엔트로피 … 307
27.4 굳건한 엔트로피 개념 … 311
27.5 제2법칙의 유도—또는 실패? … 316
27.6 우주는 그 자체로 '독립된 계'인가? … 321
27.7 빅뱅의 역할 … 324
27.8 블랙홀 … 331
27.9 사건지평선과 시공간 특이점 … 339
27.10 블랙홀의 엔트로피 … 341
27.11 우주론 … 345
27.12 등각 다이어그램 … 354
27.13 매우 특별한 빅뱅 … 359

제28장 초기우주에 대한 사변적 이론 … 372
28.1 초기우주의 자발적 대칭붕괴 … 372
28.2 우주적 위상적 결함 … 377
28.3 초기우주의 대칭붕괴 … 382
28.4 인플레이션 우주론 … 387
28.5 인플레이션은 과연 타당한 동기에서 도입된 이론인가? … 396
28.6 인류원리 … 402

28.7 빅뱅의 특별한 성질 : 인류 열쇠? … 409
28.8 바일 곡률 가설 … 413
28.9 하틀-호킹의 '무경계' 이론 … 418
28.10 우주변수: 관측현황? … 422

제29장 측정역설 … 438

29.1 양자이론에 내포된 통상적 실체론 … 438
29.2 새로운 실체론적 시각에서 바라본 양자역학 … 443
29.3 밀도행렬 … 452
29.4 스핀 1/2인 입자의 밀도행렬 : 블로흐 구 … 455
29.5 EPR 상황에서의 밀도행렬 … 461
29.6 주변환경의 결어긋남 해석법의 FAPP철학 … 468
29.7 코펜하겐 해석에 입각한 '슈뢰딩거의 고양이' 역설 … 471
29.8 다른 해석은 슈뢰딩거의 고양이 역설을 해결할 수 있는가? … 475
29.9 어떤 관점을 택할 것인가? … 480

제30장 양자상태축소에서 중력의 역할 … 489

30.1 현재 양자이론은 안정적으로 자리를 잡았는가? … 489
30.2 우주적 시간의 비대칭성에서 얻을 수 있는 실마리 … 491
30.3 양자적 상태축소에 나타나는 시간 비대칭 … 494
30.4 호킹의 블랙홀 온도 … 500
30.5 복소수 주기성에서 유추한 블랙홀의 온도 … 506
30.6 킬링벡터, 에너지의 흐름, 그리고 시간여행! … 513
30.7 음에너지 궤도에서 에너지의 흐름 … 517
30.8 호킹 폭발 … 521

30.9 더욱 급진적인 관점 … 526
30.10 슈뢰딩거의 덩어리 … 531
30.11 아인슈타인의 원리와 충돌하다 … 536
30.12 슈뢰딩거-뉴턴 상태? … 541
30.13 FELIX 및 이와 관련된 제안들 … 544
30.14 초기우주 요동의 원인 … 551

제31장 초대칭과 초고차원, 그리고 끈이론 … 565
31.1 설명되지 않은 변수들 … 565
31.2 초대칭 … 571
31.3 초대칭의 대수와 기하학 … 576
31.4 고차원 시공간 … 581
31.5 강입자 끈이론 … 586
31.6 끈이론이 말하는 세상 … 591
31.7 끈이론의 여분차원 … 596
31.8 끈이론은 과연 양자중력이론인가? … 598
31.9 끈이론의 역학 … 602
31.10 우리는 왜 여분차원을 볼 수 없는가? … 606
31.11 양자적-안정성 논리를 수용해야 하는가? … 613
31.12 여분차원의 고전적 불안정성 … 617
31.13 끈-양자장이론은 유한한가? … 621
31.14 마술 같은 칼라비-야우 공간과 M-이론 … 624
31.15 끈과 블랙홀 엔트로피 … 632
31.16 홀로그래픽 원리 … 638
31.17 D-브레인 … 642
31.18 끈이론의 현주소 … 646

제32장 아인슈타인의 좁은 길 - 고리변수 … 661
32.1 정준적 양자중력이론 … 661
32.2 아쉬테카르 변수에 대한 카이랄 입력 … 663
32.3 아쉬테카르 변수의 형태 … 668
32.4 고리변수 … 672
32.5 매듭과 연결을 서술하는 수학 … 676
32.6 스핀네트워크 … 680
32.7 고리양자중력이론의 현주소 … 688

제33장 더욱 급진적인 관점: 트위스터 이론 … 696
33.1 기하학에 불연속적 요소가 존재하는 이론들 … 696
33.2 트위스터와 빛의 경로 … 702
33.3 등각군 : 컴팩트화된 민코프스키 공간 … 710
33.4 트위스터와 고차원 스피너 … 715
33.5 트위스터 기초기하학과 좌표 … 719
33.6 질량 없이 자전하는 입자의 트위스터 기하학 … 724
33.7 트위스터 양자이론 … 731
33.8 질량이 없는 장의 트위스터 표현 … 735
33.9 트위스터 층공간 코호몰로지 … 738
33.10 트위스터와 양/음 진동수 분리 … 746
33.11 비선형 중력자 … 749
33.12 트위스터와 일반상대성이론 … 756
33.13 트위스터 입자물리학 … 758
33.14 트위스터 이론의 미래 … 759

제34장 실체에 이르는 길을 찾아서 … 771
34.1 20세기 물리학의 위대한 이론들 … 771

34.2 수학으로 이루어진 기초물리학 … 776
34.3 물리학이론에서 '유행'의 역할 … 780
34.4 틀린 이론은 실험으로 반증될 수 있는가? … 785
34.5 물리학의 다음 혁명은 어디에서 시작될 것인가? … 791
34.6 실체란 무엇인가? … 795
34.7 물리학이론에서 정신의 역할 … 798
34.8 수학을 통해 실체로 접근하는 긴 여정 … 803
34.9 아름다움과 기적 … 809
34.10 심오한 질문에 답이 제시되면서 더 심오한 질문이 제기되다 … 815

맺음말 … … 823

찾아보기 … … 826

일러두기

1. 외래어 표기는 '외래어 표기법' 을 따르되 학계·언론 등에서 관행적으로 써 온 표기는 예외로 하였다.
   예) 리처드 파인만(← 파인먼)
2. 본문의 물리학, 수학용어의 표기는 각각 한국물리학회 물리용어 조정안과 대한수학회 수학용어집을 따랐다.

21
양자 입자

21.1 교환법칙을 만족하지 않는 변수들

과학 역사상 인류의 자연관을 가장 격렬하게 변화시킨 혁명적인 이론을 꼽으라고 한다면, 아마도 물리학자들은 대부분 일반상대성이론보다 양자역학을 꼽을 것이다. 사실 원자나 소립자 같은 미시수준에서 양자역학이 우리에게 믿기를 요구하는 '실체' 개념은 고전물리학의 그것과 너무나 동떨어져 있기에, 양자적 수준의 관점 전부를 그냥 포기해 버려도 무방할 정도이다(무엇이 어떻게 다른지는 지금부터 21 ~ 22장에 걸쳐 자세히 설명할 것이다). 실제로 많은 물리학자가 양자적 실체를 의심스럽게 생각하면서도 답을 구할 때에는 양자역학의 수학 체계에 전적으로 의존하고 있다(양자적 실체에 관한 논쟁은 29장에서 소개할 예정이다).

양자 세계가 고전적인 상식에 전혀 부합하지 않음에도, 17세기 뉴턴역학에서 태동한 라그랑지안과 해밀토니안이 양자이론의 기초적인 배경을 이룬다는 것은 정말로 놀라운 사실이 아닐 수 없다. 물론, 수학적인 체계에는 어느 정도 수정이 가해진다. 이런 수정마저 없다면 양자이론은 고전물리학의 복사판에 머물렀을 것이다. 그런데 뉴턴의 역학체계에서 비롯된 라그랑지안과 해밀토니안을 자세히 들여다보면, 마치 양자역학의 탄생을 예견이나 했던 것처럼 '완벽하게 준비된' 형태를 취하고 있다. 기존 이론에 새로운 양자적 요소들을 적재적소에 끼워 넣기만 하면 완벽한 체계가 만들어지는 것이다.

고전물리학이 애써 만들어 놓은 자리에 양자역학이 자연스럽게 끼어들 수 있었던 것은 미분방정식이 갖는 특이한 성질 덕분이었다. 이 사실을 최초로 간파한 사람은 19세기의 전자공학자이자 수학자였던 올리버 헤비사이드Oliver Heaviside, 1850~1925였는데, 그는 미분연산자를 일상적인 숫자처럼 취급하여 다양한 형태의 미분방정식을 풀 수 있었다(헤비사이드라는 이름은 6.1절에서 언급한 적이 있다). 위에서 말한 '특이한 성질'이란 바로 이것을 두고 하는 말이다. 예를 들어, 다음과 같은 미분방정식을 생각해 보자(미분기호의 의미는 6.3절을 참조하라).[1]

$$y + \frac{d^2y}{dx^2} = x^5$$

우리 목적은 위 방정식을 만족하는 함수 $y = y(x)$를 찾는 것이다. 여기서 미분연산자 d/dx를 숫자처럼 취급한 헤비사이드의 아이디어를 이해하기 위해, 이것을 새로운 문자 D로 대치해 보자.

$$D = \frac{d}{dx}$$

연산자 D^2는 $d^2/dx^2 = (d/dx)^2$, 즉 2계 미분 연산자이며, D^3은 3계 미분 연산자로서 d^3/dx^3을 의미한다. 따라서 위 방정식은 $y + D^2y = x^5$가 되고, 좌변을 y로 묶어 내면

$$(1 + D^2)y = x^5$$

으로 쓸 수 있다. 양변을 $1 + D^2$으로 나누면 $y = (1 + D^2)^{-1} x^5$이 되는데, 물론 D는 숫자가 아니라 미분연산자이므로 아직 답이라고 할 수 없다. 여기서 $(1 + D^2)^{-1}$을 'D의 멱급수'로 전개하면

$$y = (1 - D^2 + D^4 - D^6 + \cdots)\, x^5$$

이 된다(D를 x로 대치시킨 급수는 4.3절에서 다룬 적이 있다). D의 정의에 의해 $Dx^5 = 5x^4$, $D^2x^5 = 20x^3$, $D^3x^5 = 60x^2$, $D^4x^5 = 120x$, $D^5 x^5 = 120$, $D^6x^5 = 0$이므로(6.5절 참조), 우리가 찾은 해는 다음과 같다.[21.1], [21.2], [21.3]

$$y = x^5 - 20x^3 + 120x$$

헤비사이드가 이 방법을 처음 공개했을 때에는 엄청난 반대에 부딪혔지만, 단계마다 적절한 규칙을 부여하면 수학적으로 아무런 문제가 없는 완벽한 해법이 될 수 있다!

$D(= d/dx)$는 (주의를 약간 기울이면) 일상적인 숫자처럼 취급할 수 있다. 그러나 D와 x의 순서가 바뀌면 결과가 달라지기 때문에[D와 x는 가환이지 않기 때문에] 이들이 섞여 있을 때에는 각별한 주의를 기울여야 한다. 가장 확실한 방법은 D와 x가 눈에 보이지 않는 함수 $\Psi(x)$

[21.1] $(1 + D^2)\cos x = 0$, $(1 + D^2)\sin x = 0$을 증명하라(필요하다면 6.5절의 공식을 사용하라).

[21.2] 위 결과를 이용하여, 방정식 $(1 + D^2)\, y = x^5$의 가장 일반적인 해를 구하라.

[21.3] 본문의 해법을 적용했을 때 [예제 21.2]에서 구한 일반해를 구할 수 없는 이유는 무엇인가? 일반해를 구하는 일반적인 해법을 찾아보라[도움말 : $1 - D^2 + D^4 - D^6 + \cdots$이 $1 + D^2$의 '역수'라는 것은 어느 정도까지 신뢰할 수 있는가? 이 무한 멱급수를 $(1 + D^2)\cos x$에 적용하여 $\cos x$가 얻어지는지 확인해 보라].

에 작용한다고 생각하는 것이다. 연산자 x는 그 오른쪽에 있는 가상의 함수에 x를 곱한다는 뜻이고, D는 오른쪽에 있는 가상의 함수를 x로 미분한다는 뜻이다. 따라서 D와 x는 아래와 같은 교환규칙을 만족한다.

$$Dx - xD = 1$$

왜 그런가? 6.5절의 '라이프니츠 법칙'에 의하면 $D(x\psi) = (D(x))\psi + xD(\psi)$, 즉 $D(x\psi) - xD(\psi) = (D(x))\psi$인데, $dx/dx = 1$이므로 $(Dx - xD)\psi = 1\psi$이며 위 교환규칙을 함수 ψ에 적용한 결과와 같다.

동일한 논리를 다중변수 $x^1, \cdots, x^N$과 미분연산자 $D_1 = \partial/\partial x^1, \cdots, D_N = \partial/\partial x^N$에 적용해 보자(변수가 여러 개이므로 미분은 편미분으로 바뀐다. x^N은 'x의 N제곱'이 아니라, 'N번째 좌표'를 의미한다). 이럴 때에는 오른쪽에 있는 가상의 함수도 $\psi = \psi(x^1, \cdots, x^N)$으로 바뀌어야 한다. 여기에 각 연산자를 적용해 보면, 다음과 같은 교환규칙을 얻을 수 있다.

$$D_b x^a - x^a D_b = \delta^a_b$$

(크로넥커 델타 δ^a_b의 의미는 13.3절을 참조하라. $a = b$이면 위 식은 앞에서 얻은 교환규칙과 같아지고, $a \neq b$이면 x와 D는 일상적인 숫자처럼 교환법칙을 만족하게 된다 [21.4]) 좌표 x^a는 평평한 공간의 일상적인 공간좌표나 시공간좌표로 생각할 수 있지만, 좀 더 일반적인 관점에서 라그랑지안이나 해밀토니안 체계의 일반화좌표 q^a로 간주할 수도 있다. 그러

[21.4] 왜 그런가?

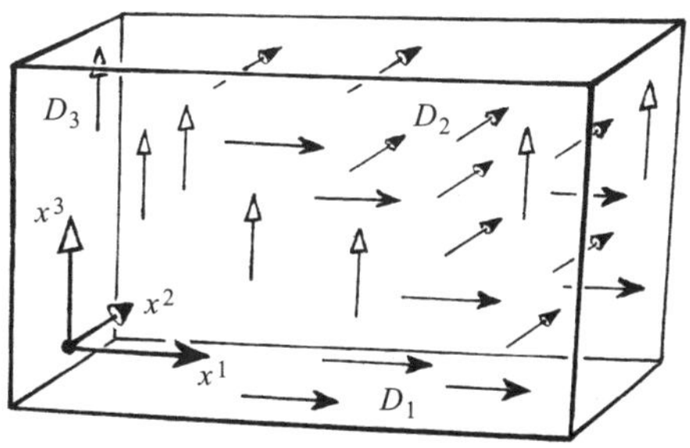

그림 21.1 (아핀)유클리드 N차원 공간 $\mathbb{E}^N$은 N개의 연산자(벡터장) $D_1 = \partial/\partial x^1$, $D_2 = \partial/\partial x^2$, $\cdots$, $D_N = \partial/\partial x^N$으로 표현되는 N개의 병진대칭을 가지며, 이들은 $D_b x^a - x^a D_b = \delta^a_b$를 만족한다. 여기서 x^1, $\cdots$, x^N은 직교좌표계의 독립적인 좌표들을 나타낸다(그림에는 $N = 3$인 경우가 예시되어 있다).

나 좌표를 이런 식으로 일반화해서 논리를 진행하는 데에는 만만치 않은 어려움이 도사리고 있다. 그래서 당분간은 평평한 N차원 공간 $\mathbb{E}^N$에서 논리를 전개하기로 한다(반드시 3차원이나 4차원일 필요는 없다). 아핀 공간 $\mathbb{E}^N$에 존재하는 N개의 축들은 각기 병진대칭을 갖고 있으며, 연산자 D_1, $\cdots$, D_N은 이 축 방향으로 일어나는 무한소 병진이동을 나타낸다(그림 21.1 참조).

20.6절에서 언급한 바와 같이, 공간의 병진대칭과 운동량 보존법칙은 뇌터 정리Nöther's theorem를 통해 밀접하게 연관되어 있다. 공간상의 특정 방향으로 계 전체를 병진이동시켰을 때 라그랑지안이 변하지 않는다면, 그 방향의 운동량은 보존된다. 이것은 물리적으로 매우 중요할 뿐만 아니라, 수학적으로도 더할 나위 없이 아름다운 정리이다. 양자역학도 비슷한 특성을 갖는데, 수학적으로 이해하기가 쉽지 않다. 아니, 이해하기 어려운 정도가 아니라 터무니없는 발상처럼 보인다! 그러나 여기에도 수학적인 아름다움은 여전히 남아 있다. 양자역학에는 병진이동에 대응되는 운동량보존법칙이 존재할 뿐만 아니라, 운동량 자체가 특정 대칭을 양산하는 미분연산자로 표현된다!

21.2 양자 해밀토니안

어떻게 하면 운동량을 미분연산자와 연관 지을 수 있을까? 언뜻 듣기에는 완전히 정신 나간 소리처럼 들린다! 게다가 이들 사이의 관계를 완전하게 정립하려면 상수 $\hbar$(플랑크 상수의 디랙 버전. h는 플랑크 상수이고 $\hbar = h/2\pi$이다)와 허수단위 i가 개입되어야 한다. 선뜻 이해가 안 가겠지만, 일단 x^a와 관련된 운동량을 $p_a = i\hbar D_a$로 표현해 보자.

$$p_a = i\hbar \frac{\partial}{\partial x^a}$$

이 표기를 따른다면, 위치와 운동량 사이의 '정준 교환규칙canonical commutation rule'은 다음과 같이 쓸 수 있다.

$$p_b x^a - x^a p_b = i\hbar \delta_b^a$$

이 말도 안 되는 듯한 운동량연산자를 갖고 무엇을 할 수 있을까? 양자적 운동량 $i\hbar\partial/\partial x^a$는 해밀토니안 $\mathcal{H}(p_1, \cdots, p_N ; x^a, \cdots, x^N)$에서 고전적 운동량 p_a와 동일한 역할을 한다. 이것이 바로 '정준양자화canonical quantization'라는 과정의 핵심이다. 지금 우리는 상대성이론을 전혀 고려하지 않고 있으므로, 여기서 말하는 운동량이란 에너지와 무관한 공간운동량을 의미한다.[2] 그리고 $\mathbb{E}^N$은 3차원을 훨씬 초과하는 고차원 공간으로 이해해야 한다. 주어진 물리계에 입자가 여러 개 있을 수도, 다른 구조가 개입될 수도 있기 때문이다. 우리의 해밀토니안은 모든 위치와 운동량성분을 각기 독립적인 변수로 취하고 있다. 그리고 20장에서와 마찬가지로, 해밀토니안은 시간에 무관하다고 가정한다.[3]

좌표 x^a는 입자의 위치를 나타내는 것으로 해석한다. 이 장에서는 단한 개의 입자로 이루어진 단일입자계만을 다룰 것이다. 입자의 수가 많아져도 적용되는 논리는 거의 비슷하다(23장 참조). 입자가 단 하나뿐일 때에는 시간성분 x^0와 공간좌표 x^1, x^2, x^3 사이에 상대론적 대칭성이 존재하는데, 곧 알게 되겠지만 이것은 양자역학에서 매우 중요한 역할을 한다. 그러나 여러 개의 입자에 정준양자화 과정을 적용하면 시간과 공간은 비상대론적 특성을 갖게 된다(즉, 시간과 공간을 전혀 다른 별개의 변수로 취급한다).

황당한 아이디어에 기초하는 양자 해밀토니안이 어떤 식으로 적용되는지 알아보기 위해, 한 가지 예를 들어 보자. 질량 m인 고전적 입자 하나가 위치에너지 함수 V로 주어진 외부장external field 안에서 움직이고 있다. V는 위치에 따라 달라지는 함수로서, $V = V(x, y, z)$이다. 독자들도 기억하다시피 20.2절에 등장했던 고전적 해밀토니안은 $\mathcal{H} = (p_x^2 + p_y^2 + p_z^2)/2m + V(x, y, z)$이며, p_x, p_y, p_z는 공간운동량의 x, y, z방향(직교좌표) 성분을 나타낸다. 따라서 정준양자화 과정을 거친 양자 해밀토니안은 다음과 같다.

$$\mathcal{H} = \frac{p_x^2 + p_y^2 + p_z^2}{2m} + V(x, y, z) = -\frac{\hbar^2}{2m}\nabla^2 + V(x, y, z)$$

여기서 연산자 $\nabla^2 = (\partial/\partial x)^2 + (\partial/\partial y)^2 + (\partial/\partial z)^2 (= \partial^2/\partial x^2 + \partial^2/\partial y^2 + \partial^2/\partial z^2)$을 '라플라시안Laplacian'이라고 한다(이 연산자는 10.5절에서 잠시 언급한 적이 있는데, 지금은 3차원으로 확장되었다).

지금까지는 모든 것이 매끈하게 이동되었다(어디로 이동할 것인지는 다음 절에 가 봐야 알 수 있다!). 그러나 해밀토니안의 고전적 운동량을 양자 버전으로 대치하는 과정은 일반적으로 허용되지 않는다. 왜냐하면, 양자적 운동량 p와 이에 해당하는 x가 가환이지 않기 때문이다. 예를 들어 고전적 해밀토니안이 px라는 항을 포함할 때, 이것의 양자 버전이 px인지, xp인지, 또는 $\frac{1}{2}(px+xp)$인지 알아낼 방법이 없다(물론 여기 나열된 항들 이외에도 양자 버전 후보는 무수히 많다). 이와 같은 모호성을 인자배열문제factor-ordering problem라 하는데, 다행히도 '명백한' 선택이 존재하는 경우가 대부분이어서 그다지 심각한 문제는 아니다. 선택의 근거는 대칭이나 보존법칙일 수도 있고, 또는 수학적, 물리학적 직관이나 미학적 요소가 될 수도 있다. 경우에 따라서는 어떤 선택을 하건 간에 동일한 양자이론이 얻어질 수도 있다. 그러나 선택의 모호성은 분명히 존재하며, 이것은 주어진 고전이론을 양자화하는 과정에서 결코 소홀히 취급해선 안 될 문제이다.

이 문제와 관련하여, 좌표 $x^1, \cdots, x^N$의 선택에도 문제의 소지가 남아 있다. 20.1, 2절에서 말한 대로, 배위공간 $\mathcal{C}$에서 일반화좌표 $q^1, \cdots, q^N$을 선택할 때에는 아무런 제한조건이 없다. 그렇다면 양자이론으로 넘어와도 아무런 제한 없이 마음대로 선택할 수 있을까? 각 q^a에 대응되는 고전적 켤레운동량 p_a가 $-i\hbar\partial/\partial q^a$로 양자화되기를 원한다면, 대답은 'no'이다. 이것은 매우 미묘한 문제로서, 이로부터 '기하학적 양자화geometric quantization'라는 새로운 개념이 탄생하기도 했다.[4] 중력장의 양자화가 중요한 화두로 등장하는 일반상대성이론이나, 휘어진 시공간에서 양자장이론을 논할 때 기하학적 양자화는 매우 중요한 역할을 한다(휘어진 시공간에 적용되는 양자역학은 30.4절에서 논의할 것이다). 그러나 적절한 유의사항을 지킨다면, 우리는 많은 일반적 상황에 (그저 평평하기만 한 것보다)더 일반적인 좌표계들을 쓸 수 있다. 특히 각좌표angular coordinate와 이에 해당되는 켤레운동량, 즉 각운동량이 유용하게 사용되는 경우가 많이 있는데, 이 내용은 22.8절과 22.12절에서 상대성이론과 연계하여 자세히 논의될 예정이다.

21.3 슈뢰딩거 방정식

인자배열문제는 잠시 접어두고, 양자적으로 아무런 문제가 없는 해밀토니안이 주어져 있다고 가정해 보자. 그렇다면 당장 우리가 할 수 있는 일은 무엇인가? 해밀토니안은 양자적 물리계의 시간에 따른 변화를 서술하는 '슈뢰딩거 방정식Schrödinger equation'에서 핵심적인 역할을 한다. 사실 지금까지 논의된 규칙들을 종합해 보면, 이 방정식의 형태는 이미 정해진 것이나 다름없다. 제일 먼저, 지금까지 눈에 보이지 않는 함수로 취급해 왔던 ψ를 연산자의 제일 오른쪽에 써넣어 보자. 그러면 $\partial/\partial x$와 같은 미분연산자를 포함하는 해밀토니안은 그 자체로 연산자가 되어 오른쪽 끝에 있는 함수에 적용된다. 그런데 슈뢰딩거 방정식은 시간을 포함하기 때문에, 우리의 함수 ψ도 공간좌표 x^a와 시간좌표 t에 의존하는 함수가 되어야 한다.

$$\psi = \psi(x^1, \cdots, x^N ; t)$$

p_a는 독립변수가 아니라 'x^a에 대한 미분'으로 해석되기 때문에, ψ는 p_a의 함수가 아니다. 흔히 파동함수wave function라 불리는 ψ는 계의 양자상태를 나타내는 함수이다. 파동함수의 물리적 의미는 잠시 후에 설명할 예정이다.

시간 t에 대한 미분은 방정식에 어떤 식으로 개입하는가? 20.2절에서 언급한 바와 같이, 시간에 무관한 고전적 해밀토니안은 계의 총 에너지를 나타낸다. 또한, (21.2절에서 얼핏 말한 대로)양자이론이 상대성이론에 부합하려면 양자규칙 $p_a = i\hbar\partial/\partial x^a$는 (단일입자의 경우) $a = 0$, 1, 2, 3에 모두 적용되어야 한다(18.7절 참조). 그러므로 양자화 과정에서 에너지는 시간에 대한 미분으로 대치된다($E = i\hbar\partial/\partial t$). 이렇게 놓고 보면, 슈뢰딩거 방정식은 '해밀토니안 = 계의 총 에너지'라는 서술의 양자 버전에 해당된다.

$$i\hbar\frac{\partial\psi}{\partial t} = \mathcal{H}\psi$$

여기서 해밀토니안 $\mathcal{H}$는 위치와 운동량 연산자의 함수이다.

$$\mathcal{H} = \mathcal{H}\left(i\hbar\frac{\partial}{\partial x^1}, \cdots\ i\hbar\frac{\partial}{\partial x^N}\ ;\ x^1, \cdots, x^N\right)$$

따라서 외부장에 의한 퍼텐셜에너지 $V = V(x, y, z)$ 하에서 움직이는 질량 m 짜리 단일입자에 대한 슈뢰딩거 방정식은 아래와 같이 쓸 수 있다.[21.5], [21.6]

$$i\hbar\frac{\partial\psi}{\partial t} = -\frac{\hbar^2}{2m}\nabla^2\psi + V\psi$$

독자들에게는 운동량과 에너지를 몽땅 미분연산자로 대치하는 것이

[21.5] 질량 m인 입자가 일정한 중력 위치에너지 $V = mgz$ 하에서 움직일 때, 이에 관한 슈뢰딩거 방정식의 해 ψ를 구하라(여기서 z는 물체가 있는 곳까지의 높이이고 g는 아래쪽으로 향하는 중력가속도이다).

[21.6] 자유낙하하는 기준계를 $X = x,\ Y = y,\ Z = z - \frac{1}{2}t^2g,\ T = t$로 변환하면, [예제 21.5]의 슈뢰딩거 방정식이 무중력상태로 변환되고 파동함수는 $\Psi = e^{i(\frac{1}{6}mt^3g^2+mtzg)}\psi$가 된다는 것을 증명하라. 이로부터 아인슈타인의 등가원리(17.4절 참조)를 양자계에 적용했을 때 어떤 일이 일어날 것인지 예견해 보라(21.9절의 내용을 참조하라).

수학적 주문처럼 보일 수도 있다. 이렇게 대치된 운동량으로 권투선수가 날리는 주먹이나 골퍼가 휘두르는 스윙을 어떻게 나타낸다는 말인가? 그러나 양자역학에 의하면 미분연산자로 표현된 운동량은 이 세상의 모든 운동량을 나타낼 수 있다! 운동량의 핵심은 보존법칙이고, 연산자로 표현된 모든 운동량은 보존법칙을 만족한다. 운동량은 보존되는 양이기 때문에 다른 곳으로 이전될 수는 있지만, 절대로 사라지지 않는다. 물론 이 논리는 에너지에도 그대로 적용된다.

사실, 우리는 고전적인 해밀토니안 이론을 통해 운동량과 에너지의 보존법칙을 이미 확보한 상태이다. 그런데 왜 물리량을 미분연산자로 대치한 이상한 운동량을 정의해 놓고 이상한 길로 가려고 하는 것일까?[21.7] 이 질문에 답하려면 실험을 거쳐야 하는데(그 밖에는 이 이상한 대치과정의 당위성을 설명할 방법이 없다!), 이 책에서는 자세한 설명을 생략하기로 한다. 그러나 지금까지 얻어진 방대한 양의 실험결과를 분석해볼 때, 에너지와 진동수, 그리고 파동수wave number(파장의 역수)와 운동량은 밀접하게 연관되어 있음이 분명하다. 그뿐만 아니라, 이와 같은 연결관계는 모든 현상에서 예외 없이 나타난다. 특히 '$p_a = i\hbar\partial/\partial x^a$'의 관계는 21.5절에서 자세히 다룰 것이다. 당분간은 에너지와 운동량이 파동적 특성과 어떤 식으로 연관되는지를 알아보기로 하자.

[21.7] 양자 해밀토니안 $\mathcal{H}$가 병진변환(translation)에 불변일 때(예를 들어, 위치변수 x^3과 무관할 때), 이에 해당하는 운동량 연산자 p_3이 $\partial/\partial t$와 가환임을 증명하라. 그리고 이 결과가 운동량보존을 의미하는 이유를 설명하라.

21.4 양자이론의 실험적 배경

에너지-운동량의 파동적 성질이 가장 두드러지게 나타나는 사례는 아마도 결정체crystaline일 것이다. 이러한 물체의 원자들은 규칙적으로 배열되어 있어서 공간적 주기성을 띠고 있다. 1927년에 데이비슨C. J. Davisson과 저머L. H. Germer가 실행했던 실험을 예로 들어 보자. 초기에 적절한 운동량을 갖고 있는 전자가 결정체와 충돌하면 특정한 각도로 굴절(또는 반사)된다. 이때 굴절되는 각도와 굴절방향은 입사될 때의 운동량과 굴절된 후의 운동량에 의존하며, 이것은 결정체의 격자구조가 갖는 주기적 특성에 따라 크게 달라진다. 실험결과에 의하면 격자 사이의 거리와 전자의 운동량은 반비례 관계에 있다(그림 21.2 참조). 전자가 아닌 다른 입자를 사용해도 동일한 결과가 얻어진다. 결론적으로 말해서 입자는 마치 파동처럼 주기적인 성질을 가지며, 파장 λ와 운동량 p 사이에는 다음과 같은 관계가 성립한다(h는 플랑크 상수이고, $h = 2\pi\hbar$이다).

$$\lambda = hp^{-1} = \frac{2\pi\hbar}{p}$$

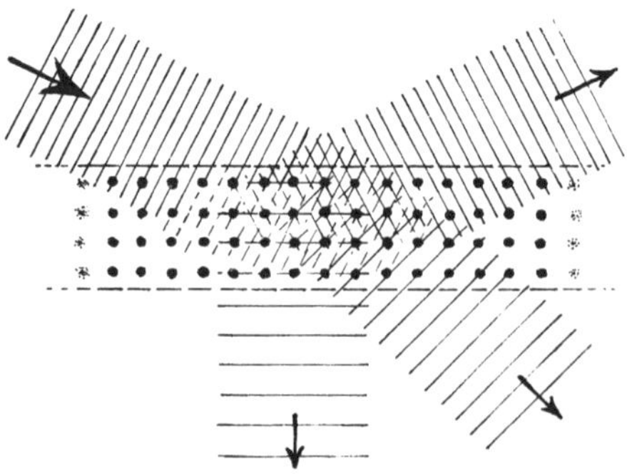

그림 21.2 데이비슨-저머(Davisson - Germer)의 실험. 3차원 운동량 $= p$인 전자빔이 결정체와 충돌하면 격자 사이의 간격에 따라 특정 각도로 산란이나 굴절이 일어난다. 이 현상을 설명하려면 전자가 $\lambda = h/p$에 해당되는 파장을 갖는 것으로 해석해야 한다. 여기서 h는 플랑크 상수이다.

입자의 운동량 p와 연관된 파장 λ를 '드브로이 파장de Broglie wavelength'이라고 한다. 프랑스의 명문 귀족이자 물리학자였던 루이 드브로이 공작Prince Louis de Broglie은 1923년에 "물질을 구성하는 모든 입자는 파동성을 갖고 있으며, $\lambda = h/p$로 주어지는 파장을 갖는다"고 처음으로 제안하였다. 여기에 상대성이론을 요구하면(18.7절 참조) 입자는 아래와 같은 진동수 v를 가져야 한다.

$$E = hv = 2\pi\hbar v$$

이 식의 의미는 잠시 후에 설명하기로 한다.[21.8] 정지질량이 μ인 입자가 기준계에 대하여 정지상태일 때, 입자의 에너지는 아인슈타인 공식에 의해 $E = \mu c^2$이다. 따라서 입자는 본질적으로 $\mu c^2/2\pi\hbar$, 즉 $\mu c^2/h$에 해당하는 진동수를 갖는 셈이다.

그렇다면 일상적인 입자들은 파동적인 성질을 갖고 있다는 결론을 내릴 수밖에 없다. 입자의 정지질량은 플랑크와 드브로이의 공식을 통해 파동적인 특성(진동수 또는 파장)과 직접적으로 연관되어 있다. 그런데 20년 전에는, 순수 파동으로 간주되는 실체(빛을 구성하는 맥스웰의 전자기장, 19.2절 참조)들도 입자적 성질을 갖는다는 생각이 널리 퍼져 있었다. 이 관계 역시 플랑크와 드브로이의 공식을 통해 연결된다. 이 사실을 가장 분명하게 보여주는 실험은 아마도 광전효과photoelectric effect일 것이다. 빛의 입자성을 입증하는 광전효과는 1887년 하인리히 헤르츠Heinrich Hertz에 의해 처음으로 관측되었고, 이와 관련된 특이한 현상은 1902

[21.8] 아인슈타인 특수상대성이론을 이용하여 드브로이의 $p = h\lambda^{-1}$로부터 플랑크 공식 $E = hv$를 유도하라[도움말 : 파동이 일정한 값을 갖는 $\mathcal{M}$의 초평면이 입자의 4-속도와 로렌츠 수직이라고(Lorentz-orthogonal) 가정해 보라].

년에 필립 레나르트Philipp Lenard가 발견하였으며 1905년에는 아인슈타인이 빛의 입자인 광자photon의 개념을 도입하여 완벽하게 설명하였다(아인슈타인은 상대성이론이 아닌 광전효과로 1921년에 노벨상을 받았다!). 광전효과는 적절히 높은 진동수의 빛을 금속 표면에 쪼였을 때 전자가 튀어나오는 현상이다. 사실, 광전효과 자체는 별로 새로운 현상이 아니다. 빛은 에너지를 실어 나르므로, 이 에너지가 금속 표면의 전자에 전달되면 어떻게든 구속된 상태에서 풀려나 밖으로 튀어나올 것이기 때문이다. 그런데 신기한 것은 튀어나온 전자의 에너지가 빛의 세기intensity에 비례하지 않는다는 점이다(쪼여준 빛의 진동수 ν를 일정하게 유지한 경우). 빛이 파동이라면 세기가 클수록 더 많은 에너지가 전자에 전달되어 튀어나온 전자의 운동에너지가 증가해야 할 텐데, 실험결과는 그렇지 않았다(빛의 세기를 키우면 튀어나오는 전자의 개수만 많아질 뿐, 전자 하나의 운동에너지는 달라지지 않는다). 아인슈타인은 이 현상을 설명하기 위해 빛이 입자로 이루어져 있다고 가정하였다. 즉, 빛은 광자라는 입자로 이루어져 있으며, 개개의 광자는 $E = h\nu$라는 에너지를 실어 나르면서 금속 표면의 원자와 당구공처럼 '충돌'한다는 것이다. 아인슈타인은 플랑크의 공식을 효율적으로 사용하여 여러 가지 예측을 내놓았는데, 이는 처음에는 아인슈타인의 의견에 회의적이었던 미국의 실험물리학자 로버트 밀리컨Robert Milikan의 주도로 1916년까지 모두 증명되었다.

사실, 양자역학에 입각한 빛의 입자설은 20세기가 밝아 올 무렵에 이미 제기되어 있었다. 1900년에 독일 물리학자 막스 플랑크Max Planck는 에너지의 양자가설을 도입하여 흑체복사blackbody radiation 현상을 완벽하게 설명함으로써 양자혁명의 도화선에 불을 댕겼다. 흑체복사란, 온도가 일정한 평형상태에서 검은 물체[5]로 둘러싸인 영역으로부터 전자기파가 복사되는 현상을 말한다(그림 21.3a 참조). 플랑크는 흑체복사 에너지의 세기 I가 다음과 같이 표현된다고 제안하였다.

$$\frac{2h\nu^3}{(e^{h\nu/kT}-1)^{-1}}$$

I는 진동수 ν의 함수이며, k는 볼츠만 상수Boltzman's constant이다(27.3절 참조).

플랑크의 공식은 관측결과와 완벽하게 일치함을 입증했다. 사실 플랑크 이전의 물리학자들은 흑체복사를 제대로 이해하지 못하고 있었다. 레일리와 진스Rayleigh-Jeans는 복사공식으로 $I = 2kT\nu^2$을 제안하였는데, 진동수 ν가 작은 영역에서는 잘 들어맞지만 ν가 커지면 복사에너지가 무

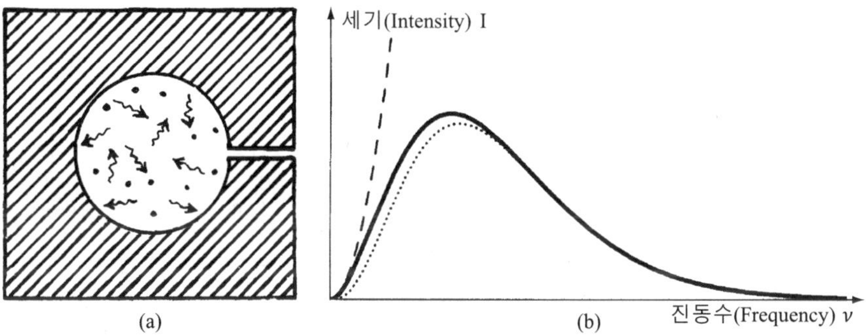

그림 21.3 흑체복사. (a) '검은' 공동(cavity)의 내부는 외부로부터 가열된 주변물질과 열평형을 이루고 있다(온도 = T). (b) 주어진 온도 T에서 복사의 세기 I는 진동수 ν의 함수이며, 플랑크는 이것이 $I = 2h\nu^3/(e^{h\nu/kT}-1)^{-1}$로 표현된다고 예측하여 관측 데이터를 완벽하게 재현하였다(그림에는 굵은 선으로 표현되었다. 여기서 h는 플랑크 상수, k는 볼츠만 상수이다). 긴 점선은 레일리-진스(Rayleigh-Jeans)가 복사를 고전적 파동으로 간주하여 계산한 $I = 2kT\nu^2$을 그려 넣은 것인데, ν가 작은 영역에서는 관측 데이터와 잘 들어맞지만 ν가 커지면 크게 벗어난다. 작은 점선은 복사를 고전적 입자로 간주한 빈(Wien)의 법칙 $I = 2h\nu^3 e^{-h\nu/kT}$를 그려 넣은 것이다.

한대로 발산하여 관측결과와 전혀 일치하지 않았다. 그 후 빈Wien은 복사 에너지가 고전적 입자의 형태로 방출된다는 가정하에 v가 큰 영역에서 잘 들어맞는 공식 $I = 2hv^3e^{-hv/kT}$를 제안하였으나, v가 작은 영역에서는 관측 데이터와 일치하지 않았다. 결국 '모든 v에서' 관측결과와 일치하는 것은 플랑크가 제안한 복사공식뿐이었다. 그래서 플랑크는 자신의 복사공식에 등장하는 상수 h가 자연의 질서를 관장하는 새로운 근본 상수라고 생각하게 되었다(h는 오늘날 플랑크 상수로 알려져 있으며, 그 값은 약 6.62×10^{-34}줄/초이다). 플랑크는 이 복사공식을 유도하기 위해 전자기적 진동이 특정한 에너지를 다발의 형태로 방출하거나 흡수한다고 가정하였다. 이때 진동수 v와 에너지 E는 다음과 같은 관계에 있다.

$$E = hv$$

플랑크의 복사공식은 양자역학에서 통용되는 '보스-아인슈타인 통계Bose-Einstein statistics'를 예견하기도 했는데, 이 내용은 23.7절에서 다룰 예정이다.

물리적인 수수께끼는 전자가 결정체와 충돌할 때 발생한다. 플랑크가 활동하던 당시 물리학자들은 전자기적 효과가 파동적 특성을 갖는다고 하늘같이 믿었다. 그러나 실제로 전자기현상은 입자적 성질을 갖고 있다! 플랑크 상수를 디랙 버전으로 수정하면 $E = 2\pi\hbar v$이므로, 진동의 주기인 v^{-1}은 운동량과 파장을 연결했던 예전 공식($\lambda = 2\pi\hbar p$)과 비슷하게 $v^{-1} = 2\pi\hbar/E$를 만족한다. 오늘날 우리는(아인슈타인과 보스 등의 선구적 연구 덕분에) 플랑크의 공식이 '진동하는 전자기장'이 아니라 실제 '입자'를 서술하고 있음을 잘 안다(맥스웰 전자기장의 양자quanta는 광자이다). 그러나 아인슈타인이 처음으로 제안했던 빛의 입자설은 여러 해가 지난 후에야 학계의 정설로 받아들여졌다. 광전효과가 알려진 후 1923년에 실험물리학자인 아서 콤프턴Arthur Compton은 빛의 입자성을 입증하는 또 하나의 현상을 발견하였다. 하전입자에 빛을 쪼였더니, 빛이 마치 질량이 없는 '입자'처럼 행동했던 것이다(25.4절, 그림 25.10 참조). 이 과정에서 나타나는 현상은 18.7절의 상대론적 역학과 정확하게 일치했다. 따라서 에너지와 운동량은 진동의 주기와 반비례하며(에너지는 시간적 주기 ν^{-1}에, 운동량은 공간적 주기인 파장 λ에 반비례한다), 이 관계를 연결하는 비례상수는 $2\pi\hbar$라는 결론을 내릴 수 있다.

입자의 파동성과 파동의 입자성은 이중 슬릿 실험을 통해 가장 분명하게 확인할 수 있다.[6] 전자를 발사하는 전자총 앞에 세로방향으로 가늘고 긴 틈(슬릿)이 두 개 나 있는 가림판을 세워 두고, 그 뒤쪽에는 전자가 도달하여 흔적을 남기는 스크린을 설치한다(그림 21.4a 참조). 전자총에서는 매 순간 전자가 한 개씩 발사된다고 가정한다. 이제, 오른쪽 슬릿을 가리고 왼쪽 슬릿을 향하여 전자를 계속 발사해 보자. 이때 슬릿을 통과한 전자는 스크린의 중앙(전자총과 왼쪽 슬릿을 연결한 직선의 연장선)에 도달할 확률이 가장 높고 양옆으로 갈수록 확률이 감소하여 그림 21.4b와 같은 분포를 보이게 된다. 왼쪽 슬릿을 가리고 오른쪽 슬릿을 열어둔 경우에도 이와 비슷한 분포가 얻어진다(그림 21.4c). 여기까지는 아무런 문제도 없다. 그러나 두 개의 슬릿을 동시에 열어놓고 전자를 발사하면 정말로 신기한 현상이 나타난다(그림 21.4d). 전자총은 한 번에 하나의 전자를 발사하므로 개개의 전자는 아무런 방해 없이 스크린에 도달할 것 같지만, 어느 정도 시간이 흐르고 나면 스크린에 간섭무늬가 나타난다! 이런 일이 대체 어떻게 가능한 것일까? 간섭무늬를 자세히 들여다보면, 전자가 전혀 도달하지 않은 영역이 주기적으로 나타남을 알 수 있다. 그러나 둘

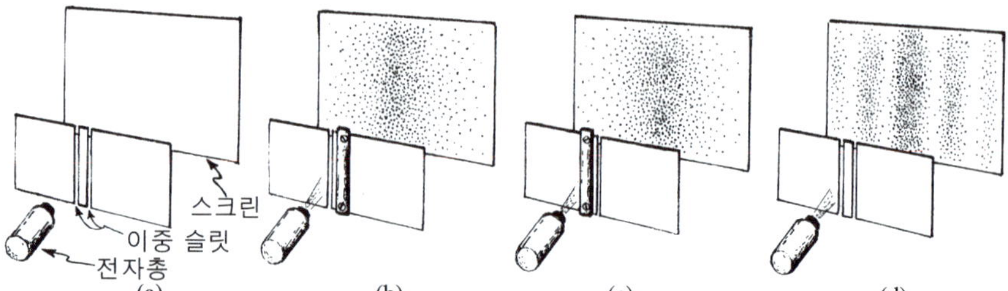

그림 21.4 (a) 이중 슬릿 실험장치(two-slit experiment). 전자총에서 매 순간 하나씩 발사된 전자는 한 쌍의 슬릿을 통과한 후 스크린에 도달한다. (b) 오른쪽 슬릿을 가리면 스크린에는 정상적인 확률분포가 나타난다. (c) 왼쪽 슬릿을 가려도 (b)와 비슷한 분포가 나타난다. (d) 두 슬릿을 모두 열어 놓고 전자를 발사하면 스크린에 간섭무늬가 나타난다. 이때 스크린에는 전자가 전혀 도달하지 않은 '금지된 영역'이 존재하는데, 둘 중 하나의 슬릿을 가렸을 때[(b)와 (c)]에는 이 영역에 전자가 분명히 도달했었다.

중 하나의 슬릿을 막아 놓았을 때는 발사된 전자가 이 '금지된 영역'에 분명히 도달했었다! 스크린의 반점들은 한꺼번에 생긴 것이 아니라, 각 전자가 도달할 때마다 하나씩 형성된 것이다. 그런데도 스크린에는 간섭무늬가 선명하게 나타나 있다. 전자가 입자라면 두 개의 슬릿을 '동시에' 통과했을 리가 없다. 전자는 더는 둘로 쪼갤 수 없는 근본입자이기 때문이다. 그런데 스크린에 형성된 무늬를 보면 마치 전자가 파동처럼 두 슬릿을 동시에 통과한 것 같다. 더욱 놀라운 것은, 스크린에 형성된 간섭무늬의 간격으로부터 계산된 파장이 전자의 운동량으로부터 유추한 $\lambda = 2\pi\hbar/p$와 정확하게 일치한다는 것이다.

21.5 파동-입자 이중성을 어떻게 이해할 것인가?

전자를 고전적인 입자로 간주하는 한, 어떤 논리를 동원해도 이중 슬릿 실험결과를 설명할 수 없다. 그러나 이것은 엄연히 존재하는 현상이므로, 어떻게 해서든 논리적으로 설명해야 한다. 한 번에 '한 개씩' 발사된 전자들이 어떻게 간섭무늬를 만들 수 있었을까? 여기서 우리는 한 가지 '기적'을 만나게 된다. 운동량을 '위치에 대한 미분연산자'로 정의하고, 에너지를 '시간에 대한 미분연산자'로 정의하면, 파동의 입자성과 입자의 파동성을 아름다운 수학체계로 설명할 수 있다. 이 얼마나 기적 같은 사실인가!

물리적인 해석을 내리기에 앞서, 파동-입자 이중성을 수학으로 서술하는 방법부터 알아보자. 일단은 위에서 서술한 대로 시간적, 공간적 주기성을 갖는 수학적 양을 도입해야 한다. 물론 여기에는 명확하게 정의된 입자의 4-운동량 P_a가 포함되어 있어야 한다('고전적 운동량'임을 강조하기 위해 대문자 P를 사용하였다. 양자적 4-운동량은 미분연산자로 표현된다). 가장 그럴듯한 후보는 아래와 같이 시간 및 공간 의존성을 갖는 (평면파)파동함수이다(5.3절 참조).

$$\psi(x^a) = e^{-iP_a x^a/\hbar}$$

여기서 $P_a x^a$를 $2\pi\hbar$만큼 증가시켜도 ψ는 변하지 않는다($P_a x^a$가 $-2\pi i$만큼 변하면 $e^{-2\pi i} = 1$이 추가로 곱해진 형태가 되기 때문이다). 따라서 ψ의 시간적 주기는 $2\pi\hbar/P_0$이고, 공간적 주기는 x_1 방향으로 $2\pi\hbar/P_1$, x_2 방향으로 $2\pi\hbar/P_2$ 등이다.

이 파동함수는 어떤 특성을 갖는가? ψ는 양자적 운동량 p_a의 고유함수eigenfunction이다.

$$p_a = i\hbar\frac{\partial}{\partial x^a}$$

즉, 이 연산자를 $\psi(x^a)$에 가하면 전체적으로 P_a가 곱해진 결과가 얻어진다는 뜻이다(6.5절 참조).

$$i\hbar\frac{\partial}{\partial x^a}\psi(x^b) = i\hbar\frac{\partial}{\partial x^a}e^{-iP_bx^b/\hbar} = P_ae^{-iP_bx^b/\hbar} = P_a\psi(x^b)$$

ψ에 곱해진 상수 P_a는 (고전적) 4-운동량이다. 따라서 양자적 운동량 $p_a = i\hbar\partial/\partial x^a$가 $\psi(x^a)$에 가해지면 고전적 운동량 P_a로 변환된다.

$$p_a\psi = P_a\psi$$

그러나 모든 파동함수가 이런 특성을 갖는 것은 아니다. 위의 ψ는 분명한 4-운동량을 갖고 있으며, 이러한 파동함수를 '운동량 상태momentum state'라고 부른다. 고전적 운동량 P_a를 갖는 자유입자가 위와 같은 파동함수로 표현된다면, 양자적 연산자 p_a의 고유값은 P_a이다. 즉, 양자적 운동량 연산자의 고유함수에 해당되는 파동함수만이 고전적으로 분명한 운동량을 갖고 있다.

13.5절에서 말한 대로, 선형연산자 $\boldsymbol{T}$가 어떤 벡터 $\boldsymbol{v}$에 작용하여 $\boldsymbol{Tv} = \lambda\boldsymbol{v}$를 만족할 때 $\boldsymbol{v}$를 $\boldsymbol{T}$의 고유벡터eigenvector라 하고 λ를 고유값eigenvalue이라 한다. 그런데 여기서 $\boldsymbol{T}$를 $i\hbar\partial/\partial x^a$로 대치하고 λ를 P_a로 대치하면 모든 상황이 똑같아진다(지표 a는 허용된 모든 값을 가질 수 있다). 단, 유한차원 벡터공간을 고려했던 13.5절과는 달리 지금 우리는 $\psi(x^a)$로 이루어진 무한차원 벡터공간 W를 고려하고 있다. 이들이 벡터공간을 이루는 이유는 $\psi(x^a)$에 다른 ψ를 더하거나 상수를 곱할 때 새로운 ψ가 얻어지기 때문이다. 또한, W가 무한차원공간인 이유는 (예를 들어)무한히 많은 P_a 값에 대응되는 모든 함수들이 서로 선형독립linearly independent이기 때문이다.[21.9]

고유함수(종종 고유상태eigenstate라고 부르기도 한다)는 양자역학 체계에서 핵심적인 역할을 한다. 양자역학의 언어로 표현하자면, 다양한 연산자들(운동량 $p_a = i\hbar\partial/\partial x^a$가 대표적인 사례이다. 그 외에 위치와 각운동량 등도 연산자로 표현되는데, 자세한 설명은 잠시 뒤로 미룬다)은 역학변수dynamical variable에 해당한다. 앞에서 연산자의 맨 오른쪽에 '보이지 않게' 붙어 있는 것으로 간주하였던 우리의 파동함수 ψ가 이제 전면으로 나서서 본격적인 활동을 시작했다. 위에서 언급한 대로, 주어진 계의 ψ는 물리적 상태를 나타낸다. 그래서 ψ를 '상태벡터state vector'라 부르기도 한다(ψ를 반드시 시간과 공간의 함수로 나타낼 필요는 없으므로, 사실 이것이 더욱 일반적인 명칭이라고 할 수 있다). ψ가 어떤 역학변수의 고유함수가 되려면, 이 역학변수가 연산자 형태로 ψ에 적용되었을 때 명확하게 결정된 고유값을 계산결과로 내놓아야 한다.

지금까지 나는 특수상대성이론에 입각하여 운동량 고유상태를 4차원 공간에서 다뤄 왔는데, 이것은 다음과 같은 표현에서 특히 유용하다.[21.10]

$$e^{-iP_a x^a/\hbar} = e^{-iEt/\hbar}\, e^{i\mathbf{P}\cdot\mathbf{x}/\hbar}$$

[여기서 $P_a = (E, -\mathbf{P})$이고 $x^a = (t, \mathbf{x})$이다. 18.7절 참조] 위 함수는 공간에 의존하므로 일상적인 3-운동량

$$\mathbf{p} = (-p_1, -p_2, -p_3) = -i\hbar\left(\frac{\partial}{\partial x^1}, \frac{\partial}{\partial x^2}, \frac{\partial}{\partial x^3}\right)$$

[21.9] 왜 그런가?[연속적인 합, 즉 적분은 선형의존(linear dependent) 관계로 해석할 수 있다]

[21.10] 이처럼 두 항의 곱으로 분리할 수 있는 이유는 무엇인가?

의 고유상태로서 고유값 **P**를 준다. 그뿐만 아니라, 위 식은 시간의존형 time-dependent 슈뢰딩거 파동방정식의 해로서, 여기 해당되는 에너지 고유값은 E이다. 그러나 슈뢰딩거 방정식은 시간과 공간을 별개의 변수로 취급하기 때문에 상대론적 접근법으로 볼 수는 없다. 그래서 이 장의 나머지 부분에서는 비상대론적인 관점에서 논리를 진행할 것이다.

21.6 양자적 실체란 무엇인가?

구체적인 사항에 대한 논의는 잠시 뒤로 미루고, 양자이론의 저변에 깔려 있는 실체 reality란 과연 무엇인지 생각해 보자. 역학변수들은 실제로 존재하는 양을 서술하는가? 양자적 상태는 정말로 존재하는 상태인가? 고전적 물리량들이 역학변수(또는 다른 연산자)의 고유값으로 나타나는 경우에만 진실이 드러나는 것인가? 사실 이런 질문에는 양자역학을 연구하는 학자들조차 확답을 내리지 못하고 있다. 물리학자들은 대부분 실체라는 단어를 입에 올리기조차 부담스러워할 정도이다. 그들은 소위 말하는 '실증적' 관점을 고수하면서, 실체에 관한 질문들을 '비과학적'이라는 이유로 애써 외면하고 있다. 그들은 "적절한 질문에 해답을 줄 수 있고, 그 해답이 관측결과와 일치하면 더는 문젯거리가 없다"고 주장할 것이다.

만일 우리가 양자역학 체계를 '현실적인 실체'로 수용한다면, 양자적 실체를 서술하는 것은 아마도 파동함수(또는 상태벡터)일 것이다(29장에는 다른 가능성들이 제시되어 있다. 22.4절의 끝 부분도 참고하기 바란다). 내가 보기에 '실체'에 관한 질문들은 양자역학 안에서 이루어져야 한다. 양자역학 체계가 물리학의 모든 분야에 적용된다고 믿는 사람이라면 (대다수 물리학자가 그렇다) 더욱더. 따라서 양자적 실체가 존재하지 않는다면, 이는 곧 모든 스케일에서 실체라는 것이 아예 존재하지 않는다는 뜻이다. 그러나 이렇게 모든 실체를 부정하는 일은 전혀 이치에 맞지 않는다. 그러므로 우리는 '물리적 실체'라는 개념을 어떤 형태로든 갖고 있어야 한다(한시적이거나 근사적인 개념이라 해도 상관없다). 이런 개념조차 없다면, 약간의 현학적인 사고에 의해 객관적 우주가, 그리고 과학이 송두리째 와해될 것이기 때문이다!

상태벡터란 무엇인가? 그것이 실체를 서술하는 데 어떤 어려움이 있는가? 물리학자들이 이런 철학적 질문을 애써 외면하는 이유는 무엇인가? 이 상황을 이해하려면 파동함수의 본질과 물리적 해석을 더 깊이 파고들어가야 한다.

입자의 운동량상태를 나타내는 파동함수 $\psi = e^{i\mathbf{P}\cdot\mathbf{x}/\hbar}$를 예로 들어 보자(지금까지는 편의상 t가 0인 경우만 다뤄 왔다). 이 함수는 일상적인 입자와 달리 공간상의 한 점에 집중되어 있지 않고, 우주 전역에 걸쳐 넓게 퍼져 있다. 이 함수의 크기(절댓값)를 나타내는 $|e^{i\mathbf{P}\cdot\mathbf{x}/\hbar}|$는 공간상의 모든 지점에서 '1'이라는 동일한 값을 갖는다(5.1절 참조). 양자역학과 친하지 않은 독자들은 '입자'를 떠올릴 때 공간상의 작은 영역(수학적으로 거의 점에 가까운 영역)을 점유하면서 특정 방향의 잘 정의된 운동량을 가진 물체를 상상할 것이므로, '전 우주에 걸쳐 있는 ψ로 한 입자의 상태를 서술한다'는 아이디어가 무척 생소하게 느껴질 것이다. 한 점을 점유하던 고전적 입자는 어디로 가고, 어쩌다가 그 자리를 ψ가 대신하게 되었는가? 사실 운동량상태란 현실을 극단적으로 이상화한 것이다. 운동량상태와 비슷한 '파동묶음wave packet'으로 입자의 상태를 나타내면, 운동량이 정확하게 결정되지 않아도 상관없다. 파동묶음도 일종의 파동함수인데, 특정 위치에서 날카로운 피크peak를 그리며 운동량 연산자에 대해서는 '대략

적인' 고유함수가 된다. 1차원 공간에서 파동묶음은 운동량상태에 가우시안Gaussian e^{-x^2}을 곱한 형태로 나타낼 수 있다. 일반적으로는 다음과 같은 가우시안이 곱해진 형태로 표현된다.

$$Ae^{-B^2(x-C)^2}$$

(A, B, C는 상수) 이것은 통계역학에서 '종형분포bell-shaped distribution'로 잘 알려진 함수이며, $x = C$를 중심으로 피크를 형성한다. 이 식에서 C를 복소수로 잡으면 파동묶음을 간결한 형태로 표현할 수 있다.[21.11] 3차원 공간의 파동묶음은 가우시안 $Ae^{-B^2(x^2+y^2+z^2)}$을 이용하여 나타낼 수 있는데, 이 경우에 피크의 위치는 복소수 방향으로 이동한다. 그리고 가우시안의 지수에 등장하는 B의 역수, B^{-1}은 분포곡선의 폭을 나타낸다. 하이젠베르크 불확정성원리에 의하면 분포곡선의 폭을 좁히면서 운동량상태에 정확성을 기하는 데에는 절대적인 한계가 존재하는데, 자세한 내용은 21.11절에서 설명할 것이다.

이제 운동량상태와 파동묶음의 특성을 구체적으로 살펴보자. 파동함수는 복소수로 표현된 파동이므로, 파동적 성질은 진폭(또는 세기)의 형태로 가시화되지 않는다. 운동량상태의 경우, 파동적 특성은 파동함수의 편각(5.1절 참조), 즉 원주를 따라 매겨진 변수 $-P_a x^a/\hbar$의 값(더 정확하게는 복소평면의 단위원주 상에서 매겨진 $e^{-iP_a x^a/\hbar}$의 값)에 담겨 있다. 양자역학에서는 파동함수 값의 편각을 종종 위상phase이라고 부른다. 위상 자체는 파동적 특성을 명확하게 갖고 있지 않다. 그림 21.5a는 x축 방

[21.11] 본문에 제시된 식의 C를 복소수 $C + iD$로 대치해서 (C, D는 실수) 파동묶음의 진동수와 피크의 위치를 구하라.

향에 대한 운동량상태 파동함수의 변화를 보여 주는데, 이 그림에서 파동함수 ψ는 x축에 수직한 복소평면 상의 한 값을 취할 수 있다(따라서 이 그림은 x의 변화에 따른 $\psi = u + iv$의 값을 나타낸 것이다). 이 그림에서 x축은 실제 공간상의 한 방향을 나타내지만, u와 v는 공간과 직접적인 관계가 없다. 그저 ψ가 취할 수 있는 값들로 이루어진 복소평면을 나타낼 뿐이다. 그림에서 보다시피, 운동량상태의 파동함수는 나선을 그리며 진행한다(그림에서 x축을 +방향으로 잡았을 때, 운동량이 양수이면 나선은 오른손방향으로 회전한다). 그림 21.5b는 x방향에 대한 파동묶음의 변화를 나타낸 것인데, 나선을 양쪽으로 잡아당긴 듯한 모양을 하고 있으며(그래서 운동량이 단 하나의 값으로 결정되지 않고 특정 영역 안에서 '대충' 결정된다), 양쪽 끝으로 갈수록 나선의 폭이 작아진다. 즉, 특정 영역 밖에서는 파동함수 값이 거의 0으로 감소한다.

물론 파동의 전체상을 파악하려면 x축뿐만 아니라 y, z축 방향에 대한 변화까지 한 번에 그릴 수 있어야 한다. 그러려면 3차원 공간에 2차원 복소평면(u, v)까지 포함하는 5차원 그림으로 표현해야 하는데, 이 책의 종이면은 2차원에 불과하기 때문에 도저히 그릴 수가 없다. 그러나 운동

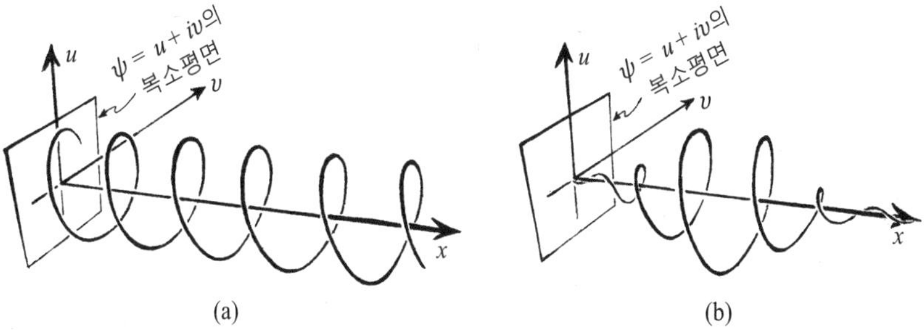

그림 21.5 입자의 파동함수 : ψ는 위치 x를 변수로 갖는 복소함수이다. (a) 나선으로 표현된 운동량상태 $e^{-iPx/\hbar}$ (운동량 p의 고유함수). (b) 파동묶음 $e^{-A^2x^2}e^{-iPx/\hbar}$

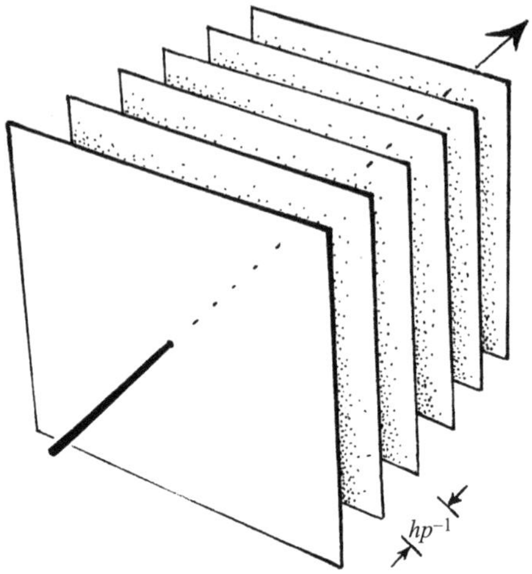

그림 21.6 위상이 일정한 운동량상태는 간격이 hp^{-1}인 평면파로 이해할 수 있다. 여기서 p는 3차원 공간운동량이다(그림 21.2와 비교해 보라).

량상태의 경우에 '위상이 일정한' 평면만을 고려한다면 어떻게든 그림으로 나타낼 수는 있다. 이 평면들은 $2\pi\hbar/p$의 간격을 두고 서로 평행하며(p는 3차원 운동량의 크기이다), 운동량의 진행방향과 직각을 이룬다(그림 21.6 참조). 이런 식의 표현은 결정체와 충돌하는 광자(그림 21.2)의 파동함수를 가시화할 때 매우 유용하다. 또한, 이중 슬릿 실험에서 슬릿과 스크린 사이의 거리가 먼 경우에도 이와 같은 방법으로 파동함수를 표현할 수 있다. 이때 스크린의 특정 영역에 접근하는 각 전자의 파동함수는 두 부분의 합으로 생각할 수 있는데, 각 부분은 운동량상태에 거의 가깝지만(단일진동수를 갖는 평면파에 가까워진다는 뜻이다. 슬릿과 스크린 사이의 거리가 멀기 때문에 나타나는 현상이다), 두 부분(두 평면파)은 서로 조금씩 다른 방향을 향하고 있다. 이 두 파동이 스크린의 한 지점에서 만나면 보강간섭이나 소멸간섭을 일으키면서 그림 21.4d와 같은 간섭무늬를 만들게 되는 것이다. 이 상황을 기하학적으로 표현하면 그림 21.7과 같다. 그림 속 각 평면들은 공간상에서 각 파동성분들이 일정한 위

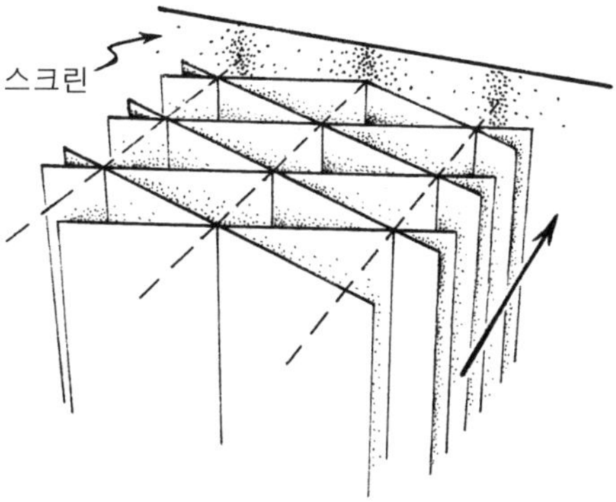

그림 21.7 그림 21.4의 이중 슬릿 실험에서 스크린으로 접근하는 전자의 파동함수는 각기 조금 다른 방향으로 진행하는 두 평면파(그림 21.6)의 중첩으로 이해할 수 있다. 이들의 위상이 일치하는 곳에서는(점선으로 표시된 부분) 보강간섭이 일어나서 스크린에 도달할 확률이 커진다. 스크린 상에서 보강간섭이 연속적으로 일어난 두 지점의 중간에서는 소멸간섭이 일어나서, 전자가 도달할 확률이 거의 0으로 줄어든다.

상을 갖는 영역을 나타내고 있다. 파동함수의 전체적인 모습을 상상하려면 두 성분을 더해야 한다. 두 파동성분의 강도가 같다고 가정했을 때, 위상이 반대인 지점에서는 소멸간섭이 일어나 파동이 사라지고, 위상이 같은 지점에서는 보강간섭이 일어나 파동의 강도가 증폭된다. 이중 슬릿 실험에서 스크린에 그려진 간섭무늬는 바로 이런 과정을 거치면서 생성된 것이다.

지금쯤 인내심이 약한 독자들은 거의 이해를 포기했을지도 모르겠다. 그러나 걱정할 것 없다. 양자적 파동함수를 굳이 기하학적으로 표현하자면 대충 이렇다는 뜻이다. 어쨌거나 파동은 이와 같은 방식으로 행동한다. 지금 나는 파동-입자 이중성을 따지는 것이 아니다. 파동을 복소수로 표현하는 테크닉을 조금 발휘하긴 했지만, 지금까지 내가 한 일이란 파도나 음파, 또는 고전적 전자기장에서 생성된 맥스웰 파동(라디오파, 가시광선, 엑스선 등)과 같은 일상적인 파동의 간섭현상을 설명한 것뿐이다. 그러나 이중 슬릿 실험은 파동성과 입자성의 충돌을 극명하게 보여주고 있다. 이 실험에서 전자가 입자임을 보여주는 증거라고는 매 순간 단 하나의 점이 스크린에 찍힌다는 사실뿐이다……!

21.7 파동함수의 총체적 특성

이쯤에서 한 가지 짚고 넘어갈 것이 있다. 스크린에 간간이 찍히는 작은 점은 파동의 세기가 어떤 임계값을 초과할 때 나타난다고 생각할 수 있다. 그렇다면 작은 점들이 스크린에 맺힐 '확률'이라는 것이 존재하며, 파동의 세기가 클수록 확률도 커진다. 이 정도면 꽤 그럴듯한 해석 같다. 그러나 안타깝게도 이중 슬릿 실험 결과는 이런 식으로 설명되지 않는다. 왜 그런가? 각 지점에 국소적으로 할당된 확률이 모든 것을 좌우한다면, 총에서 발사된 '하나의' 입자를 서술하는 파동함수가 스크린 상에서 멀리 떨어진 '두 지점에' 도달흔적을 남기는 경우도 있어야 하기 때문이다. 발사된 입자가 전자와 같은 하전입자라면 상황은 더욱 어려워진다. 하나의 전자가 총에서 발사되어 슬릿을 통과하고 나서 스크린의 두 지점에 흔적을 남겼다면, (아주 드물게 나타나는 현상이라 해도) 전하보존법칙에 위배된다. 이 문제를 피하기 위해 전하가 없는 중성자neutron를 사용한다면, 이번에는 '바리온수 보존법칙baryon number conservation'이 만족되지 않는다(25.6절 참조). [21.12] 전하나 바리온수는 그동안 수많은 실험을 통해 확실하게 보존되는 양으로 확인되었다. 그런데 이러한 제한조건에도 불구하고 전자나 중성자로 이중 슬릿 실험을 수행하면 스크린에 간섭무늬가 선

[21.12] 스크린에 도달흔적이 남을 확률과 파동함수의 세기(intensity) 사이에 법칙이 존재하건 존재하지 않건 간에, 스크린에 두 개의 도달흔적이 형성될 확률이 존재함을 본문의 논리에 입각하여 증명하라[도움말 : 스크린을 두 부분으로 나눠서 생각해 보라. 단, 두 스크린에 흔적이 남을 확률은 동일하다].

명하게 나타난다!

따라서 우리는 파동-입자 이중성에 관한 한, 아직 아무것도 알아내지 못한 셈이다. 일부 독자들은 약을 올리는 듯한 내 설명에 슬슬 짜증이 날지도 모르겠다. 그러나 잠시만 참아주기 바란다. 우리는 파동함수에 대한 해석도 아직 끝내지 못했다. 전체 파동함수는 하나의 입자를 서술하는 것으로 해석되어야 한다(또는 파동함수 자체가 그냥 '하나의 입자'일 수도 있다). 파동함수가 스크린의 특정 위치에 점이 형성될 확률을 결정한다고 해도, 그것은 어디까지나 '하나의 입자'를 서술하는 확률일 뿐이다. 그러나 파동함수가 스크린의 각 지점에 점이 형성될 확률을 국소적으로, 그리고 독립적으로 결정한다고 생각한다면, 위와 같은 해석을 내릴 수 없다. 우리는 파동함수를 '총체적인 하나'로 간주해야 한다. 파동함수가 스크린의 한 지점에 도달흔적을 남겼다면, 그것으로 임무는 끝난 것이다. 하나의 입자에서 비롯된 파동함수가 둘 이상의 지점에 도달흔적을 남기기란 불가능하다. 이 점에서 파동함수는 고전물리학에 등장하는 파동과 판이하게 다르다고 할 수 있다. 파동의 서로 다른 부분을, 멀리 떨어진 영역에서 무엇이 일어날지를 독립적으로 실어 나르는 국소적 진동으로 간주해서는 안 된다. 양자적 파동함수는 비국소적 성질을 갖는 총체적 객체holistic object인 것이다.

이번에는 다른 실험을 고려해 보자. 이 실험은 파동/입자를 파동묶음으로 나타내는 것이 '입자성'과 부합하지 않는다는 사실을 분명하게 보여줄 것이다. 마찬가지로 한 번에 입자 한 개씩 발사하는 총이 있다고 가정하자. 단, 이번에는 이중 슬릿 대신 입자의 경로를 둘로 분리시키는 '빔 분할기'를 사용할 것이다. 입사입자로 광자를 사용하면 은으로 반도금된 거울이 빔 분할기 구실을 할 수 있다. 즉, 광자빔이 반도금된 거울에 도달하면 광자의 파동묶음이 두 부분으로 분할된다.[7] 다른 효과들을 철저히 배제하기 위해 실험실을 드넓은 우주공간으로 옮기자(별다른 의미는 없다. 그저 극단적인 환경에서도 양자역학의 예견이 잘 들어맞음을 보여 주기 위한 조치일 뿐이다). 광원에서 처음 출발할 때 광자의 파동함수는 비교적 한 곳에 집중된 파동묶음이었지만, 빔 분할기를 거치면서 일부는 반사되고 일부는 투과하여 서로 직각방향으로 진행하게 된다(그림 21.8 참조). 물론 전체 파동함수는 이들의 합으로 표현된다. 그로부터 1년이 지난 후, 광자의 파동함수는 사진검판(또는 이와 비슷한 검출기)에 도달하였다. 빔 분할기에서 서로 직각방향으로 갈라진 후 1광년의 거리를 이동했으므로, 두 검출기 사이의 거리는 1.4광년이 조금 넘을 것이다. 물론 두 개의 검출기는 미리 대기 중인 실험요원들의 손을 거쳐 적절하게 작동되고 있다. 두 개로 분리된 파동묶음은 1광년의 거리를 진행하면서 아주 넓게 퍼질 것이다. 그러나 검출기 근처에는 방대한 크기의 포물경이 설치되어 있어서, 광자의 파동묶음을 남김없이 반사하도록 조정되어 있다. 검출기는 포물경의 초점에 정확하게 위치한다. 이런 상황에서 양자역학은 어떤 예측을 내놓을까? 둘 중 한 사람은 광자를 검출하겠지만, 두 사람 모두 광자를

그림 21.8 우주공간에서 실행되는 가상실험은 파동함수의 비국소성을 보여준다. 광원에서 출발한 광자의 파동함수는 빔 분할기를 거치면서 둘로 갈라진 후 1년 동안 진행하고 검출기 D와 E에 도달한다. 그러나 광자는 둘 중 한 곳에서 검출될 뿐, 두 곳에서 모두 검출되는 경우는 없다.

검출하지는 못할 것이다. 이것이 바로 고전적인 파동과 다른 점이다. 두 실험요원이 서로 1.4광년이나 떨어져 있음을 기억하라. 특수상대성이론에 의하면 이들 사이에 어떤 신호가 오가건 간에, 한쪽에서 보낸 신호가 다른 쪽에 도달하려면 최소한 1.4년 이상을 기다려야 한다(17.8절 참조). 그러나 둘 중 하나의 파동묶음이 검출기에 도달흔적을 남겼다면, 이 사실로 말미암아 1.4광년이나 떨어진 다른 파동묶음이 순식간에 '절대로 도달흔적을 남겨서는 안 되는' 처지로 변해 버린다. 다시 말해서, 각 감지기에 도달한 파동함수들은 상대방이 어떤 결과를 초래할지 이미 알고 있다는 뜻이다! 광원을 관리하는 나는 매번 실험을 수행할 때마다 광자가 둘 중 하나의 검출기에 감지될 뿐, 두 검출기에 '모두' 감지되는 경우는 없다는 사실을 확인하였다(물론 이 사실을 알려면 최소한 1년을 더 기다려야 한다). 이는 곧 둘로 갈라진 각 파동함수들이 "이봐, 방금 내가 검출기에 도달흔적을 남겼어. 그러니까 나의 분신인 너는 도달흔적을 남기면 안돼!"라는 신호를 '즉각적으로' 교환하고 있다는 뜻이다. 고전적인 파동이라면 1.4광년이나 떨어진 곳에서 벌어지는 일을 이처럼 즉각적으로 알아내지 못한다. 양자적 파동함수는 고전적 파동과 특성이 전혀 다르다

의심 많은 독자들은 내 말을 믿지 않을지도 모른다. 만일 광자가 빔 분할기를 거치면서 둘로 갈라지지 않고 둘 중 하나의 경로만을 선택한다면, 굳이 즉각적인 정보교환을 논하지 않고서도 이 현상을 설명할 수 있다. 그러므로 이 실험은 광자의 입자성을 증명하는 것처럼 보인다. 광자가 빔 분할기를 거친 후에도 입자 형태로 남아 있다면, 빔 분할기를 거칠 때 이미 하나의 경로가 선택된 셈이다(공간의 작은 영역을 점유하는 입자가 아무리 멀리 진행한다 해도 1.4광년이 넘는 영역을 혼자 점유할 수는 없다!). 만일 실험을 이것으로 끝낸다면, 애초부터 파동함수라는 개념을 도

입할 필요조차 없다. 그러나 광자가 빔 분할기를 거친 후에 '갈라진 파동 묶음'을 대상으로 다른 실험을 수행할 수도 있다. 검출기에 도달하기 전에 실험요원들이 어떤 실험을 할 것인지, 무생물인 광자가 어떻게 알 수 있겠는가? 예를 들어, 실험요원들이 광자를 직접 검출하는 대신 다음과 같은 관측을 시도하기로 합의했다고 가정해 보자. 이들은 자신에게 도달한 광자의 '부분' 파동함수를 거울에 반사시켜서, 그로부터 1광년 거리에 있는 제3의 위치로 보내기로 했다. 따라서 D와 E에 도달한 파동함수는 곧바로 반사되어 제3의 위치에 '동시에' 도달하게 된다(그림 21.9 참조). 그런데 제3의 위치에는 또 하나의 빔 분할기(이것을 BS-II라 하자)가 설치되어서, 파동함수(광원에서 출발한 직후에 이미 분할된)를 또다시 둘로 분할하도록 조정되어 있다. 예를 들어, 거울 D에서 반사되어 제3의 위치에 도달한 파동묶음 중 BS-II를 투과한 부분은 검출기 A에 도달하고, 나머지 부분(반사된 부분)은 검출기 B에 도달한다(거울 E에서 반사되어 BS-II에 도달한 파동묶음도 이와 비슷한 과정을 거친다). 이 모든 과정에서 광자의 이동거리가 모두 동일하도록 실험장비가 조정되었다면, 광

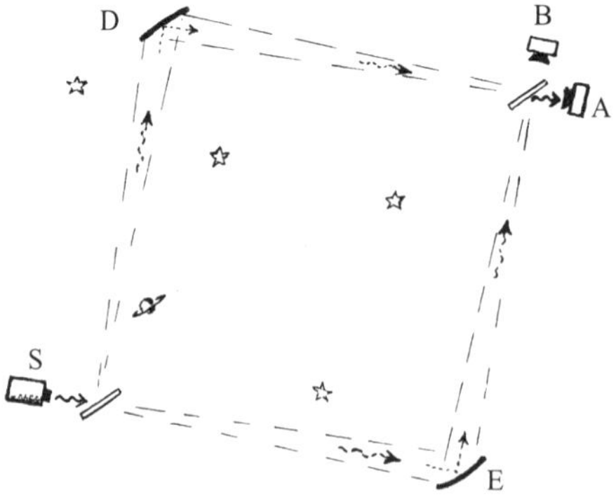

그림 21.9 마하-젠더(Mach-Zehnder) 간섭계를 천문학적 스케일로 확장한 그림. 첫 번째 빔 분할기를 통과한 광자는 자신의 앞길에 그림 21.8과 같은 실험장치가 기다리고 있을지, 또는 제2의 빔 분할기가 기다리고 있을지 전혀 알 수 없다. 이 모든 과정을 거치면 광자는 검출기 A와 B 중 단 하나에 감지되며, 두 곳에서 동시에 감지되는 경우는 절대 발생하지 않는다.

자는 (예를 들어) A에서 감지되고 B에서는 감지되지 않는다. 파동함수의 두 부분이 A에서는 보강간섭을 일으키고, B에서는 소멸간섭을 일으키기 때문이다.

이 과정에서 광자의 입자성이 개입할 여지는 전혀 없다. 따라서 파동함수는 파동-입자 이중성을 파동의 언어로 서술하고 있음이 분명하다. 만일 광자가 첫 번째 빔 분할기를 통과하면서 D와 E 중 어느 쪽으로 갈 것인지를 미리 결정했다면, 선택되지 않은 경로는 더는 아무런 의미가 없다. 이런 상황에서 광자가 둘 중 하나의 거울에 반사된 후 BS-II에 도달하면 A로 갈 수도 있고, B로 갈 수도 있다. 그런데 이 경우에는 검출기 B에서 소멸간섭을 일으킬 만한 다른 파동이 존재하지 않기 때문에, A와 B 중 한 곳에서만 검출된다는 위 결론에 위배된다. 다시 말해서, 광자는 BS-I을 만났을 때 자신의 갈 길을 미리 선택하지 않는다는 것이다. 광자는 BS-I과 BS-II 사이에서 두 개의 경로를 '모두' 느끼고 있음이 분명하다.[8]

물론, 여기에는 비현실적인 요소가 곳곳에 숨어 있다. 이런 실험이 우주공간에서 수행된 사례는 단 한 번도 없다! 그러나 지상의 실험실에서는 수십 cm~수 m의 거리 이내에서 다양한 형태로 수행되었으며(두 번째 실험에 사용된 장비들을 통틀어 '마하-젠더 간섭계Mach-Zehnder interferometer'라고 한다), 양자역학의 예견이 틀린 적은 단 한 번도 없었다. 여기서 가장 이해하기 어려운 것은 광자(또는 다른 양자적 입자)가 실험자의 의도를 '미리 아는 듯' 행동한다는 점이다. (첫 번째)빔 분할기를 통과한 광자는 관측자가 자신의 파동성을 관측할지, 또는 입자성을 관측할지를 어떻게 미리 알 수 있을까?

물론 양자역학은 광자에 지성을 부여하지 않는다. 다만, 파동함수가 비국소적 성질을 갖는 '총체적 실체'라는 관점을 받아들일 뿐이다. 조금 전에 수행한 두 실험에서 광원을 떠난 즉시 광자의 파동함수는 둘로 분리되었고, 파동/입자의 입자적 특성은 이들이 최종 검출기에 도달한 후(즉, 관측이 행해진 후)에 드러나게 된다. 즉, 관측행위에 의해 파동함수의 총체적인 성질('두 곳에 동시에 존재할 수 없는' 입자적 성질)이 비로소 드러나는 것이다.

21.8 마술 같은 '양자 점프'

지금까지는 빙산의 일각에 불과하다. 정말로 신기한 현상은 지금부터 시작이다. 우선, 한 가지 질문을 던져 보자. '측정'이라는 행위는 물리적으로 어떻게 정의되어야 하는가? 측정대상을 어느 정도까지 교란시켜야 관측행위로 인정될 수 있는가? 광자라는 입자가 우주공간을 자유롭게 진행할 때에는 넓게 퍼진 파동함수로 서술했으면서, 그것이 검출기에 도달한 직후부터는 왜 갑자기 입자로 서술해야 하는가? 이중 슬릿 실험의 경우에도 동일한 질문을 제기할 수 있다. 전자가 흔적을 남기는 스크린을 일종의 입자검출기로 생각할 수 있기 때문이다. 지금까지 제시된 설명대로라면, 입자는 관측되기 전까지 파동적 성질을 유지하다가, 측정이 행해지는 그 순간부터 갑자기 입자가 된다. 이들 사이에는 아무런 연결고리도 없다. 파동의 상태가 서서히 변하는 것도 아니고, '갑자기' 파동에서 입자로(비국소적으로)전환되는 것이다. 이것을 흔히 '양자 점프quantum jump(또는 양자도약)'라고 한다. 측정이 행해지는 순간, 파동으로 서술되던 객체는 돌연 입자로 변해 버린다. 왜 그런가? 측정이라는 행위 속에 대체 어떤 비밀이 숨어 있기에, 슈뢰딩거 파동방정식으로 서술되는 양자적 파동함수를 순식간에 고전적 입자로 바꾸어 놓는다는 말인가?

이 문제는 23, 29, 30장에서 좀 더 심층적으로 논의될 것이다. 수학적인 수준에서 양자 점프를 받아들인다 해도, 파동함수의 실체는 여전히 미지로 남는다. 슈뢰딩거 방정식을 따르는 임의의 연속변형으로는 덮이지 않는 이 양자상태의 '점프'는 위대한 물리학자들이 "시간에 따른 상태벡터의 변화가 물리적 실체를 올바르게 기술한다"는 명제를 의심하게끔 한 주범이었다. 파동방정식의 제창자였던 슈뢰딩거조차도 양자 점프에 적지 않은 부담감을 느끼고 있었다. 언젠가 그는 보어와 대화를 나누는 자리에서 다음과 같은 말을 한 적이 있다.[9]

> "만일 양자 점프가 정말로 존재하는 현상이라면, 저는 양자역학에 몸담은 일을 두고두고 후회할 것입니다."

당분간은 양자 점프를 '양자세계를 서술하는 수학적 모델'로 수용하기로 한다. 이 모델에서 측정되지 않은 양자상태는 파동함수 형태로 공간 속을 진행하면서 넓게 퍼지는 경향이 있다. 그러나 누군가가 파동함수를 측정하면 순식간에 붕괴하면서 아주 좁은 영역으로 집중된다. 파동함수가 측정 전에 아무리 넓게 퍼져 있어도, 측정이 행해지기만 하면 바로 그 순간에 붕괴한다. 그 후 입자는 다시 슈뢰딩거의 파동방정식을 따라 파동의 형태로 진행하다가 다음 측정이 행해지면 또다시 붕괴한다. 위 실험으로 미루어볼 때, 파동/입자의 입자적 성질은 측정이 행해진 직후에 나타나며, 파동적 성질은 측정과 측정 사이에 나타난다.

지금까지 말한 내용은 양자역학이 말하는 진실과 크게 다르지 않다. 그러나 이것만으로는 파동/입자의 이중적 성질을 이해하기 어렵다. 일부 물리학자들은 모든 측정이 궁극적으로 '위치의 측정'이라고 주장하지만,[10] 나는 이것이 지나치게 편협한 주장이라고 생각한다. 표준 양자역학에서는 모든 측정을 위치측정으로 간주하지 않는다. 예를 들어, 입자의 운동량(또는 특정 축에 대한 각운동량)을 측정하는 것은 위치측정만큼이나 정상적이고 유용한 측정이다. 위치측정과 운동량측정 사이의 관계는 21.11절에서 다룰 예정이다. 그러나 측정행위에 대한 양자역학적 해석은 다음 장으로 미뤄야 할 것 같다. 양자계의 물리적 측정에 대한 수학적 서술은 양자적 변천과정(슈뢰딩거 방정식)과 판이하게 다르다. 이 문제와 관련된 내용은 29장에서 집중적으로 다루게 될 것이다.

21.9 파동함수의 확률분포

파동함수 ψ로부터 입자의 위치를 어떻게 알아낼 수 있을까? 양자역학 법칙에 의하면 $\psi(x)$의 절댓값제곱. 즉 $|\psi(x)|^2[=\overline{\psi}(x)\psi(x)$, 10.1절 참조]은 입자가 위치 x에서 발견될 확률을 의미한다. 따라서 파동함수의 절댓값이 큰 곳은 입자가 발견될 확률이 높은 곳이고, 절댓값제곱이 0인 곳은 입자가 발견될 가능성이 전혀 없는 곳이다. 또한, 입자가 어느 곳에 있건 간에 전체공간 내부의 어딘가에 있어야 하므로, $|\psi(x)|^2$을 전체공간에 대하여 적분한 값은 항상 1이다.[11] 즉

$$\|\psi\| = \int_{E^3} |\psi(\mathbf{x})|^2\, dx^1 \wedge dx^2 \wedge dx^3$$

은 1이 되어야 한다.

$$\|\psi\| = 1$$

이 조건을 만족할 때, 파동함수 ψ는 '규격화되었다normalized'고

한다.

규격화조건을 요구하면, 우리가 처음에 갖고 출발했던 '운동량상태' 파동함수 $\psi = e^{i\mathbf{P}\cdot\mathbf{x}/\hbar}$는 자동으로 배제된다. 이 ψ는 모든 공간에서 $|\psi|^2 = 1$이 되어, 전 공간에 대한 적분 값이 무한대로 발산하기 때문이다(사실, 이 적분은 전 공간의 부피와 같다). 따라서 우리는 운동량상태를 '실현될 수 없는 이상적인 상태'로 간주해야 한다. 그러나 파동함수에 가해지는 조건을 조금 느슨하게 풀어놓으면 만사가 편해진다. $\psi = e^{i\mathbf{P}\cdot\mathbf{x}/\hbar}$는 규격화되지 않았을 뿐, '파동함수'임에는 틀림없다.

$\|\psi\|$를 정의하는 적분이 특정 값으로 수렴할 때, 파동함수 ψ는 규격화 가능하다normalizable. 이런 경우에 ψ를 $\|\psi\|$의 제곱근으로 나누면 $(\psi\|\psi\|^{-1/2})$ 규격화된 파동함수를 구할 수 있다. 오직 규격화가 가능한 파동함수만이 물리적 의미를 가지며, 그 외(운동량상태 등)는 물리적으로 이상화idealized된 파동함수이다. (규격화와 관계없이) 파동함수로 이루어진 복소 벡터공간은 상태공간 W를 이룬다. 또한, 파동함수 중 일부는 초함수인데(9.7절 참조), 그 이유는 잠시 후에 알게될 것이다.

ψ에 0이 아닌 복소수(상수)를 곱해도 ψ가 나타내는 물리적 상태는 변하지 않는 것으로 간주한다. 표준양자이론에서 ψ와 $e^{i\theta}\psi$는 물리적으로 완전히 동등하다(여기서 θ는 실수이다). 다시 말해서, 파동함수에 상수위상constant phase을 곱하여 만든 새로운 파동함수는 이전과 동일한 물리적 상태를 서술한다는 뜻이다[상수위상을 곱해도 $|\psi(\boldsymbol{x})|^2$의 값은 달라지지 않는다]. 여기서 한 걸음 더 나아가, 파동함수에 0이 아닌 임의의 복소수 κ를 곱해도 파동함수가 나타내는 물리적 상태는 달라지지 않는다.

$$\psi \equiv \kappa\psi$$

(ψ를 이런 식으로 변환해도 슈뢰딩거 방정식은 달라지지 않는다) 파동

함수의 복소 벡터공간 $\mathcal{W}$에서 그 사영공간(이상화된 물리적 상태공간)인 $\mathbb{P}\mathcal{W}$로 옮겨가려면 ψ 앞에 곱해진 상수를 제거해야 한다(사영공간에 대해서는 15.6절을 참조할 것[12]). 물론 일반적인 상수를 곱하여 $\psi \mapsto \kappa\psi$로 변환시키면 $|\psi|^2$이 달라지기 때문에, ψ를 다시 규격화해야 한다. 이것은 $|\psi|^2$을 전 공간에 대한 $|\psi|^2$의 적분으로 나눈 값을 확률밀도로 정의함으로써 구현할 수 있다.

$$\frac{|\psi(\boldsymbol{x})|^2}{\|\psi\|}$$

단, 운동량상태의 경우에는 $\|\psi\|$가 무한대로 발산하기 때문에, 이런 식으로는 규격화된 확률분포를 구할 수 없다(그러나 무한히 큰 공간에서 자유롭게 움직이는 단일입자의 경우에는 모든 곳에서 확률밀도가 0이어도 무방하다).

이런 식의 확률해석을 수용한다면, 파동함수를 확률파동probability wave'이라 불러도 큰 무리는 없을 것이다. 그러나 나는 이것이 그다지 적절한 용어가 아니라고 생각한다. 무엇보다도 $\psi(\boldsymbol{x})$는 실함수가 아닌 복소함수이기 때문에, 그 자체로는 결코 확률이 될 수 없다. 그뿐만 아니라 ψ의 위상(전체적으로 곱해진 상수까지 포함한 위상)은 슈뢰딩거 방정식에서 매우 중요한 양이다. $|\psi|^2$(또는 $|\psi|^2/\|\psi\|$)을 확률파동이라고 부르는 것도 내가 보기엔 적절치 않다. 운동량상태 ψ의 절댓값 $|\psi|$는 전 시공간에 걸쳐 일정한 상수이므로, 이로부터는 파동의 운동방향조차 알아낼 수 없다! ψ에 파동적 성질을 부여하는 것은 위상뿐이다.

어떤 상황에서도 확률은 복소수가 될 수 없으며, 음수가 될 수도 없다. 만일 파동함수가 확률의 파동이라면, 소멸간섭 같은 현상은 일어나지 않아야 한다. 그러나 이중 슬릿 실험에서 확인한 바와 같이(그림 21.4d), 소멸간섭은 양자역학의 중요한 특성이다!

여기서 논의대상의 폭을 조금 확장하여, 19.4절에서 논했던 전자기장 및 이와 관련된 게이지 접속 $\boldsymbol{\nabla}$을 생각해 보자. 만일 우리의 파동함수가 하전입자를 서술하고 있다면, $\psi \mapsto e^{i\theta}\psi$의 게이지 변환을 가할 수 있다. 여기서 $\theta[=\theta(\mathbf{x})]$는 위치를 변수로 갖는 임의의 실함수로서, 전자기학이 게이지 접속으로 작용하게 하여 주는 '게이지 대칭'을 제공한다. 그러나 앞에서 파동함수의 시간에 따른 변화가 근본적으로 위치에 따른 위상의 변화에 의존한다고 말하지 않았던가? 게이지 변환 $\psi \mapsto e^{i\theta}\psi$를 적용하면, 위상이 변하는 방식을 우리가 원하는 대로 선택할 수 있다! 그렇다면 위상의 변화가 물리적으로 중요하다는 말과 상충하지 않는가?

전혀 그렇지 않다. 위상의 변화가 허용되긴 하지만, 이것은 연산자 $\partial/\partial x^a$(즉, 운동량) 변화와 정확하게 상쇄된다. 이러한 변환 하에서($\partial/\partial x^a \mapsto \partial/\partial x^a - ieA_a$, 여기서 $A_a = \nabla_a\theta$이고 $\mathrm{e}=1$이다) 번들 접속 $\boldsymbol{\nabla}$의 작용은 변하지 않는다. 임의의 θ에 대하여 $\psi \mapsto e^{i\theta}\psi$만 적용한다면, 물리적 상황은 변할 수밖에 없다. 위상의 정보는 그대로 있고, 여기에 ∇의 정의가 합쳐지는 것이다. 공간에서 ($\boldsymbol{\nabla}$와 관련하여) θ가 변해 가는 구체적인 양상은 상태의 역학적 진행과정을 이해하는 데 매우 중요한 요소이다. 따라서 나는 ψ가 확률파동 이상의 의미를 갖는다고 말하고 싶다. 어쨌거나, ψ가 비 하전입자(전하가 없는 입자, $\mathrm{e}=0$)를 서술한다면 상황은 이전과 같아진다.

21.10 위치상태

내가 보기에, 파동함수는 '확률파동'보다 훨씬 더 실질적인 개념인 것 같다. 슈뢰딩거의 파동방정식을 풀면 (전하의 유무와 상관없이)파동함수의 시간에 따른 변화를 알 수 있는데, 이 변화는 위치에 따른 위상의 변화에 크게 의존한다. 그러나 누군가가 위치를 관측하면서 파동함수에게 "입자는 어디에 있는가?"라고 물으면 위상분포에 관한 정보는 사라진다. 일단 관측이 행해지면, 관측자는 새로운 파동함수를 갖고 모든 것을 다시 시작해야 한다. 관측결과 입자가 '여기'에 있는 것으로 판명되었다면 새로운 파동함수는 '여기'에서 날카로운 피크를 보이겠지만, 시간이 조금 지나면 슈뢰딩거 파동방정식에 의해 넓게 퍼진다. 이상적인 관측장비를 사용하고 관측자의 기술도 완벽하여 위치측정에 오차가 0이었다면, 새로운 파동함수는 그 위치에서 '무한히 가늘고 무한히 높은' 피크를 형성한다. 이것은 6.6절과 9.7절에서 초함수의 형태로 잠시 언급했던 디랙 델타함수로 나타낼 수 있다.

이와 관련된 수학을 잠시 살펴보자. 편의상 위치측정은 x^1성분에 대해서만 행해진다고 가정한다. 우리가 얻은 관측결과는 'x^1이라는 분명한 값을 갖는' 상태가 될 것이다. 따라서 운동량상태의 경우와 마찬가지로 ψ는 연산자 x^1의 고유함수(연산자 x^1이 적용되는 함수)가 되고, 고유값은 x^1좌표에서 입자가 놓여 있는 특정 값, 즉 X^1으로 나타날 것이다. 다음과 같이 ψ에 x^1이 적용되어

$$\psi \mapsto x^1 \psi$$

x^1 좌표의 특정 실수 값 X^1이 얻어지려면, 고유값 방정식은 다음과 같은 형태를 취해야 한다.

$$x^1 \psi = X^1 \psi$$

(x^1은 선형연산자이고 X^1은 숫자이다) 여기서 ψ를 다음과 같이 선택하면 이 방정식이 만족된다.

$$\psi = \delta(x^1 - X^1)$$

$\delta(x)$는 9.7절에서 (초함수로)정의했던 디랙 델타함수이다. 이 함수는 $x\delta(x) = 0$을 만족하므로,[21.13] $(x^1 - X^1)\,\delta(x^1 - X^1) = 0$, 즉 $x^1\,\delta(x^1 - X^1) = X^1\,\delta(x^1 - X^1)$이 되어 위 고유값 방정식을 만족함을 알 수 있다. 이 '파동함수'는 평범한 함수가 아니라, 고유값 $x^1 = X^1$에서 무한대의 피크를 갖는 이상적인 함수(초함수, 또는 분포)이다.

지금 행해진 측정만으로는 위치의 다른 성분을 알 길이 없다. 따라서 파동함수는 결정되지 않은 좌표에 관하여 변화의 여지를 아직 갖고 있다. 즉, 파동함수는 델타함수에 x^2, x^3의 함수 $\phi(x^2, x^3)$가 곱해진 형태로 쓸 수 있다.

$$\psi = \phi(x^2,\ x^3)\,\delta(x^1 - X^1)$$

이 함수는 연산자 x^1의 일반적인 고유상태를 나타낸다. 여기서 한 걸음 더 나아가, 세 개의 공간좌표 모두에 대한 고유상태를 구할 수도 있다. 이것은 x^1, x^2, x^3이 모두 가환이기 때문에 가능한 일이다. 일반적으로 양자역학적 관측가능량observable들이 서로 가환이면, 이들에게 모두 적용되는 공통의 고유상태가 존재한다(22.13절 참조).[13] 위치를 측정하여 얻

[21.13] 9.7절에서 언급된 초함수의 정의를 이용하여 $x\delta(x) = 0$을 증명하라.

은 값(고유값)이 $\mathbf{X} = (X^1, X^2, X^3)$이었다면, 이에 해당되는 고유상태는 다음과 같다(전체적으로 상수가 곱해질 수도 있다).

$$\begin{aligned}\psi &= \delta(x^1 - X^1)\,\delta(x^2 - X^2)\,\delta(x^3 - X^3)\\ &= \delta(\mathbf{x} - \mathbf{X})\end{aligned}$$

두 번째 줄은 첫 번째 줄의 식을 간단하게 정의한 것이다.[14] 이것이 바로 위치상태를 나타내는 파동함수이다.

위치상태는 운동량상태와 마찬가지로 '이상화된' 파동함수이다. 단, 운동량상태는 무한히 넓게 퍼져 있지만 위치상태는 무한히 작은 영역 안에 집중되어 있다. 따라서 이들 모두는 규격화될 수 없다[델타함수 $\psi = \delta(\mathbf{x} - \mathbf{X})$는 제곱을 취할 수 없다는 점이 문제이다. 9.7절 참조]. 이러한 특성은 위치와 운동량 사이의 '이중성duality'과 밀접하게 관련되어 있는데, 다음절에서 자세히 살펴보기로 하자.

21.11 운동량-공간 표현

지금까지 나는 양자적 상태를 위치의 함수, 즉 파동함수로 표현했다. 이는 곧 각 상태들(W의 원소들)을 위치연산자 $\mathbf{x}$의 고유상태[위치상태 $\delta(\mathbf{x} - \mathbf{X})$]의 선형결합으로 간주했음을 의미한다. 파동함수 ψ를 위치의 함수로 나타낸다는 것은, ψ를 델타함수의 선형결합으로 간주한다는 뜻이다. 이는 $\psi(\mathbf{x})$를 연속적인 선형결합으로 표현한 $\psi(\mathbf{x}) = \int \psi(\mathbf{X})\,\delta(\mathbf{x} - \mathbf{X})\,d^3\mathbf{X}$를 통해 구현할 수 있다. 여기서 $d^3\mathbf{X} = dX^1 \wedge dX^2 \wedge dX^3$이다. 이 식에서 복소수 $\psi(\mathbf{X})$는 선형결합의 계수에 해당된다.

양자상태 ψ를 표현하는 방법은 이것 말고도 많이 있다. 우리는 거꾸로 ψ를 운동량상태 $e^{i\mathbf{P}\cdot\mathbf{x}/\hbar}$의 선형결합으로 나타낼 수도 있다. 이 경우에 선형결합의 계수는 $(2\pi)^{-3/2}\,\tilde{\psi}(\mathbf{P})$가 되어, $\psi(\mathbf{x})$는 다음과 같은 형태가 된다.

$$\psi(\mathbf{x}) = (2\pi)^{-3/2}\int_{\mathbb{E}^3} \tilde{\psi}(\mathbf{P})\, e^{i\mathbf{P}\cdot\mathbf{x}/\hbar}\, d^3\mathbf{P}$$

[상수 $(2\pi)^{-3/2}$가 곱해진 이유는 잠시 후에 알게 될 것이다] 위 식에서 $\psi(\mathbf{x})$는 $\tilde{\psi}(\mathbf{P})$의 3차원 푸리에 변환에 해당하는데, 9.4절의 푸리에 변환을 세 번 적용한 것과 같다. 따라서 $\tilde{\psi}$ ($\mathbf{P}$의 함수지만, $\mathbf{p}$의 함수로 쓸 수 있다)는 $\psi(\mathbf{x})$와 마찬가지로 입자의 양자상태를 나타내는 데 아무런 손색이 없다. 사실, 위치와 운동량 변수 사이에는 명확한 대칭이 존재한다. 원한다면 운동량 $\mathbf{p}$를 주된 변수로 간주하고 위치변수 $\boldsymbol{x}$를 '$\mathbf{p}$에 대한 미분'으로 나타낼 수도 있다. 이렇게 되면 위치와 운동량의 역할이 서로 뒤바뀌게 된다(부호에 주의할 것).

$$x^a = -i\hbar\frac{\partial}{\partial p_a}$$

(이 관계는 공간변수 x^1, x^2, x^3에 모두 적용된다)[21.14] 이 경우에도 위치와 운동량 사이의 교환관계는 이전과 동일하다.

$$p_b x^a - x^a p_b = i\hbar\,\delta^a_b$$

단, 오른쪽 끝에 붙어 있는 '보이지 않는' 함수는 위치 x^a의 함수가

[21.14] ψ를 $x^1\psi$나 $i\hbar\partial\psi/\partial x^1$으로 대치한 것은 $\tilde{\psi}$를 $-i\hbar\partial\tilde{\psi}/\partial p_1$이나 $p_1\tilde{\psi}$로 대치한 것에 각각 대응된다는 것을 증명하라. 그리고 $\psi(x^a)$를 $\psi(x^a + C^a)$로 대치시킨 것이 ψ를 $e^{-iC^a p_a/\hbar}\,\tilde{\psi}$로 대치시킨 것에 대응된다는 것을 증명하라($a$는 1, 2, 3의 값을 가질 수 있다).

아니라, 운동량 p_a의 함수이다. 그리고 이전과 반대로 운동량상태는 델타 함수 $\delta(\mathbf{p}-\mathbf{P})$로 표현되고, 위치상태는 평면파 $e^{-i\mathbf{p}\cdot\mathbf{X}/\hbar}$로 표현된다. 다음과 같은 푸리에 변환을 이용하면 운동량 파동함수를 위치의 고유상태 $e^{-i\mathbf{p}\cdot\mathbf{X}/\hbar}$로 표현할 수 있다.

$$\tilde{\psi}(\boldsymbol{p}) = (2\pi)^{-3/2}\int_{\mathbb{E}^3} \psi(\mathbf{X})\, e^{-i\mathbf{p}\cdot\mathbf{X}/\hbar}\, d^3\mathbf{X}$$

보다시피 부호가 조금 바뀐 것을 제외하면 이전과 거의 동일하다[이제 $(2\pi)^{-3/2}$라는 상수가 등장하는 이유를 알 수 있을 것이다. 이 상수는 역 푸리에 변환이 원래의 변환과 같은 형태가 되게 하기 위해 곱해진 것이다].

파동묶음은 운동량공간이나 위치공간에서 모두 표현될 수 있다.[21.15] 이제, 위치표현과 운동량표현에서 파동묶음에 '퍼짐spread'이라는 개념을 도입해 보자. 위치표현의 퍼짐을 Δx라 하고 운동량표현의 퍼짐을 Δp라 했을 때, 하이젠베르크 불확정성원리를 따르면 이들의 곱은 플랑크 상수의 차수보다 작을 수 없다.[15]

$$\Delta x\, \Delta p \gtrsim \tfrac{1}{2}\hbar$$

그림 21.10에는 위치상태와 운동량상태, 그리고 파동묶음이 위치표현과 운동량표현으로 제시되어 있다. 순수한 운동량상태의 경우, 운동량의 퍼짐은 0이므로 $\Delta p = 0$이다(운동량공간의 델타함수). 여기에 하이젠

[21.15] 예제 [21.11], [21.13], [21.14]의 결과를 이용하여, 파동묶음 $\psi = Ae^{-B^2(x-C)^2}e^{i\omega x}$의 푸리에 변환이 $\tilde{\psi} = (Ae^{i\omega C}/B\sqrt{2})\, e^{-(p-\omega)^2/4B^2}\, e^{-iCp}$임을 증명하라(편의를 위해 $\hbar = 1$인 단위계를 사용하였다).

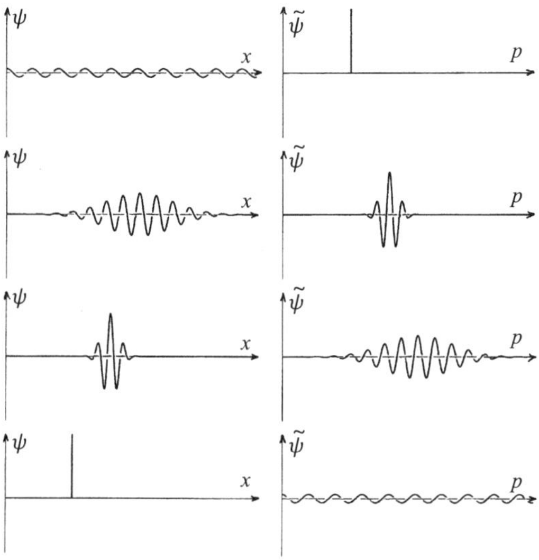

그림 21.10 파동함수의 위치공간표현(ψ, 왼쪽)과 운동량공간표현($\tilde{\psi}$, 오른쪽). 제일 위쪽에 있는 두 개의 그래프는 운동량상태이고 제일 아래쪽에 있는 두 개의 그래프는 위치상태이다. 중앙에 있는 그래프들은 파동묶음을 보여주고 있다. 하이젠베르크의 불확정성원리에 의하면 위치의 퍼짐(spread)이 클수록(작을수록) 운동량의 퍼짐이 작아진다(커진다).

베르크의 불확정성원리를 적용하면 Δx는 무한대가 되어, 파동함수가 전체 위치공간에 걸쳐 균일하게 퍼져 있다는 이전의 설명과 일치한다(21.6절 참조). 그러나 위치상태로 가면 상황이 역전되어 $\Delta x = 0$이 되고(위치의 오차가 전혀 없음), Δp는 무한대가 된다.

여기서 우리는 양자역학의 '서로 양립할 수 없는' 비가환적 측정의 사례를 볼 수 있다(이 문제는 앞으로 자주 거론될 것이다). 입자의 운동량을 측정하면 파동함수가 운동량상태로 투영되면서 고전적 운동량 $\boldsymbol{P}$가 측정결과로 얻어진다. 그리고 잠시 후에 운동량을 다시 측정한다면, 이전과 동일한 값이 얻어질 것이다. 그러나 처음에 운동량을 측정하고 나서 잠시 후에 입자의 위치를 측정했다면, 그 결과는 완전히 불확정적으로 나타난다. 입자가 발견될 확률이 모든 위치에서 동일하게 나타나는 것이다. 두 번째 측정행위에 의해 입자의 상태는 위치공간에서 델타함수가 되고, 운동량공간에서는 모든 가능한 값이 균일하게 분포되어 있는 평면파가 된다. 그 후에 다시 운동량을 측정한다면, 결과는 다시 완전한 불확정성을 띠게 된다. 중간에 위치를 측정하는 바람에 원래의 운동량상태가 완전히 붕괴된 것이다.

상대성이론에서와 마찬가지로(18.7절 참조), 에너지와 시간은 하이젠베르크 불확정성원리를 통해 다음과 같은 관계를 만족한다.

$$\Delta E \, \Delta t \gtrsim \frac{1}{2} \hbar$$

이 식에 담겨 있는 물리적 상황은 앞서 언급했던 위치 – 운동량 불확정성의 경우와 조금 다르다. 표준 양자역학에서 시간은 역학변수가 아니라 외부변수로 취급되기 때문이다. 에너지 – 시간 불확정성원리의 물리적 의미는 다음과 같다. 양자계의 에너지가 Δt라는 시간 동안 수행된 측정에 의해 하나의 값으로 확정되었을 때, 이 값에 수반되는 불확정성 ΔE는 위 관계를 만족한다.

이 관계는 불안정한 원자핵을 설명할 때 특히 유용하다. 우라늄과 같은 원자핵이 불안정하다는 것은 입자의 에너지가 확정된 상태를 유지할 수 있는 시간에 한계가 있다는 뜻이며, 이 시간은 곧 원자핵의 수명life time에 해당한다. 따라서 하이젠베르크의 불확정성원리는 불안정한 입자나 원자핵에 존재하는 에너지의 근본적인 불확정성을 결정하는 원리라고 할 수 있다(에너지의 불확정성이 클수록 입자의 수명은 짧아진다). 여기에 아인슈타인의 $E = mc^2$을 적용하면 질량의 불확정성을 계산할 수 있다. 예를 들어 우라늄 U_{238}의 원자핵은 반감기가 약 10^9년이므로, 에너지의 불확정성은 약 10^{-51}줄joule이며, 이에 해당하는 질량의 불확정성은 약 10^{-68} kg이다(불안정한 입자의 파동함수는 실수 에너지 E에서 정상상태 $e^{-iEt/\hbar}$로부터 벗어나는 경향이 있지만,[16] 그 외에도 지수함수적으로 퍼지게 하는 요인이 있다. 파동함수가 에너지의 고유상태가 아닌 경우, 에너지의 퍼짐현상은 에너지의 불확정성을 낳는다). 하이젠베르크의 에너지-시간 불확정성은 이 책의 30.11절에서 양자적 측정의 수수께끼를 해결할 때 중요한 실마리를 제공한다!

〈21장 후주〉

21–1절

21.1 이것은 d/dx, d/dy, d^3/dx^3 등 상미분연산자로 이루어진 상미분방정식(ordinary differential equation, ODE)의 한 사례이다. 편미분방정식(partial differential equation, PDE)은 편미분연산자 $\partial/\partial x$, $\partial^2/\partial x^2$, $\partial^2/\partial x\partial y$ 등을 포함하며, 19장의 맥스웰 방정식이 대표적인 사례이다.

21–2절

21.2 그러나 일관성을 유지하기 위해(21.3절 참조) 상대성이론의 표기법을 그대로 사용하였다(18.7절). 따라서 운동량의 공간성분 p_a는 일상적인 운동량성분(공간성분 p^a에 c^{-2}를 곱한 양)에 마이너스 부호가 붙은 것으로 이해해야 한다. 나는 지금 일반화좌표 q가 아닌 x를 사용하고 있으므로, 이 표기법은 20.2절의 내용과도 일치한다.

21.3 시간을 고려하지 않으면 해밀토니안 $\mathcal{H}$가 '보존되는 총 에너지'라는 해석을 그대로 유지할 수 있다. 독자들은 "시간을 빼고 공간좌표에 대한 의존성만을 허용하면 근본적인 수준에서 상대론적 불변성이 훼손되지 않을까?"라고 걱정할지도 모른다([후주 20.3] 참조). 그러나 근본적인 수

준에서 시간과 공간에 대한 독립성(시간과 공간에 무관한 성질)을 모두 요구하는 것은 정상적인 수순이다.

21.4 Woodhouse(1991) 참조.

21-4절

21.5 여기서 '검다(black)'는 말은 물질(흑체)이 복사를 100% 흡수한다는 뜻이다. 초기에 이 실험을 수행하던 물리학자들은 물체의 내부에 동그란 공동(空洞)을 만든 후 가느다란 통로로 외부와 연결하는 식으로 흑체를 재현하였다. 그러나 복사가 계속 진행되면 공동을 에워싸고 있는 물체도 뜨거워지기 때문에, 외관상 검게 보이지는 않는다.

21.6 본문에서는 원리적으로 중요한 사실만을 강조하기 위해 기술적인 어려움을 무시한 채 실험환경을 이상적으로 단순화했다.

21-7절

21.7 실제 실험에서는 은으로 반도금된 거울을 사용하지 않고, 얇은 투명체에서 양면반사된 파동(윗면과 아랫면)의 간섭을 이용하여 원래의 빔을 두 가닥으로 분리시킨다.

21.8 양자역학의 드브로이-봄 이론(de Broglie-Bohm theory)에 의하면 [Bohm and Hiley(1994) 참조], 파동성과 입자성은 '동시에' 유지된다. 이 이론에서 경로를 실제로 결정하는 쪽은 입자이지만, 그 선택은 파동이 두 경로를 동시에 진행하며 전달한다. 두 번째 빔 분할기에 도착했을 때, 입자가 검출기 B가 아닌 A에 도달하도록 지시하는 것은 파동이다. 이 흥미롭고 파격적인(그리고 여전히 비국소적인) 관점은 29.2절과 9절에서 다시 거론할 것이다.

21-8절

21.9 Heisenberg(1971), p. 73 참조.

21.10 Goldstein(1987), Bell(1987) 참조.

21–9절

21.11 다른 책에서는 파동함수의 크기(norm)를 내가 정의한 $\|\psi\|$의 제곱근으로 정의하고 있다. 즉, 다른 책에 등장하는 $\|\psi\|^2$은 이 책의 $\|\psi\|$와 같다.

21.12 양자역학은 사영체계(projective framework)를 이용하여 다양한 방법으로 구축될 수 있다. Brody and Hughston(2001), Hughston(1995), Ashtekar and Schilling(1998) 참조.

21–10절

21.13 가환적 관측가능량(commuting observables)의 이와 같은 성질은 다양한 양자역학 관련서적에 소개되어 있다. Shanker(1994) 참조.

21.14 변수가 다른 델타함수는 서로 곱해질 수 있다. 델타함수의 특성에 대해서는 Arfken and Weber(2000)을 참조하라.

21–11절

21.15 Shanker(1994), Hannabuss(1997) 참조.

21.16 입자물리학에서는 시간에 의존하는 부분으로 본문과 동일한 $e^{-iEt/\hbar}$를 자주 사용한다. 그러나 이 경우에 E는 복소수이며, 실수부는 에너지의 평균값(mean value), 허수부는 $-\frac{1}{2}\hbar\log 2\times$(반감기의 역수)이다 [Das and Ferbel(2004) 참조]. [21.16]

[21.16] $-\frac{1}{2}\hbar\log 2$라는 인자는 어디서 비롯되었는가? [반감기(half-life)는 질량의 절반이 붕괴할 때까지 소요되는 시간이다]

22
양자대수학, 양자기하학, 스핀

22.1 양자적 과정 : U와 R

양자역학의 비상식적인 특성(또는 양자적 수준에서 자연의 행동방식)을 반복해서 접하다 보면, “양자적 수준에서 자연현상을 설명하기란 불가능할지도 모른다”는 위기감에 빠지기 쉽다(실제로 양자역학 초기에는 많은 물리학자가 이런 이유로 양자역학을 부정했었다). 양자역학이 우아한 대수학과 함께 아름다운 기하학체계를 가짐에도, 양자적 행동양식을 머릿속에 그리지 못한 채 그 속에서 헤매는 것은 참으로 안타까운 일이 아닐 수 없다. 내부구조를 더는 갖고 있지 않은 점입자point particle도 양자역학 체계에서는 넓게 퍼진 ‘파동적 객체’로 등장한다. 깔끔한 수학을 거쳐 우리가 그려낼 수 있는 것은 바로 이 파동적 객체뿐이며, 이 과정에서 복소수의 마술이 십분 발휘된다.

단일입자의 양자적 특성을 이해하고 나면 조금 여유가 생긴다. 다양한 입자들이 어지럽게 섞인 복잡한 양자계도 동일한 논리로 이해할 수 있을 것 같기 때문이다. 그러나 안타깝게도 이것은 지나치게 섣부른 판단이다. 양자세계의 그림을 제대로 그리려면 시야를 더욱 크게 넓혀야 한다.

23장으로 가면 여러 입자로 이루어진 물리계를 양자적으로 서술하기란 얼마나 어려운 일인지 알게 될 것이다. 이런 경우에 각 입자는 독립적인 상태벡터를 이루지 않고, 다른 입자들과 한데 얽혀서 '단 하나의' 총체적인 상태벡터를 형성한다.

그뿐만 아니라, 개개의 점입자조차도 지금까지 설명한 것보다 훨씬 다양하고 복잡한 구조를 갖고 있다. 특히 입자의 스핀은 상황을 더욱 어렵고 복잡하게 만든다. (이 장의 끝 부분에 가면 알게 되겠지만)다행히도 스핀을 다루는 수학은 이미 말끔한 형태로 정리되어 있다. 여기에 아름다운 기하학과 복소수의 마술을 도입하면 점입자의 양자적 특성을 매우 정확하게 서술할 수 있다.

21장에서 우리는 (비상대론적)양자 입자를 상태벡터(또는 파동함수)로 서술하는 방법에 대해 알아보았다. 상태벡터는 슈뢰딩거의 파동방정식으로 주어지는 정확한 규칙을 따라 변해 가다가, 측정이 행해지면 곧바로 붕괴한다. 23장에서 더 자세히 알게 되겠지만, 복잡한 양자계를 서술하는 상태벡터도 비슷한 성질을 갖고 있다. 그리고 측정행위 자체는 수학적으로 슈뢰딩거 방정식과 전혀 다르게 서술된다. 우리는 이 사실을 21.4, 7, 8절에서 개략적으로 확인한 바 있다. 그리고 21.10, 11절에서 서술한 대로, 입자의 위치를 측정하면 입자의 상태가 이전과 다른 상태로 양자 점프를 일으키면서 한 지점에 집중된다. 즉, 위치연산자 **x**의 고유상태가 되는 것이다(이 고유벡터는 위치좌표에서 델타함수로 표현된다). 또한, 입자의 운동량을 측정하면 입자의 상태는 운동량연산자 **p**의 고유상태가 되고(21. 5, 6, 11절 참조), 입자의 위치는 파동의 형태로 넓게 퍼진다(원리적으로는 전체 공간에 걸쳐 퍼지게 된다). 일반적으로, 측정은 모종의 연산자 Q에 대응되며(보통 에르미트 연산자이다. 22.5절 참조), 측정이 행해진 계는 Q의 고유상태 중 하나로 점프한다. 과연 어떤 상태로 점프할 것인가? 양자역학에 따르면, 이것은 전적으로 확률에 좌우된다. 그러나 확률을 계산하는 방법만은 명확하게 알려져 있다(22.5절 참조).

Q의 한 고유상태를 향해 양자상태가 점프하는 현상을[1] '상태벡터의 축소state-vector reduction' 또는 '파동함수의 붕괴collapse of wavefunction'라고 한다. 이것은 양자역학에 내재된 가장 난해한 수수께끼로서, 앞으로 여러 차례에 걸쳐 언급될 것이다. 아마도 대부분의 양자 물리학자들은 상태벡터 축소가 물리계에서 실제로 일어나는 현상이 아니라고 생각할 것이다. 만일 이들의 생각이 옳다면, 상태벡터에는 양자세계의 물리적 실체가 담겨 있지 않다고 보아야 한다. 논쟁의 소지가 다분한 이 문제는 29장에서 자세히 논하기로 한다. 그러나 사람들이 자연현상의 실체에 대하여 어떤 견해를 가지건 간에, 양자역학은 측정이 행해질 때마다 물리적 상태에 점프가 일어난다는 설명방식을 고수하고 있다. 측정이 실행된 직후에는 슈뢰딩거의 파동방정식이 다시 적용되다가, 후속측정이 행해지면 또 다시 점프가 일어나고… 이런 식으로 계속된다.

슈뢰딩거의 파동방정식에 의거한 상태벡터의 시간적 변화를 **U**로 표시하고, 측정에 의한 상태벡터 축소(또는 파동함수 붕괴)를 **R**이라 하자. 우리 우주가 겉으로 보기에 완전히 다른 두 과정 사이를 오락가락하고 있다는 것은 참으로 이상한 운영방식이 아닐 수 없다!(그림 22.1 참조) 실제로 이것은 아직 밝혀지지 않은 진실의 근사적 표현일지도 모른다. **U**와 **R**을 근사적인 해로 갖는 근본 원리나 더욱 일반적인 방정식이 어딘가에 숨어 있는 것은 아닐까? 21세기 새로운 물리학의 한 부분으로써, 그럴 가능성이 매우 큰 것 같다. 물론 이것은 내 개인적인 생각이며, 자세한 내용은 30장에서 다룰 예정이다. 그러나 물리학자들은 대부분 나와 생각이 다

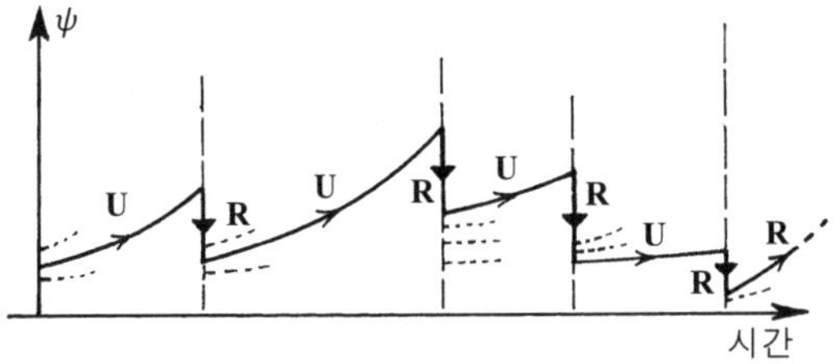

그림 22.1 물리계의 상태 ψ의 시간에 따른 변화. 양자역학에 의하면 물리계의 상태는 두 개의 전혀 다른 과정을 반복해서 겪고 있다. 그중 하나는 연속적이고 결정론적인 유니터리(슈뢰딩거) 변화 **U**이고 다른 하나는 불연속적이고 확률적인 상태의 축소 **R**이다.

르다.

물리학자들이 기존 양자역학 체계의 수정을 기피하는 이유는 (**U**를 서술하는 수학이 아름답다는 이유 이외에) 이론과 실험결과가 혀를 내두를 정도로 정확하게 일치하기 때문이다. 그동안 양자역학을 검증할 목적으로 무수히 많은 실험이 수행되었지만, 이론과 실험이 어긋나는 사례는 단 한 건도 없었으며 그 정확도는 실로 놀라울 정도였다. 그래서 대다수의 양자물리학자가 명백하게 상호 모순적인 **U**와 **R**을 타협시키는 철학적 관점(또는 29.1절에서 논의될 다른 관점들)을 고수하면서, 현재의 양자역학에 근본적 수정을 가할 생각을 전혀 하지 않는 것이다. 22 ~ 23장에서 내가 이루고자 하는 목적 중 하나는 전통적인 양자역학 체계에서 크게 벗어나지 않으면서 수정의 가능성을 타진하는 것이다. **U**/**R**과 관련된 문제는 29.1, 2, 7 ~ 9절과 30.10 ~ 13절에서 내 개인적인 의견과 함께 집중적으로 다룰 예정이다.

전통적인 양자역학은 **U**를 기본적인 진리로 받아들이고, 거기에 근사, 환상, 또는 편의성이란 이름 아래 **R**을 어떻게든 결부시키는 방식으로 구성되어 있다. 현재 유통되는 양자역학 교재는 대부분 이와 같은 관점에서 집필된 것이다.[2] (나를 포함해서)양자역학에 수정이 필요하다고 주장하는 학자들도 "현재 체계가 매우 정확한 근사적 서술이기 때문에, 일단은 완전하게 이해하는 것이 중요하다"고 생각하고 있다. 그러므로 우리도 **U**가 작동하는 방식을 좀 더 깊이 이해한 후에 **R**과 연결하는 방법을 생각해 보기로 한다. 물론 연결이 매우 부자연스럽거나 모순적일 수도 있지만, 그런 걱정은 나중에 해도 된다!

독자 중에는 슈뢰딩거의 파동방정식에 의거한 상태벡터의 변화를 **U**라는 기호로 표현하는 이유가 궁금한 사람도 있을 것이다. **U**는 '유니터리 변화unitary evolution'의 첫 글자를 딴 것이다(유니터리의 의미는 13.9절을 참조하라). 슈뢰딩거 파동방정식이 유니터리한 이유는 22.4절에서 설명할 예정이다. 유니터리 변화는 다른 방법으로 설명할 수도 있는데, 대표적 사례인 하이젠베르크 묘사Heisenberg picture는 22.4절에서 다뤄질 것이다. 그러나 우리의 목적을 이루는 데는 슈뢰딩거 방정식도 매우 유용한 묘사법이다.

22.2 **U**의 선형성과 **R**에 관한 문제들

유니터리성unitarity을 본격적으로 논하기 전에, 이보다 근본적인 **U**의 선형성linearity부터 검증해 보자. 곧 알게 되겠지만, **U**가 선형성만을 갖는다면 **R**과 양립할 수 없다. 우선 슈뢰딩거 방정식 $i\hbar\partial\psi/\partial t = \mathcal{H}\psi$의 선형성을 검증해 보자. 해밀토니안 $\mathcal{H}$는 이미 주어져 있다고 가정한다(해밀토니안은 입자의 특성과 그들 사이에 작용하는 힘, 그리고 외부에서 작용하는 보존력 등에 의해 결정된다). 앞으로 얻어질 결과 중에는 슈뢰딩거 방정식의 일반적인 형태로부터 곧바로 유도되는 것도 있고, 해밀토니안의 구체적인 성질과 무관한 것도 있다.

한 가지 분명한 사실은 이 방정식이 결정론적deterministic이라는 것이다(임의의 시간에 ψ를 알고 있으면, 시간에 따른 ψ의 변화를 계산할 수 있다). "양자역학은 비결정론적이며 불확정성의 지배를 받는다"는 말에 익숙한 독자들은 적지 않게 놀랐을 것이다. 사실, 양자역학의 비결정론적 특성은 **R**에서 비롯한 것이다. 슈뢰딩거 방정식으로 서술되는 시간-변화과정(**U**)은 다분히 결정론적이다. 또한, 슈뢰딩거 방정식은 단위복소수 i를 포함하므로 복소방정식이다(해밀토니안에도 i가 포함될 수 있다).

마지막으로 슈뢰딩거 방정식은 선형방정식이다. 왜냐하면, ψ와 ϕ가 동일한 방정식(동일한 $\mathcal{H}$)

$$i\hbar\frac{\partial\psi}{\partial t}=\mathcal{H}\,\psi,\qquad i\hbar\frac{\partial\phi}{\partial t}=\mathcal{H}\phi$$

의 해일 때, 이들의 선형결합 $w\psi+z\phi$도 이 방정식의 해이기 때문이다(w와 z는 복소상수이다). 첫 번째 방정식의 양변에 w를 곱하고 두 번째 방정식에 z를 곱하여 이들을 서로 더하면(6.5절 참조)

$$i\hbar\frac{\partial\psi}{\partial t}(w\psi+z\phi)=\mathcal{H}(w\psi+z\phi)$$

이 되므로, 위 주장이 사실임을 알 수 있다. 따라서 슈뢰딩거 방정식에 의거하여 ψ가 시간에 따라 변해도, 상태공간 W(보통 무한차원공간이다)를 이루는 복소 벡터공간의 구조는 변하지 않는다.

해밀토니안 $\mathcal{H}$는 무한소의 시간 동안 상태에 일어난 변화를 서술하는 W의 무한소 선형변환을 정의한다. 따라서 해밀토니안의 작용은 W 위의 벡터장에 의해 서술된다(그림 22.2 참조). 유한한 시간이 흐르고 나서

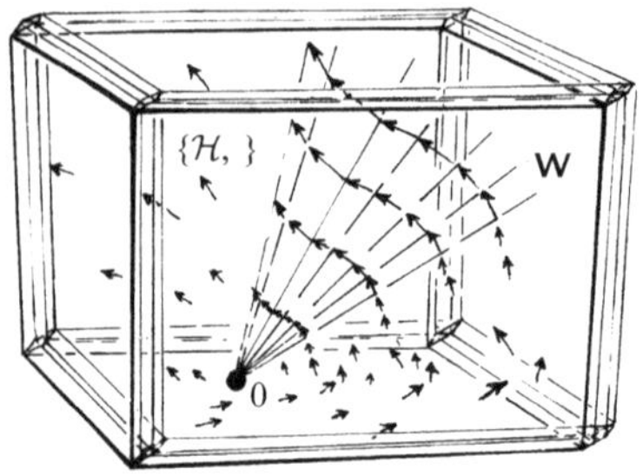

그림 22.2 해밀토니안의 흐름 {$\mathcal{H}$, }(벡터장)은 상태공간 W의 무한소 선형변환을 정의하며, 이 변환으로부터 무한소의 시간이 흐른 후 상태가 얼마나 변하는지 알 수 있다. 유한한 시간이 지난 후에 나타나는 (유니터리한)변화를 구하려면 이 무한소 해밀토니안의 작용을 '지수화(exponentiation)'해야 한다.

계의 상태는 유한선형변환을 따라 변화하며, 이것은 무한소 해밀토니안의 작용을 '지수화exponentiating'해서 얻을 수 있다. 이 과정은 14.6절에서 리대수로부터 리군의 원소를 구할 때 사용했던 '멱법冪法, exponentiation'과 비슷하지만, 해밀토니안의 변화를 지수화하는 것은 훨씬 어려운 작업이다(W가 무한차원이라는 사실이 또 다른 어려움으로 작용한다).

난이도야 어쨌건 간에, 중요한 것은 유한한 시간 T가 흐른 후 양자 상태 공간 W에 나타나는 변환이 항상 선형적이라는 사실이다. 이것을 기호로 표기하면 다음과 같다(화살표 ⇝는 시간 T가 지난 후 상태의 변화를 나타낸다).

$$\psi \rightsquigarrow \psi' \quad \text{이고} \quad \phi \rightsquigarrow \phi'$$

이면

$$w\psi + z\phi \rightsquigarrow w\psi' + z\phi'$$

이다. 여기서 ψ와 ϕ는 임의의 상태(파동함수)이고, w와 z는 임의의 복소상수이다.[22.1]

여러 개의 '얽힌' 입자들과 측정기구가 섞여 있어서 도저히 다룰 수 없는 복잡한 계를 서술할 때에만 측정과정(**R**)을 '편의상' 도입하고, 그 외의 일반적인 경우에는 **U**가 '전부'라고 생각하면, **U**의 선형성은 매우 이상한 결과를 초래하게 된다(양자적 '얽힘 entanglement'은 23장에서 다룰 예정이다. 앞으로 알게 되겠지만, 양자상태는 21.7절에서 말한 것보다 한층 더 '총체적인' 성질을 갖고 있어서 계의 각 부분이 별개의 양자상태에 놓여 있지 않고 전체적으로 얽힌 '하나의 상태'로 존재한다. 그러나 지금 우리 논지는 이것과 무관하다). **R**을 편의상 도입된 수단으로 취급하는 관점에 따르면, **R**은 **U**이 변화하는 저변에 깔려 있는 진리의 근사적 서술에 해당된다. 그러나 이런 관점을 고수하다 보면 심각한 역설에 봉착하게 된다.

21.7절의 실험을 예로 들어 보자. 우주공간에 파견된 두 명의 실험요원들은 '위 관점을 고수하면서' 각기 자신에게 할당된 검출기를 조작하며 광자가 도달하기를 기다리고 있다. 만일 광자가 검출된다면, 이들은 슈뢰딩거 파동방정식을 만족하면서 날아온 파동묶음이 검출기의 센서와 상호작용을 주고받은 결과로 신호가 검출되었다고 생각할 것이다. 그런데 검출되기 전의 양자상태는 두 파동묶음(검출기 A로 향하는 부분과 B로 향하는 부분)의 합으로 표현되었으므로, 검출기에서 일어나는 슈뢰딩거 변화(슈뢰딩거 방정식에 의거하여 파동함수가 시간에 따라 변해 가는 양상을 이렇게 부르기로 한다)에도 (선형성에 의해)두 파동묶음의 변화가 중첩되어 있어야 한다. 그렇다면 슈뢰딩거 변화에 의해, 파동묶음은 두 개의

[22.1] $\mathcal{H}$가 p와 x에 비선형적임에도 불구하고, 임의의 슈뢰딩거 변화(슈뢰딩거 방정식에 의거한 파동함수의 시간에 따른 변화)의 작용이 선형적인 이유는 무엇인가?

검출기 모두에게 감지되어야 한다. 그러나 21.7절에서 강조한 바와 같이 광자는 둘 중 하나의 검출기에 도달하며, 두 검출기에 모두 도달하는 경우는 없다. 따라서 **U**만으로 모든 상황을 서술하면 역설적인 상황에 봉착하게 된다(닐스 보어가 이끌던 코펜하겐 학파의 '전통적' 양자역학은 이런 식으로 해석하지 않는다. 그들은 검출기를 '고전적 객체'로 간주했다).

내가 아는 한, 관측을 포함한 모든 현상을 오직 **U**만으로 서술하려면 '다중세계해석 many-world interpretation'을 수용하는 수밖에 없다. 이 해석에 따르면 두 개의 검출기 모두 광자를 감지하지만, 이들은 각기 '다른 우주'에 존재한다.[3] 그러나 이때도 **U**는 '전부'가 될 수 없다. 다중우주를 도입하면, "관측자는 왜 모든 우주를 동시에 인식하지 못하는가? 관측자가 그 많은 우주 중 어떤 우주를 인식하게 될지, 어떻게 알 수 있는가?"같은 의문을 해결해 주는 이론이 추가로 요구되기 때문이다(이 문제는 29.1, 8절에서 다시 언급할 것이다). 나는 개인적으로 다중세계관점이 적절치 않다고 생각한다. 그것은 '**U**만으로 모든 것을 설명하려고 고집할 때' 어쩔 수 없이 도달하게 되는 중간결론에 불과하다.

이 주제는 29장과 30장에서 '**U**와 **R**이 미래에 발견될 더욱 완벽한 이론의 근사적 서술일 가능성'을 타진할 때 다시 언급될 것이다. 당분간은 양자역학의 전통적인 해석을 그대로 따르기로 한다. 좀 더 개선된 이론이 등장한다 해도, 기존의 체계와 고도로 정밀하게 일치하지 않으면 수용되지 않을 것이다. 나는 새로운 이론을 갈망하는 독자들에게(이런 독자들이 있기를 바란다!) 다음과 같은 충고를 해주고 싶다. "일단은 기존의 전통적인 이론을 완전히 이해하라. 불완전한 기초 위에 지어진 새 집은 사상누각에 불과하다."

22.3 유니터리 구조, 힐베르트 공간, 디랙 표기법

슈뢰딩거 변화의 유니터리성에 대해서는 아직 충분한 설명을 하지 않았다. 이것은 '파동함수의 규격화'와 밀접하게 관련되어 있다. 21장에서 언급한 대로, (스핀이 없는)단일입자를 서술하는 파동함수 ψ의 크기 norm $\|\psi\|$는 전체 공간에 대한 $|\psi(\boldsymbol{x})|^2$의 적분으로 정의되며, 여기에 규격화조건을 요구하면 $\|\psi\| = 1$이 된다[이 조건이 부과되면 $|\psi(\boldsymbol{x})|^2$은 입자의 위치를 관측했을 때 '위치 $\boldsymbol{x}$에서 발견될 확률밀도'로 해석된다]. 여러 입자들이 스핀 상호작용을 교환하는 일반적인 경우(또는 끈string과 같이 더욱 일반적인 개체들이 연관된 경우)는, 적절하게 정의된 양자상태 ψ의 크기 $\|\psi\|$가 양의 실수가 되기를 요구한다.[4] 이렇게 결정된 크기는 **U**의 양자역학적 체계에 부합하는 동시에, **R** 부분에서도 확률을 결정하는 데 결정적인 역할을 한다.

수학적인 관점에서 볼 때, 파동함수의 크기는 상태공간 W에 속하면서 유한한 길이를 갖는 수용 가능한 벡터의 '길이 제곱'으로 해석할 수 있다. 여기에 '유니터리하다'는 형용사가 붙으면, 파동함수가 시간에 따라 변하는 동안 '크기가 보존된다'는 뜻이다. 슈뢰딩거 변화가 유니터리하게 진행되는 이유는 22.4절에서 설명할 것이다.

이제, 새로운 표기법을 정의하여 규격화가 가능한 양자상태들이 어떤 특성을 갖는지 알아보자. 파동함수의 크기는 에르미트 스칼라곱(13.9절 참조)의 특별한 경우로 생각할 수 있다. 양자역학 서적을 보면, 두 파동함수 ϕ와 ψ의 에르미트 스칼라곱은 흔히 $\langle\phi|\psi\rangle$로 표기되어 있다. 따라서 ψ의 '크기'는 ϕ가 ψ인 경우의 에르미트 스칼라곱에 해당된다.

$$\|\psi\| = \langle\psi|\psi\rangle$$

스핀이 없는 단일입자의 경우, 스칼라곱은 다음과 같이 계산된다.

$$\langle\phi|\psi\rangle = \int_{\mathbb{E}^3} \bar{\phi}\psi\, dx^1 \wedge dx^2 \wedge dx^3$$

이 식은 21.9절에서 제시했던 $\|\psi\|$의 표현식을 일반화한 것으로서, 규격화 가능한 임의의 단일입자 파동함수 ϕ와 ψ로 정의되는 양의 정부호 positive-definite 에르미트 스칼라곱에 해당된다.[22.2]

사실, 규격화가 가능한 파동함수들은 복소 벡터공간 H(W의 부분공간)를 이루는데, 이것을 특별히 '힐베르트 공간Hilbert space'이라는 이름으로 부른다.[22.3] 힐베르트 공간은 스칼라곱 연산체계 $\langle\ |\ \rangle$를 갖는 복소 벡터공간이며, 이 연산은 다음과 같은 대수법칙을 만족한다(연산결과는 일반적으로 복소수이다).

$$\langle\phi|\psi+\chi\rangle = \langle\phi|\psi\rangle + \langle\phi|\chi\rangle$$

$$\langle\phi|a\psi\rangle = a\langle\phi|\psi\rangle$$

$$\langle\phi|\psi\rangle = \overline{\langle\psi|\phi\rangle}$$

$$\psi \neq 0\text{이면 } \langle\psi|\psi\rangle > 0\text{이다.}$$

(단일입자의 경우에는 위 법칙을 쉽게 증명할 수 있다)[22.4] 이 방정식으

[22.2] $\langle\phi|\phi\rangle$와 $\langle\psi|\psi\rangle$가 수렴하면 $\langle\phi|\psi\rangle$적분도 수렴하는 이유를 설명하라[도움말 : $|\phi-\lambda\psi|^2$을 유한한 공간 $\mathbb{E}^3$에서 적분한 값은 음수가 아니라는 사실로부터 $\bar{\phi}\psi$ 적분의 절댓값의 제곱, 그리고 $\bar{\phi}\phi$ 적분과 $\bar{\psi}\psi$ 적분의 곱이 만족하는 부등식을 유도하라. 증명의 중간 단계로서, 모든 λ에서 $a+\lambda b+\bar{\lambda}c+\bar{\lambda}\lambda d \geq 0$이 성립하려면 복소수 a, b, c, d는 어떤 조건을 만족해야 하는지 생각해 보라].

[22.3] [예제 22.2]의 결과를 이용하여 규격화가 가능한 파동함수들이 벡터공간을 이룸을 증명하라.

[22.4] 증명해 보라. 이 과정에서 적분의 어떤 성질이 이용되었는가?

로부터 $\langle\phi+\chi|\psi\rangle=\langle\phi|\psi\rangle+\langle\chi|\psi\rangle$와 $\langle a\phi|\psi\rangle=\bar{a}\langle\phi|\psi\rangle$도 쉽게 증명할 수 있다.[22.5] 그뿐만 아니라 파동함수의 크기가 알려져 있으면 스칼라곱은 이로부터 정의될 수 있으므로,[22.6] 크기가 보존되는 선형변환에서는 스칼라곱도 보존된다. 또한, 힐베르트 공간은 기본적인 연속조건을 만족한다.[5]

위 표기법은 20세기의 위대한 물리학자 폴 디랙이 도입한 양자역학 표기법의 일부이다. 일반적인 표기법에 따르면

$$|\psi\rangle,\ |\uparrow\rangle,\ |\rightarrow\rangle,\ |\leftrightarrow\rangle,\ |0\rangle,\ |7\rangle,\ |+\rangle,\ |\boldsymbol{X}\rangle,\ |\text{죽음}\rangle\ (\text{혹은 } |\text{off}\rangle)$$

등은 힐베르트 공간 H에 속하는 다양한 상태벡터를 나타내는데, 여기서 $|\ldots\rangle$은 우리가 관심을 갖는 상태의 대표적인 특성을 적어 넣은 것이다. 이것을 종종 '켓벡터ket vector'라고도 한다('괄호'를 의미하는 영어 'bracket'의 오른쪽 끝 부분에서 따온 이름이다). 각각의 켓벡터에는 H의 듀얼공간 H*에 속하는 '브라벡터bra vector('bracket'의 왼쪽 끝 부분에서 따온 이름)'가 대응되는데, 이들은 원래 상태(켓벡터)의 에르미트 켤레Hermitian conjugate에 해당한다(13.9절 참조). 위에 열거한 켓벡터에 대응되는 브라벡터는 다음과 같다.

$$\langle\psi|,\ \langle\uparrow|,\ \langle\rightarrow|,\ \langle\leftrightarrow|,\ \langle 0|,\ \langle 7|,\ \langle +|,\ \langle\boldsymbol{X}|,$$
$$\langle\text{죽음}|\ (\text{혹은 } \langle\text{off}|)$$

[22.5] 증명해 보라.

[22.6] 크기(norm)로부터 $\langle\phi|\psi\rangle$는 어떻게 정의될 수 있는가? [도움말 : $\phi+\psi$와 $\phi+i\psi$의 크기를 계산해 보라.]

브라벡터는 켓벡터의 듀얼이므로, 이들끼리는 12.3절의 도트곱과 같은 의미의 스칼라곱을 취할 수 있다. 브라벡터 $\langle\psi|$와 켓벡터 $|\phi\rangle$의 스칼라곱(또는 '브라켓'이라고도 한다)은 앞에서 정의한 에르미트 스칼라곱 $\langle\phi|\psi\rangle$과 완전히 동일하다. 또한, 이것은 복소수 $\langle\phi|\psi\rangle$의 복소켤레가 $\langle\psi|\phi\rangle$라는 사실과도 일치한다. $\langle\psi|\phi\rangle = 0$, 또는 $\langle\phi|\psi\rangle = 0$이면 $|\phi\rangle$와 $|\psi\rangle$는 서로 직교한다orthogonal.

선형연산자 $\boldsymbol{L}$이 $|\psi\rangle$에 가해지면 $\boldsymbol{L}|\psi\rangle$가 되는데, 여기에 $\langle\phi|$로 스칼라곱을 취하면

$$\langle\phi|\boldsymbol{L}|\psi\rangle$$

가 된다. 이것은 $\langle\phi|\boldsymbol{L}$이라는 브라벡터와 켓벡터 $|\psi\rangle$의 스칼라곱으로 해석될 수도 있다. 또한, 브라벡터 '$\langle\phi|\boldsymbol{L}$'은 $\boldsymbol{L}^*|\phi\rangle$이라는 켓벡터의 복소공액에 해당하는데, 여기서 $\boldsymbol{L}^*$는 $\boldsymbol{L}$의 딸림adjoint이다.[6] 유한차원의 경우, 선형연산자 $\boldsymbol{L}$의 딸림은 13.9절에서 말한 에르미트 켤레와 동일하다. 복소수 $\langle\phi|\boldsymbol{L}|\psi\rangle$의 복소켤레는 $\langle\psi|\boldsymbol{L}^*|\phi\rangle$이다.

22.4 유니터리한 시간변화 : 슈뢰딩거와 하이젠베르크

이제 우리는 슈뢰딩거 변화의 유니터리성을 논할 수 있는 시점에 이르렀다. 22.3절에서 말한 바와 같이 시간에 따른 파동함수의 변화는 선형적으로 진행되기 때문에, H의 원소 $|\phi\rangle$와 $|\psi\rangle$의 스칼라곱이 보존되는 변화를 생각하면 된다. 다시 말해서, $\langle\phi|\psi\rangle$는 시간이 흘러도 변하지 않는다는 뜻이다($d\langle\phi|\psi\rangle/dt = 0$. 위 설명에 따르면 '크기보존'과 '스칼라곱 보존'은 같은 의미이다). 기본적으로 양자 해밀토니안 $\mathcal{H}$가 만족

해야 할 사항은 (i) 힐베르트 공간을 벗어나지 말 것이며, (ii) 에르미트 연산자이어야 한다는 것이다. 이것은 최소한의 요구조건으로서, 그리 어렵지 않게 충족될 수 있다. 예를 들어 $\mathcal{H}$의 고유값(계의 가능한 에너지)이 실수가 되려면 $\mathcal{H}$는 에르미트 연산자여야 한다. 또한 $\mathcal{H}$가 양의 정부호이기를 요구하면 0이 아닌 모든 $|\psi\rangle$에서 $\langle\psi|\mathcal{H}|\psi\rangle > 0$을 만족하고, 따라서 $\mathcal{H}$의 모든 고유값(에너지)은 양수가 된다(물론 이것은 유니터리성과 무관한 성질이다). 두 함수의 곱을 미분할 때 적용되는 라이프니츠 법칙을 사용하면(6.5절 참조)

$$\frac{d}{dt}\langle\phi|\psi\rangle = \langle\frac{d}{dt}\phi\Big|\psi\rangle + \langle\phi\Big|\frac{d}{dt}\psi\rangle$$

$$= \langle -i\hbar^{-1}\mathcal{H}\phi|\psi\rangle + \langle\phi| - i\hbar^{-1}\mathcal{H}\psi\rangle$$

$$= i\hbar^{-1}\langle\phi|\mathcal{H}|\psi\rangle - i\hbar^{-1}\langle\phi|\mathcal{H}|\psi\rangle = 0$$

임을 쉽게 알 수 있다. 즉, 스칼라곱은 시간이 흘러도 변하지 않으며 따라서 슈뢰딩거 변화는 유니터리하다.[22.7] 공간병진이나 회전의 생성원generator 등 다른 에르미트 연산자에 동일한 과정을 적용하면, 이들 역시 H의 유니터리 변환에 해당함을 알 수 있다.

위 방정식은 스칼라곱 $\langle\phi|\psi\rangle$의 시간에 대한 변화율이 0임을 보여준다. 따라서 $\langle\phi|\psi\rangle$는 시간이 아무리 흘러도 변하지 않으며, $|\phi\rangle$와 $|\psi\rangle$는 동일한 $\mathcal{H}$ 하에서 슈뢰딩거 변화를 겪는다. $t = 0$일 때 $|\phi\rangle$와 $|\psi\rangle$로 서술되는 두 개의 양자상태가 시간 T 후에 각각 $|\phi_T\rangle$와 $|\psi_T\rangle$로 변했다고 가정해 보자.

[22.7] 본문의 내용을 더 구체적으로 설명해 보라. 라이프니츠 법칙이 힐베르트 공간의 스칼라곱에 그대로 적용되는 이유는 무엇인가?

$$|\phi\rangle \rightsquigarrow |\phi_T\rangle \quad \text{이고} \quad |\psi\rangle \rightsquigarrow |\psi_T\rangle$$

(22.2절의 표기법을 사용하였다) 그런데 스칼라곱은 시간이 흘러도 변하지 않으므로

$$\langle\phi|\psi\rangle = \langle\phi_T|\psi_T\rangle$$

이며, 이는 곧 힐베르트 공간 H에서 $t = 0$부터 $t = T$ 사이에 진행되는 선형적 변화가 유니터리하다는 뜻이다. 즉, 변한 후의 상태는 변하기 전의 상태에 유니터리 연산자(13.9절 참조) $\boldsymbol{U}_T$가 가해진 형태로 표현될 수 있다.

$$|\phi_T\rangle = \boldsymbol{U}_T|\phi\rangle, \; |\psi_T\rangle = \boldsymbol{U}_T|\psi\rangle \text{ 등등} \ldots$$

$\boldsymbol{U}_T$는 유니터리 연산자이므로 $\boldsymbol{U}_T$의 역은 딸림과 같다. 즉,

$$\boldsymbol{U}_T^{-1} = \boldsymbol{U}_T^{*}, \text{ 즉} \ldots \; \boldsymbol{U}_T\,\boldsymbol{U}_T^{*} = \boldsymbol{U}_T^{*}\boldsymbol{U}_T = \boldsymbol{I}$$

이다. 여기서 $\boldsymbol{I}$는 H에 속하는 항등연산자이다(위 식의 증명은 13.9절을 참조하라).

22.1절에서 말한 대로 시간에 따른 양자계의 변화는 여러 가지 방법으로 표현될 수 있는데, 그중에서 우리에게 가장 친숙한 것이 바로 '하이젠베르크 묘사'이다. 이 묘사법에서 계의 '상태(벡터)'는 시간이 흘러도 변하지 않으며, 그 대신 시간의 변화는 역학변수들에 나타난다. 독자들은 이런 질문을 제기할지도 모른다. "물리계가 시간에 따라 변하는 것은 당연한 이치인데, 어떻게 계의 상태를 일정하다고 간주할 수 있는가?" 물론 옳은 지적이다. 그러나 슈뢰딩거 묘사에서 하이젠베르크 묘사로 넘어가는 것은 단지 기호의 정의를 바꾸는 과정에 불과하다.

지금까지 우리가 수용해 왔던 슈뢰딩거 묘사를 떠올려 보자. $t = 0$일 때 양자상태 $|\psi\rangle$는 주어진 양자 해밀토니안 $\mathcal{H}$ 하에서 슈뢰딩거 방정식을 따라 진행해 나가다가 시간 T가 지나면 $|\psi_T\rangle$가 된다. 즉

$$|\psi\rangle \rightsquigarrow |\psi_T\rangle = \boldsymbol{U}_T|\psi\rangle$$

이다. $\boldsymbol{U}_T$는 힐베르트 공간 H에서 선형적으로 작용하므로, 다른 임의의 상태 $|\phi\rangle$도 $|\psi\rangle$와 동일한 $\boldsymbol{U}_T$를 따라 $|\phi\rangle \rightsquigarrow |\phi_T\rangle = \boldsymbol{U}_T|\phi\rangle$로 변한다. 하이젠베르크 묘사에서 시간 $= T$일 때의 상태는 다음과 같다.

$$|\psi\rangle_{\mathrm{H}} = \boldsymbol{U}_T^{-1}|\psi\rangle = \boldsymbol{U}_T^{*}|\psi\rangle$$

하이젠베르크 상태 $|\psi\rangle_{\mathrm{H}}$는 시간이 흘러도 변하지 않는다(정의에 의해!). 그러나 대수적 과정이 이전과 같이 성립하려면 고유값(측정된 물리적 변수들)은 슈뢰딩거 묘사의 고유값과 같아야 하며, 역학변수들은 여기에 맞게 변해야 한다. 따라서 (H에서 정의된)임의의 선형연산자 $\boldsymbol{Q}$는 하이젠베르크 묘사에서 다음과 같은 형태로 대치된다.

$$\boldsymbol{Q}_{\mathrm{H}} = \boldsymbol{U}_t^{-1}\boldsymbol{Q}\boldsymbol{U}_t = \boldsymbol{U}_t^{*}\boldsymbol{Q}\boldsymbol{U}_t$$

이로부터 우리는 임의의 스칼라곱이나 고유값의 하이젠베르크 묘사법이 슈뢰딩거 묘사법과 같음을 알 수 있다.[22.8] 이제 하이젠베르크 변화는 연산자 $\boldsymbol{Q}$에 적용되며(슈뢰딩거 묘사에서는 상수로 가정했었다), 특히 역학변수에 적용된다. 하이젠베르크의 운동방정식은 다음과 같다.[22.9]

[22.8] 이 내용을 더 자세히 설명해 보라.

[22.9] 이 방정식을 유도할 수 있겠는가?

$$i\hbar \frac{d}{dt} \boldsymbol{Q}_{\mathrm{H}} = \mathcal{H}\, \boldsymbol{Q}_{\mathrm{H}} - \boldsymbol{Q}_{\mathrm{H}} \mathcal{H}$$

(이 방정식에서 $\boldsymbol{Q}_{\mathrm{H}} = \mathcal{H}$로 놓으면 곧바로 에너지 보존법칙이 얻어진다)

독자들은 이렇게 묻고 싶을 것이다. "하이젠베르크 묘사로 넘어가면 어떤 이득을 보는가?" 사실, 하이젠베르크 묘사를 사용하면 기술적으로 이로운 점이 있긴 하지만 양자역학의 수수께끼 해결에는 별 도움이 되지 않는다. '양자 점프'라는 문제는 여기에도 여전히 존재한다. 단, 이 경우에는 '**R**이 작용하여 $|\psi\rangle_{\mathrm{H}}$가 점프했다'고 생각하거나, '하이젠베르크 역학변수들이 점프했다'고 생각하는 두 가지 해석이 가능하다. 내가 보기에, 하이젠베르크 묘사를 선택하면 '양자 점프' 문제가 더욱 모호해지는 것 같다.

슈뢰딩거 묘사에서는 시간에 따라 변하는 상태벡터로부터 '양자적 실체'를 미루어 짐작할만한 여지라도 있었다! 그러나 하이젠베르크로 넘어오면 물리적 과정이 진행되는 와중에도 상태벡터가 변하지 않기 때문에, 이 희미한 가능성마저 사라져 버린다. 그뿐만 아니라 시간에 따라 변하는 역학변수들로는 물리계의 변화를 표현할 수 없다. 왜냐하면, 이들은 특정 물리계를 서술하는 것이 아니라 "위치는 어디인가?" 등과 같이 물리계를 대상으로 질문만을 제기하기 때문이다.

양자역학을 묘사하는 방법이 두 가지로 존재하게 된 이유는 물리학의 역사 속에서 찾을 수 있다. 하이젠베르크는 그의 묘사법을 1925년에 완성했고, 슈뢰딩거의 묘사법은 그로부터 6개월 후인 1926년 1월에 등장하였다. 그러나 얼마 지나지 않아 이들의 묘사법은 결국 같은 것으로 판명되었다. 막스 본Max Born은 1926년에 슈뢰딩거의 방정식에 등장하는 파동함수의 절댓값 제곱 $|\psi|^2$을 확률로 해석함으로써, 베일에 싸여 있던

ψ에 물리적 의미를 부여하였다(21.9절 참조. 파동방정식을 처음 제안했던 슈뢰딩거는 ψ를 '고전적 장'으로 생각했었다). 양자역학의 연산자체계는 하이젠베르크와 본, 파스쿠알 요르단Pascual Jordan 등에 의해 시작된 후, 디랙의 명 저서 『양자역학의 원리The Principles of Quantum Mechanics, 1930』를 통해 비로소 완전한 모습을 갖추게 되었다.[7]

하이젠베르크 묘사와 슈뢰딩거 묘사는 원리적으로 완전히 동등하지만, 우리는 목적에 따라 둘 중 하나를 더 선호할 수도 있다. 양자이론과 (특수)상대성이론을 결합한 양자장이론(26장 참조)이 그 대표적 사례인데, 디랙은 이 분야를 개척하면서 하이젠베르크 묘사를 훨씬 자주 사용하였다.[8] 그러나 하이젠베르크 묘사와 슈뢰딩거 묘사는 상대론적 불변성을 만족하지 않기 때문에 경우에 따라서는 이들을 섞어 놓은 '상호작용 묘사interaction picture'가 사용되기도 한다.[9]

22.5 양자적 '관측가능량'

이제 양자적 측정을 표현하는 방법을 알아보자. 우리는 21장에서 제시된 위치와 운동량의 측정사례로부터 양자적 측정의 일반적인 특성을 어느 정도 짐작할 수 있다. 양자계의 일부 측정 가능한 양들은 '관측가능량'이라는 연산자 Q로 표현되며, 이 연산자는 양자상태에 적용될 수 있다. 역학변수(위치나 운동량)들도 관측가능량의 한 사례이다.[10] 이론에 의하면 관측가능량 Q는 선형연산자로 표현되므로(위치 및 운동량연산자도 선형연산자이다), Q는 힐베르트 공간 H의 선형변환을 야기한다(단, 특이성을 가질 수도 있다. 13.3절 참조). ψ가 Q의 고유상태이고, 여기 해당되는 고유값 q가 명확한 값을 가질 때, "ψ는 명확한 값definite value을 갖는다"고 말한다.[11] 이것은 21.5, 10, 11절에서 위치와 운동량을 다룰 때 이미 사용했던 용어이다.

전통적인 양자역학에서 모든 고유값은 실수가 되어야 한다. 이것은 (고유벡터의 규격화가 가능하다는 전제하에) $\boldsymbol{Q}$가 자신의 딸림adjoint $\boldsymbol{Q}^*$와 같다는 조건을 요구함으로써 충족될 수 있다.[22.10]

$$\boldsymbol{Q} = \boldsymbol{Q}^*$$

내가 보기에, "관측가능량 $\boldsymbol{Q}$는 에르미트 연산자가 되어야 한다"는 위 조건은 너무 지나친 제한인 것 같다. 천구를 리만 구면으로 표현하거나(18.5절 참조) 고전적 조화진동자의 운동을 서술할 때에도(22.13절 참조) 복소수가 사용되기 때문이다.[12] 관측가능량이 만족해야할 기본조건은 "관측가능량의 서로 다른 고유값에 해당하는 고유벡터들은 서로 직교한다"는 것이다. 이것은 정규연산자normal operator의 특성이기도 하다. 정규연산자 $\boldsymbol{Q}$는 자신의 딸림연산자 $\boldsymbol{Q}^*$와 가환이다.

$$\boldsymbol{Q}^*\boldsymbol{Q} = \boldsymbol{Q}\boldsymbol{Q}^*$$

정규연산자 $\boldsymbol{Q}$의 (규격화가 가능한)고유벡터 중 서로 다른 고유값에 대응되는 한 쌍의 고유벡터들은 반드시 서로 수직해야 한다.[22.11] 나는 고유상태들이 서로 수직한다는 조건에는 동의하지만 측정값(고유값)은 복소수가 되어도 상관없다고 생각하기 때문에, 양자적 관측가능량들이 에르미트 연산자가 되어야 한다는 강한 조건을 폐기하고 그 대신 이들이 '정

[22.10] 에르미트 연산자 $\boldsymbol{Q}$의 고유값이 실수임을 증명하라.

[22.11] 직접 증명해 보라[도움말 : $\langle\psi|(\boldsymbol{Q}^* - \bar{\lambda}\boldsymbol{I})(\boldsymbol{Q} - \lambda\boldsymbol{I})|\psi\rangle$에서 $\boldsymbol{Q}|\psi\rangle = \lambda|\psi\rangle$이면 $\boldsymbol{Q}^*|\psi\rangle = \bar{\lambda}|\psi\rangle$임을 증명하라].

규 선형연산자normal linear operator'라는 조건을 부과할 것이다.

여기서 또 한가지 언급해둘 조건은, 양자적 관측가능량의 고유벡터들이 힐베르트 공간 H 전체를 생성span한다는 것이다(이렇게 되면 H에 속하는 임의의 원소를 고유벡터의 선형조합으로 표현할 수 있다). 유한차원의 경우, 이것은 $\boldsymbol{Q}$가 에르미트(또는 정규) 연산자라는 사실로부터 수학적 과정을 거쳐 자연스럽게 얻어지는 결과이다. 그러나 무한차원인 H에서는 양자적 관측가능량 $\boldsymbol{Q}$의 고유벡터들이 "힐베르트 공간 H 전체를 생성한다"는 가정을 별도로 세워야 한다. 이 조건을 만족하는 에르미트 연산자 $\boldsymbol{Q}$를 '자기딸림 연산자self-adjoint operator'라고 한다.

양자적 관측가능량들이 서로 수직한다는 조건은 양자적 측정과정에서 매우 중요한 요소로 작용한다. 양자역학 법칙에 의하면, 연산자 $\boldsymbol{Q}$에 대응되는 측정결과는 항상 $\boldsymbol{Q}$의 고유상태들 중 하나이다. 이것은 **R** 과정에서 일어나는 양자상태의 점프에 해당된다(22.1절 참조). 측정 전에 계가 어떤 상태에 있었건 간에, 일단 측정이 행해지면 $\boldsymbol{Q}$의 고유상태들 중 하나로 '점프'하는 것이다. 측정이 실행된 후, 계는 $\boldsymbol{Q}$의 명확한 관측값, 즉 고유값 q를 갖게 된다. 측정이 행해지면 $\boldsymbol{Q}$가 가질 수 있는 모든 가능한 값 중에서(즉, 모든 가능한 고유값 q_1, q_2, q_3, … 중에서) 단 하나의 값이 선택되며, 각 고유값에 대응되는 고유상태들은 서로 수직한다.

이 사실이 그토록 중요하게 취급되는 이유는 무엇인가? 각 고유값이 측정결과로 얻어질 확률은 양자역학의 명확한 법칙에 따라 계산되는데, 이 내용은 잠시 후에 다룰 예정이다. 그전에 한 가지 짚고 넘어갈 점은, 측정 결과로 이미 결정된 양자상태가 다른 (서로 수직한)상태로 점프할 확률은 언제나 0이라는 것이다. 따라서 측정을 두 번 연속해서 실행해도 여전히 같은 결과가 얻어진다. 다른 결과가 나오려면 상태벡터가 서로 수직한 다른 상태로 점프해야 하는데, 양자역학의 확률법칙은 이런 변화를 허용하지 않는다. 이 모든 성질은 서로 다른 고유값에 해당되는 고유벡터들이 서로 수직한다는 특성에서 비롯된다. 그래서 $\boldsymbol{Q}$를 정규연산자라고 부르는 것이다('normal'에는 '직각을 이루는'이란 의미도 있다 : 옮긴이).

이제 측정대상 $|\psi\rangle$가 주어져 있을 때, 관측가능량 $\boldsymbol{Q}$가 가질 수 있는 다양한 고유값의 확률이 어떤 식으로 분배되는지 알아보자. 양자역학적 '확률'은 측정 전과 측정 후의 양자상태에 전적으로 좌우되며, 관측가능량 $\boldsymbol{Q}$의 특성(예를 들면 관측된 고유값 등)과는 전혀 무관하다. $\boldsymbol{Q}$의 양자상태가 $|\psi\rangle$에서 $|\phi\rangle$로 점프할 확률은 다음과 같이 주어진다.

$$|\langle\psi|\phi\rangle|^2$$

단, $|\psi\rangle$와 $|\phi\rangle$는 규격화되어 있다고 가정한다($\|\psi\| = \|\phi\| = 1$). 만일 규격화되어 있지 않다면, 위 식을 $\|\psi\|$와 $\|\phi\|$로 나눠야 한다. 일반적으로, 규격화되지 않은 양자상태의 전이확률은 다음과 같이 쓸 수 있다.

$$\frac{\langle\phi|\psi\rangle\langle\psi|\phi\rangle}{\langle\psi|\psi\rangle\langle\phi|\phi\rangle}$$

위 식은 항상 0에서 1 사이의 실수 값을 가지며, 두 상태가 서로 비례하는 관계일 때에 한하여 1이 될 수 있다.[22.12] 그리고 위 논리에 의하면 슈뢰딩거 변화에서 스칼라곱 $\langle\phi|\psi\rangle$의 값은 보존된다. 이것은 **U**와 **R** 과정을 논리적으로 타당하게 연결해 주는 중요한 사실로서, **U**와 **R**은 서로 부합하진 않지만 긴밀하게 연결되어 있음을 보여주고 있다. $\langle\phi|\psi\rangle$이

[22.12] $\langle\ |\ \rangle$의 대수적 성질을 이용하여 이 사실을 증명해 보라([예제 22.2]에 제시된 방법을 사용할 것).

0이라는 것은 이들이 서로 수직한다는 뜻이므로, 측정과정에서 한 상태가 다른 수직인 상태로 직접 점프하는 경우는 없다.

서로 수직이면서 규격화된 상태 ψ와 ϕ가 중첩된 상태는 $w\psi + z\phi$ 라고 표현하는데, 여기서 복소 가중인자 w와 z는 '진폭amplitude', 또는 '확률진폭'이라고 한다. $w\psi + z\phi$로 표현되는 상태에 측정이 행해졌을 때, ψ가 선택될 확률은 $\bar{w}\,w = |w|^2$이고 ϕ가 선택될 확률은 $\bar{z}\,z = |z|^2$ 이다. 즉, 각 상태가 측정결과로 선택될 확률은 진폭의 절댓값 제곱과 같다. 셋 이상의 상태가 중첩할 때에도 같은 논리를 적용 가능하다.

정규연산자 $\boldsymbol{Q}$는 (고유벡터들이 힐베르트 공간 H 전체를 생성한다는 가정하에)힐베르트 공간의 정규직교기저orthonormal basis를 이루는 일련의 고유상태들을 갖고 있다. 정규직교기저는(13.9절과 비교해볼 것) H의 원소 $\boldsymbol{e}_1$, $\boldsymbol{e}_2$, $\boldsymbol{e}_3$, $\cdots$의 집합으로서 다음

$$\langle \boldsymbol{e}_i \mid \boldsymbol{e}_j \rangle = \delta_{ij}$$

관계를 만족하며(δ_{ij}는 크로넥커 델타이다), H의 모든 원소 ψ는 다음과 같은 형태로 쓸 수 있다

$$\psi = z_1\boldsymbol{e}_1 + z_2\boldsymbol{e}_2 + z_3\boldsymbol{e}_3 + \cdots$$

(z_1, z_2, z_3, $\cdots$는 ψ를 나타내는 복소 직교좌표이다) 이것은 내부구조가 없는 단일입자의 일반적인 파동함수와 비슷하다. 단일입자의 운동량상태와 위치상태는 각각 운동량연산자 $\mathbf{p}$와 위치연산자 $\mathbf{x}$의 고유상태로 표현되므로, 단일입자의 파동함수는 운동량상태나 위치상태의 연속적인 선형결합으로 표현할 수 있다(운동량상태는 푸리에 변환으로 표현되고, 위치상태는 $\psi(\boldsymbol{x}) = \int \psi(\boldsymbol{X})\,\delta(\boldsymbol{x} - \boldsymbol{X})\,d^3\boldsymbol{X}$를 이용하여 표현할 수 있다. 21.11

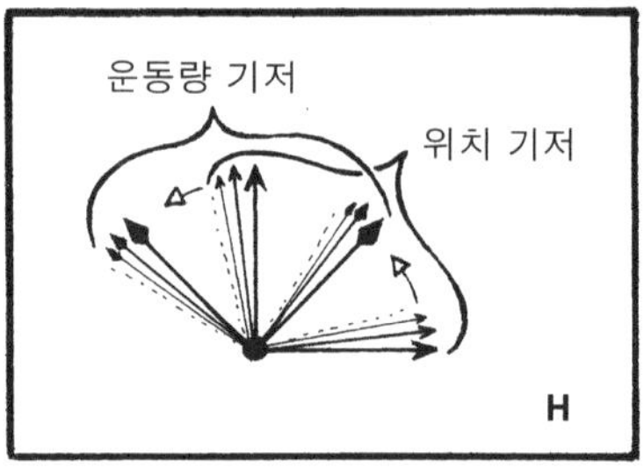

그림 22.3 위치표현에서 운동량표현으로 넘어간다는 것은 힐베르트 공간 H의 기저를 바꾼다는 뜻이다(그러나 운동량상태나 위치상태는 규격화할 수 없기 때문에 H에 속하지 않는다).

절 참조). 위치표현에서 운동량표현으로 넘어간다 함은, 곧 힐베르트 공간 H의 기저를 바꾼다는 뜻이다(그림 22.3 참조). 그러나 운동량상태나 위치상태는 어떤 기술적인 의미에서는 기저를 이루지 않는다. 이들은 규격화할 수도 없고, H에 속하지도 않기 때문이다!(양자역학에는 이런 부가조건이 하도 많아서 공부하는 사람을 성가시게 한다. 현재 양자역학을 연구하는 학자들은 이런 수학적 세부사항에 단호하게 유연한 태도를 취하여 위치상태나 운동량상태가 정말로 존재한다고 믿을 수도 있고, 아니면 이들에게 수학적 권리를 찾아 주려 헌신할 수도 있는데, 여기엔 평생을 '시체마냥 굳어서' 보낼지도 모른다는 위험이 존재한다. 나는 가능한 한 중도를 지키려고 노력 중이며, 어느 쪽이 옳은 길인지는 나로서도 알 길이 없다!)

22.6 YES/NO 측정 : 프로젝터

고유상태를 규격화할 수 없는 위치나 운동량연산자의 경우, 입자가 이런 상태에서 발견될 확률은 0이다. 위치나 운동량이 어떤 특정한 값을 가질 확률은 0이기 때문이다(위치와 운동량은 연속매개변수이다). 이것은 우리에게 결코 유리한 상황이 아니므로, 다른 관측가능량을 사용해야 한다. 어떤 것이 좋을까? 한 예로, "입자의 위치는 ∼에서 ∼사이인가?"라는 질문의 답을 고유값으로 갖는 관측가능량을 생각해 보자. 운동량에 대해서도 이와 비슷한 관측가능량을 생각할 수 있다(다른 연속적인 관측가능량들도 마찬가지다). yes 또는 no로 답을 주는 이런 질문에 yes = 1, no = 0의 고유값을 할당하면 양자역학 체계 속에 포함시킬 수 있다. 이런 식으로 서술되는 관측가능량들을 '투영 연산자projector'라 한다.

투영 연산자 $\boldsymbol{E}$는 자기딸림 연산자이며, 제곱을 하면 자기 자신과 같아진다.[22.13]

$$\boldsymbol{E}^2 = \boldsymbol{E} = \boldsymbol{E}^*$$

이 연산자들은 가장 원시적인 형태의 측정과 관련되며, 양자역학의 측정문제는 이 연산자를 이용해서 가장 말끔하게 표현할 수 있다. 그러나 yes/no 측정은 지금까지 한 번도 마주친 적 없는 새로운 문제를 야기한다. 2차원 이상의 공간에서 이 연산자들은 (완전히)겹치기degenerate 때문이다.

고유값 q에 대응되는 고유벡터의 공간이 2차원 이상일 때, $\boldsymbol{Q}$는 '겹쳐 있다'라고 말한다. 즉, 동일한 고유값 q에 '서로 비례관계에 있지 않은' 고유벡터가 여러 개 존재한다는 뜻이다(13.5절 참조). 동일한 고유값 q에 대응되는 모든 고유벡터들로 이루어진 H의 선형 부분공간을 'q에 대응되는 $\boldsymbol{Q}$의 고유공간'이라고 한다. 이런 경우에는 측정결과가 얻어진 후에도(고유값이 결정된 후에도) 상태벡터가 어디로 점프할지 알 수가 없다. 이 상황은 관측대상인 상태 $|\psi\rangle$가 q에 대응되는 $\boldsymbol{Q}$의 고유공간에

[22.13] 관측가능량 $\boldsymbol{Q}$가 어떤 다항 방정식을 만족할 때, $\boldsymbol{Q}$의 모든 고유값도 동일한 방정식을 만족한다는 것을 증명하라.

수직으로 투영 된다는 '투영가설projection postulate'을 이용하여 설명할 수 있다.[13] 투영가설은 표준 양자역학에서 "관측가능량 $\boldsymbol{Q}$를 측정하면 계의 상태는 측정결과를 고유값으로 갖는 $\boldsymbol{Q}$의 고유상태로 점프한다"는 뜻으로 사용되는 용어이다(22.1절 참조. 이 과정을 이론적으로 확립한 사람은 폰 노이만이었다[14]). 나는 이 절과 다음절에서, 주로 고유값이 겹친 경우에 한정해서 투영가설의 중요성을 강조할 생각이다.[15]

투영을 표현하는 가장 좋은 방법은 적절한 투영 연산자 $\boldsymbol{E}$를 이용하는 것이다. 고유값 = yes = 1에 대응되는 $\boldsymbol{E}$의 고유공간이 고유값 q에 대응되는 $\boldsymbol{Q}$의 고유공간과 일치하는, 그런 투영 연산자 $\boldsymbol{E}$를 사용하면 된다(이 방법은 어떠한 경우에도 사용할 수 있다. $\boldsymbol{E}$가 제기하는 질문— "q는 $\boldsymbol{Q}$를 측정한 결과인가?"라는 질문은 $\boldsymbol{Q}$가 제기하는 질문보다 더욱 근본적이기 때문이다). $\boldsymbol{E}$를 이용하여 투영가설이 주장하는 바를 재서술하면 다음과 같다. $\boldsymbol{Q}$를 측정하여 q를 얻거나, $\boldsymbol{E}$를 측정하여 1이 얻어진 상황은

"$|\psi\rangle$가 $\boldsymbol{E}|\psi\rangle$로 점프했다"

는 말로 표현할 수 있다. 여기서는 상태벡터의 규격화를 고려하지 않았다(원치 않는다면 굳이 규격화할 필요가 없다). 측정결과로 얻어진 상태가 규격화조건을 만족하기를 요구한다면, "$|\psi\rangle$가 $\boldsymbol{E}|\psi\rangle\langle\psi|\boldsymbol{E}|\psi\rangle^{-1/2}$로 점프했다"로 수정하면 된다. 그러나 내 설명방식에서 규격화를 고려하면 식이 복잡해지기 때문에, 아예 고려하지 않는 것이 편리하다.

그림 22.4는 힐베르트 공간 H 안에서 투영가설의 기하학적 특성을 보여주고 있다. 여기서 투영 연산자 $\boldsymbol{E}$를 $\boldsymbol{I}-\boldsymbol{E}$로 대치하면(이것도 투영 연산자이다!) yes와 no의 고유공간이 서로 맞바뀌게 된다($\boldsymbol{I}$는 H의 항

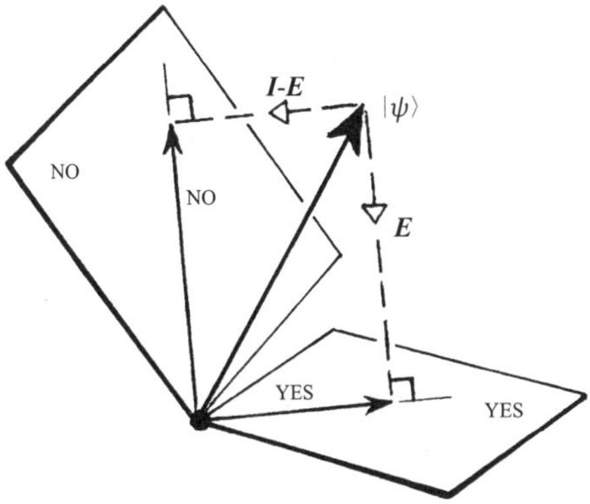

그림 22.4 힐베르트 공간 H에서 투영가설의 기하학적 특성. 투영 연산자 $\boldsymbol{E}$의 고유공간 중 수평면은 고유값 1(yes)에 해당되고, 수직면은 고유값 0(no)에 해당된다. $|\psi\rangle$는 $|\psi\rangle = \boldsymbol{E}|\psi\rangle + (\boldsymbol{I} - \boldsymbol{E})|\psi\rangle$와 같이 서로 수직인 두 부분의 합으로 표현할 수 있는데, 이 중 $\boldsymbol{E}|\psi\rangle$는 $|\psi\rangle$를 yes공간으로 투영한 것이고(측정결과가 yes인 경우), $(\boldsymbol{I} - \boldsymbol{E})|\psi\rangle$는 $|\psi\rangle$를 no공간으로 투영한 것이다(측정결과가 no인 경우). 각각의 경우가 나타날 확률은 $|\psi\rangle$의 길이제곱 $\|\psi\|$를 각 공간에 투영한 길이에 비례한다. 이 그림에서 상태벡터들은 규격화되지 않았다.

등연산자이다). 따라서 $\boldsymbol{E}$를 측정하여 0이라는 값을 얻었다면, $|\psi\rangle$는 $(\boldsymbol{I} - \boldsymbol{E})|\psi\rangle(= |\psi\rangle - \boldsymbol{E}|\psi\rangle)$로 점프한다. $|\psi\rangle$는 서로 수직인 $\boldsymbol{E}|\psi\rangle$와 $(\boldsymbol{I} - \boldsymbol{E})|\psi\rangle$의 합으로 표현되며,[22.14] $\boldsymbol{E}$를 측정하면 전자의 'yes'와 후자의 'no' 중 하나가 선택된다.

$$|\psi\rangle = \boldsymbol{E}|\psi\rangle + (\boldsymbol{I} - \boldsymbol{E})|\psi\rangle$$

$|\psi\rangle$의 기저를 이루는 두 상태의 확률은 기하학적으로 해석될 수 있다. 일단 $|\psi\rangle$가 둘 중 하나의 상태로 투영되면, 크기norm (길이의 제곱)

[22.14] 증명해 보라.

[22.15] 왜 그런가?

는 투영된 상태의 크기로 줄어든다.[22.15] 그러나 계의 상태에 규격화조건을 요구하면 기하학적 해석이 모호해진다!

22.7 빈 측정 : 나선성

일부 물리학자들은 투영가설에 회의적인 생각을 품고 있다(또는 불필요하거나 측정 불가능하다고 주장한다). 문제는 측정행위로 관측량과 측정장비들이 서로 얽히기 때문에, 측정 직후에 계의 상태가 실제로 어떻게 될지 정확하게 예측할 방법이 없다는 것이다. 측정장비는 측정대상을 필연적으로 교란하기 때문에, 이들을 따로 분리해서 생각하기란 불가능하다. 그러나 개중에는 투영가설이 측정을 분명하게 설명해 주는 특별한 경우도 있다(겹친 경우가 될 수도 있다). 가장 대표적인 사례가 바로 '빈 측정null measurement'이다(또는 '상호작용이 없는 측정interaction-free measurement'이라고도 한다). 이 상황은 그 자체로도 흥미롭지만, 양자적 행동의 가장 신기한 특성을 보여 주는 사례로 인용되기도 한다. 지금부터 한두 가지 상황을 가정하여 빈 측정에 담긴 의미를 알아보기로 하자.

우선, 21.7절에서 다뤘던 실험을 상기해 보자. 이 실험에서 광자는 빔분할기를 거치면서 일부는 반사되고 일부는 투과된다. 나중에 이들이 다시 만나면 광자의 상태는 투과된 부분 $|\tau\rangle$와 반사된 부분 $|\rho\rangle$의 합으로 주어진다(둘을 합하는 것만으로 모든 계산을 끝내려면 상대적 위상을 $|\tau\rangle$와 $|\rho\rangle$의 정의에 포함시켜야 한다. 이 경우에도 규격화는 요구하지 않는다).

$$|\psi\rangle = |\tau\rangle + |\rho\rangle$$

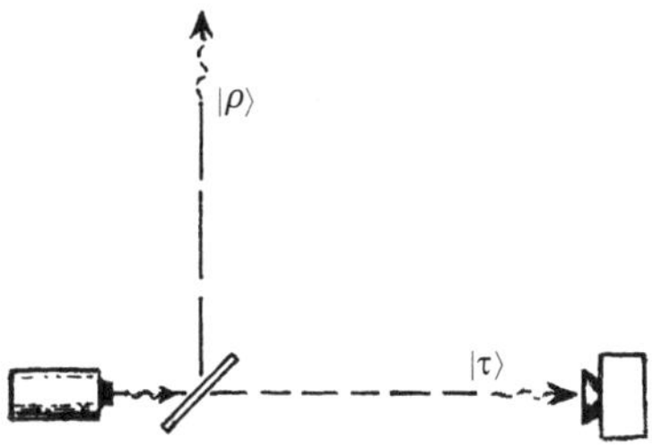

그림 22.5 빈 측정(null measurement)은 투영가설을 뒷받침한다. 하나의 광자가 광원에서 발사되어 빔 분할기를 거치면, 광자의 상태 $|\psi\rangle$는 투과된 부분 $|\tau\rangle$와 반사된 부분 $|\rho\rangle$의 합인 $|\psi\rangle = |\tau\rangle + |\rho\rangle$로 표현된다(위상과 관련된 부분은 양자상태의 정의에 포함시키고, 규격화는 신경 쓰지 않기로 한다). 광원에서 발사된 광자가 검출기에 도달하지 않았다면, 광자와 검출기 사이에 상호작용이 전혀 없었음에도 광자의 상태는 $|\rho\rangle$로 결정된다.

(그림 22.5 참조) 빔 분할기에서 투과된 빔이 향하는 곳에 정확도 100%짜리 검출기가 설치되어 있다고 가정하자. 그리고 광원에는 발사된 광자의 개수를 기록하는 계수기가 부착되어 있다고 가정하자(이 계수기의 정확도도 100%라고 가정한다. 물론, 실제 실험에서 100% 정확도란 있을 수 없다. 지금은 양자역학의 원리를 설명하기 위해 이상적인 상황을 가정한 것이다). 광원에서 광자 하나가 발사되었는데 검출기에 아무런 반응이 없었다면, 이 광자는 투과되지 않고 반사되어 다른 길로 간 것이 분명하다. 따라서 이 광자의 상태는 $|\rho\rangle$로 서술된다. 여기서 중요한 것은, '광자를 검출하지 못한' 측정행위도 광자의 상태를 변화시킬 수 있다는 것이다. 지금 광자는 검출기와 상호작용을 전혀 주고받지 않았는데도, 광자의 상태는 $|\psi\rangle$에서 $|\rho\rangle$로 점프했다! 이것이 바로 빈 측정의 대표적인 사례이다.

이런 종류의 실험을 양자역학에 응용한 대표적 사례로는 압샬롬 엘리추Avshalom Elitzur와 레프 베이드먼Lev Vaidman의 실험을 들 수 있다.[16] 방금 말한 빔 분할기가 마하-젠더 간섭계의 일부분이라고 가정해 보자(21.7절 끝 부분에서 언급한 실험을 상기하라. 그림 21.9 참조). 단, 이번

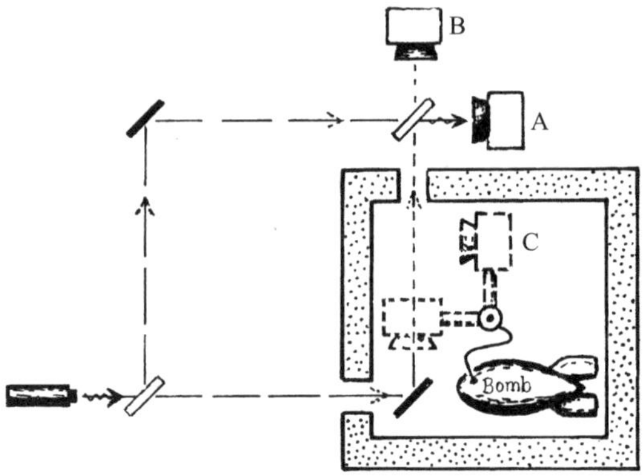

그림 22.6 엘리추—베이드먼이 제안한 폭탄실험의 개요도. 폭탄에 연결된 검출기 C는 마하-젠더 간섭계의 일부일 수도 있고, 그렇지 않을 수도 있다(그림 21.9 참조. 흰색 직사각형은 빔 분할기고, 검은 직사각형은 거울이다). 각 경로의 길이가 같아지도록 세팅했을 때, 만일 C가 경로에서 벗어나 있다면 광원에서 발사된 광자는 A에 도달해야 한다. 만일 검출기 B가 (블랙박스의 폭발 없이)광자를 감지했다면, "C는 제대로 된 위치에 있었지만 광자가 그곳을 지나가지 않았다"는 결론을 내릴 수 있다.

에는 검출기 C가 광자를 감지할 수 있는 위치에 있는지, 또는 그 위치에서 벗어나 있는지를 전혀 알 수 없다고 가정하자. 검출기 C는 폭탄의 기폭장치와 연결되어, C에 광자가 도달하면 폭발하도록 세팅되었다(C와 폭탄은 블랙박스 안에 들어 있다. 그림 22.6 참조). 최종위치에는 검출기 A와 B가 세팅되어 있는데, 만일 C가 없다면 광자는 B가 아닌 A에 도달할 것이다(21.7절 참조). 그렇다면 검출기 C를 (폭발로)손상시키지 않고 C의 검출 여부를 확인할 수 있을까? 만일 검출기 B에 광자가 도달했다면, 이는 C가 제대로 된 위치에 있었지만 광자가 검출되지 않았음을 의미한다! 이런 경우에 광자는 블랙박스를 거치지 않는 경로를 따라온 것이다. 따라서 A와 B에 광자가 검출될 확률은 각각 $\frac{1}{2}$이다(지금 경우에는 두 빔 사이에 간섭이 일어나지 않는다). 그러나 C가 광자의 경로 상에 놓

이지 않았다면 오직 A만이 광자를 검출할 수 있다.[17]

이 실험에는 겹침degeneracy이 없으므로, "측정결과만으로는 상태의 점프가 결정되지 않는다"는 문제를 야기하지 않는다. 그러나 22.6절에서 언급한 대로, 고유값이 겹쳤을 때 나타나는 모호성을 해결하려면 투영가설을 적절히 사용해야 한다. 여기에 광자의 '편광polarization'이라는 또 하나의 자유도를 도입하면 모든 상황을 편리하게 설명할 수 있다. 이것은 앞에서 다뤘던 양자역학적 스핀의 한 사례이다. 스핀에 관해서는 22.8～11절에서 자세히 다루기로 하고, 지금 당장은 질량이 없는 입자의 스핀만을 생각해 보자. 광자는 스핀을 갖지만 질량이 없기 때문에, 전자나 양성자의 스핀과 조금 다른 특성을 보인다(질량이 있는 입자의 스핀은 22.8～10절에서 다룰 것이다). 광자(또는 질량이 없는 다른 입자)는 진행방향에 대하여 회전하는 입자로 생각해야 한다(그림 22.7 참조).

질량이 없는 입자에선 스핀의 크기 $|s|$가 항상 일정하지만, 진행방향에 대하여 오른손방향($s > 0$)이나 왼손방향($s < 0$)을 취할 수 있다.

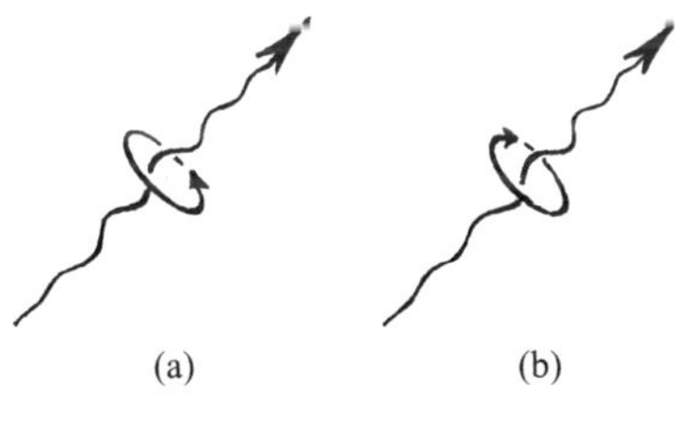

(a) (b)

그림 22.7 광자와 같이 질량이 없는 입자들은 오직 운동방향에 대해서만 회전할 수 있다. 질량이 없는 입자의 스핀 크기 $|s|$는 항상 일정하지만, 광자의 경우처럼 나선성 s가 0이 아니면 스핀은 (a) 오른손방향이거나($s > 0$, 양의 나선성), (b) 왼손방향이다($s < 0$, 음의 나선성). 광자는 $|s| = 1$이므로($\hbar = 1$인 단위에서) $s = 1$이거나(오른손 원형편광) $s = -1$ (왼손 원형편광)이 될 수 있다. 양자역학의 중첩원리에 의하면, 이들을 복소 선형결합으로 연결하여 광자의 다른 편광상태를 만들 수 있다(그림 22.12, 13 참조).

또한, 양자역학의 중첩원리에 따라서 일반적인 스핀 상태는 이들의 선형결합으로 나타낼 수 있다. s는 질량이 없는 입자의 나선성helicity으로서(22.12절 참조) 정수나 반정수가 되어야 한다($\hbar$를 되살리면 나선성은 $\frac{1}{2}\hbar$의 정수배이다). $|s| = j$일 때($\hbar$를 되살리면 $|s| = j\hbar$일 때), 질량이 없는 입자의 스핀은 j이다. 광자의 스핀은 항상 1이며(따라서 광자의 나선성은 ± 1이다), 중력자graviton의 스핀은 2이다(나선성 $= \pm 2$). 또한 뉴트리노neutrino, 중성미자의 스핀은 $\frac{1}{2}$이고, 질량이 없는 뉴트리노가 존재한다면[18] 나선성은 $-\frac{1}{2}$이다(뉴트리노의 반입자인 반뉴트리노antineutrino의 나선성은 $+\frac{1}{2}$이다).

광자의 경우, 나선성상태(나선성이 명확하게 할당된 상태)는 원형편광circular polarization상태이며, 오른손 편광은 $s = 1$, 왼손편광은 $s = -1$에 해당된다. 광자는 평면편광과 같이 다른 편광상태에 놓일 수도 있는데, 사실 이것은 새로운 편광이 아니라 오른손 편광상태와 왼손 편광상태의 선형조합에 불과하다. 이와 관련된 기하학은 22.9절의 끝 부분에서 설명할 것이다. 지금 당장 우리가 알아야 할 것은 광자의 반사가 원형편광에 미치는 영향이다. 지금 나는 원형편광된 상태에 있는 광자가 빔 분할기(또는 거울)와 수직으로 충돌한다고 가정하고 있으므로, 반사된 빔은 자신이 지나온 길을 고스란히 되돌아가게 된다. 이때 반사된 광자의 편광은 광원에서 발사된 광자의 편광과 반대방향이고, 투과된 광자의 편광은 같은 방향이다.[22.16] 그런데 반사된 광자가 다시 광원으로 되돌아오면 복잡한 문제가 발생하므로, 거울이 아주 조금 기울어져 있다고 가정하자. 그래도 상황은 크게 달라지지 않는다.

[22.16] 그 이유를 간단하게 설명해 보라.

이제 그림 22.5의 빈 측정으로 되돌아가 보자. 단, 이번에는 그림 22.8과 같이 광자가 입사된 방향과 반사된 방향이 아주 조금 달라지도록 빔 분할기를 거의 수직으로 세워 놓는다. 우리가 사용하는 광원은 적절하게 세팅되어 있어서, 원형편광된 오른손광자와 왼손광자를 모두 발사할 수 있다고 가정하자. 어느 한순간에 광원에서 발사된 오른손광자가 빔 분할기와 충돌했다면, 광자의 상태는 아래와 같이 선형결합으로 표현될 것이다(위상을 나타내는 부분은 상태 속에 포함되어 있다).

$$|\psi+\rangle = |\tau+\rangle + |\rho-\rangle$$

여기서 켓벡터 안의 ＋와 －는 나선성의 부호를 나타낸다. 검출기는 이전과 마찬가지로 투과된 광자를 검출하도록 세팅되어 있다(검출기는 편광을 식별하지 못한다). 광원에서 오른손광자를 발사했는데 검출기에 아무런 반응이 없었다면, 광자는 '반사된 왼손광자상태', 즉 $|\rho-\rangle$상태

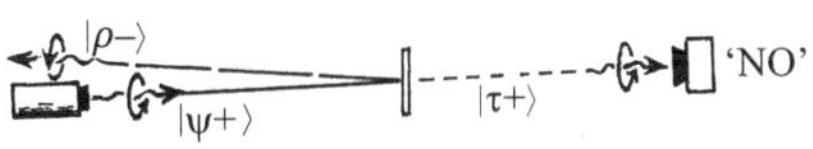

그림 22.8 그림 22.5의 실험으로 되돌아가되, 이번에는 광자가 빔 분할기에 거의 수직으로 입사하도록 세팅한다. 광원에서 발사된 오른손광자가 빔 분할기에 도달하면 광자의 상태는 $|\psi+\rangle = |\tau+\rangle + |\rho-\rangle$이다. 여기서 '＋'와 '－'는 나선성(helicity)의 부호를 나타낸다. 만일 (편광을 인식하지 못하는)검출기가 광자도달신호를 울리지 않았다면, 광자의 상태는 '반사된 왼손광자상태' $|\rho-\rangle$로 점프했다고 결론지을 수 있다. 그러나 이런 결론이 자연스럽게 얻어지려면 투영가설을 완전히 수용해야 한다[그림 22.9의 뤼더스점(Lüders point)으로 투영됨]. 왜냐하면, 관측결과가 no이건 yes이건 간에 겹침이 항상 존재하기 때문이다(no이면 고유공간은 $|\rho+\rangle$와 $|\rho-\rangle$로 생성되는 2차원 공간이고, yes이면 $|\tau+\rangle$와 $|\tau-\rangle$로 생성되는 2차원 공간이 된다). 측정에 의해 어떤 상태로 점프할지를 결정하려면 광자의 초기상태 $|\tau+\rangle + |\rho-\rangle$를 알아야 한다[지금의 경우에는 감지되지 않은(no) 상태로 투영되었다].

로 점프했다는 결론을 내릴 수 있다. 여기서 내가 강조하고자 하는 점은 투영가설을 완전히 수용해야 최종상태에 대한 확신을 가질 수 있다는 것이다(그림 22.9 참조). 검출기는 광자를 검출하거나(yes) 검출하지 않거나(no) 둘 중 하나이므로 이 관측은 yes/no 관측에 해당된다. 그리고 결과가 'no'인 경우에 고유공간은 $|\rho+\rangle$와 $|\rho-\rangle$를 기저로 삼는 2차원 공간을 형성하므로, 여기에는 '겹침'이 존재한다(결과가 yes인 경우에도 $|\tau+\rangle$와 $|\tau-\rangle$에 의한 겹침이 존재한다). 지금의 경우 초기상태는 $|\tau+\rangle+|\rho-\rangle$이므로, 여기에 투영가설을 적용하면[19] 관측결과가 no로 나왔을 때 광자의 상태가 $|\rho+\rangle$나 $|\rho+\rangle-|\rho-\rangle$이 아닌 $|\rho-\rangle$라는 결론에 자연스럽게 도달하게 된다($|\rho+\rangle$와 $|\rho-\rangle$의 다른

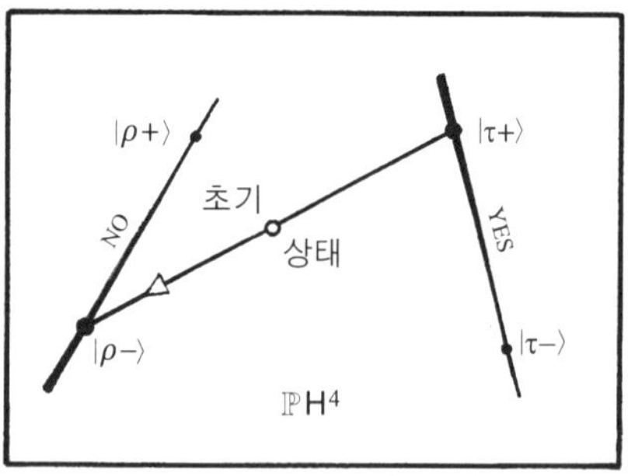

그림 22.9 광자의 편광상태(그림 22.8)를 그림 22.4의 투영가설에 입각하여 투영 힐베르트 공간(projective Hilbert space) $\mathbb{P}H^4$에서 나타낸 그림. $\mathbb{P}H^2$에서 초기상태는 $|\tau+\rangle+|\rho-\rangle$이고, 전체공간은 $|\tau+\rangle$, $|\tau-\rangle$, $|\rho+\rangle$, $|\rho-\rangle$를 기저로 삼는 공간이다. 흰색 삼각형 머리를 갖는 화살표는 $|\rho-\rangle$로의 투영[뤼더스점(Lüders point)]을 나타내며, 이 과정은 초기점($|\tau+\rangle+|\rho-\rangle$)에서 출발하여 yes 선과 no 선을 횡단하는 단 하나의 선을 따라 진행된다. 검출기에 광자가 검출되지 않았다는 것은 광자의 최종상태가 no 선상에 있음을 의미하지만, 초기상태를 어떻게 선택하느냐에 따라 (투영가설에 의해)겹침이 붕괴될 수도 있다.

선형결합도 답이 될 수 없다).[20], [22.17]

22.8 스핀과 스피너

이것은 그다지 흥미로운 실험이라 할 수 없지만, 우리에게 중요한 사실을 말해 주고 있다. 23장으로 가면 이 문제와 관련하여 더욱 놀라운 사실을 알게 될 것이다. 지금은 일종의 준비과정으로, 스핀에 대하여 좀 더 알아보기로 하자. 질량이 있는 입자의 경우, 스핀이란 질량중심에 대하여 일어나는 각운동량을 의미한다.[21] 우리는 21.1 ~ 5절에서 시간의 병진대칭으로부터 양자계의 질량-에너지 보존법칙이 얻어지고, 공간의 병진대칭으로부터 양자계의 운동량 보존법칙이 얻어진다는 사실을 확인한 바 있다. 이와 비슷하게, 공간의 회전대칭을 요구하면 각운동량 보존법칙을 유도할 수 있다(18.7, 20.6절 참조). 질량이 있는 입자의 경우, 입자에 대하여 정지해 있는 기준계를 선택했을 때 우리의 관심을 끄는 회전은 입자가 놓여 있는 곳에서 회전군 O(3)를 형성한다.

양자역학에서 운동량의 각 성분은 해당 좌표에서 무한소 병진이동을 나타내는 연산자에 $i\hbar$를 곱한 양으로 표현되며(21.1, 2절 참조), 각운동량의 성분은 해당 (직교공간)축에 대하여 무한소 회전이동을 나타내는 연산자에 $i\hbar$를 곱한 양으로 표현된다. 따라서 양자역학적 각운동량은 무한소 회전의 대수학, 즉 O(3) 회전군의 리대수를 만족한다. 여기서 O(3)는 SO(3)로 대치될 수 있다. 리대수는 이들을 따로 구별하지 않기 때문이다.

SO(3)군은 비가환non-Abelian군이므로 리대수의 요소들은 가환이

[22.17] 옳은 답이 '투영(projection)'으로부터 얻어지는 이유를 좀 더 자세히 설명해 보라.

지 않다. 사실, 이 대수체계의 발생원 ℓ_1, ℓ_2, ℓ_3(세 개의 직교 공간축에 대한 무한소 회전)은 다음 관계를 만족한다.[22.18]

$$\ell_1\ell_2 - \ell_2\ell_1 = \ell_3,\ \ell_2\ell_3 - \ell_3\ell_2 = \ell_1,\ \ell_3\ell_1 - \ell_1\ell_3 = \ell_2$$

이들은 양자역학 법칙에 의해, 세 축에 대한 양자적 각운동량성분 $\boldsymbol{L}_1$, $\boldsymbol{L}_2$, $\boldsymbol{L}_3$과 다음과 같은 관계에 있다.

$$\boldsymbol{L}_1 = i\hbar\ell_1,\ \boldsymbol{L}_2 = i\hbar\ell_2,\ \boldsymbol{L}_3 = i\hbar\ell_3$$

따라서 각운동량의 각 성분은 아래와 같은 교환규칙을 만족한다.[22]

$$\boldsymbol{L}_1\boldsymbol{L}_2 - \boldsymbol{L}_2\boldsymbol{L}_1 = i\hbar\boldsymbol{L}_3,\ \boldsymbol{L}_2\boldsymbol{L}_3 - \boldsymbol{L}_3\boldsymbol{L}_2 = i\hbar\boldsymbol{L}_1,\ \boldsymbol{L}_3\boldsymbol{L}_1 - \boldsymbol{L}_1\boldsymbol{L}_3 = i\hbar\boldsymbol{L}_2$$

양자역학에 등장하는 연산자들이 모두 그렇듯이, 각운동량의 성분 $\boldsymbol{L}_1$, $\boldsymbol{L}_2$, $\boldsymbol{L}_3$도 힐베르트 공간 H에 적용되는 선형연산자이다. 따라서 각운동량을 갖는 양자계는 SO(3) 리대수를 H의 선형변환으로 나타내는 표현representation을 제공한다(13.6～8, 10, 14.6절 참조).

이것을 잘 이용하면 양자역학의 가장 우아하고도 의미심장한 핵심부에 도달할 수 있다. 이해하기가 결코 쉽지는 않지만, 내가 보장하건대 열심히 노력하면 충분한 보상을 받을 수 있다. 여기서 모든 과정을 소개하기란 좀 무리인 듯하여 중요한 점 몇 가지만 짚고 넘어가기로 한다. 제일 먼저, 파울리 행렬Pauli matrix이라 부르는 아래 행렬들이 각운동량의 교환법칙을 만족한다는 사실을 눈여겨볼 필요가 있다.[22.19]

[22.18] 4원수(quaternion)를 이용하여 이 사실을 확인해 보라.

[22.19] 직접 확인해 보라. 이들의 곱셈법칙은 4원수와 어떤 관계에 있는가?

$$\boldsymbol{L}_1 = \frac{\hbar}{2}\begin{pmatrix} 0 & 1 \\ 1 & 0 \end{pmatrix},\ \boldsymbol{L}_2 = \frac{\hbar}{2}\begin{pmatrix} 0 & -i \\ i & 0 \end{pmatrix},\ \boldsymbol{L}_3 = \frac{\hbar}{2}\begin{pmatrix} 1 & 0 \\ 0 & -1 \end{pmatrix}$$

위 식은 파울리 행렬에 $\hbar/2$를 곱한 것이다. 이것은 각운동량을 표현하는 (자명하지 않은)가장 간단한 방법으로서, 2×2 행렬이 두 개의 성분으로 이루어진 파동함수 $\{\psi_0(\boldsymbol{x}),\ \psi_1(\boldsymbol{x})\}$에 곱해진다고 생각하면 된다(이때 파동함수는 열벡터column vector로 간주한다). 이 상태를 회전시키면 $\psi_0(\boldsymbol{x})$와 $\psi_1(\boldsymbol{x})$가 파울리 행렬의 곱셈법칙을 따라 뒤섞이게 된다.

이처럼 두 개의 성분을 갖는 파동함수를 ψ_A라 하자(아래첨자 A는 0이나 1을 가질 수 있다. 또는 12.8절의 추상-지표 표기법으로 생각해도 된다). ψ_A로 표현되는 양을 스피너spinor라 하고, A를 2-스피너 지표2-spinor index라 한다. ψ_A는 11.3절에서 말했던 '스피너 물체spinorial object'에 해당된다[2π만큼 연속적으로 회전시키면 마이너스($-$) 부호가 붙는다]. 파울리 행렬 중 하나를 멱법으로 전개하여(14.6절 참조) 2π만큼 회전시키면 연산자 $-\boldsymbol{I}$가 얻어지는데, 이것은 ψ_A를 $-\psi_A$로 변환시킨다.[22.20]

ψ_A를 이용하여 텐서와 유사한 양을 정의하면, 텐서의 미적분을 보완하는(또는 대신하는[23]) 강력한 수학체계를 구축할 수 있다. 지금 당장은 필요하지 않지만, 새로운 텐서 체계는 지금까지 언급된 내용을 상대성이론 버전으로 수정할 때 막강한 위력을 발휘한다. 이를 위해서는 지표 A, B, C, …와 A', B', C', … 등이 필요한데, 프라임이 붙은 지표와 붙지 않은 지표는 어떤 의미에서는 서로 복소켤레 관계에 있다(13.9절 참조). 이 표기법은 양자장이론(25.2, 34.3절 참조[24])과 일반상대성이론[25](특히 트

[22.20] 직접 계산해 보라.

위스터 이론에서 중요한 역할을 한다. 33.6절 참조)에서 본격적인 위력을 발휘한다. 여기서는 구체적인 설명을 생략하겠지만(이 내용은 25.2절에서 다시 언급할 것이다), 2-스피너 체계가 여러모로 유용하다는 것만은 틀림없는 사실이다. 지금(그리고 22.9∼11절에서) 우리에게 필요한 것은 일반적인 스핀 상태를 깔끔한 형태로 표현하는 것이다. 지금 우리는 비상대론적인 물리학만을 다루고 있으므로, 프라임(′)이 붙은 양들은 고려하지 않아도 된다(25.2, 3절과 33.6, 8절에선 프라임이 붙은 양을 고려해야 한다).

본론으로 들어가기 전에, 표기법을 더 간단하게 바꿔 보자. 지금부터 22.11절의 끝 부분까지 $\hbar = 1$인 단위계를 사용할 것이다. 사실 이 단위계는 언제나 사용할 수 있다. 여기서 한 걸음 더 나아가 27.10절(그리고 31.1절)에서 사용하게 될 '플랑크 단위계'에서는 플랑크 상수뿐만 아니라 빛의 속도와 중력상수까지 1로 간주한다. 그러나 지금 당장은 이렇게까지 단순화할 필요는 없다. $\hbar$를 1로 잡고 모든 계산을 끝낸 후 각 물리량의 단위를 고려하면 언제든지 $\hbar$를 복원할 수 있다(한 예로 $\hbar$를 1로 간주한 물리공식에서 $\hbar$를 복구하고 싶다면, 길이단위와 시간단위를 무시하고 질량의 q제곱이 들어 있는 항에 $\hbar^{-q}$를 곱하면 된다. 특히 질량, 에너지, 운동량, 각운동량은 $\hbar$로 나눠 주면 된다).

이제 2-스피너 체계로 되돌아가서, 1-가 스피너 ψ_A가 스핀 $\frac{1}{2}$인 입자를 서술한다는 사실을 상기해 보자. SO(3) 리대수의 다른 표현에 대응되는 '큰 스핀 값'에 대해서도 이와 동일한 표기법을 사용할 수 있다. 스핀은 항상 $\frac{1}{2}$의 정수배에 해당되는 값을 갖는다.

$$0, \tfrac{1}{2}, 1, \tfrac{3}{2}, 2, \tfrac{5}{2}, \cdots$$

($\hbar$를 복원한 단위계에서는 '스핀/$\hbar$'가 이 값을 갖는다고 생각하면 된다) 그리고 파동함수는 스핀이 $\frac{n}{2}$일 때 n개의 지표에 완전대칭인 $\psi_{AB\cdots F}$(스핀 텐서)로 나타낼 수 있다.

$$\psi_{AB\cdots F} = \psi_{(AB\cdots F)}$$

(둥근 괄호는 n개의 지표들이 대칭화symmetrization되어 있음을 의미한다. 12.7절 참조) 사실, SO(3)의 모든 표현은 위와 같은 기약표현irreducible representation의 직합direct sum으로 만들어질 수 있다(13.7절 참조). 이것은 "일반적인 표현을 파동함수의 모음(무한히 많을 수도 있음)으로 나타낼 수 있다"고 말하는 것과 동일하다.

$$\{\psi_{AB\cdots F}, \ \phi_{GH\cdots K}, \ \chi_{LM\cdots R}, \ \cdots\}$$

각 파동함수들은 스피너 지표에 대칭이다.

개개의 입자들은 파동함수에 대응되는 단 하나의 대칭적 장 $\psi_{AB\cdots F}$을 갖는다(얼핏 생각하면 입자가 두 개인 경우는 대칭적 장이 두 개이고, 입자가 셋인 경우는 대칭적 장이 셋 존재할 것 같지만 사실은 그렇지 않다. 자세한 내용은 다음 장에서 설명할 예정이다). π-중간자와 같이 스핀이 0인 스칼라 입자의 파동함수에는 스피너의 지표index가 없는데, 이런 경우는 21장에서 이미 다루었다. 우리에게 가장 친숙한 입자들, 즉 전자, 뮤온, 뉴트리노, 양성자, 중성자, 쿼크(양성자와 중성자를 구성하는 입자) 등의 스핀은 모두 $\frac{1}{2}$이다(따라서 지표는 하나뿐이다). 중양성자deuteron (중수소의 원자핵으로, 양성자 한 개와 중성자 한 개로 이루어져 있음)와 W 보존(25.4절 참조)의 스핀은 1이다(두 개의 대칭적인 스피너 지표를 갖는다). 무거운 원자핵이나 원자 전체를 '큰 스핀을 갖는 하나의 입자'로 간주할 수도 있다. 스핀 $=\frac{1}{2}n$일 때, n개의 지표를 갖는 스피너 $\psi_{AB\cdots F}$는 서로 독립인[26] $n+1$개의 복소성분을 갖는다.[22.21] 스핀텐서 $\psi_{AB\cdots F}$는 종종 'n-지표 스피너'라는 이름으로 불리지만, 사실은 n이 홀수인 경우(스핀이 반정수인 경우)에만 스피너 물체가 될 수 있다. 그리고 스핀 값 $j=\frac{1}{2}n(\geq 0)$은 다음과 같은 총 스핀 연산자[27]의 고유값 $j(j+1)$을 결정한다(또는 고유값으로부터 스핀이 결정되기도 한다).

$$\mathbf{J}^2 = \boldsymbol{L}_1^2 + \boldsymbol{L}_2^2 + \boldsymbol{L}_3^3$$

이것은 3차원 벡터 $\mathbf{J}=(\boldsymbol{L}_1, \boldsymbol{L}_2, \boldsymbol{L}_3)$의 '길이 제곱'에 해당한다.

각운동량의 각 성분 $\boldsymbol{L}_1, \boldsymbol{L}_2, \boldsymbol{L}_3$는 서로 가환이지 않지만, 총 스핀 $\mathbf{J}^2$은[22.22], [22.23] $\boldsymbol{L}_1, \boldsymbol{L}_2, \boldsymbol{L}_3$와 가환이다(즉, 교환법칙이 성립한다). 이러한 특성은 SO(3)에서 $\mathbf{J}^2$이 카시미르 연산자Casimir operator로 작용하게끔 한다(22.12절 참조). 양자상태를 완전하게 기술하려면 가환연산자의 완전집합complete set of commuting operators, 22.12절 참조을 구축하고, 이 모든 연산자에 대하여 '동시에' 고유상태가 되는 상태를 찾아야 한다. 이것은 각운동량의 경우에 연산자 $\boldsymbol{L}_3$을 위쪽(z축 방향)으로 취함으로써 구현될 수 있다. 이 과정에서 양자상태를 구별하는 두 개의 '양자수quantum number' j와 m이 도입되는데, $j(j+1)$은 $\mathbf{J}^2$의 고유값이고 m은 $\boldsymbol{L}_3$의 고유값이다. 또한, j와 m은 반정수(스피너의 경우)나 정수 값만을 취

[22.21] 본문에 주어진 정보를 이용하여 그 이유를 설명해 보라.

[22.22] 각운동량의 교환규칙을 이용하여 $\mathbf{J}^2$와 $\boldsymbol{L}_1, \boldsymbol{L}_2, \boldsymbol{L}_3$이 서로 가환임을 증명하라.

[22.23] $\boldsymbol{L}^+ = \boldsymbol{L}_1 + i\boldsymbol{L}_2$, $\boldsymbol{L}^- = \boldsymbol{L}_1 - i\boldsymbol{L}_2$와 $\boldsymbol{L}_3$ 사이의 교환관계를 유도하라. $\mathbf{J}^2$를 $\boldsymbol{L}^+, \boldsymbol{L}^-, \boldsymbol{L}_3$으로 표현하라. $|\psi\rangle$가 $\boldsymbol{L}_3$의 고유상태이면 $\boldsymbol{L}^{\pm}|\psi\rangle$도 (0이 아닌 한) $\boldsymbol{L}_3$의 고유상태임을 증명하라. $\boldsymbol{L}^{\pm}|\psi\rangle$의 고유값을 $|\psi\rangle$의 고유값으로 표현하라. $|\psi\rangle$가 이러한 고유상태들을 기저로 갖는 유한차원 기약표현공간에 속할 때, 이 공간의 차원이 $2j$임을 증명하라. 여기서 $j(j+1)$은 이 공간에 속하는 모든 상태에 대한 $\mathbf{J}^2$의 고유값이다.

할 수 있으며 $j \geq 0$, $-j \leq m \leq j$를 만족해야 한다. m이 취할 수 있는 $2j+1$개$(=n+1$개$)$의 서로 다른 값들은 $\psi_{AB\cdots F}$의 서로 다른 성분에 대응된다.

$\boldsymbol{L}_3$을 z축 방향으로 잡은 것은 물론 스피너 성분을 임의로 선택한 것이며, 이는 22.9절에서 위/아래 기저($|\uparrow\rangle$, $|\downarrow\rangle$)를 선택하는 것과 동일하다. 원한다면 다른 방향을 선택해도 상관없다. 앞으로 나는 다른 방향에 대해서도 종종 'm 값'을 언급할 것이다(22.10절의 마요라나 묘사법 참조).

22.9 2-상태 계의 리만 구면

지금부터 스핀 $\frac{1}{2}$인(전자, 양성자, 중성자, 쿼크 등) 개개의 스핀 상태를 매우 간결하게(거의 마술같이) 표현하는 양자기하학quantum geometry에 대해 알아보자. 이 내용을 적절히 응용하면 일반적인 2-상태 양자계를 쉽게 이해할 수 있다. 이런 계는 2차원 복소 힐베르트 공간 $\mathbf{H}^2$로 표현되며, 이와 관련된 기하학은 스핀 $\frac{1}{2}$인 상태로 깔끔하게 표현된다.

앞으로 스핀 $\frac{1}{2}$인 입자들은 입자가 정지해 있는 기준계에서 '스핀 자유도'만을 갖는 것으로 간주한다. 이 가정을 더 확실하게 구현하려면, 입자가 '정지한', 즉 운동량이 0인 고유상태여서 입자의 상태가 공간변수 x에 대하여 상수라고 가정하면 된다.[22.24] 그러면 ψ_0와 ψ_1은 복소수가 되는데($\psi_0 = w$, $\psi_1 = z$라 하자), 이 상태를 $\{w, z\}$로 표기하자. 스핀의 방

[22.24] 왜 그런가?

향이 '위up'인 상태 $|\uparrow\rangle$는 $\{1, 0\}$이고(위쪽 수직방향에 오른손 스핀인 경우) '아래down'인 상태 $|\downarrow\rangle$는 $\{0, 1\}$이다(아래쪽 수직방향에 오른손 스핀인 경우). 이 두 개의 기저상태는 직교한다.

$$\langle\uparrow|\downarrow\rangle = 0$$

또한, 이들은 다음과 같이 규격화되어 있다.

$$\langle\uparrow|\uparrow\rangle = 1 = \langle\downarrow|\downarrow\rangle$$

스핀 $\frac{1}{2}$인 일반적 상태 $\psi_A = \{w, z\}$ ($\mathbb{H}^2$의 일반 원소)는 두 기저상태 $|\uparrow\rangle$와 $|\downarrow\rangle$의 선형결합으로 나타낼 수 있다.

$$\{w, z\} = w|\uparrow\rangle + z|\downarrow\rangle$$

$\{w, z\}$와 다른 일반적 상태 $\{a, b\}$(즉, $a|\uparrow\rangle + b|\downarrow\rangle$)의 스칼라곱은 다음과 같이 주어진다.[22.25]

$$\langle\{a, b\}|\{w, z\}\rangle = \bar{a}\,w + \bar{b}\,z$$

스핀 $\frac{1}{2}$인 모든 상태들은 공간상의 어떤 방향에 대하여 오른손 스핀을 갖는 것으로 해석할 수 있다. 따라서 임의의 상태는 (예를 들어)다음과 같이 표현된다.

$$w|\uparrow\rangle + z|\downarrow\rangle = |\nearrow\rangle$$

여기서 '↗'는 공간상의 한 방향을 의미한다![22.26] 이 사실을 이용하

[22.25] 위에 제시된 내용으로부터 이 결과를 유도하라.

면 사영공간 $\mathbb{P}\mathbb{H}^2$(15.6절 참조)와 일반적인 스핀의 방향을 깔끔하게 대응시킬 수 있다. 스핀이 $\frac{1}{2}$이면서 물리적으로 서로 다른 상태들은 이 사영공간에 존재하며(21.9절 참조), $\mathbb{P}\mathbb{H}^2$ 내부의 서로 다른 점들은 아래의 비율로 구별할 수 있다.

$$z : w$$

다시 말해서, $\mathbb{P}\mathbb{H}^2$은 8.3절에 처음으로 등장했던 리만 구면의 복사본인 셈이다. 리만 구면의 각 점은 스핀 $\frac{1}{2}$인 상태 중 하나에 상응하며, 이는 곧 구의 중심에서 해당 지점을 향하는 방향으로 스핀을 관측했을 때 $m = \frac{1}{2}$이 얻어지는 고유상태에 해당한다(그림 22.10 참조).

8.3절(그림 8.7a)에서 설명한 대로, 남극점과 적도면을 잇는 입체사영을 이용하면 기하학적 관계를 더욱 분명하게 이해할 수 있다. 리만 구면의 적도를 지나는 평면은 양자역학적 진폭 z와 w의 비율 $u = z/w$로 이루어진 복소평면으로 간주할 수 있다(8.3절에서 이 평면은 오직 z만으로 이루어진 복소평면이었다). 입체사영은 특정한 $\nearrow$의 방향에 해당되는 구면상의 한 점과 z/w를 연결해 준다.

"스핀의 방향이 $\nearrow$인가?"를 묻는 측정을 투영 연산자 $\boldsymbol{E}_{\nearrow}$로 표기하자. 스핀 상태가 $|\nearrow\rangle$이면(또는 $|\nearrow\rangle$로 투영되면) 고유값은 1(yes)이고, 스핀의 방향이 이와 정반대이면(즉, 스핀 상태가 $|\nearrow\rangle$와 수직인 $|\swarrow\rangle$이면) 고유값은 0(no)이다[이 상태는 리만 구면에서 'yes'의 대척점에 해

[22.26] 이 사실을 다음의 두 가지 방법으로 유도하라. (i) 상태 $\{a, b\}$가 그림 8.7a의 복소평면에서 b/a를 정의하도록 적절한 직교좌표를 설정하여 스핀의 방향을 구체적으로 구하라. (ii) 직접적인 계산 없이, "$\mathbb{H}^2$은 SO(3)의 표현공간이므로 스핀의 모든 방향을 포함하지만, $\mathbb{P}\mathbb{H}^2$은 그 정도로 충분히 크지 않다"라는 사실을 이용하라.

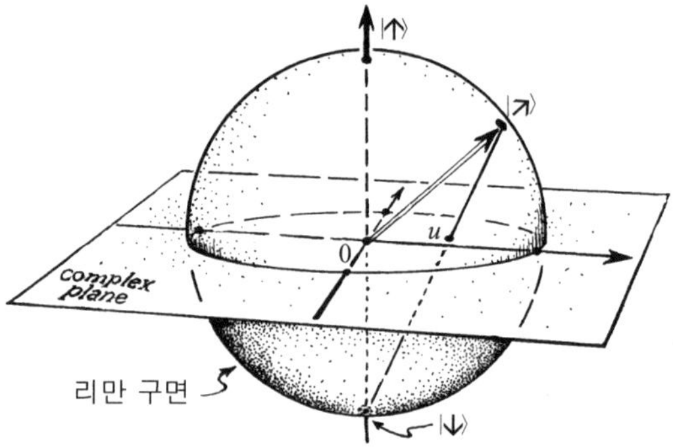

그림 22.10 2-상태 계(2-state system)에 대한 사영공간 $\mathbb{P}\mathbb{H}^2$은 리만 구면과 같다(그림 8.7 참조). 스핀 $\frac{1}{2}$인 무거운 입자의 경우, 북극점을 $|\uparrow\rangle$로 잡고(스핀 = 위방향) 남극점을 $|\downarrow\rangle$로 잡으면(스핀 = 아래), 일반적인 스핀 상태 $|\nearrow\rangle$는 리만 구면 상의 한 점으로 표현될 수 있다(여기에 $|\uparrow\rangle$와 $|\downarrow\rangle$의 적절한 위상이 추가된다). 단, 구의 중심과 이 점을 잇는 방향이 $|\nearrow\rangle$의 방향과 일치해야 한다(즉, 이 방향으로 스핀측정 $\boldsymbol{E}_{\nearrow}$를 수행하면 'yes'라는 결과가 얻어진다). 위 그림에서는 이 방향이 두 줄 짜리 화살표로 명시되어 있다. 스핀 상태 $|\nearrow\rangle$는 $|\uparrow\rangle$와 $|\downarrow\rangle$의 선형결합, 즉 $|\nearrow\rangle = w|\uparrow\rangle + z|\downarrow\rangle$로 표현된다(복소수 w와 z는 2-스피너 ψ_A의 성분 $w = \psi_0$, $z = \psi_1$로 간주할 수 있다). 리만 구면 위의 각 점은 각기 서로 다른 비율 $z : w$에 대응되며, 구의 적도를 관통하는 복소평면에서 복소수 $u = z/w$로 나타낼 수 있다(∞도 허용된다). 점 u는 구면 위에서 $|\nearrow\rangle$를 나타내는 점과 남극점을 직선으로 연결했을 때[즉, 입체사영(stereographic projection)했을 때] 복소평면과 만나는 점이다.

당된다. 힐베르트 공간에서 '수직'이라는 말은 사잇각이 직각이라는 뜻이 아니라, (지금의 경우에는)방향이 반대라는 뜻이다]. 스핀 상태 $|\uparrow\rangle$에서 출발했다면, $\boldsymbol{E}_{\nearrow}$ 측정결과가 'yes'로 나올 확률은 $|w|^2/(|w|^2 + |z|^2)$이다. 또한 초기의 스핀 상태는 $|\nwarrow\rangle$이었는데 측정은 '스핀의 방향이 $|\nearrow\rangle$인지'를 확인하는 쪽으로 실행되었다면, $\nwarrow$와 $\nearrow$ 사이의 각도를 θ라 했을 때 'yes'라는 결과가 얻어질 확률은 다음과 같다.[22.27]

[22.27] 증명해 보라.

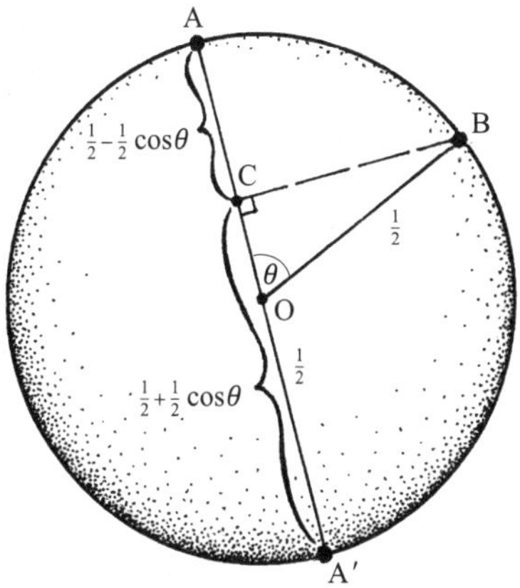

그림 22.11 (그림 22.10과 같이) 2-상태계의 초기상태가 리만 구면 위의 점 B로 표현된다고 가정하자. 지금 우리는 구면 상의 다른 점에 대하여 yes/no 측정을 수행하려고 한다. 결과가 'yes'이면 계의 상태는 A이고, 'no'이면 계의 상태는 A의 대척점인 A′으로 판명된다. 구의 반지름을 $\frac{1}{2}$로 잡고 B를 AA′ 축에 수직으로 투영한 점을 C라 하면, 'yes'가 얻어질 확률은 A′C의 길이인 $\frac{1}{2}(1+\cos\theta)$와 같고, 'no'가 얻어질 확률은 CA의 길이인 $\frac{1}{2}(1-\cos\theta)$와 같다. 여기서 θ는 (구의 중심을 O라 했을 때) OB와 OA 사이의 각도이다.

$$\frac{1}{2}(1+\cos\theta)$$

이 확률은 구면기하학으로 직접 유도할 수도 있다. 구면 위에서 ↖와 ↗에 대응되는 점을 각각 A, B라 하고, A를 지나는 지름을 향해 B를 수직으로 투영한 점을 C라 하자(그림 22.11 참조). A의 대척점을 A′이라 하면, 'yes'가 나올 확률은 A′C의 길이를 지름 AA′으로 나눈 값과 같다.[22.28]

지금 우리가 사용하는 리만 구면은 8.3절이나 18.5절(천구)에서 도입했던 리만 구면보다 다양한 구조를 가지며, '대척점'이라는 개념도 이제 구면구조의 한 부분이다(그래야 힐베르트 공간의 관점에서 어떤 상태들이 서로 '수직인지' 말할 수 있다). 지금의 구는 '등각구 conformal sp-

[22.28] 왜 그런가?

here'가 아닌 '계량구metric sphere'로서, 구의 대칭성은 통상적인 회전으로부터 결정되며, 천구 안에서 일어나는 광행차aberration 효과와 관련된 등각운동은 고려하지 않는다. 그러나 지금 사용 중인 리만 구면은 양자역학에서 등장하는 복소수의 비율과 공간 속의 방향을 분명하게 연결하고 있다. 양자상태에 나타나는 복소수들은 단순히 추상적인 양이 아니라, 기하학 및 역학적 행동양식과 매우 긴밀하게 연관되어 있다(운동량상태의 역학에서도 복소 위상이 중요한 역할을 했었다. 21.6절 참조).

$\mathbb{P}\mathcal{H}^2$와 관련하여 양자적 측정의 확률을 설명해 주는 그림 22.11의 기하학은 스핀에만 국한되지 않고 2-상태 계에 일반적으로 적용될 수 있다. 단, 스핀 $=\frac{1}{2}$인 경우에는 공간 속의 일상적인 방향과 리만 구면 $\mathbb{P}\mathcal{H}^2$ 위의 점들 사이에 직접적인 관계가 성립된다는 것뿐이다. 2-상태 계에 대응되는 리만 구면은 항상 존재하며, 고전적으로 뚜렷하게 구별되는 두 상태의 '양자적 퍼짐'을 표현해 주고 있다. 그러나 많은 경우에 양자역학적 복소수(진폭)와 구의 역할은 직접적으로 드러나지 않기 때문에, 물리학자들은 이들을 '형식적인' 양으로 간주하는 경향이 있다. 그들이 이와 같은 태도를 견지하는 이유 중 하나는 전체 물리계 안에서 상태벡터의 위상을 관측할 수 없기 때문이다. 그래서 물리학자들은 종종 복소계수의 기하학적 가능성을 대수롭지 않게 생각하곤 한다. 그러나 한 부분과 다른 부분의 '상대적인' 위상은 분명히 관측가능한 양이다. 주어진 계에 대하여 힐베르트 사영공간 $\mathbb{P}\mathcal{H}$ 전체를 서술하는 복소기하학은 물리적으로 분명한 의미를 갖는다. 전체위상은 $\mathbb{P}\mathcal{H}$의 정의에서 제외되어 있지만, 모든 상대적 위상은 $\mathbb{P}\mathcal{H}$ 기하학의 특성을 결정한다. 실제로 $\mathbb{P}\mathcal{H}$의 복소 사영기하학을 적절히 이용하면 양자역학의 특성을 매우 우아하게 서술할 수 있다.[28]

리만 구면의 기하학을 통해 양자역학의 복소수들이 스핀의 공간적 특성과 연결되는 경우는 이것 말고도 또 있다. 가장 중요한 사실은, 비슷한 논리를 스핀이 큰 무거운 입자의 일반적인 스핀 상태에도 적용할 수 있다는 점이다(22.11절 참조). 22.7절에서 언급했던 광자의 편광을 이 절의 마지막 주제로서 생각해 보자. 앞에서 언급한 대로, 광자의 일반적인 편광 상태는 나선성이 +인 상태 $|+\rangle$와 −인 상태 $|-\rangle$의 복소 선형결합으로 주어진다.

$$|\phi\rangle = w|+\rangle + z|-\rangle$$

이 상태는 평면편광과 원형편광을 일반화한 타원편광elliptical polarization을 통해 물리적으로 해석될 수 있다. 이 책에서는 자세한 설명을 생략하겠지만, 고전적 전자기 평면파를 이용하면 가시적인 이해를 도모할 수 있다. 여기서 말하는 '평면'이란 진행방향에 수직인 파면wave front, 波面을 의미한다. 공간의 각 점에는 전기벡터 **E**와 자기벡터 **B**가 존재하는데, 평면파의 경우 이들은 항상 수직하면서 파면 위에 놓여 있다. 공간상에 고정된 한 점을 설정해 놓고 파동이 이 점을 지나가게 하면, 전기벡터의 끝 부분이 파면이 이루는 평면에서 타원을 그리며 돌아가도록 움직인다는 것을 알 수 있다. 그 뒤를 따르는 자기벡터도 동일한 타원을 그리며 돌아가지만, 전기벡터와 90°의 각도를 이루고 있다(그림 22.12 참조). 어떤 특별한 상황에서는 타원이 극단적으로 찌그러져서 선분이 되는 경우가 있는데, 이것이 바로 평면편광이다. 원형편광은 타원이 정확하게 원으로 변한 경우이다. 파동이 우리를 향하여 다가오도록 방향을 전환했을 때, 나선성이 +이면 벡터는 반시계방향으로 회전하고 나선성이 −이면 시계방향으로 회전한다.

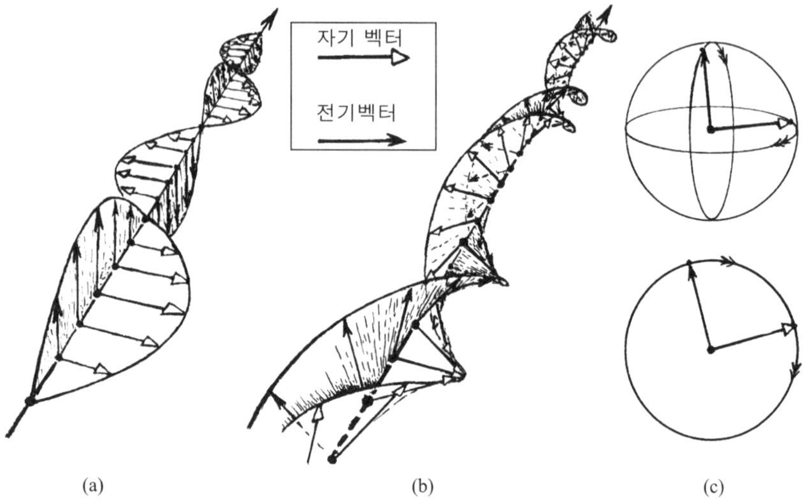

그림 22.12 전자기 평면파의 특성을 결정하는 광자의 편광(그림 21.7 참조). (a) 관측자로부터 멀어져 가는 평면편광 파동. 전기벡터(검은 머리 화살표)와 자기벡터(흰 머리 화살표)는 서로 수직인 두 개의 고정된 평면에서 앞뒤로 진동한다. (b) 원형편광된 파동의 경우, 전기장과 자기장 벡터는 진행방향을 중심으로 회전하면서 서로 수직관계를 유지하고, 길이도 변하지 않는다. (c) 이 파동을 뒤에서 본 모습으로, 전기장 벡터와 자기장 벡터가 파동을 따라가면서 회전하는 모습을 볼 수 있다. 아래쪽 그림은 원형편광된 파동에서 (나선성이 + 인 경우) 전기장 및 자기장 벡터가 회전하는 모습이고, 위쪽 그림은 일반적인 타원편광에서 두 화살표의 머리가 주축에 수직인 방향으로 타원을 쓸고 지나가는 모습을 보여주고 있다. 단일 광자의 파동함수는 이와 같은 행동양식을 보인다.

이제 광자의 편광상태가 리만 구면에서 어떤 식으로 구현되는지 알아보자. 리만 구면의 북극점을 양의 나선성 상태 $|+\rangle$라 하고, 남극을 음의 나선성 상태 $|-\rangle$라 하자. 광자는 $|+\rangle$의 방향(위쪽)으로 진행하고 있다고 가정하자. 리만 구면에 z/w 대신 그 제곱근 $q = (z/w)^{1/2}$을 표현하면 (어떤 것을 써도 상관없다) $q = 0, \infty$는 각각 $|+\rangle$, $|-\rangle$에 대응된다. 구의 중심에서 q를 향하는 반지름 벡터(이를 '스톡스 벡터 Stokes vector'라 한다)를 상상하면서, 이 벡터에 수직인 면을 포함하는 대원 great circle을

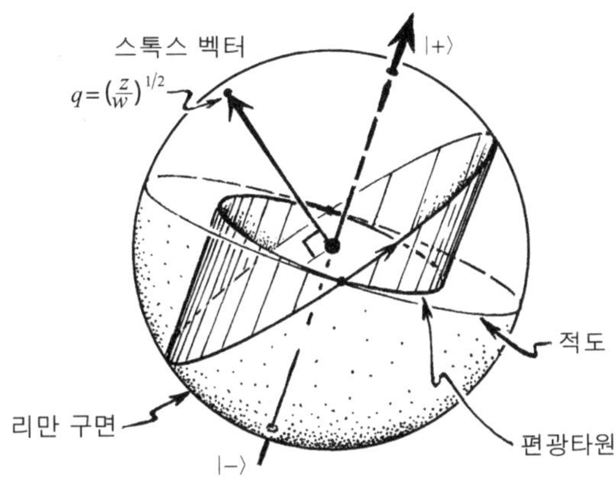

그림 22.13 리만 구면에 표현된 광자의 편광상태. 북극점을 양의 나선성 상태 |+⟩로 잡고 남극점을 음의 나선성 상태 |−⟩로 잡는다. 광자의 운동량은 북극점을 향하는 방향이라고 가정한다. 일반적인 편광상태 $w|+\rangle + z|-\rangle$는 리만 구면 위의 점 $q = (z/w)^{1/2}$로 표현된다. 구의 중심에서 q를 향하는 스톡스 벡터(Stokes vector)를 상상하면서, 여기에 수직인 면에 놓여 있는 대원을 그려 넣는다. 스톡스 벡터에 대하여 오른손방향으로 대원을 회전시키면서 원을 구의 적도면에 투영하면 우리가 원했던 편광을 얻을 수 있다.

그린다. q를 향하는 스톡스 벡터에 대하여 이 대원을 오른손방향으로 회전시키면서 원을 구의 적도면에 투영하면 우리가 원했던 타원편광을 얻을 수 있다(그림 22.13 참조).[22.29]

22.10 큰 스핀 : 마요라나 묘사법

양자역학의 추상적인 복소수와 공간기하학 사이의 긴밀한 관계를 보여주는 또 다른 사례로서, 무거운 입자(또는 원자)의 스핀 $j = \frac{1}{2}n$를 고려해 보자. 22.8절에서 언급했던 대로, 이것은 대칭형 n-지표 스핀텐서

[22.29] 이 내용을 모두 증명해 보라. q의 부호에 신경 쓸 필요가 없는 이유는 무엇인가?

$\psi_{AB\cdots F}$로 나타낼 수 있다. 여기에 "모든 스핀텐서는 1-지표 스피너의 대칭곱으로 정준분할canonical decomposition될 수 있다"는 정리를 도입해 보자.[22.30] 단, 앞에 곱해지는 상수와 스피너를 곱하는 순서에는 임의성이 있다.

$$\psi_{AB\cdots F} = \alpha_{(A}\beta_B \cdots \varphi_{F)}$$

둥근 괄호는 대칭화를 의미한다(12.7절 참조). 이제, 그림 22.10으로부터 "지표가 하나뿐인 스피너 ψ_A는 리만 구면 위의 한 점(즉, 공간상의 한 방향)으로 표현할 수 있다(전체적으로 곱해지는 복소수에는 임의성이 있다)"는 사실을 이용하면, 스핀텐서 $\psi_{AB\cdots F}$는 리만 구면 위에서 '순서가 없는 n개의 점(즉, 순서가 없는 n개의 공간상 방향)'으로 나타낼 수 있다(그림 22.14 참조). 이런 식의 표현을 '마요라나 묘사법Majorana description'이라고 한다. 이름에서 알 수 있듯이, 이 방법은 1932년에 이탈리아의 탁월한 물리학자였던 에토르 마요라나Ettore Majorana가 처음으로 제안하였다(사실 마요라나는 우리와 조금 다른 방법을 사용했다.[29] 이 내용은 22.11절에서 소개할 예정이다. 그는 약관 31세라는 젊은 나이에 나폴리의 한 선박에서 갑자기 사라졌는데, 사람들은 그가 자살한 것으로 추정하고 있다).

스핀이 $j = \frac{1}{2}n$인 경우에는 표준기저standard basis가 존재하는데, 마요라나 묘사법에서는 모든 스핀이 다음과 같이 북극이나 남극을 향하는 상태를 표준기저로 삼는다.

[22.30] [후주 4.2]에서 언급된 '대수학의 기본 법칙'을 이용하여 이 정리를 증명하라[도움말 : 다항식 $\psi_{AB\cdots F}\zeta^A\zeta^B\cdots\zeta^F$에서 시작해 보라. ζ^A의 성분은 $\{1, z\}$이다].

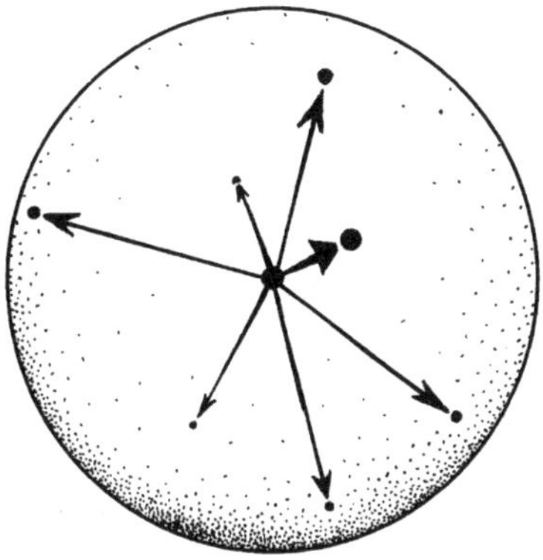

그림 22.14 스핀 $n/2$인 무거운 입자의 일반적인 스핀 상태는 리만 구면 위에서 n개의 점으로 나타낼 수 있는데, 이것을 '마요라나 묘사법(Majorana description)'이라 한다. 이때, 구의 중심에서 각 점을 연결하는 벡터들은 각기 스핀 $\frac{1}{2}$만큼 기여하는 것으로 간주할 수 있으며(그림 22.10 참조), 이들의 대칭곱은 총 스핀에 해당된다[2-스피너 표현법에서 완전한 스핀 상태는 대칭형 n-가 스피너 $\psi_{AB\cdots F} = \alpha_{(A}\beta_B \cdots \varphi_{F)}$이다. 여기서 $\alpha_A, \beta_A, \cdots, \varphi_A$는 그림 22.10에서와 같이 n개의 점을 결정한다].

$$|\uparrow\uparrow\uparrow\cdots\uparrow\rangle,\ |\downarrow\uparrow\uparrow\cdots\uparrow\rangle,\ \cdots,\ |\downarrow\downarrow\uparrow\cdots\uparrow\rangle,\ \cdots,\ |\downarrow\downarrow\downarrow\cdots\downarrow\rangle$$

이 $n+1$개의 상태들은 관측가능량 $\boldsymbol{L}_3$의 고유상태이며(x^3축이 위쪽을 향하고 있다는 가정하에), 모두 서로에 대하여 수직을 이루고 있다. 이들은 'm값'이라고 부르는 $n+1$개의 별개의 스핀 고유값들을 통해 구별된다($j, j-1, j-2, \cdots, -j$). 더 자세한 내용은 22.11절에서 다룰 것이다.

슈테른-게를라흐의 실험장치를 이용하면 원자의 m값을 측정할 수 있다. 단, 실험이 제대로 이루어지려면 원자는 스핀벡터의 곱으로 이루어진 자기모멘트magnetic moment를 가져야 한다(즉, 원자가 초소형 자석이 되어야 한다). 공간적으로 균일하지 않은 강한 자기장 속으로 원자를 통과시키면 m값에 따라 조금씩 다르게 경로가 휘어진다. 외부자기장에 의해 원자의 자기모멘트 벡터가 회전하는 정도가 m값에 따라 다르게 나타나기 때문이다(그림 22.15 참조).

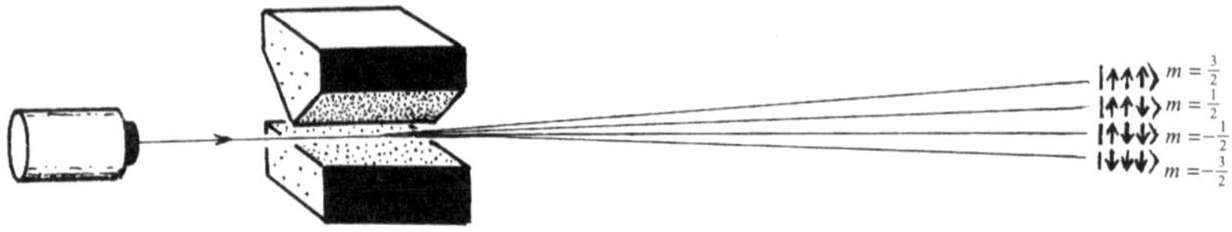

그림 22.15 원자의 m 값을 측정할 때 사용되는 슈테른-게를라흐(Stern-Gerlach) 실험장치의 개요도. 단, 실험에 사용되는 원자는 (스핀과 결합된)자기모멘트를 갖고 있어야 한다. 균일하지 않은 강한 자기장 속으로 원자를 통과시키면, 원자의 경로가 m 값에 따라 조금씩 다른 방향으로 휘어지게 된다.

m 값이 다른 모든 상태는 서로 직교(수직)하지만, 일반적인 마요라나 묘사법에서 요구되는 직교조건은 이보다 훨씬 복잡하다.[30] 그러나 ↗ 방향에 대응되는 마요라나 상태는 $|\swarrow\swarrow\swarrow\cdots\swarrow\rangle$와 직교한다(↙는 지름 상에서 ↗와 반대방향을 나타낸다). 그뿐만 아니라, ↗가 마요라나 묘사법에서 다중도 multiplicity r인 상태에 해당된다면 이 상태는 마요라나 묘사법에서 반대 방향 ↙을 포함하면서 다중도가 적어도 $n-r+1$ 이상이고 스핀이 $\frac{1}{2}n$인 모든 상태와 직교한다.[22.31]

이 결과를 이용하면 '마요라나 방향'의 물리적 의미를 이해할 수 있다. 마요라나 방향이란, 그 방향으로 슈테른-게를라흐 관측을 수행했을 때 반대방향 스핀이 관측될 확률이 0인 방향을 의미한다. 다중도가 r인 마요라나 방향에서는 m이 $-j$에서 $-j+r-1$ 사이의 값을 가질 확률이 0이다.[31]

지금까지 설명한 '무거운 입자의 스핀 상태를 서술하는 일반적인 방법'은 대부분의 물리학자에게도 생소한 내용일 것이다. 그들은 마요라나

[22.31] 22.9절의 기하학을 이용하여 이 사실을 증명하라. 그리고 이 결과를 이용하여 L_3의 고유상태들이 서로 수직임을(직교한다는 것을) 증명하라.

묘사법 대신 '조화해석법harmonic analysis'을 주로 사용하고 있다. 이와 관련된 내용은 다음절에서 알아보기로 한다.

22.11 구면조화함수

우리는 20.3절에서 진동을 서술하는 고전이론을 접한 적이 있다(산일이 없고 진폭이 작은 경우만을 다루었다). 그곳에서 우리는 자유도가 유한한 물리계를 집중적으로 다뤘지만, 진동하는 북이나 공기와 같이 자유도가 무한한 계도 (간략하게)언급되었다. 이러한 진동들은 (자유도와 상관없이)정규진동수로 진동하는 여러 개의 정규 모드normal modes로 이루어져 있다. 진동하는 물체가 컴팩트compact(이 용어의 의미는 12.6절의 그림 12～14를 참조할 것)하면 여러 개의 진동 모드들이 불연속적인 족族을 이루고, 이에 해당하는 정규진동수들도 불연속적인 스펙트럼을 형성한다. S^2 구의 경우, 서로 다른 진동 모드들을 구면조화함수spherical harmonics라 한다(진동하는 S^2 구의 사례로는 비눗방울이나 풍선 등을 들 수 있다). 구면조화함수와 양자역학의 각운동량은 어떤 관계에 있을까? 지금부터 단계적으로 알아보자.

조화함수를 체계적으로 분류하려면, 일단 S^2 위에서 라플라스 연산자 ∇^2의 고유상태부터 알아야 한다. 일상적인 2차원 유클리드 평면에서 라플라스 연산자가 $\nabla^2 = \partial^2/\partial x^2 + \partial^2/\partial y^2$라는 것은 10.5절에서 이미 언급한 바 있다. 그러나 평면이 아닌 단위구 S^2 위로 옮겨와서 곡선계량을 고려하면 라플라스 연산자의 형태가 달라진다. 일단, 구면극좌표계spherical polar coordinate (θ, ϕ)에서 무한소 거리 ds의 제곱은 다음과 같은 형태가 된다.

$$ds^2 = g_{ab}\,dx^a dx^b = d\theta^2 + \sin^2\theta\, d\phi^2$$

구면극좌표 θ, ϕ와 일상적인 3차원 직교좌표 x, y, z 사이의 관계는 $x = \sin\theta\cos\phi$, $y = \sin\theta\sin\phi$, $z = \cos\theta$이다(그림 22.16 참조. 원래 구면극좌표에는 원점으로부터의 거리를 나타내는 r도 포함되지만, 단위구의 표면에서는 $r = 1$로 일정하기 때문에 위 관계식에 등장하지 않는다). 지구와 비교했을 때 ϕ는 경도에 해당되고, $\frac{1}{2}\pi - \theta$는 위도에 해당된다(모든 각도의 단위는 라디안radian이다). 구면극좌표에서 라플라스 연산자는

$$\begin{aligned}\nabla^2 &= g^{ab}\nabla_a\nabla_b \\ &= \frac{\partial^2}{\partial\theta^2} + \frac{\cos\theta}{\sin\theta}\frac{\partial}{\partial\theta} + \frac{1}{\sin^2\theta}\frac{\partial^2}{\partial\phi^2}\end{aligned}$$

이다(여기서 ∇_a는 공변도함수를 의미한다. 14.3절 참조).[22.32] ∇^2의 가능한 고유값은 $-j(j+1)(j = 0, 1, 2, 3, \cdots)$이다.[32] 따라서

$$\nabla^2\Phi = -j(j+1)\,\Phi$$

의 관계가 성립한다. 여기서 Φ는 ∇^2의 고유함수인데, 이것이 바로 구면조화함수이다. 구면조화함수는 ∇^2뿐만 아니라, 연산자 $\partial/\partial\phi$의 고유함수이기도 하다($\partial/\partial\phi$는 ∇^2과 가환이다). $\partial/\partial\phi$의 고유값은 im이며, m값의 범위는 $-j \le m \le j$이다.

$$\frac{\partial\Phi}{\partial\phi} = im\Phi$$

[22.32] 직접 유도해 보라.

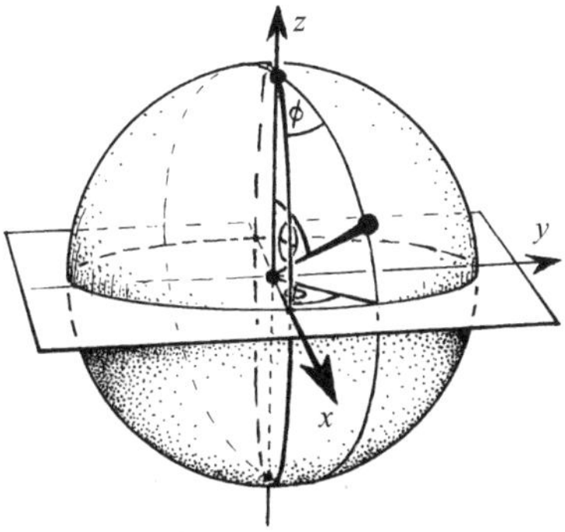

그림 22.16 단위구 위에서 표준 구면극좌표의 θ와 ϕ는 직교좌표의 x, y, z와 $x = \sin\theta\cos\phi$, $y = \sin\theta\sin\phi$, $z = \cos\theta$의 관계에 있다. 따라서 ϕ는 경도에 해당되고(이 그림에서는 북극과 적도에 모두 표시되어 있다), $\pi/2 - \theta$는 위도에 해당된다.

고유함수 Φ의 처음 몇 가지 사례를 들어 보면 $\Phi = 1(j = m = 0$인 경우), $\Phi = \cos\theta(j = 1,\ m = 0)$, $\Phi = e^{\pm i\phi}\sin\theta(j = 1,\ m = \pm 1)$, $\Phi = 3\cos^2\theta - 1(j = 2,\ m = 0)$ 등이다.[33]

여기서 우리는 총 각운동량 연산자 $\mathbf{J}^2 = \boldsymbol{L}_1^2 + \boldsymbol{L}_2^2 + \boldsymbol{L}_3^2$의 고유값이 $j(j+1)$이고, 세 번째 성분 $\boldsymbol{L}_3$의 고유값이 m이라는 사실에 주목할 필요가 있다(22.8절의 끝 부분과 22.10절 참조). 스핀이 정수 j인 입자의 경우, 파동함수에서 각도와 관련된 부분은 j-번째 구면조화함수로 표현된다. 그뿐만 아니라, $\boldsymbol{L}_3$의 고유상태는 $\partial\Phi/\partial\phi$의 고유함수인 구면조화함수이다. 실제로 $\mathbf{J}^2$, $\boldsymbol{L}_3$과 ∇^2, $\partial/\partial\phi$는 다음과 같은 관계에 있다.[34]

$$\mathbf{J}^2 = -\nabla^2,\ \boldsymbol{L}_3 = -i\frac{\partial}{\partial\phi}$$

j가 반정수($\frac{1}{2}$의 홀수배)인 경우(스피너)에는 지금까지 얻은 결과를 적용할 수 없다(j가 반정수이면 m도 반정수이다). 이런 경우까지 포함하려면 구면조화함수를 '스핀이 부과된 구면조화함수'로 일반화해야 한다.[35] 이것은 단순히 S^2 위의 함수가 아니라, S^2 위의 각 점에서 정의되는 난위 (스피너)접벡터에도 의존하는 함수이다(그림 22.17 참조. 이들은

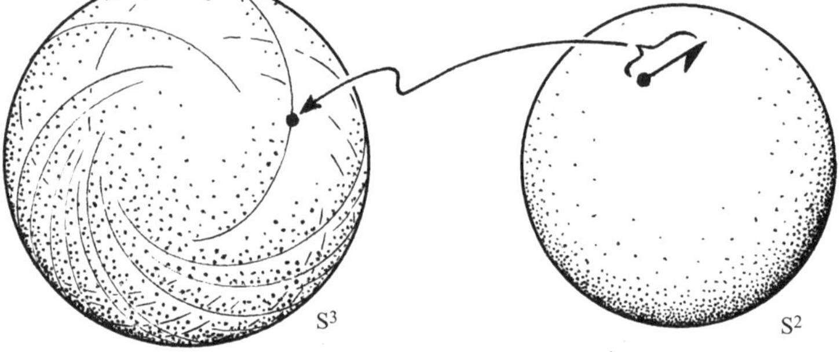

그림 22.17 스핀이 가중된 구면조화함수(spin-weighted spherical harmonics). S^2 위에서 스핀이 부과된 함수(오른쪽 그림)는 단순히 S^2 상의 함수가 아니라, 우리가 문제 삼는 점에서 S^2의 단위 (스피너)접벡터의 함수이기도 하다(이 그림에서는 스핀적 성질을 강조하기 위해 반쪽 짜리 화살표로 표현하였다). 이런 함수들은 왼쪽 그림과 같이 S^3 위에서 정의된 클리포드 스핀벡터번들(그림 15.10 참조)로 표현하는 것이 더 효과적이다(스핀이 부과된 함수는 $e^{is\chi}$ 의존성을 갖는다. 여기서 χ는 S^2의 접면에서 스핀벡터가 회전한 각도이다. χ가 증가하면, 이에 해당되는 S^3의 점은 클리포드 원을 그리게 된다).

S^2의 '스피너' 단위 접벡터의 번들을 나타내는 S^3 위의 함수로 생각할 수 있다. 15.4절에서는 클리포드번들이 이 역할을 했었다[36]). 여기서는 자세한 설명을 생략하기로 한다. 관심 있는 독자들은 관련 참고서적을 읽어보기 바란다.

스핀 상태의 2-스피너 표현법과(22.8절) 마요라나 묘사법은(22.10절) 구면조화함수 및 스핀이 가중된 구면조화함수 이론과 밀접하게 연관되어 있다. n개의 지표를 갖는 임의의 스핀텐서 $\psi_{AB\cdots F}$는 $j=\frac{1}{2}n$인 (스핀이 부과된)구면조화함수의 모음collection에 해당된다. 이들을 찾기 위해, 2-스피너 ξ^A와 η^A의 두 성분을 생각해 보자.

$$\{\xi^0,\ \xi^1\} = e^{i\phi/2}\cos\frac{\theta}{2},\ e^{-i\phi/2}\sin\frac{\theta}{2}$$

$$\{\eta^0, \eta^1\} = -e^{i\phi/2}\sin\frac{\theta}{2},\ e^{-i\phi/2}\cos\frac{\theta}{2}$$

ξ^A와 η^A는 S^2에서 한 쌍의 대척점을 나타낸다.[22.33] 각각의 경우에 (스핀이 부과된)구면조화함수를 써 내려가려면, ξ^A와 η^A에 대한 $\psi_{AB\cdots F}$의 성분을 다음과 같이 취해야 한다.

$$\psi_{A\cdots CD\cdots F}\xi^A\cdots\xi^C\eta^D\cdots\eta^F$$

여기서 ξ의 개수가 η의 개수$(=j)$와 같으면 일상적인(스핀이 부과되지 않은) 구면조화함수가 얻어진다(일반적으로 ξ와 η의 개수는 각각 $j+s$, $j-s$이다. 여기서 s를 스핀가중치spin-weight라 한다). $\psi_{AB\cdots F}$를 22.10절에서 언급한 표준기저상태 $|\downarrow\cdots\downarrow\uparrow\cdots\uparrow\rangle$로 잡으면 $\partial/\partial\phi$의 고유상태인 표준 구면조화함수(또는 그 상수배[37])가 얻어진다($\psi_{AB\cdots F}$에서 나오는 $n+1$개의 독립적인 성분 중에, 0이 아닌 것이 적어도 하나 이상 있으면 된다). 물론 이 기저상태들은 대칭화되어 있다. 예를 들어, $|\downarrow\uparrow\uparrow\rangle$는 $|\downarrow\rangle|\uparrow\rangle|\uparrow\rangle+|\uparrow\rangle|\downarrow\rangle|\uparrow\rangle+|\uparrow\rangle|\uparrow\rangle|\downarrow\rangle$에 비례한다. 이때 ψ_{ABC}의 성분들은 $\psi_{011}=\psi_{101}=\psi_{110}$을 제외하고 모두 0이다. 설명이 지나치게 간결한 감은 있지만[38] 이 정도면 대략적인 윤곽은 제시한 셈이다. 이제 독자들은 스피너가 구면조화함수로 이어지는 (파격적이지만)놀랍도록 편리한 방법을 제공한다는 사실을 어느 정도 이해했을 것이다.[22.34] 22.8절(13.7절 참조)에서 설명한 바와 같이, 스핀텐서 $\psi_{AB\cdots F}$는 SO(3) 회전군의 $(n+1)$차원 기약표현공간을 제공하며, 이것은

[22.33] 왜 대척점인지 설명해 보라.

[22.34] 이 방법을 이용하여 $j=1, 2, 3$일 때 일상적인 구면조화함수를 계산하고(전체적인 상수는 제외), 이들이 ∇^2과 $\partial/\partial\phi$의 고유상태임을 증명하라.

$j=2n$인 (스핀이 부과된)구면조화함수 공간에도 똑같이 적용된다.

이 방법을 이용하면 마요라나 묘사법도 쉽게 구현할 수 있다. $\psi_{AB\cdots F} = \alpha_{(A}\beta_B \cdots \varphi_{F)}$의 표준분할에서 스피너 α_A, β_A, $\cdots$, φ_A는 위의 (스핀이 부과된)구면조화함수에서 ξ만 등장하고 η는 하나도 없는 경우의 근zeros에 해당한다. 실제로 마요라나는 자신의 묘사법을 개발할 때 이 방법을 사용하였다. 이처럼 2-스피너 체계를 이용하면 구면조화함수의 특성을 심층적으로 이해할 수 있다. 스피너를 이용한 접근법은 자주 사용되지 않지만 다른 접근법보다 간단하다는 이점이 있다.

구면조화함수는 고전물리학을 비롯한 여러 분야에서 매우 중요하게 취급되지만, 대부분 각운동량과 무관하게 사용되고 있다(각운동량과 연결시킬 필요가 있을 때에는 첨자로 j 대신 ℓ을 사용한다. 그래야 각운동량을 쉽게 떠올릴 수 있기 때문이다). 비눗방울의 작은 진동이 대표적인 사례이다. 그리고 우주 전역에 골고루 퍼져 있는 마이크로파 배경복사background microwave radiation(온도는 약 2.7K 정도)의 분포는 $\ell=200$ 이상의 구면조화함수로 표현할 수 있다. 이 분석법은 우주론에서 매우 중요한 역할을 한다(27.7, 10, 11, 28.4, 10절 참조).

구면조화함수는 양자역학과 고전역학에서 커다란 차이를 보인다. 양자역학에서 θ와 ϕ 좌표는 공간상의 각도를 나타내고 j(또는 ℓ)는 항상 각운동량으로 해석될 수 있지만, 고전역학에서는 사정이 전혀 다르다. 특히 각운동량이 0인 양자계는 j값이 0인 파동함수가 단독으로 구면조화상수를 구성하기에 완전한 구면대칭을 갖는 데 반해, 고전적으로 각운동량이 0인 계(스핀이 없는 계)는 구면대칭을 가질 이유가 전혀 없다!

각운동량이 큰(j값이 큰) 양자계의 상태는 S^2 구면 위에 무작위로 흩어져 있는 약 $2j$개의 점들에 대한 마요라나 묘사법으로 정의된다. 계의 양자수가 커지면[39] 고전적인 계에 접근한다는 것이 일반적인 상식이지만, 각운동량이 큰 양자계는 고전적인 계와 닮은 구석이 별로 없다! 양자계가 고전적 특성을 가지려면 마요라나 점Majorana point들이 구의 중심으로부터 특정 방향(고전적 스핀 방향)에 밀집되어 있어야 하는데, 현실은 전혀 그렇지 않다. 양자역학적 계와 고전역학적 계가 이토록 판이한 성질을 갖는 이유는 무엇인가? 그것은 규모가 큰 양자적 상태가 고전적 상태와 비슷하지 않기 때문이다. 이 문제를 부각시키는 대표적 논리로는 양자적 상태의 중첩을 주제로 한 '슈뢰딩거의 고양이' 역설을 들 수 있다(29.7절 참조). 고전적인 수준에서 우리는 왜 겹친 상태를 볼 수 없는가? 이것은 29장과 30장에서 다루게 될 '측정역설'의 주제이기도 하다.

S^2보다 일반적인 공간을 조화적으로 해석하는 작업은 여러 분야에서 중요한 연구과제로 부각되고 있다. 특히, 물리계에 작은 건드림perturbation이나 진동이 개입된 경우에는 조화해석이 결정적인 정보를 제공한다. 그러나 컴팩트하지 않은 공간에서는 S^2보다 상황이 훨씬 복잡해질 수도 있다. 이것은 (컴팩트한 원의)푸리에 해석에서 (컴팩트하지 않은 열린 선에서의)푸리에 변환으로 넘어갈 때에도 나타나는 현상이다(9장 참조). 많은 사람들은 "컴팩트한 공간의 분석법을 컴팩트하지 않은 공간에(구면의 해석법을 쌍곡공간에) 적용할 때에는 부호 몇 개만 바꿔 주면 된다"고 믿는 경향이 있다(18.4절의 '부호 뒤집기'에 따르면, 삼각함수는 쌍곡삼각함수로 대치된다). 그러나 불행히도 현실은 이보다 훨씬 복잡하다. 불완전한 '조화해석'으로는 쌍곡공간의 극히 부분적인 특성만을 알아낼 수 있을 뿐이다.

22.12 상대론적 양자 각운동량

지금부터 각운동량을 상대성이론의 관점에서 생각해 보자. 일단은 18.7절의 고전적 서술을 떠올릴 필요가 있다. 질량/에너지와 운동량이 한데 어우러져 4-벡터 p_a를 형성했던 것처럼, 물체의 각운동량과 질량중심의 운동이 한데 어우러져 반대칭 6-텐서 M^{ab}를 형성한다. 이 양을 양자역학적으로 표현하려면 어떤 수정을 가해야 하는가?[40]

양자적 개념의 에너지/운동량이 시간/공간 병진운동의 생성원generator으로 표현된다는 사실은 21.1～2절에서 확인한 바 있다. 이와 비슷하게, 각운동량 M^{ab}를 이루는 6개의 성분은 민코프스키 공간 $\mathbb{M}$에서 (로렌츠)회전운동의 생성원에 해당된다. 여기에 병진운동 p_a를 포함시키면 (비반전)푸앵카레군이 완성되는데(18.2절 참조), 이것은 유클리드 기하학적 강체운동의 민코프스키 버전이라 할 수 있다.

더 구체적으로 설명하자면, 푸앵카레 병진운동의 생성원은 4-운동량 벡터 p_a의 성분 p_0, p_1, p_2, p_3이다. 이들 중 에너지에 해당되는 $\mathrm{E} = p_0 = i\hbar\partial/\partial x^0$는 시간-병진운동을 생성하고, 나머지 세 개의 성분들(운동량) $p_1 = i\hbar\partial/\partial x^1$, $p_2 = i\hbar\partial/\partial x^2$, $p_3 = i\hbar\partial/\partial x^3$은 공간-병진운동을 생성한다. 여기서 3-운동량 $\mathbf{p}$의 성분은 $(-p_1, -p_2, -p_3)$이다(18.7절 참조). 푸앵카레 3차원 공간 회전운동은 $c^{-2}M^{23} = \boldsymbol{L}_1 = i\hbar\ell_1$, $c^{-2}M^{31} = \boldsymbol{L}_2 = i\hbar\ell_2$, $c^{-2}M^{12} = \boldsymbol{L}_3 = i\hbar\ell_3$에 의해 생성되는데(22.8절에서 이미 언급되었다), 이들은 6-각운동량 M^{ab}의 공간성분으로서, 일상적인 각운동량의 양자역학적 정의에 해당된다. 독립적인 나머지 세 성분[41] $c^{-2}M^{01}$, $c^{-2}M^{02}$, $c^{-2}M^{03}$은 질량중심이 등속도운동하는 기준계에서 로렌츠 속도변환을 생성한다(18.7절과 그림 18.16 참조. 이 절에서는 $c = 1$인 단위계를 사용하지 않는다).

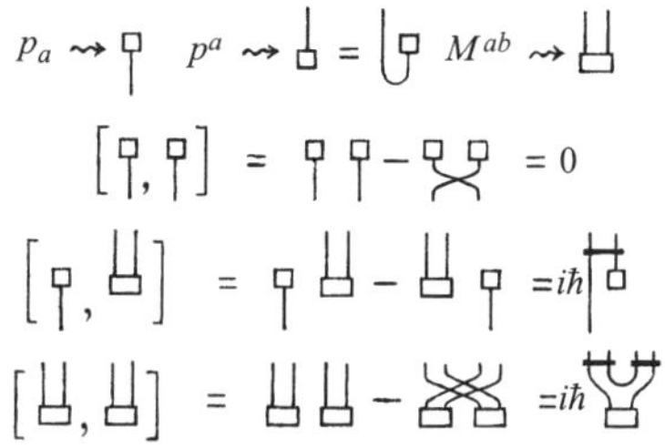

그림 22.18 상대론적 4-운동량과 6-각운동량의 양자적 교환법칙은 다이어그램으로 간단하게 나타낼 수 있다. $[p_a, p_b] = 0$, $[p_a, M^{bc}] = i\hbar(g_a{}^b p^c - g_b{}^c p^b)$, $[M^{ab}, M^{cd}] = i\hbar(g^{bc}M^{ad} - g^{bd}M^{ac} + g^{ad}M^{bc} - g^{ac}M^{bd})$.

푸앵카레군은 아벨군이 아니므로 군의 생성원들은 전부 가환인 것은 아니며, 이들의 교환법칙으로부터 양자적 연산자 p_a와 M^{ab}가 만족하는 교환법칙을 알아낼 수 있다.

$$[p_a, p_b] = 0$$
$$[p_a, M^{bc}] = i\hbar(g_a{}^b p^c - g_b{}^c p^b)$$
$$[M^{ab}, M^{cd}] = i\hbar(g^{bc}M^{ad} - g^{bd}M^{ac} + g^{ad}M^{bc} - g^{ac}M^{bd})$$

꽤 복잡하긴 하지만, 이 교환법칙은 상대성이론의 핵심을 이룬다. 특히 푸앵카레군의 리대수는 바로 위의 법칙에 의해 정의된다(14.6절 참조). 그림 22.18의 다이어그램 표기법을 사용하면 좀 더 간단하게 나타낼 수 있다.[22.35]

비상대론적인 각운동량의 경우, 상태의 기저는 가환적 관측가능량commuting observables $\mathbf{J}^2$, L^3의 고유값 $j(j+1)$과 m값으로 나타낼 수 있다(22.8, 11절 참조). 이 연산자들은 완전한 가환집합complete commuting set을 이룬다(생성원 L_1, L_2, L_3으로 다른 연산자를 만들어도, 이들이 $\mathbf{J}^2$, L_3과 가환이면 전혀 새로운 정보를 얻을 수 없기 때문에 '완전

[22.35] 22.8절의 3차원 각운동량 교환자(commutator)가 이 식에 포함되어 있음을 증명하라.

하다'라는 수식어가 붙은 것이다). 주어진 계에서 완전한 가환집합을 찾는 것은 양자역학에서 매우 중요한 문제이다. 특히 p_a와 M^{ab}의 성분들로 이루어진 연산자에 이 작업을 수행하고, 고유값을 이용하여 상대론적 입자와 상대론적 계를 분류할 수 있어야 한다.

가환적 관측가능량을 중요하게 취급하는 이유는 무엇인가? $\boldsymbol{A}$와 $\boldsymbol{B}$가 여기에 속하여 $\boldsymbol{AB} = \boldsymbol{BA}$이면, 이들의 '공통 고유상태'인 $|\psi_{rs}\rangle$를 구할 수 있고, 고유값 쌍 (a_r, b_s)를 이용하여 각 상태들을 구별할 수 있기 때문이다.[42] $\boldsymbol{A}, \boldsymbol{B}, \boldsymbol{C}, \boldsymbol{D}, \cdots$가 가환적 관측가능량의 완전한 집합을 이루면(이들의 고유상태들은 현재 고려 중인 공간 전체를 생성한다), 이에 대응되는 일련의 기저상태 $|\psi_{rstu\cdots}\rangle$들이 존재하고, 이들의 고유값 $(a_r, b_s, c_t, d_u, \cdots)$를 이용하면 각 상태들을 분류할 수 있다.[22.36]

완전한 가환집합을 구할 때에는, 현재 고려 중인 계의 모든 연산자들과 가환성을 갖는 (스칼라)카시미르 연산자를 먼저 구하는 것이 정상적인 순서이다. 일상적인 3차원 각운동량의 경우(22.8절을 상기할 것), 독립적인[43] 카시미르 연산자는 $\mathbf{J}^2 = L_1^2 + L_2^2 + L_3^2$ 단 하나뿐이다. 여기서 중요한 질문은 다음과 같다. "위 교환법칙을 만족하는 p_a와 M^{ab}에 의해 생성되는 계에 대한 카시미르 연산자는 무엇인가?"

질량중심에 대한 스핀은 다음과 같이 정의된다.

$$S_a = \frac{1}{2}\,\varepsilon_{abcd} M^{bc} p^d$$

[22.36] 이 사실을 구체적으로 증명하라. 단, 원한다면 주어진 계가 불연속계라고 가정해도 상관없다. 일단은 겹침(degeneracy)이 없다는 가정하에 논리를 전개하고, 겹침이 있을 때 이 논리가 어떻게 변하는지 살펴보라[도움말 : A의 각 고유벡터들을 B의 고유벡터로 나타내고, 다른 연산자의 고유벡터들도 이런 식으로 표현해 보라].

이것을 '파울리-루반스키 스핀벡터 Pauli-Lubanski spin vector'라 한다. 반대칭 레비치비타 기호 ε_{abcd}는 19.2절에서 정의한 것과 같은데, 지금은 $c = 1$인 단위계를 사용하지 않으므로 $\varepsilon_{0123} = c^{-3}$이다[수학자들의 표기법을 사용하면 $\boldsymbol{S} = *(\boldsymbol{M} \wedge \boldsymbol{p})$이다. 여기서 $\boldsymbol{p}$는 3-운동량이 아니라 4-운동량을 의미한다. 11.6, 12.7, 19.2절 참조]. 앞에서 말한 바와 같이, 내부구조가 없는 고전적 단일입자의 각운동량은 $M^{ab} = x^a p^b - x^b p^a$이다. 여기서 x^a는 입자의 세계선 상의 한 점을 나타내는 위치벡터이다(18.7절의 끝 부분 참조). 양자적 입자에 이와 동일한 표현을 사용하면 $S^a = 0$이라는 결과가 얻어진다. 그러나 둘, 또는 그 이상의 입자들로 이루어진 계에서 S^a는 반드시 0일 필요가 없다. 그뿐만 아니라, 스핀을 가진 단일입자의 각운동량 M^{ab}는 이런 식으로 간단하게 표현되지 않고 ($\mu \neq 0$이라는 가정하에) $\mu^{-2}\varepsilon^{abcd}S_c p_d$라는 스핀 항이 추가된다([후주 18.11] 참조). S^a는 p_a와 항상 직교하며($p_a S^a = 0$), p_a와 가환이다(즉, $[S^a, p_b] = 0$이다). 따라서 S^a는 p_a와 마찬가지로 원점과 무관하다.[22.37]

서로 독립인 카시미르 연산자는 다음과 같이 두 개가 존재한다(푸앵카레군의 카시미르).

$$p_a p^a = c^4 \mu^2, \qquad S_a S^a = -\mu^2 \mathbf{J}^2$$

여기서 μ는 전체 계의 정지질량이다.[22.38] 두 번째 방정식에서 정의된 $\mathbf{J}^2$은 $\mathbf{J}^2 = \boldsymbol{L}_1^2 + \boldsymbol{L}_2^2 + \boldsymbol{L}_3^2$이며, $\boldsymbol{L}_1, \boldsymbol{L}_2, \boldsymbol{L}_3$은 정지계의 질량중심에 대

[22.37] 앞에 있는 4개의 문장이 주장하는 바를 모두 증명하라.

[22.38] 이 두 연산자들이 p_a 및 M^{ab}와 가환인 이유를 간단하게 설명하라.

한 각운동량이다. 이제 가환적 연산자의 완전한 집합을 구성하기 위해 p_1, p_2, p_3과 스핀벡터의 성분(예를 들어 S_3)을 선택하고, 여기에 $p_a p^a$와 $S_a S^a$를 추가하면 모두 6개의 연산자가 결정된다(다른 선택도 얼마든지 가능하지만, 어떠한 선택을 취하건 서로 독립인 연산자는 항상 6개이다[44]). 이 과정은 22.3절과 31.10절에서 매우 중요한 정보를 제공하게 될 것이다.

이 상황은 시간과 공간의 병진이동을 포함하기 위해 에너지 E를 카시미르 연산자로 선택하여 $\mathbf{J}^2$을 보완하고, $\boldsymbol{L}_3$ 이외에 세 개의 운동량을 추가로 선택했던 비상대론적 사례와 매우 비슷하다. 상대론을 고려한 경우, $\mathbf{J}^2$은 직접 얻어지지 않고

$$\mathbf{J}^2 = -c^4(p_a p^a)^{-1} S_a S^a$$

를 통해 얻어지는데, $p_a p^a \neq 0$이면 기본적으로 다를 것이 없다. 사실, 우리는 위 논의에서 정지질량 μ가 0이 아니라고 가정하였다. μ가 0이라면 스핀의 크기를 이런 식으로 표현할 수 없다.

질량이 없는 입자, 즉 $\mu = 0$인 입자는 어떻게 다뤄야 하는가? 이럴 때에는 나선성 s를 도입하면 된다(나선성은 22.7, 9절에서 광자와 관련하여 이미 언급하였다). 나선성은 파울리-루반스키 벡터 S^a가 4-운동량 p_a에 비례한다는 물리적 조건으로부터 정의된다.[22.39]

$$S^a = sp_a$$

오른손 나선성은 $s > 0$으로 주어지고, 왼손 나선성은 $s < 0$으로 주

[22.39] S_a와 p_a가 서로 직교하면서 동시에 비례할 수 있는 이유는 무엇인가?

어진다. 단, $s=0$은 허용되지 않는다. 이로써 우리는 서로 독립인 네 개의 가환적 관측가능량 s, p_1, p_2, p_3를 확보하게 되었다. 실은 트위스터 이론을 이용하면 질량이 없는 경우를 훨씬 깔끔하게 다룰 수 있다. 이 내용은 33.6절에서 소개할 예정이다(트위스터 변수twister variable Z^0, Z^1, Z^2, Z^3는 서로 독립적인 네 개의 가환적 연산자로 사용될 수 있다).

22.13 고립된 양자적 객체

양자역학은 원자나 분자와 같이 고립된 객체를 일반적으로 어떻게 서술할까? 일단은 객체에 외력이 작용하지 않아서 좁은 영역에 밀집된 형태로 존재 가능하다고 가정하자. 단, 안에서 작용하는 내력은 허용하기로 한다. 이러한 객체의 특성은 (i) 전체적인 외부적 특성과 (ii) 내부에서 일어나는 구체적 사건 및 기하학적 구조로 나누어 생각할 수 있다.

항목 (i)은 전체적인 질량/에너지와 운동량, 위치, 질량중심의 운동, 각운동량 등을 포함한다. 이러한 양들을 상대론적 관점에서 다루어 보자. 그리고 22.12절에서 다뤘던 p_a와 M^{ab}를 이용하여 외부 변수들을 표현해 보자. 내부적 특성 (ii)는 구성입자들의 목록과 특성, 그리고 이들 사이에 작용하는 힘과 기하학적 관계 등을 포함한다. 이 관계들이 어떤 일반화좌표 q_r(20.1절 참조)를 통해 상대론적 관점에서[45] 주어져 있다고 가정하자(질량중심으로부터 특정 부분까지의 거리, 각 부분 사이의 각도, 또는 이들 사이의 거리 등). 그러면 이 객체가 시간이나 공간을 따라 병진운동을 하거나, 임의의 각도로 회전하거나, 또는 임의의 방향으로 등속운동을 해도 내부구조는 변하지 않는다.

이들은 상대론적 특성을 가지므로, 모든 내부좌표는 푸앵카레군의

대칭에 불변이다. 따라서 이들은 p_a 및 M^{ab}와 가환이어야만 한다. 왜 그런가? 예를 들어, 어떤 대칭연산자 $\boldsymbol{S}$가 양자상태 $|\psi\rangle$에 적용되었다고 가정해 보자.

$$|\psi\rangle \mapsto \boldsymbol{S}|\psi\rangle$$

$\boldsymbol{S}$는 양자 연산자 $\boldsymbol{Q}$에 다음과 같은 형태로 적용된다.[22.40]

$$\boldsymbol{Q} \mapsto \boldsymbol{SQS}^{-1}$$

이 변환에 $\boldsymbol{Q}$가 불변이라면 $\boldsymbol{SQS}^{-1} = \boldsymbol{Q}$이므로

$$\boldsymbol{SQ} = \boldsymbol{QS}$$

가 된다. 그러므로 $\boldsymbol{S}$를 p_a와 M^{ab}의 각 성분으로 잡으면, 내부변수는 p_a 및 M^{ab}와 가환이어야만 한다.

이는 곧 파동함수에서 내부 자유도와 관련된 부분을 외부변수(4-운동량과 6-각운동량)와 분리할 수 있음을 의미한다. 일반적으로는 주어진 계가 외부 관측가능량의 완전한 집합의 고유상태라고 가정하는 것이 상례이다. 특히 에너지와 운동량은 명확한 고유값으로 주어지고, 대부분 3-운동량이 0인 기준계에서 서술된다(21.5절의 표기법에 따르면 $\mathbf{P} = 0$이다). 따라서 각운동량은 22.8 ~ 11절의 비상대론적 논리를 바탕으로 다룰 수 있으며, 원한다면 주어진 계가 총 각운동량 $\mathbf{J}^2$와 L_3의 고유상태일 것을 요구할 수 있다.

물론 내부변수들은 계의 구체적인 성질에 따라 달라진다. 개중에는

[22.40] 그 이유를 설명하라[도움말 : 22.4절을 다시 읽어볼 것!].

내부자유도가 평형지점에 대한 작은 진동으로 서술되는 경우도 있는데, 이럴 때는 20.3절의 고전적 분석법이 효력을 발휘한다. 20.3절에 의하면 해밀토니안이 다음과 같은 형태일 때(Q_{ab}와 P^{ab}은 대칭이고 양의 정부호이며 positive-definite, 시간이 흘러도 변하지 않는다),

$$\mathcal{H} = \frac{1}{2} Q_{ab} q^a q^b + \frac{1}{2} P^{ab} p_a p_b$$

(고전적인 경우)각 정규진동수 $\omega/2\pi$는 행렬 $\mathbf{W} = \mathbf{PQ}$(즉, $W^a{}_c = P^{ab} Q_{bc}$)의 고유값 ω^2로부터 제공된다.

양자역학에서는 어떻게 되는가? 플랑크 공식 $E = 2\pi\hbar\nu$에 따르면, 진동수가 ν인 진동은 정규 모드에서 $E = \hbar\omega$의 에너지를 갖는다. 그런데 고전적으로는 진동의 진폭이 클수록 에너지가 커지므로, ('작은 진동'의 특성이 사라지지 않는 한)양자적으로도 이보다 큰 에너지는 얼마든지 존재할 수 있다. '차수가 높은' 조화함수(진동수가 기본진동수 $\omega/2\pi$의 정수배일 때 등장한다. 9.1절 참조)를 포함하면 가능한 양자에너지 고유상태는 다음과 같다.

$$0,\ \hbar\omega,\ 2\hbar\omega,\ 3\hbar\omega,\ 4\hbar\omega,\ \cdots$$

이 정도면 양자역학적으로 크게 틀린 답은 아니지만, 사실은 '영점에너지 zero-point energy'라 부르는 $\frac{1}{2}\hbar\omega$를 더해야[46] 완전한 답이라 할 수 있다.

$$\frac{1}{2}\hbar\omega,\ \frac{3}{2}\hbar\omega,\ \frac{5}{2}\hbar\omega,\ \frac{7}{2}\hbar\omega,\ \frac{9}{2}\hbar\omega,\ \cdots$$

이것은 해밀토니안이 $\mathcal{H} = (m^2\omega^2 q^2 + p^2)/2m$으로 표현되는 1차

원 조화진동자를 표준 양자역학에 입각하여 해석했을 때 얻어지는 결과이다.[47] 차원이 높아지면 각 모드에는 차원마다 위에 열거한 값 중 하나가 할당된다.

일반적인 양자계에서 이 값은 뒤로 갈수록 고차항이 중요해지는 탓에 대략적인 서술에 불과하다. 그러나 많은 경우에 이 방법을 사용하면 거의 사실에 가까운 근삿값을 얻을 수 있다. 또한, 광자[또는 '보존'에 속하는 모든 입자들(23.6, 26.2절 참조)]에 대한 양자장이론에 의하면, 보존으로 이루어진 전체계는 진동자의 집합으로 간주할 수 있다. 모든 보존이 상호작용 없이 정상상태에 있는 경우(해밀토니안에 고차항이 하나도 없는 경우), 이 진동자들은 위에서 언급한 단조화simple harmonic 형식을 따른다.[48] 따라서 이 '조화진동자 해석법'은 적용범위가 매우 넓다고 할 수 있다. 그러나 더 자세한 정보를 얻으려면 구체적인 상호작용을 알고 있어야 한다.

예를 들어, 수소원자는 고정된 원자핵(양성자) 주변을 하나의 전자가 공전하고 있다(양성자는 전자보다 약 1,836배나 무거워서 거의 움직이지 않는다. 따라서 수소원자의 핵이 고정되어 있다고 간주하는 것은 매우 정확한 근사가 될 수 있다). 그런데 양자역학 법칙에 의하면 양자역학적 궤도는 단일 궤적이 아니라, 많은 궤적들이 양자 중첩되어 있는 상태이다. 해밀토니안이 고전적인 경우와 동일하면서 21.2, 3절의 규칙에 따라 정준양자화되어 있을 때canonically quantized, 슈뢰딩거 방정식의 정상해가 바로 '중첩된 양자궤도'이다. 각운동량의 고유상태인 파동함수는 각도에 의존하는 구면조화함수이다(22.11절 참조). 일반적으로, 에너지 고유값 E와 각운동량 고유값 j는 다양한 상태들을 분류하는 양자수로 사용될 수 있다(필요하다면 m도 동원할 수 있다). 수소원자의 경우(전자와 양성자의 스핀을 무시하고 비상대론적 해밀토니안을 취하면), 에너지 고유값 E는 총 각운동량 고유값 j로부터 결정되지만, j는 E로부터 결정되지 않는다(여기에는 약간의 우연성이 개입되어 있다). 좀 더 정확한 수소원자 이론(또는 더 복잡한 원자를 서술하는 이론)에 의하면, E는 j로부터 결정되지 않는다. 따라서 서로 다른 상태들을 구별하는 인자는 오직 에너지 고유값뿐이다.

보어는 슈뢰딩거와 하이젠베르크, 디랙 등이 양자역학을 완성하기 10여 년 전인 1913년에 새로운 원자이론을 발표한 바 있다. 그는 전자가 마치 케플러의 행성운동처럼 거리의 제곱에 반비례하는 전기적 인력의 영향을 받아 원자핵의 주변을 공전한다고 생각했지만, 여기에 '양자조건'을 추가하여 전자의 궤도 각운동량이 $\hbar$의 정수배라고 가정하였다. 이런 식으로 양자화된 궤도를 흔히 '오비탈orbital(궤도함수)'이라 한다(그림 22.19 참조). 보어의 원자이론은 이론적 기초가 다소 빈약했지만,[49] 후에 양자역학 이론이 확립되면서 탄생한 원자이론은 복잡한 원자와 간단한 분자, 상대론적 효과, 전자와 원자핵의 스핀 등을 위에서 서술한 방법을 통해 성공적으로 설명하였다. 그러나 아직도 많은 경우에 수학적으로 완전

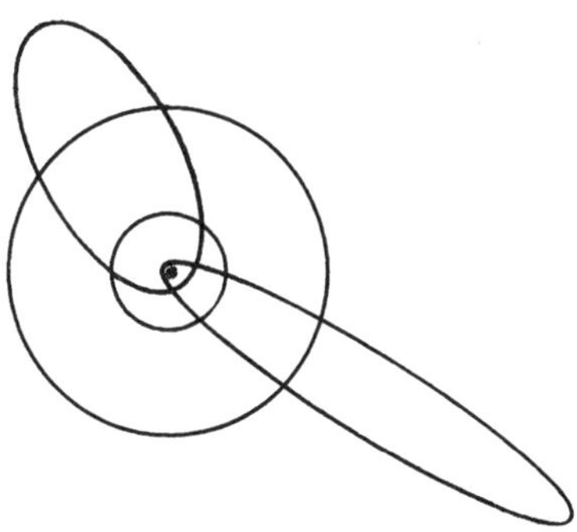

그림 22.19 보어의 원자모형에서 궤도운동을 하는 전자는 역제곱법칙에 의해 케플러-뉴턴의 고전적 타원궤도를 따라 움직이고 있지만, 에너지와 운동량은 '양자조건(quantum condition)'의 제한을 받는다. 이 조건에 의하면 각운동량은 $\hbar$의 정수배에 해당하는 값만을 가질 수 있다. 이 아이디어는 전자가 하나뿐인 수소원자에서 가장 큰 성공을 거두었다.

한 해를 구하지 못하여, 컴퓨터를 이용한 수치계산법이나 근사적 접근법을 사용하고 있다.

원자가 정전기적electroststic 상태에 있다는 것도 일종의 근사적 서술이다. 실제의 원자는 정상상태에 있다가 광자를 흡수하거나 방출하면서 다른 정상상태로 전이될 수 있는데, 이 현상을 설명하려면 양자화된 맥스웰 이론, 즉 양자장이론을 도입해야 한다(이 내용은 26장에서 대략적으로 소개될 예정이다). 또한, 완벽한 설명을 위해서는 24장에서 언급할 디랙의 상대론적 전자이론까지 도입해야 한다. 에너지가 가장 낮은 상태, 즉 '바닥상태ground state'에 있는 원자는 (주변으로부터 완전히 고립되어 있다면) 전이를 일으키지 않지만, 높은 에너지상태(이것을 '들뜬 상태excited state'라 한다)에 있는 원자들은 하나 또는 여러 개의 광자를 방출하면서 바닥상태로 떨어질 확률을 갖고 있다.[50] 원자 또는 분자가 바닥상태나 그 근처의 상태에서 발견되는 것은 바로 이런 이유 대문이다. 원자나 분자가 다른 상태로 전이되면서 방출한 광자의 진동수 ν는 플랑크 공식 $E = 2\pi\hbar\nu$와 에너지 보존법칙에 의해 결정된다(방출/흡수된 광자의 진동수는 전이되기 전과 후의 E의 차이를 $2\pi\hbar$로 나눈 값과 같다. 21.4절 참조).

원자의 전이과정에서 방출되는 빛의 스펙트럼은 오랜 세월 동안 과학의 수수께끼로 남아 있었는데, 이 현상을 최초로 설명한 이론이 바로 양자역학이었다. "20세기 과학이 이룩한 최고의 업적은 무엇인가?"라는 질문을 던진다면, 아마도 과학자들은 대부분 원자 스펙트럼의 해독에 성공한 사건을 꼽을 것이다! 고전물리학의 법칙(전하들 사이에 작용하는 인력과 척력이 거리의 제곱에 반비례한다는 쿨롱의 법칙과 하전입자가 가속운동을 하면 전자기적 에너지가 방출된다는 맥스웰의 전자기법칙)에 의하면, 원자핵 주변을 공전하는 전자는 순식간에 에너지를 잃어버리고 원자핵 속으로 빨려 들어가야 한다. 그러나 현실세계에 존재하는 원자들은 이와 같은 재앙을 겪지 않고 오랜 세월 동안 그 형태를 유지해 왔으므로, 고전적 원자이론은 피할 수 없는 모순을 안고 있는 셈이다. 양자역학은 이 문제를 해결했을 뿐만 아니라 원자 스펙트럼의 기원을 설명함으로써, (스펙트럼으로 물질을 분석하는)과학수사에서 핵물리학, 우주론에 이르기까지 과학의 전 분야에 걸쳐 강력한 도구로 부상하였다.

마지막으로 한 가지 강조하고 싶은 것이 있다. 각운동량과 관련된 j와 m, 또는 조화진동자나 수소원자 등의 에너지 고유상태 같은 불연속 양자수의 존재는 궁극적으로 공간의 컴팩트성compactness에 기인하는 현상이다.[51] 각운동량의 경우, 이것은 22.11절의 조화함수 분석법이 적용되는 S^2의 컴팩트성에서 비롯한 결과이다. 컴팩트성(또는 주기성)이 없었다면 우리에게는 고유값 k에 아무런 제한이 없는 방정식 $\nabla^2\Phi = -k\Phi$가 주어졌을 것이고, 여기에는 불연속성이 나타나지 않으므로 '양자'라는 단어도 사용되지 않았을 것이다. 양자역학의 가장 큰 특징이라 할 수 있는 불연속성이 공간의 컴팩트성에서 기인한다는 사실은 실로 역설이 아닐 수 없다!

〈22장 후주〉

22–1절

22.1 요즘은 이 점프를 흔히 '양자도약(quantum leap)'이라 부른다. 그러나 나는 물리학자로서 이 용어가 별로 적절치 않다고 생각한다. 양자세계에

서 일어나는 점프는 규모가 매우 작아서 관측이 어려울 뿐만 아니라, 전혀 현실적이지 않기 때문이다!

22.2 양자역학을 다른 관점에서 서술한 책으로는 Rae(1994), Polkinghorne (2002), Home(1997), Dewitt and Graham(1973) 등이 있다.

22-2절

22.3 Everett(1957) 29장, Wheeler(1957), DeWitt and Graham(1973), Geroch(1984), Deutch(2000) 참조.

22-3절

22.4 단일입자의 경우, 일부 저자들은 $\|\psi\|$ 대신 $\|\psi\|^2$을 사용하기도 한다.

22.5 이런 종류의 공간은 Chen(2002)과 Reed and Simon(1972)에 잘 소개되어 있다.

22.6 양자역학 관련서적에서는 대부분 $\boldsymbol{Q}^*$ 대신 $\boldsymbol{Q}^\dagger$를 사용하고 있다(13.9절 참조).

22-4절

22.7 가장 최근에 나온 증보판으로는 Dirac(1982)가 있다. Shankar(1994)를 같이 읽으면 도움이 될 것이다.

22.8 "상대론적 양자장이론에서는 슈뢰딩거의 묘사가 존재하지 않는다"라는 디랙의 주장은 Dirac(1966)을 참조하라.

22.9 예를 들어, 상호작용 묘사는 시간에 의존하는 건드림이론(time-dependent perturbation theory)에서 자주 사용된다(이 이론에서는 해밀토니안이 시간에 따라 달라진다). Shankar(1994) 18장, Dirac (1966) 참조.

22-5절

22.10 고유상태를 규격화할 수 없으면 위치나 운동량은 '진정한' 관측가능량이

될 수 없다. 그러나 본문의 논리는 이러한 사실을 무시한 채로 진행되고 있다.

22.11 일반적으로(q가 어떤 종류의 값이건 간에) $q = \langle \psi | \boldsymbol{Q} | \psi \rangle$일 때, q를 규격화된 상태 $|\psi\rangle$에서 '$\boldsymbol{Q}$의 기댓값(expectation value)'이라고 한다.

22.12 Dirac(1982a) 참조. 복소 매개변수는 다양한 분야에서 사용되고 있다. 구체적인 사례들은 Fortney(1997)를 참조하라.

22-6절

22.13 투영관측을 알기 쉽게 설명한 책으로는 Kraus(1983)과 Neilsen and Chuang(2000)이 있다.

22.14 von Neumann(1955) 참조.

22.15 Lüders(1951), Penrose(1994) 참조.

22-7절

22.16 Elitzur and Vaidman(1993) 참조.

22.17 로버트 디키(Robert Dicke)가 처음으로 제안했던 '상호작용이 없는 측정'은 중력파 감지 등 여러 분야에 응용되고 있다. Braginsky(1977) 참조. 본문에 소개된 엘리추-베이드먼의 폭탄 사고실험도 다른 실험에 얼마든지 응용될 수 있다[Penrose(1994) 참조].

22.18 지금은 뉴트리노들이 대부분 질량을 갖고 있다는 충분한 증거가 확보된 상태이다. 심지어는 '모든' 뉴트리노가 질량을 갖는다는 주장까지 제기되고 있다. 이것이 사실이라 해도, 뉴트리노의 질량을 0으로 놓는 것은 여전히 훌륭한 근사적 접근법이다. 이 문제는 25.3절에서 다시 언급할 것이다.

22.19 투영가설의 아이디어를 처음으로 제안한 사람은 뤼더스(Lüders)로 알

려져 있다. 지금의 경우, $\mathbb{PH}^4$의 $|\rho-\rangle$ 점을 뤼더스점이라 한다.

22.20 이보다 더 경제적인(그리고 더욱 흥미로운) 사례로서, 빔 분할기의 표면에 빛을 굴절시키는 물질을 얇게 덮어씌웠다고 가정해 보자. 이런 경우에 입사빔이 굴절물질과 브루스터각(Brewster angle)을 이루도록 조절하면, 반사된 빔은 특정방향으로 선형편광되고 투과된 빔은 그 반대방향으로 선형편광된다. 이 실험의 전체적인 분석은 본문의 내용과 비슷하지만, 편광된 광자를 반드시 입사시킬 필요는 없다. "광자는 굴절물질의 내부가 아닌 외부에서 입사되어야 한다"는 조건만 만족되면 빈 측정으로부터 우리가 원하는 편광상태를 얻을 수 있다. 일반 전자기학의 참고서적으로는 Becker(1982)와 Jackson(1998)을 추천한다.

22–8절

22.21 $\mathbf{x}=0$이면 $\mathbf{M}=2\mathbf{x}\wedge\mathbf{p}=0$이므로(18.6절 참조), 내부구조가 없는 입자는 질량중심에 대하여 각운동량을 갖지 않는다. 그러나 [후주 18.11]에서 말한 바와 같이, 입자의 스핀으로 정의되는 구조가 존재하는 경우에는 각운동량에 고유스핀(intrinsic spin)이 더해져야 한다. 이 내용은 22.12절에서 좀 더 구체적으로 언급될 것이다.

22.22 주의 깊은 독자들은 21.5절에서와 같이 계량의 부호에 따른 문제가 발생하지 않을까 걱정할지도 모르겠다. SO(3)의 리대수로부터 양자역학의 각운동량이론을 유도하는 과정은 Jones(2002)와 Elliot and Dawber(1984)에 명쾌하게 설명되어 있다. 각운동량과 관련된 대수학을 좀 더 물리적인 관점에서 서술한 책을 원한다면 Shankar(1994)를 추천한다.

22.23 Penrose and Rindler(1984) 참조.

22.24 Geroch(시카고 대학교 강의록, 출판되지 않았음) 참조.

22.25 Witten(1959), Penrose(1960, 1968a), Geroch(1968, 1970), Penrose and Rindler(1984, 1986), O'Donnell(2003) 참조.

22.26 여기서 '독립'이라는 말은 $\psi_{AB\cdots F}$의 모든 성분이 이 독립인 집합으로부터 대수적으로 얻어질 수 있다는 의미로 사용된 것이다(이보다 작은 집합에서는 얻을 수 없다). 이것은 단순히 대칭성에 기인하는 현상이므로, 2^n개의 성분들은 $n+1$개의 독립적인 성분으로 줄어든다(예를 들어, $\psi_{001}=\psi_{010}=\psi_{100}$이므로 ψ_{001}과 ψ_{010}, ψ_{100}은 서로 독립적이지 않다).

22.27 Shankar(1994) 참조.

22-9절

22.28 [후주 21.12] 참조. 이와 비슷한 관점에서 양자정보이론을 설명한 책으로는 Chuang(2000)이 있다.

22-10절

22.29 Majorana(1932) 참조.

22.30 이와 관련된 일반적인 참고서적으로는 Louck(1981)을 추천한다. 현대의 흥미로운 응용사례는 Swain(2004)을 참조하라. [후주 22.31](바로 아래 줄에 소개된 서적)도 참고하기 바란다.

22.31 Penrose(1994, 2000b), Zimba and Penrose(1993) 참조.

22-11절

22.32 구면조화함수에서는 j보다 ℓ을 자주 사용한다.

22.33 자세한 내용은 대부분의 양자역학 관련서적에 나와 있다. Shankar (1994)나 Arfken and Weber(2000)를 참조할 것.

22.34 Shankar(1994) 참조.

22.35 Newman and Penrose(1966), Penrose and Rindler(1984) 참조.

22.36 Goldberg. *et al*. (1967) 참조.

22.37 구면조화함수도 직교성과 규격화조건을 만족한다. 그러나 자세한 내용은 너무 복잡하고 번거로우므로 이 책에서는 설명을 생략하기로 한다. 관심

있는 독자들은 Groemer(1996)이나 Byerly(2003)을 읽어 보기 바란다.

22.38 스피너와 관련된 대수학과 기하학을 좀 더 구체적으로 이해하길 원한다면, 스피너 지표가 $\xi_1 = \xi^0$, $\xi_0 = -\xi^1$을 통해 위-아래로 이동할 수 있다는 사실을 명심해야 한다. Zee(2003)의 끝 부분에 수록된 부록과 Penrose and Rindler(1984) 참조.

22.39 '양자수(quantum number)'라는 용어는 흔히 각운동량이나 전하, 바리온수(baryon number) 등과 같이 중요한 관측가능량의 불연속적인 고유값을 의미하며, 주로 간단한 양자계나 입자를 분류할 때 사용된다.

22–12절

22.40 (특수)상대론적 양자역학으로 가면, 이 절에서 언급한 것보다 훨씬 많은 요소들을 고려해 주어야 한다(24 ~ 26장 참조).

22.41 [후주 22.6]을 상기할 것. 이들의 독립성은 M^{ab}의 반대칭성 속에 포함되어 있다.

22.42 이 상황은 '변수분리(separation of variables)'와 매우 비슷하다. 일반적으로, 함수 $f(\theta, \phi)$가 $f(\theta, \phi) = \sum \lambda_{ij} g_i(\theta) h_j(\phi)$의 형태로 되어 있을 때 변수분리가 가능하다[여기서 $g_i(\theta)$와 $h_j(\phi)$는 (서로 가환인) 연산자 $\boldsymbol{A}$, $\boldsymbol{B}$의 고유함수이다]. 구면조화함수도 이와 같은 성질을 갖는다. Groemer(1996), Byerly(2003) 참조.

22.43 여기서 말하는 '독립'은 함수의 독립성을 의미한다([후주 22.26]과 비교해 보라). $2\mathbf{J}^2$, $(\mathbf{J}^2)^3$, $\cos \mathbf{J}^2$은 $\mathbf{J}^2$과 다른 카시미르 연산자지만, $\mathbf{J}^2$과 독립적이지 않다.

22.44 '서로 가환적인 독립적 연산자의 개수'의 불변성에 대하여 몇 가지 언급해 둘 것이 있다. 엄밀히 말해서 이것은 편미분방정식의 '국소적' 해에 적용되는 공간의 차원과 관련되어 있다. 양자역학에서 해공간(solution space, 예를 들어 22.11절의 S^2)에 컴팩트성을 요구하면 고유값에 심각한 제한이 가해지면서, 자유도의 계산이 혼란스러워진다.

22–13절

22.45 지금 우리는 일반상대성이론을 고려하지 않고 있으므로, 여기서 말하는 '상대론적'이란 특수상대성이론을 말하는 것이다.

22.46 20.3절에서 말한 대로, 해밀토니안에 상수를 더해도 달라지는 것은 없다. 그러나 상수가 더해지면 영점에너지를 다시 정의해야 한다(24.3절 [예제 24.2] 참조). 따라서 $\frac{1}{2}\hbar\omega$는 절대적인 양이 아니다.

22.47 디랙의 『The Principle of Quantum Mechanics』참조. Dirac (1982a).

22.48 22.4절의 하이젠베르크 묘사에서 $\eta = (2m\hbar\omega)^{-1/2}(p + imq)$는 26.2절에 등장하는 생성연산자(creation operator)의 역할을 한다.

22.49 보어의 원자모형은 그동안 이해할 수 없었던 수소원자의 스펙트럼선을 나타내는 발머 공식(Balmer formula) $v = R(N^{-2} - M^{-2})$를 유도해 냈다[여기서 R은 리드버그-리츠 상수(Rydberg-Ritz constant)이고 M, N은 $M > N > 0$을 만족하는 정수이다].

22.50 어떤 상황에서도 에너지는 보존되어야 하기 때문에, 원자의 상태전이에서도 일부 전이를 금지시키는 '선택규칙(selection rule)'이 존재한다.

22.51 [후주 22.44]와 비교해 보라.

23
서로 얽혀 있는 양자세계

23.1 다입자계의 양자역학적 서술

21 ~ 22장에서는 (스핀이 있거나 없는)개별 양자적 입자의 행동방식과 이것을 서술하는 수학체계의 변천과정에 대해 알아보았다. 우리가 채용한 논리와 수학체계들은 단일입자나 외부와 고립된 계의 양자적 특성을 성공적으로 서술하고 있으므로, 이 결과를 잘 이용하면 여러 입자가 한데 모여 다양한 상호작용을 주고받는 다입자계의 양자적 특성도 서술할 수 있을지도 모른다. 21.2절에서 논했던 일반적 체계는 충분히 넓은 영역을 포함하고 있으므로, 그다지 허황된 꿈은 아닐 것이다. 그러나 두 개 이상의 입자들이 하나의 계를 이루면 완전히 새로운 특징들이 나타나기 시작한다. 다입자계의 저변에 깔려 있는 새로운 현상 중 가장 기이하면서도 근본적인 특징으로는 '양자얽힘'을 들 수 있다. 바로 이러한 특성 때문에 둘 이상의 입자로 이루어진 계는 '총체적인 하나'로 취급되어야 한다. 양자얽힘 속에는 지금까지 우리가 접했던 것보다 훨씬 기이한 양자적 행동방식이 숨어 있다. 하나의 계를 이루는 동일 종류의 입자들은 '자동으로' 얽힌 관계를 형성하는데, 이것은 입자의 특성에 따라 두 가지 방식으로 일

어날 수 있다.

양자계의 수학체계와 관련하여 21 ~ 22장에서 언급한 내용을 잠시 되새겨 보자. 양자-해밀토니안 접근법은 시간에 따른 상태벡터의 변화를 알려주는 슈뢰딩거 방정식을 우리에게 제공한다. 이 방법은 스핀이 없는 단일입자뿐만 아니라, 스핀을 가진 채 상호작용을 주고받는 다입자계에도 적용될 수 있다. 해밀토니안이 적절한 형태로 정의되기만 하면, 모든 것은 슈뢰딩거 방정식에 의해 결정된다. 이런 경우에 우리는 각 입자의 파동함수를 따로 취급할 필요 없이, 전체 물리계를 서술하는 단 하나의 상태벡터만을 고려하면 된다. 위치-공간 표현에서 이 상태벡터는 여전히 파동함수 Ψ로 간주할 수 있지만, 이것은 모든 입자의 위치좌표의 함수이므로 사실상 계의 배위공간configuration space에서 정의되는 함수이다(12.1절 참조). 또한, Ψ는 스핀상태를 나타내는 불연속 매개변수의 함수가 될 수도 있다(입자의 스핀상태를 2-스피너 $\Psi_{AB\cdots F}$로 나타냈을 때, '불연속 매개변수'는 각각의 독립성분을 나타내는 지표이다). 슈뢰딩거 방정식은 시간에 따른 Ψ의 변화를 말해 주므로, Ψ는 시간 t의 함수이기도 하다.

표준 양자역학에 따르면 다입자계의 각 입자들은 독립적인 위치좌표를 갖지만, 시간좌표는 개별적으로 부여되지 않고 계 전체에 걸쳐 단 하나의 좌표만이 존재한다. 비상대론적 양자역학을 '더욱 완전한 상대론적 양자역학의 근사적 서술'로 간주한다면, 시간좌표가 하나뿐이라는 것은 매우 기이한 현상이 아닐 수 없다. 상대성이론에서는 시간과 공간이 '동등한 성질'을 갖기 때문에, 입자마다 위치좌표가 개별적으로 주어진다면 시간좌표도 개별적으로 주어져야 한다. 그러나 일상적인 양자역학은 이런 식으로 되어있지 않다. 입자의 수가 아무리 많아도, 모든 입자는 단 하나의 시간좌표를 공유할 뿐이다.

물리학을 비상대론적인 관점에서 논한다면, 모든 입자에 공통의 시간을 부여한다 해도 문제가 될 것이 전혀 없다. 비상대론적 시간은 외부에 존재하는 절대변수로서, 계의 구성성분과 무관하게 우주 어디서나 동일한 빠르기로 흘러가기 때문이다. 그러나 상대성이론을 도입하면, 이런 논리는 단지 근사적 서술에 불과하다. 한 사람의 관측자가 느끼는 시간은 다른 관측자에게 '시간과 공간의 혼합체'로 인식되며, 입장을 바꿔도 사정은 마찬가지다. 일상적인 양자역학은 개개의 입자마다 공간좌표가 따로 존재할 것을 요구한다. 그러므로 상대론적 양자역학에서는 시간좌표도 입자마다 따로 할당되어야 한다. 실제로 많은 물리학자들이 1920년대 말부터 이런 관점을 견지해 왔으나,[1] 상대론적 양자역학은 아직도 완전하게 정립되지 않고 있다. 입자마다 시간좌표를 별도로 할당하면 입자들은 서로 분리된 시간차원에서 움직인다는 뜻이 되고, 이렇게 되면 현실세계에서 일어나는 상황을 설명하기 위해 또 다른 요소들을 도입해야 하기 때문이다.

26.6절에 가면 상대론적 양자역학에 경로적분path-integral[2] 접근을 도입할 예정인데, 이 이론은 해밀토니안이 아닌 상대론적 라그랑지안에 기초하기 때문에 '유일-시간/다중-공간' 문제를 피해갈 수 있다. 그러나 앞으로 알게 되겠지만, 이 경우에도 새로운 문제가 항상 발생한다. 그뿐만 아니라, 일상적인 슈뢰딩거 방정식도 '다중시간에서 현실로 되돌아오는 데' 나름대로 문제점을 안고 있다. 내가 보기에 슈뢰딩거 접근법은 시공간의 비대칭성을 허용하면서 양자역학의 근본적인 문제를 깊은 곳에 숨기고 있는 것처럼 보이지만, 이는 지금 우리 관심사와는 다소 거리가 있다. 당분간은 이 문제를 무시한 채 범우주적 시간이 적용되는 비상대론적 양자역학의 관점에서 논리를 진행할 것이다. 상대론적 양자역학과 관련된 문

제는 이 장의 끝 부분인 23.10절에서 간략하게 논의될 예정이다.

그렇다면, 비상대론적 표준 슈뢰딩거 묘사법은 다입자계를 어떤 식으로 다루는가? 21.2절에서 설명한 바와 같이 이 경우는 '모든' 운동량 변수들이 '모든' 입자에 할당된 하나의 해밀토니안에서 출발하며, 위치-공간표현(슈뢰딩거 표현)에서 각각의 운동량은 해당 입자의 위치좌표에 대한 편미분 연산자로 대치된다. 연산자들이 올바르게 해석되려면 모두 동일한 대상에 작용해야 한다. 그 '하나의 대상'이 바로 파동함수이다. 위에서 말한 대로 계 전체를 서술하는 파동함수 Ψ는 단 하나뿐이며, 이것은 계를 이루는 모든 입자가 제각각 갖고 있는 위치좌표의 함수이다.

23.2 거대한 다입자 상태공간

언뜻 생각하기에는 상태공간이 커도 별문제가 없을 것 같다. 과연 그럴까? 여기서 잠시 가던 길을 멈추고, 앞 절의 마지막 문장에서 요구한 Ψ의 상태공간이 얼마나 큰지 알아보자. 만일 n개의 스칼라 입자(스핀이 없는 입자)들이 파동함수를 제각각 소유하고 있다면, 이 입자계는 입자의 위치를 변수로 갖는 n개의 복소함수로 서술될 것이다. n이 그다지 큰 수가 아니라면, 약간의 상상력을 동원하여 전체적인 그림을 그릴 수 있다(지금 나는 시간을 고려하지 않고 있다. 즉, 어느 '한순간'에 계의 상태를 고려한다는 뜻이다). 사실, 이것은 n개의 성분을 가진 장이 공간에 분포되어 있는 상황과 비슷하다. 장의 각 성분은 그 자체로 개별적인 장을 서술하는 것으로 간주할 수 있다(개별적인 장들은 각 입자의 파동함수에 해당된다). 그런데 파동함수는 복소함수이므로, 실수성분을 고려한다면 $2n$개의 성분이 존재하는 셈이다(실수부와 허수부). 따라서 전자기장은 6개의 성분을 가지며(3개의 변수를 갖는 6개의 함수. 이것은 복소 스칼라 파동함수와 비슷하다), 이 정도면 전기벡터와 자기 벡터의 장은 그런대로 다룰 만하다.

3차원 스칼라입자의 파동함수와 같은 복소 스칼라장의 '자유도'는 어떻게 계산해야 하는가? 이와 같은 장은 과연 몇 개나 존재하는가? 16.7절의 표기법대로라면 실수 b차원에서 a개의 성분을 갖는 복소 스칼라장의 경우 선택할 수 있는 자유도는 $\infty^{a\infty^b}$이므로, $a = 2$인 복소장 스칼라의 경우(복소수는 두 개의 실수로 표현된다), 자유도는 $\infty^{2\infty^3}$이다. 지금 우리는 시간을 고려하지 않고 있으므로(t를 상수로 취급하므로), $b = 3$이다(시공간을 고려했다면 $b = 4$가 되었을 것이다). 물론 시공간을 고려할 수도 있는데, 이 경우에는 자유도를 제한하는 장방정식이 등장하게 된다. 파동함수에선 이 제한조건은 슈뢰딩거 방정식으로 주어지며, 이 방정식은 자유도를 '초기 3차원 공간에서 초기 데이터를 자유롭게 선택할 수 있는 자유'로 축소시킨다. 그 결과 유효 자유도는 (복소 스칼라)장의 경우와 마찬가지로 $\infty^{2\infty^3}$으로 줄어든다.

이 점을 이해하기 위해, 전하원charge source이 없는 자유 맥스웰장의 자유도를 계산해 보자. 이 경우에는 일상적인 3차원에 6개의 실수성분이 존재하므로, 시간 t를 고정한 상태에서 맥스웰 방정식을 무시했을 때, 자유도는 $\infty^{6\infty^3}$이다. 그러나 맥스웰 방정식을 고려하면 3차원 공간의 초기 데이터에 두 가지 제한조건이 가해진다. 즉, 전기장벡터와 자기장벡터의 다이버전스가 0이라는 조건이 바로 그것이다.[23.1] 이렇게 되면 3차

[23.1] 이런 조건이 부과되는 이유를 설명할 수 있겠는가? 4차원 다이버전스의 개념은 19.3절을 참조하라. 지금 우리에게는 3차원 버전이 필요하다. 도움말 : [예제 19.2]를 참조할 것.

원 곡면의 초기 데이터에서 자유성분의 유효개수가 4로 줄어들어, 총 자유도는 $\infty^{4\infty^3}$이 된다.

n개의 스칼라입자로 이루어진 물리계의 양자역학적 묘사를 생각해 보자. 만일 이 계가 n개의 서로 다른 파동함수로 서술된다면 자유도는 $\infty^{2n\infty^3}$이다(3차원 공간의 각 점에 n개의 복소수를 할당하는 방법의 수와 같다). 그러나 n개의 스칼라입자를 서술하는 '실제의' 양자 파동함수는 $3n$개의 실변수를 갖고 있다. 이것은 $3n$차원에서 정의된 복소 스칼라장의 경우와 같으므로 자유도는 $\infty^{2n\infty^{3n}}$이 되는데, 이건 누가 봐도 터무니없이 큰 값이다!

독자들은 이것이 얼마나 큰 수인지 짐작조차 하기 어려울 것이다. 대략적인 감이나마 잡아 보기 위해, 단 10개의 점으로 이루어진 장난감 우주를 상상해 보자. 점은 각각 숫자 **0**, **1**, **2**, **3**, **4**, **5**, **6**, **7**, **8**, **9**로 표기할 수 있다. 이 초소형 우주 속에 존재하는 스칼라입자의 파동함수는 10개의 복소수 $z_0, z_1, z_2, \cdots, z_9$로 이루어져 있으며, 파동함수공간은 복소10차원(또는 실수20차원) 힐베르트 공간 H^{10}을 이룬다. 이제 모든 z의 절댓값 제곱의 합이 1이 되도록 파동함수를 규격화한다면, $|z_6|^2$은 입자의 위치를 관측했을 때 점 **6**에서 발견할 확률에 해당된다.

보다시피, 초소형 불연속 우주는 자유도가 그리 크지 않다. 이 상황을 현실에서 재현한다면, '10개의 상자가 놓여서, 전자가 이들 중 어느 한 상자에 들어 있는' 경우를 예로 들 수 있다(그림 23.1 참조). 흔히 양자점 quantum dots이라 불리는 이 실험은 파동함수공간의 방대함을 십분 활용한 양자 컴퓨터의 가능성을 이론적으로 뒷받침하고 있다.

이제, 10개의 점으로 이루어진 초소형 우주 속에 두 개의 입자가 존재한다고 가정해 보자. 이유는 나중에 알게 되겠지만, 우리의 목적상 두

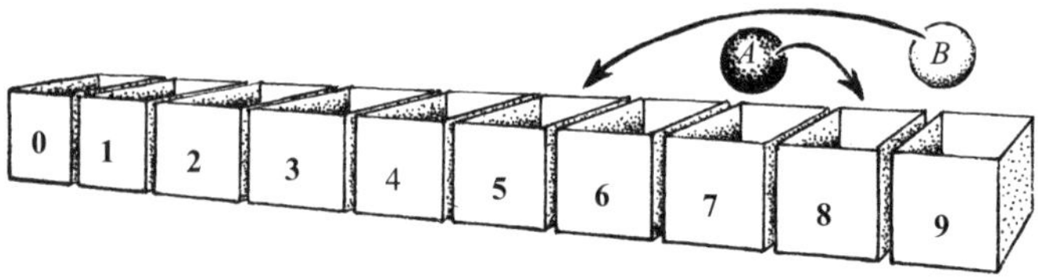

그림 23.1 10개의 점으로 이루어진 '장난감 우주'는 현실세계에서 10개의 상자로 구현할 수 있다. 서로 구별이 가능한 두 개의 입자 A, B는 상대방의 위치에 상관없이 10개의 상자 중 하나를 점유할 수 있다(즉, 두 입자는 동일한 상자에 들어갈 수도 있다).

입자의 종류가 다르다고 가정하는 것이 편하다. 앞으로 이들을 A, B라 부르기로 하자. 하나의 입자는 10개의 서로 다른 상자를 점유할 수 있으므로, 두 입자가 취할 수 있는 가능한 배열의 수는 100가지이다(두 입자는 동일한 상자에 들어갈 수도 있다). 따라서 모든 경우의 파동함수가 정의되려면 서로 다른 100개의 복소수 $z_{00}, z_{01}, \cdots, z_{09}, z_{10}, z_{11}, \cdots, z_{19}, z_{20}, \cdots, z_{99}$가 필요하다. 물론 각각의 복소수는 하나의 배열상태에 대응된다. 이제 모든 z의 절댓값 제곱의 합이 1이 되도록 규격화하면, (예를 들어) $|z_{38}|^2$은 '입자 A는 위치 **3**에서, 입자 B는 위치 **8**에서 발견될 확률'에 해당된다. 이 경우에 우리가 다뤄야 할 공간은 H^{100}이다. 입자가 A, B, C 3개라면 파동함수는 1,000개의 복소수 $z_{000}, z_{001}, \cdots, z_{999}$로 이루어지고, 상태공간은 H^{1000}으로 확장된다. 만일 개개의 입자들이 파동함수를 개별적으로 소유한다면 상태공간은 H^{30}밖에 되지 않았을 것이다. 입자가 4개로 늘어나면 H^{10000}을 다뤄야 하는데, 이것도 파동함수를 각 입자에 개별적으로 할당하면 H^{40}으로 줄어들었을 것이다.

위에서 언급했던 $\infty^{a\infty^{3n}}$의 표기법으로 다시 되돌아가서 생각해 보자. 지수에 붙어 있는 '∞^3'은 3차원 유클리드 공간 $\mathbb{E}^3$에 존재하는 점의 개수를 의미하는데, 이 숫자는 장난감 우주에서 10으로 대치되었으므로

$\infty^{a\infty^{3n}}$은 ∞^{a10^n}으로 줄어든다[$(a \times 10^n)$차원 실수공간에 존재하는 점의 개수와 같다]. 따라서 $\mathbb{E}^3$에 존재하는 n개의 스칼라입자 파동함수의 자유도 $\infty^{2\infty^{3n}}$는 장난감 우주에서 $\infty^{2\times10^n}$으로 대치된다. 또한 n개의 입자에 대한 파동함수의 힐베르트 공간은 H^{10^n} 이며, 입자마다 파동함수가 개별적으로 할당된 경우에는 H^{10n}으로 줄어든다. 그러므로 우리의 n-입자계 파동함수는 $20n$차원이 아니라 2×10^n차원(10^n차원 복소 힐베르트 공간)에서 정의된다. 예를 들어 입자의 수가 8개이면, 차원은 160이 아니라 200,000,000이 되는 것이다!

23.3 양자얽힘 : 벨 부등식

위에서 얻은 정보는 입자들 사이의 얽힘을 설명하는 데 중요한 역할을 한다. 이것을 어떻게 이해해야 하는가? 슈뢰딩거(1935)가 처음으로 도입했던 '얽힘'은 끔찍하게 혼란스러운 개념으로서, 아인슈타인-포돌스키-로젠Einstein-Podolsky-Rosen, EPR 실험을 통해 실제로 관측되었다(이 현상을 'EPR 효과'라 한다).[2] 사실, 입자의 얽힘은 양자세계에서 일어나는 극도로 미묘한 현상이기 때문에, 실험으로 입증하기가 절대로 쉽지 않다. 계의 총 파동함수를 좌우하는 중요한 정보가 이토록 깊은 곳에 숨어 있다는 것은 실로 놀라운 일이 아닐 수 없다! 이 문제는 23.6절에서 다룰 예정이다. 내가 보기에, 이 수수께끼는 현대 양자역학의 나아갈 길을 우리에게 보여주는 듯하다. 어쨌거나, 양자얽힘은 요즘 한창 연구되고 있는 양자 컴퓨터의 가능성을 강하게 시사하고 있다.[3]

양자얽힘이란 무엇이며, EPR 효과는 또 무엇인가? 유한차원에서 입자의 스핀만 고려하면 설명을 더 쉽게 할 수 있다. 가장 간단한 EPR상황

그림 23.2 EPR-봄 실험(EPR-Bohm experiment)의 개요도. 스핀 $\frac{1}{2}$인 두 입자 P_L과 P_R이 총 스핀 = 0인 상태로 결합해 있다가, 어느 순간 갑자기 분리되어 멀리 있는 감지기 L과 R을 향하여 진행하고 있다. 감지기는 두 입자 사이의 거리가 아주 멀어졌을 때 다가오는 입자의 특정방향 스핀만을 측정할 수 있도록 세팅되어 있다. 벨의 정리(Bell's theorem)가 말하는 바는, "두 입자가 독립된 고전적 객체처럼 행동하며, 분리된 후에는 서로 정보를 교환하지 못한다."라는 물리적 모형으로는 양자역학의 예측을 재현할 길이 없다는 것이다.

은 1951년에 데이비드 봄David Bohm이 제안했는데, 내용은 다음과 같다. 스핀 $=\frac{1}{2}$인 두 입자 P_L과 P_R이 총 스핀 = 0인 상태로 결합해 있다가, 어느 순간에 갑자기 분리되어 먼 거리에 있는 감지기 L과 R을 향하여 각각 왼쪽과 오른쪽으로 이동하고 있다(그림 23.2 참조). 감지기는 다가오는 입자의 스핀을 측정하는 기능이 있는데, 두 입자의 거리가 아주 멀어졌을 때 특정방향의 스핀만을 측정할 수 있다고 가정하자. 이제 문제는, 입자를 독립된 고전적 실체로 보아 분리되고 나서는 서로 정보교환이 불가능하다고 간주하면 양자역학의 예측이 재현되는지 아닌지 그 여부를 알아보는 것이다.

북아일랜드 출신의 물리학자 존 벨John S. Bell이 제안한 정리에 의하면, 양자이론의 예측을 이런 식으로 재현하는 것은 불가능하다. 벨은 물리적으로 분리된 두 측정의 확률이 만족하는 하나의 부등식을 유도했는데,[4] 이것은 양자역학의 예측과 일치하지 않지만 '물리적으로 분리된 두 입자는 독립적인 객체로 행동한다'라는 전제가 깔려 있는 임의의 이론에서는 반드시 만족해야 할 부등식이었다. 따라서 벨의 부등식이 성립되지 않는다는 것은, 두 입자를 분리된 독립 실체로 간주하는 모형으로는 설명할 수 없는 근본적인 양자 효과(양자얽힘)가 어딘가에 존재함을 의미했다.

벨 부등식이 위배되는 사례들은 그동안 다양한 논문과 서적을 통해 소개되어 왔다.[5] 이들 중 특히 확률이 빠진 벨 부등식Bell's inequality without probability은[6] yes/no 문제만을 다루고 있어서, 확률 때문에 고민할 필요가 없다(확률이 0이거나 1인 극히 명확한 경우만 고려하면 된다). 이 책에서는 '양자적 입자'와 '개별적 입자' 사이에서 벨 부등식이 위배되는 구체적인 사례를 두 가지만 들어보기로 한다. 두 경우 모두 스핀 $\frac{1}{2}$인 두 개의 입자가 왼쪽 감지기 L과 오른쪽 감지기 R을 향해 각자 나아가는 상황을 가정하고 있다. 첫 번째는 헨리 스탭Henry Stapp(1977, 1979)이 제안한 사례로서 전술한 EPR-봄 효과에 실제 확률값을 부여한 것이고, 루시엔 하디Lucien Hardy(1992, 1993)가 제안한 두 번째 사례는 '확률이 빠진' 버전에 약간의 수정을 가한 것이다.

구체적인 내용을 설명하기 전에, 한 가지 (디랙)표기법을 소개하고자 한다. 서로 독립인 두 양자상태 $|\psi\rangle$와 $|\phi\rangle$로 이루어진 하나의 양자상태는 다음과 같이 쓸 수 있다.

$$|\psi\rangle|\phi\rangle$$

이것은 두 개의 상태가 곱해진 형태지만 어디까지나 '하나의' 상태이므로, $|\chi\rangle = |\psi\rangle|\phi\rangle$와 같은 형태로 쓸 수 있다. 대수학자들은 이와 같은 곱을 '텐서곱'이라 부르는데, 일반적으로 $(z|\psi\rangle)|\phi\rangle = z(|\psi\rangle|\phi\rangle) = |\psi\rangle(z|\phi\rangle)$, $(|\theta\rangle + |\psi\rangle)|\phi\rangle = |\theta\rangle|\phi\rangle + |\psi\rangle|\phi\rangle$, $|\psi\rangle(|\theta\rangle + |\phi\rangle) = |\psi\rangle|\theta\rangle + |\psi\rangle|\phi\rangle$의 규칙을 따른다. 수학 책에서는 텐서곱을 나타내는 연산자로 흔히 $\otimes$를 사용한다(13.7절 참조). 따라서 $|\psi\rangle|\phi\rangle$는 $|\psi\rangle \otimes |\phi\rangle$이다.

어쨌든, 이런 텐서곱이 속하는 (힐베르트)공간들을 연결할 때는 ⊗연산을 쓰는 쪽이 편리하다. 예를 들어, $|\psi\rangle$가 H^p에 속하고 $|\phi\rangle$가 H^q에 속한다면, $|\psi\rangle|\phi\rangle$는 $\mathrm{H}^p\otimes\mathrm{H}^q$에 속한다. $\mathrm{H}^p\otimes\mathrm{H}^q$의 차원은 두 공간의 차원의 곱으로 주어지므로, $\mathrm{H}^p\otimes\mathrm{H}^q=\mathrm{H}^{pq}$로 쓸 수 있다. p와 q는 ∞가 될 수도 있는데, 이 경우에는 곱을 취한 공간의 차원도 ∞가 된다. 그러나 $\mathrm{H}^p\otimes\mathrm{H}^q$ 중에서 오직 일부만이 $|\psi\rangle|\phi\rangle$ 형태의 원소들로 이루어져 있으며($p, q>1$이라는 가정하에), 이들은 '얽히지 않은 상태'에 해당된다. $\mathrm{H}^p\otimes\mathrm{H}^q$에 속하는 일반 원소들은 얽히지 않은 상태들의 선형결합으로 표현된다(p와 q가 무한대이면 무한합이나 적분을 포함할 수도 있다).[7] 그러나 얽힘이라는 개념은 총 힐베르트 공간 H^{pq}가 부분공간으로 어떻게 분할되는가(예를 들면 $\mathrm{H}^p\otimes\mathrm{H}^q$ 등)에 따라 달라진다(이들 중 특별하게 선호되는 분할이란 존재하지 않는다. n이 합성수일 때, H^n을 텐서곱으로 표현하는 방법은 여러 가지가 있다). 주된 관심사가 '얽힘'일 때, 물리적으로 특별한 관심을 끄는 분할은 '개별인' 입자들이 서로 멀리 떨어져 있는 경우이며 EPR 효과는 바로 이런 상황에서 나타난다.

경우에 따라서는 추상-지표 표기법이 유용할 수도 있다(12.8절 참조). 켓벡터 $|\psi\rangle$는 위첨자를 붙여서 ψ^α로 쓸 수 있으며, 여기에 대응하는 (복소켤레)브라벡터 $\langle\psi|$는 $\bar{\psi}_\alpha$이다. 또한 $\langle\psi|\phi\rangle$는 $\bar{\psi}_\alpha\phi^\alpha$이고, $\langle\psi|\boldsymbol{Q}|\phi\rangle$는 $\bar{\psi}_\alpha\boldsymbol{Q}^\alpha{}_\beta\phi^\beta$이며, ψ^α와 ϕ^β의 텐서곱 $|\psi\rangle|\phi\rangle$는 $\psi^\alpha\phi^\beta$로 쓸 수 있다. 얽히지 않은 상태들은 항상 이와 같은 식으로 분할된다. 그러나 (아마도 얽힌)일반상태는 $\phi^{\alpha\beta}$의 형태를 취한다. 이 표기법을 응용한 사례는 이 장의 끝 부분에서 보게될 것이다.

23.4 봄 타입의 EPR 실험

이제 봄 버전의 EPR 문제로 되돌아가서, 관측을 실행하기 직전의 초기상태를 생각해 보자. 떨어져 있는 스핀 $\frac{1}{2}$인 두 입자를 함께 고려한 전체 계의 스핀은 0이 되어야 한다. 초기에 이들은 스핀 0인 결합상태에서 출발했으며 각운동량은 보존되기 때문이다. 따라서 각 입자의 스핀 기저상태 basis state가 조합을 이루어 총 스핀 $=0$이 되는 상태 $|\Omega\rangle$를 만들어야 하는데, 다음과 같이 표현할 수 있다.

$$|\Omega\rangle = |\uparrow\rangle|\downarrow\rangle - |\downarrow\rangle|\uparrow\rangle$$

(이 경우에도 상태벡터의 규격화는 신경 쓰지 않을 것이다)[23.2], [23.3] 다른 책을 보면, 오른손입자와 왼손입자를 명확하게 구별하기 위해 위 상태를 $|\uparrow L\rangle|\downarrow R\rangle - |\downarrow L\rangle|\uparrow R\rangle$로 표기하는 경우도 있다. 그러나 내 생각에는 굳이 이렇게 쓸 필요가 없다고 본다. 왜냐하면 (i) 이 표기법은 입자의 위치나 운동량 등과 상관없이 파동함수의 스핀부분을 골라서 나타내는 것이 목적이므로 스핀의 방향만 명시되면 더 필요한 정보가 없고, (ii) 텐서곱은 가환이지 않아서 곱하는 순서를 혼동할 염려가 없기 때문이다. 내 표기법에서 텐서곱의 왼쪽 항은 왼손입자에 해당되고, 오른쪽 항은 오른손입자에 해당된다. 이것이 혼란스럽다면 켓벡터에 L과 R을 써넣어도 상관없다.

이것은 L에 극소화된 $|\alpha\rangle$와 R에 국소화된 $|\beta\rangle$를 이용하여

[23.2] $|\uparrow L\rangle$과 $|\downarrow R\rangle$이 규격화되었다면, $|\Omega\rangle$에 필요한 규격화상수는 얼마인가? ($\||\alpha\rangle|\beta\rangle\| = \|\alpha\|\|\beta\|$라고 가정해도 상관없다)

[23.3] 총 스핀이 0인 이유를 설명할 수 있겠는가? [도움말 : 한 가지 방법은 지표표기법을 이용하여 위의의 반대칭조합이 스칼라임을 증명하는 것이다. 스핀공간은 2차원임을 명심하라]

$|\alpha\rangle|\beta\rangle$의 형태로 쓸 수 없으므로,[23.4] 얽힌 상태의 전형적인 사례임이 분명하다. 지금부터는, 얽힌 상태가 과연 무엇을 의미하는지 본격적으로 알아보자. 지금 나는 왼쪽 L의 위치에 앉아서, 왼손입자 P_L의 스핀이 '위쪽인지'를 측정하는 실험을 하고 있다(즉, P_L의 스핀이 ↑이면 측정결과는 'yes'이고, ↓이면 측정결과는 'no'이다). 만일 결과가 yes로 나왔다면 전체상태 $|\Omega\rangle$는 $|\uparrow\rangle|\downarrow\rangle$로 투영되고, 결과가 no이면 $(-)|\uparrow\rangle|\downarrow\rangle$로 투영될 것이다. 일단 측정이 실행되고 나면 원래의 얽힌 상태는 사라지며, 표준 U-변화는 입자 P_L이 내가 사용한 측정장비 L과 얽혀 있음을 말해줄 것이다. 한 가지 분명한 사실은 나의 측정결과가 'yes'일 때 반대쪽 R에서 오른손 감지기를 작동시키고 있는 내 실험동료는 입자 P_R의 스핀이 $|\downarrow\rangle$임을 확인하게 된다는 것이다. 이와 반대로 나의 측정결과가 'no'였다면, 동료의 측정결과는 $|\uparrow\rangle$이 될 것이다. 동일한 측정을 여러 번 실행한다면, 매 경우 나와 동료는 반대 결과를 얻게 될 것이다.

이 실험에서 위/아래 방향의 선택은 완전히 임의적이다. 내가 관측하기로 한 스핀 방향이 ↑가 아니라 ↙였다고 해도, 나의 동료가 ↙ 방향의 스핀을 측정한다면 항상 나와 정반대의 결과를 얻게 된다. 이것은 스핀 0의 회전불변성을 고려할 때 너무도 당연한 사실이지만, 아래의 관계를 대수적으로 증명하는 것도 좋은 연습문제가 될 것이다(기호 ∝는 '비례한다'는 뜻이다).

$$|\Omega\rangle \propto |\swarrow\rangle|\nearrow\rangle - |\nearrow\rangle|\swarrow\rangle$$

여기서 ↗는 ↙의 반대방향을 나타낸다(주 : $|\swarrow\rangle = a|\uparrow\rangle + b$

[23.4] 왜 그런가? $|\alpha\rangle$와 $|\beta\rangle$가 L과 R에 집중되어 있지 않을 때 $|\alpha\rangle|\beta\rangle$의 형태로 나타내 보라.

$|\downarrow\rangle$이면, $|\nearrow\rangle \propto \bar{b}|\uparrow\rangle - \bar{a}|\downarrow\rangle$이다).[23.5]

지금까지의 내용을 종합하면 나와 내 동료가 스핀의 측정방향을 서로 다르게 잡았을 때의 YY, YN, NY, NN 확률도 계산할 수 있다(yes는 Y로, no는 N으로 표기하였다). 예를 들어 내가 ↖ 방향의 스핀을 측정하고, 나의 동료는 ↗방향의 스핀을 측정한다고 가정해 보자. 두 방향 사이의 각도를 θ라 했을 때, 22.9절의 확률값을 이용하면(그림 22.11 참조) 두 사람이 측정한 스핀이 일치할 확률과 일치하지 않을 확률은 다음과 같이 얻어진다.

$$\text{일치} : \tfrac{1}{2}(1-\cos\theta),\ \text{불일치} : \tfrac{1}{2}(1+\cos\theta)$$

('일치'는 YY나 NN인 경우이고, '불일치'는 YN이나 NY인 경우이다)

이제 헨리 스탭이 제안했던 사례(벨 부등식이 위배되는 사례)를 살펴보기로 하자. 내가 사용하는 측정기는 입자의 스핀을 수직 ↑방향으로 측정하거나 수평 →방향(↑방향과 수직)으로 측정하도록 세팅되어 있고, 내 동료가 사용하는 측정기는 ↑와 →가 놓여 있는 평면상에서 오른쪽 위로 45° 방향, 즉 ↗방향으로 스핀을 측정하거나, 이와 직각을 이루는 ↖ 방향으로 측정하도록 세팅되어 있다(↖는 ↗와 동일한 평면에 놓여 있으며, ↑와의 사잇각은 45°, →와의 사잇각은 135도이다. 그림 23.3 참조). 따라서 내가 측정한 스핀과 동료가 측정한 스핀이 45° 각도를 이루는 경우는 세 가지가 있고, 135°를 이루는 경우는 한 가지가 있다. 둘 사이의

[23.5] 괄호 안의 내용을 증명하고, 본문의 $|\Omega\rangle$를 직접 유도해 보라(도움말 : [예제 22.26]을 참조할 것).

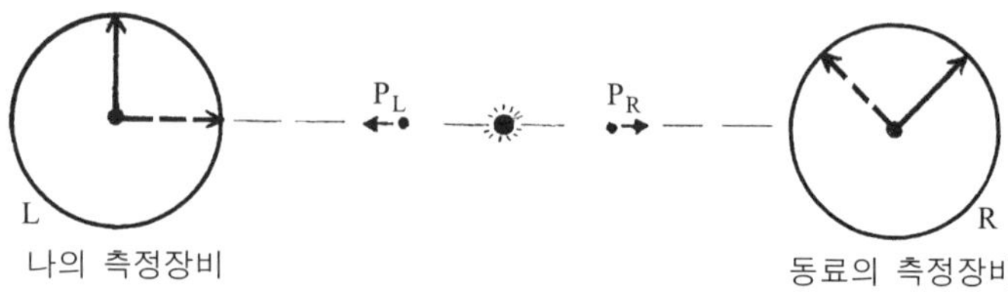

그림 23.3 EPR-봄 실험의 헨리 스탭(Henry Stapp) 버전(벨 부등식의 사례). 처음에 두 관측자(나와 동료)는 굵은 선 화살표 방향으로 스핀을 측정하였으나, 도중에 마음이 달라지면 점선 화살표 방향으로 바꿀 수도 있다. 이런 경우에 "두 입자는 공간적으로 분리되어 있으므로 서로 정보를 교환할 수 없고, 감지기가 어떤 방향의 스핀을 측정할지 미리 알 수도 없다"라는 고전적 논리를 고집한다면, 실제로 나타나는 양자적 확률을 설명할 수 없다.

각도가 45°인 경우, 위 식에 따라 일치할 확률은 $(1 - \cos 45°) = 0.147$, 즉 15% 미만이고, 일치하지 않을 확률은 85%가 넘는다.

나와 내 동료는 두 입자 사이의 거리가 충분히 멀어졌을 때 입자의 스핀을 측정하기로 약속했다. 그래서 내 동료는 충분한 거리를 확보하기 위해 측정장비를 들고 타이탄(토성의 위성 중 하나)으로 날아갔고, 가는 길에 입자의 생성원을 지구와 타이탄의 중간지점에 설치해 놓았다. 이런 상황에서는 입자가 빛의 속도로 날아온다 해도, 측정할 스핀의 방향을 결정하는 데 약 45분의 여유가 있다!(그림 23.4 참조) 입자는 나와 나의 동료가 (독립적으로)어떤 방향의 스핀을 측정할지(장비가 어떤 방향으로 세팅되어 있는지), 직접 도달하기 전에는 절대로 미리 알 수 없다.

입자빔이 감지기에 도달했을 때, 나는 ↑ 방향의 스핀을 측정하기로 결정했고 나의 동료는 ↗ 방향을 선택했다고 가정해 보자. 입자는 한 순간에 하나씩 도달하고 있으며, 하나의 EPR-봄 쌍을 이루는 입자들은 나와 내 동료의 감지기에 '동시에' 도달하고 있다. 우리 두 사람의 측정결과를 비교해보면(타이탄에 파견된 동료가 지구로 귀환해야 하므로, 아마

그림 23.4 나와 동료는 각각 지구와 타이탄(토성의 위성)에서 EPR-입자의 스핀을 측정하고 있으며, 입자를 만들어 내는 생성원은 지구와 타이탄의 중간지점에 설치되어 있다. 이런 상황에서는 입자가 빛의 속도로 날아온다 해도 측정장비의 방향을 결정하는데 약 45분의 여유가 있다.

도 몇 년 후에나 가능할 것이다), 위의 논리에 따라 일치하는 경우가 15%보다 조금 작을 것이다.

만일 입자들이 감지기의 세팅 방향을 미리 알지 못하고 (고전적 입자와 같이)서로 정보를 교환할 수도 없다면, 내가 측정 1분 전에 갑자기 마음을 바꿔서 방향을 →로 바꾼다 해도 내 동료의 측정결과는 전혀 달라지지 않을 것이다. 내가 이런 식으로 마음을 바꿔도 두 방향 사이의 각도는 여전히 45°이므로, 두 사람의 측정이 일치할 확률(위에서 말한 대로 스핀의 방향이 일치할 확률이 아니라, yes/no의 여부가 일치할 확률임을 명심할 것!)은 이전과 같이 15%를 조금 밑돌 것이다. 나 대신 나의 동료가 마지막 순간에 마음을 바꾼다면 어떻게 될까? 예를 들어, 내 동료가 입자 도착 1분 전에 스핀의 측정방향을 ↗에서 ↖로 바꿨다고 가정해 보자. 이전과 마찬가지로, 내 동료가 마음을 바꿨다고 해서 ↑ 방향으로 세팅된 나의 측정결과가 달라질 이유는 없다(이 단락의 서두에서 고전적 입자라고 가정했기 때문이다). 따라서 나와(↑) 내 동료(↖)의 측정이 일치할 확률도 이전과 마찬가지로 15%를 조금 밑돌 것이다.

두 사람 모두 마음을 바꾼다면 어떻게 될까? 입자가 도착하기 1분 전에 나는 →로, 내 동료는 ↖로 측정방향을 바꿨다고 가정해 보자. 그러면 두 방향 사이의 각도는 135°가 되어, 두 측정이 일치할 양자역학적 확률은 85%를 웃돈다. 과연 이것이 지금까지 논의한 내용에 부합하는 결과일까? 지금부터 찬찬히 확인해 보자. 한 쌍의 입자가 마주칠 수 있는 감지기의 세팅 상황은 네 가지가 있으며, 각각 양자역학적으로 올바른 확률을 주어야 한다. 나의 측정방향이 →이고 동료의 측정방향이 ↗일 때, 두 측정이 일치할 확률은 15%를 넘지 않는다. 또한, 나의 측정방향이 ↑이고 동료의 측정방향이 ↖일 때에도 일치할 확률은 15%를 조금 밑도는 수준이다. 만일 어떤 특정 입자 쌍이 (→, ↖)측정에서 일치하는 결과를 주었다면, (→, ↗)나 (↑, ↗), (↑, ↖)측정에서 '모두' 불일치할 수는 없다[세 가지 경우 모두 불일치하면, (→, ↖)측정도 일치할 수 없다]. 즉, 이 세 가지 가능한 세팅 중 적어도 한 경우는 일치하는 결과를 준다는 뜻이다. 그런데 이렇게 될 확률은 각 세팅상태에서 약 15%이고 가능한 경우의 수는 세 가지이므로, (→, ↖)측정에서 일치할 확률은 15% + 15% + 15% = (약)45%이다(여기에는 세 세팅에서 모두 일치하는 경우가 중복되어 있으므로, 실제의 확률은 이보다 조금 작다). 그러나 이 45%는 앞에서 계산한 85%와 비교할 때 터무니없이 작은 값이다. 즉, 입자 쌍이 고전적 특성을 갖는다는 애초의 가정이 틀린 것이다!

독자들은 다음과 같은 반론을 제기할지도 모른다 — "이것은 '일어날 가능성은 있지만 실제로는 일어나지 않는' 가상의 측정에 기초한 논리(철학에서 말하는 반사실적 조건문counterfactual)가 아닌가?" 그럴 듯한 반론이지만, 사실 이것은 별로 중요한 문제가 아니다. 지금 우리에게 중요한 것은 "발생원을 떠난 두 입자는 서로 정보를 교환하지 않으며, 측정장비의 방향에 상관없이 올바른 양자적 결합확률을 준다"라고 가정했다는 사실이다. 어떤 상황에서도 입자는 양자역학의 예측을 벗어날 수 없다. 그러므로 방금 얻어낸 결과에 의하면, "발생원에서 동시에 출발한 한 쌍의 입자에 양자역학 법칙을 '개별적으로' 적용하지 못한다"라는 결론을 내릴 수밖에 없다. 입자들이 양자적으로 올바른 확률을 주려면, 둘 중 하나가 감지기에 도달하기 전까지는 서로 연결된 관계에 있는 것으로 간주해야 한다. 이 신비한 연결관계가 바로 양자얽힘이다.

이와 같은 실험이 천문학적 스케일에서 실행된 적은 없지만, 이와 유사한 EPR-타입 실험은 지금까지 다양한 방식으로 실행되어 왔으며(스핀 $\frac{1}{2}$인 입자 대신 주로 광자의 편광을 사용하였는데, 그 차이는 별로 중요하지 않다), 결과는 항상 (상식이 아닌)양자역학의 승리로 끝났다! 양자얽힘이 지구-토성 간 거리에서 확인된 적은 없지만, 최근 실행된 일련의 실험들은 15 km 이상의 거리에서도 벨 부등식이 위배된다는 것을 입증하고 있다.[8]

23.5 확률이 '거의 배제된' 하디의 EPR-타입 실험

이제, 루시엔 하디가 제안했던 멋진 사례에 대해 알아볼 차례이다.[9] 이번에도 나와 내 동료에게는 입자의 스핀을 측정하는 임무가 주어졌다. 나는 이전과 같이 ↑와 → 중 하나를 측정방향으로 선택할 예정이고, 나의 동료도 나와 독립적으로(나의 선택과 무관하게) ↑와 → 중 하나를 선택하기로 했다. 23.4절에서 논의된 스탭의 사례와 크게 다른 점은, 발생원에서 생성된 입자 쌍의 초기 스핀이 0이 아니라 1이라는 것이다. 여기에 마요라나 묘사법을 채용하여, 초기상태를 |←↗⟩이라 하자(22.10절 그림 22.14 참조). ↗ 방향은 ↑와 →으로 결정되는 1/4평면에서 기울기가 위쪽으로 4/3인 방향이고(따라서 →와 ↗ 사이의 각도를 θ라 했을 때,

$\cos\theta = 3/5$이다), ←는 →와 반대방향이다(그림 23.5 참조). 이 상태는 전체적으로 곱해지는 상수를 무시했을 때 다음과 같이 쓸 수 있다.[23.6]

$$|\leftarrow\nearrow\rangle = |\leftarrow\rangle|\nearrow\rangle + |\nearrow\rangle|\leftarrow\rangle$$

또한, 이 상태는

$$|\downarrow\rangle|\downarrow\rangle$$

와 직교하지 않지만(↓는 ↑와 반대방향이다), 아래의 상태들과는 직교한다.[23.7]

$$|\downarrow\rangle|\leftarrow\rangle,\quad |\leftarrow\rangle|\downarrow\rangle,\quad |\rightarrow\rangle|\rightarrow\rangle$$

이 직교관계를 좌우하는 것은 다음의 4가지 'yes/no' 조건이다.

0) 나의 동료가 ↑ 측정에서 'no'를 얻었을 때, 나도 ↑ 측정에서 가끔은 'no'가 나올 수 있다.

(1) 내가 ↑ 측정에서 'no'를 얻었다면, 나의 동료는 → 측정에서 항상 'yes'를 얻는다.

(2) 나의 동료가 ↑ 측정에서 'no'를 얻었다면, 나의 → 측정은 항상 'yes'로 나온다.

(3) 나의 동료가 → 측정에서 'yes'를 얻었다면, 나의 → 측정에서는 절대로 'yes'가 나올 수 없다.

[23.6] 왜 그런가?

[23.7] 직접 증명해 보라[도움말 : 22.9절의 좌표 및 기하학적 해석을 이용할 것].

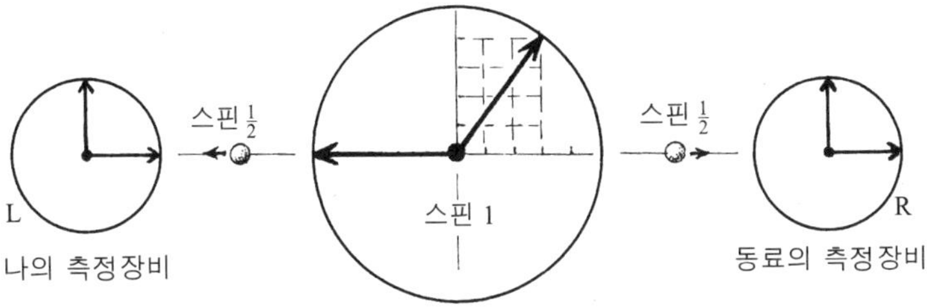

그림 23.5 확률이 '거의' 배제된 하디(Hardy)버전의 EPR 실험. 스핀 1인 초기상태는 $|\leftarrow \nearrow\rangle = |\leftarrow\rangle|\nearrow\rangle + |\nearrow\rangle|\leftarrow\rangle$이며, 여기서 $\nearrow$는 ↑와 →으로 결정되는 $\frac{1}{4}$평면에서 기울기가 위쪽으로 $\frac{4}{3}$인 방향이다. 각 감지기는 입자의 스핀을 수직, 또는 수평방향으로 측정한다.

항목 (0)과 관련하여 한 가지 언급해둘 것은, 이 실험에서 우리 두 사람이 모두 ↑를 선택하여 'no'를 얻을 양자역학적 확률이 1/12이라는 것이다.[23.8] 그런데 1/12 = 8.33%이고, 여기에 약간의 수정을 가하면 하디의 최적값(optimal value)은 약 9.017%임을 알 수 있다.[10]

이제 "입자들이 서로 정보를 교환할 수 없고 자신의 스핀이 어떤 방향으로 '측정될지' 미리 알 수도 없다면, 위에 열거한 (0), (1), (2), (3)의 결과를 설명할 수 없다"라는 사실을 논리적으로 설명하는 일이 남았다. 항목 (0)에 의하면, (두 입자가 정보를 교환할 수 없고 측정방향을 예측할 수도 없다는 가정하에)나와 내 동료가 동시에 ↑ 방향으로 스핀측정을 시도했을 때, 둘 다 'no'라는 결과가 나올 수도 있다(정확한 확률은 $\frac{1}{12}$이다). 그리고 항목 (1)과 (2)에 모순되지 않으려면, ↑ 방향 측정에서 둘 다 'no'라는 결과를 준 입자 쌍은 "둘 중 한 사람, 또는 둘 다 측정방향을 ↑에서 →로 바꿨을 때, 둘 다 'yes'라는 답을 줄 수 있도록" 초기상태가 형

[23.8] 왜 그런가?

성되어 있어야 한다. 이것은 "→ 방향 측정에서 둘 다 yes를 얻을 수 없다"라는 항목 (3)에 위배된다. 따라서 "두 입자는 정보를 교환할 수 없고, 자신의 스핀이 어떤 방향으로 측정될지 미리 알 수도 없다"라는 가정이 틀렸다는 결론을 내릴 수밖에 없다.

23.6 양자얽힘에 숨어 있는 두 가지 미스터리

내가 보기에, 양자얽힘에는 완전히 다른 두 가지 미스터리가 숨어 있는 것 같다. 첫 번째 미스터리는 양자얽힘이라는 현상, 그 자체이다. 양자얽힘을 하나의 자연현상으로 인정하고, 그것이 우주의 중요한 부분을 차지한다는 사실을 우리가 이해할 수 있는 논리로 설명했다는 것 자체가 나에게는 미스터리이다. 두 번째 미스터리는 첫 번째와 다소 상보적이다. 양자역학에 의하면 얽힘은 우주 어디서나 일어날 수 있는 현상인데(수없이 많은 양자상태들도 따지고 보면 모두 얽힌 상태이다), 우리는 왜 이것을 직접 느낄 수 없을까? 범우주적으로 존재하는 현상이 우리 눈앞에 나타나지 않는 이유는 무엇인가? 내가 보기에, 사람들은 대부분 두 번째 미스터리에 별로 관심이 없는 것 같다. 양자얽힘이 수수께끼로 인식된 것은 주로 첫 번째 미스터리 때문이다.

두 번째 미스터리부터 파헤쳐 보자. 첫 번째 미스터리는 잠시 후에 논의될 것이다. 우리를 가장 괴롭히는 수수께끼는 양자얽힘이 넓게 퍼지는 경향을 보인다는 점이다. 시간이 충분히 지나면 우주에 존재하는 모든 입자가 서로 얽힌 관계에 놓이게 될 것이다. 아니, 이런 상황은 이미 벌어졌을지도 모른다. 우리가 실제로 접하는 고전적 세계와 닮은 구석이라곤 한 군데도 없는 양자적 혼돈을 우리가 경험하지조차 못하는 이유는 무엇일까? 물리계에 일어나는 슈뢰딩거 변화로는 얽힘을 설명할 수 없다. 우주가 초창기에 어떤 모습으로 시작되었건 간에, 시간이 흐름에 따라 얽힘이 널리 퍼지면서 결국에는 종잡을 수 없는 혼란이 야기된다. 힐베르트 공간 H를 도입해도, 슈뢰딩거 방정식(**U**-과정)으로는 이 문제를 해결할 수 없다. 상대적으로 '얽히지 않은' H의 부분에서 출발한다 해도, 여기에 슈뢰딩거 변화를 적용하면 (대부분)당장 얽힘의 늪 속으로 빠져들게 되고, 해초로 가득 찬 얽힌 상태의 바다에 한 번 빠지면 두 번 다시 원래 상태로 되돌아갈 수 없다(그림 23.6 참조).

어쨌거나 우리는 양자얽힘을 전혀 느끼지 못하면서도 별 탈 없이 잘 살아왔다. 어떻게 그럴 수 있었을까? 양자이론의 **U**-과정에서 해답을 얻을 수 없다면, **R**-과정으로 관심을 돌리는 수밖에 없다. 사실, **R**-과정을 통해 EPR의 수수께끼에 접근하는 방법은 앞에서 이미 접한 적이 있다. 23.4절에서 언급된 '행성 간 실험'을 떠올려 보자. 지구와 타이탄 사이에서 생성된 EPR 입자 쌍 중 하나는 타이탄에 파견된 나의 동료를 향해 날아가고 있다. 만일 내가 동료보다 측정을 조금이라도 먼저 실시했다면, 이 행위로 말미암아 두 입자의 얽힘은 끊어지고 그 이후로 나머지 입자(타이탄으로 간 입자)는 내가 (지구에 도달한)입자에 어떤 짓을 하건 간에 동료가 관측을 수행하기 전까지는 자신만의 상태벡터를 소유하게 된다. 따라서 입자들 사이의 얽힌 관계를 단절시키는 것은 '측정행위 자체'라고 짐작할 수 있다. 정말 그럴까? 과연 **R**이 양자얽힘의 두 번째 미스터리를 해결할 수 있을까?

양자역학을 현실적인 관점에서 바라본다면, 위 질문에 'yes'라는 답이 나올 수도 있다. 이것은 앞에서 언급했던 양자적 (사고)실험의 세팅 방법과 밀접하게 관련되어 있다. 앞 절에서 다뤘던 EPR-관련 실험에서, 우

그림 23.6 얽히지 않은 상태(그림에는 바위로 표현되어 있다)에 슈뢰딩거 변화가 적용되면, 대부분의 경우에 얽힘이 증가한다(그림에는 해초들이 우글거리는 바다로 표현되어 있다). 그런데 일상적인 물체들은 왜 이런 식으로 얽히지 않고 독립적으로 존재하고 있는가?

리는 초기의 입자 쌍들이 어떤 특정한 양자상태에 있다고 가정했었다. 스탭의 실험에서는 총 스핀이 0이었고, 하디의 실험에서는 총 스핀이 1이었다. 실험에 사용된 입자들이 주변의 다른 물체들과 양자적으로 '끔찍하게' 얽혀 있지 않다는 것을 **U**-과정만으로 어떻게 설명할 수 있을까? 내 생각에는 측정이 갖는 어떤 특이한 성질 덕분에 측정대상이 주변의 잡다한 사물들과 양자적으로 얽히지 않는 것 같다. 물론 이것은 실험자가 장비를 섬세하게 다룬다고 만들어질 수 있는 상황이 아니다. 실험자의 의도나 기타 의식이 있는 생명체가 개입되지 않아도, 자연은 스스로 **R**-효과를 만들어 내는 것 같다.

사실, 지금의 내용에는 논쟁의 여지가 다분하다. 개인적인 의견은 나중에 언급하기로 하고(30.9 ~ 13절 참조), 당장은 좀 더 근본적인 질문을 던져 보자. 전통적인 양자역학은 물체를 어떤 식으로 이해하는가? 실제로는 물리학자들은 어떠한 상황에서도 "바깥세계와의 얽힘은 항상 무시할 수 있다"라는 가정을 내세우고 있다. 이런 가정조차 없다면 고전역학과 전통적 양자역학을 모두 신뢰할 수 없기 때문이다. 이들의 주장을 재서술하면, "모든 얽힘은 '평균적으로 상쇄되기 때문에' 실제 상황에서는 고려할 필요가 없다"라는 말과 비슷하다. 그러나 나는 이와 같은 주장을 뒷받침할만한 증거를 단 한 번도 본 적이 없다. 내가 보기에, 개개의 물체들은 평균적으로 상쇄된다기 보다 우주에서 일어나는 다른 사건들과 무관하게 위치가 불명확해지면서 우리가 알고 있는 우주와는 점점 더 다른 모습으로 변해가고 있는 것 같다. 이것을 양자역학의 핵심이라 할 수 있는 **U**/**R** 역설과 별개의 문제로 간주한다면, 누구도 답을 찾을 수 없을 것이다.

한 물체와 우주 전체 사이의 방대한 얽힘을 생각하다 보면, 다음과 같은 의문이 자연스럽게 떠오른다. "간단한 물리계가 **U**-과정으로 정확하게 서술되는 이유는 무엇이며, 여기에 갑작스럽고 은밀한 **R**-과정이 간간이 개입하는 이유는 무엇인가? 그리고 이 과정은 언제, 어떤 식으로 개입하는가?" 노벨상 수상자인 토니 레겟Tony Leggett은 이것을 두고 '측정문제measurement problem' 또는 '측정역설measurement paradox'이라고 불렀다. 이 문제는 29장에서 집중적으로 다뤄질 것이다.

양자얽힘과 관련된 수수께끼 중 아직 언급되지 않은 것이 있다. 양자적으로 얽혀 있는 한 쌍의 입자 중 하나를 관측했을 때, 그 영향은 다른 입자에 '즉각적으로' 전달된다. 그러나 이것은 "어떠한 물체나 신호도 빛보다 빠르게 이동할 수 없다"라는 특수상대성이론의 기본원리와 정면으로 상치된다(17장 참조). 이 문제를 해결하기 전에, 얽힘의 또 다른 측면을 짚고 넘어가는 것이 좋겠다. 동일 입자identical particles에 관한 문제가 바로 그것이다. 이것은 앞서 제시했던 다른 문제들보다 훨씬 보편적으로 나타나는 문제로서, 지금까지 언급된 양자역학의 기이한 특성과 아무런 관계도 없다.

23.7 보존과 페르미온

23.2절에서 도입했던 '장난감 우주'를 다시 떠올려 보자. 이 우주는 너무도 단순하여 단 10개의 점point만으로 이루어져 있으며, 각 점은 **0**, **1**, **2**, **3**, **4**, **5**, **6**, **7**, **8**, **9**라는 숫자로 나타낼 수 있다. 만일 이 초소형 우주에 입자가 둘 이상 존재한다면, 이들이 같은 종류의 입자인지, 아니면 다른 종류인지를 분명하게 명시해야 한다. 다른 입자라면 '입자 *A*', '입자 *B*'와 같이 다른 이름으로 불러야 할 것이다. 왜냐하면, 양자역학은 만물의 기본단위인 입자를 완전히 새로운 방식으로 다루기 때문이다. 양자역학에 의하면 자연에 존재하는 입자는 보존과 페르미온, 두 가지가 있다. 보존은 스핀이 정수인 입자이고($\hbar = 1$인 단위에서 보존의 스핀은 0, 1, 2, 3, ⋯이다), 페르미온은 스핀이 $\frac{1}{2}, \frac{3}{2}, \frac{5}{2}, \frac{7}{2}, \cdots$ 등 반정수인 입자를 말한다(이 분류법은 양자장이론의 '스핀-통계정리spin-statistics theorem'라는 유명한 수학정리에 기초하고 있다. 26.2절 참조). 원자나 원자핵과 같이 여러 개의 입자로 이루어진 입자계와, 양성자나 중성자(이들은 쿼크라는 입자로 이루어져 있다)와 같은 강입자hadron는 근사적인 관점에서 개별 보존이나 페르미온으로 취급할 수 있다. 광자와 중간자(파이온, 케이온 등), 그리고 약한 상호작용을 교환하는 입자들(**W** 입자와 **Z** 입자)과 강한 상호작용을 교환하는 입자들(글루온)은 모두 보존에 속한다. 또한, α 입자(양성자 2개 + 중성자 2개)와 중양성자dueteron(양성자 1개 + 중성자 1개)도 보존이다. 반면에, 전자와 양성자, 중성자, 쿼크, 중성미자, 뮤온 등은 페르미온에 속한다. 또한 페르미온의 파동함수는 스피너물체spinorial object(11.3절 참조. 22.8절의 내용과 비교해볼 것)이지만, 보존의 파동함수는 그렇지 않다. 보존과 페르미온의 차이를 이해하기 위해, 10개의 점 **0**, **1**, **2**, **3**, **4**, **5**, **6**, **7**, **8**, **9**로 이루어진 장난감 우주로 되돌아가

보자. 이 우주에 존재하는 단일입자의 파동함수는 10개의 복소수 z_0, z_1, …, z_9로 이루어져 있고, '구별 가능한 한 쌍의 입자'를 서술하는 파동함수는 100개의 복소수 z_{00}, z_{01}, …, z_{99}로, 구별 가능한 세 개의 입자를 서술하는 파동함수는 1,000개의 복소수 z_{000}, z_{001}, …, z_{999}로 이루어져 있다. 그런데 한 쌍의 입자가 보존이라면 복소수 z_{ij}에서 지표 i, j를 맞바꿔도 달라지는 것이 없어야 하므로(i, j에 대칭이어야 하므로) 다음 관계를 만족해야 한다.

$$z_{ij} = z_{ji}$$

예를 들자면, $z_{38}=z_{83}$이다. 이런 때에는 파동함수에 '어떤 입자가 위치 **3**에 있고 어떤 입자가 **8**에 있는지'를 명기할 필요가 없다. 그 여부에 상관없이 파동함수는 동일한 값을 갖기 때문이다. 보존의 경우에는 "두 입자가 위치 **3**과 **8**을 하나씩 점유하고 있다"라는 정보만으로 충분하다. 또한, 한 쌍의 보존은 동일한 위치를 동시에 점유할 수 있다. 예를 들어 z_{33}은 두 보존이 위치 **3**을 동시에 점유하는 경우의 가중치를 의미한다. 한 쌍의 입자가 10개의 점을 점유하는 방법의 수는 (순서를 고려하지 않고 중복을 허용했을 때)$(10 \times 11)/2 = 55$가지이므로, 이들의 배치상황을 서술하려면 55개의 복소수가 필요하다(즉, H^{100}이 아니라 H^{55}면 충분하다). 보존이 세 개인 경우, 파동함수를 이루는 복소수들은 다음

$$z_{ijk} = z_{jik} = z_{jki} = z_{kji} = z_{kij} = z_{ikj}$$

대칭관계를 만족해야 하므로 하나의 상태가 정의되려면 $(10 \times 11 \times 12)/6 = 220$개의 복소수가 필요하다($\mathrm{H}^{1000}$이 아니라 H^{220}으로 충분하다). 일반적으로 n개의 보존이 주어져 있을 때 파동함수에 필요한 복소

수의 개수는 $(9+n)!/9!n!$개이며, $z_{ij\cdots m}$은 모든 지표에 대칭이다(표기법에 대해서는 12.4, 7절과 14.7절을 참조할 것).

$$z_{ij\cdots m} = z_{(ij\cdots m)}$$

이제 페르미온을 살펴보자. 보존과 다른 점은 파동함수의 복소변수가 지표의 맞바꿈에 반대칭이라는 것이다.

$$z_{ij} = -z_{ji}$$

$$z_{ijk} = -z_{jik} = z_{jki} = -z_{kji} = z_{kij} = -z_{ikj}$$

$$z_{ij\cdots m} = z_{[ij\cdots m]}$$

따라서, 두 개의 동일한 페르미온을 서술하려면 $(10\times 9)/2 = 45$개의 복소수가 필요하고, 3개의 페르미온을 서술하려면 $(10\times 9\times 8)/6 = 120$개의 복소수가 있어야 한다. 일반적으로, 페르미온이 n개 있으면 $10!/n!(10-n)!$개의 복소수가 필요하다.[23.9] 둘 이상의 페르미온은 동일한 위치를 동시에 점유할 수 없기 때문에, 필요한 복소수의 개수가 보존의 경우와 다르게 나타난다. 같은 위치를 점유할 수 없는 이유는 무엇인가? 바로 z의 반대칭성 때문이다. 지표의 맞바꿈에 대하여 반대칭성을 요구하면 $z_{33}=0$, $z_{474}=0$, … 등이 자연스럽게 얻어진다.

장난감 우주에 페르미온이 5개 이상 존재하면 경우의 수는 감소하기 시작하고, 페르미온이 10개이면 경우의 수는 단 하나뿐이다. 그리고 10개의 점으로 이루어진 장난감 우주는 10개 이상의 페르미온을 수용할 수 없다. 10개가 넘어가면 하나의 지점에 두 개의 페르미온을 수용해야 하기 때

[23.9] 본문에 등장하는 모든 경우의 수를 직접 계산해 보라.

문이다. 양자역학에서는 이 상황을 파울리 배타원리Pauli exclusion principle로 설명한다. 이 원리에 의하면 동일한 두 페르미온은 같은 상태를 점유할 수 없다(이것은 페르미온의 파동함수가 반대칭적이라는 사실과 일치한다). 고체가 붕괴하지 않는 것은 근본적으로 이 원리 때문이다. 일상적인 고체들은 전자, 양성자, 중성자 등 대부분이 페르미온으로 이루어져 있으며, 이들은 파울리의 배타원리에 따라 '다른 입자의 길을 방해하지 않으려고' 애쓰고 있다.

보존은 사정이 전혀 다르다. 보존은 같은 상태를 '선호하는' 경향이 있다(이것은 보존의 '서로 다른 상태의 수'를 고전적인 상태의 수와 비교할 때, 순전히 통계적인 효과로 나타난다). 극저온에서 입자들이 동일한 상태에 집중되는 보스-아인슈타인 응축Bose-Einstein condensation은 바로 이러한 경향 때문에 나타나는 현상이며, 초유체superfluid와 레이저도 보존의 밀집성과 밀접하게 관련되어 있다. 초전도체에서 전자들이 짝을 이루어 형성된 쿠퍼쌍Cooper pair은 그 자체로 보존처럼 행동한다. 일반적인 상식이 통하지 않는 양자역학의 적용사례 중 일부는 보존의 밀집성으로 설명될 수 있다.

23.8 보존과 페르미온의 양자상태

이 책에서는 '장난감 우주'를 통해 보존과 페르미온의 대칭 및 반대칭성을 설명했지만, 일상적인 공간에서 보존과 페르미온의 (반)대칭성은 근본적으로 동일한 논리로부터 유도될 수 있다. 파동함수는 $\mathbf{u}, \mathbf{v}, \cdots, \mathbf{y}$로 표시된 공간상의 점들의 함수이며, 각 입자의 지표(스피너 지표 또는 텐서 지표)가 붙어 있는 불연속 매개변수 $u, v, \cdots, y$의 함수이기도 하다.

우선, 한 쌍의 보존을 서술하는 파동함수 ψ의 형태부터 알아보자. $\psi = \psi(\mathbf{u}, u; \mathbf{v}, v)$는 입자의 맞바꿈에 대칭이어야 한다.

$$\psi(\mathbf{u}, u; \mathbf{v}, v) = \psi(\mathbf{v}, v; \mathbf{u}, u)$$

세 개의 동일한 보존의 경우, 파동함수는 세 입자의 모든 가능한 맞바꿈에 대칭이다.

$$\begin{aligned}\psi(\mathbf{u}, u; \mathbf{v}, v; \mathbf{w}, w) &= \psi(\mathbf{v}, v; \mathbf{u}, u; \mathbf{w}, w)\\ &= \psi(\mathbf{v}, v; \mathbf{w}, w; \mathbf{u}, u) = \cdots,\end{aligned}$$

페르미온의 파동함수는 입자의 맞바꿈에 반대칭이며, 이 관계는 다음과 같이 쓸 수 있다.

$$\psi(\mathbf{u}, u; \mathbf{v}, v) = -\psi(\mathbf{v}, v; \mathbf{u}, u)$$

$$\begin{aligned}\psi(\mathbf{u}, u; \mathbf{v}, v; \mathbf{w}, w) &= -\psi(\mathbf{v}, v; \mathbf{u}, u; \mathbf{w}, w)\\ &= \psi(\mathbf{v}, v; \mathbf{w}, w; \mathbf{u}, u) = \cdots,\end{aligned}$$

(불연속 변수 u, v, $\cdots$로 구별되는)각각의 경우에 입자가 바뀌면 입자의 스핀도 바뀐다. 다시 말해서 동일한 상태란 '입자의 위치와 스핀이 모두 같은 상태'를 의미하며, 파울리 배타원리는 이러한 상태에 두 개 이상의 입자가 놓일 수 없음을 말해주고 있다. 이는 화학에서 굉장히 중요하게 작용하는데, 예를 들어 원자 내부에서 동일한 궤도를 점유하는 두 개의 전자는 스핀 상태가 서로 반대이다(24.8절의 그림 24.2 참조).

여기에 23.3절에서 언급한 (추상)지표 표기법을 사용하면 여러모로 편리하다(12.8절의 다이어그램 표기법도 사용할 수 있다. 그림 26.1 참조). 입자 α의 파동함수를 ψ^α라 하고, 두 번째 입자 β의 상태를 ϕ^β로 표기하자. α와 β가 동일한 입자가 아니라면, 이들을 한꺼번에 표현한 파동함수는 (텐서)곱 상태로 쓸 수 있다.

$$\psi^{\alpha}\phi^{\beta}$$

두 입자가 동일한 보존이라면, 이들의 상태는(규격화상수는 무시한다)

$$\psi^{\alpha}\phi^{\beta}+\phi^{\alpha}\psi^{\beta}$$

이다(추상지표 표기법과 관련된 한 가지 조언 : 가환곱은 $\phi^{\alpha}\psi^{\beta}=\psi^{\beta}\phi^{\alpha}$으로 표기한다. 지표에 순서를 부여하면 비가환 텐서곱을 만들 수 있다. 예를 들어 $|\phi\rangle|\psi\rangle\neq|\psi\rangle|\phi\rangle$는 $\phi^{\alpha}\psi^{\beta}\neq\psi^{\alpha}\phi^{\beta}$로 쓸 수 있다). 위 상태는 대칭화를 의미하는 둥근 괄호를 사용하여(12.7, 22.8절 참조)

$$\psi^{(\alpha}\phi^{\beta)}$$

로 쓸 수 있다(전체적으로 곱해지는 인자 2는 무시하였다). 이 표기법을 사용하면 ψ^{α}, ϕ^{β}, $\cdots$, χ^{κ} 등 n개의 동일한 보존의 양자상태로부터 '대칭적인 전체 양자상태'를 다음과 같이 간단하게 표기할 수 있다.

$$\psi^{(\alpha}\phi^{\beta}\cdots\chi^{\kappa)}$$

페르미온에서도 이와 비슷한 과정을 거치면 된다. 단, ψ^{α}, ϕ^{β}, $\cdots$, χ^{κ}의 상태에 있는 n개의 동일한 페르미온의 전체 양자상태는 입자의 맞바꿈에 반대칭이므로, 둥근 괄호가 아닌 꺾쇠 괄호를 사용해야 한다(12.4절 참조).

$$\psi^{[\alpha}\phi^{\beta}\cdots\chi^{\kappa]}$$

이러한 다입자계의 상태들은 기술적으로 모두 '얽혀 있다'(방금 언

급한 대로, 두 페르미온의 상태는 $\psi^\alpha\phi^\beta - \phi^\alpha\psi^\beta$이다). 그러나 이것은 비교적 단순한 얽힘에 속한다. 동일한 입자의 중첩은 '물리적으로 구별할 수 없는' 상태들 사이에서 일어나기 때문이다. 보존의 상태 $\psi^{(\alpha}\phi^\beta\cdots\chi^{\kappa)}$와 페르미온의 상태 $\psi^{[\alpha}\phi^\beta\cdots\chi^{\kappa]}$는 얽히지 않은 상태로 바꾸기가 가장 쉬운 상태이며, 관점을 바꾸면 이것을 얽히지 않은 상태로 간주할 수 있다(이 표기법에 의하면 n개의 보존을 나타내는 일반적인 상태는 $\Psi^{\alpha\beta\cdots\kappa} = \Psi^{(\alpha\beta\cdots\kappa)}$의 형태로서, $\psi^{(\alpha}\phi^\beta\cdots\chi^{\kappa)}$와 같이 분리될 수 없다. 이와 비슷하게 n개의 페르미온을 나타내는 일반적인 상태는 분리되지 않는 $\Phi^{\alpha\beta\cdots\kappa} = \Phi^{[\alpha\beta\cdots\kappa]}$이다). 켓ket 표기법을 사용하면 쐐기곱 $|\psi\rangle \wedge |\phi\rangle \wedge \cdots \wedge |\chi\rangle$에 대칭성과 반대칭성을 부여할 수 있다.[11] 단, 이 경우에는 각 인자의 차수grade에 따라 대칭성과 반대칭성이 결정된다(11.6절 참조).

동일한 보존이나 페르미온에서 나타나는 얽힘은 상대적으로 '무해한' 편이지만(양자역학에서 허용되는 수많은 가능성을 줄이는 역할도 한다), 얽힌 관계가 방대한 거리까지 유지된다는 특성이 있다. 가까운 별에서 방출되어 지구에 도달한 광자의 보존적 얽힘bosonic entanglement은 핸버리 브라운과 트위스Hanbury Brown and Twiss(1954, 1956)가 고안한 방법을 통해 별의 직경을 측정하는 데 사용될 수 있다. 이 방법이 처음으로 제안되었을 때, 많은 양자물리학자가(개중에는 세계적으로 유명한 학자도 있었다) "광자는 다른 광자가 아닌 자기 자신하고만 간섭을 일으킨다"는 이유를 내세우면서 강하게 반발했다. 이들은 '다른 광자'가 보존-얽힘의 한 부분이라는 사실을 간과했던 것이다.

23.9 양자 원격이동

이 장을 끝내기 전에, EPR 효과에 필연적으로 수반되는 수수께끼에 대해 언급하고자 한다. 앞에서 잠시 언급한 바와 같이, EPR 효과는 거리가 아무리 멀어도 '즉각적으로' 전달되기 때문에, 특수상대성이론을 위배하는 것처럼 보인다. EPR 쌍들 사이에서 이루어지는 정보교환은 '모든 만물과 모든 신호는 빛보다 빠르게 움직일 수 없다'라는 아인슈타인의 교리를 별로 존중하지 않는 것 같다. 이 수수께끼를 가장 극명하게 보여 주는 사례가 바로 양자 원격이동quantum teleportation이다. 양자얽힘이 일반적으로 수용된다면, 원격이동은 머지않아 현실로 다가올 것이다. 그러나 공간이동이 실현된다 해도, 대부분의 사람은 그 기계장치 속으로 선뜻 들어가지 못할 것 같다. 그 이유를 지금부터 알아보기로 하자!

많은 독자들은 원격이동이라는 단어를 접하면서 '스타트렉Star-Trek'이라는 인기 TV 드라마를 떠올릴 것이다. 엔터프라이즈호를 지휘하는 커크 선장과 승무원들이 미지의 행성을 탐사할 때마다 원격이동장치가 단골로 등장했기 때문이다. 이것은 사람의 몸을 입자 단위로 분해하여 각 입자의 양자상태를 복사한 다음 동일한 입자의 배열을 목적지에 재현하는 식으로 이루어지기 때문에, 인간복제라는 골치 아픈 문제를 야기하지 않는다. 만일 원격이동의 와중에 제2의 '나'가 탄생한다면, "과연 누가 진정한 나인가?"라는 철학적 문제가 대두할 것이다.[12] 그렇다면, 미지의 양자상태는 왜 복제될 수 없는가? 문헌에는 이 질문이 매우 그럴듯한 논리를 통해 제기되어 있지만,[13] 표준 양자역학의 **U**/**R** 과정에 의하면 미지의 양자상태는 원본을 살려둔 채 복제될 수 없다. 정 복제하길 원한다면 원본을 완전히 해체해야 한다. 다시 말해서, 미지의 양자상태는 복제를 통하여 두 개로 늘어날 수 없다는 뜻이다.

왜 그런가? 만일 원본을 살려둔 채 복제가 가능하다면, 같은 과정을 반복하여 4개, 8개, 16개 등 복사본을 얼마든지 만들어낼 수 있다. 예를 들어, 원본이 스핀 $\frac{1}{2}$인 무거운 입자의 간단한 스핀상태 $|\nearrow\rangle$라고 가정해 보자. 여기에 복제과정을 여러 차례 가하면 $|\nearrow\rangle|\nearrow\rangle\cdots|\nearrow\rangle = |\nearrow\nearrow\cdots\nearrow\rangle$가 얻어지는데, 이런 상태에 고전적인 측정을 시도하면 제법 큰 각운동량이 얻어지고 ↗ 방향도 거의 정확하게 결정될 수 있다. 즉, 측정이 이런 식으로 실행되면 '실제 상태'를 알 수 있다는 뜻이다. 그러나 양자역학의 **U**/**R** 과정에 의하면, 이와 같은 상황은 결코 일어날 수 없다. 우리가 할 수 있는 측정이란, "입자의 스핀이 이러이러한 방향인가?"라는 질문에 yes나 no라는 답을 얻어내는 것뿐이다. 예를 들어, ↘ 방향으로 측정이 실행되고 나면 입자의 스핀은 ↘ 방향이거나(yes) 그 반대인 ↖ 방향으로 결정된다(no). 입자의 스핀상태가 다른 무언가와 얽혀 있다면 다른 측정을 시도할 수도 있다('다른 무언가'에 대해서는 잠시 후에 언급할 것이다). 그러나 계의 상태가 외부와 전혀 얽히지 않은 채 고립되어 있다면, 측정을 통해 yes나 no라는 답밖에 얻을 수 없다. 다들 알다시피 이것은 1비트bit 짜리 정보에 불과하다. 측정장비를 임의의 각도로 회전시킨다 해도, 실제 스핀의 방향을 알 수는 없다. 올바른 스핀 방향이란 100%의 확률로 'yes'라는 답이 얻어지는 방향인데, 관측자가 이 방향을 미리 알 수는 없다(입자의 초기 양자상태를 세팅한 사람에게 스핀의 방향을 미리 물어보고 그것을 복제할 수도 있을 것이다. 그러나 지금 우리는 '미지의' 양자상태에 대한 복제 가능성을 따지고 있으므로 해결책이 될 수 없다).

양자 원격이동의 목적은 양자상태를 한 장소에서 다른 장소로(예를 들면 커크 선장의 엔터프라이즈호에서 미지의 행성의 표면으로) 전송하는 것이다. 양자역학 법칙 중에 이것을 딱히 금지하는 조항은 없다. 사실,

우리는 일상적인 방법을 써서 양자적 물체를 통째로 그냥 옮길 수 있다. 그러나 우주공간에서 미지의 행성으로 사람을 전송하는 경우에는 주변의 '잡음'(양자상태를 교란하는 모든 요인)이 너무 심하여, 양자적 물체나 신호를 전송하는 것이 거의 불가능하다. 고전적인 정보는 잡음이 많아도 얼마든지 전송할 수 있지만, 양자상태는 극도로 예민하기 때문에 약간의 잡음만으로도 쉽게 오염된다. 그러나 고전적인 신호만 가지고는 양자상태를 전송하기란 불가능하다. 그 이유는 당연한데, 고전적 신호는 그 특성상 복제가 가능하기 때문이다. 고전적 신호를 양자상태를 전송하는 데 쓰면 양자상태도 복제 가능하게 되는데, 우리는 이게 불가능함을 이미 확인했다. 그러므로 원격이동이 실현되려면, '전송에 필요한 환경'부터 조성되어 있어야 한다. 미지의 행성에서 이런 환경을 기대하기란 아무래도 무리인 것 같아, 타이탄에 파견되어 있는 나의 동료를 다시 호출하기로 했다. 나에게 주어진 임무는 스핀 $\frac{1}{2}$ 인 입자의 '알려지지 않은 양자상태'를 타이탄으로 전송하는 것이다.

이런 경우, 전송에 필요한 환경이란 우리 두 사람이 EPR 입자 쌍(스핀 $=\frac{1}{2}$)을 하나씩 가진 상황을 말한다. EPR-봄 버전의 경우처럼 두 입자의 초기 총 스핀이 0이라고 가정하자. 단일입자는 엔터프라이즈호에서 행성으로 이동하는 승무원의 몸보다 훨씬 단순하지만, 입자의 양자상태를 지구에서 타이탄 행성으로 전송하는 것은 절대 쉬운 일이 아니다. 다행히도 지금으로부터 5년 전, 나의 동료가 타이탄 행성으로 출발하기 직전에 우리는 EPR 입자 쌍을 하나씩 나누어 가졌다. 그 후로 지금까지 우리는 그 입자를 외부와 완전히 차단된 용기 속에 각자 보관해 왔다. 만일 이 입자들이 초기 상태를 지금까지 유지하고 있다면, 이제 와서 둘을 다시 합쳤을 때 총 스핀 $=0$인 상태로 되돌아갈 것이다.

지금 나는 내가 보관해온 입자를 타이탄으로 전송하려는 것이 아니다. 나의 또 다른 친구 마이키도 완벽한 용기 속에 스핀 $\frac{1}{2}$인 입자를 보관하고 있는데, 바로 이 입자의 스핀상태를 타이탄에 있는 동료에게 전송하는 것이 우리의 임무이다. 나는 입자를 타이탄까지 직접 보내는 것이 무리라고 생각되어, 고전적 라디오 신호를 사용하기로 했다. 그런데 작업을 수행하기 전에, 마이키가 보관해온 입자를 내가 간직해온 용기 속에 집어넣어 두 입자가 양자적으로 얽히게 했다. 입자들은 각각 스핀이 $\frac{1}{2}$이므로 이들의 상태벡터는 4차원 벡터공간을 형성하고, 같은 용기에 들어 있는 나와 마이키의 입자를 관측하면 다음과 같이 서로 직교하는 네 가지 상태 중 하나로 결정된다(이것을 벨 상태Bell state라 한다).

(0) $|\uparrow\rangle|\downarrow\rangle - |\downarrow\rangle|\uparrow\rangle$

(1) $|\uparrow\rangle|\uparrow\rangle - |\downarrow\rangle|\downarrow\rangle$

(2) $|\uparrow\rangle|\uparrow\rangle + |\downarrow\rangle|\downarrow\rangle$

(3) $|\uparrow\rangle|\downarrow\rangle + |\downarrow\rangle|\uparrow\rangle$

나는 측정결과를 고전적 신호로 변환하여 타이탄 행성의 동료에게 전송하였다(예를 들어, 측정결과가 위의 항목 중 (0)으로 나왔다면 숫자 0을 전송하고, 결과가 (1)이었다면 숫자 1을 전송하는 식이다). 그로부터 약 66분 후, 신호를 접수한 나의 동료는 수신된 번호에 따라 자신이 5년 동안 잘 보관해 왔던 EPR 입자에 다음과 같은 회전변환을 시도한다.

(0) 그대로 둔다

(1) x축 방향으로 180도 회전

(2) y축 방향으로 180도 회전

(3) z축 방향으로 180도 회전

이 과정이 성공적으로 이루어지면, 마이키가 갖고 있던 입자의 양자상태를 타이탄 행성으로 전송하는 우리의 임무도 성공한 셈이다.[23.10]

나는 동료에게 단 '2비트'의 정보만을 전송함으로써(숫자 0, 1, 2, 3은 2진수 00, 01, 10, 11에 해당된다), 리만 구면 위에 있는 한 점의 모든 정보를 보내는 데 성공했다. 이것이 바로 양자 원격이동이 갖는 놀라운 특성이다(그림 22.10을 상기하라). 고전적인 경우라면 연속체 상에서 하나의 점을 정의하기 위해 필요한 모든 정보를 보내야 하는데, 그 양은 무려 $\aleph_0$비트에 달한다!($\aleph_0$는 자연수 집합 ℕ의 원소의 수, 즉 '카디널리티'이다. 16.3, 4절 참조) 이런 기적과도 같은 일이 어떻게 일어난 것일까? 현실세계에서 양자적 공간이동은 이미 실험을 통해 그 가능성이 입증되었으며(지구와 토성 사이의 규모가 아니라 단 몇 m의 거리 이내에서 성공했다),[14] 요즘 한창 연구되고 있는 양자암호와 양자 컴퓨터 분야에서도 핵심적인 역할을 하고 있다.

그림 23.7을 눈여겨보라. 이 그림은 나와 마이키, 그리고 타이탄에 있는 동료의 세계선을 표현한 시공간 다이어그램으로서, 원격이동과 관련된 각 입자의 세계선과 타이탄으로 전송된 고전적 신호의 경로가 명시되어 있다. 송신된 정보의 양은 단 2비트에 불과한데도, 마이키가 갖고 있던 입자의 스핀 방향(그림에는 $|\swarrow\rangle$)에 대한 모든 정보가 타이탄 행성으로 전송되었다. 그렇다면, 나머지 $\aleph_0$비트의 정보들은 어떤 경로를 통해 전달된 것일까?

일부 학자들은 양자상태가 실재하는 대상이 아니라거나, 관측 불가능하다는 관점을 고수하지만, 나는 그렇게 생각하지 않는다. 스핀 $\frac{1}{2}$인 입자

[23.10] 좌표축 등을 적절히 선택하여 그 이유를 설명해 보라.

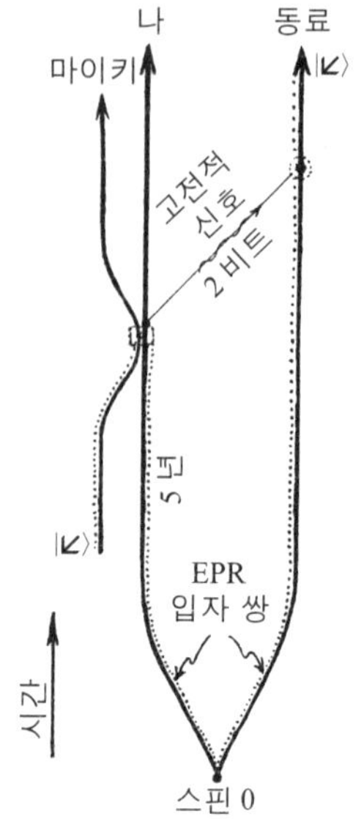

그림 23.7 양자얽힘을 전송하는 양자 원격이동(quantum teleportation)의 개요도. 나와 타이탄에 파견된 나의 동료가 EPR 입자 쌍을 하나씩 갖고 있다면, 또 다른 친구 마이키가 나에게 넘겨준 스핀 $\frac{1}{2}$ 인 입자의 미지의 양자상태(|↙ ⟩)는 단 2비트의 정보전송으로 타이탄에 있는 동료에게 전달될 수 있다. 그림에서 양자얽힘은 점선으로 표시되어 있다.

의 양자상태를 결정한다는 것은, 이 세계에 대하여 무언가 매우 명확한 선언을 내린다는 뜻이다. 이는 곧 누군가가(지금은 타이탄에 파견된 나의 연구동료가) '통신을 통해 알게 된' 방향으로 스핀을 측정했을 때, 'yes'라는 답이 100% 확률로 얻어진다는 것을 의미한다. 그뿐만 아니라 마이키(또는 마이키의 또 다른 친구)가 타이탄으로 전송할 입자를 준비하면서 원래의 스핀 방향을 이미 알고 있었다면, 타이탄에서 그 방향으로(혹은 반대로) 스핀을 관측했을 때 어떤 결과가 얻어질지 100% 정확하게 알고 있을 것이다. 내가 보기에 이 정도면 충분히 현실적이다(타이탄 행성이 너무 멀다는 이유로 이 말에 동의하지 않는다면 논지의 핵심을 벗어난 것이다. 중요한 것은 전송위치가 아니라 원리 자체이다!).

그림 23.7은 어떤 실체가 마이키로부터 타이탄에 있는 동료에게 전달되었음을 보여주고 있다. 고전적 (2비트)채널은 나머지 $\aleph_0$비트의 정보를 수용하기에는 너무 좁지만, 여기에는 특별한 연결통로가 존재한다.

이 통로는 EPR 입자 쌍이 처음 만들어진 과거시점에서 시작하여 한 줄기는 나와 마이키를 연결하고, 다른 한 줄기는 타이탄 행성에 있는 나의 동료를 연결하고 있다. 정보가 전달될 수 있는 통로는 이것뿐이다. 한 가지 문제는 이 연결통로가 입자 쌍이 처음 생성된 5년 전까지 거슬러 올라간다는 점이다!

23.10 퀀글먼트

나는 지금 일상적인 정보가 과거로 전달될 수 있다고 주장하는 것이 아니다(잠시 후에 알게 되겠지만, EPR-효과를 이용하여 고전적 정보를 빛보다 빠르게 전송할 수 있다고 주장하는 것도 아니다). 만일 누군가가 이와 같은 주장을 펼친다면, 그는 타협의 여지가 전혀 없는 심각한 역설에 빠져들 것이다(이 문제는 30.6절에서 다시 언급할 것이다). 일상적인 의미의 정보는 결코 과거로 전달될 수 없다. 그러나 지금 나는 일상적인 정보가 아닌 '양자정보'를 문제 삼고 있다. 그런데 정보라는 단어 때문에 많은 사람이 이 의미를 오해하는 경향이 있어서, 새로운 용어를 제안하고자 한다.[15] 앞으로 이 책에서는 일상적인 정보와 구별되는 양자역학적 정보를 다음과 같은 이름으로 부를 것이다.

퀀글먼트(QUANGLEMENT)

이것은 양자역학quantum mechanics과 얽힘entanglement을 섞어 놓은 신조어로서, 나름대로 매우 적절한 용어라고 생각한다. 퀀글먼트는 정보와 밀접하게 연관되어 있지만, 정보 자체는 아니다. 일상적인 신호는 퀀글먼트를 통해 전송될 수 없다. 단, 퀀글먼트는 과거로 향하는 채널과 미래로 향하는 채널을 모두 이용할 수 있다. 만일 퀀글먼트가 '전송 가능한 정보'라면 과거로 정보를 보낼 수도 있을 것이다. 그러나 퀀글먼트를 이용하여 일상적인 신호로 보낼 수 없는 것을 전송하려면, 일상적인 정보채널과 퀀글먼트를 함께 사용해야 한다. 사실 이것은 매우 미묘한 문제여서 설명하기가 다소 까다롭다. 양자 컴퓨터와 양자암호, 양자 원격이동은 모두 퀀글먼트의 특성에 크게 의존하고 있으며, 퀀글먼트와 일상적 정보 사이의 관계에 따라 그 구현방식도 크게 달라진다.

퀀글먼트의 통로는 일상적인 정보와 마찬가지로 빛원뿔의 제한을 받지만, 시간축 상에서 앞뒤로(과거와 미래로) 지그재그로 이동하면서 공간꼴 전달spacelike propagation을 구현한다.[16] 그러나 퀀글먼트 자체는 정보가 아니므로, 정보가 빛보다 빠르게 전달될 수는 없다. 또한 퀀글먼트는 일상적인 공간기하학과 어떤 특수한 관계에 있는데(리만 구면과 스핀 사이의 관계를 통해 연결된다. 그림 22.10, 22.13, 22.14 참조), 시간의 흐름을 역방향으로 뒤집으면 이 관계가 공간에 투영된다.[17] 자세한 설명은 독자들을 성가시게 할 듯해 생략하겠다.

퀀글먼트를 가장 직접적으로 이용한 사례로는 '매개하향변환parametric down-conversion'이라는 과정을 거쳐 얽힌 광자를 만들어 내는 과정을 들 수 있다(그림 23.8 참조). 레이저에서 생성된 광자가 특정한 형태의 결정체(비선형 결정)를 통과하면 한 쌍의 광자로 변환되는데, 이 광자들은 다양한 방식으로 얽혀 있다. 이 경우에 결정을 통과하면서 생성된 두 광자의 운동량의 합은 입사광자의 운동량과 같고, 이들의 편광도 앞에서 들었던 사례들처럼 EPR 방식을 따라 상호 연관되어 있다.

매개하향변환을 이용한 실험 중, 우리의 관심을 끄는 특별한 사례를 들어 보자. 비선형 결정을 통과하면서 생성된 한 쌍의 광자 중 하나(광자

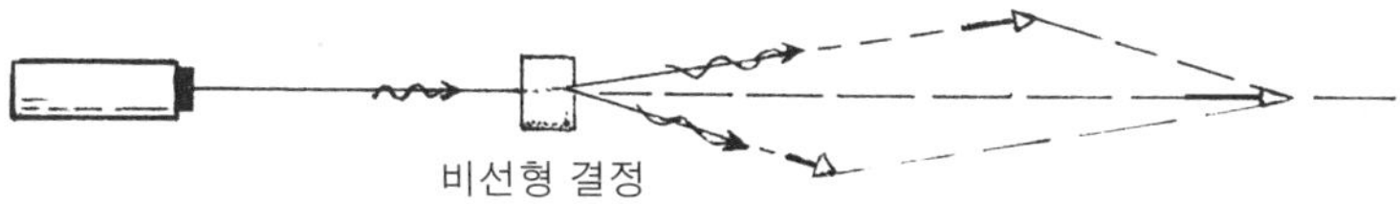

그림 23.8 '매개하향변환(parametric down-conversion)'의 개요도. 레이저에서 발사된 광자가 비선형 결정체와 충돌하면 한 쌍의 '얽힌 광자'가 생성된다. 이들의 얽힌 관계는 상호 연관된 편광상태 및 3-운동량 보존을 통해 확인할 수 있다.

A)가 감지기 D_A로 가는 길에 특별한 형태의 구멍을 통과하게 해 놓는다. 그리고 나머지 광자(광자 B)가 감지기 D_B로 가는 길목에 렌즈를 설치해 둔다. 렌즈의 초점은 정확하게 D_B의 위치와 일치하도록 조절하고, 새로운 광자 쌍이 방출될 때마다 감지기 D_B를 조금씩 다른 위치로 이동시킨다. 이 상황을 그림으로 표현하면 그림 23.9a와 같다. 이제 D_A와 D_B에 광자 A, B가 도달할 때마다(즉, 두 감지기에 광자가 '모두' 도달할 때마다) D_B의 위치를 기록해 둔다. 이 과정을 여러 번 반복하면 D_B는 어떤 특별한 궤적을 그리게 되는데, 놀랍게도 그 형태는 광자 A가 통과한 구멍의 형태와 동일하다! 광자 B는 구멍을 통과하기는커녕 구경조차 한 적이 없는데도 A가 통과한 구멍의 형태가 D_B에 의해 정확하게 재현되는 것이다! 마치 D_B가 시간을 거꾸로 거슬러 올라가 결정의 C점으로 되돌아간 후, 다시 시간을 순방향으로 되돌려 구멍의 모양을 확인이라도 한 것 같다. 과연 그럴까? 사실 이런 상황에서 '보는' 과정은 퀸글먼트에 의해 이루어지므로, 완전히 틀린 말은 아니다. 퀸글먼트는 과거와 미래로 오락가락하는 것을 허용한다. 심지어는 렌즈의 강도와 위치도 퀸글먼트로 이해할 수 있다. 렌즈의 위치를 구하기 위해 결정체의 방출점 C에 거울이 놓여 있다고 상상해 보자. 이 거울에 반사된 구멍의 형상이 감지기 D_B에 맺히도록 렌즈가 세팅되어 있다. 물론 실제 상황에서 C 지점에 거울 같은 것은 없

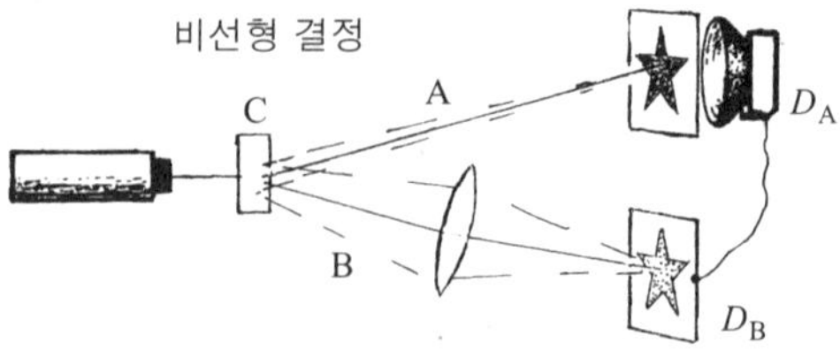

(a)

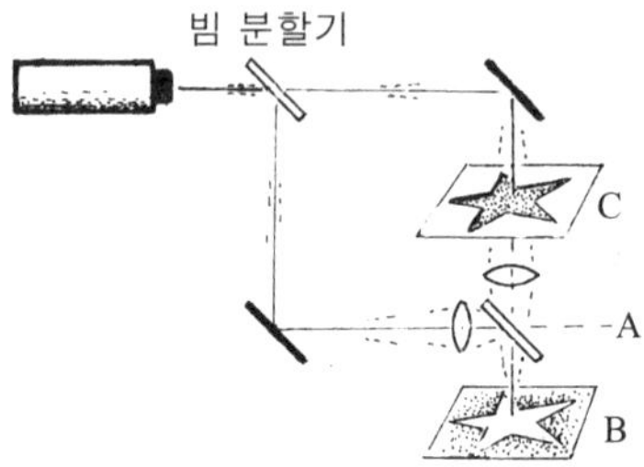

(b)

그림 23.9 양자효과를 통한 영상 전달. (a) 매개하향변환을 통해 C점에서 얽힌 광자 A, B가 생성된다. 이들 중 A는 특정한 형태의 구멍을 통과하여 감지기 D_A에 도달하고, B는 렌즈를 통과한 후 감지기 D_B에 도달한다(렌즈의 초점은 D_B에 맞춰져 있다). 광자 쌍이 방출될 때마다 감지기의 위치를 조금씩 바꾸어 가면서, 두 감지기에 광자가 모두 도달할 때마다 D_B의 위치를 기록해 둔다. 이 과정을 여러 번 반복하면, 신기하게도 D_B가 그린 궤적이 구멍의 형태와 동일해진다(D_A에 광자 A가 감지되었을 때에 한하여 D_B가 활성화되게 하면 된다. 위 그림에서는 고정된 사진건판이 D_B 역할을 하고 있다). 이때 퀀글먼트는 마치 광자가 시간을 거슬러 올라가 C에 있는 거울(실제로는 없다)에 반사되어 구멍의 형상을 보고 온 것처럼 나타난다. (b) 그림 22.6의 엘리추-베이드먼(Elitzur-Vaidman) 폭탄 실험을 적용한 사례(지금은 수평방향으로 반사된다). 광자가 C를 통과하지 못한 때에 한하여 B의 사진검판에 광자의 도달흔적이 생긴다. 그러나 실제로 광자는 아래쪽 경로를 따라갔다!

지만, 퀀글먼트는 마치 거울이 있는 것과 같은 효과를 낳는다.[23.11]

반신반의하는 독자들도 있겠지만, 이것은 분명히 실제로 일어나는 현

[23.11] 퀀글먼트, 또는 다른 개념을 이용하여 이 상황을 더 구체적으로 설명해 보라.

상이다. 이 실험은 메릴랜드 주 볼티모어 대학교에서 성공적으로 수행되었으며,[18] 지금도 이와 유사한 실험들이 세계 각지에서 다양한 방식으로 진행되고 있다.[19]

그런데 그림 23.9a는 근본적인 단계에서 양자역학적 상황이 아니라고 생각할 수도 있다. C의 위치에 비선형 결정체 대신 적절한 방향으로 고전적 입자 쌍을 방출하는 장치를 설치해 놓으면, 렌즈가 없어도 비슷한 결과를 얻을 수 있기 때문이다. 그림 22.6의 엘리추-베이드먼Elitzur-Vaidman 실험장치를 적절히 이용하면 이 사실을 확인할 수 있다(그림 23.9b 참조). 이 실험에서 광자는 한 번에 한 개씩 방출되며, 빔 분할기를 투과한 광자가 C의 구멍을 통과하지 못하여 간섭이 일어나지 않을 때 사진 검판 B에 광자의 도달흔적이 생기게 된다.

앞에서 논했던 스탭과 하디의 EPR 효과를 다시 한 번 떠올려 보자. 일반적으로 양자적 **R**-과정을 적용할 때, 우리는 시공간에서 고정된 시간 t가 '평행한 시간단면'을 제공하는 기준계를 떠올린다. EPR쌍을 이루는 두 입자 중 하나를 관측하면 다른 입자의 상태도 '즉각적으로' 결정되며, 그 후에 실행되는 관측으로는 얽힌 상태를 감지할 수 없다. 내가 고안한 EPR-사례도 이런 식으로 설명할 수 있다. 예를 들어 태양에 대하여 고정되어 있는 기준계의 관점에서 타이탄에 있는 내 동료가 먼저 관측을 시도하고, 그로부터 15분 후에 지구에 있는 내가 관측을 시도했다고 가정해 보자. 그렇다면 입자의 얽힌 관계를 끊은 장본인은 동료이고, 나는 얽히지 않은 입자를 관측한 셈이다. 그러나 이 상황을 타이탄에서 지구를 향해 엄청나게 빠른 속도(예를 들어, $v=\frac{2}{3}c$)로 움직이는 제3의 관측자 O의 입장에서 바라봤을 때, 먼저 관측을 시도한 사람은 내 동료가 아니라 '나'이다. 즉, 나의 관측행위가 두 입자의 얽힌 관계를 끊고, 동료는 이미 얽히

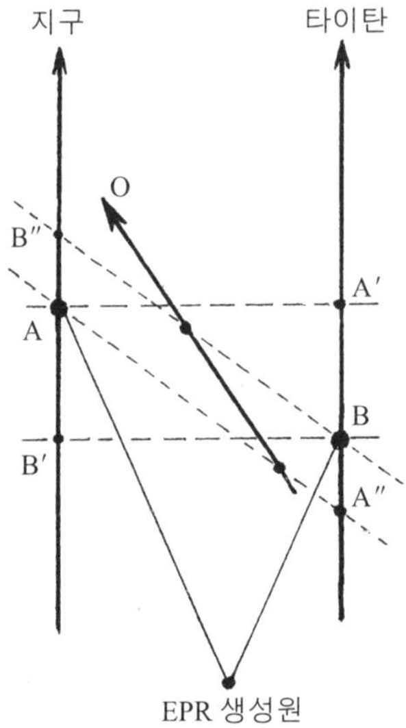

그림 23.10 상대성이론과 상태축소(state reduction)의 충돌을 보여주는 시공간 다이어그램. 지구와 타이탄에 입자감지기가 설치되어 있고, EPR 입자 생성원이 지구보다 타이탄에 가까운 곳에 설치되어 있다고 가정하자. 태양에 대하여 정지해 있는 관성기준계에서 볼 때, 타이탄에 있는 감지기(B)에 입자가 먼저 도달하고, 이와 동시에 지구(B′)에 있는 상태가 환원된다. 그 후 지구에서 측정을 실행하면(A) 얽히지 않은 상태가 측정된다(이 시점은 타이탄의 A′에 대응된다). 그러나 타이탄에서 지구를 향해 매우 빠른 속도로 이동하는 관측자 O 쪽에서 볼 때, 관측행위는 지구에서 먼저 일어나고[이 시점은 지구의 A에 해당하며, O의 동시선(simultaneity line)을 따라 타이탄에서는 A″에 해당된다], 타이탄의 관측자는 얽히지 않은 상태를 관측하게 된다(이 시점은 타이탄의 B에 해당하고, 지구에서는 B″에 대응된다).

지 않은 입자를 관측한 셈이다(그림 23.10 참조. 18.3절의 그림 18.5b와 비교해 보라). 다시 말해서, 나와 내 동료는 제3의 관측자 O와 전혀 다른 현실에 접하게 되는 것이다. **R**을 '현실적인' 과정으로 간주한다면, 이 상황은 특수상대성이론의 원리에 위배되는 것처럼 보인다. 이 중 누가 상태축소에 영향을 미치고, 누가 축소된 상태를 관측했는지에 대한 모순된 관점이 두 개 존재하기 때문이다.

이로부터 유추할 수 있는 사실은 다음과 같다. EPR 효과는 인과율을 벗어난 것처럼 보이지만, 이를 이용하여 일상적인 정보를 비인과적으로 전달할 수는(즉, 송신자로부터 공간꼴 영역에 위치한 수신자의 행위에 영향을 주게 할 수는) 없다. 정보의 수신행위가 송신행위보다 먼저 일어나도록 기준계를 잡는 것이 항상 가능하기 때문이다. 이러면 송신자에게는 시험할 상태가 언제나 축소된 상태밖에는 남지 않게 되며, 상태축소로 이미 파괴되었으므로 얽힘을 신호로 쓰기에는 '너무 늦어' 버린다.

퀸글먼트는 이 상황을 어떻게 설명하는가?[20] 30.3절에서 알게 되겠지만, "나와 내 동료 중 한 사람이 얽힌 상태를 축소시키고 나머지 한 사람이 얽히지 않은 상태를 측정했다"라고 생각하는 것은 이치에 맞지 않는다. 두 개의 측정사건은 동등한 자격을 가지며, 퀸글먼트를 통해 서로 연결되어 있다. 퀸글먼트는 과거와 미래로 전달될 수 있으므로, 둘 중 어느 쪽 측정이 먼저 실행되었건 간에 결과는 달라지지 않는다. 그리고 퀸글먼트는 정보를 직접 실어 나르지 못하기 때문에, 상대성이론의 인과율과는 관련이 없다. 그저 서로 다른 측정 결과들이 결합할 확률에 제한을 가할 뿐이다.

퀸글먼트는 수수께끼 같은 양자적 실험을 설명하는 데 유용한 개념이지만, 얼마나 넓은 영역에 적용가능한지는 나로서도 알 길이 없다. 퀸글먼트에 의한 효과들을 정확하게 서술하는 것도 결코 쉽지 않은 문제이다. 어쨌거나 퀸글먼트는 양자적 측정문제를 해결할 수 없으며, **U**에서 **R**로 넘어가는 과정을 아주 조금 설명할 수 있을 뿐이다. 이 문제는 29, 30장(특히 30.12절)에서 더 자세히 다룰 예정이다. 33장에서 소개할 트위스터 이론을 이용하면 양자얽힘을 더 구체적으로 이해할 수 있다(33.2절 참조).

〈23장 후주〉

23–1절

23.1 Eddington(1929b), Mott(1929), Dirac(1932) 참조.

23–3절

23.2 Einstein *et al*.(1935), Schrödinger(1935), Afriat(1999) 참조.

23.3 그러나 양자 컴퓨터도 자세히 파고 들어가면 매우 미묘한 문제들이 도처에 널려 있다. Joza and Linden(2002) 참조.

23.4 Bell(1987) 참조. (가장 폭넓게 인용되는) Clauser *et al*.(1969)에는 이 부등식이 $|E(A, B) - E(A, D)| + |E(C, B) - E(C, D)| \leq 2$ 형태로 되어 있다. 여기서 $E(x, y)$는 EPR쌍의 한 성분에 대한 측정 x, y의 결과가 일치할 기댓값($E = 1$은 완전일치, $E = -1$은 완전불일치)을 나타낸다. 이와 관련된 참고서적으로는 Gleason(1957), Kochen and Specker(1967), Redhean(1987)이 있다.

23.5 Bohm(1951), Readhead(1987), Afriat(1999) 참조. 최근 실행된 EPR 관련 실험은 Tittel 외.(1987)을 참조하라.

23.6 이와 관련된 다양한 사례들은 Kohen and Specker(1967), Peres(1991, 1995), Conway and Kochen(2002), Penrose(1994) 5.3절, Penrose (2000b), Zimba and Penrose(1993)을 참조하라.

23.7 Hannabuss(1997) 참조. 이와 관련된 일반적 논의는 Nielsen and Chuang(2000)을 참조하라.

23–4절

23.8 [후주 23.5] 참조.

23–5절

23.9 Hardy(1992, 1993) 참조.

23.10 Hardy(1993) 참조.

23–8절

23.11 이 내용은 내 저서인『Shadows of the Mind(Penrose, 1994)』의 5.15

절에서 인용했다. 단, 이 책에서는 쐐기곱을 사용하지 않았다.

23-9절

23.12 Penrose(1989) 참조.

23.13 Wooters and Zurek(1982) 참조.

23.14 Jennewein *et al*.(2002) 참조.

23-10절

23.15 Penrose(2002) 참조.

23.16 Jozsa(1998), Peres(2000) 참조.

23.17 Penrose(1998a) 참조.

23.18 Shih *et al*.(1995) 참조.

23.19 대표적인 사례로는 Gisin *et al*.(2003)을 참조하라.

23.20 Aharonov and Vaidman(2001), Cramer(1988), Costa de Beauregard(1995), Werbos and Dolmatova(2000) 참조.

24
디랙의 전자와 반입자

24.1 양자역학과 상대성이론 사이의 팽팽한 긴장관계

23.10절에서 설명한 '양자얽힘'은 양자역학과 상대성이론 사이에서 일어난 충돌의 서막에 불과하다. 세 장에 걸쳐서 설명한 양자역학의 기본 원리는 상대성이론을 고려하지 않은 비상대론적 양자역학이었다. 즉, 아인슈타인과 민코프스키가 밝혀낸 '시간과 공간의 밀접한 상호관계'가 전혀 고려되지 않았다는 뜻이다(17장 참조). 사실 양자역학에서는 시간과 공간을 독립적으로 다루고 있다. 표준 양자역학이 그려내는 '진실의 그림'에서 시간과 공간은 별개의 물리량 취급을 받는다. 22장에서 언급한 바와 같이, 양자역학에는 외부 시간을 나타내는 좌표가 단 하나이다. 그러나 공간을 나타내는 좌표는 여러 개이며, 개별 입자마다 고유한 좌표 집합을 갖는다. 이러한 비대칭은 비상대론적 양자역학에서만 나타나는 일시적인 특징으로 간주되며, 이것은 상대론적 양자역학의 근사적 서술에 불과하다. 앞으로 전개될 24∼26장에서는 양자역학에 특수상대성이론을 접목했을 때 어떤 결과가 나오는지를 집중적으로 알아볼 것이다(시공간의 곡률과 중력을 다루는 아인슈타인 일반상대성이론도 양자역학과 결합되어야 하

는데, 이것을 실현한 이론은 아직 나타나지 않았다. 자세한 내용은 28장과 30 ~ 33장에서 다룰 예정이다).

양자이론과 특수상대성이론을 결합하면 양자적 입자에 관한 이론이 아니라 소위 말하는 양자장이론이 된다. 그 이유를 간단히 설명하자면 '개개의 입자들이 보존되지 않고 반입자와 결합하여 생성하거나 소멸할 수도 있기 때문'이다. 이 부분은 추가 설명이 약간 필요하다. 상대론적 양자이론에 반입자가 등장하는 이유는 무엇인가? 반입자가 존재한다고 해서 양자 입자이론이 양자장이론으로 바뀌는 이유는 무엇인가? 이 장의 주된 목적은 두 질문에 적절한 답을 제시하는 것이다. 특히 첫 번째 질문에 대한 답은 전자의 특성을 수학적으로 설명한 디랙의 탁월한 이론에서 찾을 예정이다.

양자장이론은 26장에서 자세히 다룰 예정이므로, 지금은 입자물리학을 복잡한 수학으로 바꾸어 놓은 '특수상대성이론과 양자이론 사이의 팽팽한 긴장관계'에 관해 알아보기로 하자. 꽤 길고 흥미로운 여행이 될 것이다. 앞으로 알게 되겠지만, 둘 사이의 긴장관계가 적절히 해소되면서 탄생하는 이론은 기존 실험결과들을 매우 정확하게 재현해 준다. 25장의 주제인 표준모형도 바로 이 과정을 거쳐 완성되었다.

그러나 두 이론 사이의 불편한 관계는 아직도 여러 곳에 남아 있으며, 완전하게 해결되지 않았다. 엄밀히 말해서 양자장이론은 수학적으로 완벽한 조화를 이루지 못하기 때문에, 의미 있는 계산결과를 도출하려면 다양한 트릭을 사용해야 한다. 그런데 이 트릭이라는 것이 근본적으로 틀릴 수밖에 없는 일종의 '수학적 땜질'인지, 아니면 자연의 심오한 진리를 반영하는 것인지는 확실치 않다. 기초물리학을 발전시키려는 최근의 시도는 대부분 이와 같은 트릭을 사용하여 얻어낸 것이며, 앞으로 몇 장에 걸쳐서 이런 독창적인 계획의 사례를 몇 가지 살펴볼 예정이다. 그중에는 자연의 비밀 중 일부를 진정으로 풀어내는 듯한 계획도 있다. 그러나 다른 계획은, 거꾸로 자연이 꽤나 녹록하지 않다는 사실만 적나라하게 보여 줄지도 모른다!

24.2 반입자의 존재가 양자장으로 귀결되는 이유

상대론적 양자이론에서 반입자의 존재가 이론적으로 예견된 것은 자연의 은밀한 비밀에 한 걸음 다가가는 쾌거였으며, 지금은 실험을 통해 사실로 확인되었다. 이론 체계에 반입자가 등장하는 이유는 이 장의 끝 부분(특히 24.8절)에서 다루기로 하고, 당분간은 위에서 언급한 두 번째 질문, 즉 "반입자가 존재한다고 해서 입자에 대한 양자이론이 양자장이론으로 바뀌는 이유는 무엇인가?"라는 질문에 집중해 보자. 일단은 모든 입자가 자신의 반입자를 파트너처럼 갖고 있다고 가정하고, 어떤 결과가 얻어지는지 알아보자.

반입자(질량을 갖는 입자의 반입자에 한정함)의 가장 중요한 특성은 입자와 반입자가 결합하여 무無로 사라지면서 이들의 질량이 아인슈타인의 $E = mc^2$에 따라 에너지로 전환된다는 점이다. 또는 이와 반대로 계의 특정한 지역에 충분한 에너지가 주입되면 입자-반입자 쌍이 생성될 수도 있다. 즉, 새로운 입자가 갑자기 생성될 가능성이 항상 존재한다. 따라서 상대성이론은 하나의 입자만을 서술하는 이론이 아니며, '정해진 개수의 입자'를 서술하는 이론도 아니다[25, 26장에서 알게 되겠지만 양자이론에 의하면 어떤 특정 사건이 발생할 가능성(예를 들어 입자-반입자 쌍이 생성될 가능성 등)이 존재할 때, 계의 양자상태는 이 잠재적 가능성이 좌우한다]. 그러므로 입자를 상대론적으로 서술하려면 입자가 무제한으로 생성되는 극단적인 상황까지 고려해야 한다.

21 ~ 23장에서 언급한 내용만으로는 이 상황을 커버할 수 없다. 26장으로 가면 장의 양자이론(양자장이론)이 이 문제를 어떻게 해결하는지 알게 될 것이다. 일반적인 관점에 따르면 양자장이론의 기본요소는 장field이며, 입자는 그저 장의 들뜸으로 나타난다. 그러나 다른 방법으로 양자장이론을 해석할 수도 있다. 25 ~ 26장에서 다룰 파인만 다이어그램 분석법에서는 양자장이론을 구축하는 기본 과정에서 입자 같은particle-like 특성이 강하게 나타난다. 물론 이 과정에서 생성되거나 소멸하는 입자의 수에는 제한이 없다.

상대론적 양자이론의 특성을 이해하기 위해, 입자 생성 과정을 더 자세히 알아보기로 하자. 다시 한 번 말하지만, 우리는 지금 반입자의 존재를 가정하고 있다. 입자 생성은 근원적으로 아인슈타인 방정식 $E = mc^2$으로부터 초래된 결과이다. 즉, 에너지는 질량으로 전환될 수 있으며(c^2은 에너지단위와 질량단위를 연결하는 단순한 '변환상수'에 불과하다), 그 역과정도 가능하다. 충분한 에너지가 공급되면 이에 해당하는 입자의 질량이 만들어질 수 있다.

그러나 질량만으로는 입자 생성을 완벽하게 설명할 수 없다. 양자역학에는 보존되는 (가법적)양자수가 여러 개 있는데, 전기전하가 대표적 사례이다(바리온수 등 다른 양자수도 보존된다). 즉, 임의의 물리적 과정에서 계의 총 전하량은 변하지 않아야 한다. 그런데 아무것도 없는 공간에서 오직 에너지만으로 하전입자가 생성된다면, 전하보존법칙에 당연히 위배된다(바리온수 등 다른 보존법칙에도 위배된다). 이 문제를 어떻게 해결해야 할까? 방법은 간단하다. 기존의 모든 입자마다 반입자 파트너를 도입하면 된다. 반입자의 전하가 입자의 전하와 크기가 같고 부호만 반대라고 가정하면 총 전하는 0이 된다(입자쌍이 생성되기 전에도 총 전하는 0이었으므로 전하보존법칙이 성립한다). 따라서 반입자의 존재를 가정하면 입자-반입자 쌍은 에너지만으로 생성될 수 있다(그림 24.1 참조). 이 과정에서는 전하뿐만 아니라 모든 가법적 양자수가 보존된다(보존법칙을 따르는 반입자의 모든 가법적 양자수는 입자의 양자수와 크기가 같고 부호만 반대이다).

단, 반입자의 정지질량은 파트너 입자의 정지질량과 같다. 그러므로 진공 중에서 입자-반입자 쌍이 생성되려면, 최소한 해당 입자의 정지질량/에너지의 두 배에 해당하는 에너지가 투입되어야 한다. 또는 반대로 입자와 반입자가 서로 만나 에너지를 방출하면서 소멸할 수도 있다. 물론 이때에도 각 입자의 정지질량/에너지보다 최소 두 배에 달하는 에너지가 방출된다. 입자가 생성/소멸하는 과정에서 투입/발생되는 에너지는 이 값보다 항상 크다. 왜냐하면 입자나 반입자는 움직임에 의한 에너지, 즉 운동에너지를 가질 수도 있기 때문이다. 어쨌거나, 반입자의 존재를 허용하면 개개의 입자를 서술하는 양자이론(21 ~ 23장)의 범주를 벗어나게 된다.

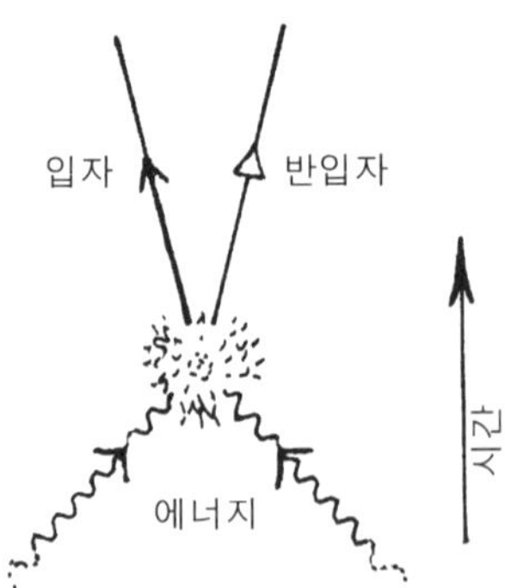

그림 24.1 입자와 반입자는 에너지로부터 생성될 수 있다. 모든 반입자의 (보존되는)가법적 양자수는 입자의 양자수와 크기가 같고 부호만 반대이다. 따라서 입자-반입자 쌍이 무(無)로부터 생성된다 해도, 양자수 보존법칙에는 위배되지 않는다.

24.3 양자역학적 에너지가 양의 값을 갖는 이유

이제 상대론적 양자이론에서 반입자가 도입되는 과정을 알아보자. 상대론적 효과까지 고려하려면 양자이론의 더 깊은 단계까지 파고들어가야 한다. 일단은 슈뢰딩거 방정식에서 출발해 보자.

$$i\hbar\frac{\partial\psi}{\partial t}=\mathcal{H}\,\psi$$

주어진 양자계가 명확한 에너지 값 E를 갖는다면, ψ는 고유값 E를 갖는 '에너지의 고유상태'가 된다. ($\mathcal{H}$는 총 에너지를 정의하는 연산자이므로)다음과 같은 관계가 성립한다.

$$\mathcal{H}\,\psi = E\psi$$

22.1절에서 정의했던 상태벡터의 축소과정 **R**에 의하면, ψ는 우리가 "에너지는 얼마인가?"라는 질문과 함께 계를 관측하여 E라는 값을 얻었을 때 비로소 그 존재가 드러나는 상태벡터이다. 이 과정이 완료되면 슈뢰딩거 방정식은 다음과 같이 쓸 수 있다.

$$i\hbar\frac{\partial\psi}{\partial t}=E\psi$$

이 방정식의 해는 다음과 같은 형태이며,[24.1]

$$\psi = C\,e^{-iEt/\hbar}$$

C는 시간 t와 독립인 상수이다(즉, 공간좌표에만 의존하는 복소수이다).

[24.1] 이것이 정말로 슈뢰딩거 방정식의 해임을 증명해 보라.

여기서 중요한 사실은 에너지 E가 항상 양수positive라는 점이다. 양자역학에서 음의 에너지가 등장하면 무언가가 크게 잘못되었다는 뜻이다(계의 안정성에 일대 혼란을 초래한다[1]).[24.2] E가 양수이면 $e^{-iEt/\hbar}$에서 지수 t의 계수인 $-iE/\hbar$는 허수단위 i에 음수가 곱해진 형태가 되는데, 9.5절의 첫머리에서 언급한 대로(후주 9.3 참조) 이러한 $\psi(t)$나 이들의 선형결합은(용어가 다소 헷갈리는 감이 있지만) "양의 진동수positive frequency를 갖는다"고 말한다.

또한 9.3절에서 정의한 리만 기하학의 용어를 사용하면, 실수 x를 변수로 갖는 함수 $f(x)$는 양 진동수 부분과 음 진동수 부분으로 분할될 수 있다.[2] 9.3절에서는 이것을 오로지 수학적인 관점에서만 다루었다. 실수선real line은 리만 구면의 적도를 감싸는 원으로 간주할 수 있으며, 함수 f의 양 진동수 부분은 남반구, 음 진동수 부분은 북반구에서 정의되었다. 지금 우리는 여기에 매우 중요한 물리적 의미를 부여할 수 있다. 임의의 파동함수는 (그 자신이 에너지의 고유상태가 아니라고 해도)에너지 고유상태들의 선형결합으로 표현될 수 있으며, 이때 각각의 에너지 고유값들은 모두 양수이다. 따라서 시간에 의존하는(시간 t를 변수로 갖는) 임의의 파동함수는 양의 진동수를 갖는다고 할 수 있다. 근본적인 물리학과 우아한 수학 사이에 이처럼 놀라운 상관관계가 존재한다는 것은, 복잡한 수학적 개념과 실제 우주가 신비하게 연결되어 있음을 보여 주는 사례이다.

비상대론적 양자역학에서 '양의 진동수 조건'은 이론 자체의 특성에

[24.2] 해밀토니안에 상수 K를 더한 것은 슈뢰딩거 방정식의 모든 해에 일괄적으로 어떤 상수를 곱한 것과 같은 효과가 나타남을 증명하고, 상수의 구체적인 값을 구하라. 이것이 양자역학 체계에 어떤 영향을 주는가? 양자계의 중력 효과를 다룰 때, 에너지를 이런 방법으로 '재규격화'할 수 없는 이유는 무엇인가?

에 의해 자동으로 얻어지는 결과이다. 예를 들어 스핀이 없고 질량이 $\mu(>0)$인 비상대론적 단일입자의 해밀토니안은 $\mathcal{H} = p^2/2\mu$이다(20.2, 21.2절 참조). p^2은 부호가 양이므로 $\mathcal{H}$는 '양의 정부호 positive-definite 이다.[3] (13.8～9절 참조) 고전적으로 p^2은 제곱의 합이므로 $[p^2 = \mathbf{p} \cdot \mathbf{p} = (p_1)^2 + (p_2)^2 + (p_3)^2]$ 음이 될 수 없다. 양자역학으로 가면 운동량벡터 $\mathbf{p}$는 $-i\hbar\boldsymbol{\nabla}$로 대치되고 $\boldsymbol{\nabla} = (\partial/\partial x^1, \partial/\partial x^2, \partial/\partial x^3)$인데, 이 경우 양의 정부호라는 것은 연산자 $-\nabla^2$의 고유값(규격화가 가능한 상태, 즉 적절한 힐베르트 공간 H의 원소에 대응되는 고유값)에 적용되는 말이다. 양자역학적 해밀토니안도 고전적인 경우와 마찬가지로 음이 될 수 없다.[24.3]

24.4 상대론적 에너지공식의 난점

상대론적 양자입자를 생각해 보자. 이 경우 해밀토니안은 $p^2/2\mu$가 아니라, 다음과 같이 에너지의 상대론적 표현으로부터 얻어진다.

$$[(c^2\mu)^2 + c^2p^2]^{\frac{1}{2}}$$

이것은 18.7절의 $(c^2\mu)^2 = E^2 - c^2p^2$으로부터 얻어진 결과이며, μ는 입자의 정지질량을 의미한다. 위 식에서 $p^2/2\mu$가 연상되지 않는 독자

[24.3] 이 경우, 슈뢰딩거 방정식은 $\partial\psi/\partial t = (i\hbar/2\mu)\nabla^2\psi$이다. 에너지가 E인 고유상태는 방정식 $-\nabla^2\psi = -A\psi$를 만족하고, $A = 2\mu\hbar^{-2}E$이다. 그린의 정리 $\int\bar{\psi}\nabla^2\psi\, d^3x = -\int\boldsymbol{\nabla}\bar{\psi}\bullet\boldsymbol{\nabla}\psi\, d^3x$를 이용하여 규격화가 가능한 상태는 $A > 0$임을 증명하라.(역으로, A가 양수일 때 $\nabla^2\psi = -A\psi$를 만족하면서 크기(norm) $\|\psi\|$가 유한한 해가 여러 개 존재한다.[4] 원한다면 $\|\psi\| = 1$이 되도록 규격화할 수 있다) 외미분 기본정리를 이용하여 그린의 정리를 유도하라.

들은 [예제 18.20]을 다시 풀어보기 바란다. $[(c^2\mu)^2 + c^2\mu^2]^{\frac{1}{2}}$을 멱급수로 테일러 전개하면 첫 번째 항은 아인슈타인의 $E = mc^2$이 되는데, 이것은 입자의 정지질량에 의한 에너지로서 운동에너지 이외에 추가로 갖는 에너지이다. 그리고 두 번째 항은 뉴턴역학적 (운동에너지)해밀토니안인 $p^2/2\mu$에 대응된다.

이쯤 되면 독자들은 상대론적 해밀토니안이 그다지 낯설지 않을 것이다. 그러나 $p^2 > \mu^2$일 때 고전적 급수는 수렴하지 않기 때문에, 해밀토니안을 멱급수로 전개하여 실전에 응용하기란 결코 만만한 작업이 아니다. 게다가, 우리 앞에는 정확한 표현 $[(c^2\mu)^2 + c^2\mu^2]^{\frac{1}{2}}$에서 제곱근($\frac{1}{2}$승)이 '양의 진동수' 조건 유지에 관해 자체적으로 심오한 문제를 일으킨다는 사실이 기다리고 있다. 지금부터 이 문제를 좀 더 깊이 생각해 보자.

수식이 쓸데없이 복잡해지는 일을 막기 위해, 빛의 속도를 1로 간주한 단위를 도입하기로 한다.

$$c = 1$$

그러면 우리의 (정지질량 에너지를 포함한)상대론적 해밀토니안은 다음과 같이 간단한 형태가 된다.

$$\mathcal{H} = (\mu^2 + p^2)^{\frac{1}{2}}$$

양자역학에서 운동량 p^2는 2계 편미분 연산자가 포함된 $-\hbar^2\nabla^2$이므로, $(\mu^2 - \hbar^2\nabla^2)^{\frac{1}{2}}$에 일관된 의미를 부여하려면 수학적으로 복잡한 과정을 거쳐야 한다. 보다시피 이것은 편미분 연산자의 제곱근에 해당된다!(예를 들어 $\sqrt{(1 - d^2/dx^2)}$의 의미를 생각해 보라. 갑자기 머릿속이 텅 빌 것이다).[24.4]

해밀토니안의 루트(제곱근) 표현 속에는 '부호 중의성'이라는 또 한 가지 난제가 숨어 있다. 고전물리학에서는 모든 물리량이 실수나 실함수로 표현되기 때문에, 제곱근 안의 부호가 양인 경우와 음인 경우를 분리해서 생각할 수 있다. 그러나 양자역학에서는 이런 식의 분리가 쉽지 않다. 양자적 파동함수는 일반적으로 복소함수인데, 하나의 복소수에 두 개의 제곱근이 존재한다고 해도 일관된 대역적 방식으로는 이들을 양수와 음수로 깔끔하게 분리할 수 없기 때문이다(5.4절 참조). 이는 양자역학이 복소함수에 작용하는 연산자를 다룬다는 사실과 연계해서 생각해야만 하며, 제곱근과 같은 표현은 '양의 근을 취하라'라고 말하는 것만으론 간단히 풀리지 않는 본질적인 중의성을 야기한다.

제곱근과 관련된 문제점은 다른 방식으로 설명될 수도 있다. 양자역학에서는 '발생할 가능성이 조금이라도 있는' 모든 상태가 최종적 양자상태에 기여하기 때문에, (무엇이 일어나든지 간에)모든 정반대의 상태도 영향을 미친다. 그러므로 만일 제곱근 같은 것이 개입된다면 두 가지 근 모두 발생할 가능성이 있는 것으로 간주해야 하며, 비물리적인 음 에너지도 '물리적 가능성'으로 간주해야 한다. 그리고 음 에너지 상태를 허용하면, 에너지가 양에서 음으로 자발적으로 전이되어 안정성에 대혼란을 초래하는 경우도 허용해야 한다. 비상대론적 자유입자의 경우에는 $p^2/2\mu$가 제곱근 형태로 등장하지 않기 때문에 항상 양수이며, 부호 문제가 발생하지 않았었다. 그러나 상대론적 양자역학에서는 에너지가 $(\mu^2 + p^2)^{\frac{1}{2}}$ 형태가 되어, 음의 제곱근을 제거할 논리적 근거가 없어진다.

[24.4] 푸리에 변환(9.4절)을 사용하거나 멱급수 전개, 경로적분 등을 사용하면 수학적 의미를 이해할 수 있다.

단일 자유입자(또는 상호작용을 하지 않는 입자계)의 경우, 우리의 주된 관심은 슈뢰딩거 방정식에서 얻어진 양의 에너지 평면파 해解의 중첩이므로(21.5절 참조) 위와 같은 문제가 발생하지 않는다. 따라서 에너지가 양에서 음으로 전이되는 일도 없다. 그러나 입자들 사이에 '상호작용'을 허용하면 더는 이런 논리를 적용할 수 없게 된다. 고정된 전자기장 속의 상대론적 단일 하전입자와 같은 단순한 경우에도 입자를 서술하는 파동함수는 양 진동수 조건을 유지할 수 없다. 이것만으로도 양자역학과 상대성이론 사이의 팽팽한 긴장관계를 실감할 수 있을 것이다.

24.8절에서 언급하겠지만, 이 문제는 위대한 물리학자 폴 디랙에 의해 해결되었다. 그는 천재적인 아이디어를 발휘하여 방정식에서 제곱근을 제거했고, 그 결과 전자의 운동을 서술하는 깔끔한 방정식을 유도하는 데 성공했다. 그리고 음 에너지가 제거되면서 '반입자가 존재한다'라는 놀라운 사실도 예견하였다. 이 모든 과정을 이해하기 위해, 제곱근의 근원지인 상대성이론 속으로 들어가 보자.

24.5 $\partial/\partial t$의 비불변성

우리가 상대론적 양자역학에서 $(\mu^2 + p^2)^{\frac{1}{2}}$ 형태의 해밀토니안을 수용한 이유를 다시 생각해 보자. 이는 결국 슈뢰딩거 방정식이 연산자 $\partial/\partial t$를 사용하기 때문이라는 사실로 귀결된다. 미분연산자 $\partial/\partial t$(시간에 대한 변화율)는 상대론적 효과를 고려했을 때 더는 불변량이 아니다. 왜냐하면, 상대성이론에서 시간과 공간은 독립적인 변수가 아니라 시공간 space-time이라는 하나의 체계 속에 통합되어 있기 때문이다. '상대론적 불변량'이라는 관점에서 볼 때 $\partial/\partial t$는 근본적인 연산자가 아니다. 21.3

절에서 지적한 대로 슈뢰딩거 방정식에 등장하는 $\partial/\partial t$는 일반적인 '양자화 트릭'에서 도입된 것이다. 이 과정에서 시공간 4-운동량 p_a(에너지 E와 음의 3차원 운동량 $-\mathbf{p}$)는 $i\hbar\partial/\partial x^a$로 대치된다(에너지 E는 $i\hbar\partial/\partial t$로, 운동량 $-\mathbf{p}$는 $i\hbar\nabla$로 각각 대치된다). 즉, $\partial/\partial t$의 상대론적 비불변성non-invariance은 에너지의 비불변성과 밀접하게 연관되어 있다. 상대성이론에서는 시간과 공간이 섞이는 것처럼 에너지와 운동량도 섞이게 된다(18.7절 참조).

또한, 아인슈타인의 그 유명한 공식 $E = mc^2$(지금 우리는 $c = 1$인 단위계를 사용하고 있다)에 의하면 질량과 에너지는 같은 물리량이므로 질량도 더는 불변량이 아니다. 그러나 지금 말하는 질량은 에너지-운동량 4-벡터의 시간성분에 해당하는 양으로서, 입자 고유의 특성이 아니라 입자와 상관없이 움직이는 다른 기준계에서 측정한 질량이다. 이 기준계에서 바라본 입자의 속도가 빠를수록 '관측자에게 인식되는' 질량은 커진다(상대론에서 질량 m이 불변량이 아닌 이유가 바로 이것이다!). 입자의 정지질량 μ는 불변이지만, 가법적이지 않고not additive 입자 변환에 불변이 아니므로 해밀토니안으로 사용하기에 부적절하다. 그뿐만 아니라 μ는 에너지와 운동량의 제곱근으로 주어진다는 문제점도 안고 있다. $c = 1$인 단위계에서

$$\mu^2 = p_a p^a = m^2 - p^2 \qquad \text{즉, } \mu = (m^2 - p^2)^{\frac{1}{2}}$$

이 되는데, 이것은 질량/에너지 $m = E = \mathcal{H} = (\mu^2 + p^2)^{\frac{1}{2}}$을 다시 풀어 쓴 것에 불과하다.

그럼에도 불구하고 우리는 슈뢰딩거 방정식에 비불변 에너지의 성분 m을 사용하는 대신 정지질량 μ 또는 μ^2을 사용할 것이다. 정지질량의 제

곱 $\mu^2 = m^2 - p^2$에 양자화 트릭을 적용하면(즉 m을 $i\hbar\partial/\partial t$로, 운동량 $\mathbf{p}$를 $-i\hbar\boldsymbol{\nabla}$로 대치하면) $(i\hbar)^2$에 다음과 같은 연산자가 곱해진 형태가 된다.[5]

$$\begin{aligned}\Box &= \left(\frac{\partial}{\partial t}\right)^2 - \nabla^2 \\ &= \left(\frac{\partial}{\partial t}\right)^2 - \left(\frac{\partial}{\partial x}\right)^2 - \left(\frac{\partial}{\partial y}\right)^2 - \left(\frac{\partial}{\partial z}\right)^2\end{aligned}$$

여기서 우리는 민코프스키 공간좌표 (x, y, z, t)를 사용하였다. 위에서 새로 도입한 연산자 $\Box$를 파동연산자wave operator 또는 달랑베르 연산자D'Alembertian라고 하며, 이로써 상대론적 불변성을 갖는 연산자가 확립되었다[$(\partial/\partial x)^2$은 x에 대한 2계 편미분, 즉 $\partial^2/\partial x^2$을 의미한다]. 전통적인 슈뢰딩거 방정식에는 이 연산자가 들어있지 않지만[슈뢰딩거 방정식에는 $(\partial^2/\partial t)^2$이 아니라 $\partial/\partial t$가 등장한다], 2계 미분방정식 $(i\hbar)^2 \Box\psi = \mu^2\psi$는 상대론적 입자의 운동을 서술하는 파동방정식임을 알 수 있다[$(i\hbar)^2\Box$는 양자화 트릭에서 μ^2으로부터 나타난 항이다. 방정식에서 μ는 정지질량을 의미한다]. $M = \mu/\hbar$라 하면 이 방정식은 다음과 같이 쓸 수 있다.

$$(\Box + M^2)\psi = 0$$

이 방정식을 클라인-고든 방정식Klein-Gordon equation이라고 한다(슈뢰딩거도 그 유명한 파동방정식을 유도하기 전에 상대론적으로 불변인 이 방정식을 유도했던 것으로 알려져 있다. 21.3절 참조).[6]

클라인-고든 방정식에 적절한 해석을 가하면 현대 양자장이론에서 질량은 있고 스핀이 없는 입자, 즉 중간자(메존이라고도 함. 파이온이나 케이온 등이 중간자에 속한다)를 서술하는 방정식으로 사용할 수 있다. 그러나 이런 해석을 위해서는 양자장이론의 체계가 완전히 확립되어야 했다. 디랙이 그의 꽤나 괴상한 전자 방정식을 처음 유도했던 1928년에는 양자장이론 체계는 아직 갓 태어난 아기와도 같은 상태였다. 그는 연산자 □에 들어 있는 2계 미분 $(\partial/\partial t)^2$이 아닌 1계 미분 $\partial/\partial t$가 나타나도록 방정식을 재구성했다. 그 이유는 위에서 설명한 내용과도 연관이 있지만, 더 정확하게 말하자면 입자가 어떤 임의의 장소에 있는지 알아내기 위한 확률밀도 표현을 그 입자의 파동함수가 제공해야만 한다는 조건 때문이었다. 이 확률밀도 표현은 반드시 양의 정부호인 비상대론적 일반 양자역학의 $\bar{\Psi}\Psi$(21.9절 참조)와 양적으로 비슷했기에, 절대 음수가 될 수 없었다. 이는 에너지가 양의 정부호라는 조건과 완전히 같지는 않지만, 서로를 보완하는 조건으로서 본질적으로 동일한 중요성을 갖는다.[7]

24.6 파동연산자 □의 클리포드 - 디랙 제곱근

디랙은 독창적이고 영감 어린 아이디어를 이용하여 '1계 미분 $\partial/\partial t$만 등장하면서 상대성이론에 부합하는' 방정식을 성공적으로 유도해 냈다. 상대론적 불변량을 유지한 채 파동연산자 □의 제곱근을 취하여 $\partial/\partial t$로 표현되는 방정식을 찾아낸 것이다. 이 과정에서 그는 비가환인(교환법칙을 만족하지 않는) 새로운 양을 도입했는데, 이것은 21.2절에서 도입했던 비가환적 위치/운동량 연산자처럼 파동함수에 직접 작용하는 선형연산자였으므로 기존 양자역학을 위배하지 않았다. 곧 알게 되겠지만, 디랙이 도입한 비가환 연산자는 '페르미온' 입자의 스핀자유도 spin degree of freedom를 의미한다. 디랙이 활동하던 시대에 페르미온이란 입자는 전자와 양성자뿐이었으나, 지금은 중성자와 뮤온, 쿼크, 그 외의 많은 스핀 $=\frac{1}{2}$인 입자들이 페르미온으로 밝혀졌다.

디랙은 '비가환 스핀'이라는 양을 발견하면서 클리포드 대수(11.5절 참조)의 중요성을 다시 한 번 드러냈다. 그는 클리포드(1877)와 해밀턴이 유사한 대수학을 이용해서 라플라시안(연산자 $\Box$는 4차원이고 부호수가 $+---$인 라플라시안에 해당된다)의 제곱근을 이미 계산했다는 사실을 몰랐던 것 같다. 해밀턴은 1840년에 4원수를 이용하여 일상적인 3차원 라플라시안의 제곱근을 계산하였다.[8]

$$\left(\mathbf{i}\frac{\partial}{\partial x}+\mathbf{j}\frac{\partial}{\partial y}+\mathbf{k}\frac{\partial}{\partial z}\right)^2=-\left(\frac{\partial}{\partial x}\right)^2-\left(\frac{\partial}{\partial y}\right)^2-\left(\frac{\partial}{\partial z}\right)^2=-\nabla^2$$

당시 클리포드는 해밀턴의 업적을 알고 있었으며(11.1절 참조), 그가 얻은 결과를 더 높은 차원으로 일반화했다.[9] 1920년대에는 전문 대수학자조차 반세기 전에 이루어진 클리포드의 업적을 거의 몰랐으므로, 물리학자인 디랙이 몰랐던 것도 무리는 아니었다. 그러나 디랙이 클리포드 대수학을 알았다고 해도, 전자의 자전(스핀)에 의한 효과를 양자역학에 도입한 업적은 결코 빛을 잃지 않을 것이다. 디랙의 발견은 물리학사에 커다란 획을 긋는 기념비적 사건이었다.

디랙의 경우, 제곱근을 취하는 대상은 민코프스키 기하학에 입각한 4차원 (로렌츠 타입)라플라시안이다.

$$\Box=\left(\frac{\partial}{\partial t}\right)^2-\nabla^2$$

여기에 로렌츠 타입 클리포드 대수의 원소인 γ_0, γ_1, γ_2, γ_3을 사용하는데, 이들은 다음과 같은 성질을 만족한다.

$$\boldsymbol{\gamma}_0^2 = 1,\ \boldsymbol{\gamma}_1^2 = -1,\ \boldsymbol{\gamma}_2^2 = -1,\ \boldsymbol{\gamma}_3^2 = -1$$

표준 클리포드 대수(부호수 $= + + \cdots +$)에서 모든 γ의 제곱은 -1이다. 지금 우리는 물리학자들이 흔히 사용하는 부호규칙을 따르고 있다.[10] 단, 시간과 관련된 $\boldsymbol{\gamma}_0$의 제곱은 1이다. 그래서 디랙의 클리포드 대수를 '로렌츠 타입'이라고 부르는 것이다. 서로 다른 $\boldsymbol{\gamma}$들끼리는 다음과 같이 반교환 관계anti-commutation relation를 만족한다(11.5절 참조).

$$\boldsymbol{\gamma}_i\boldsymbol{\gamma}_j = -\boldsymbol{\gamma}_j\boldsymbol{\gamma}_i\ (i \neq j)$$

여기서 중요한 사실은 파동연산자가 클리포드 대수 원소로부터 정의된 1계 미분연산자의 제곱에 해당한다는 것이다.[24.5]

$$\Box = (\boldsymbol{\gamma}_0\, \partial/\partial t - \boldsymbol{\gamma}_1\, \partial/\partial x - \boldsymbol{\gamma}_2\, \partial/\partial y - \boldsymbol{\gamma}_3\, \partial/\partial z)^2$$

벡터표기법 $\boldsymbol{\gamma} = (\boldsymbol{\gamma}_1, \boldsymbol{\gamma}_2, \boldsymbol{\gamma}_3)$을 사용하면 좀 더 간략하게 쓸 수 있다.

$$\Box = (\boldsymbol{\gamma}_0\, \partial/\partial \mathrm{t} - \boldsymbol{\gamma} \cdot \boldsymbol{\nabla})^2$$

또는 다음과 같이 더 간단하게 쓸 수도 있다.

$$\Box = \not{\partial}^2$$

여기서 $\not{\partial}$는 다음과 같이 정의되며,

$$\begin{aligned}\not{\partial} &= \boldsymbol{\gamma}_0\, \partial/\partial t - \boldsymbol{\gamma} \cdot \nabla \\ &= \boldsymbol{\gamma}^a\, \partial/\partial x_a\end{aligned}$$

[24.5] 직접 확인해 보라.

$(\boldsymbol{\gamma}^a = g^{ab}\boldsymbol{\gamma}_b)$ 이것을 '디랙 연산자Dirac operator'라 한다. 연산자에 '사선'을 긋는 표기법을 처음으로 제안한 사람은 파인만이었는데, 일반적으로 벡터 A^a는 클리포드-디랙 대수 원소를 이용하여 다음과 같이 쓸 수 있다.

$$\not{A} = \boldsymbol{\gamma}_a A^a$$

24.7 디랙 방정식

이제 파동방정식 $(\Box + M^2)\psi = 0$으로 되돌아가 보자. $\Box + M^2$은 디랙 연산자 $\not{\partial}$를 이용하여 다음과 같이 쓸 수 있다.

$$\begin{aligned}\Box + M^2 &= \not{\partial}^2 + M^2 \\ &= (\not{\partial} - iM)(\not{\partial} + iM)\end{aligned}$$

여기서 $M = \mu/\hbar$이다. 따라서 전자를 서술하는 디랙 방정식은 $(\not{\partial} + iM)\psi = 0$이다. 즉,

$$\not{\partial}\psi = -iM\psi$$

으로 쓸 수 있다. 또는 정지질량 μ를 사용하면 $\hbar$가 복구되면서 다음과 같은 형태가 된다.

$$\hbar\not{\partial}\psi = -i\mu\psi$$

위 관계가 성립하기만 하면 방정식 $(\Box + M^2)\psi = 0$은 항상 만족된다[이것은 '반-디랙 방정식' $(\not{\partial} - iM)\psi = 0$에도 똑같이 적용할 수 있

다. 그러나 표준관례에 따르면 이 방정식이 서술하는 입자의 정지질량은 $-\hbar M$이다]. 그러므로 위 디랙 방정식을 만족하는 파동함수는 '정지질량이 $\hbar M$인 상대론적 입자를 서술하는 파동방정식'도 만족해야 한다.

디랙 방정식이 파동방정식보다 우월한 점은 시간 t에 대한 미분이 1계 미분$(\partial/\partial t)$이라는 점이다. 사실 디랙 방정식은 다음과 같이 슈뢰딩거 방정식의 형태로 쓸 수도 있다.[24.6]

$$i\hbar\frac{\partial\psi}{\partial t} = (i\hbar\boldsymbol{\gamma}_0\boldsymbol{\gamma}\cdot\nabla + \boldsymbol{\gamma}_0\mu)\,\psi$$

여기서 $i\hbar\boldsymbol{\gamma}_0\boldsymbol{\gamma}\cdot\nabla + \boldsymbol{\gamma}_0\mu$는 해밀턴 연산자 구실을 한다. 연산자 $\partial/\partial t$만 놓고 보면 상대론적으로 불변이 아니지만, 디랙 방정식 $\not{\partial}\psi = -iM\psi$ 전체는 상대론적으로 불변이다(이 사실을 확인하려면 클리포드 대수 원소와 로렌츠 변환 사이의 상호관계를 신중하게 고려해야 한다[24.7]). 벡터/텐서의 미적분학(12, 14장 참조)에 속하지 않는 영역에서 상대론적 불변량이 존재한다는 사실은 당시 물리학계에 커다란 충격이었다. 디랙이 창시한 스피너 계산법spinor calculus은[11] 기존의 벡터/텐서 계산법을 훨씬 능가하는 강력한 도구였다.

보기에도 거북한 제곱근을 제거하고 상대론적 불변성을 유지한 것까지는 좋았지만, 그 대가로 우리는 비가환적 클리포드 대수 원소 γ_a라는 낯선 객체와 직면하게 되었다. γ_a의 진정한 의미는 무엇인가? 우리는 이것을 파동함수에 작용하는 일종의 연산자로 취급해야 한다. 이 특별한 연산자는 입자의 양자적 위치나 운동량 변수에서 유도된 것이 아니므로, 입자

[24.6] 증명해 보라.

[24.7] 그 이유를 설명하라(도움말 : [예제 26.3]의 방정식 참조).

의 새로운 자유도를 의미하는(또는 그것에 작용하는) 연산자로 간주하는 수밖에 없다. 그렇다면 새로운 자유도는 어떤 물리량에 대응시켜야 하는가? 요즘 사용하는 용어를 따르면, 전자 스핀의 자유도를 서술하는 스피너spinor에 대응된다.[12] 잠시 11.5절의 내용을 떠올려 보자. "스피너는 클리포드 대수가 연산자로서 작용되는 대상으로 간주할 수 있다." 디랙 방정식에서 클리포드 원소들은 파동함수 ψ에 작용된다. 따라서 ψ는 그 자체로 스피너이다. ψ는 위치와 운동량 이외에 스핀에 대한 자유도도 갖고 있으며(그 특성은 잠시 후에 다룰 예정이다), 이 여분의 자유도로부터 전자의 스핀을 알 수 있다!

파동연산자를 인수분해하는 대가로 생소한 클리포드 대수 원소를 도입하긴 했지만, 결국은 '크게 남는 장사'였다! 덕분에 우리는 전자의 스핀을 서술하는 정확한 이론을 얻었을 뿐만 아니라, 배경 전자기장과의 상호작용을 나타내는 표준 항('게이지 처방전[13]'에 정확하게 부합하면서 전자기 상호작용을 도입하는 항. 19.4절과 21.9절 참조)을 해밀토니안에 더해 주면, 디랙의 전자가 하전입자로서 전자기장에 적절한 반응을 보인다는 사실도 알게 되었다. 물론 여기에는 전자의 상대론적 운동과 관련된 미묘한 항들도 포함되어 있다.

디랙 방정식은 전하를 띤 전자의 행동을 정확하게 서술할 뿐만 아니라, 전자가 자기모멘트magnetic moment라는 특별한 물리량을 갖는다는 사실도 알아냈다. 이 값은 다음과 같이 표현되며

$$\hbar^2 e/4\mu c$$

e는 전자의 전하, μ는 전자의 질량이다. 이것은 전자가 하전입자인 동시에 '조그만 자석'임을 의미한다(자석의 세기는 위 값과 같다). 놀랍

게도 디랙이 예견한 전자의 자기모멘트는 실험으로 관측된 값과 1/1,000 정도의 오차범위에서 거의 정확하게 일치했다. 현재 가장 정확하게 측정된 전자의 자기모멘트 값을 디랙이 예견한 값으로 나누면 다음과 같은 상수가 된다.

$$1.0011596521188\ldots$$

예견된 값과 측정값 사이에 1/1,000 남짓 차이가 나는데, 지금은 그 원인도 모두 규명된 상태이다. 디랙 방정식을 근간으로 하는 양자전기역학은 이 값을 엄청난 정확도로 계산해 냈다. 디랙이 유도했던 간단한 방정식 $\not{\partial}\psi = -iM\psi$가 현대물리학을 새로운 길로 인도한 것이다!

24.8 디랙의 양전자

이 정도만 해도 대단한 성과지만, 이야기는 이제 시작에 불과하다. 지금부터 전자의 스핀과 관련된 디랙 방정식의 비정상적인 수학체계에 대해 알아보자. 이 비정상성은 디랙 스피너 ψ가 갖는 독립성분의 수와 관련되어 있다. ψ는 4개의 독립성분을 갖는데, 이것은 우리의 직관과 일치하지 않는다. 스핀이 1/2인 입자의 독립적인 스핀상태는 두 개밖에 존재하지 않기 때문이다(22.8절 참조). 지금부터 이 문제를 구체적으로 파고들어 보자.

디랙 방정식이 발표되기 3년 전인 1925년, 조지 울렌백George Uhlenbeck과 사무엘 고드스미트Samuel Goudsmit는 전자가 두 개의 기본 스핀상태로 이루어진 양자적 스핀을 갖는다고 결론 내렸다. 그리고 1927년에 볼프강 파울리는 '파울리 행렬'을 이용하여 스핀상태의 회전변환을 수학적으로 표현하는 데 성공했다(22.8절 참조. 스핀 1/2인 상태를 리만 구면에 표현한 그림 22.10도 참고할 것). 파울리 행렬(여기에 허수단위 i를 곱하면 4원수의 연산법칙을 만족한다)도 클리포드 대수 원소에 속하지만, 기본적으로는 3차원 회전군과 관련되어 있다.[24.8]

사실, 전자의 스핀상태가 두 개라는 것은 물리적으로 반드시 만족해야 할 조건이다. 이것은 화학에서도 매우 중요한 문제이다. 원자 내부에서 핵을 에워싸는 전자들은 특정한 궤도를 따라 움직이도록 한정되어 있다[이것을 오비탈orbital(궤도함수)이라고 한다. 22.13절 참조]. 파울리 배타원리에 따르면 하나의 궤도에 전자 하나만이 들어갈 수 있지만, 실제로는 두 개의 전자가 오비탈 하나를 점유하고 있다. 왜 그럴까? 두 전자의 스

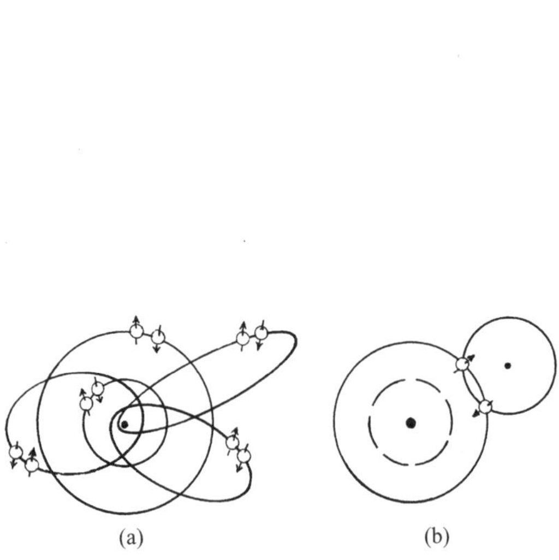

그림 24.2 전자의 스핀이 $\frac{1}{2}$임을 보여주는 증거들. (a) 원자 내부에서 하나의 오비탈에는 세 개 이상의 전자가 들어갈 수 없다. 스핀이 반대인 전자는 서로 다른 양자상태에 있으므로 동일한 오비탈을 점유해도 파울리 배타원리를 위배하지 않는다. (b) 화학에서 말하는 공유결합은 스핀이 서로 반대인 한 쌍의 전자가 동일한 오비탈을 점유하면서 두 개의 원자에 의해 공유되는 결합이다.

[24.8] 11.5절에서 설명한 4원수와 클리포드 원소의 연결관계를 이용하여 그 이유를 설명하라.

핀이 서로 반대방향이면 그 밖의 양자상태가 모두 같다 해도 엄연히 '양자상태가 다른' 전자이기 때문이다. 즉, 스핀이 다른 두 개의 전자는 동일한 오비탈을 점유하고 있어도 배타원리를 위배하지 않는다. 그러나 전자의 스핀은 두 가지 상태밖에 없으므로, 하나의 오비탈에 셋 이상의 전자가 공존할 수는 없다. 화학에서 말하는 공유결합covalent bond도 여기에 기초한 현상으로서, 스핀이 반대인 두 전자가 서로 이웃한 원자에 공유되면서 결합이 이루어진다(그림 24.2 참조).

파울리는 전자를 두 개의 성분을 가진 $\psi_A = (\psi_0, \psi_1)$로 표현했는데, 이것은 파울리의 행렬이 2×2라는 사실과 일맥상통한다. 그러나 디랙의 클리포드 원소 ($\boldsymbol{\gamma}_0$, $\boldsymbol{\gamma}_1$, $\boldsymbol{\gamma}_2$, $\boldsymbol{\gamma}_3$)가 클리포드 곱셈법칙을 표현하려면 4×4 행렬이 되어야 한다.[24.9] 파울리의 스피너는 2개의 성분으로 스핀 $= \frac{1}{2}$인 비상대론적 입자의 두 스핀상태를 서술하지만(22.8절 참조), 디랙의 전자는 4개의 성분을 갖는다.

디랙 방정식의 파동함수는 4개의 성분을 갖지만, 이 방정식으로 서술되는 입자는 두 개의 스핀성분을 갖고 있다. 그 이유는 수학적으로 "디랙 방정식 $\partial\!\!\!/ \psi = -iM\psi$는 1계 미분방정식이고, 해가 존재하는 공간은 2계 파동방정식 $(\Box + M^2)\psi = 0$을 만족하는 해의 절반만으로 모두 커버된다"라는 사실과 밀접하게 연관되어 있다[이 방정식의 해는 질량이 음$(-M)$인 입자에 대한 디랙 방정식 $\partial\!\!\!/ \psi = +iM\psi$도 만족한다]. 물리학적 관점에서 볼 때, 이와 같은 '디랙 방정식 해의 셈법'[14]은 전자의 반입자인 양전자positron의 자유도가 디랙 방정식의 해 안에 숨어 있음을 의미한다. 물론 파동함수의 두 성분이 전자에 해당되고 나머지 두 성분이 양전자에

[24.9] 2×2 행렬이 클리포드 곱셈법칙을 만족하지 못하는 이유는 무엇인가?

해당된다는 뜻은 아니다(25.2절과 비교해볼 것). 이제 곧 알게 되겠지만, 그 내막은 훨씬 복잡하다.

우리의 원래 목적 중 하나는 슈뢰딩거 방정식에서 음의 진동수(즉, 음 에너지)를 갖는 골치 아픈 해를 적절히 처리하는 것이었다. 그런데 온갖 방법을 동원하여 해밀토니안에 등장하는 제곱근을 제거해 놓고 보니, 디랙 방정식의 해는 양의 진동수에 한정되지 않는 것으로 판명되었다. 배경 전자기장과 같은 주변환경과 상호작용을 하면서, 초기 진동수가 양이었던 파동이 음의 진동수 부분을 갖게 되는 것이다.

디랙의 천재성은 여기서 멈추지 않았다. 그는 음의 진동수 해를 수학적으로 제거할 수 없음을 간파하고 논리를 전개해 나갔다. 음의 진동수를 가진 파동은 근본적으로 어떤 문제를 일으키는가? 만일 음 에너지 상태가 정말로 존재한다면, 전자는 에너지를 방출하면서 이 상태로 떨어질 수도 있다. 음 에너지 상태의 수에 제한이 없다면 모든 전자가 음 에너지 상태로 떨어질 것이고, 음의 값이 클수록 방출하는 에너지도 커져서 일대 혼란을 초래할 것이다. 그러나 디랙은 "전자는 파울리 배타원리를 만족하기 때문에, 특정 음 에너지 상태가 다른 전자에 이미 점유되어 있으면 전자는 이 상태로 떨어질 수 없다"고 생각했다. 그러고 나서는 "모든 음 에너지 상태는 전자들이 이미 점유하고 있다!"는 놀라운 주장을 하기에 이르렀다. 이미 점유되어 있는 음 에너지 상태의 집합을 '디랙의 바다Dirac's sea'라고 한다. 디랙의 파격적인 아이디어대로라면 모든 음 에너지 상태는 이미 다른 전자에 점유되어 있으며, 파울리 배타원리에 의해 '우리 눈에 보이는 전자'는 이 상태로 떨어질 수 없다.

디랙의 논리는 계속된다. "점유되지 않은 음 에너지 상태가 몇 개 존재한다면 어떻게 될 것인가?" 음 에너지 상태로 이루어진 디랙의 바다에 구멍hole이 생기면, 그 결과는 양 에너지를 가진 입자(즉, 질량이 양인 입자)의 존재로 나타난다. 이 입자의 질량은 전자와 같으며, 전하는 전자 전하와 크기가 같고 부호만 반대이다. 그리고 비어 있는 음 에너지 상태는 전자에 의해 채워질 수 있다. 즉, 전자가 에너지를 방출하면서[정상적인 환경에서는 전자기파(광자)의 형태로 방출된다] 디랙의 바다 속으로 '떨어지는' 것이다. 전자는 우리의 시야에서 사라지고, 디랙의 바다 속에 나 있는 구멍이 전자로 채워졌으므로 '전자와 전하가 반대인 입자'도 사라진다. 다시 말해서, 구멍과 전자가 동시에 사라지는 것이다. 이와 같은 현상을 '입자-반입자 쌍소멸particle-antiparticle pair annihilation'이라고 한다(그림 24.3a 참조). 디랙의 바다에 구멍이 없을 때, 계에 충분한(예를 들면 광자의 형태로) 에너지가 공급되면 음 에너지 상태에 있던 전자가 튀쳐나오면서 없던 구멍이 생길 수 있다(그림 24.3b 참조). 디랙의 구멍은

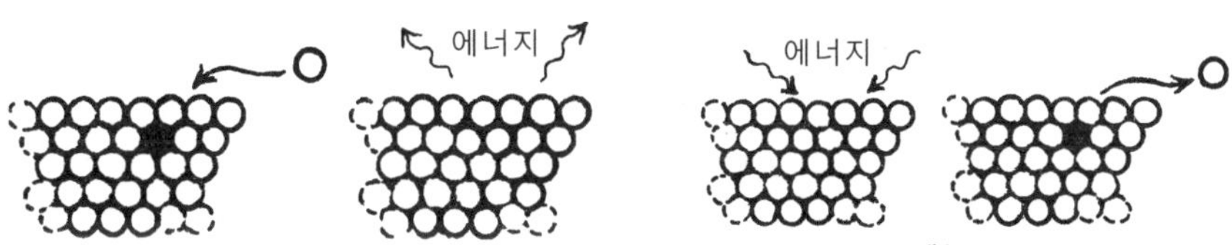

그림 24.3 음 에너지 상태의 전자들로 이루어진 '디랙의 바다(Dirac's sea)'에 구멍(hole)이 생기면, 그것을 '양전자(positron)의 존재'로 해석할 수 있다. 거의 모든 음 에너지 상태에는 전자가 이미 들어차 있기 때문에 파울리의 배타원리에 의해 다른 전자는 그곳으로 들어갈 수 없다. 그러나 디랙의 바다 중 점유되지 않은 음 에너지 상태, 즉 구멍이 있으면 그 결과는 '양 에너지를 갖는 양전자(positron)의 존재'로 나타난다. (a) 전자가 구멍 속으로 떨어지는 현상은 '전자와 양전자의 쌍소멸(pair annihilation)'로 해석할 수 있다. 이때 방출되는 에너지는 전자와 양전자의 에너지를 합한 것과 같다. (b) 이와는 반대로 디랙의 바다에 충분한 에너지를 공급하면 전자와 양전자가 쌍으로 생성된다(그림에 나와 있는 구멍의 격자배열은 독자들의 이해를 돕기 위해 편의상 그려 넣은 것이며, 실제와는 무관하다).

전자의 반입자에 해당하며, 지금은 '양전자'라는 이름으로 부르고 있다.

처음에 디랙은 반입자의 존재를 예견하는 데 매우 조심스러운 자세를 보였다. 실제로 그는 바다 속의 '구멍'이 양성자에 해당한다고 생각했다(1929년). 그도 그럴 것이, 디랙이 활동하던 당시에 '전자와 전하가 반대이면서 질량이 있는 입자'로 알려진 것은 양성자뿐이었기 때문이다. 그러나 얼마 지나지 않아 구멍의 질량이 전자의 질량과 같아야 한다는 사실이 알려졌고,[15] 전자 질량의 1,836배에 달하는 양성자는 당연히 후보에서 탈락했다. 디랙은 1931년이 되어서야 "구멍에 대응되는 입자는 전자의 반입자인 양전자이다"라는 결론을 내릴 수 있었다. 그다음 해인 1932년 칼 앤더슨Carl Anderson이 실험을 통해 양전자를 발견함으로써 디랙의 예견은 사실로 판명되었다. 과학역사상 최초로 반입자의 존재가 확인된 것이다!

〈24장 후주〉

24–3절

24.1 에너지의 최솟값에 한계가 있으면(bounded - below) 이 문제를 피해갈 수 있다. 다시 말해서, 에너지가 어떤 고정된 값 E_0보다 크면 된다($E_0 > 0$). 이때, 해밀토니안에 $-E_0$를 더하여 에너지를 재규격화하면 모든 에너지 고유값은 양수로 얻어진다.

24.2 ∞지점에서는 f가 특이점을 가질 수 있으므로 주의를 기울일 필요가 있다. 이 경우에는 9.7절의 초함수(hyperfunction)를 도입해야 한다. Bailey *et al*. (1982) 참조.

24.3 엄밀히 말하면 'positive-definite'가 아니라 'positive semi-definite'라고 해야 옳다. (연속적인)고유값 스펙트럼이 0을 향해 계속 뻗어 있으면서 0을 포함하기 때문이다.

24.4 양자역학의 응용에 대해서는 Shankar(1994)를 참조하라. 일반론은 Arfken and Weber(2000)에 잘 정리되어 있다.

24–5절

24.5 개중에는 + − − − 대신 + + + − 부호를 사용하는 사람도 있다. 이 경우에는 각 연산자의 부호가 반대로 뒤바뀐다.

24.6 Pais(1986), Miller(2003), Dirac(1983) 참조.

24.7 이 두 가지 조건은 25.4절의 CPT 정리를 증명할 때 중요한 역할을 한다.

24–6절

24.8 Trautman(1997) 참조.

24.9 구체적인 내용은 Clifford(1882), pp.778～815와 Lounesto(2001)를 참조하라.

24.10 이 부호약속은 일부 수학자들이 사용하는 부호와 다르며[Harvey(1990), Budinich and Trautman(1988), Lounesto(2001) 참조], 내가 쓴 책[Penrose and Rindler(1986), 부록]과도 다르다. 시공간의 부호수를 + − − −로 선택했을 때, 일반적인 클리포드 대수를 정의하는 식은 $\boldsymbol{\gamma}_i\boldsymbol{\gamma}_j - \boldsymbol{\gamma}_j\boldsymbol{\gamma}_i = -2g_{ij}$이다.

24–7절

24.11 Clifford(1878), Cartan(1966), van der Waerden(1929), Infeld and van der Waerden(1933), Laporte and Uhlenbeck(1931), Penrose and Rindler(1984, 1986), O'Donell(2003) 참조. 22.8절의

2-스피너 표현법을 이용하면 디랙 방정식은 25.2절의 '지그재그(zig-zag)' 형태가 된다.

24.12 '스피너(spinor)'라는 용어는 Paul Ehrenfest가 Bartel van der Waerden에게 보낸 편지에서 처음으로 사용되었다.

24.13 이때 더해지는 항은 $ie\not{A}$로서, $\not{A} = g^{ab}A_a\gamma_b$이고 A_a는 전자기적 위치에너지(퍼텐셜)이다. 이것은 연산자 $\not{\partial}$를 $\not{\partial} - ie\not{A}$로 대치한 것과 같다.[24.10]

24–8절

24.14 2-스피너 계산법의 'exact sets'를 이용하면 상대론적 방정식의 해의 개수를 가장 쉽게 계산할 수 있다[Penrose and Rindler(1984), pp. 389~390 참조].

24.15 이 사실을 알아낸 사람은 이고르 탐(Igor Tamm)과 헤르만 바일, 그리고 로버트 오펜하이머(Robert Oppenheimer)였다[자세한 내용은 Oppenheimer(1930)를 참고할 것]. 양전자 도입의 과정은 매우 길고 복잡한데, 모든 내용을 알고 싶은 독자들은 Zee(2000)을 읽어보기 바란다.

[24.10] 이것이 표준 '게이지 처방전(gauge prescription)'인 이유를 설명하라.

25
입자물리학의 표준모형

25.1 현대 입자물리학의 기원

전자를 서술하는 디랙 방정식이 탄생하면서 물리학은 커다란 전환점을 맞이하게 된다. 디랙 방정식은 1928년에 처음 발표되었는데, 당시 학계에 알려진 입자라고는 전자와 양성자, 그리고 광자뿐이었다. 광자는 1905년에 아인슈타인에 의해 그 존재가 예견되었으며, 아인슈타인과 보스의 연구를 통해 서서히 구체화되어 오다가 1927년에 요르단과 파울리가 맥스웰 이론의 자유장free-field을 양자화하면서 비로소 물리학의 한 객체로 인정받게 되었다. 디랙 방정식은 양성자와 전자 모두를 잘 서술했으며, 전자와 양전자가 어떻게 양성자의 영향을 받는지를 서술하는 전자기적 상호작용도 디랙이 내놓은 해답, 즉 '게이지 아이디어(1918년 바일이 최초로 도입하였음. 19.4절 참조)'를 통하여 거의 정확하게 서술되는데, 구체적인 이론(훗날의 양자전기역학)의 초석은 이미 1927년에 디랙이 완성해 놓은 상태였다.[1] 따라서 이 무렵에는 '알려진 모든 입자들'의 상호작용을 서술하는 데 필요한 도구가 거의 다 갖춰져 있었다.

그러나 당시의 물리학자들은 이 상황이 곧 만물의 이론으로 이어지리라고 생각할 만큼 바보는 아니었다. 그들은 핵자들을 단단하게 결합시키는 힘(지금은 '강력' 또는 '핵력'으로 알려져 있다)과 방사성붕괴를 일으키는 힘('약력'으로 알려져 있다)을 설명하려면 무언가 새로운 정보가 필요하다는 사실을 잘 알고 있었다. 디랙 방정식을 따르는(전자기적 상호작용만을 하는) 전자와 양성자가 핵자를 포함한 원자의 구성요소 전부라면, (단 하나의 양성자로 이루어진 수소원자핵을 제외하고) 이 세상의 모든 원자핵은 당장 분해되어야 한다. 전하의 부호가 같으면서 서로 가깝게 붙어 있는 양성자들 사이에 매우 강한 전기적 반발력이 작용하기 때문이다. 그러나 이 세상의 모든 물질을 이루는 원자들은 붕괴하지 않았으며, 멀쩡한 상태였다. 따라서 알려지지 않은 무언가가, 핵자 안의 과정에 강력한 인력을 발휘함이 분명했다. 그 후 1932년에 채드윅이 중성자를 발견하면서 전자와 양성자의 집합으로 알려졌던 원자핵 구조는 양성자와 중성자의 집합으로 대치되었으며, "양성자와 중성자 사이에 강한 인력이 작용하여 원자핵의 형태가 유지된다"는 주장이 설득력을 얻게 되었다. 그러나 당시에 구체적인 얼개가 알려지지 않은 힘은 이뿐만이 아니었다. 1896년에 앙리 베크렐Henri Becquerel이 발견한 우라늄의 방사능도 전자기력이나 강력이 아닌 다른 힘(약력)이 작용하면서 나타나는 현상이었다. 심지어는 중성자도 홀로 떨어뜨려 놓으면 15분 만에 방사능붕괴를 일으키면서 붕괴되었다. 방사능붕괴에서 가장 신기한 부분은 뉴트리노(중성미자)라는 입자가 생성된다는 것인데, 이 입자는 1929년 파울리가 이론적으로 예견하고 나서 1956년이 되어서야 실제로 발견되었다. 약력은 당시 물리학자에게 가장 낯선 힘이었으며, 2차 세계대전이 발발하면서 연구는 더욱 지지부진해졌다.

20세기 중반으로 접어들면서 입자물리학은 비약적인 발전을 이루었다. 21세기로 들어선 지금, 입자물리학의 가장 완전한 이론은 '표준모형 standard model'으로 알려져 있다. 이것은 지금까지 알려진 다양한 입자를 대부분 설명하는 이론으로서, 광자와 전자를 비롯하여 양성자, 양전자, 중성자, 그리고 뉴트리노와 뮤온, 파이온(1934년에 유카와가 예견함), 케이온, 람다 입자, 시그마 입자, 오메가-마이너스 입자 등이 이론 속에 포함되어 있다. 양성자의 반입자인 반양성자는 1955년에, 반중성자는 1956년에 각각 발견되었으며, 이 밖에도 쿼크, 글루온, W 보존, Z 보존 등의 입자가 있다. 찰나의 시간 동안만 존재하기에 직접 관측이 불가능한 입자도 많이 있는데, 사실 이들은 입자라기보다 '공명 resonance'에 가깝다. 또한, 현대 입자물리학은 가상입자와 고스트 입자 ghost particle 등 관측이 아예 불가능한 입자의 존재를 가정한다. 이밖에 X 보존 X-boson과 액시온 axion, 포티노 photino, 스쿼크 squark, 글루이노 gluino, 자기홀극 magnetic monopole, 다일레이톤 dilaton 등은 특정 이론에서 예견되어 있지만 일반적으로 반드시 존재할 필요는 없으며, 현대 입자물리학에서 매우 중요하게 취급되는 힉스 입자 Higgs particle는 다른 모든 입자에 질량을 부여하는 원천으로 알려졌으나 아직 실험으로 확인하지 못하고 있다.

25.2 전자의 지그재그 도식

이 장에서는 현대 입자물리학 표준모형의 주된 내용을 간략하게 소개할 예정이다. 나의 접근방식은 일반적인 교과서와 다소 거리가 있지만, 핵심을 이해하는 데에는 별 지장이 없을 줄로 안다. 우선, 22.8절에서 도입한 2-스피너 표현법을 이용하여 디랙 방정식을 다시 한 번 분석해 보자. 24.8절에서 말한 바와 같이, 스핀 $= 1/2$인 입자를 서술하는 '파울리 스피너' ψ_A는 두 개의 성분을 갖는다(ψ_0과 ψ_1). 여기에 상대론적 효과를 고려하면 22.8절에서 언급한 대로 A', B', C', …이 필요한데, 여기서 프라임($'$)이 붙은 지표는 원래의 지표와 복소켤레 관계에 있다. 디랙 스피너[2] ψ는 4개의 복소수 성분을 갖고 있으며, 한 쌍의 2-스피너[3] α_A와 $\beta_{A'}$으로 나타낼 수 있다(하나는 프라임이 붙고, 다른 하나는 프라임이 없다).

$$\psi = (\alpha_A,\ \beta_{A'})$$

따라서 디랙 방정식은 두 개의 2-스피너를 서로 연결해 주는 방정식으로 다시 쓸 수 있다. 새로운 방정식에서 하나의 스피너는 다른 스피너를 발생시키는 발생원source 구실을 한다. 결합상수 $2^{-1/2}M$은 두 스피너 사이에서 일어나는 상호작용의 강도를 말해 주고 있다.

$$\nabla^{A}_{B'}\alpha_A = 2^{-1/2}M\beta_{B'}, \qquad \nabla^{B'}_{A}\beta_{B'} = 2^{-1/2}M\alpha_{A'}$$

연산자 $\nabla^{A}_{B'}$과 $\nabla^{B'}_{A}$는 일상적인 그래디언트 연산자 $\boldsymbol{\nabla}$의 2-스피너 버전이다. 위 방정식에 등장하는 지표들과 상수 $2^{-1/2}$ 등 구체적인 형태에 대해서는 크게 신경 쓸 필요 없다. 단지 디랙 방정식이 2-스피너 계산법의 일반적인 체계를 세우는 데 중요한 역할을 한다는 사실만 기억하면 된다. 이 작업이 완료되면 디랙 방정식을 새로운 관점에서 바라볼 수 있다.[4]

이 방정식의 형태로부터, 우리는 디랙의 전자가 두 요소 α_A와 $\beta_{B'}$로 이루어짐을 알 수 있다. 물론 이 요소들은 나름대로 물리적 의미도 갖고 있다. 각각 α_A와 $\beta_{A'}$으로 표현되는 두 개의 '입자'를 상상해 보자. 이들은 질량이 없으며,[25.1] 계속해서 상대방 입자로 바뀌려는 성질을 갖고 있다.

[25.1] α_A와 $\beta_{A'}$을 '서로 상대방으로 변환되려고 하는 질량 없는 입자'로 해석할 수 있는 이유는 무엇인가? 25.3절에 나와 있는 바일의 뉴트리노 방정식을 이용하여 설명해 보라.

α_A로 표현되는 입자를 '지그zig' 입자라 하고, $\beta_{A'}$으로 표현되는 입자를 '재그zag' 입자라 하자. 이들은 질량이 없기 때문에 빛의 속도로 움직일 수도 있지만, 앞뒤로 오락가락하면서 끊임없이 방향을 바꾸고 있다고 가정하자. 즉, 앞으로 가는 지그 입자는 뒤로 가는 재그 입자로 끊임없이 변환되고 있으며, 그 반대도 마찬가지다. 사실 이것은 실제 존재하는 현상으로서, 지터베베궁zitterbewegung(흔들림을 뜻하는 독일어)이라고 한다. 이 현상에서 전자의 순간속도는 항상 빛의 속도와 같지만, 수시로 방향을 바꾸기 때문에 전체적인 속도는 빛보다 느리게 나타난다.[5] 각 입자는 운동방

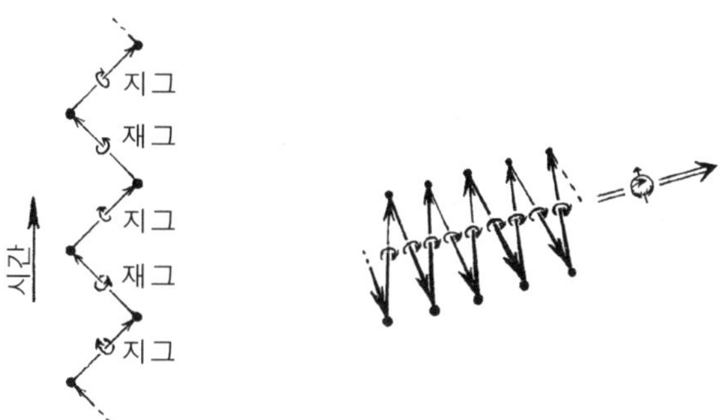

(a) (b)

그림 25.1 전자의 지그재그 도식. (a) 전자(또는 질량이 있고 스핀 $= \frac{1}{2}$ 인 입자)는 시공간에서 질량이 없는 왼손성(left-handed) 지그 입자[나선성 $= -\frac{1}{2}$, 프라임이 안 붙은 2-스피너 α_A로 서술됨. 좀 더 물리학적으로 말하자면 $\frac{1}{2}(1 - \gamma_5)$에 의해 투영된 부분으로 서술됨]와, 질량이 없는 오른손성(right-handed) 재그 입자[나선성 $= +\frac{1}{2}$, 프라임이 붙은 2-스피너 $\beta_{B'}$으로 서술됨. 더 물리학적으로 말하자면 $\frac{1}{2}(1 + \gamma_5)$에 의해 투영된 부분으로 서술됨] 사이를 오락가락하는 진동으로 간주할 수 있다. 각각의 전자는 상대방을 생성하는 발생원(source)이며, 정지 질량은 결합상수에 해당된다. (b) 3차원 공간에서 전자에 대한 정지좌표계에서 보면 전자의 속도는 계속해서 바뀌지만(빠르기는 항상 광속과 같다) 스핀의 방향은 달라지지 않는다(그러나 이 그림은 전자가 정지해 있는 좌표계에서 바라본 상황이 아니다. 이해를 돕기 위해 '전자가 오른쪽으로 서서히 이동하는 좌표계'를 사용하였다).

향에 대하여 크기 $\frac{1}{2}\hbar$인 스핀을 가지며, 지그 입자의 스핀은 왼손방향, 재그 입자의 스핀은 오른손방향이다(이것은 지그 입자 α_A가 프라임 없는 지표를 갖고 있어서 나선성 helicity이 음이고 재그 입자 $\beta_{B'}$은 프라임이 붙은 지표를 갖고 있어서 나선성이 양이라는 사실과 관련되어 있다. 33.6 ~ 8절에 자세한 내용이 나오는데, 당장 알 필요는 없다). 전자의 진행방향은 계속해서 바뀌지만, 전자에 대한 정지좌표계에서 볼 때 스핀 방향은 달라지지 않는다(그림 25.1 참조). 이런 식으로 해석하면 지그 입자는 재그 입자의 발생원이고 재그 입자는 지그 입자의 발생원이며, 이들 사이의 결합 강도는 M에 의해 결정된다.

그림 25.2는 이 과정이 파인만 전파인자 propagator에 기여하는 원리를 도식으로 나타낸 것이다(그림 26.7 참조). 파인만 다이어그램[6]은 다음 장에서 자세히 설명할 예정이다. 지그재그 과정 자체의 길이는 유한하지만, 이들을 모두 합한 결과가 전자의 최종 전파인자에 기여하게 되며, 그 형식은 그림 25.2와 같이 2 × 2 행렬을 이룬다. 보통은 지그 입자는 재그

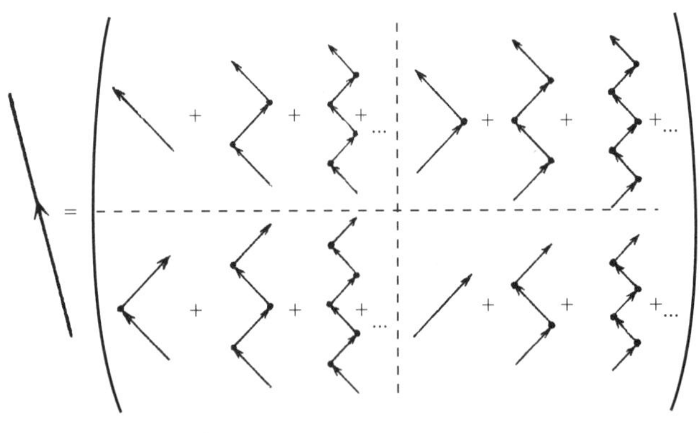

그림 25.2 각각의 지그재그 과정들은 무한한 양자 중첩의 한 부분으로서, 파인만 다이어그램을 따라 전파인자에 기여한다. 왼쪽에 그려진 직선이 파인만 전파인자로서, 이것은 오른쪽에 그려진 유한한 지그재그들의 무한합의 전체행렬과 같다.

입자가 되고, 이 재그 입자가 다시 지그 입자가 되는 과정이 유한 번 되풀이된다. 전체 과정에서 이런 변화가 일어나는 평균 비율은 결합 매개변수인 질량 M과 관련 있는데(구체적으로는 M의 역수와 관련되어 있다), 이것을 전자의 드브로이 진동수de Broglie frequency라고 한다(21.4절 참조).

파인만 다이어그램을 해석할 때 한 가지 주의할 점이 있다. 그림에 나타난 각 부분은 시공간에서 진행되는 물리적 과정으로 이해할 수 있지만, 양자적 스케일에서는 단 하나의 입자도 엄청나게 많은 과정을 '동시에' 겪고 있다. 따라서 각각의 과정들은 무수히 많은 다른 과정들이 모여 이루어진 거대 양자 중첩의 일부에 불과하며, 계의 최종 양자상태는 이 모든 과정이 중첩된 결과에 따라 달라진다. 즉, 개개의 파인만 다이어그램은 최종 결과가 아니라, 이들 중 '단 하나'의 과정만을 표현하고 있다는 것이다.

위에서 설명한 전자의 지그재그 운동도 이와 같은 관점에서 이해해야 한다. 실제 전자의 운동은 동시에 진행되는 무한히 많은 과정이 중첩되어 나타난 결과이며, 이것은 일종의 '평균'으로 간주할 수 있다(엄밀히 말하면 '양자 중첩'이다). 그러나 이것은 상호작용이 전혀 없는 자유전자의 경우이고, 실제의 전자는 다른 입자(전자기장의 양자인 광자 등)들과 끊임없이 상호작용을 교환하고 있다. 전체적인 중첩효과를 계산하려면 이 모든 상호작용까지 고려해야 한다.

이 점을 염두에 두고 다음과 같은 질문을 던져 보자. "지그 입자와 재그 입자는 실제로 존재하는 입자인가? 아니면 디랙 방정식으로 전자를 서술하는 과정에서 수학적으로 필요해서 도입한 가상입자인가?" 이런 의문을 갖다 보면 더욱 일반적인 질문에 도달하게 된다. "수학적으로 아름다운 체계가 물리학에 도입되었을 때, 이것이 '물리적 실체'를 서술함을 어떻게 증명해야 하는가?" 지금은 2-스피너 체계가 수학적으로 얼마나 중요한지(그리고 우아한지)를 묻는 것으로 시작해야 한다. 한 가지 일러둘 것은, 가장 성공적인 양자장이론이라 할 수 있는 양자전기역학QED에서 디랙 방정식을 연구하는 물리학자들도 2-스피너를 종종 사용하긴 하지만, '가장 흔히 사용하는' 수학체계는 아니라는 점이다.[7]

물리학자들은 대부분 스피너 지표spinor index가 붙지 않은 디랙 스피너(또는 4-스피너) 체계를 사용한다. 즉, 2-스피너 α_A 대신 4-스피너 $(1 - \boldsymbol{\gamma}_5)\psi$를 사용한다는 뜻이다(다른 물리학자들은 여기서 말하는 지그 입자를 '디랙 전자의 좌측 나선성 부분left-handed helicity part'이라고 부른다).[8] 여기서 $\boldsymbol{\gamma}_5$는

$$\boldsymbol{\gamma}_5 = -i\,\boldsymbol{\gamma}_0\boldsymbol{\gamma}_1\boldsymbol{\gamma}_2\boldsymbol{\gamma}_3$$

이다. $\boldsymbol{\gamma}_5$는 클리포드 대수의 모든 원소와 반가환적anticommutative 성질을 만족하며, $(\gamma_5)^2 = 1$이다.[25.2] 또한 물리학자들은 $\beta_{A'}$ 대신 $(1 + \boldsymbol{\gamma}_5)\psi$를 사용한다(우측 나선성 부분). 사실 이것은 표기법만 다를 뿐, 표현하는 내용은 2-스피너와 동일하다. 2-스피너 체계는 언제든지 4-스피너 체계로 전환될 수 있으며, 그 반대도 가능하다. 앞에서 도입된 지그재그 도식은 2-스피너 및 4-스피너 체계에 모두 적용될 수 있는데, 4-스피너 보다는 2-스피너 체계에서 더욱 분명하게 나타난다.

지그 입자와 재그 입자는 실재하는가? 나는 '그렇다'라고 말하고 싶다. 디랙의 전자가 우주의 가장 근본적인 구성요소를 서술하는 수학적 형태로 존재하듯이, 지그-재그 입자도 현실세계에 존재하고 있다. 그런데

[25.2] 둘 다 증명해 보라.

이것이 정말로 실체reality일까? 나는 1.3절과 1.4절에서 수학과 물리학의 실체성과 둘 사이의 관계에 대하여 언급한 바 있다. 이 문제는 34.6절에서 다시 다룰 예정이다.

25.3 약전자기 상호작용 : 반전 비대칭

지그 입자와 재그 입자는 동일한 전기전하를 갖는다. 이것은 두 입자가 끊임없이 상대방으로 변하고 있다는 점과 전하보존법칙을 고려할 때 당연한 결과이다. 파인만 다이어그램에서 하전입자와 전자기장의 상호작용은 광자를 나타내는 물결선을 더해 주는 것으로 표현한다. 구체적인 사례는 그림 25.3에 표현되어 있는데, 이들 중 그림 25.3a에는 전자의 궤적이 하나의 선(디랙 4-스피너)으로 그려져 있고, 그림 25.3b는 지그재그 도식을 사용한 것이다(자주 사용하는 방식은 아니다).

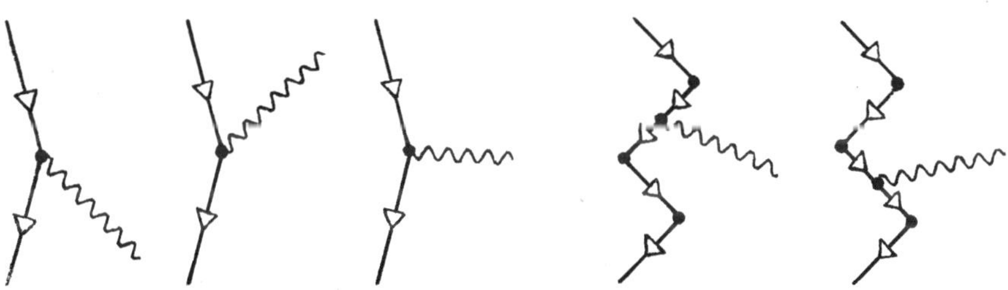

(a) (b)

그림 25.3 (a) 전자기장의 양자(또는 광자)와 상호작용을 교환하는 전자의 파인만 다이어그램. 왼쪽 그림은 광자를 흡수하는 과정으로 볼 수 있고 가운데 그림은 광자를 방출하는 과정, 그리고 오른쪽 그림은 정전기유도과정을 나타내고 있다. 이 과정들은 모두 '가상광자(virtual photon)와의 상호작용'으로서, 동일한 과정으로 취급된다. (b) 동일한 과정을 '지그재그 도식'으로 나타낸 그림. 위의 모든 그림에서 전하의 전파는 삼각형 모양의 화살표로 표현되어 있다. 전자의 전하는 마이너스이기 때문에, 화살표들이 모든 점에서 과거를 향하고 있다.

지그 입자와 재그 입자는 동일한 강도로 전자기장과 상호작용을 교환한다. 그러나 전자기력과 전혀 다른 상호작용인 '약한 상호작용'을 고려하면 상황이 크게 달라진다. 전자의 '지그' 부분은 약한 상호작용을 교환하지만, '재그' 부분은 전혀 관여하지 않는 것이다(그림 25.4 참조). 약한 상호작용은 광자와 비슷한 **W** 보존과 **Z** 보존을 통해 매개된다. 앞서 말한 바와 같이 이것은 방사성붕괴의 원인이 되는 상호작용으로서, 예를 들어 우라늄 U^{238} 원자핵은 평균적으로 약 5×10^9년 사이에 자발적으로 붕괴하여 토륨Th과 헬륨 원자핵(α입자)으로 분해되며, 홀로 있는 중성자는 평균 15분 만에 양성자와 전자, 반뉴트리노로 붕괴된다(그림 25.5 참조). 과거에 물리학자들이 이 과정에서 방출되는 전자를 'β입자'라고 불렀기 때문에, 이 과정을 'β붕괴β-decay'라고 한다.

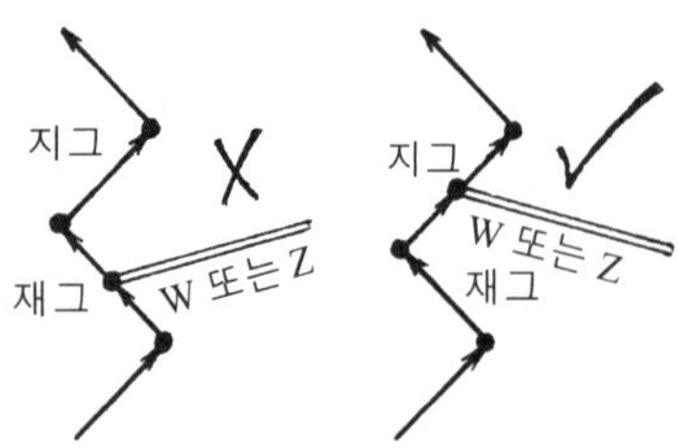

그림 25.4 약한 상호작용에서는 지그 입자만이 W 보존 또는 Z 보존과 상호작용을 교환한다(그러나 반입자의 경우에는 재그 입자가 약한 상호작용을 교환한다).

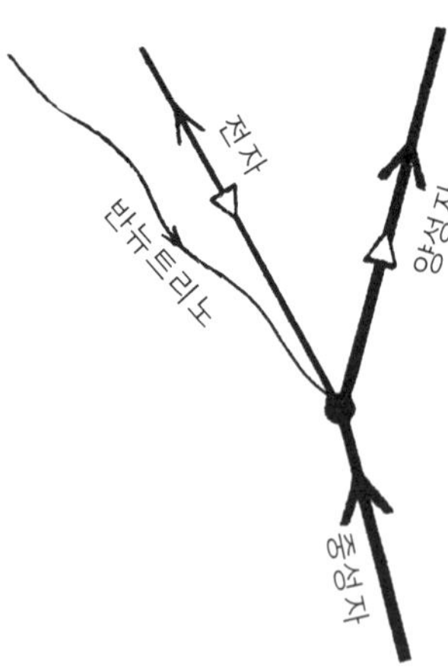

그림 25.5 중성자는 평균 15분 사이에 β붕괴를 일으키면서 양성자와 전자, 그리고 반뉴트리노로 분해된다. 반뉴트리노는 렙톤(lepton) 분류법에서 반입자로 분류되기 때문에 화살표가 반대방향을 향하고 있다. 그림 25.3과 마찬가지로 전자와 양성자를 나타내는 선 위의 흰색 화살표는 전기전하를 나타낸다.

1933년에 이탈리아의 저명한 물리학자 엔리코 페르미가 약한 상호작용을 설명하는 이론을 제안한 후로, 한동안 물리학자들은 이것을 그림 25.5와 같이 시공간상의 한 지점에서 일어나는 사건으로 간주했었다. 그러나 페르미의 이론은 얼마 지나지 않아 난관에 봉착했고, 이 문제는 후에 등장한 와인버그, 살람, 글래쇼의 '약전자기이론electroweak theory'으로 해결되었다(그림 25.6 참조). 이들은 약한 상호작용이 페르미의 이론처럼 한 지점에서 일어나는 것이 아니라 'W'와 'Z'라는 게이지보존gauge boson을 통해 유한한 공간 안에서 매개된다고 주장했다. 이것이 바로 β 붕괴이며, 구체적인 상황은 그림 25.6과 같다. 그렇다면 지그/재그 입자는의 비대칭은 어떻게 되는가? 1956년에 리정다오Tsung Dao Lee와 양전닝Chen Ning Yang은 β붕괴(일반적으로 약한 상호작용)가 거울반전에 비대칭이라는 주장을 펼쳐 물리학계를 놀라게 했고,[9] 이들의 주장은 1957년 1월에 우젠슝Chien Shiung Wu의 실험을 통해 곧 사실로 확인되었다. 이 결과에 의하면 약한 상호작용은 반전대칭성을 갖지 않으며, 따라서 카이랄성chirality을 갖고 있다. 우는 코발트 60(Co^{60})이 붕괴할 때 방출되는

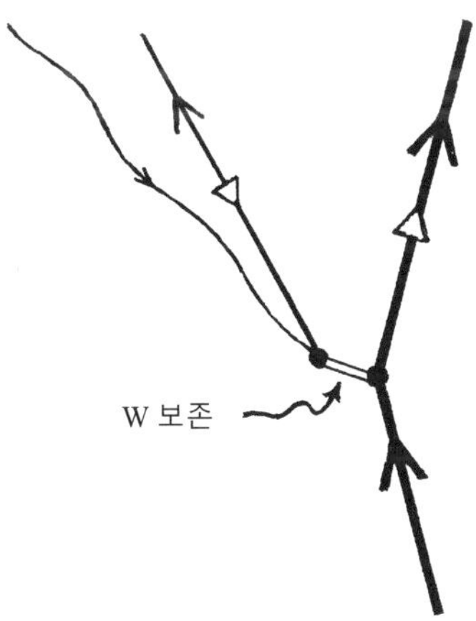

그림 25.6 약한 상호작용은 그림 25.5(페르미의 이론)처럼 한 지점에서 일어나지 않고, '벡터보존(vector boson, $W^{\pm}$ 또는 Z^{0})'이라는 매개입자를 통해 중개된다. 그림에는 W입자가 표시되어 있다.

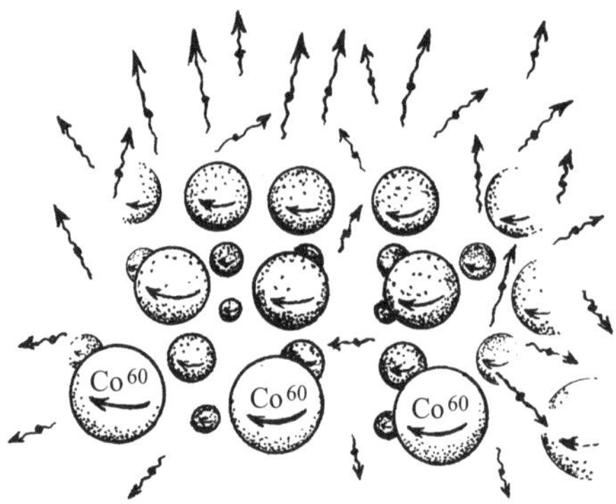

그림 25.7 우(Wu)는 코발트 60(Co^{60})의 방사능붕괴 과정에서 방출된 전자의 분포와 핵자의 스핀 방향 사이에 반전대칭이 존재하지 않음을 확인하였다. 이 그림에서 전자는 아래쪽보다 위쪽으로 더 많이 방출된다.

전자의 패턴을 조사하여, 전자의 분포와 코발트 원자핵의 스핀 방향 사이에 반전대칭이 존재하지 않는다는 사실을 확인하였다(그림 25.7 참조). 그 전까지는 반전에 비대칭인 물리현상이 단 한 번도 발견된 적이 없었으므로, 이것은 입자물리학에 새로운 장을 연 기념비적 실험이었다!

이 상황을 지그 입자와 재그 입자로 설명해 보자. 지그 입자를 거울반전시키면 재그 입자가 되고, 재그 입자를 거울반전시키면 지그 입자가 된다. 이것이 바로 나선성 비대칭이 존재하는 근본적 이유이다. 앞에서 설명한 대로 지그 입자는 좌측 나선성을, 재그 입자는 우측 나선성을 갖고 있다. 따라서 이들을 거울반전시키면 상대방으로 변한다[더 전문적인 용어를 사용하자면 거울반전 하에서 γ_5의 부호가 달라져서, $(1-\gamma_5)\psi$가 $(1+\gamma_5)\psi$로 변환된다]. 따라서 약한 상호작용의 비불변성이 구현되려면 전자의 지그 부분(좌측 나선성 부분)만이 약한 상호작용에 관여해야 한다. 자발적으로 β붕괴를 일으키는 중성자와 그 결과물인 양성자에 대해서도 동일한 결론을 내릴 수 있다. 양성자와 중성자는 전자와 완전히 같지 않지만, 지그재그 특성이 비슷하므로 디랙 방정식으로 거의 정확하게 서술할 수 있다. 단, 양성자와 중성자의 '지그 부분'만이 약한 상호작용에 관여한다(그림 25.8a 참조). 더 정확하게 말하면 양성자와 중성자는 최

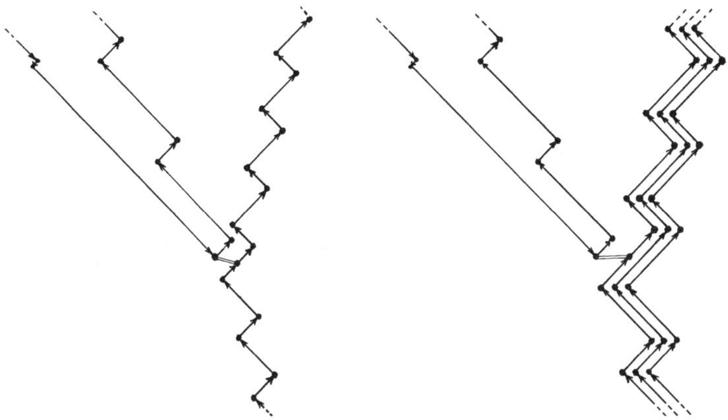

(a) (b)

그림 25.8 그림 25.5의 β붕괴과정을 지그재그 도식으로 표현한 그림. (a) 양성자와 중성자를 디랙 입자로 간주하여 디랙 방정식을 적용해도 매우 정확한 결과를 얻을 수 있다. 즉, 이들도 지그재그 특성을 갖는 셈이다. 그림 25.4에서 알 수 있듯이 양성자와 중성자의 지그 부분만이 약한 상호작용에 기여한다(반양성자에는 재그 부분이 기여한다). (b) 그러나 양성자와 중성자는 단일입자가 아니라 3개의 쿼크로 이루어진 복합체이며, 개개의 쿼크들은 디랙 방정식을 따른다. 따라서 쿼크에도 지그재그 도식을 적용 가능하다(그림에는 전하를 나타내는 흰색 화살표와 쿼크의 결합을 매개하는 글루온이 생략되어 있다).

소단위 입자가 아니라 세 개의 쿼크로 이루어진 일종의 복합체인데, 개개의 쿼크도 디랙 방정식으로 서술되며 지그재그 특성을 똑같이 갖고 있다. 그림 25.8b는 중성자의 β붕괴를 쿼크의 지그재그 도식으로 표현한 것이다.

핵자들뿐만 아니라 뉴트리노도 우리의 관심을 끈다. 뉴트리노는 질량이 너무나 작기 때문에, 아예 질량이 없다고 간주해도 매우 정확하게 서술할 수 있다(뉴트리노의 질량은 전자의 6×10^{-6}배를 넘지 않는 것으로 추정된다). 디랙 방정식의 2-스피너 버전에서 M을 0으로 놓으면 스피너 사이의 연결관계가 사라지면서 다음과 같은 형태가 된다.

$$\nabla^{A}_{B'}\,\alpha_A = 0, \qquad \nabla^{B'}_{A}\,\beta_{B'} = 0$$

즉, 하나의 스피너는 다른 스피너가 없어도 존재할 수 있다(위 식을 뉴트리노에 대한 바일 방정식'이라고 한다[10]). 그러나 지그 부분(프라임이 붙지 않은 α_A, 단 $\nabla^{A}_{B'}\,\alpha_A = 0$)만이 약한 상호작용에 관여하거나, 약한 상호작용을 통해 생성될 수 있다. 따라서 뉴트리노는 좌측 나선성을 가진 입자이다.

뉴트리노는 과연 질량을 가질까? 지금까지 얻어낸 실험결과대로라면, 세 가지 뉴트리노 타입 중 적어도 둘 이상이 질량을 갖는 것으로 나타났다. 여기서 말하는 세 가지란 전자 뉴트리노 ν_e(일상적인 β붕괴에서 방출되는 입자. 전자 뉴트리노의 반입자인 $\overline{\nu}_e$는 중성자붕괴 과정에서 방출된다. 그림 25.5 참조)와 뮤온 뉴트리노 ν_μ, 그리고 타우 뉴트리노 ν_τ를 말한다. 일본에 건설된 입자감지기 슈퍼 카미오칸데Super kamiokande는 세 뉴트리노가 서로 다른 종으로 변환되는 현상을 발견했다(이것을 '뉴트리노 진동'이라고 한다). 질량이 0인 입자에서는 이와 같은 변환이 나타날 수 없으므로, 이는 뉴트리노들 사이의 질량 차이가 0이 아님을 확인한 것이다(그 차이는 전자질량의 10^{-7}배 이하이다). ν_e의 질량이(또 생각할 수 있는 바로는 세 뉴트리노 질량의 적절한 양자적 선형결합이) 0일 가능성은 아직 남아 있으나, 구체적인 증거는 아직 발견되지 않았다. 질량이 없는 뉴트리노는 완전한 지그 입자로 간주할 수 있지만, 조금이라도 질량이 있으면 간간이 재그 입자의 특성을 보이다가 다시 지그 입자로 돌아가는 과정이 반복되는데 이 상황을 도식으로 표현하면 그림 25.9a와 같다. 그러나 뉴트리노와 함께 움직이는 기준계에서 보면 지그 입자와 재그 입자는 전체 운동에 거의 같은 정도로 기여한다(그림 25.9b 참조).

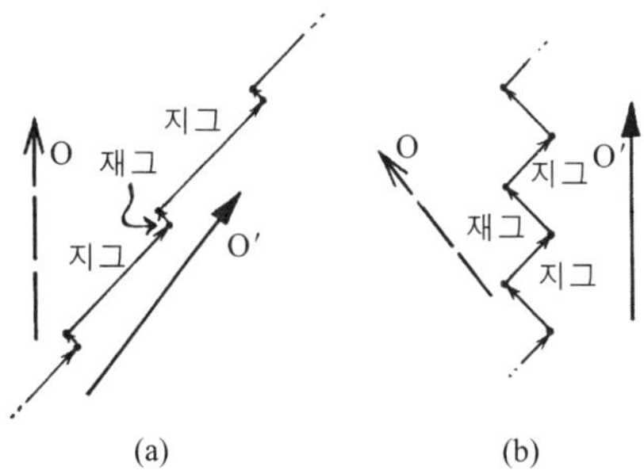

그림 25.9 (a) 질량이 없는 뉴트리노는 지그 입자로 간주할 수 있다. 그러나 질량이 조금이라도 있으면 간간이 재그 입자로 변환되었다가 곧 지그 입자로 되돌아온다. 이 그림은 실험실계(laboratory system) O에서 바라본 것이다. (b) 뉴트리노와 함께 움직이는 기준계 O'에서 바라보면 지그 입자와 재그 입자가 전체 운동에 거의 같은 정도로 기여한다.

이쯤에서 몇 가지 사실을 짚고 넘어가는 편이 좋겠다. 앞에서 나는 "지그 입자만이 약한 상호작용에 관여한다"고 말했는데, 여기에는 "입자와 반입자는 구별 가능하다"는 전제가 깔려 있다. 반입자의 경우에는 모든 것이 반대로 적용된다. 전자의 반입자인 양전자에도 '좌측 나선성 지그 입자'와 '우측 나선성 재그 입자'를 도입한 지그재그 도식을 사용할 수 있지만, 양전자의 지그는 전자 재그의 반입자이며, 양전자의 재그는 전자 재그의 반입자이다. 양전자에서, 약한 상호작용에 관여하는 것은 지그 입자가 아니라 우측 나선성을 가진 재그 입자(전자 지그의 반입자)이다. 반양성자와 반중성자에도 비슷한 논리가 적용되며, 반쿼크와 반뉴트리노(재그 입자)의 경우도 마찬가지다.

그렇다면 무엇이 입자이고 무엇이 반입자인가? 나는 아직 정확한 기준을 제시하지 않았다. 따라서 약한 상호작용에 관여하는 것이 지그 입자인지 또는 재그 입자인지, 아직은 단정할 수 없다. 앞장(24장)에서 반입자를 디랙의 '음에너지 바다에 나 있는 구멍'으로 정의하긴 했지만, 사실 입자와 반입자는 완전히 분리된 개념이 아니다. 현대 양자장이론의 관점에서 볼 때, 디랙의 방법을 굳이 따라갈 필요는 없다(디랙이 도입한 개념에는 대칭성이 확연하게 드러나 있지 않다). 반입자도 엄연히 입자이며, 입자는 '반입자의 반입자'이기도 하다. 게다가 보존(정수 스핀을 갖는 입자)과 페르미온(반정수 스핀을 갖는 입자)은 모두 반입자를 갖고 있는데, 파울리의 배타원리(23.7～8절 참조)는 페르미온에만 적용되므로 보존의 반입자에는 '디랙의 바다' 개념을 적용할 수 없다. 예를 들어 양전하를 띠는 파이온(π^+ 중간자)은 보존에 속하는 입자로서, 음전하를 띤 파이온(π^- 중간자)을 반입자로 갖고 있다. 그런가 하면 보존 중에는 광자와 중성 파이온(π^0)처럼 자기 자신을 반입자로 갖는 입자도 있다. 지금까지 알려진 바로는, 자연계에 존재하는 모든 입자는 자신의 짝인 반입자를 갖고 있다.

25.4 전하켤레(C), 반전성(P), 시간되짚기(T)

입자를 반입자로(또는 반입자를 입자로) 바꾸는 변환은 '전하켤레 charge conjugation'의 약자인 C로 표기하고, 이러한 변환 하에서 변하지 않는 물리적 상호작용을 'C-불변'이라고 한다. 또한, 거울에 맺힌 영상처럼 공간을 반전시키는 변환은 '반전성 parity'의 약자인 P로 표기한다. 25.3절에서 말한 바와 같이, 약한 상호작용은 C-불변도 아니고 P-불변도 아니지만 두 가지 변환을 조합한 CP(=PC) 변환에 대하여 불변이다. 여기서 CP는 입자를 반입자로 바꾸고 나서 공간을 반전시키는 변환으로서, '모든 입자(반입자)를 반입자(입자)로 보이게 하는' 마술거울이라고 생각하면 된다(마술거울도 거울이므로 입자-반입자 관계만 바뀌는 게 아니라 좌우까지 바뀐다). CP변환을 가하면 입자의 지그 부분은 반입자의 재그 부분으로 바뀌고, 입자의 재그 부분은 반입자의 지그 부분으로 바뀐다. 이와 관련하여 또 한가지 변환을 생각할 수 있는데, 바로 T로 표현되는 '시간되짚기time reversal'이다. 시간을 미래에서 과거로 거슬러 올라가면서 바라봐도 상호작용이 변하지 않는다면, 그 상호작용은 'T-불변성'을 갖는다. 양자장이론에는 'CPT 정리'라는 유명한 정리가 있는데, 그 내용인즉슨 "모든 물리적 상호작용에 C, P, T 변환을 동시에 가해도 물리적 과정은 변하지 않는다"는 것이다. 물론 정리라는 것은 수학의 한 부분에 불과하므로 진위를 따지려면 물리적 진실성에 입각해서 생각해야 한다. 이 문제는 30.2절에서 자세히 다룰 예정이다. 일상적인 약한 상호작용에서는 CPT 정리와 관련하여 어려운 점이 전혀 없다. 약한 상호작용은 CP 변환에 불변이므로, T(시간되짚기) 변환에도 불변이어야 한다.

그런데 극히 예외적인 경우에는 CP 불변성이 깨질 수도 있다. 1964년에 피치Fitch와 크로닌Cronin은 K^0 중간자가 붕괴할 때(통상 2개 또는 3개의 파이온으로 붕괴하지만, 반입자인 $\bar{K}^0$으로 전환되는 경우도 있다) CP-불변성이 유지되지 않는다는 놀라운 사실을 발견했다. 그러나 이 경우에는 T-불변성도 같이 깨져서 CPT 정리는 여전히 성립한다.

CPT 정리는 반입자를 바라보는 또 하나의 관점을 제시한다. 이것은 '디랙의 바다'와 전혀 다른 관점이며, 보존을 포함하기 때문에 더욱 만족스럽다. CPT 불변성을 가정하면 C(입자를 반입자로 바꾸는 변환)를 PT와 동일하게 취급할 수 있다. 즉, 어떤 입자의 반입자를 '해당 입자의 시간과 공간을 반전시킨 입자(PT)'로 간주할 수 있는 것이다. 공간반전을 무시하면, 반입자는 '시간을 거슬러 움직이는 입자'가 된다. 리처드 파인만은 입자의 상호작용을 분석할 때 그 유명한 '파인만 다이어그램'으로 반입자를 이런 식으로 해석하여 획기적인 성과를 거두었다(파인만에게 이 아이디어를 제안한 사람은 존 휠러였고, 이보다 앞선 1942년에 스튀

켈베르그Stükelberg는 독립적으로 동일한 아이디어를 제안한 바 있다). 이것은 디랙의 바다만큼이나 황당하고 파격적인 아이디어였다!

스스로 자신의 반입자가 아닌 입자들은 파인만 다이어그램에서 적절한 방향으로 화살표가 그려져 있는 선으로 표현된다. 입자를 나타내는 화살표는 과거에서 미래를 향해 뻗어나가며, 화살표가 과거를 가리키면 해당 선은 반입자를 나타낸다. 이런 식으로 반입자를 해석하면 전혀 다르게 보이는 다양한 물리적 과정들을 '시공간 상의 조금 다른 각도에서 바라본 동일한 과정'으로 간주할 수 있다. 그림 25.10에는 전자와 양전자가 만나 소멸하면서 광자 두 개를 방출하는 과정이 그려져 있는데(혼란을 피하려 지그재그 도식은 생략했다), 이것은 광자가 전자에 입사되었다가 다시 방출되는 콤프턴 산란과 근본적으로 동일한 과정이다(즉, 시공간을 재구성했을 때 동일한 사건으로 간주할 수 있다. 가상입자를 나타내는 선은 공간꼴 방향spacelike direction을 가리키게 되는데, 이 문제는 잠시 후에 다룰 예정이다).

이제 스핀 $\frac{1}{2}$ 인 입자에서 약한 상호작용에 관여하는 부분이 지그인지,

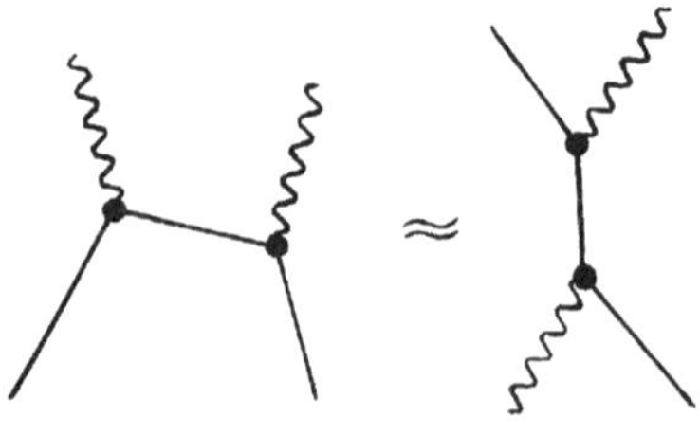

그림 25.10 교차대칭(crossing symmetry)을 보여주는 다이어그램. 다양한 위치에서 시간순서화(time ordering)를 변화시켜도 다이어그램의 위상이 달라지지 않는 과정들은 수학적으로 동일하다(7.4절의 해석적 접속을 통해 서로 같아지게 할 수 있다). 대표적인 예로, 입자와 반입자가 만나 소멸하면서 광자 두 개를 방출하는 쌍소멸(pair annihilation)과정(왼쪽 그림)은 콤프턴 산란(Compton scattering, 오른쪽 그림)과 동일하다(지그재그 도식 생략).

또는 재그인지를 결정하는 문제로 되돌아가 보자. 우선 '입자'와 '반입자'를 구별하는 정확한 기준부터 세워야 한다. 현재 통용되는 기준을 따르면 렙톤(전자, 뮤온, 타우 입자, 그리고 여기 대응되는 뉴트리노 ν_e, ν_μ, ν_τ)과 (양성자, 중성자, 그리고 다른 강입자들을 구성하는)쿼크는 모두 '입자'이며, 이 경우 약한 상호작용에 관여하는 것은 지그 부분이다. 여기에 '반 ~'이라는 접두어가 붙은 반입자들은 재그 부분이 약한 상호작용에 관여한다. 그 외에 스핀 1인 W 보존과 Z 보존도 약한 상호작용에 관여하는데,[11] 이 때문에 상황이 매우 복잡해진다. W 보존과 Z 보존은 약한 상호작용을 매개하는 입자로서, 이들의 역할은 전자기적 상호작용에서 광자의 역할과 비슷하다(광자는 전자기장의 양자quanta이다). 물리학자들은 이런 입자를 종종 '게이지 양자'라고 부르는데, 이유는 잠시 후에 알게 될 것이다. Z 보존은 전하가 없는 Z^0 하나뿐이지만(따라서 Z 보존은 스스로 자기 자신의 반입자이다), W 보존은 (양전자의 전하량을 1로 간주했을 때)전하가 +1인 W^+와 −1인 W^-가 있으며, 각각 상대방의 반입자이다. 이들은 약한 상호작용을 나타내는 파인만 다이어그램에서 하나

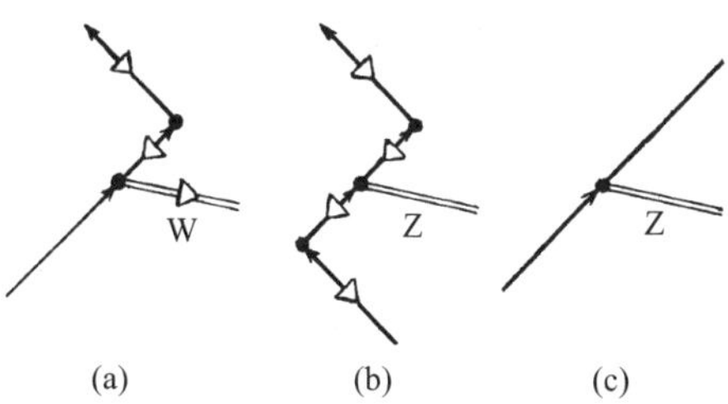

그림 25.11 약한 상호작용 게이지보존과 지그 입자 사이의 상호작용. (a) 전하를 띤 W^+와 W^- (이들은 서로에 대하여 반입자이다)는 지그 입자의 전하를 변화시키지만(전하보존법칙에 의해), (b) 전하가 없는 Z^0는 지그 입자의 전하에 영향을 주지 않는다(Z^0는 자기 자신의 반입자이다). (c) 뉴트리노의 지그 부분은 전하가 없는 Z^0와 상호작용을 교환한다.

의 선으로 표현되며, 이 선은 렙톤(또는 쿼크)의 지그 부분과 연결되거나, 반렙톤(또는 반쿼크)의 재그 부분과 연결된다(그림 25.11 참조). 약한 상호작용이 일어나는 과정에서 총 전하량은 보존되므로 렙톤수lepton number도 보존된다. 사실 표준모형에는 세 종류의 렙톤수가 등장하는데[전자수, 뮤온수, 타우온수(타우 입자수)], 이들은 각기 독립적으로 보존되며, W^+와 W^-, 그리고 Z^0의 렙톤수는 0으로 계산한다.

25.5 약전자기 대칭군

지금까지 설명한 내용은 물리학에서도 제법 복잡한 이론에 속한다. 아직 설명하지 않은 내용도 많이 있지만, 이것만으로도 충분히 복잡하다. 그러나 표준모형에 대한 설명은 이제 시작에 불과하다. 지금까지는 약한 상호작용과 전자기적 상호작용에 관여하는 입자들만 언급했을 뿐이다. 표준모형에서 약력과 전자기력은 약전자기이론을 통해 하나로 통일되며, 여기에는 W^+, W^-, Z^0, 그리고 광자 γ를 연결하는 $SU(2)\times U(1)$대칭[더 정확하게는 $U(2)$대칭]이 존재한다.[12](이 군에 대해서는 13.9절을 참조하라)

대칭의 역할에 대해서는 25장의 끝 부분에서 더 자세히 설명할 예정이다. 방금 언급한 대칭은 다양한 렙톤과 쿼크의 지그 부분을 연결하는 역할도 한다. 좀 더 본질적인 관점에서 보면 W^+, W^-, Z^0와 γ는 연속적인 '회전을 통해' 서로 연결되어 있다. 따라서 이들의 (양자적)선형결합linear combination은 개개의 입자와 동일하다고 볼 수 있다!

앞서 설명한 바와 같이, 이 '대칭'은 매우 미묘하면서도 희한한 특성을 갖고 있다. 순수한 전자기력의 경우에는 지그와 재그의 역할이 동일하여 전체적으로 반전대칭이 존재하지만, 입자의 지그 부분만 관여하는 약한 상호작용에는 반전대칭이 존재하지 않는다. 그뿐만 아니라 광자는 질량이 없다는 점에서 다른 보존과 뚜렷하게 구별된다. 설혹 광자가 질량을 갖고 있다 해도, 그 값은 전자질량의 $\frac{1}{10^{20}}$ 이하일 것으로 추정되며, 이 값은 W나 Z 보존의 $\frac{5}{10^{26}}$에 불과하다. 게다가 광자는 W 보존과 달리 전하를 갖지 않는다.

게이지보존만 포함하는 파인만 다이어그램에서(W^+, W^-, Z^0, γ) 나타날 수 있는 3중 꼭짓점은 그림 25.12에서 보는 바와 같이 단 두 개 뿐이다. 어느 쪽이던 진실은, 자유 게이지 장에서 비선형성의 표현은 게이지군이 비가환군이고 U(2) 대칭을 가질 때 나온다는 것이다.[전자기력은 가환 게이지군 U(1)에서 유도되기 때문에, 광자만을 포함하는 3중 꼭짓점 다이어그램은 존재하지 않는다. 발생원이 없는source-free 맥스웰장이 비선형적인 것도 이런 이유 때문이다. 이 논리는 일반적으로 $n > 2$인 n-꼭짓점에 똑같이 적용할 수 있다(15.8, 19.2절 참조)]. 보다시피 그림 25.12의 다이어그램 수가 제한적이므로, 게이지보존들은 서로 완벽하게 대칭적이지 않다.

이렇게 비대칭적인 약한 상호작용을 '통일된 대칭이론'에 어떻게 부합시켜야 하는가? 다행히도 파인만 다이어그램에는 보이지 않는 대칭이

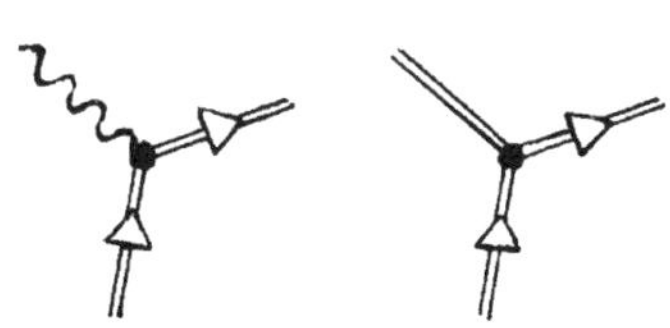

그림 25.12 이론적으로 가능한 약전자기 3-입자 게이지보존 꼭짓점의 다이어그램. 두 개밖에 없는 이유는 게이지군이 비가환군(non-Abelian group)이기 때문이다. 그림에서 물결선은 광자를 의미하고 화살표가 없는 이중선은 Z^0, 흰색 화살표가 달린 이중선은 $W^\pm$를 나타낸다.

아직 남아 있으며, 적절한 방식으로 바라보면 U(2)대칭도 찾을 수 있다. 우선, 그림 25.12에 있는 두 개의 다이어그램부터 살펴보자. 여기 숨어 있는 대칭을 파악하려면 먼저 2 × 2 에르미트 행렬(13.9절 참조)을 떠올려야 한다. 에르미트 행렬에서 대각선을 따라 배열된 두 개의 실수는 Z^0 및 γ와 비슷하고, 대각선을 벗어나 있는 나머지 원소들은(이들은 서로에 대하여 복소켤레이다) W^+, W^-와 비슷하다. 대각선 원소들이 실수라는 것은 Z^0와 γ가 자기 자신의 반입자임을 의미하며(그림 25.21에서 화살표가 없는 선들), 대각선을 벗어나 있는 원소들이 서로에게 복소켤레라는 것은 W^+와 W^-가 서로 반입자 관계임을 의미한다(그림 25.12에서 흰색 화살표가 그려져 있는 선들). 에르미트 행렬에 일반적인 U(2)변환을 가하면[이 변환은 에르미트 행렬의 왼쪽에 U(2) 행렬을 먼저 곱하고서, 오른쪽에 U(2) 역행렬을 곱하는 식으로 수행된다] 에르미트 행렬의 원소들이 특별한 방식으로 뒤섞이지만, '에르미트적 성질'은 그대로 보존된다. 약전자기이론에서는 U(1)이 비슷한 역할을 한다(이 과정에서 와인버그각 Weinberg angle이라는 개념이 도입되는데, 자세한 설명은 25.7절에서 할 예정이다). 실제 세계에서 약력과 관련된 입자들 사이의 대칭이 보이지 않는 이유는, 자연이 어떤 특수한 조합(행렬 원소들의 특수한 양자적 중첩)을 선택했기 때문이다.

파인만 다이어그램에서 γ는 지그 입자나 재그 입자에 모두 연결될 수 있지만, Z^0와 $W^\pm$는 오직 지그 입자를 나타내는 선에만 연결될 수 있다. 이처럼 분명한 비대칭이 어디서 비롯된 것일까? 이것 역시 자연이 그와 같은 중첩을 입자의 정체성으로 선택했기 때문이다. 예를 들어, Z^0와 γ의 특별한 중첩(이것을 Y라 하자)이 입자의 재그 부분만을 볼 수 있다고 가정해 보자(대략적인 설명 : γ에서 Z^0를 빼면 지그 상호작용이 제거되어

재그 상호작용만 남는다). 이런 경우, Y와 Z^0를 중첩시켜서 원래의 γ를 되살릴 수 있는데(Y에 Z^0를 더하면 된다), 만일 자연이 지금과 다른 방식으로 입자의 정체성을 선택했다면, 광자와 동일한 역할을 하는 다른 중첩을 선택해야 할 것이다.

여기서 핵심적인 질문을 하나 제기해 보자. "자연은 어떤 기준에서 자유입자의 중첩상태를 결정하는가?" 자유입자의 경우에는 질량의 고유상태가 가장 근본 요소일 것 같다. 그렇다면 입자의 질량은 어떻게 결정되는가? 누가 개개의 입자에게 고유의 질량을 부여하는가? 일단, U(2) 하에서는 완전한 대칭을 기대할 수 없다. 다시 말해서, 입자들에게 일종의 '대칭붕괴'가 일어났다는 뜻이다. 표준모형에서 이 상황을 어떻게 구현해야 할까? 지금까지 제기된 가장 그럴듯한 이론에 의하면, 우주 초기에 자발적 대칭붕괴가 일어나면서 지금과 같은 비대칭성이 나타나게 되었다. 그 이전에는 우주의 조건이 지금과 전혀 달랐는데, 표준 약전자기이론에 의하면 지극히 높은 온도에서 우주는 완전한 U(2)대칭을 갖고 있었으며, 그 결과 W^+, W^-, Z^0, γ는 이들의 양자적 중첩으로 만들어진 다른 입자들과 완전히 동일했다. 그러나 우주의 온도가 내려가면서(빅뱅이 일어난지 10^{-10}초 후 우주의 온도가 10^{16}K쯤 되었을 때； 28.1～3절 참조) 자발적 대칭붕괴가 일어났고, W^+, W^-, Z^0, γ는 현재와 같이 '서로 다른 입자'로 분리되었다. 이전까지는 완전히 대칭이었던(똑같았던) 입자들이 우주의 '동결'과 함께 각자 다른 길을 가게 된 것이다. 이 과정에서 W^+와 W^-, 그리고 Z^0는 질량을 획득했지만, 광자(γ)는 질량이 없는 입자로 남게 되었다. 대칭이 자발적으로 붕괴하는 과정을 설명하다 보면 '힉스장 Higgs Field' 또는 '힉스 입자'라는 새로운 개념이 도입된다. 힉스 입자는 이 세 입자와, 우주의 다른 입자들을 구성하는 쿼크, 그리고 자기 자신에게 질량을 부여하는 입자로 추정되지만, 아직 발견된 사례는 없다.

힉스 입자는 다른 입자들에게 어떤 식으로 질량을 부여하는 것일까? 자세한 내용은 이 책의 수준을 벗어나기 때문에 길게 설명할 수는 없고, 대략적인 내용은 26.11절과 28.1절에서 다룰 예정이다. 지금은 그림 25.2에 나와 있는 전자의 지그재그 도식을 이용하여 힉스장의 역할을 (수박 겉핥기 식으로나마) 알아보기로 한다. 앞서 말한 바와 같이 전자는 질량 없는 왼손성 지그 입자(α_A)와 오른손성 재그 입자($\beta_{B'}$) 사이를 끊임없이 왔다갔다하는 진동으로 간주할 수 있다. 그리고 디랙 스피너의 α_A와 $\beta_{B'}$ 사이의 이전율rate of flipping은 결합상수 $M/\sqrt{2}$이 좌우한다. 힉스의 관점은 바로 이 $M/\sqrt{2}$이라는 인자를 하나의 장(힉스장)으로 간주하자는 것이다(그림 25.13 참조). 이 논리대로라면 우주탄생 초기에 자발적 대칭붕괴가 일어나면서 힉스장의 세기가 우주 전역에 걸쳐 균일한 값으로 고정되었고, 이 값에 의해 모든 입자들의 질량이 결정되었다.

힉스장 이야기는 28.1 ~ 3절에서 다시 언급할 것이다. 우리가 어떻게 생각하건 간에, 약력과 전자기력을 하나로 통합하는 통일장이론(약전자기

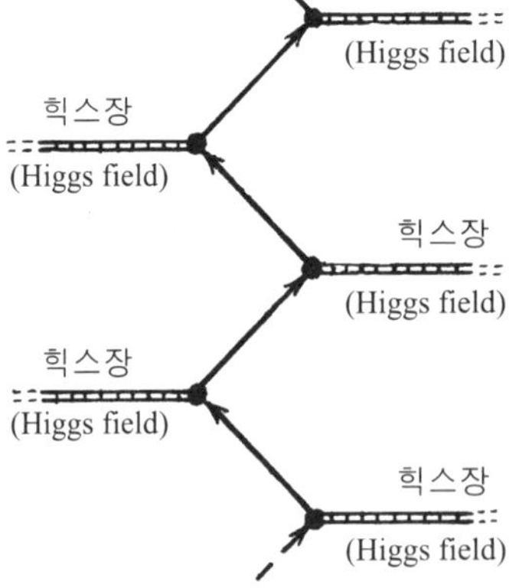

그림 25.13 디랙 입자의 지그재그 도식. 꼭짓점에서 (균일한) 힉스장과의 상호작용이 일어난다.

이론)이 커다란 성공을 거둔 것만은 분명한 사실이다.[13] 이로부터 Z^0입자의 존재가 예견되었으며($W^{\pm}$입자는 약전자기이론이 나오기 전에 다른 이론을 통해 이미 예견되어 있었다. 물론 이들은 약전자기이론에 의해 그 존재가 재확인되었다), Z^0와 $W^{\pm}$의 질량도 이론으로부터 예견되었다(값은 각각 80GeV와 90GeV였다).[14] Z^0와 $W^{\pm}$는 1983년에 CERN(스위스 제네바에 있는 입자물리학 연구센터)의 실험실에서 실제로 발견되었는데, 이때 측정된 질량은 각각 81.4GeV와 91.2GeV였다. 이 밖에도 다양한 예견들이 실험을 통해 사실로 확인되면서, 지금도 약전자기이론은 실험결과와 정확하게 일치하는 훌륭한 이론으로 남아 있다.

25.6 강한 상호작용을 주고받는 입자들

표준모형에서 강한 상호작용을 설명하는 부분은 전체의 반을 차지하며, 이 분야를 흔히 '양자색역학quantum chromodynamics, QCD'이라고 한다. 여기서 한 가지 질문 - 핵력(강력)을 설명하는 이론에 왜 하필 이런 이름이 붙었을까? 그리스 어로 'khroma'는 '색colour'을 의미한다. 핵력을 관장하는 강한 상호작용이 색과 무슨 관계가 있다는 말인가? 결론부터 말하자면, 여기서 말하는 '색'은 일상적인 의미의 색(가시광선의 진동수에 따라 나타나는 다양한 특성들)과 아무런 관련도 없다.[15] 양자색역학에서 '색'의 의미를 이해하려면, 우선 양성자나 중성자와 같은 강입자(하드론hadron)의 특성을 알아야 한다.

강입자를 뜻하는 'hadron'은 '크다'는 뜻의 그리스어 'hadros'에서 유래하였다. 강입자는 기본입자 중에서 비교적 질량이 크며, 강한 상호작용을 교환한다(이 상호작용의 세기는 그들의 질량에 큰 에너지 기여를 한다). 하드론은 '바리온baryon'으로 알려져 있는 페르미온과 '메존meson(중간자)'이라 불리는 보존으로 분류된다. 전통적인 이론에 의하면 모든 하드론은 쿼크로 이루어져 있는데, 자세한 내용은 나중에 따로 설명할 예정이다. 하드론 중에서 흔히 '핵자nucleon'라 불리는 양성자와 중성자, 그리고 이보다 질량이 큰 하이퍼론hyperon(초입자)은 바리온에 속한다(하이퍼론은 지구로 쏟아지는 우주선cosmic ray과 입자가속기에서 발견되었다). 1934년에 일본의 물리학자 유카와 히데키Hideki Yukawa는 핵력의 얼개를 이론으로 설명하기 위해 메존을 처음으로 도입하였고[이 입자는 파이온(π-중간자)으로 알려져 있다], 1947년 파웰C.F. Powell이 우주선에서 파이온을 발견하여 유카와에게 노벨상을 안겨 주었다. 이 밖에도 자연에는 파이온의 사촌격인 다양한 메존들이 존재하고 있다.

'바리온'이라는 단어의 유래는 그리스 어로 '무겁다'는 뜻의 barys이며, 렙톤은 '작다'는 뜻의 leptos에서 유래했다. 전자, 뮤온, 타우온, 그리고 여기 대응되는 뉴트리노들은 모두 렙톤에 속한다(렙톤의 반입자를 반렙톤antilepton이라 한다). 렙톤과 바리온은 스핀 $\frac{1}{2}$인 페르미온이지만, 바리온과 달리 렙톤은 강한 상호작용에 관여하지 않는다. 물리학자들은 렙톤의 질량이 바리온보다 작은 이유를 여기에서 찾고 있다(타우온은 예외이다. 타우온의 질량은 양성자나 중성자보다 두 배 가까이 크다).

1940년대부터 우주선cosmic ray과 입자가속기에서 Λ^0, $\Sigma^\pm$, Σ^0, Ξ^-, Ξ^0, Δ^{++}, $\Delta^\pm$, Δ^0, Ω^-, ρ^0, $\rho^\pm$, ω^0, η^0, $K^\pm$, K^0 등 다양한 하드론이 발견되기 시작했다. 이와 함께 위에 열거된 입자들 중 일부에 대응되는 '스핀이 크고 무거운 버전'도 다량으로 발견되었는데(이 입자들은 위 기호에 Ξ^*와 같이 별표를 붙여 표기한다), '레게 반복'이라 한다(그림 31.6 참조). 이렇게 많은 입자가 '다중항multiplet'이라 부르는 몇 개의 족

族, family으로 분류되지 않았다면 입자물리학자들은 크게 당황했을 것이다. 다중항에 대한 체계적 이해는 1961년에 머리 겔만Murry Gell-Mann과 유발 네만Yuval Ne'eman에 의해 처음으로 시도되었는데, 이들은 입자의 다중항 상태가 'SU(3)군(더 정확하게는 SU(3)/$\mathbb{Z}_3$군)의 표현'과 일치한다는 사실을 알아냈다[군표현에 관해서는 13.6절을 참조하고, '나누기/'로 표현되는 인자군factor group에 대해서는 13.2절을 참조하라. $\mathbb{Z}_3$는 세 개의 원소를 갖는 순환군cyclic group으로서, SU(3)의 정규 부분군이다.[25.3] 5.4~5절 참조].

모든 하드론이 스핀 $\frac{1}{2}$인 근본입자로 이루어져 있다고 가정하면(츠바이크와 겔만이 1963년에 시도함. 겔만은 이 입자를 '쿼크'와 '반쿼크'라고 명명했다. 자연에는 세 종류의 쿼크와 세 종류의 반쿼크가 존재한다) '군표현'의 의미를 쉽게 이해할 수 있다. 이들 중 바리온은 세 개의 쿼크로, 메존은 하나의 쿼크와 하나의 반쿼크로 이루어져 있다. 쿼크의 종류는 세 가지 색에 해당하는 '위up'와 '아래down', 그리고 '야릇한strange'으로 분류된다. 쿼크가 갖는 기묘한 성질 중 하나는 정수가 아닌 분수전하를 띤다는 점이다. 양성자 전하를 1이라 했을 때 위, 아래, 야릇한 쿼크의 전하는 각각 $\frac{2}{3}$, $-\frac{1}{3}$, $-\frac{1}{3}$이다.

쿼크의 전하가 분수라는 점(그리고 자연에서 혼자 돌아다니는 쿼크가 발견되지 않는다는 점) 때문에, 과거의 물리학자들은 쿼크를 'SU(3)/$\mathbb{Z}_3$군을 표현하려 편의상 도입한 가상 입자'라고 생각했다. 게다가 쿼크는 스핀 $\frac{1}{2}$인 페르미온의 통계법칙(23.7, 26.2절 참조)을 따르지 않고, 다

[25.3] 이 정규 부분군을 찾아보라[도움말 : 3 × 3 행렬식(determinant)을 떠올리면 도움이 될 것이다].

중항 상태에서 보존처럼 행동하는 것 같았다.

이 점을 이해하기 위해, 두 가지 예를 들어 보자. 가장 분명한 사례는 스핀 $\frac{3}{2}$ 인 입자의 10중상태decuplet에서 찾아볼 수 있다. 겔만과 네만은 1962년에 이 아이디어를 이용하여 Ω^-입자의 존재를 예견하였고(당시 다중상태에 있는 다른 입자들은 모두 알려진 상태였다), 이들의 예측은 1964년 사실로 확인되었다.[16]

$$\Delta^{++} \quad \Delta^{+} \quad \Delta^{0} \quad \Delta^{-}$$
$$\Sigma^{*+}\ \Sigma^{*0}\ \Sigma^{*-}$$
$$\Xi^{*0}\ \Xi^{*-}$$
$$\Omega^{-}$$

각 입자가 다양한 맛깔flavour을 가진 세 쿼크로 이루어져 있다고 가정하면 위 배열을 이해할 수 있다. 여기서 d는 '아래', u는 '위', s는 '야릇한'을 의미한다.[25.4]

uuu uud udd ddd

uus uds dds

uss dss

sss

위와 같은 상태가 가능한 이유는 세 개의 쿼크로 이루어진 집단이 대칭 상태에 있기 때문이다. 예를 들어, uud는 udu와 완전히 동일한 상태이다. 그리고 uud나 uuu처럼 같은 종류의 쿼크를 두 개 이상 포함하는

[25.4] 입자기호의 위첨자에 표기된 전하량이 정말로 옳은지 확인해 보라.

상태들도 0으로 사라지지 않는다(파울리의 배타원리가 적용되는 반대칭 상태였다면 uuu와 uud는 0이 되었을 것이다). 스핀이 $\frac{3}{2}$이라는 것은 세 개의 쿼크들이(이들의 스핀은 모두 $\frac{1}{2}$이다) 일렬로 정렬되어 있어서, 전체 스핀이 완전하게 대칭적임을 의미한다. 만일 쿼크가 페르미온처럼 행동한다면 두 개의 쿼크를 맞바꿨을 때 반대칭적인 결과가 나와야 할 것이다.[25.5]

양성자(N^+)와 중성자(N^0)를 포함하는 스핀 $\frac{1}{2}$인 8중상태octet에도 이와 비슷한(그러나 좀 더 복잡한) 논리를 적용할 수 있다.[17]

$$\begin{array}{ccccc} & N^+ & & N^0 & \\ \Sigma^+ & & \Sigma^+ \; \Lambda^0 & & \Sigma^- \\ & \Xi^0 & & \Xi^- & \end{array}$$

Σ^0와 Λ^0는 6각형 배열에서 기본적으로 동일한 위치를 점유하고 있다. 이 배열은 총 스핀이 $\frac{1}{2}$인 경우, 즉 세 쿼크 중 두 개의 스핀이 나란하고 나머지 하나의 스핀이 반대방향일 때 나타난다. 6각 배열의 중심부에는 두 종류의 선형결합이 가능하며(Σ^0와 Λ^0쌍), 나머지는 가능한 조합이 단 하나밖에 없다. 그리고 uuu와 ddd, sss는 불가능하기 때문에 삼각형 배열이 아닌 6각형 배열을 이루게 된다.[25.6]

[25.5] 2-스피너 지표로 표현된 쿼크의 스핀과(28.8절 참조) 새로운 '3차원 SU(3) 지표' u, d, s를 사용하여 이 결과를 좀 더 정확하게 설명해 보라.

25.7 쿼크의 색

쿼크가 통상적인 스핀 통계를 따르지 않는다면 이들을 어떻게 '실재하는 입자'로 취급할 수 있을까?(23.7, 26.2절 참조) 표준모형이론은 쿼크에 색을 부여하여 이 문제를 해결했다.[18] 즉 하나의 쿼크는 세 가지 색상 중 하나를 가질 수 있으며, 쿼크로 이루어진 모든 입자는 색의 자유도에 대하여 완전한 반대칭을 갖는다는 것이다. 그러나 이 반대칭은 개개의 쿼크에 적용되지 않기 때문에, 세 쿼크가 결합한 상태에서 각 (페르미온) 쿼크 사이의 반대칭은 대칭으로 바뀌게 된다.[25.7] 자유입자에서는 색이 나타나지 않기 때문에, 색을 관측하기란 원리적으로 불가능하다. 모든 자유입자는 '색중성colour-neutral'이다. 예를 들어 Δ^+입자는 uud로 이루어지는데, d-쿼크의 색에 따라 세 종류의 Δ^+입자가 존재할 것 같지만, 실제로는 한 종류밖에 없다. 실제 입자에서 색의 자유도에 대한 반대칭을 따져 보면 이것이 사실임을 알 수 있다.[25.8]

쿼크의 색은 종종 '붉은색red'과 '흰색green', 그리고 '푸른색blue'으로 표기하는데, 내가 보기에는 매우 혼란스러운 용어이다(흰색은 '색상의 부재'를 의미할 뿐, 어떤 특정 색상을 칭하는 단어가 아니다). 게다가 여기에는 모종의 애국심까지 스며들어 있어서 그리 바람직한 용어라고 할

[25.6] 이 상황을 더 구체적으로 설명해 보라. 단, 지금의 경우에는 2-스피너 지표를 다룰 때 각별한 주의를 기울여야 한다. 이들로 이루어진 반대칭 쌍은 존재할 수 없지만(스핀 $\frac{1}{2}$인 한 쌍의 입자로 스핀 0인 상태를 표현할 때와 같은 상황임. 23.4절 참조), 개개의 쿼크는 서로 독립인 두 종류의 스핀상태를 가질 수 있으므로 (감춰진)대칭이 존재한다.

[25.7] 지표(index)를 이용하여 이 내용을 다시 설명해 보라. 지금의 경우에는 3차원 맛깔지표(flavour index, [예제 25.5] 참조)이외에 3차원 SU(3) 색지표(colour index)가 추가로 존재한다.

[25.8] 설명해 보라.

수 없다. 붉은색, 초록색, 푸른색을 사용하는 물리학자도 있지만, 이것도 최상의 선택은 아니다. 앞서 말한 바와 같이 쿼크의 색은 사람 눈에 보이는 색과 아무런 관련도 없다. 이 책에서는 붉은색(R)과 노란색(Y), 그리고 푸른색(B)을 사용할 것이다. 이렇게 선택하면 색이 섞였을 때 나타나는 혼합색을 실제의 경우와 같이 오렌지색, 초록색, 자주색 등으로 표기해도 혼동이 일어나지 않는다(혼합색은 R, Y, B의 양자중첩을 의미한다). 또한, 여기에는 색의 순서를 바꾸는 것 이외에 실수-8차원의 SU(3) 색상대칭이 존재하며 R, Y, B는 SU(3) 행렬이 작용하는 벡터공간의 기저벡터basis vector를 이룬다(13.9절 참조).

관측할 수 없는 '색'의 개념은 다소 인위적인 냄새를 풍긴다. 개개의 쿼크가 3종류의 색을 가질 수 있으므로, 이제 우리에게는 다음과 같이 9종류의 쿼크가 주어진 셈이다(물론 이들의 반입자 및 다양한 양자적 중첩도 존재한다).

$$d_R,\ d_Y,\ d_B\ ;\ u_R,\ u_Y,\ u_B\ ;\ s_R,\ s_Y,\ s_B$$

이들 중 직접 관측 가능한 것은 하나도 없다. 게다가 표준모형으로 가면 상황은 더욱 나빠진다. 이 이론에 의하면 쿼크의 맛깔이 u, d, s 이외에 세 가지[맵시charm (c), 바닥bottom (b), 꼭대기top (t)]나 더 존재하기 때문이다.

$$c_R,\ c_Y,\ c_B\ ;\ b_R,\ b_Y,\ b_B\ ;\ t_R,\ t_Y,\ t_B$$

따라서 쿼크는 총 18종류가 존재하며, 이들을 낱개로 관측하기란 불가능하다.

관측 불가능한 입자를 이토록 많이 도입한 이유가 오직 스핀 통계를 만족시키기 위한 것이었다면, 쿼크의 색은 매우 인위적인 개념에 머물렀을 것이다. 그러나 이 대담한 가설은 우리에게 엄청나게 많은 보상을 안겨 주었다! 관측이 불가능하다는 점과 (이와 밀접하게 관련되어 있는) SU(3) 색 대칭이 깨지지 않는다는 사실 덕분에, 이 대칭을 게이지 접속이라는 멋진 아이디어에 적용할 수 있었던 것이다(15.1, 15.8절 참조). 우리는 전자기적 상호작용을 설명할 때도 비슷한 논리를 사용했는데, 이때 게이지군은 U(1)이었다(19.4, 21.9, 24.7절 참조). 전자기력에 존재하는 U(1) 게이지 대칭은 매우 정확하며, 붕괴하지도 않는다.[19] 또한 15장에서 설명한 바와 같이, 파이버번들fibre-bundle의 기본 아이디어는 '파이버에 작용하는 정확한 대칭군이 존재한다'는 것이었다. 강력의 경우, 정확한 대칭군은 다름 아닌 SU(3) '색군colour group'이며, 전자기력의 U(1)군도 이와 비슷한 역할을 한다. 가환군 U(1)의 게이지 접속에 기초한 전자기력을 일반화하여 SU(2)나 SU(3)와 같은 비가환군의 게이지 접속에 기초한 이론으로 확장한 것이 바로 양-밀스 이론이다.[20]

이것이 바로 QCD(양자색역학)의 기본 아이디어이다. 전자기력의 경우, 전자기 퍼텐셜 A_a를 이용하여 미분연산자 $\partial/\partial x^a$를 수정했는데, QCD에서도 이와 비슷한 수정을 가할 수 있다. 쿼크의 장field에 작용하는 미분연산자가 '공변미분연산자covariant derivative operator'가 되도록 수정을 가하면(전자기력에서는 $\partial/\partial x^a - ieA_a$였다) 번들 접속이 얻어진다(15.8, 19.4절 참조). 단, 색공간은 3차원이기 때문에 1차원이었던 전자기력보다 훨씬 복잡한 과정을 거쳐야 한다. 새로운 지표index를 도입하면 여분의 자유도를 더 쉽게 다룰 수 있다. 전자기력과 강력의 가장 큰 차이점은 U(1)이 가환군(아벨군, 13.1절 참조)인 반면, 색군 SU(3)는 비가환군이라는 점이다. 그래서 강력을 서술하는 이론은 '비가환 게이지 이론'이라고 한다. 이 이론은 매우 복잡하면서도 재미있는 특성을 갖는데, 자세한 내용을 알고 싶은 독자들은 내가 추천하는 책을 읽어 보기 바란다.[21] 그러나 핵력이 작용하는 기본원리는 이 책에 있는 설명만으로도 충분할 것이다.

QCD에 등장하는 게이지보존[광자의 SU(3) 버전]을 글루온(아교입자)이라고 한다. 파인만 다이어그램에서 광자를 나타내는 물결선이 하전입자를 나타내는 선에 연결되었던 것처럼, 글루온은 쿼크를 나타내는 선에 연결된다(그림 25.14a 참조). SU(3)는 비가환군이므로 글루온을 나타내는 선이 '색전하colour charge'를 띠게 되고, 따라서 전자기력의 파인만 다이어그램에서는 볼 수 없었던 3중 꼭짓점(또는 그 이상의 분기점)이 나타나게 된다(그림 25.14b 참조).

1960 ~ 1970년대의 표준모형에서 SU(3)군의 주된 역할은 '맛깔대칭flavour symmetry의 구현'이었으나, 현대로 오면서 그 역할이 '색대칭의 구현'으로 바뀌었다. 사실 현대 표준모형 이론은 세 가지 맛깔 u, d, s를 하나로 묶어서 취급하지 않고, (d, u), (s, c), (b, t)와 같이 세 종류의 이

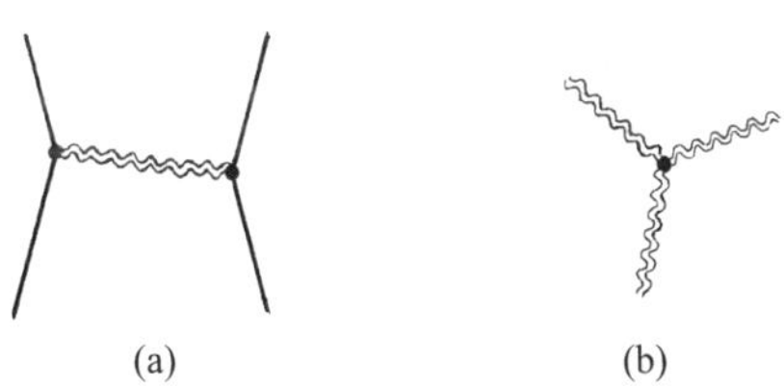

그림 25.14 QCD의 게이지보존은 글루온(gluon)이다. (a) 핵력과 쿼크 속박(quark confinement)의 저변에는 글루온 교환이 이루어지고 있다(이 그림에는 지그재그 도식이 생략되어 있음). (b) 핵력을 서술하는 게이지 이론은 비가환이기 때문에 글루온을 나타내는 선들은 색전하(colour charge)를 띠게 되며, 그 결과 파인만 다이어그램에서 오직 글루온으로 이루어진 3중 꼭짓점도 나타날 수 있다.

중항 '세대generation'로 분류한다. 3세대 분류법은 렙톤에도 적용할 수 있는데, 그 결과는 전자세대와 뮤온세대, 그리고 타우온세대로 나타난다(각 입자에 대응되는 뉴트리노도 마찬가지다).

전체적으로 볼 때, 표준모형에서 강한 상호작용과 약전자기 상호작용은 서로 복잡하게 얽혀 있다. 특히 강력과 약전자기력을 서술하는 근본적인 양들은 어떤 특정한 '회전각rotation angle'을 통해 서로 연결되어 있다. 고에너지의 양성자-양성자 충돌과정에서 생성되는 K^0 메존을 예로 들어보자. K^0는 '강한 상호작용의 고유상태'에 해당되는 입자인데, 스스로 약한 붕괴를 일으키면서 두 개의 고유상태 K_LK-long과 K_SK-short의 양자적 선형결합에 놓이게 된다(보통 K_L은 약 5×10^{-8}초만에 3개의 파이온으로 붕괴되고, K_S는 이보다 짧은 10^{-10}초 만에 두 개의 파이온으로 붕괴된다). K_L과 K_S는 K^0와 $\bar{K}^0$(K^0의 반입자)의 선형결합으로서, 약한 상호작용을 통해 K^0가 K_L과 K_S로 변환될 수는 있지만 강한 상호작용을 통해서는 이런 변환이 일어나지 않는다. 강한 상호작용의 기저상태인 (K^0, $\bar{K}^0$)와 약한 상호작용의 기저상태 (K_L, K_S) 사이의 '회전'은 카비보 각Cabbibo angle(약 0.26라디안)이라는 (추상적인)각도를 통해 일어난다. 이 각도는 강력과 약력 사이의 관계를 결정하는 중요한 요소이다.

이와 비슷하게 약력과 전자기력의 관계를 결정하는 요인으로 '와인버그각(또는 약한 섞임각. 25.5절 참조)'이 있는데, 이것은 약전자기력의 핵심적인 개념이기도 하다. 약전자기이론이 거둔 가장 인상적인 성과 중 하나는 다양한 방법으로 관측된 각도가 모두 비슷한 값으로 나왔다는 사실이다. 그러나 카비보 각과 와인버그각은 역할이 서로 다르다. '약력과 전자기력의 통일'이라는 관점에서 볼 때, 빅뱅이 일어나고 약 10^{-12}초가 지난 후에 약전자기 이론의 U(2)대칭이 붕괴하면서 와인버그각이 지금 값으로 고정되었다고 할 수 있다(28.1절 참조). 그러나 표준모형은 약전자기력과 강력을 통일하는 방법에 대하여 아무런 언급도 하지 않기 때문에, 카비보 각을 와인버그각과 비슷한 방식으로 해석하기는 어렵다. 표준모형의 근간을 이루는 대칭군은 $SU(3) \times SU(2) \times U(1)/Z^6$이다.[22]

25.8 표준모형을 넘어서

굳이 원한다면 카비보 각을 와인버그각과 비슷한 관점에서 이해할 수는 있다. 그러나 이런 식의 접근을 시도하려면 현재의 표준모형을 능가하는 추가정보가 있어야 한다. 더 구체적으로 말하자면, SU(3)과 SU(2)를 포함하는 더욱 큰 대칭군을 도입하여 강력과 약전자기력을 통일해야 한다. 이와 같은 이론을 대통일이론grand unified theory, 또는 줄여서 GUT라고 한다. 학계에서 정식으로 수용되는 GUT는 아직 등장하지 않았지만, 지금도 수많은 학자가 다양한 방법으로 연구를 계속하고 있다[이들의 이론은 주로 SU(5)나 SU(10), 또는 예외군 E_8에 기초하고 있다. 13.2절 참조]. 최근 들어 통일이론의 강력한 후보로 떠오르는 초끈이론도 이 문제와 관련되어 있는데, 자세한 내용은 31.14절에서 소개할 예정이다. GUT와 관련된 구체적인 이야기는 28.2절에서 다루기로 한다.

어쨌거나 입자물리학에 관한 한, 표준모형은 궁극의 답이 될 수 없다. 표준모형이 괄목할만한 성공을 거두었음은 분명한 사실이지만, 이것만으로는 설명할 수 없는 현상들이 도처에 널려 있다. 예를 들어, 표준모형에는 아무런 근거도 없이 오직 실험관측에 의해 결정된 변수들이 무려 17개나 포함되어 있다(카비보 각, 와인버그각, 쿼크와 렙톤의 질량 등). 또한 SU(3)와 U(2)의 역할 사이에 이상한 비대칭이 존재하는데, SU(3) 대칭은 완벽하게 들어맞지만 U(2) 대칭은 심각하게 붕괴되어 있다. 내가 보기에, U(2)를 게이지군으로 취하는 과정에서 다소 이상한 방법이 동원된 것 같다(일반적으로 게이지군은 완벽한 대칭을 갖는다. 15장 참조. 특히 15.8절의 마지막 단락을 읽어 보기 바란다).

이 시점에서 GUT와는 다소 거리가 있지만, 이 문제를 특이한 방법으로 제기했던 새로운 이론을 소개하기로 한다. 나는 개인적으로 이 이론을 선호하는 편인데, 그 이유는 33.13절에서 설명할 것이다. 2002년에 중국계 영국인 부부 과학자인 찬홍모Hong-Mo Chan와 추성춘Sheung Tsun Tsou은 개개의 비가환non-Abelian 입자대칭군들이 자신에게 대응되는 듀얼군dual group을 갖는다고 제안했다. 듀얼군은 원래의 군처럼 추상적인 개념이지만, 실제로는 정반대의 역할을 한다. 19.2절에서 우리는 맥스웰 텐서 $\boldsymbol{F}$의 듀얼인 $^*\boldsymbol{F}$를 도입했었다. 이 개념을 이용하면 $\boldsymbol{F}$가 아닌 $^*\boldsymbol{F}$를 번들 곡률bundle curvature로 갖는 '듀얼' U(1) 게이지 접속을 상상할 수 있다(15.8절 참조). 이것은 표준모형에 등장하는 SU(2)와 SU(3)의 잔여 대칭군과 매우 비슷하다. 그러나 잔여 대칭군은 비가환이어서 이에 대응하는 듀얼 곡률을 곧바로 번들 곡률로 간주할 수 없기 때문에 [25.9], 더 복잡한 논리가 필요하다('경로에 따라 달라지는' 양을 고려해야 한다).

찬홍모와 추셩춘의 이론이 갖는 장점 중 하나는 군과 듀얼군이 본질적으로 다른 역할을 한다는 점이다. 이들 중 한쪽이 QCD의 SU(3)처럼 [또는 전자기력의 U(1)처럼] 완전군exact group이면, 다른 쪽은 약전자기력의 SU(2)처럼 붕괴되어 있다. 그리고 쿼크 속박quark confinement

---

[25.9] 왜 그런지 설명해 보라[도움말 : 게이지 곡률, 비앙키 항등식(Bianchi identity) 등을 이용할 것].

(색을 띤 쿼크가 혼자 자유롭게 돌아다니지 못하는 현상)은 완전군을 통해 설명된다(이 성질은 토프트 't Hooft와 와인버그가 이미 연구한 바 있다.[23]). 찬-추 이론에서는 새로운 완전대칭군 SU(2)가 등장하는데(약전자기이론에서 붕괴된 대칭의 듀얼에 해당됨), 이와 관련된 입자는 렙톤의 구성성분인 2색-쿼크와 비슷하다(이 입자가 아직 발견되지 않은 이유는 매우 무겁기 때문으로 추정되며, 지금의 입자가속기 수준에서 렙톤이 점입자처럼 보이는 것도 같은 이유일 것이다). 이 이론에는 붕괴된 SU(3) 대칭도 존재하는데[색 SU(3)의 듀얼에 해당됨], 이것은 단순히 쿼크와 렙톤의 3세대에 대응하는 'SU(3)'를 의미한다. 그뿐만 아니라 찬과 추는 3개의 매개변수를 이용하여 표준모형에 등장하는 17 변수 중 14개를 계산하는 데 성공했다. 내가 보기에 이 정도면 학계의 주목을 받기에 부족함이 없다고 생각한다.

표준모형에서 SU(2) 대칭이 심각하게 붕괴되어 있는데도, 물리학자들은 대부분 이것을 어엿한 게이지군으로 받아들이고 있다. 일부 사람들은 "SU(2)에 일종의 (완전한)숨은 대칭 hidden symmetry이 반영되어 있어서 '잠재적인' 게이지군으로 작용한다"고 생각하는 것 같다. 이 논리에 따르면 약전자기이론에 등장하는 SU(2)는 숨은 대칭의 일부가 외부로 투영된 것이다(찬-추 이론과 비슷하지만 명백하지는 않다). 통상적으로 약전자기이론의 SU(2)는 원래 완전한 대칭이었으나 우주탄생 초기에 극단적인 상태를 거치면서 붕괴한 것으로 이해되고 있다. 이 문제에 관해서는 28장에서 더 구체적으로 살펴볼 것이다. 다음 장에서는 대칭붕괴의 저변에 깔려 있는 수학 개념에 대해 알아보기로 한다.

〈25장 후주〉

25–1절

25.1 Pais(1986), pp. 334, 356, refs. 25, 26.

25–2절

25.2 여기서는 24.7절에서 도입된 디랙 방정식이 2-스피너에 적용되는 과정에 대하여 구체적인 설명을 생략했다. 관심이 있는 독자들은 Zee(2003)의 부록을 읽어 보기 바란다. Weyl(1929)에도 2-스피너가 도입되어 있다. 이밖에 van der Waerden(1929), Infeld and van der Waerden(1933), Penrosc and Rindler(1984), pp. 221 ～23을 참조하라.

25.3 이들을 축소된 스피너(reduced spinor), 또는 반 스피너(half-spinor)라 한다(11.5절 참조).

25.4 Infeld and van der Waerden(1933), Laporte and Uhlenbeck(1931), Penrose and Rindler(1984).

25.5 Schrödinger(1930), Dirac(1982a) 참조. 상반되는 관점에 대해서는 Huang(1952), 현대적 관점에 대해서는 Hestenes(1990)을 참조할 것.

25.6 파인만 다이어그램에 익숙한 독자들은 이 책에 있는 그림의 수직방향 순서에 대하여 약간의 혼동을 느꼈을 것이다. QFT를 연구하는 학자들은 시간축을 수평방향으로 그리는 경향이 있는데, 이 책에서는 시간축을 수직방향으로 잡았다. 상대성이론을 연구하는 사람들은 이와 같은 선택을 선호하는 편이다. 시공간 다이어그램도 대부분 이런 식으로 그려져 있다(본문 17장 참조).

25.7 QED에 2-스피너 체계를 도입한 후로 물리학자들이 편해진 것만은 분명한 사실이다! Geroch(시카고 대학교 강의노트, 출판되지 않음)참조. 본문 34.3절도 참고할 것.

25.8 사실, 내 표기법을 그대로 따른다면 $(1 \pm \gamma_5)\psi$ 대신 $(1 \pm i\gamma_5)\psi$라고 써야 옳다(Penrose and Rindler, 1984, 1986 참조). 다만 물리학계에서 사용하는 표준 표기법과 통일하기 위해 i를 생략한 것이다.

25–3절

25.9 이 주장은 부분적으로 마틴 블록(Martin Block)의 영향을 받았다(이 내용을 널리 전파한 사람은 파인만이었다). 마틴 가드너(Martin Gardener)의 흥미로운 주장은 W.H. Freeman이 1990년에 발표한 『The New Ambidextrouse Universe』의 22장에 수록되어 있다.

25.10 이 방정식은 1929년 바일이 처음으로 제안했으며, 디랙도 그 유명한 '디랙 방정식'을 유도하기 전에 이 방정식을 연구한 적이 있다. Dirac(1928), Dirac(1982a) 참조. 파울리는 공간반전에 대한 불변성이 결여되었다는 이유로 바일의 방정식을 맹렬하게 비난했다. 훗날 이 방정식은 바일의 짐작대로 약한 상호작용에서 반전 비불변임이 입증되었으나, 불행히도 바일은 그 전해에 사망했다. Zee(2003) 참조.

25–4절

25.11 스핀이 1이고 질량이 있는 입자들은 왼손 지그 부분(나선성 = 1)과 오른손 지그 부분(나선성 = −1), 그리고 스핀이 없는 조그 부분(zog, 나선성 = 0 ; zog는 내가 임의로 붙인 이름이다)으로 세분될 수 있다(지그의 2-스피너와 재그의 2-스피너는 프라임이 붙지 않은 두 개의 지표와 프라임이 붙은 두 개의 지표를 가지며, 조그의 2-스피너는 각각 1개의 지표를 갖고 있다). 이 논리에 따르면 약한 상호작용은 조그 입자에 의해 매개된다고 할 수 있다.

25–5절

25.12 이 군은 $SU(2) \times U(1)/Z_2$로 나타낼 수 있는데, 여기서 '$/Z_2$'는 '부분

군 Z_2로 인자나누기(factor out)를 취한다'는 의미이다. 그러나 이 조건을 만족하는 부분군이 유일하지 않아서 위와 같은 표기로는 분명한 의미를 전달할 수 없기 때문에 'U(2)'라는 표기를 사용하는 것이다[이 사실을 발견해 준 추성춘에게 고마울 따름이다!]. 그런데도 다수의 물리학자들이 약전자기 대칭군을 U(2)로 표기하지 않는 이유는 이것을 전체 표준모형의 대칭으로 확장하기가 어렵기 때문일 것이다. 표준모형에 존재하는 가장 큰 대칭은 $SU(3) \times SU(2) \times U(1)/Z_6$이다. 25.7절 참조.

25.13 약전자기이론은 1960년대 후반에 스티븐 와인버그와 셸던 글래쇼, 압두스 살람에 의해 완성되었으며 이 세 사람은 1979년에 공동으로 노벨상을 받았다. 약전자기이론의 일반적인 참고서로는 Weinberg(1967), Salam and Ward(1959), Glashow(1959)가 대표적이다. Zee(2003)이나 Halzen and Martin(1984), Kaku(1993)도 읽을 만 하다.

25.14 GeV는 giga electon-volt(10억 전자볼트)의 약자이다. giga는 그리스어 접두사로서, 10^9(10억)을 의미한다. 전자볼트(eV)는 에너지 단위인데, 1전자볼트는 자유전자 하나가 1볼트의 전위차 속에서 획득하는 위치에너지이다. 참고로 $1eV = 1.6 \times 10^{-19}J$이다.

25–6절

25.15 가시광선의 파장은 대략 $\lambda = 400 \sim 700$nm(나노미터) 근처이다. 빛의 진동수 ν는 파장 λ와 $\nu = c/\lambda$의 관계에 있으므로, 특정 파장은 특정 진동수로 변환될 수 있다.

25.16 Gell-Mann and Ne'eman(2000) 참조. Ω^-입자의 관측과 관련하여 1964년에 발표된 V.E. Barnes의 논문 pp. 88～92에도 동일한 내용이 수록되어 있다.

25.17 양성자 N^+와 중성자 N^0는 현대 입자물리학에서 각각 p와 n으로 표기하지만, SU(3) 분류법에서는 여전히 (Ξ^0, Ξ^-)와 같은 표기를 사용하고

있으므로 (N^+, N^0)로 표기하는 편이 바람직하다고 생각한다[양성자와 중성자는 모두 핵자(Nucleon)이다!].

25–7절

25.18 Han and Nambu(1965) 참조,

25.19 Weinberg(1992) 참조.

25.20 양(C. N. Yang)과 밀스(R. L. Mills)는 이 이론을 1954년에 발견했지만, 기본적인 아이디어는 2차 세계대전이 끝난 다음해인 1946년에 파울리가 제안한 바 있다(그러나 당시의 학자들은 게이지 입자의 질량이 없어야 한다고 생각했기 때문에, 파울리의 이론을 인정하지 않았다). 이와 관련된 역사는 Abdus Salam(1980)을 참조하기 바란다. 현대에는 '무질량(massless)' 문제를 피해 가기 위해 힉스 입자를 도입하여 사용하고 있는데(25.5절에서 잠시 언급되었음), 자세한 이야기는 26.11절에서 할 예정이다.

25.21 Aitchison and Hey(2004) Vol.2 참조. 기술적인 내용을 알고 싶으면 Zee(2003)을 참조하라. 게이지이론의 전반적인 개념에 대해서는 Chan and Tsou(2004)를 추천한다.

25.22 [후주 25.12] 참조. 표준모형에 대한 전반적인 설명은 대부분의 양자장 이론 교과서에 잘 정리되어 있다. Zee(2003)이 대표적인 책이다.

25–8절

25.23 찬-추의 아이디어는 Chan and Tsou(2002)에 잘 나와 있다. 이들의 이론은 't Hooft(1978)에 기초한 것이다.

26
양자장이론

26.1 양자장이론의 현주소

우리는 25장에서 20세기 입자물리학의 표준모형을 간략하게 알아보았다. 표준모형은 다양한 관측결과를 매우 정확하게 재현하는 수학적 모형으로서, 자연의 운영방식과 깊은 조화를 이루는 수학 개념들로 가득 차 있다. 그러나 앞에서 지적한 대로 표준모형의 수학은 다소 인위적이면서 복잡한 구조로 되어 있기 때문에 설득력이 떨어지는 것도 사실이다. 이 중 상당 부분은 당장 발등에 떨어진 실험결과를 설명하기 위해 도입되었고, 물리학자들은 자연이 제시한 사실을 받아들이는 데 익숙해져 있다. 사실, 자연을 과학적으로 서술하는 이론을 구축하다 보면 이와 같은 상황에 부닥치기 쉽다. 물론 표준모형에 부정적인 면만 있는 것은 아니다. 이론에 등장하는 각종 상수를 특별한 값으로 선택한 것에는 그럴만한 이론적 근거가 분명히 있다. 이론 자체가 수학적으로 타당하기 때문에 지금과 같은 예측능력을 발휘하는 것이다.

아인슈타인의 특수상대성이론에 부합하는 '입자물리학의 양자 버전 이론'을 어떻게 구축해야 하는가? 이것은 우리가 24장부터 계속 제기해 왔던 질문이다. 24장에서 우리는 상대론적 양자역학을 토대로 반입자 개념을 도입했던 디랙 방정식을 다루었고, 이로부터 장의 양자이론(양자장이론, QFT)을 도입했다. 사실 표준모형은 상호작용하는 양자장이론의 특수한 사례로서, '이론적으로는 만족시키기 힘들지만 반드시 만족해야 할 조건들'이 강제로 부과되어 만들어진 이론이다. 이 조건의 저변에 깔려 있는 힘(전자기력, 약력 등)을 제대로 이해하려면, 양자장이론(QFT)을 더욱 깊이 파고들어가야 한다(초끈이론과 같은 현대이론도 이 과정에서 탄생했다). 그러다 보면 25장에서 간략하게 언급했던 파인만 다이어그램의 의미를 자연스럽게 이해할 수 있을 것이다. 또한, 24장과 25장에서 언급된 반입자의 물리적 의미도 더욱 넓은 관점에서 이해하게 될 것이다.

양자장이론은 표준모형의 근간을 이룰 뿐만 아니라, 물리적 실체를 규명하는 모든 물리학 이론에 골고루 사용되고 있다. 그러므로 우리는 양자장이론과 함께 24장에서 잠시 언급했던 폴 디랙의 영감 어린 아이디어를 다시 한 번 자세히 살펴볼 필요가 있다. 초기 양자장이론에 중요한 공헌을 한 사람으로는 흔히 요르단과 하이젠베르크, 파울리를 꼽지만, 디랙은 누가 뭐라 해도 '양자장이론을 창시한 원조' 중 한 사람이다. 초창기에는 양자장이론을 적용하여 문제를 풀었을 때 대부분 무한대(∞)라는 황당한 답이 얻어졌으나, 훗날 베테와 도모나가, 다이슨, 슈윙거, 파인만 등의 공헌에 힘입어 '재규격화 가능한renormalizable' 양자장이론이 탄생하였다. 그리고 20세기 후반에는 워드와 와인버그, 살람, 월슨, 벨트만, 토프트 등에 의해 재규격화된 표준모형이 입자물리학의 정설로 자리 잡게 되었다[1](25장 참조. 표준모형은 매우 까다로운 조건들이 모두 충족된 이론이다. 이런 이론이 실험결과를 정확하게 예견했다는 것은 거의 기적에 가깝다!). 지난 세월 동안 표준모형과 관련하여 제기되어 왔던 기본적인 문제들은 항상 무한대와 관련되어 있었으며, 여기에 다양한 실험결과들이 추가되면서 올바른 방향으로 나아갈 수 있었다.

양자장이론은 우주의 작동원리를 가장 깊은 수준에서 설명하는 이론이기 때문에, 실질적으로 모든 물리학이론의 기초를 이룬다고 할 수 있다. 다수의(사실은 대부분의) 물리학자는 양자장이론을 '완전히 자리 잡은 이론'으로 생각하며, 계산상의 불일치(보통 발산하는 적분이나 발산하는 합, 또는 그 둘 다에서 발생하는 무한대를 말한다)가 나타난다 해도 그것은 이론 자체의 문제가 아니라 양자장이론이 적용된 분야에서 야기된 국소적 문제로 간주한다. 특히 대칭원리에 입각하여 라그랑지안을 다룰 때 이런 문제가 종종 발생하는데, 라그랑지안을 양자장이론에 적용하는 일반적인 방법은 26.6절과 26.10절에서 다룰 예정이다.

물리학자들은 그동안 양자장이론에서 발생한 무한대를 제거하기 위해 다양한 방법을 모색해 오다가 지극히 작은 영역에서 시공간의 특성을 근본적으로 변형시키는 '중력'으로 관심을 돌려 무한대를 유한한 양으로 바꿀 수 있는 임계점cut-off을 찾아냈다(31.1절 참조). 그러나 양자장이론이 아인슈타인 일반상대성이론과 결합할 때, 양자장이론 자체에 어떤 수정을 가해야 하는지는 아직 분명하게 알려지지 않았다(30장 참조). 이 분야를 연구하는 물리학자 대다수는 현재의 양자장이론이 아직 완전하게 연구되지 않았으며, 그 안에 내포되어 있는 복잡다단한 아이디어들을 가능한 한 정확하게 이해하는 것이 중요하다고 강조한다. 양자장이론은 실로 방대하고 심오하며 난해한 이론으로서, 어떤 경우에는 자연현상을 놀라울 정도로 정확하게 설명해 주지만 또 어떤 경우에는 감질날 정도로 사실에서 빗나가기도 한다. 그러면 지금부터 표준모형의 이론적 근간이 되었던 양자장이론의 실체를 간략하게나마 알아보기로 하자.

26.2 생성연산자와 소멸연산자

양자장이론의 초기에 제시된 아이디어 중에 '이차양자화second quantization'라는 것이 있다. 이 과정은 입자의 파동함수 ψ를 하나의 '연산자operator'로 간주하고, 이것을 오른쪽에 숨어 있는 상태벡터 $|0\rangle$에 적용하는 식으로 이루어진다(사실 이차양자화라는 용어에는 오해의 소지가 있다). 단일입자의 파동함수 ψ가 주어질 때, 여기 대응하는 '파동함수 연산자'를 그리스 알파벳 $\boldsymbol{\Psi}$(ψ의 대문자)로 표기하자. 표준 양자역학에서와 마찬가지로 $\boldsymbol{\Psi}$는 입자의 위치를 나타내는 위치벡터 $\mathbf{x}$의 함수로 간주할 수 있으며[$\boldsymbol{\Psi} = \boldsymbol{\Psi}(\mathbf{x})$], 운동량표현을 선택한 경우에는 운동량벡터 $\mathbf{p}$의 함수로 생각할 수도 있다[$\tilde{\boldsymbol{\Psi}} = \tilde{\boldsymbol{\Psi}}(\mathbf{p})$].

이 보기에도 낯선 '파동함수 연산자' $\boldsymbol{\Psi}$(또는 $\tilde{\boldsymbol{\Psi}}$)를 어떻게 해석해야 할까? 이제 $\boldsymbol{\Psi}$는 입자의 실제 양자상태를 나타내는 함수가 아니라, 새로운 입자를 만들어 내는 '연산'을 의미한다. $\boldsymbol{\Psi}$를 통해 만들어진 입자는 파동함수 ψ로 서술되며,[2] $\boldsymbol{\Psi}$가 적용되기 이전의 상태, 즉 $\boldsymbol{\Psi}$(또는 $\tilde{\boldsymbol{\Psi}}$)의 오른쪽에 표기된 상태로부터 생성된다. 이와 같은 연산자를 생성연산자creation operator라 한다

연산자의 오른쪽 끝에 숨어 있는 상태벡터 $|0\rangle$는 흔히 '진공상태'라고 하며, 어떤 입자도 존재하지 않는 '완전히 텅 빈' 상태를 나타낸다. 여기에 생성연산자가 작용되면 특정한 입자가 생성되고, 그 결과에 또 다른 생성연산자가 작용되면 또 다른 입자가 생성되고…… 이런 식으로 얼마든지 반복될 수 있다. 따라서

$$\boldsymbol{\Psi\Phi}\ldots\boldsymbol{\Theta}|0\rangle$$

와 같이 하나의 진공상태에 여러 개의 생성연산자가 연속적으로 작용되면

$$\theta, \cdots, \phi, \psi$$

라는 파동함수를 거쳐 최종적인 상태가 만들어진다.

이 연산에는 모든 입자가 페르미온 아니면 보존이라는 사실도 고려되어야 한다. 특히 "두 개의 페르미온은 동일한 상태를 점유할 수 없다"는 파울리의 배타원리가 고려되어야 하는데, 이것은 파동함수 ψ로 표현되는 임의의 페르미온에 대하여 $\boldsymbol{\Psi}^2 = 0$(즉, $\boldsymbol{\Psi}\boldsymbol{\Psi} = 0$)으로 나타낼 수 있다. 다시 말해서, 특정 페르미온을 동일한 상태에 두 번 연속해서 생성하는 연산을 실행하면 그 결과가 0이 된다는 뜻이다. 사실, 파울리의 배타원리는

$$\boldsymbol{\Psi}\boldsymbol{\Phi} = -\boldsymbol{\Phi}\boldsymbol{\Psi}$$

로 표현되는 '반교환 특성anticommutation property'의 한 사례이다. 여기서 $\boldsymbol{\Psi}$와 $\boldsymbol{\Phi}$는 동일한 타입의 페르미온을 만들어내는 생성연산자이다. 또한, 동일한 타입의 보존을 생성하는 두 연산자 $\boldsymbol{\Theta}$, $\boldsymbol{\Xi}$는 다음과 같은 '교환 특성commutation property'을 갖고 있다.[26.1]

$$\boldsymbol{\Theta}\boldsymbol{\Xi} = \boldsymbol{\Xi}\boldsymbol{\Theta}$$

따라서 생성연산자는 11.6절에서 언급했던 '차수가 붙은 그라스만 대수graded Grassmann algebra'를 만족한다. 이 경우 페르미온 생성연산자는 짝수차수이고, 보존 생성연산자는 홀수차수를 갖는다.

24.3절에서 말한 바와 같이, 연산자를 통해 생성된 입자의 파동함수는 양의 진동수를 갖고 있어야 한다. 반면에, 음의 진동수를 갖는 파동함

[26.1] 이 연산자들을 통해 만들어진 상태들이 23.8절에서 언급한 보존과 페르미온의 대칭성을 그대로 반영하는 이유를 설명해 보라.

수는 소멸연산자annihilation operator에서 중요한 역할을 한다. 양의 진동수를 갖는 파동함수 ψ의 복소켤레인 $\overline{\psi}$는 음의 진동수를 가지며, 이와 관련된 소멸연산자 $\boldsymbol{\Psi}^*$는 생성연산자 $\boldsymbol{\Psi}$의 에르미트 켤레이다[3](13.9절 참조). $\boldsymbol{\Psi}^*$는 자신이 작용되는(즉, 표기상 $\boldsymbol{\Psi}^*$의 오른쪽에 있는) 상태의 입자를 제거하는 연산자이다. 따라서 '아무런 입자도 존재하지 않는' 진공상태 $|0\rangle$에 소멸연산자가 작용하면 0이 되어야 한다.

$$\boldsymbol{\Psi}^* |0\rangle = 0$$

물론 소멸연산자가 작용되었다고 항상 0이 되는 것은 아니다. '입자가 이미 존재하는 상태'에 작용되면 0이 아닌 결과가 나올 수도 있다. 예를 들어, $\boldsymbol{\Psi}^*\boldsymbol{\Phi}\boldsymbol{\Theta}|0\rangle$는 반드시 0일 필요가 없다. 이것은 $\boldsymbol{\Phi}$와 $\boldsymbol{\Theta}$가 $\boldsymbol{\Psi}$와 다를 때에도 여전히 성립한다. 소멸연산자 $\boldsymbol{\Psi}^*$는 특정 파동함수 ψ만을 소멸시키는 연산자가 아니기 때문이다.[4] 일반적으로 특정 파동함수 ψ는 상태state의 고유한 특성을 온전히 반영하고 있지 않다. 그 대신 소멸연산자 $\boldsymbol{\Psi}^*$는 상태의 일부와 스칼라곱scalar product되었을 때 제거되는 입자의 특성을 반영하고 있다[26.2](그림 26.1 — 전문가를 위한 그림이니 이해가 안 가는 독자들은 그냥 넘어가도 상관없다 — 참조. 이 그림에는 페르미온과 보존의 생성과 소멸과정이 도식으로 표현되어 있다). 지금까지 언급한 내용과 일치하려면 생성 및 소멸연산자들은 (같은 종류의 입자에 대하여)다음과 같은 교환(또는 반교환)규칙을 만족해야 한다.

[26.2] 23.8절의 지표 표기법(index notation)이나 그림 12.17의 다이어그램 표기법을 참고하고(또는 둘 다 참고해도 상관없음) $\overline{\psi}_\alpha\, \psi^{[\alpha}\phi^{\beta}\cdots\chi^{\kappa]}$와 같은 표현을 사용하여 이 내용을 이해해 보라. 페르미온과 보존의 경우, 각 상태의 규격화상수들(factorial의 형태로 나타남)을 계산해 보라.

$$\boldsymbol{\Psi}^* \boldsymbol{\Phi} \pm \boldsymbol{\Phi} \boldsymbol{\Psi}^* = i^k \langle \psi \mid \phi \rangle \boldsymbol{I}$$

여기서 $+$부호는 페르미온에 해당되고 $-$는 보존에 해당된다. $\boldsymbol{I}$는 항등연산자identity operator이며, $\langle \mid \rangle$는 힐베르트 공간에서 이루어진 각 입자의 스칼라곱을 의미한다(스핀이 없는 경우는 22.3절에서 이미 고려되었다. 여기에 스핀이 있는 입자를 고려하여 일반화과정을 거치면 위와 같은 결과가 얻어진다[5]). 또한, i^k는 입자의 스핀에 따라 $1, i, -1, -i$중 하나의 값을 갖는다(여기서는 구체적인 값을 언급하지 않을 것이다). 두 개의 생성연산자나 소멸연산자 사이의 교환(또는 반교환)규칙은 다음과 같다($+$부호는 페르미온, $-$부호는 보존에 해당한다).

$$\boldsymbol{\Psi}\boldsymbol{\Phi} \pm \boldsymbol{\Phi}\boldsymbol{\Psi} = 0, \qquad \boldsymbol{\Psi}^* \boldsymbol{\Phi}^* \pm \boldsymbol{\Phi}^* \boldsymbol{\Psi}^* = 0$$

23.7절에서 간단하게 언급했던 스핀통계 정리에 의하면, 반정수 스핀 ($\frac{1}{2}, \frac{3}{2}, \frac{5}{2}, \cdots$)을 갖는 입자들(페르미온)은 반교환관계를 만족하고(위 식

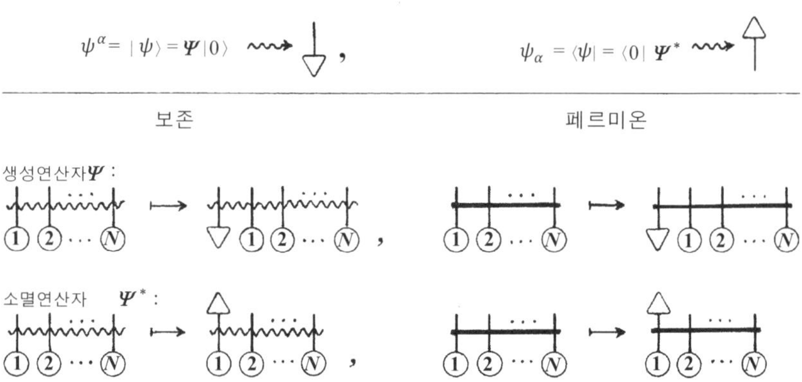

그림 26.1 (위)생성연산자 $\boldsymbol{\Psi}$가 보존에 가해졌을 때 $\phi_1^{(\beta}\phi_2^{\gamma}\cdots\phi_N^{\nu)} \mapsto \psi^{(\alpha}\phi_1^{\beta}\phi_2^{\gamma}\cdots\phi_N^{\nu)}$. 페르미온에 가해졌을 때 $\phi_1^{[\beta}\phi_2^{\gamma}\cdots\phi_N^{\nu]} \mapsto \psi^{[\alpha}\phi_1^{\beta}\phi_2^{\gamma}\cdots\phi_N^{\nu]}$. (아래)소멸연산자 $\boldsymbol{\Psi}^*$가 보존에 가해졌을 때 $\phi_1^{(\alpha}\phi_2^{\beta}\cdots\phi_N{}^{\mu]} \mapsto \bar{\psi}_{\alpha}\phi_1^{(\alpha}\phi_2^{\beta}\cdots\phi_N{}^{\mu)}$. 페르미온에 가해졌을 때 $\phi_1^{[\alpha}\phi_2^{\beta}\cdots\phi_N{}^{\mu]} \mapsto \bar{\psi}_{\alpha}\phi_1^{[\alpha}\phi_2^{\beta}\cdots\phi_N{}^{\mu]}$.

에서 '+'부호에 해당됨), 정수스핀(0, 1, 2, 3, ⋯)을 갖는 입자들(보존)은 교환관계를 만족한다('−'부호에 해당됨). 자세한 이유는 이 책의 수준을 벗어난 내용이기 때문에 설명을 생략한다.[6] 다만, 페르미온에서는 에너지의 부호가 중요한 역할을 하고, 보존에서는 입자수particle number가 중요한 역할을 한다는 사실만 알아두기 바란다. 그리고 두 경우 모두 스피너의 지표도 고려해야 한다.[7]

26.3 무한차원 대수

놀랍게도 페르미온의 반교환관계는 11.5절에서 언급한 클리포드 대수와 완전히 동일하다.[26.3] 다른 점이라고는 차원뿐인데, 클리포드 대수가 유한차원인 반면 페르미온의 생성/소멸연산자는 무한차원에서 정의되어 있다(하나의 입자를 서술하는 파동함수도 무한차원에서 정의된다). 무한차원공간은 유한차원공간과 비슷한 점도 있지만, 일반적으로 완전히 다른 특성을 가지며 수학적으로 다루기도 쉽지 않다.

양자장이론은 앞에서 이미 다뤘던 다른 유한차원 대수구조의 무한차원 버전도 포함하고 있다. 예를 들어 스칼라곱 ⟨ | ⟩는 13.9절에서 언급했던 에르미트 스칼라곱의 무한차원 버전에 해당된다(22.3절 참조). 사실, 양자장이론에서는 에르미트다움Hermitianness, 즉 유니터리성뿐만 아니라 대칭형식(유사직교성pseudo-orthogonality)과 반대칭형식(심플렉

[26.3] 클리포드 대수의 구조를 설명하고, 여기서 스칼라곱이 어떤 역할을 하는지 구체적으로 설명해 보라(클리포드 대수를 정의하는 $\gamma_p\gamma_q + \gamma_q\gamma_p = -2g_{pq}\boldsymbol{I}$를 사용할 것. 도움말 : g_{pq}는 대각행렬이 아니다).

틱symplectic), 복소구조도 중요한 역할을 한다.[8] 유사직교와 심플렉틱 형식의 유한차원 버전은 13.8절과 13.10절에서 이미 다루었고 유한차원 복소구조는 12.9절에서 언급되었다.

양자장이론에 (무한차원)복소구조가 도입되는 과정은 한 번쯤 살펴볼 필요가 있다. 앞에서 우리는 복소수와 복소해석함수, 복소 벡터공간이 양자이론에서 중요한 역할을 한다는 사실을 이미 확인한 바 있다(따라서 이들은 우리가 살아가는 세계의 기본구조를 이루는 셈이다). 그러나 양자장이론에 등장하는 무한차원 복소구조는 앞에서 다뤘던 유한차원 복소수와 사뭇 다른 특성을 갖는다(물론 서로 연관되어 있기는 하다). "양자이론의 무대인 힐베르트 공간은 복소공간이다(즉, 양자중첩은 복소수 계수로 나타난다)"는 말로는 무한차원 복소구조의 특성을 설명하기에 충분치 않다. 지금부터 그 내막을 좀 더 자세히 알아보자.

우선, 12.9절에서 도입했던 복소구조의 기본개념부터 떠올려 보자. n차원 복소 벡터공간은 $2n$차원의 실수공간으로 생각할 수 있다. 여기서 $\boldsymbol{J}^2 = -1$을 만족하는 연산자 $\boldsymbol{J}$가 $2n$차원 실수공간에 작용하면 n차원 복소공간에서 i가 곱해진 것과 동일한 결과를 얻는다. 이 구조를 무한차원으로 확장하는 과정은 고전적 장이론을 양자장이론으로 확장하는 과정과 밀접하게 연관되어 있다. 지금까지 우리는 모든 것을 '입자 또는 파동함수'라는 관점에서 서술해 왔으나, 고전적 장에서 양자장으로 옮겨 가는 직접적인 경로도 알아둘 필요가 있다. 왜냐하면 고전적인 장에서는 '양자화된 입자(21~23장 참조)'라는 개념이 아예 존재하지 않기 때문이다.

대표적인 사례로 전자기장을 생각해 보자. 맥스웰 방정식은 선형방정식이어서(19.2절 참조) 비교적 다루기가 쉽다. 자유공간에서 맥스웰 방정식의 해들이 존재하는 공간 $\mathcal{F}$는 무한차원 실벡터공간이다(물론 적분이

유한한 값을 가지려면 적절한 경계조건이 주어져야 한다).[26.4] 이제 9.2～9.5절에서 언급했던 과정을 거치면 맥스웰 방정식의 해[9] $\boldsymbol{F}$를 '양의 진동수를 갖는 해' $\boldsymbol{F}^+$와 '음의 진동수를 갖는 해' $\boldsymbol{F}^-$의 합으로 표현할 수 있다.

$$\boldsymbol{F} = \boldsymbol{F}^+ + \boldsymbol{F}^-$$

방정식의 해가 이렇게 양의 진동수부분과 음의 진동수부분으로 나뉜다는 사실은 양자장이론 구축에 결정적 역할을 한다(24.3절과 26.2절의 설명을 참조할 것). 무한차원 실벡터공간 $\mathcal{F}$에 연산자 $\boldsymbol{J}$가 작용하면 실벡터가 (무한차원)복소벡터로 변환되며, 이 과정에서 방정식의 해가 양/음 진동수로 분리되는 현상도 자연스럽게 나타난다. 각각의 맥스웰장 $\boldsymbol{F}$에 $\boldsymbol{J}$가 작용하면 다음과 같은 형태로 분리된다.

$$\boldsymbol{J}(\boldsymbol{F}) = i\boldsymbol{F}^+ - i\boldsymbol{F}^-$$

연산자 $\boldsymbol{J}$의 고유상태 중 고유값이 i인 상태는 양의 진동수를 갖는 장이며, 고유값이 $-i$인 상태는 음의 진동수를 갖는 장이다.[26.5] 양의 진동수를 갖는 장은 하나의 광자를 서술하는 파동함수를 제공하고, 이로부터 생성연산자가 도입된다. 또한, 상태를 규격화하는 데 사용되는 스칼라곱도 정의할 수 있다(맥스웰장 성분에 맥스웰 퍼텐셜 성분이 곱해진 양 등 임의의 공간꼴 3차원 표면에서 정의된 양에 대한 적분도 할 수 있다.[10] 스칼라의 경우인 21.9절 및 22.3절과 비교해볼 것). 다른 고전적 장들도 이

[26.4] 이 공간에서 덧셈과 (해에 스칼라 상수를 곱하는)곱셈의 의미를 설명하라.

[26.5] 직접 증명해 보라('거리가 멀어질수록 장의 세기가 급속하게 줄어든다'는 등의 경계조건은 신경 쓰지 않아도 된다).

와 비슷한 방법으로 다룰 수 있는데, 일반상대성이론과 같이 '자유장 방정식free field equation'이 비선형인 경우에는 문제가 매우 어려워진다. 비선형 장은 종종 '스스로 상호작용하는 장self-interacting field'이라고 불리기도 한다. 여기서 비롯된 어려움은 상호작용하는 장을 양자화하는 과정에도 그대로 반영되는데, 이 문제는 잠시 후에 다룰 예정이다.

26.4 양자장이론에서의 반입자

진도를 더 나가기 전에, 반입자에 대하여 잠시 생각해 보자. 독자들은 24장과 26.1절을 통해 양자장이론에서 반입자 개념이 얼마나 중요한지 충분히 이해했을 것이다. 오늘날 양자장이론에서 반입자는 어떻게 서술되고 있는가? 25.3절에서 말한 바와 같이 일부 입자들은 스스로가 자신의 반입자이지만, 대부분 반입자 파트너를 따로 갖고 있다. 수학적으로는 고전적 장(또는 단일입자의 파동함수)에 복소켤레 연산자를 가했을 때 변하지 않으면 스스로 반입자이고, 변하면 반입자를 따로 갖고 있는 경우에 해당된다. 스칼라장의 경우에는 반입자의 '별도 존재 여부'가 (항상 그런 것은 아니지만)고전적 장이 실수장인지, 또는 복소수장인지에 따라 결정된다. 복소수장은 전하를 띤 장으로서, 복소위상각($e^{i\theta}$ 인자)은 전자기적 상호작용의 '게이지장' 처방전에 따라 다뤄진다(15.8, 19.4절 참조). 이러한 장의 복소켤레는 원래의 장과 전하 부호가 반대이므로 '같은 종류의 양'으로 취급할 수 없다(예를 들어, 서로 복소켤레 관계인 두 장을 더하는 것은 아무런 의미가 없다). 이렇게 보면 입자와 반입자는 완전히 다른 존재처럼 보인다. 그러나 고전적 장의 특성이 복소수적 성질(또는 전하)만으로 결정되는 것은 아니다. 예를 들어 K^0 중간자는 전하가 없는데도 자신의 반입자와 다른 성질을 가지며, π^0 중간자는 스스로가 자신의 반입자이다. 그러나 두 입자에 대응되는 고전적 장은 모두 실수 스칼라장이다.

스피너(또는 페르미온)장은 어떻게 되는가? 디랙의 전자를 자신의 복소켤레와 구별하기 위해서는 전하만으로 충분하다. 그러나 뉴트리노(중성미자)의 경우, 만일 질량을 갖고 있다면 두 가지 이상의 상황이 발생한다. 예를 들어 마요라나 스피너장의 관점에서 볼 때 (질량이 있는)뉴트리노는 스스로 자신의 반입자가 된다(25장에서 말한 바와 같이 뉴트리노의 지그는 반뉴트리노의 재그와 같고, 그 반대도 성립한다). 그러나 지금까지 알려진 바로는 모든 뉴트리노가 자신의 반입자와 다른 특성을 갖는다.[11]

그렇다면 양자장이론에서 반입자를 어떻게 다뤄야 할까? 고전적 장(또는 단일입자의 파동함수 ψ)에 복소켤레를 취했을 때 다른 특성을 가진 양이 얻어지는 경우, 즉 입자와 반입자가 별개로 존재하는 경우를 생각해보자(입자와 반입자가 동일한 경우는 26.21절에서 다룬 바 있다). 정상적인 파동함수 ψ는 양의 진동수를 갖고 있다. 그러나 ψ와 같은 종류의 파동함수이면서 음의 진동수를 갖는 ϕ를 고려할 수도 있다. ϕ의 복소켤레인 $\overline{\phi}$는 ψ와 마찬가지로 양의 진동수를 갖지만, 형태가 다른 파동함수이다. 이제 $\overline{\phi}$는 하나의 반입자를 서술하는 파동함수가 된다. 이 반입자의 생성연산자를 $\overline{\boldsymbol{\Phi}}$라 하고, 소멸연산자를 $\overline{\boldsymbol{\Phi}}^*$라 하자.

이제 24.8절에서 설명했던 디랙의 '바다'에 입각하여 '그림자 상태'라는 것을 상상해 보자. 이것은 일렬로 늘어선 연산자들의 오른쪽 끝에 곱해져 있는 상태로서, 입자나 반입자가 하나도 없는 일상적인 진공 $|0\rangle$와는 다른 상태이다. 이 새로운 진공상태를 디랙의 바다로 간주하고, $|\Sigma\rangle$로 표기하자. 그러면 $|\Sigma\rangle$는 음의 에너지를 갖는 전자만으로 가득 찬 상태를 의미한다. 그리고 '하나의 양전자single positron'는 음의 에너

지를 가진 전자의 바다에 뚫린 하나의 '구멍'으로 이해할 수 있다. 즉, 모든 음에너지 상태가 전자에게 이미 점거되어서, 단 하나의 상태만이 비어 있다는 뜻이다. 이 비어 있는 상태를 (음진동수를 갖는) ϕ라 하자. 이 상황을 양자장이론의 관점에서 서술하면 소멸연산자 $\boldsymbol{\Phi}^*$가 진공 $|\Sigma\rangle$에 적용된 것과 같다(즉, $\boldsymbol{\Phi}^*|\Sigma\rangle$이다). 왜냐하면 소멸연산자는 진공에서 음에너지 상태 ϕ를 제거하기 때문이다.[26.6]

일상적인 진공상태 $|0\rangle$를 사용하여 이 상황을 서술한다면, 음에너지 전자의 상태 ϕ를 제거하지 않고, 그 대신 양전자의 상태 $\bar{\phi}$를 끼워 넣었을 것이다. 이것은 진공 $|0\rangle$에 생성연산자 $\bar{\boldsymbol{\Phi}}$가 가해진 $\bar{\boldsymbol{\Phi}}|0\rangle$에 해당한다. 이 상태는 '디랙의 바다'에 입각하여 만들어진 $\boldsymbol{\Phi}^*|\Sigma\rangle$와 외견상 다른 상태인 것처럼 보이지만, 기본적으로는 동일하다. 연산자 $\bar{\boldsymbol{\Phi}}$와 $\boldsymbol{\Phi}^*$는 둘 다 전체상태에 같은 대수적 양(즉, 단일입자 파동함수의 힐베르트 공간에서 $\bar{\phi}$로 정의되는 특정 벡터)을 도입하는 것을 의미한다. 다만, 이 벡터들이 전체상태에 적용되는 대수적 방법이 다를 뿐이다.[26.7] 반교환 규칙을 이용하면 $\bar{\boldsymbol{\Phi}}$와 $\boldsymbol{\Phi}^*$를 오른쪽 끝으로 이동시킬 수 있으므로, $\bar{\phi}$가 전체상태에 작용하는 방식은 진공상태 $|0\rangle$나 $|\Sigma\rangle$에 직접 작용하는 방식과 다르지 않다. 이것은 진공상태의 실제적 의미를 파악하는 데 매우 중요한 정보이다.

[26.6] 앞에서 소멸연산자의 역할을 이미 정의했는데도, 특정한 상태를 이런 식으로 제거할 수 있는 이유를 설명해 보라(도움말 : [예제 26.2]를 참고할 것).

[26.7] 추상지표나 다이어그램 표기법을 사용하여 여기서 말하는 대수적 차이를 설명해 보라([예제 26.2]와 그림 12.18을 참고할 것).

26.5 또 하나의 진공상태

진공 선택 문제와 관련하여, 먼저 필히 짚고 넘어갈 점이 있다. 독자들도 곧 알게 되겠지만, 현대 양자장이론에서 '또 다른 진공'은 매우 중요한 개념이다. 이제 생성연산자와 소멸연산자에서 대수적으로 표현 가능한(또는 수렴하는 멱급수로 표현되는) 모든 연산자 $\boldsymbol{A}$로 이루어진 하나의 대수체계 $\mathcal{A}$를 상상해 보자. 그러면 $\mathcal{A}$에 속하는 어떤 연산자도 $|0\rangle$를 $|\Sigma\rangle$로 바꿀 수 없으며, 그 반대도 마찬가지다. 즉, $|0\rangle$와 $|\Sigma\rangle$는 각기 다른 힐베르트 공간에 속하는 것으로 간주해야 하며, $\mathcal{A}$에 속하는 연산자 $\boldsymbol{A}$에 대하여

$$\langle\Sigma|\boldsymbol{A}|0\rangle \text{ 또는 } \langle 0|\boldsymbol{A}|\Sigma\rangle$$

가 무한대가 되는(물리적으로 아무런 의미가 없는) 경우가 나타나게 된다. 따라서 $|0\rangle$와 $|\Sigma\rangle$를 동시에 포함하면서 논리적으로 타당한 양자장이론을 만들기란 불가능하다(22.5절에서 말한 바와 같이, $\langle\Sigma|\boldsymbol{A}|0\rangle$와 같은 형태는 일반적으로 확률을 계산할 때 등장하는 양이다. 표기법에 관해서는 22.3절을 참고할 것).

지금까지 언급한 내용은 양자장이론을 비롯하여 현대 입자물리학에서 매우 중요하게 취급되고 있다. '진공상태의 적절한 선택'은 '생성연산자와 소멸연산자로부터 파생되는 대수 $\mathcal{A}$의 선택' 못지않게 중요한 문제이다($\mathcal{A}$의 선택은 양자장이론의 역학dynamics을 결정한다). 자유전자의 경우, 두 진공상태 $|0\rangle$(입자나 반입자가 전혀 없는 상태)와 $|\Sigma\rangle$(음에너지를 갖는 모든 입자의 상태들이 점유되어 있는 상태)는 이들이 서로 다른 힐베르트 공간에 존재함에도 불구하고 동일하게 취급할 수 있다. 이 경우 $|0\rangle$와 $|\Sigma\rangle$의 차이는 '전하 제로zero of charge'를 정

의하는 선을 어디에 긋느냐에 따라 달라진다.

사실, 디랙의 바다는 고유진공proper vacuum과 물리적으로 다르다고 생각할 수도 있다. 왜냐하면 음에너지 전자의 바다는 엄청나게 많은(사실은 무한대의) 전기전하를 가져야 하기 때문이다. $|\Sigma\rangle$가 물리적으로 의미를 가지려면 무한대의 음전하가 0이 되도록 전하량을 재규격화해야 한다. 디랙의 바다에서 질량을 고려해도 이와 비슷한 상황이 발생한다. 음에너지를 가진 전자가 무한히 많이 있다는 것은 ($E = mc^2$에 의해)음의 질량이 무한대라는 뜻이고, 이는 '무한대의 음전하'와 마찬가지로 이치에 맞지 않는다. 그러므로 디랙의 바다에 '무한대의 질량밀도'를 더하는 방식으로 질량을 재규격화함으로써, 진공의 질량이 0이 되게 해 주어야 한다.

언뜻 보기에, '또 하나의 진공'이라는 문제와 '물리적으로 타당한' 답을 얻으려고 무한대의 상수를 더하여 전하와 질량을 재규격화하는 것은 디랙의 바다라는 이상한 아이디어에 타당성을 부여하기 위한 인위적 조치처럼 보일 수도 있다. 그러나 앞으로 알게 되겠지만, 이것은 디랙의 바다에만 국한되는 조치가 결코 아니다. 현재 통용되는 모든 입자물리학 이론에는 이와 같은 처방전이 적용되고 있다. 표준모형에서도 '또 하나의 진공'과 재규격화는 필수 요소이다. 디랙의 바다는 입자물리학 서술에 매우 유용한 모델일 뿐이며, 무한대 문제와는 무관하다. "이론은 실험결과와 일치해야 하고, 수학적 모순이 없어야 한다"는 두 가지 조건을 만족하려면 재규격화와 또 하나의 진공을 수용할 수밖에 없다.

26.6 상호작용 : 라그랑지안과 경로적분

양자장이론(QFT)의 범주 안에서 입자들 사이의 상호작용을 계산하려고 하면 당장 어려운 문제에 직면하게 된다. 지금까지 우리는 기본적으로 자유장(상호작용이 없는 장)에 국한된 내용만 대충 다뤄 왔는데, 일반적으로 상호작용이 없으면 문제가 아주 쉬워진다. 이런 경우에는 입자와 반입자의 수가 다르거나 심지어는 입자의 개수에 제한이 없다 해도, 중첩원리를 이용하여 모든 상태를 만들어낼 수 있다. 이러한 상태들은 $\mathcal{A}$에 속하는 임의의 원소(생성 또는 소멸연산자의 대수적 표현. 다항식이나 멱급수로 표현됨. 단, 멱급수의 경우에는 수렴 여부에 주의를 기울여야 함)를 진공 $|0\rangle$에 가함으로써 얻을 수 있다. 이렇게 만들어진 상태들로 형성된 공간을 폭 공간Fock space(러시아 물리학자이자 이 분야의 초기 개척자인 블라디미르 폭V. A. Fock의 이름에서 따온 것)이라고 하는데, 이것은 입자의 개수를 늘려 가면서 힐베르트 공간을 직합direct sum(13.7절 참조)한 것으로 생각할 수 있다.[12] 하나의 상태에 포함된 입자의 개수에는 제한이 없으며 이들은 일종의 '결맞음 상태'로서,[13] 가장 고전적인 양자장적 상태라 할 수 있다. 이러한 상태들은 다음과 같은 형태로 표현된다.

$$e^{\Xi}|0\rangle$$

여기서 $\boldsymbol{\Xi}$는 장의 특정한 배열 $\boldsymbol{F}$와 연관된 장연산자field operator이다(이것을 자유 맥스웰장으로 잡으면 '거리가 멀어질수록 장의 세기가 빠르게 감소한다'는 조건이 부과되어야 한다). $\boldsymbol{\Xi}$는 생성연산자와 소멸연산자의 합으로 정의되며(규격화되지 않음), 이들 각각은 $\mathbf{F}$의 양 진동수와 음 진동수부분에 대응된다.

26.2절에서 말한 바와 같이, 생성연산자와 소멸연산자는 특수한 교

환관계를 만족한다. 따라서 장연산자의 다양한 성분들은 일반적으로 교환법칙을 만족하지 않는다(즉, 가환적이지 않다). 예를 들어 전자기장의 경우, 자기장 **B**와 전자기 퍼텐셜 **A**를 정의하는 연산자의 성분들은 정준 교환규칙canonical commutation rules을 만족한다(입자의 위치와 운동량 사이의 관계와 비슷하다. 21.2절 참조).[14] 그러므로 이들 사이에는 하이젠베르크 불확정성원리(21.11절 참조)가 성립하여, 동시에 관측된 양들이 가질 수 있는 정확도에 한계가 부여된다.

그렇다면 입자들 사이의 상호작용은 어떻게 다뤄야 하는가? 현대 양자장이론에서는 해밀토니안보다 라그랑지안(20.1절 참조)이 더욱 중요하게 취급된다. 특히 상대성이론이 개입한 경우에는 라그랑지안을 사용하는 것이 편리하다. 21.2절과 23.1절, 그리고 24장에서 말한 바와 같이, 표준 슈뢰딩거/해밀토니안 양자화과정은 상대성이론의 시공간대칭과 매끄럽게 연결되지 않는다. 그러나 시간축의 선택에 따라 좌우되는 해밀토니안과 달리 라그랑지안은 완전한 '상대론적 불변량'으로 구축될 수 있다(20.5절 참조). 그렇다면 라그랑지안에서 출발하여 어떻게 양자장이론을 구축할 것인가? 다양한 양자이론의 기본 아이디어가 모두 그렇듯이, 디랙의 관점으로 돌아가면 구체적인 방법을 찾을 수 있다.[15] 그러나 디랙을 계승하여 상대론적 양자이론의 체계를 완성한 사람이 미국의 천재 물리학자 리처드 파인만이었기에,[16] 이 방법은 흔히 '파인만 경로적분Feynman path integral', 또는 파인만의 '과거총합sum over history'이라고 불린다. 이것은 25장에서 언급했던 파인만 다이어그램의 기초이기도 하다.

기본적인 아이디어는 앞에서 이미 다룬 적 있는 '복소수의 양자역학적 선형중첩원리'(구체적인 내용은 22.2절 참조)를 조금 다른 각도에서 바라보는 것으로 출발한다. 중첩원리를 특정한 양자상태에 적용하는 대신, 시공간의 모든 과거에 적용하는 것이다. 이 '과거들'은 '배위공간에 나타난 모든 가능한 고전적 경로'에 해당된다. 양자세계에서는 하나의 경로로 표현되는 '단 하나의 고전적 실체'가 중요한 것이 아니라, 모든 가능한 경로들이 복소중첩된 실체들의 합이 중요한 역할을 한다. 각각의 과거(경로)들은 고유의 가중치를 갖는데, 이 값을 '진폭'이라고 한다(22.5절 참조). 이들을 모두 더한 값을 절댓값 1로 규격화했을 때, 각 진폭의 절댓값 제곱은 '입자가 그 경로를 지나올 확률'을 의미한다. 우리의 주된 관심은 입자가 배위공간 속의 a지점에서 b지점으로 이동했을 때 나타나는 진폭들이다.

바로 이 시점에서 라그랑지안이 위력을 발휘한다. 라그랑지안은 개개의 과거에 어떤 진폭이 할당되는지를 우리에게 알려 준다(그림 26.2 참조). 라그랑지안 $\mathcal{L}$을 알면, 이에 해당하는 과거의 작용 S를 알 수 있다(작용은 고전적 경로를 따라 $\mathcal{L}$을 적분한 값이다. 20.5절과 그림 20.3 참조). 특정 과거(경로)에 할당되는 복소수진폭은 다음과 같이 간단한 형태로 주어진다.

$$\text{진폭} \propto e^{iS/\hbar}$$

이 공식을 이토록 간단하게 하는 속임수는, 이 공식의 진폭이 (지금까지의 내용대로라면 절댓값이 1이어야 할) 복소수가 아니라, 일종의 밀도라는 사실에 일정 부분 기인한다. 예를 들어 서로 다른 고전적 과거의 불연속 족에 1, 2, 3, 4, …와 같은 식으로 번호를 매겨 놓았다면, n번째 경로에 대응되는 진폭 a_n의 절댓값 제곱 $|a_n|^2$은 입자가 n번째 경로를 따라 이동할 확률로 해석할 수 있다(이것은 22.5절에서 언급했던 '양자적 측정의 법칙'과 일치한다). 또한, 모든 경로의 확률을 더한 값은 1이 되어

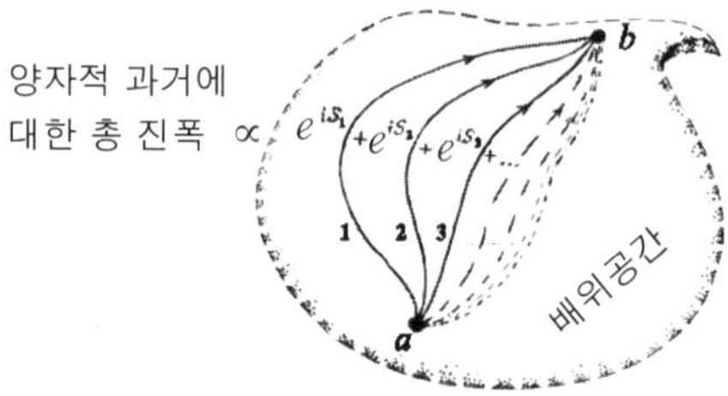

그림 26.2 양자이론과 양자장이론의 경로적분에서는 배위공간에서 모든 가능한 과거경로들의 양자중첩을 고려한다. 이 그림에는 a점과 b점을 잇는 다양한 경로들을 보여주고 있다. 각 경로에 대응되는 진폭은 $e^{iS/\hbar}$이며(이 앞에 상수가 곱해질 수 있음), 작용 S는 그림 20.1과 같이 해당 경로를 따라 라그랑지안 $\mathcal{L}$을 적분한 값이다. a점과 b점 사이의 총 진폭은 각 진폭의 합으로 주어진다.

야 하므로 $\sum |\alpha_n|^2 = 1$이다. 지금 이 경로들은 띄엄띄엄 존재하는 것이 아니라 무수히 많은 경로가 연속적으로 배열되어 있기 때문에, '진폭'을 '진폭밀도'로 이해해야 한다. 그리고 전체확률이 1이 되어야 한다는 조건은 단순한 덧셈이 아니라 고전적 상태공간에서의 적분, 즉 $\int |\alpha(X)|^2 dX = 1$로 대치되어야 한다. 언뜻 보기에는 매우 번잡한 것 같지만, 사실 21.9절에서 비슷한 개념을 이미 접한 적이 있다. 표준 양자역학에서 점입자를 서술하는 파동함수를 $\psi(\boldsymbol{x})$라 했을 때, 이 입자가 위치 $\boldsymbol{x}$에서 발견될 확률밀도는 $|\psi(\boldsymbol{x})|^2$였다. 다만, 양자장이론에서 한 가지 안 좋은 소식은 '고전적 경로들로 이루어진 공간'이 거의 무한차원공간이라는 점이다. 물론 여기서 계산된 물리량들은 유한한 값을 가져야 한다.

간단한 사례로 어떤 역장force field 안에서 움직이는 단일입자의 경로적분을 생각해 보자(입자가 하나밖에 없으므로 배위공간은 일상적인 공간과 같다). 우리는 그림 26.3a와 같이 시공간 상의 한 점 a에서 출발하여 b에 도달하는 모든 가능한 경로를 고려해야 한다. 이 경로들은 특수상대성이론에 부합될 필요가 없으며(즉, 빛원뿔 내부에 존재할 필요가 없다.

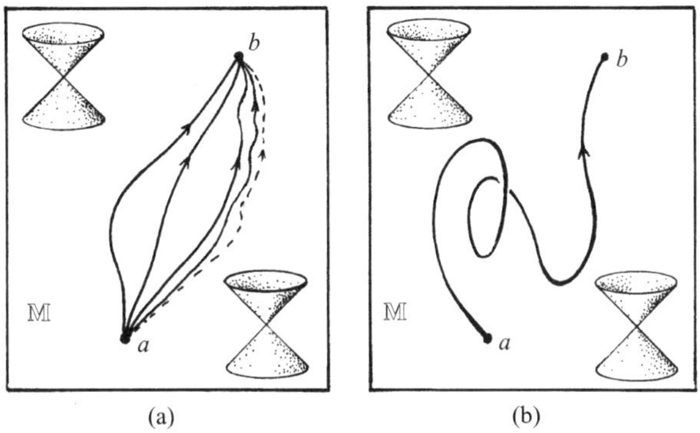

그림 26.3 (a) 내부구조가 없는 단일 점입자의 고전적 경로는 시공간(민코프스키 공간 $\mathbb{M}$) 상의 고정된 사건 a, b를 연결하는 곡선에 해당된다. (b) 양자장이론에서 입자의 경로는 '접선이 항상 미래를 향하는 시간꼴 곡선(future-timelike)'일 필요가 없다. 입자는 과거나 미래, 어느 쪽으로든 이동할 수 있다.

17.8절 참조), 반드시 과거에서 미래를 향할 필요도 없다. 입자는 미래에서 과거로 움직일 수도 있다!(그림 26.3b 참조)[26.8] 역장 안에서 움직이는 하나의 입자가 라그랑지안 $\mathcal{L}$을 갖는다고 가정해 보자($\mathcal{L}$은 운동에너지에서 위치에너지를 뺀 값이다. 20.1절 참조). 각각의 경로에는 작용 S가 할당되며, S는 해당경로를 따라 $\mathcal{L}$을 적분한 값이다(그림 20.3 참조). 조제프 L. 라그랑주가 알아낸 원리에 의하면 모든 고전역학적 운동은 작용 S가 극값을 갖는 쪽으로 일어나며(해밀턴 원리, 20.1절 참조), 이것은 주어진 힘에 의해 발생하는 물체의 운동경로와 정확하게 일치한다. 그러나 양자역학의 경로적분을 이해하려면 이 문제를 다른 관점에서 바라봐야 한다. 양자적 세계에서 움직이는 입자는 모든 가능한 경로에 '동시에' 존재할 수 있으며, 각각의 경로에는 $e^{iS/\hbar}$라는 확률진폭이 할당된다. 그렇

[26.8] 입자의 생성과 소멸을 이용하여 그림 26.3b의 경로에 물리적 해석을 내려 보라.

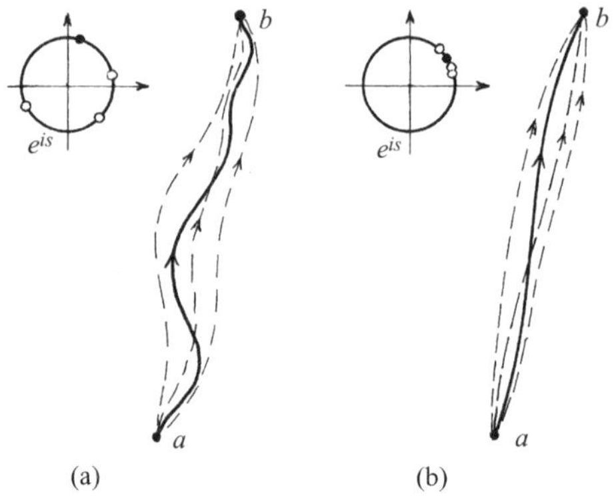

그림 26.4 '해밀턴 원리'의 양자 버전. (a) S가 극값을 갖지 않는 곳에서의 경로들(S가 $\hbar$보다 훨씬 큰 경우). 이런 경우에는 경로가 조금만 변해도 $e^{iS/\hbar}$ 값이 크게 변하여 대부분 상쇄된다. (b) S가 극값을 갖는 곳 근처에서의 경로들. 이 경우 인접한 경로들은 $e^{iS/\hbar}$ 값이 비슷하여 상쇄효과가 크게 일어나지 않는다.

다면 "입자는 작용 S가 극값을 갖는 특정 경로를 따라 움직인다"는 라그랑주의 원리를 어떻게 적용해야 할까?

기본 아이디어는 다음과 같다. 모든 가능한 경로의 확률진폭을 다 더하면, 극값에서 멀리 떨어진 경로의 확률진폭들이 상쇄되어, 결국은 극값을 포함한 그 근처의 경로들만이 확률의 대부분을 제공한다는 것이다(그림 26.4a 참조). 왜 그런가? S가 변하면 위상각 $e^{iS/\hbar}$도 따라서 변하는데, 이것은 시곗바늘을 따라 돌아가는 변화에 해당하기 때문에 변화가 큰 곳에서는 평균적으로 상쇄되는 것이다. 이는 인과를 무시하는 과거에게서 나오는 '비물리학적' 경로에서 특히 더 그렇다(그림 26.3b 참조). 그러나 극값 근처에서는 인접한 경로 사이의 S값이 크게 다르지 않기 때문에 시곗바늘이 거의 비슷한 방향을 향하게 되고, 결국 이들을 더한 결과는 상쇄되지 않고 제법 큰 값을 갖게 된다(그림 26.4b 참조).[26.9]

정말로 아름다운 논리가 아닐 수 없다. 양자역학의 경로적분을 채택

[26.9] 14.5절에서 도입한 $O(\varepsilon)$을 이용하여 경로의 1차 변화(first-order change)를 취하고, 이로부터 본문의 내용을 좀 더 정확하게 서술해 보라. 그리고 이 내용을 20.1절과 연결하여 '작용의 극값'이 갖는 의미를 서술하라(S가 $\hbar$보다 훨씬 크다고 가정할 것).

했지만 고전적인 경로가 전체 확률에 가장 크게 기여하여 우리 직관과 잘 맞아떨어질 뿐만 아니라, 상쇄되지 않고 살아남은 소량의 '양자적 보정'은 측정결과와 놀라울 정도로 정확하게 일치한다. 위 설명은 점입자가 역장에서 움직이는 경우에 한정되어 있지만, 기본 아이디어는 거의 모든 경우에 적용 가능하며 움직이는 입자뿐만 아니라 역장의 역학에도 똑같이 적용된다. 이 경우에도 장의 고전적 해가 전체 확률에 가장 큰 기여를 하고, 그 근방에서 양자적 보정이 가해진다.

26.7 발산하는 경로적분 : 파인만의 해결책

과연 이것으로 충분할까? 위에서 설명한 아이디어가 수학적으로 수용 가능한 답을 줄 것인가? 그렇지 않다면, 수학적 엄밀함을 포기하고 대충 앞으로 나가다 보면 실험과 일치하는 물리학적 답을 얻을 수 있는가?

지금 당장은 복합적인 답을 제시할 수밖에 없다. 수학적으로 엄밀한 결론을 내리려면 매우 복잡한 과정을 거쳐야 하는데, 이 시점에서 가장 냉철한 답은 "No!"이다. 가장 단순한 점입자조차도 심각한 문제점을 안고 있다. 입자의 경로들로 이루어진 공간은 분명히 무한차원이므로,[26.10] 여기에 걸맞은 적절한 측도measure (무한차원 공간에 적용되는 '부피' 개념)가 필요하다. 그런데 이 측도는 매끈하지 않은 경로에서도 커다란 가중치를 주기 때문에, 라그랑지안의 의미가 무색해진다. 다시 말해서, 이론으로부터 계산된 모든 물리량이 무한대로 발산하는 것이다.

수학적 관점에서 무한대는 정말로 심각한 문제이다. '무한히 큰 양'에

[26.10] 왜 무한차원인가?

어떤 해석을 내려야 하는가? 여기서 우리는 발산하는 수열의 합이 다음과 같이 유한한 값을 갖는다는 오일러의 철학에 관심을 둘 필요가 있다.

$$1 + 2^2 + 2^4 + 2^6 + 2^8 + \cdots = -\frac{1}{3}$$

이것은 $1 + x^2 + x^4 + x^6 + x^8 + \cdots = (1 - x^2)^{-1}$의 등식에 $x = 2$를 대입한 결과이다. 사실, 경로적분법은 "(위에 제시된 합처럼)무한대로 발산하는 수학 표현들은 우리가 인식하지 못하는 심오한 플라톤적 의미를 갖는다"는 믿음에 전적으로 의존하고 있다. 썩 내키지 않겠지만 어쩔 도리가 없다. 왜냐하면, 물리학에서 이처럼 정확한 답을 얻어낼 수 있는 경우가 절대 흔치 않기 때문이다. (적절한 비유인지는 모르겠지만)수학이라는 불도저로 사정없이 밀고 나가다 보니, 혀를 내두를 정도로 정확한 답이 얻어졌다. 이런 기적 같은 일치를 어떻게 포기한단 말인가? 한 가지 예를 들어 보자. 이 이론으로 전자의 자기모멘트를 계산하면 디랙이 예견했던 값보다 1.001159652188배 정도 크게 나오는데, 이 값은 실험으로 측정한 값인 1.001159652118(24.7절 참조)과 거의 정확하게 일치한다(오차범위가 10^{-11} 이내이다)[17].

수학과 물리학의 세밀함을 무기 삼아 이토록 정확한 답을 얻을 수 있다니 정말 놀라운 일이 아닐 수 없다. 양자적 자유입자의 경우, 경로적분의 세계로 들어가는 첫 번째 단계[18]는 입자가 거쳐 간 여러 경로를 '파인만 전파인자'로 대치하는 일이다.[19] 이렇게 하면 파인만 다이어그램에 등장하는 여러 개의 선 중 일부에 수학적 해석을 내릴 수 있다(25장의 그림들 참조).

더 구체적인 사례를 들어 보자. 자유입자 하나가 시공간 상의 한 점 p에서 출발하여 q에 도달한다. 이런 사건이 일어날 확률을 계산하려면,

역사(과거)총합sum over history을 해야 한다. 즉, p와 q를 잇는 모든 경로에 $e^{iS/\hbar}$를 모두 더해야(또는 적분해야) 하는데, 결과는 당연히 무한대이다. 여기서 합 $K(p, q)$가 어떤 수학적(오일러적, 또는 플라톤적) 존재를 내포한다고 가정해 보자. 그리고 $K(p, q)$가 어떤 대수법칙과 미분법칙을 만족해야 하는지 생각해 보자. 만일 이런 특성이 존재하고(24.3절에서 언급한 '양의 진동수 조건'도 여기에 포함된다), 우리에게 약간의 행운이 따른다면 $K(p, q)$의 형태는 단 하나로 결정될 것이다. 그리고 이로부터 우리가 찾던 파인만 전파인자도 구할 수 있을 것이다. 이 과정은 위치공간보다 운동량공간에서 서술하는 것이 훨씬 유용하다(반드시 그래야만 하는 것은 아니다[20]). 활동무대를 운동량공간으로 옮기면 모든 것이 눈에 띄게 단순해진다.

디랙 입자(전자)의 경우, 전파인자는 운동량공간에서 $i(\not{P} - M + i\varepsilon)^{-1}$의 형태로 표현된다. 여기서 $\not{P} = \boldsymbol{\gamma}^a P_a$이고(24.6, 7절 참조), P_a는 임의의 경로를 따라갈 때 입자가 갖는 4-운동량이다. ε은 매우 작은 양의 실수로서, 파인만 전파인자의 양/음 진동수 조건을 충족시키는 역할을 한다. 여기서 $\varepsilon \to 0$의 극한을 취하면 정해진 경로를 따라가는 입자의 정지질량 $(P_a P^a)^{1/2}$이 실제 정지질량 M과 일치할 때 전파인자에 특이성이 나타난다(즉 무한대가 된다).[26.11] 고전적인 입자라면 당연히 $P_a P^a = M^2$을 만족하지만, 양자역학적 과거총합을 구할 때에는 정지질량이 M과 다른 경우도 고려해야 한다. 그러나 방금 언급한 특이성 때문에 $P_a P^a$의 값이 M^2과 비슷하면 확률진폭이 매우 커지게 되고, 그 결과 고전적인 질

[26.11] 특이성이 발생하는 이유를 설명하라. $(\not{P} - M + i\varepsilon)^{-1}$을 분모가 $P_a P^a - M^2 - \varepsilon^2$인 분수로 바꿔서 생각해볼 것.

량이 최종결과에 가장 큰 기여를 하게 된다. 이것은 디랙 입자만이 갖는 특성이 아니라, 모든 경우에 적용되는 일반적인 사실이다.

26.8 파인만 그래프 : S-행렬

앞 절에서 우리는 파인만 그래프(또는 다이어그램)를 향한 첫 걸음을 내디뎠다. 그러나 도중에 길을 잃지 않으려면 더 자세한 설명이 필요하다. 지금까지 언급된 것은 그래프에 등장하는 하나의 선line뿐이다. 이 선은 입자를 나타내는 선들과 여러 선이 만나는 꼭짓점vertex 등으로 이루어진 복잡한 다이어그램의 일부에 불과하다. 전체 확률진폭 중에서 꼭짓점이 기여하는 정도는 (전기전하와 같은)스칼라 결합상수에 의해 결정된다.[21] 이 상수는 상호작용의 세기를 결정하는데, 여기에는 지표를 맞추기 위한 γ_a와 9.7절에서 언급한 델타함수 등이 포함되어 있다(델타함수는 "꼭짓점에서 4-운동량 보존법칙이 성립하는 경우에만 전체 확률에 기여한다"는 제한조건이 부과되었음을 의미한다).[22] 그래프에 등장하는 여러 종류의 '선'들은 다양한 형태로 전체 확률진폭에 기여한다(기여하는 정도는 선에 대응되는 입자의 스핀과 정지질량에 따라 달라진다). 그런데 전체 확률이 무한대가 되는 골치 아픈 사건은 (4-운동량 보존법칙을 보장해 주는 델타함수를 문제 삼지 않는다고 해도)운동량 P_a가 '고전적으로 예견되는 값'을 가질 때(즉, $P_a P^a = M^2$일 때) 발생한다. 경로적분에서도 고전적인 경로가 가장 큰 기여를 할 것으로 예상되기 때문에, 이 지점에서 무한대가 발생하는 것은 그다지 놀라운 일이 아니다. 대충 말하자면, 이와 같은 특이성(델타함수에서 발생하는 무한대와는 무관함)은 "고전적인 경로가 양자역학적 확률진폭에 가장 큰 기여를 한다"는 조건과 밀접하게 연관되어 있다. 그러나 곧 알게 되겠지만, 이 특이성에는 은밀한 함정이 존재한다.

$P_a P^a = M^2$을 꼭짓점에서의 운동량 보존법칙과 같은 구속조건 constraint으로 간주할 수는 없다. 왜냐하면, 그림 26.5처럼 두 개의 전자가 '광자를 교환하는' 기본과정이 존재하기 때문이다(이 그래프에서 광자는 물결모양의 선으로 표현되었다. 25.3 ~ 5절 참조). 이 그림은 가까이 있는 두 전자 사이에 전기적 척력(쿨롱의 힘)이 작용하는 상황을 양자역학 버전으로 표현한 것이다(이것을 묄러 산란 Møller scattering이라고 한다). 그림 아래쪽에 있는 두 개의 선은 초기상태에 있는 전자를 나타내고, 위쪽에 있는 두 선[23]은 나중 상태의 전자를 나타낸다. 이들은 '이미 주어진 것'으로서, 최종진폭의 계산을 위한 적분대상이 아니다.

전자가 바깥상태 external state (초기 및 최종상태)에 있을 때에는 운동량의 고전적 관계인 $P_a P^a = M^2$을 만족한다. 이 관계식이 성립할 때, '입자는 껍질 위 on shell에 있다'고 말한다. 여기서 말하는 껍질이란 질량껍질 mass shell을 의미하는 것으로서, 그림 18.7에 있는 사발모양 쌍곡면의 운동량공간 버전에 해당한다. 그림 26.6에서 보다시피, 실제입자(현실

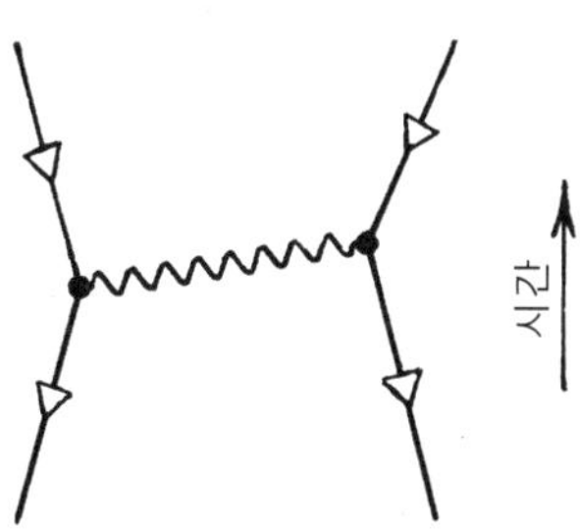

그림 26.5 전자의 묄러 산란(Møller scattering). 이것은 두 하전입자 사이에 정전기력(쿨롱의 힘)이 작용하는 과정을 가장 원시적인 양자역학 버전으로 나타낸 그래프이다. 여기서 정전기력은 두 전자 사이에 광자(물결선)가 교환되면서 발생한다. 모든 꼭짓점에서 운동량 보존법칙이 성립해야 하므로 이 광자는 껍질 바깥(off shell)에 있으며, 따라서 가상광자(virtual photon)이다.

세계에서 자유입자로 관측되는 입자들)는 항상 껍질 위에만 존재한다. 그러나 파인만 그래프의 내부선internal line까지 고려한다면 입자는 껍질 바깥에도 존재할 수 있다. 특히 그림 26.5처럼 두 전자 사이에 간단치 않은 상호작용이 오가는 경우, 이들 사이에서 교환되는 광자는 껍질 위에 존재할 수 없다(즉, 4-운동량은 $P_a P^a = 0$을 만족하지 않는다).[26.12] 이처럼 껍질 바깥off shell에 존재하는 입자를 '가상입자'라 하며, 이들은 파인만 그래프의 내부에만 존재할 수 있다. 따라서 그림 26.5에서 교환된 광자는 가상입자이며, 이들은 관측 가능한 영역으로 '탈출'할 수 없다.

그림 26.5로 표현되는 과정은 내부선(가상광자)의 상태가 외부선에 의해 완전히 결정되는 특수한 경우이다. 이런 때에는 '내부상태에 대한 적분'이 완전히 자명해져서 단 하나의 항밖에 나타나지 않는다. 그러나 그

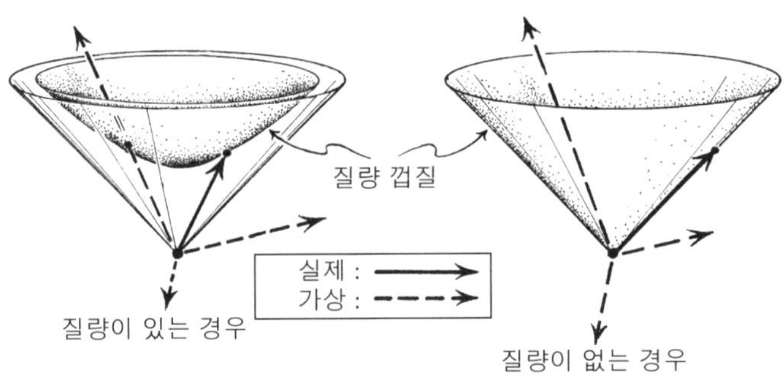

그림 26.6 운동량공간의 질량껍질(그림 18.7, 18.17과 비교해볼 것). 정지질량이 M인 실제입자의 경우, 4-운동량 p^a는 질량껍질 위에 존재한다(on shell, 따라서 p^a는 $P_a P^a = M^2$을 만족하는 시간꼴 미래, 또는 널 미래(future null)이다). 그러나 파인만 그래프의 내부(interior)에 있는 가상입자는 껍질 바깥(off shell)에 존재한다.

[26.12] 왜 그런가? 각 꼭짓점에서 4-운동량 보존법칙이 가상광자의 4-운동량을 어떤 식으로 결정하는지 설명해 보라[도움말 : 모든 전자는 정지질량이 같다!].

림 26.7a, b처럼 교환되는 광자의 수가 두 개로 늘어나면, 내부선의 4-운동량에 새로운 자유도가 생긴다.[26.13] 이런 경우에는(그림 27c처럼 훨씬 복잡한 온갖 경우들까지 포함하여) 내부선이 가질 수 있는 모든 가능한 운동량에 대하여 적분을 수행해야 하며, 주어진 외부선과 운동량에 부합하는 모든 가능한 '파인만 그래프 위상'의 기여도를 더해 주어야 한다(여기서 말하는 위상이란, 그래프의 선에 할당된 4-운동량이 동일하면서 내부구조는 다른 다양한 가능성 중 하나를 일컫는다).

이 과정을 거치면 특정하게 주어진 초기in 운동량과 최종out 운동량에 대하여 총 확률진폭을 얻을 수 있다. 그리고 여러 가지 다양한 초기상태와 최종상태에 대응되는 확률진폭을 한데 모으면 하나의 (무한차원)행렬이 만들어지는데, 이 행렬의 가로줄은 최종상태의 기저에, 세로줄은 초

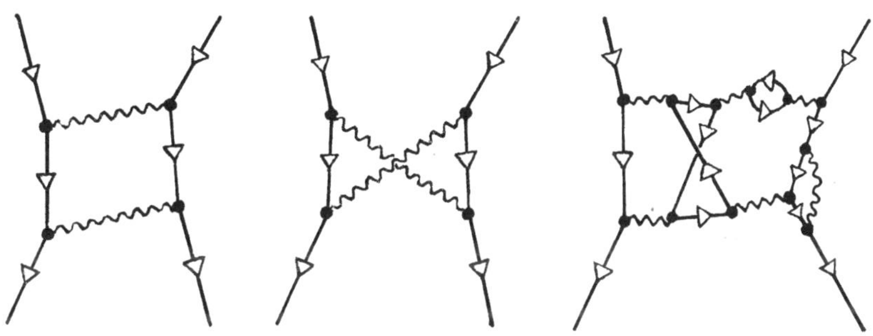

그림 26.7 묄러 산란의 확률진폭을 정확하게 계산하려면 위 그림과 같은 고차항들까지 고려해야 한다. (a)와 (b)는 두 개의 전자들 사이에서 두 개의 광자가 교환된 경우이고, (c)는 내부에서 짝 생성(pair creation)과 짝 소멸(pair anihilation)이 일어나는 복잡한 경우이다. 각각의 파인만 그래프는 하나의 적분에 해당하며, 이 모든 값을 더해야 최종 확률진폭을 얻을 수 있다.

[26.13] 여기서 말하는 자유도의 의미는 무엇인가?

기상태의 기저에 해당된다. 이 행렬을 흔히 '산란행렬scattering matrix'이라 부르며, 간단하게 'S-행렬'이라고도 한다. 양자장이론의 주된 목적 중 하나는 바로 이 S-행렬을 계산하는 것이다.[24]

이 과정은 계산적 측면에서 '과거총합'보다 크게 개선된 결과이다. 이 과정을 따르면 그래프의 각 선에 대응되는 (무한대로 발산할 것 같았던) 무한차원 경로적분을 수행한 것이나 다름없기 때문이다. 파인만 그래프의 한 위상은 (12.6절에서 다뤘던) 일상적인 유한차원 적분에 대응되며, 이는 경로적분에서 야기되는 (발산하는) 무한차원 적분을 수행한 것에 해당된다. 그뿐만 아니라, 이 유한차원 적분은 복소 경로적분contour integral (7.2절 참조)이라는 막강한 도구를 이용하여 쉽게 수행할 수 있다. 이때 전파인자에 등장하는 파인만 매개변수 ε(26.7절의 마지막 단락 참조)은 특이점 근처에서 적분경로를 안내하는 역할을 한다.

그러나 이 정도로는 울창한 숲을 빠져나오기에 충분치 않다. 파인만 그래프에 닫힌 고리closed loop가 포함되면, 이에 대응하는 유한차원 적분도 발산하기 때문이다. 대부분의 그래프에는 닫힌 고리가 포함되므로, 이것은 그다지 좋은 소식이 아니다. 닫힌 고리가 없는 그래프의 경우(이것

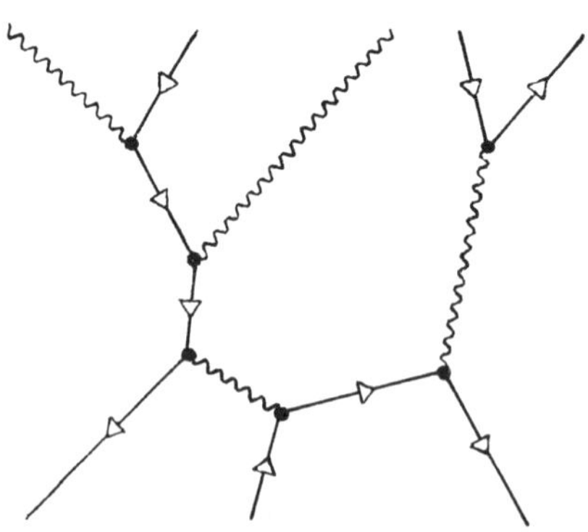

그림 26.8 파인만 그래프 중 닫힌 고리(closed loop)가 없는 것을 '나무 그래프(tree graph)'라 한다. 이런 경우 내부운동량은 외부운동량에 의해 결정되기 때문에 적분을 할 필요가 없다. 나무 그래프는 고전이론을 그대로 재현한다.

을 '나무 그래프', 또는 '나무 다이어그램'이라 한다. 그림 26.8 참조), 내부운동량은 외부운동량에 의해 간단하게 결정된다. 나무 그래프는 고전이론을 그대로 재현할 뿐이다!

26.9 재규격화

지금까지 그토록 노력했음에도(사실, 노력한 사람은 우리가 아니라 파인만이었다!), 순수하게 양자적인 과정이 발생할 확률진폭은 여전히 무한대로 발산한다. 낙담한 독자들은 이쯤에서 "지금까지 한 일은 모두 헛수고란 말인가?"라며 반문을 제기할지도 모른다. 수학적으로 엄밀하게 답하자면 "Yes"고 말할 수밖에 없다. 지금까지 우리가 얻은 결과들은 (오일러의 $1 + 2^2 + 2^4 + 2^6 + 2^8 + \cdots = -\frac{1}{3}$ 처럼)여전히 수학적으로 의미가 없기 때문이다. 그러나 훌륭한 물리학자라면 이 정도로 포기하지 않으며, 포기하지 않을 권리도 갖고 있다. 다행히도 그들의 노력은 커다란 보상을 받았다.[25] QED(quantum electrodynamics, 양자전기역학 : 전자와 양전자, 광자 사이의 상호작용을 설명하는 이론)의 경우에, 파인만 그래프에서 발산하는 모든 영역이 별개의 '꾸러미'로 엮여서 무한대가 무시 가능한 재축척rescaling 인자로 둔갑했기 때문이다. 이를 '재규격화'라 한다(이 내용을 26.5절에서 잠시 언급한 바 있다).

이 특별한 무한대는 파인만 그래프에서 운동량이 무한히 커지거나 (같은 말이지만)거리가 무한히 가까워질 때 발생한다(하이젠베르크의 운동량-위치 불확정성원리 $\Delta p \Delta x \geq \frac{1}{2}\hbar$를 떠올릴 것. 21.11절 참조). 이런 종류의 무한대를 '자외선발산ultraviolet divergence'이라고 하는데, 양자장이론을 비롯한 여러 이론에서 매우 골치 아픈 존재이다. 이와는 반대로 거리가 무한히 멀어졌을 때(또는 운동량이 무한히 작아졌을 때) 발생하는 무한대를 '적외선발산infrared divergence'이라고 하는데, 이것은 그다지 심각한 문제가 아니어서 다양한 방법으로 극복될 수 있다.

자외선발산에 대한 '감'을 키우는 의미에서, 재규격화의 물리적 의미를 생각해 보자. 가장 명백한 사례는 전자의 전하이다. 전자를 점입자로 간주하고, 이것이 공간상의 한 점 E에 놓여 있다고 가정하자. 이런 경우에 '진공분극vacuum polarization'이라는 효과가 나타나는데, 그 과정은 다음과 같이 이해할 수 있다 — 점 E 근방에서 한 쌍의 (가상)입자가 생성된다. 이들은 전자와 양전자로서, 생성된 후 아주 짧은 시간 안에 다시 합쳐지면서 소멸한다(이 시간은 아주 짧아서 입자쌍을 생성하는 데 필요한 에너지는 하이젠베르크의 시간-에너지 불확정성원리 $\Delta E\,\Delta t \geq \frac{1}{2}\hbar$를 따른다. 21.11절 참조). 이 과정을 서술하는 파인만 그래프는 그림 26.9a와 같다. 시작점(그리고 끝점)에 (가상)광자가 있다는 것은 E 점에 있는 전자가 만든 전기장 속에서 입자가 생성(그리고 소멸)되었음을 의미한다(그림 26.9b와 같이 '분리된 고리disconnected loop'형 파인만 그래프를 생각할 수도 있다. 이것은 전기장 없이 입자가 생성되거나 소멸하는 경우인

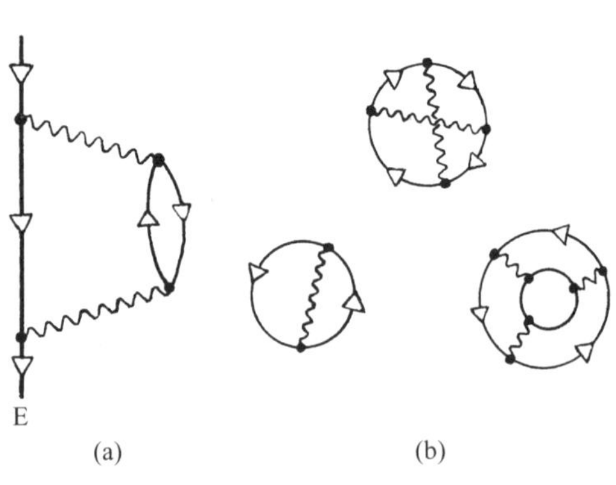

그림 26.9 (a) 전하의 재규격화와 관련된 파인만 그래프. E 점에 있는 전자에 의해 배경전기장이 형성되고, 그 안에서 전자-양전자 쌍이 생성되었다가 금방 소멸한다(그림 26-10 참조). (b) 완전히 분리된 파인만 그래프. 이런 현상은 실제로 일어난다고 해도 물리적으로 관측 가능한 효과가 나타나지 않는다.

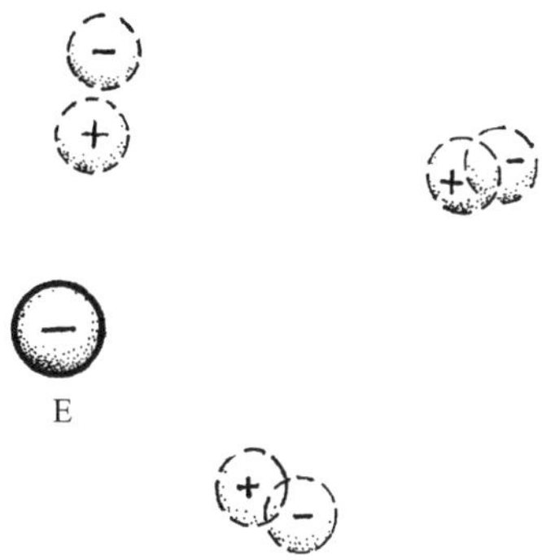

그림 26.10 진공분극(vacuum polarization)—전하 재규격화의 물리적 근거. 진공 속에서 순간적으로 생성된 가상전자-양전자 쌍은 E 점에 있는 전자에 의해 약간의 척력(또는 인력)을 받게 되고, 그 결과 전자(E)의 맨전하가 감소한 것처럼 보인다. 그런데 불행히도 이 감소치를 이론적으로 계산하면 인자가 무한대라는 황당한 결과가 얻어진다.

데, 이런 과정에서는 물리적으로 관측 가능한 효과가 전혀 일어나지 않는 것으로 알려져 있다). E 점에 있는 전자는 새로 생성된 전자에 약간의 인력을 행사하고 양전자에는 약간의 척력을 행사한다. 그래서 쌍으로 생성된 전자와 양전자는 잠시 생존하는 사이에 서로 분리되었다가 다시 합쳐지면서 소멸한다. 이러한 과정은 E 점에 있는 전자 근처에서 수시로 발생하며 그 결과는 전자의 알짜전하net charge가 줄어드는 효과로 나타나는데,[26] 이것을 진공분극이라고 한다(그림 26.10 참조).[26.14] 즉, 진공이 전자의 전하를 커튼처럼 '가려서' 전자의 전하량이 실질적인 맨전하bare charge보다 작아진 것처럼 보이는 것이다(이렇게 작아진 전하값을 '드레스드 값dressed value'이라 한다). 실험실에서 관측되는 전하는 맨전하가 아닌 드레스드 값이다.

여기까지는 논리적으로 큰 문제가 없다. 문제는 맨전하 값에 곱해져야 할 인자가, 드레스드 값에 비해 '무한대'라는 것이다! 이것은 양자전기역학의 계산으로 얻어지는 여러 종류의 무한대 중 하나이다(기본적으로 그림 26.9a와 그 변종으로부터 나타난다). 이 난관을 어떻게 극복해야 할

[26.14] 맨전하가 감소하는 이유를 구체적으로 설명해 보라.

까? 혹자는 이렇게 생각할 수도 있다. "미래에 어떤 이론이 등장하여, 무한대로 발산하는 적분을 유한한 값으로 바꿔줄 것이다. 왜냐하면, 거리가 극단적으로 가까워지면(또는 운동량이 매우 커지면) 불확정성원리에 의해 '더 가까울 수 없는' 일종의 한계값cut-off이 존재하기 때문이다(21.11절 참조). 따라서 재규격화 인자는 유한하면서 어느 정도 큰 숫자일 것이다." (사실 27.10절에서 도입할 예정인 '자연단위natural unit'를 사용했을 때 전자전하의 드레스드 값은 약 0.0854이다. 전자의 맨전하를 1로 간주한다면, 재규격화인자는 ∞가 아니라 11.7062, 또는 약 $\sqrt{137}$이다). 또는 "전자의 맨전하는 개념상 편의를 위해 도입한 양일뿐, 관측이 불가능하므로 의미가 없다"고 생각할 수노 있다.

철학적 관점이 어떻건 간에, 재규격화는 현대 양자장이론의 가장 기본적인 특성이다. 전하와 질량은 물론이고, 다른 물리량들에 대해서도 '무한대 재축척과정'을 거치지 않고 유한한 값을 얻어내는 방법은 아직 알려지지 않았다. 이와 같은 과정이 적용 가능한 이론을 '재규격화 가능한 이론renormalizable theory'이라고 부른다. 재규격화가 가능한 양자장이론의 경우, 파인만 그래프에서 발산하는 부분을 유한한 개수의 '꾸러미'로 엮어서[27] 재규격화하면 모든 무한대가 어떤 원리에 따라 서로 상쇄된다(표준모형에서는 대칭원리가 중요한 역할을 한다). 양자전기역학QED과 표준모형은 재규격화가 가능한 이론이다. 그러나 양자장이론QFT은 대부분 재규격화가 불가능하다. 입자물리학자들은 새로운 이론을 검증할 때 '재규격화의 가능성 여부'를 판단기준으로 삼는다. 따라서 재규격화가 안 되는 이론은 자연스럽게 폐기된다. 20세기 입자물리학의 총아라 할 수 있는 표준모형도(25장 참조) '재규격화 가능성'이라는 지침을 따라간 끝에 탄생한 이론이었다. 이런 관점에서 볼 때, 양자장이론에 수시로 등장하는 무한대는 무조건 나쁜 것이 아니라, 올바른 이론을 걸러내는 강력한 기준인 셈이다.[28] 지금까지 극소수의 이론만이 재규격화 심사를 통과했으며, 여기서 살아남아야 정식 이론으로 등극할 기회를 잡을 수 있다.

그러나 모든 물리학자가 이런 생각을 하는 것은 아니다. 표준모형의 재규격화에 결정적인 공헌을 하여 노벨상을 받은 제라드 토프트는 재규격화에 매달리는 물리학자들을 다소 부정적인 시각으로 바라보았다(토프트는 위트레흐트 대학교 대학원생이었던 1971년에 "대칭이 자발적으로 붕괴하는 이론은 재규격화가 가능하다"는 사실을 입증하여 물리학계를 놀라게 했다. 그의 이론은 훗날 약전자기이론의 모태가 되었다). 그는 언젠가 나를 만난 자리에서 이런 말을 한 적이 있다. "이론의 재규격화 여부는 상호작용의 척도인 결합상수의 크기에 따라 좌우된다. 그런데 중력은 입자물리학에 등장하는 다른 힘들에 비해 매우 약한 힘인데도 불구하고, 일반상대성이론의 장방정식을 양자화하기 위해 전통적인 접근을 시도하면 올바른 답이 나오지 않는다. 중력이론은 재규격화가 불가능하다." (19.6, 31.1절 참조. 수소원자 속의 전자와 양성자 사이에 작용하는 중력은 이들 사이에 작용하는 전기력의 10^{-40}배에 불과하다. 중력은 방사능 붕괴에 작용하는 약력과도 비교조차 되지 않을 정도로 약한 힘이다) 내가 보기에 토프트는 양자장이론에 대하여 다분히 실용주의적인 관점을 갖고 있었다(사실은 재규격화가 가능한 이론에서도 무한대가 나타날 수 있는데, 이 문제는 잠시 후에 다룰 예정이다). 그는 이론 속에 숨어 있는 무한대가 실험으로 도달할 수 없는 에너지수준에서도 물리적으로 타당할 수 있는지를 문제 삼았다. '양자화된 중력이론'의 경우 이론의 배경이 되는 에너지수준이 현실적으로 도저히 도달할 수 없을 정도로 크기 때문에, 중력이론의 재규격화가 불가능하다는 사실이 알려지기 훨씬 전부터 물리학이론의 다른 불확정성들이 먼저 알려지게 되었다.

토프트의 주장은 계속된다—이와 반대로 강한 상호작용(강력, 또는 핵력)은 결합상수가 매우 커서 파인만 그래프가 과연 쓸모 있는지 의심스럽다. 뒤로 갈수록 점점 커지는 수열의 합은 당연히 발산할 것이기 때문이다. 재규격화가 가능하다는 사실만으로는 양자색역학quantum chromodynamics, QCD이 유한한 답을 준다고 단언할 수 없다. 이럴 때에는 강력의 '점근적 자유asymptotic freedom'를 이용해야 한다(그로스, 폴리처, 윌첵은 이 사실을 밝혀낸 공로로 2004년 노벨물리학 상을 받았다). 강력은 운동량이 극히 큰 경우에(양자이론에서는 거리가 아주 짧은 경우에 해당됨) 사라지는 특성이 있다. 이것은 우리에게 친숙한 중력이나 전기력과 전혀 다른 특성이다. 중력과 전기력은 거리의 제곱에 반비례하므로 거리가 가까워질수록 힘이 강해진다. 그러나 강력은 마치 고무밴드처럼 거리에 비례하여 힘이 강해지고, 거리가 0이면 힘이 아예 작용하지 않는다.[29] 이러한 사실로부터 '쿼크 속박quark confinement'이라는 현상이 알려지게 되었다(25.7, 9절 참조). 즉, 강입자(하드론)를 구성하는 쿼크는 어떤 경우에도 혼자 자유롭게 떠돌아다니지 않는다. 그러나 아주 강한 힘으로 잡아당기면 반쿼크나 쿼크 쌍을 진공 중에서 추출할 수는 있다. 이것은 입자가속기에서 흔히 볼 수 있는 현상이다. 강력을 설명하는 양자색역학은 점근적 자유 덕분에 재규격화 문제에도 불구하고 생명을 유지할 수 있었다. 강력의 결합상수는 거의 10에 가까운 반면, 전자기력의 결합상수는 $\frac{1}{137}$밖에 되지 않는다(이 값을 미세구조상수fine structure constant라 한다). 약력의 결합상수는 직접 비교하기가 곤란하지만 매우 약한 것으로 알려져 있다(31.1절 참조).

26.10 라그랑지안과 파인만 그래프

지금까지 파인만 그래프와 재규격화를 설명했지만, 특정한 장이론으로부터 다이어그램이 유도되는 과정은 설명하지 않았다. 그리고 이 장의 주제인 양자장이론과 파인만 그래프의 연결관계도 구체적으로 제시하지 않았다. 지금부터 양자장이론의 틀 안에서 파인만 그래프의 의미를 분석해 보자.

우선, 주어진 이론에 부합되는 라그랑지안에서 출발해 보자. 파인만 그래프는 특정 라그랑지안에 부합되는 양자장이론을 건드림전개perturbation expansion방식으로 표현한 도식이다. 건드림전개란 값이 작은 매개변수(또는 여러 개의 작은 매개변수들)를 이용하여 멱급수로 전개하는 방식을 통칭하는 용어이다. 우리는 4.3절에서 함수 $f(x)$를 x의 멱급수로 전개한 적이 있는데, 이것도 일종의 건드림전개에 해당된다. 이때 x가 했던 일을 파인만 그래프에서는 결합상수가 맡는다. 예를 들어, QED에서는 전자 전하 e가 그 역할을 담당한다. 파인만 그래프의 꼭짓점마다 e가 하나씩 등장하고, 분기점이 많아질수록 e의 차수가 높아져서 결국은 e의 멱급수 형태가 되는 것이다. 꼭짓점이 n개 있는 그래프는 e^n의 계수를 제공한다. 이론에 등장하는 결합상수가 둘 이상이면 변수가 두 개 이상인 복잡한 멱급수가 얻어진다. 전자의 선이 그림 25.2나 25.3b처럼 지그재그형인 QED가 그 대표적인 사례이다. 이런 경우에는 전자의 전하와 질량 M이 결합상수 역할을 하게 된다.

앞서 말한 대로, 재규격화가 가능한 이론이라고 해서 반드시 유한한 결과를 얻는다는 보장은 없다. 심지어는 재규격화가 이루어진 전형적인 QED조차도 유한한 값을 주지 않는다. 왜 그런가? 재규격화란 유한한 개수의 파인만 그래프에서 무한대를 제거하는 과정인데, 이렇게 얻어진 유한한 값들의 '합'이 특정 값으로 수렴한다는 보장이 없기 때문이다. 어떤 물리량을 QED로 계산하면 $f_0 + f_1 \mathrm{e} + f_2 \mathrm{e}^2 + f_3 \mathrm{e}^3 + \cdots$과 같은 형태의 멱급수가 얻어지며, 각 항의 계수 $f_0, f_1, f_2, f_3, \cdots$는 파인만 그래프의 재규격화 과정을 거쳤으므로 유한한 값을 갖는다(실제로는 짝수항이나 홀수항만 등장한다 [26.15]). 그러나 재규격화가 가능하다고 해서 각 항의 합까지 유한할 필요는 없다. 실제로 이 값은 로그함수 형태로 발산한다($x =$ 1에서 $-\log(1-x)$를 전개한 $1 + \frac{1}{2} + \frac{1}{3} + \frac{1}{4} + \cdots$이 발산하는 것과 비슷하다). 다행히도 QED의 건드림전개에서는 거의 137번째 항까지 가서야 이런 현상이 나타나기 때문에, 이론의 타당성을 위협할 정도로 심각한 문제를 야기하지 않는다.

일반적인 양자장이론에서 각 차수에 해당하는 그래프를 정확하게 산출하려면 경로적분에 의존하는 수밖에 없다. 그런데 이들의 합을 곧이곧대로 계산하면 빠르게 발산하기 때문에, 경로적분을 '범함수 미분이 적용된' 형식적인 양으로 간주한다(20.5절 참조). 범함수의 미분이 여러 번 중복될수록 꼭짓점이 많은 파인만 그래프가 얻어진다. 여기서는 구체적인 설명을 생략하되, 단 한 가지만 강조하고자 한다. 즉, 이런 형식적인 절차를 통해 만들어진 파인만 그래프는 정상적인 과정과 비교할 때 모호함이 전혀 없다는 것이다.[30] 이에 대응되는 라그랑지안은 20.5절에서 언급했던 일반적인 형태의 장 라그랑지안 field Lagrangian이다. 그리고 이 라그랑지안에 대응되는 경로는 일상적인 1차원 곡선이 아니라 무한차원 배위공간 속의 경로이다. 여기에 상대론적 불변성까지 보장하려면 '입자의 과거'는 시공간의 특정 영역에서 정의된 4차원 장배열 field configuration이 되어야

[26.15] 왜 그런가?

한다. 이 영역에서 라그랑지안 밀도를 적분하면 작용 S가 얻어지며, $e^{iS/\hbar}$는 장의 특정한 배열이 얻어질 확률진폭(밀도)이 된다.

26.11 파인만 그래프와 진공의 선택

주어진 이론이 어떤 군group 하에서 대칭[약전자기이론의 U(2)대칭이나 양자색역학의 SU(3)대칭, 또는 둘 다]을 갖는다는 것은, 대부분은 라그랑지안에 이런 대칭이 존재한다는 뜻이다. 라그랑지안의 대칭성은 양자장이론의 재규격화 여부를 결정하는 데 중요한 역할을 한다. 대충 말하자면 이 대칭성은 무한대로 발산하는 항들을 서로 상쇄시킬 때 사용된다. 만일 살아남은 무한대항이 있다면, 이런 항은 이론의 대칭성을 만족하지 못한다.

이것은 일반적으로 적용되는 아이디어이다. 그러나 약전자기이론에는 좀 더 미묘한 구석이 있다. 최종적으로 얻어진 이론이 애초에 가정했던 U(2)대칭을 만족하지 않기 때문이다.[31] U(2)대칭의 부재는 대칭붕괴의 결과로 해석되지만(25.5절 참조), 정확한 이유를 이해하려면 양자장이론의 일반적인 체계로 돌아가야 한다. 기본적인 아이디어는 U(2)-비대칭적 '진공상태'를 적절히 선택하여 대칭의 붕괴를 설명하는 것이다. 그 결과 모든 생성연산자와 소멸연산자의 오른쪽 끝에 그림자처럼 숨어 있는 '$|0\rangle$'상태가 전면으로 등장하게 된다(앞에서 파인만 그래프를 설명할 때에는 $|0\rangle$의 존재를 거의 무시했었다).

우선 첫째로 양자장이론의 대수 $\mathcal{A}$와 파인만 그래프가 어떻게 연결되는지 대략적으로 알아보자. 여기서 중요한 사실은 파인만 그래프에서 선으로 표현되는 전파인자propagator가 기본적으로 '교환자commutator'

나 '반교환자anticommutator'의 값에 대응된다는 것이다(26.2절의 $\langle\psi|\phi\rangle$ 표현 참조). 파인만 전파인자를 정의하는 데 다소 미묘한 문제가 있긴 하지만(이 문제는 양/음 진동수에서 야기된다. 9.7절의 초함수를 이용하면 더 구체적으로 이해할 수 있는데, 지금은 그냥 넘어가기로 한다), 이들은 통상적으로 운동량공간에서 정의된다.

한 무리의 들어오는 입자들이 시공간의 특정 영역에서 상호작용을 교환한 후 나가는 상황을 상상해 보자. 우선 진공상태 $|0\rangle$에서 시작하여 '들어오는 입자들'을 만드는 데 필요한 여러 가지 생성연산자를 순차적으로 가한다. 이 과정이 끝나면 초기상태 $|\psi_{\text{in}}\rangle$이 얻어질 것이다. 그다음에는 비슷한 방법으로 진공 $|0\rangle$에 다른 연산자를 가하여 '나가는 입자들'의 상태(최종상태)인 $|\psi_{\text{out}}\rangle$을 만든다. 그 후 22.5절에 제시된 표준공식을 따라 확률진폭 $\langle\psi_{\text{out}}|\psi_{\text{in}}\rangle$을 계산하면 주어진 초기상태에서 최종상태가 얻어질 확률 $|\langle\psi_{\text{out}}|\psi_{\text{in}}\rangle|^2$을 알 수 있다(물론 각 상태는 규격화되어 있어야 한다).

$\langle\psi_{\text{out}}|\psi_{\text{in}}\rangle$은 왼쪽에 소멸연산자를 포함하고 있다($|\psi_{\text{out}}\rangle$을 $\langle\psi_{\text{out}}|$으로 바꾸려면 '에르미트 켤레' 연산을 가해야 하는데, 이 과정에서 모든 생성연산자가 소멸연산자로 바뀐다). 이 소멸연산자들은 $|\psi_{\text{in}}\rangle$에 붙어 있는 생성연산자의 왼쪽에 위치해 있는데, 이들이 오른쪽 끝에 있는 $|0\rangle$에 작용될 때까지 오른쪽으로 차례차례 넘겨 보자. 이 단계를 거쳐서 소멸연산자가 진공 $|0\rangle$에 작용되면 결과는 무조건 0이다(26.2절 참조). 그러나 소멸연산자가 생성연산자를 넘어갈 때마다 교환자를 고려해줘야 하고(양/음 진동수 조건도 고려해야 한다), 그때마다 파인만 그래프의 선들(전파인자)이 하나씩 출현한다. 이 과정이 모두 끝나면 $\langle 0|0\rangle$에 파인만 전파인자들이 곱해진 최종결과가 남는데, 진공이 규격화되어 있으면 $\langle 0|0\rangle$

= 1이므로, 결국 파인만 전파인자만 남게 된다.

지금까지는 연산자 대수 $\mathcal{A}$에 상호작용을 전혀 고려하지 않았으므로 우리가 얻은 파인만 그래프는 꼭짓점이 하나도 없는 자명한 형태에 불과하다. 여기에 상호작용을 고려하려면 현재 다루고 있는 문제에 부합하는 라그랑지안을 분석하여 그에 합당한 대수 $\mathcal{A}$를 만들어 내야 하는데, 이 과정은 꼭짓점을 포함하는 파인만 그래프를 만들어 내는 과정(26.10절 참조)과 기본적으로 동일하다.

지금까지 새로 알아낸 사실은 별로 없지만, 파인만 그래프를 양자장 이론의 일반적 체계에 적용하면서 우리가 얻은 이점은 진공상태 $|0\rangle$를 이와 동일하지 않을 수도 있는 또 하나의 진공 $|\Theta\rangle$로 대치 가능하게 되었다는 것이다(26.4절에서 도입했던 '디랙의 바다 상태' $|\Sigma\rangle$와 비슷하다). 약전자기이론이나 '붕괴된 대칭'에 크게 의존하는, 즉 라그랑지안(그리고 이에 대응되는 파인만 그래프들)에 완벽한 대칭[약전자기의 경우에는 U(2)대칭]을 만족시켜야 하는 다른 이론들에서, 이는 계의 실제 상태에 더 낮은 대칭[약전자기의 경우, 전자기력의 U(1)대칭]만을 만족시키면 된다는 장점으로 작용한다. 진공 $|\Theta\rangle$가 '낮은 대칭'을 갖기 때문이다. 그래서 전체적으로는 더 작은(붕괴한) 대칭군을 갖지만 이론의 재규격화 가능성은 여기에 영향을 받지 않는다.

관측된 현실은 대칭과 거리가 멀지만, 그래도 우리는 완벽한 대칭의 이점을 모두 간직한 이론을 만들어낼 수 있다. 이 얼마나 기적 같은 일인가! 그래서 물리학자들은 더욱 개선되고 심오한 이론을 찾기 위해 이 논리를 꾸준하게 사용해 왔다. 사실, 표준모형을 넘어선 모든 현대이론들은 '대칭붕괴'의 이점을 십분 활용한 것이다. 그러나 새로운 이론이 제아무리 유명세를 탄다고 해도, 아직까지는 사변적 이론으로만 간주해야 한다(새로운 이론들은 28.1 ~ 5절에서 다룰 예정이다). 앞으로 나는 이 문제에 관하여 비평적이고 회의적인 시각을 견지할 것이다.

새로운 이론을 접하기 전에, 빅뱅 이론을 먼저 알아둘 필요가 있다. 그래서 27장의 주제는 빅뱅으로 선택했다. 그 후 28장에서는 초기우주의 자발적 대칭붕괴에 기초한 여러 이론과 그에 따르는 문제들을 살펴볼 것이다. 그리고 31장에서는 초끈이론의 기초가 되었던 초대칭supersymmetry과 그 주변문제들을 알아보기로 한다.

〈26장 후주〉

26–1절

26.1 Aitchson and Hey(2004), Zee(2003) 참조.

26–2절

26.2 여기서 나는 다소 '비표준적인' 관점을 견지하고 있다. 즉, 파동함수 ψ는 규격화할 필요가 없는 일반적인 양의 진동수 장(positive-frequency field)으로 간주한다. 규격화가 필요 없는 것은 생성연산자 $\boldsymbol{\Psi}$(그리고 소멸연산자 $\boldsymbol{\Psi}^*$)도 마찬가지다. 대부분 ψ는 일종의 운동량상태로 간주된다.

26.3 대부분의 책에서 기호 $\boldsymbol{a}$는 소멸연산자를, $\boldsymbol{a}^\dagger$는 이에 대응되는 생성연산자를 나타내며($\boldsymbol{a}^\dagger$는 $\boldsymbol{a}$의 에르미트 켤레이다), 운동량-공간 표현을 사용한다. Shankar(1994), Zee(2003) 참조.

26.4 관련 서적을 많이 읽은 독자라면 다소 혼란스러울 수도 있다. 일반적으로 생성연산자와 소멸연산자는 직교기저(orthogonal basis)를 이루는

다양한 운동량상태에 대응된다. 이 경우 소멸연산자는 특정한 상태만을 제거한다.

26.5 Zee(2003), Peskin and Schröder(1995) 참조.

26.6 엄밀한 증명은 Zee(2003)을 참조할 것,

26.7 입자의 위상을 2π만큼 변화시켰을 때에도 흥미로운 문제가 야기되는데, 양자장이론적 의미는 아직 분명하지 않다. Finkelstein and Rubinstein(1968), Feynman(1987), Berry and Robbins(1997) 참조.

26–3절

26.8 기술적인 내용은 Landsman(1998)과 Ashtekar and Magnon(1980)을 참조할 것.

26.9 퍼텐셜로 표현된다.

26.10 각 상태의 규격화에 대한 일반론은 Ryder(1996)을 참조하라. 전통적인 방법으로 전자기장을 양자화하는 방법은 Shankar(1994)에 잘 나와 있다.

26–4절

26.11 뉴트리노에 관한 최근 소식은 Shrock(2003)을 참조하라.

26–6절

26.12 스스로가 자신의 반입자인 간단한 보존장(boson field)의 경우, 폭 공간은 $\mathbb{C} \oplus \mathcal{H} \oplus \{\mathcal{H} \odot \mathcal{H}\} \oplus \{\mathcal{H} \odot \mathcal{H} \odot \mathcal{H}\} \oplus \{\mathcal{H} \odot \mathcal{H} \odot \mathcal{H} \odot \mathcal{H}\} \oplus \cdots$로 표현된다. 여기서 $\oplus$는 직합(direct sum)이고 $\odot$는 대칭화된(symmetrized) 텐서곱을 의미한다. 스핀과 전하가 있는 더욱 복잡한 경우에도 이와 비슷한 형태로 표현할 수 있다. 일반적인 개념은 Shankar(1994)와 Davydov(1976)을 참조하라.

26.13 결맞음상태에 관한 자세한 설명은 Hannabuss(1997)과 Shankar

(1994)를 참조할 것.

26.14 Wald(1994), Birrell and Davies(1984) 참조.

26.15 Dirac(1933), Schwinger(1958) 참조.

26.16 Feynman(1948, 1949), Feynman and Hibbs(1965) 참조. 양자전기역학에 대한 슈윙거식 접근법은 더 엄밀한 논리에 기초를 두지만 [Schwinger(1951) 참조], 오늘날 물리학자들은 대부분 훨씬 직관적인 파인만 다이어그램과 경로적분을 선호한다.

26–7절

26.17 파인만은 이 정확도를 다음과 같이 비유했다. "이 오차는 로스앤젤레스와 뉴욕 사이의 거리를 측정할 때 머리카락 한 올의 두께에 해당된다!"

26.18 '유클리드화(Euclideanization)' 등 다른 아이디어들은 28.9절에서 언급될 것이다.

26.19 이것은 그린 함수(Green's function)의 한 사례이다[이 명칭은 방앗간집 아들로 태어나 독학으로 크게 성공한 영국의 수학자 조지 그린(George Green, 1793~1841)의 이름에서 따온 것이다]. 파인만 전파인자는 양자이론에서 양의 진동수를 갖도록 정의된 그린 함수 $K(p, q)$의 특별한 경우에 해당된다(24.3절 참조).

26.20 Bjorken and Drell(1965) 참조.

26–8절

26.21 파인만 꼭짓점으로 '들어오는 입자'의 정지질량에 의존하는 '흐름 결합 상수(running coupling constant)'라는 것도 있는데, 현대 입자물리학에서 중요하게 취급되고 있다.

26.22 꼭짓점으로 들어오는 입자의 운동량을 $P_a^{(1)}$, $P_a^{(2)}$, …라 하고 나가는 입자의 운동량을 $Q_a^{(1)}$, $Q_a^{(2)}$, …라 했을 때, $\delta(P_a^{(1)} + P_a^{(2)} + \cdots - Q_a^{(1)} -$

$Q_a^{(2)} - \cdots$)와 같은 항이 포함된다.

26.23 [후주 25.6] 참조.

26.24 S-행렬의 개념[독일의 하이젠베르크와 미국의 휠러(J.A. Wheeler)가 원조이다]은 파인만 그래프와 직접 연결되진 않고, 다른 방법으로 계산된다. Eden *et al*.(2002) 참조.

26–9절

26.25 자세한 내용은 Zee(2003), Ryder(1996)를 참조할 것.

26.26 전자의 전하는 음수이다. 따라서 전하가 줄어든다는 것은 "전하의 절댓값이 작아진다"는 뜻이다.

26.27 이 방법을 아름답게 체계화한 수학 과정이 있다. 이것은 33.1절에서 간략하게 소개될 비가환 기하학(non-commutative geometry)과 '코프로덕트(co-product)'의 개념을 이용한 것이다. Connes and Kreimer (1998) 참조.

26.28 이와 관련된 중요한 테크닉으로 '재규격화군(renormalization group)'이라는 개념이 있다. Zee(2003), Ryder(1996), Peskin and Schröder (1995) 참조. 통계역학과의 관계는 Zinn-Justin(1996)을 참고할 것.

26.29 중력은 거리의 제곱에 반비례하기 때문에 거리가 멀어지면 급격하게 약해지지만 일상생활에서 쉽게 감지된다(천문학적 스케일에서도 가장 중요한 역할을 한다). 반면에 강력은 거리가 멀어질수록 강해지는데도 원자핵의 규모보다 먼 거리에서는 거의 감지되지 않는다. 왜 그럴까? 중력은 오직 인력으로만 작용하지만, 강력은 인력과 척력이 동시에 작용하여 멀리 있는 핵자 사이에서 서로 상쇄되기 때문이다[개개의 원자핵은 단일색상태(colour singlet)에 있다].

26–10절

26.30 Zee(2003), Zinn and Justin(1996) 참조. 더욱 직관적이고 재미있는

설명을 원한다면 Mattuck(1976)을 참조할 것.

26–11절

26.31 [후주 25.12] 참조.

27
빅뱅이 남긴 열역학적 유산

27.1 시간대칭과 역학적 진행과정

우주의 탄생과 진화, 그리고 우주만물의 운명을 좌우하는 물리법칙은 무엇인가? 갈릴레오 시대 이후에 탄생하여 어느 정도 성공을 거둔 이론들은 '역학dynamics'이라는 체계를 사용하여 이 질문에 부분적인 답을 제시해 왔다. 어느 특정한 시간에 주어진 물리계의 상태로부터 향후 모든 미래를 모두 알아내는 방식이 바로 그것이었다. 사실 이런 이론들은 우주 만물의 타고난 운명을 예견한다기보다, "세계가 특정 시간에 이러이러한 모습이었다면 미래의 모습은 이러이러할 것이다"라고 유추하는 쪽에 가깝다. 다시 말해서, 과거를 알아야만 현재와 미래를 알 수 있는 것이다.

1609년에 케플러가 알아낸 행성의 운동법칙은 위 과정을 따르지 않는 듯 보였다. 행성의 공전궤도는 타원이라는 기하학적 도형이었고 태양은 타원의 초점에 위치하고 있었으며, 행성의 공전속도는 특정한 법칙에 따라 수시로 변하고 있었다. 이것은 역학법칙에 따라 변해가는 양상을 설명한 것이 아니라, "이 세계는 원래 이런 모습이다"는 '선언'에 가깝다. 그러나 현대를 사는 우리들은 케플러가 주장했던 기하학적 운동이 뉴턴의 중력법칙으로부터 유도된 결과임을 잘 알고 있다. 뉴턴은 이 내용을 정리하여 1687년에 역사에 길이 남을 명저 『프린키피아Principia』를 출간했다. 이 책에서 뉴턴은 케플러의 법칙이 자연을 지배하는 근본적인 법칙이 아니라 어떤 역학체계로부터 유도되는 결과임을 강조했다. 뉴턴이 발견한 중력이 거리의 제곱에 반비례하기 때문에(17.3절 참조), 중심력 하에서 움직이는 물체들은 단순하고 우아한 기하학적 궤적을 따라간다는 것이다(고대 그리스인들은 이보다 1,800년이나 앞서서 다양한 기하학적 도형을 연구했었다). 사실, 거리의 제곱에 반비례하는 것은 매우 유별난 특징이며, 다른 대부분의 단순한 중심력들은 이런 규칙을 따르지 않는다. 현대의 과학자들은 "역학법칙이 있기 때문에 수학적으로 우아한 결과를 기대할 수 있다"고 굳게 믿고 있다. 여기에 약간의 운까지 따른다면, 행성의 궤적처럼 우아하면서도 단순한 결과가 얻어질 것이다.

일반적으로 역학법칙은 초기조건을 어떻게 선택하느냐에 따라 각기 다른 결과가 얻어진다. 과거시점에서 데이터가 주어지면 이로부터 물리계의 미래를 예측할 수 있는데, 그 연결고리는 다름 아닌 '미분방정식'이다[장이나 파동함수가 역학적으로 변해 가는 양식은 대부분 편미분방정식(장방정식)으로 주어진다. 10.2, 19.2, 19.6, 21.3절 참조. [예제 19.2]와 [후주 21.1]도 참조할 것]. 그러나 물리계가 이 방정식을 따라 과거로 거슬러 올라간다고 생각하는 사람은 거의 없다. 고전역학과 양자역학의 방정식은 시간이 거꾸로 흘러도 여전히 성립하지만, 현실세계에서 그런 일은 결코 일어나지 않는다. 수학적 관점에서 볼 때, '과거의 한 시점에서 초기조건을 정해 놓고 주어진 방정식에 따라 미래를 예측하는 것'과 '미래의 한 시점에서 최종조건을 정해 놓고 방정식에 따라 과거를 재현하는 것'은 완전히 동일한 과정이다. 초기조건과 최종조건은 똑같이 물리계의 진행과정을 결정한다. 수학적인 차이는 전혀 없다.

이렇게 결정론적인 시간대칭형 역학에 대하여 몇 가지 밝혀둘 것이 있다. 첫째, 특수 및 일반상대성이론을 도입한다 해도 결정론적인 역학체계의 타당성이 크게 위협받지는 않는다. 물리계의 상태를 정의하는 데이터는 과거의 특정 '시간'에 공간꼴 3-곡면spacelike 3-surface 위에서 주어지며, 이 데이터는 역학방정식에 따라 3-곡면 위에서 물리계의 과거와 미래상태를 결정한다. 다만, 일반상대성이론에서는 물리계가 진행되어 나가는 시공간의 구조 자체가 '결정되어야 할 미래'의 일부분이기 때문에 새로운 문제가 제기되기도 한다(이 문제는 블랙홀을 다룰 때 매우 중요하다. 27.8～9절, 28.8, 30.4, 30.9절 참조).

양자역학의 경우, 결정론은 이론의 **U**-부분(슈뢰딩거의 파동방정식에 의거한 상태벡터의 변화, 22.1절 참조)만 적용되며, 입자의 양자상태는 슈뢰딩거의 파동방정식(21.3절 참조)에 따라 변한다. 여기에 시간되짚기(25.4절에서 이것을 T로 표기하였다)변환을 가하면 시간미분 연산자 $i\hbar\partial/\partial t$는 $-i\hbar\partial/\partial t$로 변한다(T는 시간변수 t를 $-t$로 바꾸는 변환이다). 해밀토니안이 T-변환에 불변이라면(해밀토니안은 대부분 이 조건을 만족한다), 슈뢰딩거 방정식도 동일 변환에 대하여 불변이다. 단, 시간되짚기 변환 $t \mapsto -t$에 허수단위 $i \mapsto -i$의 변환도 동반되어야 한다. 이것이 바로 시간되짚기의 양자역학 버전이다(양의 진동수를 갖는 함수 $f(t)$에 $t \mapsto -t$, $i \mapsto -i$의 변환을 가하면 역시 양의 진동수를 갖는 함수가 된다. 따라서 진동수에 관한 문제도 야기되지 않는다[27.1]). 그러나

[27.1] 왜 그런가? t와 i를 이런 식으로 대치시켜도 공간운동량(운동량의 공간성분)이 일관된 방법으로 다뤄질 수 있는 이유를 설명하라.

관측에 의한 상태벡터(또는 파동함수)의 붕괴 **R**(22.1절 참조)이 시간되짚기 변환 하에 어떻게 달라지는지는 또 다른 문제이며, 이 내용은 30장에서 다룰 예정이다(30.3절 참조).

27.2 극미세 요소들

시간되짚기는 고전물리학에서도 그다지 깔끔한 문제가 아니다. 고전역학적 미세입자들과 이들이 만들어낸 장은 분명히 시간되짚기 변환에 대하여 대칭성을 갖고 있다. 그러나 물리계를 이루는 개개의 미세한 요소들의 행동양식에 대해서는 아는 것이 거의 없다. 고전역학에서 각 입자의 정확한 위치와 운동량은 알 수도 없고, 알 필요도 없다. 물리계의 전체적인 행동양식은 각 입자에 할당된 물리적 매개변수에 적절한 평균을 취하여 쉽게 서술할 수 있기 때문이다. 질량분포와 운동량분포, 에너지분포, 질량중심의 위치와 속도, 서로 다른 장소에서의 온도와 압력, 관성모멘트, 물체의 전체적인 외형과 공간에서의 회전각도 등은 한결같이 '평균'의 개념을 담고 있다. 그러므로 우리가 할 일은 개개의 입자들을 추적하는 것이 아니라, 계의 평균치를 담고 있는 변수들을 정확하게 파악하여 역학적 행동양식을 추정하는 것이다.

물론 '평균적 분석'이 항상 가능한 것은 아니다. 예를 들어 혼돈계chaotic system는 초기상태에 따라 최종상태가 크게 달라지는 특성을 갖고 있다. 그림 27.1이 그 대표적인 사례인데, 이것은 자석을 매단 진자가 바닥에 놓인 자석들 사이를 자유롭게 움직이도록 만든 장치이다(이와 같이 역학의 법칙을 보여주는 간단한 장치들을 'executive toy'라고 한다). 이 경우 추의 움직임은 뉴턴의 운동법칙과 자력법칙을 따르고, 공기저항에 의해 진폭이 서서히 감소한다. 그러나 추가 최종적으로 멈추는 위치는 초기조건에 따라 크게 달라지기 때문에 최종상태를 예측하기가 매우 어렵다. 장치를 이루는 모든 구성입자들과 이들이 형성하는 장의 초기상태를 완벽하게 알고 있다면 추의 운동을 정확하게 알아낼 수 있겠지만, 이 모든 정보를 취득하기란 현실적으로 불가능하다.[1] 혼돈계의 사례는 이밖에도 많이 있다. 변화무쌍한 날씨도 자연의 혼돈적 특성 때문에 나타나는 것으로 알려져 있으며, 질서정연하게 움직이는 것 같은 태양계의 행성들조차도 관측시간의 스케일을 크게 늘이면 혼돈적 특성을 나타낼 수도 있다.

미래가 아닌 과거를 향해 시간을 거슬러 올라가면 어떻게 될까? '혼돈에 의한 예측 불가능성'은 미래로 갈 때보다 과거로 거슬러갈 때 그 정도가 더욱 심해진다. 이것은 열역학 제2법칙과 밀접하게 연관되어 있는데, 그 내용을 간단하게 서술하면 다음과 같다.

열은 뜨거운 곳에서 차가운 곳으로 흐른다.

열을 전달하는 매개체를 통해 뜨거운 물체와 차가운 물체를 서로 연결해 놓으면 뜨거운 물체는 차가워지고 차가운 물체는 뜨거워지면서, 두 물체의 온도가 같아질 때까지 열이 계속해서 이동한다.[2] 이것은 열역학제2법칙을 통해 예측 가능한 현상으로서, 계의 미래는 이미 결정되어 있다.

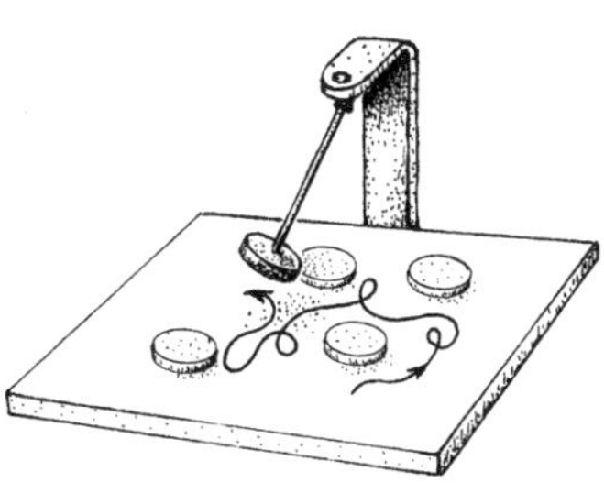

그림 27.1 혼돈운동(chaotic motion)의 사례를 보여주는 장치. 단진자에 자석을 매달고 바닥에 여러 개의 자석을 깔아 놓았을 때, 진자의 운동궤적은 초기 위치와 속도에 따라 크게 달라진다.

이 과정을 과거로 거슬러 올라가면서 바라보면 어떻게 될까? 처음에는 두 물체의 온도가 똑같았는데, 갑자기 열이 한 쪽으로 이동하면서 하나는 뜨거워지고 다른 하나는 차가워질 것이다. 그러나 온도가 동일했던 초기상태에서 어느 쪽이 언제, 얼마나 뜨거워질 것인지를 예측하기란 현실적으로 불가능하다. 이런 시스템에서 역학적 '과거예견(이것을 '예견豫見, prediction'의 반대라는 의미에서 '기견旣見, retrodiction'이라 하자)'은 거의 가능성이 없어 보인다.

위 사례뿐만 아니라, 열역학 제2법칙을 따르는 대부분의 거시적 물리계(매우 많은 수의 구성입자로 이루어진 계)는 '기견'하기가 어렵다. 그래서 물리학은 기견보다 예견에 초점이 맞춰져 있다.[3] 특히 열역학 제2법칙은 물리학이 예견능력을 발휘하는 데 매우 중요한 요소로서, 우리는 그 덕분에 기견과 관련된 문제들을 피해갈 수 있다.

그럼에도, 다수의 물리학자들은 이 법칙을 '근본적인' 법칙으로 간주하지 않고 있다. 에너지보존법칙이나 양자역학의 선형중첩원리, 그리고 (아마도) 입자물리학의 표준모형은 근본적인 법칙에 해당되지만, 열역학 제2법칙은 아니라는 것이다. 그들은 이 법칙을 '물리학 이론의 논리적 타당성을 위해 어쩔 수 없이 요구되는 조건'쯤으로 생각하고 있다. 무언가 모호하고 부정확해서, 역학법칙처럼 물리학의 근간을 좌우하는 근본적인 법칙은 아니라는 이야기다. 그러나 나는 이 문제에 대하여 사뭇 다른 의견을 갖고 있다. 우리가 '열역학 제2법칙'이라고 부르는 통계역학의 모호한 원리 뒤에는 입이 딱 벌어질 정도로 정확한 섭리가 숨어 있다. 앞으로 나는 이 사실을 다양한 방법으로 증명해 보일 것이다.

27.3 엔트로피

지금부터 열역학 제2법칙이 주장하는 내용을 좀 더 면밀히 분석해 보자. 우선은 제1법칙부터 짚고 넘어가는 것이 좋겠다. 제1법칙은 외부와 고립된 물리계의 총 에너지가 항상 보존된다는 것이다. 물론 여기에는 새로운 내용이 전혀 없다(18.6, 20.4, 21.3절 참조). 그러나 이 법칙이 처음 발표되었을 무렵에는(사디 카르노Sadi Carnot가 1820년대에 최초로 발견했으나, 논문이나 서적으로 출판되지는 않았다[4]) 열이 에너지의 한 형태라는 것도 분명하지 않았고, 거시적인 에너지 개념도 분명하게 정립되지 않았었다. 제1법칙에 따르면 움직이는 물체가 공기저항 때문에 속도가 느려지면서 운동에너지(18.6절 참조)를 잃어도 총 에너지는 변하지 않는다. 다만, 운동에너지가 공기와 물체의 열로 바뀐 것뿐이다. 이 열에너지는 (근원적으로)공기분자들의 운동에너지와 물체를 구성하는 입자들의 진동에너지로 이해할 수 있다. 그리고 온도temperature란 '자유도 당 운동에너지'이므로, 열과 온도의 열역학적 개념은 앞에서 정의했던 역학적 에너지 개념과 기본적으로 동일하다고 할 수 있다. 다만, 수많은 입자에 할당된 에너지를 통계적인 방법으로 계량한 것뿐이다. 제1법칙이 얼마나 정확하게 들어맞는지는 우리 모두 잘 알고 있다. 제아무리 복잡한 과정이 반복적으로 일어난다 해도, 계의 초기상태 에너지는 최종상태의 에너지와 정확하게 같다. 즉, 계의 총 에너지는 털끝만큼도 변하지 않는다!

제1법칙은 등식으로 표현되는 반면, 제2법칙은 부등식으로 표현된다. 간단히 말해서, 어떤 과정이 일어난 후의 엔트로피entropy는 과정이 일어나기 전의 엔트로피보다 항상 크거나 같다. 대충 말하자면, 엔트로피는 계의 무질서한 정도randomness를 나타내는 척도라 할 수 있다. 우리는 몸을 움직일 때 유기적인 형태의 에너지를 사용하지만 공기저항에 의해 속도가 감소하고, 손실된 (운동)에너지는 몸을 구성하는 입자와 공기입자의 무작위 운동으로 재분포된다. 그리고 이 과정에서 '무작위도가 증가한다.' 전문용어로 표현하자면 엔트로피가 증가한 것이다.

엔트로피 개념은 1865년에 루돌프 클라우지우스Rudolf Clausius에 의해 처음으로 도입되었으나, 물리학적 관점에서 명쾌하게 정의한 사람은 오스트리아의 물리학자 루드비히 볼츠만Ludwig Boltzmann이었다. (고전적인 계에서)볼츠만의 엔트로피 개념을 이해하기 위해, 위상공간phase space(12.1, 14.1, 14.8, 20.1 ~ 2, 20.4절 참조)의 개념을 다시 떠올려 보자. (내부구조가 없는) n개의 입자로 이루어진 고전적인 물리계의 위상공간 $\mathcal{P}$는 $6n$차원 공간으로서, n개의 입사가 특정한 위치와 운동량을 갖고 있는 상태는 위상공간 속의 한 점에 대응된다. 그리고 또 한 가지 필요한 것이 바로 '대충뽑기coarse graining'라는 개념이다.[5] 이것은 위상공간 $\mathcal{P}$를 몇 개의 작은 구획으로 나눈 것인데, 앞으로 이 구획을 '상자'라 부르기로 한다(그림 27.2 참조). $\mathcal{P}$를 나누는 방법은 다음과 같다. 거시적인 관점에서 구별이 불가능한 점들의 집합을 하나의 구획으로 설정하는 것이다. 따라서 서로 다른 상자에 속하는 점들은 거시적으로 구별이 가능하다. 이제, 위상공간 속의 한 점 x로 표현되는 계의 볼츠만 엔트로피 S는 다음과 같이 정의된다.

$$S = k \log V$$

여기서 V는 x를 포함하는 상자 $\mathcal{V}$의 부피이고 (log는 밑을 e로 하는 자연로그이다. 5.3절 참조), k는 볼츠만 상수로서 값은 다음과 같다.[6]

$$k = 1.38 \times 10^{-23}\,\mathrm{J\,K^{-1}}$$

(J는 에너지의 단위인 줄joule이고, K는 절대온도의 단위이다)

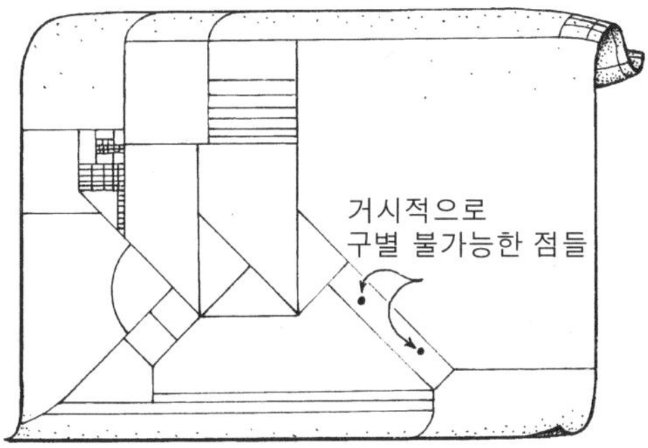

그림 27.2 볼츠만의 엔트로피. 위상공간 $\mathcal{P}$를 '상자(box)'라고 불리는 작은 구획으로 나눈다[이것을 '대충뽑기(coarse graining)'라고 한다]. 동일한 상자에 속하는 점들은 거시적 관점에서 구별이 불가능한 점(물리적 상태)들이다. 주어진 물리계의 상태가 위상공간에서 점 x로 표현되고 x를 포함하는 상자 $\mathcal{V}$의 부피가 V일 때, 볼츠만의 엔트로피는 $S = k \log V$로 정의된다. 여기서 k는 볼츠만 상수이다.

앞에서 나는 볼츠만의 엔트로피가 '명쾌한 정의'라고 말했었다. 그러나 위에서 정의된 S가 정확한 물리량을 나타내려면 먼저 '상자'의 의미, 즉 대충뽑기가 정확하게 정의되어야 한다. 그런데 위상공간을 작은 구획으로 나누는 방법 자체가 유일하지 않다. 즉, 대충뽑기에 어떤 '임의성arbitrary'이 존재하는 것이다. 따라서 엔트로피는 "주어진 물리계를 얼마나 주도면밀하게 분석하느냐"에 따라 달라질 수 있다. 한 관찰자에게 구별 불가능해 보이는 두 개의 상태가 다른 관찰자에게는 구별 가능할 수도 있기 때문이다. 그뿐만 아니라, 인접한 두 상자의 경계선을 정할 때에도 약간의 임의성이 존재한다. 경계선을 사이에 두고 있는 인접한 두 점은 위상공간에서 거의 동일한 상태를 나타내고 있음에도 불구하고 서로 다른 엔트로피를 갖게 되기 때문이다. 엔트로피 S는 그 이전에 있었던 유사한 개념보다 응용성이 뛰어나고 '무질서의 정도'라는 모호한 개념을 구체화시켰다는 점에서 바람직하긴 하지만, 정의 자체는 다분히 주관적이다.

엔트로피가 현대물리학에서 유용한 개념임에는 의심의 여지가 없으나, 나는 이것을 '절대적인' 개념으로 생각하지 않는다. 하지만 앞으로 엔트로피가 물리학의 더욱 근본적인 레벨에서 입지를 굳힐 가능성은 얼마든지 있다. 이를 위해서는 통계역학에 양자물리학이 도입되어야 한다. 어떠한 경우에도 위상공간 $\mathcal{P}$에 속하는 소구획 $\mathcal{V}$를 절대적인 값으로 계량하는 수단은 양자역학뿐이다(이 경우에는 $\hbar = 1$인 플랑크 단위를 써야 한다. 27.10절 참조).[27.2] 어쨌거나, 위에서 말한 임의성이 열역학의 계산결과에 미치는 영향은 신기하게도 매우 작게 나타난다. 아마도 그 이유는 우리가 고려하는 위상공간들 사이의 부피 차이가 엄청나게 커서 경계선 근처의 모호함이 두드러지게 나타나지 않기 때문일 것이다. 엔트로피 S는 상자의 부피에 로그를 취한 형태이므로, S에 인지할만한 변화가 일어나려면 상자의 경계선이 매우 크게 달라져야 한다.[27.3] 내가 보기에, 오늘날의 물리학이론에서 엔트로피는 '근본적인' 개념이라기보다 '편의성을 추구하기 위해 도입된' 개념에 가까운 것 같다. 물론 양자중력효과가 중요해지는 경우(특히 블랙홀의 엔트로피를 다룰 때)에는 엔트로피의 개념이 근본적인 수준에서 중요한 의미를 가질 수도 있다. 이 문제는 27.10절과 30.4～8절, 31.15절, 그리고 32.6절에서 다시 언급할 것이다.

[27.2] $\hbar = 1$인 플랑크 단위에서 위상공간의 부피에 절대적인 값을 부여하는 방법을 생각해 보라.

[27.3] 볼츠만 공식에 등장하는 log와 '상자의 큰 변화' 사이에는 어떤 관계가 있는가?

27.4 굳건한 엔트로피 개념

볼츠만의 엔트로피가 통계역학에서 어떤 역할을 하는지, 간단한 사례를 통해 알아보자. 여기 원통형의 커다란 용기가 있고, 그 옆에는 동그랗게 생긴 작은 용기가 가느다란 관으로 연결되어 있다(작은 용기의 내부영역을 $\mathcal{R}$이라 하자). 작은 용기의 부피는 전체부피(작은 용기 + 큰 용기)의 1/10이며, 관의 중심에는 밸브가 달려서 두 용기 사이의 연결상태를 조절할 수 있다(그림 27.3 참조). 용기 안에는 기체가 들어 있고 기체분자의 수는 m개이다. 그렇다면 모든 기체가 작은 용기 $\mathcal{R}$에 집중되어 있을 때와 두 용기에 골고루 분포되어 있을 때, 엔트로피 S는 어떻게 달라질 것인가?

모든 기체분자들이 $\mathcal{R}$에 집중되어 있는 경우, 여기 대응되는 위상공간의 부피를 $V_{\mathcal{R}}$이라 했을 때 엔트로피는 볼츠만의 공식에 따라 $S = k \log V_{\mathcal{R}}$이다. 문제의 단순화를 위해, 기체분자는 볼츠만 통계Boltzmann statistics를 따른다고 가정한다. 원래 보존은 보스-아인슈타인 통계를 따르고 페르미온은 페르미-디랙 통계를 따르지만(23.7절 참조), 모든 입자들이 서로 구별 가능하다는 조건을 부과하면(적어도 원리적으로는 그렇다) 볼츠만 통계가 적용된다.[27.4] 용기에 들어 있는 기체가 일상적인 1기압 짜리 공기이고 작은 용기의 부피가 1리터일 때, 기체분자의 개수는 약

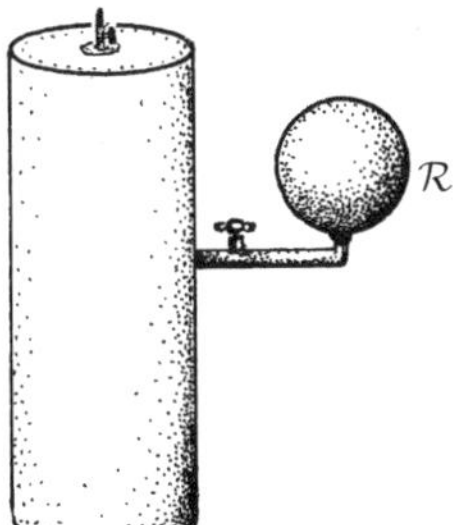

그림 27.3 두 부분으로 나뉘어진 용기. 작은 부분(구형) $\mathcal{R}$의 부피는 전체부피(구형 + 원통형)의 1/10이고, 두 부분은 밸브가 달린 가느다란 관을 통해 서로 연결되어 있다. 초기에는 밸브가 닫힌 상태에서 작은 용기에 기체를 주입했다. 그후 밸브를 열면 기체가 두 용기 전체에 골고루 퍼질 것이다. 이런 경우, 처음과 나중의 엔트로피 S는 어떻게 변할 것인가?

$m=10^{22}$개이다. 그러므로 '기체가 작은 용기에만 들어 있는 경우'의 위상공간 부피 $\mathcal{V}_{\mathcal{R}}$과 '기체가 두 용기에 골고루 섞인 경우'의 전체 위상공간 부피 $\mathcal{P}$의 비율은 10^{-m} $(=\frac{1}{10^m})$,[27.5] 즉

$$10^{-10000000000000000000000}$$

이다. 보다시피 두 용기 사이의 실제적인 부피비율은 1/10에 불과하지만, 위상공간에서의 부피비율은 어이가 없을 정도로 작다. 따라서 밸브가 열려있을 때 모든 기체가 저절로 $\mathcal{R}$에 집중될 확률은 0이라고 봐도 무방하다. 이렇게 가능성이 없는 배열의 엔트로피는 기체가 두 용기에 골고루 분포된 경우의 엔트로피보다 분명히 작다. 이들 사이의 차이는 볼츠만 공식에 의해[27.6] 즉

$$\begin{aligned} -k\log(10^{-10000000000000000000000}) &= 2.3\times10^{22}\,k \\ &= 0.32\,\mathrm{J\,K^{-1}} \end{aligned}$$

이다. 이 계산에서는 $\log_e 10 \cong 2.3$을 사용했다. 그러므로 처음에 모든 기체를 $\mathcal{R}$에 주입하고 밸브를 잠가놓았다가 얼마 후 밸브를 열어서 용기 전체에 골고루 퍼지게 만들었다면, 엔트로피는 $2.3\times10^{22}\,k$만큼 증가한다. 이 값을 일상적인 단위로 환산하면 약 $1/3\,\mathrm{J\,K^{-1}}$로서, 웬만한 측정장비로 충분히 감지할 수 있는 양이다.

[27.4] 세 경우에 계산법이 어떻게 달라지는지 설명해 보라.

[27.5] 왜 그런가?

[27.6] 기체분자가 페르미온이거나 보존일 때에도 이 결과가 크게 달라지지 않는 이유를 설명하라. 그리고 $\mathcal{R}$에 갇혀 있던 기체가 전체용기로 퍼져 나올 때 기체분자의 운동량 감소를 고려해도 이 결과가 크게 달라지지 않는 이유를 설명하라.

일부 독자들은 “모든 기체분자들이 처음부터 특별한 영역에 모여 있다는 가정 자체가 무리한 설정 아닌가?”라며 의문을 품을지도 모른다. 그렇다면 $\mathcal{V}_{\mathcal{R}}$의 정의를 조금 느슨하게 풀어서, 전체 기체분자의 적어도 99.9%가 영역 $\mathcal{R}$에 집중되어 있다고 가정해 보자. 즉, $\mathcal{R}$의 바깥에 있는 기체는 전체의 1/1,000 미만이라는 뜻이다. 오늘날 사용하는 진공펌프의 성능을 감안할 때, 이 정도면 $\mathcal{R}$을 제외한 영역을 진공으로 간주해도 무방하다. 이렇게 초기조건을 느슨하게 풀어도 결과는 거의 달라지지 않는다. 밸브를 열었을 때 엔트로피는 거의 $2.3 \times 10^{22}\,k$만큼 증가한다.[27.7] 이 결과는 “상자를 ‘합리적으로’ 그리기만 하면 상자의 대충뽑기 구획($\mathcal{V}_{\mathcal{R}}$)을 주관적으로 나눠도 결과에 큰 영향을 주지 않는다”는 사실을 보여주고 있다.

볼츠만 공식에 등장하는 로그(자연로그)는 엄청나게 큰 숫자를 줄이는 역할 이외에 또 하나의 중요한 기능을 수행하고 있다. 바로 이 ‘로그’ 때문에, 독립된 물리계가 여러 개 있을 때 총 엔트로피는 각 계의 엔트로피를 더한 값과 같아진다. 예를 들어 독립된 두 계의 엔트로피가 각각 S_1, S_2일 때, 이들을 하나로 합친 계의 엔트로피는 $S_1 + S_2$이다. 여기서 나는 전체 계의 위상공간 $\mathcal{P}$가 $\mathcal{P} = \mathcal{P}_1 \times \mathcal{P}_2$이고($\mathcal{P}_1$과 $\mathcal{P}_2$는 독립된 두 계의 위상공간이다), 전체 계의 대충뽑기 상자가 $\mathcal{P}_1$, $\mathcal{P}_2$의 대충뽑기 상자의 곱과 같다는 것을 가정했는데, 이것은 독립된 두 계에 대하여 세울 수 있는 자연스러운 가정이다[27.8](두 공간 사이에 가해진 ‘×’연산의 의미는 15.2절의 [15.1]과 그림 15.3a를 참고할 것). 상자의 부피가 서로 곱해졌으므

[27.7] 좀 더 정확하게는 $2.29 \times 10^{22}\,k$이다. 대략적인 계산을 통해 이 값을 재현해 보라[필요하다면 스털링의 공식(Stirling's formula) $n! \approx (n/e)^n\,(2\pi n)^{1/2}$을 사용할 것].

로, 엔트로피는 더해지게 된다(이것은 로그의 수학적 성질이다. 5.2절 참조).

일상적인 물리계(평범한 용기에 들어 있는 평범한 기체 등)에는 다른 상자들보다 위상공간의 부피가 압도적으로 큰 특별한 상자 $\mathcal{E}$가 존재하는데(이 상자의 부피를 E라 하자), 이것이 바로 '열역학적 평형상태thermal equilibrium'에 해당된다. 사실 E는 전체 위상공간의 부피 P와 거의 동일하며, 다른 상자들의 부피를 모두 더한 값보다 압도적으로 크다(그림 27.4 참조). 일상적인 기체, 즉 서로 구별되지 않는 동일한 구형입자들이 열평형 상태를 이루고 있을 때, 입자의 속도는 '맥스웰 분포Maxwell distribution'라는 특별한 규칙에 따라 분포된다(이 용어는 고전 전자기학을 완성했던 제임스 클럭 맥스웰의 이름에서 따온 것이다). 맥스웰 분포의 확률밀도는 다음과 같이 표현된다.

$$Ae^{-\beta v^2}$$

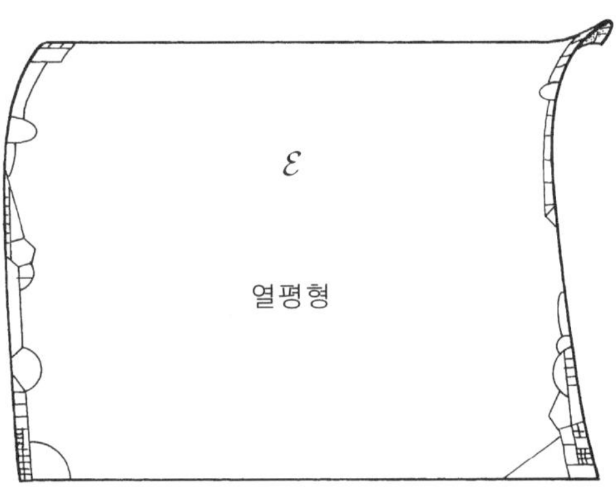

그림 27.4 열평형 상태를 나타내는 상자 $\mathcal{E}$의 부피 E는 전체 위상공간 $\mathcal{P}$의 부피 P와 실질적으로 거의 같다. 따라서 다른 상자들의 부피를 모두 합한 값보다 압도적으로 크다.

[27.8] 이 가정이 자연스러운 이유는 무엇인가?

(내용을 잘 아는 독자들은 가우스 분포와 같다는 사실을 쉽게 눈치 챘을 것이다. 이 곡선은 흔히 '종모양 곡선bell curve'이라 불리기도 한다) 여기서 v는 기체입자의 3차원 속도이고 β는 온도와 관련된 상수이다. 그리고 A는 규격화 상수로서, "모든 가능한 속도공간에 대하여 확률밀도를 적분한 값은 1이 되어야 한다"는 조건으로부터 결정된다(그림 27.5 참조). 열평형 상태는 엔트로피가 가장 큰 상태로서, 시간이 충분히 흘렀을 때 열역학 제2법칙에 따라 계가 도달하게 되는 상태이다.

맥스웰 분포는 모든 입자들이 동일하고 내부 자유도가 없는 기체에 적용된다. 그러나 구성입자의 크기가 제각각이고 다양한 내부자유도를 갖고 있으면 상황은 엄청나게 복잡해진다(입자들 사이에 스핀이나 진동이 있는 경우 등). 이런 계가 열평형 상태에 놓이면 "계의 에너지는 모든 자유도에 대하여 균등하게 분포된다"는 '에너지 등분배equipartition of energy' 원리가 적용된다.

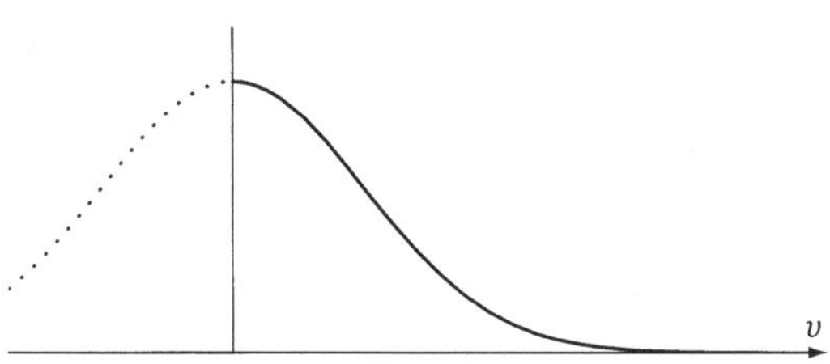

그림 27.5 열평형 상태에 있는 기체분자들의 속도는 맥스웰 분포(Maxwell distribution)를 따라 $Ae^{-\beta v^2}$의 형태로 분포된다. 여기서 A와 β는 상수이며, 특히 β는 기체의 온도와 관련되어 있다. v는 기체입자의 속도를 나타낸다. 그림에서 점선으로 그려진 부분은 v가 음수인 경우로서, 전체적으로는 종모양 곡선의 가우스 분포(Gaussian distribution)와 동일하다.

맥스웰 분포를 일반화하는 또 다른 방법은 열평형 상태로부터 멀리 떨어져서 "기체는 어떤 경로를 거쳐 평형상태로 접근하는가?"고 묻는 것이다. 이런 경우에 기체의 변화과정은 볼츠만 방정식으로 서술된다. 독자들도 눈치챘겠지만, 계를 구성하는 입자의 수가 너무 많아서 개개의 입자에 일일이 역학을 적용할 수 없을 때에는 통계적인 방법에 의존하는 수밖에 없다. 이것이 바로 통계역학statistical mechanics이다.

27.5 제2법칙의 유도 -또는 실패?

지금부터 열역학 제2법칙에 어떤 의미가 담겨 있는지, 좀 더 구체적으로 알아보자. 여기 구획이 적절히 대충뽑기된 위상공간 $\mathcal{P}$ 속의 한 점 x에 대응되는 물리계가 주어져 있다(그림 27.6a). x는 부피가 V인 대충뽑기 상자 $\mathcal{V}$에 속해 있으며, 지금 이 순간에 x에서 출발하여 적절한 역학 방정식을 따라 미래로 진행하고 있다. 이 상자들은 부피의 차이가 엄청나게 크고, x의 역학적 운동은 상자의 위치에 영향을 받지 않으므로, 대부분의 경우 x는 점점 더 큰 상자를 향해 진행할 것이다. 다시 말해서 시간이 흐를수록 계의 엔트로피가 점점 커진다는 뜻이다. 어느 순간에 x가 특정 엔트로피를 갖는 상자에 이르렀다면, 우리가 인지할 수 있는 시간 안에 엔트로피가 훨씬 작은 상자로 이동할 확률은 거의 0에 가깝다. 계가 지금보다 훨씬 작은 엔트로피에 도달한다는 것은 부피가 훨씬 작은 상자를 찾아간다는 뜻인데, 이런 사건이 일어날 확률은 너무나도 작다. 앞 절에서 들었던 사례로 돌아가서 생각해 보자. 볼츠만의 엔트로피 공식에 등장하는 상수 k는 아주 작은 값이고 거기에 로그까지 붙어 있기 때문에 위상공간의 부피가 엄청나게 줄어들어도 엔트로피의 감소량은 그다지 크게 나타나지 않는다. $\mathcal{R}$에 갇혀 있던 기체가 일단 연결관을 통해 빠져나가기 시작하면, 다시 $\mathcal{R}$로 집중될 가능성은 거의 없다(적어도 '터무니없이 길지 않은' 시간 안에는 불가능하다).[27.9]

열역학 제2법칙이 성립하는 이유는 방금 위에서 펼친 논리 속에 담겨 있다. 이 논리는 "x가 의도적으로 더 작은 상자를 찾아가도록 유도하는 어떠한 영향력도 존재하지 않는다"는 가정을 깔고 있지만, 계를 다스리는 역학의 구조와는 무관하다. 즉, 제2법칙은 역학체계와 무관하게 성립한다는 뜻이다. 그런데 과연 이것이 제2법칙의 전부일까? 일단은 내용이 무척 쉽고 당연한 듯싶다. 그래서 많은 물리학자들은 제2법칙에 근본

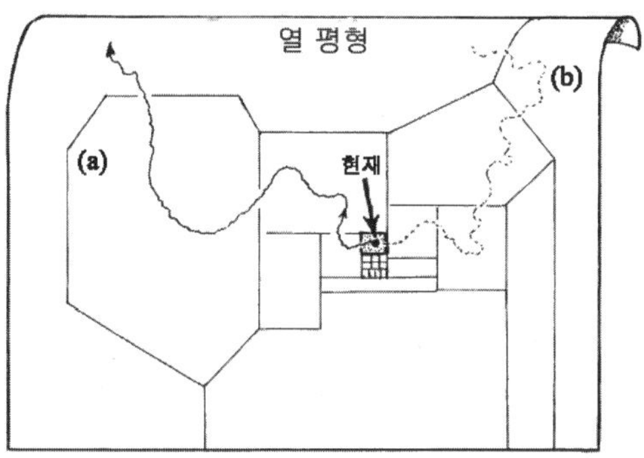

그림 27.6 열역학 제2법칙의 작용. 주어진 물리계의 진행방향이 위상공간 속의 곡선으로 표현되어 있다. (a) 계의 현재상태는 부피(V)가 아주 작은 상자 $\mathcal{V}$ 속의 한 점 x로 표현된다고 하자. 각 상자들 사이의 부피비율이 매우 크기 때문에, 계의 변화에 영향을 줄 만한 특별한 요인이 없는 한, 계는 열역학 제2법칙에 따라 점점 더 큰 상자를 향해 이동할 가능성이 압도적으로 크다. (b) 그러나 이와 똑같은 논리를 과거를 향해 적용하면 당장 모순이 발생한다. $\mathcal{V}$에서 시작하여 과거로 시간을 거슬러 올라가도 계는 점점 더 큰 상자를 찾아가기 때문이다. 이 결과는 열역학 제2법칙과 정면으로 상치된다.

[27.9] 모든 기체분자가 $\mathcal{R}$로 되돌아오는 데 걸리는 시간과, 99.9%가 $\mathcal{R}$로 되돌아오는 데 걸리는 시간을 계산해 보라. 기체분자의 이동속도를 굳이 알 필요가 있겠는가?

적인 수수께끼 같은 것은 전혀 없으며, 모든 물리학이론은 당연히 이 법칙을 만족해야 한다고 생각한다. 여기서 잠시 저명한 천체물리학자였던 아서 에딩턴 경Sir Arthur Eddington의 말을 들어보자.

> 만일 누군가가 "당신이 주장하는 우주이론은 맥스웰 방정식에 부합되지 않는다"고 지적한다면, 당신은 맥스웰 방정식이 틀렸을 가능성에 희망을 걸 수 있다. 또는 누군가가 당신의 이론이 실험결과와 일치하지 않는다고 주장한다면, 실험이 잘못되었다고 주장할 수도 있다(사실 실험물리학자들은 실수가 많은 편이다). 그러나 당신의 이론이 열역학 제2법칙을 만족하지 않는다면 깨끗하게 포기하는 게 상책이다. 그런 이론에는 희망이 전혀 없기 때문이다.[7]

그러나 조금 더 생각해 보면 무언가 이상한 점이 발견된다. 우리의 논리에 무언가 중요한 요소가 빠진 것 같다. 지금까지 우리는 열역학의 근간을 이루는 물리학이 시간에 대칭임에도 불구하고, 시간 비대칭인time-asymmetrical 법칙만을 논의해 왔다. 시간을 과거로 거슬러 올라가도 제2법칙이 성립할 것인가? 지금부터 우리의 논리를 '과거로 흐르는 시간'에 적용해 보자(그림 27.6b 참조). 위상공간에서 현재 우리의 물리계가 이전과 마찬가지로 작은 상자 안의 x라는 점으로 표현된다고 하면, 여기서 과거로 멀리 진행해갈수록 x는 점점 더 큰 상자를 찾아 나아갈 것이다. 직관적으로 생각할 때, 제2법칙은 '미래로 진행하는 계'에 한하여 성립할 것 같지만, 과거로 거슬러 가는 계에 적용해도 엔트로피는 여전히 증가한다. 그러나 이 결과는 우주의 과거를 추정하여 얻은 결론들과 명백하게 모순된다(그림 27.7 참조).

대체 무엇이 잘못되었을까? 앞 절에서 다뤘던 예제로 되돌아가서 생

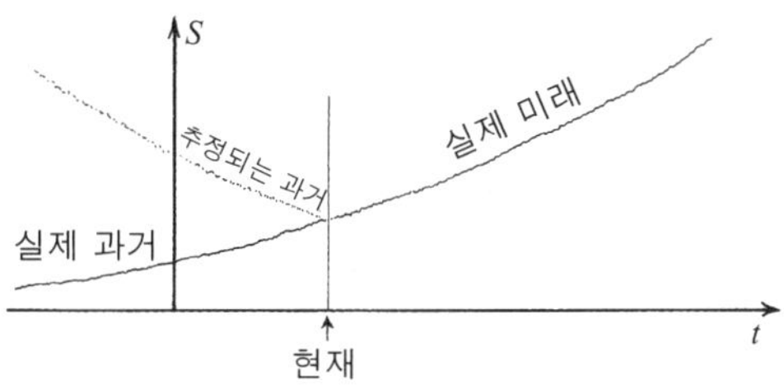

그림 27.7 그림 27.6의 결과로부터 얻은 엔트로피 S와 시간 t에 대한 그래프. 시간을 거꾸로 거슬러 올라가도 열역학 제2법칙은 여전히 성립하는 것처럼 보인다. 그러나 여기서 얻은 그래프를 현실세계의 그래프와 비교해 보면 명백한 모순이 드러난다.

각해 보자. 처음에(이 시간을 t_0라 하자) 기체는 용기 $\mathcal{R}$에 집중되어 있었고, x는 $\mathcal{V}_{\mathcal{R}}$에 속해 있었다. 이제 t_0를 지난 어느 순간에 밸브를 열면 기체는 $\mathcal{R}$에서 전체 용기를 향해 흐를 것이고, 계의 상태 x가 열평형 상태 $\mathcal{E}$를 향해 빠르게 이동하면서 엔트로피가 크게 증가한다. 그런데 과거에는 어땠는가? 시간 t가 t_0보다 작을 때에는 어떤 일이 일어났을까? 과거에 기체는 어떤 경로를 따라 $\mathcal{R}$에 도달했을까? 만일 시간이 t_0에 이르기 전에 밸브를 열었다면, 여러 가지 가능성 중에서 '기체가 곧 용기 전체로 퍼져나갈' 가능성이 가장 높다. 그리고 시간이 t_0에 이르기 직전에 열평형 상태에 이른 후 자발적으로 다시 뭉쳐서, 시간이 t_0가 되면 보는 기체는 다시 $\mathcal{R}$에 집중된다.

말도 안 되는 이야기 같지만, 외부의 영향이 없다면 이것이 옳은 답이다. 그러나 현실세계에서는 기체가 스스로 $\mathcal{R}$에 집중되는 광경을 결코 볼 수 없다. 위의 논리는 "미래의 어느 시간에 기체가 자발적으로 영역 $\mathcal{R}$에 집중되어 있어야 한다"는 전제하에, 현재 무작위로 움직이는 기체의 이동을 설명한 것이다. 여기에는 아무런 역설도 없다. 다만, "기체가 $\mathcal{R}$에 집중되어 있는 상태는 어떻게 구현되었는가?"는 질문을 피해간 것뿐이다.

실제의 우주(전체 기체의 1/1,000이 $\mathcal{R}$ 외부에 있다는, 다소 느슨한 조건으로 $\mathcal{V}_{\mathcal{R}}$을 정의한 우주)에 이 논리를 적용해도 아무런 문제가 없다. 상황을 조금 바꿔서, 초기에 한 실험자가 애초 요구되는 양의 10배에 달하는 기체를 전체 용기에 주입한 후 중간 밸브를 잠그고 진공펌프로 전체 기체의 90%를 빼냈다고 가정해 보자. 이 과정에서도 엔트로피는 제2법칙에 의해 꾸준히 증가한다. 물론 이 상황을 위상공간에서 서술하려면 실험자까지 포함하는 더욱 큰 위상공간을 도입해야 한다(더욱 정확하게 서술하려면 태양 너머의 우주공간까지 고려해야 할 수도 있다). 실험자의 몸 안에 있는 엔트로피는 다양한 행동과 호흡을 거치면서 매우 낮은 상태를 유지하고 있다. 상황을 더 단순화하기 위해, 펌프는 수동으로 작동된다고 가정하자(그렇지 않으면 저-엔트로피 연료의 근원을 또 추적해야 하고, 그러다 보면 우리 논리는 원래의 취지와 무관한 쪽으로 가게 된다). 실험자의 저-엔트로피 중 일부는 용기로 전달되어 기체가 작은 용기 $\mathcal{R}$로 모이게 되고, 실험자가 먹는 음식과 공기의 저-엔트로피는 외부의 태양으로부터 온 것이다. 태양의 특수한 역할에 대해서는 잠시 후에 설명할 예정이다.

이로써 우리는 "시간이 흐를수록 엔트로피는 증가한다"는 열역학 제2법칙을 위반하지 않으면서 용기 속의 모든 기체들이 $\mathcal{R}$에 집중되는 상황을 만들어냈다. 그렇다면, '거꾸로 흐르는 시간'에 대한 역설은 어떻게 해결해야 하는가? 우리도 모르는 사이에 이미 해결된 것인가? 아니다. 아직 해결되지 않았다! 이전보다 훨씬 커진 위상공간에서 태양과 실험자의 몸을 비롯한 모든 만물은 실제적인 제2법칙에 따라 움직인다. 그러나 이 위상공간에 이전과 동일한 논리를 적용하면, (우리가 계를 관찰하는 시점을 현재라고 했을 때)과거로 갈 때에도 엔트로피는 여전히 증가한다.

27.6 우주는 그 자체로 독립된 계인가?

일부 이론물리학자들은 고립계isolated system와 열린계open system의 차이를 강조하면서 "고립계의 엔트로피가 (평형상태에 도달할 때까지) 증가해도, 엔트로피를 감소시키는 요인이 외부세계로부터 전달될 가능성은 항상 있다"고 주장한다. '실험자의 개입'이나 '저-엔트로피 태양' 등이 그와 같은 요인으로 작용할 수 있다는 것이다. 내가 보기에, 이와 같은 맥락에서 제2법칙의 시간-비대칭성을 설명하려는 모든 시도들은 임시방편에 불과하다. 왜냐하면 외부의 영향이라는 것들도 결국은 계의 일부이기 때문이다. 즉, 우리가 고려하고 있는 것은 국소적으로 고립된 계가 아니라 우주 전체라는 뜻이다. 이 의견에 반대하는 사람들도 있지만, 나는 그들이 반대하는 타당한 이유를 아직 찾지 못했다. 우주의 크기는 무한할 수도 있으나, 그렇다고 해서 우주전체를 하나의 고립계로 생각할 수 없다는 뜻은 아니다(16장 참조). 그리고 만일 우주가 유한하다면(이 가능성은 잠시 후에 언급될 것이다) 제2법칙의 타당성이 우주의 무한성에 달려 있다는 주장도 이상하게 들린다. 앞으로 보게 되겠지만, 무한/유한의 차이는 제2법칙의 기원을 따지는 데 그다지 큰 영향을 미치지 않는다. 사실, 엔트로피에 관한 우리의 논리는 위상공간이 $\mathcal{P}_\mathcal{U}$인 전체우주 $\mathcal{U}$에 똑같이 적용될 수 있다(위상공간의 부피는 무한대일 수도 있다). 물론 $\mathcal{P}_\mathcal{U}$는 '고전물리학의 운동방정식에 입각한' 모든 가능한 우주를 포함하고 있다.

그래도 골치 아픈 문제가 여전히 남아 있다. 우주 전체를 하나의 물리계로 취급하려면 우주론의 영역으로 들어갈 수밖에 없고, 이를 위해서는 일반상대성이론이 반드시 도입되어야 한다. 그런데 일반상대성이론의 일반공변성covariance에 완전히 부합되려면, 이론 자체는 우주가 진행되어 가는 시간축의 선택과 무관해야 한다. 우주의 일시적인 진행과정은 위상공간 $\mathcal{P}$ 속에서 점 x로 표현되는 물리계의 진행과정과 다를 것이 없다. x의 각 위치는 특정 시간에서 계의 공간적 특성(위치와 운동량)을 나타낸다. 그런데 여기에 상대론적 관점을 도입하면 표현이 쓸데없이 복잡해지기만 한다. 그리고 앞으로 내가 설명할 내용은 상대론적 관점을 고집한다고 해서 크게 득될 것도 없다. 곧 알게 되겠지만, 우주론이 제시하는 표준 우주모형은 자연스럽게 정의된 시간축을 갖고 있으며 이로부터 우주전체의 진행을 서술하는 '시간변수' t에 대한 근사를 시도할 수 있다. 위상공간 $\mathcal{P}_{\mathcal{U}}$의 각 점은 시간 t에서 우주의 구성물질뿐만 아니라 연속장 continuous field의 분포상태에 관한 정보까지 담고 있다. 물론 중력장도 이들 중 하나이다. 따라서 우주의 공간기하학적 특성도(중력장의 초기 데이터로 주어지는 공간의 변화율까지 포함하여)[8] $\mathcal{P}_{\mathcal{U}}$ 안에 있는 x에 의해 결정된다. 사실 $\mathcal{P}_{\mathcal{U}}$는 우주 $\mathcal{U}$가 공간적으로 무한하든 유한하든 상관없이 무한차원이 될 것이며, 이는 전자기장같은 다른 장에서도 마찬가지다. 이 사실은 엔트로피의 정의에 기술적 문제점을 불러오는데, 왜냐하면 각각의 위상공간 영역 $\mathcal{V}$가 무한대의 부피를 갖게 되기 때문이다. 양자장이론의 논리를 빌려오면 이 문제를 편하게 다룰 수 있다. 이 논리는 계를 에너지차원과 공간차원으로 적절하게 나누었을 때 계의 위상공간이 유한한 값을 갖게 해 준다. 세부사항은 우리에게 중요하지 않다. 양자중력을 만족하는 이론이 없는 탓에 중력의 경우에는 이 주제를 다룰 방법이 존재하지 않지만, 나는 이를 '열역학 제2법칙 때문에 일어나는 문제의 일반적 논의에 영향을 끼치지 않는' 절차상의 문제로 간주할 것이다.

이 시점에서, 열역학 제2법칙을 우주론에 적용할 때 큰 혼란을 불러오곤 하는 오해를 지적하고 넘어가는 게 좋을 것 같다. 내 주변에는 제2법칙에 의해 엔트로피가 증가하는 것이 우주팽창의 필연적인 결과라고 생각하는 사람들이 많이 있다(팽창과 관련된 문제는 27.11절에서 다룰 것이다). 그들이 이렇게 생각하는 이유는 아마도 "우주가 작았을 때에는 엔트로피 값을 제한하는 '천장'이 낮아서 자유도가 비교적 작았으나, 우주가 팽창함에 따라 이 천장이 높아지면서 엔트로피가 커지고, 이에 따라 자유도도 증가했다"는 오해 때문인 것 같다. 우주가 팽창하면 엔트로피의 최대허용치가 커지므로 우주의 실제 엔트로피도 증가했을 거라는 이야기다.

이런 주장이 틀렸음을 입증하는 방법은 여러 가지가 있다. 예를 들어 우주가 수축되어 결국 내파된다는 이론을 채택하면 엔트로피가 감소해야 하는데, 이는 제2법칙에 위배된다. 여기에 동의하지 않는 사람들도 있겠지만,[9] 위 주장을 고집하면 블랙홀을 다룰 때 근본적인 어려움에 직면하게 된다.[10]

전술한 의견(우주의 크기에 따라 엔트로피의 한계 값이 주어진다는 의견)이 틀렸음을 이해하기 위해 지금 당장 블랙홀을 알 필요는 없다(블랙홀은 27.8절에서 다룰 예정이다). 무엇보다도, 위의 주장은 엔트로피의 증가를 설명하지 못한다. 우주가 가질 수 있는 자유도는 전체 위상공간 $\mathcal{P}_\mathcal{U}$로 서술되기 때문이다. 일반상대성이론의 역학(여기에는 우주의 크기를 결정하는 자유도가 포함되어 있다)은 $\mathcal{P}_\mathcal{U}$ 속에서 움직이는 점 x로 서술되며, 그 속에는 모든 물리적 과정이 포함되어 있다. 이 위상공간은 그냥 '거기'에 존재하며, '시간이 흐름에 따라' 커지지 않는다. 시간은 $\mathcal{P}_\mathcal{U}$의 구성성분이 아니다. 역학적으로 타당한 우주(또는 일련의 우주들)는 $\mathcal{P}_\mathcal{U}$에서 서술되어야 하므로, 엔트로피를 제한하는 '천장'같은 것은 존재하지 않는다. x가 위상공간 속의 작은 대충뽑기 상자에서 큰 상자로 이동하는 데 어떻게든 시간은 걸리겠지만, '엔트로피 천장(한계 값)'이라는 개념은 적절치 않다(27.13절 참조).

이제 제2법칙을 증명하던 논리로 되돌아가자. 우리는 전체우주에 대응되는 위상공간 $\mathcal{P}_\mathcal{U}$를 사용하고 있으므로, 우주의 진화과정은 x가 $\mathcal{P}_\mathcal{U}$ 안에서 그리는 곡선 ξ로 표현된다. ξ는 시간 t를 매개변수로 가지며, t가 증가함에 따라 제2법칙에 의거하여 점점 큰 대충뽑기 상자coarse graining box를 향해 나아갈 것이다. 물론 위상공간 $\mathcal{P}_\mathcal{U}$는 적절한 대충뽑기를 통해 구획이 나눠져 있다. 그러나 x와 마주치게 될 엔트로피가 유한하기를 원한다면, 상자들의 부피부터 유한해야 한다. 물리적으로 타당한 대충뽑기에서 이 조건이 만족되려면 우주는 유한해야 하고, 에너지도 한계가 있어야 한다. 이제 곧 알게 되겠지만, 우주론의 표준모형으로 인정되고 있는 세 가지 이론 중 하나가 이와 같은 특성을 갖고 있다. 그러나 어느 한 순간에 엔트로피 값이 무한대가 되어도 괘념치 않는다면, 굳이 이 이론을 채택할 필요가 없다[일부 상자의 부피(그리고 엔트로피)가 무한대라고 해도 상자 중 일부가 다른 것들보다 엄청나게 크다는 가정은 수학적으로 아무런 문제가 없다].

27.7 빅뱅의 역할

우주의 가능한 과거를 나타내는 곡선 ξ는 위상공간 $\mathcal{P}_\mathcal{U}$ 안에서 어떤 궤적을 그릴 것인가? 만일 ξ가 $\mathcal{P}_\mathcal{U}$ 안에 무작위로 그려지는 선이라면 부피가 가장 큰 평형상태 상자 $\mathcal{E}$ 안에 자리잡을 가능성이 압도적으로 클 것이고, ξ를 시작부터 끝까지 따라가도 엔트로피가 증가하는 지점은 존재하지 않을 것이다(그림 27.8a). 그러나 이 상황은 열역학 제2법칙을 만족하는 우주와 모순된다. 그러므로 ξ 위의 점 x는 '지금'을 나타내는 시

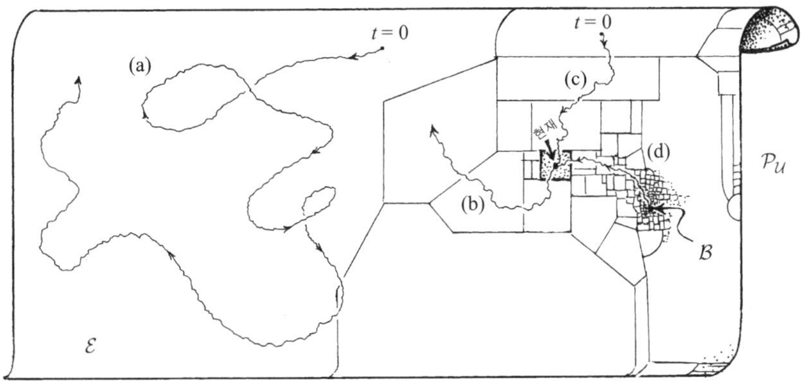

그림 27.8 위상공간 $\mathcal{P}_{\mathcal{U}}$에서 우리의 우주가 거쳐 온 곡선 ξ의 다양한 가능성들. (a) ξ가 $\mathcal{P}_{\mathcal{U}}$ 안에 무작위로 그려진다면 대부분의 시간을 $\mathcal{E}$ 안에서 보낼 것이며, 우주는 작은 동요를 제외하면 거의 열평형 상태에 있다(닫힌 곡선이라면 그림 27.20d와 비슷할 것이다). (b) ξ가 매우 작은 상자 $\mathcal{V}$(점 찍힌 부분, 현재 관측된 우주)에서 '지금 이 순간' 시작되었다는 조건만 요구하면($\mathcal{V}$의 바깥에서 ξ는 특별한 조건 없이 무작위로 선택됨), 미래의 우주는 제2법칙을 만족한다. (c) 특정한 시간 $t_N > 0$(현재)에 ξ가 $\mathcal{V}$를 지나가는 경우에 동일한 논리를 적용해도 타당한 미래가 얻어진다. 그러나 과거로 진행하면 그림 27.6b처럼 제2법칙을 만족하지 않는다. (d) 초기($t = 0$)에 ξ가 지극히 작은 영역 $\mathcal{B}$에서 출발했다는 조건을 부과하면 위 문제는 해결된다. 즉, 우주는 빅뱅(Big Bang)이라는 특별한 사건에서 출발했다는 논리인데, 이것은 현재 우주론의 정설로 수용되고 있다.

간 $t_0(>0)$에 적절한 크기의 영역 $\mathcal{V}$(현재 우리에게 관측된 엔트로피를 갖는 우주를 나타냄) 안에 속해 있어야 한다. 이것은 현재에서 미래로 가면서 엔트로피가 증가하는 우주에 해당된다. 그러나 현재에서 출발하여 과거로 갈 때에도 엔트로피가 증가한다면 여전히 제2법칙에 위배된다. 그러므로 우리의 우주에 걸맞는 경로는 그림 27.8의 (b)와 (d)이다. 즉, ξ의 과거쪽 끝($t = 0$)은 $\mathcal{P}_{\mathcal{U}}$의 지극히 작은 영역(엔트로피도 지극히 작음) $\mathcal{B}$에서 출발하여 역학법칙에 따라 자신의 길을 찾아간다. 시간 t가 미래로 흐를수록 x는 더욱 큰 영역으로 이동했고, 그 결과 지금 이 순간($t =$

t_0) $\mathcal{V}$에 도달했다($\mathcal{V}$도 그다지 큰 영역은 아니다). 제2법칙이 주장하는 바는 바로 이것이다. 우리의 우주에 걸맞는 ξ는 (c), (b)가 아니라 (d), (b)이다.

지금까지 언급된 내용을 조금 다른 방식으로 설명하면 다음과 같다. 위상공간 $\mathcal{P}_{\mathcal{U}}$를 '지금'이라는 특정시간 $t_0(>0)$에 바라보면서, 적당한 크기의 어떤 영역 $\mathcal{V}$ 안에서 x를 찾는다고 가정해 보자. 더 큰 t를 향해 나아가는 ξ를 바라보면 과거보다 더 큰 상자로 들어가는 모습을 보게 될 것이다. 이것은 제2법칙에 부합될 뿐만 아니라, 상자의 위치와 관련하여 x가 특정 방향을 선호하지 않는다는 이전의 가정에도 부합된다. 그러나 시간 t에 $\mathcal{V}$ 안에 있는 x에서 시작하여 과거로 거슬러 가면, 앞에서 $\mathcal{B}$로 명명했던 지극히 작은 영역을 향해 어떤 '목적의식을 갖고' 진행하는 것처럼 보인다.

이처럼 시간의 흐름을 반대방향으로 바꾸면 x는 더욱 작은 상자를 찾아가는 '지극히 편향적인' 행태를 보인다. x가 의도적으로 장난을 치는 것일까? 아니다. 사실은 $\mathcal{B}$가 '점차 작아지는 상자들'로 둘러싸여 있었을 뿐이다(그림 27.8 참조). t가 0이 될 때까지 시간을 역행했을 때 ξ가 $\mathcal{B}$에 도달할 운명이라면, 점점 작은 상자들을 거쳐갈 수밖에 없다. 이 모든 혼란은 ξ의 한쪽 끝이 $\mathcal{B}$에 놓여 있었기 때문에 발생한 것이다! 제2법칙의 근원을 이해하려면 먼저 이 사실부터 확실하게 인지하고 있어야 한다. 영역 $\mathcal{B}$는 우주의 기원인 빅뱅에 해당되는데, 이 사건이 얼마나 작은 영역에서 일어났는지 곧 알게 될 것이다!

우리는 위 논리에 숨어 있는 뜻을 이해해야 한다. $\mathcal{B}$가 특별한 이유는 무엇인가? $\mathcal{B}$의 특별한 정도를 수치로 계량할 수 있을까? 관측을 통해 빅뱅이 실제로 일어났음을 입증할 수 있을까?

빅뱅이론의 원조는 알렉산드르 프리드먼Alexandr Friedmann이다. 그는 1922년 우주론적 내용을 논하는 아인슈타인의 장방정식을 분석한 끝에, "우주는 대폭발로 탄생했다"는 결론에 이르렀다(27.11절 참조). 그 후 1922년에 미국의 천문학자 에드윈 허블Edwin Hubble은 멀리 있는 은하들이 우리로부터 멀어지는 현상을 발견했고,[11] 이로부터 우주가 엄청난 속도로 팽창하고 있다는 놀라운 결론을 내렸다. 지금까지 알려진 바에 의하면 빅뱅은 지금으로부터 약 1.4×10^{10}년(140억 년) 전에 일어났다. 허블의 우주팽창설은 도플러 효과의 '적색편이redshift(스펙트럼 선이 붉은색 쪽, 즉 파장이 긴 쪽으로 치우치는 현상)'에 기초를 두고 있다.[27.10] 관측 결과 멀리 있는 은하일수록 적색편이가 크게 나타났는데, 이는 먼 은하가 가까운 은하보다 빠르게 멀어지고 있음을 의미한다. 허블은 은하의 후퇴속도가 거리에 비례한다는 관측결과로부터 '팽창'이라는 거대한 밑그림을 완성했다.

그러나 빅뱅을 입증하는 가장 직접적인 증거는 전 우주공간에 퍼져 있는 2.7K(−271.3°C)의 복사에너지이다.[12] 격렬한 폭발의 결과라고 보기에는 너무 낮은 온도 같지만, 빅뱅 이후로 우주가 엄청난 규모로 팽창했기 때문에 초기의 에너지가 지금과 같이 희미해진 것이다. 2.7K라는 온도는 현대 우주론에서 핵심적인 역할을 한다. 천문학자들은 이 에너지를 흔히 '마이크로파 배경복사microwave background radiation', 또는 '흑체 배경복사background black-body radiation'라고 부른다(우주배경복사cosmic background radiation라고도 한다). 배경복사가 우주 전역에 걸쳐

[27.10] 속도 v로 멀어지고 있는 광원의 특수상대론적 도플러 진동수편이를 (a) 빛의 파동적 성질을 이용하여 계산하라. (b) 4-벡터 곱과 $E = h\nu$를 이용하여 계산하라.

고르게 분포되어 있다는 것은(오차범위가 10^{-5}이내이다) 빅뱅 직후의 초기우주가 거의 완벽하게 균일했음을 의미한다. 27.11절에서 언급될 우주 모형을 이용하면 이 현상을 매끄럽게 설명할 수 있다.

이제, 빅뱅이라는 극저-엔트로피 상태의 본질을 물리학적으로 이해해 보자. 엔트로피가 지극히 작다는 것은 위상공간에서 빅뱅이 속해 있는 영역 $\mathcal{B}$가 매우 작다는 뜻이다.[13] 빅뱅이 그토록 특별한 이유는 놀라울 정도로 균일한 상태였기 때문이다. 지금부터 우리가 할 일은 이것이 어떻게 저-엔트로피 상태와 연결되며, 우리에게 친숙한 열역학 제2법칙이 이로부터 어떻게 유도되는지를 이해하는 것이다.

우선 태양이 어떻게 저-엔트로피의 원천이 되는지 알아보자. 대부분의 사람들은 지구에서 생명체가 살아갈 수 있는 것이 태양에너지 덕분이라고 생각하고 있다. 그러나 이것은 오해이다. 무작정 에너지가 공급된다고 만사가 풀리는 것은 아니다. 에너지가 유용하게 쓰이려면 저-엔트로피 형태로 공급되어야 한다. 예를 들어 하늘 전체가 에너지를 균일하게 받아들여서 어디서나 온도가 동일하다면, 이 에너지를 사용할 방법이 없다(인간뿐만 아니라 어떤 생명체라도 불가능하다). 즉, 열평형 상태에서 공급되는 에너지는 무용지물이라는 뜻이다. 그런데 다행히도 태양은 우주공간이라는 차가운 배경 속에서 매우 뜨거운 점을 형성하고 있다. 낮에는 태양에너지가 지구로 도달하지만, 이 에너지는 밤낮을 가리지 않고 다시 우주공간으로 되돌려지고 있다. 다시 말해서, 우리가 받은 에너지를 고스란히 되돌려주면서 (평균적으로)에너지의 순균형이 유지되고 있는 것이다.[14]

태양에서 오는 에너지는 고에너지 광자의 형태로 도달하는 반면(태양의 온도가 높기 때문에 주로 노란색 고 진동수 광자가 도달한다), 다시 우주공간으로 되돌려질 때에는 대부분 저에너지 광자(저 진동수 적외선)의 형태로 방출된다(광자의 에너지는 플랑크 공식 $E = h\nu$로 결정된다. 플랑크는 흑체복사를 설명하기 위해 이 아이디어를 도입했다. 21.4절 참조). 태양에서 지구로 전달되는 에너지와 지구에서 우주공간으로 방출되는 에너지의 총량은 같으므로, 지구에 도달하는 태양에너지(고온)에 함유된 광자의 수는 지구에서 우주로 방출되는(저온) 광자의 수보다 적다. 태양에서 오는 광자수가 적다는 것은 자유도가 적다는 뜻이므로 위상공간에서 차지하는 영역이 작고, 따라서 엔트로피도 작다. 지구의 식물들은 이러한 저-엔트로피 에너지를 이용하여 광합성을 하고, 이 과정에서 자신의 엔트로피가 감소한다. 또한 인간은 식물을 먹거나 식물을 먹는 동물을 먹고, 식물이 방출한 산소로 호흡하면서 자신의 엔트로피를 줄인다(그림 27.9 참조).

그런데 태양은 어떻게 차가운 우주공간에서 뜨거운 덩어리를 형성할 수 있었을까? 그 속사정은 매우 복잡하지만, 대충 이야기하자면 태양을 비롯한 모든 별들은 밀도가 균일한 기체(주로 수소)가 중력에 의해 뭉쳐지면서 탄생했다. 다른 힘들(핵력)이 어떻게 작용하건 간에, 일단 중력이 없으면 태양은 존재할 수 없다! 따라서 (열평형 상태와 한참 떨어져 있는)태양은 균일한 기체가 중력으로 뭉치면서 형성된 거대한 저-엔트로피 저장소라고 할 수 있다.

엔트로피의 관점에서 볼 때, 항상 인력으로만 작용하는 중력은 참으로 이상한 존재이다. 엔트로피를 설명할 때에는 흔히 일상적인 기체를 예로 들곤 하는데, 예를 들어 작은 영역에 몰려 있는 기체는 엔트로피가 작고(그림 27.3의 작은 용기), 엔트로피가 큰 열평형 상태에서는 기체가 전 지역에 걸쳐 균일하게 분포된다. 그러나 중력이 작용하면 상황은 크게 달

그림 27.9 지구는 태양으로부터 받은 에너지를 고스란히 우주공간으로 되돌려주고 있다. 그런데 태양은 고진동수의 노란색 빛을 방출하고 지구는 저진동수(적외선)의 형태로 에너지를 방출하고 있으므로, 우리가 태양으로부터 받은 에너지는 되돌려주는 에너지보다 엔트로피가 작다. 플랑크의 $E = h\nu$에 의해 광자 하나 당 에너지는 진동수에 비례한다. 따라서 태양에너지에 함유된 광자의 수는 지구 복사에너지에 함유된 광자의 수보다 적다. 여기서 광자의 수가 적다는 것은 자유도가 적다는 것을 의미하고, 따라서 위상공간 영역도 작고 엔트로피도 작다. 즉, 지구는 저-엔트로피 에너지를 받아서 고-엔트로피 에너지를 방출하고 있는 셈이다. 지구상의 식물은 저-엔트로피 에너지를 이용하여 광합성을 하면서 자신의 엔트로피를 줄인다. 인간은 식물을 먹거나 식물을 먹은 동물을 먹고 식물이 방출한 산소로 호흡하면서 자신의 엔트로피를 줄인다. 이런 과정이 지속될 수 있는 이유는 하늘의 온도가 균일하지 않기 때문이다. 근원을 더 따지고 들어가면 균일했던 우주공간에 태양이라는 뜨거운 점을 만들어낸 중력 덕분이라고 할 수 있다.

라진다. 중력으로 상호작용하는 물체들이 균일하게 퍼져 있으면 상대적으로 엔트로피가 작고(단, 물체의 속도가 지나치게 빠르지 않고, 물체의 크기가 너무 작지 않고, 중력의 영향이 무시될 정도로 넓게 퍼져 있지 않아야 한다), 이들이 뭉쳐 있으면 엔트로피가 크다(그림 27.10 참조).

'최대 엔트로피'란 어떤 상태인가? 열평형 상태에 있는 기체는 전 지역에 걸쳐 균일하게 분포되었을 때 엔트로피가 가장 큰 반면, 서로에게 중력을 행사하고 있는 물체들은 모든 질량이 한 장소에 집중되어 있을 때

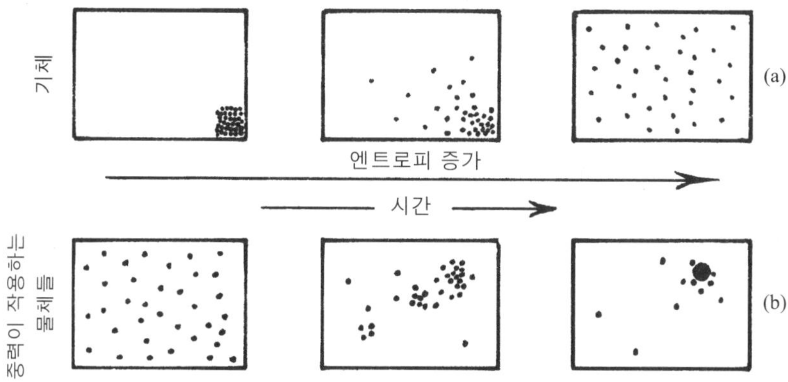

그림 27.10 왼쪽에서 오른쪽으로 갈수록(즉, 시간이 흐를수록) 증가하는 엔트로피. (a) 처음에 용기의 한쪽 구석으로 몰려 있는 기체는 시간이 흐를수록 용기 전체로 퍼져 나가면서 엔트로피가 증가하다가 결국에는 균일한 분포, 즉 열평형 상태에 이른다. (b) 물체들 사이에 중력이 작용하면 상황은 반대로 전개된다. 초기에 균일하게 퍼져 있는 계는 상대적으로 엔트로피가 작고, 이들이 한 곳에 뭉칠수록 엔트로피가 크다. 그러다가 모든 것을 잡아먹는 블랙홀에 도달하면 엔트로피는 엄청나게 증가한다.

엔트로피가 가장 크다. 그리고 질량이 한 곳에 집중되어 있는 대표적인 사례가 바로 블랙홀이다. 앞으로 진도를 더 나가려면 블랙홀의 놀라운 특성을 미리 알아둘 필요가 있다. 블랙홀에 대한 이해가 깊어지면 우주의 엔트로피를 대략적으로 계량할 수 있을 뿐만 아니라, 위상공간 속의 작은 영역 $\mathcal{B}$와 우주의 위상공간 $\mathcal{P}_{\mathcal{U}}$의 크기도 계산할 수 있다.

27.8 블랙홀

블랙홀이란 무엇인가? 대충 말하자면 내부로 향하는 중력이 너무 강해서 빛조차도 빠져 나오지 못하는 우주공간의 특정지역을 블랙홀이라 한다. 이런 현상이 왜 일어나는지 직관적으로 이해하기 위해, 뉴턴 역학의

'탈출속도escape velocity'를 생각해 보자. 지구 표면에서 작은 돌멩이 하나를 v라는 속도로 위를 향해 던지면 최대 고도에 도달한 후 다시 지면으로 떨어진다. 돌멩이의 초기 운동에너지는 중력 위치에너지를 극복하면서 점차 소진되다가, 위치에너지와 초기 운동에너지가 같아지는 고도에 이르면 운동에너지가 순간적으로 0이 되어 더 이상 위로 올라가지 못하고 지구의 중력에 끌려 추락한다(17.3, 18.6절 참조). 공기저항을 무시했을 때 돌멩이가 도달하는 최대 높이는 오직 초기속도 v에 의해 좌우되는데,[27.11] v가 $(2GM/R)^{1/2}$보다 빠르면 돌멩이는 지구의 중력장을 완전히 벗어나서 우주공간으로 날아간다[여기서 M은 지구의 질량이고 R은 지구의 반지름, G는 뉴턴의 중력상수이다. $(2GM/R)^{1/2}$를 탈출속도라 한다]. 만일 우주공간에 덩치가 작으면서 질량이 엄청나게 큰 천체가 있다면, 이 천체의 $(2GM/R)^{1/2}$ 값이 광속보다 빠를 수도 있다(M이 크고 R이 작으면 M/R은 매우 큰 값이 된다). 즉, 탈출속도가 빛보다 빠르다는 뜻이다. 이런 천체는 중력이 너무 강해서 가장 빠르다는 빛조차도 빠져 나올 수 없다.

뉴턴 역학에 입각하여 생각해 보면, 이런 물체는 빛을 전혀 방출하지 않기 때문에 완전히 검게 보일 것이다. 이와 같은 생각을 처음으로 떠올린 사람은 영국의 천문학자이자 성직자였던 존 미셸John Michell이었고(1784년), 그후 1799년에 프랑스의 위대한 수학자 피에르 시몽 라플라스도 같은 결론을 내렸다.[15] 그러나 뉴턴 이론에서는 빛이 절대적인 특성을 갖지 않기 때문에, 이것만으로는 설명이 불충분하다. 만일 이런 천체가 엄

[27.11] 최대 도달높이가 $v^2R(2gR - v^2)^{-1}$임을 증명하라. 여기서 R은 지구의 반지름이고 g는 지구 표면에서의 중력가속도이다.

청난 속도로 움직이고 있다면, 진행방향으로 방출된 빛의 속도는 자유공간에서의 광속보다 훨씬 빨라서 탈출속도의 벽을 넘어 빠져 나올 수도 있기 때문이다.[16], [27.12] 미셸이 예견했던 '어두운 별'이 블랙홀의 원조임은 분명하지만, 뉴턴 역학의 범주 안에서 '중력 때문에 보이지 않는 이유'를 설명하기에는 역부족이다.

이 문제는 뉴턴 역학이 아닌 상대성이론의 범주에서 해결되어야 한다. 빛의 속도는 우주의 근본적인 상수이자 모든 신호가 전달되는 속도의 한계를 규정하기 때문이다(17.8절 참조). 특히 지금은 중력에 의한 효과를 문제삼고 있으므로, 민코프스키 공간을 배경으로 하는 특수상대성이론보다 일반상대성이론의 시공간을 도입해야 한다. 일반상대성이론에 의하면 탈출속도가 광속보다 빠른 천체가 실제로 존재하며, 이와 같은 천체를 '블랙홀'이라 한다.

무거운 천체의 내부압력이 무자비하게 안으로 잡아당기는 중력을 이기지 못하면 블랙홀이 된다. 태양보다 질량이 훨씬 큰 천체(예를 들어 $10M_{\odot}$이라 하자. $M_{\odot}$은 태양의 질량이다)가 평범한 별의 일생을 겪은 후 내부 에너지원이 모두 고갈되면 차갑게 식으면서 중력붕괴를 막을만한 압력을 더는 발휘하지 못하게 된다. 이런 일이 한 번 일어나기만 하면, 그 어떤 요인도 중력에 의한 내파를 막을 수 없다.

사실 블랙홀의 탄생과정은 이보다 훨씬 복잡하다. 압력이 어느 이상으로 커지면 물질이 더는 정상적인 행동양식을 따르지 않기 때문이다. 이런 경우에는 전자나 중성자의 겹침압력 degeneracy pressure이 중요한 역

[27.12] 그 이유를 설명해 보라. [도움말 : 빛을 입자로 간주하고, 외부의 빛이 천체의 표면으로 떨어지는 상황을 상상해 보라. 천체의 표면에 수평방향으로 거울을 설치해 놓는다면 어떤 일이 벌어질 것인가?]

할을 한다. 23.7절에서 언급한 파울리의 배타원리에 의하면 두 개 이상의 동일한 페르미온들은 같은 양자상태에 놓일 수 없다. 질량이 $M_{\odot}$인 천체가 지구만 한 크기로 줄어들면 백색왜성white dwarf이 되는데, 이런 천체는 전자의 겹침압력 덕분에 내파되지 않고 견딜 수 있다. 이와 질량이 비슷한 천체가 중성자별neutron star이 되려면 직경이 10 km까지 압축되어야 하며, 중성자의 겹침압력 덕분에 중력에 의한 내파가 일어나지 않는다(테니스공의 내부를 중성자별 성분으로 가득 채웠을 때, 그 질량은 화성의 위성인 다이모스Deimos의 질량과 비슷해진다!). 그러나 일반상대성이론에 의하면 질량이 약 $2M_{\odot}$을 넘는 별은 중력이 너무 강하여 겹침압력만으로는 형태를 유지할 수 없다. 1931년에 찬드라세카르Subrahmanyan Chandrasekhar는 백색왜성의 경우에 이 한계질량이 $1.4M_{\odot}$이라는 결론에 도달했고, 그후 약간의 수정을 거쳐 중성자별의 한계질량이 백색왜성보다 조금 크다는 사실이 밝혀졌다.[17] 이 이론의 최종결과는 "질량이 $2M_{\odot}$을 넘는 차가운 천체는 휴면상태를 유지할 수 없다"는 것이다. 질량이 $2M_{\odot}$을 초과하면 안으로 붕괴되면서 미셸이 예견했던 일이 일어나기 시작한다.

예를 들어, 질량이 $10M_{\odot}$인 천체가 생성초기에 충분히 뜨거워서 중력을 이겨낼 정도로 열압이 높았다고 가정해 보자. 시간이 충분히 흘러 온도가 내려가면 압축된 중심부의 질량이 찬드라세카르 한계질량을 초과하여 안으로 붕괴되기 시작한다. 별의 바깥쪽 물질이 안으로 유입되면 '초신성supernova'이라는 초대형 폭발이 일어나는데, 이는 외계은하에서 종종 관측되는 현상이다. 폭발하는 초신성은 은하계 전체를 며칠 동안 환하게 밝힐 수 있다. 그러나 폭발과정에서 충분한 양의 물질이 쏟아져 나오지 않으면(처음 가정대로 별의 질량이 $10M_{\odot}$이면 이럴 가능성이 크다)

별은 안으로 가차없이 수축되어 미셸의 논리가 적용되는 수준까지 이르게 된다. 그림 27.11은 별이 수축되어 블랙홀이 되는 과정을 시공간 다이어그램으로 나타낸 것이다(그림에서 공간차원 중 하나는 생략되었다). 물질이 계속해서 안으로 붕괴되어 어떤 표면에 이르면[이 표면을 '(절대적)사건지평선event horizon'이라 한다] 탈출속도가 광속과 같아지고, 여기서 붕괴가 더 진행되면 탈출속도는 광속보다 빨라진다. 이 지경에 이르면 외부에 있는 관측자는 별에 대하여 어떠한 정보도 얻을 수 없다. 드디어 블랙홀이 탄생한 것이다.

그림 27.11은 아인슈타인 방정식의 '슈바르츠실트 해'에 기초한 것이다. 이 해는 아인슈타인이 일반상대성이론을 발표한 직후인 1916년에 카를 슈바르츠실트Karl Schwarzschild가 찾아냈는데,[18] 그는 이 논문을 발표한지 몇 달 후 1차대전의 동부전선에서 희귀 병에 걸려 사망하였다. 슈바르츠실트 해는 수축 여부와 상관없이 구형대칭을 갖는 물체의 주변에 형성되는 정적인static 중력장을 서술하고 있다. 이런 경우에 사건 지평선은 중심으로부터 $r = 2MG/c^2$만큼 떨어진 곳에 형성된다(미셸이 계산했던 임계값과 일치한다).[27.13]

[27.13] 슈바르츠실트 해를 계량형(metric form)으로 표현하면 $ds^2 = (1 - 2M/r)\,dt^2 - (1 - 2M/r)^{-1}\,dr^2 - r^2(d\theta^2 + \sin^2\theta\,d\phi^2)$이다. 여기서 θ, ϕ는 통상적인 구면좌표계의 변수이며(22.11절 참조), $G = c = 1$인 단위계를 사용하였다. r과 t가 일정한 구면 위에서 반지름좌표 r이 어떻게 결정되는지 설명하라. 위의 계량은 $r \leq 2M$인 영역으로 매끈하게 확장되지 않는데, 이럴 때 에딩턴-핀켈슈타인 형태(Eddington-Filkelstein form) $ds^2 = (1 - 2M/r)\,dv^2 - 2dvdr - r^2(d\theta^2 + \sin^2\theta\,d\phi^2)$를 사용하면 편리하다. 두 계량을 연결하는 좌표변환식을 유도하고, 각 (v, r)평면의 널 곡선(null curve)이 지름방향의 널 측지선(null geodesic)이 되어야 하는 이유를 설명하라. 이 사실을 이용하여 측지선의 방정식을 유도하고 그래프를 그려 보라($r =$ 상수인 선을 수직방향으로 잡고, $v =$ 상수인 선을 오른쪽에서 45°각도로 안으로 들어가는 방향으로 그릴 것). 마지막으로, 사건지평선과 특이점을 계산하라.

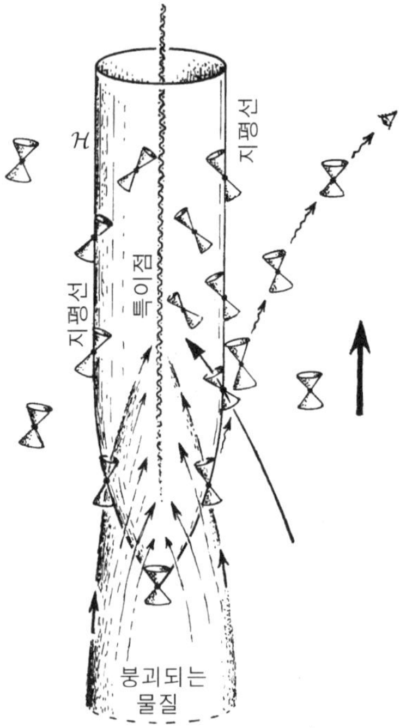

그림 27.11 별이 안으로 붕괴되어 블랙홀이 되는 과정을 시공간 다이어그램으로 나타낸 그림(공간차원 중 하나가 생략되었음). 물질이 붕괴되어 (절대적)사건지평선인 3-표면을 통과하면 어떠한 정보도 밖으로 탈출할 수 없다. 지평선에 접한 빈 원뿔(null cone)은 외부의 정보를 내부로 통과시키지만, 내부의 정보를 밖으로 내보내지는 않는다. 외부에 있는 관측자는 구멍의 내부를 볼 수 없으며, 구멍으로 빨려 들어가기 직전의 모습만 볼 수 있다(그러나 모습이 매우 희미하고 적색편이가 크게 일어날 것이다).

사건지평선은 물질적인 실체를 갖지 않는다. 이것은 시공간에서 정의되는 특별한 (초)평면으로서, 임의의 신호가 블랙홀을 탈출하여 무한히 먼 곳으로 날아갈 수 있는 영역과 그렇지 않은 영역(블랙홀로 다시 빨려 들어가는 영역)의 경계선을 의미한다. 어떤 불운한 관측자가 블랙홀 주위를 배회하다가 사건지평선 안으로 진입한다 해도, 특별한 상황을 감지하지 못할 것이다. 사실 블랙홀이란, 신호가 탈출하지 못한다는 점만 빼면 그저 '중력을 행사하는 천체'에 불과하다. 그렇다면 블랙홀 자체는 최종적으로 어떤 운명을 맞이하게 될 것인가? 이 수수께끼는 27.9절에서 다루기로 한다.

우선 지금까지 얻어진 관측자료부터 짚고 넘어가자. 블랙홀이 실존한다는 증거는 있는가? 물론 있다. 1970년대에 천문학자들은 이중성二重星, double-star을 관측하다가 둘 중 하나의 별에서만 밝은 가시광선이 방출되는 신기한 현상을 발견했다. 나머지 하나는 눈에 보이지 않았으므로, 눈에 보이는 파트너의 특성으로부터 질량과 운동상태를 유추할 수밖에 없었다. 그리고 이들 주변에서 방출되는 엑스선 신호를 분석한 결과, 눈에 보이지 않는 파트너는 막대한 질량이 아주 작은 영역에 뭉쳐 있어서 백색왜성이나 중성자별일 가능성은 거의 없었다. 그후 엑스선을 더욱 세밀하게 분석한 끝에, 천문학자들은 보이지 않는 별이 블랙홀이며 기체와 먼지로 이루어진 부착원반accretion disc이 그 주위를 에워싸고 있다는 결론에 이르렀다. 이 부착원반은 블랙홀에 점차 가까워지면서 엄청나게 빠른 속도로 회전하고 있으며, 중심부로 갈수록 온도가 높아진다. 결국, 부착원반이 블랙홀의 사건지평선을 넘기 직전에 엑스선을 방출했던 것이다(그림 27.12a 참조). 지금까지 가장 널리 알려진 블랙홀 후보는 백조자리 X − 1으로서, 약 $7M_{\odot}$의 질량을 갖고 있다. 우리의 이론대로라면 백색왜성이나 중성자별이 되기에는 너무 큰 별이었던 것이다.

이런 종류의 간접적인 증거들은 "질량이 큰 천체는 큰 덩치를 유지할 수 없다"는 이론에 전적으로 의존하기 때문에, 그다지 만족스럽지 않다. 그러나 다행히도 블랙홀의 존재를 입증하는 더 직접적인 증거가 있다. 물체가 블랙홀로 빨려 들어갈 때 부착원반이 항상 나타나는 것은 아니다. 경우에 따라서는 블랙홀을 향하여 '똑바로' 떨어질 수도 있는데, 이런 현

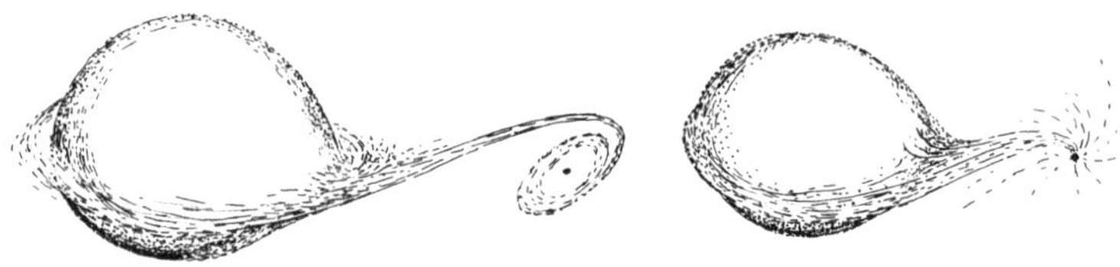

(a) (b)

그림 27.12 이중성계(double-star)에서 발견된 (소형)블랙홀. (a) 큰 별의 구성물질이 작은 블랙홀의 중력에 끌려오다가 부착원반(accretion disc)을 형성한 경우. 이들은 서서히 나선운동을 하면서 엑스선이 방출될 정도로 뜨거워진 후 결국은 블랙홀에 빨려 들어간다. (b) 경우에 따라서는 부착원반을 형성하지 않고, 고밀도의 작은 천체를 향해 '똑바로' 빨려 들어갈 수도 있다. 이 천체에 표면이라는 것이 있다면, 외부에서 빨려 들어가는 물질은 뜨거워지긴 하겠지만 빛을 발하지는 않을 것이다. 즉, 외부의 물질이 블랙홀을 향해 똑바로 빨려 들어가는 경우이다.

상도 실제로 관측되었다(그림 27.12b 참조). 이때 주변물체를 잡아당기는 고밀도의 천체가 물질로 이루어진 표면을 갖고 있으면 그곳으로 빨려 들어가는 외부물질에 의해 표면의 온도가 올라가고, 어느 정도 시간이 흐르면 눈에 보이는 빛을 방출해야 한다. 그러나 이런 식으로 빛을 방출하지 않는다면, 그 천체는 표면이라는 것이 아예 존재하지 않는 블랙홀로 간주할 수 있다.[19]

지금까지 말한 것은 '항성형' 블랙홀로서, 질량은 태양질량의 몇 배 정도이다. 그런데 지금까지 얻어진 관측결과를 분석해 보면 이보다 훨씬 큰 블랙홀도 존재하는 것 같다. 대부분의(아마도 모든) 은하의 중심부에는 거대한 블랙홀이 존재할 것으로 짐작되는데, 특히 우리가 속한 은하(은하수Milky Way)의 중심부에 태양질량의 무려 3×10^6배에 달하는 초대형 블랙홀이 자리잡고 있을 것으로 추정된다. 그 근처를 배회하는 별들의 비정상적인 움직임이 블랙홀의 존재를 증명하고 있다.

27.9 사건지평선과 시공간 특이점

그림 27.11에 굳이 빈 원뿔을 그려 넣은 이유는 시공간에서 인과율이 정상적으로 유지되고 있음을 보여주기 위해서였다. 여기서 중요한 것은 블랙홀의 사건지평선이 시공간에서 3-곡면 $\mathcal{H}$를 이룬다는 점이다. 27.8절에서 말한 바와 같이, $\mathcal{H}$의 내부에서 생성된 신호는 바깥영역으로 탈출할 수 없다. 그리고 $\mathcal{H}$의 안과 밖을 연결하는 세계선은 인과율에 위배된다(17.7절 참조). 또한 이 그림은 중력붕괴가 구면대칭적으로 일어난다고 가정하고 있는데, 이것은 로버트 오펜하이머 J. Robert Oppenheimer와 하틀랜드 스나이더 Hartland Snyder가 1939년에 이 분야를 연구하면서 세웠던 가정과 동일하며, 블랙홀과 관련된 슈바르츠실트 기하학과도 조화롭게 연결된다.

지평선 $\mathcal{H}$는 이상한 특성을 갖고 있긴 하지만, 적용되는 기하학은 다른 곳과 크게 다르지 않다. 위에서 말한 바와 같이 블랙홀 주변을 배회하던 관측자가 우연히 사건지평선을 넘어가도 별다른 이상을 감지하지 못할 것이다. 그러나 일단 한 번 넘어가면 두 번 다시 되돌아올 수 없다. 그가 느끼는 조력 tidal force은 걷잡을 수 없이 강해지다가(시공간의 곡률, 17.5절과 19.6절 참조) 중심부($r = 0$)의 특이점에 도달하면 무한대가 된다. 이것은 블랙홀이 공처럼 둥글지 않아도 나타날 수 있는 일반적인 현상이다. 천체가 중력으로 붕괴하다가 '돌이킬 수 없는 지점'을 지나면, 이론상 특이점이 생성될 수밖에 없다.[20] 28.8절에 가면 이와 관련된 몇 가지 문제를 다루게 될 것이다.

질량이 태양의 몇 배 수준인 블랙홀의 조력은 우주비행사가 사건지평선에 도달하기 한참 전에 그의 몸을 갈갈이 찢어버릴 정도로 강력하다. 그러나 블랙홀의 질량이 $10^6 M_\odot$을 초과하면 사건지평선을 넘어도 조력에 의한 영향이 크게 나타나지 않는다(사건지평선의 지름은 수백만 km에 달한다). 우리 은하의 중심부에 있는 블랙홀의 경우, 사건지평선 근처의 시공간 곡률은 지구 표면에서 일어나는 시공간 곡률의 약 20배에 불과한데, 이 정도면 우리의 감각으로 거의 인지할 수 없다! 그러나 중심부에 접근할수록 조력이 매우 빠르게 증가하여 결국은 무한대가 되고, 우주비행사의 몸은 갈갈이 찢길 것이다. 이 모든 상황은 그가 사건지평선을 통과한지 1분 이내에 종료된다! 어떤 물질이건 간에, 블랙홀의 중심으로 빨려 들어가면 조력에 의한 파괴를 피할 수 없다. 질량이 $10M_\odot$인 블랙홀로 물질이 빨려 들어가면 1분이 아니라 순식간에 분해되고, 그 후에 어떻게 될지는 아무도 모른다!

우리가 아는 것은 아인슈타인의 고전적 시공간체계와 장방정식(에너지 밀도가 양수라는 조건과 몇 가지 '이치에 맞는' 가정도 포함하여)을 블랙홀에 적용하면, 블랙홀 내부에 시공간의 특이점이 나타난다는 사실이다.[21] 아인슈타인 방정식에 의하면 블랙홀 내부가 어떤 물질로 되어있건 간에 특이점은 반드시 존재하며, 이곳에서 조력(즉, 바일 곡률. 19.7절 참조)은 무한대가 된다(보통은 격렬히 진동하는 양상을 띄게 될 확률이 아주 높다).[22] 이 문제를 해결하려면 양자중력이론quantum gravity(물론 다른 이름으로 불러도 상관없다)을 도입하여 고전적 이론을 수정하는 수밖에 없다. 아직 올바른 양자중력이론을 어떻게 구축해야 할지는 정해지지 않았지만, 블랙홀에서 얻은 정보를 잘 활용한다면 불가능한 일도 아니다. 양자중력이론은 30～32장에서 다시 언급될 것이다.

대다수의 물리학자들은 중력적 수축의 결과로 나타나는 시공간의 특이점이 사건지평선 안에 존재하기 때문에 그곳에서 희귀한 물리적 현상이 일어난다 해도 외부에 있는 관찰자의 눈에는 보이지 않는다고 믿고 있지만, 이것은 수학적으로 입증된 사실이 아니다. 특이점이 항상 볼 수 없는 곳에 숨어 있다는 가정은 흔히 '우주검열cosmic censorship' 가설이라고 불리는데,[23] 자세한 내용은 28.8절에서 다루기로 한다.

중력붕괴의 결과로 나타나는 놀라운 효과를 찾기 위해 멀리 갈 필요는 없다. 우주에서는 지금도 매우 격렬한 과정이 진행 중인데, 예를 들어 퀘이사quasar는 은하의 중심에서 빠르게 회전하는 블랙홀로부터 에너지를 얻어 엄청난 빛을 발하고 있다. 물론 여기서 방출되는 물질(회전축 방향으로 방출됨)은 블랙홀의 외부에서 온 것이지만, 어쨌거나 회전하는 블랙홀은 퀘이사에 에너지를 공급하는 발전소 구실을 한다(30.7절 참조). 일부 퀘이사(태양계와 비슷한 크기)에서 방출된 에너지는 은하 전체를 100 ~ 1,000배 가량 밝게 만들 수 있다! 퀘이사는 이토록 엄청난 빛을 발하기 때문에 먼 거리에 있어도 쉽게 발견되며, 천문학과 우주론을 연구하는 데 중요한 수단이다. 또한, 두 개의 블랙홀이 충돌할 때에는 강력한 감마선이 방출되는 것으로 추정된다.[24]

27.10 블랙홀의 엔트로피

혼자 고립된 채 정적인 상태를 유지하는(간단히 말해서 '죽은') 블랙홀의 안전한 외부지역으로 되돌아가서 생각해 보자. 앞으로 우리는 블랙홀의 엔트로피가 얼마나 막대한지 알게 될 것이다. 우선 첫째로, 이와 관련된 수학정리 하나를 짚고 넘어가는 것이 좋겠다. "초기에 비대칭적인 수축으로 인해 모양이 불규칙한(나선운동을 하거나 비가역적인 혼돈상태일 수도 있다) 블랙홀이라 해도, 빠른 시간 안에 (외부 시공간의 기하학적 관점에서 볼 때)단순하고 우아한 기하학적 형태를 갖춘다"는 사실을 입증하는 수학정리가 있다.[25] 이 형태는 '커 계량Kerr metric'으로 표현되는데,[26] 여기에는 두 개의 물리적/기하학적 실변수 m과 a가 포함되어 있다.[27] 여기서 m은 블랙홀의 질량이고, $a \times m$은 총 각운동량을 나타낸다($G = c = 1$인 단위계를 사용함). 노벨상을 받은 찬드라세카르는 블랙홀에 대하여 다음과 같이 말했다(그가 1931년에 발표한 논문은 지금도 블랙홀을 연구하는 지침서로 남아 있다).

> 블랙홀은 우주에 존재하는 만물 중에서 가장 완벽한 거시적 물체이다. 블랙홀을 생성하는 요소는 시간과 공간뿐이다. 일반상대성이론은 블랙홀 서술에서 단 하나의 독특한 족family만을 제시하고 있으므로, 이 점에서도 블랙홀은 단순한 물체라고 할 수 있다.[28]

블랙홀이 주변의 모든 물질(복잡한 구조를 가진 거대한 물체도 예외가 아니다)을 무자비하게 빨아들여서 단 10개의 변수(a, m, 스핀축의 방향, 질량중심의 위치, 질량중심의 3차원 속도성분)로 서술되는 단순한 배열로 환원된다는 것은, 열역학 제2법칙이 성립한다는 강력한 증거가 아닐 수 없다. 이 10개의 변수만 알고 있으면 최종상태의 거시적 특성을 알아낼 수 있다.[29] 블랙홀은 열평형 상태에 있는 일상적인 물질들과 전혀 다른 외형을 갖고 있지만, 무수히 많은 미시적 상태들이 단 몇 개의 변수로 서술된다는 점에서는 일상적인 물질과 다를 게 없다. 그러므로 위상공간에서 블랙홀에 대응되는 대충뽑기 상자는 엄청나게 크고, 따라서 블랙홀은 방대한 양의 엔트로피를 갖고 있다는 결론에 이르게 된다.

블랙홀의 엔트로피를 기하학적 관점에서 해석해 보자. 일단, 블랙홀의 엔트로피는 사건지평선의 면적에 비례한다! 그 유명한 베켄슈타인-호킹 공식Bekenstein-Hawking formula에 의하면 블랙홀의 엔트로피는 다음과 같다.

$$S_{BH} = \frac{kc^3 A}{4G\hbar}$$

여기서 A는 블랙홀 사건지평선의 면적이다(S에 붙어 있는 첨자 BH는 '베켄슈타인-호킹'의 첫글자로 볼 수도 있고, '블랙홀'의 약자로 해석할 수도 있다!). 위 식에 플랑크 상수와 중력상수가 모두 포함되어 있으므로, 블랙홀의 엔트로피는 '양자중력적 효과'임이 분명하다. 사실, 양자역학(디랙 형태로 표현된 플랑크 상수 $\hbar$)과 일반상대성이론(뉴턴 중력상수 G)이 하나의 공식에 동시 출현한 것은 이 경우가 처음이었다.

양자역학과 일반상대성이론을 동시에 고려하는 물리학이론에서는 $\hbar$와 G를 모두 1로 간주한 단위계를 사용하는 것이 편리하다. 우리는 17.8절과 19.2, 6, 7절에서(그리고 24장의 곳곳에서) 빛의 속도 c를 1로 간주한 단위계가 여러모로 편리하다는 사실을 이미 경험한 바 있다. 이 편의성을 그대로 유지한 채, $\hbar = G = 1$이라는 조건을 추가하면 계산이 더욱 간단해진다. 이 단위계에서는 시간과 공간, 질량, 그리고 전기전하가 모두 플랑크 단위Planck unit(자연단위natural unit, 또는 절대단위absolute unit라고도 함)로 결정되며, 볼츠만 상수(27.3절 참조)까지 1이 된다.

$$G = c = \hbar = k = 1$$

이 단위는 우리가 일상적으로 쓰는 단위와 전혀 다르다. 각 단위를 플랑크 단위로 변환하면 다음과 같다.

그람(gram) $= 4.7 \times 10^{4}$

미터(meter) $= 6.3 \times 10^{34}$

초(second) $= 1.9 \times 10^{43}$

절대온도(degree Kelvin) $= 4 \times 10^{-33}$

이 단위계에서 양성자의 전하(또는 전자의 전하)는 대략 $e = \frac{1}{\sqrt{137}}$이며, 십진표기로 쓰면

$$e = 0.0854245\ldots$$

이다.[30] 위 관계를 반대로 뒤집으면 다음과 같다.

플랑크 질량 $= 2.1 \times 10^{-5}\,\mathrm{g}$

플랑크 길이 $= 1.6 \times 10^{-35}\,\mathrm{m}$

플랑크 시간 $= 5.3 \times 10^{-44}\,\mathrm{s}$

플랑크 온도 $= 2.5 \times 10^{32}\,\mathrm{K}$

플랑크 전하 $= 11.7e$ ($e =$ 양성자의 전하)

플랑크 단위에 대해서는 31.1절에서 좀 더 구체적으로 설명할 예정이다.

다시 베켄슈타인-호킹의 공식으로 돌아가서 생각해 보자. 플랑크 단위를 사용했을 때, 표면적이 A인 블랙홀의 엔트로피 S_{BH}는 다음과 같다.

$$S_{BH} = \frac{1}{4}A$$

커 해Kerr solution의 경우, A와 S_{BH}는 일반적인 단위계에서

$$A = \frac{8\pi G^2}{c^4} m(m + \sqrt{m^2 - a^2})$$

$$S_{BH} = \frac{2\pi Gk}{c\hbar} m(m + \sqrt{m^2 - a^2})$$

로 주어진다. 30.4절로 가면 베켄슈타인-호킹 공식의 저변에 숨겨진 의미를 알게 될 것이다.

블랙홀의 엔트로피가 얼마나 큰지 감을 잡기 위해, 1960년대에 발견된 2.7 K 마이크로파 배경복사의 엔트로피를 생각해 보자. 배경복사는 빅뱅의 잔해로서, 우주의 엔트로피를 이해하는 데 가장 중요한 요소이다. 자연단위계를 사용했을 때, 배경복사의 엔트로피는 바리온baryon 하나 당 $10^8 \sim 10^9$이다(대충 말하자면, 빅뱅의 잔해로 남은 바리온 하나 당 $10^8 \sim 10^9$개의 광자가 존재한다는 뜻이다). 이 값을 블랙홀의 엔트로피와 비교해 보자. 우주에 존재하는 블랙홀의 개수와 크기는 알 수 없지만, 지금까지 관측된 결과에 의하면 은하수의 중심에는 질량이 약 $3 \times 10^6 M_\odot$에 달하는 초대형 블랙홀이 자리잡고 있는 듯하다. 더 먼 우주로 나가면 이보다 훨씬 큰 블랙홀을 소유한 은하도 있는데, 이들의 엔트로피는 작은 블랙홀의 엔트로피를 모두 더한 것보다 크다.[27.14] 우리 은하(은하수)에 있는 블랙홀을 평균으로 잡았을 때, 바리온 하나 당 엔트로피를 대충 산출해 보면 약 10^{21}으로서(이것도 아주 작게 잡은 값이다) 마이크로파 배경복사의 $10^8 \sim 10^9$보다 압도적으로 크다. 게다가 이 값은 앞으로 더욱 커질 것이다.

27.11 우주론

우주에 잠재되어 있는 엔트로피의 총량을 알면 빅뱅이 일어나던 무렵에 우리의 우주가 얼마나 '특별한' 존재였으며, 현재 그 질서가 얼마나 남

[27.14] 왜 그런가?

아 있는지 짐작할 수 있다. 그러나 우주의 엔트로피를 계량하려면, 먼저 우주론cosmology에 대한 기초지식부터 쌓아야 한다. 앞으로 우리는 우주론에서 파생된 여러 가지 증거들을 이용하여 위상공간에서 빅뱅에 대응되는 상자 $\mathcal{B}$의 크기를 결정한 후, 이 결과를 전체 위상공간 $\mathcal{P}_\mathcal{U}$와 현재의 우주를 나타내는 대충뽑기 상자 $\mathcal{N}$과 비교할 것이다.

현재 수용되고 있는 우주론의 표준모형은 세 가지로 나눌 수 있다. 1922년에 러시아의 물리학자 알렉산드르 프리드먼(27.7절 참조)은 아인슈타인 중력방정식과 씨름하던 끝에 "거시적 스케일에서 볼 때 은하들은 거의 균일하게 분포되어 있다"는 결론을 내렸다(이것을 종종 '무압유체pressureless fluid' 또는 '먼지dust'라고 부르기도 한다). 프리드먼이 집중적으로 연구했던 우주모형은 그후 몇 차례의 개선과 일반화과정을 거쳐 현재 프리드먼-르메트르-로버트슨-워커 모형Friedmann-Lemaître-Robertson-Walker model, FLRW으로 알려져 있다.

FLRW 모형은 우주가 공간적으로 균질하며spatially homogeneous 등방isotropic이라는 것을 기본가정으로 삼는다. 여기서 '등방'이란 어떤 방향에서 우주를 바라봐도 생긴 모습이 동일하다는 뜻이다. 즉, 우리 우주는 O(3) 회전대칭군을 갖고 있다. '공간적으로 균질하다'는 것은 어떤 시간 어떤 장소에서 우주를 바라봐도 동일하다는 뜻이다. 다시 말해서, 일정한 시간 t에서 정의된 공간꼴 3-곡면 $\mathcal{T}_t$ 위에서 병진대칭군(18.2절 참조)이 존재한다(전체적으로는 6차원 대칭군이다[27.15]). 위 두 가정은 천문학적 스케일에서 물질의 분포를 관측한 결과와 크게 다르지 않으며, 마이크로파 배경복사의 특성과도 잘 일치한다. 특히 공간적 등방성은 우주를 서술하는 매우 훌륭한 근사임이 밝혀졌다(2.7 K 배경복사와 멀리 있는 천체를 관측하여 얻은 결과임). 그뿐만 아니라 만일 우주가 균질하지 않다면, 아주 특별한 장소에서 바라볼 때에 한하여 등방적인 성질이 나타나게 된다.[27.16] 즉, 우주의 균질성을 가정하지 않은 상태에서 지금의 우주가 우리 눈에 등방적으로 보이는 이유를 설명하려면 "우리(지구)가 우주공간에서 매우 특별한 위치에 자리잡고 있기 때문"이라는, 다소 억지스런 주장을 펼쳐야 하는 것이다. 물론 개개의 은하와 은하단, 초은하단supercluster 등은 특정 방향에서 관측되고 있으므로, 우리 우주는 완전하게 등방적이지 않다. 눈에 보이지는 않지만, 우리의 은하를 비롯하여 근처에 있는 여러 개의 성단을 일제히 끌어당기고 있는 엄청난 스케일의 거대 인력체Great Attractor가 존재하는 것으로 추정되는데, 그 분포는 결코 균일하지 않다. 그러나 멀리 갈수록 물질의 분포가 균일해진다는 것만은 분명한 사실이다. 현재 우리에게 주어진 가장 먼 곳의 관측자료는 2.7 K 흑체 배경복사에서 얻어진 것이다. 코브COBE와 부메랑BOOMERANG, WMAP 등의 관측위성으로부터 전송된 데이터에 의하면, 우주의 등방성은 10^{-5} 정도의 온도차 이내에서 거의 정확하게 유지되고 있다.[31]

균질하고 등방적인 우주론(FLRW 모형)은 관측 가능한 우주(10^{11}개의 은하와 10^{80}개의 바리온을 포함하는 우주)를 서술하는 가장 정확한 이론이다('관측 가능한 우주'의 정확한 개념은 잠시 후에 언급될 것이다). 공간이 등방이고 균질하다는 것은[32] 고정된 시간에서 바라본 3차원 단면들 $\mathcal{T}_t$가 전체 시공간 $\mathcal{M}$을 가득 채우고 있음을 의미한다($\mathcal{T}_t$들은 서로 교차하지 않는다). 각 $\mathcal{T}_t$의 3차원 기하학은 $\mathcal{M}$의 균질/등방 대칭군을 공유한다(그림 27.13 참조). 여기 적용되는 3차원 기하학은 공간의 곡률

[27.15] 왜 6차원인가?

[27.16] 비균질적인 공간의 경우, 연결된 3-곡면(connected 3-surface) 위의 서로 다른 두 지점에서 볼 때 공간이 비등방적인 이유를 설명하라.

K가 양수인지, 0인지, 또는 음수인지에 따라 세 가지로 나뉘어진다. 대부분의 우주론 관련서적에서는 $K > 0$인 경우를 $K = 1$로, $K < 0$인 경우를 $K = -1$로 규격화해서 표기하고 있으나, 이 책에서는 후에 이어질 논의에서 혼동을 피하기 위해 $K > 0$과 $K < 0$을 그대로 사용하기로 한다.

그림 27.13의 (a), (b), (c)는 프리드먼이 아인슈타인 중력방정식을 분석하여 얻은 우주모형의 시간에 따른 변화를 각기 다른 시공간 곡률에 대하여 그려 놓은 것이다. 각각의 경우에 우주는 시공간의 곡률이 무한대인 특이점(빅뱅)에서 출발하여 빠른 속도로 팽창하며, K값에 따라 각기 다른 최후를 맞이하게 된다. $K > 0$이면(그림 27.13a) 어느 시점에서 부터 팽창이 수축으로 바뀌면서 우주는 특이점으로 되돌아간다. 이것을 빅크런치Big Crunch라고 하는데, 프리드먼 모형 초기에 일어났던 빅뱅을 역순으로 반복한 것과 같다. $K = 0$인 우주에서는(그림 27.13b) 팽창이 꾸준하게 진행되고 수축은 일어나지 않는다. $K < 0$이면(그림 27.13c) 수축은 일어나지 않고, 우주의 팽창속도는 초기에 급격하게 커졌다가 균일한 값에 이르게 된다(이것은 27.8절에서 언급했던 '위로 던져진 돌멩이'의 운동과 비슷하다. 돌멩이의 초기속도가 탈출속도보다 느리면 결국은 땅으로 떨어지는데, 이것은 $K > 0$인 프리드먼의 우주와 비슷하다. 그리고 초기속도가 탈출속도와 같으면 돌멩이는 땅으로 되돌아오지 않으며, 이것은 $K = 0$에 해당된다. 마지막으로 초기속도가 탈출속도보다 빠르면 돌멩이는 땅으로 되돌아오지 않을 뿐만 아니라, 특정 속도까지 줄어든 후 더 이상 느려지지 않는다. 이것은 $K < 0$인 우주의 팽창과 비슷하다).

1922년의 원래 프리드먼의 이론에는 우주상수 Λ가 포함되어 있지 않지만, 그후에 등장한 우주모형들은[33] 아인슈타인이 1917년에 도입했던

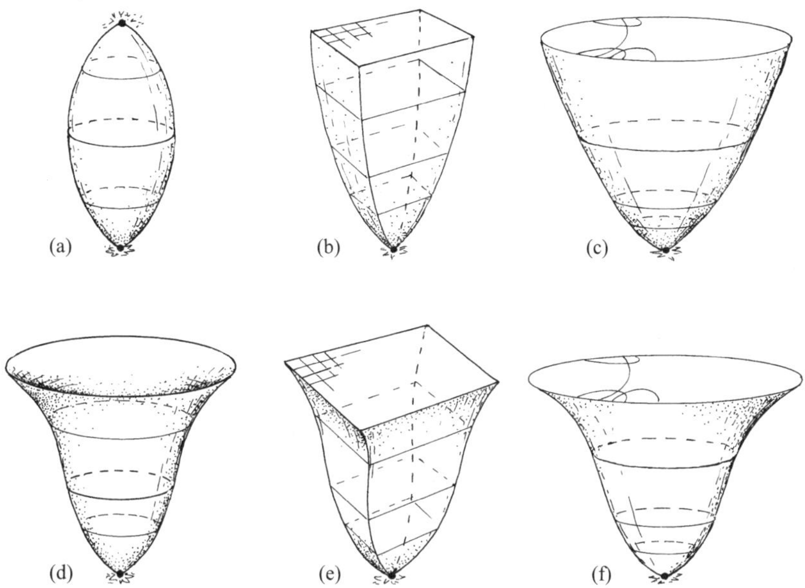

그림 27.13 프리드먼 - 르메트르 - 로버트슨 - 워커(Friedmann - Lemaître - Robertson - Walker)의 공간적으로 균질/등방인 우주모형(FLRW 모형). 시간은 빅뱅(Big Bamg)에서 시작하여 수직축을 따라 위쪽 방향으로 흐른다. 각 모형들은 하나의 변수를 갖는 균질한 공간꼴 3 - 곡면들 $\mathcal{T}_t$로 이루어져 있으며, 하나의 $\mathcal{T}_t$는 특정시간에서 바라본 공간을 나타낸다($\mathcal{T}_t$들은 서로 교차하지 않는다). 프리드먼의 이론에서 물질은 압력이 없는 유체['먼지(dust)'라고도 함]로 취급된다. FLRW 우주모형은 공간의 곡률 K의 부호에 따라 다음 세 가지로 분류된다. (a) $K > 0$인 경우, $\mathcal{T}_t$는 3차원 - 구(S^3)를 형성하며(이 그림에서는 1차원 - 구에 해당하는 원(S^1)으로 표현되었음), 우주는 궁극적으로 빅 크런치(Big Crunch)를 겪으며 붕괴된다. (b) $\mathcal{T}_t$가 유클리드 3차원 공간(E)인 경우. 그림에는 2차원 평면으로 표현되었다. (c) $\mathcal{T}_t$가 쌍곡 3차원 공간(hyperbolic 3 - space)인 경우[이 그림에서는 꼭대기의 등각표현법(conformal representation)으로 표현되었음]. (d), (e), (f)는 (a), (b), (c)에 각각 우주상수 $\Lambda > 0$을 적용한 결과로서, 우주는 궁극적으로 지수함수를 따라 팽창한다. (d)는 우주의 붕괴를 막을 수 있을 정도로 우주상수 Λ가 충분히 큰 경우이다.

우주상수항 Λg_{ab}를 고려하였다(정작 아인슈타인은 1927년 이후에 Λ값을 0이라고 믿었는데도 말이다. 19.7절 참조). 최근 얻어진 다양한 관측결과들은 $\Lambda > 0$임을 강하게 시사하고 있다. 자세한 내용은 28.10절에서 다루기로 하고, 지금 당장은 프리드먼 방정식에 Λ를 도입했을 때 어떤 결과가 얻어지는지 알아보자. 우주상수 Λ가 충분히 큰 양수라고 가정하면, 그림 27.13의 (a), (b), (c)는 각각 (d), (e), (f)로 수정된다. 지금까지 얻어진 관측자료와 우주론학자들의 연구결과를 종합해 보면 이 우주모형들 중 하나가 실제의 우주를 서술하고 있는 듯하다. 빅뱅 자체는 아직도 오리무중이지만, 빅뱅이 일어나고 약 30만년이 지난 후부터(이 시기를 완화기 decoupling라 하며, 우주배경복사로 추적할 수 있는 한계이다) 지금까지의 역사는 프리드먼의 모형으로 설명할 수 있다(우주의 나이는 약 150억년이므로, 30만년이면 전체의 1/50,000에 해당된다. 빅뱅 후 30만년에는 초기 폭발의 충격이 어느 정도 완화되었을 것으로 추정된다).

완화기 이전의 우주는 복사로 가득 차 있었고, 완화기 이후에는 물질이 주류를 이루었다. 프리드먼의 '먼지모형'은 복사가 주류를 이루던 완화기 이전의 우주를 설명하지 못한다. 이 시기의 우주는 복사에 기초를 둔 톨먼Tolman (1934년)의 이론으로 설명하는 것이 바람직하다. 톨먼의 우주모형에 의하면 빅뱅에서 완화기까지 걸린 시간은 약 23만년으로, 프리드먼이 예견했던 30만년의 3/4에 해당된다(그림 27.14 참조).[27.17] 인플레이션 우주론(급팽창 우주론)을 지지하는 학자들은 우리 우주가 탄생초기에 훨씬 격렬한 변화를 겪었으며, 짧은 시간 동안 무려 10^{60}배나 팽창했다고 주장하고 있다. 그러나 이 급속한 팽창은 빅뱅 후 10^{-32}초만에 끝났

[27.17] 시간 t가 아주 작은 값일 때 프리드먼의 먼지모형은 $t = AR^{3/2}$, 톨먼의 '복사(radiation)'는 $t = BR^2$로 주어진다. 여기서 $R = R(t)$는 우주의 반지름이고 A, B는 상수이다. 이로부터 '3/4'이라는 인자를 유도해 보라[도움말 : 두 곡선의 접선들이 서로 일치해야 하는가?].

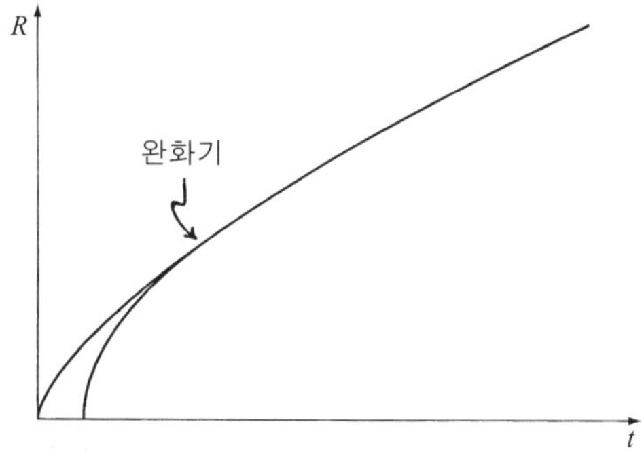

그림 27.14 빅뱅 후 30만년이 지난 뒤에(현재 우주나이의 1/50,000에 해당되며, 우주배경복사로 추적할 수 있는 한계이다) 우주는 완화기에 접어들었다. 완화기 이전의 우주는 복사로 가득 차 있었으므로 프리드먼의 '먼지 모형'을 적용할 수 없다. 그 대신 좀 더 빠른 팽창을 가정하고 있는 톨먼의 우주모형을 적용해야 한다. 그림에서 톨먼의 모형은 아래쪽 곡선에 해당된다.

기 때문에, 이들의 주장을 수용한다 해도 우주의 진화과정은 그림 27.13이나 27.14와 전혀 다를 것이 없다! 물론 인플레이션 이론이 옳다면 우주모형의 다른 부분에서 커다란 수정이 가해져야 하는데, 이 내용은 28.4～5절에서 다룰 예정이다. 어쨌거나 '우주론의 표준모형'을 다룰 때에는 굳이 인플레이션 이론을 도입할 필요가 없다.[34]

그런데 그림 27.13의 (d), (e), (f) 중 어떤 것이 실제 우주와 제일 가까운가? 이 문제는 28.10절에서 다룰 것이다. 당분간은 세 가지 모두 기본적으로 '옳을 가능성이 있다'고 가정하고, 각 모형의 공간기하학적 특성을 더 자세히 살펴보기로 하자.

$K > 0$인 경우는 3차원 구3-sphere로 표현된다. 그러나 여기에는 S^3의 대척점을 정의하면서 얻어지는 사영공간 $\mathbb{RP}^3$도 존재한다(2.7, 15.4～6절 참조). 물론 관측하는 사람의 입장에서 보면 이들 두 공간은 서로 구별되지 않는다. S^3의 서로 다른 두 점을 정의할 때 사용되는 렌즈 공간lens space이라는 것도 있는데, 이들은 대역적global인 관점에서 볼 때 등

방이지 않다.[35] (등방인) $K = 0$인 경우는 일상적인 유클리드 3차원 공간이며, $K < 0$인 경우에는 3차원 쌍곡기하학이 적용된다(2.4 ~ 7, 18.4절 참조). $K > 0$, $K = 0$, $K < 0$에 대응되는 공간기하학은 각각 그림 2.22의 (a), (b), (c)와 같이 시각화할 수 있다(이 그림은 2차원 버전이다). $K > 0$인 우주는 흔히 "닫혀 있다closed"고 말하는데, 이는 우주가 공간적으로 유한하다는 뜻이다(즉, 컴팩트한 공간꼴 초표면compact spacelike hypersurface을 갖고 있다[36]). 우주론학자들은 $K < 0$인 경우를 종종 "열려 있다open"고 표현하는데, 엄밀히 말하면 $K = 0$인 경우도 공간적으로 열려 있긴 마찬가지다. 그래서 나는 닫혀 있다거나 열려 있다는 모호한 표현을 쓰지 않을 것이다. 대역적인 등방성을 포기하면 $K > 0$인 경우뿐만 아니라, $K = 0$이거나 $K < 0$인 경우에도 '(비등방적)닫힌 우주'가 존재할 수 있다.[37]

4차원 공간 $\mathcal{M}$은 3차원 공간이 시간을 따라 진행하면서 만들어진 공간으로 이해할 수 있다. 단, 전체적인 스케일은 시간에 따라 변할 수도 있다. 표준이론에 의하면 우주는 빅뱅이 일어난 직후부터 매우 빠르게 팽창되었으나, 이것은 모든 물질이 한 지점을 중심으로 퍼져나갔다는 뜻이 아니다. 우주의 팽창은 풍선을 불 때 표면 위의 점들이 이동하는 양상과 비슷하다. 풍선 표면 위의 모든 점들은 시간이 흐를수록(풍선이 커질수록) 서로 멀어지지만, 여기에는 '팽창의 중심'이라고 할만한 점이 없다. 어떤 점에서 바라봐도 다른 모든 점들이 멀어져 가는 것처럼 보인다. 따라서 풍선의 기하학적 중심은 팽창의 중심이 될 수 없으며, 표면 위에 있지 않은 그 어떤 점도 팽창의 중심이 아니다. 우주의 팽창은 바로 이러한 관점에서 이해되어야 한다.

위의 세 가지 기하학 중 하나의 계량형태를 $d\Sigma^2$이라 하자. 그리고

$K \neq 0$인 경우에는 계량을 '단위 3차원-구' 또는 '단위 쌍곡공간'으로 규격화하자(즉, K가 양수이면 $K=1$로, 음수이면 $K=-1$로 놓자는 뜻이다).[27.18] 그러면 전체공간의 4-계량은 다음과 같이 쓸 수 있다.

$$ds^2 = dt^2 - R^2\, d\Sigma^2$$

여기서 t는 '우주적 시간'을 나타내는 매개변수이며, 이 값이 특정한 상수일 때 하나의 $\mathcal{T}_t$가 결정된다. 그리고

$$R = R(t)$$

는 시간변수 t의 함수로서, 임의의 시간 t에 우주의 크기를 나타낸다. 따라서 각 $\mathcal{T}_t$의 계량은 $R^2\, d\Sigma^2$으로 주어진다. 그림 27.15(a), (b), (c)는 $\Lambda = 0$인 프리드먼의 먼지(무압유체) 모형에서 $K = 1, 0, -1$일 때 $R = R(t)$의 그래프를 보여주고 있다.[27.19] 그리고 그림 (d)는 Λ가 양수인 경우로서, K값에 따른 변화는 거의 나타나지 않는다(단, $K > 0$일 때에는 우주가 안으로 붕괴되지 않을 정도로 Λ가 충분히 크다고 가정한다). 이런 경우에 우주는 궁극적으로 지수함수를 따라 팽창한다.

[27.18] 18.1절의 과정을 이용하여, 단위 3차원-구의 계량이 $d\Sigma^2 = dr^2 + \sin^2\varphi(d\varphi^2 + \sin^2\theta\, d\theta^2)$이고, 단위 쌍곡공간의 계량이 $d\Sigma^2 = dr^2 + \sinh^2\chi\,(d\chi^2 + \sin^2\theta\, d\theta^2)$임을 증명하라[도움말 : 먼저 임의의 반지름을 갖는 3-구의 계량을 구해 보라].

[27.19] $K > 0$, $\Lambda = 0$일 때 프리드먼의 '먼지' 해는 $R = C(1 - \cos\xi)$, $t = C(\xi - \sin\xi)$로 쓸 수 있다. 여기서 C는 상수이고 ξ는 편의상 도입한 변수이다. 이 방정식이 사이클로이드(cycloid)임을 증명하라(원이 직선 위를 굴러갈 때 원주 상의 한 점이 그리는 궤적을 사이클로이드라고 한다). 18.1절 및 [예제 27.16]에서 사용했던 것과 비슷한 논리를 이용하여 $K > 0$인 경우로부터 $K < 0$인 경우를 유도해 보라. 그리고 (좌표의 조절을 포함한) 적절한 극한을 취하여 $K = 0$인 경우도 유도해 보라.

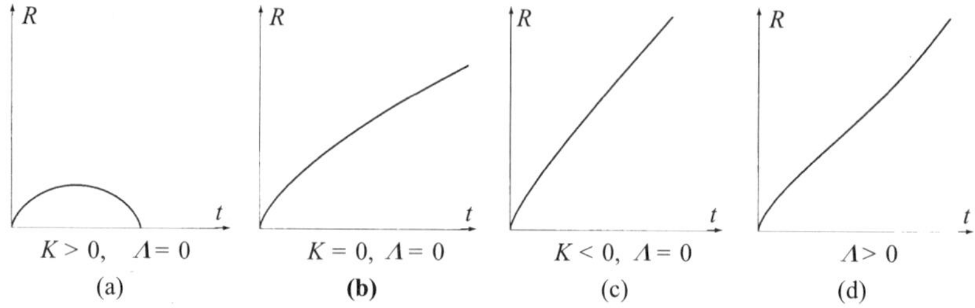

그림 27.15 프리드먼 우주모형에서 $R = R(t)$의 그래프. (a) $K > 0, \Lambda = 0$ (b) $K = 0, \Lambda = 0$ (c) $K < 0, \Lambda = 0$ (d) $\Lambda > 0$. [그림 (d)는 $K = 0$일 때의 그래프이다. 그러나 Λ가 공간의 곡률보다 훨씬 크면 $K > 0$이나 $K < 0$일 때의 그래프도 (d)와 거의 비슷해진다]

27.12 등각 다이어그램

등각 다이어그램conformal diagram[38]을 이용하면 '관측 가능한 우주'를 도식적으로 나타낼 수 있다. 이것은 전체 시공간을 2차원 면에 표현하는 기법으로서, 널null방향은 수직에서 45°방향으로, 무한대는 다이어그램의 경계(의 일부)로 나타낸다. 등각 다이어그램에서는 무한대를 표기할 때 흔히 필기체문자 $\mathscr{I}$를 사용하는데('스크리scri'라고 읽는다), $\mathscr{I}^+$는 외부로 나가는 빛이 궁극적으로 도달하는 '미래(또는 미래 널) 무한대'를 나타내고, $\mathscr{I}^-$는 들어오는 빛에 대한 '과거 무한대'를 나타낸다. 이들은 $\Lambda = 0$인 아인슈타인 이론에서 널 3-곡면에 대응되며, $\Lambda > 0$인 경우에는 공간꼴 3-곡면에 대응된다.[39]

등각 다이어그램은 시공간의 인과적 구조를 표현한 그림으로서(이때 우리가 중점을 두는 부분은 전체 시공간의 계량이 아니라 빈 원뿔null cone들의 모임이다), 2.4, 8.2, 18.4 ~ 5절에서 다뤘던 등각기하학의 로렌츠 버전에 해당된다(등각기하는 계량 $\boldsymbol{g}$와 동일한 $\Omega^2 \boldsymbol{g}$의 집합으로 정의된다. 여기서 Ω는 시공간에서 정의된 양의 스칼라함수이다. 따라서 두 점 사이의 거리 스케일은 Ω의 값에 따라 달라진다). 우리는 2.2절에서 등각 변환을 이용하여 쌍곡면 전체를 유클리드 평면 위의 유한한 영역에 대응시킨 적이 있다(그림 2.11, 2.12, 2.13 참조). 등각 시공간 다이어그램의 기본적인 개념도 이와 비슷하지만, 등각적으로 표현되는 대상이 '시공간의 (부호가 양으로 정해지지 않은)로렌츠 계량'이라는 점이 다르다. 로렌츠 기하학에서 등각기하학적 구조는 빈 원뿔에 의해 정의된다.

2차원 공간에서 빈 원뿔은 한 쌍의 널방향null direction으로 이루어져 있으며, 이로부터 2-계량이 결정된다(국소적 등각인자local conformal factor는 결정되지 않는다). 이런 식의 2차원 표현은 4차원 시공간 전체에 걸쳐 구대칭이 존재할 때 매우 유용하다. 4차원 시공간을 2차원 시공간으로 축약시켜서 생각하면, 2차원 공간의 각 점들은 4-차원 공간 안에서 S^2를 형성한다. 이러한 시공간에서는 등각 다이어그램을 꽤 정확하게 그릴 수 있다. 그래서 앞으로는 '엄밀한strict' 등각 다이어그램을 다루기로 한다(엄밀하지 않은 등각 다이어그램을 '도식적schematic' 다이어그램이라고 한다). 엄밀한 등각 다이어그램을 이루는 각 점들은 S^2-구를 나타낸다[끈이론(31.4, 7절 참조) 등을 고려할 때 마주치는 n-차원 로렌츠 '시공간'의 경우에는 $(n-2)$-구 S^{n-2}가 된다]. 대칭축을 나타내는 다이어그램의 경계부분에서는 각 점들이 시공간의 한 점에 대응되는 예외적인 경우가 발생하는데, 이런 지점에서는 실선이 아닌 점선으로 표현하고, 다이어그램이 점선을 중심으로 회전할 수 있다고 생각해야 한다.[27.20] 다이어그램의 경계선 중에서 무한대를 나타내는 부분은 실선으로 표현하고 특이점에 해당되는 부분은 물결선으로 표현한다(그림 27.16a 참조). 그리고 서로 다른 경계선들이 만나는 꼭짓점은 ∘이나 •으로 표현한다. 여기서

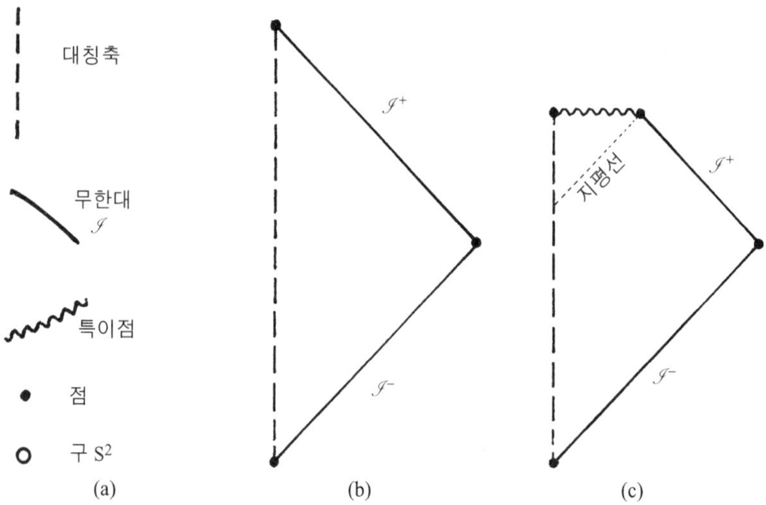

그림 27.16 등각 다이어그램은 시공간을 평면에 표현한 것으로서, 시공간의 널선(null line)은 수직선과 45°를 이루며 '무한대'는 유한한 경계선으로 표현된다[경계선상에서 등각인자(conformal factor)의 값은 0이다]. (a) 엄밀한(strict) 등각 다이어그램['도식적인(schematic)' 등각 다이어그램의 반대개념]에서 다이어그램 내부의 모든 점들은 2-구(2-sphere)를 나타낸다. 그러나 대칭축(점선으로 그려진 부분)에서는 2-구들이 점으로 수축되며, 이들은 대칭축의 끝에서 •으로 표현된다. 단, ∘으로 표현된 꼭짓점에서는 경계점이 등각적 2-구로 남아 있다. 또한, 무한대는 실선으로 표현하고[$\mathscr{I}$로 표기하고 '스크리(scri)'라고 읽는다], 특이점은 물결선으로 표현한다. (b) 민코프스키 공간 $\mathbb{M}$의 엄밀한 등각 다이어그램. (c) 구대칭적 수축을 통해 블랙홀이 형성되는 과정(그림 27.11)을 표현한 엄밀한 등각 다이어그램.

∘은 2-구 전체를 나타내고(쌍곡 3-공간의 경계선과 비슷하다. 2.4, 18.4절 참조), •은 점(반지름이 0인 구)을 나타낸다. 그림 27.16b는 민코

[27.20] 민코프스키 2-공간(계량 $ds^2 = dt^2 - dr^2,\ r \geq 0$)의 오른쪽 반을 취하고, 본문과 같이 수직축을 중심으로 회전시켜서 민코프스키 4-공간(그림 27.16b)을 재현해 보라. t와 r을 변수로 갖는 적절한 함수와 구면좌표 변수 $\theta,\ \phi$를 이용하여 4-공간의 계량을 표현하라. [예제 27.18]을 참조할 것(민코프스키 3-공간을 먼저 구해 보라. 이 경우에는 회전이 우리 직관과 비슷하게 진행되기 때문에 시각화하기가 쉽다).

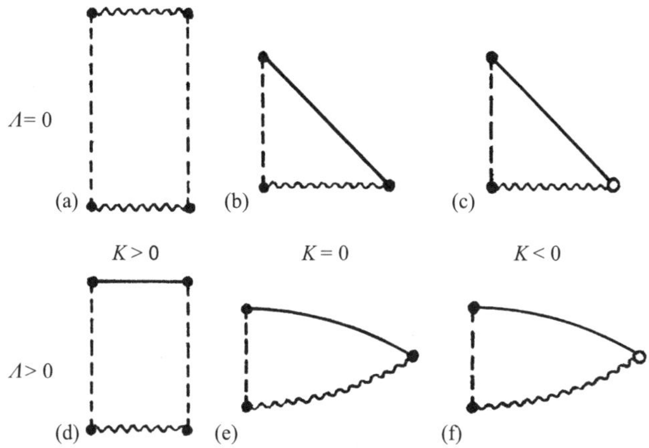

그림 27.17 그림 27.13의 프리드먼 모형에 대응되는 엄밀한 등각 다이어그램. (a) $K > 0$, $\Lambda = 0$ (b) $K = 0$, $\Lambda = 0$ (c) $K < 0$, $\Lambda = 0$ (d) $K > 0$, $\Lambda > 0$(Λ가 충분히 큰 경우) (e) $K = 0$, $\Lambda > 0$ (f) $K < 0$, $\Lambda > 0$.

프스키 공간을 엄밀한 등각 다이어그램으로 나타낸 것이고, 그림 27.16c는 슈바르츠실트 블랙홀이 중력붕괴하는 과정을 나타낸 것이다(그림 27.11 참조. 붕괴가 구대칭적으로 진행되는 경우). 그림 27.13에 제시된 우주 모형들을 등각 다이어그램으로 표현하면 그림 27.17과 같다.[27.21]

등각 다이어그램은 시공간의 인과적 성질을 시각화해 주기 때문에 여러 면에서 유용하다. 예를 들어 그림 27.16c는 구면대칭적으로 수축되는 블랙홀의 등각 다이어그램인데, 여기서 블랙홀의 지평선은 45° 기울어져 있다. 다른 모든 입자의 세계선은 수직선과 45°이상 기울어질 수 없으므로, 지평선을 한 번 넘어가기만 하면 절대로 탈출할 수 없다. 그뿐만 아니

[27.21] 그림 27.11과 27.16c가 어떻게 연결되는지 설명해 보라. 그림 27.16과 27.17의 각 사례에 대응되는 행렬을 곱하여 적절한 등각인자를 구하라.

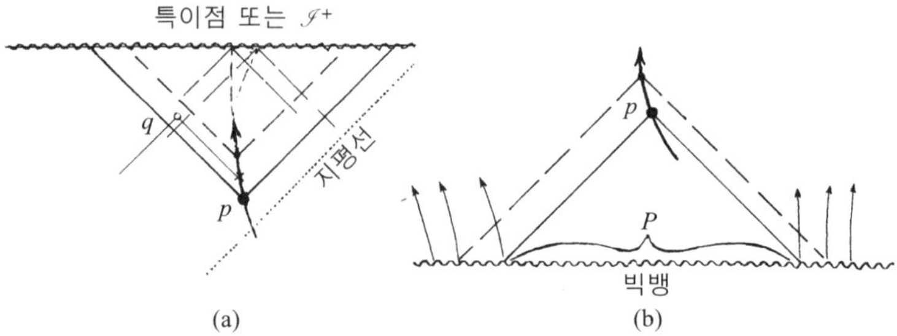

그림 27.18 지평선. (a) 도식적 등각 다이어그램에서 미래 경계선(특이점 또는 무한대)이 공간꼴이면 사건지평선이 나타난다. p에 있는 관측자가 경계를 향해 접근하는 동안, 그의 관측가능영역을 벗어난 시공간이 항상 존재하며(이 영역의 경계는 사건지평선으로 정의된다), 그 정확한 위치는 p의 이동경로에 따라 달라진다(예를 들어, p가 왼쪽 길을 택하면 사건 q를 볼 수 있지만, 오른쪽 길로 가면 볼 수 없다). 블랙홀의 사건지평선(점선으로 표시된 부분)은 더욱 절대적인 개념이어서, 외부에 있는 모든 관측자들에게 공통으로 적용된다. (b) 우주론의 모든 표준모형에서 과거의 특이점이 공간꼴이면 입자지평선이 나타난다. p에 있는 관측자는 빅뱅의 일부인 P(즉, P 안에서 생성된 입자)만을 볼 수 있으며, 이 부분은 시간이 흐를수록 넓어진다.

라, 내부로 진입한 입자는 특이점을 향해 끌려가게 된다(그림 27.18a). 특이점은 시공간의 내부인 공간꼴 미래의 경계에 존재하는 것처럼 보이는데, 이러한 사실은 그림 27.11과 비교할 때 우리의 직관과 일치하지 않는다. 또한 빅뱅을 통해 야기된 상황은 시공간에서 공간꼴 과거 경계의 역할을 하여 시간을 되돌리는 것처럼 보이는데(그림 27.18b), 이것 역시 우리 직관과 일치하지 않는다. 왜냐하면 우리는 빅뱅을 (특이)점에서 일어난 사건으로 간주하기 때문이다.[40]

초기 경계의 시간꼴 성질로부터 입자의 지평선이라는 개념이 도입되는데, 이것은 빅뱅의 중요한 특징이기도 하다. 그림 27.18b와 같이 관측자의 위치 p가 빅뱅의 경계에 가까운 경우를 생각해 보자. 전체 공간 중에서 관측자에게 정보가 전달될 수 있는 영역은 p의 과거 빛원뿔의 내부, 또는 표면으로 한정되어 있으며, 이 영역은 빅뱅의 초기 초곡면hypersurface의 일부분인 P와 교차한다.[41] 빅뱅이 일어날 때 P의 바깥에서도 입자가 생성되었지만, p에 있는 관측자에게는 보이지 않는다. 즉, 이 영역은 p의 '입자지평선' 너머에 있다. 이런 경우에, P의 외부는 "p의 관측 가능한 우주 바깥에 있다"고 말한다. 관측 가능한 영역은 p의 빛원뿔 내부, 또는 빛원뿔의 표면뿐이다.[27.22]

27.13 매우 특별한 빅뱅

이제 빅뱅의 '특별함'에 눈을 돌려보자. 열역학 제2법칙에서 분명하게 알 수 있듯이, 빅뱅의 엔트로피는 엄청나게 작다. 그러나 저-엔트로피 상태는 여러 가지 다른 형태로 존재할 수 있다. 우리 목적은 초기의 우주가 어떤 식으로 특별한 존재였는지를 이해하는 것이다.

빅뱅이 갖는 놀라운(그리고 모순적인) 특징 중 하나는 탄생초기에 열적 상태thermal state에 있었다는 점이다. 그 확실한 증거는 관측자료에서 찾을 수 있는데, 특히 빅뱅의 잔해인 2.7 K 마이크로파 배경복사는 플랑크의 흑체복사이론과 거의 정확하게 일치한다. 다만, 빅뱅 이후로 우주가 꾸준히 팽창하면서 온도가 많이 낮아졌기 때문에, 복사 그래프의 정점이 붉은 색 쪽으로 많이 편향되어 있다(그림 27.19). 초기우주에서 진행되었던 핵반응과정도 이론과 관측결과가 매우 정확하게 일치하여 빅뱅의 특이

[27.22] 본문에 주어진 등각 다이어그램을 참고하여, $K = 0$ 또는 $K < 0$인 경우($\Lambda = 0$) p에서 입자가 생성된 우주는 시간이 미래의 극한으로 갈 때 우주 전체가 관측 가능함을 증명하라. 또한, $K > 0$($\Lambda = 0$)이거나(그림27.17) $\Lambda > 0$이면(우주적 사건지평선이 형성되는 경우) 이 명제가 성립하지 않음을 증명하라.

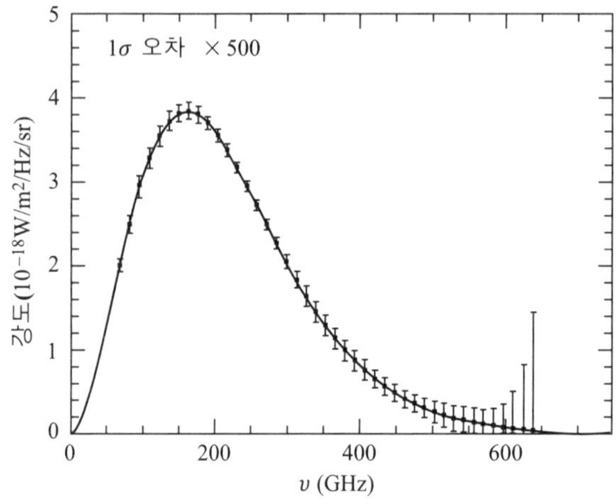

그림 27.19 마이크로파 배경복사의 진동수 대역별 강도는 플랑크의 흑체복사 그래프와 매우 정확하게 일치한다(그림 21.3b 참조). 오차막대(error bar)의 길이는 편의상 실제보다 500배 확대되었다.

성을 입증하고 있다. 이 이론은 우주의 빠른 팽창과 함께 초기우주가 열평형 상태에 있었음을 가정하고 있다.

일부 우주론학자들은 초기우주가 열평형 상태에 있었다는 사실로부터 "빅뱅은 엔트로피가 높은 무작위(즉, 열적) 상태였다"고 주장하고 있다. 그런데 열역학 제2법칙에 따르면 빅뱅은 매우 잘 정돈된(즉, 엔트로피가 낮은) 상태였음이 분명하다. 이 역설적인 상황을 해결하기 위해, 대다수의 학자들은 "빅뱅이 일어난 직후에는 우주가 매우 작아서 자유도가 상대적으로 낮았고, 따라서 엔트로피의 한계값도 작았다"고 설명하고 있다. 그러나 이것은 잘못된 생각이다(27.6절 참조). 위 역설을 해결하려면 빅뱅이 일어난 직후에 중력적 자유도가 물질 및 전자기적 자유도처럼 '열화thermalized'되지 않았다는 사실을 고려해야 한다(물질 및 전자기적 자유도는 빅뱅 직후 우주적 열상태thermal state를 좌우하는 변수를 결정한다). 그런데 대부분의 학자들은 이 문제를 논할 때 중력적 자유도(거대한 엔트로피의 저장고)를 전혀 고려하지 않고 있다!

그림 27.10에서 알 수 있듯이, 중력이 작용하지 않을 때의 최대 엔트로피 상태는 블랙홀처럼 중력이 작용하는 경우의 최대 엔트로피 상태와 크게 다르다. 중력이 작용하면 물질이 열운동을 할 때보다 한 곳에 집중되어 있을 때 엔트로피가 더 크다. 특히 블랙홀처럼 다량의 물질이 작은 영역에 뭉쳐 있으면 엔트로피가 최고조에 이르는데, 이 현상은 닫힌 우주를 고려할 때 극명하게 드러난다. FLRW 이론을 만족하는 닫힌 우주를 상상해 보자(이런 우주는 관측결과와 크게 다르지 않다). 그리고 당분간은 $K > 0$, $\Lambda = 0$이라고 가정하자. 원래의 물질에 약간의 불규칙성이 존재하면[42] 중력에 의해 뭉치기 시작하는데, 이 힘이 거대한 블랙홀(질량 = 약 $10^6 M_\odot$)을 포함하는 은하가 형성될 정도로 충분히 크다고 가정하면 바리온 하나 당 엔트로피는 약 10^{21}이 된다. '관측 가능한 닫힌 우주'에 존재하는 바리온의 수를 대략 10^{80}개로 잡으면 엔트로피는 10^{101}이 되는데, 이 값은 빅뱅이 일어나고 300,000년이 지난 시점(완화기 decoupling)의 엔트로피인 10^{88}보다 훨씬 크다. 은하 중심에 있는 블랙홀은 계속해서 덩치를 키우겠지만, 우주가 최종적인 붕괴국면을 맞이하여 은하들이 한 곳에 모여들 때 블랙홀의 덩치가 가장 급격하게 커질 것이다. 빅 크런치 Big Crunch는 그림 27.13a처럼 과거-미래 대칭형으로 깔끔하게 진행되지 않는다. 초기의 우주는 FLRW 빅뱅으로 시작되었지만, 그 끝은 사뭇 다를 것이다. 실제의 빅 크런치는 블랙홀의 특이점이 응결되면서 그림 27.20a와 같이 혼란스럽게 진행될 가능성이 높다. 베켄슈타인-호킹의 엔트로피 공식을 이용하면 최후를 코앞에 둔 혼란스러운 우주의 엔트로피를 계산할 수 있다. 바리온의 개수를 10^{80}개로 가정하면 S_{BH}는 약 10^{123}이 되

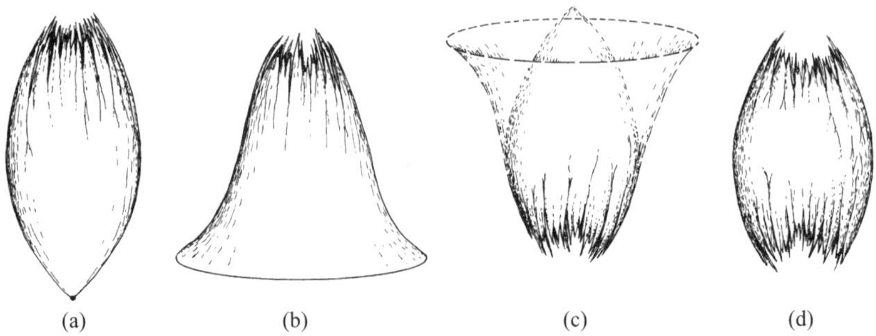

그림 27.20 (a) 그림 27.13a처럼 $K > 0$, $\Lambda = 0$일 때 실제 우주에서 관측되는 형태의 불규칙성을 허용하면 프리드먼 모형처럼 말끔한 빅 크런치가 일어나지 않는다. 이런 경우에는 블랙홀의 특이점이 응결되면서 우주가 크게 혼란스러워지고, 엔트로피는 무려 10^{123}까지 증가한다. (b) 그림 27.13d에서 시간을 반대로 진행시킨 우주에 혼돈적 요소를 고려하면 $\Lambda = 0$의 여부에 관계없이 a의 경우와 마찬가지로 엄청나게 큰 엔트로피($S \approx 10^{123}$)가 얻어진다. (c) 빅뱅은 붕괴되는 우주(그림 b)를 시간에 대하여 거꾸로 진행시킨 것과 비슷하다(그림에는 $K > 0$이라는 가정하에 $\Lambda = 0$과 $\Lambda > 0$인 경우가 예시되어 있다). (d) 우주의 가장 '그럴듯한' 진행과정(그림 27.8의 곡선 a). 초기에는 실제의 우주와 닮은 점이 거의 없다(이해를 돕기 위해 $K > 0$, $\Lambda = 0$을 가정했다).

는데, 빅 크런치의 혼란스러움을 고려할 때 그다지 엉뚱한 답은 아닐 것이다.

이쯤에서 독자들은 다음과 같이 반론을 제기할 수도 있다. "$K > 0$을 사실로 인정한다고 해도, 지금까지 얻어진 관측데이터는 Λ가 0이 아님을 강하게 시사하고 있지 않은가? 관측결과대로 Λ가 양수이면 우주는 안으로 붕괴되지 않고 지수함수적으로 팽창할 것이다." 그러나 $\Lambda > 0$이라고 해도 위 논리는 여전히 성립하며, 10^{80}개의 바리온을 포함하는 닫힌 우주의 엔트로피는 여전히 10^{123}이다. 그림 27.13d를 시간에 대하여 거꾸로 진행시킨 우주도 그림 27.13d만큼 많은 역학적 해를 갖고 있다(우리가 사용하는 역학법칙은 시간을 거꾸로 진행시켜도 여전히 성립한다). 이런 우주에 혼돈적 요소를 고려하면 앞에서 얻은 결과와 비슷하게 블랙홀들이 하나로 뭉쳐 응결되면서 혼란스러운 우주가 얻어진다(그림 27.20b 참조). 여기에 이전과 동일한 논리를 적용하면 우주의 엔트로피는 여전히 10^{123}이다(28.5절에서 인플레이션 우주론을 다룰 때에도 이와 비슷한 논리가 사용된다).

이로써 우리는 $\mathcal{P}_{\mathcal{U}}$의 총 부피(그림 27.4에서 엔트로피가 가장 큰 상자 $\mathcal{E}$의 부피 E와 본질적으로 같다), 즉 엔트로피에 붙는 지수를 가늠할 수 있게 되었다. 그 값은 약

$$E = e^{10^{123}} \approx 10^{10^{123}}$$

이다.[27.23] (볼츠만의 엔트로피 공식 $S = k \log V$로부터 자연단위로 계산된 것임) 이 값을 현재 우주의 엔트로피에 대응되는 상자 $\mathcal{N}$의 부피 N과 빅뱅의 엔트로피에 대응되는 상자 $\mathcal{B}$의 부피 B와 비교해 보자(우주의 바리온 수는 10^{80}개라고 가정한다). 앞에서 얻은 10^{101}을 현재의 엔트로피로 간주하고, 2.7 K 배경복사에서 바리온 하나 당 엔트로피를 10^{8}이라 하면

$$B : N : E = 10^{10^{88}} : 10^{10^{110}} : 10^{10^{123}}$$

이다. 즉, B와 N은 전체부피 E의

$$10^{10^{123}}\text{분의 } 1$$

[27.23] 이 숫자들이 실질적으로 비슷한 이유는 무엇인가? 그 뒤에 내린 결론에서 B의 실제 값이 언급되지 않은 이유는 무엇인가?

에 불과하다. 그뿐만 아니라 B의 부피는 현재 우주의 위상공간 부피 N의

$$10^{10^{101}} \text{분의 } 1$$

이다.

위상공간에서 $\mathcal{B}$의 부피가 이토록 터무니없이 작은 이유를 어떻게 설명할 수 있을까? 그림 27.21이 그 해답을 제시하고 있다. 조물주가 우주를 창조할 때 위상공간 $\mathcal{P}_{\mathcal{U}}$ 안에서 특정 지점을 신중하게 고른 후 가느다란 핀으로 찔러서 빅뱅을 일으켰다. 그때 조물주가 바로 그 지점을 선택했기 때문에 우주가 오늘날 지금과 같은 모습으로 진화할 수 있었던 것이다! 만일 조물주가 실수를 범하여 작은 점을 찾지 못하고 최대 엔트로피 영역 $\mathcal{E}$의 한 점을 바늘로 찔렀다면, 우리 우주는 ($K > 0$, $\Lambda = 0$일 때) 그림 27.20d와 같은 형태로 진화했을 것이고, 그 외의 다른 점을 선택했다면 그림 27.20c와 같이 '영원히 팽창하는' 우주가 되었을 것이다. 후자의 경우라면 시간의 방향성을 통계적으로 정의하는 제2법칙(그림 27.8a)이 아예 존재하지 않았을 것이다(조물주의 목적을 단순히 '지각이 있는 생명체가 존재하는 우주'를 만드는 것이었다고 가정해도, 별달리 더 좋은 설명이 나오지는 않는다. 이 부분을 따지고 들어가면 '인류원리anthropic principle'라는 문제에 직면하게 되는데, 이 내용은 28.6～7절과 34.7절에서 다룰 예정이다).

$K = 0$이거나 $K < 0$인 FLRW 모형처럼, 우리의 우주는 공간적으로 무한할 수도 있다. 만일 그렇다고 해도, 우리가 앞에서 펼쳤던 논리는 여전히 성립한다. '무한의 공간'을 전체 우주가 아닌 현재 관측 가능한 우주에 적용해 보자. 여기에는 무려 10^{80}개의 바리온이 존재하고 있으므로, 앞에서 펼친 논리에 큰 영향을 줄 가능성은 거의 없다. 그리고 이것을 우

주 전체에 적용한다면(그래도 FLRW모형은 여전히 유효하다) 조물주가 '매우 정확하게' 핀을 꽂은 정도가 아니라 '완전히 정확하게' 핀을 꽂았다고 생각해야 한다. 그러나 나는 이 논리가 빅뱅에 내재된 터무니없이 정확한 '조정'의 특별함(그리고 제2법칙과의 근원적인 관계)을 설명하지는 못한다고 생각한다.

이상에서 우리가 내릴 수 있는 결론은 무엇인가? 우리는 우주의 기원인 빅뱅이 매우 특별한 사건이었다는 것을 알았고, 이 '특별함'에 내재되어 있는 중요한 물리적 성질을 알게 되었다. (전자기적 현상을 포함하여) 물질적인 관점에서 볼 때, 팽창하는 우주에 열평형 상태를 적용하는 것은 매우 타당하다고 본다. 이것이 바로 '뜨거운 빅뱅'으로서, 표준 우주모형의 매우 중요한 요소이다. 빅뱅 후 10^{-11}초가 지났을 때 우주의 온도는 약 10^{15} K였고, 100초가 지난 후에는 10^{9} K까지 떨어졌다. 이 감소율은 톨먼-프리드먼이 예견한 팽창율과 일치하며, 다양한 관측결과들(수소/중수

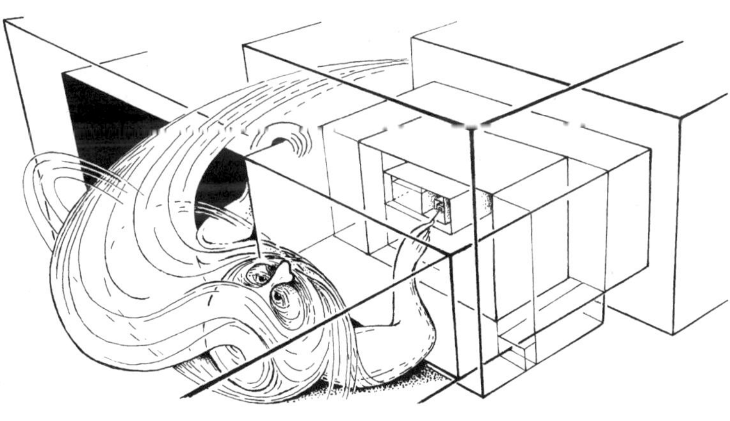

그림 27.21 우주창조의 순간을 보여 주는 재미있는 그림. 전체부피가 $10^{10^{123}}$에 달하는 방대한 위상공간에서 조물주가 지극히 작은 지점을 정확하게 골라 핀으로 찔러서 빅뱅을 유도했고, 그 결과 우리의 우주는 지금과 같은 특별한 모습으로 진화할 수 있었다.

소/헬륨의 구성비)은 10^9 K에서 핵반응이 일어났음을 입증하고 있다.

그러나 중력은 사정이 전혀 다르다. 중력적 자유도는 전혀 '열화 thermalized'되지 않았다. 빅뱅이 특별했던 이유 중 하나는 우주탄생 초기에 시공간의 기하학적 특성이 매우 균일했다는 점이다(이것은 FLRW 모형의 특징이기도 하다). 그러나 초기의 우주는 반드시 특이해야만 할 이유가 없었다. 이 사실은 그림 27.20c에 잘 나타나 있다(또는 그림 27.20a의 빅 크런치를 시간에 역행시킨 그림에도 나타나 있다). 중력은 다른 힘들과 비교할 때 매우 특이한 상태에 있는 것 같다. 다른 힘들은 우주 초기에 열화과정을 통해 공통점을 갖게 되었지만, 중력은 홀로 남아 있다가 제2법칙을 통해 비로소 자유도를 발휘하게 되었다. 그리하여 중력은 전자기력이나 약력, 강력과 달리 매우 특이한 상호작용으로 남게 된 것이다!

중력이 여타의 힘과 유별나게 다른 이유를 설명하려면 더 복잡하고 심오한 영역으로 들어가야 한다. 28장에서는 그동안 물리학자들이 시도해 왔던 다양한 방법들을 소개할 것이다. 그러다 보면 '우주의 기원'이라는 수수께끼와 자연스럽게 직면하게 된다. 하지만 내가 보기에 지금까지 시도되었던 그 어떤 방법도 중력의 특별함을 시원하게 설명하지는 못하는 것 같다. 나는 이 문제의 유일한 해결책을 양자역학의 근본적인 단계에서 찾아야 한다고 생각한다. 이 작업은 29장에서 본격적으로 실행될 예정이다. 그리고 30장에서는 이 근본적인 질문에 관한 나의 개인적인 견해를 소개할 것이다.

〈27장 후주〉

27–2절

27.1 이것은 추의 운동과 관련된 역학을 완전히 고전적으로 취급한 결과이다. '혼돈계(chaotic system)'는 초기상태의 작은 변화가 최종상태에 큰 영향을 주는 고전적 계라 할 수 있다. 초기상태가 최종상태에 미치는 영향은 시간에 대하여 선형적이 아니라 지수함수적으로 나타난다. 물론 이러한 '예측 불가능성'은 정도의 문제이지, 결정론적 고전역학의 기본원리는 아니다.

27.2 이 말은 비열(specific heat)이 양수라는 가정하에 성립한다. 그러나 대부분의 블랙홀에서는 이 가정이 성립하지 않는다(31.15절 참조).

27.3 일상적인 생활 속에서는 아무런 문제없이 과거를 회상할 수 있다. 머릿속에 들어있는 기억을 떠올리기만 하면 된다. 단, 이와 같은 방식으로 미래를 예견할 수는 없다. 고고학자들은 '과거의 기억'을 인간이 존재하기 이전의 시대까지 확장할 수 있다. 그러나 이런 식의 기견은 역학방정식과 무관하며, 열역학 제2법칙과의 관계도 분명치 않다(Penrose 1979a 참조).

27–3절

27.4 Pais(1986) 참조.

27.5 Gibbs(1960), Ehrenfest and Ehrenfest(1959), Pais(1982) 참조.

27.6 그러나 정작 볼츠만은 장차 사용될 단위에 연연하지 않았으므로 이 상수를 사용하지 않았다. Cencignani(1999) 참조. 볼츠만 상수 k를 이용하여 $S = k \log V$라는 표현을 최초로 사용한 사람은 막스 플랑크(Max Planck)였다. Pais(1982) 참조.

27–5절

27.7 Eddington(1929a) 참조.

27–6절

27.8 Hawking and Ellis(1973), Misner *et al*.(1973), Wald(1984), Hartle(2002) 참조.

27.9 Gold(1962), Tipler(1997) 참조.

27.10 Penrose(1979a) 참조.

27–7절

27.11 허블보다 몇 년 앞선 1917년에 미국의 천문학자 베스토 슬라이퍼(Vesto Slipher)는 우주가 팽창하고 있다는 몇 가지 증거를 발견했으나, 허블과 같은 유명세를 타지는 못했다. Slipher(1917) 참조. 또한 그는 명왕성을 최초로 발견한 클라이드 톰보의 상관이었다!

27.12 1946년에 조지 가모프(George Gamow)는 빅뱅이론에 기초하여 우주배경복사를 최초로 예견했고, 1948년에는 알퍼(Alpher), 베데(Bethe)와 함께 이 이론을 더욱 구체화했다. 로버트 디키(Robert Dicke)도 1964년에 독립적으로 우주배경복사의 존재를 예견했다. 그후 1965년에 아르노 펜지어스(Arno Penzias)와 로버트 윌슨(Robert Wilson)이 우주배경복사를 실제로 발견했으며, 디키와 그의 동료들이 이론적 해석을 달아 세상에 알려지게 되었다. Alpher *et al*. (1948), Dicke *et al*. (1965), Penzias and Wilson(1965) 참조. 펜지어스와 윌슨의 논문은 과학역사상 가장 겸손한 제목이 붙은 논문일 것이다!

27.13 더 자세한 내용은 Penrose(1979a, 1989)를 참조할 것.

27.14 지구가 방출하는 에너지는 태양으로부터 받은 에너지보다 조금 많다. 화석연료(사실 이것은 수백만 년 전에 태양에너지를 받아 생성된 것이다)

를 사용하면서 방출되는 에너지를 무시한다 해도(그리고 온실효과에 의한 지구 온난화 현상도 무시하면), 지구의 내부에서는 방사능 붕괴를 통해 꾸준하게 열이 생성되고 있다. 이 에너지는 대기를 통과하면서 점차 손실된다(34.10절 참조).

27-8절

27.15 Michell(1784), Tipler *et al.*(1980) 참조.

27.16 Penrose(1978) 참조.

27.17 이와 관련된 최신정보는 van Kerkwijk(2000)을 참조할 것.

27.18 Schwarzshild(1916), Wald(1984) 참조.

27.19 Narayan(2003) 참조.

27-9절

27.20 블랙홀 근방에서 되돌아올 수 없는 지점의 집합을 '포착면(traped surface)'이라고도 한다. 포착면은 컴팩트한 공간꼴 2-곡면 $\mathcal{S}$로서, 두 개의 널(null) 수직선이 미래로 가면서 하나로 합쳐지는 특성을 갖고 있다($\mathcal{S}$에 있는 광원에서 빛이 방출되었을 때, 외부로 나가는 빛과 안으로 들어오는 빛 모두 단면적이 줄어든다). 포착면은 블랙홀의 지평선 $\mathcal{H}$의 내부에서 찾을 수 있다. '포착면' 개념은 대칭과 관련된 어떠한 가정과도 무관하며, 기하학의 작은 건드림(perturbation)에도 안정적이라는 장점을 갖고 있다. 일단 포착면이 형성되면 (아인슈타인 이론에서 인과율과 양의 에너지 조건이 만족된다는 전제하에)특이점이 반드시 나타나게 된다. Penrose(1965b), Hawking and Penrose(1970) 참조.

27.21 Penrose(1965b), Hawking and Penrose(1970), Wald(1984) 참조.

27.22 Penrose(1969a, 1998b), Belinskii *et al.*(1970) 참조.

27.23 Penrose(1969a, 1998b) 참조.

27.24 이와 관련된 최근 논문은 Reeves *et al*. (2002)를 참조하고, 충돌이론은 Cheng and Wang(1999)과 Hansen and Muradi(1998)를 참조할 것.

27–10절

27.25 Israel(1967), Carter(1971), Hawking(1972), Robinson(1975) 참조.

27.26 전하가 있는 경우는 Kerr(1963), Newman *et al*. (1965)을 참조할 것. 이와 관련된 교과서로는 Wald(1984)를 추천한다.

27.27 장의 서두에서 언급한 케플러의 타원처럼, 커 계량은 "역학법칙에 등장하는 기하학이 아주 단순한 형태를 취하고 있다"는 행운에 기초하고 있다.

27.28 Chandrasekhar(1983), p.1. 참조.

27.29 사실 (31.15절과 [후주 27.26]에서 알 수 있듯이)총 전하를 서술하는 변수가 더 있다(이것은 보존되는 양이다. 19.3절 참조). 그러나 현실적인 블랙홀은 전기적으로 중성이 되려는 성향이 아주 강해서 이 변수 값이 m 이나 a에 비해 아주 작기 때문에 무시해도 상관없다.

27.30 전자의 전하를 나타내는 e와 자연로그의 밑수 $e = 2.7182818285\cdots$를 혼동하지 않도록 주의하라.

27–11절

27.31 COBE의 관측자료는 Smoot *et al*.(1991), WMAP의 관측자료는 Spergel(2003)을 참조할 것,

27.32 Liddle(1999)는 우주론 입문서 중 단연 최고이다. 더 자세한 내용은 Wald(1984)를 참조하기 바란다.

27.33 Bondi(1961), Rindler(2001), Dodelson(2003) 참조.

27.34 인플레이션을 고려한 이론에서 $K = 0$, $\Lambda > 0$인 경우를 '조화모형(concordance model)'이라고 한다. Blanchard 외.(2003), Bahcall *et al.*(1999) 참조. 이 부분에 관한 나의 의견은 28.10절에 제시되어 있다.

27.35 고대 그리스인들이 생각했던 것처럼(그림 1.1 참조), 우주는 12면체이거나 이들이 결합한 형태일 수도 있다. Luminet(2003) 참조.

27.36 초곡면이란 n-다양체의 부분을 이루는 $(n-1)$-차원 부분다양체를 말한다. 여기서 $\mathcal{T}_t$는 공간꼴 3-곡면이다.

27.37 Killing(1893), Wolf(1974) 참조.

27–12절

27.38 등각 다이어그램은 '펜로즈 다이어그램(Penrose duagram)'이나 '카터-펜로즈 다이어그램(Carter-Penrose diagram)'이라고 불리기도 한다. 나는 이것을 바르샤바 강연(1962)에서 처음으로 사용했다. 엄밀한 등각 다이어그램의 체계적인 설명은 Carter(1966a, b)을 참고하라. 또한 Gibbons and Hawking(1977)도 참조하라.

27.39 Penrose(1964, 1965a), Carter(1966b), Penrose and Rindler(1986)-9장 참조.

27.40 일부 이론가들은 빅뱅(또는 빅 크런치)이 등각적으로 하나의 점으로 표현되는(이 점을 'Ω 포인트'라고 한다) 가상 모형을 선호한다. Tipler(1997) 참조.

27.41 초표면에 관해서는 [후주 27.36]을 참조할 것. 이 경우에 빅뱅은 등각표현에서 3차원적 사건이 된다[Rindler(2001)과 비교해볼 것].

27–12절

27.42 이러한 불규칙성이 생기는 궁극적인 이유는 빅뱅 초기에 물질의 내부에서 일어나는 '양자 요동(quantum fluctuation)'때문인 것으로 알려져 있다(30.14절 참조).

28
초기우주에 대한 사변적 이론

28.1 초기우주의 자발적 대칭붕괴

지금까지 우리의 논리는 확고하게 정립된 물리학이론의 범주 안에서 진행되었다. 개중에는 기본 아이디어가 다소 비정상적인 이론도 있었지만, 관측데이터가 그 타당성을 입증하기 때문에 큰 문제는 없었다. 내 개인적인 의견 중 일부는 교과서와 다를 수도 있으나, 논쟁의 소지가 될만한 내용은 없다고 본다. 이 장에서는 빅뱅의 특성과 관련된 문제들을 좀 더 사변적인 이론으로 접근해 보고자 한다.

특히 초기우주의 자발적 대칭붕괴spontaneous symmetry breaking (25.5절 참조)와 함께 인플레이션 우주론을 집중적으로 다룰 예정이다. 우주론의 기본개념에 정통한 독자들은 인플레이션 우주론을 '사변적 이론'이라고 말하는 데 다소 거부감이 들지도 모르겠다. 사실 많은 이가 "우주탄생 초기에 팽창이 매우 급격하게 일어났던 시기가 있었으며, 이때 우주는 $10^{30} \sim 10^{60}$배, 또는 그 이상으로 팽창되었다"는 것을 기정사실로 받아들이고 있다. 또한, 독자들은 내가 우주 초기에 일어났던 '자발적 대칭붕괴'라는 일반적인 현상을 사변적 개념이라고 표현하는 것에 대해서도 약간의 불편함을 느낄 수도 있다. 하지만 이 장에서 언급될 내용은 아직 실험이나 관측을 통해 입증되지 않았으므로, 이것이 얼마나 근거 있는 주장인지 의심을 품는 일은 정당하다.

우선 자발적 대칭붕괴라는 일반적인 개념에서 출발해 보자. 양자장이론(QFT)에서는 겉으로 드러난 것보다 더욱 큰(숨겨진) 대칭을 이용하여 재규격화를 시도한다. 겉으로 드러난 대칭이 작은 이유는 계가 선택한 진공상태가 역학이론에 내재한 대칭을 완전히 반영하지 않기 때문이다. 특히 이것은 표준모형의 약전자기이론에서 핵심적인 역할을 한다. 그뿐만 아니라 이런 종류의 (여타의 가능한 '진공'을 포함하는)아이디어는 인플레이션 이론의 핵심 요소이며, '자발적 대칭붕괴'와 '거짓 진공false vacua'의 개념은 통일장이론을 연구하는 학자들의 단골메뉴로 자리 잡았다. 사실, 자발적 대칭붕괴 자체는 실제 자연현상과 깊이 연관되어 있으므로 결코 사변적인 개념이라고 할 수 없다(초전도현상이 대표적인 사례이다). 나는 이 개념에 전혀 의문을 갖지 않는다. 문제는 일부 물리학자들이 자발적 대칭붕괴의 특별한 매력에 현혹되어 지나치게 남용하거나 부적절하게 적용하는 경우가 종종 있다는 것이다.

자발적 대칭붕괴의 개념은 흔히 '강자성ferromagnetism'이라는 현상을 설명할 때 그래프를 통해 도입된다. 예를 들어 강철로 만든 구를 상상해 보자. 이 물체를 이루는 개개의 원자들은 이웃한 원자와 나란한 방향(같은 남/북 방향)으로 정렬하려는 경향이 있으므로(내부에서 작용하는 힘 때문이다), 미세한 자석으로 간주할 수 있다. 온도가 높아져서 임계온도인 770°C(1,043 K, 이 온도를 '퀴리점Curie point'이라고 한다)에 이르면, 원자의 열에너지가 충분히 커져서 '나란히 정렬하려는 성향'을 압도하기 때문에 강철 구는 자성을 잃게 된다. 즉, 미세한 자석들(원자)의 정렬방향이 무작위로 흩어지는 것이다. 그러나 770°C보다 낮은 온도에서 원자들은 나란히 정렬되고, 이상적인 상황에서 강철구는 자화된다.[1]

여기 770°C 이상으로(물론 철의 융점보다는 낮다) 뜨겁게 달궈진 강철구가 있다. 온도가 퀴리점보다 높으므로 당연히 자화되지 않은 상태이다. 이제 주변의 온도를 서서히 식혀서 강철구의 온도가 770°C보다 낮아지면 어떤 일이 일어날 것인가? 구는 구성원자들의 진동으로 발생하는 에너지를 최소화한다. 즉, 자연스럽게 최저에너지 상태를 찾아간다. 원자의 진동은 주변 원자들과의 상호작용에 기인하므로, 모든 원자들이 나란히 배열되었을 때 에너지가 가장 작다. 다시 말해서, 강철구의 최소에너지 상태란 한 방향으로 '자화된magnetized' 상태를 의미한다. 그런데 강철구가 자화될 때에는 어떤 특정한 방향을 선호하지 않기 때문에 최소에너지 상태는 '겹침'으로 존재한다(22.6절의 내용과 비교해볼 것). 강철구가 임계온도 이상의 고온에서 자화되지 않았을 때에는 딱히 선호하는 방향이 없었으므로, 온도가 떨어졌을 때 자화되는 방향은 무작위로 나타날 것이다. 이것이 바로 자발적 대칭붕괴의 대표적인 사례이다. 초기에 구대칭이었던 상태가 더 작은 대칭(자기축의 회전에 대한 대칭)을 갖는 상태로 붕괴한 것이다. 이 상황을 수학기호로 표현하면 SO(3)-대칭상태(자화되지 않은 초기의 뜨거운 강철구)가 SO(2)-대칭상태(자화된 차가운 강철구)로 전이되었다고 말할 수 있다(기호의 의미는 13.1, 2, 3, 8, 10절을 참고할 것).

그림 28.1의 '멕시코 모자'는 자발적 대칭붕괴를 설명할 때 자주 인용되는 그림이다. 여기서 모자의 둥근 형태는 계가 취할 수 있는 모든 가능한 상태를 나타내고, 모자의 높이는 계의 에너지에 대응된다. 모자의 꼭대기 부분은 평형상태(접면이 수평방향인 상태)로서, 원래 군group의 완전한 대칭을 갖고 있다. 그림에서 이 군은 수직축에 대한 회전으로 표현

된다[자화되지 않은 강철구의 경우는 SO(3) 대칭에 해당되지만, 그림 28.1은 시각화를 위해 차원을 하나 줄인 그림이므로 SO(2) 회전대칭에 해당된다. 모자의 꼭대기는 어떤 방향으로도 자화되지 않은 상태를 나타낸다]. 그러나 이 평형상태(자화되지 않은 상태)는 불안정한 평형이며 에너지의 최소점도 아니다. 에너지가 최소인 지점은 모자의 골짜기(골짜기 상의 모든 점)이다(골짜기 상의 각 점은 각기 다른 방향으로 자화된 강철구에 대응한다).

이와 같은 상황에서 물리적 상태는 '모자 위를 굴러 내려오는 작은 구슬'로 시각화할 수 있다. 처음에(온도가 높을 때) 구슬은 모자 꼭대기에 놓여 있었다. 그러나 이 지점은 불안정하기 때문에 외부로부터 약간의 영향만 가해져도 곧장 아래로 굴러 떨어지고, 최종적으로 모자의 테두리(움푹 팬 부분, 골짜기)에 안착하게 된다. 골짜기의 각 점은 식은 강철구가 최종적으로 자화되는 방향을 나타낸다. 즉, 구슬의 최종 안착지점이 계의 최종상태인 셈이다. 그런데 멕시코 모자는 완벽한 회전대칭을 가지므로, 구

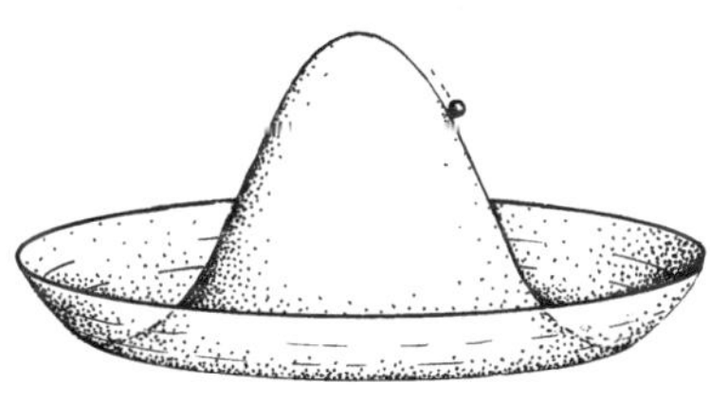

그림 28.1 자발적 대칭붕괴(spontaneous symmetry breaking)를 나타내는 멕시코 모자형 위치 에너지 그래프. 여기서 모자의 높이는 계의 에너지에 대응된다. 작은 구슬은 계의 상태를 나타내는데, 모자의 표면 위에서만 움직이도록 제한되어 있다. 주변 온도가 퀴리점 이상으로 매우 높을 때 계의 평형상태는 모자의 꼭대기에 놓인 구슬로 표현되며, 완전한 회전대칭을 갖는다[이 그림에서는 SO(2) 대칭에 해당된다]. 그러나 온도가 낮아지면 구슬이 아래로 굴러 내려와 골짜기 상의 임의의 한 점(새로운 평형점)에 이르면서 완전했던 회전대칭이 붕괴한다.

슬은 골짜기 상에서 어떤 특별한 점을 선호하지 않는다. 골짜기를 이루는 모든 평형점은 물리적으로 완전히 동등하다. 따라서 처음에 굴러 내려오기 시작할 때 방향은 무작위로 결정되며, 일단 선택이 내려지면 대칭은 붕괴한다.

주변온도가 내려가면서 안정된 평형점의 특성에 총체적인 변화가 생기는 현상을 '상전이phase transition'라 한다. 앞의 사례에서는 강철구가 자화되지 않은 상태(770°C 이상)에서 균일하게 자화된 상태(770°C 이하)로 바뀌는 것이 상전이에 해당한다. 더 친숙한 사례로는 빙결(온도가 내려가면서 액체가 고체로 바뀌는 현상)과 그 반대인 비등(온도가 올라가면서 액체가 기체로 바뀌는 현상)을 들 수 있다. 온도가 내려갈 때 일어나는 상전이는 종종 대칭붕괴를 수반하지만, 항상 그런 것은 아니다.

양자장이론에서 나타나는 상전이는 흔히 '(26.11절의 $|\Theta\rangle$와 같은) 새로운 진공의 선택'으로 서술되는데, 이것은 계의 상태가 하나의 진공에서 다른 진공을 향해 터널링tunneling되는 과정으로 시각화할 수 있다.[2] 그러나 엄밀히 말해서 (유니터리한)양자역학적 과정은 하나의 '섹터'에서 다른 섹터로 이동할 수 없기 때문에, 진공을 이용한 서술은 근사적 서술로 사용되어야 한다('섹터'란 특별히 선택한 진공 $|\Theta\rangle$로부터 만들어질 수 있는 상태로서, 서로 다른 섹터에 있는 상태들은 각기 다른 힐베르트 공간에 속한다. 26.5, 11절 참조). 크기가 유한한 물리계를 무한히 큰 계로 간주하고 근사적 접근법을 사용하는 것도 경우에 따라서는 좋은 방법이 될 수 있다. 예를 들어 초전도체(저온에서 물체 내의 전기저항이 전혀 없는 물체)를 이런 방식으로 다루면 초전도 현상은 전자기학의 U(1) 대칭이 붕괴하면서 상전이가 나타난 결과로 해석할 수 있다.

그림 28.1의 사례에서 계의 대칭은 SO(2) 회전군에서 원소가 단 하

나뿐인 자명한 군 SO(1)로 붕괴한다(즉, 구슬이 골짜기 상의 한 점에 최종적으로 안착하는 순간 모든 대칭이 붕괴한다).[3] 그러나 멕시코 모자의 고차원 버전에서 자발적 대칭붕괴가 일어나면 SO(p) 대칭이 SO($p-1$) 대칭으로 줄어든다($p > 2$).[28.1](강철구는 $p = 3$인 경우에 해당된다) 멕시코 모자 그림은 입자물리학 표준모형에서 U(2) 대칭이 U(1) 대칭으로 붕괴되는 경우에도 응용할 수 있다[28.2] 약전자기이론의 U(2) 대칭은 약 10^{16} K의 온도에서 전자기학의 U(1) 대칭으로 붕괴하는데, 빅뱅 후 10^{-12}초가 지났을 때 실제로 이런 일이 일어났다. 더욱 일반적인 대통일이론(GUT, 25.8절 참조)에서는 SU(5)와 같은 새로운 군들이 추가되며, 여러 단계의 대칭붕괴가 각기 다른 온도에서 순차적으로 진행된다. 우주의 온도가 10^{16} K보다 훨씬 높았을 때(빅뱅 후 10^{-12}초 이내) SU(5)가 강력의 SU(3)와 약전자기력의 SU(2) × U(1)/Z_2[즉, U(2)]를 포함하는 '무언가'로 분리되었을 가능성이 크다.[4]

28.2 우주의 위상적 결함

그러나 우리는 이런 대칭붕괴가 '한번에 모두' 일어나지 않으며, 따라서 대칭이 서로 다른 '방향으로' 붕괴되는 영역이 아마도 존재하리라는 사실을 염두에 두어야 한다. 앞서 다뤘던 '이상적인 강철구'로 되돌아가서 생각해 보자. 초기에 무작위로 선택되는 자화 방향은 구의 각 지점에 따라

[28.1] 이런 형태의 대칭붕괴가 $E = (x_1^2 + \cdots + x_p^2 - 1)^2$로 표현되는 '모자'에서 일어날 수 있음을 증명하라.

[28.2] 이것을 $\mathbb{C}^2$에 작용하는 U(2), 복소좌표 (w, z), 그리고 $E = (|w|^2 + |z|^2 - 1)^2$로 표현되는 '모자'를 이용하여 증명해 보라.

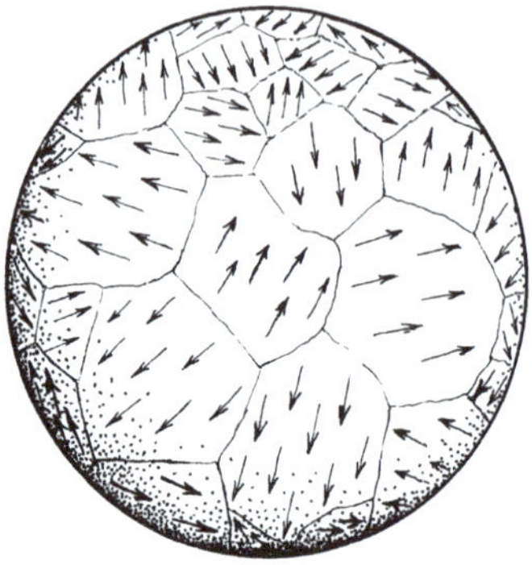

그림 28.2 강자성체(ferromagnet)가 퀴리점 이상의 온도에서 서서히 식으면 균일한 방향으로 자화된다(방향 자체는 무작위로 선택된다). 그러나 현실적으로는(또는 냉각속도가 빠르면) 구획마다 자화방향이 다르게 나타난다.

다를 것이다. 온도의 하강속도가 아주 느린 경우에는 이 불규칙성이 나타나지 않는다.[5] 그러나 냉각속도가 빠르면 그림 28.2와 같이 구획에 따라 자화되는 방향이 달라지고, 각 구획의 크기와 모양은 인접한 구획들 사이의 냉각비율에 의해 결정된다. 그렇다면 우리는 다음과 같은 질문을 제기할 수 있다. 각각의 구획은 이웃한 구획들과 얼마나 빠르게 정보를 교환하는가? 그리고 한 구획의 자화방향은 이웃 구획의 영향을 받아 얼마나 쉽게 달라지는가?

사실 여기에는 '위상적 결함topological defects'이라는, 더욱 심각하면서도 흥미로운 문제가 숨어 있다. 구의 내부에서 자화방향을 연속적으로 변화시켜도 위상적 결함은 제거되지 않는다. 이 결함은 디랙의 자기홀극(N극 또는 S극만 있는 자석)이다. 물론 일상적인 환경에서는 자석과 전류를 어떤 식으로 배열해도 자기홀극은 생성되지 않는다.[28.3] 그러나 그림 28.3과 같이 '디랙의 선'을 통해 자기전하를 주입하면 자기홀극을 만들 수 있다. 맥스웰의 이론이 자기전하의 존재를 허용한다면(19.2절 참

[28.3] 19장의 적분표현을 이용하여 이 사실을 증명하라.

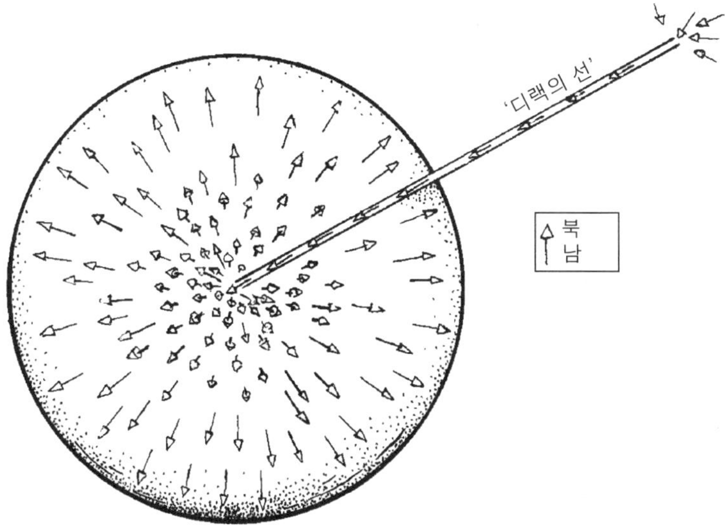

그림 28.3 맥스웰의 이론이 자기전하(magnetic charge)의 존재를 허용한다면, 자기선(magnetic wire)을 따라 여분의 '남극(south pole)'을 구의 중심에 주입하여 자기홀극을 만들 수 있다. 이때 디랙의 선(Dirac wire)은 '퍼텐셜 $\boldsymbol{A}$의 작은 결함'으로 생각할 수 있으므로, 적절한 '번들(bundle)'의 관점을 택하면 이 선을 제거할 수 있다[비가환(non-Abelian) 게이지 이론에서도 이와 유사한 자기홀극이 존재한다].

조) 디랙의 선은 퍼텐셜 $\boldsymbol{A}$에서만 나타나기 때문에(19.4절 참조), 적절한 번들의 관점을 택하면(15.4절 참조) 이 선을 제거할 수 있다. 비가환 게이지 이론에서도 이와 비슷한 자기홀극이 존재한다.

지금까지 우리는 강철구라는 현실적인 물체를 통해 자발적 대칭붕괴의 복잡한 구조에 대해 알아보았다. 이 사례는 자발적 대칭붕괴에 기초한 더욱 근본적인 수준의 물리학 이론(약전자기이론이나 GUT 등)과도 깊이 관련되어 있다. 초기우주에 자발적인 대칭붕괴가 일어났다면, 위상적 결함은 우주적인 스케일로 나타났을 것이다. 일반적으로 위상적 결함은 (3차원 공간에서)결함이 존재하는 영역의 차원에 따라 '우주 홀극cosmic monopole (0-차원)'과 '우주끈 cosmic string (1차원)', '구역 벽 domain wall (2차원)'으로 분류된다. 위상적 결함을 중요하게 취급하는 이유는 대칭붕괴의 '방향'을 연속적으로 변화시켜도 결함이 제거되지 않기 때문이다(결함이 있는 곳에서는 대칭붕괴의 방향이 정의되지 않지만, 그 외의 지점에서는 이 방향이 연속적으로 변할 수 있다). 여기서 말하는 방향이란 일상적인 의미의 방향이 아니라 물리학 모형을 검토할 때 고려에 넣는 더 추상적인 개념으로서(예를 들어 약전자기이론에서 이 '방향'은 전자와 뉴트리노가 혼합된 정도를 말해 준다), 기하학적으로는 시공간에 대한 벡터번들로 생각할 수 있다(벡터번들에 대해서는 15장을 참고하기 바란다). 자발적 대칭붕괴가 중요한 역할을 하는 물리학이론에서는 위상적 결함으로부터 '결코 무시할 수 없는' 문제들이 야기되곤 한다.

거대한 스케일(은하보다 클 수도 있다)의 우주끈은 은하를 형성하는 기체의 초기 분포상태를 불규칙하게 만드는 원인으로 알려져 있다.[6] 우주끈이 만드는 중력장은 민코프스키 시공간의 '오려붙이기' 과정을 통해 이해할 수 있는데, 대략적인 내용은 그림 28.4와 같다. 3차원 공간의 '섹터'를 부채꼴 모양으로 오려내면 서로 마주 보는 한 쌍의 평면이 생긴다. 이들 사이에(중심각 $= \alpha$) 끈을 끼워 넣고 두 면을 하나로 '붙이면' 끈의 중

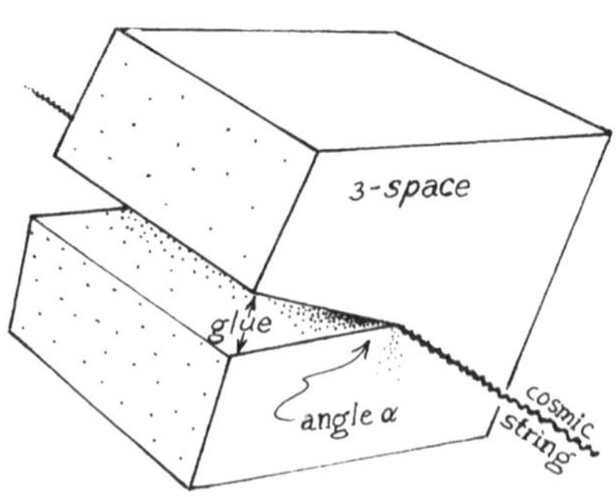

그림 28.4 우주끈의 중력장은 민코프스키 4차원 시공간을 오려붙여서 만들 수 있다. 3차원 공간의 '섹터'를 부채꼴 모양으로 오려내면 서로 마주 보는 한 쌍의 평면이 생긴다. 이들 사이에(중심각 $= \alpha$) 끈을 끼워 넣고 나서 마주 보는 두 면을 접합시키면 된다.

력장에 의해 변형된 공간이 만들어진다(이론에 의하면 잘려나간 부채꼴의 중심각 α는 약 10^{-6}이다).

독자들은 이것이 '평범한' 은하의 생성과정을 증명하는 극단적인 방법이라고 생각할지도 모른다. 그러나 은하의 생성과정은 아직도 상당부분이 베일에 싸여 있기 때문에, 아무리 황당한 아이디어라 해도 쉽게 외면할 수가 없다. 은하의 생성과정을 설명하는 가장 그럴듯한(그리고 관측을 통해 어느 정도 검증된) 이론은 '블랙홀 기원설'로서, 초대형 블랙홀이 자신 주변에 씨앗을 뿌려서 은하를 만들었고 그 결과 은하의 중심부에 블랙홀이 남아 있다는 이론이다.[7] 과거에는 블랙홀이 신비한 존재였지만, 오늘날에는 그저 평범한 천체에 불과하다!

대부분의 위상적 결함은 대통일이론 등 아직 실험적으로 입증되지 않은 이론에 기초를 두고 있다. 그러나 약전자기이론은 실험을 통해 검증되었으므로, 이로부터 예견되는 초기우주의 모습에 관심을 둘 필요가 있다. 약전자기이론에서 우주 홀극이 대칭붕괴의 결과로 나타난다는 것은 위상학적으로 가능한 이야기지만 반드시 그래야만 하는 것은 아니다. 자기홀극은 U(2) 대칭이 U(1)로 자발적으로 붕괴하면서 나타날 수도 있다. 단, U(2) 대칭이 붕괴되기 전부터(빅뱅 후 10^{-12}초 이내) '게이지 홀극'이 존재해야 한다. 이런 홀극은 더욱 큰 GUT 대칭의 초기 붕괴과정에서도 나타날 수 있으나, 약전자기이론에서는 필수사항이 아니다.[8]

양-밀스 (비가환 게이지) 이론의 게이지 홀극은 1931년 디랙이(가환 게이지) 전자기학의 범주 안에서 제안했던 '자기홀극'과 유사한 개념이다. 디랙은 정교한 논리를 통해 "자연에 자기홀극이 단 하나라도 존재한다면 모든 전기전하는 어떤 특정한 값의 정수배가 되어야 한다. 그리고 이 특정한 값은 홀극의 자기적 세기에 의해 결정된다"는 놀라운 사실을 증명했다. 그런데 지금까지의 관측결과를 종합해 보면 전기전하는 정말로 특정한 값(반 d-쿼크의 전하. 양성자 전하의 1/3. 3.5절과 25.6절 참조)의 정수배로만 나타난다. 일부 학자들은 이것이 자기홀극의 존재를 증명하는 정황적 증거라고 믿고 있다. 그러나 자기홀극은 관측자료와 상충하지 않는다고 해도, 매우 드물게 발견되어야 한다.[9](그렇지 않으면 자기홀극은 '단락된short-circuiting' 우주적 자기장과 비슷한 효과를 주게 된다. 그러나 관측결과에 따르면 이런 장은 방대한 우주적 스케일에서 존재하는 것으로 알려져 있다) 이와 마찬가지로, 양-밀스 홀극이 우주 전역에 골고루 존재한다면 관측결과와 심각한 모순을 일으킨다. 이제 곧 알게 되겠지만, 자기홀극 문제는 우주론에서 매우 중요한 의미를 지닌다.

28.3 초기우주의 대칭붕괴

초기우주의 대칭붕괴를 논하기 전에, 빅뱅 후 10^{-12}초 경에 일어났던 약전자기력의 대칭붕괴를 다시 한 번 생각해 보자. 이런 일이 과연 실제로 일어났을까? 아니면 이론상으로만 존재하는 허구일까? 다른 사람은 몰라도, 약전자기이론을 연구하는 학자들은 사실로 믿는 것 같다. 물론 내가 약전자기이론의 진위를 따진다고 해서 이 이론이 의심을 받고 있다는 뜻은 아니다. 다만 이론에 등장하는 대칭붕괴의 문제점을 먼저 이해하고 나서, 동일한 시각으로 초기우주의 대칭붕괴를 분석해 보고자 한다.

개인적으로 나는 그렇게 생각하지 않지만, 일단은 빅뱅 후 10^{-12}초가 지나기 전에 정확한 U(2) 대칭이 존재하여 렙톤과 쿼크가 질량을 갖지 않았고 '지그' 전자와 뉴트리노는 동일한 입자였으며 W 보존과 Z 보존, 광자가 U(2) 대칭에 입각하여 적절한 '회전'으로 조합을 이루고 있었다고 가정해 보자(25.5절 참조). 그리고 빅뱅 후 거의 10^{-12}초가 지났을 무렵에 우주 전역의 온도가 임계값 이하로 떨어지면서, 게이지보존의 가능한 조합으로 이루어진 U(2) 대칭 다양체 $\mathcal{G}$로부터 (W^-, W^+, Z^0, γ) 중 하나를 고르는 특별한 선택이 무작위로 행해졌다고 하자. 이것이 사실이라고 해도 이런 과정이 우주 전역에 걸쳐 동시에, 균일하게 진행되지는 않았을 것이다. 그보다는 그림 28.2에 예시된 '자화된 강철 구'처럼 구획마다 다른 선택이 내려졌을 가능성이 크다.

이 시점에서 '같은 것'과 '다른 것'의 진정한 의미를 신중하게 따져보자. 모든 가능한 게이지보존으로 이루어진 공간 $\mathcal{G}$는 대칭붕괴가 일어나기 전에 시공간의 모든 점에서 완벽한 U(2) 대칭을 갖고 있었다. 번들 개념이 원래 그렇듯이, 어느 한 지점에서의 $\mathcal{G}$와 다른 지점의 $\mathcal{G}$가 동일하다는 것을 입증하는 방법 중에 어느 특정한 방법이 다른 방법보다 우월할 수는 없다. 다시 말해서, 한 지점에서 $\mathcal{G}$의 어떤 요소가 다른 지점의 $\mathcal{G}$와 같은지를 말해 주는 '선험법칙priori rule' 같은 것은 존재하지 않는다. 그러므로 우리는 자발적 대칭붕괴에서 이루어지는 특정한 선택을 이용하여 '같다'는 개념을 정의할 수 있는 자유도를 갖고 있다. 이 관점에 따르면 한 지점에서 '빙결된' 특별한 (W^-, W^+, Z^0, γ)는 다른 지점에서 빙결된 (W^-, W^+, Z^0, γ)와 동일하게 취급할 수 있으며, 서로 다른 점에서 일어나는 대칭붕괴 사이의 '불일치'는 결코 감지되지 않는다. 이것은 그림 28.2의 강철구가 자화되면서 겪는 과정과 비슷하다.

그러나 이런 관점은 게이지 이론의 기본개념에 부합하지 않는다. 게이지 이론에서는 시공간 $\mathcal{M}$을 기저공간으로 하는 파이버번들 $\mathcal{B}_\mathcal{G}$의 파이버 $\mathcal{G}$와 함께 이 번들의 접속에 의해 특별한 게이지 이론(이 경우에는 대칭이 붕괴되지 않은 약전자기이론)이 정의되기 때문이다(15.7, 8절 참조). 이 접속은 $\mathcal{M}$ 안에서 임의의 곡선을 따라갈 때 $\mathcal{G}$공간들 사이의 국소적 동일성(평행성parallelism)을 정의한다.[10] 그러나 닫힌 곡선을 따라갈 때 이 동일성은 일반적으로 성립하지 않는다(접속의 곡률이 자명하지 않은 게이지장의 존재를 시사하기 때문이다. 15.8절 참조). 어떤 경우이건 간에, 각기 다른 점에서 자발적 대칭붕괴가 무작위로 일어난다는 것은 $\mathcal{G}$-공간들 사이의 국소적 평행성이 자발적 대칭붕괴에서 취해진 선택과 일반적으로 부합되지 않음을 뜻한다. 따라서 그림 28.2는 그런대로 적절한 비유라 할 수 있다. 천천히 식는 강철구의 경우, 위상적 결함이 없고 시간이 충분히 흐르면 이 불일치는 사라진다(그림 28.3, 28.4 참조). 여기서 내가 제기하려는 문제는 "약전자기력의 자발적 대칭붕괴는 과연 충분한 시간을 두고 일어났는가?"하는 것이다.

이 문제의 어려운 점은 27.12절과 그림 27.18b에서 도입했던 '입자지평선'에서 야기된다. 그림 28.5의 도식적 등각 다이어그램을 예로 들어보자. p점에 있는 관측자가 시공간의 두 지점 q와 r에서 퀘이사(준성 전파원)를 목격했다. 표준 FLRW 모형에 의하면, 퀘이사의 적색편이[11](27.7절 참조)가 충분히 크면 p와 q의 과거 빛원뿔은 교차하지 않으므로, 이들 사이에는 어떠한 형태의 정보교환도 일어날 수 없다. 두 지점은 이렇게 분리되어 있기 때문에, 대칭붕괴가 위에서 지적한 방식대로 일어날 만큼(즉, 불일치가 모두 사라질 만큼) 충분히 긴 시간을 확보하지 못한다. 잠시 후 다루게 될 '인플레이션 시나리오'에 의하면 빅뱅을 나타내는 선이 뒤로 후퇴하여 q와 r은 정보교환이 가능해진다. 그러나 지금은 이런 것도 별로 도움이 되지 않는다. 왜냐하면, 약전자기 대칭붕괴가 일어나는 3-곡면 Σ는 인과율에 입각한 우리의 논리에서 빅뱅 역할을 하기 때문이다. 자발적 대칭붕괴는 Σ에서 무작위로 일어나며 여기에는 딱히 인과율

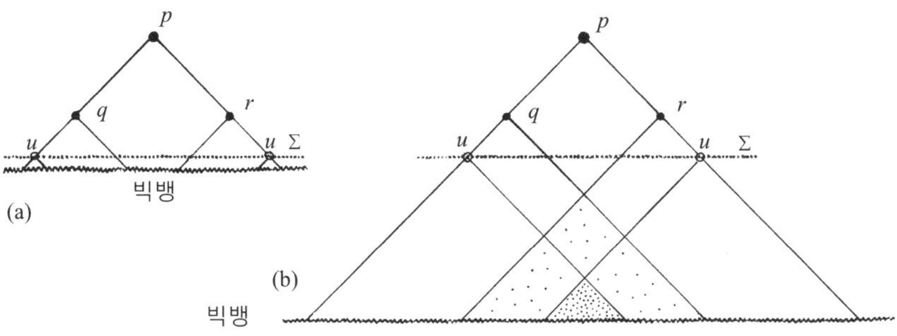

그림 28.5 초기우주의 인과관계를 보여 주는 도식적 등각 다이어그램. (a) p점에 있는 관측자가 서로 반대방향에 있는 q와 r에서 퀘이사(준성 전파원)를 목격한다. 그림 속의 점선을 약전자기 U(2) 대칭(광자 γ를 W 보존 및 Z 보존과 연결시키는 대칭)이 붕괴된 직후인 '빅뱅 후 10^{-12}초'의 3-곡면 Σ에 대응시키면, q점에서 특별히 선택된 'γ-빙결'은 r에서의 선택과 분명히 다를 것이다. q와 r의 과거가 Σ와 만나는 점은 분명히 다르다. 그러나 p에 도달하기 전에는 각 γ의 선택이 서로 같은지(또는 다른지)를 확인할 방법이 없다. 이와 마찬가지로, Σ가 이제 빅뱅 후 10^{13}초에서 완화기를 나타낸다면 u와 v의 온도는 열화를 통해 같아질 수가 없다. 이들의 과거가 연결되어 있지 않기 때문이다. (b) 인플레이션을 이용한 '지평선 문제'의 해결. 빅뱅을 나타내는 선을 뒤로 후퇴시키면 빅뱅 3-곡면에 닿기 전에 q와 r의 과거가 만나게 된다. 그러나 이 교차점은 시간상으로 '빙결'이 일어난 10^{-12}초보다 전이기 때문에, 전술한 문제는 여전히 해결되지 않은 채로 남아 있다.

에 영향을 줄 만한 요인이 없다.

선 qp와 rp는 모두 널선null line이므로 오직 광자만이 q에서 p로, 또는 r에서 p로 이동할 수 있으며, W 보존과 Z 보존은 이 경로를 따라갈 수 없다(게이지보존 중에서 질량이 없는 입자는 광자뿐이다). 그러므로 이 두 개의 널선 상에서는 광자 개념이 일관되게 적용되어야 한다. 그런데 q에 있는 '광자'와 r에 있는 '광자'는 개념상 서로 일치하지 않는 것처럼 보인다. 이들은 공통되는 인과적 영향도 없이 무작위로 선택되어서 서로 정보를 교환할 시간도 없기 때문이다.[12] 과연 p에 있는 관측자가

W-Z-γ를 보고 혼동을 일으키기 전에 '다른' 종류의 광자들이 동일해질 수 있을까? 내가 보기에 q에서 p로, 그리고 r에서 p로 이어지는 널선(null line, 즉 빛꼴lightlike)을 크게 이탈하지 않고서는 불가능할 것 같다. 이것은 "광학망원경을 이용하면 멀리 있는 물체를 선명하게 볼 수 있다"는 명백한 사실에도 위배된다(그러나 나는 지금까지 이 문제를 심각하게 다룬 책을 본 적이 없다).

일부 독자들은 내가 관측을 통해 검증된 약전자기이론을 무시한다고 (작은 소리로나마)불평할 지도 모르겠다. 물론 나는 혼란을 야기하는 현상들이 '천문학적 거리로부터 전파되어 왔다'라고 해서 그냥 묻어둘 생각은 전혀 없다. 영감어린 통찰과 아름다운 논리로 이루어진 약전자기이론을 포기하자는 게 아니라, U(2) 대칭의 붕괴를 조금 다른 시각에서 바라보자는 것이다. 나는 입자물리학이 아직 자연을 다루는 진정한 체계를 다 완성하지 못했다고 생각한다. 이 체계는 수학적으로 모순이 없어야 하며, 물리학에서 타당하게 제기되는 많은 질문에 (양자장이론처럼) '∞'라는 애먼 답을 내놓아 초를 치는 일이 없어야 한다. 적어도 내가 생각하기로는 그렇다. (아직 알려지지 않은)이 올바른 이론이 어떻게 유한한 답을 내놓는지 오늘날의 우리로서는 알 길이 없다. 그러므로 우리는 약간의 행운과 뛰어난 창의력으로 만들어진 다양한 '트릭'을 이용하여, 관측결과와 일치하는 유한한 답을 찾아내는 수밖에 없다. 현재 우리의 이해수준에서는 약한 상호작용과 전자기적 상호작용을 현실에 맞게 설명하면서 재규격화가 가능한 이론이 필요하다. 이런 이론을 찾는 데 '비가환 게이지 대칭붕괴'라는 아이디어가 길잡이 역할을 해왔고, 그 와중에 "이 상호작용들이 하나로 통합되어 더욱 큰 밑그림이 만들어진다"는 심오한 진리에 한 걸음 더 다가갈 수 있었다. 그러나 나는 자발적 대칭붕괴가 과연 자연의 진정한 모습인지 의문을 갖지 않을 수 없다. 약전자기이론에 재규격화 가능성을 요구했을 때 매개변수들 사이의 관계가 드러나는 이유는 다른 방식으로도 이해할 수 있기 때문이다.[13]

여기서 우리는 중요한 의문을 떠올리게 된다(이 문제는 34.8절에서 다시 논의할 것이다). "자연의 비밀을 탐구하는 수많은 이론에 단골처럼 등장하는 대칭 개념은 정말로 근본적인 역할을 하는가?" 나는 그렇지 않다고 생각한다. 기초 물리학 이론에서, 거대 대칭군에 기반을 둔 입자물리학(이는 소위 말하는 GUT 철학의 한 부분이다)이 정말로 '단순한' 구조를 갖는다는 사실도 내 생각을 꺾진 못한다. 나에게 커다란 기하학적 대칭군이란 단순하다기보단 복잡한 존재이다. 자연의 근본 법칙은 비대칭이며, 우리 눈에 보이는 대칭은 근사적인 모습일지도 모른다. 당장은 대칭이 크게 부각되어 보이지만, 더 깊은 영역으로 파고들어가면 전혀 다른 그림이 나타날 수도 있다. 이 문제는 34.8절에서 자세히 다룰 것이다.

28.4 인플레이션 우주론

일부 대통일이론에서 자주 언급되는 우주 홀극으로 눈길을 돌려 보자. 홀극이 갖는 문제는 그것이 실제로 존재한다는 증거를 찾기 어렵다는 점이다. 그뿐만 아니라, 관측을 통해 발견할 수 있는 우주 홀극의 한계는 GUT에서 예견된 개수보다 훨씬 적다. 그러나 1981년에 앨런 구스는 다음과 같이 놀라운 주장을 펼쳤다. "만일 우주가 홀극이 생성된 후(약전자기 대칭이 붕괴된 빅뱅 후 10^{-12}초 이전) 특정 기간 동안 $10^{30} \sim 10^{60}$배로 팽창했다면, 우주공간의 크기에 비해 홀극의 수가 너무 적어서 관측될 가능성이 거의 없다. 이것은 지금까지의 관측결과와도 일치한다."(이보다 앞서 알렉세이 스타로빈스키Alexei Starobinski와 사토 가츠오토Katsuoto Sato가 독립적으로 동일한 주장을 펼친 바 있다)

구스의 인플레이션(급팽창) 이론이 알려진 후, 사람들은 우주의 '급팽창 시기'가 우주의 균질성과 관련되어 있다는 사실을 깨닫게 되었다. 27장에서 강조했던 바와 같이 우주는 놀라울 정도로 균질하며 매우 큰 스케일에서 공간적으로 평평하다. 이것은 우주론학자들에게 커다란 수수께끼였다. 예를 들어, 지금까지의 관측결과에 의하면 초기우주의 온도는 모든 방향에서 거의 동일했다(10^{-5}의 오차 이내). 극 초기우주에서 '열화'가 일어나, 그 결과로 이렇게 되었을 수는 있다. 허나, 이는 우주의 서로 다른 영역들이 서로 열역학적 정보를 교환했을 때에만 가능하다[서로 다른 영역에 담겨 있는 기체들이 하나로 섞이면서 온도가 같아질 때(즉, 열평형 상태로 갈 때) 열역학 제2법칙이 어떤 역할을 했는지 떠올려 보라. 27.2절 참조]. 그러나 그림 28.5a에 의하면 시공간에서 '지금 여기'에 해당하는 p점의 관측자가 (역시 시공간에서)서로 멀리 떨어져 있는 u와 v의 온도를 측정하여 동일한 값을 얻었다고 해도, 이는 열화의 결과라고 단정 지을 수 없다. u와 v는(Σ의 시제를 우주배경복사가 형성된 완화기로 잡았을 때) 시공간상의 거리가 너무 멀기에 표준모형에서 인과적 상호교신을 주고받을 수 없다.

표준모형에서 열화에 꼭 필요한 인과적 상호교신이 불가능하기 때문에 나타나는 문제를 '지평선 문제'라고 한다. 그림 28.5b는 인플레이션을 도입했을 때 나타나는 효과를 등각 다이어그램으로 표현한 것이다. 빅뱅에 해당하는 공간꼴 3-곡면은 너무 '이른' 위치에 있기 때문에 제외됐고, u와 v는 빅뱅을 나타내는 3-곡면에 도달하기 전에 교차한다. 그러므로 이제는 열역학적 교신이나 열화가 일어날 수 있으며, u와 v의 온도가 같은 이유도 이해할 수 있다.

인플레이션의 또 다른 장점은 물질의 분포와 시공간의 기하학적 구조가 균일한 이유를 설명해 준다는 점이다. 이것은 '매끈함 문제smoothness problem'로 알려져 있는데, 기본 개념은 다음과 같다. 탄생초기의 우주는 세부적으로 매우 불규칙했지만, 인플레이션이 진행되는 동안 엄청난 규모로 팽창하면서 불규칙성이 거의 사라지고 FLRW 모형에 가까운 우주로 진화했다. 또한 인플레이션 이론은 초기우주가 작은 스케일에서 매끈한 다양체였으며, 이 작고 매끈한 부분이 우주적 스케일로 팽창하여 평평한 공간이 만들어졌음을 보여주고 있다(그림 28.6 참조. 그림 12.6과 비교해볼 것). 이와 관련된 나의 개인적인 의견은 잠시 후에 언급할 예정이다. 어쨌거나 인플레이션 이론에 의하면 우주는 균질하며, 공간의 곡률은 0이다($K=0$). 앞으로 알게 되겠지만, 이것은 우주론 발달사에서 매우 중요한 역할을 했다. 관측 가능한 우주가 평균적으로 평평하건 혹은 그렇지 않건 간에, '거의 평평하다'라는 것만은 분명한 사실이다. 소위 '평평성 문제flatness problem'로 알려진 이 문제는 오랫동안 우주론학자들을 괴롭혀 왔다.

독자들은 그림 28.5의 등각 다이어그램에서 빅뱅 3-곡면이 뒤로 물

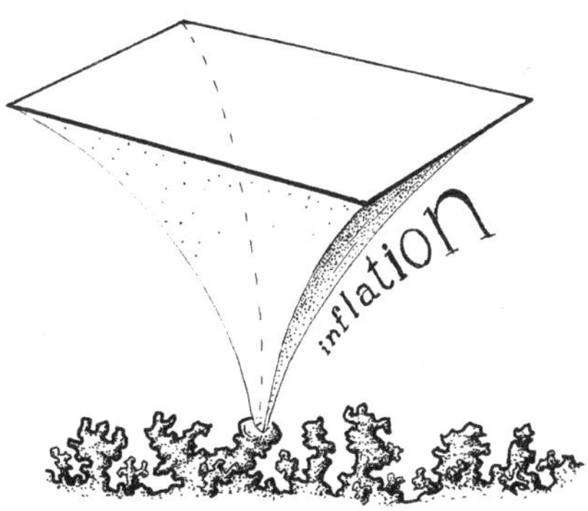

그림 28.6 인플레이션 이론에 의하면 빅뱅 후 특정 기간 동안(빅뱅 후 $10^{-35} \sim 10^{-32}$초) 우주가 10^{50}배로 급격하게 팽창하면서 불규칙했던 초기상태가 마치 다림질을 하듯 평평해졌고, 그 결과 공간적으로 균질하고 평평한 우주가 만들어졌다.

러난 것과 우주의 급격한 팽창 사이에 어떤 관계가 있는지, 금방 눈에 들어오지 않을 것이다. '인플레이션 위상'에 기초한 드 지터의 정상상태 모형을 예로 들어 보자. 드 지터 공간을 수학적으로 가장 간단하게 설명하면 "민코프스키 5-공간(부호수 : + − − − −)에 속해 있는 로렌츠 4-구(부호수 : + − − −)"라고 할 수 있다. 이 설명은 18.4절의 기하학적 '부호수 뒤집기 signature flip'와 일치하지만, 드 지터 공간을 그림 28.7의 쌍곡면에 대응시키면 기하학적 의미가 더욱 분명해진다. 이 밖에 '반-드 지터 공간'이라는 것도 있는데, 이것은 부호수가 + + − − −인 유사 민코프스키 5-공간에서 정의되는 로렌츠 4-구이다(그림 28.8 참조).[28.4] 반-드 지터 공간은 인과율을 위배하는 '닫힌 시간꼴 곡선 closed timelike curve (t-축과 w-축을 포함하는 평면상의 원)'을 포함하기 때문에 일상적인 의미의 시공간은 아니다(17.9절. 그림 17.18 참조). '반

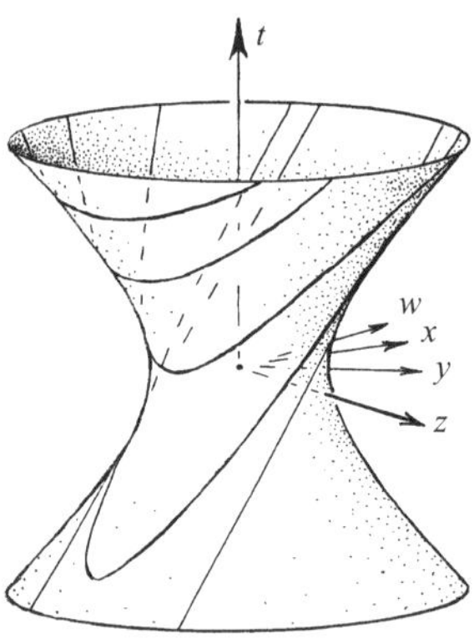

그림 28.7 드 지터 시공간(두 개의 공간차원을 생략한 쌍곡면으로 표현되었음)은 민코프스키 5-공간 $\mathbb{M}^5$(계량 $ds^2 = dt^2 - dw^2 - dx^2 - dy^2 - dz^2$) 속의 로렌츠 4-구(반지름이 허수이고 내재계량의 부호수는 + − − −)로 정의된다. 여기서 $t = w$를 따라 쌍곡면을 반으로 쪼개면 정상상태 모형이 얻어진다.

[28.4] 그림 28.7과 28.8의 좌표 t, x, y, z를 이용하여, 5-공간을 배경으로 하는 드 지터 공간과 반-드 지터 공간의 방정식을 유도하라. 드 지터 공간의 반(half)에서 좌표를 구하고, 내재계량이 이 절의 뒷부분에 나오는 '정상상태 형식(steady-state form)'과 일치함을 증명하라.

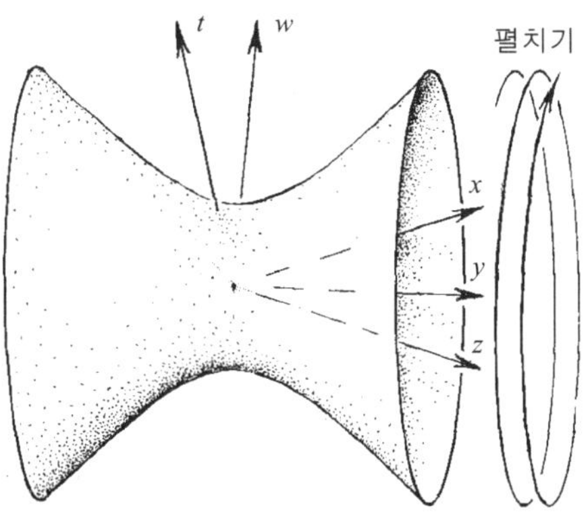

그림 28.8 반-드 지터 공간(두 개의 공간차원을 생략한 쌍곡면으로 표현되었음)은 유사 민코프스키 5-공간(계량 $ds^2 = dt^2 + dw^2 - dx^2 - dy^2 - dz^2$) 속의 로렌츠 4-구(반지름이 양수이고 내재계량의 부호수는 $+ - - -$)로 정의된다. 여기서는 닫힌 시간꼴 곡선이 허용되지만, 이들은 (t, w) 평면에서 '펼치기(unwrapping)'를 통해 제거될 수 있다.

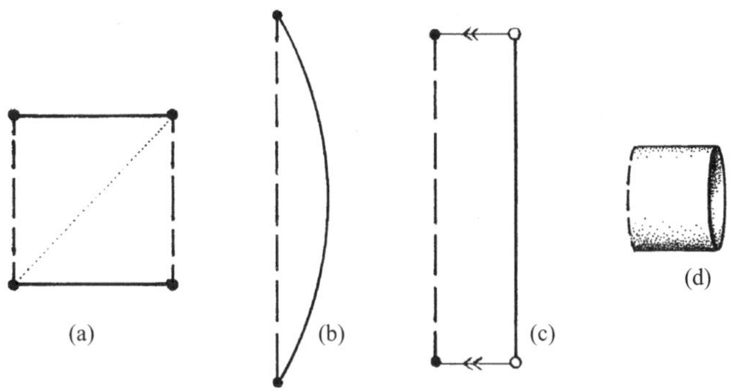

그림 28.9 드 지터 공간과 반-드 지터 공간의 엄밀한 등각 다이어그램. (a) 드 지터 공간. 내부 점선 위의 영역이 정상상태 모형에 해당된다. (b) 반-드 지터 공간(완전히 펼쳐진 버전. 인과율을 위배하지 않음). (c) 인과율을 만족하지 않는 '쌍곡면' 형태의 반-드 지터 공간. 그림에서 위와 아래는 하나로 합쳐진다. (d) 그림 (c)의 위와 아래를 하나로 합친 그림. 결과적으로 원통모양이 된다.

-드 지터 공간'이라는 용어는 종종 "상수-(x, y, z) 평면의 각 원들이 선으로 펼쳐지고, 전체 공간이 단순연결된simply-connected 공간"이라는 의미로 사용된다(12.1절 참조). 드 지터 공간의 엄밀한 등각 다이어그램은 그림 28.9a와 같다. 여기서 내부에 그려진 점선의 윗부분이 정상상태

에 해당된다. 그리고 인과율을 만족하면서 펼쳐진unwrapped 반-드 지터 공간은 그림 28.9b와 같다. 또한 그림 29.9c와(다이어그램의 위쪽과 아래쪽은 하나로 합쳐진다) 28.9d는 '인과율을 만족하지 않는' 펼쳐진 반-드 지터 공간을 나타낸 것이다.

그림 28.7의 민코프스키 5-공간에서 $t = w$인 4차원 평면을 따라 드 지터 공간을 반으로 잘랐을 때 '위쪽' 절반이 정상상태 우주를 나타낸다.[14] 공간을 절단하여 만든(그림 28.9a의 점선) '불완전한' 공간이지만, 희한하게도 개념적으로는 아무런 문제가 없다. 지워진 '아래쪽 반'에서 시공간으로 진입하는 입자가 전혀 없기 때문이다. 위쪽 반의 계량은 다음과 같이 주어진다(A는 상수이다).

$$ds^2 = d\tau^2 - e^{A\tau}(dx^2 + dy^2 + dz^2)$$

이것은 27.11절에서 주어진 FLRW 계량에서 $K = 0$과 지수함수적 팽창($e^{A\tau}$)을 고려한 특별한 경우에 해당된다.[28.5](이 계량은 1950~1960년대에 헤르만 본디와 토머스 골드, 프레드 호일이 미학적으로 아름다운 정상상태 모형을 연구하는 동안 특별한 관심을 끌었으나, 이들의 모형이 우주배경복사와 원거리 은하의 개수 등 관측결과와 일치하지 않는다는 사실이 알려지면서 매력을 잃었다)

(반-)드 지터 공간의 리치텐서 R_{ab}는 계량 g_{ab}에 비례한다.[28.6](리치텐서의 정의와 아인슈타인 장방정식은 19.6절을 참조할 것) 아인슈타인 장방정식의 원래 형태는 $R_{ab} - \frac{1}{2}Rg_{ab} = -8\pi GT_{ab}$이며, 말로 풀어

[28.5] FLRW 타입[$ds^2 = dt^2 - (R(t))^2 d\Sigma^2$]의 드 지터 공간과 반-드 지터 공간의 계량을 구하라. 여기서 $d\Sigma^2$은 쌍곡 3-계량으로서, [예제 27.18]에 나오는 두 번째 계량과 같다.

[28.6] 왜 그런가? 수학 계산 없이 논증해 보라.

쓰면 "물질의 에너지-운동량 텐서 T_{ab}는 $-(8\pi G)^{-1}$에 리치텐서 대각합의 역수trace-reversed를 곱한 값과 같다"는 뜻이다. 그러므로 드 지터, 또는 반-드 지터 모형에서 '물질텐서' T_{ab}는 계량텐서에 비례해야 한다. 사실, 일상적인 물질들은 이런 성질을 갖지 않는다(예를 들어, 물질의 에너지-운동량으로는 정지계rest frame를 정의할 수 없다). (반-)드 지터 공간의 가장 무난한 해석은 '물질이 없는 진공상태를 서술하는 공간'으로 생각하는 것이다. 그러면 아인슈타인 방정식에 우주상수 Λ가 도입되고, 장방정식은 다음과 같은 형태가 된다.

$$R_{ab} = \Lambda g_{ab}$$

여기서 $\Lambda = A^2$이고, A는 정상상태 계량에서 지수함수에 의한 빠른 증가를 조절하는 상수이다. 인플레이션 우주론에서 급팽창하는 '물질'은 '거짓 진공'인데, 자세한 설명은 잠시 후에 할 것이다.

인플레이션 우주의 모형을 만들려면 두 개의 3-곡면 사이에 있는(τ = 상수) 정상상태 우주의 일부를 취하여, $K = 0$인 표준 FLRW 모형에 붙이면 된다. 이 과정은 그림 28.10에 나와 있다. 먼저 그림 28.10a와 같이 드 지터 공간 전체를 잘라서 정상상태 모형을 만들고, 그림 28.10b와 같이 정상상태 모형에서 '급격한 팽창(인플레이션)'에 해당하는 부분을 잘라낸다. 그리고 그림 28.10c처럼 $K = 0$인 FLRW 모형의 일부를 잘라내고 나서 이 자리에 인플레이션 조각을 끼워 넣으면 그림 28.10d와 같은 인플레이션 우주모형이 완성된다. 정상상태로부터 오려내어 FLRW에 삽입된 부분은 (등각적인, 즉 인과율적인 과정에서) 빅뱅을 '뒤로 밀어내는' 역할을 하여, 입자지평선이 크게 확장된다(그림 28.5b 참조).

우주의 급속한 팽창시기, 즉 인플레이션 기간을 이론적으로 구현하려

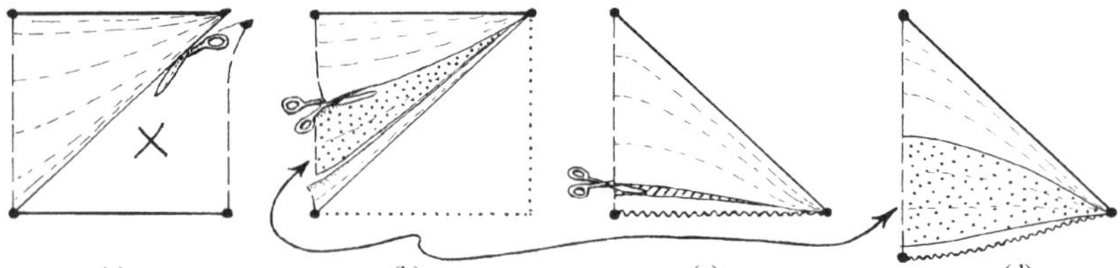

그림 28.10 인플레이션 우주모형 만들기. (a) 드 지터 공간을 잘라 정상상태 모형을 만든다. (b) 정상상태 모형에서 인플레이션에 해당되는 부분(시간 = 상수인 두 선 사이의 영역)을 잘라낸다. (c) $K = 0$인 FLRW 모형에서 짧은 시간간격을 잘라낸다. (d) 과정 (b)에서 취한 조각을 (c)의 잘라낸 부분에 끼워 넣으면 인플레이션 모형이 완성된다. 그 결과, 빅뱅은 그림 28.5b처럼 뒤로 물러나게 된다.

면 이미 알려진(또는 있을 것으로 추정되는) 물리적 입자/장의 북새통 속에 새로운 스칼라장 φ를 또 끼워 넣어야 한다. 내가 아는 한, φ는 우리가 알고 있는 물리학의 어떤 장field과도 직접적인 연관이 없으며, 오직 초기우주의 인플레이션 위상을 만들어 내기 위해 도입된 양이다. 이것을 종종 '힉스장Higgs field'이라고도 하는데, 약전자기 이론과 관련된 보통의 힉스장은 결코 아니다(25.5절 참조). 개중에는 인플레이션 위상이 여러 차례 반복되는 우주모형도 있다. 이런 모형에서는 위상마다 서로 다른 스칼라장을 도입해야 한다. 인플레이션 과정은 그림 28.1의 '멕시코 모자'와 약간의 연관성이 있으면서 초기대칭이 없는 그림으로 표현되곤 한다. 그림 28.11이 대표적 사례인데(그림에서 수직축은 '유효에너지effective energy'를 나타낸다), 해석하는 방법은 다음과 같다. 초기우주의 상태(그림 28.1의 작은 구슬)는 그래프의 언덕 꼭대기에 놓여 있었으나, 인플레이션이 시작되면서 구슬이 아래로 굴러 내려오기 시작했고 바닥에 도달한 후 멈춰 섰다. 인플레이션이 일어나는 동안 '거짓 진공'이 존재했는데, 이것은 오늘날 우리에게 친숙한 진공이 아닌 다른 진공으로 양자역학적 상

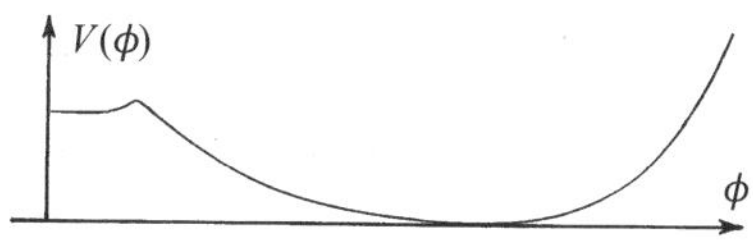

그림 28.11 28.11 인플레이션 모형에 입각한 초기우주의 유효에너지 밀도. 스칼라 '인플라톤(inflaton)' 양자장을 ϕ라고 했을 때, 유효 퍼텐셜 $V(\phi)$가 에너지의 대부분을 차지한다. 이 그래프는 가장 보편적으로 사용되는 $V(\phi)$로서, 우주의 상태(그림 28.1의 구슬)가 왼쪽 언덕으로부터 굴러 내려올 때 인플레이션이 발생하고(이때 '거짓 진공'이 생성된 것으로 가정한다), 바닥에 도달하면 인플레이션은 종료된다.

전이가 일어났음을 의미한다.

27.11절에서 말한 바와 같이 오늘날에는 $\Lambda > 0$이라는 증거가 있긴 하지만, 그 값이 물 밀도의 $\frac{1}{10^{30}}$에 불과할 정도로 지극히 작다. 대조적으로, 인플레이션 위상에 나타난 거짓 진공에서 Λ는 물 밀도의 무려 10^{80}배에 달한다. 이 정도면 일상적인 물질의 에너지-운동량을 완전히 압도하는 양이다. 이런 이유 때문에 인플레이션 위상을 설명할 때 드 지터의 모형을 도입하는 것이다.

그림 28.12는 현재 표준으로 간주되는 초기우주의 역사를 보여주고

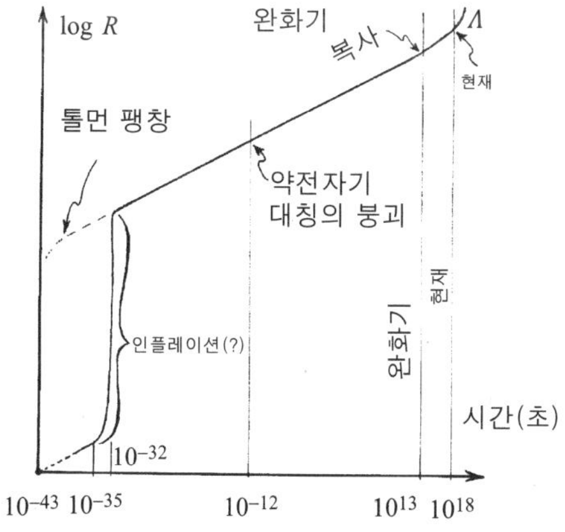

그림 28.12 인플레이션을 고려한 우주의 표준 연대기. $\log t$에 대한 $\log R(t)$의 그래프로 표현되었음.

있다. 이 그림에서 시간과 거리는 밑수가 10인 로그 척도로 나타냈고(그림 5.6의 계산자와 비슷하다), 단위는 각각 초(가로축)와 센티미터(세로축)를 사용했다. 그리고 $R(t)$는 27.11절에서와 같이 '우주 반지름의 변천사'를 보여 준다(19.6절에 나오는 스칼라 곡률 R과 혼동하지 말 것). 많은 사람이 이 그림을 이미 확립된 사실로 간주하지만, 내가 보기에 $\frac{1}{10}$초까지(그리고 왼쪽 끝부터 10^{-30}초까지)는 다분히 사변적인 이론에 가깝다.

28.5 인플레이션은 과연 타당한 동기에서 도입된 이론인가?

인플레이션 시나리오가 진실에 가깝다는 믿음은 어디서 비롯한 것인가? 이 이론이 대중적인 지지를 얻은 것은 사실이지만, 나는 지금부터 다소 회의적인 관점으로 아이디어 전체를 재조명할 것이다! 그러나 인플레이션 이론이 현대 우주론의 주류로 자리를 잡았다는 점을 독자들에게 강조해 두는 바이다. 인플레이션 이론에 수긍하지 않는 사람들은 종종 있지만, 나처럼 비판적인 사람은 절대 흔치 않을 것이다. 이 문제에 관하여 균형 잡힌 시각을 갖고 싶은 독자들은 앨런 구스의 저서『인플레이션 우주 The Inflationary Universe』를 읽어 보기 바란다.[15] 나는 내가 알고 있는 내용을 가감 없이 사실대로 언급할 것이고, 인플레이션 우주론에서 의심스러운 부분을 지적하는 데 조금도 망설이지 않을 것이다.

부정적인 의견을 늘어놓기 전에, 한 가지 분명하게 밝혀둘 것이 있다. 내가 반대한다고 해서 인플레이션 우주론이 '틀렸다'는 뜻은 아니다. 앞으로 펼쳐질 나의 반론은 이 이론이 탄생하게 된 동기 속에 강한 의구심을 품게 하는 몇 가지 요인들이 숨어 있다는 것을 보여줄 뿐이다. 과거에 탄생했던 획기적인 아이디어들도 (적어도 부분적으로는)확실한 이해에 기초하지 않은 경우가 많았다. 아인슈타인 일반상대성이론의 모태가 되었던 '마흐의 원리Mach's principle'가 그 대표적인 사례이다. 마흐는 물리학이라는 것이 '한 물체에 대한 다른 물체의 운동'으로 정의되어야 하며, 배경공간의 개념은 폐기되어야 한다고 주장했다.[16] 그 후 아인슈타인의 이론을 분석한 결과, 마흐의 아이디어는 나름대로 중요한 의미를 갖고 있었지만[17] 일반상대성이론에는 부합하지 않았다.[18] 그뿐만 아니라, 디랙이 발견한 전자의 파동방정식은 방정식이 '1차'여야 한다는 단순한 동기에서 출발하였으나(24.5, 6절 참조), 훗날 양자장이론이 정립되면서 디랙이 부과했던 조건은 불필요했던 것으로 판명되었다(26.6절 참조).

이와 마찬가지로, 인플레이션 우주론이 관측을 통해 사실로 판명된다면 처음의 동기 같은 것은 잊히고, 앨런 구스를 비롯한 원조들이 쌓아 놓은 사다리의 도움 없이 자체적인 생명력을 갖게 될 것이다. 사실, 인플레이션 이론가들이 내놓은 예견 중 일부는 최근 몇 년 동안 관측을 통해 입증되었다.

우주의 기원을 탐구할 때 특별히 주의해야 할 점이 있다. 사람들은 흔히 우주의 기원을 묻는 말에 접했을 때 지나치게 감성적인 반응을 보이곤 한다. 이런 태도는 직접, 또는 간접적으로 종교적 성향과 관련되어 있다. 지금 우리가 찾는 것은 우리가 살고 있는 '모든 세상'의 창조과정이기 때문에, 개인적인 종교관을 투영하는 것은 전혀 자연스럽지 않다. 27.13절에서 강조한 바와 같이 열역학 제2법칙에 의하면 우주의 출발점인 빅뱅은 엄청나게 정교한 선택의 결과였고, 이것은 우리에게 심오한 수수께끼를 던져 주었다. "빅뱅의 정교함이 오늘날의 과학으로 설명되지 않는다면, 미래에는 과연 설명할 수 있을까?"(이 점에 나는 다소 낙관적인 생각을 갖고 있다. 30.10 ~ 14절 참조) 아니면 더 이상의 탐구를 포기하고 우리 우주가 신의 창조물임을 받아들여야 할까? 인플레이션을 연구하는 학자들은 자신의 이론으로 이 수수께끼가 풀렸다고 굳게 믿고 있다. 그러나 나는 인플레이션 이론가 중에서 제2법칙과 연결하여 문제를 제기하는 사람을 단 한 명도 본 적이 없다!

인플레이션 이론은 초기우주의 '정교함'과 관련하여 표준 우주모형이 갖는 세 가지 문제점을 부각시키고 있다. 28.4절에서 언급한 지평선 문제와 매끈함 문제, 그리고 평평성 문제가 바로 그것이다. 표준 우주모형에서는 빅뱅의 상태를 미세하게 조정하여 이 문제를 해결했는데, 바로 이 점 때문에 인플레이션 학자들은 표준모형을 '별로 아름답지 않은 이론'으로 취급한다. 그들은 인플레이션을 도입하면 초기우주상태에 미세조정을 할 필요가 없어서 미학적으로 더욱 아름다운 이론이라고 주장한다. 그뿐만 아니라 평평성 문제를 인플레이션으로 설명할 수 있는 것도 미학적 관점에서 커다란 장점으로 생각하고 있다.[19]

미학에 기초한 논리를 펼칠 때는 각별한 주의를 기울여야 한다. 특히 인플레이션 이론의 기본요소인 스칼라장(인플레이션이 여러 번에 걸쳐 진행된 경우에는 여러 개의 스칼라장들)은 미학적으로 의심스러운 부분이 많다. 이것은 우리가 아는 다른 어떤 장과도 아무런 관련이 없으며, 오로지 인플레이션 이론이 제대로 굴러가게 하기 위해 도입된 장이다. 또한 그들은 $K = 0$이라는 사실이 미학적으로 아름답다고 주장하는데, 이 역시 논쟁의 여지가 있다. (나를 포함하여) 내 주변의 많은 수학자는 쌍곡형($K < 0$)인 경우가 훨씬 아름답다고 말한다. 심지어는 공간적으로 유한한($K > 0$) 우주가 더 '아늑하다고' 주장하는 사람도 있다. 이론물리학에서 아름다움의 역할에 관한 문제는 이 책의 뒷부분에서 따로 언급할 것이다

(34.9절 참조). 인플레이션 이론이 우주론학자들 사이에서 커다란 인기를 끄는 것은 분명한 사실이며, 이 유행이 어디까지 올바른지 검증하는 작업은 중요한 문제이다.

위에서 말한 대로 내가 인플레이션에 반대하는 이유는 이론 뒤에 숨은 동기가 의심스럽기 때문이다. 우선 지평선 문제부터 살펴보자. 인플레이션 이론은 우주의 모든 방향에서 배경온도가 균일한 이유가 열화thermalization의 결과라고 설명한다. 인플레이션이 일어나면서 열화과정을 가로막던 입자 지평선이 사라져 온도가 균일해졌다는 것이다.

초기우주의 온도가 균일했건, 물질의 분포가 균일했건, 또는 기하학적으로 공간이 균일했건 간에, 그 이유를 열화과정으로 설명하는 것은 근본적인 오류이다(28.4절 참조). 어떤 의미에서건, 우주가 '특별한' 이유를 열화과정으로 설명하려는 시도 자체가 잘못된 것이다. 열화과정(예를 들면 서로 다른 지역의 온도가 점차 같아지는 현상)을 통해 엔트로피는 증가할 것이므로(27.2절 참조), 특별한 정도를 따진다면 열화가 일어나기 전의 우주가 그 후의 우주보다 더 특별하다. 그렇다면 우리는 열화가 일어나기 전의 우주가 '더욱 특별했던' 이유를 설명해야 하는 더욱 어려운 문제에 직면하게 된다(27.13장 참조). 초기우주에 가해진 특별한 제한조건은 확실히 풀기 어려운 수수께끼이다. 그러나 이것은 27장에서 강조한 바와 같이 '열역학 제2법칙이 존재하는 이유'와 관련되어 있다. 초기우주에 걸린 제한조건을 오직 제2법칙의 '존재'에 의거해서만 설명한다면 올바른 결론에 도달할 수 없다!(열화과정이 하나의 예이다)

이 점을 더 분명히 이해하기 위해, 우주공간의 온도가 동일한 이유를 다시 한 번 생각해 보자. 임의의 초기 우주 시간 t_1에 서로 멀리 떨어져 있는 두 지역의 온도가 같은 것으로 판명되어 우주론 학자들이 그 이유를 궁금하게 여기고 있다면, 가능한 경우는 두 가지가 있다. (a) t_1보다 이른 시간 t_0에는 두 지역의 온도가 달랐으나, $t_0 \sim t_1$ 사이에 열화과정이 진행되어 온도가 같아졌거나, (b) t_1보다 이른 시간 t_0에도 두 지역의 온도가 같았고, 열화과정은 일어나지 않았을 수 있다. (a)의 경우라면 시간 $t_0 \sim t_1$ 사이에 엔트로피가 증가하여 t_0의 우주가 t_1의 우주보다 더 특별하다는 결론에 도달하게 된다. 따라서 "시간 t_1에서 우주는 왜 특별했는가?"는 질문은 "시간 t_0에서 우주는 왜 '더' 특별했는가?"는 질문으로 변환되고, 문제는 한층 더 어려워진다. 반면에 (b)의 경우라면 시간이 t_0에서 t_1으로 흘러도 특별함에 관한 문제는 더 악화되지 않는다. 두 경우 모두 "우주는 왜 특별한가?"는 질문에 답을 주지는 못하지만, (b)는 무용하고 (a)는 상황을 더욱 악화시킨다!

그렇다면 우주의 균일성(평평성) 문제는 어떻게 되는가? 인플레이션 이론은 "급격한 팽창 때문에 우주가 공간적으로 평평해졌다"라고 주장하지만, 이 또한 근본적으로 잘못된 생각이다. 이는 곧 우주가 팽창을 거치면서 초기의 불규칙성이 다림질하듯 사라졌다는 뜻인데, 이와 같은 주장이 설득력을 가지려면 초기우주가 구체적으로 어떤 상태에 있었는지를 알아야 한다. 이것은 "초기우주는 아주 작았다"는 전제로 해결될 문제가 아니다. 예를 들어 프랙탈fractal은 규모가 아무리 커져도 결코 평평해지지 않는다. 그림 1.2의 만델브로트 집합은 크게 확대할수록 형태가 더욱 복잡해진다.

독자들은 이렇게 반문할 수도 있다. "당신은 지금 괜한 트집을 잡고 있다. 당신 말대로 '팽창을 해도 매끈해지지 않는' 특수한 상황이 이론적으로 존재할 수도 있다. 그러나 현실세계에서 그런 유별난 일이 일어날 가능성은 거의 없다." 일견 일리 있는 주장 같지만, 사실은 그렇지 않다. 초창기의 우주는 프랙탈(또는 이보다 더 복잡한 구조)일 가능성이 크다. 그것이 구체적으로 어떤 형태이건 간에, 급격하게 팽창했다는 이유만으로 다림질하듯 펴지는 상태는 아닐 것이다. 왜 그런가? 근본적인 이유는 기술적인 내용과 전혀 무관하며, 우주가 고유의 초기상태에서 출발했다는 잘못된 가정에서 찾아야 한다.[20] 열역학 제2법칙이 있는 한, 그 같은 가정은 결코 성립할 수 없다(27.7절 참조). 우주가 탄생 초기에 어떤 상태였는지 짐작하려면 우주의 최종상태, 즉 그림 27.20의 (a), (b)처럼 붕괴되는 닫힌 우주나 그림 27.20의 (c)[또는 그림 27.20(d)]처럼 시간을 거꾸로 진행시킨 우주를 고려해야 한다. 응결된 블랙홀에 나타나는 엄청난 혼돈은 '시간의 진행방향을 반대로 잡았을 때' 빅뱅의 고유상태에 해당된다.

물론 모든 독자가 프랙탈을 닮은 빅 크런치의 복잡한 기하학을 금방 이해할 수는 없을 것이다. 이에 대해서는 나 역시 별로 아는 것이 없다. 전문가들도 사정은 크게 다르지 않으리라 본다.[21] 하지만 다행히도 이와 관련된 기하학을 자세히 알 필요는 없다. 기본적인 문제를 이해하기 위해, 초기의 불규칙한 팽창에서 시작하여 궁극적으로는 붕괴하는 임의의 우주모형을 생각해 보자(그림 27.20b와 비교해볼 것). 붕괴가 일어나도 결국에는 무언가가 남아야 하는데, 이와 관련된 수학정리를 이용하면 일종의 '시공간 특이점'이 형성됨을 알 수 있다.[22] 이제 이 모형에서 시간을 반대로 진행하면(역학법칙은 시간반전에 대칭이라고 가정하자), 일반적인 특이점에서 시작하여 불규칙한 형태로 진화하는 우주가 얻어진다. 이 과정에서 시간 반전된 역학법칙은 인플레이션을 허락하고 있지만, 인플레이션은 일어나지 않았다. 그러므로 인플레이션이 실제로 일어났건 혹은 그렇지 않건 간에, "우주가 특이점에서 출발하여 인플레이션을 거쳐 균일한(또는 공간적으로 평평한) 우주로 진화했다"는 주장은 별로 설득력이 없다.

이 시점에서 무엇이 진짜 문제인지 생각해 보자. 27장에서 강조했던 바와 같이, 빅뱅이 일어나던 무렵에 우주는 매우 특별한 상태에 있었다. 우주가 탄생할 때부터 열역학 제2법칙이 적용된다면 반드시 그래야만 한다. 그런데 모든 열화 과정은 제2법칙의 '지배를 받기' 때문에, "제2법칙은 왜 성립하는가?"라거나 "탄생 초기의 우주는 왜 특별했는가?"라는 질문에는 아무런 대답도 할 수 없다. 그뿐만 아니라, 모든 자발적 대칭붕괴와 모든 상전이(이것은 인플레이션 이론에 반드시 필요한 요소이다)는 제2법칙의 '가호加護'가 있어야 발생할 수 있다. 즉, 이런 과정들은 제2법칙이 성립하는 이유를 설명하는 것이 아니라, 단지 그 법칙을 사용만 할 뿐이다. 또한, 인플레이션 우주론에서 실행하는 모든 계산은 시공간의 구조가 FLRW이나 그와 유사한 모형을 따른다고 가정하기 때문에 발생 초기의 우주에 어떤 일이 일어났는지 아무런 실마리도 찾을 수 없다. 그러므로 초기우주가 왜 그토록 특별했는지를 이해하려면 인플레이션과 완전히 다른 각도에서 접근해야 한다.

28.6 인류원리

이 문제를 다루기 전에, 인플레이션의 관점에서 흔히 거론되는 '인류원리'에 대해 알아보자. 이것은 물리학뿐만 아니라 다른 여러 분야에서 우주가 지금과 같은 모습을 갖게 된 이유를 설명할 때 종종 언급되는 논리이다. 대충 말하자면 인류 논리는 "우리가 인지하는 우주는 자신(우주)을 인지해 줄 존재가 탄생하고 살아갈 수 있는 환경을 갖고 있다"는 사실에서 출발한다. 이 논리를 이용하면 지구가 생명활동에 적절한 온도와 대기,

물 등을 가진 이유를 설명할 수 있다. 만일 지구의 환경이 지금과 달랐다면 우리는 지구가 아닌 다른 어디선가 살고 있을 것이다![23]

인류발생학에 기초를 둔 여러 논증 중에서 가장 인상깊은 것을 고르라면 로버트 디키Robert Dicke(1957)와 브랜든 카터Brandon Carter(1973)의 설명을 꼽고 싶다.[24] 이들은 독특한 논리를 사용하여 '플랑크 단위로 측정한 우주의 나이'와(27.10절 참조) '전자기력과 중력의 세기 비율'이 일치하는 이유를 설명했다.[25](이 문제는 1937년에 디랙이 처음으로 제기했다) 이러한 일치가 자연에 내재하는 매개변수들 사이의 근본적인 관계를 반영하는 것이라면, 이들은 우주의 역사를 통틀어 줄곧 일치해야 한다. 그러나 우주의 나이는 시간이 흐를수록 많아지기 때문에(너무나도 당연한 소리다!), 중력의 세기는 전자기력과 비교했을 때 서서히 감소해야 한다. 실제로 디랙은 이와 같은 예언을 했었다. 그러나 지금까지 얻어진 데이터를 보면 중력상수는 인류 논리에 따라 줄어들지 않는다.[26] 디키와 카터는 우주의 나이와 힘의 비율이 일치하는 이유를 디랙과 다른 방식으로 설명했다. 그들은 자연의 상수가 일상적인 별(생명체에게 우호적인 별)의 수명에 미치는 영향을 분석한 끝에, "일상적인 별의 행성에서 진화해온 생명체가 볼 때 이 시간스케일(별의 수명)은 디랙이 발견했던 일치에 살부합된다"고 결론지었다. 즉, 디랙이 말한 일치를 인류원리로 설명한 것이다. '지각이 있는 생명체의 탄생'과 관련된 변수(지금의 사례에서는 별의 수명을 좌우하는 변수)들은 '그 생명체가 바깥세상에서 보게 될 변수'와 어떻게든 관련되어 있을 것이므로, 이와 같은 결론이 내려진 것도 무리는 아닐 것이다.

인류원리에 입각한 논리는 나름대로 중요성을 띠고 있지만 불확실한 면도 함께 갖는다. 우리는 지능을 가진 생명체가 탄생하려면 어떤 조건을 충족해야 하는지, 아는 것이 별로 없다. 그러나 위 사례처럼 물리학의 법칙과 시공간의 구조가 주어진 상태에서 "지각이 있는 생명체가 탄생하기에 적절한 환경은 언제, 어느 곳에서 만들어지는가?"라고 묻는다면 상황은 그리 나쁘지 않다. 카터는 이와 같은 인류원리를 '약한 인류원리 weak anthropic principle'라고 불렀다(그림 28.13a 참조).

이보다 한층 더 급진적인 '강한 인류원리 strong anthropic principle'는 인류 논리를 이용하여 자연 상수들을 결정하는 것을 목표로 삼는다(전자와 양성자의 질량비, 미세구조 상수 fine structure constant 등. 26.9, 31.1절 참조). 어떤 사람들은 이로부터 "우주를 창조한 신은 지각이 있는 생명체가 탄생할 수 있도록 자연 상수들을 적절한 값으로 세팅해 놓았다"는 종교적 해석을 내릴지도 모른다. 또는 "약한 원리를 확장한 것이 강한 원

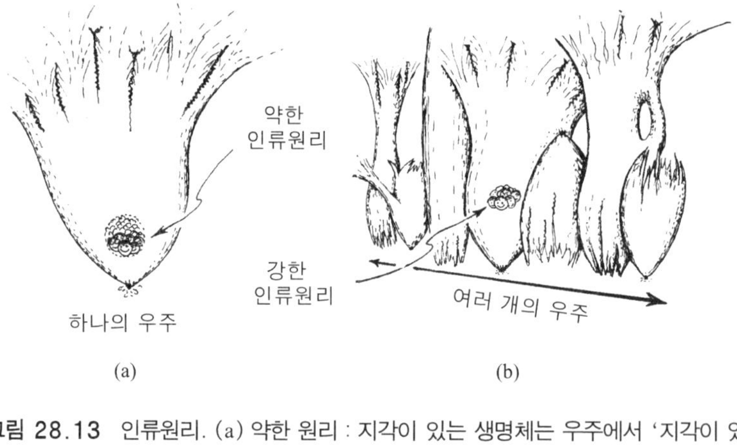

그림 28.13 인류원리. (a) 약한 원리 : 지각이 있는 생명체는 우주에서 '지각이 있는 생명체가 탄생하고 살아갈 수 있는 시간과 공간'에 자신이 살고 있음을 발견한다. (b) 강한 원리 : 하나의 우주가 아닌 여러 개의 우주. 자연의 기본 상수는 우주에 따라 달라질 수 있다. 지각이 있는 생명체는 '자연의 상수가 생명체에게 우호적인 우주'에서 살고 있음을 발견한다(물론 그는 '지각이 있는 생명체가 탄생하고 살아갈 수 있는 시간과 공간'에서 살고 있다).

리로서, '언제' 그리고 '어디'라는 질문의 범위를 하나의 시공간이 아닌 가능한 시공간 전체로 넓힌 원리"라고 생각할 수도 있다(그림 28.13b 참조).[27] 이런 경우, 서로 다른 시공간에서는 물리학 기본상수가 다르리라 예상된다. 이와 같이 강한 인류원리를 따라가다 보면 '언제/어디?'라는 질문이 '어떤 우주?'라는 질문으로 확장되어, '(우주를) 지각하는 존재를 허용하는 우주'를 선택하는 문제로 귀결된다.

내 기억에 의하면 이 문제와 관련된 사례를 최초로 거론했던 사람은 프레드 호일이었다. 그는 별의 내부에서 탄소보다 무거운 원소가 만들어지려면 탄소원자에 지금까지 발견된 적이 없는 에너지준위가 존재해야 한다고 주장했다. 우주에 존재하는 모든 원소는 별의 내부에서 진행되는 핵융합반응의 결과물이며(이 원소들은 초신성이 폭발할 때 산지사방으로 흩어지고, 그들 중 일부가 뭉쳐서 행성이 된다. 27.8절 참조), 모든 생명체도 이런 원소들로 이루어져 있다. 따라서 핵융합반응이 일어나지 않았다면 (우리가 아는)생명체는 아예 존재하지 않았을 것이다! 그 후 호일의 이론에 자극을 받은 윌리엄 파울러William Fowler와 동료들은[28] 1953년에 탄소원자의 새로운 에너지준위를 찾아내어 호일의 예견이 옳았음을 입증했다. 자연에 내재된 상수가 이렇게 적당한 값으로 세팅되어 생명체의 탄생을 촉진했다는 것은 실로 놀라운 일이 아닐 수 없다. '우주적 행운'의 또 다른 사례로는 중성자 질량을 들 수 있다. 중성자의 질량은 양성자의 질량보다 아주 조금 크다(중성자의 질량은 전자의 1,838배이고 양성자는 1,836배이다). 90여 종에 달하는 원자핵들이 지금과 같이 안정된 상태를 유지하는 것은 바로 이 차이 덕분이다.

그러나 나는 인류원리, 특히 강한 원리를 적용하는 데 매우 신중한 자세를 견지하고 싶다. 내가 보기에 강한 인류원리는 물리학이론이 한계점에 달했을 때 제시되는 일종의 면피 수단인 것 같다. 나는 이런 말에 의지하는 이론가들을 심심치 않게 보았다. "내 이론에 등장하는 상수와 변수의 값은 궁극적으로 인류원리에 의해 결정된다." 물론 '올바른 이론'의 변수를 수학적으로 결정할 방법이 없을 때 '생명체의 탄생'이라는 조건을 부과하여 변수 값을 결정할 수도 있다. 그러나 나는 이런 논리를 별로 좋아하지 않는다!

공간이 균일하면서 무한한 우주(표준 우주모형에서 $K \leq 0$인 경우)를 고려할 때, 강한 인류원리에 입각하여 "물리법칙은 생명체의 존재를 허용한다"는 조건으로부터 변수를 결정하는 것은 무리한 발상이다('생명체가 탄생할 수 있는 조건' 자체를 모르므로 이런 아이디어는 무용지물이다). 생명체가 탄생할 가능성이 조금이라도 있다면, 무한히 큰 우주에서는 어디선가 반드시 생명체가 존재할 것이다. 임의의 유한한 공간에서 생명체의 탄생확률이 아무리 작다 해도, 전체 공간의 크기가 무한하면 생명체는 어떻게든 탄생할 수밖에 없다. 탄생과정만 놓고 보면 극히 발생하기 어려운 우연한 사건의 연속이겠지만, 무한히 큰 공간 속 '어딘가'에는 이 어려운 기적이 모두 실현된 지역이 반드시 존재한다.

물리학의 기본상수들이 (수학적 기준에 따라)이러이러한 값으로 결정된다면, 우리는 좀 더 나은 질문을 던질 수 있다. "물리학의 상수가 특정한 값으로 주어졌을 때, 지적인 생명체가 탄생하기에 가장 적절한 환경은 무엇인가?" 현재 우리가 알고 있는 우주에서 상수들이 지금과 같은 값으로 주어져 있다면 대답은 대충 다음과 같다. "우선 수명이 $10^9 \sim 10^{10}$년쯤 된 태양과 비슷한 별이 있고, 그 주변에 지구와 비슷한 행성이 존재해야 다윈이 말한 진화가 일어날 수 있다." 그러나 상수 값이 전혀 다른 우주에서 이와 동일한 질문을 던진다면, 완전히 다른 답이 날아올 것이다.

이 절을 끝내기 전에, 물리학 기본상수에 관하여 1973년에 존 휠러가 제안했던 또 하나의 관점을 소개하고자 한다. 이것도 인류원리와 관련되어 있다. 휠러는 우주의 일생이 순환반복된다고 생각했다. 즉, 우주가 붕괴국면을 맞으면 그것으로 끝나지 않고 빅뱅이 또 다시 발생하여 새로운 '우주 사이클'이 시작된다는 것이다.

프리드먼 모형에서 $K > 0$, $\Lambda = 0$인 경우를 생각해 보자. 이런 우주는 빅뱅이라는 특이점에서 출발하여 팽창을 겪다가, 결국에는 빅 크런치라는 또 하나의 특이점으로 수축된다. 이런 모형에서 $R(t)$는 팽창과 수축을 무한히 반복하는 사이클로이드cycloid 곡선이기 때문에(그림 27.15a와 [예제 27.19] 참조), 우주론 초창기에는 이것을 '진동모형oscillating model'이라고 불렀다. 그러나 고전적인 일반상대성이론의 범주 안에서는 빅 크런치와 후속 빅뱅의 특이점이 매끈하게 연결되지 않는다.[29] 이 사실을 무시하거나 특정 형태의 양자중력quantum gravity이 '크런치'와 '뱅'을 연결해 준다고 가정하면 프리드먼의 사이클로이드는 그럴듯한 우주모형이 될 수 있다. 휠러는 하나의 우주사이클이 끝나는 특이점에서 극단적인 양자역학적 효과가 발생하여 자연의 근본 상수가 달라질 수 있다고 주장했다. 강한 인류원리에서 말하는 '여러 개의 우주'가 휠러의 이론을 통해 물리학적으로 실현된 것이다.

리 스몰린은 그의 유명한 저서 『우주의 생명The Life of Cosmos』을 통해 휠러의 아이디어에 흥미로운 수정을 가했다.[30] 그는 빅 크런치에 속한 만물이 다음 세대의 빅뱅에서 재활용되는 '닫힌 우주' 개념 대신, 블랙홀의 내부에 존재하는 특이점이 새로운 우주의 원천이 된다고 생각했다. 각 블랙홀의 특이점이 각기 다른 우주의 원천이 되고,[31] 특이점마다 물리학 기본상수들이 조금씩 다르게 세팅된다는 것이다. 또한 스몰린은 우주에 일종의 '자연선택' 같은 법칙이 존재하여 기본상수들이 더욱 적절한 값으로 서서히 진화하고 있으며, 현재 블랙홀이 여러 개 존재하는 것은 인류원리와는 무관하게 우리 우주가 성공적으로 진화했음을 보여 주는 증거라고 주장했다(블랙홀이 많다는 것은 앞으로 태어날 '아기 우주'가 많다는 뜻이다). 그는 우리 우주에서 관측되는 기본상수들이 '다량의 블랙홀이 존재하기에 적합한' 값으로 조절되어 있다고 생각했다. 그러나 내가 보기에는 스몰린의 논리에서도 인류원리가 중요한 역할을 하고 있다. 다른 우주가 아무리 많다고 해도, 진화에 실패하여 죽은 우주에서는 이와 같은 생각을 떠올릴 생명체가 존재하지 않을 것이기 때문이다!

독자들은 단일 블랙홀의 질량-에너지가 어떻게 자신보다 10^{22}배나 무거운 우주로 진화할 수 있는지 의심스러울 것이다. 물론 타당한 의심이다. 특이점 문제를 피해 가면서 기본상수의 변화를 허용하려면 지금까지 알려지지 않은 새로운 물리학이 필요하기 때문에, 전통적인 물리학의 보존법칙들은 일단 보류되어야 한다. 이 문제를 다룰 때 일반상대성이론의 범주 안에서 질량-에너지 보존법칙의 한계를 극복하려면 점근적 평평성 asymptotic flatness을 가정해야 한다(19.8절 참조).

나는 휠러와 스몰린의 제안에 문제점이 많다고 생각한다. 아직 알려지지도 않은 물리학이 우주의 붕괴로 나타난 시공간의 특이점을 '새로운 출발점'으로 변환시켜 준다는 것도 문제려니와, 이런 일이 일어났을 때 물리학의 기본상수들이 미세하게 조정된다는 주장도 믿기 어렵다. 현재 내가 아는 어떤 물리학을 동원해도 이들의 이론을 증명할 수 없다. 그러나 기하학적으로 가장 문제가 되는 것은 우주의 붕괴로 나타난 지극히 불규칙한 특이점이 '엄청나게 매끈하고 균일한' 빅뱅으로 마술처럼 전환된다는(또는 접착제로 붙여 놓은 것처럼 연결된다는) 주장이다. 새로운 빅뱅도 열역학 제2법칙을 따른다면, 혼돈에 가까운 특이점이 극도로 정제된 빅뱅으로 전환될 가능성은 거의 없다고 본다.

28.7 빅뱅의 특별한 성질 : 인류 열쇠?

빅뱅의 특수성을 인류원리로 설명할 수 있을까? 이 원리를 인플레이션 시나리오에 적용하여 초기의 혼돈 상태(최대 엔트로피)에서 제2법칙이 적용되는 지금과 같은 우주로 진화해온 과정을 설명할 수 있을까? 적어도 우리가 알고 있는 생명체가 탄생하고 진화하려면 제2법칙이 반드시 필요하다. 그뿐만 아니라 우주의 전체적인 밀도와 온도, 물질의 분포와 구성 등도 생명체에게 맞게 세팅되어 있어야 하며, 생명 진화가 충분히 진행될 만큼 우주의 나이도 많아야 한다. 이 논리는 종종 인플레이션 이론과 함께 제기되곤 한다. 따라서 우주의 초기상태 전부가 지금과 같이 매끈하게 펴진 우주로 팽창되지 않았다 해도, 우리는 빅뱅 직후 우리가 관측하는 전체 우주로 급팽창하기에 충분할 만큼 매끈한 작은 초기 영역에만 국한해서 이야기를 진행할 수 있다(그림 28.14a 참조). 이 논리는 대충 다음과 같이 진행된다. "지각이 있는 생명체가 존재하려면 우주의 역사는 진화가 일어날 정도로 충분히 길어야 하고 공간도 넓어야 하며, 생명체에게 유리한 초기조건이 조성되어 있어야 한다. 이 초기조건을 만족하는 아주 작고 매끈한 영역에서 인플레이션이 일어나 지금과 같이 관측 가능한 방대한 우주가 만들어졌다."

이 시나리오는 너무 낭만적이어서 과학적인 반론을 제기할 여지가 거의 없지만, 개인적으로 별로 신뢰가 가지 않는다. 빅뱅이 일어나기 위해 얼마나 정확한 선택(미세조정)이 이루어졌는지 다시 한 번 생각해 보자. 27.

23절에서 논한 바와 같이, 우리가 추정하는 빅뱅이 일어날 확률을 위상공간에서 계산하면 크게 잡아도 약 $10^{10^{123}}$분의 1이다. 여기서 지수 10^{123}은 관측 가능한 우주와 동일한 질량을 갖는 블랙홀의 엔트로피에서 비롯된 값이다.

그런데 지각 있는 생명체가 탄생할 조건을 논할 때, 관측 가능한 우주 전체를 고려해야 할까? 별로 그럴 것 같지 않다. 사실, 우리 은하(은하수)만 고려해도 충분할 것이다. 그러나 지능을 가진 생명체는 우주에서 매우 희귀한 존재이므로, 은하보다 조금 더 넓은 영역을 고려해야 마음이 편할 것 같다. 그래서 넉넉잡아 현재 관측 가능한 우주 반지름의 1/10을 취하고, 그 바깥에서는 어떤 일이 일어나건 신경 쓰지 않기로 한다. 위상공간의 부피는 이전과 같은 방법으로 계산하면 된다. 위에서 잡은 우주의 총 질량은 앞에서 얻은 값의 10^{-3}배이고, 블랙홀의 엔트로피는 앞에서 계산한 값의 10^{-6}배이다.[28.7] 따라서 조물주가 이 작은 영역을 창조할 때(그림 27.21 참조) 기해야 할 정확도는 약

$$10^{10^{117}} \text{ 분의 } 1$$

이다. 그림 28.14b를 한 번 보라. 이제 우리의 조물주는 초기 다양체에서 이전보다 작은 '매끈한 미세 영역'을 고르면 된다. 즉, 조물주가 이전의 '넓고 매끈한 영역'을 찾아낼 확률보다 지금과 같은 '작고 매끈한 영역'을 찾아낼 확률이 훨씬 높다. 작은 영역의 인플레이션이 큰 영역과 동일한 양상으로 진행되었다고 가정하면, 조물주가 큰 영역보다 작은 영역을 몇 배나 더 빈번하게 마주쳤는지 계산할 수 있다.

[28.7] 왜 그런가?

(a) (b) (c)

그림 28.14 (a) 우주의 초기상태 전부가 급팽창하진 않는다 해도, 우리는 우리가 관측하는 우주로 급팽창하기에 충분할 만큼 매끈한 작은 초기 영역에만 국한해서 이야기를 진행할 수 있다(가격 : $10^{10^{123}}$). (b) 그러나 지각 있는 생명체가 탄생하려면 우리의 우주는 얼마나 커야 하는가? 만일 조물주가 우주의 반지름을 지금의 1/10로 설계했다면, (a)경우보다 터무니없이 싼 가격에 '생명체가 탄생할 수 있는 우주'를 창조할 수 있었을 것이다(가격 : 단돈 $10^{10^{117}}$). (c) (a) 경우만큼 많은 생명체를 창조하고 싶다면, 조물주는 (b)와 같은 '작은 우주'를 10^3개 만들면 된다[특별 할인가 : $(10^{10^{117}})^{1000} = 10^{10^{120}}$]. 그러므로 인류원리로는 인플레이션의 대가가 그토록 비싼 이유를 설명할 수 없다.

$$10^{-10^{117}} \div 10^{-10^{123}} = 10^{10^{123}}(\text{배})$$

(계산의 정확도는 가장 큰 지수에 맞춘 것이다)[28.8] 이 숫자를 보면 우리에게 필요하지도 않은 '멀리 있는 부분'을 창조하기 위해 조물주가 필요 없는 수고를 얼마나 많이 해야 하는지 짐작이 가고도 남을 것이다. 따라서 우리의 존재를 설명하기 위해 굳이 인류원리를 동원할 필요가 없다!

독자들은 "조물주가 경제적 논리에 입각하여 우주를 창조했다면, 생명체의 수가 지금보다 훨씬 적지 않았을까?"라며 의문을 제기할 수도 있다. 만일 그렇다고 해도, 이런 식으로는 '터무니없이 비싼' 창조 가격을 설명할 수 없다. 커다란 우주 하나를 창조하는 것보다 10^3개의 작은 우주를

[28.8] 이 숫자의 의미를 설명하라.

창조하는 편이 확률(즉, 위상공간에서 상자 크기의 역수. 그림 27.2 참조)적으로 훨씬 싸게 먹히기 때문이다(창조가격이 $10^{10^{123}}$분의 1에 불과하다. 그림 28.14c 참조).[28.9]

인류원리가 얼마나 무기력한지를 이해하기 위해, 다음과 같은 사실을 떠올려 보자. 지구에 사는 생명체들은 우주배경복사 없이도 얼마든지 살 수 있다. 심지어는 다윈의 진화조차도 필요 없다! 확률만 놓고 볼 때, 기체와 복사가 무작위로 섞인 환경에서 생명체를 창조하는 편이 훨씬 효율적이다(생명체를 포함한 태양계 전체는 입자와 복사가 무작위로 충돌하면서 생성되었다). 약간의 계산을 거치면 이런 일이 일어날 확률은 약 $10^{10^{60}}$분의 1임을 알 수 있다. 관측 가능한 우주를 탄생시킨 빅뱅의 $10^{10^{123}}$과 비교할 때, $10^{10^{60}}$은 거의 '껌값' 수준이다.[32] 따라서 빅뱅은 현재의 우주처럼 균일할 필요가 없으며, 생명체가 탄생하기 전에는 열역학 제2법칙도 필요 없다. 조물주는 이런 문제로 고민할 필요가 없었던 것이다. 또한 인플레이션은 생명체의 탄생에 아무런 도움도 되지 않는다. 인플레이션이 실제로 일어났건 일어나지 않았건 간에, 조물주가 생명체를 창조할 때 '구두쇠 경제학'의 논리를 따랐다면 그림 27.8의 (d)(b)곡선보다 (c)(b)곡선을 택했을 것이다.

이 모든 논리는 "초기에 이루어진 무작위 선택에서 우주의 조건이 적절하게 세팅되었다"는 생각이 잘못되었음을 보여준다. 우주가 처음 시작될 때에는 분명히 특별한 무언가가 있었다. 내가 보기에, 이 의문을 해결하는 방법은 두 가지가 있다(사실, 둘 사이의 차이점은 과학을 대하는 태도에서 기인한다). 하나는 초기의 선택이 '전지전능한 신의 행동'이었다

[28.9] 왜 10^3인가?

고 생각하는 것이고(그림 27.21 참조), 다른 하나는 빅뱅의 특수성을 설명하는 과학/수학적 이론을 찾는 것이다. 나는 두 번째 방법으로 우리가 얼마나 진실에 접근할 수 있는지 확인하고 싶다. 우리는 이 세계의 물리적 행동을 컨트롤하는 수학법칙(엄청나게 정확한 법칙)을 여러 번 보아 왔으므로, 빅뱅의 특수성을 결정하는 극도로 정확한 법칙을 요구하는 것도 그다지 큰 무리는 아닐 것이다. 빅뱅은 시공간의 특이점이고 현재의 이론으로는 이런 지점을 취급할 수 없지만, 일반상대성이론과 양자역학, 그리고 아직 알려지지 않은 요소들이 조화롭게 결합된 양자중력이론이 완성된다면 우리의 궁극적인 의문도 풀릴 것이다.[33]

28.8 바일 곡률 가설

현재 연구되고 있는 양자장이론에 대해서는 30 ~ 33장에 걸쳐 알아보기로 하고, 당분간은 빅뱅에 부가된 기하학적 제한조건을 이해하는 데 초점을 맞춰 보자. 이 내용이 마무리되면 양자중력이론을 기반으로 빅뱅의 기하학을 설명하는 하틀-호킹 이론을 살펴볼 것이다.

19.7절에서 말한 대로, 중력적 자유도는 바일 등각텐서 C_{abcd}로 표현된다. 그러므로 빈 공간에서(우주상수 Λ는 값이 아무리 작더라도 당분간 무시하기로 하자) 시공간의 곡률은 바일 곡률과 완전히 같다(리치 곡률은 0이다). 바일 곡률은 물질의 부피를 줄이는 쪽이 아니라 물질을 비틀거나 조력을 가하는 쪽으로 작용한다. 바일 곡률에 의한 효과는 그림 17.9a에 예시되어 있다(이 그림은 뉴턴 시공간에 기초한 것이지만 틀린 점은 없다). 이 그림은 물질의 부피를 줄이는 효과, 즉 그림 17.9b의 리치텐서와 대조를 이룬다. 그러나 시간꼴 측지선(자유롭게 움직이는 무거운 입자)에

서 바일 곡률과 리치 곡률의 효과를 고려하면 다소 복잡한 문제가 대두된다. 리치텐서는 경우에 따라 부피를 줄이는 효과 이외에 비트는 효과도 발휘할 수 있기 때문이다.

이런 종류의 곡률을 널 측지선null geodesic (빛의 경로)에 적용하면 복잡한 문제들이 제거된다. 그뿐만 아니라 Λg_{ab} 형태로 된 항은 널 측지선에 적용되지 않기 때문에 [28.10] 우주상수 Λ를 복원할 수 있다. 또한, 그림 17.9의 측지선은 특정 빛원뿔에 속하는 빛의 경로로 생각할 수 있다(그림 17.16 참조). 이 측지선들이 어떤 관측자의 과거 빛원뿔에 속한다고 가정하면, 비틀림효과는 관측자와 광원 사이에 놓인 광학렌즈의 효과로 이해할 수 있다. 물질 분포에 의한 리치텐서의 효과는[34] 빛을 한 곳에 모으는 볼록렌즈와 비슷하고(양의 초점), 중력장에 의한 바일텐서의 효과는 비점수차(렌즈의 주축에서 떨어져 있는 물체의 상이 고리 모양이나 방사상으로 흐릿해지는 현상)가 일어나는 렌즈와 비슷하다. 즉, 하나의 평면에 양의 초점을 형성하고 그와 수직인 면에는 음의 초점을 형성한다(그림 28.15 참조). 굴절률이 진공과 동일하면서 크고 투명한 구형 물체를 통해 건너편 풍경을 바라본다고 생각하면 위의 두 곡률을 좀 더 쉽게 이해할 수 있다(아마도 질량이 없는 뉴트리노를 통해 태양의 내부를 들여다보는 것과 비슷할 것이다. 뉴트리노는 오직 중력에만 관심을 둔 채 태양을 똑바로 관통한다!). 태양을 통과하는 빛은 주로 리치텐서의 영향을 받기 때문에, 태양의 뒤쪽에 있는 별의 중력장은 볼록렌즈를 통과한 것처럼 확대된다. 반면에 태양의 테두리 밖에서는 바일텐서의 비점수차 뒤틀림효과에 의해 배경하늘의 원형 패턴이 관측자에게는 타원형으로 보인다(그림 28.

[28.10] 왜 그런가? [도움말 : 후주 28.34를 참고할 것]

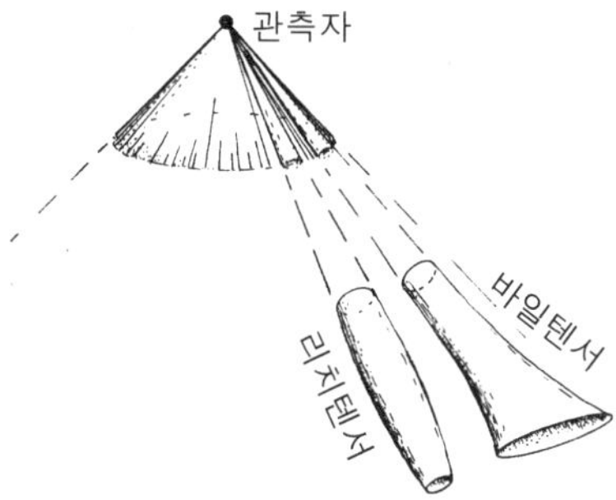

그림 28.15 (물질분포에 의한)리치텐서의 효과는 볼록렌즈에 의해 초점이 맺히는 효과와 비슷하고, (중력장에 의한)바일텐서의 효과는 비점수차가 일어나는 렌즈와 비슷하다. 즉, 하나의 평면에 볼록렌즈형 초점(양의 초점)을 형성하고, 그와 수직인 면에는 오목렌즈형 초점(음의 초점)을 형성한다.

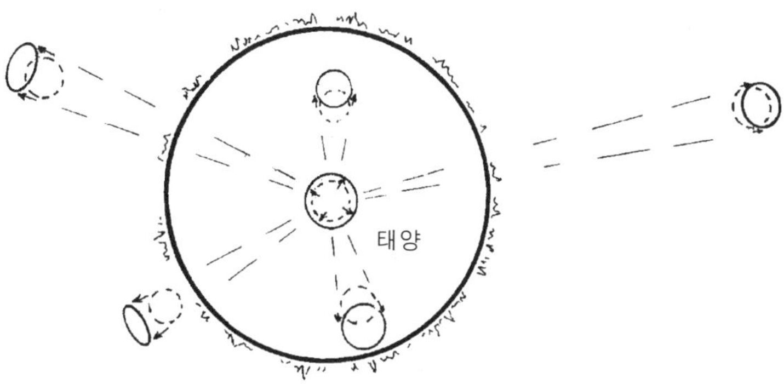

그림 28.16 투명하면서 빛을 굴절시키지 않는 태양을 통해 건너편에 있는 별을 바라본다고 생각하면(질량이 없는 뉴트리노를 빛 대신 사용한다고 생각하면 된다) 두 종류의 시공간 곡률이 어떤 효과를 주는지 이해할 수 있다. 태양을 통과하는 빛은 주로 리치텐서의 영향을 받기 때문에, 태양의 뒤쪽에 있는 별의 중력장은 볼록렌즈(양의 렌즈)를 통과한 것처럼 확대된다. 반면에 태양의 테두리 밖에서는 바일텐서의 난시성 뒤틀림효과에 의해 배경하늘의 원형 패턴이 관측자에게 타원형으로 보인다.

16 참조).[28.11] 태양의 중력장은 이런 식으로 배경하늘에 있는 별의 패턴을 왜곡한다(완전히 정확하진 않지만 매우 훌륭한 근사적 서술이다). 이와 같은 현상은 1919년에 에딩턴이 이끄는 탐사팀에 의해 처음으로 관측

[28.11] 바깥쪽으로 무한소 변이(infinitesimal displacement)가 일어났을 때 면적이 변하지 않는다는 것을 증명하라.

되었다(19.8절 참조).

우주 초기에 물질분포가 (밀도에 약간의 변화는 있지만)거의 균일했다가 중력에 의해 서서히 뭉쳐진 끝에 일부가 블랙홀로 진화했다고 생각해 보자. 초기의 균일한 상태는 주로 리치 곡률(물질)분포에 대응되고, 중력에 의해 물질이 한 곳에 모여들수록 바일 곡률이 커진다. 바일 곡률은 주로 뭉쳐진 물질 근처의 뒤틀린 시공간에서 나타나며, 블랙홀의 특이점에서는 무한대로 발산한다. 최초에 물질이 빅뱅으로부터 균일하게 쏟아져 나왔다고 가정하면 초기의 바일 곡률은 모든 곳에서 0이 된다. 사실, FLRW 모형이 갖는 커다란 특징은 바일 곡률이 완전히 사라진다는 점이었다(따라서 이 모형은 등각적으로 평평하다. 19.7절 참조). FLRW에 근접한 우주라면 바일 곡률은 리치 곡률과 비교할 때 극히 작은 값을 가지며, 빅뱅이 일어나던 순간에 리치 곡률은 거의 무한대가 된다.

이 논리는 초기 빅뱅의 특이점(지극히 작은 엔트로피)과 전형적인 블랙홀 특이점(엄청나게 큰 엔트로피) 사이의 기하학적 차이점을 뚜렷하게 보여주고 있다. 바일 곡률은 초기의 특이점에서 0(또는 매우 작은 값-유한한 값)이 되고, 최후의 특이점에서는 의심의 여지없이 무한대로 발산한다. 등각 다이어그램으로는 그림 27.20a와 27.20d를 구별하기 어렵지만, 위와 같은 기하학적 특성을 고려하면 쉽게 구별할 수 있다.

위에서 설명한 내용은 시공간 특이점이 갖는 특성 중 하나인 '우주 검열cosmic censorship'과 함께 고려되어야 한다. 이것은 아직 검증되지 않은 가설로서, 대충 말하자면 다음과 같다. "중력에 의한 붕괴가 가차없이 진행되다 보면 궁극적으로 블랙홀이 형성된다. '노출 특이점naked singularity'은 블랙홀보다 특이성의 정도가 훨씬 심하지만, 현실적인 중력으로는 만들어지지 않는다." 노출 특이점은 중력붕괴로 나타날 수 있는 시공간상의 특이점으로서, 블랙홀과 달리 사건지평선이라는 장막이 없어서 외부에서도 관측할 수 있다. 노출 특이점의 의미는 조금씩 다른 방법으로 다양하게 정의될 수 있는데, 여기서는 "노출 특이점은 임의의 신호가 들어올 수도 있고 빠져나갈 수도 있다는 점에서 시간꼴이다(그림 28.17a 참조)"는 점만 강조하고 자세한 설명은 생략한다.[35] 우주 검열은 이와 같은 특이점이 형성되는 것을 금지한다(그러나 현실적인 중력붕괴로 구현할 수 없는 매우 특별한 상황이라면 가능할 수도 있다).

우주 검열은 아인슈타인 방정식의 일반해와 관련된 수학적 추론으로서, 증명되거나 반증된 사례는 아직 없다. 이 추론이 사실이라면 물리적인 시공간 특이점들은 시간꼴이 아닌 공간꼴(또는 널null) 성질을 갖게 된다. 공간꼴(또는 널) 특이점은 두 종류가 있는데, 시간꼴 곡선이 특이점으로부터 미래로 탈출할 수 있는지, 또는 과거로부터 특이점으로 들어올 수 있

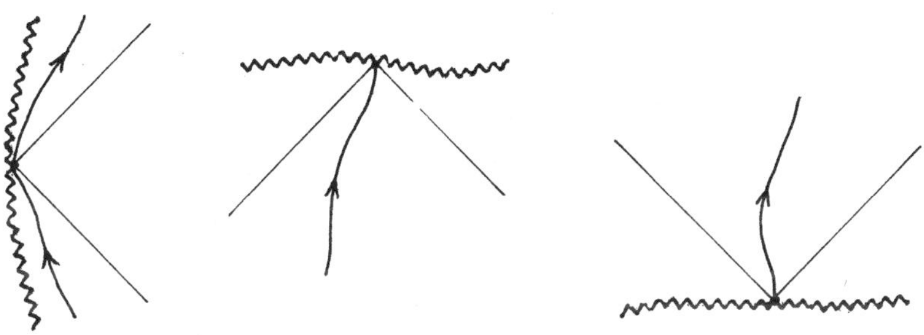

그림 28.17 (a) 인과성(causal)신호는 '노출 특이점(naked singularity)'으로 들어올 수도 있고 빠져나갈 수도 있다. 우주 검열에 의해 노출 특이점이 금지되면 (b) 신호가 들어오지 못하고 오직 빠져나갈 수만 있는 '미래형 특이점(future singularity)'이 되거나(중력붕괴의 결과) (c) 인과성 신호가 들어오지 못하고 오직 나갈 수만 있는 '과거형 특이점(past singularity)'이 된다(빅뱅, 또는 이보다 질량이 더욱 집중된 창조과정의 결과). 바일 곡률 가설에 의하면 실제우주의 초기 특이점 (c)에서 바일 곡률은 항상 0(또는 아주 작은 값)이다.

는지에 따라 각각 '초기initial 특이점'과 '최종final 특이점'으로 나뉜다 (그림 28.17b, c 참조). 내가 '바일 곡률 가설'이라고 부르는 물리적 추론의 내용은 다음과 같다. "실제 우주의 초기 특이점에서 바일 곡률은 항상 0이다(또는 아주 작은 값이다)." 만일 조물주가 바일 곡률 가설을 만족하는 우주를 원했다면 그림 27.21처럼 우주를 창조할 때 엄청나게 많은 제한조건이 가해졌을 것이고, 그 결과 지금과 같은 형태의 열역학 제2법칙이 존재하게 되었을 것이다. 빅뱅이 특정한 형태의 바일 곡률 가설에 의해 제한되었을 때, 그 결과로 나타나는 우주가 초기 단계에 FLRW 모형과 거의 유사하다는 것을 입증하는 수학적 증거가 최근에 발견되었다.[36]

28.9 하틀-호킹의 '무경계' 이론

바일 곡률 가설은 물리학이론이라기 보다 '신의 창조행위'에 대한 일종의 주장에 가깝다. 이 주장이 설득력을 가지려면 이론적인 검증이 뒤따라야 한다. 어떤 이론을 동원해야 할까? 일상적인 관점에서 볼 때, 시공간의 특이점은 양자중력이론의 영역에 속한다.

물리학자들은 지난 50여 년 동안 일반상대성이론과 양자역학을 조화롭게 합쳐 보려고 온갖 노력을 기울였으나, 아직 이렇다 할 성과를 거두지 못하고 있다. 이 분야의 최근 동향은 31장과 32장에서 설명할 예정인데, 빅뱅의 특별한 성질을 심각하게 고려한 이론은 찾아보기 어렵다. 이런 점에서 볼 때, 1983년에 제임스 하틀과 스티븐 호킹이 제안했던 이론은 특별한 관심을 끈다.

하틀-호킹 이론의 근간을 이루는 중요한 요소는 '유클리드화'이다. 이 개념은 민코프스키 공간에 적용되는 '윅 회전Wick rotation (시간좌표 t

를 $\tau = it$로 회전시키는 변환)'과 밀접하게 연관되어 있다. 이 회전을 적용하면 시공간의 (공간)계량 $d\ell^2$은 $d\ell^2 = d\tau^2 + dx^2 + dy^2 + dz^2$이 된다(18.1절 참조). 기안 카를로 윅Gian Carlo Wick의 원래 아이디어는[37] 민코프스키 시공간을 유클리드 4-공간 $\mathbb{E}^4$로 대치하여 (특수)상대론적 양자장이론을 구축하는 것이었다. 이렇게 하면 유클리드식 $\mathbb{E}^4$ 대칭군에 대하여 불변인 이론이 만들어진다. 유클리드 버전의 이론에서 얻어진 물리량들이 해석적이라고 가정하면, 윅 회전을 반대로 적용하여($\tau \to t$) 민코프스키 4-공간의 푸앵카레군에 대하여 불변인 이론을 만들 수 있다. 이 과정은 두 가지 장점을 갖는데, 하나는 민코프스키 공간에서 발산하는 양들이 유클리드 버전의 이론에서 수렴한다는 것이다[유클리드군 O(4)는 컴팩트하여 부피가 유한한 반면, 상대론적 로렌츠군 O(3, 1)은 컴팩트하지 않아서 무한대의 부피를 갖는다]. 특히 경로적분(26.6절 참조)은 민코프스키 버전보다 유클리드 버전에서 수학적으로 좀 더 분명하게 정의될 수 있다. 두 번째 장점은 윅 회전을 적절하게 적용하면 양의 진동수 조건(9.3, 9.5절, 24.3절 참조)이 충족된다는 점이다.

하틀-호킹의 이론에서 호킹은 윅의 아이디어를 과감하게 수정하여 경로적분의 배경이 되는 공간을 회전시키지 않고 각 경로를 구성하는 시공간을 회전시켰다.[38] 따라서 이 시공간은 정상적인 시공간에 적용되는 로렌츠 계량이 아닌, 부호가 양으로 정해진positive definite 리만 계량을 갖게 된다(리만 계량은 종종 '유클리드 계량'과 혼동되곤 하는데, 유클리드 공간 $\mathbb{E}^n$은 완전히 평평한 공간임을 명심하라!). 그러나 호킹의 '유클리드화'는 윅의 아이디어를 수정한 수준이 아니라 '사고의 도약'을 요구하는 천재적 발상임을 강조하고 싶다. 이것이 일반상대성이론과 양자역학을 올바르게 묶어 줄지는 더 두고 볼 일이다.[39]

경로적분을 통한 호킹의 시도는 빅뱅과 관련된 양자역학을 서술하며, 로렌츠 계량을 갖는 실제 시공간 대신 리만 계량을 갖는 시공간의 양자중첩(즉, 경로적분)이 존재함을 시사하고 있다. 하틀과 호킹은 이 아이디어를 '무경계 이론'이라고 불렀는데, 빅뱅을 나타내는 시공간이 특이경계singular boundary를 갖는 고전적 시공간이 아니라 일련의 비특이 공간들non-singular spaces이 중첩된 형태이기 때문이다. 이 공간은 주로 리만 계량으로 표현되는데, 그림 28.18과 같이 바닥 쪽 끝 부분이 위쪽 부분과 고립되어 있어서 특이경계가 완전히 사라진다. 즉, 빅뱅이 일어난 직후에 주로 리만 기하를 따르던 공간이 어느 순간에 로렌츠 기하를 따르는 공간으로 전이되었다는 뜻이다(적절한 복소계량을 도입하면 이 변환을 구현할 수 있다). 로렌츠 영역에서도 시공간의 중첩이 일어나긴 하지만(이들 중 일부는 리만형이다) 빅뱅으로부터 멀리 떨어져 있어서 고전적 로렌츠 시

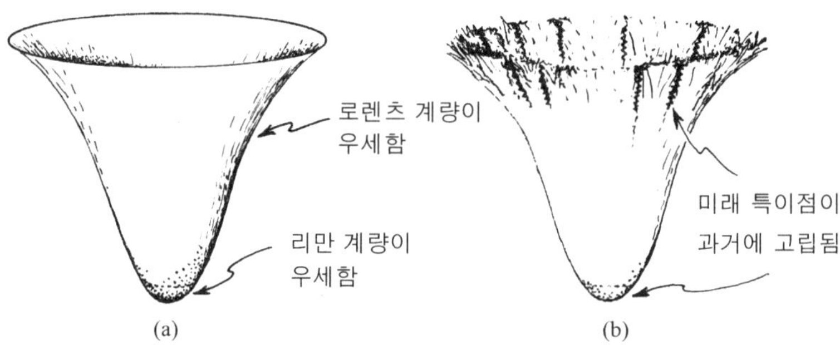

그림 28.18 하틀-호킹이 제안한 '무경계(no-boundary)'이론의 내용은 다음과 같다. (a) 빅뱅은 고전적 특이점 근처의 경로적분이 (로렌츠 기하가 아닌)리만 기하에 의해 좌우되는 양자중력적 과정으로 취급할 수 있다. 여기서 리만 기하는 시공간을 비특이적(non-singular)으로 고립시키는 방법을 제공한다. (b) 붕괴에 의한 특이점을 고려할 때 '고립'은 시공간의 '멀리 떨어진 끝'에서만 요구되며, 이곳에서는 중력붕괴로 블랙홀이 탄생할 때(또는 빅 크런치가 일어날 때) 고 엔트로피 특이점이 형성될 수 있다.

공간이 주류를 이룬다. 반면에 빅뱅 영역은 주로 '무경계' 리만 계량으로 표현된다. 이 논리는 다루기 어려웠던 문제를 막연하게나마 다룰 수 있게 만들어줄 뿐만 아니라, 바일 곡률 가설에 부합되는 '매끈한 초기우주'의 그럴듯한 모형을 제시하고 있다.

지금까지는 모든 것이 일사천리 같지만, 자세히 들여다보면 여기에도 심각한 문제가 도사리고 있다. 첫째로 '유클리드화'라는 과정 자체가 몇 가지 면에서 문제점을 안고 있다. 일반적으로는 평평한 공간에서도 경로적분을 정확하게 계산할 수 없기에 다양한 근사법을 사용하게 되는데, 이 과정은 적분에서 가장 큰 항을 취하고 나머지 항들을 무시하는 식으로 진행된다. 이렇게 하면 유클리드 경로적분의 그럴듯한 근삿값을 구할 수 있지만, 이로부터 물리적인 해답을 얻어내려면 적절한 해석적 접속analytic continuation을 적용해야 한다. 그런데 이 과정은 신뢰도가 상당히 떨어진다. 한 영역에서 복소해석함수로 근사된 무언가가 다른 영역에서는 복소해석함수로부터 크게 벗어나기 때문이다. 이 문제를 더 자세히 이해하기 위해, 실해석함수 $f(x)$를 생각해 보자. x가 실수일 때 함숫값은 '근사적'으로 알려져 있고, x가 순허수일 때 함숫값을 알아내는 것이 목적이라고 하자. $f(x)$에 $\varepsilon\cos(Ax)$를 더하면(ε과 A는 실수이며, ε은 매우 작고 A는 매우 크다) $f(x)$는 실수축 x방향으로는 크게 변하지 않지만 허수축 방향으로는 완전히 다른 값을 갖게 되어 해석적 접속과정이 매우 불안정해진다.[28.12] 내가 아는 한, 유클리드화 트릭은 양자장이론의 정확한 모형을 만드는 데에는 유용하지만 위에서 말한 근사적 접근에 적용하기에는

[28.12] 5.3절의 결과를 이용하여 그 이유를 설명해 보라[도움말 : $e^{Aix}+e^{-Aix}$는 무엇을 의미하는가?].

부적절하다(그러나 하틀-호킹의 제안이 해석적 접속에 얼마나 크게 좌우되는지는 분명치 않다).

유클리드화 과정을 일반화할 때에도 기술적인 어려움이 따른다. 방금 말한 대로 유클리드화 과정은 모순 없는 양자장이론을 구축하는 데[그리고 양의 진동수 조건을 충족시키는 데(9.3, 5절 참조)] 유용하긴 하지만, 이로부터 모든 양자장이론을 끌어내겠다는 것은 지나치게 낙관적인 생각이다. 유클리드화를 통해 얻어진 이론은 '틀린 부호수wrong signature'의 대칭군과 관련된 '숨은 구조'를 갖는다(13.8, 18.2절 참조). 올바른 이론이 이와 같은 특성을 갖는 이유는 아직 분명하지 않다.

28.10 우주변수 : 관측현황?

관측결과와 일치하는지의 여부도 중요한 문제이다. 하틀과 호킹이 제안한 무경계이론은 원래 닫힌 우주($K > 0$)를 암시하고 있었고, 호킹은 수년 동안 이 모형을 지지해 왔다. 그러나 관측자료들이 쌍곡형 우주($K < 0$)쪽으로 기울자 호킹은 튜록Turok과 공동연구를 수행하여 자신의 무경계이론이 쌍곡형 우주에도 부합되도록 수정을 가했다.[40] 한 가지 흥미로운 것은 인플레이션 우주론도 비슷한 수정을 거쳤다는 사실이다. 인플레이션 이론가들은 여러 해 동안 우주가 공간적으로 평평하다고($K = 0$) 믿어 오다가 관측결과가 예상과 다르게 나오자 $K < 0$일 가능성을 허용하는 쪽으로 이론을 수정했다.[41]

현재의 관측결과는 어떤가? 그 사이에 상황은 또 다시 크게 역전되어, 우주상수 Λ가 0보다 크다는 쪽으로 기울고 있다. 이것은 결국 K가 0임을 의미한다. 관측결과가 $K = 0$을 허용한다면 미세한 양(+)의 곡률(호킹이 선호했던 $K > 0$)이나 음(−)의 곡률(내가 선호하는 $K < 0$)도 배제할 수 없다. 모든 것이 원점으로 되돌아간 셈이다!

$\Lambda > 0$의 발견은 K 값에 어떤 영향을 주는가? 우선은 관측결과가 $K < 0$을 시사한다고 믿는 이유부터 짚고 넘어가자. 여기서 중요한 것은 우주에 산재하는 질량-에너지의 총량이다. 이 값이 지나치게 작으면 우주공간이 양의 곡률로 닫히거나, 또는 (프리드먼 모형에서)우주가 붕괴위상을 야기하기 위해 처음에 팽창하던 식으로 다시 잡아당겨지는 현상이 나타날 수 없다(그림 27.15a, b, c 참조). 은하 속에서 일상적으로 눈에 보이는 '바리온 물질baryonic material'의 밀도는(25.6절 참조) 지난 오랜 세월 동안 K의 부호를 좌우하는 임계밀도의 약 1/30에 불과한 것으로 알려져 왔다(임계밀도는 K값을 0으로 만드는 밀도이다). 평범한 바리온 물질의 밀도와 질량-에너지 임계값 사이의 비율을 흔히 Ω_b로 표기하는데, $\Omega_b = 1$이면 바리온 물질의 밀도가 임계값과 같다는 뜻이고 여기서 질량-에너지가 추가로 발견되면 $K > 0$이 확실해진다. 그러나 위에서 말한 대로 $\Omega_b = 0.03$에 불과하기 때문에, $K < 0$이라는 결론을 내릴 수밖에 없다.

이것은 눈에 보이는 바리온 물질만을 고려한 결과이다. 그러나 우주에는 눈에 보이지 않는 물질이 바리온 물질보다 훨씬 많다는 증거가 있다. 여러 해 동안 관측한 결과 은하 속 별들의 움직임이 기존 역학이론에 전혀 부합하지 않는 것으로 드러났는데,[42] 이 현상을 설명하려면 은하 주변에 눈에 보이지 않는 미지의 물질이 다량으로 존재한다는 가설을 세워야 했다. 별들뿐만 아니라 성단에 속해 있는 각 은하의 움직임도 이상하기는 마찬가지였다. 상황을 종합해 보니, 기존의 바리온 물질의 10배나 되는 질량이 존재해야만 비정상적인 움직임을 설명할 수 있었다. 이렇게 해서 도입된 것이 바로 신비의 암흑물질dark matter이다. 천문학자들조차 선뜻 받아들이지 못하는 이 암흑물질은 지금까지 알려진 어떤 물질에도 속하지 않는 미지의 물질로서, 최근 들어 매우 활발하게 연구되고 있다.[43] 현재 암흑물질의 질량-에너지는 일상적인 바리온 물질의 10배 가량으로 추정되므로, 암흑물질에 의한 밀도(임계밀도와의 비율) Ω_d는 약 0.3이다(여기에 바리온 물질에 의한 기여도 $\Omega_b = 0.03$을 추가하면 $\Omega_{b+d} = 0.33$이 된다). 임계밀도에는 아직 한참 모자란다. 게다가 여러 가지 관측자료를 보면(여기에는 중력렌즈 효과도 포함된다. 19.8절 참조) 암흑물질 이외에 다른 형태의 물질은 우주에 존재하지 않는 것 같다. 그러므로 지금으로서는 $K < 0$이 매우 유력하며, 인플레이션 추종자들과 하틀-호킹을 지지하는 학자들은 자신의 이론에 $K < 0$인 경우를 포함시키기 위해 노력하고 있다.

우주상수 Λ도 여전히 골칫거리로 남아 있다. 19.7절에서 말한 바와 같이 아인슈타인은 자신의 방정식에 우주상수를 도입했다가 나중에 '일생일대의 실수'였음을 인정했다(우주상수로 우주의 팽창을 예견하는 데 실패했기 때문일 것이다). 그 후로 일부 우주론학자들은 우리 우주에서 Λ가 0이 아닐 가능성을 꾸준하게 제기해 왔다. 이와 더불어 또 하나의 문제가 제기되었는데, 양자장이론으로 진공에너지(기본적으로 재규격화 과정에서 나타난 효과임. 26.9절 참조)를 계산한 결과, "10^{120}보다 큰 유효 우주상수effective cosmological constant가 존재해야 한다"는 황당한 답이 얻어진 것이다(다른 가정을 수용해도 최소 10^{60} 이상이다!). 흔히 '우주상수 문제'라고 불리는 이 계산결과는 알려지지 않은 어떤 요인에 의해 상쇄가 일어나거나 어떤 일반적 원리에 의해 진공에너지가 0이 된다면 그런대로 설득력을 가질 수 있지만, 실현 가능성은 거의 없다고 보인다(국소적 로렌츠 불변량에 의해 진공에너지는 계량 g_{ab}에 비례한다. 그래서 아인슈타인 방정식에 Λg_{ab}라는 항이 등장하는 것이다. 아인슈타인은 이 사실을 1917년에 발견했는데, 단 한 가지 잘못은 Λ 값이 완전히 틀렸다는 점이다!).

그럼에도 불구하고 1998년에 캘리포니아의 사울 펄무터Saul Perlmutter가 이끄는 연구팀과 호주의 브라이언 슈미트Brian Schmidt, 미국 동부 로버트 커슈너Robert Kirschner의 공동 연구팀은 멀리 있는 초신성을 관측한 끝에 "우주의 팽창속도는 과거 어느 시점부터 점차 빨라지고 있다"는 놀라운 관측결과를 발표했다. 이것은 그림 27.15d와 일치하는 결과로서, 우주상수가 양수라는 확실한 증거이다! 이로부터 추정되는 Λ 값은 얼마나 될까? 아직도 약간의 불확정성은 남아 있지만(일부 이론가들은 $\Lambda > 0$이라는 증거가 아직 확실하게 정립되지 않았다고 주장한다[44]), Λ로부터 계산된 유효 질량-에너지 밀도 Ω_Λ(임계값과의 비율)는 약 0.7이다. 그 결과, 우주의 총 유효밀도와 임계밀도의 비율은

$$\Omega \approx \Omega_d + \Omega_\Lambda \approx 0.3 + 0.7 = 1$$

이다. 다시 말해서, 이는 관측결과가 $K = 0$임을 강하게 시사하는 것이다.

인플레이션을 지지하는 학자들(적어도 자신의 생각을 바꿀 마음이 전혀 없는 사람들)은 이 결과를 크게 환영했다. 인플레이션 이론을 반박할 만한 증거는 있었지만 $K = 0$이라는 소식은 그들의 노력을 보상하기에 충분했다. 그러나 아직 불확실한 부분이 많은데다가, 최근 얻어진 관측결과들은 여전히 논란의 대상이다. 28.5절에서 말한 바와 같이 1989년에 발사된 COBE위성을 시작으로 우주배경복사의 온도분포에 대한 관측이 여러 차례 이루어졌고, 최근에는 WMAP위성이 보내온 사진을 집중적으

로 분석하고 있다.

배경복사의 지역에 따른 온도차는 사진에 나타난 무늬를 22.11절에서 언급된 과정을 따라 구면조화함수spherical harmonics로 분해하여 분석을 시도한다. 구면조화함수는 양의 정수 ℓ과 정수 $m(-\ell \leq m \leq \ell)$으로 구별된다(대부분의 양자역학 책에서는 ℓ을 j로 표기한다. j와 m은 반정수가 될 수도 있다). 여기서 m은 임의로 선택한 하늘의 방향에 따라 달라질 수 있기 때문에 그다지 중요한 양이 아니며, 각 ℓ 값에 대응하는 배경복사의 강도가 가장 중요한 양으로 취급된다. 분석결과는 그림 28.19와 같다. 보다시피 $\ell = 200$ 근처에서 곡선이 최대점에 이른 후 진동하기

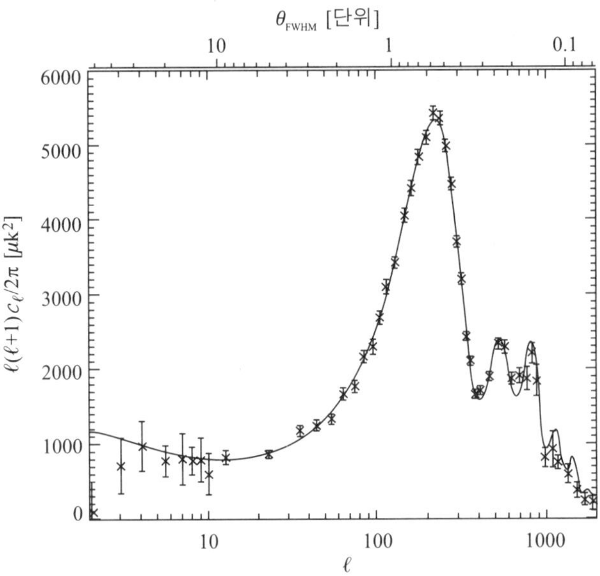

그림 28.19 구면조화함수(spherical harmonics)를 이용하여 우주(마이크로파)배경복사를 분석했을 때 예상되는 어쿠스틱 피크(acoustic peak, 굵은 선으로 표현됨)와 관측데이터(× 표). 세로 선은 관측에 수반된 오차이다. 세로축에 (우연히?)가려서 잘 보이지 않지만, 사중극자(quadrupole, $\ell = 2$)에서 분석결과와 관측데이터는 가장 큰 차이를 보인다.

시작한다. 그 후에 나타나는 작은 최대점들은 '어쿠스틱 피크Acoustic peak'라고 부른다. 그 이유는 초기우주에 흩어져 있던 물질들이 중력에 의해 안쪽으로 '떨어졌다가' 다시 되튀거나, 그들 속으로 완전히 떨어지면서(이 과정에서 암흑물질이 생성되었을 것으로 추정된다) 국소적인 물질 집중현상이 나타났는데, 그 결과로 일종의 음향진동이 생성되었기 때문이다. 이런 진동이 일어나기 쉬운 전형적인 스케일은 완화기 때의 '지평선 스케일horizon scale'에 따라 달라진다(그림 28.5a에서 u와 v가 완화기 표면decoupling surface 위에서 과거가 서로 만날 때까지 이동했다고 가정해보자. 이때 이동한 거리가 지평선 스케일이다).[45] 바로 이 스케일에서 곡선의 최대점이 나타난다.

그러나 완화기에 두 지역 사이의 특정 거리가 현재 하늘에서 어느 정도의 각도를 두고 떨어져 있는지 알아야 하는데, 그 해답은 공간의 곡률이 쥐고 있다. 어쿠스틱 피크의 이동거리(ℓ의 단위로)는 K값에 따라 달라진다($K > 0$이면 작은 ℓ쪽으로 이동하고, $K < 0$이면 큰 ℓ쪽으로 이동한다). 그러나 이 문제는 그리 간단치가 않다. 여기에는 우주의 팽창률도 영향을 미치기 때문에 세심한 계산이 필요하다. 어쨌거나 마이크로파 우주배경복사를 이런 식으로 분석하면 $K = 0$인 경우와 거의 일치한다. 그러나 지금까지의 관측자료에 의하면 $K > 0$과 $K < 0$의 가능성도 모두 열려 있다.

큰 ℓ값에 대한 결과는 인플레이션 이론과 일치하는 것처럼 보인다(온도변화의 스케일 불변성도 일부 인플레이션 이론에 의해 예견되었다). 그렇다면 ℓ이 작을 때는 어떤가? $\ell = 0$일 때에는 배경복사의 전체적인 강도와 관련되어 있으므로 별로 중요하지 않다. $\ell = 1$일 때(쌍극자 모멘트)는 어떤가? 이로부터는 멀리 있는 우주에 대한 정보를 얻을 수 없다.

지구가 마이크로파 배경복사 속을 헤치고 나아갈 때 비대칭적인 도플러효과가 발생하기 때문이다([예제 27.10] 참조. 운동방향으로는 온도가 조금 높아지고 반대방향으로는 온도가 조금 낮아진다). 우주론에 큰 영향을 미치는 첫 번째 값은 $\ell = 2$일 때이다(사중극자 모멘트). 여기서 인플레이션 이론이 예측한 스케일 불변성이 틀리기 시작하는데, 그 후에 나타나는 몇 개의 구면조화함수로부터 이 사실을 확인할 수 있다. 이 차이는 결코 무시할 수 없을 정도로 크고, 원인도 명확하다. 스케일 불변성이 붕괴되는 것은 가장 큰 스케일에서 $K = 0$이 아닌 다른 기하학적 구조가 존재하는 것으로 해석할 수 있다($K > 0$ 또는 $K < 0$). 왜냐하면, 이 스케일을 결정하는 것이 바로 '곡률 반지름'이기 때문이다.

지금까지의 결과를 종합해 보면, 현재의 상태는 매우 흥미로우면서도 불안정하다고 할 수 있다. 한 가지 강조하고 싶은 것은 그림 28.19의 그래프가 WMAP 온도차트의 극히 일부만을 취해서 얻은 결과라는 점이다. 각 ℓ값에는 $2\ell + 1$개의 m값이 대응되고, 각각 또 다른 실수 매개변수가 존재한다. 위 분석법에는 대부분의 정보가 누락되어 있으며, 여기서 고려하지 않은 엄청난 양의 데이터 속에 초기우주의 중요한 정보가 숨어 있을지도 모른다.

여기서 데이터를 분석하는 또 하나의 놀라운 방법을 소개하고자 한다. 구르자단(Vahe Gurzadyan *et al*. 1992, 1994, 1997, 2002, 2003, 2004) 등이 제안한 이 접근법은 구면조화함수를 사용하는 대신 특정온도를 갖는 영역의 형태가 공간곡률에 의해 왜곡되는 정도를 추적한다. 만일 이 영역의 원래 형태가 원이었다면, 곡률이 적용되면서 타원으로 나타날 것이다(그림 28.16 참조). 물론 각 영역의 형태를 직접 볼 수는 없지만, 특정온도 영역이 더 길어지거나 가늘어지는 등 통계적인 증거를 수집할 수는 있다. 구르자단과 동료들은 이 방법으로 분석을 시도한 끝에, 마이크로파 지도에 타원모양으로 된 영역이 상당수 존재한다는 결론에 도달했다(처음에는 COBE 지도로 시작했다가, 분석대상을 BOOMERANG과 WMAP으로 확장했다). 이 결과는 무엇을 의미하는가? 구르자단이 발견한 타원영역의 빈도수를 이론적으로 분석해 보면 '측지선 혼합geodesic mixing'의 결과로 $K < 0$이라는 결론이 내려진다. 이것은 분명히 새로운 결과이며, 뚜렷한 반론이 제기될 때까지 기다려볼 필요가 있다.

또한 이 분석법은 독자적인 경로를 통해 우주상수가 양수라는 증거를 제시하는데, 그 값은 초신성 데이터를 분석하여 얻은 값과 거의 일치한다. 따라서 곡률은 아주 작은 음수라는 결론을 내릴 수 있다(즉, $\Omega_d + \Omega_\Lambda$가 1에서 크게 벗어나지 않고 0.9 정도의 값을 가질 것이다). 이것은 지난 세월 동안 우주론학자들을 끈질기게 괴롭혀 왔던 문제를 한층 더 부각시킨다. Ω_b와 Ω_d, Ω_Λ는 시간에 대하여 상수가 아니다. 우주론학자들은 우주 초기에 Ω_b와 Ω_d가 지금보다 훨씬 컸고 Ω_Λ는 훨씬 작았다가, 지금에 와서 Ω_b와 Ω_d가 거의 무시할 수 있을 정도로 작아지고 Ω_Λ가 유효 에너지-질량 밀도의 대부분을 차지할 것으로 생각했다. 그런데 Ω_Λ와 Ω_d가 거의 같다는 것은 수수께끼가 아닐 수 없다.

아인슈타인이 1917년에 도입했던 '우주상수(Λ)'는 한동안 표준용어로 사용되다가, 이상하게도 그 값이 관측된 직후부터 거의 자취를 감췄다. 요즘은 우주상수 대신 주로 '암흑에너지'나 '진공에너지', 혹은 '제5원소quintessence'라는 용어로 통하고 있다. 이렇게 된 이유는 아마도 '우주상수'라는 단어 자체가 무미건조하여 무언가 신비로운 느낌을 주지 못하기 때문이거나, (좀 더 논리적인 이유로는) '상수'라는 용어가 "시간이 흘러도 Λ는 변하지 않는다!"는 인식을 심어 주기 때문일 것이다. 많은 우주론학자가 초창기 인플레이션 이론과의 유사점을 지적하면서 Λ를 새로운 인플레이션 이론의 출발점으로 보기 때문에, '상수 Λ'보다는 '변하는 Λ'를 선호하는 경향이 있다. 28.4절에서 말한 바와 같이 인플레이션 위상에 나타난 거짓 진공에서 유효 우주상수 Λ는 일상적인 물질의 양을 완전히 압도할 정도로 크다. 만일 현재의 우주가 이와 같은 유효 우주상수 Λ를 허용한다면(이 값은 현재 관측된 우주상수와 크게 다르다) Λ가 변한다는 주장을 수용해야 하고, 따라서 우주'상수'라는 표현도 부적절해질 것이다.

이 아이디어는 매력적이긴 하지만 우주상수와 관련된 수학적 어려움을 내포하고 있다. Λ가 상수라는 것은 에너지 보존방정식 $\nabla^a T_{ab} = 0$ (19.5 ~ 7절 참조)에서 자연스럽게 얻어진 결과이다. g_{ab}에 어떤 양을 곱해서 T_{ab}에 더했을 때 보존방정식이 여전히 성립하려면, 그 '어떤 양'은 반드시 상수여야 한다.[28.13] 따라서 Λ가 이 조건을 만족하지 못하면 물질의 질량-에너지 보존법칙도 더는 성립하지 않는다. 현재로서는 Λ를 상수로 취급하는 편이 이론적으로 무난하며, 관측결과와도 잘 맞는다.

그렇다면 학계의 현재동향은 어떤가? 내가 보기엔 매우 흥미로운 상황에 놓인 것 같다. 나는 인플레이션 이론이 "관측을 통해 검증되었다"라고 주장할만한 어떤 증거도 발견하지 못했다. 만일 검증이 되었다고 해도, 빅뱅의 특수성을 설명해야 하는 근본적인 문제는 여전히 남아 있다. 앞서 말한 대로 빅뱅은 $10^{10^{123}}$분의 1이라는 엄청나게 절제된 선택을 통해 일어났으며, 그 저변에는 열역학 제2법칙이 자리 잡고 있다. 일부 우주론학자들은 여기서 이루어지는 '미세조정'(그림 27.21 참조)을 수용하지 않

[28.13] 왜 그런가?

고, 빅뱅의 특수성을 인플레이션이나 인류원리로 설명하려고 애쓰는 중이다. 그러나 앞에서 본 바와 같이 이런 시도들은 문제의 핵심을 벗어나 있다.

우주를 서술하는 어떤 이론도(인플레이션 이론이나 하틀-호킹의 이론 등) 피해갈 수 없는 난제가 있다. '시간대칭인 물리학 법칙을 이용하여 시공간의 특이점 서술하기'가 바로 그것이다. 인플레이션의 물리학은 시간에 대칭이며, 내가 아는 한 하틀-호킹의 이론도 마찬가지다. 따라서 이들의 이론은 빅뱅뿐만 아니라 최후의 붕괴(블랙홀이나 빅 크런치)에서 나타나는 특이점에도 똑같이 적용되어야 한다. 호킹은 자신의 이론이 이 조건을 만족한다고 주장하면서도(1982년) "시간을 빅뱅까지 거꾸로 되돌렸을 때 최종 특이점의 주변공간은 매우 '특이한 방식으로' 경계선 없이 고립되어 있으며, 유클리드화 과정은 이곳에만 적용된다(그림 28.18 참조)"고 했다. 그가 제안한 무경계이론에 의하면 특정 지역을 경계선 없이 고립시키는 '어떤' 방법이 있으며, 고립이 일어나는 '시작점(이것이 우주의 '시간감각'을 결정한다)'을 '끝'으로 정의한다. 그러나 나는 호킹의 논리를 이해할 수 없다. 이것뿐만 아니라 물리법칙 안에 시간 비대칭이 분명하게 드러나 있지 않은 어떤 논리도 이해하기 어렵다.

시간-비대칭적인 물리학이 과연 가능할 것인가? 이 질문은 30장에서 집중적으로 다룰 예정이다. 그때 가면 알게 되겠지만, 이 문제는 우리가 앞에서 양자역학을 다룰 때 해결하지 못하고 뒤로 미뤄 두었던 문제와 밀접하게 연관되어 있다. 그래서 다음 장에서는 양자역학의 중요한 수수께끼를 다시 한번 집중적으로 파헤칠 예정이다. 그 후 30장에서는 내 나름대로 수수께끼의 해결책을 제시하고, 특이점의 시간-비대칭 문제도 결론을 지을 생각이다. 물론 앞으로 전개될 내용은 오직 나만의 생각이며, 다른 물리학자들은 여기에 동의하지 않거나 적극적으로 반대할 수도 있음을 염두에 두기 바란다.

〈28장 후주〉

28–1절

28.1 Weinberg(1992)의 p. 195에서도 강자성(ferromagnetism)을 예로 들어 자발적 대칭붕괴를 설명하고 있다. 그러나 이것은 지극히 이상적인 경우이고, 실제의 강철구에서 일어나는 현상은 엄청나게 복잡하다. 강철구의 극히 작은 부분만 고려한다면 원자들이 한 방향으로 정렬되는 경향을 보일 수도 있지만, 실제로는 정렬방향이 거의 무작위여서 결국 강철구는 효율적인 자석이 되지 않는다. 그뿐만 아니라, 철이 강하게 자화되려면 퀴리점을 통과하는 냉각과정이 매우 느리게 진행되어야 하는 등, 이상적이고 까다로운 조건을 충족해야 한다. 본문에서는 이런 복잡한 중간과정을 모두 무시하고 이상적인 경우만 고려하였다.

28.2 양자역학적 터널링 효과란 양자계가 한 상태에서 에너지 장벽을 넘어 최종적으로 에너지가 더 낮은 상태로 (자발적으로)전이되는 현상을 말한다.

28.3 SO(2)의 'S' 때문에, 이 사례에서 거울반전대칭은 제외된다.

28.4 이 '무언가'는 아마도 $SU(3) \times SU(2) \times U(1)/Z_6$일 것이다.

28–2절

28.5 [후주 28.1] 참조.

28.6 Vilenkin(2000), Gangui(2003), Sakellariadou(2002) 참조.

28.7 이와 관련된 이론은 Silk and Rees(1998)을 참조하라. 전체적인 리뷰와 참고문헌은 Haehnelt(2003)에 잘 정리되어 있다.

28.8 Chan and Tsou(1993) 참조.

28.9 MACRO(2002) 참조.

28–3절

28.10 이 접속은 $\mathcal{M}$ 위의 작은 번들 $\mathcal{B}_{\mathcal{L}}$에서 정의된 게이지접속 $\boldsymbol{\nabla}$로 간주할 수 있다. $\mathcal{B}_{\mathcal{L}}$의 파이버는 각 점에서 렙톤의 U(2) 대칭공간인 $\mathcal{L}$이다. 그러나 14.3절의 통상적인 텐서 미적분의 경우와 마찬가지로, $\boldsymbol{\nabla}$이 벡터에 작용하는 방식을 알고 있으면 일반적인 텐서에 작용하는 방식도 완벽하게 결정된다. 즉, $\boldsymbol{\nabla}$이 $\mathcal{B}_{\mathcal{L}}$에 작용하는 방식이 결정되면 $\mathcal{L}$로부터 정의된 '텐서'에 $\boldsymbol{\nabla}$이 작용하는 방식도 유일하게 결정되는 것이다. $\mathcal{G}$는 $\mathcal{L}^* \otimes \mathcal{L}$로 간주할 수 있다(하나는 지표가 위에 있고, 다른 하나는 아래에 있다).

28.11 Liddle(1999), Dodelson(2003) 참조.

28.12 q와 r 사이에 퀸글먼트를 통한 연결을 고려할 수도 있지만(23.10절 참조), 이것은 '자발적 대칭붕괴'의 영역을 벗어나 있다. 이 문제에 관한 나의 견해는 조지 스팔링(George Sparling)과 비카쉬 시나(Bikash Shina)의 영향을 받은 것임을 밝혀둔다.

28.13 Llewellyn Smith(1973) 참조.

28–4절

28.14 Schrödinger(1956) 참조.

28–5절

28.15 Guth(1997). 기술적인 내용은 Dodelson(2003), Liddle(2000)을 참조할 것. 세심하고 비판적인 책을 원한다면 Börner(2003)을 강력히 추천한다.

28.16 Barbour(1989, 2001a, 2001b), Barbour, Foster, and O'Murchadha (2002), Sciama(1959), Smolin(2002) 참조. 완전히 '마흐적인(Machian)' 관점에서 바라본 물리학의 사례로 스핀 네트워크를 들 수 있는데, 이 내용은 32.6절에서 간략히 소개할 예정이다.

28.17 아인슈타인의 이론이 결국 마흐의 관점과 일치한다는 주장도 있다. Barbour(2004), Barbour *et al.*(2002), Raine(1975) 참조.

28.18 Ozsvath and Schücking(1962, 1969) 참조.

28.19 미학적 관점에서 인플레이션 이론을 설명한 책으로는 Livio(2000)가 있다.

28.20 1960년대에 찰스 마이스너(Charles W. Misner)와 야코프 젤도비치(Yakov B. Zeldovich)가 연구했던 '혼돈 우주론(chaotic cosmology)'은 이와 같은 관점의 선구자격이었다. 이들은 (열역학 제2법칙과 상충됨에도 불구하고)우주 초기의 무작위적 상태가 열적 과정을 통해 매끄럽게 '다림질 되었다'고 주장했다.

28.21 초기우주의 혼돈 상태에 대한 가장 그럴듯한 설명은 Belinskii *et al.*(1970)을 참조하라.

28.22 [후주 27.21] 참조.

28–6절

28.23 내 기억이 맞는다면, 내가 '약한' 인류원리를 처음 들은 것은 1950년대에 프레드 호일(Fred Hoyle)이 BBC 라디오 방송에 출연했을 때였다. 그리고 '강한' 인류원리는 케임브리지에서 <과학으로서의 종교>라는 제목으로 개최된 호일의 강연을 통해 알게 되었다. 이 원리는 인류요인을 물리학의 기본상수로 취급하는데, 본문에서 곧 언급될 것이다.

28.24 Dicke(1961), Carter(1974) 참조.

28.25 대충 설명하면 다음과 같다. 플랑크 단위로 계산한 우주의 나이의 세제

곱근은 양성자와 전자 사이에 작용하는 전기력과 중력의 비율의 제곱근과 일치한다.

28.26 Dirac(1938), Buckley and Peat(1996), Guenther *et al*.(1998) 참조. '변하는 상수'에 대한 최근 이론은 Magueijo(2003)에 잘 나와 있다.

28.27 이 책에서 말하는 '강한 인류원리(strong anthropic principle)'의 의미는 Carter(1974)를 따른 것이다. Barrow and Tipler(1988)는 이 용어를 여러 개의 세부 카테고리로 나눠서 정의하였다.

28.28 더 자세한 내용은 Barrow and Tipler(1988)와 Smolin(1997) p. 111을 참고할 것. 우주의 구성성분과 물리적 의미에 대해서는 Hotle *et al*.(1956)과 Burbidge *et al*.(1957)을 참고하기 바란다.

28.29 Hawking and Penrose(1970) 참조.

28.30 Smolin(1997) 참조.

28.31 나는 1966년에 아담즈상(Adams Prize) 수상 발표회에서 비슷한 아이디어를 조금 완곡한 형태로 제안한 적이 있다(그러나 물리상수가 다르게 세팅된다는 주장은 하지 않았다). 그전에도 비슷한 주장을 했던 사람이 있을 것이다.

28–7절

28.32 Penrose(1989) 참조.

28.33 아브헤이 아쉬테카르(Abhay Ashtekar)는 양자중력이론이 아닌 다른 이론이 빅뱅의 특수성을 결정할 수도 있다는 제안을 한 적이 있다. 그럴 가능성도 물론 있지만, 빅뱅을 특수하게 만든 가장 큰 요인이 중력이라는 점만은 분명하다.

28–8절

28.34 여기서는 리치텐서 R_{ab} 자체보다 $R_{ab}-\frac{1}{4}Rg_{ab}$가 중요한 역할을 하며,

우주상수는 아무런 역할도 하지 않는다.

28.35 Penrose(1969a) 참조. 우주검열(cosmic censorship)에 대한 일반적인 개요는 Penrose(1998b)를 참조하라.

28.36 Newman(1993), Claudel and Newman(1998), Tod and Anguige (1999a, 1999b), Anguige(1999) 참조. 토드(K. P. Tod)는 바일 곡률 가설을 매우 설득력 있는 형태로 주장했다. 그의 주장에 따르면 "임의의 초기 특이점에는 경계를 갖는 규칙적 등각기하(regular conformal geometry)가 존재한다."

28–9절

28.37 Wick(1956), Zinn - Justin(1996) 참조.

28.38 Hartle and Hawking(1983) 참조.

28.39 최근 들어 레나테 롤(Renate Loll)과 그녀의 동료들은 호킹의 제안에 근거하여 경로적분에 리만 계량을 사용한 결과와 로렌츠 계량을 사용한 결과 사이에 근본적인 차이가 있다고 주장했다. Ambjorn *et al*.(1999) 참조.

28–10절

28.40 Hawking and Turok(1998) 참조.

28.41 Bucher *et al*.(1995), Linde(1995) 참조.

28.42 모르데하이 밀그롬(Mordehai Milgrom)은 다음과 같이 흥미로운 제안을 했다. "별과 은하가 이상하게 움직이는 것은 암흑물질 때문이 아니라 뉴턴의 중력법칙이 틀렸기 때문이다. 아인슈타인의 일반상대성이론으로 중력법칙에 수정이 가해지긴 했지만, 가속도가 아주 작은 경우에는 또 다른 수정이 필요하다. 저가속 상태에서는 중력에 의한 효과가 우리의 예상보다 훨씬 크게 나타난다[Mordehai Milgrom(1994) 참조]." 조금

당혹스럽긴 하지만 이 아이디어는 관측결과를 잘 설명하며, 지금으로서는 마땅한 대안도 없다. 좀 더 넓은 관점에서 타당한 이론을 찾으려면 이처럼 '틀에 박히지 않은' 아이디어를 적극적으로 수용해야 한다고 생각한다(나 자신도 노력 중이다).

28.43 암흑물질과 암흑에너지에 관해서는 Krauss(2001)을 참조하라.

28.44 Blanchard *et al*.(2001) 참조. 주류학자들의 해석은 Permutter *et al*.(1998)과 Bahcall *et al*.(1999) 참조.

28.45 이 변환을 구현하는 방법 및 CMB 데이터 분석법은 Dodelson(2003)을 참조할 것.

29
측정역설

29.1 양자이론에 내포된 통상적 실체론

양자역학이 20세기에 획기적인 성공을 거뒀다는 데에는 의심의 여지가 없다. 스펙트럼선의 존재, 원자의 안정성, 화학결합의 특성, 물질의 강도와 색상, 강자성체, 고체/액체/기체의 상전이, 뜨거운 물체에서 방출되는 복사에너지의 색분포(흑체복사) 등 19세기 과학자들을 혼란스럽게 만들었던 다양한 문제들이 양자역학의 출현과 더불어 명쾌하게 해결되었다. 심지어는 유전인자의 안정성과 같은 생물학분야의 문제들도, 양자역학의 원리로 접근 가능해졌다. 이 모든 현상 (20세기에 발견된 액정, 초전도, 초유동성superfluidity, 레이저의 원리, 보스-아인슈타인 응축, 비국소적 EPR효과, 양자 원격이동 등)은 양자역학의 수학체계 안에서 거의 완벽하게 이해되었다. 그러나 이 체계는 문제를 해결해준 대신 물리적 세계에 대한 우리의 관념을 송두리째 바꿔 놓았다. 아인슈타인의 '휘어진 시공간'도 혁명적인 이론이었지만, 양자역학이 몰고 온 태풍에 비하면 산들바람 수준이었다.

그런데 희한하게도 양자역학은 '실체reality'에 관한 한 아무것도 제

시하지 못한다는 것이 학계의 중론이다. 양자역학 체계는 오직 수학에 의존하고 있다. 양자물리학자들도 인정하는 바와 같이, 이 체계는 우리에게 '양자적 실체'를 보여 주지 못한다. 다만, 우리는 여러 실체 중 어느 하나가 현실로 나타날 확률을 계산할 수 있을 뿐이다. (실체론에 대하여 일말의 고민을 하는)양자물리학자들은 양자적 실체론에 대하여 (a) "양자역학의 체계로 서술되는 실체란 존재하지 않는다"는 관점을 갖고 있다. 그러나 이와는 대조적으로 (b) "유니터리하게unitarily (**U**-과정) 진행되는 양자적 상태는 실체를 서술하고 있으며, 여러 개의 양자적 실체가 공존할 수도 있다(중첩)"는 관점을 주장하는 학자들도 있다. 21.8절에서 언급한 바와 같이, 양자물리학자들이 겪는 근본적인 어려움은 두 가지 양자적 과정 **U**와 **R**의 충돌에서 기인한다. 여기서 **U**는 파동함수의 시간적 변화를 결정하는 과정으로서 슈뢰딩거 파동방정식으로 서술되며, **R**은 측정행위로 양자적 상태가 붕괴하는 과정을 의미한다(22.1절 참조). **U**는 처음 발견되었을 때부터 물리학자들에게 이미 친숙한 과정이었다. 수학적으로 명쾌하게 정의된 상태벡터 $|\psi\rangle$는 슈뢰딩거 파동방정식에 의해 결정되는데, 이것은 함수의 이름과 방정식의 형태만 달라졌을 뿐, 고전 맥스웰 방정식과 거의 동일한 논리를 따르고 있었다(21.3절과 [예제 19.2] 참조). 그러나 과정 **R**은 완전히 새로운 개념이다. 이 체계에 의하면 $|\psi\rangle$는 불연속적, 무작위적으로 점프하며, 우리가 알 수 있는 것이라곤 "측정을 시행했을 때 특정 결과가 얻어질 확률"뿐이다. 만일 우리의 눈에 보이는 세계가 그냥 $|\psi\rangle$로 서술되는 세계였다면, 물리학자들이 **U**를 물리적 실체로 받아들이는 데 아무런 문제도 없었을 것이다. 그러나 불행히도 우리가 사는 세계는 이런 식으로 운영되지 않는다. 이 세계는 서로 판이한 **U**와 **R**이 복잡하게 얽힌 채 돌아가고 있다!(그림 22.1 참조) 그래서 물리학자

들은 $|\psi\rangle$가 물리적 실체를 서술한다고 단정할 수 없는 것이다. **R**은 어떻게 물리적 과정에 개입하는가? 그리고 주어진 물리계가 **U**를 따라 진행하는 것은 언제인가? 이 질문의 해답은 양자역학의 측정문제와 깊이 연관되어 있는데, 앞으로 이 문제를 '측정역설measurement paradox'이라 부르기로 한다(이 내용은 23.6절에서 간단하게 설명한 바 있고, 21.8절과 22.1절에서도 잠시 언급되었다).

관점 (a)는 닐스 보어를 비롯한 코펜하겐 학파가 견지했던 관점으로서, 보어는 $|\psi\rangle$가 물리적 실체를 서술하는 것이 아니라 "주어진 양자계에 대하여 관측자가 알고 있는 지식"을 서술할 뿐이라고 주장했다. 이 주장에 따르면 **R**에 의거한 '점프'는 관측자가 물리계에 대하여 더 많은 지식을 획득했을 때 일어나며, 따라서 실제로 '점프'를 하는 것은 물리계가 아니라 관측자의 '지식'이라는 것이다. 관점 (a)를 수용한다면, 양자적 스케일의 현상에서 실체를 찾는 것을 포기해야 하며, 일상적인 측정도구를 통해 얻어지는 고전적인 결과만이 '인식 가능한 실체'임을 인정해야 한다. 관점 (a)를 다른 방식으로 해석하면 고전적인 세계는 관측자가 사용하는 거시적인 실험장치를 통해 나타나는 것이 아니라, 관측자의 '의식'을 통해 나타난다고 할 수 있다. 이 문제는 잠시 후에 자세히 논할 예정이다.

반면에 관점 (b)를 지지하는 물리학자들은 $|\psi\rangle$가 실체를 나타낸다고 생각하면서, 과정 **R**의 존재 자체를 부정한다. 이들은 "측정이 행해질 때 모든 가능한 결과들은 여러 우주에 '대 양자선형중첩grand quantum linear superposition'으로 공존하고 있으며, 이 상태는 전체 우주의 파동함수 $|\psi\rangle$로 서술된다"고 주장한다. 이들의 이론은 흔히 '다중우주이론multiverse'으로 알려져 있는데,[1] 내가 보기에는 '옴니엄omnium'이라는 용어가 더 적절할 듯하다.[2] 흔히 사람들은 이것을 두고 마치 여러 평행우주

가 독립적으로 존재하는 광경을 떠올리지만, 이것은 잘못된 해석이다. 여러 개의 세계가 각각 존재하는 것이 아니라, $|\psi\rangle$로 서술되는 거대하고 특별한 중첩상태가 존재할 뿐이다.

관점 (b)를 따랐을 때, 옴니엄(다중우주)은 왜 실험자에게 '실재'로 인식되지 않는가? 기본적인 해석은 다음과 같다—실험자의 의식까지도 양자적으로 중첩된 상태이며, 각기 다른 의식상태는 각기 다른 실험결과가 얻어지는 상태와 얽혀 있다. 따라서 개개의 가능한 측정결과에는 각기 다른 세계가 대응된다. 각각의 세계에는 실험자의 '복사본'이 존재하며, 이 모든 세계는 양자 중첩상태로 공존하고 있다. 실험자의 복사본은 각기 다른 실험결과를 얻게 되지만, 이들 모두가 서로 다른 세계에 존재하기 때문에 의사교환은 이루어질 수 없으며, 각자는 단 하나의 결과가 얻어진 것으로 생각한다. 관점 (b)를 지지하는 학자들은 "관측자가 **R**을 통한 점프를 여러 번 겪으면서도 하나의 일관된 세계가 존재하는 것처럼 느껴야 한다"는 것을 필요조건으로 내세우고 있다. 이 아이디어는 1957년 휴 에버렛 3세Hugh Everett III가 처음으로 제기했는데,[3] 사실 이와 비슷한 생각을 머릿속에 떠올린 물리학자는 수도 없이 많았을 것이다. 나 자신도 1950년대 중반에 에버렛과 같은 아이디어에 심취한 적이 있었으나, 내용이 너무 황당하여 논문으로 구체화하지는 못했다. 아마 다른 물리학자들도 나와 비슷한 경험을 했을 것이다.

(a)와 (b)는 완전히 상반된 관점이지만, $|\psi\rangle$가 거시적 세계의 실체와 연결되는 방식에 대해서는 공통된 내용을 담고 있다. 우리가 매일같이 경험하는 거시적 스케일의 세계에서는 측정을 할 때마다 단 하나의 결과만이 얻어지며, 우리는 이 결과를 '실체'라고 부른다. 물리학의 본분은 이 측정결과를 설명할 수 있는 이론이나 모형을 찾는 것이다. 관점 (a)나 (b)

에 의하면 $|\psi\rangle$는 '실체'를 서술하는 상태벡터가 아니다. 둘 중 어떤 관점을 택하건 간에, 파동함수의 체계와 현실세계를 매끄럽게 연결하려면 관측자의 지각이 개입해야 한다. 관점 (a)에서 $|\psi\rangle$는 실험자의 지각이 만들어낸 인공적 산물이지만, 관점 (b)에서 $|\psi\rangle$는 실험자의 지각을 통해 윤곽이 드러난 '일상적 실체'로 간주된다. 이 경우 상태벡터 $|\psi\rangle$는 직접적으로 인식되지 않고 깊은 곳에 숨어 있는 실체(옴니엄)를 나타낸다. 그러나 두 경우 모두 **R**을 통한 점프를 물리적 과정이 아니라 '마음속에서 일어나는 과정'으로 간주한다!

관점 (a)와 (b)는 각각 나름대로 문제점을 안고 있다. 그 내용을 설명하기 전에, 우선 양자역학을 해석하는 또 하나의 방법을 소개하고자 한다. 내가 아는 한 이것은 가장 보편적인 관점으로서, 실체론적 관점보다 실용적이다. 편의상 이것을 (c)'주변환경의 결어긋남environmental decoherence'으로 분류하기로 한다. (c)의 관점은 "관측이 행해질 때 어떤 양자계도 고립된 계로 간주할 수 없다"는 데 기초하고 있다. 따라서 측정을 실행했을 때 나타나는 각기 다른 결과들은 그 계의 양자상태를 구성하는 일원이 아니라, 얽힌 상태의 일부로 간주되어야 한다(23.3절 참조). 관측에서 얻어지는 각기 다른 결과들은 각기 다른 주변환경의 상태와 얽힌 관계에 있다. 주변환경은 무수히 많은 입자로 이루어져 있으며 이들 모두가 무작위로 움직이므로, 이들의 위치와 운동상태를 정확하게 측정하기란 현실적으로 불가능하다.[4] 그런데 이처럼 기본적 지식이 부족한 상황을 다루는 수학적 테크닉이 있다. '미지의 주변환경 상태의 합'으로부터 밀도행렬density matrix을 구하여 관측대상인 물리계를 서술하는 것이다. 밀도행렬은 양자역학의 측정문제를 논할 때 매우 중요한 개념이지만(그 외의 다른 부분에서도 중요하게 취급된다), 그 실체에 대해서는 아직 개념이 정립되지 않은 상태이다. 밀도행렬의 구체적인 정의는 29.3절에서 다룰 예정인데, 그때 가면 밀도행렬의 실체론이 명확하게 정립되지 않은 점이 관점 (c)에서 왜 중요한지 알게 될 것이다! (c) 관점을 지지하는 사람들은 '실체론과 관련된 하찮은 문제에 연연하지 않는 낙관주의자'를 자칭하면서, '실체'와 '실체가 아닌 것'을 애써 구별하려 들지 않는다. 언젠가 스티븐 호킹은 이런 말을 한 적이 있다.[5]

> 나는 실체가 무엇인지 모르기 때문에, 이론과 실체가 부합될 것을 요구하지 않는다. 실체란 리트머스 시험지로 간단하게 검증되는 양적 존재가 아니다. 나의 관심은 오직 이론과 측정 결과의 일치 여부이다.

그러나 나는 양자역학에서 실체론적 이슈를 무시할 수는 없다고 생각한다. 개중에는 지금 당장 해결할 수 없는 문제도 있지만, 해결책이 없다고 해서 언제까지나 덮어둘 수는 없다.

29.2 새로운 실체론적 시각에서 바라본 양자역학

자세한 설명을 하기 전에, 양자역학을 바라보는 또 다른 관점 세 가지를 소개하고자 한다. 물론 나의 분류법은 독자들에게 이해가 안 갈 수도 있으며 이 세 관점이 앞 절에서 언급된 기존 관점과 무관하지 않을 수도 있다. 여기 제시된 목록 (a), (b), (c), (d), (e), (f)는 현재 수용되고 있는 가장 보편적인 관점을 모아 놓은 것으로서, 양자역학 관련 서적에서 쉽게 찾아볼 수 있다. 그러나 이들이 완전하다거나 다른 항목과 서로 무관하다는 주장은 하기 어렵다. 또한 이것은 '학계에서 공인된 분류법'이 아님을 염두에 두기 바란다. 새로 추가된 세 개의 관점은 양자역학 체계의 실질적인 변화를 시도하는데, 이들 중 (d)와 (e)는 새로 제시된 체계와 표준 양자역학체계 사이에 실험적 차이가 없다. (d)는 그리피스와 옴네스, 그리고 겔만/하틀 등이 지지했던 '정합적 과거(역사)consistent histories' 관점이고, (e)는 드브로이와 봄/힐리가 지지했던 '파일럿 파동pilot-wave' 실체론이다.[6] 마지막으로 (f)는 현재의 양자역학이 "더 진보된 어떤 이론의 근사적 서술에 불과하다"는 관점이다. 이 진보된 이론에서 **U**와 **R**은 실제로 일어나는 객관적 과정이며, 미래에 수행될 실험은 진보된 양자역학과 통상적인 양자역학을 구별할 수 있다고 주장한다.

(a), ..., (f)에 대한 객관적 평가는 필요한 내용을 충분히 설명한 후에 내릴 것이다. 다만, 그때 가서 독자들이 객관적인 자세를 견지할 수 있도록 돕기 위해, 나의 개인적 의견을 지금 분명히 밝히고자 한다. 사실 나는 양자역학의 논리체계가 완벽해지기 위해 (f)에서 말하는 '더 진보된 이론'이 반드시 필요하다고 굳게 믿는 사람이다. 다음 장에서 (f)의 특별한 버전을 소개할 예정인데, 나는 이것이 가장 자연스러운 해석이라고 생각한다. 이 점을 마음속에 새기고, 지금까지 언급된 양자역학의 관점들을 다시 한 번 정리해 보자.

(a) 코펜하겐 해석(Copenhagen)
(b) 다중세계 해석(many worlds)
(c) 주변환경의 결어긋남(environmental decoherence)
(d) 정합적 과거(consistent histories)
(e) 파일럿 파동(pilot wave)
(f) **R**을 객관화한 새로운 이론

(d)와 (e)는 아직 설명을 하지 않았는데, 지금 해두는 게 좋을 것 같

다. '정합적 과거'에 기초한 관점 (d)는 표준 양자이론의 체계를 일반화한 것으로서, 일부 지지자들은 다중세계 해석과 다소 비슷한(또는 더욱 황당한) 논리를 펴기도 한다. 그러나 나는 그런 황당한 실체론적 해석까지 동원할 필요는 없다고 본다. (b)와 (d)의 공통점은 기본 구성요소로서 힐베르트 공간 H와 H에 속하는 초기상태 $|\psi_0\rangle$, 그리고 해밀토니안 $\mathcal{H}$가 주어진 것으로 생각할 수 있다는 점이다.[7] 다중세계 해석 (b)는 (옴니엄의)실체가 한 개의 매개변수를 갖는 일련의 상태들($\mathcal{H}$의 원소로서, 시간 매개변수 t를 기본으로 갖고 있다)로 표현된다는 관점을 고수한다. 이 상태들은 $t=0$일 때 $|\psi_0\rangle$에서 출발하며, $t>0$인 구간에서 $\mathcal{H}$에 의해 결정되는 슈뢰딩거식 변화과정을 따른다. 여기에는 오직 **U**만이 존재하며, **R**은 필요 없다. 그러나 정합적 과거의 관점인 (d)에서는 이 논리를 확장하여 슈뢰딩거식 변화과정에 '**R**-형 과정R-type process'의 개입을 허용한다. 단, 이것이 실제 측정과 반드시 관련될 필요는 없다.

이 과정의 수학적 특성을 이해하기 위해 양자역학적 측정이 에르미트 연산자(또는 정규연산자, 22.5절 참조) $\boldsymbol{Q}$를 통하여 수학적으로 어떻게 서술되는지 알아보자[(d)에서도 이 과정은 측정으로 간주하지 않는다]. 이 내용은 22.5~6절에서 이미 설명한 바 있다. 측정이 행해지기 직전에 계의 상태가 $|\psi\rangle$였다면, 측정을 행한 직후에는 측정결과인 $\boldsymbol{Q}$를 고유값으로 갖는 $\boldsymbol{Q}$의 고유상태로 '점프'한다. 그러나 측정행위가 초기상태 $|\psi\rangle$에 미치는 영향을 생각할 때에는 $\boldsymbol{Q}$를 '직교하는 투영 연산자의 완전집합' $E_1, E_2, E_3, \ldots, E_r$로 대치할 수 있다($\boldsymbol{Q}$는 $\boldsymbol{r}$개의 서로 다른 고유값을 가지며, 편의상 힐베르트 공간 H의 차원이 유한하다고 가정한다). 그러면 측정으로 얻어진 고유값이 q_j일 때, $|\psi\rangle$는 $\boldsymbol{E}_j|\psi\rangle$에 비례하는 상태로 점프했다고 생각할 수 있다(투영가설projection postulate).

이 과정을 더 자세히 알아보자. 22.6절에서 말한 바와 같이 투영 연산자는 제곱을 했을 때 자기 자신과 같아지는 자기수반 연산자 $\boldsymbol{E}$로서 에르미트 연산자이다.

$$\boldsymbol{E}^2 = \boldsymbol{E} = \boldsymbol{E}^*$$

$\boldsymbol{E}_1, \ldots, \boldsymbol{E}_r$이 서로 직교한다는 것은 다음과 같이 나타낼 수 있다.

$$\boldsymbol{E}_i \boldsymbol{E}_j = 0 \ (i \neq j\text{일 때})$$

이들의 완전성completeness은 "$\boldsymbol{E}_j$를 모든 i에 대하여 더한 결과가 H 속의 항등원 $\boldsymbol{I}$와 같아진다"는 말로 표현할 수 있다.

$$\boldsymbol{E}_1 + \boldsymbol{E}_2 + \boldsymbol{E}_3 + \cdots + \boldsymbol{E}_r = \boldsymbol{I}$$

이 모든 조건을 만족하는 $\boldsymbol{E}$의 집합을 '투영 연산자 집합'이라 부르기로 한다. $\boldsymbol{Q}$의 고유값 q_j에는 상태벡터 $\boldsymbol{E}_j|\psi\rangle$가 대응되며, 투영 연산자 $\boldsymbol{E}_j$는 고유값 q_j를 고유벡터공간에 투영하는 역할을 한다.[29.1]

$\boldsymbol{Q}$로 표현되는 측정에서 $\mathbf{R}$의 작용에 관한 투영가설(22.6절 참조)에 의하면, 측정결과가 q_j일 때 $|\psi\rangle$는 $\boldsymbol{E}_j|\psi\rangle$ (에 비례하는 무언가)로 점프한다. 이런 사건이 일어날 확률은 다음과 같다.

[29.1] 연산자 $\boldsymbol{Q} = q_1 \boldsymbol{E}_1 + q_2 \boldsymbol{E}_2 + q_3 \boldsymbol{E}_3 + q_r \boldsymbol{E}_r$이 q_j를 고유값으로 갖는 $|\psi\rangle$에 작용하였을 때 $\boldsymbol{E}_j|\psi\rangle$가 얻어지는 이유를 설명하라. 여기서 $q_1, q_2, q_3, \ldots, q_r$은 서로 다른 실수이며, 규격화조건은 고려하지 않는다. 일반적으로 유한차원 에르미트 연산자가 이와 같은 형태를 갖는다는 사실을 증명할 수 있겠는가?(임의의 유한차원 에르미트 연산자 $\boldsymbol{Q}$는 유니터리 변환을 통해 대각행렬로 변환될 수 있다고 가정하라) 이럴 때 연산자 $\boldsymbol{E}$를 $\boldsymbol{Q}$의 주 이뎀포넌트(principal idemponent)라고 한다. 정규 연산자 $\boldsymbol{Q}$가 이와 같은 성질을 가지려면 어떤 수정을 가해야 하는가?

$$\langle\psi|E_j|\psi\rangle$$

단, 이것은 $|\psi\rangle$가 $\langle\psi|\psi\rangle = 1$로 규격화된 경우에 한한다. 따라서 $\boldsymbol{Q}$에 상응하는 측정이 양자상태에 미치는 영향을 서술할 때에는 $\boldsymbol{Q}$로부터 정의되는 투영 연산자 집합만 고려하면 된다.

이제 '정합적 과거'의 관점 (d)로 되돌아가 보자. 이 해석은 '대충뽑은 과거coarse-grained histories'라 불리는 어떤 양들에 기초한 것으로,[8] 이들 각각은 다중세계해석 (b)에서 슈뢰딩거식으로 변하는 '옴니엄'과 매우 비슷하다. 그러나 (d)에서는 양자상태가 변하는 동안 다양한 시간 t에서 투영 연산자 집합을 끼워 넣을 수 있다.

투영 연산자 집합을 끼워 넣는 것이 실체론적 관점에서 어떤 의미가 있는지는 분명치 않지만, "투영 연산자 집합은 실제세계에서 일어나는 변화를 나타내는 것이 아니라, 과거를 어느 정도 정제하는refinement 역할을 한다"고 생각하면 조금이나마 이해가 갈 것이다. 객관적인 측정을 통해서는 투영 연산자에 실체론적 의미를 부여하기 어렵다. 좀 더 직관적인 비유를 들자면, 투영 연산자 집합은 고전적 위상공간에서 대충뽑은 '상자'를 정제하는(또는 변화시키는) 역할을 한다고 볼 수 있다(27.3절 참조). 위에서 '대충뽑은 과거'라는 용어를 사용한 것도 바로 이런 유사성 때문이다. 대충뽑은 과거에서 투영 연산자 집합이 개입하는 시점(표준 양자역학에서 측정행위가 개입하는 시점과 비슷하다)에서 상태벡터 $|\psi\rangle$는 $\boldsymbol{E}_j|\psi\rangle$(또는 여기에 비례하는 벡터)로 대치된다. 여기서 $\boldsymbol{E}_j$는 투영 연산자 집합의 한 원소이다. 어떻게 보면 이 과정에서 정보가 손실되는 것 같지만, $\boldsymbol{E}_j|\psi\rangle$의 전체집합이 존재하는 한 손실되는 정보는 없다. 왜냐하면 $|\psi\rangle$는 이들 모두의 합으로 표현되기 때문이다.

실제로 인식되는 고전적 세계와 양자적 세계 사이에 어떤 유사성이 존재하기를 바라는 우리 바램을 알기라도 하듯이, 관점 (d)에서 어떤 특별한 조건이 만족되면 대충뽑은 과거 중 일부는 '정합적 과거(또는 결어긋난 과거)'가 된다. 이것은 표준 양자역학에서 말하는 확률이 고전적 확률법칙을 만족하고 있음을 나타낸다.[9] 대충뽑은 과거들로 이루어진 정합적인 집합consistent set의 정합성을 훼손하지 않고 다른 투영 연산자 집합을 끼워 넣는 것이 불가능할 때, 이 집합을 '최대정제집합'이라고 한다. 내가 볼 때 최대정제집합에 속하는 과거라는 개념은 관점 (d)에서 실체에 가장 근접한 후보인 것 같다.

그러나 나는 이를 명쾌하게 서술한 논문이나 책을 본 적이 없다. 학계에서는, 그 대신에 최대정제집합에 속하는 과거들의 '총체'(또는 이와 유사한 그 무엇)가 '정합적 과거' 실체론적 관점 [관점(d)]의 지위를 얻은 듯 하다.[10] 이것은 다중세계관점 (b)와 비슷한 면이 있는데, 정합적인 투영 연산자 집합이 여러 개 존재한다는 것은 또 다른 '세계'가 엄청나게 많이 존재한다는 의미일 수도 있다. 그러나 다중세계관점 (b)는 실체론적인 면에서 혼동을 일으키기 쉽다. 실체로서의 '옴니엄($|\psi\rangle$로 서술됨)'은 무수히 많은 세계들의 중첩이지만, 각 세계들을 모아 놓은 집합($|\psi\rangle$의 특별한 중첩이 아님)은 '실체'가 아니다. 정합적 과거의 관점 (d)에서는 올바른 양자적 확률이 오직 이론에 의해 결정되기 때문에, 위와 같은 혼동이 일어나지 않는다.

봄Bohm이 지지했던 (e)의 (파일럿 파동)실체론적 관점은 다른 해석보다 훨씬 현실적이다. 어떤 면에서 보면 여기에는 두 단계의 '실체'가 존재한다고 말할 수 있는데, 둘 중 하나의 실체가 다른 하나보다 훨씬 견고하다. 가장 간단한 경우, 즉 스핀이 없는 단일입자를 예로 들어 보자. 이 경우 견고한 실체는 입자의 실제 위치에 해당된다. 이중 슬릿 실험(21.4

절, 그림 21.4 참조)에서 입자의 위치는 실질적인 양이므로, 입자는 위쪽 슬릿이나 아래쪽 슬릿 중 하나를 통과한다. 그런데 입자의 운동은 파동함수 ψ에 의해 유도되기 때문에, ψ도 또 하나의 '실체'로 간주할 수 있다. 이 이론에서 통상적으로 ψ의 절댓값과 편각은 별개로 취급되는데(5.1절 참조), 양자 퍼텐셜은 절댓값으로부터 계산되고 편각은 '파일럿 파동'을 정의할 때 사용된다. 굳이 이런 식으로 구별할 필요는 없지만, 계가 복잡해지면 그 의미가 다소 모호해지는 경향이 있다.

일반적으로 ψ는 배위공간 $\mathcal{C}$에서 정의되는 복소함수이며, 배위공간에서 점 P의 움직임을 유도하는 역할을 한다. 이때 P로 정의되는 고전적 배위configuration가 주어진 계의 '견고한' 실체에 해당된다. 그러나 복소함수 ψ는 P의 움직임을 유도하기 때문에, (덜 견고하긴 하지만)또 하나의 실체로 간주할 수 있다. 모든 측정은 궁극적으로 '위치'를 측정하는 문제로 귀결된다. 즉, 모든 측정의 궁극적인 목적은 계의 배위를 결정하는 것이다. 배위공간 $\mathcal{C}$의 한 점 Q에서 계산된 $|\psi|^2$은 주어진 계가 Q에서 발견될 확률밀도를 나타내지만, P의 위치는 계의 '실제적인' 배위를 결정한다.

이 정도면 별로 문제될 것이 없어 보이지만, 사실 여기에는 미묘한 문제가 숨어 있다. 특히 파동함수가 비국소적 성질을 갖는 총체적 객체holistic object라는 점이 문제이다(21.7절 참조). 양자역학 체계상 이것은 어쩔 수 없는 결과이다. 더욱 심각한 것은, $|\psi|^2$이 양자적 확률법칙을 만족하고 측정이 행해진 후에도 계속해서 이 법칙을 만족하려면 초기상태 $|\psi_0\rangle$의 확률분포에 중요한 조건이 부과되어야 한다는 점이다. 그뿐만 아니라 "모든 측정은 그 근본을 따지고 들어가다 보면 결국 위치측정으로 귀결된다"는 위 주장도 반론의 여지가 있으며(사실 양자역학에서 '엄밀

한 위치측정'은 불가능하다. 21.10절 참조), 스핀과 같이 비고전적인 매개변수를 고려했을 때 배위공간이 명백하게 결정되는지도 의문의 여지가 있다. 그럼에도, (e)가 실체론적 관점에서 명쾌하다는 것은 커다란 장점으로 작용한다(29.9절에 가면 더 많은 문제와 직면하게 된다).[11]

관점 (f)는 여러 가지 해석이 가능한데, 모든 내용을 일일이 나열할 필요가 없을 것 같아 개괄적인 설명만 하고 넘어가기로 한다. (f)에 대해 내려진 해석의 대부분은 변하는 상태벡터 $|\psi\rangle$를 실체로 여기는 데 별 이의를 달지 않을 것이다. 이 이론에서 시간에 따라 변하는 $|\psi\rangle$는 **U**와 **R**이 교대로 나타나는 과정의 근사적인 서술이라고 볼 수 있다. 이것은 표준 양자역학에서 말하는 내용과 일치한다(그림 22.1 참조). 많은 사람이 (f)와 일치하는 이론을 '주류에서 벗어난' 양자역학적 사고방식으로 간주하지만, 사실 (f)는 현재 통용되고 있는 양자역학 체계의 실체를 그대로 수용한 관점으로 볼 수 있다. 왜냐하면 실체의 변화과정을 서술하려면 **U**와 **R**의 양자역학적 변화과정을 실제 존재하는 것으로 받아들여야 하기 때문이다! 그러나 (f)가 갖는 본질적인 문제는 **U**와 **R**이 수학적으로 공존할 수 없다는 것이다. 그래서 (f)는 일상적인 유니터리 변화과정에 어떤 변화를 요구하며, 바로 이점 때문에 주류에서 벗어난 해석으로 간주되고 있다.

R과 **U**는 왜 수학적으로 공존할 수 없는가? 가장 명백한 이유는 **R**이 상태벡터의 불연속적인 변화를 서술하는 반면(측정하기 전의 상태가 측정연산자의 고유상태인 예외적인 경우는 제외), **U**는 항상 연속적으로 작용하기 때문이다. **R**에서 야기된 '점프'가 즉각적으로 일어나지 않는다고 가정해도, **R** 자체가 비결정론적이기 때문에 유니터리성에 문제가 생긴다. **R**에서는 동일한 입력에 대해 여러 가지 다른 결과가 나타날 수 있

지만, **U**는 그렇지 않다. 그뿐만 아니라 **R**을 실제 일어나는 과정으로 취급하는 이론은 (자명하지 않은)양자 점프가 일어났을 때 유니터리성을 유지할 수 없다. 그러나 이 모든 난점에도 불구하고 **U**와 **R**은 어떤 면에서 놀라운 일치를 보인다. **U**에 개입하여 확률적인 **R**을 제공하는 '절댓값 제곱 규칙squared-modulus rule'이 **U**의 유니터리성을 채용하여 **R**의 확률 보존법칙을 보장하고 있는 것이다(양자역학의 확률을 계산할 때 사용되는 스칼라곱 $\langle \phi | \psi \rangle$은 유니터리한 시간흐름에 불변이다. 22.4 ~ 5절 참조). 이것은 양자역학에서 매우 중요한 부분으로, 물리학자들이 이론의 근간인 원리를 갖고 장난치기를 꺼리는 이유이기도 하다. (f)가 오늘날 양자물리학자들 사이에서 대중적인 인기를 누리지 못하는 이유도 여기에 있다.

나는 이런 분위기가 달라져야 한다고 생각한다. 일단 변화가 시작되면 양자역학은 커다란 혁명을 겪게 될 것이다. 물론 양자역학을 이리저리 갖고 노는 정도로는 이런 변화를 기대할 수 없다. 단, 현대물리학의 근간을 이루는 핵심원리는 존중되어야 한다. 지금까지 서술한 대로 양자역학의 체계는 매우 탄탄하게 다져진 상태이기 때문이다. 과거 250년 동안 만고불변의 진리로 여겨졌던 뉴턴의 물리학을 떠올려 보자. 상대성이론과 양자역학으로 대변되는 현대물리학은 뉴턴 물리학을 이리저리 갖고 놀다가 우연히 발견된 것이 아니라, 혁명적인 변화를 통해 탄생했다. 그러나 동시에 현대물리학 속에는 라그랑지안과 해밀토니안, 심플렉틱군symplectic group의 기하학적 구조 같은 고전물리학의 탄탄한 기초가 그대로 남아 있다. 지금까지 많은 물리학자들이 제안했던 '양자역학으로의 변화'가[12] 과거의 물리학을 존중하면서 이루어져 왔는가? 아니면 고전물리학을 이리저리 갖고 놀다가 발견된 것인가? 대부분은 갖고 놀다가 탄생했다고 봐야

겠지만, 고전물리학의 핵심을 이루는 개념들은 양자역학을 개선하는 데 중요한 지침이 될 수도 있다.

29.3 밀도행렬

양자역학이 개선되어야 하는 이유는 무엇인가? 양자물리학자들은 대부분 표준이론의 모순적이고 모호한 실체론에 안주하면서(또는 실체론을 아예 무시한 채) 새로운 이론의 필요성을 부인하고 있다. 양자역학의 표준해석인 (a)와 (b), (c)의 문제점을 거론하려면, 우선 밀도행렬의 정확한 개념부터 알아야 한다. 밀도행렬은 관점 (c)뿐만 아니라 양자역학의 다른 분야에서도 중요한 역할을 하며 양자역학에서 실체를 서술하는 방법과 관련하여 흥미롭고도 심오한 문제를 제기한다.

상태가 완전히 알려지지 않은 양자계가 주어져 있다고 가정해 보자. 계의 상태는 $|\psi\rangle$일 수도, $|\phi\rangle$일 수도 있으며… $|\chi\rangle$일 수도 있다. 물론 이 목록은 무한개일 수도 있지만, 지금 우리의 목적상 "가능한 상태의 개수는 유한하다"고 가정해도 큰 문제는 없다. 각각의 후보상태에는 고유의 확률이 할당되어 있는데, 그 값을 순서에 따라 p, q, …, s라고 하자. 각 확률은 0에서 1 사이의 값을 가지며, 이들을 모두 더한 값은 당연히 1이 되어야 한다.

$$p + q + \cdots + s = 1$$

또한 $|\psi\rangle$, $|\phi\rangle$, …, $|\chi\rangle$는 다음과 같이 규격화되어 있다고 가정한다.

$$\|\psi\| = 1, \quad \|\phi\| = 1, \quad \ldots, \quad \|\chi\| = 1$$

(22.3절에서 정의한 대로, $\|\psi\| = \langle\psi|\psi\rangle$이다) 이로부터 밀도행렬 $\boldsymbol{D}$는 다음과 같이 정의된다.

$$\boldsymbol{D} = p|\psi\rangle\langle\psi| + q|\varphi\rangle\langle\varphi| + \cdots + s|\chi\rangle\langle\chi|$$

22.3절에서 정의한 대로, 브라벡터 $\langle\psi|$는 켓벡터 $|\psi\rangle$의 에르미트 켤레이다. 따라서 $|\psi\rangle\langle\psi|$는 $|\psi\rangle$와 $\langle\psi|$의 텐서곱(또는 외적)으로 생각할 수 있다. 23.8절의 지표 표기법을 사용하면 $\langle\psi|$는 $\bar{\psi}_\alpha$, $|\psi\rangle$는 ψ^α가 된다. 즉, $|\psi\rangle\langle\psi| = \psi^\alpha\bar{\psi}_\beta$이다. 따라서 $\boldsymbol{D}$는 $D^\alpha{}_\beta$의 지표구조를 갖고 있다. 밀도행렬은 에르미트 연산자이고 부호가 양으로 정해져 있으며 (13.8～9절 참조), 대각합trace은 1이다.

$$\boldsymbol{D}^* = \boldsymbol{D}, \quad \langle\xi|\boldsymbol{D}|\xi \geq 0 \text{ (모든 } |\xi\rangle\text{에 대해)}, \quad \langle\boldsymbol{D}\rangle = 1$$

여기서 $\langle\boldsymbol{D}\rangle = \boldsymbol{D}$의 대각합 $= D^\alpha{}_\alpha$이다(13.4절 참조).[29.2]

위에서 정의한 밀도행렬은 고전 통계역학에서 사용되는 밀도행렬과 비슷한 역할을 한다. 고전 통계역학의 주된 목적은 계의 정확한 (고전적인)상태를 구하는 것이 아니라, 나타날 수 있는 상태의 확률분포를 알아내는 것이다. 이를 위해서는 고전적으로 가능한 상태들로 이루어진 위상공간 $\mathcal{P}$를 정의하는 것이 가장 효율적이다. 그리고 현재 관찰 중인 계를 $\mathcal{P}$ 속의 한 점 P로 표현하는 대신, $\mathcal{P}$에서의 전체적인 확률분포를 계산한다. 계가 취할 수 있는 가능한 상태의 수가 유한하다면[13] 각각의 경우에 대응되는 확률 $p, q, \cdots, s$는 배위공간 $\mathcal{P}$ 속에 있는 점 $P, Q, \cdots, S$라는 유한집합으로 표현되며, 각각의 점에는 확률 $p, q, \cdots, s$가 대응된다(그림

[29.2] $\boldsymbol{D}$의 대각합(trace $\boldsymbol{D}$)이 1임을 증명하라.

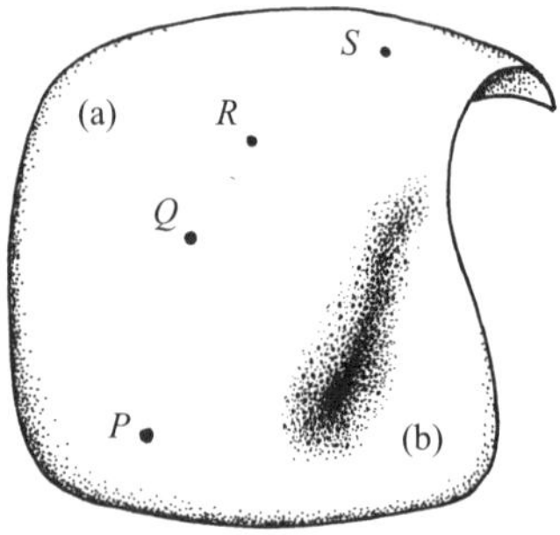

그림 29.1 배위공간 $\mathcal{P}$에 표현된 고전적 확률분포. (a) 유한한 개수의 점들 $P, Q, \cdots, S$에 확률 $p, q, \cdots, s$가 할당되고(각 확률은 0에서 1 사이의 값을 갖는다), $p+q+\cdots+s=1$이다. (b) $\mathcal{P}$ 속에서 확률(밀도는 0 또는 양의 실수)이 연속적으로 분포되어 있고 적분 값이 1인 영역.

29.1 참조). 여기서 양자역학으로 넘어가면 배위공간 $\mathcal{P}$의 역할을 힐베르트 공간 H가 하게 된다는 것만 제외하고 동일한 논리를 적용할 수 있다. 즉, H에서 어떤 확률분포가 얻어지는 것이다. 앞에서 정의한 밀도행렬 $\boldsymbol{D}$와 연관지어 생각해 보면, 이 분포는 H 안에 존재하는 유한한 개수의 점들 $P, Q, \cdots, S$로 이루어져 있으며, 각각의 점에는 확률 $p, q, \cdots, s$가 할당된다.

그러나 양자역학에서는 논리를 이런 식으로 진행하지 않고 밀도행렬을 사용한다.[14] 왜 그런가? 양자역학에서 '측정'은 어떤 투영 연산자 $\boldsymbol{E}$가 (규격화된)상태벡터 $|\xi\rangle$에 적용되는 형식으로 표현되기 때문이다. 이 측정이 'yes' 또는 'no'로 답이 나오는 질문이었다면, yes라는 답이 얻어질 확률은 다음과 같다.[29.3]

$$\text{yes가 나올 확률} = \langle\xi|\boldsymbol{E}|\xi\rangle$$

따라서 모든 가능한 상태들 $|\psi\rangle, |\phi\rangle, \cdots, |\chi\rangle$을 고려했을 때 yes가 나올 총체적 확률은 밀도행렬 $\boldsymbol{D}$를 이용하여 다음과 같이 쓸 수 있다.

$$\text{yes가 나올 확률} = \langle\boldsymbol{ED}\rangle$$

[29.3] 왜 그런가? 아래에 있는 $\langle\boldsymbol{ED}\rangle$의 구체적인 형태를 적어 보라.

양자역학에서는 yes/no의 확률을 계산할 때(또는 양자역학적으로 측정 가능한 어떤 양의 기댓값을 계산할 때) $|\psi\rangle$, $|\phi\rangle$, $\cdots$ $|\chi\rangle$의 확률 분포를 일일이 알 필요가 없다.[29.4] 이와 관련된 모든 정보가 밀도행렬 속에 이미 들어 있기 때문이다. 곧 알게 되겠지만, 밀도행렬은 여러 가지 '다양한' 확률분포로 이루어질 수 있다. 또한 밀도행렬은 매우 효율적이고 우아한 수학적 객체로서(1932년에 헝가리 태생의 미국 수학자 존 폰 노이만에 의해 처음 도입되었다), 그 속에는 확률의 두 가지 상이한 개념이 하나로 합쳐져 있다. 하나는 가능한 상태들 $|\psi\rangle$, $|\phi\rangle$, $\cdots$ $|\chi\rangle$에 대응되는 고전적 확률 p, q, $\cdots$, s이고, 다른 하나는 21.9절의 '절댓값 제곱'으로 얻어지는 양자적 확률이다. 밀도행렬에는 이 두 가지가 하나로 결합되어 있다.

29.4 스핀 $\frac{1}{2}$인 입자의 밀도행렬 : 블로흐 구

간단한 예를 하나 들어 보자. 여기, 스핀이 $\frac{1}{2}$인 입자가 주어져 있다. 스핀상태는 $|\uparrow\rangle$ 또는 $|\downarrow\rangle$로 표현되며, 각 상태의 확률은 똑같이 $\frac{1}{2}$이다. 누군가가 스핀의 업/다운 여부를 판별하는 측정을 시행했을 때 스핀 상태가 $|\uparrow\rangle$이면 '업', $|\downarrow\rangle$이면 '다운'이라는 결과가 각각 $\frac{1}{2}$의 확률로 얻어질 것이다. 이것은 고전적인 확률과 다를 것이 없으며, 양자적 미스터리 같은 것은 존재하지 않는다. 이제 스핀의 '업/다운' 방향이 아닌 '좌/우' 방향으로 관측을 시도한다고 가정하자. 만일 스핀상태가 $|\uparrow\rangle$이었다면, 양자역학의 **R** 법칙에 의해 스핀이 왼쪽일 확률은 $\frac{1}{2}$이고 오른쪽일 확

[29.4] 왜 그런지 설명할 수 있겠는가?

률도 $\frac{1}{2}$이다. 스핀상태가 $|\downarrow\rangle$인 경우도 확률분포는 동일하다. 그런데 이 확률은 양자역학에 입각한 '절댓값 제곱법칙'에 의해 얻어진 값이다. 좌/우가 아닌 임의의 방향으로 측정을 시도해도 각각의 확률은 $\frac{1}{2}$이다. 그러나 이 확률은 일반적으로 고전적 확률과 양자적 확률의 조합으로 구성된다.[29.5]

측정장비를 회전시키는 대신 혼합된 상태 자체를 회전시킬 수도 있다. 이런 경우에 동일한 확률을 갖는 $|\leftarrow\rangle$과 $|\rightarrow\rangle$의 혼합상태는 $|\uparrow\rangle$와 $|\downarrow\rangle$의 혼합상태와 동일한 답을 줄 것이다. $|\nwarrow\rangle$와 $|\searrow\rangle$의 혼합상태로 바꿔도 결과는 마찬가지다(모든 경우에 두 개의 상태는 서로 직교하며 규격화되어 있다. 즉 $\langle\uparrow|\downarrow\rangle = \langle\leftarrow|\rightarrow\rangle = \langle\nwarrow|\searrow\rangle = 0$이고, $\langle\uparrow|\uparrow\rangle = \langle\downarrow|\downarrow\rangle = \cdots = \langle\searrow|\searrow\rangle = 1$이다). 각각의 경우에 밀도행렬 $\boldsymbol{D}$는 다음과 같다.

$$\boldsymbol{D} = \frac{1}{2}|\uparrow\rangle\langle\uparrow| + \frac{1}{2}|\downarrow\rangle\langle\downarrow|$$

$$\boldsymbol{D} = \frac{1}{2}|\leftarrow\rangle\langle\leftarrow| + \frac{1}{2}|\rightarrow\rangle\langle\rightarrow|$$

$$\boldsymbol{D} = \frac{1}{2}|\nwarrow\rangle\langle\nwarrow| + \frac{1}{2}|\searrow\rangle\langle\searrow|$$

보다시피 스핀의 방향이 달라져도 $\boldsymbol{D}$의 형태는 동일하다. 이것이 바로 밀도행렬 $\boldsymbol{D}$가 갖는 놀라운 특성 중 하나이다.[29.6] 스핀측정에서 나타날 수 있는 모든 확률은 위에서 언급한 $\langle \boldsymbol{ED}\rangle$로부터 계산된다. 그런데 모든 $\boldsymbol{D}$가 동일한 형태이기 때문에, 각 경우의 확률도 같아지는 것이다.

[29.5] 스핀의 측정각도가 임의의 각도 θ인 경우에 확률을 계산하라. 22.9절에서 언급했던 $1/2(1 + \cos\theta)$를 이용할 것.

[29.6] 직접 계산을 통해 이 사실을 증명하라. 22.8 ~ 9절과 [예제 22.25]를 참고할 것.

그렇다면 두 가지 상이한 개념의 확률이 섞여 있는 상황을 실체론적으로 어떻게 해석해야 하는가? 만일 양자상태에 어떤 실체가 담겨 있다면, 위에서 열거한 세 경우는 실체론적 관점에서 다르게 취급되어야 한다. "(물리적 실체인) 스핀상태가 $|\uparrow\rangle$와 $\langle\downarrow|$ 중 하나로 결정될 확률은 모두 $\frac{1}{2}$이다"고 말하는 것과, "$\langle\nwarrow|$ 또는 $\langle\searrow|$가 될 확률은 모두 $\frac{1}{2}$이다"고 말하는 것은 분명히 다르다. 그러나 양자역학에서 실체론과 관련된 문제들은 엄청나게 복잡하다. 방금 예로 들었던 간단한 문제만 해도 일부 양자물리학자들은 개개의 상태보다 밀도행렬이 실체를 더 정확하게 서술한다고 주장하는 등, 각기 다른 실체론적 관점을 고수하고 있다. 이들은 위에 열거한 세 개의 $\boldsymbol{D}$(서로 다른 양자상태에 확률 가중치가 세 가지 방법으로 곱해진 것)가 실체론적 관점에서는 분명 서로 다르지만, 물리적으로는 구별할 수 없다고 생각할 것이다. 따라서 이런 관점을 고수하는 물리학자들은[이들 대부분은 '환경적 결어긋남' 관점인 (c)를 지지한다.] 세 상황을 구별하는 것이 무의미하다고 보는 실증적(또는 실용적)관점을 견지할 것이다. 이들은 밀도행렬이 양자적 실체를 가장 잘 서술한다고 믿는 사람들이다.

사실 양자역학을 다룬 대부분의 책에서 '상태'라는 단어는 켓벡터 $|\psi\rangle$가 아닌 밀도행렬을 칭하는 용어로 사용된다(이 책에서는 지금까지 켓벡터를 '양자적 상태'로 취급해 왔다). '상태'라는 용어가 밀도행렬을 의미하는 경우, $|\psi\rangle\langle\psi|$와 같이 특별한 형태의 밀도행렬에는 '순수상태 pure state'라는 용어를 사용하고, 이런 형태로 표현될 수 없는 일반적인 밀도행렬은 '혼합상태 mixed state'라 부른다. 내가 지금까지 사용해온 '상태'라는 용어는 바로 이 '순수상태'를 의미한다. 나는 (순수이든 혼합이든)밀도행렬을 '상태'라고 칭하는 방식에 극심한 혼란을 느끼기 때문에,

이 기회에 용어를 확실하게 정리해 두고자 한다. 내가 말하는 '양자상태'란 밀도행렬이 아닌 양자상태벡터 $|\psi\rangle$를 의미한다. '양자상태'와 '양자상태벡터'를 굳이 구별하고 싶다면, 켓벡터 $|\psi\rangle$가 양자상태벡터를 의미하고, 양자상태는 $|\psi\rangle$의 (0이 아닌)복소수곱의 동치류로 표현된다고 생각하면 된다. 즉, 사영 힐베르트 공간 $\mathbb{P}$H의 원소가 힐베르트 공간 H의 원소 $|\psi\rangle$에 대응되는 것이다(15.6절 참조). $|\psi\rangle$를 규격화하여 $\langle\psi|\psi\rangle = 1$을 만족한다면 $|\psi\rangle$에 남은 자유도는($\mathbb{P}$H 안에 주어진 한 점에서) $|\psi\rangle \mapsto e^{i\theta}|\psi\rangle$로 변환하는 위상자유도 뿐이다($\theta$는 실수)(그림 29.2 참조). '순수상태' 밀도행렬의 개념은 양자상태의 '사영'이라는 개념과 비슷하다. 왜냐하면 $|\psi\rangle\langle\psi|$는 위상자유도에 대하여 불변이기 때문이다. 따라서 순수상태 밀도행렬이 물리적 양자상태를 서술하는 것으로 생각해도 크게 문제가 될 것은 없다.

그러나 나는 '순수상태 밀도행렬'을 '물리적 상태'의 수학적 표현으

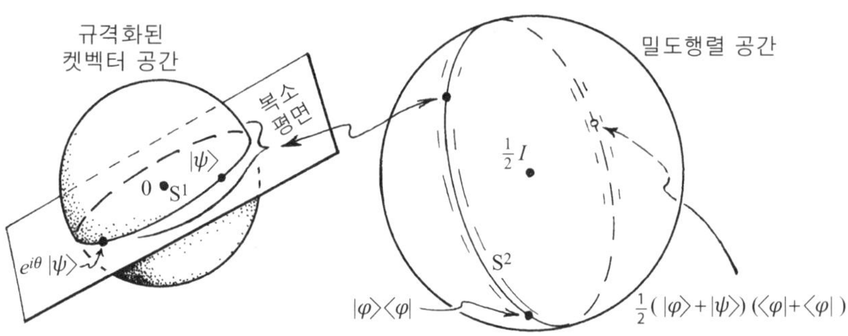

그림 29.2 순수양자상태를 어떻게 표현할 것인가? (a) $\langle\psi|\psi\rangle = 1$로 규격화된 켓벡터 $|\psi\rangle$의 공간. (b) 밀도행렬 $|\psi\rangle\langle\psi|$는 위상자유도 $|\psi\rangle \mapsto e^{i}\theta|\psi\rangle$를 허용하는 한도 내에서 $|\psi\rangle$와 동일하고, $|\psi\rangle$에 비례하는 0이 아닌 켓벡터와도 동일하다(복소비례인자, complex proportionality factors). 그러나 밀도행렬로 표현하면 기본적인 양자선형성(quantum linearity)이 모호해진다.

로 간주하는 관점에 선뜻 동의하기 어렵다. 우리가 고려 중인 상태가 물체 전체를 표현하고 있다면, 위상인자 $e^{i\theta}$는 유일하게 관측 불가능한 양이다. 커다란 물리계의 일부 상태만을 고려할 때에는 이 위상을 중요하게 취급해야 한다. 그뿐만 아니라, 수학적으로 간단한 $|\psi\rangle$(또는 $\langle\psi|$) 대신 $|\psi\rangle\langle\psi|$를 주로 다루는 경우에는 켓벡터로 이루어진 힐베르트 공간의 기본적 복소선형성complex linearity이 쓸데없이 복잡해진다.[29.7] 부분적인 이유는 나의 관점이 밀도행렬을 '실체'가 아닌 '유용한 도구' 정도로 간주하기 때문일 것이다. 밀도행렬의 실체론적 해석에는 또 다른 재미있는 구석이 있는데, 자세한 내용은 이 절의 나머지 부분과 29.5절에서 논의될 것이다.

이 문제를 논하기 전에 '블로흐 구Bloch sphere'에 대해 알아둘 필요가 있다. 이것은 2개의 상태로 이루어진 상태공간에서 밀도행렬을 나타내는 수단으로, 유클리드 3차원 공간 안에 존재하는 닫힌 구(수학용어로는 3-볼, 또는 3-디스크) B^3으로 표현된다. 블로흐 구는 스핀이 $\frac{1}{2}$인 입자(또는 두 가지 상태로 이루어진 임의의 물리계)의 밀도행렬을 나타낸다(22.9절 참조). 일반적으로 대각합이 1인 2×2 에르미트 행렬은 다음과 같은 형태로 쓸 수 있다.

$$\frac{1}{2}\begin{pmatrix} 1+a & b+ic \\ b-ic & 1-a \end{pmatrix}$$

여기서 a, b, c는 실수이다. 이것이 밀도행렬이 되려면 아래 조건을 만족해야 한다.[29.8]

[29.7] $|\psi\rangle$와 $|\varphi\rangle$의 선형결합 $w|\psi\rangle+z|\varphi\rangle$에 대응되는 '순수상태' 밀도행렬의 특성을 생각해 보라.

$$a^2 + b^2 + c^2 \leq 1$$

이것은 블로흐 구 B^3 내부에 있는 임의의 점을 나타내는 부등식이다. 구의 표면 S^2은 2-구로서 $a^2 + b^2 + c^2 = 1$을 만족한다. 여기서 S^2은 2-상태계(스핀 $= \frac{1}{2}$)의 순수상태를 나타내며, 이 공간은 22.9절에서 언급한 리만구Riemann sphere S^2에 해당된다.[15]

지금까지 고려해 왔던 특별한 밀도행렬 $\boldsymbol{D} = (\frac{1}{2}\boldsymbol{I})$는 블로흐 구의 중심을 나타내는데, 이것을 그림으로 표현하면 [$\boldsymbol{D} = (\frac{1}{2}\boldsymbol{I})$에 대한] 실체론적 해석의 완전한 모호함이 꽤 분명하게 드러난다(그림 29.3 참조). 그러나 B^3의 내부에 있는 임의의 점(순수상태 밀도행렬이 아님) $\boldsymbol{L}$에 대응되는 밀도행렬도 실체론적 의미가 모호하기는 마찬가지다. 이 점을 이해하기 위해, $\boldsymbol{L}$을 지나는 임의의 직선(현)을 하나 긋고 이 직선과 구의 표면 S^2가 만나는 점을 $\boldsymbol{P}_1$, $\boldsymbol{P}_2$라 하자. 그러면 이 두 개의 점들은 두 개의 순수상태를 나타내며, 밀도행렬 $\boldsymbol{L}$은 두 상태의 확률혼합을 나타낸다.[29.9] 블

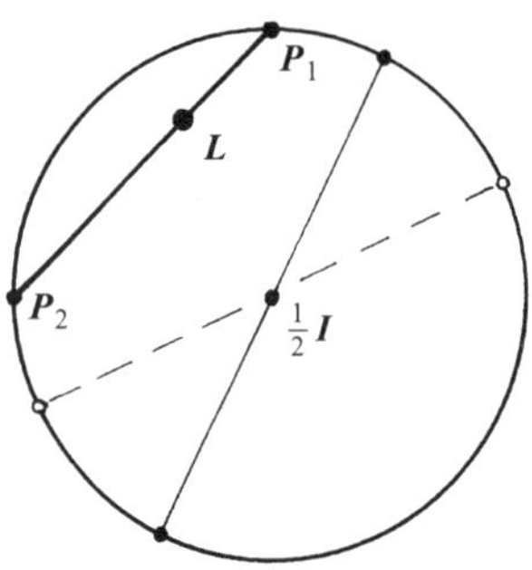

그림 29.3 2-상태계(2 − state system)의 밀도행렬을 표현한 블로흐의 구(Bloch sphere) B^3. 구의 중심은 $\boldsymbol{D} = (\frac{1}{2}\boldsymbol{I})$에 대응된다. 임의의 (순수상태가 아닌)밀도행렬 $\boldsymbol{L}$은 해석이 다소 모호하다. $\boldsymbol{L}$을 지나는 임의의 현을 그려서 구의 경계 S^2와 만난 점을 $\boldsymbol{P}_1$, $\boldsymbol{P}_2$라 하면, $\boldsymbol{L}$은 순수상태 $\boldsymbol{P}_1$과 $\boldsymbol{P}_2$의 확률혼합으로 해석된다.

[29.8] 증명해 보라. [도움말 : 고유값의 곱을 a, b, c로 나타내 보라. 이 곱이 음수가 아니라는 것은 무엇을 의미하는가?]

[29.9] 그 이유를 설명하라. 혼합된 두 확률의 비율이 $\boldsymbol{L}$에 의해 양분된 현의 길이비율과 같다는 것을 먼저 증명할 것.

로호 구의 중심 D를 특별한 점으로 만드는 요인은 순수상태로 이루어져 있으면서 D를 표현하는 모든 쌍이 직교하는 쌍이라는 사실뿐이다. 그러나 밀도행렬의 정의에는 확률의 혼합이 반드시 직교하는 쌍들 사이에서 일어나야 한다는 제한조건이 없다. 29.5절로 가면 비직교 혼합non-orthogonal mixture이 어떻게 발생하는지 알게 될 것이다.

29.5 EPR 상황에서의 밀도행렬

지금부터는 확률가중치가 곱해진 상태벡터의 조합이 자연스럽게 나타나는 경우를 생각해 보자. 이런 경우는 EPR-봄 효과(23.4절 참조)에서 찾아볼 수 있다. 예를 들어 토성의 위성 타이탄과 지구 사이의 어딘가(지구로부터의 거리가 타이탄으로부터의 거리보다 두 배쯤 먼 곳)에서 스핀 $\frac{1}{2}$인 한 쌍의 EPR 입자들이 스핀 0인 결합상태에서 풀려나 외부로 방출되었다고 가정하자. 지금 나의 연구동료가 타이탄에 파견되어 있는데(23.4～5절에서 등장했던 바로 그 사람이다), 그는 타이탄에 도달한 입자의 스핀을 업/다운 방향으로 측정하여 어떤 명확한 답을 얻었는데, 그 시점은 다른 하나의 입자가 지구에 있는 나에게 도달하기 30분 전이었다. 내가 지구에 도달한 입자를 발견하기 전에 타이탄에 있는 동료의 측정결과를 미리 알 방법은 없다고 가정하자(지구에서 타이탄까지는 빛으로 3시간쯤 걸리기 때문에, 원칙적으로 따져도 불가능하다). 나에게 도달한 입자의 스핀은 $|\uparrow\rangle$ 또는 $|\downarrow\rangle$이다. 타이탄에 있는 동료의 측정결과가 $|\downarrow\rangle$이었다면 내 입자는 $|\uparrow\rangle$일 것이고, 타이탄 입자의 스핀이 $|\uparrow\rangle$이라면 내 입자는 $|\downarrow\rangle$일 것이다. 나는 동료가 $|\uparrow\rangle$이나 $|\downarrow\rangle$을 얻을 확률이 똑같다는 것을 알고 있으므로, (타이탄의 동료가 관측을 실행한 지

30분 후에)지구에 도달한 입자도 $|\uparrow\rangle$일 확률 $=1/2$, $|\downarrow\rangle$일 확률 $=\frac{1}{2}$이라고 볼 수밖에 없다. 따라서 내가 사용할 밀도행렬은 다음과 같다.

$$\boldsymbol{D}=\tfrac{1}{2}|\uparrow\rangle\langle\uparrow|+\tfrac{1}{2}|\downarrow\rangle\langle\downarrow|$$

($|\uparrow\rangle$과 $|\downarrow\rangle$은 서로 직교하고 규격화되어 있는 것으로 간주한다. 즉, $\langle\uparrow|\downarrow\rangle=0$이고 $\langle\uparrow|\uparrow\rangle=\langle\downarrow|\downarrow\rangle=1$이다)

그러나 타이탄에 있는 동료가 마지막 순간에 마음이 변하여 입자의 스핀을 업/다운 방향이 아닌 좌/우 방향으로 측정했을 가능성도 있다. 그래서 측정결과가 $|\leftarrow\rangle$로 나왔다면, 지구에 있는 나의 측정결과는 $|\rightarrow\rangle$가 되어야 한다. 그 반대로 내 동료가 $|\rightarrow\rangle$를 얻었다면 나는 $|\leftarrow\rangle$가 얻어져야 한다. 이 경우에도 내 동료가 얻을 수 있는 두 가지 가능성의 확률이 $\frac{1}{2}$로 동일하기 때문에, 나는 그가 어떤 결과를 얻었는지 알 수 없지만, 내가 발견한 입자도 동일한 확률로 $|\rightarrow\rangle$ 또는 $|\leftarrow\rangle$일 것이라고 결론지을 수밖에 없다. 따라서 나의 밀도행렬은 다음과 같아진다.

$$\boldsymbol{D}=\tfrac{1}{2}|\rightarrow\rangle\langle\rightarrow|+\tfrac{1}{2}|\leftarrow\rangle\langle\leftarrow|$$

(이 경우 역시 $\langle\leftarrow|\rightarrow\rangle=0$이고 $\langle\rightarrow|\rightarrow\rangle=\langle\leftarrow|\leftarrow\rangle=1$이다) 물론 앞에서 말한 바와 같이, 이것은 이전에 사용했던 $\boldsymbol{D}$와 동일하다. 타이탄에 있는 동료가 어떤 방향으로 측정을 시도했건 간에, 그의 선택이 지구에서의 확률에 영향을 줄 수 없으므로 이것은 당연한 결과이다(그렇지 않으면 지구와 타이탄 사이에 빛보다 빠른 통신이 가능해진다 [29.10]). 그러므로 지금

[29.10] 왜 그런가?

같은 경우에 밀도행렬은 주어진 물리적 상황을 수학적으로 깔끔하게 서술하고 있다. 타이탄에서 어떤 일이 일어났는지 전혀 모르고 있는 한(나의 동료가 스핀을 어떤 방향으로 측정했는지, 그리고 측정결과가 어떻게 나왔는지 전혀 모르는 한), 지구에서 나에게 발견된 입자의 스핀상태는 위에 적은 밀도행렬로 정확하게 서술된다.

물론 이 모든 것은 타이탄에서 아무런 정보도 얻지 못했다는 가정하에 성립한다. 만일 내 동료가 어떤 형태의 실험을 했는지 미리 알고 있다면 스핀상태에 대한 나의 관점은 영향을 받게 될 것이다. 그러나 지구에서 행한 측정의 확률분포는 아무런 영향도 받지 않는다.[16] 타이탄에 있는 동료가 스핀측정을 좌/우 방향으로 시도했다는 것을 내가 알고 있다면 스핀에 관한 나의 실체론적 관점은 '좌' 또는 '우'로 변하겠지만, 둘 중 어느 쪽인지는 여전히 알 수 없다. 동료가 시도했던 측정방향을 모르고 있었다면 이런 관점을 가질 수 없었을 것이다. 그러나 내가 이 사실을 안다고 해도 내가 실행하게 될 스핀측정의 확률분포는 달라지지 않는다. 따라서 나는 스핀이 '업/다운'인지, 또는 '좌/우'인지를 따지는 실체론이 별로 중요하지 않으며, 심지어는 과학적으로 의미가 없다고 생각할 것이다. 그리고 나에게 중요한 것은 오직 밀도행렬뿐이라고 굳게 믿을 것이다. 그러나 타이탄에서 행해진 동료의 측정결과를 어떻게든 미리 알 수 있다면, 내가 얻게 될 확률은 그 영향을 받게 된다. 더욱 중요한 것은 나의 측정결과가 동료의 측정결과에 따라 제한을 받는다는 사실이다(예를 들어 타이탄에 있는 동료가 $\langle\leftarrow|$를 얻었다면 나는 결코 $\langle\leftarrow|$를 얻을 수 없다). 이런 경우에 입자의 스핀상태를 밀도행렬로 표현하는 것은 부적절하며, 전체적으로 얽힌 쌍을 표현하는 양자상태(벡터) $|\Omega\rangle = |\uparrow\rangle|\downarrow\rangle - |\downarrow\rangle|\uparrow\rangle$ $(= |\leftarrow\rangle|\rightarrow\rangle - |\rightarrow\rangle|\leftarrow\rangle$ 등)로 되돌아가야 한다.

위 사례에서 등장하는 밀도행렬은(29.4절에서 이미 다룬 바 있다) 매우 특별한데, 정규직교기저orthonormal basis를 이용하면 다음과 같이 쓸 수 있다.

$$\boldsymbol{D} = \begin{pmatrix} \frac{1}{2} & 0 \\ 0 & \frac{1}{2} \end{pmatrix}$$

방금 특별하다고 한 것은 고유값(대각선상에 있는 두 개의 $\frac{1}{2}$)이 모두 같다는 의미이다. 이와 같은 형태는 어떤 (정규직교)기저를 사용해서 표현해도 달라지지 않는다. 왜냐하면 이것은 항등행렬 $\boldsymbol{I}$에 어떤 수를 일괄적으로 곱한 형태이기 때문이다. 따라서 업/다운 기저와 좌/우 기저는 구별될 수 없다.

이것은 방금 예로 들었던 특별한 경우에 한하여 내릴 수 있는 결론이다. 29.4절에서 말한 바와 같이, (고유값이 모두 같은)밀도행렬 $\boldsymbol{D}$는 실체론과 관련된 혼란에 어떤 해결책도 제시하지 못한다. 그러나 이 사례에 약간의 변형을 가하면 우리가 원하는 2×2 밀도행렬을 얻을 수 있다. 스핀이 0인 상태에서 생성된 스핀 $\frac{1}{2}$짜리 EPR-입자 대신, 처음 스핀상태가 1이라고 가정하면 된다. 그 결과를 알아보기 위해 23.5절에서 논했던 루시엔 하디Lucien Hardy의 사례를 생각해 보자. 초기상태는 $|\leftarrow\nearrow\rangle = |\leftarrow\rangle|\nearrow\rangle + |\nearrow\rangle|\leftarrow\rangle$이고(22.10절의 마요라나 묘사법에서 →와 ↗의 끼인각의 탄젠트는 $\frac{4}{3}$이다), 나의 동료는 타이탄에 도달한 입자의 스핀을 좌/우 방향으로 측정하기로 마음먹었다고 가정하자. 23.5절의 결과에 따라 동료가 $|\rightarrow\rangle$를 얻었다면 내가 지구에서 발견한 입자의 상태는 $|\leftarrow\rangle$이고, 그가 $|\leftarrow\rangle$를 얻었다면 나의 결과는 $|\uparrow\rangle$이다.[29.11] 그러므로 타이탄에서 좌/우 실험이 행해졌다는 사실을 내가 알고 있다면(나는 초기상

태가 $|\leftarrow\nearrow\rangle$라는 것도 알고 있다), 내가 발견한 입자의 스핀상태는 $|\leftarrow\rangle$와 $|\uparrow\rangle$의 확률이 혼합된 상태라고 결론지을 수 있다. 여기서 $|\leftarrow\rangle$와 $|\uparrow\rangle$이 서로 '직교하지 않는다'라는 점에 유의하라. 밀도행렬을 이루는 확률혼합상태들은 반드시 직교할 필요가 없다.

이런 경우에 나는 어떤 밀도행렬을 채택해야 하는가? 나의 동료가 얻게 될 $|\rightarrow\rangle$와 $|\leftarrow\rangle$의 확률을 알고 있다면 답을 구할 수 있다. 사실 이 확률은 각각 $\frac{1}{3}$, $\frac{2}{3}$이므로 내가 $|\leftarrow\rangle$를 얻을 확률은 $\frac{1}{3}$이고 $|\uparrow\rangle$을 얻을 확률은 $\frac{2}{3}$이다. 따라서 내가 사용할 밀도행렬은

$$\boldsymbol{L}=\frac{1}{3}|\leftarrow\rangle\langle\leftarrow|+\frac{2}{3}|\uparrow\rangle\langle\uparrow|$$

이며, 업/다운 기저로 표현하면 다음과 같은 행렬이 된다.

$$\boldsymbol{L}=\begin{pmatrix}\frac{5}{6} & -\frac{1}{6}\\ -\frac{1}{6} & \frac{1}{6}\end{pmatrix}$$

[$|\leftarrow\rangle=(|\uparrow\rangle-|\downarrow\rangle)/\sqrt{2}$를 사용했다] 이 행렬의 고유값은 $\frac{1}{2}+\frac{1}{6}\sqrt{5}$와 $\frac{1}{2}-\frac{1}{6}\sqrt{5}$로 서로 다르다.[29.12] 이 행렬에 입각하여 "$|\leftarrow\rangle$의 확률은 $\frac{1}{3}$이고 $|\uparrow\rangle$의 확률은 $\frac{2}{3}$다"고 주장할 수도 있지만, 다른 가능성도 얼마든지 있다. 예를 들어 $\leftarrow$와 $\nearrow$를 맞바꿔도 초기상태 $|\leftarrow\nearrow\rangle$는 달라지지 않으므로, 내 동료가 스핀을 좌/우 방향($\leftarrow$ 방향)이 아닌 $\nearrow$ 방향으로 측정

[29.11] 왜 그런가?

[29.12] $\boldsymbol{L}$의 행렬형태를 유도하고 고유값과 고유벡터를 직접 계산해 보라. 그림 29.3의 블로흐 구에서 점 $\boldsymbol{L}$은 이 계산결과와 일치하도록 잡은 것이다. 점 $\boldsymbol{L}$에서 구의 중심까지 거리는 얼마인가?

하기로 마음먹었다면 나의 밀도행렬에 $|\nearrow\rangle$ 및 이와 직교하는 상태들이 포함되는 등 결과는 크게 달라질 것이다. 타이탄에 있는 나의 동료가 스핀을 어떤 방향으로 측정하느냐에 따라, 나의 실체론적 관점은 달라질 수 밖에 없다.[29.13]

확률이 세 가지 이상의 상태에서 섞이는 경우까지 허용하면 임의로 주어진 밀도행렬에 대하여 훨씬 복잡한 경우를 만들어낼 수 있다. 초기스핀이 $\frac{1}{2}n$이고($n > 2$), 이것이 분해되어 스핀 $\frac{1}{2}$인 입자는 지구로 향하고 $\frac{1}{2}n - \frac{1}{2}$인 입자가 타이탄으로 날아갔다면, 그곳에 있는 동료는 n종류의 서로 다른 결과를 얻게 된다. 물론 각각의 경우마다 확률도 모두 다를 것이다(22.10절, 그림 29.4 참조). 이것은 지구에 도달한 입자를 서술하기 위해 도입한 힐베르트 공간이 2차원보다 높은 경우로 일반화된 것이다.

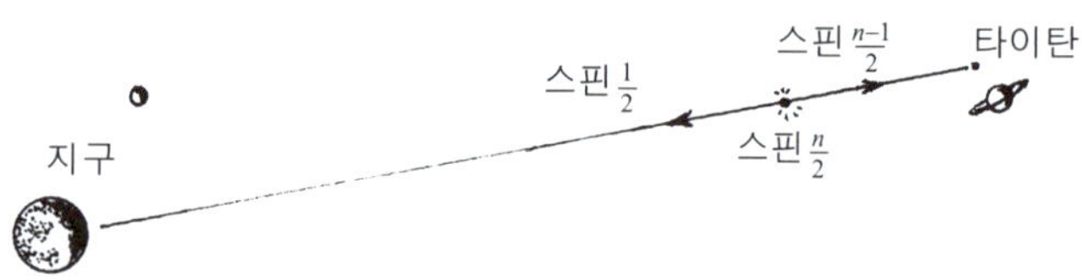

그림 29.4 밀도행렬은 공간의 차원보다 많은 개수의 확률이 섞여 있는 경우까지도 표현할 수 있다. 이 그림에서는 지구와 타이탄 사이의(타이탄 쪽에 더 가까운) 한 점에서 초기스핀이 $\frac{n}{2}$($n > 2$)인 상태가 둘로 분리되어 스핀 $\frac{1}{2}$인 입자는 지구로 향하고, 스핀 $\frac{1}{2}(n-1)$인 또 하나의 입자는 타이탄을 향해 날아간다. 타이탄에 있는 나의 동료가 입자의 스핀값을 측정하면 n개의 서로 다른 결과가 나올 수 있는데, 각각의 결과가 나올 확률은 (초기상태를 알고 있다면)지구에서도 계산이 가능하다. 그러므로 지구에서는 n개의 상태들이(확률적으로) 섞여서 만들어진 특별한 2×2 밀도행렬이 나타나게 된다(또한, 이것은 분명히 힐베르트 공간을 2차원 이상의 공간으로 일반화한다).

[29.13] EPR 입자쌍의 초기스핀이 1일 때, 위의 과정을 따라가면 모든 가능한 경우에 2×2 밀도행렬을 구할 수 있음을 증명하라. 밀도행렬의 고유벡터 스핀방향은 마요라나 묘사법으로 표현된 초기상태와 어떤 관계에 있는가?

지금까지 얻은 결과를 종합해볼 때, 어떤 밀도행렬을 사용하건 간에 '확률가중치가 곱해진 여러 가지 상태'를 단 하나의 실체론적 관점만으로 바라볼 수 없음이 분명하다.[17] 이러한 사실 때문에 환경적 결어긋남에 기초한 철학적 관점 (c)가 더욱 난해해지는데, 자세한 내용은 잠시 후에 소개할 것이다.

얽힌 상태의 정보 중 일부가 가려져 있는 위와 같은 상황(타이탄에서 어떤 일이 일어나고 있는지 알 수 없음)에서 밀도행렬을 계산할 때 한 가지 일러둘 것이 있다. '미지상태의 합summing over the unknown states'이라는 방법을 사용하면 계산을 매우 효율적으로 수행할 수 있는데, 가장 무난한 설명은 지표표기법을 이용하는 것이다. 초기의 얽힌 상태(규격화된 켓벡터 $|\psi\rangle$)를 $\psi^{\alpha\rho}$라 하자. 여기서 α는 '이곳(지구)'을, ρ는 '저곳(타이탄)'을 의미한다(그림 23.4 ~ 5절 참조). 이 상태의 복소켤레(브라벡터 $\langle\psi|$)은 $\bar{\psi}_{\alpha\rho}$이다. 이 상태의 규격화조건은 다음과 같다.

$$\bar{\psi}_{\alpha\rho}\,\psi^{\alpha\rho} = 1$$

타이탄으로부터 아무런 정보도 전달받지 못한 상황에서 내가 사용하게 될

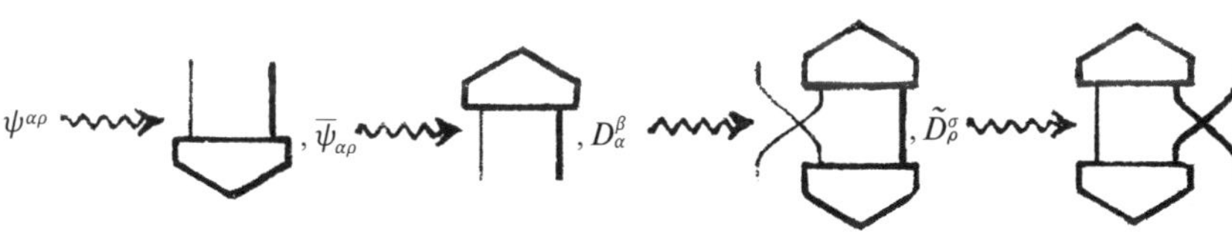

그림 29.5 '미지상태의 합(summing over the unknown states)'을 이용하여 만들어진 밀도행렬의 다이어그램 표기. 규격화된 켓벡터 $|\psi\rangle$는 $\psi^{\alpha\rho}$로 표현되며, 여기서 α는 '이곳(지구)'을, ρ는 '저곳(타이탄)'을 의미한다. 또한 $|\psi\rangle$의 에르미트 켤레(브라벡터 $\langle\psi|$)은 $\bar{\psi}_{\alpha\rho}$이고, 이들의 규격화조건은 $\bar{\psi}_{\alpha\rho}\,\psi^{\alpha\rho} = 1$로 표현할 수 있다. '이곳(지구)'에서 사용되는 밀도행렬은 $D_\alpha^\beta = \bar{\psi}_{\alpha\rho}\,\psi^{\beta\rho}$이며, '저곳(타이탄)'에서는 $\tilde{D}_\rho^\sigma = \bar{\psi}_{\alpha\rho}\,\psi^{\alpha\sigma}$가 사용된다.

밀도행렬은 다음과 같다.

$$D_\alpha^\beta = \bar{\psi}_{\alpha\rho}\ \psi^{\beta\rho}$$

(지표 ρ에 대해서는 합contraction을 수행한다) 타이탄에 있는 동료의 밀도행렬은 $\bar{\psi}_{\alpha\rho}\,\psi^{\alpha\sigma}$이다.[29.14] 그림 29.5는 이 상황을 다이어그램으로 표현한 것이다.

29.6 주변환경의 결어긋남 해석법의 FAPP 철학

지금까지 언급한 내용은 주변환경의 결어긋남에 기초한 실체론적 해석 (c)를 이해하기 위한 서곡에 불과하다. 앞에서 언급한 대로, (c)는 우리가 관측하는 양자적 물리계가 주변환경과 어쩔 수 없이 얽혀 있기 때문에 상태붕괴 **R**이 필연적으로 일어난다는 관점이다. 이 개념을 적용하기 위해 현재 고려 중인 물리계를 '이곳'으로, 주변환경을 '저곳'으로 간주해 보자. 주변환경은 지극히 복잡하면서 거의 무작위로 조성되어 있을 것이므로, '저곳'의 양자상태를 알아낼 방법은 없다. 따라서 '이곳'의 상태를 서술하는 밀도행렬을 구하려면 주변환경에서 '미지상태의 합'을 구해야 하는데, 여기서는 주변환경이 타당한 방법으로 모형화된 경우에, 밀도행렬이 아주 짧은 시간 동안(주변환경이 그다지 복잡하지 않은 경우에도) 근사적으로 아래와 같은 대각행렬이 된다는 것을 증명하는 쪽에 초점을

[29.14] 왜 그런지 증명해 보라[도움말 : '이곳'과 '저곳'에 각각 별개의 정규직교기저(orthonormal basis)를 선택하고, 두 장소에서 얻어진 모든 가능한 측정결과의 결합확률(joint probability)을 이용할 것] $|\psi\rangle = |\leftarrow\nearrow\rangle$인 경우에 위 확률이 $\frac{1}{3}$, $\frac{2}{3}$임을 증명하라.

맞추기로 한다.

$$\boldsymbol{D} = \begin{pmatrix} p_1 & 0 & \cdots & 0 \\ 0 & p_2 & \cdots & 0 \\ \vdots & \vdots & \ddots & \vdots \\ 0 & 0 & \cdots & p_n \end{pmatrix}$$

우리가 관심을 갖고 있는 특별한 기저 $|1\rangle$, $|2\rangle$, $\cdots$, $|n\rangle$을 사용하면,[29.15] 밀도행렬은 대각성분에 대응되는 기저상태들의 확률혼합으로 해석할 수 있다.

$$\boldsymbol{D} = p_1|1\rangle\langle 1| + p_2|2\rangle\langle 2| + \cdots + p_n|n\rangle\langle n|$$

이 확률혼합에는 상태붕괴 **R**을 거쳐 나타날 수 있는 여러 결과들이 반영되어 있으며, 각 결과가 얻어질 확률은 p_1, p_2, $\cdots$, p_n이다.

앞서 말한 바와 같이 밀도행렬은 실체론적 관점에서 여러 가지 해석이 가능하지만, 무엇이 '실재하는 상태'인지를 명쾌하게 지적하는 해석은 없다. 그뿐만 아니라 주어진 양자계의 상태가 p_1, p_2, $\cdots$, p_n의 확률로 $|1\rangle$, $|2\rangle$, $\cdots$, $|n\rangle$중 하나일 것이라고 확신할 수도 없다.

정상적인 상황에서 밀도행렬은 '양자적 진실'을 서술하는 일종의 '근사적 표현'으로 간주해야 한다. 왜냐하면 주변환경으로부터 정확한 정보를 추출하는 일반적 원리라는 것이 아예 존재하지 않기 때문이다. 미래에는 양자적 위상들 사이의 상호관계를 측정하는 기술이 개발될 수도 있지만, 아무튼 지금은 불가능하다. 내가 보기에, 밀도행렬에 의존하는 정도는 양자역학의 기술수준에 따라 달라질 것 같다. 기술이 지금보다 발전하면

[29.15] 적절한 기저를 사용하면 모든 밀도행렬은 대각행렬로 표현될 수 있다. 모든 고유값들이 똑같은 특별한 경우에 한하여 이 사실을 증명할 수 있겠는가?

상태벡터를 이용한 서술이 힘을 얻을 것이며, 상황이 극도로 혼란스러워지기 전에는 굳이 밀도행렬에 의지할 필요가 없다! 물리적 실체가 밀도행렬로 서술된다는 관점 자체가 이상한 것이다. 이와 같은 해석을 종종 FAPP라고 하는데, 이 명칭은 '벨 부등식(23.3절 참조)'으로 유명한 존 벨이 제안한 것으로 '모든 실용적인 목적을 위해For All Practical Purposes'의 약자이다. 밀도행렬을 이용한 서술법은 근본적인 물리적 실체의 참모습을 제공해 주는 것이 아니라, FAPP처럼 실용적으로 편리한 것이라고 볼 수 있다.

모든 것에 우선하는 기본적인 원리에 의해, 위상들 사이의 구체적인 관계가 실제로 사라지는 단계가 존재할지도 모른다. 만일 그렇다면 그 기본 원리란 무엇일까? 이쪽에 관심을 둔 물리학자들은 종종 중력에서 그 해답을 찾는다. 그중에서도 특히 중력장의 '양자 요동'이 사람들의 관심을 끌고 있는데, 양자이론에 의하면 시공간은 매끈한 다양체가 아니라 10^{-35} m의 미세한 플랑크 영역에서 거품과 비슷한 구조로 되어 있다(그림 29.6 참조. 자세한 내용은 31.1절과 33.1절에서 다룰 예정이다).[18] 이렇게 작은 영역에서는 위상의 상호관계가 '거품 속으로' 사라진다고 생각할 수도 있다. 스티븐 호킹은 또 다른 의견을 제안했는데, 양자상태에 관한 정

그림 29.6 10^{-33} cm, 또는 10^{-43}초 이내의 플랑크 영역에서 시공간은 어떤 구조로 이루어져 있을까? 중력장의 양자 요동 때문에 다양한 위상(topology)을 갖는 거품 같은 구조로 되어 있다는 것이 많은 학자들의 중론이다. 이런 곳에서 양자적 위상(phase)의 상호관계는 영원히 사라질 수도 있다.

보가 블랙홀에 '빨려 들어가서' 원리적으로 복구될 수 없다는 이론이 바로 그것이다. 이런 경우라면(외부에 있는 물리적 정보 중 블랙홀에 빨려 들어간 정보와 얽혀 있는 부분도 함께 빨려 들어간다) 양자상태는 '순수 상태'가 아닌 밀도행렬로 서술되어야 한다.[19] 이 문제는 30.4, 7, 8, 14절에서 다시 언급할 것이다.

29.7 코펜하겐 해석에 입각한 '슈뢰딩거의 고양이' 역설

이미 정해진 **U**-과정을 따라 진행되던 양자상태에 '측정'이라는 행위가 개입했을 때 **R**-과정이 어떤 식으로 일어나는지 알아보자(21.8, 22.1～2, 23.10절 참조). 다시 말해서, 양자역학의 오래된 수수께끼인 '측정 문제'를 다시 한 번 조명해 보자는 것이다. 이 문제를 가장 적나라하게 드러내는 사례가 바로 그 유명한 '슈뢰딩거의 고양이 역설'이다. 여기서는 원래 제시되었던 상황에서 (별로 심각하지 않은)수정을 약간 가하고자 한다. 여기 광자를 방출하는 광원 S가 있다. 어떤 순간에 S에서 방출된 하나의 광자가 빔 분할기에 도달하면 광자의 상태가 둘로 갈라진다(빔 분할기는 은으로 반도금된 거울이다). 이중 하나는 광자가 계속 직진하여 감지기에 도달하는 경우인데, 이렇게 되면 권총의 방아쇠가 당겨지면서 불쌍한 고양이는 죽게 된다. 다른 경우는 광자가 빔 분할기에 반사되어 고양이에게 아무런 해도 끼치지 않는다[그림 29.7 참조. 물론 이것은 상상 속에서 진행되는 사고실험이다. 실제 실험에서는(30.13절 참조) 살아 있는 생명체를 희생양으로 쓰지 않는다. 고양이를 등장시킨 것은 극적인 효과를 보여 주기 위한 연출일 뿐이다!]. 이런 경우에 광자의 두 가지 가능한 미래는 양자 선형중첩으로 공존하고, 슈뢰딩거 파동방정식(즉, **U**)의

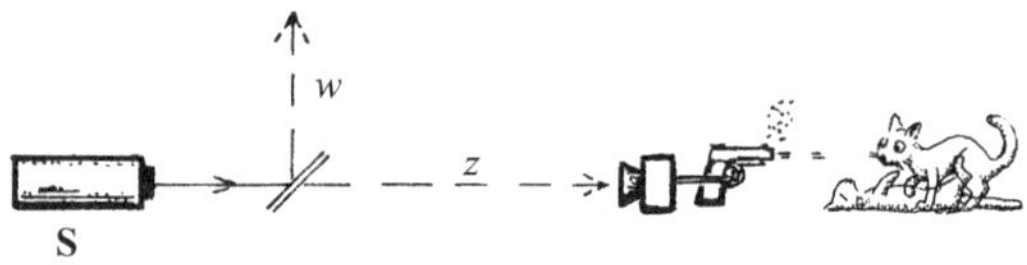

그림 29.7 슈뢰딩거의 고양이(원래 버전에서 약간 변형되었음). 광원 S에서 방출된 광자가 빔 분할기(bean splitter)에 도달하면 서로 다른 두 부분의 중첩으로 변한다. 그중 하나는 광자가 계속 직진하다가 감지기에 도달하여 방아쇠를 당겨서 고양이를 죽이는 경우이고, 다른 하나는 광자가 위로 날아가서 고양이에게 아무런 해도 끼치지 않는 경우이다. 이런 상황에서 **U**는 죽은 고양이와 산 고양이가 중첩된 채로 진행된다.

선형성에 의해 두 개의 가능한 상태들이 각기 복소상수가 곱해진 채 중첩되어 있으므로(22.2절 참조), 양자상태는 결국 살아 있는 고양이와 죽은 고양이의 복소중첩으로 표현된다. 즉, 고양이는 살아 있으면서 동시에 죽어 있기도 하다!

물론 고양이와 같이 거시적인 생물(또는 물체)이 존재하는 현실세계에서는 이런 역설적인 상황이 발생하지 않는다. 양자역학의 다양한 '표준해석'들은 이 상황을 어떻게 설명할까? 코펜하겐 학파의 관점인 (a)부터 시작해 보자. 여기서 내가 할 수 있는 말은 "코펜하겐 관점에서는 광자감지기를 '고전적인 측정장치'로 간주하기 때문에, 양자 중첩을 적용할 수 없다"는 것뿐이다. S에서 방출된 후 감지기에 도달할 때까지(또는 빔 분할기에 반사되어 감지되지 않는 동안) 광자의 상태는 파동함수(상태벡터)로 서술되지만, 여기에는 '물리적 실체'라는 것이 없다. 광자의 파동함수는 확률계산에 사용되는 수학적 표현일 뿐이다. 광자의 확률진폭이 빔 분할기에 의해 정확하게 반으로 나뉘었다면, 광자가 감지기에 도달할 확률은 50%이고 다른 방향으로 날아갈 확률도 50%이다. 따라서 고양이가 죽을 확률은 50%, 살 확률도 50%이다.

이것은 물리학적으로 옳은 해답이다. 여기서 '물리학적'이란 우리가 실제로 경험하는 일상적인 세계의 행동양식을 의미한다. 그러나 슈뢰딩거의 고양이 실험에서 발생하는 물리적 과정을 세밀하게 추적해 보면, 이런 식의 설명이 불충분하다는 것을 금방 알게 된다. 감지기 내부에서는 실제로 어떤 일이 일어나는가? 규모가 크건 작건 모든 측정장비는 결국 양자적으로 동일한 구성성분으로 이루어져 있는데(광자, 전자, 중성자, 가상광자 등), 감지기를 왜 고전적인 측정장치로 간주해야 하는가? 양자역학 초창기에 이 문제에 대한 닐스 보어의 생각은 자발적이 아니라 어쩔 수 없는 선택에 가까웠다. 그래서 양자역학은 현실세계에 적용될 수 있었고, 눈부신 발전을 이루었다. 그러나 내가 보기에 그런 관점은 임시변통에 불과하며, 감지기와 같은 복잡한 기계가 왜, 그리고 어느 순간에 '고전적 행동'을 보이는지 이해할 수 없다. 관점 (a)는 양자역학을 해석할 때 이와 같은 '고전적 구조'를 필요로 하기 때문에, 측정행위의 물리적 속성과 같은 심오한 문제를 덮어두는 미봉책이 될 수밖에 없다.

관점 (a)에서 고전적 측정장비란 궁극적으로 관측자의 '의식'이라고 주장하는 해석도 있다. 이 해석에 따르면 (고양이의 의식을 무시한다면) 의식을 가진 관측자가 고양이의 상태를 측정해야만 비로소 고전성classicality이 드러난다. 그런데 이 단계에 이르면 우리의 해석은 (a)보다 (b) 또는 (f)에 가까워진다. "측정을 시도하는 생명체의 의식수준에 따라 양자적 선형중첩법칙 **U**가 유지되거나 붕괴된다"는 생각은 다중세계해석(b)에 가깝고, "의식을 가진 존재에게는 **U**가 적용되지 않는다"는 생각은 양자계에 의식을 가진 존재가 개입하는 순간부터 계는 양자역학의 일상적인 예견을 벗어나 새로운 방식으로 작동한다고 해석할 수 있으므로 (f)에 가까워진다. 이와 같은 맥락의 해석은 유진 위그너Eugene Wigner

가 1961년에 발표한 바 있다.[20]

그러나 '의식을 가진 관측자'를 필요로 하는 이론에서 **R**이 의식에 영향을 받게 하려면 지나치게 편향된 우주관에 봉착하게 된다(나는 이런 이론을 도저히 믿을 수 없다). 지구로부터 멀리 떨어진 우주공간에 지구와 비슷한 행성이 있다고 가정해 보자. 이 행성에는 의식을 가진 생명체가 없고, 행성을 중심으로 수 광년 이내의 영역에도 생명체가 전혀 없다고 가정하자. 이 행성의 기후조건, 즉 날씨는 어떨 것인가? 날씨의 패턴은 '혼돈계'와 비슷하여, 이전에 일어났던 아주 사소한 사건들이 향후의 날씨를 크게 좌우한다(27.2절 참조). 아주 작은 양자 효과들이 점차 확대되어, 한 달 후에 행성 전체의 날씨를 좌지우지할 수도 있다. 그런데 위에서 언급했던 (f)의 특별한 버전[또는 (a)]에 의하면 의식을 가진 생명체가 없다는 것은 **R**과정이 전혀 일어나지 않음을 의미하며, 따라서 이 행성의 날씨는 우리가 일상적으로 겪는 날씨와 달리 양자 중첩된 상태에 있어야 한다. 그러나 의식을 가진 생명체를 태운 우주선이 행성의 날씨를 측정했다면(또는 무인탐사선이 날씨를 측정하여 그 결과를 의식 있는 생명체가 살고 있는 지구에 전송했다면), 바로 그 순간부터(그리고 오직 그 때에만) 행성의 날씨는 마치 예전부터 쭉 그래 왔던 것처럼 우리에게 친숙한 일상적인 날씨로 돌변하게 된다! 물론 여기에는 당장 문제 삼을 만한 모순이 없다. 그러나 실재하는 물리적 우주가 이런 식으로 운영되고 있다는 것을 과연 믿을 수 있을까? 나는 개인적으로 믿지 않는다. 이런 식의 '위그너 실체'보다는 차라리 다른 관점을 택하는 편이 낫다고 생각한다.

29.8 다른 해석은 슈뢰딩거의 고양이 역설을 해결할 수 있는가?

그렇다면 다중세계해석 (b)는 어떤가? 이 관점은 죽은 고양이와 산 고양이의 양자 중첩을 허용하지만(위에서 예로 들었던 날씨의 양자 중첩도 허용한다), 고양이(또는 날씨)를 바라보는 관측자가 실제로 무엇을 인지하게 될지는 여전히 알 수 없다. 관측자의 인지상태와 고양이의 상태는 '양자적으로 얽힌 관계'로 간주된다. 즉, 관측자가 산 고양이를 목격하는 상태는 고양이가 살아 있는 상태와 함께 나타나고, 관측자가 죽은 고양이를 목격하는 상태는 고양이가 죽은 상태와 함께 나타난다(그림 29.8 참조). 의식이 있는 관측자는 항상 이 두 가지 중 하나를 인식하게 된다. 따라서 관측자에게 인식되는 세계에서 고양이는 살거나 또는 죽거나, 둘 중 하나이다. 이 두 가지 가능성이 얽히고 중첩된 '실체'로서 공존하는 것이다.

$$|\Psi\rangle = w \times |\text{산 고양이}\rangle\, |\text{살아 있는 고양이를 인식함}\rangle$$
$$+ z \times |\text{죽은 고양이}\rangle\, |\text{죽은 고양이를 인식함}\rangle$$

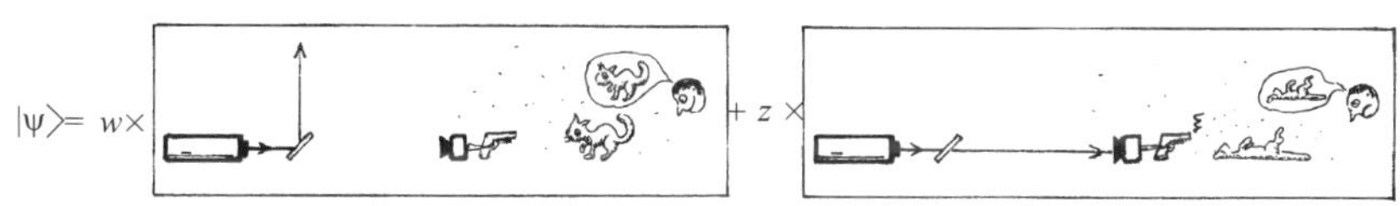

그림 29.8 다양한 주변환경과 고양이의 상태가 어떻게 얽혀 있건, 또는 관측자가 어떤 광경을 목격하건 간에, 그림 29.7의 결과는 달라지지 않는다. 따라서 양자상태는 다음과 같이 표현된다.

$$|\Psi\rangle = w \times |\text{산 고양이}\rangle\, |\text{살아 있는 고양이를 인식함}\rangle$$
$$+ z \times |\text{죽은 고양이}\rangle\, |\text{죽은 고양이를 인식함}\rangle$$

U의 진행이 실체를 나타내는 것이라면[다중세계해석 (b)] 관측자는 둘 중 하나만을 인식할 수 있으며 바로 그 순간에 세계는 둘로 갈라진다.

물론 이것으로 고양이역설이 해결된 것은 아니라는 점을 분명히 해두고 싶다. 양자역학 체계에는 의식상태가 산 고양이와 죽은 고양이를 동시에 인식하는 것을 막는(금지하는)것이 전혀 없기 때문이다. 이 문제는 그림 29.9에 예시되어 있는데, 이 그림에서는 두 개의 진폭 w(광자가 빔 분할기에 반사되는 경우)와 z(빔 분할기를 투과하는 경우)가 같다고 가정했다. 초기스핀 0인 상태에서 분할된 두 입자가 동일한 스핀 $\frac{1}{2}$을 가진 채 서로 반대방향으로 진행했던 EPR-봄 예제에서와 같이, 최종적으로 얻어지는 얽힌 상태는 여러 가지 형태로 표현될 수 있다. 그림 29.9의 경우, |산 고양이⟩ + |죽은 고양이⟩는 |살아 있는 고양이를 인식함⟩ + |죽은 고양이를 인식함⟩을 동반하고, |산 고양이⟩ − |죽은 고양이⟩는 |살아 있는 고양이를 인식함⟩ − |죽은 고양이를 인식함⟩을 동반한다. 이것은 23.4절에서 언급했던 $|\Omega\rangle = |\uparrow\rangle|\downarrow\rangle - |\downarrow\rangle|\uparrow\rangle$를 $|\rightarrow\rangle|\leftarrow\rangle - |\leftarrow\rangle|\rightarrow\rangle$로 다시 쓴 것과 비슷하다. 이 두 가지의 중첩된 인식이 허용되면 왜 안되는가? 인식認識, perception에 해당하는 양자상태가 정확하게 무엇인지를 알아야 그 이유를 알 수 있다. 이것이 선행되지 않는 한, 현실세계에서 죽은 고양이와 산 고양이가 중첩된 희한한 광경이 관측되지 않는

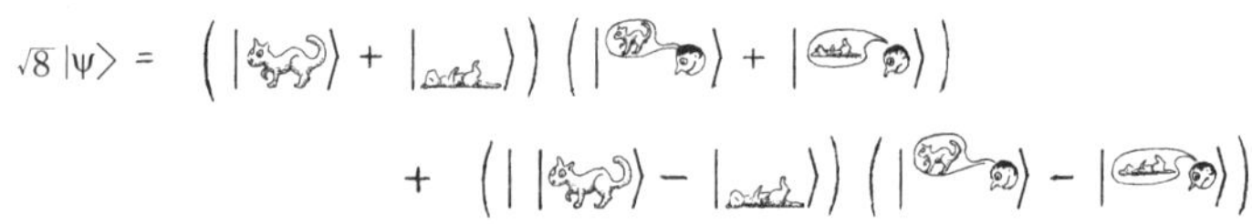

그림 29.9 그림 29.8을 다시 표현하면 다음과 같다($w = z = \frac{1}{\sqrt{2}}$인 경우. 고양이의 상태와 주변환경의 상태는 하나로 통합했다)

√8|Ψ⟩ = { |산 고양이⟩ + |죽은 고양이⟩ } × { |살아 있는 고양이를 인식함⟩ + |죽은 고양이를 인식함⟩ } + { |산 고양이⟩ − |죽은 고양이⟩ } × { |살아 있는 고양이를 인식함⟩ − |죽은 고양이를 인식함⟩ }

이유는 영원히 알 수 없을 것이다.

어떤 사람들은 이 사례가 '두 진폭이 같은' 특수한 경우이며, 일반적으로는 얽힌 상태를 위와 같이 쓸 수 없다고 주장하기도 한다. 그러나 이 문제를 더 자세히 들여다보면 $w = z$라는 가정이 전체적으로 아무런 영향도 끼치지 않음을 알 수 있다. 29.5절에서 다뤘던 스핀 $\frac{1}{2}$짜리 EPR 입자쌍을 생각해 보자. 진폭이 같으면(사실은 $|w| = |z|$로 절댓값이 같은 것임) 밀도행렬의 고유값이 같아진다. 29.4 ~ 5절에서 확인한 바와 같이 고유값이 서로 다른 2×2 밀도행렬은 한 쌍의 상태를 섞는 방법에 따라 여러 가지 형태로 표현될 수 있지만, 이 경우에 쌍을 이루는 상태들은 일반적으로 직교하지 않는다. 두 상태가 직교하려면 이들이 밀도행렬의 고유벡터가 되어야 한다.[29.16] 진폭이 같다면(엄밀하게는 $|w| = |z|$이면) |산 고양이〉와 |죽은 고양이〉상태는 직교하며, 여기 동반되는 |살아 있는 고양이를 인식함〉과 |죽은 고양이를 인식함〉상태도 서로 직교한다(즉, 고유벡터이다). 그러나 $|w| \neq |z|$이면 서로 직교하는 고양이의 상태에 동반되는 두 개의 인식상태는 일반적으로 직교하지 않으며, (그 반대로)서로 직교하는 인식상태에 동반되는 두 개의 고양이의 상태도 일반적으로 직교하지 않는다. "다중세계 관점에서는 '고양이의 상태'가 아닌 '관측자의 인식상태'가 눈에 보이는 실체를 좌우하기 때문에, 인식상태는 서로 직교해야 한다"고 주장한다 해도, $|\Psi\rangle$를 표현할 때에는 이 두 표현 중 어떤 것을 사용해도 상관없다. 그러나 (b)의 관점에서 볼 때 **R**은 실제로 일어나는 과정이 아니기에, 직교하는 쌍의 특별한 선택 같은 것은 존재하지 않는다(어떤 경우에도 그러한 상태들로의 붕괴는 일어나지 않

[29.16] 왜 그런지 증명해 보라.

기 때문이다).

사실은 일반적으로 서로 직교하는 한 쌍의 고양이 상태를 수반하는 인식상태의 쌍들 중 서로 직교하는 쌍이 단 하나 존재하는데, 이것을 얽힌 상태의 '슈미트 분해Schmidt decomposition'라고 한다.[21] 그러나 이것도 측정역설을 해결하는 데에는 별로 도움이 되지 않는다(슈미트 분해는 양자정보이론에서 자주 인용되는 개념이다[22]). 왜냐하면 이 수학적으로 선호되는 고양이 상태의 쌍(고양이 밀도행렬의 고유상태)은 우리가 원하는 |산 고양이〉와 |죽은 고양이〉가 아니라 우리가 원치 않는 이들의 선형중첩이기 때문이다! 슈미트 분해에 등장하는 밀도행렬의 고유상태들은 우리가 기대하는 '실체'와 아무런 관련이 없다(29.5절에서 논했던 루시엔하디의 사례를 참고할 것). [예제 29.12]를 풀어본 독자들은 알겠지만, (지구에 도달한 입자의)밀도행렬의 고유벡터들은 타이탄에 있는 나의 동료가 관측한 '거시적으로 구별 가능한' 상태 |←〉와 |↑〉과는 크게 다르다!

수학적인 면만 고려한다면 '|산 고양이〉' 상태나 '|죽은 고양이〉' 상태를 특별히 선호할 이유가 없으므로, 관점 (b)가 논리적으로 타당하려면 인식의 물리적 특성을 이론적으로 설명해야 하는데, 이런 이론은 아직 개발되지 않았다.[23] 그뿐만 아니라 이 이론은 현실세계에서 산 고양이와 죽은 고양이의 중첩(또는 다른 형태의 중첩)이 발견되지 않는 이유를 설명해야 하는 동시에 절댓값 제곱 규칙이 양자역학의 확률에 올바른 답을 내려 주는 이유까지 설명할 수 있어야 한다! 관측자의 인식에 관한 이론이 이런 문제까지 해결해 준다면, 양자역학 못지않게 정교한 이론으로 부상할 것이다. 그러나 (b)를 지지하는 학자들은 아직 이렇다 할 결과를 내놓지 못하고 있다.[24]

이제 주변환경의 결어긋남에 기초한 (c) 관점에서 고양이 역설을 해결해 보자. 초기에 방출된 광자를 실존하는 물리적 객체로 간주하면(즉, 광원에서 광자가 방출되는 사건을 거시적인 방법으로 기록할 수 있다고 가정하면), 빔 분할기에서 갈라진 두 가닥의 광자빔은 실제로 존재하는 중첩상태에 놓이게 된다. 이중 빔 분할기를 통과한 부분은 주변환경과 함께 어우러져 죽은 고양이상태를 향해 진행되고, 반사된 부분은 또 다른 환경과 함께 살아 있는 고양이상태를 향해 진행된다. 두 상태의 중첩은 실체로서 한동안 유지되며, '관측되지 않는' 주변환경의 가능성을 모두 더하면 2×2 밀도행렬이 얻어진다. 이제 (실체론적)위치는 은밀하게 이동하여, '실체'는 밀도행렬로 표현된다. 주변환경의 결어긋남 관점 (c)에 따르면, 이 행렬은 $|\text{산 고양이}\rangle$와 $|\text{죽은 고양이}\rangle$를 기저로 하는 대각행렬로 아주 가깝게 접근하고, 이에 따라 실체도 은밀하게 변하여 전체적으로는 $|\text{산 고양이}\rangle$와 $|\text{죽은 고양이}\rangle$가 확률적으로 섞인 상태가 된다. 이런 식으로 해석하면 다음과 같은 중첩에서 $|\text{산 고양이}\rangle$나 $|\text{죽은 고양이}\rangle$ 상태로의 '실체의 은밀한 이동'을 따로 고려할 필요가 없다.

$$w\,|\text{살아 있는 고양이}\rangle\,|\text{살아 있는 고양이의 환경}\rangle$$
$$+\,z\,|\text{죽은 고양이}\rangle\,|\text{죽은 고양이의 환경}\rangle$$

앞에서 지적한 바와 같이, 밀도행렬을 상태의 확률혼합(고유값이 같건 틀리건 상관없이)으로 해석할 때에는 '유일한 실체론적 해석'이라는 것이 따로 존재하지 않는다. $|\text{산 고양이}\rangle$와 $|\text{죽은 고양이}\rangle$의 혼합상태로 간다는 것은 원래의 중첩에서 실체론적 이동이 (두 번)일어난다는 것을 의미한다. 관점 (c)는 다분히 FAPP적 해석이며, 물리적 실체에 대한 일관된 실체론을 제공하지 못한다.

29.9 어떤 관점을 택할 것인가?

(d)와 (e)도 간단하게나마 짚고 넘어가는 것이 좋겠다. 물리적 실체가 '최대정제집합'에 속하는 정합적 과거들의 총체로 표현된다는 관점 (d)에 실체론적 의미를 과도하게 부과하면, 다중세계해석 (b)에 쏟아졌던 것과 비슷한 반론에 직면하게 된다. (b)의 경우에 그랬듯이, (d)로부터 우리가 알고 있는 물리적 세계를 유추하려면 관측자의 인식을 정확하게 서술하는 이론이 있어야 한다. 지금까지 이 방향으로 많은 시도가 있었지만 ('정보수집사용계 Information Gathering and Using System'이라 불리는 IGUS 개념(관측자를 정보를 수집하고 처리하는 요소로 보는 관점)이 대표적이다), 아직 만족할만한 단계는 아니다.[25] 이것이 마음에 안 든다면, 29.2절에서 잠시 언급한 것처럼 정합적 과거의 단일 최대정제집합을 골라내어 '실제세계 real world'의 후보로 내세울 수도 있다. 그러나 이는 (방금 전의 '과거들의 총체' 관점처럼) '정합적' 과거가 목적한 바를 실제로 이루어낸다는, 즉 선택된 하나의 과거가 우리가 살고 있는 세상과 닮았다는 기준에 의존한다. 도우커 Dowker와 켄트 Kent는 1996년에 '정합적이다'는 조건만으로는 충분하지 않다는 사실을 입증했다.

내가 볼 때 (d)는 **R**과 비슷한 과정을 도입했음에도 불구하고(투영 연산자 집합 끼워 넣기), 물리적 측정에 대한 이해가 (a)나 (b)의 전통적인 실체론보다 별로 나을 것이 없다. 실제로 관점 (d)에서는 **R**과 비슷한 과정이 현실세계의 물리적 측정과 아무런 관계가 없음을 분명하게 지적하고 있다. 그런데 **R**-유형의 과정과 물리적 측정을 별개로 취급하면, 무엇이 측정을 구성하는지 알 수가 없다. (d) 관점을 따를 때 우리는 왜 슈뢰딩거의 고양이가 삶과 죽음의 경계에서 중첩되어 있는 장면을 볼 수 없는 것일까? 중성자나 광자는 그렇지 않은데 왜 (측정장비의 일부나 고양이 같은)계는 고전적 방식으로 행동하는가를 설명하는 대목에서 (d)는 코펜하겐 학파의 표준해석인 (a)보다 별로 나은 점이 없다. (최대정제된)대충 뽑은 과거에 정합성을 요구하는 것은, 눈에 보이는 물리적 실체의 적절한 모형을 제시하는 길에서 한참 벗어나 있는 듯하다.[26]

기초적인 단계에서 **R**과 비슷한 과정을 도입한 것은 (d)의 장점으로 볼 수도 있다. 그러나 지금까지 언급된 내용만으로는 현실세계를 닮은 분명한 그림을 도출해내기 어렵다. 이런 상황은 고전적인 거시 수준(도우커와 켄트의 '정합적 과거의 기준')뿐만 아니라, 유니터리한 진행이 요구되는 양자 수준에서도 똑같이 발생한다. 측정역설은 이 두 가지 수준에서 일어나는 물리적 행동 사이의 충돌과 관련되어 있으므로, 정합적 과거 관점 (d)에서 해답을 찾기는 어려울 것이다.

그렇다면 (e)는 어떤가? 29.2절에서 말한 대로, 드브로이-봄의 '파일럿 파동' 관점 (e)는 양자이론에서 얻어진 예견을 바꾸지 않는 관점 중에서 실체에 대하여 가장 분명한 설명을 내놓고 있다. 그러나 내가 보기에 측정역설에 대한 설명은 다른 관점보다 특별히 나을 것이 없다. 다만 (e)는 실체를 두 단계로 분류한 것이 개념적인 면에서 다른 관점보다 낫다고 할 수 있다. 첫째는 물리계를 구성하는 '입자' 단계의 견고한 실체이고, 두 번째는 파동함수 ψ로 정의되는 '파동' 단계의 실체이다. 여기서 ψ는 견고한 실체의 행동을 안내하는 역할을 한다. 그러나 실제로 측정을 시도할 때, 두 가지 실체 중 어느 쪽에 중점을 둬야 할지가 분명치 않다. 내가 보기에 관점 (e) 속에는 고전적인 '입자'나 '배위' 같은 그림에 부합될 정도로 '큰' 계와 '파동함수'의 거동이 중요한 역할을 하는 '작은' 계를 구별하는 마땅한 매개변수가 없다[이 반론은 관점 (d)에도 제기할 수 있다]. 23.4절 등에서 논한 바와 같이 양자적 거동은 10 km 이상 멀리 떨어진 곳까지도 뻗어나갈 수 있으므로, 주어진 계가 양자역학적 특성을 더는 보이지 않고 고전적 물체처럼 거동하기 시작하는 시점을 오직 거리만으로 판단할 수는 없다. 그러나 고양이 같이 커다란 물체가 작은 영역에 적용되는 (유니터리한)양자법칙을 따른다는 심증은 있다('규모척도scale-measure'에 관한 나의 개인적인 의견은 30.11절에서 소개할 예정이다). 나는 미세영역에서 일어나는 양자적 거동으로부터 고전적인 거동이 나타나기 시작하는 시점을 정의하려면, 모종의 '규모척도'가 필요하다고 생각한다. 관점 (e)에는 규모척도라는 개념이 없기 때문에, 슈뢰딩거의 고양이 역설을 해결하기에는 적절치 않다.

이쯤에서 **U**의 역학으로부터 **R**이 출현하는 과정을 '유도하려는' 일련의 시도에 대하여 언급할 필요가 있을 것 같다. 결정론적인 역학만으로는 결코 이 작업을 완수할 수 없다. 이런 역학의 운동방정식에는 슈뢰딩거 방정식처럼 확률의 개념이 전혀 들어있지 않기 때문이다(27.1절 참조). 어떤 식으로든 **R**을 다루려면 확률과 관련된 원리가 반드시 있어야 한다. 다시 말해서, **R**은 결국 '확률법칙'인 셈이다. 29.2절에서 말한 대로, 연속측정에서 얻어지는 일련의 확률이 초기상태의 선택에 각인되어 있다는 것은 관점 (e)의 중요한 속성이다.

이로써 결국 우리는 (f)에 도달하게 된다. '객관적인 **R**'을 표방하는 다양한 제안들이(개중에는 아주 뛰어난 것도 있다) 공통으로 갖는 난점은 외형이 부자연스럽고 기본적으로 비상대론적이며, 이미 알려져 있는 물리학으로부터 유도할 수 없는 임의의 매개변수가 필요하다는 것, 그리고 에너지보존법칙을 만족하지 않으며, 일부 제안은 측정결과와 정면으로 상충된다는 점이다. 이 책에서 모든 제안을 일일이 나열하는 것은 별 의미가 없고, 일부만 소개하는 것은 공평하지 않다. 그러나 나는 가장 그럴 듯하다고 생각되는 하나의 제안을 골라 30장에서 소개할 예정이다(다른 의견을 제안했던 친구들에게 사과하는 바이다). 다른 제안들도 나름대로 매우 중요하고 흥미롭지만, 내가 말하고자 하는 내용과 관련되어 있는 경우에 한하여 부분적으로 인용할 것이다.

〈29장 후주〉

29-1절

29.1 Deutsch(2000) 참조.

29.2 '옴니엄(omnium)'이라는 용어는 나의 동료이자 고전학자인 피터 디로우(Peter Derow)가 창시했다. Penrose(1987a) 참조.

29.3 Everett(1957), Wheeler(1957), De Witt and Graham(1973), Deutsch(2000) 참조.

29.4 일부 물리학자들은 거시적으로 다른 상태들의 양자 중첩에 아무런 문제가 없다고 주장한다(슈뢰딩거가 제안했던 '산 고양이'와 '죽은 고양이'의 중첩도 이와 비슷하다. 29.7～9절 참조). 왜냐하면 살아 있는 상태와 죽은 상태 사이의 간섭효과를 측정하려면 너무나 비싼 측정장비가 필요하기 때문이다(또는 아예 불가능할 수도 있다). 이것은 다분히 실용적인 관점으로, 실체론과 관련된 이슈는 전혀 거론되지 않았다. 나는 이런 물리학자들을 관점 (c)의 지지자로 분류한다.

29.5 Hawking and Penrose(1996), p.121 참조.

29-2절

29.6 관점 (d)에 관해서는 Gell-Mann and Hartle(1995)를 참조하고, (e)

는 Bohm and Hiley(1994)를 참조하라. 본문에 언급된 (a), (b), (c), (d)는 각 관점의 대표격이고, 각 관점에도 여러 가지 다양한 해석이 존재한다. 개중에는 경로적분이나 파인만 다이어그램(26.6 ~ 11절 참조)을 이용하면 양자적 실체를 가장 분명하게 이해할 수 있다고 주장하는 물리학자도 있다[Sorkin(1994)]. 그러나 내가 보기에 이들의 관점은 (b)에 포함된다[일부 내용은 (d)와 비슷하다]. (b)에서 말하는 실체란 양자상태(또는 양자적 과거)를 정의하는 특별한 중첩을 의미하기 때문이다. 그 외에 Aharonov and Vaidman(2001)과 Cramer(1988), Costa de Beauregard(1995)는 교류적(transactional) 실체론을 주장했고, Werbos and Dolmatova(2000)는 실체를 서술할 때 그 직전에 실행된 측정에서 미래로 진행하는 파동함수와 그 직후에 실행된 측정에서 과거로 진행하는 또 다른 파동함수를 함께 고려해야 한다고 주장했다(30.3절 참조). 그러나 나는 측정역설이 (a), (b), (c), (d), (e)를 통해 가장 그럴듯하게 설명되었다고 생각한다.

29.7 관점 (d)의 체계에서는 '출발상태(start state)'도 밀도행렬이 될 수 있다(29.3절 참조).

29.8 가끔은 이것을 '과거(history)'라 부르기도 하는데, 파인만이 말하는 '과거총합'과 혼동의 여지가 있다(26.6절 참조).

29.9 이 조건은 다음과 같은 형태이다. 연속되는 투영 연산자 집합이 주어져 있으면(해밀토니안 $\mathcal{H} = 0$으로 간주함) 이로부터 $X = \langle \psi_0 | \boldsymbol{E}' \boldsymbol{F}' \ldots \boldsymbol{K}' \boldsymbol{L}' \boldsymbol{D}_\infty \boldsymbol{L}\boldsymbol{K} \ldots \boldsymbol{F}\boldsymbol{E} | \psi_0 \rangle$라는 표현을 만들 수 있다. 여기서 $|\psi_0\rangle$는 초기상태이고, 최종상태는 밀도행렬 $\boldsymbol{D}_\infty$로 잡을 수 있다([후주 29.7] 참조). 연속되는 쌍 $(\boldsymbol{E}, \boldsymbol{E}')$, $(\boldsymbol{F}, \boldsymbol{F}')$, $\cdots$, $(\boldsymbol{K}, \boldsymbol{K}')$, $(\boldsymbol{L}, \boldsymbol{L}')$의 투영 연산자는 각각 주어진 연속 투영 연산자 집합에 속한다. 또한 조건의 정합성이 유지되려면 $(\boldsymbol{E}, \boldsymbol{E}')$, $(\boldsymbol{F}, \boldsymbol{F}')$, $\cdots$, $(\boldsymbol{K}, \boldsymbol{K}')$, $(\boldsymbol{L}, \boldsymbol{L}')$쌍이 모두 다를 때 X

의 실수부는 0이 되어야 하는데, 이런 경우는 계의 진행과정에서 슈뢰딩거 부분을 무시했을 때 발생한다(즉, $\mathcal{H}=0$인 경우). 그러나 투영 연산자가 적용되는 사이에 슈뢰딩거 진행을 도입하면 자명하지 않은 슈뢰딩거 진행을 되살릴 수 있다. 대충뽑은 과거에 부과되는 이 '정합성 조건'은 서로 비교되는 과거들 사이에 간섭이 일어나지 않는다는 조건으로 해석할 수 있다.

29.10 나는 '정합적 과거'를 설명한 책 중에서 (d)의 실체론을 분명하고 진지하게 다룬 책을 본 적이 없다. 그래서 나는 짐 하틀과 페이 도우커의 도움을 받아 관점 (d)를 이해하려고 노력하는 중이다. 그러나 내가 아무리 노력한다 해도, (d) 학파의 기본철학을 설명하기는 어려울 것 같다.

29.11 Bohm and Hiley(1995), Valentini(2002) 참조. 특히 안토니 발렌티니(Antony Valentini)는 현재 드브로이-봄 이론을 연구하고 있는데, 그의 논문이 하루속히 발표되길 바란다!

29.12 Károlyházy(1974), Frenkel(2000), Ghirardi *et al.*(1986), Ghirardi *et al.*(1990), Komar(1964), Pearle(1985), Pearle and Squires(1995), Kibble(1981), Weinberg(1989), Diosi(1984, 1989), Percival(1994, 1995), Gisin(1989, 1990), Penrose(1986a, 1989, 1996a, 2000a), Leggett(2002) 참조.[무순]

29-3절

29.13 확률분포가 연속이려면 공간 $\mathcal{P}$에서 적분값이 1인 양의 실함수 f가 필요하다. $\mathcal{P}$는 자연스러운 부피형식(volume form)을 갖고 있어서($2N$-형식 $\boldsymbol{\Sigma}$, 20.4절 참조), $f\boldsymbol{\Sigma}$는 $\mathcal{P}$에서 자연스럽게 적분된다. 우리에게 필요한 조건은 $\int f\boldsymbol{\Sigma}=1$이다.

29.14 Brody and Houghston(1998b) 참조. 밀도행렬의 개념적인 설명은

Nielson and Chuang(2000)을 참조하라.

29-4절

29.15 n-상태계의 경우($n > 2$)에는 상황이 좀 더 복잡해진다. 밀도행렬의 ($n^2 - 1$)-차원 공간에서 표면의 일부만이 순수상태공간이며, 이 부분은 복소 사영 ($n - 1$)-공간 $\mathbb{CP}^{n-1}$이다(21.9, 22.9절 참조).

29-5절

29.16 일부 독자들은 23.10절에서 도입했던 퀀글먼트가 지금 논하는 실체론적 이슈에 영향을 줄 수도 있다고 생각할 것이다. 물론 이것은 흥미로운 생각이며, 실체론과 관련된 양자역학의 모든 이슈를 새로운 방향으로 인도할 수도 있다. 그러나 이 책에서는 실체에 관하여 당분간 '상식적인' 관점을 견지할 것이며, 상대성이론에서 제기된 문제들은 다루지 않을 것이다.

29.17 Nielson and Chuang(2000), Hughston *et al.*(1993) 참조.

29-6절

29.18 이 아이디어의 원조는 휠러(Wheeler)였다. 현대식 버전은 Ng(2004)를 참조할 것.

29.19 Hawking(1976b), Preskill(1992) 참조. 이 책의 30.14절에도 관련 내용이 있다.

29-7절

29.20 나는 이 관점이 정말로 양자역학적 측정에 관한 위그너의 실제 생각이었는지 의심스럽다(물론 이 관점은 위그너가 살아 있는 동안에도 계속 개선되었다). 나의 입장은 인간 의식이 양자 중첩상태를 붕괴시킨다고 주장하는 사람들과 근본적으로 다르다(그런데 내 생각을 사실과 다르게 전

달하는 사람들이 종종 있다). 30.9 ~ 12절 참조.

29–8절

29.21 일반적으로 $H^2 \times H^2$에 속하는 얽힌 상태 $|\Psi\rangle$의 슈미트 분해(또는 극분해, polar decomposition)는 $|\Psi\rangle = \lambda|\alpha\rangle|\beta\rangle + \mu|\rho\rangle|\sigma\rangle$로 쓸 수 있다. 여기서 첫 번째 H^2에 속하는 $|\alpha\rangle$와 $|\rho\rangle$는 서로 직교하고(이들의 밀도행렬의 규격화된 고유벡터이다), 두 번째 H^2에 속하는 $|\beta\rangle$, $|\sigma\rangle$도 서로 직교한다. 또한 $\bar{\lambda}\lambda$와 $\bar{\mu}\mu$는 밀도행렬의 고유값이다. $H^n \times H^n$에서도 비슷한 논리가 성립하는데, 이 경우에 $|\Psi\rangle$는 n개의 항으로 이루어진다. Nielson and Chuang(2000) 참조.

29.22 Nielson and Chuang(2000) 참조. 이 책의 주제는 사실 양자정보이론이다!

29.23 이 문제와 관련된 자세한 설명은 Page(1995)를 참조하라.

29.24 Gell-Mann(1994) 참조. Hartle(2004)에는 '정합적 과거'에 기초한 관점 (d)의 10년에 걸친 변천사가 정리되어 있다.

29–9절

29.25 Dowker and Kent(1996) 참조.

29.26 아드리안 켄트(Adrian Kent)가 제시했던 사례는 '정합성' 조건이 물리적 실체에서 얼마나 동떨어져 있는지 잘 보여주고 있다. 이 사례에서 입자 p는 상자 A, B, C중 하나에 놓일 수 있고, 각 상태는 정규직교상태 $|A\rangle$, $|B\rangle$, $|C\rangle$로 표현된다. 여기에 해밀토니안이 0이라고 가정하면 유니터리한 진행이 일정하게 유지된다. 입자의 초기상태는 $|A\rangle + |B\rangle + |C\rangle$이고, 최종상태는 관측결과 $|A\rangle + |B\rangle - |C\rangle$였다고 가정하자($|A\rangle + |B\rangle + |C\rangle$와 $|A\rangle + |B\rangle - |C\rangle$는 직교하지 않는다). 두 상태 사이에 투영 연산자 집합 $\{|A\rangle\langle A|, I - |A\rangle\langle A|\}$

를 끼워 넣어도 여전히 정합이므로(consistent), 우리는 입자 p가 중간단계에서 상자 A에 있다고 결론지을 수 있다(기본적으로 $|B\rangle + |C\rangle$와 $|B\rangle - |C\rangle$가 서로 직교하기 때문이다). 그런데 A를 B로 바꿔서 동일한 논리를 전개하면 입자 p는 중간단계에서 상자 B에 있다는 결론이 내려진다! 이 사례는 야키르 아하로노프(Yakir Aharonov)의 '왕 문제(King Problem)'에서 탄생한 것으로 추정된다. Albert *et al.* (1985), p.5 참조.

30
양자상태축소에서 중력의 역할

30.1 현재 양자이론은 안정적으로 자리를 잡았는가?

이 장에서 나는 지금까지 알려진 양자역학 법칙에 근본적인 변화가 필요한 이유를 설명할 것이다. 이런 과감한 주장에는 그럴만한 이유가 있다. 현재 수용되고 있는 물리학의 원리와 천문관측을 통해 얻은 자료들이 내 주장을 뒷받침하고 있다. 물론 현대의 양자물리학자 중에서 기본법칙을 바꾸는 것을 진지하게 수용할 사람은 그리 많지 않을 것이다. 양자역학의 정확성은 이미 수많은 실험을 통해 확실하게 검증됐고 물리적 현상을 예견하는 능력도 놀랄 정도로 정교하지만, 그 역사는 (하이젠베르크와 슈뢰딩거의 업적을 바탕으로 디랙을 비롯한 물리학자들이 수학적 기초를 세운 시점을 탄생연도로 잡았을 때) 80년 정도밖에 되지 않는다. 뉴턴의 물리학은 훗날 특수상대성이론과 일반상대성이론, 그리고 양자역학에 의해 수정될 때까지 무려 250년 동안 물리학의 제왕으로 군림해 왔다. 따라서 양자역학은 비교적 '젊은' 이론에 속한다. "뉴턴 물리학에 처음으로 수정을 가한 것은 맥스웰의 장이론이었다"는 주장을 수용한다 해도, 고전물리학의 수명은 거의 180년에 달한다!

뉴턴의 이론에는 측정역설 같이 골치 아픈 문제도 없다. 양자역학의 이론체계가 우아하게 보이는 중요한 이유 중 하나는 **U**-과정이 선형적이기 때문인데, 사실은 바로 이 선형적 특성(또는 유니터리성) 때문에 측정역설이 대두된 것이다(22.2절 참조). 양자이론보다 더욱 정확한 비선형이론이 어딘가에 존재하고, 그것을 근사적으로 서술한 것이 지금의 양자역학이라면 어떻게 될까? 이런 주장을 믿는 것이 과연 잘못된 판단일까?

우리는 한 세기 전에 있었던 확실한 사례를 알고 있다. 17세기에 뉴턴이 알아낸 중력이론은 선형적인 특성을 가져서, 수학적으로 매우 우아한 체계를 구축할 수 있었다(한 물체에 중력이 여러 방향으로 작용할 때, 최종적으로 나타나는 효과는 이 힘들을 모두 더한 것과 같다). 그러나 이 이론은 아인슈타인이 창안한 더욱 정교한 이론으로 대체되었다. 새로운 중력이론에 의하면, 여러 물체에 의한 중력효과는 비선형적인 방식으로 결합한다. 그러나 아인슈타인의 중력이론(일반상대성이론)은 우아한 면에 있어서 뉴턴 이론에 조금도 뒤지지 않는다. 또한, 아인슈타인의 이론은 뉴턴 중력이론을 '갖고 놀다가(29.2절 참조)' 우연히 발견된 이론이 결코 아니다. 뉴턴의 물리학이 탄생한 후로 그의 이론을 이리저리 갖고 놀았던 사례는 많이 있었는데, 그 대표적인 사례가 아스페드 홀Aspeth Hall이었다. 그는 1843년에 관측된 수성의 공전궤도가 뉴턴의 예견과 조금 달랐던 사실에 창안하여, 중력공식 GmM/r^2에서(17.3절 참조) 분모에 있는 r의 지수 '2'를 '2.00000016'으로 수정해야 한다고 주장했다(이것은 1894년에 있었던 일이다. 후에 사이먼 뉴콤Simon Newcombe은 아스페드의 수정안이 다른 행성에도 잘 맞는다는 사실을 확인했다).[1] 훗날 아인슈타인은 뉴턴과 완전히 다른 논리에서 출발하여 이 문제를 '조용히' 해결했고, 그의 발견은 세상을 바라보는 우리의 시각을 크게 바꿔 놓았다. 현재 통용되는 양자이론을 대신할 비선형 이론을 찾는다면, 바로 이와 같은 변화가 필요하다.

내 개인적인 생각이지만, 아인슈타인의 일반상대성이론은 양자역학을 수정하는 데 중요한 실마리를 제공할 것이다. 지난 20세기에 물리학은 두 가지 커다란 혁명을 겪었다. 일반상대성이론과 양자역학(또는 양자장이론)의 출현이 그것이다. 그런데 이 두 이론은 서로 매우 불편한 관계에 있다. 두 이론의 근간이 되는 기본원리가 조화롭게 공존하지 못하는 것이다. 일반상대성이론과 양자역학을 결혼시키려는 일련의 시도는 둘 중 하나를 다른 쪽에 굴복시키는 일종의 '강제결혼'에 가깝다. 많은 사람이 "양자장이론 법칙이 바뀌는 것은 있을 수 없는 일이므로, 아인슈타인의 이론이 자세를 낮추고 표준 양자역학에 어울리도록 자신을 다듬어야 한다"고 생각하는 것 같다. 양자역학이 수정되어야 둘 사이의 조화로운 결혼이 가능하다고 생각하는 사람은 소수에 불과하다. 두 이론을 합쳤다는 뜻의 '양자중력 quantum gravity'이라는 용어 속에는 양자(장)이론이 주도적인 역할을 한다는 의미가 함축되어 있다. 그러나 나는 지금까지 얻어진 관측결과들이 이런 풍조와 전혀 다르다는 것을 강조하고 싶다! 자연이 설계한 둘 사이의 결혼계획은 우리가 볼 때 전혀 표준적이지 않으나, 가장 중요한 것은 양자상태의 축소(중첩된 상태의 붕괴)를 객관적인 관점에서 이해하는 것이다.

30.2 우주적 시간의 비대칭성에서 얻을 수 있는 실마리

그 증거는 무엇인가? 양자역학과 중력의 통합을 위한 자연의 선택이 가장 분명하게 드러나는 지점에서 이야기를 시작해 보자. 그곳은 바로 빅뱅과 블랙홀(그리고 만약 공간을 차지한다면, 빅 크런치도)에서 나타나는 시공간의 특이점이다. 우리는 27장에서 빅뱅이 얼마나 특별한 사건이었는지를 확인한 바 있다. 그동안 하틀-호킹의 이론(28.9절 참조)을 이어받은 대담한 가설이 다양하게 제안되었지만, 양자중력이론을 완성하기 위해서는 시간의 비대칭성을 고려해야 한다는 점은 크게 달라지지 않았다.

시간의 비대칭성은 표준 양자장이론과 정면으로 상치되는 것처럼 보인다. 25.4절에서 언급했던 CPT 정리를 떠올려 보자(T는 시간되짚기, P는 공간반전, C는 입자-반입자 반전을 뜻한다). 우리가 찾는 양자중력이론에 CPT 정리가 성립하기를 요구하면 당장 문제가 발생한다. 자체중력으로 붕괴하다가 최종적으로 도달한 '일반적' 특이점에 CPT 정리를 적용하면 빅뱅(또는 빅뱅의 일부)의 후보인 초기형initial-type특이점이 얻어진다. 그리고 27.13절에서 말한 대로 위상공간은 엄청나게 크다(그림 27.21 참조). 그런 일반적인 초기형 특이점이 한번 허용되면, 우리 우주의 실제 시작점으로 보이는 엄청나게(그림 28.13의 인류원리를 따르자면, 쓸데없이) 작은 영역 $\mathcal{B}$를 찌를 창조주의 손을 유도할 것이 아무것도 없다. 결국, 표준 양자장이론의 체계 안에서는 빅뱅의 특이한 성질을 설명할 수 없는 것이다.

적어도 CPT 정리가 성립하는 '표준형' 이론에서는 이와 같은 상황을 피할 수 없다(25.4절 참조). 엄밀히 말해서, 일반상대성이론의 '휘어진 시공간'을 전적으로 수용한 이론에는 CPT 정리를 곧바로 적용할 수 없다. CPT 정리에 깔린 전제 중 하나는 배경 시공간이 '평평한' 민코프스키 공간이라는 것이다. 그러나 물리학자들은 대부분 이점을 대수롭지 않은 절차상의 문제로 생각하면서, "민코프스키 공간을 도입하면 아인슈타인의 이론을 '푸앵카레 불변 장이론Poincaré invariant field theory' 형태로 재서술할 수 있다"고 생각하는 것 같다. 나는 개인적으로 이와 같은 관점에 강한 유보적 태도를 취하는 쪽이지만,[2] 시간에 대해 완전히 대칭인 아인슈타인의 고전적 일반상대성이론이 양자장이론의 시간대칭적 표준 절차를 거치면 시간비대칭적 성질을 갖게 된다는 주장에 신빙성이 없다는 점에는 그런대로 동의하는 편이다.

앞에서 우리는 고전이론에서 양자이론으로 넘어갈 때 대칭성이 붕괴된다는 사실을 확인한 바 있다(25.5, 26.5, 26.11절 참조). 아인슈타인 이론도 표준 양자장이론의 영역으로 들어가면 대칭성이 붕괴될 것인가? 그럴 수도 있지만, 약전자기이론의 대칭성이 붕괴되는 방식으로 일어나지는 않을 것이다. 약전자기이론의 진공상태 $|\Theta\rangle$는 양자역학의 대칭성을 공유하지 않는다. 만일 일반상대성이론의 대칭붕괴가 약전자기이론의 대칭붕괴와 비슷한 방식으로 일어난다면 $|\Theta\rangle$는 시간에 비대칭이어야 하는데, 이것은 아무리 생각해도 이치에 맞지 않는다. 26.11절에서 말한 대로 켓벡터 $|\Theta\rangle$는 모든 장연산자field operator의 오른쪽에 있으며, 우주의 초기상태, 즉 '매우 특별한' 빅뱅의 상태를 나타낸다. 그런데 표준 양자장이론에 의하면 $|\Theta\rangle$의 복소켤레인 브라벡터 $\langle\Theta|$도 중요한 요소로서, $\langle\Theta|A|\Theta\rangle$를 통해 확률이 계산되고, 시간이 반전되었다는 것만 빼고는 $|\Theta\rangle$와 완전히 대칭적인 역할을 한다. 따라서 $\langle\Theta|$는 우주의 최종상태를 나타내는 상태벡터이며, 이는 곧 우주의 초기상태와 최종상태가 비슷한 구조를 갖는다는 뜻이다. 이것은 27장에서 내린 결론과 완전히 모순된다.

'양자화quantization' 과정에서도 고전이론의 대칭성이 양자이론에 적용되지 않는 경우가 발생하는데, 이때 나타나는 것이 바로 '비정상성anomaly'이다. 이것은 고전적 대칭성(푸아송 괄호로 주어짐. 14.8절 참조)

에서 성립하는 고전적 교환법칙이 양자이론의 교환자commutator에서 전부는 구현되지 않아, 전체 고전대칭군의 부분군만이 양자이론에서 살아남는 경우에 발생한다. 비정상성은 정상적인 물리학이론을 원하는 많은 사람들에게 기피대상 1호로 인식되어 왔다(다음 장에서 끈이론을 다룰 예정인데, 여기 등장하는 비정상성을 제거하기 위해 이론물리학자들이 어떤 대책을 강구하고 있는지 알게 될 것이다). 여기서 시각을 조금 바꿔 보자. 우리가 원하는 것이 '대칭의 규모가 큰 이론'이 아니라면, 비정상성은 '좋은 것'이 될 수도 있다. 그런데 지금 우리에게 문제가 되는 것은 연속적인 대칭이 아니라 CPT라는 불연속 대칭이다(T대칭과 CT대칭, 그리고 PT대칭도 포함된다—어쨌든 모든 대칭에 'T'가 포함되어 있다). 지금 우리는 이 대칭성을 포기해야 하는 상황에 부닥쳐 있는데, 이것이 통상적인 비정상성과 어떤 관계가 있는지 분명치 않다. 여기서 말하는 '통상적인 비정상성'이란, (항상 그런 것은 아니지만) 대체로 푸아송 괄호를 통해 구현되는 연속대칭을 의미한다.

그러나 양자효과와 중력효과가 하나로 합쳐져야 하는 극단적인 상황에서(빅뱅이나 중력붕괴에서 나타나는 시공간의 특이점) 중력이 다른 여타의 장field과 다른 방식으로 행동한다는 것을 부정하기는 어려울 것 같다. 27장의 끝에서 두 번째 단락은 바로 이 점을 지적한 것이다. 이유가 무엇이건 간에, 자연은 이런 극단적인 상황에서 중력의 거동에 시간 비대칭성을 부여했다.

30.3 양자적 상태축소에 나타나는 시간 비대칭

이로부터 중력과 양자역학의 상호관계로 우리를 인도하는 실마리를 찾을 수 있을까? 나는 그렇다고 믿는다. 양자이론의 **U**-부분은 시간에 대칭이지만(27.1절 참조), **R**-부분에는 근본적인 시간 비대칭이 존재한다. 이것은 간단한 양자 사고실험을 통해 쉽게 확인할 수 있다. 여기, 광자를 간간이 방출하는 광원 S가 있다. 광자는 한 번에 한 개씩 방출되며, 이 사건은 매번 발생할 때마다 어딘가에 기록된다.[3] 광자의 에너지는 제법 크다고 가정하자(엑스선 광자라고 생각하면 된다). S로부터 적당히 떨어진 곳에는 빔 분할기 B가 45° 각도로 설치되어 있다. 광자가 B를 통과하면 감지기 D에 도달하고, B에서 반사되면 천장 C에 흡수된다(그림 30.1 참조). 광자가 빔 분할기를 통과할 확률과 반사될 확률이 같아지도록 B의 성능을 조절했다면, D에 도달한 광자의 수는 S에서 광자가 방출된 횟수의 $\frac{1}{2}$이 될 것이다.

여기에는 **R**-과정이 곧바로 적용된다. 광자의 'SBD-과거'에 대응되는 진폭은 $\frac{1}{\sqrt{2}}$이고(위상인자는 무시한다), 'SBC-과거'에 대응되는 진폭도 $\frac{1}{\sqrt{2}}$이다. 여기에 **R**-과정의 '절댓값 제곱규칙'을 적용하면 S에서 방출된 광자가 감지기 D에 도달할 확률은 50%이고, C에 도달할 확률도(추론에 의해) 50%이다. 여기까지는 별문제가 없다.

이제 위에서 실시한 가상실험을 '과거로 흐르는 시간'을 따라 재현해 보자. 시간이 반대로 흐르는 광원이나 감지기를 만들자는 게 아니다. 무슨 수를 써도 물리적 과정은 변하지 않는다. 내 말은, 시간만 거꾸로 되돌리면서 몇 가지 질문에 답을 찾아보자는 것이다. 'D에서 광자가 감지된 사건'에서 출발하여, 최종확률이 아닌 초기확률이 얼마인지 알아보자. 이제 우리에게 필요한 진폭은 광자의 SBD-과거와 FBD-과거로부터 알아내야 한다. 여기서 F는 광자가 바닥에서 출발했을 때 B에 반사되어 D에 도달할 수 있는 그런 지점이다. 이 경우에도 진폭은 두 과거에 대하여 $\frac{1}{\sqrt{2}}$로

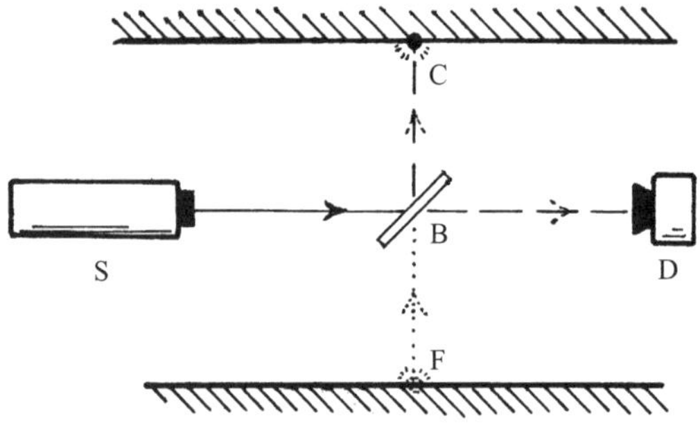

그림 30.1 광원 S에서 매번 한 개의 광자가 간간이 발사되고(이 사건은 어딘가에 기록되고 있다), 방출된 광자는 빔 분할기 B와 45° 각도로 만난다. 광자가 B를 통과하면 감지기 D에 도달하며(경로 SBD), B에서 반사되면 천장 C에서 흡수된다(경로 SBC). 절댓값을 제곱하여 얻은 양자적 확률은 두 경우 모두 $\frac{1}{2}$이다. 반면에, D에서 광자가 감지되었을 때 시간을 거꾸로 되돌리면 광자는 S에서 왔거나(경로 SBD) F에서 왔을 수 있다(경로 FBD). 여기에 절댓값 제곱규칙을 적용하면 각 경우의 확률이 $\frac{1}{2}$, $\frac{1}{2}$이 되는데, 이것은 분명히 틀린 결과이다. D에 도달한 광자는 원래 S에서 방출되었으므로 1, 0이 옳은 답이다.

동일하다(역시 위상은 무시한다). 왜냐하면, 두 경로의 진폭비율(절댓값)은 오로지 빔 분할기 B의 특성에 의해 좌우되기 때문이다. 여기에 시간대칭은 존재하지 않는다. 이제 두 경로에 대하여 절댓값 제곱규칙을 적용하면, 감지기 D에 도달한 광자가 S에서 방출되었을 확률은 50%이고, (추론에 의해)바닥의 F에서 방출되었을 확률도 50%이다.

물론 이것은 명백하게 틀린 답이다. 엑스선 광자가 갑자기 바닥에서 튀어나와 빔 분할기로 진행할 가능성은 전혀 없다. 그러므로 D에 도달한 광자가 S에서 왔을 확률은 100%이고, F에서 왔을 확률은 당연히 0%가 되어야 한다. 과거진행방향으로 따라가면서 절댓값 제곱규칙을 적용했더니, 완전히 틀린 답이 얻어졌다![4]

물론 절댓값 제곱규칙은 과거로 역행하면서 적용하라고 만들어진 법칙이 아니다. 그러나 독자들은 위 사례를 통해 '과거방향으로의 적용'이 얼마나 잘못된 발상인지를 분명하게 확인했을 것이다. 일부 사람들은 "열역학 제2법칙은 시간이 미래로 흐를 때만 성립한다"거나, "바닥은 광원 S보다 온도가 낮다"라는 등, 시간을 되돌렸을 때 나타나는 특별한 환경을 충분히 고려하지 않았기 때문에 위와 같이 잘못된 결과가 나왔다고 주장하기도 한다. 그러나 양자역학의 절댓값 제곱법칙은 특별한 환경과 아무런 상관도 없다! 이것이 바로 절댓값 제곱법칙의 장점이다. 실험과정에서 얻어진 양자역학적 확률이 실험실의 온도나 기하학적 구조, 또는 그 밖의 주변환경과 전혀 무관하다는 것은 그야말로 기적 같은 사실이다.[5] "진폭을 알면 미래의 확률을 계산할 수 있다"—이것이 전부이다. 우리는 그저 진폭만 알면 된다. 그러나 예견이 아닌 '기견retrodiction(과거 알아맞히기)'이라면 상황이 완전히 달라져서, 주변환경과 관련된 온갖 종류의 정보들을 알고 있어야 한다. 진폭만으로는 과거의 확률을 계산할 수 없다.

시간에 대하여 완전히 대칭인 방법으로 양자역학적 확률을 계산할 수 있는 경우도 있다. 양자적 측정이 실행되기 전과 후의 상태를 모두 알고 있을 때가 바로 그렇다. 예를 들어 측정이 연속적으로 세 번 실행되었다고 가정해 보자. 첫 번째 측정에서는 양자상태가 $|\psi\rangle$로 투영되었고, 세 번째 측정에서는 $|\phi\rangle$로 투영되었다고 하자. 그리고 이들 사이에 'yes' 또는 'no'로 답이 얻어지는 두 번째 측정이 이루어졌는데, 이것을 투영 연산자 E로 표기하자(22.6절 참조). 두 번째 측정에서 'yes'라는 결과가 나올 확률은 다음과 같다.[30.1]

[30.1] 이 식을 유도할 수 있겠는가?

$$|\langle\phi|\boldsymbol{E}|\psi\rangle|^2$$

($\langle\psi|\psi\rangle = \langle\phi|\phi\rangle = 1$로 규격화되었다고 가정하자) 보다시피 이 표현은 시간에 대칭이다(이런 상황을 만들려면 세 번에 걸친 측정을 여러 번 실행한 후 첫 측정결과가 $|\psi\rangle$이고 세 번째 측정결과가 $|\phi\rangle$인 경우를 골라내야 한다. 그러면 위 확률은 중간 측정결과가 'yes'로 나온 총 확률의 일부가 된다).[6] 이 점만 보면 양자적 측정은 근본적으로 시간에 대해 대칭인 것처럼 보인다.[7]

그러나 대부분의 양자적 측정은 이런 식으로 진행되지 않는다. 정상적으로 미래를 향해 진행하는 시간 속에서 절댓값 제곱규칙을 적용할 때에는 $|\phi\rangle$를 알 필요가 없고, 위 사례처럼 시간이 과거로 진행하는 경우에는 $|\psi\rangle$를 알 필요가 없다. 양자적 확률은 $|\phi\rangle$를 몰라도 계산할 수 있지만, $|\psi\rangle$는 반드시 알아야 한다. 따라서 양자이론 법칙들이 미래확률을 계산할 때에만 제대로 작동하는 이유는 $|\phi\rangle$의 '무작위성'과 관련되어 있다고 볼 수 있으며, 이것은 또 열역학 제2법칙과 관련되어 있다. $|\phi\rangle$가 무작위라는 것이 구체적으로 어떤 의미인지는 분명치 않으나, 측정문제와 열역학 제2법칙 사이에 모종의 관계가 있는 것만은 분명하다. 실제로 우리가 사용하는 측정장비들은 작동과정 중 어딘가에 이 법칙을 이용한 부분이 반드시 있기 마련이다. **R**-과정과 열역학 제2법칙 사이에 어떤 상호관계가 존재한다는 것은 나의 개인적인 의견임을 밝혀두는 바이다. 제2법칙은 '양자역학과 중력의 통일'에서 우리가 알지 못하는 부분과 얽혀 있으므로, **R**-과정은 통일 시나리오와 어떻게든 연관되어 있을 것이다.

이 문제를 파고들기 전에, **R**의 또 다른 속성인 양자상태의 점프가(절댓값 제곱규칙으로 계산되는 확률과 달리)시간을 거꾸로 되돌려도 잘 설명된다는 점을 지적하고 싶다. 그림 30.2의 (a)와 (b)는 **R**의 이러한 특

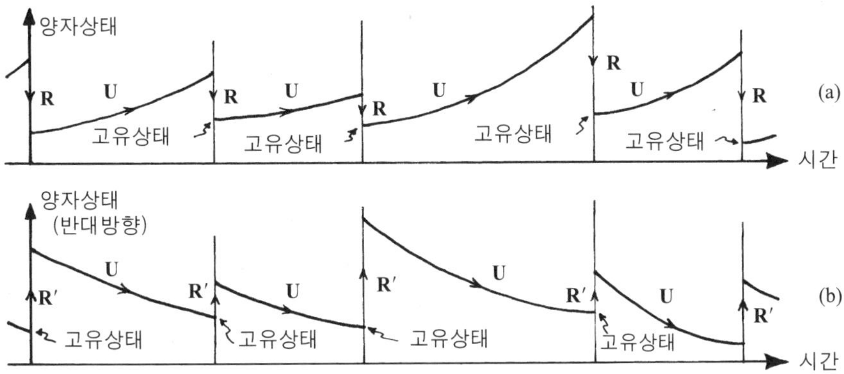

그림 30.2 양자역학적 과정 **U**와 **R**이 **U**, **R**, **U**, **R**, **U**, ⋯로 번갈아 나타나는 사례. (a) 정상적으로 미래를 향해 진행하는 관점. **U**가 진행되는 각 단계의 과거 쪽 끝에서 연산자의 고유상태가 나타난다. (b) 시간을 거꾸로 되돌린 관점. **U**가 진행되는 각 단계의 미래 쪽 끝에서 연산자의 고유상태가 나타난다. 양자역학의 '교류적' 해석에 의하면 (a)를 따라 진행되는 상태벡터와 (b)를 따라 진행되는 상태벡터가 공존하고 있다.

성을 도식으로 표현한 것이다. 여기서 (a)는 측정이 실행된 '후'에 계의 상태가 고유상태로 점프하는 정상적인 관점이고(그림 22.1 참조), (b)는 시간을 거꾸로 진행한 경우, 즉 측정이 실행되기 '전'에 고유상태가 되는 관점이다. 둘 중 어떤 관점을 택하건, 진폭을 계산하면 같은 값이 얻어진다.[30.2] 그러나 시간을 역행시키면 목적론 상의 문제가 발생하여 우리를 심란하게 한다. 그 외에 "임의의 순간에 유니터리하게 미래로 진행하는 상태벡터와 역시 유니터리하게 과거로 진행하는 상태벡터가 동시에 존재한다"라는 교류적transactional 해석도 있다(이것은 여러 양자물리학자가 각자 개별적으로 주장한 바 있다.[8] 이들의 주장대로라면 미래로 진행하는 상태벡터는 그림 30.2a와 같고, 과거로 진행하는 상태벡터는 그림 30.2b

[30.2] 이것은 기본적으로 **U**의 유니터리성을 의미한다. 왜 그런가?

처럼 보일 것이다). 이 관점을 수용하면 23장에서 다뤘던 EPR 현상을 해석하는 데 다소 유리하지만, 내가 보기에는 설득력이 별로 없다. 차라리 "상태가 진행되는 방향은 중요하지 않으며, 서로 다른 시간대에 존재하는 상태 간의 상호관계는 퀸글먼트에서 찾아야 한다"고 주장하는 '퀸글먼트 관점'이 더 나은 것 같다(23.10절 참조).

30.4 호킹의 블랙홀 온도

R이 시간에 비대칭이라는 사실 이외에, 양자이론-중력이론의 통합과 **R** 사이에 어떤 연결고리가 있을까? 내가 보기에는 두 가지가 더 있는 것 같다. 그중 하나는 앞 절에서 말한 내용으로부터 유도할 수 있는데, '블랙홀의 증발evaporation'이라는 놀라운 현상과 관련되어 있다. 다만, 논리 자체가 다소 과감하고 불완전하여 논쟁의 여지가 다분하다. 그래서 이 절부터 30.9절까지는 나의 주장을 펼치는 데 필요한 요소들을 소개할 것이다(30.5~6절에서는 잠시 옆길로 샜다가 다시 본론으로 돌아올 것이다). 두 번째 연결고리는 일반상대성이론과 양자역학을 대립관계로 몰아가는 기본원리에서 찾을 수 있는데, 논리가 비교적 명쾌하고 구체적인 예견도 할 수 있다. 이 내용은 30.10~13절에 걸쳐 소개할 예정이다. 그러나 블랙홀의 엔트로피와 관련된 첫 번째 논리는 또 다른 이론적 이슈를 제기한다. 이 문제는 지금도 여러 학자들 사이에서 자주 인용되는데, 독자들도 알아두는 게 좋을듯해 지금 소개하기로 한다.

우리는 27.10절에서 베켄슈타인-호킹의 공식 $S_{BH} = \frac{1}{4}A$를 접한 적이 있다. 여기서 S_{BH}는 블랙홀의 엔트로피이고 A는 블랙홀 사건지평선의 면적이다($k = c = G = \hbar = 1$인 자연단위계를 사용했다). 호킹은

1973년에 블랙홀이 어떤 '온도'를 가지며, 이 온도는 블랙홀의 표면중력에 비례한다는 사실을 증명했다. 정적인 상태에서 자전하는 블랙홀(커 Kerr 기하학, 27.10절 참조)의 온도는 다음과 같다.

$$T_{\mathrm{BH}} = \frac{1}{4\pi m\left[1 + (1 - a^2/m^2)^{-\frac{1}{2}}\right]}$$

여기서 m은 블랙홀의 질량이고 am은 회전하는 블랙홀의 각운동량이다. 이 온도는 열역학의 표준공식을 통해 구할 수도 있다.

$$TdS = dE$$

에너지 E가 변해도 각운동량은 일정한 값을 유지한다.[30.3] 따라서 블랙홀은 열평형 상태에 있는 일상적인 물체처럼 광자를 방출하고, 이때 복사된 에너지는 온도 T_{BH}에서 플랑크의 흑체복사 스펙트럼을 따른다(21.4절, 그림 21.3b 참조). 베켄슈타인-호킹의 블랙홀 엔트로피는 엄청나게 크고 그 결과 27.13절에서 말한 것처럼 특별한 성질을 띠게 되지만, 그럴듯한 크기의 블랙홀에서 호킹 온도는 아주 낮다. 예를 들어 질량이 태양과 비슷한 블랙홀의 호킹 온도는 약 10^{-7} K인데, 이것은 지구에서 인공적으로 만들어진 최저온도(약 10^{-9} K)보다 조금 높은 정도이다.

제이콥 베켄슈타인은 호킹보다 앞서(1972년) 열역학 제2법칙을 블랙홀에 적용하여 블랙홀의 엔트로피 공식을 유도했으나, A 앞에 붙는 $\frac{1}{4}$이라는 인자를 놓쳤고 블랙홀의 온도도 계산하지 못했다. 그 후 호킹은 휘어진 배경시공간에 양자장이론을 적용하여 블랙홀 온도를 최초로 계산했

[30.3] T_{BH}공식을 직접 유도해 보라[커 홀(Kerr hole)의 지평선 면적은 27.10절에 주어진 값을 사용하라].

고, 베켄슈타인이 빠뜨렸던 $\frac{1}{4}$도 찾아냈다. 여기서 말하는 배경시공간이란, 먼 과거에 어떤 물질(예를 들면 별)이 수축하면서 탄생한 블랙홀을 의미한다. 이 상황은 그림 27.16c의 등각 다이어그램에 도식적으로 표현되어 있다(중력에 의한 수축이 구대칭적으로 일어났다고 가정하면 정확하게 들어맞는다).

나는 호킹이 계산한 블랙홀의 엔트로피와 온도가('언루 효과Unruh effect'를 포함하여[9]) 지금까지 제안된 양자중력이론에서 유일하게 믿을 만한 결과라고 생각한다. 엄밀하게 따지면 호킹의 계산도 양자중력이론이라고 볼 수는 없지만, 휘어진 배경시공간에 양자장이론을 적용했다는 점이 의미심장하다. 일반적으로 휘어진 배경시공간에 양자이론을 적용하면 심각한 문제가 발생하는데, 호킹은 이런 악조건 속에서 확실한 답을 얻어낸 것이다.

여기서 가장 중요한 문제 중 하나는 휘어진 배경에서 '양의 진동수positive frequency'라는 개념을 확립하는 것이다. 24.3절과 26.2절에서 보았듯이, 이것은 양자적 입자와 표준 양자장이론의 핵심을 이루는 개념이다. 일반적으로 휘어진 시공간에서 이 개념을 정립하기가 어려운 이유는 양의 진동수를 정립 가능케하는 '시간매개변수'가 적절하게 정의되어 있지 않기 때문이다.

주의 깊은 독자들은 평평한 민코프스키 공간에서도 시간매개변수가 정의되어 있지 않다는 점을 지적하고 싶을 것이다! 그러나 놀랍게도 민코프스키 시간매개변수 t를 임의로 선택하여 상대론적 파동방정식의 해를 구했을 때 양의 진동수에 해당하는 부분은 다른 시간매개변수를 선택했을 때 얻어지는 해의 양의 진동수부분과 동일하다(단, 시간의 진행방향이 바뀌지 않아야 한다). 질량이 없는 장의 경우에는 여기서 한 걸음 더 나아가 표준 민코프스키 시간매개변수에 시간진행방향이 보존되는 등각변환을 가하여 얻어진 시간매개변수로부터 위와 동일한 '양의 진동수조건'을 구할 수 있다(이러한 특성은 33장에서 소개할 예정인 트위스터 이론에서도 중요한 역할을 한다).[10]

일반적인 시공간에는 이와 유사한 매개변수가 없으며, 양의 진동수 개념은 시간매개변수를 어떻게 잡느냐에 따라 다른 형태로 나타난다. 호킹의 온도 이외에 가장 믿을만한 결과는 '정적인 시공간'을 고려했을 때 얻어진다. 정적인 시공간에서는 시공간의 기하학적 특성을 그대로 보존하는 일련의 연속적인 시간변위time displacement가 존재하는데(그림 30.3 참조), 이러한 시공간의 움직임은 시간꼴 킬링벡터timelike Killing vector $\boldsymbol{\kappa}$에 의해 결정된다(14.7, 30.6절 참조). 또한 자연스러운 '시간매개변수' t는 벡터 $\boldsymbol{\kappa}$의 방향을 따라 나있는 곡선($\boldsymbol{\kappa}$의 적분곡선integral curve) 위에서 정의할 수 있다. 따라서 $\boldsymbol{\kappa}$를 다음과 같이 쓰면

$$\boldsymbol{\kappa} = \frac{\partial}{\partial t}$$

나머지 세 매개변수 x, y, z는 이 곡선 위에서 상수로 취급되며, '양

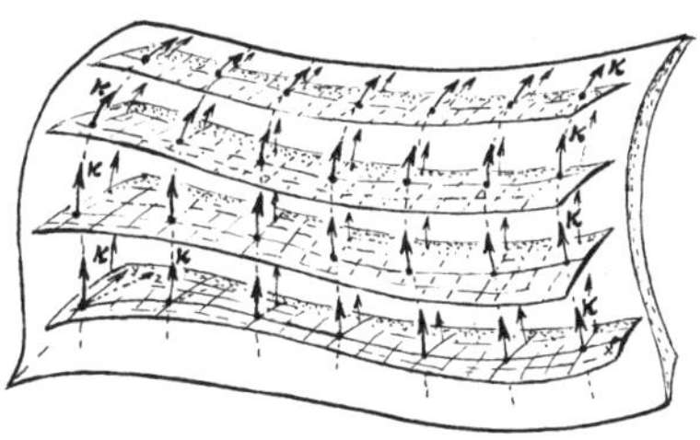

그림 30.3 정적인 시공간은 시간꼴 킬링벡터(timelike Killing vector) $\boldsymbol{\kappa}$를 이용하여 표현할 수 있으며, 이로부터 계량이 보존되는 일련의 연속 시간변위(time displacement)를 정의할 수 있다. 좌표계 (x, y, z, t)의 시간매개변수가 t일 때 $\boldsymbol{\kappa} = \partial/\partial t$이면 x, y, z는 $\boldsymbol{\kappa}$의 적분곡선 위에서 일정한 상수가 된다(14.7절 참조).

의 진동수' 개념은 이 매개변수로부터 정의할 수 있다.

그런데 시간꼴 킬링벡터가 둘 이상 존재하면 '양의 진동수' 개념도 두 가지 이상 존재하기 때문에 이상한 상황이 벌어진다. 이런 경우는 민코프스키 공간 𝕄에서 발생할 수 있는데, 앞에서 말한 대로 민코프스키 관성계에서 다른 관성계로 넘어갈 때에는 양의 진동수 개념이 변하지 않기 때문에 별문제가 없다. 그러나 관성계에서 비관성계(가속계)로 넘어갈 때에는 양의 진동수 개념이 변하고, 그 결과 양자장이론은 '열진공thermal vacuum'상태에 놓이게 된다. 즉, 가속운동을 하는 관측자는 진공 중에서도 0이 아닌 온도를 느끼게 되는 것이다(일상적인 가속도에서는 이 효과가 매우 작게 나타난다).

이것은 매우 놀라운 효과임이 분명하지만, '가속온도acceleration temperature'는 평범한(그러나 매우 정밀한)온도계로 측정할 수 있는 일상적인 종류의 온도이다. 이런 경우에 온도계는 진공 속에서 등가속도운동을 하며, 가속운동을 하지 않는 온도계의 눈금은 0을 가리킬 것이다(열진공의 개념은 26.5, 26.11절의 '또 다른 진공' 및 28.1, 28.4절의 '거짓진공'과 관련되어 있다). 이것을 '언루 효과'라고 하는데, 호킹이 제안했던 블랙홀의 열적상태와도 일치한다. 매우 큰 블랙홀 근방에서 정지해 있는 관측자는 등가원리에 의해(17.4절 참조) 가속효과를 느끼게 되고, 이 가속도에 의해 나타나는 언루 온도가 호킹 온도와 일치하는 것이다.

일반적으로 '입자'의 개념을 포기하고 양자역학적 연산자의 대수에 집중하면 '양의 진동수'가 자연스럽게 정의되지 않을 때 나타나는 문제들을 피해갈 수 있다.[11] 언뜻 보기에는 치러야 할 대가가 너무 크고, 이런 식의 접근은 우리가 물으려는 질문을 공식화하는 데만도 머리를 전부 짜내야 할 듯하다. 이 글을 쓰는 시점에서는, 나는 이 흥미롭고 전도유망해 보

그림 30.4 스티븐 호킹은 $\mathscr{I}^+$와 $\mathscr{I}^-$에서 (표준개념의) 음/양 진동수를 분리하여 블랙홀의 온도를 계산했다. $\mathscr{I}^-$에 주어진 초기정보는 두 부분으로 분리되고 최종 특이점에서 $\mathscr{I}^+$의 정보가 사라지기 때문에, 블랙홀의 진공은 열상태(밀도행렬)가 된다.

이는 이론의 가치를 평가하진 못하겠다. 그러나 나는 이것이 특별한 시간꼴 벡터장에 기초한 접근법보다 더 낫다고 생각한다. 어쨌거나 나는 고정된 배경에서 펼쳐진 양자장이론이 왜 물리적으로 완벽해야 하는지, 그 이유를 잘 모르겠다. 이 이론은 중력장의 자유도(즉, 시공간의 기하학적 구조)가 양자물리학에 기여하는 더욱 완벽한 이론의 근사적인 서술일 뿐이다.

호킹은 블랙홀의 온도와 엔트로피를 계산할 때, 무한대에서만 음/양의 진동수 개념을 구별함으로써 위에 열거한 문제점을 대부분 피해갈 수 있었다. 이런 개념은 과거 널무한대past null infinity $\mathscr{I}^-$에 하나 존재하고, 미래 널무한대future null infinity $\mathscr{I}^+$에 또 하나가 존재한다(27.12절 참조). 호킹은 이들 사이의 차이를 이용하여 블랙홀에 의한 '열상태'를 유도했고, 이로부터 '호킹 복사'라는 놀라운 결과를 얻어낼 수 있었다. 이것은 $\mathscr{I}^-$에서 정의된 정보들 중 일부가 특이점에서 소실되고 $\mathscr{I}^+$에서 완전히 복구되지 않는다는 사실 덕분에 가능했다(그림 30.4 참조). 30.8절로 가면 이 효과의 중요성을 알 수 있을 것이다.

30.5 복소수 주기성에서 유추한 블랙홀의 온도

이 장의 주제와 다소 벗어난 이야기지만, 이 시점에서 기번스Gibbons와 페리Perry가 1976년에 성공적으로 유도했던 호킹 온도에 대해 알아볼 필요가 있다(이 내용은 30.8절에서 계속 이어질 것이다). 기번스-페리의 논리는 물리적 현상을 설명할 때 수학적으로 우아한 아이디어가 맡는 일과 관련하여 흥미로운 문제를 제시하고 있다. 이들의 출발점은 다음과 같다. 최종상태에 이른 블랙홀에 대한 아인슈타인 방정식의 해가(슈바르츠실트 해 또는 커 해, 30.8절 참조) '복소화'되어complexified 있으면(좌표값이 실수에서 복소수로 확장되었음을 의미함. 18.1절 참조), 복소화 공간에서 정의된 양은 복소화된 시간에 대하여 주기성을 가져야 하며(9.1절 그림 9.1 참조), 그 주기는 $2\pi i T_{BH}$라는 순허수로 주어진다는 것이다. 통계적 열역학법칙에 의하면 이와 같은 복소주기성은 30.4절에서 주어진 T_{BH}에 정확하게 대응되며, 이로부터 블랙홀의 호킹 온도를 구할 수 있다.

기번스와 페리의 아이디어는 놀라울 정도로 깔끔하고 우아해서, 호킹이 사용했던 원래 논리가 쉽게 적용되지 않는 몇 가지 다른 상황에서도 블랙홀의 온도를 계산할 수 있다. 그러나 나는 이들의 논리가 정말로 호킹 온도의 물리적 타당성을 입증하는지 의심스럽다. 물리학적인 '가정'이 다소 모호한 형태로 수학에 적용되어도 올바른 답이 얻어지는 경우가 가끔 있는데, 기번스와 페리의 논리가 그 대표적인 경우이다(여기서 '올바른 답'이라 함은 수학적 논리로 얻은 답이 물리학적으로 타당한 기준에서 내려진 결론과 일치한다는 뜻이다).

위에서 말한 '복소화' 과정의 수학적 특성을 더 자세히 살펴보자. 먼저 일상적인 2차원 유클리드 평면 $\mathbb{E}^2$를 알아보고서, $\mathbb{CE}^2(=\mathbb{C}^2)$로 복소화되는 과정을 따라가면 이해하기 쉬울 것이다. 실공간 $\mathbb{E}^2$는 종종 '$\mathbb{CE}^2$의 실단면'이라 부르기도 한다(그림 30.5와 그림 18.2 참조) $\mathbb{E}^2$는 일반적인 유클리드 계량을 갖기 때문에, 유클리드 실단면이다. 그러나 $\mathbb{CE}^2$는 '로렌츠 실단면Lorentzian real section'도 갖고 있다(그림 18.2, 18.2절 참조). $\mathbb{E}^2$의 표준 직교좌표 (x, y) 중 y를 취하여 실수가 아닌 복소수로 확장하면 로렌츠 실단면 중 하나인 $\mathbb{M}^2$를 만들 수 있다(이것은 18.1절에서 논의한 내용을 2차원에 적용한 것과 같다). 이제 $\mathbb{E}^2$의 직교좌표 (x, y)가 아닌 극좌표 (r, θ)에서 생각해 보자(5.1절, 그림 30.5a 참조). 여기서 r은 양의 실수로서 원점으로부터의 거리를 나타내고, θ는 반지름벡터와 x축 사이의 각도를 반시계방향으로 측정한 값이다. 이 좌표를 어떻게 로렌츠 단면 $\mathbb{M}^2$에 적용할 것인가? 그림 30.5b와 같이 우리의 관심을 오른

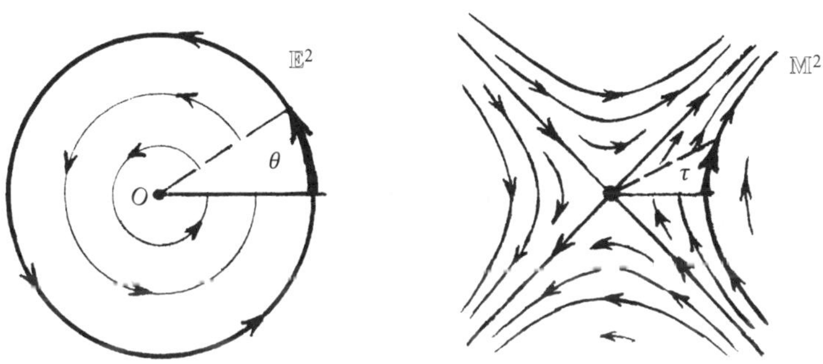

그림 30.5 민코프스키 2-공간 $\mathbb{M}^2$를 $\mathbb{CM}^2 = (\mathbb{CE}^2)$로 확장한 경우, 허수시간에 나타나는 주기성. (a) 유클리드 평면 $\mathbb{E}^2$는 복소공간 $\mathbb{CM}^2$의 실단면 중 하나이다. 극좌표 (r, θ)를 사용했을 때 킬링벡터 $\partial/\partial\theta$는 $\mathbb{E}^2$에서의 회전에 대응된다. $\mathbb{E}^2$에서 정의된 임의의 일가함수(single-valued function)는 θ에 대하여 2π의 주기성을 갖는다. (b) $\mathbb{CM}^2$의 로렌츠 실단면 $\mathbb{M}^2$에서 '린들러(Rindler, 등가속도 운동)' 시간좌표는 $\tau = i\theta$이고(블랙홀의 슈바르츠실트 시간과 비슷함), 원점 O에서 해석적인 함수는 τ에 대하여 $2\pi i$의 주기성을 갖는다(킬링벡터는 $\boldsymbol{\kappa} = \partial/\partial\tau = -i\partial/\partial\theta$이다).

쪽 사분면 $\mathbb{M}^R$에 한정하면, r은 여전히 실수지만 θ는 순허수가 된다. 따라서

$$\tau = i\theta$$

는 실수이다. 이제 좌표 r은 원점으로부터 측정한 로렌츠 공간거리이고, τ는 '수평선에서 측정한 쌍곡각'이 된다.[30.4]

앞으로 (상수 r_0가 곱해진)좌표 τ는 일상적인 시공간의 관점에서 바라본 '시간'으로 해석할 것이다. 이것은 중심에서 일정한 가속도로 멀어져 가는 관측자가 느끼는 시간이며(평평한 2차원 시공간에서), 관측자의 세계선은 $r = r_0$로 주어진다(린들러 좌표 [12]). 관측자의 '시간'은 사분면 $\mathbb{M}^R$에만 적용되지만, 시공간은 $\mathbb{M}^2$ 전체를 커버한다. 이제 관측자가 $\mathbb{M}^2$에서 정의된 해석적 양에 관심을 둔다고 가정해 보자. 이런 양들을 실단면(지금은 로렌츠 단면) 근방에서 복소해석적으로 확장하면 복소시공간에도 적용할 수 있다. 그런데 이 양이 단면의 원점 O에서 해석적이면, 유클리드 단면의 원점에서도 해석적이어야 한다(두 원점은 동일한 점이기 때문이다). 그러나 유클리드 원점에서 매끈하게 정의된 양은 θ에 대해 2π의 주기성을 가져야 한다. θ를 2π만큼 증가시키면($r = \varepsilon$인 곳에서. 단, ε은 아주 작다) 원점을 중심으로 한 바퀴 돌고서 정확하게 출발점으로 되돌아오기 때문이다. 그러므로 원래 로렌츠 시공간의 좌표인 τ라는 양은 $2\pi i$의 허수 주기성을 갖는다(즉, 복소화된다).

이것이 기번스-페리가 사용했던 논리이다. 우리 목적은 이들의 논리

[30.4] 이 좌표 (r, τ)를 로렌츠 직교좌표 (x, t)로 표현하라. $\mathbb{M}^2$에서 θ의 실수부가 사라지는 이유는 무엇인가?

를 단순한 2차원 시공간 $\mathbb{M}^2$가 아닌 4차원 공간의 블랙홀 기하학에 적용하는 것이다. 이를 위해서는 슈바르츠실트 기하학을 도입해야 하며(회전이 없는 구형대칭의 경우임. 회전하는 블랙홀의 경우에는 커 기하학을 도입하면 된다), $\mathbb{M}^2$의 원점 O와 유사한 것이 필요하다. 그림 36.6a는 '최대로 확장된' 슈바르츠실트 시공간 $\mathcal{K}$를 엄밀한 등각 다이어그램으로 나타낸 것이다.[13] 시공간 $\mathcal{K}$는 중력붕괴를 통해 만들어진 것이 아니라 '항상 그곳에 있었기' 때문에 '영구 블랙홀'이라 불리기도 한다. 다이어그램의 중심점 O는 엄밀한 등각 다이어그램의 규칙에 따라 2-구를 나타낸다. $\mathcal{K}$는 $\mathbb{M}^2$와 비슷하지만, 유클리드 공간 $\mathbb{E}^2$와 비슷한 성질도 갖고 있다. $\mathcal{K}$에서의 시간 τ를 순허수 $\tau = i\beta\theta$로 정의한 유클리드화된 Euclideanized 슈바르츠실트 공간 $\mathcal{G}$가 바로 그것이다(그런데 황당하게도 이것을

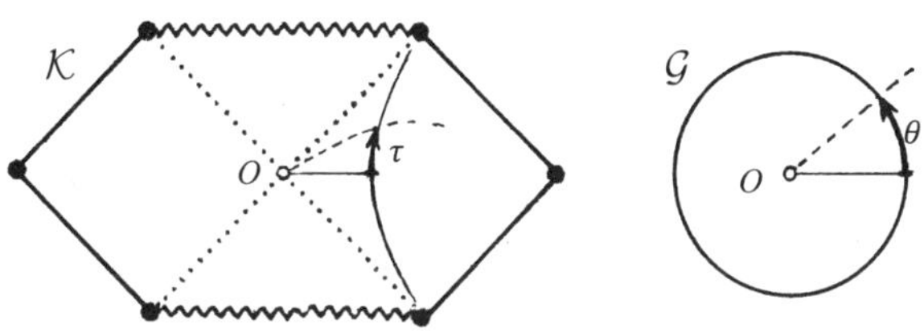

그림 30.6 주기성을 갖는 허수시간(imaginary time)에서 바라본 호킹 온도(기번스-페리의 논리). (a) '영구 블랙홀'의 엄밀한 등각 다이어그램. 영구 블랙홀은 '최대로 확장된' 슈바르츠실트 시공간 $\mathcal{K}$로서, 슈바르츠실트 시간 τ와 킬링벡터 $\boldsymbol{\kappa} = \partial/\partial\tau$를 갖고 있다. 중심에 있는 O는 2-구(2-sphere)를 나타낸다. (b) O 근방에서 '유클리드화된(Euclideanized)' 슈바르츠실트 공간 $\mathcal{G}$는 실수 각좌표 θ를 가지며, 시간 τ는 순허수 $\tau = i\beta\theta$가 된다. 여기서 β는 상수(실수)로서 블랙홀의 '표면중력'이라고 한다. 여기서 O를 중심으로 한 바퀴 돌면 출발점으로 되돌아오고 이 과정에서 θ는 2π만큼 증가하므로, $\mathcal{K}$에서(또는 $\mathcal{G}$에서) 정의된 임의의 함수가 O에서 해석적이면 θ에 대해 2π의 주기성을 갖는다. 따라서 τ에 대해서는 $2\pi i\beta$의 주기성을 갖게 되는데(O 근방에서), 여기서 β는 블랙홀의 호킹 온도로 해석할 수 있다.

'유클리드 공간'으로 표기하는 책이 종종 있다!).[14] 여기서 θ는 원점 O를 한 바퀴 돌 때마다 2π씩 증가하는 각도변수이고(그림 30.6b 참조), β는 '표면중력surface gravity'이라 불리는 실수이다(r이 상수면 β도 상수이다). 어떤 양이 $\mathcal{K}$의 중심 O에서 정칙이면(즉, 해석적이면) $\mathcal{G}$의 중심 O에서도 정칙이다(이 점들은 복소화된 슈바르츠실트 공간의 O와 일치하기 때문이다). 그리고 $\mathcal{G}$의 O에서 정칙인 양은 매개변수 τ에 대하여 $2\pi i\beta$의 주기성을 가져야 한다. θ가 $2\pi(=360°)$만큼 증가하면 공간(시간)상에서 출발점으로 되돌아오기 때문이다. 이 허수주기성은 통계열역학의 원리에 의해 '온도 β의 열상태'가 갖는 특징이다.

열역학의 원리를 깊이 따지다 보면 원래의 길에서 벗어날 것 같다. 지금 우리에게 중요한 것은 복소주기성에 관한 논리의 신뢰성을 판단하는 것이다. 이것은 영역 O를 얼마나 신중하게 취하느냐에 달려 있다. 이것이 정당화 되는가? 별로 분명치가 않다. 실제 블랙홀에서는 '영구'라는 개념 자체가 적절치 않다. 물리적인 관점에서 볼 때 블랙홀은 질량을 가진 물체가 (즉, 초거대질량 별의 붕괴나 은하 중심의 성단에서)중력으로 붕괴하면서 탄생해야 한다. 그렇지 않으면 빅뱅과 함께 태초부터 존재했다고 생각하는 수밖에 없다. 태초부터 존재해 왔던 블랙홀이라 해도 어떤 의미에서는 '붕괴의 산물'이라 할 수 있기 때문에, (블랙홀이건, 또는 블랙홀의 시간을 반대로 진행시킨 화이트홀이건 간에)그림 30.6a로는 설명이 불충분하다. 그러나 이 모형의 외부영역 중 일부는 블랙홀의 붕괴를 적절하게 설명하고 있다. 그림 30.7에서 실제로 수축을 겪고 있는 물질의 경계선 오른쪽 윗부분이 여기에 해당된다. 이 경계선의 왼쪽 아랫부분에서 시공간 계량은 물질이 있는 곳의 계량과 동일하며, 이는 영구 블랙홀의 계량과 다르다. 그림 30.7은 완전한 붕괴를 나타내고 있는데, 이 다이어그

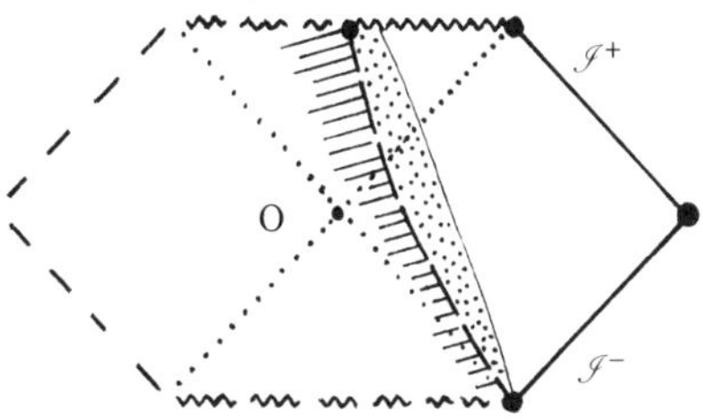

그림 30.7 구대칭적 중력붕괴는 그림 30.6(a)의 최대로 확장된 슈바르츠실트 공간 $\mathcal{K}$ 로 표현할 수 있다(그림 27.16c를 조금 수정하면 된다). 빗금으로 칠한 영역은 제거되며, 점이 찍힌 영역에는 물질이 존재하기 때문에 이곳의 계량은 $\mathcal{K}$ 의 계량과 다르다. O는 슈바르츠실트 계량이 적용되는 영역 바깥에 있다.

램은 그림 27.16c를 조금 수정한 것이다. 점 O는 (확장된)슈바르츠실트 계량이 적용되는 영역의 바깥에 있다. 그런데 시공간에서 정의된 물리량이 O에서 정칙이라고 가정할만한 물리적 근거는 없다. 따라서 기번스-페리의 논리는 수학적으로 아름답긴 하지만 호킹 온도를 정당화한다고 보긴 어렵다[물리학적으로 타당한 모든 블랙홀 모형은 슈바르츠실트(또는 커)계량과 약간의 차이가 있는데, 이 차이는 O를 향해 접근할수록 점점 커져서 결국은 무한대로 발산한다].[30.5]

그러나 '완전히 정적인' 블랙홀 모형은 실제로 일어나는 붕괴의 궁극적인 종착지를 보여줄 뿐이다. 시간이 충분히 흘러서 이 단계에 이르면 모든 비정칙irregularity이 사라져 버린다. 따라서 시공간이 극한에 이르러야 이와 같은 정칙과 복소주기성, 온도 등이 나타날 수 있다. 나는 이것이 호킹 온도에 대한 정상적인 물리적 증명이라고 생각하지 않지만(사람들은 대부분 정상적인 증명으로 생각하고 있다), '블랙홀의 온도'라는 개념의 어떤 타당성을 암시하는 강력한 증거임을 인정하지 않을 수 없다.

[30.5] 이 주장을 입증할 만한 논리를 펼쳐 보라[도움말 : 선형적인 미소건드림(small perturbation)을 적용해 보라. 시간의 지수함수적인 거동이 나타나는가? ($\partial/\partial\tau$의 고유모드를 고려할 것)].

나는 기번스-페리의 논리를 브렌든 카터Brandon Carter의 사례와 비교하여 독자들에게 보여 주고 싶다. 카터의 논리는 아무것도 유도한 내용이 없는데도, 여러 서적에서 매우 중요하게 취급되고 있다. 앞에서 말한 대로, 전하가 없이 정지상태에 있는 블랙홀은 두 개의 커 매개변수 m, a로 표현된다. 여기서 m은 블랙홀의 질량이고 am은 블랙홀의 각운동량이다(편의를 위해 플랑크 단위처럼 $c = G = 1$을 사용했다. 27.10절 참조). 에즈라 뉴먼Ezra T. Newman[15]이 발견한 '일반화된 커 계량(흔히들 커-뉴먼 계량이라 부른다)'은 전기전하를 띤 채 자전하는 정적 블랙홀을 표현하고 있다. 이로써 우리에겐 3개의 매개변수 m, a, e가 주어진 셈이다. 그 외에 자기모멘트 $M = a$e도 있는데, 방향은 각운동량과 같다. 카터는 블랙홀의 자기회전비율gyromagnetic ratio(질량의 두 배에 자기모멘트를 곱한 후 전하와 각운동량의 곱으로 나눈 값. 즉, $2m \times a\mathrm{e}/(\mathrm{e} \times am) = 2$)이 완전히 고정되어 있으며(다시 말해서 자기회전비율은 m, a, e와 무관하다), 그 값은 디랙이 예견했던 전자의 자기회전비율 '2'와 정확하게 일치한다는 사실을 알아냈다(전자의 각운동량은 $\frac{1}{2}\hbar$이고 자기모멘트는 $\frac{1}{2}\hbar\mathrm{e}/mc$이므로, $c = 1$인 단위계를 사용했을 때 전자의 자기회전비율은 2이다. 24.7절 참조). 뉴먼은 2001년에 '공간에서 일어나는 복소방향의 변위'를 이용하여 위와 같은 일치가 발생하는 원인에 대하여 나름대로 해석을 내렸다.

과연 이것을 디랙의 원래 논리와 무관하게 "전자의 자기회전비율을 새로 유도했다"고 말할 수 있을까? '유도'라는 단어의 사전적 의미에 비추어볼 때, 이것은 전혀 유도가 아니다. 이 논리는 전자를 (어떤 의미에서) 블랙홀로 간주해야 적용할 수 있다. 사실 전자의 m, a, e 값은 커-뉴먼 계량이 블랙홀에 적용되기 위해 반드시 만족해야 할 조건인 아래의 부등식을 크게 위반하고 있다.

$$m^2 \geq a^2 + e^2$$

그러므로 카터의 논리는 전자의 자기회전비율을 계산했던 디랙의 논리와 전혀 다른 이야기다. 공간을 복소수영역으로 확장하여 블랙홀 온도 개념의 '자연스러움'을 주장했던 기번스와 페리의 논리도 어떤 면에서 이와 비슷하다고 볼 수 있다.[16] 다만 이들의 논리는 슈바르츠실트-커의 계량에 국한되지 않았다는 점이 다를 뿐이다. 일반적인 의미의 '유도'와는 분명히 거리가 있다.

30.6 킬링벡터, 에너지의 흐름, 그리고 시간여행!

'영구 블랙홀'을 수용하면 실제 우주를 서술하는 데 몇 가지 심각한 문제가 발생하지만, 사람들은 조금 다른 이유에서 영구 블랙홀에 관심을 기울인다. 그 이유 중 일부는 현실세계보다 공상과학에 더 가깝다. 영구 블랙홀은 흥미로운 수학적 특성을 갖기 때문에(자세한 내용은 30.7절과 10절에서 다룰 예정이다), 우리에게는 매우 중요한 개념이라 할 수 있다. 여기에는 두 개의 과거 널 무한대null infinity ($\mathscr{I}^-$, $\mathscr{I}^{-\prime}$)와 두 개의 미래 널 무한대($\mathscr{I}^+$, $\mathscr{I}^{+\prime}$)가 존재한다. 흔히 이 시공간은 두 개의 서로 다른 우주를 서술하는 것으로 간주되며, 이들은 (특이점에서 사라지는)웜홀을 통해 서로 연결되어 있다(그림 30.8 참조).

두 우주는 각자 블랙홀을 갖지만, 이것은 블랙홀인 동시에 '화이트홀'도 되는 아주 희한한 존재이다. 임의의 신호는 '과거'의 내부영역 $\mathcal{B}^-$에서 외부의 우주 $\mathcal{E}$와 $\mathcal{E}'$으로 전달될 수 있으며(화이트홀식 거동), 또는 $\mathcal{E}$와 $\mathcal{E}'$

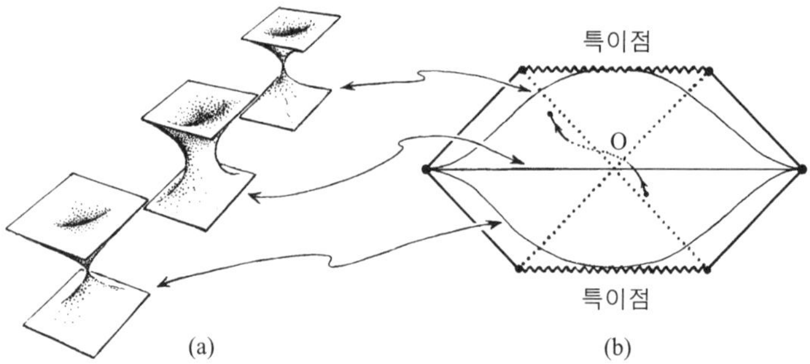

그림 30.8 (a) 시공간 $\mathcal{K}$ 는 '시간이 흐르는' 3차원 공간으로서, 점근적으로 평평한 두 개의 영역을 연결하는 웜홀로 간주할 수 있다. 이 웜홀은 과거와 미래에 있는 특이점에서 사라진다. (b) 웜홀을 따라 한 지역에서 다른 지역으로 이동하는 여행자는 웜홀이 사라지기 전에는 목적지에 다다를 수 없다(이 사실은 등각 다이어그램에 잘 나타나 있다). 웜홀을 통과하려면 여행자의 세계선(점선) 일부가 공간꼴(spacelike, superluminary)이어야 하기 때문이다.

에서 출발한 신호가 미래의 내부영역 $\mathcal{B}^+$로 전달될 수도 있다(블랙홀식 거동). 시공간이 정적이라는 사실은 킬링벡터 $\boldsymbol{\kappa}$를 통해 표현된다(14.7, 19.5, 30.4절 참조). 그림 30.9의 작은 화살표는 바로 이 $\boldsymbol{\kappa}$를 나타낸 것이다. 두 개의 외부공간 $\mathcal{E}$와 $\mathcal{E}'$에서 킬링벡터는 시간꼴이고, 내부공간 $\mathcal{B}^-$와 $\mathcal{B}^+$에서는 공간꼴벡터이다. 외부공간에서 $\boldsymbol{\kappa}$가 시간꼴이라는 것은 $\boldsymbol{\kappa}$가 정적인 블랙홀(또는 화이트홀)을 나타낸다는 뜻이다. $\mathcal{E}$에 있는 관측자 중 자신의 세계선이 킬링벡터 $\boldsymbol{\kappa}$의 접선방향인 사람들은 전혀 변하지 않는 우주를 보게 된다. 이 상황은 $\mathcal{E}'$에서도 마찬가지다. 단, $\mathcal{E}'$에 있는 관측자의 경우에는 $\boldsymbol{\kappa}$가 아닌 $-\boldsymbol{\kappa}$에 위 논리를 적용해야 한다. 왜냐하면, 시공간 전역에 걸쳐 있는 모든 (국소적)관측자에게 과거와 미래의 구별이 일관돼야 하기 때문이다. 어떤 의미에서 보면 $\mathcal{E}$에서 $\mathcal{E}'$으로 넘어갈 때 시간의 진행 방향이 바뀌었다고 생각할 수 있다. 에너지-운동량 텐서에 킬링벡터 $\boldsymbol{\kappa}$를 곱한(즉, 축약한contraction) $T_{ab}\,\kappa^b$는 '보존되는' 에너지밀도로서(19.5

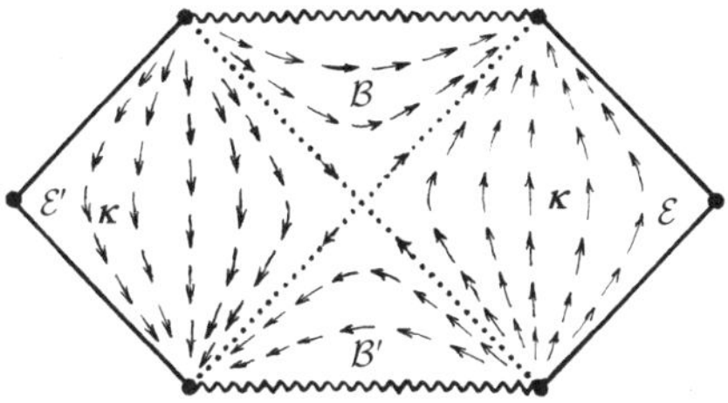

그림 30.9 킬링벡터 $\boldsymbol{\kappa}$는 두 개의 외부영역 $\mathcal{E}$와 $\mathcal{E}'$에서 시간꼴이지만, 내부영역 $\mathcal{B}$와 $\mathcal{B}'$에서는 공간꼴이다. $\mathcal{E}$와 $\mathcal{E}'$에서 $\boldsymbol{\kappa}$를 비교해 보면 시간의 진행 방향이 바뀐다는 것을 알 수 있으므로, 두 영역에서 (보존되는)에너지밀도 $T_{ab}\,\kappa^b$의 부호도 반대이다.

절 참조), $\mathcal{E}$에서 양의 에너지밀도를 나타내는데, $\mathcal{E}'$에 존재하는 정상적인 물질에 대해서는 음수가 된다($\mathcal{E}'$에서 $\boldsymbol{\kappa}$는 과거를 향하고 있으므로, 정지 상태를 나타내는 킬링벡터는 $\boldsymbol{\kappa}$가 아니라 $-\boldsymbol{\kappa}$이다). 여기에는 딱히 모순된 점이 없지만, 지금 우리가 고려 중인 시공간의 희한한 성질을 잘 표현하고 있다.

사실, 물리적 관측자는 $\mathcal{E}$에서 $\mathcal{E}'$으로 넘어갈 수 없다. 이 경계선을 넘어가려면 '시간꼴이 아닌' 세계선을 따라가야 하기 때문이다(그림 30.8 참조). 그러나 이론물리학자들은 시공간을 '조금' 수정하여 이것을 가능하게 만들기 위해 부단히 노력하고 있다. 내가 보기에 이것은 공상과학물에 흔히 등장하는 '웜홀을 통해 다른 우주로 이동하기'나 (그림 30.10처럼 시공간을 약간 수정하여) 시공간의 한 지점에 있는 물체를 멀리 떨어져 있는 다른 지점으로 이동시키는 기술이 언젠가는 구현되리라는 희망을 일반대중에게 심어 주려는 의도 같다. 만일 이들의 구상이 이론적으로나마 실현된다면, 상대성이론의 제한을 받지 않는 공간여행도 가능성을 인정받게 될 것이다. 영화 '스타트렉'의 키워드 중 하나인 '워프 드라이브warp-drive'는 우주선이 웜홀을 통과하여 멀리 떨어진 장소의 '과거'로 이동하는 첨단기술이다.

이상하게 들리겠지만, 일반상대성이론에서 세계 최고 수준의 실력을

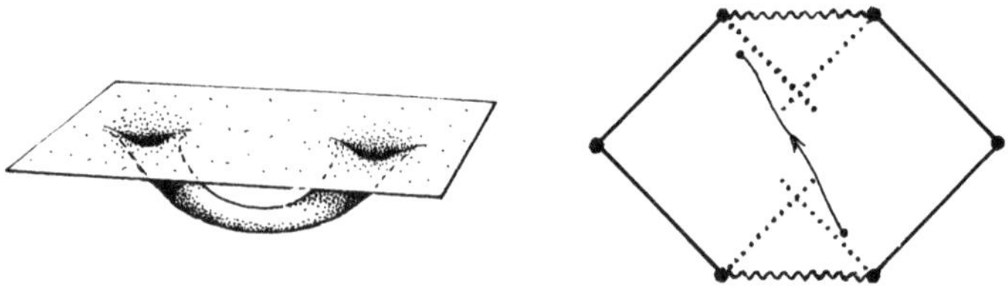

그림 30.10 공상과학물에 등장하는 초광속 공간여행은 수정된 웜홀 시공간에 기초하고 있다. (a) 그림 30.8에 나오는 두 외부공간의 끝 부분을 일치시키면 멀리 떨어진 두 영역을 하나로 연결해 주는 웜홀이 탄생한다. 그러나 이 경우에도 시간꼴 곡선으로는 웜홀을 통한 시간여행이 불가능하다. (b) 시간여행이 가능해지려면 위 그림과 같이 $\mathcal{K}$의 '잡아당긴(stretched)' 버전이 필요하다(그러나 이 모형에서는 에너지밀도가 음수여야 한다).

갖춘 학자들까지도 시간여행의 가능성을 놓고 일종의 '유희'를 즐기고 있다.[17] 이런 유행의 원인은 (최소한 때때로는) 지금의(혹은 상상할 수 있는 수준의) 물리학에서는 시간 여행이 실제로 일어날 가능성이 크지 않다는 사실에 주로 기인하는 듯하다. 그러나 이런 현실에서 우리가 무언가 배운 것이 있다면, (시간 여행은) 일어나선 안 된다는 것이다.[30.6] 그림 30.8에서 웜홀은 공간여행자가 그 속을 완전히 통과하기 전에 '크기 0'으로 수축된다. 따라서 웜홀 시간여행이 가능하려면 여행자가 완전히 통과할 때까지 (이론이 허용하는 한도 내에서)웜홀의 수명을 연장시켜야 하는데, 이것은 에너지밀도가 음수일 때만 가능하다. 고전물리학에서 에너지밀도는 반드시 양수여야 하지만, 특별한 환경에서 양자장이론을 적용하면 음수가 될 수도 있다.

양자장이론이 허용하는 웜홀을 이용하여 멀리 떨어진 장소로 이동하

[30.6] 상대성이론의 '제1교리'를 이용하여 그 이유를 설명해 보라. — 공간꼴로 격리되어 있는 두 개의 사건 p와 q 사이를 여행하려면, p를 지나는 시간꼴 세계선을 따라 p의 직접과거(direct past)에서 일어난 사건으로 갈 수 있어야 한다.

는 '워프 드라이브' 라는 이런 기상천외한 생각을 정말로 꿈꾸는 상대성 이론 학자가 있을까? 나는 거의 없다고 본다. 나는 거의 불가능하다고 생각한다.[18] 여기서 더욱 중요한 이슈는 이와 같은 논의를 통해 양자중력의 아이디어를 검증하는 것이다. 만일 양자장이론이 '웜홀 유지하기'를 허용한다면, 이것은 양자중력이론의 몇 가지 중요한 아이디어에 적신호가 켜졌다는 뜻이 될 수도 있으므로 일단은 고려해볼 가치가 있다(이 정도면 나로서는 시간여행에 대하여 최대한의 관용을 베푼 것이다. 그러나 많은 이론물리학자가 시간여행을 매우 심각한 연구과제로 생각한다!).

30.7 음에너지 궤도에서 에너지의 흐름

원래 우리 목적은 블랙홀의 호킹 온도가 갖는 의미를 해석하는 것이었는데, 도중에 옆길로 빠져서 너무 멀리 온 것 같다. 블랙홀이 복사에너지를 방출하는 이유를 양자역학의 범주 안에서 좀 더 물리적으로 설명할 수는 없을까? 사실 호킹은 호킹 복사가 존재하는 이유를 직관적으로 설명한 적이 있는데, 그의 논리는 그림 30.11에 도식적으로 표현되어 있다. 블랙홀의 사건시평선 근처에서는 가상입자-반입자 쌍이 진공 중에서 생성되었다가 짧은 시간 안에 다시 합쳐지면서 소멸하는 현상이 끊임없이 반복되고 있다(이 과정은 26.9절에서 이미 다룬 바 있다. 그림 26.9, 26.10 참조). 그러나 그 근처에 있는 블랙홀이 이 과정에 영향을 미쳐서, 쌍으로 생성된 입자 중 하나가 블랙홀로 빨려 들어가고 나머지 하나는 탈출하는 일이 종종 발생한다. 그런데 이 과정은 탈출하는 입자가 실제 입자(껍질 바깥off shell에 있는 가상입자가 아니라 '껍질 위on shell'에 있는 입자. 26.8절과 그림 26.6 참조)인 경우에만 발생하므로 탈출한 입자는 양의 에

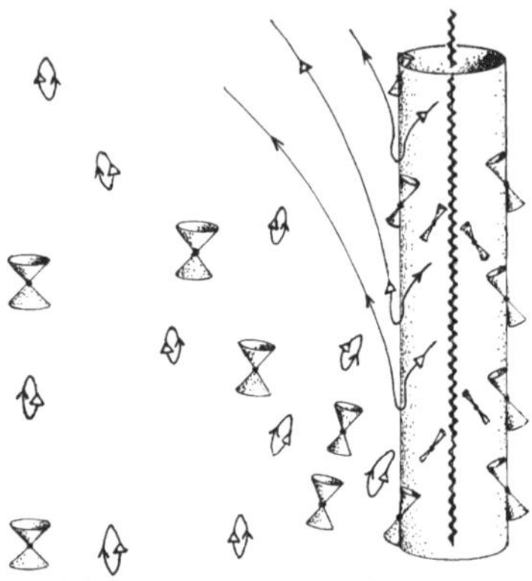

(a) (b)

그림 30.11 호킹 복사에 대한 호킹의 '직관적인' 설명. (a) 블랙홀로부터 멀리 떨어진 곳에서는 진공으로부터 가상입자 쌍이 수시로 생성되었다가 짧은 시간 후에 소멸되고 있다(그림 26.9a 참조). (b) 블랙홀의 사건지평선 근처에서는 생성된 입자쌍 중 하나가 홀 속으로 빨려 들어가고, 나머지 하나는 무한히 먼 곳으로 도망갈 수 있다. 이런 사건이 일어나려면 한 쌍의 가상입자는 실제입자가 되어야 하며, 에너지보존법칙에 의해 블랙홀로 빨려 들어간 입자는 음의 에너지를 가져야 한다. 이것은 킬링벡터 κ가 사건지평선 안에서 공간꼴벡터가 되기 때문에 가능하다(κ^a가 공간꼴이면 에너지 $p_a \kappa^a$는 음수가 될 수 있다. 여기서 p_a는 입자의 4-운동량이다).

너지를 가지며, 따라서 (에너지 보존에 의해)블랙홀로 빨려 들어간 입자는 음에너지를 갖는 실제입자가 된다(이 에너지는 무한히 먼 곳에서 측정한 값이다). 블랙홀의 내부에 있는 실제입자들은 정말로 음의 에너지를 가질 수 있다. 이 가능성은 킬링벡터 κ^a가 내부영역 $\mathcal{B}^+$ 안에서 공간꼴이고, 미래를 향하는 시간꼴 4-운동량 p_a와 κ^a의 스칼라곱 $p_a \kappa^a$가 음의 값을 가질 수 있다는 사실에서 기인한다[이 스칼라곱은 입자의 (보존되는)에너지에 해당된다. 그림 30.11b 참조 [30.7]]. 즉, 블랙홀의 사건지평선 안에서 (가상입자가 아닌)실제입자가 음의 에너지를 가질 수 있기 때문에 호킹의 논리가 성립하는 것이다. 이런 입자의 파트너입자는 양의 에너지를 가져야 하므로, 양의 에너지는 블랙홀로부터 멀리 도망갈 수 있다.

[30.7] κ^a가 공간꼴일 때, 에너지 $p_a \kappa^a$가 음의 값을 갖는 이유를 설명하라.

고전적인 블랙홀이 자전할 때에도 이와 비슷한 현상이 일어날 수 있다. 단, 호킹 복사의 경우에는 상식적인 크기의 블랙홀에서 방출되는 에너지가 엄청나게 작지만(그래서 실용적인 가치는 별로 없다), 회전하는 고전적 블랙홀은 천체물리학에서 매우 중요하게 취급되고 있다. 우주 전체를 통틀어서 지금까지 알려진 가장 강력한 에너지원은 회전하는 거대한 블랙홀일 것으로 추정된다. 음에너지를 가진 입자 또는 장이 블랙홀에 갇혀서 양의 에너지가 외부로 무한히 먼 곳까지 탈출한다는 논리는 고전적 블랙홀과 호킹 복사에서 거의 비슷한 형태로 진행된다. 그러나 회전하는 블랙홀에서 킬링벡터 κ가 공간꼴인 시공간은 블랙홀의 사건지평선 너머까지 뻗어 있는데, 이 영역을 '에르고스피어 ergosphere 라고 한다(그림 30.12a 참조). 따라서 에르고스피어 안에 있는 입자는 멀리 떨어진 우주 어

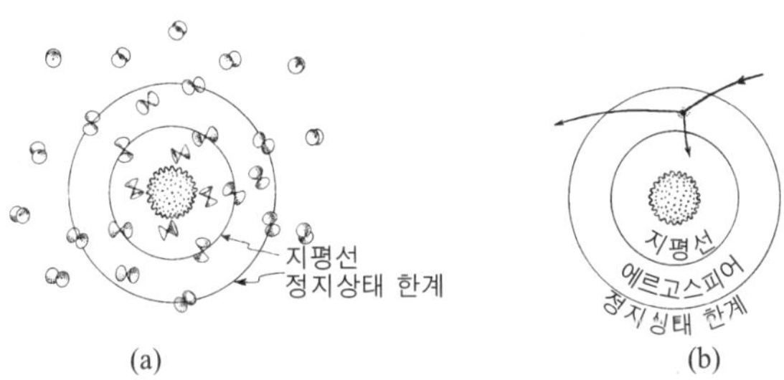

그림 30.12 시간축을 따라 '아래'쪽으로 내려다본 회전하는(커) 블랙홀의 모습. (a) 커 블랙홀의 경우, 블랙홀 사건 지평선의 외부에서 킬링벡터 κ가 공간꼴인 영역이 존재하는데, 이 영역을 '에르고스피어'라고 한다. 이곳에서 입자는 음에너지(무한히 먼 곳에서 측정한 값)를 가질 수 있으며, 다른 입자들은 남은 에너지를 갖고 무한히 먼 곳으로 탈출할 수 있다. (b) 이른바 '펜로즈 과정'에 의하면, 이 사실을 이용하여 회전하는 블랙홀의 에너지를 추출할 수 있다. 가장 간단한 사례는 입자 하나가 에르고스피어 안으로 진입한 경우이다. 이곳에서 입자가 둘로 나뉘면 이들 중 하나는 음에너지를 갖고 블랙홀 안으로 빨려 들어가고, 나머지 하나는 원래 입자보다 많은 에너지를 갖고 무한히 먼 곳으로 탈출하게 된다.

던가의 다른 입자와 교신을 주고받을 수 있는 한, 음에너지를 가질 수 있다. 예를 들어 한 입자가 바깥에서 에르고스피어의 내부로 진입하여 둘로 갈라졌는데 그중 하나가 음에너지를 갖는다면, 다른 하나는 원래 입자가 갖고 있던 에너지보다 많은 에너지를 갖고 에르고스피어 밖으로 탈출하게 된다![19] 다시 말해서, 회전하는 블랙홀이 갖고 있던 에너지 중 일부가 밖으로 방출된 것이다(그림 30.12b 참조). 입자가 아닌 (전자기)장의 경우에도 이와 비슷한 결론이 내려진다.[20]

블랙홀로 떨어지는 '음에너지 입자'는 국소적 관점에서 볼 때 완전히 평범한 입자이다(18.7절에서 말했던 시간꼴 4-운동량을 갖고 있다). 무한히 먼 곳에서 바라봤을 때 이 입자의 에너지 $p_a \kappa^a$는 음의 값을 가지며, 이런 일은 입자가 에르고스피어 내부에 있는 한 얼마든지 일어날 수 있다. 에너지가 음수라는 사실이 매우 놀랍고 이례적이지만, 수학이나 물리학에서는 문제가 될 것이 전혀 없다. 바로 이러한 사실 때문에 블랙홀의 엄청난 회전에너지가 종종 외부로 방출되는 것이다.

퀘이사(준성 전파원)에서 뿜어져 나오는 막대한 에너지도(27.9절 참조) 퀘이사 내부의 회전하는 블랙홀이 위와 같은 과정을 겪으면서 나타난 결과라는 것이 가장 그럴듯한 설명이다. 블랙홀이 갖고 있던 방대한 에너지는 위에서 말한 과정을 거치면서 서서히 줄어들고(그림 30.13 참조), 추출된 에너지는 우주공간으로 날아간다. 많은 사람이 블랙홀이 삼킨 음에

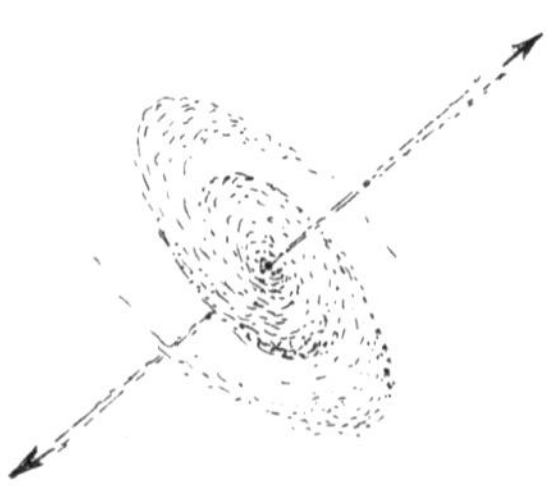

그림 30.13 퀘이사에서 뿜어져 나오는 막대한 에너지는 은하의 중심에 있는 초대형 블랙홀에 기인하는 것으로 추정되며, 그 과정은 그림 30.12로 설명될 수 있다. 그러나 블랙홀이 삼킨 것은 입자가 아니라 음에너지를 갖는 전자기장일 가능성이 크다.

너지가 실제입자[Williams(1995, 2002, 2004) 참조]가 아닌 전자기장의 형태일 것으로 추정하고 있으나[Blanford and Znajek(1997), Begelman 외.(1984) 참조], 어떤 형태이건 간에 그 원인은 위에서 설명한 바와 같다.

30.8 호킹 폭발

이제 양자역학적 호킹 과정으로 돌아가서 생각해 보자. 30.4절에서 말한 대로, 태양과 질량이 같은($1M_\odot$) 블랙홀은 온도가 매우 낮다(약 10^{-7} K). 그리고 질량이 더 큰 블랙홀의 온도는 질량에 반비례하여 더욱 낮아진다(27.10절 참조). 태양보다 질량이 작은 블랙홀은 아직 발견된 사례가 없어서, 과거 천문학자들은 블랙홀의 미미한 온도에 큰 관심을 두지 않았다.

그러나 호킹이 1974년에 놀라운 사실을 발견하면서[21] 블랙홀의 온도는 초미의 관심사로 떠올랐다. 예를 들어 만일 우주가 영원히 팽창하는 운명이라면(27.11, 28.10절 참조), 우주 온도가 임의의 블랙홀보다 낮아지는 시점이 언젠가는 찾아올 것이다($K = 0 = \Lambda$인 우주 온도가 질량이 $1M_\odot$인 블랙홀의 온도와 같아지려면 약 10^{16}년이 걸리는데, 이 시간은 현재 우주 나이의 10^6배에 해당한다). 이 시기가 되면 블랙홀은 주변에서 흡수한 에너지보다 많은 양의 에너지를 방출하기 시작한다. 그런데 에너지를 잃으면 질량이 감소하기 때문에 반경이 작아지고, 그 결과 블랙홀은 점차 뜨거워진다. 질량이 $1M_\odot$인 블랙홀에 이 과정을 적용해 보자. 10^{64}년 동안 느린 속도로 꾸준하게 복사에너지를 방출하면서 질량을 서서히 잃어버릴 텐데, 처음에는 온도가 서서히 증가하다가 $10^9 \sim 10^{10}$ K에 이르면 급격하게 뜨거워진다(정확한 값을 모르는 이유는 고에너지 입자에 대한 우리 지식이 아직 부족하기 때문이다). 이 시점을 지나면 블랙홀이 극도로 불안정해지다가 남아 있는 질량이 순식간에 에너지로 전환되면서 거대한 폭발을 일으키게 된다. 블랙홀의 질량이 모두 복사에너지로 변환되는 것이다!(그림 30.14 참조)

이것은 호킹의 논리를 가장 단순한 경우에 적용한 결과이다(호킹은 이와 같은 폭발이 지금도 관측 가능하다고 주장했다. 빅뱅이 우리에게 친절을 베풀어서 보통 산만한 크기에 양성자 수준의 질량을 가진 '미니 블랙홀'을 사방에 남겨 두었다면, 지금쯤 폭발을 일으킬 수도 있다는 것이다! 이것은 거의 가능성이 없어 보인다. 이런 현상은 지금까지 단 한 번도 관측된 적이 없다). 다른 물리학자들은[22] 그와 같은 최종폭발이 일어난다 해도 블랙홀이 완전히 사라지지 않고 어떤 잔해가 남는다고 주장했다. 아마도 그들은 블랙홀이 삼킨 '정보'가 완전히 사라진다는 주장에 심기가 불편하여 '블랙홀의 정보는 어딘가에 남아 있다'는 논리를 펼치고 싶었을 것

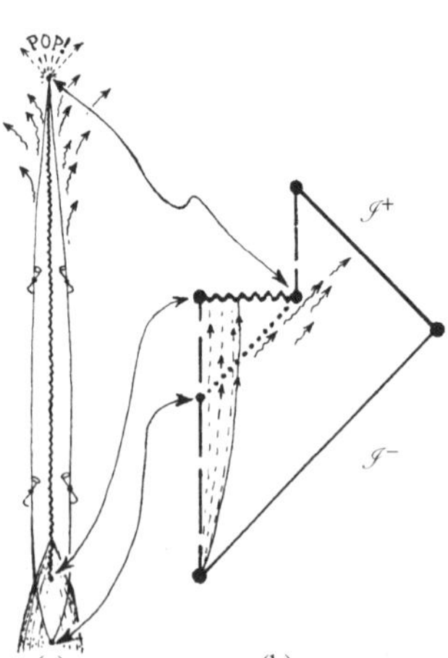

그림 30.14 호킹의 증발하는 블랙홀. (a) 고전적인 중력붕괴에 의해 블랙홀이 생성되면 엄청나게 긴 시간에 걸쳐 호킹 복사가 진행되면서 질량-에너지가 서서히 감소하고 온도는 서서히 높아지다가 최종단계에 이르면 거대한 폭발과 함께 모든 것이 사라진다(천문학적 관점에서 볼 때 그다지 큰 폭발은 아니며, 그 규모는 블랙홀의 원래 질량과 무관하다). (b) 이 과정을 표현한 엄밀한 등각 다이어그램(구대칭이 있는 경우). 이 그림은 "물질이 지평선을 넘을 때 갖고 있던 정보는 특이점에 이르렀을 때 모두 소실된다"는 정보손실이론과 일치한다.

이다.[23] 문제는 애초에 별이나 은하규모의 초대형 블랙홀에 담긴 방대한 정보가 그토록 작은 잔해 속에 온전하게 남을 가능성이 거의 없다는 점이다. 그래서 일부 물리학자들은 밖으로 유출된 정보가 최종폭발이 일어나기 직전에 되돌아온다는 제안을 내놓았다.

위에 제시된 세 가지 가능성을 요약하면 다음과 같다.

손실 : 블랙홀이 증발하면서 모든 정보가 손실된다.

저장 : 블랙홀의 정보는 폭발 후 남은 잔해에 저장된다.

복귀 : 모든 정보는 최종폭발이 일어나기 직전에 되돌아온다.

정보가 손실된다는 쪽이 가장 그럴듯해 보이는데도, 물리학자들은 왜 '저장'이나 '복귀'에 연연하는 것일까? 여기에는 그럴 만한 이유가 있다. 정보가 손실되면 유니터리성(즉, **U**-과정의 작용)에 당장 문제가 발생하기 때문이다. 양자역학의 유니터리성이 불변의 법칙이라고 생각한다면, 정보가 손실된다는 주장을 결코 수용할 수 없다. 그래서 대부분의 입자물리학자가 다소 작위적인 가설임에도 '저장'이나 '복귀' 쪽을 선호하는 것이다.

나는 개인적으로 정보가 손실된다는 쪽이 가장 그럴듯하다고 생각한다. 그림 30.14는 블랙홀의 지평선을 넘은 물질이 수축되는 과정을 보여주는데, 보다시피 물질에 들어 있던 모든 정보는 최종적으로 특이점에 도달하면서 파괴된다. 그리고 사건지평선에서는 물리적으로 중요하게 취급할 만한 사건이 전혀 일어나지 않는다. 물질은 지평선을 넘어가는 순간에도 (만일 의식이 있다면) 되돌아올 수 없는 길을 떠났다는 사실을 전혀 눈치채지 못할 것이다. 여기서 명심할 것은 은하 중심에 있는 초대형 블랙홀(질량이 태양의 수백만 배에 달한다!)에도 동일한 논리가 적용된다는 사실이다. 이런 경우에도 사건지평선을 통과하는 물질은 아무런 낌새도 눈치채지 못한다. 시공간의 곡률과 물질의 밀도는 그다지 크지 않다. 그저 우리 태양계에서 흔히 볼 수 있는 정도이다. 심지어 국소적인 관측만으로는 사건지평선이 결정되지 않을 수도 있다. 지평선의 위치는 향후 얼마나 많은 물질이 블랙홀로 빨려 들어가느냐에 따라 달라지기 때문이다. 본인이 예상했던 것보다 많은 양의 물질이 빨려 들어간다면, 자신도 모르는 새에 사건지평선을 넘어왔을 수도 있다!(그림 30.15 참조) 내가 보기에 "붕괴하는 물질에 대한 모종의 정보가 지평선을 넘기 직전에 외부로 방출된다"는 주장은 별로 설득력이 없다. 사실 엄밀하게 따지면 신호만으로는 불충분하다. 붕괴하는 물질에 담겨 있는 진정한 정보란 '물질 그 자체'이기 때문이다. 이것이 사건지평선 안으로 진입하면 특이점에 이르러 파괴될 수밖에 없다.

'우주검열(28.8절 참조)'을 받아들인다면, 이것은 명백한 결론이다. 내가 보기에는 다르게 해석될 여지가 별로 없으며, 모든 내용은 그림 30.14에 잘 표현되어 있다. 이 그림에 의하면 붕괴에 들어간 물질이 파괴되는 시점(정보가 파괴되는 시점)은 지평선을 통과할 때가 아니라 특이점에 이르렀을 때이다. '정보복귀'의 관점(즉, 최종폭발이 일어날 때 붕괴된 물

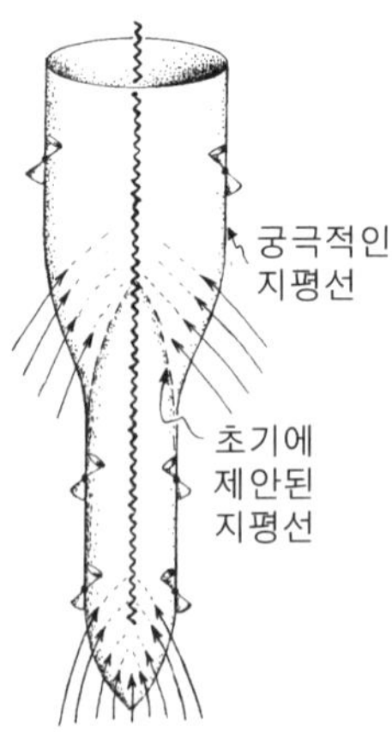

그림 30.15 블랙홀 사건지평선의 정확한 위치는 "그 안으로 빨려 들어오게 될 물질의 양"에 의해 결정된다.

질의 모든 정보가 어떻게든 복구된다는 관점. 이런 일은 그림 30.14의 '펑!'으로 표현된 지점에서 일어난다)을 고수한다면[24] 이 정보가 특이점을 벗어난 후 되돌아오는 과정을 설명해야 하는데(우주검열에 의하면 기본적으로 공간꼴이다), 내가 보기에는 마땅한 논리가 없다.

정보가 최후까지 저장된다는 주장도 별로 나은 점이 없다. 폭발 후에 잔해가 남는다고 해도, 정보가 그 안에 영원히 '감금되기 때문에' 손실된 경우와 다를 것이 없다. 정보저장설을 주장하는 이유가 유니터리성을 '구제'하기 위한 것이라면 폭발의 잔해에 모순 없이 적용되는 양자장이론을 구축해야 하는데, 이 작업이 절대 만만치가 않다.[25] 내가 보기에 호킹의 논리는(정보손실론과 마찬가지로) "양자역학적 과정에 일반상대성이론이 개입하면 유니터리성이 위배된다"는 사실을 보여 주는 대표적 사례라 할 수 있다.

이 문제에 대하여 스티븐 호킹은 어떤 의견을 갖고 있는가? 그는 처음부터 정보가 손실된다고 주장했는데, 처음 그가 이 아이디어를 내놓았을 때나 지금이나, 그의 주장은 별로 힘을 잃지 않은 듯하다. 물론 블랙홀 증발은 순전히 이론적인 개념이고, 자연은 블랙홀의 미래를 전혀 다른 방식으로 계획하고 있을지도 모른다. 그러나 양자장이론이나 일반상대성이론(또는 둘 다)에 근본적인 변화가 일어나지 않는 한, 블랙홀이 다른 미래를 맞이할 가능성은 별로 없어 보인다. 호킹은 (적어도 이 글을 쓰는 지금 — 2003년까지는)유니터리성이 위배된다는 입장을 고수하고 있지만, 그가 말하는 '위배'가 그렇게 격렬하지는 않은 듯하다. 그는 블랙홀이 있는 곳에서 계의 양자상태가 실제로 (비순수상태의)밀도행렬로 진행한다는 제안을 내놓았는데, 사실 이 아이디어는 29.6절에서 잠시 언급된 적이 있다. 거기서 나는 얽힌 양자상태의 일부가 FAPP에서 대략적으로 서술하는 것과는 반대로 정말로 사라질 수도 있는 것이라면(예를 들어 일부가 블랙홀로 빨려 들어간다면), "양자상태를 서술하는 것은 순수상태가 아닌 밀도행렬이다"고 생각하는 것이 타당하다고 주장한 바 있다. 호킹은 밀도행렬에 직접 적용되는 일종의 '초유니터리성super-unitarity'을 마음속에 그리면서, '순수상태'에서 '혼합된 상태'로의 이동을 허용한 것이다.[26,[30.8]]

30.9 더욱 급진적인 관점

나는 호킹과 같이 정보손실론을 지지하며 내 관점이 옳다고 생각한다. 그러나 여기에는 무언가 더 급진적인 해석이 요구된다. 예를 들어 바로 전에 언급했던 호킹의 관점은 시간 비대칭적인 특성이 고려되어 있지 않다.[27] 시간에 대하여 대칭을 허용하면, 그림 30.4의 시간되짚기 버전인 그림 30.16a의 화이트홀이 가능해진다. 또한, 블랙홀의 증발을 표현한 그

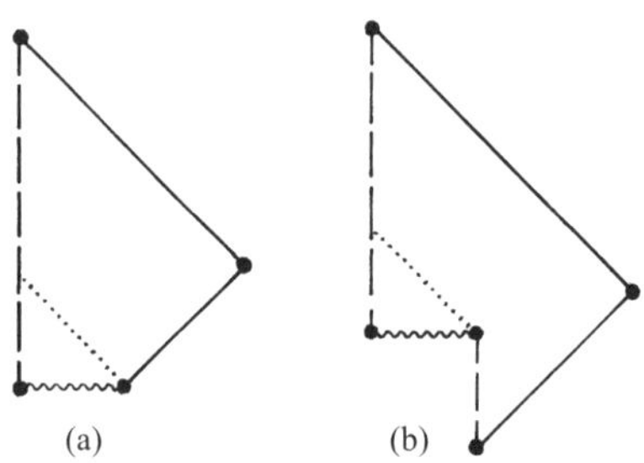

그림 30.16 블랙홀의 시간되짚기 버전인 화이트홀은 바일곡률 가설에 위배된다. (a) 블랙홀의 생성과정(그림 27.11, 27.16 참조)을 시간에 반전시킨 등각 다이어그램. (b) 블랙홀의 생성과정을 시간 반전시킨 후 호킹 복사를 통해 사라지는 과정(그림 30.14 참조)을 표현한 등각 다이어그램.

[30.8] 이를 위해 필요한 변환을 지표표기법($|\psi\rangle$ 대신 ψ^{α}를 사용)으로 표현해 보라[도움말 : 그림 29.5를 다시 한 번 살펴볼 것].

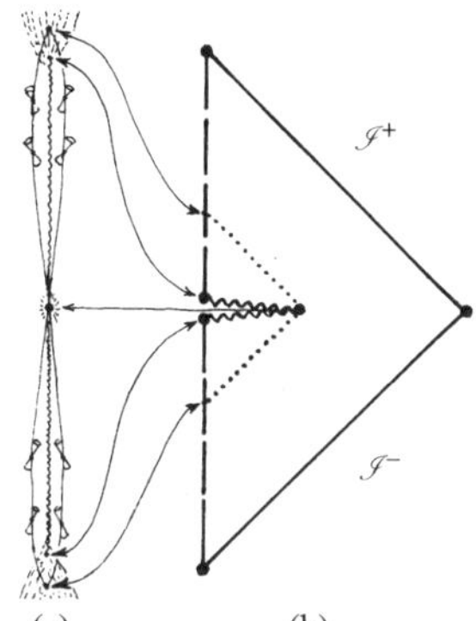

그림 30.17 (a) 시간대칭적 상황. 중력붕괴를 통해 생성된 블랙홀이 최종폭발을 일으키는 순간에 화이트홀이 탄생한다. 새로 만들어진 화이트홀은 이전의 블랙홀과 크기가 같아질 때까지 계속 커지다가 다량의 물질을 방출하면서 사라진다. (b) 위 상황을 표현한 등각 다이어그램.

림 30.14의 시간되짚기 버전인 그림 30.16b도 가능하다. 기존의 정보 중 상당부분이 파괴되고 새로운 정보가 그만큼 생성되는 '일반적인 시간대칭 상황'은 그림 30.17에 표현되어 있다. 이 모든 그림은 바일곡률 가설 weyl curvature hypothesis에 위배된다(28.8절 참조). 시간대칭적인 그림 30.17에 의하면 블랙홀이 최종적으로 증발하는 순간에 새로운 화이트홀이 생성되며, 이 화이트홀은 원래의 블랙홀과 크기가 같아질 때까지 계속해서 커진다. 이렇게 황당한 모형은 정말이지 처음 본다! 그림 30.17과 같은 상황이 허용된다면, 빅뱅이 일어날 때 화이트홀이 대량으로 생성되어 27장의 모든 논리를 무용지물로 만드는 상황이 왜 일어나지 않았는지, 그 이유를 알 수가 없다.

여기서 나의 논리를 처음부터 끝까지 반복할 생각은 없고,[28] 대충 말하자면 자연이 우리에게 "우주가 허용하는 시공간의 특이점들은 바일곡률 가설과 비슷한 그 무엇을 만족한다"고 말해 주는 것 같다.[29] 이것을 받아들인다면 블랙홀의 특이점에서 정보가 사라지고 절대로 복구되지 않는다는 것을 사실로 받아들일 수 있다. 이 가정에 의하면 수축의 최종단계에 나타나는 특이점은 엄청나게 큰 자유도를 가질 수 있기 때문이다(자유

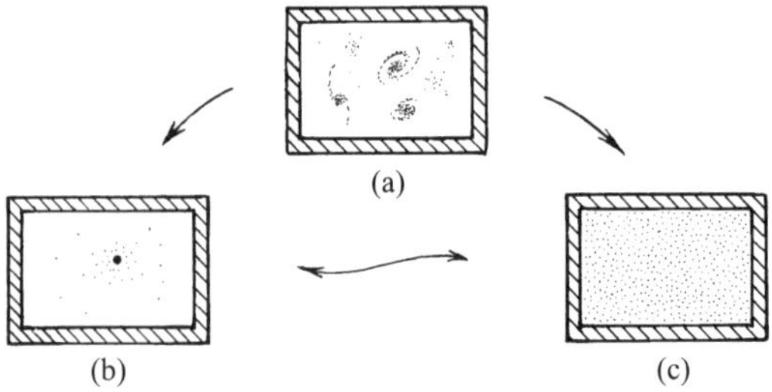

그림 30.18 호킹의 '상자' 사고실험. (a) 은하규모의 거대한 상자를 상상한다. 상자의 내벽은 완벽한 거울로 덮여 있어서, 어떤 물질이나 정보도 벽을 관통하지 못한다. (b) 국소 엔트로피가 최대가 되는 경우 중 하나는 블랙홀이 질량 대부분을 차지하고 소량의 복사가 그 주변을 에워싼 채 열평형을 이루는 상태이다. (c) 엔트로피가 최대가 되는 또 한 가지 상황은 블랙홀이 없이 열복사(그리고 약간의 입자들)만 존재하는 경우이다.

도를 '흡수했다'는 표현이 더 그럴듯하다. 이 자유도는 바일 곡률에 의해 제한된다). 초기 특이점에서는 이러한 자유도가 존재할 수 없다.

블랙홀의 형성과 증발을 포함하는 계의 '위상공간'을 이용하여 이 논리를 다시 한 번 전개해 보자. 위상공간논리를 엄밀하게 적용하려면 유한한 에너지를 갖는 닫힌 계를 고려해야 한다. 예를 들어 은하보다 큰 방대한 상자를 떠올려 보자. 상자의 내벽이 완벽한 거울로 덮여서, 어떤 물질이나 정보도 상자를 관통하지 못한다고 가정하자(그림 30.18 참조). 물론 현실적으로 불가능한 설정이지만, 우리가 고려하는 물리계는 실제로 존재하는 계가 아니라 '사고실험' 속에 존재한다는 점을 강조하는 바이다! 호킹 복사를 통해 자유도가 손실되는 물리계에 위상공간논리를 적용할 수만 있으면 된다.[30] 우리가 고려하는 위상공간 $\mathcal{P}$는 가상의 상자 속에서 특정 총에너지를 갖는 모든 가능한 상태를 나타내고 있다. 그림 30.19는 계의 역학적 변화과정을 위상공간에서 표현한 그림인데, 화살표는 그림 20.5와 같은 방식으로 그린 것이다.

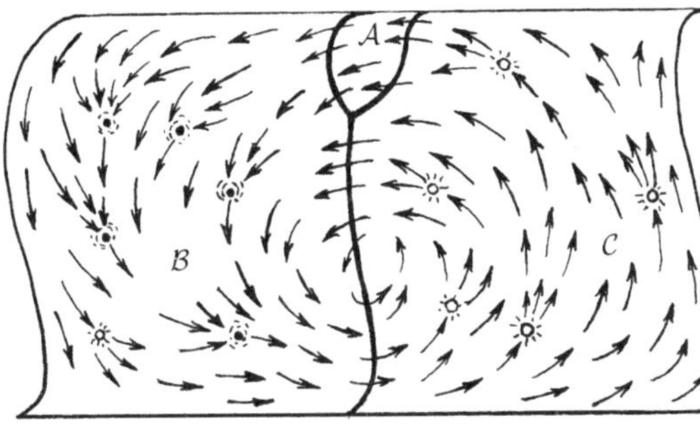

그림 30.19 위상공간에서 표현한 호킹의 상자. 작은 화살표들은 그림 30.18의 과정이 진행되는 (해밀토니안의)방향을 나타내고, 위상공간 속의 영역 $\mathcal{A}$, $\mathcal{B}$, $\mathcal{C}$는 각각 그림 30.18의 (a), (b), (c)에 대응된다. 따라서 블랙홀은 $\mathcal{B}$에 있고 $\mathcal{C}$에는 없다. 블랙홀이 존재하는 영역에서 화살표의 흐름이 한 지점으로 합쳐지는 것은(위상공간의 부피수축) 정보가 손실되기 때문이며, 이는 곧 블랙홀의 (미래)특이점에서 정보가 파괴되었음을 의미한다. 이것을 보상하는 흐름이 생성되어 위상공간의 부피가 증가하는데, 이는 **R** 과정(객관적인 현실로 가정했을 때)의 시간 비대칭성에서 기인한다(그림 30.1 참조). 리우빌 정리에 위배되는 이 두 과정이 전체적으로 균형을 이루면서, 위상공간의 부피가 일정하게 유지된다.

이와 같은 상황(사고실험)에서는 시간이 흐를수록 더욱 많은 자유도가 블랙홀의 특이점에 흡수되어 사라진다. 이 자유도는 초기 (화이트홀 타입)특이점에서 다시 나타날 때 바일 곡률에 의해 제한을 받지만, 나는 이것이 **R**과정에서 다시 나타난다는 점을 강조하고 싶다. 기본 아이디어는 블랙홀의 시간-비대칭적 '정보손실'과 양자역학의 **R**과정에 나타나는 확률의 시간-비대칭적 거동(30.3절 참조) 사이에 전체적인 균형이 존재한다는 것이다. **R**과정이 비결정론적이라는 것은 동일한 입력에 여러 가지 다른 출력(결과)이 나올 수 있다는 뜻이며, 이것은 블랙홀에서 다양한 입력에 대해 동일한 결과가 나올 수 있다는 사실과 균형을 이룬다. 즉, 다양한 입력을 구별하는 데 사용가능한 '정보'들이 특이점에서 모두 흡수되는 것이다. 30.3절의 가상실험에서(그림 30.1 참조) 우리는 하나의 입력(**S**에서 광자가 방출됨)에 대하여 서로 다른 두 개의 결과를 얻었다(광자가 D에 도달함/광자가 C에 도달함). 그러나 하나의 결과가 주어졌을 때에는(D에 광자가 도달함) 기본적으로 하나의 입력만이 존재한다(S에서 광자가 방출됨). 그러므로 **R**과정을 거치면서 위상공간의 부피가 넓어지고, 시공간 특이점의 비대칭적 구조는 위상공간의 부피를 감소시키는 역할을 한다(그림 30.19 참조). 이 두 효과가 평균적으로 서로 상쇄되어 균형을 이룬다는 것이 나의 생각이다.

이와 같은 균형은 물리적 과정의 국소적인 특성이 아니라 '전체에 걸쳐overall' 나타나는 효과이다. 물론 양자적 상태축소가 일어날 때마다 블랙홀이 존재한다는 뜻은 아니다. 다만, 전체 위상공간에 걸쳐 이 두 가지 효과가 균형을 이룬다는 뜻이다. '미래에 발생할 **R**의 무작위성'과 '정보를 흡수하는 블랙홀이 생성될 잠재적 가능성'이 균형을 이루는 셈이다.

위에서 말한 두 효과는 "계의 역학적 진행과정에서 위상공간의 부피는 변하지 않는다"는 리우빌의 정리(20.4절, 그림 20.7 참조)를 만족하지 않는다. 그러나 각각의 경우에 우리는 리우빌 정리의 한계를 제공하는 표준 고전역학의 범주를 이미 넘어섰다. 지금 우리는 양자역학적 효과와 고전역학적 효과를 함께 고려하고 있으므로, 고전적 위상공간의 개념을 적용할 수는 없다. 또한, 우리의 계가 순전히 양자역학적인 계였다면 위상공간 대신 힐베르트 공간을 도입해야 한다. **U**과정만이 양자역학의 모든 것이라고 믿는 사람에게는 힐베르트 공간을 이용한 서술이 올바른 답일 것이다. 그러나 블랙홀이 증발하면서 정보가 파괴되면(이와 함께 유니터리성도 파괴된다) 심각한 문제가 발생한다. 나는 어떤 이론도 전적으로 수용하지 않으며, 각자 나름대로 궁극적 진실을 근사적으로 서술하고 있다고 생각한다.[31]

나는 오랜 세월 동안 앞에서 서술한 두 가지 과정의 균형(그림 30.19 참조)을 추적하여 양자상태축소를 정량적으로 서술하기 위해 노력해 왔으나, 아직 완전한 논리를 찾아내지 못했다. 지금까지와 전혀 다른 일반론을 이용하여 올바른 결론을 내릴 수 있다면 커다란 행운일 것이다. 이것이 과연 가능할까? 그 가능성을 진단하는 것이 이 장의 남은 주제이다.

30.10 슈뢰딩거의 덩어리

29.7절에서 언급했던 '슈뢰딩거의 고양이' 문제로 되돌아가 보자. 그림 29.7의 실험장치는 빔 분할기로 광자를 중첩상태로 만들어서 분할기를 통과한 부분은 고양이를 죽이고, 반사된 부분은 고양이에게 무해하도록 설계되었다. 그런데 실험에 고양이를 동원한 것은 비인도적일 뿐만 아니라, 우리가 고려 중인 물리계를 쓸데없이 복잡하게 한다. 부작용을 줄이기 위해, 빔 분할기를 통과한 광자상태가 감지기에 도달하면 물질 덩어리를 수평방향으로 조금 이동시키고 반사된 부분은 덩어리에 아무런 영향도 주지 않도록 실험장치를 개조했다고 하자(그림 30.20 참조). 이제 '중첩된' 덩어리는 (이전처럼 극적이진 않지만) 슈뢰딩거의 고양이와 같은 구실을 한다.

여기서 내가 제기하려는 질문은 다음과 같다. 위치가 다른 두 덩어리의 양자 중첩은 정상상태stationary state인가? 표준 양자역학에서는, 각 덩어리의 위치를 독립적으로 정상상태로 보고 각 위치에서 에너지가 같다면(즉, 덩어리가 이동해도 높이가 변하지 않는다면) 두 상태의 중첩을 정상상태로 취급한다. 이것은 21장에서 논했던 법칙을 그대로 응용한 결과이다(24.3절도 참고하라). 덩어리의 원래 상태를 $|\chi\rangle$라 하고 옮겨진 상태

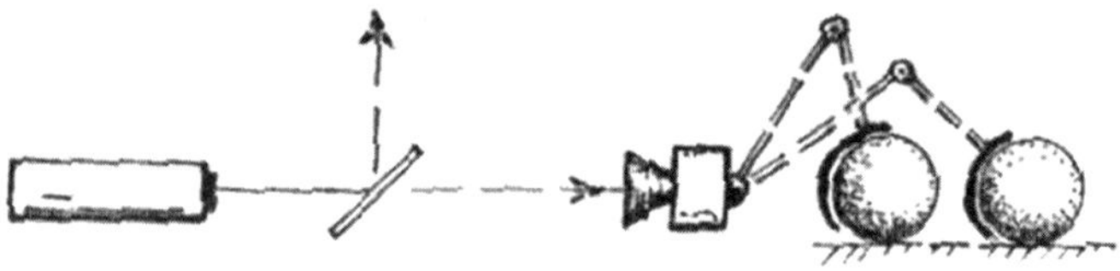

그림 30.20 그림 29.7의 '슈뢰딩거의 고양이' 실험을 조금 개조한 장치. 이 실험에서는 고양이의 생사 여부가 아닌 '덩어리의 위치'가 양자 중첩상태에 놓이게 된다.

를 $|\varphi\rangle$라 하면, 두 덩어리 위치의 각 정상상태를 서술하는 슈뢰딩거 방정식은 다음과 같다.

$$i\hbar\frac{\partial|\chi\rangle}{\partial t}=E|\chi\rangle,\qquad i\hbar\frac{\partial|\varphi\rangle}{\partial t}=E|\varphi\rangle$$

각 방정식을 풀면 에너지의 고유상태와 고유값 E를 구할 수 있다. 이들이 중첩된 상태를

$$|\boldsymbol{\Psi}\rangle=w|\chi\rangle+z|\varphi\rangle$$

로 표기하면 곧바로

$$i\hbar\frac{\partial|\boldsymbol{\Psi}\rangle}{\partial t}=E|\boldsymbol{\Psi}\rangle$$

가 된다. 진폭(상수) w와 z가 어떤 값을 갖건 간에, 방정식의 형태는 변하지 않는다.[30.9] 그러므로 모든 중첩상태 $|\boldsymbol{\Psi}\rangle$도 정상상태임을 알 수 있다. 만일 $|\chi\rangle$와 $|\varphi\rangle$가 영원히 개별적으로 존재한다면, 모든 가능한 양자중첩 $|\boldsymbol{\Psi}\rangle$도 영원히 그 상태를 유지할 것이다. 이것이 표준 양자역학

[30.9] 왜 그런가? (아래 등장하는) 정상상태 배경시공간에서 이와 동일한 결과를 얻으려면 벡터장 $\boldsymbol{\kappa}$의 어떤 성질을 이용해야 하는지 설명해 보라.

에서 내릴 수 있는 결론이다.

이제 위 실험에 아인슈타인의 걸작품인 일반상대성이론을 적용해 보자. 제일 먼저 배경시공간의 기하학적 형태로 서술되는 중력장부터 고려하는 것이 좋겠다. 이 실험은 지구 상의 한 지점에 설치된 평면 위에서 실행되었다. 지구 주변의 시공간은 평평하지 않으므로, 이것이 위 실험에 어떤 영향을 주는지 확인해야 한다. 그런데 슈뢰딩거 방정식에 등장하는 '$\partial/\partial t$'의 의미를 어떻게 해석해야 할지 조금 걱정이 앞선다. 일반상대성 이론에는 '$\partial/\partial t$'를 자연스럽게 정의할 좌표계가 존재하지 않기 때문이다. 10.3절과 12.3절에서 말한 바와 같이(그림 10.5 참조), ($\partial/\partial t$와 같은)편미분 연산자는 (시공간)다양체 위에서 정의된 벡터장으로 생각할 수 있다 (그림 30.21 참조). 따라서 '$\partial/\partial t$'의 개념을 정립하려면 시공간에 벡터장을 도입할 필요가 있다.

이 정도면 그다지 나쁜 상황은 아니다. 지금 우리는 '정상상태'를 고려 중이므로, 최소한 배경 시공간 자체는 정상상태를 유지한다고 볼 수 있다. 사실 우리는 지구의 장을 정상상태로 취급하고 있다. 앞서 말한 바와 같이(30.4, 6절, 그림 30.6 참조) 정상상태 시공간의 특성은 시간꼴 킬링 벡터 $\boldsymbol{\kappa}$에 의해 결정된다. 이 특별한 벡터장이 지금 우리가 논하는 주제와 어떤 관계가 있을까? 우리의 시공간은 '시간 t와 무관하다'는 의미에서

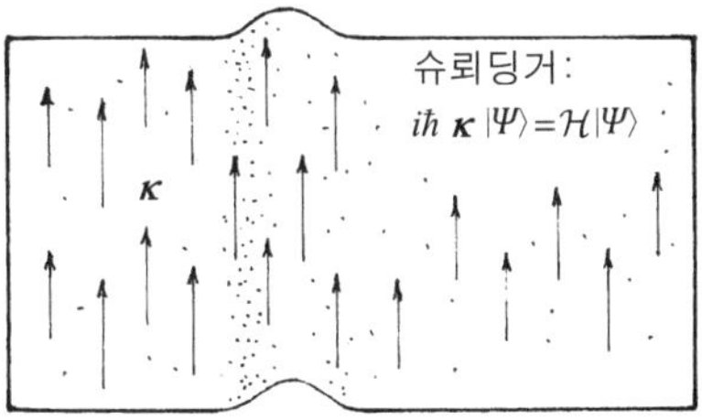

그림 30.21 슈뢰딩거 방정식에 등장하는 편미분 연산자 '$\partial/\partial t$'는 (시공간)다양체 위에서 정의된 벡터장 $\boldsymbol{\kappa}$로 해석할 수 있다(그림 30.3 참조). 시공간의 정상성(정지성, stationarity)은 $\boldsymbol{\kappa}(=\partial/\partial t)$로 표현되며, 이것은 시간꼴 킬링장(Killing field, $\pounds_{\boldsymbol{\kappa}}\,\mathbf{g}=0$, 14.7절 참조)을 형성한다.

정상상태에 있으며, 이는 곧 위에 열거한 슈뢰딩거 방정식에서 다음과 같은 대치가 가능하다는 것을 말해 준다.

$$\frac{\partial}{\partial t} \mapsto \boldsymbol{\kappa}$$

전체적인 축척인자scale factor에 관해서는 논쟁의 여지가 있지만, 지금은 별로 중요한 문제가 아니다. 축척인자를 결정하는 보편적인 방법은 중력이 거의 0으로 작아지는 먼 거리에서 $\boldsymbol{\kappa}$가 '일상적인' 시간변위가 되기를 요구하는 것이다. 그러나 지구의 중력장에 의해 시간이 느려지는 현상 때문에(19.8절 참조) $\boldsymbol{\kappa}$의 크기는 장소에 따라 국소적으로 변할 수 있다.[30.10] 이제 $\boldsymbol{\kappa}$가 $\partial/\partial t$ 역할을 대신하므로, 서로 독립적인 상태 $|\chi\rangle$와 $|\varphi\rangle$의 정상성을 정의하는 슈뢰딩거 방정식은 다음과 같다.

$$i\hbar\,\boldsymbol{\kappa}\,|\chi\rangle = E\,|\chi\rangle \qquad \text{그리고} \qquad i\hbar\,\boldsymbol{\kappa}\,|\phi\rangle = E\,|\varphi\rangle$$

이전과 마찬가지로, 중첩된 상태 $|\boldsymbol{\Psi}\rangle$에 대한 슈뢰딩거 방정식은

$$i\hbar\boldsymbol{\kappa}\,|\boldsymbol{\Psi}\rangle = E\,|\boldsymbol{\Psi}\rangle$$

로 쓸 수 있다. 따라서 정상적定常的, stationary인 배경중력장이 존재한다고 해도 두 정상상태 $|\chi\rangle$와 $|\varphi\rangle$로 이루어진 임의의 양자 중첩상태가 정상적이라는 사실에는 변함이 없다.

이제 그림 3.20의 덩어리에 의한 중력장을 고려했을 때 어떤 효과가

[30.10] 그 이유를 설명해 보라. 30.6절에서 설명한 킬링벡터 $\boldsymbol{\kappa}$로부터 얻어지는 보존법칙과, $\boldsymbol{\kappa}$의 크기 $\kappa_a \kappa^a$가 중력을 행사하는 물체 근방에서 1이 아니라는 사실을 이용할 것(물체로부터 충분히 먼 곳에서는 $\kappa_a \kappa^a = 1$이다). $\boldsymbol{\kappa}$의 크기가 장소마다 다르다는 사실은 시간측정에 어떤 영향을 미치는가?

나타나는지 알아보자. $|\chi\rangle$와 $|\varphi\rangle$를 개별적으로 고려한다면 아무런 문제도 발생하지 않는다. 물론 $|\chi\rangle$와 $|\varphi\rangle$는 양자적 상태이며, 공인된 '양자중력이론'이 없는 상태에서는 중력장을 어떻게 다뤄야 할지 알 수 없다. 그러나 구체적인 방법을 모른다 해도 크게 문제될 것은 없다. 올바른 양자중력이론은 아인슈타인의 고전적 일반상대성이론으로 매우 정확하게 서술되는 고전적인 물질 덩어리의 중력장까지 (정확하게는 아니더라도) 수용할 수 있다는 것이 전통적인 관점이다(이 관점의 타당성을 문제 삼을 수도 있지만, 이와 동일한 맥락의 쌍둥이가정인 "양자역학 체계는 바뀔 필요가 없고 고전적인 일반상대성이론은 거시적인 물체에 적용된다"를 수용한다면 위 관점도 받아들여야 한다. 지금 우리가 펼치는 논리의 목적은 이 두 가정의 양립가능성을 한계점까지 밀어붙이는 것이다). 그러므로 지구의 평면 위에서 움직이는 물질 덩어리를 정확하게 서술하는 양자상태 $|\chi\rangle$와 $|\varphi\rangle$가 존재한다는 것도 받아들여야 한다.[32] 물론 이 덩어리는 (거의 고전적인)아인슈타인의 중력장을 수반한다. 둘 중 하나의 위치에 놓인 덩어리는 그에 수반되는 시공간에서 정상상태에 있으므로 각각 킬링벡터 $\boldsymbol{\kappa}_\chi$와 $\boldsymbol{\kappa}_\varphi$가 할당되며,[33] 이들은 고유값이 E인 슈뢰딩거 방정식을 만족한다.

$$i\hbar\boldsymbol{\kappa}_\chi|\chi\rangle = E|\chi\rangle \qquad \text{그리고} \qquad i\hbar\boldsymbol{\kappa}_\varphi|\varphi\rangle = E|\varphi\rangle$$

이전의 상황에서 물질 덩어리에 의한 중력장을 무시하면 임의의 중첩상태 $w|\chi\rangle + z|\varphi\rangle$가 만족하는 슈뢰딩거 방정식을 쓸 수 있고, 모든 상태를 정상상태로 취급할 수 있었다. 그러나 지금은 킬링벡터 $\boldsymbol{\kappa}_\chi$와 $\boldsymbol{\kappa}_\varphi$가 다르므로 당장 문제가 발생한다. 어떻게 해결해야 할까? 우리에게는 중첩된 시공간에 적용되는 불변 '$\partial/\partial t$'가 필요한데, $\boldsymbol{\kappa}_\chi$와 $\boldsymbol{\kappa}_\varphi$는 이 조건을 모

두 만족하지 못한다. 다음 절로 가면 이것이 결코 사소한 문제가 아님을 알게 될 것이다. 이 문제를 추적하다 보면 양자역학과 일반상대성이론이 정면충돌을 일으키는 현장으로 들어가게 된다.

30.11 아인슈타인의 원리와 충돌하다

두 킬링벡터가 다르다는 사실을 더 주의 깊게 살펴보자. $\boldsymbol{\kappa}_\chi$와 $\boldsymbol{\kappa}_\varphi$가 다르다는 말 속에는 매우 깊은 의미가 숨어 있다. 사실 이들은 서로 '다른' 시공간에 존재하는 벡터장이다! "두 시공간은 계량구조가 조금 다를 뿐이다"라고 생각한다면, 이들은 '아주 비슷한' 두 계량 텐서장 $\mathbf{g}_\chi$와 $\mathbf{g}_\varphi$로 서술되는 동일한 공간으로 취급할 수도 있다. 그러나 이런 관점을 고수한다면 일반상대성이론의 기본원리 중 하나인 '일반 공변성원리principle of general covariance'를 포기해야 한다(19.6절 참조). 두 시공간을 이루는 점들의 집합을 (어떤 의미에서)동일한 집합으로 간주한다는 것은 두 시공간을 '점대점點對點'으로 대응시킬 수 있다는 뜻이며, 이는 곧 한 시공간에 있는 하나의 점을 다른 시공간에서 동일한 좌표를 갖는 한 점과 똑같이 취급할 수 있음을 의미한다. 그러나 일반 공변성원리에 의하면 다른 좌표계보다 선호하는 '특별 좌표계'는 존재하지 않는다. 다시 말해서, 서로 다른 두 시공간의 점들을 점대점으로 대응시키는 특별한 방법이 존재하지 않는다는 뜻이다.

덩어리의 위치에 따른 두 시공간 사이의 '대응성 결여'가 왜 문제가 될까? 무엇보다도 슈뢰딩거 방정식을 쓸 수 있어야 하는데, 유일한 '$\boldsymbol{\kappa}$'가 없으면 이것이 불가능하다. $\boldsymbol{\kappa}_\chi$와 $\boldsymbol{\kappa}_\varphi$를 동일하게 취급하면 될 것 같지만, 이 처방전은 아인슈타인의 기본원리에 위배된다. 두 킬링벡터를 동일한 시공간에 놓는 것은 일종의 속임수에 불과하기 때문이다! 바로 이 지점에서 양자역학과 일반상대성이론이 정면충돌을 일으킨다.

그렇다고 여기서 포기할 필요는 없다. 다음 단계로 나아가기 위해 새로운 이론이 필요한 것은 사실이지만, 위와 같은 충돌을 당분간 사실로 받아들이고 우리의 '속임수'를 계속 밀고 나갔을 때 어떤 오차가 발생하는지를 분석한다면 분명히 어떤 수확이 있을 것이다. 일단은 "두 시공간에서 '자유낙하' 개념이 동일하게 적용된다면 어떻게든 이들을 국소적으로 동일시할 방법이 존재한다"고 가정해 보자. 이것은 17.4절에서 언급한 등가원리와 일맥상통하는 면이 있다. 우리가 시도하는 '동일시'란 한 공간에서 정의된 측지선의 개념이 다른 공간의 측지선 개념과 일치하게끔 하는 것인데, 이것은 한 점의 근방에서만 가능한 일이다. 따라서 두 공간을 동일시하면 분명히 어떤 오차가 발생할 텐데, 이 양을 계산하는 것이 우리 목적이다. 물론 일반상대성이론을 곧이곧대로 수용한다면 매우 어려운 작업이 되겠지만, 광속 c가 무한대라는 극한을 취하면 대부분의 아이디어를 적용할 수 있다. 이런 극단적인 상황에서도 아인슈타인 이론의 철학적 기조는 그대로 유지되며, 우리는 17.5절에서 언급했던 '뉴턴 중력에 대한 카르탕Cartan식 체계'와 마주치게 된다.[34]

17장에서 논했던 뉴턴/카르탕 중력체계에 의하면 시공간은 여러 가지 허용 가능한 '시간' t의 1차원 유클리드 공간 $\mathbb{E}^1$ 위에 놓인 파이버번들에 해당된다. 여기서 파이버는 서로 다른 3차원 유클리드 공간 $\mathbb{E}^3$로서, 이들 각각은 주어진 시간에 대응하는 '공간'이 된다. 이로써 우리에게는 시간좌표 't'로 표현되는 '절대시간absolute time'이 주어진 셈이다. 일부 독자들은 "두 개의 덩어리에 동일하게 적용되는 시간 t가 확보되었으므로 더는 문젯거리가 없다"고 생각할 수도 있다. 그러나 t를 안다고 해서

$\partial/\partial t$까지 알 수 있는 것은 아니다. 연산자 $\partial/\partial t$를 알려면 남은 매개변수들(x, y, z)의 값이 고정되어 있어야 한다. 이것은 10.3절에서 언급했던 이른바 '미적분학의 제2 기본 헷갈림'에서 비롯된 문제로서(그림 10.7 참조), 기하학적으로 분석해 보면 그 의미를 명확하게 알 수 있다. t를 알면 $\mathbb{E}^3$ 단면이 놓인 위치를 알 수 있지만, $\partial/\partial t$를 알면 이 3차원 표면들을 가로지르는 곡선을 정의하는 킬링벡터장을 알 수 있다(그림 30.22 참조). 사실, 슈뢰딩거의 연산자 $\partial/\partial t$를 정의하지 못한다는 것은 양자중력이론을 향한 통상적 접근법에 근본적으로 심각한 문제가 있음을 의미한다. 이 문제는 양자우주론의 '시간문제'와 깊이 연관되어 있다.[35]

나는 지금 이 문제를 해결하려는 것이 아니다. 우리가 할 일은 서로 다른 벡터 $\boldsymbol{\kappa}_\chi$와 $\boldsymbol{\kappa}_\varphi$를 '불법적으로' 동일하게 취급할 때 나타나는 총체적인 오차를 가늠해 보는 것이다. 우선 두 $\mathbb{E}^3$ 공간을 동일하게 취급한 후, 공간에서 중력가속도의 차이를 알아보기로 하자(자유낙하, 즉 측지선의 차이를 확인한다는 뜻이다). 두 공간에서 중력가속도가 3차원 벡터 $\boldsymbol{\Gamma}_\chi$와 $\boldsymbol{\Gamma}_\varphi$로 주어졌다고 가정하고, 이들의 차이를 제곱한 $(\boldsymbol{\Gamma}_\chi - \boldsymbol{\Gamma}_\varphi)^2$을 $\mathbb{E}^3$ 전체에 걸쳐 적분한다. 이렇게 구한 오차는 $\mathbb{E}^3$에 해당하는 특별한 시간 t에

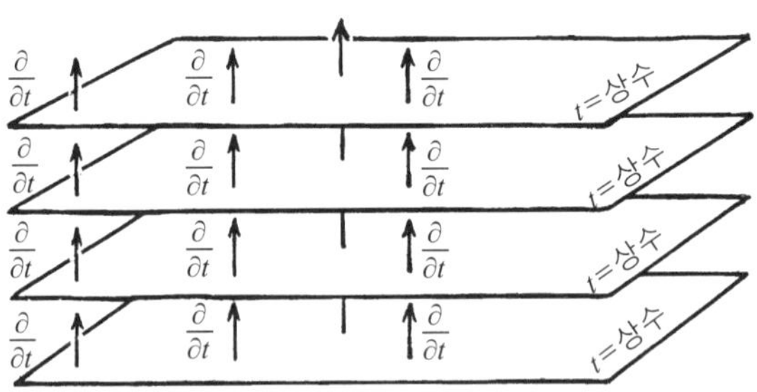

그림 30.22 t를 안다고 해서 $\partial/\partial t$까지 알 수 있는 것은 아니다(미적분학의 제2 기본 헷갈림 — 10.3절, 그림 10.7 참조). t는 시공간 단면 $\mathbb{E}^3$의 위치를 말해 주지만, $\partial/\partial t$는 3-표면들을 가로지르는 일련의 곡선을 정의한다.

서 슈뢰딩거 방정식의 연산자 $\partial/\partial t$를 정의할 때 나타나는 절대적인 불확정성으로 해석할 수 있다. 이 불확정성은 슈뢰딩거 방정식을 통해 우리가 고려 중인 중첩상태의 에너지의 불확정성 E_G와 곧바로 연결된다. 이제 다음으로 할 일은 E_G를 아래와 같이 해석 가능한 다른(그러나 수학적으로 동일한) 형태로 변환하는 것이다.[30.11]

E_G = 상태 $|\chi\rangle$와 $|\varphi\rangle$의 질량분포 차이에 의한 중력적 자체에너지

주어진 질량분포에 대한 중력적 자체에너지self-energy란, 무한히 멀리 떨어져 있는 점질량들을 모아서 현재와 같은 분포상태를 만드는 동안 얻어지는 총에너지를 말한다. 위에서 말하는 차이는 $|\chi\rangle$의 질량분포를 양(+)으로 취하고 $|\varphi\rangle$의 질량분포를 음(−)으로 취했다고 생각할 수 있다(그림 30.23 참조. 이 결과가 0이 되지 않는 이유는 에너지라는 것이 '질량분포에 의한 중력장이 다른 쪽 분포에 미치는 영향'과 관련되어 있

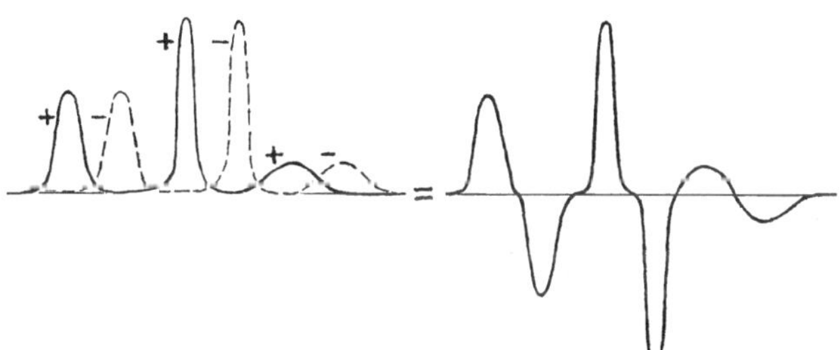

그림 30.23 $|\chi\rangle$와 $|\varphi\rangle$가 중첩되어 있는 두 개의 정상상태는 각 질량밀도분포의 확률을 정의한다. 이들 사이의 차이(즉, 한쪽은 + 로, 다른 쪽은 − 로 취한 결과)는 중력적 자체에너지가 E_G인 질량밀도분포에 해당된다.

[30.11] 직접 시도해 보라. 증명과정은 24.3절의 [각주 24.3]과 비슷하다. 푸아송 방정식 $\nabla^2\Phi = -4\pi\rho$를 사용할 것[Φ는 뉴턴의 중력퍼텐셜(스칼라)이다]. 여기서 우리가 말하는 '오차'는 $|\nabla\phi_1 - \nabla\phi_2|^2$의 공간적분이다.

기 때문이다).

이 논리에는 음의 질량이 도입되었기 때문에 상식적으로 이해하기가 어려울 것이다. 다행히도 상태 $|\varphi\rangle$가 $|\chi\rangle$의 '정밀한 이동'에 해당하는 경우에는 E_G의 의미를 좀 더 직접적으로 해석할 수 있다. 처음에 위치 $|\chi\rangle$에 있었던 덩어리를 $|\varphi\rangle$로 옮기되, $|\chi\rangle$에 있을 때 만들어진 중력장에서 멀어지는 쪽으로 이동했다고 가정해 보자. 이때 필요한 에너지가 바로 E_G이다. 단, 이것은 정밀한 이동에만 적용되는 논리이며 [30.12] 다른 상황에서는 적용할 수 없다.

사실 방금 예로 든 에너지(중력적 '상호작용' 에너지)는 E_G의 또 다른 정의로 생각할 수 있다. 내가 보기에는 중력적 자체에너지를 이용하여 정의했던 첫 번째 정의가 더 확실하지만, 지금 상황에서는 E_G의 의미를 두 번째 정의로 이해해도 상관없다. 디오시Diósi는 1989년에 두 가지를 모두 고려하여 지금 내가 하는 것과 비슷한 시도를 한 적이 있다. 또한 그는 내가 시도하지 않은 확률적stochastic 역학까지 제안했는데, 이것은 앞으로 언급될 실험을 통해 내 이론과 구별될 것이다. 다른 물리학자들도 이와 유사한 제안을 했으나, 대부분이 근거가 불분명하고 논쟁의 여지가 많다.[36]

그렇다면 우리는 근본적인 '에너지의 불확정성' E_G를 어떻게 다뤄야 하는가? 하이젠베르크의 불확정성원리(에너지/시간 불확정성, 21.11절 참조)에서 실마리를 찾아보자. 불안정한 입자나 불안정한 원자핵(U_{238} 등)의 평균 '수명' T는 고유의 시간 불확정성을 가지며, 그 값은 $\hbar/2T$

[30.12] 이때 필요한 에너지가 왜 E_G와 같은지 증명해 보라. 이동한 후의 최종위치가 처음 위치보다 조금 높은 경우에는 어떻게 되는가?

로 주어지는 에너지 불확정성과 반비례 관계에 있다. 예를 들어 21.11절에서 말한 대로 우라늄 원자핵 U_{238}의 수명은 약 10^9년이므로, 각 원자핵은 10^{-51}줄Joule의 에너지 불확정성을 가지며 여기에 아인슈타인의 $E = mc^2$를 적용하면 질량의 10^{-44}배에 해당하는 질량 불확정성을 갖는 셈이다. 이제 우리의 중첩상태 $|\boldsymbol{\Psi}\rangle = w|\chi\rangle + z|\varphi\rangle$가 불안정하다면 수명 T_G는 하이젠베르크의 불확정성원리를 통해 에너지의 불확정성 E_G와 연결된다. 이 논리에 의하면[37] $|\boldsymbol{\Psi}\rangle$와 같은 임의의 중첩상태는 평균적으로

$$T_G \approx \hbar/E_G$$

의 시간 이내에 $|\chi\rangle$나 $|\varphi\rangle$로 감쇄한다.

30.12 슈뢰딩거-뉴턴 상태?

위 논리에 따르면 두 상태의 양자 중첩은 $\hbar/E_G$의 시간 이내에 둘 중 하나의 상태로 감쇄한다. 이 시점에서 주의 깊은 독자들은 다음과 같은 반론을 제기할 수도 있다. 임의의 양자상태 $|\psi\rangle$는 다른 상태들의 선형중첩으로 표현될 수 있으므로[즉, 임의의 $|\alpha\rangle$에 대하여 $|\psi\rangle = |\alpha\rangle + (|\psi\rangle - |\alpha\rangle)$로 쓸 수 있으므로], 모든 상태들이 이와 같은 구성성분으로 감쇄된다는 것은 가당치 않다. 특히 질량분포가 $|\psi\rangle$와 크게 다른 $|\alpha\rangle$를 선택했을 때, 감쇄가 거의 순식간에($T_G \approx \hbar/E_G$) 일어난다는 것은 말이 되지 않는다!

우리의 중첩상태 $|\boldsymbol{\Psi}\rangle = w|\chi\rangle + z|\varphi\rangle$가 단 하나의 전자를 서술한다고 가정하면, 위에서 펼친 논리를 이용하여 이 상황을 설명할 수 있다. 전자의 (거의)정확한 위치는 $|\chi\rangle = |\alpha\rangle$로 표현된다고 하자. 그러면

질량분포는 거의 델타함수(21.10절 참조)에 가까워지고, E_G의 값은 무한대가 된다. 이것은 $|\Psi\rangle$가 거의 순식간에 $|\chi\rangle$나 $|\varphi\rangle$로 감쇄한다는 뜻이며, 쿼크와 같은 점입자로 이루어진 계에서도 동일한 논리가 성립한다. 물론 이것은 명백한 모순이다. 이런 현상이 실제로 일어난다면 양자역학은 설 자리를 잃을 것이다.

이제 $|\chi\rangle$나 $|\varphi\rangle$가 어떤 종류의 상태인지 주의 깊게 살펴봐야 한다. 위 논리에서 우리는 $|\chi\rangle$와 $|\varphi\rangle$를 정상상태로 취급했었다. 그러나 위치가 (거의)고정된 전자는 분명히 정상상태에 있지 않다. 하이젠베르크의 불확정성원리에 의하면(21.11절 참조) 이런 전자는 운동량이 매우 커서 순식간에 퍼진다. 반면에 $|\chi\rangle$와 $|\varphi\rangle$가 둘 다 완전한 정상상태에 있다고 가정하면 개개의 입자에 위 논리를 적용하기가 어려워진다. (질량이 양수인) 자유로운 단일입자에 대한 표준 슈뢰딩거 방정식은 (공간에서 무한대로 갈수록 확률이 0으로 접근하는)정상상태 해를 갖지 않기 때문이다.[30.13] 이 수수께끼의 해답은 슈뢰딩거 방정식에 입자의 중력장을 고려함으로써 해결할 수 있다. 이것은 중력장 자체를 양자화해야 한다는 뜻이 아니라, 중력장에 의한 효과가 뉴턴의 중력 위치에너지 함수(퍼텐셜 함수) Φ에 포함되어 있어야 한다는 뜻이다. 이 퍼텐셜은 파동함수에 들어 있는 질량분포의 '기댓값'에서 기인한다. 이와 관련된 내용을 길게 늘어놓는 것은 이 책의 취지에 맞지 않지만,[38] 타당한 답을 얻을 수 있다는 점만은 강조하고 싶다(이 문제는 지금도 활발하게 연구되고 있다). 수정된 슈뢰딩거 방정식(뉴턴의 중력장이 고려되었기에 나는 이것을 '슈뢰딩거-뉴턴 방정식'으로 부르고자 한다)을 단일입자에 대해 풀면 무한대 거리에서 근

[30.13] 왜 그런가? (도움말 : [예제 24.3]을 다시 한 번 볼 것)

근사적으로 사라지는 정상상태의 단일입자 해가 얻어진다(그러나 단일 전자의 경우에는 파동함수가 퍼지는 폭이 관측가능한 우주보다 크고, 수소원자는 관측가능한 우주보다 조금 작다. 일반적으로 입자의 퍼짐 폭은 입자 질량의 세제곱에 반비례한다).

이로써 우리는 서로 다른 두 개의 정상상태(전술한 슈뢰딩거-뉴턴의 관점에서)가 중첩된 양자상태의 객관적인 상태축소(붕괴)를 설명하는 그럴듯한 모형을 갖게 되었다. 이 제안대로라면 위와 같이 중첩된 상태는 평균적으로 $\hbar/E_G$의 시간 이내에 (중첩을 이루고 있던)단일 정상상태 중 하나로 축소된다. 여기서 E_G는 두 질량분포의 차이에 대한 중력적 자체에너지이다. 나는 이 제안을 '중력적 **OR**'로 부르고자 한다(**OR**은 양자상태의 객관적 축소Objective Reduction를 의미한다). 한 쌍의 정상상태로 이루어진 임의의 상태에서 중력적 자체에너지 E_G는 분명하게 정의될 수 있다. 이 값은 두 질량분포의 차이에 해당되며, 각 질량분포는 동일한 기댓값을 갖는다(이 기댓값은 슈뢰딩거-뉴턴 방정식을 정의할 때 사용된다).

OR 체계에 기초한 모든 제안은 공통으로 에너지보존에 문제점을 안고 있다. 특히 1986년에 기안카를로 기라디Giancarlo Ghirardi와 알베르토 리미니Alberto Rimini, 툴리오 웨버Tullio Weber는 다양한 제안을 내놓으면서 이 문제에 정면으로 봉착했다.[39] 그 후로 이론물리학자들은 대부분 에너지가 보존되지 않는 정도가 미미한 경우에는 그냥 '방치하는' 자세로 일관해 왔다. 그러나 나는 이 문제를 더 신중하게 다뤄야 한다고 생각한다. 위에서 언급한 중력적 **OR**체계에서는 퍼텐셜 비보존이 에너지의 불확정성으로 커버되기 때문에, 에너지 보존법칙에 위배되지 않는다(물론 앞으로 더 많은 연구가 필요하다). 내가 보기에 **OR**체계가 안고 있는 에너지 문제는 19.8절에서 언급했던 '중력에너지의 비국소적 성질'과 상호교환관계trade-off에 있는 것 같다.

나는 양자상태의 축소가 객관적인 과정이며, 중력과 관련된 현상이라고 생각한다. 중력적 **OR**을 직접 적용할 수 없을 정도로 작은 계(DNA 분자 등)에서 환경적 결어긋남에 의해 FAPP 상태축소가 일어날 때에도 사정은 마찬가지다. 이런 상황에서 중력적 **OR**은 질량의 전체변위에 의해 결정된다. '두 개의 정상상태가 중첩된 상태'와 같이 특별한 경우에 상태의 축소는 중력적 **OR**을 통해 근사적으로 매우 정확하게 서술될 수 있다는 것이 나의 지론이다.

이것이 하나의 이론으로 정착되기에는 아직 부족한 점이 많다. 나는 위에서 말한 특별한 중첩의 경우조차 상태의 축소과정에 적용되는 **OR**의 역학체계를 제시하지 못했다. 이런 점에서 볼 때 나의 제안은 상당히 '온건적'이며, 다른 물리학자들의 영감 어린 제안과 달리 완전한 역학체계를 요구하지도 않는다(대표적인 인물로는 카롤리하지Károlyházy, 프렌켈Frenkel, 펄Pearle, 키블Kibble, 기라디Ghirardi, 리미니Rimini, 웨버Weber, 그라시Grassi, 디오시Diósi, 와인버그Weinberg, 퍼시벌Percival, 지생Gisin 등이 있다[40]). 그러나 나의 '온건한' 제안은 분명한 실험적 결과를 내놓을 수 있다. 그래서 이 장의 나머지 부분은 중력적 **OR** 체계의 타당성을 검증하는 실험방법을 소개하는 데 할애하기로 한다.

30.13 FELIX 및 이와 관련된 제안들

이 실험의 기본적인 아이디어는 '슈뢰딩거의 고양이' 실험을 재구성하는 것이다. 단, 이번에는 원자핵 크기만큼 떨어져 있는 두 지점이 양자적으로 중첩된 위치에 초소형 거울 M을 설치해 둔다.[41] 거울의 적당한 크기는 먼지알갱이 정도로서 머리카락 두께의 1/10쯤 되는데, 여기에는 $10^{14} \sim 10^{16}$개의 원자핵이 들어 있다(질량은 약 5×10^{-12} kg이며, 직경은 약 10^{-3} cm 정도이다). 거울 M은 하나의 엑스선 광자와 충돌하면서 중첩상태에 놓이게 된다. 이 광자는 두 가닥의 빔이 중첩된 상태이며, 두 빔 중 하나는 거울 M을 향해 발사된 것이다.

실험장치의 개요는 그림 30.24와 같다. 광자는 엑스선 레이저 L에서 방출되어 빔 분할기 B를 향해 날아간다. 이중 B를 통과한 광자상태는 초소형 거울 M에 반사되면서 M에 운동량을 전달한다. M은 매우 성능이 좋은 거울이어서 내부진동이나 원자의 손실 없이 광자의 충돌에 '완전하게' 반응한다고 가정하자. 이 거울은 광자와 충돌하고 1/10초 후에 원래의 위치로 되돌아가도록 외팔보cantilever에 매달려 있다. 한편, 광자 파동함수의 두 부분은 거울이 제 위치를 벗어난 1/10초 동안 어떻게든 결맞음을 유지하여 이 시간이 지나고 동일한 과정이 역순으로 반복되었을 때 결맞음의 손실 여부를 확인할 수 있다고 가정하자. 양자적으로 (위치가) 중첩되어 있는 작은 거울의 상태가 자발적으로 둘 중 하나의 위치로 축소(붕괴)된다면 위상의 결맞음은 손실된다.

그러나 엑스선 광자의 결맞음을 1/10초 동안 유지하기란 결코 쉬운 일이 아니다(광자로부터 충분한 운동량이 전달되어 거울이 적절히 움직이게 하려면 어쩔 수 없이 에너지가 큰 엑스선 광자를 사용해야 한다). 결맞음을 유지하는 한 가지 방법은 실험장비 전체를 우주공간으로 가져가는 것이다. 그림 30.24와 같이 두 부분으로 나뉜 실험장치 사이의 거리를 지구의 직경만큼 벌려 놓고 커다란 거울로 광자를 반사시키면 결맞음을 유지할 수 있다. 광자가 이 거리를 왕복하는 데 약 1/10초가 소요된다. 광자의 파동함수 중 M에서 반사된 부분은 지구의 직경에 해당하는 거리를

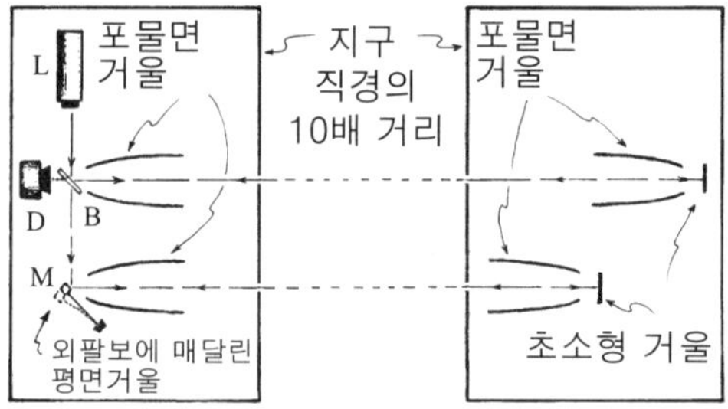

그림 30.24 FELIX(레이저-간섭계 엑스선을 이용한 자유-궤도 실험, Free-orbit Experiment with Laser-Interferometry X-rays)의 개요. 레이저 L에서 엑스선 광자가 빔 분할기 B를 향해 발사된다. B에 부딪힌 광자의 상태 중 B를 통과한 부분은 직경 10^{-3} cm짜리 초소형 거울 M에 반사되면서 거울에 운동량을 전달하고, M은 1/10초 동안 양자 중첩(슈뢰딩거의 고양이) 상태에 놓이게 된다. 이 시간 동안 광자의 두 파동함수는 결맞음을 유지해야 하며(실험장치는 우주공간에 설치되었고, 두 개의 플랫폼에는 커다란 거울이 장착되어 있다. 광자는 이 거울에 반사되면서 결맞음을 유지한다), 1/10초가 지나면 모든 과정이 역순으로 진행된다. 표준 양자역학에 의하면 (빛의 경로가 똑같다는 가정하에 실험이 완벽하게 진행되었을 때) 되돌아온 광자가 감지기 D에 도달할 확률은 0%지만, 중력적 **OR**에 의하면 50%이다.

왕복하고서 M으로 되돌아오고, 빔 분할기 B에서 반사된 부분은 B로 되돌아온다. 각 과정에 소요되는 시간은 큰 거울에 광자가 반사되어 되돌아왔을 때 모든 과정이 정확하게 역순으로 진행되도록 맞추어져 있다. 따라서 광자의 파동함수 중 M을 움직이게 한 부분은 M이 원래의 위치로 되돌아온 순간에 M에 도달하며, 이때 광자는 아까 잃었던 운동량을 되찾고 M은 운동량을 잃으면서 정지상태가 된다. 또한, 광자의 두 파동함수는 빔 분할기 B에서 재결합하도록 모든 거리가 맞춰져 있다. 이 모든 과정에서 위상의 결맞음성이 손실되지 않도록 거리가 전부 조절되어 있다면, 광자의 파동함수는 하나의 빔으로 재결합하여 레이저 L로 되돌아갈 것이다. 그러므로 빔 분할기 B에서 '생성된' 광자가 도달할 만한 곳에 감지기 D

를 설치해 놓으면(그림 3.24 참조) 아무것도 감지되지 않을 것이다. 이와 같은 실험을 FELIX(레이저-간섭계 엑스선을 이용한 자유궤도 실험 Free-orbit Experiment with Laser-Interferometry X-rays)라고 부른다.

초소형 거울 M은 1/10초 동안 '이동함'과 '이동하지 않음'이 중첩된 상태에 놓일 것이다. 이것은 그림 30.20에서 물질 덩어리가 놓였던 상태와 근본적으로 동일하다. 중력적 **OR**체계에 의하면 M의 상태는 1/10초 만에 이동한 상태나 이동하지 않은 상태로 자발적으로 붕괴한다. 그런데 광자의 상태는 M의 상태와 얽혀 있으므로, M의 상태가 붕괴하면 그 즉시 광자의 상태도 붕괴된다. 즉, 광자는 하나의 빔에 속하거나 다른 하나의 빔에 속하게 된다. 따라서 광자가 장거리 여행을 한 후 빔 분할기 B로 되돌아오면 향후 감지기 D에 도달할 확률과 레이저 L에 도달할 확률이 똑같다. 이 과정을 여러 번 반복했을 때, **OR**체계에 따르면 광자가 D에 도달할 확률은 50%이다. 그러나 표준 양자역학의 논리에 의하면 (실험이 완벽하게 진행되었을 때)광자는 결코 D에 도달하지 않는다.

물론 실제로 이 실험을 수행한다면 여러 가지 요인으로 위상의 결맞음이 훼손될 수 있다. 따라서 성공적인 결과를 얻으려면 중력적 **OR**의 신호가 쉽게 구별되도록 모든 것을 섬세하게 만들어야 한다. 또한, 이 실험은 초소형 거울의 크기와 재질, 그리고 시간을 다양하게 바꿔 가면서(두 플랫폼 사이의 거리를 변화시키면 시간을 조절할 수 있다) 여러 번 실행되어야 한다. 지금 우리가 고려 중인 특별한 **OR**체계에서는 초소형 거울에 포함되어 있는 원자핵 질량분포의 '퍼짐' 정도가 중요한 요인으로 작용한다. 같은 질량이 더 작은 영역에 밀집되어 있을수록 붕괴하는 시간이 짧아진다(그림 30.25 참조).

위에 제시한 FELIX는 몇 가지 이유 때문에 실제로 구현하기가 매

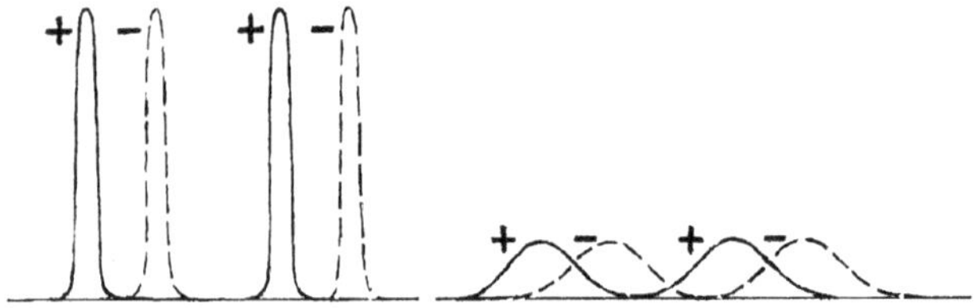

그림 30.25 거울 속에 있는 원자핵 질량분포의 '퍼짐' 정도는 FELIX 실험의 '시간 규모'에 커다란 영향을 미친다. 거울의 질량이 작은 영역에 집중되어 있을수록 붕괴하는 시간이 짧아진다.

우 어렵다. 가장 큰 문제는, 엑스선 광자를 10,000 km나 떨어져 있는 곳으로 정확하게 조준하기가 어렵다는 점이다. 실험 장비 전체를 우주공간에 설치하는 것도 보통 일이 아니다(그야말로 천문학적인 비용이 들어갈 것이다!). 만일 이 실험을 어떻게든 지구 상에서 할 수만 있다면 많은 문제가 해결될 텐데, 다행히도 방법이 아주 없는 것은 아니다. 윌리엄 마셜William Marshall이 정교한 지상실험을 설계한 데 이어 딕 보우미스터Dick Bouwmeester와 크리스토프 사이먼Christoph Simon도 실현 가능한 지상실험을 제안했고, 지금도 연구가 활발하게 진행되는 중이다. 주된 아이디어는[42] 초소형 거울을 우리가 원하는 만큼 움직이게 하기 위해 엑스선 광자를 쓰는 대신, 에너지가 훨씬 작은 광자(가시광선이나 적외선 광자)를 앞뒤로 여러 번 반사시키면서(약 10^6회) 거울을 여러 차례 때리는 것이다. 그러면 하나의 광자가 초소형 거울과 10^6번 충돌하면서 우리가 원하는 움직임을 구현할 수 있다(그림 30.26 참조). 이 실험을 방해하는 근본적인 문제점은 없기 때문에, 수년 이내에 예비실험을 실행할 수 있을 것으로 기대되고 있다. 사실 예비실험이 성공적으로 끝난다 해도, 그 정확도는 중력적 **OR**을 확인하기 위해 요구되는 정확도보다 5～6배 가량 떨어질 것이다. 그러나 초소형 거울의 두 위치가 양자적으로 중첩된 상태를

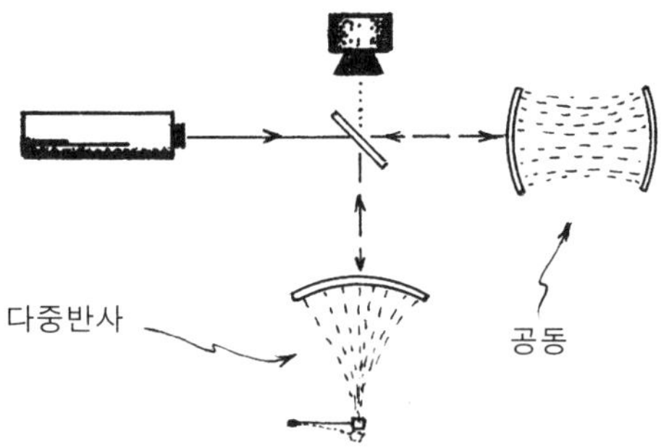

그림 30.26 좀 더 현실적인 FELIX. 엑스선 대신 가시광선 광자를 사용하여 초소형 거울과 10^6회 정도 반복해서 충돌(반사)시키면 엑스선 광자로 한 번 충돌시킨 것과 거의 동일한 결과를 얻을 수 있다.

유지할 수만 있다면, 질량의 크기로 볼 때 현재 기록된 슈뢰딩거 고양이 실험(C70 풀러렌fullerene [43])보다 10^{12}배나 개선된 결과이다. 이 단계에 성공적으로 도달하여 '온건한' 중력적 **OR**체계가(30.9 ~ 12절) 표준 양자역학과 일치한다는 사실이 입증되면 중력적 **OR**이 내놓은 새로운 예견을 검증하는 '개선된 실험'이 추가로 실행되어야 하는데, 이 또한 향후 수 년 이내에 가능할 것으로 보인다.

이 실험에 나타나는 중력에너지의 지극히 작은 불확정성 E_G가(약 10^{-33}줄) 1/10초라는 '측정 가능한' 붕괴수명을 준다는 것은 매우 놀라운 일이다. 사실 중력에 의한 효과가 너무나도 미미했기에, 많은 물리학자는 관측을 포기해 왔다. 그러나 보다시피 양자세계에 중력을 도입하면 관측 가능한 결과를 얻어낼 수 있다. 양자 중첩이 유지되는 시간 $\hbar/E_G$는 아주 작은 상수 $\hbar$와 G를 포함하는데, 이들이 각각 분자와 분모에 들어 있기 때문에 전체적으로는 결코 작은 수가 아니다. 양자중력이론에 등장하는 플랑크 길이(1^{-33}cm)나 플랑크 시간(10^{-43}초)과 비교하면 엄청나게 큰 수이다(플랑크 스케일의 상수들은 $\hbar$와 G가 곱해져 있다).

이제 중력적 **OR**을 확인하는 실험이 성공적으로 실행되었다고 가정해 보자. **OR**에서 예견한 시간 동안 결맞음성이 손실되지 않았다면, 이 특별한 체계는 아예 버려지거나 크게 수정되어야 한다. 그러나 실험결과가 중력적 **OR**의 예견과 일치한다면 어떻게 될 것인가? 양자상태의 환원이 중력에 의한 효과라고 단정지을 수 있을까? 나는 많은 사람이 이 문제와 관련하여 '전통적인' 관점을 고집하지 않을까 걱정된다. 예를 들어 그들은 "유니터리성(**U**)이 엄밀하게 유지되는 상황에서 상태의 일부가 사라지는 것은 계량장metric field의 양자 요동 때문일 수도 있다"고 주장할 것이다(29.6, 30.14절 참조).

나는 "정설로 확정된 물리학이론에 메스를 들이대면 안 된다"는 중론에 동의하지 않는다. 나는 양자이론에 (지금까지 길게 논의한)근본적인 수정이 가해져야 한다고 믿는 사람이다. 그러나 수정된 이론은 로렌츠와 같은 과거 대가들의 세계관과 비교할 때 그다지 허황되지는 않을 것이다. 로렌츠는 특수상대성이론이 '절대적인 정지상태'를 허용했던 19세기 물리학에 약간의 수정을 가하는 정도라고 생각했다. 그 외에도 저명한 물리학자들 중에는 20세기에 어렵게 구축해 놓은 양자역학적 세계관을 쉽게 포기하지 못하는 사람들이 많이 있을 것이다. 연이은 FELIX 실험을 통해 중력적 **OR**체계의 예견이 사실로 판명된다 해도, 많은 사람들은 선뜻 받아들이지 못할 것 같다. 그러나 내가 보기에 이와 같은 자세는 시대에 역행하는 것이며, 새로운 양자역학에 기초한 물리학의 발전을 포기하는 것이나 다름없다!

물론 중력적 **OR**이 전통적인 관념을 극복하고 성공하기를 바란다면, 현재 우리가 가진 자연관이 위와 같은 실험결과와 모순된다는 사실을 받아들일 마음의 준비가 되어 있어야 한다. 이 문제에 대하여 나와 대화를 나눴던 많은 양자물리학자는 전통적인 양자역학이 결국은 손상되지 않고 살아남을 것이라는 믿음을 갖고 있었다. 그러나 현재의 양자역학은 실체론적 기반이 약하기 때문에, 이 세계를 서술하는 타당한 물리학으로 남으려면 심각한 수정을 거쳐야 한다. 물론 그렇다고 해서 중력적 **OR**이 구세주로 나서야 한다거나, 위에서 말한 식으로 표준 양자역학에 중력이 반드시 개입되어야 한다는 뜻은 아니다.[44] 현대의 양자이론은 입지가 매우 견고하여 수정을 쉽게 허락하지 않을 것이다. 이 수정에는 강력한 동기가 필요한데, 내가 보기에 지금까지 알려진 물리학이론 중에서 이 역할을 할 수 있는 것은 아인슈타인의 일반상대성이론뿐이다. 위에서 길게 설명했던 중력적 **OR** 체계도 일반상대성이론의 원리에서 영감을 받은 것이다. 어떤 결론이 내려지건 간에, 21세기는 양자역학과 관련된 흥미롭고도 심각한 이슈들이 수없이 제기되고 또 해결되는 격동의 시기가 될 것이다!

30.14 초기우주 요동의 원인

이 장을 마무리하기 전에, 양자법칙의 변화에 영향을 받아 탄생한 수많은 이슈 중 하나를 소개하고자 한다. 우리는 27.13절에서 우주가 얼마나 특별한 상태에서 시작되었는지를 살펴보았다. 초기우주가 그토록 특별하고 엔트로피가 그토록 작을 수 있었던 것은 공간이 등방이고 균질했기 때문이다. 그 결과 시공간의 기하학적 구조는 (아직도) 표준 FLRW 우주모형 중 하나와 놀라울 정도로 비슷하다(27.11절 참조). 물론 앞에서 여러 차례 강조한 바와 같이, 실제 우주가 이토록 정교한 대칭성을 가졌을 리는 없다. 만일 이러한 고高대칭이 초기우주에 한순간이라도 존재했다면, 그 흔적은 영원히 남아 있을 것이다. 왜냐하면, 일반상대성이론과 고전물리학의 역학체계는 이와 같은 대칭성을 보존하기 때문이다.

그렇다면 양자물리학의 경우는 어떤가? 양자적 진행과정에 선천적으로 배어 있는 '무작위성'이 정교했던 대칭을 파괴한 것일까? 물리학자들은 정확한 대칭성을 붕괴시키는 요인으로 흔히 '양자 요동'을 도입하곤 한다. 처음에는 미미하게 시작되었던 양자 요동이 질량분포를 불규칙하게 만드는 요인으로 작용하고, 물질이 중력에 의해 한곳으로 뭉치면서 요동이 더욱 격렬해진다. 별과 은하, 성단, 은하단 등 다양한 천체들은 이런 과정을 통해 생성되었다 — 이 가설은 지금까지의 관측결과와 잘 일치한다.

그런데 양자 요동이란 무엇인가? 이것은 하이젠베르크의 불확정성원리(21.11절 참조)를 장場에 적용한 결과이다(26.2 ~ 3, 26.9절 참조). 아주 작은 영역에서 양자장을 정확하게 측정하려고 시도하면, 이 값과 (정준적으로canonically)관련되어 있는 다른 양의 불확정성이 대책 없이 커져서 측정하려는 양의 기댓값이 매우 빠르게 변한다. 즉, 어떤 양을 정확하게 측정하려는 시도 자체가 그 양의 요동을 야기하는 것이다. 시공간의 계량을 측정하는 때에도 정밀도를 높이려고 노력할수록 값이 크게 요동친다. 바로 이런 이유 때문에 1950년대에 존 휠러John Wheeler는 플랑크 스케일에서(10^{-33} cm) 시공간이 '거칠게 요동치는 거품'과 같다고 말했다(29.6절과 그림 29.6 참조).

이 상황을 더 정확히 이해하기 위해, 불확정성원리에 담긴 의미를 다시 한 번 생각해 보자. 이것은 미세한 스케일에 선천적인 '모호성'이나 '결어긋남'이 존재한다는 뜻이 아니다. 하이젠베르크의 불확정성은 서로 비가환인 두 종류의 측정을 실행했을 때 우리가 얻을 수 있는 정확성의 한계를 말해주는 원리이다. 예를 들어 한 입자의 위치와 운동량은 비가환이어서 동시에 정확하게 측정할 수 없으며, 두 물리량의 오차를 곱한 값은

$\hbar/2$보다 크거나 같다(21.11절 참조). 그러나 입자의 양자상태는 수학적으로 완전하게 정의될 수 있으며, 측정이 행해지지 않는 한 입자의 상태는 (표준 **U**-양자역학이 적용된다면)슈뢰딩거 방정식을 따라 정확하게 진행된다.

이와 마찬가지로 표준 양자역학에서 시공간의 상태를 정의하는 모든 매개변수들은 동시에 측정될 수 없지만, 시공간의 양자적 표현은 완벽하게 정의되어 있다. 그러나 하이젠베르크의 원리에 의하면 이 표현은 고전적인 (유사)리만 다양체와 달라서 시공간의 기하학적 구조를 좌우하는 매개변수들이 서로 가환이지 않다. 휠러는 시공간의 상태가 다양한 기하학의 중첩으로 이루어져 있으며, 이들 중 대부분은 평평함과 거리가 멀어서 전체적으로 '거품 같은' 특성을 갖는다고 주장했다.

지금까지 말한 내용을 초기우주에 적용해 보자. 초기우주의 상태가 정확한 FLRW 우주대칭을 가졌다면, 이 대칭이 과연 '양자 요동' 때문에 붕괴했을까? 초기상태의 **U**-과정에서는 양자 요동이나 하이젠베르크의 불확정성과 무관하게 정확한 FLRW 대칭이 유지되어야 한다.[30.14] 그렇다면 이것은 휠러가 말한 '거품같이 불규칙한' 기하학적 구조와 모순되지 않을까? 그렇지 않다. 전체적인 상태는 단 하나의 불규칙한 기하구조로 되어 있는 게 아니라, 여러 개의 불규칙한 구조가 중첩된 상태이기 때문이다. 다시 말해서, 중첩된 상태는 '각 상태의 기하구조에서는 찾아볼 수 없는' 대칭성을 가질 수 있다. 어떤 하나의 불규칙한 기하구조가 전체상태에 기여한다면, FLRW 대칭을 적용해서 얻어진 다른 기하구조들도 똑같이

[30.14] 이 대칭이 유지되는 이유가 **U**-과정의 '결정론적 유일성(deterministic uniqueness)'과 '일반적인 느슨한 가정'에 기인한다는 사실을 논증할 수 있겠는가?

기여하기 때문에 불규칙성이 상쇄될 수 있다.[45]

그렇다면, 불규칙한 기하구조의 중첩으로 이루어진 거대한 FLRW-대칭적 양자상태가 어떻게 현재의 관측결과와 같이 약간의 건드림이 적용된 '거의 FLRW-대칭적인' 특정상태로 바뀐 것일까? 표준 양자역학의 **U**-과정에서는 대칭성이 정확하게 보존되기 때문에 이런 일이 절대로 발생할 수 없다. 기하구조의 거대한 중첩을 단 하나의 기하구조(또는 하나의 기하구조를 닮은 더 작은 중첩상태)로 축소시키는 **R**-과정이 발생해야 한다. **R**-과정과 비슷한 무언가가 개입되지 않고서는 양자 요동에 의한 불규칙성이 나타날 수 없다. 이로써 우리는 29장에서 다뤘던 '**R**-과정에서의 실체에 대한 다양한 관점'으로 되돌아가게 된다.

지금 우리가 문제삼고 있는 초기우주는 10^{32} K에 달하는 초고온상태였음을 상기할 필요가 있다. 이 무렵에는 무언가를 관측하는 실험자가 전혀 없으므로, 표준 코펜하겐 관점[29.1절의 (a)관점]을 어떻게 적용해야 할지 알 수 없다. 다중세계관점[29.1절의 (b)관점]은 어떤가? 여기에는 **R**-과정이 아예 빠져 있으므로 우주의 FLRW-대칭상태는 지금까지 유지되며, 이 상태는 시공간의 다양한 기하구조들의 초대형 중첩으로 표현될 수 있다. 이 관점에 의하면 이 세계는 의식을 가진 관측자가 우주를 이해하려고 노력할 때마다 다양한 시공간으로 분리되며, 각자 '하나의 세계'를 인식하는 여러 관측자들이 중첩된 상태로 진행된다.[46] 또한 FAPP관점[29.1절의 (c)관점]에서는 주변환경의 (충분한)결어긋남이 다양한 기하구조의 양자 중첩을 '확률혼합probability mixture'으로 해석할 수 있는 근거를 제공한다.

일반적인 양자역학과 비교해 보면 이해가 빠를 것이다.[47] 거품상자의 중심 O에 방사성 원자핵이 구대칭적인 상태(즉 스핀 = 0, 22.11절 참조)

에서 정지해 있다고 가정하자[48](그림 30.27 참조). 이제 어느 순간에 핵분열이 일어나 원자핵은 전하를 띤 A와 B로 갈라졌고, 이들은 거품상자 속의 궤도를 벗어났다. 이 사례에서 초기상태는 O를 중심으로 하는 구대칭성을 갖고 있었다. 그러나 분열이 일어나면 A와 B가 진행하는 방향의 축에 의해 구대칭성이 붕괴된다. 이 상황을 초기상태의 **U**-과정으로 설명할 수 있을까? 위에서 말한 대로 구대칭성은 보존되지만, 이것은 여러 방향의 다양한 축으로 주어지는 모든 가능한 상황들이 선형적으로 중첩된 결과이다. 파동함수는 O를 중심으로 하는 구면파의 형태지만, 계의 상태는 A와 B를 포함하는 '얽힌 상태'로서 A와 B는 항상 상대방과 반대방향으로 나아간다는 점을 명심해야 한다. A와 B가 띠는 전하의 영향을 받아 거품상자 내부의 물질들이 이온화되면서 거품이 형성되고, 계는 물질과 얽힌 상태가 된다. 따라서 전체상태는 (서로 반대방향)으로 진행하는 한 쌍의 거품 궤적의 중첩으로 표현된다. 이중 한쪽은 A의 진로에 대응되고 다른 한쪽은 B의 진로에 대응된다.

지금까지 말한 상황은 초기우주의 상황과 크게 다르지 않다. 대칭적인 양자 중첩 상태가 대칭성이 낮은 '확률혼합'으로 대치되려면 **R**과 유사한 어떤 과정이 반드시 개입해야 한다. 이론물리학자들은 우주적 지평선을 도입하여 양자얽힘을 어떤 경계선에서 임의로(그리고 비논리적으

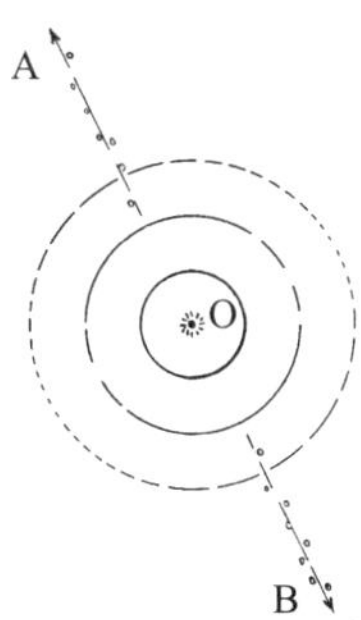

그림 30.27 **OR**에 의한 대칭붕괴. 스핀 0인(즉, 구대칭인) 원자핵이 두 부분으로 나뉘어 특정 방향을 향해 서로 멀어지고 있다.

로) 끊어버리는 FAPP해석을 선호하는 경향이 있는 것 같다[29.1절의 (c)관점]. 이렇게 하면 양자 중첩을 확률혼합으로 해석할 수 있지만, 이 관점을 논리적으로 깔끔하게 정리한 논문이나 서적은 아직 본 적이 없다. 예를 들어 물리학과 대학원생들이 종종 교재로 사용하는 『초기우주The Early Universe』라는 책의 286쪽에서 저명한 인플레이션 우주론학자인 콜브Kolb와 터너Turner는 다음과 같이 주장한다.

> 각각의 모드(mode)가 지평선을 넘어서 외부로 나가면 미시세계 물리학에서 분리되어 고전적 요동처럼 동결된다.

여기서 말하는 '모드'란 양자 중첩의 한 성분을 의미한다. 즉, 저자는 우주적 지평선을 넘으면 양자적 확률진폭에서 고전적인 실제 확률로 넘어간다는 주장을 펼치고 있다. 이것은 FAPP 관점과 같은 맥락으로서(29.6절 참조), 29.6, 8절에서 언급한 바와 같이 엄밀한 의미에서 보면 비논리적인 주장이다.[49]

내가 보기에 FLRW 대칭이 붕괴된 원인을 양자 요동에서 찾으려면 상태축소(붕괴)를 설명하는 이론이 있어야 한다. 30.9 ~ 12절에서 도입했던 중력적 **OR**이라는 '온건한' 제안이 어느 정도 도움이 되겠지만, 이것만으로는 충분치 않다. 기하학적 구조가 다르면서 정상상태가 아닌(30.10절 참조) 다양한 시공간의 양자 중첩을 다룰 수 있는 더욱 포괄적인 이론이 필요하다. 이 이론이 완성되면 가능한 한 많은 관측데이터와 비교하면서 엄밀한 검증을 거쳐야 하는데, BOOMERanG과 WMAP 등 초기 우주의 밀도/온도와 관련된 방대한 양의 관측자료가 이미 쌓여 있고, 앞으로 더욱 많은 관측실험이 연이어 실행될 예정이다.

우리는 핵분열의 사례에서 대칭적인 상태가 어떻게 얽힌entangled 상태로 변하는지를 확인했다. 이것은 초기에 FLRW-대칭적이었던 우주가 '양자 요동'을 겪는 우주적 스케일의 상태축소에도 똑같이 적용된다. 그러므로 우리는 23.3 ~ 6절에서 논의했던 EPR-상태의 경우처럼 고전적 인과율에 위배되는 사건들 사이의 상호관계를 말해주는 '벨 부등식 위배사례'를 또 하나 갖게 된 셈이다. 이처럼 명백한 '인과율의 위배'는 분리된 사건의 원인을 '과거의 접촉'에서 찾는 인플레이션을 굳이 도입하지 않아도 객관적인 상태축소(**OR**)의 결과로 설명할 수 있다. 그러나 위의 논리에 의하면[50] 초기의 요동이 객관적 상태축소에서 비롯된 것이라면, 인플레이션이 없어도 표준 FLRW 우주론에서 인과율이 위배될 수 있다.

이 모든 이슈들을 담아내는 믿을 만한 이론은 아직 없다. 그러나 이 책을 읽는 독자들이 '실체론에 부합되는' 양자역학체계의 중요성을 느꼈다면 나로서는 더 바랄 것이 없다. 29 ~ 30장에서 논의된 내용은 단순히 철학적인 문제가 아니다. 우리에게는 실체론에 부합하는 (개선된)양자역학이 절실하게 필요하다. 이 절에서 나는 이 이론에 깊은 영향을 받을 만한 근본적인 이슈들 중 하나를 제기한 것뿐이다. 이것 말고도 생물학이나 (34.7, 34.10절 참조) 초기우주와 관련된 문제 등 양자계와 고전적 실험장치의 경계가 분명하지 않아서 코펜하겐 해석을 적용할 수 없는 경우는 얼마든지 있다.

〈30장 후주〉

30–1절

30.1 Roseveare(1982) 참조.

30–2절

30.2 Penrose(1980) 참조.

30–3절

30.3 여기에 100%의 정확도를 요구하지 않는다면 이론이나 실험적으로 장애가 될 만한 요인은 거의 없다. 예를 들어 처음에 광자를 항상 쌍으로 발사하여[23.10절에서 언급했던 '매개하향변환(parametric down-conversion)'을 이용하면 한 쌍의 '얽힌' 광자를 만들어낼 수 있다] 그중 하나는 실험에 사용하고 다른 하나는 계수기로 보내서 사건의 횟수를 기록하도록 하면 된다.

30.4 사람들은 이 논리를 이해하는 데 많은 어려움을 겪는 것 같다. 이 실험이 시공간의 여러 곳에서 무수히 실행되었다고 생각하면 이해가 빠를 것이다. 광자가 거쳐갈 수 있는 경로는 SBD, SBC, FBD, FBC의 네 가지가 있다. 각 경우의 확률을 계산하려면 주어진 S에 대하여 SBD의 비율을 계산하거나(순방향 시간), 주어진 D에 대하여 SBD의 비율을 계산하면 된다(역방향 시간). 여기에 절댓값 제곱규칙을 적용하면 첫 번째 경우에 올바른 답을 주지만(50%의 확률), 두 번째 경우에는 틀린 답이 얻어진다(거의 100%).

30.5 초기상태가 감지기의 일부를 포함하는 얽힌 상태라면(23.3절 참조) 본문과 다른 경우가 발생할 수도 있다. 이 경우에 시간을 역행시켜서 "절댓값 제곱규칙이 틀린 답을 주는 이유가 상태의 '얽힘' 때문인가?"라는 질

문을 제기할 수 있는데, 그 결과를 어떻게 설명해야 할지 잘 모르겠다. 아마도 적극적인 독자라면 스스로 답을 찾을 수 있을 것이다.

30.6 Aharonov and Vaidman(1990) 참조.

30.7 이 문제에 관한 논의는 Aharonov *et al.*(1964)를 참조할 것.

30.8 Aharonov and Vaidman(2001), Cramer(1988), Costa de Beauregard(1995), Werbos and Dolmatova(2000) 참조.

30–4절

30.9 Unruh(1976), Wald(1994) 참조.

30.10 Penrose(1968b, 1987b), Bailey *et al.*(1982) 참조.

30.11 Kay(2000), Kay and Wald(1991), Kay, Radzikowski, and Wald (1996), Hollands and Wald(2001), Haag(1992) 참조.

30–5절

30.12 Wald(1984) 참조.

30.13 Wald(1984), Synge(1950), Kruskal(1960), Szekeres(1960) 참조.

30.14 'τ'를 슈바르츠실트 경우의 '실제' 시간으로 해석한 것과 $r_0\tau$를 평평한(Rindler) 경우에 '가속운동하는 관측자의 시간'으로 해석한 것(그림 30.5a, b) 사이에는 조금 애매한 차이가 있다.

30.15 Newman *et al.*(1965) 참조.

30.16 이 자기회전비율은 '순수 디랙입자'에 대해 계산한 것으로, 전자(electron)의 경우에 거의 정확하게 들어맞지만 올바른 값을 얻으려면 양자장이론에 의거한 '복사 보정(radiative correction)'을 거쳐야 한다(24.7절의 끝 부분 참조). 양성자와 중성자는 디랙 입자와 많이 다르지만, 이들의 구성입자인 쿼크에는 이 개념이 더욱 정확하게 적용된다.

30–6절

30.17 Novikov(2001), Thorne(1995a), Davies(2003) 참조.

30.18 Davies(2003)에는 이 가능성이 매우 흥미롭고 쉬운 논리로 전개되어 있다.

30–7절

30.19 Penrose(1969a), Floyd and Penrose(1971) 참조.

30.20 Blanford and Znajek(1977), Begelman *et al*.(1984), Williams (1955, 2002, 2004) 참조.

30–8절

30.21 Hawking(1974, 1975, 1976a, 1976b), Kapusta(2001) 참조.

30.22 Preskill(1992) 참조.

30.23 Preskill(1992)참조. 이와 다른 관점은 Kapusta(2001)을 참조할 것.

30.24 Preskill(1992), Susskind *et al*.(1993) 참조.

30.25 Horowitz and Maldacena(2003)에 대한 비판은 Gotteman and Preskill(2003)을 참조하라. Susskind(2003)도 참조할 것.

30.26 호킹은 유니터리한 진행을 일반화한 버전을 도입했다. 여기서 표준 양자장이론의 S-행렬 표현은 기호 '$'로 표현되는 '초산란[super-scattering, 초대칭(31.2절 참조)과는 무관함]' 연산자를 통해 일반화된다. 이 연산자는 S-행렬과 관련된 순수상태가 아닌 밀도행렬 상태들 사이에서 작용된다. Hawking(1976b) 참조. 호킹은 2004년에 '정보의 손실'이라는 관점을 철회하고 '복귀'의 관점을 지지한 적이 있는데, 아마도 지금 호킹은 그때의 판단을 후회하고 있을 것이다!

30–9절

30.27 지난 20년 동안 호킹과 나는 시간-비대칭에 관하여 의견을 달리해 왔다. 시간-대칭적 물리학을 확고하게 믿었던 그는 **U**-양자역학과 그 '온건한' 일반화 버전에 주력했다([후주 37.26] 참조). 앞으로 차차 언급하겠

지만, 나는 이 문제에 관하여 호킹과 사뭇 다른 의견을 갖고 있다.

30.28 Penrose(1979) 참조.

30.29 바일곡률 가설은 고전기하학의 범주에 속한다. 이 가설은 '양자기하학'이 고전적 시공간으로 변하는 지점에서 일어나는 현상과 관련되어 있다.

30.30 Hawking(1976a, 1976b), Gibbons and Perry(1978) 참조.

30.31 아마도 여기에는 (휘어진)위상공간의 특성이 반영된 일반화된 힐베르트 공간이 도입되어야 할 것이다. Mielnik(1974), Kibble(1979), Chernoff and Marsden(1974), Page(1987), Brody and Hughston (2001) 참조.

30–10절

30.32 아마도 이것은 26.6절에서 말한 '결맞음 상태(coherent state)'일 것이다.

30.33 $\boldsymbol{\kappa}_\chi$와 $\boldsymbol{\kappa}_\varphi$의 지표(index)는 12.8절에서 말한 '텐서 지표(tensor index)'가 아니라 단순한 꼬리표(tag)일 뿐이다. $\boldsymbol{g}_\chi$와 $\boldsymbol{g}_\varphi$도 마찬가지다.

30–11절

30.34 Christian(1995) 참조.

30.35 Isham(1992), Kuchar(1992), Rovelli(1991), Smolin(1991), Barbour(1992) 참조.

30.36 객관적 상태축소에 관한 여러 가지 이론은 [후주 29.12]를 참조하라. 거기 수록된 참고문헌 중 Diósi, Percival, Kibble, Pearle, Squires, 그리고 내가 쓴 책에는 중력이 고려되어 있다.

30.37 중력적 **OR**을 더욱 엄밀하게 검증할 아이디어가 최근에 제시되었다. [예제 21.6]에서 확인한 바와 같이 양자이론과 일반상대성이론의 등가원리를 조화롭게 연결하려면 중력장 하에서 자유낙하하는 좌표계에서 고정

된 좌표계로 넘어갈 때 시간 t의 세제곱, 즉 t^3-항이 포함된 위상인자(phase factor)가 필요하다. 이렇게 되면 두 좌표계는 다른 진공을 서술하게 되고(26.5절 참조), 이것은 갈릴레오 극한에서 살아남는 언루 효과의 흔적으로 볼 수 있다(30.4절 참조). 따라서 등가원리를 끝까지 보존한다면 두 중력장이 중첩된 상태는 서로 다른 진공이 중첩된 상태이며, 이것은 갈릴레오 극한에서도 불안정하다. 자세한 내용은 앞으로 출판될 책에서 소개할 예정이다.

30–12절

30.38 22.5절과 Moroz 외(1998) 참조. '기댓값(expectation vale)'에 대해서는 [후주 29.11]을 참조하라.

30.39 이 분야의 저명한 저술은 [후주 29.12]를 참조하라.

30.40 나는 이 제안들을 공부하면서 많은 것을 배울 수 있었다. 이들 중 일부는 중력적 **OR**을 완성하는 지침이 될 수 있을 것이다. '불가(不可) 정리'에 대해서는 [후주 29.12]와 Gisin(1989, 1990)을 참조하라.

30–13절

30.41 이 실험은 몇 명의 동료들로부터 커다란 도움을 받아서 설계한 것이다. 원래 아이디어의 중요한 부분(빔 분할기를 통과한 광자를 뫼스바우어 타입의 결정과 충돌시키는 것 등)은 요하네스 다프리히(Johannes Dapprich)가 제안했고, 초소형 거울의 크기와 광자의 에너지 등 다른 매개변수의 계산은 안톤 차일링거(Anton Zeilinger) 및 (당시)그가 이끌었던 인스브루크 실험팀의 도움을 받았다. FELIX 실험을 우주공간에서 실행한다는 것은 앤더스 한슨(Anders Hansson)의 아이디어였다. 또한, 윌리엄 마셜(William Marshall)과 딕 보우미스터(Dick Bouwmeester), 그리고 크리스토프 사이먼(Christoph Simon)은 지상

실험과 관련된 독창적인 아이디어를 제안했다. Penrose(2000a), Marshall 외(2003) 참조.

30.42 Marshall *et al.*(2003) 참조.

30.43 Arndt *et al.*(1999) 참조.

30.44 예를 들어, Károlyházy(1974)와 Percival(1994)에는 이 책의 내용과 전혀 다른 예측을 했다.

30–14절

30.45 사실 여기에는 다소 미묘한 점이 있다. 시공간에 추상적 대칭성이 작용하여 원래의 기하구조로 되돌아올 수도 있기 때문이다(일반공변성 법칙에 의거함. 19.6절 참조). 이 문제에 관하여 다른 자세를 견지할 수도 있지만, 어떤 경우에도 본문에 제시된 일반적인 결론은 영향을 받지 않는다.

30.46 휠러는 자신의 이론을 조금 변형한 '참여우주(participatory universe)' 이론도 제안했는데, 자세한 내용은 Wheeler(1983)에 소개되어 있다. 그는 이 이론을 통해 "초기우주의 특별한 기하학적 구조를 (의도적으로) 결정한 의식을 가진 궁극적 관측자가 존재한다"고 주장했다.

30.47 이 사례는 Neville Mott(1929)가 제안했던 'α-입자가 거품상자 속에서 만드는 궤적'과 비슷하다.

30.48 이것은 전하를 띤 입자의 궤적을 추적하는 전형적인 방법이다. 입자가 진행하면 그 길을 따라 작은 거품들이 줄지어 늘어서서 입자의 궤적을 알려준다. [후주 30.47], Fernow(1989) 참조.

30.49 그 당시(1994년)에 허블 반지름(Hubble radius, 광속으로 멀어져 감)을 한계선(cut-off)으로 간주했던 이유는 상대성이론의 범주 안에서 우주팽창의 효과를 고전적으로 설명하려고 했기 때문이다. 이것은 실제

'지평선의 크기(horizon size, 인플레이션이론에서는 허블 반지름보다 훨씬 크다. 그림 28.5 참조)'나 '양자이론과 고전물리학의 연결'과는 아무런 관계가 없다.

30.50 많은 사람들은 이 논리에 입각하여 인과율에 위배되는(acausal) EPR-타입의 상호관계가 초기우주의 요동에 존재했을 것으로 믿는 것 같다. 비카쉬 시나(Bikash Shinha)도 몇 년 전에 이와 비슷한 의견을 나에게 제시한 적이 있다.

31
초대칭과 초고차원, 그리고 끈이론

31.1 설명되지 않은 변수들

아마도 대부분의 물리학자들은 21세기 물리학에 대하여 앞장에서 논한 것과 다른 의견을 갖고 있을 것이다. 나처럼 "지금의 양자역학 체계에 근본적인 변화가 필요하다"고 생각하는 사람은 거의 없을 줄 안다. 그 대신 이론물리학자들은 시공간에 여분차원을 도입하거나, 점입자를 부피가 있는 끈, 멤브레인membrane, p-브레인p-brane, 또는 D-브레인같은 고차원 구조물로 대치하는 신기한 아이디어를 논하는 중이다. 그뿐만 아니라 대칭 개념을 확장시킨 초대칭과 양자군이론도 활발하게 연구되고 있으며, 비가환성non-commutative으로 대표되는 일반화된 기하학도 학자들의 관심을 끌고 있다. 또한, 가장 작은 극미의 세계가 불연속적 속성을 갖는다는 주장과 함께 공간이 '매듭knot'이나 '연결link'로 이루어져 있다는 이론도 제기되었다. 심지어는 기존의 시공간 개념을 완전히 폐기하거나 기초부터 재구성해야 한다고 주장하는 학자도 있다.

이들이 주장하는 바는 무엇이며, 우리는 그로부터 무엇을 얻을 수 있는가? 여기서 더욱 중요한 질문을 던져 보자. "물리학자들이 주장하는

'실체'가 일상에서 경험하는 현실세계와 그토록 다른 이유는 무엇인가?" 물론 그 이유는 물리학의 근본을 떠받치고 있는 양자역학과 일반상대성이론 때문이다. 지난 20세기에 탄생한 이 이론들은 우리 직관이 사실과 얼마나 크게 다를 수 있는지, '실체'라는 것이 19세기에 쌓은 물리학과 얼마나 멀리 떨어져 있는지를 분명하게 보여 주었다. 그러나 21세기를 살아가는 우리도 아직 낯설고 독특한 이론을 쉽게 받아들이지 못한다. 그래서 우리는 현대 이론물리학자들의 마음을 움직이는 '연구동기'를 어느 정도 이해할 필요가 있다. 그들은 지금도 우주의 심오한 원리를 찾으면서 일상의 세계에서 하루가 다르게 멀어져 가고 있다.

우선 이 책의 24장에서 처음 언급한 후 25～26장을 통해 계속 강조했던 '양자이론과 특수상대성이론의 결합'에서 시작해 보자. 이 문제는 양자장이론에서 '무한대'라는 끔찍한 결과를 낳았고, 이것을 피하려고 온갖 기교를 부린 끝에 관측결과와 잘 일치하는 (입자물리학의)표준모형에 이르렀다. 그러나 표준모형은 '재규격화'가 가능한 이론일 뿐, 무한대에서 완전히 자유로운 이론이 아니다. 재규격화가 가능한 이론에서는 일련의 계산을 통해 우리가 알고 싶은 물리량을 대부분 유한한 값으로 구할 수 있지만, 입자의 질량이나 전기전하 같은 이론의 핵심을 이루는 물리량이 '반드시 그런 값이 되어야만 하는 이유'를 설명하지는 못한다. 재규격화가 없다면 이런 양들은 당연히 무한대(또는 0)가 되었을 것이므로, 용어를 새로 정의하여 무한대를 피해 갔다는 느낌을 지우기 어렵다. 이런 이론으로 계산된 다른 양들도 사정은 마찬가지다. 입자의 질량과 전하는 단순히 이론에 '삽입된' 매개변수이며, 어디서 비롯된 값인지 알 길이 없다. 표준모형에는 이런 매개변수들이 무려 17개나 있다. 여러 종류의 결합상수를 비롯하여 쿼크와 렙톤, 힉스 입자의 질량 등은 아직도 그 근원이 알려지지 않았다.

자연에 존재하는 입자들의 질량과 전하 값에는 커다란 미스터리가 존재한다. 전자기적 상호작용의 세기를 결정하는 미세구조상수fine structure constant α를 예로 들어 보자. 이 값은 전자의 전하 및 물리학의 근본적인 상수들과 관련되어 있는데, 구체적인 정의는 다음과 같다.

$$\alpha = \frac{e^2}{\hbar c}$$

여기서 $-e$는 전자의 전하이다. 미세구조상수의 역수는 약 $\alpha^{-1} = 137$이며, 더 자세히 쓰면

$$\alpha^{-1} = 137.0359\cdots\cdots$$

이다. 여러 해 동안 몇몇 물리학자들은 α^{-1}의 값이 정확하게 137이라고 생각했다. 특히 아서 에딩턴 경은 '$\alpha^{-1} = 137$'인 이유를 설명하는 근본 이론을 찾으면서 말년의 대부분을 보냈다. 요즘 물리학자들이 제아무리 낙천적인 사고방식을 갖고 있다 해도, α를 비롯한 자연상수를 직접적으로 표현하는 공식을 찾으려고 했던 선배 물리학자들의 낙천적인 자세를 따라가지는 못할 것이다. 현대 물리학자들은 이 양들을 단순한 숫자가 아닌 '상호작용하는 입자의 에너지'와 관련된 함수로 간주하는 경향이 있다. 그래서 이 상수들을 종종 '흐름 결합상수running coupling constant'라 부르기도 한다([후주 26.21] 참조). 이들의 생각이 맞는다면 우리가 '자연 상수'라 부르는 스칼라량들은 이 흐름값의 저에너지 극한에 해당할 것이다. 개중에는 아직도 이 특별한 극한값의 수학적 표현을 찾으려고 애쓰는 사람이 있겠지만, 에너지 의존성이 없다고 해도 우리가 생각하는 것보다 '덜 근본적인' 양일 수도 있다.

전기전하나 질량 등을 27.10절에서 도입했던 절대단위(플랑크 단위)로 표현하면 자연상수의 의미를 좀 더 '근거리에서' 음미할 수 있다. 절대단위계에서는 뉴턴의 중력상수 G와 빛의 속도 c, 그리고 플랑크 상수의 디랙버전인 $\hbar$와 볼츠만 상수 k를 모두 1로 취급한다.

$$G = c = \hbar = k = 1$$

이 단위를 사용했을 때 양성자의 전하(전자의 전하와 크기는 같고 부호만 반대이다)는 약 $\mathrm{e} = \sqrt{137}$로서, 십진소수로 표기하면

$$\mathrm{e} = 0.0854246$$

이며,[1] 쿼크의 기본전하는(아래쿼크의 전하와 크기는 같고 부호만 반대이다. 25.6절 참조) 이 값의 1/3이다. 절대단위는 양자역학의 창시자였던 막스 플랑크(21.4절 참조)가 1906년에 발표한 논문에서 최초로 제안했기 때문에 흔히 '플랑크 단위(또는 플랑크-휠러 단위)'라고도 한다. 그러나 그는 플랑크 상수가 아닌 전자의 전하를 기본단위로 간주하여 $\mathrm{e} = -1$을 사용했다(물론 이 단위계를 사용하면 $\hbar = 137.036$이 되어, 전하의 미스터리는 여전히 사라지지 않는다). 그 후 존 휠러가 새로운 단위의 중요성을 널리 알리면서(특히 1973년 논문) 플랑크 단위는 물리학의 기본단위계로 자리 잡았다(이때부터 전기전하 대신 플랑크 상수를 1로 간주하게 되었다).

이것이 전부였다면 지금의 플랑크 단위는 아마 '스토니 단위'라고 불렸을 것이다. 왜냐하면, 전자 전하를 최초로 관측했던 아일랜드 물리학자 조지 존스턴 스토니George Johnstone Stoney가 1881년에 발표한 논문에서 플랑크와 동일한 아이디어를 제안했기 때문이다. 그러나 플랑크는 그

유명한 양자가설을 발표(1900)하기 한 해 전인 1899년에 플랑크 상수를 이용하여 절대단위를 정의했다. 그래서 지금은 절대단위를 '플랑크 단위' 라고 부른다.

입자의 질량은 어떤가? 질량은 전기전하보다 훨씬 골치 아픈 문제이다. 자연에 존재하는 모든 입자의 전하는 어떤 기본전하량의 '정수 배'인 것으로 알려져 있다. 자유롭게 움직일 수 있는 입자만을 고려한다면 양성자의 전하를 기본전하량으로 잡을 수 있고, 강입자의 내부구조까지 고려한다면 아래쿼크의 전하가 기본전하량이 된다. 왜 그럴까? 그 이유는 여전히 오리무중이고 미세구조상수(의 역수)가 137.036인 이유도 알 수 없다. 그러나 질량과 관련된 문제에 비하면 이 정도는 아무것도 아니다. 질량과 관련된 가장 큰 미스터리는 절대단위에서 측정된 입자의 질량이 너무나도 작다는 사실이다. 예를 들어 전자의 질량 m_e는 절대단위로

$$m_e = 0.0000000000000000000000043$$

이다. 비교적 무겁다는 양성자의 질량도 이 값의 1,836배밖에 되지 않으며, 전자 뉴트리노electron neutrino ν_e의 질량은 m_e의 10만 분의 1도 되지 않는다. 입자의 질량이 얼마나 작은 양인지를 실감하는 또 다른 방법은 플랑크 질량과 비교하는 것이다. 플랑크 질량은 자연단위계에서 약 10^{-5} g인데(조그만 벌레의 질량과 비슷하다), 이것은 자연에 존재하는 기본입자의 질량과 비교가 안될 정도로 크다. 또한, 플랑크 길이는 1.6163 × 10^{-35} m로서 입자물리학에서 흔히 마주치는 가장 작은 스케일보다 10^{20}배나 짧다. 이 거리는 양자중력이론과 깊이 관련되어 있으며, 이 영역에서 연속적인 시공간개념은 그 의미를 완전히 상실한다.[2]

이 미스터리를 바라보는 한 관점은 입자의 전하나 질량이 그토록 작

은 이유를 재규격화의 결과로 간주하는 것이다. 재규격화에서 맨값bare value은 1이나 4π등 수학과 개연성이 있는 숫자로 표현되기 때문에(26.9절 참조), 관측을 통해 얻어진 (매우 작은)값들은 무한대의 재규격화 인자가 아닌 단순히 어떤 '큰 값'에서 유래한 것으로 생각할 수 있다. 양자장이론에서 발산하는 합과 적분이 어떤 수렴하는 양으로 대치되는 경우에도 이와 같은 논리를 적용할 수 있다. 일반적으로 무한대(자외선발산—26.9절 참조)가 발생하는 이유는 무한대를 향해 점점 커지는 운동량의 덧셈이 포함되어 있기 때문이며, 이는 곧 거리가 0을 향해 점점 작아진다는 뜻이기도 하다. 그러므로 10^{-35}m라는 (중력적)플랑크스케일에서[3] 적분(또는 합)을 끝내는 어떤 상한선이 존재한다면 무한대를 제거할 수 있다. 이와 같은 아이디어는 1935년에 오스카 클라인이 처음으로 제기했다. 이 모든 사실은 양자장이론에 중력을 적절한 방식으로 도입하면 (재규격화가 가능한 이론이 아닌)유한한 결과를 주는 이론이 가능함을 보여주고 있다. 우리는 이 이론으로부터 위에서 말한 '근원을 알 수 없는 상수'의 의미를 이해할 수 있을 것이다.

물리학자들은 지난 반세기 동안 이런 희망을 품어 왔으나, 양자장이론에 중력을 직접 도입하려는 모든 시도는 한결같이 상황을 더 악화시키기만 했다. 아인슈타인의 이론에 표준 양자화과정을 적용하면, 유한한 이론은 고사하고 재규격화조차 불가능한 결과가 얻어질 뿐이었다. 그래서 물리학자들은 양자화된 중력이론을 찾기 위해 표준을 벗어난 방법에 매달리기 시작했다. 물론 지금까지(특히 27～30장에 걸쳐) 여러 번 강조한 바와 같이 양자장이론과 일반상대성이론을 조화롭게 합치려면 비표준적인 방법을 시도할 필요가 있다. 그러나 양자이론에 변화를 모색해야 한다는 나의 주장은 아직 학계에 심각하게 수용되지 않고 있다. 아인슈타인의 이론을 표준 양자장이론에 곧이곧대로 적용했을 때 재규격화가 불가능한 양자중력이론이 얻어지는 것은 사실이지만,[4] 대다수 물리학자들은 아인슈타인 이론을 수정하려고만 할 뿐 양자장이론의 수정을 논하는 사람은 거의 없다.

31.2 초대칭

그동안 물리학자들이 제안해온 변화 중 하나가 바로 '초대칭'이며, 이것을 아인슈타인의 이론과[꼬임률tortion(14.4절과 [후주 19.10] 참조)도 함께] 한데 엮어서 만들어낸 것이 바로 초중력이론이다. 초대칭은 현대물리학 발전에 커다란 기여를 했고, 특히 이론물리학의 '총아'인 초끈이론의 기초가 되었다. 그런데 저명한 물리학자들이 초대칭을 '마냥 좋은 것'으로 생각하는 이유는 무엇일까? 초대칭이론은 실험으로 검증된 사례가 전혀 없음에도 현대물리학에서 단단한 입지를 구축하고 있다.[5]

이 시점에서 나의 개인적인 의견을 독자들에게 소개하고, 주의를 환기하는 일종의 '경고 메시지'를 보내고자 한다. 나는 입자물리학 및 그와 관련된 이론에 초대칭을 도입할 필요가 전혀 없다고 생각하는 사람이다. 현재 우리가 가진 관측결과는 초대칭이론과 거의(또는 전혀) 일치하지 않는다. 초대칭이론은 이론체계가 수학적으로 아름답고 양자장이론에 나타나는 무한대를 상쇄시킨다는 장점 덕분에 이론물리학의 중앙무대로 진출할 수 있었다. 만일 우리가 '무한대가 발생하지 않는 양자장이론'을 찾는 물리학자라면, 목표를 달성하는 가장 쉬운 방법은 우리 이론에 초대칭을 도입하는 것이다!

초대칭의 저변에 깔린 기본 아이디어는 대칭 관계를 통해 페르미온과 보존을 하나의 쌍으로 묶는 것이다. 25.5 ~ 8절에서 알아본 바와 같이, 입자물리학에 등장하는 정상적인 대칭군은 보존과 페르미온을 각각 자신의 범주 안에서 '회전'시키는 것뿐이다. 이 회전을 통해서 보존이 페르미온으로 변하거나 페르미온이 보존으로 변하는 경우는 없다. 그러나 초대칭에서는 이런 변환이 가능하다. 26.2절에서 말한 대로 보존은 교환법칙commutation law을 만족하고 페르미온은 반교환법칙anticommutation law을 만족한다. 따라서 보존(또는 페르미온)을 페르미온(또는 보존)으로 변환시키는 연산자는 반교환적 특성을 갖고 있어야 한다. 그러나 일상적인 연속군의 연산자는 군의 무한소 생성원infinitesimal generator으로서, 이들은 리대수(13.6절 참조)를 형성한다. 그런데 표준 리대수의 원소들은 교환법칙을 만족하지만 반교환법칙은 만족하지 않는다. 즉 초대칭에서는 일상적인 연속군의 무한소 생성원이 아닌 새로운 연산자가 필요한데, 그래서 도입된 것이 바로 리대수를 확장한 '초군supergroup'이다. 초군의 생성원 중 일부는 교환과 반교환법칙을 모두 만족한다.

우리는 26.2 ~ 3절에서 다음과 같은 관계식을 접한 적이 있다.

$$\boldsymbol{ab} \pm \boldsymbol{ba} = \boldsymbol{c}$$

양자장이론의 생성연산자와 소멸연산자, 그리고 장연산자는 위 규칙을 만족한다(26.2절에서는 $\boldsymbol{\Psi}^*\boldsymbol{\Phi} \pm \boldsymbol{\Phi}\boldsymbol{\Psi}^* = i^k\langle\psi|\phi\rangle \boldsymbol{I}$ 형태로 표기했었다). 초 리대수super-Lie algebra체계는 표준 리대수를 이용하여 비슷한 방법으로 구축할 수 있는데, 다만 관계정의defining relation에서 (+)부호의 가능성도 고려해야 한다는 점이 다르다. 13.6절에서 본 바와 같이 리대수의 관계정의는 $[\boldsymbol{E}_\alpha, \boldsymbol{E}_\beta] = \gamma_{\alpha\beta}^{\chi}\boldsymbol{E}_\chi$로 주어진다. 여기서 $\gamma_{\alpha\beta}^{\chi}$는 구조상수structure constant이고 $[\boldsymbol{E}_\alpha, \boldsymbol{E}_\beta] = \boldsymbol{E}_\alpha\boldsymbol{E}_\beta - \boldsymbol{E}_\beta\boldsymbol{E}_\alpha$이다. 위에 적은

관계식에서 $\boldsymbol{ab}$와 $\boldsymbol{ba}$ 사이에 (−)부호를 선택하면 리대수와 같은 형태가 된다. 그러나 초 리대수의 경우에는 $\boldsymbol{a}$와 $\boldsymbol{b}$가 페르미온과 관련된 양일 수도 있으므로 (+)부호까지 허용된다. 따라서 $[\boldsymbol{a}, \boldsymbol{b}] = \boldsymbol{ab} - \boldsymbol{ba}$ 이외에 $[\boldsymbol{a}, \boldsymbol{b}]_+ = \boldsymbol{ab} + \boldsymbol{ba}$라는 기호가 도입되어야 한다. 이것은 분명히 리대수의 범주를 넘어서 있다.

초군의 생성원은 통상적인 실수real number에서 얻어지는 양이 아니라, 교환과 반교환을 모두 포함하는 그라스만 대수의 원소이다(11.6절 참조). 이에 관한 내용은 31.3절에서 자세히 다뤄질 것이다.

초군은 순수수학에서도 중요하게 취급되며, 초대칭에 기초한 아이디어를 이용하면 다른 수학적 방법으로 답을 얻기 어려운 문제를 의외로 쉽게 해결할 수 있다.[6] 하지만 이런 것들이 초대칭과 물리학의 직접적인 관계를 보장해주지는 않는다. 물론 물리학과 직접 관련된 '수학체계'를 구축하는 데 초대칭이 유용하다는 증거는 여러 곳에서 찾아볼 수 있다.[7] 그러나 내가 보기에는 이것 역시 초군이론이 입자물리학이나 양자장이론과 깊이 관련되어 있다는 증거는 되지 못한다.

그렇다면 초대칭이 입자물리학에서 중요한 역할을 한다는 증거는 어디서 찾을 수 있을까? 25장에서 논했던 표준모형을 다시 떠올려 보자. 표준모형의 재규격화가 가능했던 것은 관련변수들을 미세하게 조정할 수 있었기 때문이다. 이 관계는 이론이 $\mathrm{SU}(3) \times \mathrm{SU}(2) \times \mathrm{U}(1)/\mathrm{Z}_6$ 대칭을 요구한다는 사실로부터 이해할 수 있다. 일부 주장에 의하면 표준모형은 이 관계를 넘어서 더욱 정확한 미세조정을 필요로 하는데,[8] 이 점을 충족하는 가장 그럴듯한 후보로 초대칭이 거론됐으며, 이 아이디어는 대통일이론(25.8절 참조)에서도 자주 사용되었다. 그런데 대통일이론은 과연 믿을만한 이론일까? 실험적으로 입증된 사례는 지금까지 단 한 번도 없었다.

초대칭의 매력은 보존과 페르미온을 연결해 준다는 것이다. 초대칭이 없는 양자장이론보다 초대칭을 도입한 양자장이론이 유한한 답을 얻어내기가 훨씬 쉽다. 초대칭을 통해 보존과 페르미온을 짝지어 놓으면 한쪽에서 발생한 무한대가 다른 쪽에서 발생한 무한대와 상쇄될 수 있다. 그래서 초대칭을 도입하면 양자장이론을 구축하기가 훨씬 쉬워진다. 그러나 이것은 어디까지나 인간을 위한 편의일 뿐, 자연이 그런 방식으로 운영된다는 보장은 어디에도 없다. 자연이 더 깊은 비밀을 베일 속에 숨기고 있을지 그 누가 알겠는가?

초대칭이 끌어안은 가장 큰 난점은 우리가 이미 알고 있는 입자의 '초대칭짝'이 반드시 존재해야 한다는 것이다. 초대칭짝 입자는 자신의 짝인 원래 입자와 $\hbar/2$만큼 다른 스핀을 갖는다. 전자의 파트너인 스핀 0의 '셀렉트론selectron'이 있어야 하고, 여러 쿼크들의 파트너인 스핀 0의 '스쿼크squark'가 있어야 하며, 광자의 파트너인 스핀 $\frac{1}{2}$의 '포티노photino', 그리고 W 보존과 Z 보존의 파트너인 스핀 $\frac{1}{2}$의 '위노wino'와 '지노zino' 등등 온갖 종류의 입자들이 자신의 초대칭짝을 반드시 가져야 한다. 문제는 초대칭짝에 해당하는 입자들을 단 한 번도 발견하지 못했다는 점이다. 이에 대한 공식 해명은 다음과 같다. "자세한 과정은 알 수 없지만, 초대칭이 붕괴되는 어떤 과정이 일어나서 초대칭짝 입자들이 파트너보다 훨씬 큰 질량을 갖게 되었다." 관측되지 않은 초대칭짝의 질량은 양성자의 1,000배 이상으로 추정된다. 많은 물리학자가 이런 설명에 설득되었지만, 나는 아직도 믿을 수가 없다.

이 분야에서는 초대칭짝을 이루는 파트너 중 스핀이 ($\hbar/2$ 만큼)작은 쪽이 훨씬 큰 질량을 갖는다고 가정하는 것 같다(원래 질량이 없는 초대칭짝은 예외이다). 아마도 우리가 '소립자'라고 부르는 입자들(광자, 중력자, W-Z 보존, 글루온, 렙톤, 쿼크)만이 초대칭짝을 갖는 듯하다. 그렇지 않으면 파이온과 같이 스핀 0인 입자에서 당장 문제가 발생한다. 스핀이 0인 '소립자'가 존재한다면(아직 발견되지 않은 '힉스 입자Higgs particle'가 대표적인 사례이다) 이들은 자신의 초대칭짝보다 질량이 훨씬 커야 한다[스핀이 음(−)인 경우는 없기 때문이다]. 이 말이 참이라면, 힉스보존의 초대칭짝은 왜 아직도 발견되지 않았는가? 초대칭과 인플레이션 우주론을 신봉하는 물리학자들은 스칼라 φ입자(힉스 입자, 28.4절 참조)가 그들이 설계한 초대칭체계에 어떻게 부합되는지 설명할 의무가 있다.

빅뱅이 일어난 지 10^{-39}초 후(플랑크 시간의 약 10,000배), 우주의 온도가 터무니없이 높았던 무렵에(약 10^{28} K) 세 가지 상호작용(강력, 약력, 전자기력)이 높은 대칭 속에서 하나로 통일된 상태였다는 아이디어가 초대칭에 대한 다소 '긍정적인' 증거로 거론되고 있다.[9] 이 온도에서 세 가지 상호작용이 통일되려면 힘의 세기가 모두 같아야 한다. 그러나 일상적인 환경에서 강력은 약력보다 거의 10^{13}배나 강하다(사실, 강력과 약력을 직접 비교하는 것은 별로 의미가 없다). 초대칭을 믿는 물리학자들은 "재규격화의 효과를 고려하면(우리는 26.9절에서 입자의 '관측된 전하'와 '맨전하bare charge'가 얼마나 다른지 확인한 바 있다) 엄청나게 높은 온도에서 세 힘의 '맨값'이 같아진다"고 주장한다(31.1절에서 언급했던 '흐름결합상수'의 의미를 되새겨보기 바란다). 초대칭이 없으면 이 값들이 약간의 차이를 보이는데(그림 31.1 참조), 초대칭을 도입하면 세 결합상수가 아름답게 일치하여 입자물리학의 극적인 통일이 이루어진다는 것이다!

독자들은 내 이야기가 설득력이 떨어진다고 생각할지도 모른다(나는 28.3절에서 우주의 온도가 매우 높았을 때 대칭이 복구되었다는 이론에

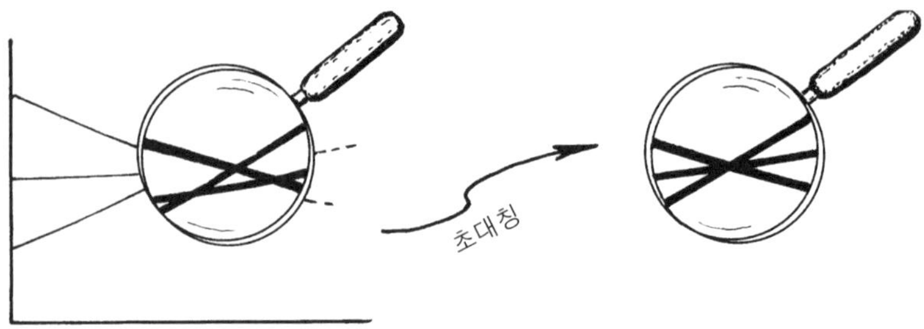

그림 31.1 '대통일(grand-unification)' 체계에 의하면 빅뱅이 일어나고 10^{-39}초(플랑크 시간의 약 10,000배)가 지난 후, 우주의 온도가 약 10^{28} K일 때 강력과 약력, 그리고 전자기력의 '흐름결합상수(26장 [후주-21], 31.1절 참조)'는 정확하게 같은 값이었다. 단, 이것은 초대칭을 도입했을 때의 이야기다.

불편함을 느낀다고 말한 적이 있다). 그동안 초대칭을 옹호하는 수많은 추측성 논리가 제기되었는데, 대표적인 것이 "빅뱅 초기의 온도인 10^{28} K와 현재 가속기로 도달할 수 있는 최고온도인 10^{14} K 사이에는 너무 큰 차이가 있기 때문에, 실험을 통해 새로운 사실이 밝혀지지 않는 것은 당연하다"는 추론이다. 나는 이런 소극적인 주장이 어떻게 초대칭의 증거가 될 수 있는지, 도무지 이해할 수가 없다.

31.3 초대칭의 대수와 기하학

이 모든 논란의 출발점이었던 초중력이론으로 돌아가서 생각해 보자. 위 주장대로라면 중력자의 초대칭짝인 스핀 $\frac{3}{2}$짜리 '그래비티노gravitino'가 존재해야 한다. 만일 초대칭이 심하게 붕괴되지 않았다면, 이 가상입자는 중력자와 마찬가지로 질량이 없을 것이다. 그렇다면 그래비티노는 기하학과 어떤 식으로 연관되는가? 아인슈타인은 중력이 시공간의 곡률로 표현된다는 놀라운 사실을 우리에게 알려 주었다(17.9, 19.6절 참조). 그렇다면 그래비티노는 (초)중력이론에서 나름의 역할을 하고 있는가? 초중력을 연구하는 학자들은 그래비티노에게 어떤 역할을 부여하기 위해 표준 다양체(10장과 12장 참조)의 개념을 확장한 초다양체supermanifold를 도입했다. 초다양체는 정상적인 방법으로 정의될 수 있는데, 일상적인 좌표에 반교환 원소를 추가하여 일반화하면 된다. 통상적인 다양체에서 좌표는 일반적으로 실수값을 갖지만(복소다양체를 고려한다면 복소수가 될 수도 있다. 12.9절 참조), 초다양체의 좌표는 그라스만 대수의 원소이다(11.6절 참조).

그러나 초대칭을 연구하는 물리학자 대부분은 초대칭장의 활동무대인 '다양체'에 위와 같이 엄격한 잣대를 들이대지 않는다(표준 일반상대성이론의 '기하학적' 특성조차도 초중력에 위와 같은 조건을 요구하고 있다). 그래서 앞으로 진행될 나의 논리에서도 초다양체가 만족해야 할 엄밀한 조건을 요구하지 않을 생각이다. 이런 맥락에서 '초대수superalgebra'는 초다양체가 아닌 일상적인 시공간 다양체에서 정의되는 것으로 간주할 수 있다.

실수체계 $\mathbb{R}$에 반교환 원소 ε을 추가하면 가장 단순한 초대수체계를 만들 수 있다. ε은 자기자신과 반교환관계를 만족하며($\varepsilon\varepsilon = -\varepsilon\varepsilon$), 따라서 $\varepsilon^2 = 0$이다. 대수체계를 이루는 각 원소들은

$$a + \varepsilon b$$

의 형태인데, 여기서 a와 b는 실수로서 ε와 교환법칙을 만족한다. 두 수의 합과 곱은 다음과 같다.

$$(a + \varepsilon b) + (c + \varepsilon d) = (a + c) + \varepsilon(b + d)$$

$$(a + \varepsilon b)(c + \varepsilon d) = ac + \varepsilon(ad + bc)$$

여기서 ε이 포함된 항을 무시하면 일상적인 대수체계로 되돌아간다.

이 관계는 초대칭 생성원이 $\varepsilon_1, \cdots, \varepsilon_N$과 같이 여러 개 있는 경우에도 여전히 성립한다.

$$\varepsilon_i \varepsilon_j = - \varepsilon_j \varepsilon_i, \quad \text{따라서} \quad \varepsilon_i^2 = 0$$

이런 경우, 초대수의 원소는 일반적으로 다음과 같이 쓸 수 있다.[31.1]

$$a + b_1 \varepsilon_1 + b_2 \varepsilon_2 + \cdots + b_N \varepsilon_N + c_{12} \varepsilon_1 \varepsilon_2 + c_{13} \varepsilon_1 \varepsilon_3 + \cdots + f_{12\cdots N} \varepsilon_1 \varepsilon_2 \cdots \varepsilon_N$$

임의의 원소에서 ε이 없는 a 부분만 취하면 일상적인 수(실수 또는 복소수)의 대수로 환원된다. 그 나머지가 이 대수체계에서 '초super'에 해당하는 부분인데, 원소가 여러 번(충분히 많이) 곱해지면 이 부분은 완전히 사라지기 때문에 '닐포턴트nilpotent하다(거듭제곱이 0이다)'고 말할 수 있다.[31.2] 그래서 초대수 원소의 '일상적인' 부분과 '초' 부분을 종종 '몸체body'와 '영혼soul'으로 부르기도 한다.

이상이 초대수와 초다양체의 '순전히' 형식적인 표현인데, 이것만으로는 무엇이 어떻게 돌아가는지 이해하기 어려울 것이다. 이 내용을 기하학적 관점에서 이해할 수 있을까? 다행히도 그런 방법이 있다. 초대칭 생성원이 ε 하나밖에 없는 가장 간단한 경우를 생각해 보자. ε은 반교환규

[31.1] $N = 3$일 때 두 원소의 덧셈과 곱셈을 수행해 보라. 0이 아닌 임의의 원소($a \neq 0$)의 곱셈에 대한 역원(inverse)은 무엇인가?

[31.2] 증명해 보라. 지수가 얼마나 클 때 이런 현상이 나타나는가?

칙을 만족하므로, 이것을 1-형식 $\boldsymbol{\varepsilon}$으로 간주하자. 그러나 $\boldsymbol{\varepsilon}$은 일상적인 시공간(n-다양체 $\mathcal{M}$이라고 하자)에서 정의되는 1-형식이 아니다. $\mathcal{M}$에서 정의되는 모든 일상적인 미분형식의 의미는 12.4절에서 이미 설명한 바 있다. 지금 우리가 할 일은 $\mathcal{M}$을 $(n+1)$차원 다양체 $\mathcal{M}'$의 초곡면으로 간주하는 것이다(초곡면이란 주어진 공간보다 1차원 낮은 부분다양체를 말한다. [후주 27.36] 참조). 여기서 $\boldsymbol{\varepsilon}$은 더 큰 다양체 $\mathcal{M}'$에서 정의된 1-형식이지만, $\mathcal{M}$ 위에 놓여야 한다는 제한조건이 있다. 우리의 관심은 $\mathcal{M}'$이 아니라 $\mathcal{M}$ 위의 점들이다. 이곳에서 또 하나의 차원은 그림 31.2a와 같이 $\mathcal{M}$으로부터 벌어지는 방향으로 뻗어 있다(우리의 관심은 $\mathcal{M}'$에 속해 있는 $\mathcal{M}$의 1차 근방first neighbourhood, 즉 $\mathcal{M}$으로부터 멀어지는 '1차 미분'이다. 그러므로 $\mathcal{M}'$ 속에서 $\mathcal{M}$으로부터 멀어지는 접벡터나 여접벡터가 우리의 관심이며, $\mathcal{M}$으로부터 멀어지는 방향으로 측정된 '곡률'과 같은 고계미분higher-derivative은 우리 관심이 아니다). 지금 우리가 관심을 두는 양들은 다양체 $\mathcal{M}$에서 n개의 독립좌표로 표현될 수 있으므로, 'n차원적 양'으로 간주할 수 있다. 여기서 '영혼'에 해당하는 양은 $\mathcal{M}$에서 멀어지면서 $\mathcal{M}'$으로 향하고 있으며, '몸체'에 해당하는 양은 $\mathcal{M}$ 위에서 임의의 방향을 향하고 있다.

초대칭 생성원을 N개($\varepsilon_1, \cdots, \varepsilon_N$)로 확장해도 상황은 크게 달라지지 않는다. 이 경우에 우리의 n-다양체 $\mathcal{M}$은 $(n+N)$-다양체 $\mathcal{M}'$의 한 부분이며, $\mathcal{M}$의 가까운 근방(1차 근방)에 있는 $\mathcal{M}'$만이 우리의 관심사이다. 그리고 서로 다른 N개의 1-형식 $\boldsymbol{\varepsilon}_1, \cdots, \boldsymbol{\varepsilon}_N$은 $\mathcal{M}$에서 $\mathcal{M}'$ 쪽으로 뻗어 있는 N개의 여분차원방향을 '탐지'한다.[10] 내가 보기에(32장에서 주인공으로 등장할 아브헤이 아쉬테카르를 비롯한 여러 물리학자들도 나와 비슷한 생각을 하고 있다)[11] 이 그림은 초대칭과 초중력을 도입하는 기존 방법보다 개념적으로 훨씬 명백한 것 같다. 여기서 '몸체'에 해당하는 부분은 $\mathcal{M}$ 에 부여된 고유의 양이며, '영혼'은 $\mathcal{M}$ 에서 $\mathcal{M}'$을 향하는 쪽으로 어떤 성분을 갖는 양들이다(그림 31.2b 참조).

이처럼 기하학적 해석에는 별문제가 없지만, 위 해석법을 그대로 유지한다면 '초대수'를 도입하는 과정이 조금 기이하게 보일 수도 있다. 반교환관계에 등장하는 곱셈연산을 쐐기곱으로 대치했을 때 $\mathcal{M}$ 에서 정의된 일반적인 p-형식 $\boldsymbol{\alpha}$는(p는 홀수) 초대칭 생성원 $\boldsymbol{\varepsilon}$과 반교환관계에 있다. 그러나 초대수를 도입하는 표준 접근법에서 $\boldsymbol{\varepsilon}$과 $\boldsymbol{\alpha}$는 교환관계에 있다. 이것은 기본적으로 표기법에 관한 문제이며, 초대칭 생성원과 형식 사이의 곱만 생각한다면 쐐기곱이 아닌 대칭적 곱셈으로 대치할 수 있다. 이렇게 보면 수학적으로는 별문제가 없지만, 내가 제안한 '기하학적 해석'은

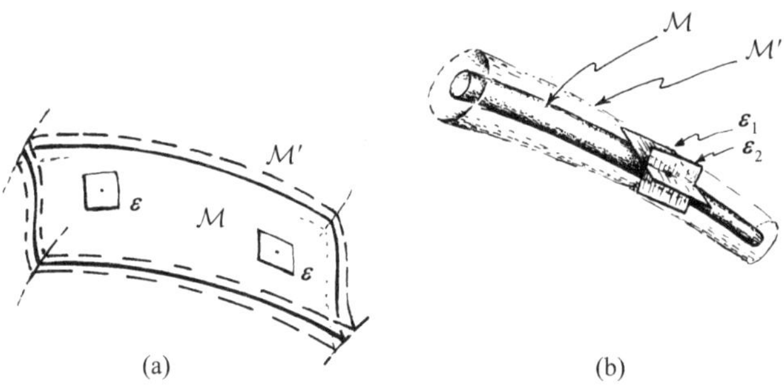

(a) (b)

그림 31.2 초대칭 생성원(supersymmetry generator)의 기하학적 표현. (a) 생성원이 ε 하나인 경우에는 n-다양체 $\mathcal{M}$ 을 $(n+1)$-다양체 $\mathcal{M}'$의 초곡면으로, $\boldsymbol{\varepsilon}$은 $\mathcal{M}$ 에서 정의된 1-형식으로 간주한다($\boldsymbol{\varepsilon}$은 $\mathcal{M}$ 에 접하는 n-평면을 정의한다. 그림 12.7, 12.3절 참조). 우리의 주된 관심은 $\mathcal{M}'$ 중에서 $\mathcal{M}$ 의 1차 근방에 속하는 부분이다. 그러나 $\mathcal{M}'$은 $\mathcal{M}$ 에서 멀어지는 여분의 차원을 제공한다. (b) 초대칭 생성원이 N개($\varepsilon_1, \cdots, \varepsilon_N$)이면 n-다양체 $\mathcal{M}$ 은 $(n+N)$-다양체 $\mathcal{M}'$의 부분다양체로 간주되며, 이 경우에도 우리 관심은 $\mathcal{M}'$ 중 $\mathcal{M}$ 의 1차 근방에 속하는 영역이다. 서로 다른 N개의 1-형식 $\boldsymbol{\varepsilon}_1, \cdots, \boldsymbol{\varepsilon}_N$은 $\mathcal{M}$ 에서 $\mathcal{M}'$을 향하는 N개의 여분차원 방향을 '탐지'한다.

의미가 다소 흐려진다.

실제로 초대칭이론을 입자물리학에 적용할 때는 가장 단순한 $N=1$인 경우가 주로 사용된다. 그 이유는 아마도 N이 커지면 초대칭짝이 훨씬 많아지기 때문일 것이다. 일반적으로 생성원이 N개인 초대칭이론에서 기본입자는 2^N중항 상태에 있는 초대칭짝들 중 하나에 해당된다. 따라서 N이 2 이상이면 관측문제가 더욱 심각해진다! 각 경우에 대응되는 초군은 '내부대칭'과 '회전'을 포함하는 일종의 변환으로 생각할 수 있다. 여기서 내부대칭이란 시공간상의 어떤 번들 $\mathcal{B}$의 파이버fiber가 갖는 대칭을 의미하며(15.1절 참조), 회전은 $\mathcal{B}$를 차원이 N만큼 더 높은 공간 $\mathcal{B}'$ 안에서 $\mathcal{B}$에 가까운 근방으로 확장하는 것을 의미한다.

31.4 고차원 시공간

이제 초대칭과 초기하학supergeometry이 초중력이론에 어떻게 적용되는지 알아 보자. 1970년대에 이 아이디어가 처음 제안되었을 때 많은 사람이 흥분을 감추지 못했다. 아인슈타인의 일반상대성이론과 달리 초중력이론은 재규격화가 가능했기 때문이다. 아인슈타인의 진공이론은 2-고리 수준에서 재규격화되지 않는 무한대가 발생한다. 여기서 '고리loop'란 파인만 다이어그램 전개에 나타나는 '닫힌 고리'의 개수로서, 파인만 그래프를 나무형 그래프tree graph로 만들기 위해 잘라야 하는 횟수와 일치한다(26.8절의 마지막 단락과 그림 26.8, 26.9 ~ 10절 참조). 그러나 물질이 있으면 1-고리 수준에서부터 무한대가 발생하여 더는 진도를 나갈 수 없게 된다. 재규격화되지 않는 무한대야말로 이론에 닥친 일대 재앙이 아닐 수 없다. 그런데 초중력이론에서는 이론이 허용하는 물질에 대하여

1-고리 무한대가 마술처럼 상쇄되었고, 사람들은 이와 같은 기적이 모든 고리수준에서 발생할지도 모른다는 희망을 품게 되었다. 그러나 안타깝게도 초중력이론조차 2-고리 수준에서 무한대가 발생하여 사람들을 실망시켰다.[12] 그 후 시공간 차원을 기존의 4차원에서 11차원으로 확장하면 무언가 희망이 보인다는 사실이 알려졌으나, 지금까지 수많은 학자들이 그토록 노력했음에도 재규격화가 가능한 초중력이론은 아직 완성되지 않았다. 최근 발표된 연구결과는 이런 이론이 원리적으로 불가능하다는 사실을 증명했다.[13]

나는 시공간의 차원이 우리가 경험하는 4차원(공간 3차원 + 시간 1차원)보다 높을 수도 있다는 주장을 심각하게 받아들이는 물리학자들을 도대체 이해할 수가 없다. 고차원 모형은 수학 과목의 연습문제로 다룰 수는 있지만, 우리가 직접 느끼고 경험하는 물리적 세계에 적용하는 것은 전혀 다른 이야기다. 31.7절에서 자세히 언급하겠지만, 끈이론은 시공간의 차원이 4보다 높다고 주장한다. 초기 끈이론은 시공간을 26차원으로 간주했으나, 후에 초대칭이 도입되면서(31.2절 참조) 10차원으로 수정했다.

끈이론을 완전한 공상으로 치부하기 전에, 15.1절에서 소개했던 독창적인 아이디어를 상기할 필요가 있다. 이 아이디어는 1919년에 거의 무명에 가까웠던 독일 수학자 테오도르 칼루자가 처음으로 제안했고, 후에 스웨덴의 물리학자 오스카 클라인(이 장의 서두에서 이미 언급한 인물이다)이 더욱 깔끔한 형태로 개선했다. 여분의 차원(4차원을 초과하는 나머지 차원들)이 아주 작은 영역 속에 국한되어 있다면 우리는 그 차원을 인식하지 못할 수도 있다. '작다'는 것은 어느 정도의 스케일을 의미하는가? 그림 15.1의 '수도용 호스'를 다시 한 번 떠올려 보자. 가느다란 호스를 멀리서 바라보면 1차원 선처럼 보이지만, 가까운 곳에서 자세히 보면 호스가 2차원 곡면임을 알게 된다. 이 상황을 좀 더 극단적으로 과장해 보자. 수도용 호스처럼 생긴 우주에 어떤 '존재'가 살고 있는데, 그 존재의 크기가 호스의 둘레보다 훨씬 크다면, 그는 호스의 둘레를 따라 돌아가는 또 하나의 차원을 인식하지 못할 것이다. 시공간이 $4 + d$차원인 우주에도 똑같은 논리를 적용할 수 있다. d개의 차원이 그 우주에 사는 존재들보다 훨씬 작은 영역 안에 갇혀 있다면, 그 존재들은 4개의 '커다란' 차원밖에 인식하지 못할 것이다(그림 31.3 참조).

칼루자-클라인의 원조 이론과 그것을 개선한 현대판 고차원 이론에서 여분차원은(즉, 호스의 둘레는) 얼마나 작을 것인가? 클라인은 이것이 플랑크 길이(10^{-35} m)와 비슷한 규모라고 결론지었다. 현대의 고차원 초중력이론이나 끈이론에서도 플랑크 길이(또는 이보다 조금 큰 정도)의 규모가 가장 빈번하게 등장한다. 신장이 1 ～ 2 m 내외인 우리 인간 시점에서 볼 때, 이것은 너무나도 작은 세계이기 때문에 여분차원이 있다 해도 당연히 인식하지 못할 것이다.

최근에 발표된 (끈이론)연구결과에 의하면 여분차원의 직경은 밀리

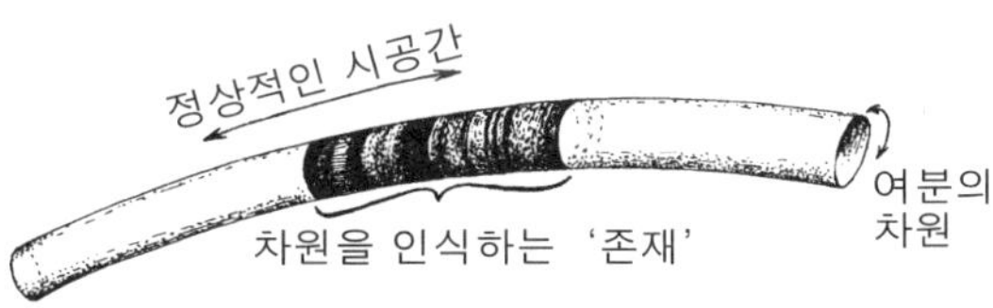

그림 31.3 칼루자-클라인(Kaluza-Klein) 타입의 수도 호스 고차원 우주모형. 호스의 길이를 따라 나있는 차원이 우리의 일상적인 4차원 시공간에 해당되고, 호스의 동그란 둘레를 따라 돌아가는 방향의 '작은' 차원이 여분의 차원에 해당된다(여분차원의 규모는 플랑크 스케일일 것이다). 이런 세계에서 어떤 '존재'가 살고 있다면, 그는 길게 나있는 차원(4차원 시공간)만 인식하고 나머지 차원의 존재를 전혀 모르는 채 살아갈 것이다.

미터 단위까지 클 수도 있다(심지어는 '열린 차원'일 수도 있다). 개중에는 "이 정도로 가까운 거리에서는 거리의 제곱에 반비례하는 중력법칙이 수정되어야 한다"고 주장하는 사람도 있다. 최근에는 근거리에서 뉴턴의 중력법칙이 얼마나 틀렸는지를 측정하는 정밀한 실험이 수행되었다.[14] 지금까지 실행된 가장 정밀한 측정은 0.5 mm 영역인데, 뉴턴의 중력법칙이 틀렸다는 증거는 아직 발견되지 않았다.

이 새로운 아이디어가 지금 어떤 모습으로 진화했건 간에, 시공간이 고차원이라는 제안은 칼루자와 클라인이 처음 제안했을 때에도 그랬듯이 '재기 넘치는 아이디어'에 불과하다. 이론의 수학체계가 제아무리 매력적이라고 해도, 시공간이 고차원이어야 하는 물리적 이유를 묻지 않을 수 없다. 원래 칼루자-클라인 모형에서는 전자기학을 '기하학적 방법으로' 이해하기 위해 고차원 시공간을 도입했었다. 25.1절에서 말한 바와 같이 20세기 초에 우리가 알고 있던 힘은 중력과 전자기력뿐이었다. 그 무렵에 아인슈타인이 중력장을 4차원 시공간에 접목시켰으므로, 당연히 전자기력도 기하학적으로 이해하고 싶었을 것이다. 게다가 리치텐서가 0이 되는 ($R_{ab}=0$, 19.6절 참조) 아인슈타인의 진공방정식이 표준 4차원의 일반상대성이론뿐만 아니라 칼루자-클라인의 5차원 이론에도 마치 기적처럼 똑같이 적용되었다. 4차원 이론에서 아인슈타인의 장방정식은 진공상태(중력장을 제외한 모든 장이 없는 상태)를 서술하고 있는데, 이 방정식을 5차원 이론에 적용하면 중력과 전자기력만이 작용하는 상태를 '거의 비슷하게' 서술한다. 즉, 그 당시에 알려진 '모든' 장을 방정식 하나에 포함할 수 있었던 것이다.

여기서 '거의 비슷하게'라는 말이 무슨 의미인지, 더 자세히 알아보자. 고전적인 칼루자-클라인 모형에 의하면 '작은' 차원에 대칭성이 존재하여 자유도가 크게 감소한다. 이 사라진 자유도는 어떤 경우에 나타나는가? 무한차원 공간의 한 영역에 존재하는 장을 생각해 보자(16.7절 참조). q-차원의 초기데이터 곡면에서 임의로 선택된 k개의 독립성분으로 서술되는 장의 자유도는 $\infty^{k\infty^q}$이다. 아인슈타인의 표준 일반상대성이론의 경우, (복잡한 논리를 거치면) $k = 4$, $q = 3$이 얻어진다.[15] 따라서 자유도는 $\infty^{4\infty^3}$이며, 맥스웰 이론의 경우에도 똑같은 자유도를 갖는다. 그런데 이들을 합친 아인슈타인-맥스웰 이론에서 초기 데이터곡면 상의 점 하나당 유효 성분 수는 각 장의 성분 수를 합한 것과 같으므로 $4 + 4 = 8$이 된다. 따라서 전체 자유도는 다음과 같다.

$$\infty^{8\infty^3}$$

리치텐서가 0인($R_{ab} = 0$, 19.6절 참조) 5차원 이론에서 초기곡면은 4차원이고($q = 4$), $k = 10$이다. 따라서 자유도는 $\infty^{10\infty^4}$이 되는데, 이 값은 위에 적은 아인슈타인-맥스웰 이론의 자유도보다 엄청나게 크다! k값이 8에서 10으로 커졌기 때문이라기보다, q값이 3에서 4로 커졌기 때문이다. 변수가 3개인 함수보다 4개인 함수가 엄청나게 많은 것은 너무도 당연하다!

그러나 칼루자-클라인 모형에서 작은 차원에 연속적인 대칭을 요구하면[U(1), 13.9절 참조] 4가 3으로 줄어든다. 이 경우에는 대칭을 서술하는 킬링벡터가 존재해야 하며(14.7절 참조), 칼루자-클라인의 5차원 공간은 4차원 시공간 $\mathcal{M}$ 위에 놓인 S^1-번들 $\mathcal{B}$에 해당된다. 이것은 19.4절(그리고 15.8절)에서 논했던 '전자기력의 번들 표현법'과 크게 다르지 않다. 기본적인 차이는 $\mathcal{B}$에 시공간 $\mathcal{M}$에 부여된 계량이 아니라, $R_{ab} = 0$인 리치 평면의 로렌츠(유사)계량이 부여된다는 점이다.[16] 칼루자-클라인 모형이 갖는 놀라운 특성은 $\mathcal{B}$에 [U(1)대칭 이외에] 리치 평평성 Ricci flatness ($R_{ab}=0$)을 요구하면 시공간 $\mathcal{M}$에서 아인슈타인-맥스웰 이론의 방정식이 얻어진다는 것이다.[17] 여기에 추가로 킬링벡터의 크기 norm가 0이 아닌 상수(사실은 음수)임을 요구하면 된다. 이 조건을 부과하면 필요 없는 스칼라장이 제거되면서 완전한 4차원 아인슈타인-맥스웰 이론이 얻어진다!

이 정도면 수학적으로 우아하다고 할 수 있지만, 아인슈타인-맥스웰 이론에 대한 칼루자-클라인 접근법은 실체에 대하여 어떤 설명도 하지 못한다. 이 아이디어를 수용해야 할 물리적 근거가 전혀 없는 것이다. 예를 들어 초대칭은 양자장이론에서 발생하는 무한대를 없애 주기 때문에, 수용할 만한 물리적 근거가 있다. 그런데 이런 근거가 전혀 없는 칼루자-클라인의 고차원 모형이 왜 현대물리학에서 그토록 큰 인기를 누리고 있는가? 가장 큰 이유는 끈이론에서 찾을 수 있다. 현재 학계에 널리 퍼져 있는 끈이론이 초대칭과 고차원공간을 모두 수용했기 때문이다.[18]

31.5 강입자 끈이론

그 끈이론이란 대체 무엇이며, 어떤 매력이 있기에 수많은 이론물리학자들을 그토록 강하게 끌어당기는가? 가장 강력한 동기는 역시 '양자장이론의 무한대를 제거할 수 있다'는 희망 때문이며, 이것은 24～26장에 걸쳐 줄곧 거론한 내용이기도 하다. 그러나 여기에는 강입자물리학과 관련된 또 다른 동기가 작용했는데, 우선 이것부터 살펴보기로 하자.

모든 문제는 입자물리학의 '강입자 산란hardron scattering'에서 발견된 어떤 상호관계에서 시작되었다. 25장에서 말한 바와 같이, 강입자 중에는 수명이 너무 짧아서(약 10^{-23}초) '입자'라기보다는 '공명resonance'이라는 이름이 더 어울리는 것들도 많이 있다. 양자장이론 법칙에 따르면(25.2, 26.6, 8절 참조), 임의의 물리적 과정에서 전체 양자적 진폭을 구하려면 '발생 가능한 모든 사건'을 더해야 하며 따라서 모든 가능한 입자와 공명을 고려해야 한다. 두 강입자 A, B가 충돌한 후 새로운 강입자 C와 D로 변하는 산란과정을 생각해 보자. 이런 과정이 발생할 수 있는 한 가지 가능성은 A와 B가 결합하여 X라는 하나의 입자(공명)가 되었다가 순식간에 C와 D로 분해되는 경우이다. 물론 중간과정에 나타나는 입자는 X가 아닌 X′, X″, X‴ 등 다른 입자일 수도 있으며, 이 모든 효과는 최종결과에 더해져야 한다. 이 과정을 파인만 그래프로 표현하면 그림 31.4(a)와 같다. 또 다른 가능성은 A와 B가 입자 Y를 '교환'한 후 A는 C로, B는 D로 변하는 경우이다. 물론 이 경우에도 교환되는 입자는 Y가 아니라 Y′, Y″, Y‴ 등 다른 입자일 수도 있다. 그림 31.4(b)의 파인만 그래프는 이 과정을 표현한 것이다. 세 번째 가능성은 A와 B가 입자 Z를 교환한 후 A는 D로, B는 C로 변하는 경우인데, 이에 해당하는 파인만 그래프는 그림 31.4(c)와 같다. 물론 이보다 훨씬 복잡한 경우도 얼마든지 일어날 수 있다. 예를 들어 그림 31.4(d)와 같이 그래프가 닫힌 루프(닫힌 고리)를 포함할 수도 있는데, 이처럼 '차수가 높은higher order' 과정은 당분간 우리에게 중요하지 않다.

입자 쌍 (A, B)가 다른 쌍 (C, D)로 변하는 과정의 총 진폭을 구하려면 위에 열거한 모든 세부과정의 기여도를 더해 주어야 한다. 그런데 놀랍게도 그림 31.4의 (a), (b), (c)는 확률이 모두 같을 뿐만 아니라, 이들 중 하나만 고려해야 올바른 답이 얻어진다. 세 가지 경우를 모두 더하면 너무 큰 결과가 나오는 것이다. 어떤 이유에서건, 이 세 충돌과정은 물리

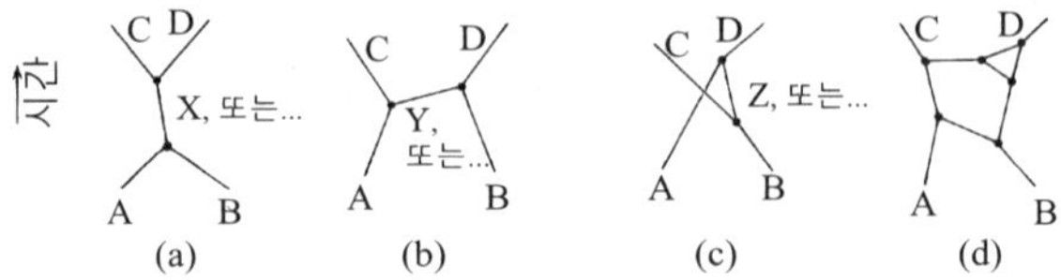

그림 31.4 두 강입자 A, B가 C, D로 변하는 강입자 산란과정의 파인만 그래프. (a) A와 B가 결합하여 새로운 입자(공명)가 되었다가 곧바로 C와 D로 분해되는 경우. 중간 입자는 X일 수도 있고 X′, X″, X‴ 등 다른 입자일 수도 있다. 전체 (확률)진폭을 구하려면 이 모든 가능성을 더해줘야 한다. (b) 또 다른 가능성은 A와 B가 입자 Y(또는 Y′, Y″, Y‴ 등)를 교환한 후 A는 B로, C는 D로 변하는 경우이다. 물론 모든 과정이 최종결과에 기여한다. (c) 입자 Z(또는 Z′, Z″, Z‴ 등)를 교환한 후 A는 D로, B는 C로 변할 수도 있다. 가장 낮은 차수에서(lowest order) (a), (b), (c)는 동일한 과정이기 때문에 따로 고려할 필요가 없다. (d) 닫힌 루프(closed loop, 닫힌 고리)가 포함된 경우.

적으로 완전히 동일하다! 표준 파인만 그래프의 관점에서 보면 이와 같은 이중성duality이 나타나는 이유를 이해하기가 쉽지 않다.[19] 그러나 1968년에 이탈리아의 젊은 물리학자 가브리엘레 베네치아노Gabriele Veneziano가 알아낸 공식을[20] 1970년에 일본계 미국 물리학자인 남부 요이치로Yoichiro Nambu가[21] 분석한 끝에 놀라운 결론에 도달했다. 개개의 강입자를 점point이 아닌 끈string으로 간주하면 세 과정이 물리적으로 동일한 이유를 설명할 수 있다는 것이다. 끈이 지나간 궤적은 2차원 곡면이므로, 그림 31.4의 파인만 그래프 (a), (b), (c)는 각각 그림 31.5(a), (b), (c)로 대치된다. 놀라운 사실은 입자를 점으로 간주했을 때(파인만 그래프) (a), (b), (c)가 전혀 다른 과정처럼 보이지만 끈으로 간주하면 세 그래프가 위상수학적으로 완전히 동등해진다는 것이다. 즉, 그림 31.5의 (a), (b), (c)는 '동일한' 과정을 다른 각도에서 바라본 것에 불과하다. 이런 식으로 끈이론은 강입자물리학에서 제기된 수수께끼를 해결할 수 있었다.

위 내용은 정성적인 논리에 불과하지만, 끈이론은 베네치아노의 공식

그림 31.5 입자가 점이 아니라 끈이라는 가정하에 그림 31.4의 파인만 그래프를 다시 그리면 (a), (b), (c)가 동일한 과정인 이유를 설명할 수 있다. 이들은 위상수학적으로(topologically) 동일하기 때문에, 하나에서 다른 하나로 쉽게 변환될 수 있다. 그러나 차수가 높은 (d)과정은 위상이 복잡하기 때문에 (a), (b), (c)와 같지 않다. 위상적 종수(genus)는 닫힌 고리의 개수를 의미한다(그림 8.9와 비교해볼 것).

을 수학적으로 유도할 수 있는 구체적인 모형을 제시한다. 또한 끈이론을 이용하면 강입자물리학에서 관측되는 특성 중 하나인 '레게 궤적Regge trajectory'을 설명할 수 있다(끈이론에서 입자를 대신하는 끈은 탄성이 있는 매우 작은 고무줄과 비슷하다. 끈의 장력은 끈의 길이에 비례한다). 레게 궤적이란 특정한 강입자를 대상으로 질량의 제곱과 스핀 사이의 관계를 그래프로 표현했을 때 나타나는 선으로서, 놀랍게도 거의 직선에 가깝다(그림 31.6 참조). 내가 아는 한, 끈이론 이외에 레게 궤적을 완벽하게 설명하는 이론은 아직 없다.[22]

그뿐만 아니라, 끈에 기초한 모형은 강입자의 상호작용을 서술하는 '유한한' 이론을 얻을 수 있다는 희망을 안겨 주었다. 대충 말하자면 끈이론은 전통적인 파인만식 접근법에서 (자외선)발산을 제거해 준다(26.8절 참조). 이 무한대는 점입자들 사이의 거리가 특별한 한계 없이 너무 가까워졌기 때문에 발생한 것으로 생각할 수도 있다. 끈이론은 입자를 점이 아닌 '유한한 크기를 가진 끈'으로 간주하므로 이와 같은 무한대가 제거될 것이라는 희망을 갖게 된다. 사실, 표준 파인만 그래프식 접근법은 닫힌 고리에서 발생하는 무한대가 커다란 골칫거리였다. 입자를 끈으로 간주하

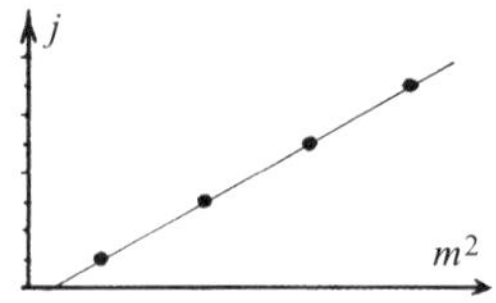

그림 31.6 강입자의 스핀과 질량의 제곱 사이의 관계를 나타내는 레게 궤적은 거의 직선에 가깝다. 탄성을 가진 끈을 도입하면 그 이유를 설명할 수 있다.

면, 닫힌 고리가 포함된 그래프는 위상이 높은higher topology 도형의 표면으로 간주할 수 있다. 즉, 그림 31.4(d)를 끈버전으로 다시 그리면 그림 31.5(d)가 된다. 파인만식 접근법에서는 이 그래프에 대한 확률진폭이 무한대로 발산했지만, 끈을 도입하면 유한한 값이 얻어질 수도 있다. 또한 하나의 끈이 쓸고 지나간 궤적은 여러 개의 파인만 그래프에 대응되기 때문에, 물리적으로 옳은 답을 줄 가능성이 크다. 즉, 비물리적인 부분에서 무한대가 발생해도 여러 그래프가 더해지는 과정에서 이들끼리 상쇄될 가능성이 있다는 것이다. 그리고 하나의 끈이 진동하는 여러 패턴을 각기 다른 입자에 대응시키면 끈은 모든 점입자의 모태가 되어, 무언가 통일된 관점을 가질 수 있다. 마지막으로 끈이 쓸고 지나간 2차원 시공간은 리만 곡면으로 간주할 수 있다. 8장에서 말한 바와 같이 리만 곡면은 기하학적, 해석적으로 매우 풍부한 특성을 가지므로(베네치아노가 발견했던 놀라운 공식도 여기서 기인한 것이다), 마술 같은 복소수가 양자 수준에서 자연의 실체를 설명해 준다는 희망을 품게 된 것이다.

이것은 일상적인 입자보다 깊은 수준에서 펼칠 수 있는 가장 아름다운 수학적 논리임에 틀림없다. 나 자신도 이 아이디어를 처음 접했을 때(1970년대에 이 분야의 선두주자 중 한 사람이었던 레너드 서스킨트Leonard Susskind에게 처음 들은 것으로 기억한다) 논리의 아름다움과 무한한 잠재력에 커다란 충격을 받았다. 아이디어 자체가 수학적으로 흥미로울 뿐만 아니라, 입자물리학과 밀접한 관련이 있는 것처럼 보였기 때문이다. 당시 나는 트위스터 이론(33장에서 자세히 소개할 예정이다)에 집중했는데, 트위스터 이론에 끈에 기초한 새로운 아이디어를 접목하면 무언가 새로운 결과를 얻을 수 있을 듯했다. 트위스터 이론은 복소수의 (정칙 holomorphic)구조를 십분 활용한 이론이고, 끈이론은 기본적으로 복소곡선에 기초한 리만 곡면을 활용한 이론이다.[23]

에드워드 위튼이 최근에 발표한 논문을 보면(2003) 처음의 희망사항이 어느 정도 실현된 것 같다. 끈이론이 최근에 이루어낸 진보에 대해서는 31.18절에서 논하기로 하고, 당분간은 전통적인 '주류' 끈이론에 집중해 보자.

31.6 끈이론이 말하는 세상

그로부터 30년이 지난 지금까지 끈이론이 아직도 생명을 유지하는 비결은 무엇일까? 끈이론은 초기에 사람들이 품었던 희망을 실현했거나 초과 달성했는가? 물리학자들에게 이런 질문을 던진다면 각자 다른 답을 내놓을 것이다. 끈이론은 사람들로 하여금 종종 감정에 치우치게 하는 이상한 특성을 가진 것 같다. 열성적인 지지자들에게 끈이론은 21세기를 주도할 물리학이며, 일반상대성이론이나 양자역학에 견줄 만한 혁명적인 이론이다. 그러나 극단적인 회의론자들은 끈이론이 아무것도 이룩하지 못했으며, 미래에도 중요한 역할을 하게 될 가능성이 전혀 없다고 주장한다.

나도 이 점에 관하여 완전히 중립적인 자세를 견지하기가 쉽지 않겠지만, 끈이론에 대하여 왜 지금과 같은 생각을 하게 되었는지, 그 이유는 가능한 한 논리적으로 정확하게 설명하고자 한다. 한 가지 분명히 밝혀둘 것은 저명한 이론물리학자들 중에 나와 상반된 의견을 가진 사람들도 많다는 점이다. 이런 처지에서 내가 할 수 있는 최선은 보고 느낀 것을 있는 그대로 서술하는 것뿐이다.

나는 현재의 끈이론을 결코 긍정적으로 생각하지 않기 때문에, 나의 주장이 중립에서 벗어날 가능성이 있음을 미리 말해두고 싶다. 우선은 끈이론 분야에서 가장 큰 업적을 남긴 두 학자의 의견을 들어 보는 것으로 시작하자. 첫 번째 인물은 케임브리지 대학교의 마이클 그린Michael Green이다.[24]

> 물리학계에서 지난 백 년 사이에 등장했던 중요한(그리고 우아한) 이론 대부분이 단순한 출발점에서 시작되었음을 상기할 때, 끈이론은 믿기 어려울 정도로 설득력이 뛰어난 최고의 이론임이 분명하다.

그리고 프린스턴 고등과학원의 에드워드 위튼은 이런 말을 한 적이 있다.[25]

> (다니엘레 아마티Danielle Amati에 의하면)끈이론은 20세기에 우연히 발견된 21세기형 이론이다.

끈이론을 유창한 문체로 이해하기 쉽게 풀어쓴 책으로는 브라이언 그린의 『엘러건트 유니버스』(1999)가 있다. 그러나 이 책에는 끈이론이 가진 미묘한 문제나 수학적인 내용이 거의 언급되지 않았다.[26]

나의 개인적인 관점에서 끈이론을 공정하고 타당하게 설명하려면, 지난 세월 동안 끈이론이 나의 사고방식에 미쳐온 영향을 되짚어 보는 식으로 진행하는 게 좋을 듯하다. 끈이론이 이루어온 업적과 함께, 그 업적이 발표될 때마다 내가 어떤 식으로 반응했는지를 되짚어 보겠다는 뜻이다. 끈이론을 공정하게 평가하기가 어려운 이유는 이론 자체의 진행방향이 주로 '수학적 아름다움'이라는 미학적 기준에 의해 결정되기 때문이다. 따라서 끈이론이 겪어 왔던 중요한 전환점을 설명하면서, 그동안 관측을 통해 새롭게 알려진 사실들을 함께 소개하는 것이 공정하다고 생각한다. 끈이론은 강입자물리학에서 발견된 어떤 실험적 사실에서 출발했지만 얼마 지나지 않아 강입자와 거의 무관한 쪽으로 진화했고, 결국은 관측자료와 무관하게 독자적인 길을 가는 이론이 되고 말았다.

한 관광객이 생전 처음 와본 대도시에서 특정한 건물을 찾는다고 가정해 보자. 거리에는 이름이 붙어 있지 않고(또는 관광객이 표지판을 읽을 수 없고) 지도도 갖고 있지 않으며, 하늘은 잔뜩 흐려서 동서남북을 구분할 수도 없는 상황이다. 그런데 큰길을 따라가다 보니 수시로 갈림길이 나타난다. 왼쪽으로 가야 할까? 아니면 오른쪽? 길 뒤쪽으로 난 좁은 골목길을 따라가는 건 어떨까? 갈림길에서 우회전이나 좌회전을 할 때 회전각도도 제각각이다. 매번 90도로 회전한다면 지금 어느 방향으로 가는지 대충 감을 잡을 수 있을 텐데, 각도가 어중간해서 갈림길을 몇 번 지나면 방향감각을 완전히 상실한다. 게다가 길이 똑바로 나있지도 않고, 어떤 경우에는 조금 가다 보면 막다른 길이다. 이럴 때는 갔던 길을 되돌아와서 다른 길을 선택해야 한다. 주변에는 길을 물어볼 사람도 없다(관광객은 이 도시의 언어를 구사할 줄 모른다). 이 관광객이 찾고 있는 건물은 매우 웅장하고 우아하게 생긴 도시의 명물로서, 주변에 아름다운 정원까지 갖추고 있다. 관광객이 애써 그 건물을 찾아가려는 이유도 그 모습을 직접 보기 위해서였다. 가끔 눈에 띄는 건물을 발견해서 가까이 가 보면 주변에 심어 놓은 관목과 나무들이 실물이 아닌 플라스틱이었다. 그래도 갈림길을 만나서 선택할 때마다, 그는 지금까지 시내를 돌아다니면서 나름대로 느꼈던 도시의 전체적 패턴과 당장 눈에 보이는 미학적 기준으로 판단을 내릴 수밖에 없다.

이 상황에서 당신이 한 무리의 관광객 중 하나라고 생각하면 좀 더 와 닿는 비유가 될 것이다. 당신의 일행은 아주 지적이고 똑똑하고 감각도 있는 가이드의 안내를 받고 있다. 다만, 한 가지 문제는 가이드조차 이 도시가 초행길이고 현지어를 구사할 줄 모른다는 점이다. 그러나 당신은 가이드가 당신보다 미적 감각이 뛰어나기 때문에, 동일한 상황에서 더 빠른 판단을 내릴 수 있다고 믿을 것이다. 실제로 가이드는 가끔 자신의 감각을 발휘하여 수많은 건물 속에 숨어 있는 빼어난 건물을 찾아내기도 한다. 그러나 그가 가진 판단기준은 기본적으로 당신의 기준과 별반 다를 것이 없다. 그런데 모든 사람들은 목적지에 대한 기대감을 공유하고 있으므로, 서로 자연스럽게 친해지면서 주변경관에 대해 즐거운 마음으로 대화를 나누게 된다. 설령 최종목적지에 도달하지 못한다고 해도, 당신은 여행 자체를 즐길 수 있다. 그러나 이와는 달리 당신은 시간이 흐를수록 가이드의 능력을 의심하면서 자신의 판단에 따라 길을 선택하고 싶어질 수도 있다. 사실 갈림길에서 하나를 선택하는 것은 일종의 도박이므로, 가이드가 선택한 길보다 당신이 선택한 길이 맞는다고 느낄 수도 있다…….

물론 위대한 물리학자들이 깊은 통찰력을 발휘하여 크게 성공을 거둔 사례를 보면, 논리체계가 수학적으로 매우 분명하다는 공통점이 있다. 그 대표 사례가 바로 전자의 특성을 규명한 디랙 방정식이다(24.7절 참조). 그의 이론이 미학적으로 아름답게 보이는 이유는 양자역학의 실험에 기초한 (건전한)수학적 이해를 통해, 미지의 세계로 위대한 걸음을 내디딜 수 있었기 때문이다. 디랙이 양전자(전자의 반입자)의 존재를 예견한 것도 바로 이러한 ‘미학적 도약’으로 볼 수 있다. 그러나 디랙의 이론은 단순한 아름다움에 그치지 않고, 여러 차례에 걸친 실험을 통해 사실로 입증되었다. 아인슈타인의 일반상대성이론도 부분적으로는 수학적 아름다움에 의해 인도되었으며, 그의 이론이 엄청난 위력을 발휘할 수 있었던 것도 수학체계가 너무나 완벽하고 아름다웠기 때문이다. 아인슈타인이 이 이론을 처음 완성했을 때에는 실험 증거가 당장 필요하지 않았다. 그러나 아인슈타인이 오직 ‘수학적 아름다움’만 추구하여 일반상대성이론을 완성한 것은 결코 아니었다. 그의 길을 안내했던 기본적 지침은 수학이 아니라, “가속운동에 의한 현상과 중력에 의해 나타나는 현상은 동일하다”는 물리학 원리였다(등가원리, 17.4절 참조).

이와는 대조적으로 끈이론은 수학에 거의 전적으로 의지한 채 자신의 길을 찾아 왔다. 물론 성공적인 물리학이론에는 예외 없이 매우 튼튼한 수학적 기초가 있다. 물리학이론이 타당성을 가지려면 무엇보다도 수학적으로 타당해야 한다. 일단 필요한 수학체계가 확립되면, 그것을 언어로 삼아 물리적 세계를 서술하는 것이 이론물리학의 본분이다(20장에서 논했던 라그랑주와 해밀턴의 고전역학이 대표적인 사례라 할 수 있다). 그러나 이론과 실험이 일치하지 않아서 그동안 믿어 왔던 이론에 수정이 불가피한 경우에는 특별한 수학적 지식과 연구자의 미적 취향이 이론의 향방에 영향을 줄 수 있다. 새로운 이론은 종종 단순한(그러나 매우 기발한) 아이디어에서 출발하지만, 기존 이론과는 또 다른 수학적 불일치를 불러일으키기도 한다. 이렇게 되면 또 다른 수정이 필요한데, 이런 상황이 너무 자주 발생하면 올바른 추측이 떠오를 확률은 매우 줄어든다.

31.7 끈이론의 여분차원

끈이론은 초기에 비정상anomaly이라는 심각한 불일치를 겪었다. 30.2절에서 말한 바와 같이 비정상은 고전적 대칭이나 불변성을 서술하는 고전적 교환법칙이 양자역학적 교환자commutator로 완전하게 구현되지 못했을 때 발생한다. 이렇게 되면 양자이론은 고전이론과 같은 '품질'을 유지하지 못한다. 끈이론이 만들어낸 이 비정상은 끈을 서술하는 과정에서 어쩔 수 없이 나타난 결과였다. 어떤 이유에서건, 비정상은 이론에 닥친 일대 재앙이 아닐 수 없다. 그런데 끈이 거하는 시공간의 차원을 4에서 26으로 늘렸더니 비정상이 깔끔하게 사라졌다.[27, 28] 즉, 끈이론이 양자적으로 타당한 이론이 되려면 우리가 사는 시공간이 4차원이 아닌 26차원이어야 했다.

나는 이 소식을 처음 접했을 때 끈이론이 26차원 시공간을 요구하는 이유를 정확하게 알지는 못했지만, 차원을 높이는 것 말고 무언가 다른 방법이 있으리라 생각했다. 나뿐만 아니라 주변의 많은 사람들도 비슷한 생각을 하고 있었다. 시공간의 차원이 달라지는 순간부터 물리학은 이제껏 쌓아 왔던 평판을 상실할 것이기 때문이었다. 그러나 내가 26차원 우주모형을 받아들이지 않은 데에는 또 다른 이유가 있었다. 앞으로 33.2, 4, 10절에서 언급하겠지만, 내가 추구해 온 트위스터 이론에 의하면 시공간은 우리가 감지하는 대로 1차원의 시간과 3차원의 공간으로 구성되어 있어야 한다(즉, 시공간은 1 + 3차원이다).

외관상으로 단순해 보이는 강입자의 끈모형은 여분차원과 관련된 문제(이 문제는 칼루자-클라인 모형을 이용하여 어느 정도 사람들을 설득할 수 있다) 이외에, '타키온 행동tachyonic behaviour(입자가 빛보다 빠르게 움직이는 현상)'이라는 또 다른 문제를 야기했다. 표준모형이 커다란 성공을 거두면서(25장 참조), 물리학자들은 끈이론처럼 대담한 이론에 예전과 같은 관심을 보이지 않았다. 베네치아노와 남부 등이 지적했던 강입자물리학의 희한한 특성은 양자색역학(QCD)을 서술하는 (부분적으로)새로운 방법으로 인식되었다.

강입자의 구성성분이 '점'과 같은 특성을 갖는다는 것은 실험적으로 확인된 사실이고 표준모형의 쿼크 이론과도 잘 일치했지만, 끈이론은 전혀 다른 주장을 펼쳤다. 고리형 끈(닫힌 끈)의 크기는 끈의 결합상수와 관련되어 있는데, 초기에 제안된 강입자형 끈의 크기는 (끈의 장력을 강한 상호작용의 결합상수와 맞췄을 때)평균적으로 약 10^{-15} m였다. 이 정도면 양성자의 크기와 거의 비슷하므로, 결코 '점'으로 볼 수 없다.

그 후로 끈이론은 근 10년 동안 세간의 이목을 끌지 못하다가 1984년에 '끈이론의 1차 혁명'이라는 극적인 변화를 맞이하게 되었다. 마이클 그린과 존 슈바르츠John Schwartz가 끈이론에 초대칭을 도입하여 시공간의 차원을 26에서 10으로 줄인 것이다[29](여기에는 슈바르츠와 조엘 셔크Joel Scherk가 먼저 제안했던 아이디어가 중요한 역할을 했다. 이때부터 끈이론은 '초끈이론superstring theory'으로 불리게 된다). 이 덕분에 위에서 말한 타키온 문제가 해결되었을 뿐만 아니라, 끈이론의 위상이 강입자의 상호작용을 서술하는 지엽적인 이론에서 양자중력이론으로 크게 상승했다. 예전부터 끈이론에서는 스핀값이 2이고 질량이 없는 입자/장의 존재가 예견됐는데, 강입자 중에는 이런 성질을 만족하는 입자가 없었으므로 강입자 버전의 끈이론에서는 참으로 당혹스런 결과였다. 그러나 훨씬 큰 장력으로 새롭게 태어난 끈이론은 이 입자/장을 중력과 연결할 수 있었다. 또한 고리형 끈의 크기도 플랑크 길이까지 줄어들어서(이전의 끈보다 10^{20}배나 작아졌다), 양성자와 비교할 때 점으로 간주할 수 있게 되었다.

'중력-스케일'에서 정의된 끈의 장력에 대해 한 가지 짚고 넘어갈 점이 있다. 원래 강입자를 서술하던 끈은 고무줄과 마찬가지로 늘어난 길이에 비례하여 장력이 커지는 성질을 갖고 있었다.[30] 그러나 새로 도입된 중력-스케일의 초끈은 늘어난 길이에 관계없이 $\hbar c/\alpha'$이라는 일정한 장력을 갖는다. 여기서 α'은 '끈상수string constant'라 불리는 아주 작은 상수이다('면적'의 단위를 갖고 있다). 이 점에서 볼 때 초끈보다는 기존의 끈이 물리적으로 더 타당한 것 같다(초기에 도입된 고전적 끈이 위와 같이 일정한 장력을 갖고 있으면 순식간에 크기가 0으로 줄어든다!).

31.8 끈이론은 과연 양자중력이론인가?

1차 혁명을 겪고서, 사람들은 끈이론을 완전히 다른 관점에서 바라보게 되었다. 이 무렵부터 끈이론학자들은 끈이론이 '완전히 타당한 양자중력이론'이라고 주장하기 시작했다. 재규격화되지 않는 표준 일반상대성이론(31.1절 참조)을 끈이론으로 대치하면 유한한 양자중력이론이 얻어진다는 것이었다.[31] 끈이론을 지지하는 학자들도 이론의 유한성이 완전히 증명되지 않았음을 인정했지만, 그런 것은 별로 문제가 되지 않았다. 당시 끈이론을 지지하던 저명한 이론물리학자는 이런 말까지 했을 정도였다.[32]

> 끈이론이 유한한 이론이라는 것은 너무도 명백한 사실이다. 그래서 누군가가 이 사실을 증명했다고 해도 나는 굳이 그 논문을 읽을 필요성을 느끼지 않을 것이다.

게다가 끈이론에 기초한 양자장이론은 이론물리학계에서 '마을에서 벌어지는 유일한 게임'으로 인식되고 있었다. 조지프 폴친스키Joseph Polchinski의 말을 들어 보면 당시 분위기를 짐작할 수 있을 것이다.

> ……이제 다른 대안은 남아있지 않다. 모든 쓸만한 아이디어는 끈이론에 이미 포함되어 있다.

이 시기에는 '유한한 결과를 얻을 수 있다'는 확고한 믿음이 끈이론의 원동력이었던 것 같다. 만일 끈이론을 통하여 완전한 양자중력이론(20세기를 대표하는 두 물리학이론의 결합)이 구현되었다면, 끈이론은 20세기 최고의 지적 성취물로 자리 잡으면서 미래에 진행될 기초물리학의 혁명적인 토대가 되었을 것이다.

지금의 끈이론학자들은 1980년대에 끈이론이 양자중력문제를 완전히 해결할 수 있다고 큰소리쳤던 일이 지나친 과장이었음을 (일부라도) 인정해야 한다. 사실 지금의 (초)끈이론은 여러 면에서 1984년에 처음 탄생했을 때와 많이 달라졌기 때문에, 좀 더 냉정하고 차분한 자세가 그들에게도 도움이 될 것이다. 그러나 끈이론학자들은 1984년에 끈이론이 양자중력이론을 향한 가장 획기적인 진보를 이루었다고 굳게 믿고 있다.

이들의 주장에 대하여 나는 매우 부정적인 의견을 갖고 있다. 내 주변에 있는 많은 연구동료의 의견도 크게 다르지 않다. 내가 부정적인 반응을 보이는 이유는 어떤 문화적 배경의 차이에서 비롯된 것인데, 나를 포함한 연구동료들의 주된 관심사가 아인슈타인의 일반상대성이론이었던 반면, 끈이론학자들은 주로 양자장이론을 연구하던 사람들이었기 때문이다. 이러한 차이 탓에 양측의 물리학자들이 양자중력문제를 바라보는 관점이 서로 달랐던 것이 아닐까 생각한다. 양자장이론 쪽으로 편향된 사람들은 재규격화 가능성(더 정확하게는 이론의 유한성)을 가장 큰 이슈로 생각했지만, 나를 포함하여 상대성이론 쪽으로 편향된 사람들에게는 양자역학의 원리와 상대성이론의 원리가 충돌하는 것이 가장 심각한 문제였다. 우리는 이 문제를 해결해야만 물리학이 앞으로 나아갈 수 있다고 굳게 믿었다. 당시 우리가 끈이론학자들의 자신에 찬 주장을 받아들이지 않은 것은 끈이론의 구체적인 내용 때문이 아니라(물론 이것도 중요한 문제였다), 우리가 양자중력이론의 핵심이라고 생각했던 문제를 끈이론학자들이 거의 무시했기 때문이었다!

이 문제는 30.11절에서 부분적으로 다룬 바 있다(나머지 부분은 33.2절에서 다룰 것이다). 그러나 거기서 언급된 내용은 일반상대성이론의 공변성원리와 양자장이론의 충돌(19.6절 참조)을 피상적으로 다룬 것에 불과하다.[33] 양자적 시공간의 기하학적 구조를 밝히는 것도 중요한 문제이다. 끈이론은 단순히 '고전적인' 배경시공간에서 전개되는 이론이다. 다시 말해서, 끈의 존재가 시공간에 영향을 주지 않는다. 들뜨지 않은unexcited 끈은 에너지를 운반하지 않기 때문에, 배경시공간을 직접 왜곡시키지 않는다. 그러나 일반상대성이론을 주로 연구하던 학자들은 "진정한 양자기하학은 불연속적인 요소를 포함하는 등 고전적으로 매끈한 다양체와 무언가 달라야 한다"고 생각했다.

이 문제는 32~33장에 걸쳐 집중적으로 다룰 예정이다. 특히 32장에서 다루게 될 루프(고리)는 언뜻 보기에 끈과 비슷하지만, 많은 면에서 근본적으로 다른 특성을 갖는다. 특히 고리는 시공간의 기하학적 구조를 크게 변화시켜서(사실은 '창조한다'는 표현이 더 어울린다), 공간의 계량이 고리를 따라 집중되고 그 외의 장소에서는 0이 된다. 그러나 끈이론에서는 매끈한 시공간이 이미 주어져 있기 때문에, 공간의 계량은 끈의 간접적인 영향에 의해서만 변형될 수 있다. 이 '간접적인 영향'은 31.9절에서 논의될 것이다. "끈이론은 과연 양자중력이론의 핵심적인 이슈를 충분히 고려하고 있는가?"—이 질문은 잠시 덮어 두고, 지금은 유한한 양자중력이론을 확보했다는 끈이론학자들의 주장을 분석해 보자. 과연 이들의 주장은 사실인가? 이 절의 나머지 부분과 향후 이어지는 다섯 개의 절에 걸쳐서 배경지식을 충분히 습득한 후에, 그 진위를 판단해 보기로 한다.

우선 용어상의 문제부터 짚고 넘어가자. 끈이론학자들은 '일반상대성이론의 양자역학 버전'이나 '아인슈타인 이론의 양자역학 버전'이라는 표현을 쓰지 않고, 그냥 "중력의 양자이론quantum theory of gravity을 확보했다"고 말한다. 아인슈타인 일반상대성이론이 아니라면, 그들이 말하는 '중력'은 어떤 의미인가? 끈이론이 주장하는 시공간은 앞서 말한 바와 같이 10차원이다(31.14절에서 다시 언급하겠지만, 사실은 '대략' 10차원이다. 당장은 중요한 문제가 아니므로 신경 쓸 것 없다!). 그렇다면 10차원에서 작용하는 중력이란 대체 무엇인가? 물론 4차원과 마찬가지로(14.4, 8절 참조) 10차원에서도 텐서 계산은 얼마든지 가능하니까, 리치텐서 R_{ab}도 차원을 확장하여 새롭게 정의할 수 있다. 그런데 19.6절에서 보았듯이 아인슈타인의 표준 중력이론에 의하면 진공상태에서 리치텐서는 평평해야 한다. 따라서 끈이론학자들도 중력적 '진공방정식'은 다음과 같은 형태라고 생각할 것이다.

$$R_{ab} = 0$$

단, 이 방정식은 10차원 시공간을 배경으로 한다. 또한, 5차원 칼루자-클라인 이론에서 5차원 진공이 중력과 전자기력을 모두 포함했던 것처럼 10차원 방정식, 즉 10차원 진공은 중력을 비롯한 모든 힘을 포함할 것이다.

이것이 끈이론학자들의 일반적인 생각이다(적어도 대략적인 의미에서는 그렇다). 더 정확하게 말하자면 그들은 $R_{ab} = 0$이 끈상수 α'을 이용한 무한 멱급수의 첫 번째 항에만 적용되고, 나머지 고차 항들은 리치텐서의 '양자적 보정'을 의미하는 것으로 간주한다[$(\alpha')^r$항의 계수에는 곡률텐서의 고차미분과 다항식으로 표현된 텐서 등이 포함되어 있다]. 끈이론의 10차원 시공간에는 계량 이외에도 다른 장들이 등장하는데, 그중 하나가 반대칭 텐서장이고 '늘임자dilaton (전체적인 스케일과 관련되어 있음)'라고 부르는 스칼라장도 있다.[34] 늘임자는 원래 칼루자-클라인 이론에 나타나는 (원치 않는)스칼라장과 비슷한 개념이다(이 스칼라장은 킬링벡터를 규격화함으로써 제거할 수 있다. 31.4절의 끝에서 두 번째 문장을 읽어 보기 바란다). 늘임자의 구체적인 의미는 31.15절에서 언급될 것이다. 앞에서 강조한 대로 끈상수는 아주 작은 값인데, 현재 알려진 바로는 플랑크 길이의 제곱보다 조금 큰 정도이다(α'은 면적단위를 갖는 상수이다).

$$\alpha' \approx 10^{-68}\,\mathrm{m}^2$$

그러므로 10차원 계량에서 리치텐서의 평평성을 요구하는 것은($R_{ab} = 0$) 매우 정확한 근사로 간주된다.

31.9 끈이론의 역학

독자들은 이런 의문을 품을 수도 있다. "끈이론에 의하면 배경시공간(9차원 공간과 1차원 시간) 속에서 지극히 작은 끈이 움직일 뿐인데, 그렇다면 시공간의 곡률은 어떻게 나타난다는 말인가?" 나는 아직 끈이론의 역학을 좌우하는 방정식에 대하여 아무런 언급도 하지 않았다. 지금부터 그 세계로 들어가 보자.

모든 장이론이 그렇듯이, 끈이론에도 라그랑지안이 존재한다. 이것은 $1/2\alpha'$에 끈이 지나간 2차원 궤적(월드시트world sheet라고 한다)의 표면적을 곱한 값으로 정의된다. 월드시트의 계량은 배경시공간의 계량과 일치하며, 여기에 고전역학을 적용하면 (계량의 부호를 적절히 선택했을 때) 월드시트는 주어진 배경시공간 속에 존재하는 일종의 '비누 막'이나 '표면장력이 작용하는 면'과 비슷해진다. 고전적으로 배경시공간에는 아무런 제한조건이 없으며, 그 속에서 끈이 주어진 역학법칙에 따라 움직이고 있다. 그러나 양자역학에서는 비정상anomaly이 중요한 이슈이므로, 끈의 배경이 초대칭을 갖는 10차원 시공간이라는 것만으로는 충분치 않다. 양자적 끈의 배경 계량에 타당한 조건이 부과되려면 10차원 시공간의 곡률에 위와 같은 조건($R_{ab} = 0$)을 요구해야 한다.

31.7장에서 말한 대로 '가장 낮은 들뜬 상태'에 있는 닫힌 끈은 스핀이 2이고 질량이 없는 입자를 서술하는 것으로 추정된다. 스핀이 2인 이유는 끈의 진동 모드가 사중극quadrupole ($\ell = 2$)의 형태이기 때문이며 (22.11, 32.2절 참소), 실량이 없는 이유는 가장 낮은 진동 모드의 끈이 매우 '견고한' 성질을 갖기 때문이다. 끈의 진동 모드는 초기의 강입자 끈이론에서 심각한 문제를 유발했으나, 초대칭을 도입하고 나서는 오히려 '좋은 것'으로 간주되었다. 왜냐하면, 표준 4차원 물리학에서 중력자(중력장의 양자)는 질량이 없고 스핀이 2인 입자이기 때문이다. 이것은 통상적인 분석법에서 계량장metric field의 건드림 전개를 통해 나타난다(중력자 h_{ab}는 대칭 텐서로 표현되며, 계량 g_{ab}를 $g_{ab} + \varepsilon h_{ab}$로 무한소 이동시킨다infinitesimal shift. 여기서 ε은 무한히 작은 수이다. 32.2절 참조). 초끈

이론은 10차원 시공간에서 아인슈타인 방정식과 비슷한 조건($R_{ab} = 0$)을 부과했고, 끈의 특정한 진동 모드가 중력자와 비슷하기 때문에 '중력을 포함하는 이론'으로 간주되었다. 그래서 에드워드 위튼은 다음과 같이 선언했다.

> 끈이론은 중력을 예견하는 놀라운 특성을 갖고 있다.

그는 여기서 한 걸음 더 나아가 이런 말도 했다.[35]

> 중력이 끈이론을 통해 유도된다는 것은 이론물리학 역사상 가장 위대한 발견이다.

그러나 끈이론은 차원문제 이외에도 (적어도 지금까지는) "멱급수로 전개되는 건드림이론의 범주를 벗어나지 못한다"는 한계를 갖는다(끈이론에서 실행되는 계산은 대부분 끈상수 α'에 대한 멱급수로 표현된다). 상대성이론을 연구하는 학자들은 이것이 끈이론의 심각한 한계이며, 근본적인 원리에서 출발한 아인슈타인 일반상대성이론과 비슷한 수준의 이론이 결코 될 수 없다고 주장한다.

내가 지금까지 들어 본 '끈이론의 철학적 관점' 중 하나는 다음과 같다. —"물리학은 '실질적으로' 2차원 양자장이론이며, 10차원 시공간기하학은 실존하는 2차원 월드시트의 부차적 요소이다. 모든 만물은 끈의 들뜸excitation으로 서술되며, 이것은 끈의 월드시트에서 정의된 두 개의 좌표로 표현되는 양이다. 10차원 시공간은 바로 이 '들뜸'을 통해 탐지될 수 있지만, 모든 것은 '2차원 월드시트 위에 형성된 일종의 장field'으로 생각할 수 있다."

중력은 시공간에 역학적 자유도가 존재한다. 그런데 중력을 서술한다는 이론이 어떻게 이런 관점을 주장할 수 있는지, 도대체 이해가 가질 않는다. 16.7절에서 말한 바와 같이(31.4, 31.10 ~ 12, 15 ~ 17절 참조) 공간의 차원이 높으면 거기 존재할 수 있는 함수와 장의 개수도 엄청나게 많아진다. 함수(장)이 갖는 성분의 수가 유한하다면, 위 사실은 함수의 성분 수와 무관하게 항상 성립한다. 그런데 일반적으로 '들뜬 상태의 끈'에서 한 점당 존재하는 성분의 수는 분명히 유한하다[월드시트 상의 각 점이 공간 속에서 이동할 수 있는 (독립적인)방향의 수가 유한하기 때문이다]. 그러므로 위에 서술한 '끈이론의 철학적 관점'은 크게 잘못된 것이다. 모든 끈이론학자가 그렇다고는 생각하지 않지만, 그들 중 일부가 이런 관점을 심각하게 받아들인다는 것은 시공간을 대하는 그들의 태도가 매우 대담하다는(어떻게 보면 거만하다는) 사실을 잘 보여 준다. 그들은 눈에 빤히 보이는 4차원 시공간을 '저에너지 효과'로 간주하면서 별로 중요하지 않게 생각하고 있다!

어쨌거나 끈이론학자들은 (10차원 시공간에서)'아인슈타인의 진공 방정식'이 끈의 월드시트에 타당성 조건을 부과하여 얻어진 결과일 뿐이라고 생각한다. 또한, 리치텐서의 평평성이 끈의 월드시트가 존재하지 않는 시공간에서도 여전히 성립하는 것으로 간주한다! 양자장이론이 정말로 "움직이는 끈을 포함하는 9차원 공간"으로 특화되는 고전적 물리계의 양자적 역학체계를 서술하는 것이라면, 배경시공간의 타당성조건은 끈이 '존재하는 곳'에만 적용되어야 한다. 따라서 양자화된 것은 방금 말한 고전적 물리계가 아니다. 끈이론은 중력을 서술하는 이론임을 자처하지만, 사실은 시공간 계량의 역학적 자유도를 적절하게 서술하지 못하고 있다. 시공간은 끈의 자유로운 이동을 허용하는 '고정된' 배경일 뿐이다.

31.10 우리는 왜 여분차원을 볼 수 없는가?

10차원 시공간에서 완전한 역학체계를 세우려면, 우선 10차원의 자유도를 일상적인 4차원 시공간에 맞게 줄이는 방법부터 모색해야 한다. 이론이 어떤 식으로 진행되건, 결국에는 이 문제에 직면할 것이기 때문이다. 리치 평평성을 만족하는 10차원 공간은 $\infty^{70\infty^9}$의 함수자유도를 갖는데(16.7절 참조), 이것은 일상적인 4차원 장이론에서 한 점당 함수성분이 N개인 경우의 함수자유도 $\infty^{N\infty^3}$보다 훨씬 크다(16.7, 31.4절 참조. 리치 평평성을 만족하는 10차원 이론은 9차원 초기곡면에서 70개의 독립적인 함수를 자유데이터로 취할 수 있다[36]). 이 방대한 차이는 9와 3의 차이에서 비롯된 것이다. 70과 N의 상대적인 크기도 이 차이에 기여하지만, 9와 3의 차이에서 기인하는 정도에 비하면 거의 무시할 수 있을 정도로 작다.[37] 10차원 시공간에서 (칼루자-클라인 이론처럼 킬링벡터에 의한 대칭이 전제되지 않은 상태에서, 31.4절 참조)고전적 장이론을 펼치면 함수자유도가 너무 커서 실제로 관측된 우주와 전혀 다른 결과가 얻어지는데, 이 문제는 31.12절과 16절에서 다룰 것이다.

그런데 왜 끈이론학자들은 '함수자유도의 엄청난 초과현상'을 대수롭지 않게 여기는 것일까? 부분적인 이유는 끈이론을 양자화하는 과정에서 시공간에 부과되는 어떤 제한조건이 끈의 함수자유도를 크게 줄여 주리라는 희망이 있기 때문이다(이 희망사항은 31.16절에서 다시 언급될 것이다). 그러나 끈이론학자들은 대부분 여분차원의 '크기'에서 해답을 찾는다. 즉, 여섯 개의 여분차원이 너무 작기 때문에(약 10^{-35} m) 현재 도달할 수 있는 에너지 수준으로는 이 영역에서 양자역학적 논리를 펼치는 것 자체가 무의미하며, 따라서 여분의 공간차원과 관련된 자유도 문제를 걱정할 필요가 없다는 것이다.

끈이론학자들이 어떤 근거로 이런 주장을 하는지, 그 내막을 더 자세히 알아보자. 앞서 지적한 대로 끈이론은 건드림 접근법에 기초하고 있다. 즉, 기본적인 모형을 상정한 후 조금씩 변형을 가하면서 실체로 다가가는 방식이다. 여기서 기본이 되는 시공간은 4차원 민코프스키 공간 $\mathbb{M}$과 컴팩트한 공간꼴 6차원 리만 곡면 $\mathcal{Y}$의 곱 $\mathbb{M} \times \mathcal{Y}$로 표현되며, $\mathcal{Y}$의 크기는 10^{-35} m로 지극히 작다. 이제 $\mathbb{M} \times \mathcal{Y}$에서 멀어지는 건드림을 적용해 보자.

우선 (유사)리만 다양체인 m차원 공간 $\mathcal{A}$와 n차원 공간 $\mathcal{B}$로 만들어진 '곱다양체product manifold' $\mathcal{A} \times \mathcal{B}$의 의미부터 알아보자. 15.2절(그림 15.3(a) 참조)에 의하면 $\mathcal{A} \times \mathcal{B}$에 속하는 임의의 점은 (a, b)로 표현된다. 여기서 a는 $\mathcal{Y}$에 속하고 b는 $\mathcal{B}$에 속한다. 따라서 $\mathcal{A} \times \mathcal{B}$의 차원은 $m + n$이다([예제 15.1] 참조). $\mathcal{A} \times \mathcal{B}$의 (유사)리만 계량은 $\mathcal{A}$의 계량과 $\mathcal{B}$의 계량의 '직합direct sum'으로 정의되며, $\mathcal{A} \times \mathcal{B}$에서는 국소좌표계 $(x^1, \cdots, x^m, y^1, \cdots, y^n)$을 쓸 수 있다. 여기서 $(x^1, \cdots, x^m)$과 $(y^1, \cdots, y^n)$은 각각 $\mathcal{A}$와 $\mathcal{B}$의 국소좌표계이다. 그러면 $\mathcal{A} \times \mathcal{B}$의 계량성분 g_{ij}는 '블록-대각형태block-diagonal form'가 되고(이것은 행렬의 가약적 표현과 비슷하다. 13.7절 참조), 이는 곧 g_{ij}가 $\mathcal{A}$와 $\mathcal{B}$의 계량의 직합으로 만들어졌음을 의미한다. $\mathcal{A} \times \mathcal{B}$에서 계량거리의 제곱squared metric distance은 $\mathcal{A}$와 $\mathcal{B}$에서 각각 구한 계량거리제곱의 합과 같다(그림 31.7 참조).

$\mathcal{A}$의 계량과 $\mathcal{B}$의 계량이 모두 리치 평평성을 만족하면($R_{ab} = 0$, 19.6절 참조) 이들의 직합인 $\mathcal{A} \times \mathcal{B}$의 계량도 리치 평평성을 만족한다.[31.3] 이 사실은 뒤에서 중요한 역할을 하므로 잘 기억해 두기 바란다. 위에서

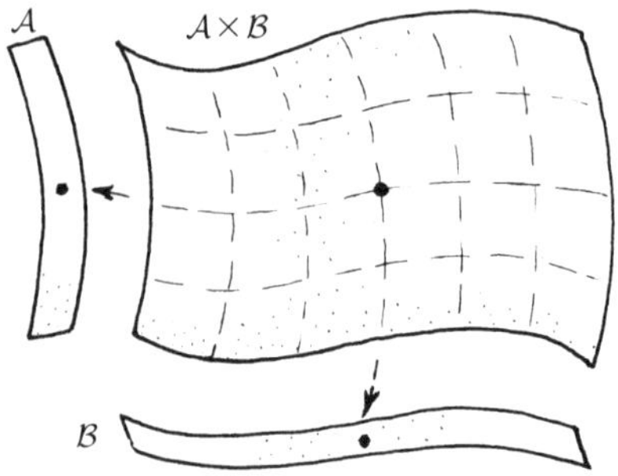

그림 31.7 두 개의 (유사)리만 공간 $\mathcal{A}$와 $\mathcal{B}$의 '곱다양체' $\mathcal{A} \times \mathcal{B}$도 (유사)리만 공간이다(그림 15.3(a), 15.2절 참조). $\mathcal{A}$와 $\mathcal{B}$가 리치 평평성을 만족하면 $\mathcal{A} \times \mathcal{B}$도 만족한다.

언급한 공간 $\mathcal{Y}$가 리치 평평성을 만족한다면 민코프스키 공간 $\mathbb{M}$은 원래 이 조건을 만족하므로 결국 $\mathbb{M} \times \mathcal{Y}$도 리치 평평성을 만족한다.

컴팩트한 공간 $\mathcal{Y}$의 전체적인 크기는 플랑크 스케일과 비슷하거나 조금 큰 정도이다(컴팩트의 의미는 12.6절과 그림 12.13을 참조하라). 그러면 $\mathbb{M} \times \mathcal{Y}$에 어떻게 건드림을 적용할 수 있을까? $\mathbb{M} \times \mathcal{Y}$에서 정의된 (텐서)장 h_{ab}(31.9절 참조)를 이용하면 $\mathbb{M} \times \mathcal{Y}$의 계량을 무한소 이동시킬 수 있다.

$\mathbb{M} \times \mathcal{Y}$에서 정의된 장의 특성을 이해하기 위해, 이 문제를 초기값 문제initial value problem의 관점에서 생각해 보자. 시간좌표 t를 유클리드 1차원 공간 $\mathbb{E}^1$에 대응시키고 공간을 유클리드 3차원 공간 $\mathbb{E}^3$에 대응시키면 4차원 민코프스키 공간 $\mathbb{M}$은 $\mathbb{M} = \mathbb{E}^1 \times \mathbb{E}^3$로 표현할 수 있다. 이제 할 일은 $\mathbb{E}^3 \times \mathcal{Y}$에서 정규 모드normal mode를 이용하여 장을 분석하는

[31.3] 왜 그런가? (도움말 : [예제 14.26]과 [각주 14.27]의 구체적인 표현과 14.7절의 내용을 참조할 것)

것이다(그림 31.8 참조. 고전적인 정규 모드의 개념은 20.3절에서 논한 바 있다. 양자역학 버전은 22.11, 13절을 참조하라). 이곳에서 정규 모드는 어떤 형태일까? 원래 $\mathbb{E}^3 \times \mathcal{Y}$는 두 공간의 '곱'으로 만들어졌기 때문에, 각 모드는 $\mathbb{E}^3$의 모드와 $\mathcal{Y}$의 모드의 곱으로 쓸 수 있다. $\mathbb{E}^3$의 모드는 운동량상태(21.11절 참조)로서 연속적인 족family을 이룬다. 반면에 $\mathcal{Y}$의 정규 모드는 컴팩트성에 의해 불연속 족을 이루고, 각 모드는 유한한 개수의 각 고유값에 하나씩 대응된다(22.13절의 마지막 부분을 다시 읽어 보기 바란다). 이 모드 중 하나가 들뜨면 단순했던 $\mathbb{E}^3 \times \mathcal{Y}$의 기하학적 구조에 어떤 식으로든 변화가 생긴다. 과연 그럴 수 있을까?

끈이론학자들은 (천문학적 시간 스케일에서 볼 때 적어도 현재는) $\mathcal{Y}$의 건드림효과를 무시할 수 있다고 주장한다. $\mathcal{Y}$의 모드가 들뜬상태로 변하려면 엄청난 양의 에너지가 필요하기 때문이다. 0-에너지에 해당하는 특별한 모드는 예외지만, 당분간은 무시하기로 한다(0-에너지모드는 31.14절에서 중요하게 취급될 것이다). 왜 그런가? 주된 이유는 $\mathcal{Y}$가 너무 작기 때문이다. $\mathcal{Y}$에 존재하는 정상파는 파장이 플랑크 길이에 견줄 정도로 작고(약 10^{-35} m) 주기는 플랑크 시간과 거의 비슷하다(약 10^{-43} s). 이런

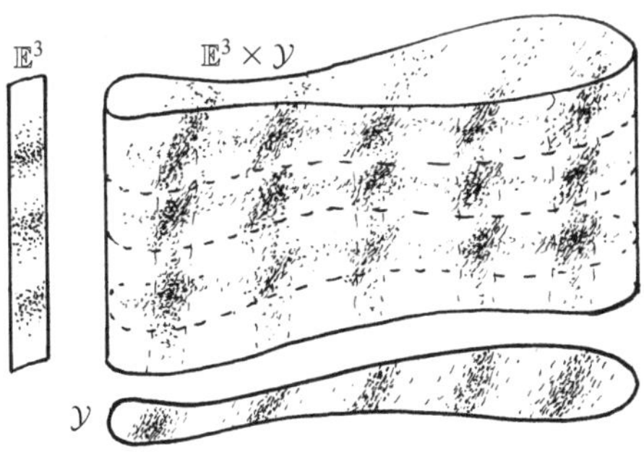

그림 31.8 $\mathbb{E}^3 \times \mathcal{Y}$의 건드림 모드는 $\mathbb{E}^3$의 모드와 $\mathcal{Y}$의 모드의 곱이다.

모드를 들뜬상태로 만들려면 플랑크 에너지와 비슷한 10^{12}줄의 에너지가 필요하다. 이 값은 일상적인 입자의 상호작용에서 나타나는 에너지의 10^{20}배나 된다! 따라서 $\mathcal{Y}$의 기하학적 구조에 영향을 줄 만한 모드는 들뜨지 않고 그대로 남아 있다는 추론이 가능하다. 빅뱅이 일어난 직후 여섯 개의 차원은 플랑크 스케일에서 $\mathcal{Y}$로 고정되고, 나머지 3개의 공간차원은 엄청난 크기로 확장되어 지금과 같이 거의 평평하고 거대한 우주로 진화했다. $\mathcal{Y}$-공간은 빅뱅 후 플랑크 시간만큼 지난 시점부터 지금까지 아무런 영향도 받지 않고 그대로 남아 있다는 것이 끈이론학자들의 주장이다.

이 논리를 더 자세히 분석해 보자. 문제를 단순화하기 위해, 칼루자-클라인의 원래 이론처럼(31.4절 참조) '수도용 호스'를 예로 들자(그림 15.1 참조). 여기서 $\mathcal{Y}$는 호스의 단면에 해당하는 원 S^1이며, 아주 작은 반지름 ρ를 갖는다. S^1에 θ라는 좌표를 도입하여 $\rho\theta$가 원의 둘레를 따라 이동한 거리를 나타낸다고 하자(θ와 $\theta + 2\pi$는 동일하게 취급한다). 그러면 $\mathcal{Y}$의 모드는 $e^{in\theta}$로 나타낼 수 있는데(n은 정수), 이것은 9.2절에서 말했던 푸리에 모드이다. $\mathbb{E}^3$에서는 일반적인 직교좌표 (x, y, z)를 사용하자. 22.11절에서 말한 바와 같이 모드를 찾는 문제는 라플라시안의 고유값을 찾는 문제와 깊이 연관되어 있는데, 지금은 이것을 일종의 근사(또는 모형)로 간주할 수 있다. 좀 더 정확하게 말해서, 기하학적 구조의 변화과정을 알려면 해밀토니안 $\mathcal{H}$의 고유상태를 알아야 한다. 리치 평평성을 만족하는 5차원 공간의 경우에는(지금 우리는 $\mathbb{M} \times S^1$에 건드림을 적용하고 있다) 5차원 일반상대성이론의 해밀토니안 체계가 필요한데, 이것은 새로 구축하기가 너무 복잡하다. 그러나 다행히도 가장 기여도가 큰 항은 라플라시안이기 때문에, 지금은 이것만 고려해도 충분하다.

10.5절에서 말한 대로 2차원 라플라시안은 $\nabla^2 = \partial^2/\partial x^2 + \partial^2/\partial y^2$

이다. 이것을 5차원으로 확장해야 하는데, 다행히 $\mathbb{E}^3 \times \mathrm{S}^1$의 계량이 평평하기 때문에 22.11절에서 했던 것과 비슷한 과정을 거치면 된다. 변수를 네 개로 늘렸을 때 라플라시안은 다음과 같은 형태가 된다.[31.4]

$$\nabla^2 = \frac{\partial^2}{\partial x^2} + \frac{\partial^2}{\partial y^2} + \frac{\partial^2}{\partial z^2} + \frac{1}{\rho^2}\frac{\partial^2}{\partial \theta^2}$$

네 번째 좌표 $\rho\theta$는 S^1에서 사용된 좌표이다. 이제 '모드'를 찾기 위해, 연산자 ∇^2의 고유값을 계산해 보자. 정확하게 말하자면 우리가 찾는 모드는 $\mathbb{E}^3 \times \mathrm{S}^1$ 중 S^1부분과 관련된 것이고, $\mathbb{E}^3$부분은 보통의 평범한 장으로 취급할 것이다. 그러면 우리의 장은 각기 다른 n 값을 갖는 $e^{in\theta}$로 분해할 수 있다. 즉, 4차원 초기곡면 $\mathbb{E}^3 \times \mathrm{S}^1$에서 S^1의 n차 모드는

$$\boldsymbol{\Psi} = e^{in\theta}\,\psi$$

이다. 여기서 ψ는 공간좌표 x, y, z의 함수이다. 임의의 n차 모드 $\boldsymbol{\Psi}$에 대하여 라플라시안의 $\rho^{-2}\,\partial^2/\partial\theta^2$항은 간단하게 $-n^2/\rho^2$로 대치할 수 있다.[31.5]

$$\frac{1}{\rho^2}\frac{\partial^2}{\partial \theta^2} \mapsto -\frac{n^2}{\rho^2}$$

이제 우리의 라플라시안은 x, y, z와 관련된 3차원 라플라시안에 $-n^2/\rho^2$라는 상수항이 더해진 형태로 바뀌었다.

표준 민코프스키 공간 $\mathbb{M}$에서 스핀이 없고 질량이 μ인 일상적인 입

[31.4] 이 라플라시안을 직접 유도해 보라.

[31.5] 왜 그런가?

자의 장방정식은 '클라인 - 고든 파동방정식'으로 표현된다(24.5절 참조).

$$\left(\Box + \frac{\mu^2}{\hbar^2}\right)\psi = 0$$

여기서 $\Box = \partial^2/\partial t^2 - \partial^2/\partial x^2 - \partial^2/\partial y^2 - \partial^2/\partial z^2$이다. 이것은 '자유로운 입사입자'로 간주할 수 있다(S - 행렬을 이용하여 양자장이론을 서술할 때에도 비슷한 사례가 있었다. 26.8절 참조). 그러나 5차원 공간 $\mathbb{M} \times S^1$에서는 파동연산자 $\Box$에 $-\rho^{-2}\,\partial^2/\partial\theta^2$항이 추가된다. 이 5차원 입자가 S^1의 n차 모드 고유상태에 있다고 가정하면, 추가된 항은 위의 경우와 같이 상수 n^2/ρ^2로 대치된다. 따라서 표준 4차원 민코프스키 공간의 관점에서 볼 때 5차원 n차 모드 클라인 - 고든 입자는 다음과 같은 4차원 방정식을 만족한다.

$$\left(\Box + \frac{\mu^2}{\hbar^2} + \frac{n^2}{\rho^2}\right)\psi = 0$$

이것은 클라인 - 고든 방정식과 같은 형태이다. 단, $\mu^2/\hbar^2$가 $\mu^2/\hbar^2 + n^2/\rho^2$로 대치되었다. 이로써 우리는 질량 μ가 $\sqrt{(\mu^2 + \hbar^2 n^2/\rho^2)}$로 대치된 4차원 클라인 - 고든 방정식을 얻게된 셈이다.

지금까지 자연에서 관측된 입자의 질량 μ는 (우리가 선택한 ρ 값에 대하여) $\hbar/\rho$보다 훨씬 작다. $n \neq 0$이라고 가정하면 이 새로운 입자는 적어도 플랑크 스케일의 질량을 갖고 있기 때문에($\hbar n/\rho$는 μ보다 훨씬 크다), 현재의 입자가속기로는 도저히 탐지할 수 없다. 그래서 끈이론학자들은 $n \neq 0$인 모드가 현재의 입자물리학적 과정에서 발견될 수 없다고 주장하는 것이다!

이 논리는 컴팩트한 (플랑크 스케일의) 6차원 공간 $\mathcal{Y}$에도 똑같이 적용된다. 우주적 시간 스케일에서 볼 때 지금과 같은 저에너지 상황에서는 $n \neq 0$인 $\mathcal{Y}$의 들뜬 모드가 감지되지 않으므로 끈이론은 명맥을 유지할 수 있다. 바로 이러한 논리로 여분의 6차원과 현재의 관측결과 사이에 일어나는 충돌을 피해간 것이다.

31.11 양자적-안정성 논리를 수용해야 하는가?

이런 식의 논리를 타당하다고 볼 수 있을까? 나는 문제의 소지가 많다고 생각한다.[38] 우리 눈에 보이는 세 공간차원이 여분차원과 크게 다른 이유는 묻지 않더라도, 우주가 진화하는 동안 $\mathcal{Y}$가 변하지 않았다는 입자물리학적 논리는 좀 더 신중하게 생각해볼 필요가 있다.

$\mathcal{Y}$의 플랑크에너지(또는 그 이상) 스케일 건드림으로 넘어가기 전에, 31.10절에서 무시하고 넘어갔던 $\mathcal{Y}$의 0-에너지 모드에 대해 잠시 언급하고자 한다. 31.14절로 가면 이 모드는 표준 입자물리학의 대칭군과 연결되어 끈이론에 긍정적인 요소로 작용하게 된다(25.5, 7절 참조). 그러나 수학적인 관점에서 볼 때 0-모드는 '모듈라이 문제 moduli problem'라는 심각한 문제를 야기한다. 8.4절에서 말한 바와 같이 '법 modulus'(모듈라이의 단수명)이라는 변수는 우리가 고려하는 공간 $\mathcal{Y}$의 고유한 형태를 정의하며(31.14절로 가면 $\mathcal{Y}$가 '칼라비-야우 공간'이라는 3차원 다양체임을 알게 될 것이다. 이 공간의 모듈라이는 일련의 복소수로 구성되어 있다), 0-에너지 모드는 모듈라이가 달라졌을 때 나타난다. 이 모듈라이의 변화는 공간 $\mathbb{E}^3$의 각 점에 따라 다르게 나타나도록 선택할 수 있는데, 이 경우에 허용되는 모듈라이의 수는 $\infty^{N\infty^3}$에 불과하다. 여기서 N은 서로

독립적인 (실수)모듈라이의 개수이다. 그러나 모드 중에는 모듈라이가 빠르게 0으로 축소되어 공간 $\mathcal{Y}$에 특이성을 야기하는 모드가 존재한다. 이것은 안정성에 치명적인 요소로서 흔히 '모듈라이 문제'라 부르는데(31.14절 참조)[39] 아직 뚜렷한 해결책은 없지만, 대부분의 끈이론학자들은 이 문제를 무시하고 있다.

우리도 일단 이 문제를 무시하고 넘어가기로 하자(!). 그러면 여분의 6차원 공간에서 (플랑크 스케일의)양에너지 진동 모드는 들뜬 상태로 가지 않을 것인가? 표준 입자물리학의 에너지 스케일과 비교할 때 플랑크 에너지는 엄청나게 큰 양이지만, TNT 1톤이 폭발할 때 나오는 에너지보다는 한참 작다. 물론 우주의 에너지는 이것과 비교할 수 없을 정도로 크다. 예를 들어 1초당 지구로 유입되는 태양에너지는 플랑크 에너지의 10^8배에 달한다! 에너지만 놓고 본다면 우주 안에서 $\mathcal{Y}$는 들뜬상태로 가고도 남는다!

끈이론의 논리에 의하면 이 에너지는 입자의 상호작용이 일어나는 곳에 국소적으로 전달되기 때문에, 일상적인 공간의 아주 작은 영역에 국한되어 있다고 생각하면 된다. 그러나 '감지되지 않는 것'으로 추정되는 $\mathcal{Y}$의 들뜬 모드는 우리의 $\mathbb{E}^3 \times \mathcal{Y}$ 건드림에서 $\mathbb{E}^3$ 전체에 걸쳐 균일하게 펴져 있다. 앞서 말한 대로 $\mathbb{E}^3 \times \mathcal{Y}$의 들뜬 모드는 $\mathbb{E}^3$의 모드와 $\mathcal{Y}$의 모드의 곱으로 표현되며, 지금 우리가 고려하는 모드는 $\mathbb{E}^3$에서 일정한 상태를 유지한다. 따라서 $\mathcal{Y}$의 들뜬 모드가 일상적인 공간에 국소적으로 나타날 이유가 없는 것이다.

그러나 이 논의 자체가 "입자의 국소적인 상호작용이 적절하게 일어나서 들뜬 모드가 된다"는 주장을 반박하는 것은 아니다. 들뜬 모드가 $\mathbb{E}^3$ 전체에 걸쳐 펴져 있다고 해도 기존 입자물리학에 모순될 것은 없다. 26.2

절에서 논했던 생성연산자와 소멸연산자, 26.7 ~ 8절의 파인만 그래프에서 보았듯이, 양자장이론에 등장하는 입자와 이들의 상호작용은 모두 운동량상태로 표현된다. 이런 상태들은 21.11절에서 강조한 바와 같이 $\mathbb{E}^3$ 전체에 걸쳐 퍼져 있다. '양자적 입자'는 공간상의 한 점에 집중될 필요가 전혀 없는 것이다. 아마도 이들은 입자가 아닌 '양자'로 불리는 것이 더 적절할지도 모른다. 문제는 "플랑크에너지를 가진 하나의 양자가 어떤 방식으로든 $\mathcal{Y}$ 모드로 주입되는 것이 과연 가능한가?"이다. 내가 보기에는 입자들 간의 국소적인 상호작용이나 시공간 전체에 가해지는 비선형적인 교란 때문에 이런 일이 생길 것 같지는 않다.

양자가 어떻게든 $\mathcal{Y}$의 모드로 주입된다고 반드시 믿어야 할 이유가 있을까? 나의 의견은 대체로 부정적이다. 잠시 수도용 호스로 되돌아가서 생각해 보자(그림 31.3 참조). 호스는 큰 차원 쪽(호스를 따라가는 쪽)으로 곧게 뻗어 있으며($\mathbb{E}^3$와 비슷하다), 단면은 반지름이 ρ인 아주 작은 원(S^1)이라고 가정하자($\mathcal{Y}$와 비슷하다). 호스의 들뜬 모드는 길이방향을 따라 앞뒤로 진행하는 다양한 파동과($\mathbb{E}^3$ 모드), 원형단면을 따라 작용하는 비틀림($\mathcal{Y}$ 모드)의 조합으로 이루어져 있다. 그리고 앞에서 말한 바와 같이 후자의 모드는 호스 전체에 걸쳐 동시에 나타난다. 양자역학적 관점에서 볼 때 이런 모드에서 하나의 양자가 갖는 들뜸 에너지는 (진동수가 ν일 때) $2\pi\hbar\nu$이며, 이 값은 호스의 길이와 무관하다!

호스가 무한히 길면 각 들뜬 모드의 에너지가 0이 되므로, 혼동을 피하기 위해 호스의 길이는 유한하다고 가정하자. 예를 들어 호스를 크게 휘어서 반지름 R인 원형고리모양으로 만들었다고 가정해 보자. 단, R은 호스 단면의 반지름 ρ보다 훨씬 크다($R \gg \rho$). 이제 특별한 진동수를 갖는 $\mathcal{Y}$의 진동 모드를 생각해 보자. 들뜬 모드의 총에너지 $2\pi\hbar\nu$는 R과 무관한데, 언뜻 생각하면 이상하게 보일 수도 있다. 총에너지가 일정하다면 R이 클수록 국소적 진동에 할당되는 에너지는 $1/R$에 비례하여 줄어들 것이기 때문이다. 그러나 여기에는 아무런 모순도 없다. 다만, 하나의 고정된 모드에서 진동의 진폭이 작을수록 호스의 길이가 길다는 것을 말해줄 뿐이다. $R \to \infty$의 극한을 취하면 각 모드에 국소적으로 저장된 에너지는 0으로 접근한다. 이로부터 우리는 다음과 같은 사실을 알 수 있다 — 호스가 어떤 식으로 진동하건 간에, 길이가 길수록 진동에 관여하는 양자의 수가 많아지고 하나의 양자가 미치는 영향은 더욱 작아진다. 따라서 호스의 전체적인 거동을 표현하려면 양자적 서술보다 고전적인 서술이 더 적합하다.[40]

이 논리는 우리로 하여금 '양자수가 큰 양자계의 고전적 극한'이라는 이슈와 함께 고전적인 배열로 상태가 환원되는 **R**-과정을 떠올리게 한다. 앞에서(특히 29장에서) 강조한 바와 같이, 현재의 양자역학으로는 **R**과 관련된 문제를 완전하게 해결할 수 없다.[41] 그러나 똑똑한 물리학자라면 양자적 서술이 적절한 경우와 고전적 서술이 적절한 경우를 제대로 구별할 수 있어야 한다. 22.10절에서 논했던 일상적인 각운동량을 생각해 보자. 각운동량이 큰 물체는 고전적인 계로 취급하는 쪽이 편하기 때문에 회전축을 명확하게 정의할 수 있다. 만일 이것을 'j값이 엄청나게 큰' 양자계로 취급한다면 수많은 스핀이 각기 다른 방향을 향하고 있는 마요라나 표현을 얻게 된다! 각운동량이 큰 물리계는 고전적인 관점에서 서술해야 더 좋은 결과를 얻을 수 있다. 일반적으로 양자수가 엄청나게 크면 고전적으로 서술하는 것이 물리적으로 더 타당하다. 각운동량과 관련된 양자수 j는 $\hbar$의 단위로 측정되기 때문에, 양자계와 고전계를 구분하는 경계가 어디쯤인지 대충 상상은 할 수 있다. $\hbar$의 단위에서 j가 아주 크면 양자적 서술이 부적절해진다. 호스 사례에서 알 수 있듯이, ρ가 작다고 해서 양자적 서술이 고전적 서술보다 적절하다고 말할 수 없다. ρ 값이 고정되어 있을 때, R이 클수록 들뜸이 많아지고 진동양자수가 커지므로 ($\mathcal{Y}$의 모드) 호스의 국소적 진동은 고전적인 형태에 가까워진다.[42]

만일 작은 계를 서술하는 양자이론만 주어져 있고(나는 이것도 30.9~12절에서 말한 대로 수정되어야 한다고 생각한다) 큰 물리계를 서술하는 고전적 이론이 없다면, $\mathcal{Y}$의 들뜬 모드가 발견되지 않는 이유에 대하여 아무런 결론도 내릴 수 없을 것이다(사실 30장에서 펼친 논리도 다소 논쟁의 여지가 있다). 우리는 $\mathcal{Y}$에 건드림을 적용하여 양자의 개수가 엄청나게 많은 양자적 서술에 이르렀다. 여기서 개개의 양자는 $\mathcal{Y}$의 기하학적 구조에 거의 아무런 영향도 주지 않는다. 그러므로 $\mathbb{M} \times \mathcal{Y}$로 표현되는 우주($\mathcal{Y}$는 아주 작은 공간)에 건드림을 적용할 때에는 양자적 서술보다 고전적 서술이 더 적절하다고 할 수 있다. 그 이유를 다음 절에서 더 자세히 분석해 보자.

31.12 여분차원의 고전적 불안정성

10차원 시공간모형을 고전적인 객체로 해석하면 어떤 결론이 날 것인가? 다른 건 몰라도 완전한 양자적모형의 거동을 이해하는 데 어느 정도는 도움이 될 것이다. 31.10절의 서두에서 말한 바와 같이, 고전적인 (1+9)차원 시공간(1차원 시간과 9차원 공간)에는 지나치게 많은 자유도가 존재한다($\infty^{M\infty^9} >> \infty^{N\infty^3}$). 이 정도면 충분히 심각한 문제지만, 내가 보기에는 훨씬 더 심각한 문제가 있다. 곧 알게 되겠지만, 리치 평평성을 만족하는 고전적 $\mathbb{M} \times \mathcal{Y}$ 우주는 작은 건드림에 대하여 매우 불안정하다.

$\mathcal{Y}$가 플랑크 스케일의 컴팩트한 공간이라면, 시공간에는 몇 분의 일 초 안에 특이점이 나타난다!(27.92절 참조)

먼저 $\mathbb{M} \times \mathcal{Y}$에 건드림을 적용하되, $\mathcal{Y}$의 기하학적 구조만 변형되고 $\mathbb{E}^3$는 아무런 영향도 받지 않는 경우를 생각해 보자. 다시 말해서, 리치 평평성을 만족하는 $(1+6)$차원 시공간 $\mathcal{Z}$(건드림이 적용된 $\mathcal{Y}$의 이동)의 특성을 알아보자는 뜻이다. 전체 시공간은 $(1+9)$차원인 $\mathcal{Z} \times \mathbb{E}^3$이다. $\mathcal{Z}$를 (어떤 특정한 시간에) $\mathcal{Y}$에 '가까운' 어떤 6차원 공간의 시간에 따른 이동으로 간주하면, $\mathcal{Z}$는 $\mathcal{Y}$의 시간이동인 $\mathbb{E}^1 \times \mathcal{Y}$(불변)와 비슷한 상태에서 출발하여 시간이 흐를수록 크게 벗어난다(그림 31.9 참조). 여기서 나는 31.10절과 마찬가지로 $\mathbb{M} = \mathbb{E}^1 \times \mathbb{E}^3$로 간주했다($\mathbb{E}^1$은 시간차원이고 $\mathbb{E}^3$는 공간차원을 나타낸다). 따라서 시공간 $\mathbb{M} \times \mathcal{Y}$는 $(\mathbb{E}^1 \times \mathcal{Y}) \times \mathbb{E}^3$로 생각할 수 있다(그림 31.9(a) 참조).

1960년대 후반에 스티븐 호킹과 나는 $\mathcal{Z}$가 특이성을 갖는다는 특이점정리를 증명한 바 있다.[43] 원래 이것은 $(1+3)$차원 시공간에 적용되는

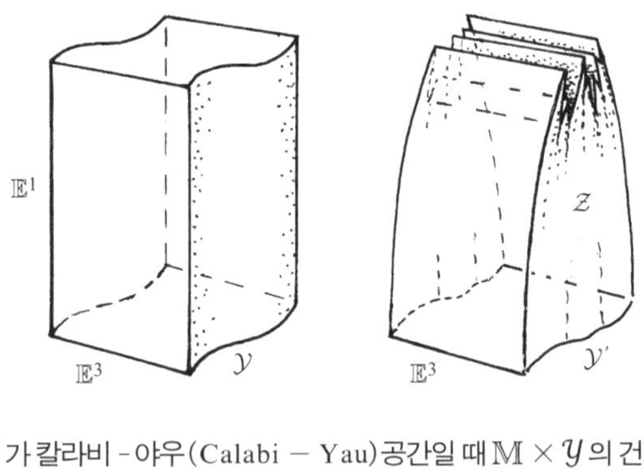

그림 31.9 $\mathcal{Y}$가 칼라비-야우(Calabi − Yau)공간일 때 $\mathbb{M} \times \mathcal{Y}$의 건드림에 적용되는 특이점정리. (a) 특이성이 없는 정준적 경우의 $\mathbb{M} \times \mathcal{Y}$. $\mathbb{M} = \mathbb{E}^1 \times \mathbb{E}^3$이고 $\mathbb{E}^1$은 시간을 나타낸다. (b) $\mathcal{Y}$의 건드림 $\mathcal{Y}'$은 (특이점이 있는)공간 $\mathcal{Z}$를 따라 이동한다. 따라서 $\mathbb{E}^3 \times \mathcal{Y}$의 일반적인 건드림은 $\mathbb{E}^3 \times \mathcal{Z}$를 따라 이동하는 $\mathbb{E}^3$에 아무런 영향도 미치지 않는다.

정리였지만, (1 + 6)차원 시공간[그리고 (1 + 9)차원 시공간]에도 똑같이 적용된다. 이 정리로부터 유도되는 결과 중 하나는 "컴팩트한 공간꼴 초곡면을 포함하면서, 어떤 특별한 의미에서 '포괄적인generic'[44](그리고 시간꼴 폐곡선이 없는 — 17.9절, 그림 17.18 참조) 임의의 평평한 시공간에는 반드시 특이점이 존재한다"는 것이다! 원래의 $\mathbb{E}^1 \times \mathcal{Y}$는 포괄적 조건을 만족하지 않기 때문에, 지금의 경우에는 특이점이 없다. 그러나 건드림이 적용된 $\mathcal{Z}$에는 특이점이 존재한다.

특이점이 존재한다고 해서 곡률이 무한대로 발산한다는 뜻은 아니다. 정확한 의미는 시간꼴 측지선이나 널null측지선을 시공간 안에서 무한히 길게 확장하는 것을 방해하는 어떤 요소가 존재한다는 뜻이다(널측지선의 경우에는 아핀길이를 무한히 길게 확장할 수 없다. 14.5절 참조). 방해요소가 존재하는 이유는 무한대곡률이 나타나기 때문이겠지만, 직접 증명된 바는 없다. 그러나 특이점정리는 $\mathcal{Z}$가 어떻게든 특이점을 갖게 된다는 사실을 확실하게 보여주고 있다. $\mathcal{Y}$에서 멀어지는 건드림의 정도가 $\mathcal{Y}$ 자체와 비슷한 스케일이라면(플랑크스케일), 이와 비슷한 시간 스케일에서 ($\sim 10^{-43}$초) $\mathcal{Z}$에 특이점이 나타날 것이다. 그러나 건드림이 $\mathcal{Y}$보다 작으면 이 시간은 더 길어진다.

결론적으로 말해서, 포괄적인 방식으로 $\mathcal{Y}$에 건드림을 적용하여 전체 (1 + 9)차원 시공간 $\mathbb{M} \times \mathcal{Y}$의 비특이성 건드림을 구현하려면, 시공간의 $\mathbb{M}$ 부분에도 심각한 영향을 미치는 교란을 생각할 수밖에 없다는 것이다. 그러나 어떤 관점에서 보면 이런 교란은 $\mathcal{Y}$에만 영향을 주는 교란보다 '일상적인' 시공간개념에 훨씬 위협적인 존재이다. 왜냐하면, $\mathcal{Y}$에 나타나는 플랑크스케일의 곡률이[45] 시공간으로 흘러들어오기 때문이다. 이것은 실제 관측결과와 완전히 상치되며, 아주 짧은 시간에 시공간에 특이점을

생성한다.[46]

물론 고전이론에서 허용되지 않는 특이성이 양자버전의 이론에 결점으로 작용한다는 법은 없다. 22.13절에서 언급한 대로 고전적인 원자모형은 전자가 전자기파복사를 방출하면서 나선형 궤적을 따라 원자핵으로 빨려 들어간다는 모순점을 안고 있었는데, 양자역학이 등장하면서 이 문제가 말끔히 해결되었다. 그러나 '양자화과정'을 도입한다고 고전적 특이성이 반드시 사라지는 것은 아니다. 양자화 후에도 특이성이 남는 사례는 얼마든지 있다(양자중력이론의 장난감모형이 대표적인 사례이다[47]).

또 한 가지 명심할 것은 끈이론이 정확하게 (1 + 9)차원의 리치 평평성을 요구하지는 않는다는 점이다(31.8절 참조). 앞에서 확인한 바와 같이, 리치 평평성은 끈상수 α'이 포함된 고차항들을 무시하고 차수가 가장 낮은 항만을 고려하기 위해 요구된 조건이었다. α'에 대한 모든 차수의 항들을 고려하는 '정확한' 조건을 요구했다면, 끈이론은 특이점정리를 피해갈 수 있었을 것이다. 그러나 이 요구로부터 국소적 양 에너지positive-energy조건이 리치텐서에 가해진다면(27장 [후주 - 9], 28.5절 참조), 특이점조건은 여전히 적용된다. 물론 이와 같은 국소적 에너지조건은 양자장이론에서도 나타날 수 있으므로, 뚜렷한 결론을 내릴 수는 없다.

내가 보기에 이보다 더욱 심각한 문제는 끈이론에 모든 차수의 α'을 포함시키면 미분의 차수에 상한선이 없는 무한차수(무한계) 미분방정식 시스템이 된다는 사실이다. 이 방정식을 풀려면 초기 9차원 곡면에서 장에 대한 모든 차수의 미분값을 알아야 한다(표준 장이론에서는 1계 미분과 2계 미분값만 알면 된다). 이 때 9차원 곡면상의 한 점당 함수자유도는 $\infty^{M\infty^9}$)이 되는데(M은 임의의 양의 정수이다), 이것은 '함수자유도의 초과'라는 면에서 볼 때 이전보다 훨씬 나쁜 상황이다! 나는 이 문제를 수학적으로 심각하게 다룬 논문이나 저술을 한 번도 본 적이 없으며, 어떤 초기데이터를 사용해야 할지 전혀 알 수가 없다.

31.13 끈-양자장이론은 유한한가?

지금까지 나열한 논리에 의거하여, 나는 끈이론을 차용한 모형이 '고전적인 극한'에서 아인슈타인의 (1 + 3)차원 일반상대성이론을 재현한다는 주장을 받아들이기 어렵다. 끈이론이 유한한 양자장이론을 제공한다는 주장은 어떤가? 최종적으로 얻어진 이론이 무엇을 주장하건 간에, 무한대를 양산하지 않는 이론을 만들 수는 있는 것일까? 끈 월드시트의 위상이 고정된 상태에서 유한한 진폭이 얻어진다면 끈이론을 옹호할 만한 강력한 증거가 확보되는 셈이다. 그러나 여기에는 반드시 제기해야만 할 근본적인 질문이 있다.

일단은 끈이론과 관련하여 내가 항상 걱정스럽게 생각하는 점을 서술하는 것으로 시작하자. 끈이론은 그것의 월드시트가 시간꼴이고 유도된 '계량'이 (1 + 1)차원의 로렌츠식 계량인 끈형태의 구조를 갖는 물리 이론으로 제시된다. 그런데 수학은 (양의 정부호의)계량을 갖는 끈 월드시트와 더불어 수행되기에 끈의 월드시트에는 리만 곡면이론의 우아한 아이디어(8장 참조)를 적용할 수 있다(그림 31.10 참조). 첫 번째 조건에 따라 사람들은 시간꼴 월드시트를 따라 왼쪽 또는 오른쪽으로 빛의 속도로 전달되는 교란 모드mode of disturbance를 이야기한다(이 모드는 로렌츠식 월드시트의 널곡선을 따라 전달된다). 이 '왼쪽'과 '오른쪽' 모드는 리만 곡면 위에서 각각 정칙함수holomorphic function와 반정칙함수antiholomorphic function가 된다. 끈이론학자들은 부호가 양으로 정해진 리만 곡면에서 계산을 수행하고서 '윅 회전(28.9절 참조)'을 적용하면 로렌츠식 끈 이론을 얻을 수 있다고 생각하는 것 같다. 물론 이 과정을 거쳐 만족스러운 결과를 얻을 가능성은 있지만, 정확한 증명 없이 사실로 간주할 수는 없다. 예를 들어 이 가능성은 진폭계산이 아닌 다른 곳에서 근사식을 사용했는지 여부에 따라 크게 달라진다. 그 외에도 위의 과정에는 심각한 문제가 있는데, 이것은 호킹이 해석적 접속(28.9절 참조)을 이용하여 양자중력에 접근할 때(또는 다른 물리학자들이 양자장이론을 다룰 때) 마주쳤던 문제와 비슷하다. 내가 이해하는 바로는 리만 곡면에서 수행되는 계산은 매우 정확하기 때문에, 윅 회전에 희망을 거는 것은 그런대로 타당한 발상이다. 그러나 윅 회전을 통해 올바른 이론이 얻어지려면 배경시공간이 평평해야 하는데, (비 건드림적인)일반상대성이론을 고려할 때 배경공간은 전혀 평평하지 않다. 따라서 위 과정이 우리를 중력의 양자이론으로 인도할지는 분명치 않다.

배경시공간의 평평성을 인정해도 의문은 여전히 남는다. 위상이 고정된 리만 곡면에서[표준 파인만 그래프(26.8절 참조)에 나타나는 닫힌 고리의 수, 즉 종수(8.4절 참조) $\mathcal{G}$가 고정된 리만 곡면. 31.5절, 그림 31.5d 참조] 총 진폭이 과연 유한할 것인가? 이 질문의 해답은 아직 알려지지 않

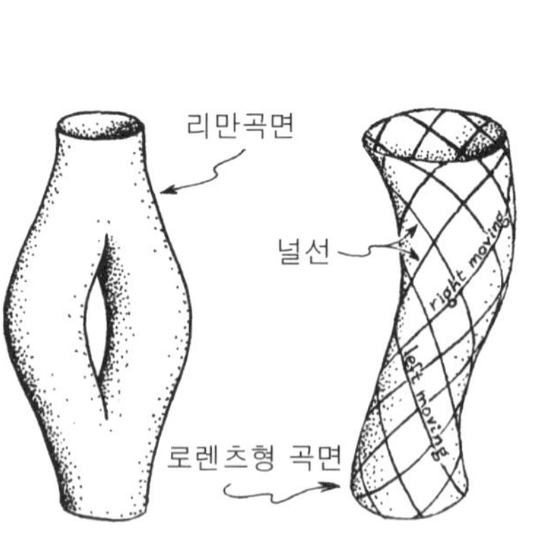

그림 31.10 끈이론의 수학체계에 의하면 끈이 쓸고 지나간 궤적은 리만 곡면을 형성하며, 리만형[Rimannian, 양의 정부호(positive definite)] 계량을 갖고 있다. 그러나 물리적으로 생각할 때 끈의 궤적은 로렌츠형 곡면이다. 리만 곡면에서 로렌츠 곡면으로 넘어가려면 일종의 '윅 회전(Wick rotation)'을 적용해야 한다.

았다. 그동안 수많은 끈이론학자들이 호언장담을 해 왔지만, 수학적 증명은 이루어지지 않은 상태이다. 여기서 유한하다는 것은 양자물리학자들을 무던히도 괴롭혔던 자외선발산(큰 운동량-가까운 거리, 26.8절 참조)이 나타나지 않는다는 뜻인데, 이것은 현재 2-고리 수준까지만 사실로 확인되었다. 게다가 적외선발산(작은 운동량-먼 거리, 26.9절 참조)이 제거된다는 주장은 한 번도 발표된 적이 없다. 이것은 보통 자외선발산보다 덜 심각한 위협으로 간주되어 왔으나, 결코 무시할 수 없는 문제이다. 이론의 유한함을 주장하려면 적외선발산이 없음도 함께 증명해야 한다. 끈이론의 타당성이 유한함의 여부에 좌우되는 한, 불확실한 구석은 여전히 남아 있다.[48]

이런 문제는 어차피 시간이 지나면 해결될 귀찮은 걸림돌일지도 모른다. 그러나 각각의 고정된 위상에 대하여 유한한 진폭이 얻어졌다고 만사가 끝난 것은 아니다. 다음 단계는 이 값들을 모두 더하는 것인데, 이 또한 무한대로 발산한다는 것이 문제이다.[49] 유한할 것이라고 생각했던 이론이 결국은 전혀 유한하지 않은 것이다! 그런데도 끈이론학자들이 크게 걱정하지 않는 이유는 이것이 전체진폭을 얻는 데 적절한 합이 아니라고 생각하기 때문이다. 전체진폭은 일종의 해석적인 양으로서 멱급수의 형태로 되어 있는데, '적절한 점을 기준으로 전개되지 않았기 때문에' 무한대로 발산한다는 것이다. 즉, 위에서 말한 합은 진폭의 특이점을 중심으로 전개되었다는 것이 그들의 주장이다[$z = 0$를 중심으로 $\log z$를 전개한 것과 비슷하다(7.4절 참조). 이 경우에는 $(z - 1)$의 멱급수가 아닌 z의 멱급수가 얻어지는데, 급수의 합은 당연히 무한대로 발산한다]. 여기서 발생하는 무한대는 비교적 다루기가 어렵긴 하지만('보렐 가합성Borel summable' 급수가 아니다), 끈이론학자들의 주장이 맞을 수도 있다. 그들은 오일러식 논리(예를 들면 $1 + 2^2 + 2^4 + 2^6 + 2^8 + \cdots = -\frac{1}{3}$과 같은 논리, 4.3절과 26.9절 참조)에 타당성을 부여하기 위해 다소 복잡한 과정을 도입했다.[50] 그러나 끈이론에 기초한 (건드림)계산이 '잘못된 점을 중심으로 전개된' 것이라면, 이런 건드림 계산을 왜 신뢰해야 하는가? 우리는 끈이론이 올바른 양자중력이론을 구현할 가능성은 말할 것도 없고, 끈-양자장이론의 유한성조차 확신할 수가 없다.

31.14 마술 같은 칼라비-야우 공간과 M-이론

지금까지 31.8～13절에 걸쳐 끈이론에 대한 나의 부정적인 의견을 피력했으나, 끈이론학자들은 이런 반론을 들어도 전혀 걱정하지 않는다. 사실 그들은 내가 아직 언급하지 않은 다른 문제 때문에 곤란을 겪고 있다. 그것은 바로 이론의 '유일성uniqueness'에 관한 문제이다. 끈이론에 의하면 10차원 우주의 상당 부분은 컴팩트한 플랑크스케일의 6차원 다양체 $\mathcal{Y}$ 안에 '돌돌 말려 있다.' 이 6차원 다양체의 정체는 무엇일까? 왜 우주는 하필 이런 곳에 말려 있는 것일까? 끈이론학자들은 여기에 초대칭과 적절한 차원, 리치 평평성을 비롯한 물리학의 기본 조건을 몇 개 부과하면 유일한 답을 얻으리라 기대했다. 그러나 막상 뚜껑을 열고 보니 동일한 가능성을 가진 답들이 무더기로 쏟아져 나왔다.

초기에는 $\mathcal{Y}$가 $S^1 \times S^1 \times S^1 \times S^1 \times S^1 \times S^1$으로 표현되는 곡률이 0인 초원환면hypertorus일 것으로 추정되었다([후주 31.45] 참조. $S^1 \times S^1$ 원환면을 기억할 것. 그림 8.9, 8.11과 15.3절 참조). 그러나 초원환면에 기초한 끈이론은 표준모형의 카이랄chiral 형태에 부합되지 않는다는 사실이 곧 밝혀지면서(25.3절 참조),[51] 무언가 더 복잡한 형태가 요구되었다. 그 후 '엄밀한 조건'을 부과하여 얻어진 것이 바로 '칼라비-야우 공간'으로 불리는 6차원 다양체이다.[52] 유지니오 칼라비Eugino Calabi와 야우싱퉁Shing-Tung Yau이 처음 제안한 이 공간은 끈이론이 관심을 받기 전까지만 해도 순전히 수학적인 연구대상이었다. 이것은 켈러 다양체Kähler manifold의 사례들로서 실수 리만 계량과 복소구조를 동시에 갖는데(그래서 3차원 복소다양체로 해석할 수 있다), 이 상반되는 두 가지 구조가 조화를 이루고 있다(계량연결 과정에서 복소구조가 보존된다. 따라서 이들은 '심플렉틱 다양체'이기도 하다.[31.6] 이와 관련된 개념은 12.9절과 14.7～8절을 참조할 것). 또한 칼라비-야우 공간의 계량은 리치 평평성을 만족하고 계량연결에 대하여 상수인 스피너장을 허용하는데, 이는 끈이론의 핵심을 이루는 중요한 특징이기도 하다. 이 상수 스피너장은 초대칭의 생성원 역할을 한다. 이것이 없었다면 초대칭은 불가능했을 것이다. 하나의 칼라비-야우 공간에 존재하는 다양한 스피너장들은 대칭군의 작용을 통해 다른 스피너장으로 변환될 수 있다. 따라서 이 군은 입자물리학의 대칭군과 같은 역할을 한다.

그러나 이 대칭은 파이버번들의 파이버 $\mathcal{F}$에 적용되는 식으로 칼라비-야우 공간에 직접 적용되지 않는다(15장 참조). 사실 칼라비-야우 공간은 (연속적인)대칭을 갖지 않으며, 우리의 10차원 공간을 일상적인 4차원 시공간 위에 있는 6차원 칼라비-야우 공간의 (자명하지 않은)파이버번들로 간주할 수 없다. 그 대신 입자의 (내부)대칭은 상수 스피너장의 '회전'을 의미한다. 실제의 칼라비-야우 공간은 대칭의 작용에 영향을 받

[31.6] 이들이 심플렉틱 다양체가 되는 이유를 설명하라(도움말 : 계량 g_{ab}와 복소구조 J_b^a로부터 S_{ab}를 구축한 후 $dS=0$임을 증명하라. 단, S_{ab}는 특이성이 없다고 가정한다).

지 않는다.[53]

그러므로 끈이론은 매우 독특한 형태의 대통일이론(GUT, 25.8절과 28.1 ~ 3절 참조)이라고 할 수 있으며, 모든 입자물리학을 끈이론의 형태로 재현하려는 시도를 한다. 이 과정에서 나타나는 대칭군은 표준모형의 대칭군보다 규모가 훨씬 크지만, 다른 대통일이론과 마찬가지로(25.8절 참조) "대칭이 붕괴되어 표준모형과 직접 관련된 군으로 축소되었다"는 가설을 채택하고 있다. 그러나 이 시나리오는 아직 완성되지 않은 상태이다.

이론의 '유일성' 문제는 어떠한가? 안타깝게도 이론적으로 가능한 칼라비-야우 공간은 종류만도 수만 가지에 이른다. 유일성하고는 거리가 멀어도 한참 멀다. 게다가 어떤 특별한 종류의 칼라비-야우 공간은 '모듈라이moduli (31.11절 참조)'라는 변수로 구분했을 때 개수가 무한히 많다[모듈라이는 리만 곡면의 경우와 마찬가지로(8.4절과 그림 8.11 참조) 공간의 형태와 관련된 변수이다(그림 31.11 참조)]. 일단 모듈라이가 존재한다는 것은 좋은 일이다. 모듈라이를 적절히 변화시키면 진동하는 $\mathcal{Y}$ 공간의 0-에너지 모드를 얻을 수 있기 때문이다. 또한, 모듈라이는 기존의 입자물리학 및 관측결과로 다가가는 길잡이 역할을 한다. 그러나 3.11절에서 말한 바와 같이 이것도 불안정성의 요인이 될 수 있다.

칼라비-야우 공간이 유일하게 결정되지 않는 것도 문제지만, 이론의

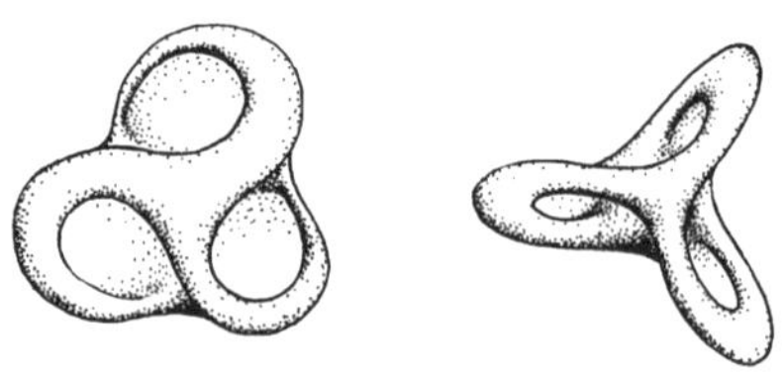

그림 31.11 칼라비-야우 공간 $\mathcal{Y}$의 형태는 모듈라이의 개수로 서술된다(그림 8.10 ~ 11과 비교해볼 것). 모듈라이를 적절히 변화시키면 진동하는 $\mathcal{Y}$의 0-에너지 모드가 얻어진다.

유일성과 관련하여 이보다 더욱 심각한 문제가 있다. 진동하는 끈의 '보존 모드'와 '페르미온 모드'를 초대칭에 연결하는 방법에 따라, 가능한 끈이론이 무려 다섯 가지나 존재하는 것이다. 이들은 각각 I형, IIA형, IIB형, 이형Heterotic O(32), 이형 $E_8 \times E_8$ 끈이론으로 불린다. O(32)과 $E_8 \times E_8$은 초대칭을 구현하는 과정에서 등장하는 군이다(우리는 13.2절에서 이런 군을 접한 적이 있다. E_8은 예외적 리군 중에서 가장 큰 군이다). I형 끈이론은 열린 끈과 닫힌 끈을 모두 허용하며, 그 외의 이론에서는 닫힌 끈만 허용된다. 그리고 모든 이론에서 교란disturbance의 진행방향은 오른손right-handed 또는 왼손left-handed이 나선성을 갖고 진행한다.[54] IIA형과 IIB형은 교란의 오른손진행과 왼손진행이 서로 다른 방식으로 연결되며, 이형 끈이론은 왼손으로 진행하는 교란과 오른손으로 진행하는 교란이 각각 26차원 시공간과 10차원 시공간에 속한다는 다소 이상한 특성이 있다. 이 상황은 기하학적으로 이해하기가 쉽지 않지만(적어도 내게는 그렇다!), 학계에서는 정규이론으로 인정받는다. 이 이론에서 10차원 시공간은 기하학적으로 타당하지만, 왼쪽으로 전달되는 교란은 26차원에 존재하는 (초대칭이 없는)보존 끈bosonic string과 같은 방식으로 행동한다. 앞에서 말한 바와 같이 끈이론학자들은 시공간의 차원문제를 '에너지와 관련된 효과(31.10절 참조)'로 간주하기 때문에, 그들에게는 별로 심각한 문제가 아니다. 이 내용은 31.15~16절에서 다시 언급할 것이다.

다섯 개의 모형이 양산되자 학자들은 크게 실망했고, 끈이론은 한동안 답보상태에 빠졌다. 그러나 다섯 개의 이론이 서로 긴밀하게 연결되어 있을 가능성이 제기되면서 끈이론은 또 한차례의 변화를 예고했다. 그러다가 1995년에 에드워드 위튼이 한 학회에서 끈이론을 주제로 강연을 했고,[55] 이 사건을 계기로 끈이론은 '제2차 혁명기'를 맞이하게 된다. 위튼은 그 유명한 강연에서 끈이론을 바라보는 관점을 완전히 바꿔 놓았다. 어떤 신비한 '대칭(이것을 '강-약 쌍대성strong-weak duality' 또는 '거울대칭'이라고 한다.[56] 가끔은 'S-쌍대성'이나 'T-쌍대성' 또는 'U-쌍대성'이라 부르기도 한다)'을 적용했더니, 완전히 다르게 보였던 다섯 개의 끈이론이 동일한 하나의 이론으로 통합되었던 것이다. 이들 중 몇 개의 이론에 근거리 극한을 취하면 다른 이론의 원거리 극한과 일치했으며, 전기-자기 쌍대성과 비슷한 양-밀스 이론(25.7절 참조)의 쌍대성에서 유래된 대칭관계도 발견되었다(25.8절에서 언급했던 찬-추 이론Chan-Tsou theory의 쌍대성과 비교해 보라). 그뿐만 아니라 서로 다르게 보였던 칼라비-야우 공간들도 다양한 방법을 통해 서로 쌍대적인 관계에 있음이 밝혀졌다. 내가 아는 한, 이 신비한 관계들이 수학적으로 모두 증명되지는 않았다.[57] 그러나 끈이론의 정황적 증거에서 출발했던 추론들은 순수수학자들의 동기를 자극하여, 칼라비-야우 다양체와 이들 사이의 관계를 더욱 깊이 연구하는 계기가 되었다.[58]

방금 언급한 '정황적 증거들' 중 하나는 짚고 넘어갈 필요가 있다. 이것은 3차원 복소다양체에 존재하는 유리곡선rational curve의 수를 헤아리는 방법과 관련된 문제로서[59] 지난 몇 년 동안 순수수학자들(특히 대수기하학 분야)의 관심을 끌었지만, 물리학과는 직접적인 관련이 없었다. 유리곡선이란 종수가 0인 복소곡선(즉, 리만 곡면, 8장 참조)으로, S^2-구와 위상이 같다. 위에서 언급한 3차원 복소다양체는 끈이론에서 요구하는 칼라비-야우 공간으로 밝혀졌으며(끈이론의 2차 혁명기에 이 아이디어가 제기되었다), 칼라비-야우 공간은 거울대칭을 통해 다른 칼라비-야우 공간과 연결된다. 거울대칭변환은 어떤 면에서 볼 때 복소구조와 심플렉틱구조를 맞바꾸는 변환으로 볼 수 있다. 그 결과 (정칙)유리곡선의 개수를 세는 문제는(기술적으로 매우 어려운 문제이다) '거울' 칼라비-야우 공간에서 전혀 다른 형태의 단순한 문제로 변환된다. 두 노르웨이 수학자 가이르 엘링스트러드Geir Ellingstrud와 스타인 아릴데 스트롬Stein Arilde Strømme은 그들이 정한 공간에서 유리곡선의 수를 (연속되는 차수 1, 2, 3, …에 대하여[60])직접 헤아리는 방법을 개발했는데, 처음 세 경우에 이들이 얻은 수는

2875, 609250, 2682549425

였다. 그 후 필립 칸델라스와 그의 동료들은 거울대칭관계가 성립한다는 가정하에 훨씬 간단한 계산과정을 거쳐 다음과 같은 결과를 얻었다.

2875, 609250, 317206375

당시에는 거울대칭이라는 것이 '증명되지 않은 물리학자의 추론'에 불과했기 때문에, 처음 두 개의 숫자가 기존의 결과와 일치하는 것은 우연으로 치부되었고 칸델라스와 동료들이 얻은 마지막 숫자 317206375를 믿을 만한 이유는 전혀 없었다. 그런데 얼마 지나지 않아 노르웨이 수학자들의 계산에서 컴퓨터상의 에러가 발견되어 이들이 발표한 세 번째 수는 틀린 것으로 판명되었으며, 에러를 수정하여 다시 계산한 결과는 거울대칭을 전제로 수행했던 칸델라스의 계산과 정확하게 일치했다! 그 후 거울대칭을 이용하여 더 높은 차수(4, 5, 6, …, 10)에 대한 계산이 완료되었는데, 그 결과는 다음과 같다.

242467530000

229305888887625

248249742118022000

295091050570845659250

375632160937476603550000

503840510416985243645106250

704288164978454686113488249750

이것은 은밀한 곳에서 무언가 놀라운 일이 벌어지고 있음을 보여 주는 강력한 증거이다. 마치 무슨 수수께끼 같기도 하다. 수학분야에서 아직 발견되지 않은 중요한 무언가가 있다는 뜻이고, 최근에 이루어진 수학적 진보가 이것을 밝히는 데 한 걸음 더 다가갔다는 뜻이기도 하다.[61] 여기서 더욱 중요한 이슈는 '물리학의 역할'이다. 위에서 확인한 바와 같이, 끈이론은 수학자들이 미처 깨닫지 못했던 중요한 사실을 밝히는 데 결정적인 역할을 했다. 그렇다고 해서 끈이론이 물리학적으로도 옳은 이론이라고 주장할 수 있을까? 아직은 분명한 결론을 내릴 수 없다. 위튼은 현재의 끈이론이 빙산의 일각에 불과하며, 그 빙산의 몸체는 아직 정체를 알 수 없는 'M-이론'이라고 주장했다(그림 31.12 참조). M-이론이 발견되면 기존의 모든 끈이론은 구시대의 유물이 될 것이다.

신비의 M-이론은 다섯 끈이론을 하나로 통합할 뿐만 아니라, 끈이나 초대칭과 관련된 새로운 아이디어까지 포함한다. 이제 끈은 고차원 구조를 가진 '멤브레인(막)'의 특별한 경우로 취급되고 있다. 멤브레인(p-브레인, 또는 그냥 브레인이라고도 한다)은 p차원의 공간과 1차원의 시간을 가지며, 월드시트는 $(1+p)$차원이다(그림 31.13 참조). 브레인과 관련된 개념 중에는 시간꼴 구조인 D-브레인이라는 것도 있는데, 자세한 내용은 31.17에서 다루기로 한다.

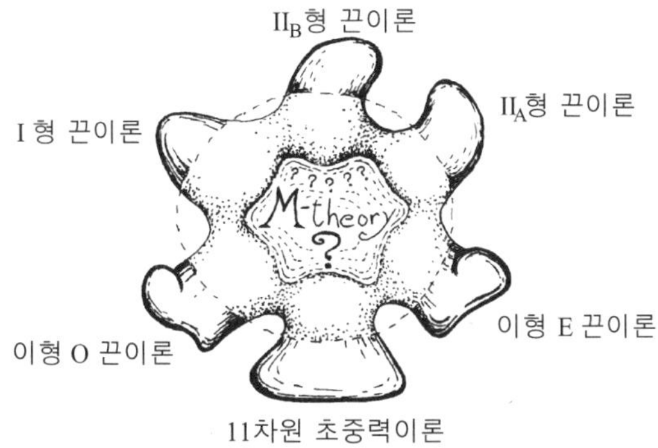

그림 31.12 다섯 개의 끈이론과 11차원 초중력이론은 S-대칭, T-대칭, 그리고 U-대칭을 통해 서로 연결되며, 이들 모두는 아직 발견되지 않은 하나의 이론(M-이론)의 다양한 측면일 것으로 추정되고 있다.

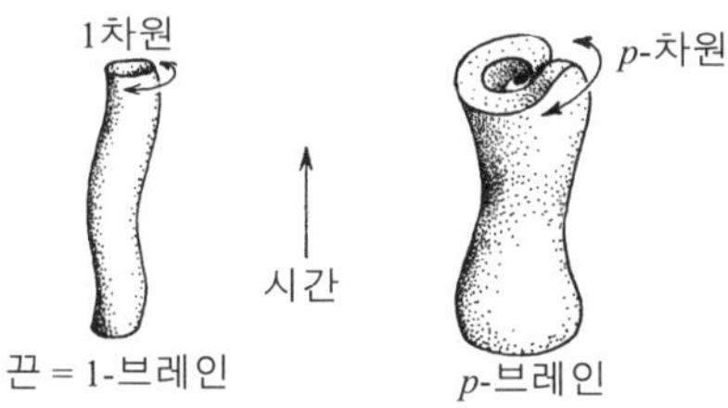

그림 31.13 1차원 끈의 개념을 확장한 멤브레인(membrane, 'p-브레인'이나 '브레인'이라고도 함)은 p차원 공간과 1차원 시간을 가지며, 월드시트는 $(1+p)$차원이다. 아직 정체가 알려지지 않은 M-이론은 기존의 끈(1-브레인)과 멤브레인을 모두 포함하고 있다.

M-이론이 갖는 또 하나의 특징은 (31.4절에서 잠시 언급했던) 11차원 초중력이론을 포함한다는 점이다. 사실 M-이론은 '대략' 11차원 이론일 것으로 추정되고 있기 때문에, 차원과 관련된 수수께끼의 해답은 11차원 초중력이론보다 10차원 끈이론과의 관계에서 찾아야 할 것이다. 끈이론에서 11차원이 허용되는 이유는 (위튼의 지적대로라면)끈의 비정상anomaly을 제거하기 위해 1 + 9차원을 요구했던 시나리오 자체가(31.7절 참조) 근사적인 서술이었고(부분적인 이유는 고차원의 '브레인'을 이론에 포함했기 때문이다), 올바른 답은 11차원(=1 + 10, 즉 1차원 시간과

10차원 공간)이기 때문이다.[62] 그런데 끈이론학자들은 11차원으로도 만족하지 못하는 것 같다. 일각에서는 M-이론보다 더욱 미스터리한(그리고 찾아내기도 더욱 어려운) F-이론을 주장하고 있는데, 이 이론에 의하면 시공간은 12(=2 + 10)차원이다!(즉, 시간이 2차원이다)[63]

11차원(또는 12차원)이론이 저에너지, 또는 고에너지 극한에서 어떻게 차원 자체가 다른 10차원 이론으로 바뀔 수 있을까? 이번에도 끈이론학자들은 차원상의 차이를 '에너지 효과(31.10절 참조)'로 간주하면서 대수롭지 않게 여기고 있다. 탐사에너지가 클수록 더 많은 차원이 나타난다는 것이다. 그들은 이런 논리를 통해 차원을 대하는 자신들의 오만한 태도를 정당화한다! 31.11 ~ 12장에 걸쳐 강조한 바와 같이, 나는 끈이론학자들의 이런 논리를 들으면 심기가 몹시 불편해진다. 내가 보기에 '차원의 차이에서 유래한 함수자유도의 방대한 차이'가 얼마나 심각한 문제를 야기할 수 있는지,[64] 아직 제대로 알려지지 않은 것 같다. 이 문제는 현재 다수의 끈이론학자들이 관심을 두는 다른 부분에서도 나타날 수 있다. 과연 어떤 부분인지 지금부터 알아보기로 하자.

31.15 끈과 블랙홀 엔트로피

27.10절과 30.4절에서 언급한 바와 같이 베켄슈타인-호킹 공식으로 계산된 블랙홀의 엔트로피는 시건지평선의 면적에 비례한다. 이 결과를 지지하는 논리는 여러 가지가 있지만, 이 중 어떤 논리도 블랙홀의 엔트로피가 볼츠만 공식에 따라(27.3절 참조) '위상공간의 부피에 로그를 취한 값과 같다'는 것을 증명하지 못했다.[65] 이 증명을 완성하려면 '블랙홀 안으로 사라진' 자유도의 수를 적절한 양자중력이론에 입각하여 직접 헤

아려야 한다. 1996년에 앤드루 스트로밍거Andrew Strominger와 쿰룸 바파Cumrum Vafa는 끈과 멤브레인에 기초하여 베켄슈타인-호킹 공식을 '자유도를 세는 방법'으로 해석한 계산을 성공적으로 수행했다.[66] 끈이론학자들은 이 일을 두고 "4반 세기 동안 풀리지 않았던 수수께끼가 드디어 해결되었다"며 크게 환호했다.[67]

끈이론과 관련된 주장이 항상 그래 왔듯이, 이 결과도 크게 과장된 것이다. 원래 스트로밍거와 바파의 계산은 5차원 시공간의 블랙홀을 대상으로 실행되었다. 나중에 4차원 버전의 결과가 발표되긴 했지만, 끈이론학자들은 5차원 계산이 발표되었을 때부터 마치 모든 문제가 다 해결된 것처럼 흥분했다. 그뿐만 아니라 이 계산결과는 호킹 온도가 0인(30.4절 참조) '극단적 블랙홀'을 대상으로(또는 극단적 블랙홀의 건드림으로) 얻은 것이었고, 계산과정에서 양-밀스 유형의 초대칭 장을 물리적인 근거도 없이 도입했다. 또한 이들은 사건지평선이 없는 평평한 공간에서 계산을 수행했는데, 공간이 심하게 왜곡된 블랙홀의 사건지평선에서도 이 결과가 적용될지는 논란의 여지가 있다.

4차원 시공간에서 펼쳐지는 진공에 대한 표준 일반상대성이론에 의하면(27.10절 참조), 정시상태의 고립된 블랙홀은 두 개의 (음이 아닌)실변수 m과 a로 특화되는 커 계량으로 표현된다. 여기서 m은 블랙홀의 질량이고 $a \times m$은 각운동량이다(자연단위계 사용). 실제로 커 기하학은 특이성이 아닌 블랙홀을 서술하고 있기 때문에(28.8절 참조), $m \geq a$를 만족해야 한다(27.10절에서 언급했던 커 블랙홀 사건지평선의 면적공식 $A = 8\pi m[m + (m^2 - a^2)^{\frac{1}{2}}]\, G^2/c^4$에도 이 부등식이 적용된다). $m = a$이면 블랙홀로 '간신히' 인정할 수 있는(그러나 실제로는 거의 구현될 수 없는) 극단적인 경우에 해당한다.

끈이론학자들이 블랙홀을 대상으로 얻은 또 하나의 극단적인 결과가 있다. 이 계산도 호킹 온도가 0이라는 가정하에 수행되었는데, 그 방법이 매우 독특하여 여기 소개한다. 이들은 회전(커 변수 a가 존재하면 회전이 허용된다)을 고려하는 대신 물리적 장을 추가로 도입했다. 그래서 끈이론식 블랙홀은 커 해Kerr solution와 달리 구대칭이 존재하는 라이스너-노드스트롬 해를 갖는다. 이 경우에는 커 변수 a 대신 블랙홀의 총 전하에 해당되는 e라는 변수가 존재하며, 라이스너-노드스트롬 계량은 아인슈타인-맥스웰 방정식(즉, 에너지운동량 텐서가 '발생원이 없는source free' 맥스웰장의 에너지운동량 텐서와 같은 아인슈타인 방정식[68], 31.4절 참조)의 해가 된다. 이로부터 유도된 사건지평선의 면적 A는 다음과 같다.

$$A = 8\pi[m + (m^2 - \mathrm{e}^2)^{\frac{1}{2}}]^2 G^2/c^4$$

이 계량이 특이점이 아닌 블랙홀을 나타내려면 $m \geq |\mathrm{e}|$라는 조건이 필요하며, '극단적인' 블랙홀이 될 조건(온도 $= 0$)은 $m = |\mathrm{e}|$이다(절댓값 기호는 e가 음수인 경우도 허용된다는 뜻이다).

끈이론학자들은 주로 라이스너-노드스트롬 타입의 블랙홀에 관심을 두는데, 이때는 초대칭을 갖는 일련의 양-밀스 장들이(25.7절 참조) 맥스웰장을 대신한다. 그 결과 여기서 얻어지는 해는 초대칭조건과 정상상태조건, 최소에너지조건이 해를 결정하는 BPS상태(BPS는 Bogomol'nyi-Prasad-Sommerfield의 약자이다)의 특별한 사례에 해당하는데, 자세한 설명은 생략한다. 이것은 끈이론학자들과 초대칭을 연구하는 학자들에게 흥미로운 주제임에는 분명하지만 현실세계와 어떤 관련이 있는지는 분명치 않다(13.2절 참조).

사건지평선이 아예 존재하지 않는 평평한 공간에서 계산된 끈의 자유도는 어떻게 되는가? 아인슈타인 일반상대성이론을 추종하는 내 쪽에서 볼 때, 이것은 정말로 당혹스러운 주장이 아닐 수 없다. 누구나 알다시피 블랙홀의 주변시공간은 크게 왜곡되어 있고, 정보는 사건지평선을 탈출하지 못한다. 이런 사실을 고려하지 않고 어떻게 블랙홀을 논할 수 있는지, 나로서는 이해가 가지 않는다.

이 문제와 관련하여 끈이론이 펼치는 논리를 더 자세히 따라가 보자.[69] 여기 플랑크스케일에서 길이가 1인 여러 개의 고리형 끈들이 격자 lattice를 이루고 있다. 격자는 전체적으로 반지름 R인 구의 형태를 이루며, 끈의 총 질량-에너지는 M으로 주어진다. 우리 목적은 고리형 끈의 개수를 헤아려서 계의 자유도를 알아내는 것이다. 뉴턴 중력상수 G는 우리가 임의로 조절할 수 있다고 가정하자. G값이 충분히 작으면 블랙홀이 존재할 수 없고, G가 0으로 접근하면 시공간은 거의 평평해진다. 그러나 G가 서서히 증가하면 일반상대성이론에 의해 블랙홀이 생성되는 시점에 도달한다(미셸 Michell이 예견한 '뉴턴식 블랙홀'의 반지름은 $2MG/c^2$이다. 27.8절 참조). 끈이론에서 G는 끈결합상수 g_s에 따라 달라지는데, 알려진 바로는 g_s가 클수록 G값도 커진다($G \sim g_s^2$). G가 지극히 작은 극한에서는(작은 g_s) 블랙홀이 존재할 수 없지만, 어쨌거나 끈의 자유도에 로그를 취한 값은(27.3절 참조) 베켄슈타인-호킹이 계산한 블랙홀의 엔트로피와 일치한다. 여기서 G값이 증가해도 이 관계는 계속 유지되므로, 블랙홀이 생성되는 시점에 도달하면 '정상적인' 베켄슈타인-호킹 공식이 얻어진다.

위 논리는 대략적인 분석에 불과하지만, 이로부터 우리는 끈의 자유도와 베켄슈타인-호킹 공식($S_{BH} = \frac{1}{4}A \times kc^3/G\hbar$)이 대응되는 방식과, 끈의 엔트로피가 블랙홀의 표면적 $\frac{1}{4}A$에 비례한다는 사실을 대충 알 수 있다. 위 공식에서 A를 정확하게 재현하기 위해, 스트로밍거와 바파는 BPS상태를 고려했다. 여기에 초대칭조건을 요구하면 여러 종류의 '전하'에 의해 질량이 한 값으로 고정되며(초대칭 양-밀스 이론), 끈의 배열상태를 세는 대신 전체에 기여하는 모든 BPS상태(주어진 전하에 대한 모든 BPS 상태)를 세는 문제로 변환된다.[70] 이렇게 해서 얻은 값에 로그를 취했더니, $\frac{1}{4}A$가 정확하게 재현되었다(극단적인 경우). 그뿐만 아니라 극단적 경우에서 멀어지는 건드림을 적용했을 때(즉, 호킹 온도가 절대 0도보다 아주 조금 높은 경우) 호킹 복사에 등장하는 '순수한' 블랙홀에 약간의 수정을 가하기만 하면 위 엔트로피는 여전히 옳은 것으로 판명되었다. 그리고 이 결과는 회전이 있는 경우와 4차원 시공간에서도 여전히 성립한다.

주의 깊은 독자들은 "라그랑지안에 등장하는 유일한 상수 α'를 통해 모든 것이 결정되었을 텐데(31.8～9절 참조), 또 다른 상수 g_s가 왜 필요한가?"라는 의문을 품을지도 모른다. 답은 간단하다. 늘임자장dilaton field과 관련된 양들이 아직 결정되지 않았기 때문이다. g_s 값은 늘임자장의 기댓값으로 주어지며,[71] 상수로 가정한다. 일반적으로 늘임자장은 상수일 필요가 없지만, 편의상 상수로 취급되고 있다. 이 값은 플랑크스케일 공간 $\mathcal{Y}$와 끈이론의 타입(I형, IIA형, IIB형, 이형 O(32), 이형 $E_8 \times E_8$, 31.14절 참조)을 어떻게 선택하느냐에 따라 달라진다. 이 의존관계는 강/약-쌍대성에서 기인하는데, 한 이론의 g_s 값은 쌍대성을 통해 연결되는 다른 이론의 g_s와 역수관계에 있다.

나는 위 논리가 놀라운 일치를 보여주긴 했지만, "끈이론으로 S_{BH}를 유도했다"고 말하기에는 무리가 있다고 생각한다. 일반상대성이론을 연구하는 다른 물리학자들도 심기가 불편하기는 마찬가지일 것이다. 특히 엔트로피를 계산할 때 블랙홀 지평선이 거의 아무런 일도 하지 않았다는 것이 가장 큰 문제이다(이는 32.6절에서 논의될 '고리 변수를 통한 블랙홀의 엔트로피'와 커다란 대조를 보인다). 끈이론에서 말하는 엔트로피는 블랙홀이 생성된 후 아무리 시간이 흘러도 전혀 증가하지 않는데, 이것은 기존의 이론과 완전히 다른 관점이다(27.10절 참조).

끈이론이 펼치는 논리에서 또 하나의 기술적인 문제점을 지적하고 싶다.[72] 이 문제는 각운동량이 작은 정상적인 블랙홀이 '음의 비열'을 갖는다는 열역학적 특성과 관련되어 있다(27.12절 참조). 일반적으로 물체의 비열은 소량의 에너지를 공급했을 때 올라간 온도에 의해 결정된다. 일상적인 물체에 열을 공급하면 당연히 온도가 올라가기 때문에 양(+)의 비열을 갖는다. 그러나 블랙홀에서는 오히려 온도가 내려가서 비열이 음수로 나타난다. 열에너지가 블랙홀에 질량을 공급하여($E = mc^2$에 의해), 블랙홀의 질량이 커지고, 슈바르츠실트 블랙홀(30.4절 참조)의 호킹 온도 $T_{\text{BH}} = 1/8\pi m$에 의해 블랙홀 온도가 낮아지면서 음의 비열을 갖게 되는 것이다. 위에 열거한 끈이론식 블랙홀-엔트로피 논리를 극단적인 환경에 있지 않은 블랙홀에 적용하면, 비열이 음수로 나타나는 이 신기한 현상을 설명할 수 없다. 위 논리대로라면 블랙홀의 비열이 양수여야 하고, 극단적인 환경에서도 0에 가까운 양수로 나타나기 때문이다. 커 블랙홀에선 $m > a > (2\sqrt{3} - 3)^{\frac{1}{2}} m$일 때에만 양의 비열을 가질 수 있으며, 라이스너-노드스트롬 타입에서는 $m > \text{e} > m\sqrt{3}/2$일 때 양의 비열을 갖는다. 그리고 모든 종류의 양-밀스 하전장charged field에도 이와 같은 조건이 성립한다.

끈이론에 기초한 계산들이 놀라운 상호관계를 보여주는 것 같지만, 베켄슈타인-호킹의 엔트로피 공식을 독립적으로 유도했다고 보기에는 부실한 구석이 너무 많다. 이 문제는 양자중력에 기초한 고리 변수loop-variable로 접근하는 편이 훨씬 타당하다고 생각한다.

31.16 홀로그래픽 원리

끈이론에서 수행되는 모든 계산이 그렇듯이, 위 논리도 건드림에 기초하고 있다. 그런데 최근 들어 건드림을 통하지 않고 '정확한' 결과를 얻어낼 수 있는 아이디어가 제안되었다. 이것은 '홀로그래픽 추측'의 다양한 사례에서 비롯된 것으로, 나중에는 '홀로그래픽 원리'라는 좀 더 포괄적인 이름으로 불리게 된다. 이 원리의 기본 아이디어는 "어떤 적절한 환경하에 어떤 시공간 $\mathcal{M}$에서 정의된 (양자적)끈-장이론은 더 낮은 차원의 시공간 $\mathcal{E}$에서 정의된 다른 양자장이론과 일대일로 대응된다"는 것이다! 여기서 $\mathcal{E}$는 종종 $\mathcal{M}$의 (시간꼴)경계로 간주되거나, $\mathcal{M}$의 '등각적으로 매끄러운' 시간꼴 부분다양체submanifold로 간주된다(그림 31.14 참조). 그러나 곧 살펴보게 될 정상적인 사례에서는 이런 경우가 나타나지 않는다. 어떤 면에서 보면 홀로그래픽 원리는 2차원 영상을 3차원으로 복원하는 홀로그램과 비슷하다.[73]

우리에게 가장 친숙한 형태의 홀로그래픽 원리는 1998년에 발표된 후안 말다세나Juan Maldacena의 논문에서 찾아볼 수 있다. 이것은 종종

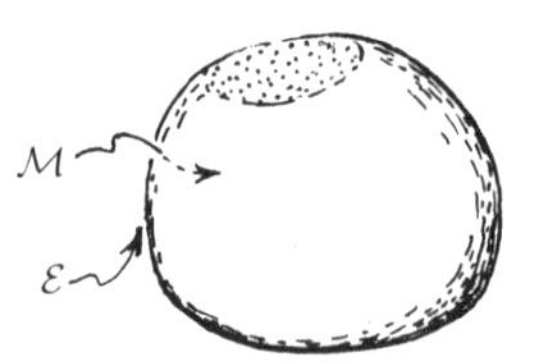

그림 31.14 홀로그래픽 원리? 시공간 $\mathcal{E}$는 또 다른 시공간 $\mathcal{M}$의 (시간꼴)경계에 해당된다. $\mathcal{E}$에서 적절하게 정의된 양자장이론은 $\mathcal{M}$에서 정의된 끈-양자장이론(string QFT)과 동일할 것으로 추정된다.

'말다세나 추측' 또는 'ADS/CFT 추측'으로 불린다. 여기서 $\mathcal{M}$은 $AdS_5 \times S^5$의 $(1+9)$차원 곱이며, AdS_5는 (펼쳐진unwrapped) $(1+4)$차원 반-드 지터 공간이다(28.4, 28.8절 참조. 단 지금은 공간이 4차원이다). S^5는 반지름이 $(-\Lambda')^{\frac{1}{2}}$인 공간꼴 5-구인데, 여기서 (음수) Λ'은 AdS_5의 우주상수이다(19.7절 참조). 그리고 $\mathcal{M}$보다 작은 공간인 $\mathcal{E}$는 AdS_5의 4차원 '스크리scri(등각 다이어그램에서 무한대에 해당하는 부분, 27.12절 참조)'에 해당한다(그림 31.15 참조). $\mathcal{M} = AdS_5 \times S^5$는 10차원 공간이므로, $\mathcal{M}$의 경계(즉, '스크리')는 4차원 공간 $\mathcal{E}$가 아니라 $\mathcal{E} \times S^5$이다. 말다세나의 추측에 의하면 $AdS_5 \times S^5$에서 정의된 끈이론은 $\mathcal{E}$에서 정의된 어떤 초대칭 양-밀스 이론과 동일하다.

$\mathcal{M}$에 존재하는 장의 함수자유도는 $\infty^{M\infty 9}$이고, $\mathcal{E}$의 함수자유도는 $\infty^{E\infty 3}$이다. 31.10절의 '양자-에너지' 개념으로는 이들 사이의 엄청난 차이를 설명할 수 없다. 지금은 $\mathcal{M}$의 여분차원이 절대 작지 않기 때문에(거의 우주적 스케일이다), 두 장이론이 일치할 가능성은 거의 없다(S^5에 의한 함수자유도의 초과분이 너무 방대하다). $\mathcal{M}$과 $\mathcal{E}$에서 펼쳐진 일상적인 양자장이론에도 똑같은 논리가 적용된다. 단일입자의 상태는 '일상적인 장(26.2절 참조)'으로 표현되기 때문이다. 이런 공간에서 홀로그래픽

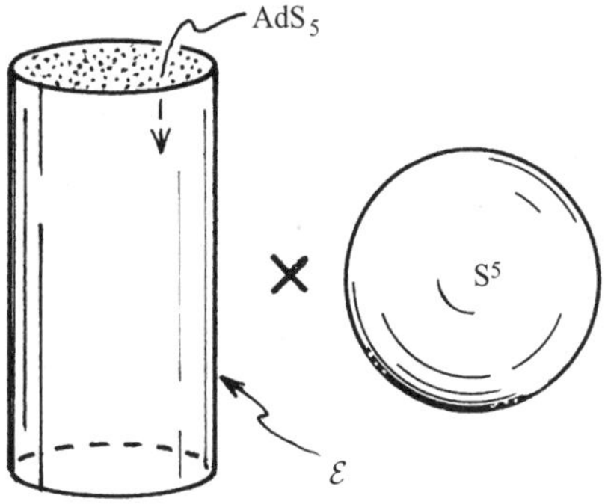

그림 31.15 ADS/CFT(말다세나) 추측. $\mathcal{E}$는 10차원 공간 $\mathcal{M} = AdS_5 \times S^5$의 경계가 아니라, 반-드 지터 5차원 공간 AdS_5의 4차원 '스크리'(등각적 무한대 — 27.12절 참조)이다. 그러나 $\mathcal{M}$에서 정의된 끈이론은 $\mathcal{E}$에서 정의된 초대칭 양-밀스 이론과 동일하다.

원리가 성립하려면, 양자장이론 자체가 '일상적인' 형태와 크게 달라야 한다.

$\mathcal{M}$에서 정의된 끈이론의 경우 함수자유도를 크게 줄여 주는 강력한 조건이 있지만, 표면상으로는 그럴 가능성이 거의 없어 보인다. 21장과 22.8절, 그리고 16.7절에서 언급한 바와 같이 $(1+n)$차원 시공간은 $\infty^{P\infty^n}$의 함수자유도를 갖고 있다. 여기서 P는 입자의 내부자유도, 또는 회전자유도(스핀)를 의미한다. 하나의 끈이 취할 수 있는 양자상태는 함수자유도가 훨씬 크다. 왜냐하면 '고전적' 끈의 자유도는 무한대이기 때문이다. $\infty^{P\infty^n}$이 어떻게든 줄어들었다면, 이는 곧 시공간의 차원과 31.7절에서 언급한 곡률을 감소시키는 어떤 강력한 제한조건이 존재한다는 뜻이다. 그러나 나는 지금까지 이런 조건이 제안된 논문을 본 적이 없다(이 조건은 31.15절에서와 같이 끈의 상태 수에 큰 영향을 미칠 것이다).

이제 남은 가능성은 $\mathcal{E}$에서 정의된 초대칭 양-밀스 장이론의 함수자유도를 크게 증가시키는 방법을 찾는 것이다. 내가 생각할 수 있는 유일한 방법은 $N\to\infty$의 극한을 취하여 무한개의 장을 확보하는 것인데(N은 초대칭 생성원의 개수이다), 일반적인 추론에서는 초대칭짝에 작용하면서 양-밀스 퍼텐셜을 변화시키지 않는 '내부군internal group' SO(6)을 도입하기 위해 $N=4$를 선택하고 있다.[74] 이 내부군은 $AdS_5\times S^5$에 나타나는 S^5의 SO(6)대칭 때문에 도입된 것이다. 그러나 내가 보기에 '시공간의 대칭'을 이런 종류의 내부군에 대응시키는 것은 근본적으로 잘못된 생각이다. 굳이 대응을 시키려면 원래 칼루자-클라인의 이론에서처럼(31.4절 참조) 시공간의 대칭이 킬링장에 의해 '정확하게' 결정되어야 하며, 시공간에서 정의된 모든 물리적 장에 이 대칭이 반영되어야 한다. $\infty^{M\infty^9}$에 들어 있는 '초과된 자유도'는 $\mathcal{M}$의 S^5 부분에 이와 같은 대칭이 존재하지 않기 때문에 나타난 것이다.

나는 함수자유도의 방대한 차이에서 나타나는 심각한 문제들이 과소평가되고 있다고 생각한다. 고전적 장의 함수자유도가 크게 다르면 폭 공간(26.6절, [후주 26.12] 참조)의 '크기'도 완전히 달라진다. 양자장이론의 단일입자상태에 '양의 진동수' 조건을 부과해도 고전적 장의 자유도 $\infty^{M\infty^N}$은 달라지지 않는다. 이 조건은 단지 고전적 장이론에서 양자장이론으로 넘어갈 때 장이 복소화된다는 사실을 말해줄 뿐이다(26.3절 참조).

ADS/CFT 추측은 왜 그토록 심각하게 받아들여지는가? 아마도 그 이유는 BPS 상태들이 $\mathcal{M}$과 $\mathcal{E}$에서 서로 일치한다는 것과(이 사실은 말다세나가 처음으로 발견했다) 몇 가지 다른 양들이 일치한다는 사실에서 비롯되었을 것이다. 이중 후자는 장이론의 대칭군들[즉, SO(2, 4) × SO(6)] 사이에 나타나는 대응관계로부터 이해할 수 있다. 그러나 여기에는 짚고 넘어갈 필요가 있는 또 하나의 '일치'가 존재한다. ADS/CFT 추측이 사실이기를 바라는 이유는 끈이론이 건드림적 접근법의 한계를 벗어나 완전한 이론으로 거듭나기를 바라기 때문이다.

$\mathcal{E}$는 등각적으로 평평하기 때문에(실제 계량은 부여되지 않고 + − − −의 부호수를 갖는 등각계량만 존재하지만, 이것을 종종 '평평하다'고 표현하기도 한다), 이곳에서의 계산은 비교적 쉽게 수행된다. $\mathcal{E}$는 컴팩트화된compactified 민코프스키 공간의 포괄적인 덮개공간([후주 15.9], 33.3절 참조)으로서,[75] $S^3 \times \mathbb{E}^1$의 위상을 갖는다. '아인슈타인의 실린더' 또는 '아인슈타인의 우주'로 불리는 $S^3 \times \mathbb{E}^1$의 계량은 1917~1929년 동안 아인슈타인이 집중적으로 연구했던 우주모형이기도 하다. 바로 이 무렵에 그는 자신의 장방정식에 우주상수를 도입했다(19.7장

참조).[76]

31.17 D-브레인

나는 31.11, 12, 15, 16절에 걸쳐서 끈이론의 고차원 시공간에 대한 나의 비관적인 의견을 밝힌 바 있다. 가장 큰 문제는 고차원 이론의 함수자유도가 지나치게 크다는 점인데[$(1+M)$차원 이론의 함수자유도는 $\infty^{P\infty M}$이다], 이런 이론에서는 여분의 자유도를 제거할 방법이 반드시 필요하다. 그림 15.1과 31.3의 '수도용 호스' 사례로 되돌아가서 생각해 보자. 여기서 우리가 인지하는 시공간의 한 점은 역학적인 실체로서(이 경우에는 원으로 표현된다), 일반적으로는 고차원이기 때문에 방대한 지유도가 추가로 나타난다. 칼루자와 클라인은 호스의 둘레를 돌아가는 킬링 벡터를 도입하여 여분의 자유도를 제거함으로써 시공간을 4차원으로 줄일 수 있었다. 여기에는 수학적으로 문제될 것이 전혀 없지만, 끈이론은 이 과정을 단 한 번도 신중하게 다룬 적이 없는 것 같다. 그 대신 끈이론학자들은 31.10절에서 말한 대로 "여분차원의 진동을 들뜬상태로 만드는 데 너무나 큰 에너지가 필요하다"는 논리에 의존하고 있다. 31.11 ~ 12절에서 지적한 바와 같이, 이런 식의 논리는 설득력이 크게 떨어진다.

그러나 31.11, 12, 16절과 같은 논리로는 끈이론을 반박하기가 쉽지 않다. 논쟁을 벌이다 보면 주제가 변질되어 애초의 반박이 무의미해지는 경우가 대부분이다.[77] 최근에 제시된 '고차원 시공간에 대한 관점'을 분석해 보면, 끈이론에 심각한 변화가 전혀 없었음에도 철학적인 관점 자체가 달라졌다는 인상을 받는다. 끈이론을 연구하는 주류학자들의 관점이 아닐 수도 있지만(그들의 관점이 무엇이건 간에), 새로 제기된 'D-브레인 철학'에서 이와 같은 징후를 느낄 수 있다.

D-브레인이란 무엇인가? 끈이론에 왜 이런 개념이 있어야 하는가? 두 번째 질문의 답은 I형 끈이론(31.14절 참조)과 관련되어 있다. 즉, D-브레인이 I형 끈이론에 등장하는 '열린 끈'에 잘 부합하기 때문이다. 이 시나리오에 의하면 열린 끈의 양쪽 끝은 D-브레인에 부착되어 있다(그림 31.16 참조). D-브레인(또는 D-q-브레인)은 $(1+q)$차원 시공간에 존재하는 시간꼴 구조로서, 11차원 초중력이론의 안정한 해stable solution이다(M-이론의 이중성에 의하면 D-브레인은 다른 끈이론 방정식의 해로 간주할 수 있다). 이것은 기본적으로 어떤 차원(1, 2, ⋯, 또는 9)에 존재하는 BPS상태의 '브레인(막)'으로서(31.15~16절 참조), 양-밀스 '전하'의 어떤 초대칭 모음과 최소에너지를 갖고 있다. D-브레인은 끈이론과 관련된 최신 논의에서 거의 빠지지 않고 등장한다(블랙홀 엔트로피가 대표적인 예이다. 31.15절 참조). 또한, D-브레인은 종종 1+9차원(또는 1+10차원) 시공간에 존재하는 고전적 객체로 간주된다. 'D'는 '디리클레'의 약자로서 경계값 문제를 '디리클레 문제'로 부르는 전통을 따른 것이다[디리클레Peter G. Lejeune Dirichlet는 프랑스의 저명한 수학자이다(1805~1859). 우리는 이 이름을 7.4절의 '디리클레 급수'에서 접한 적이 있다].

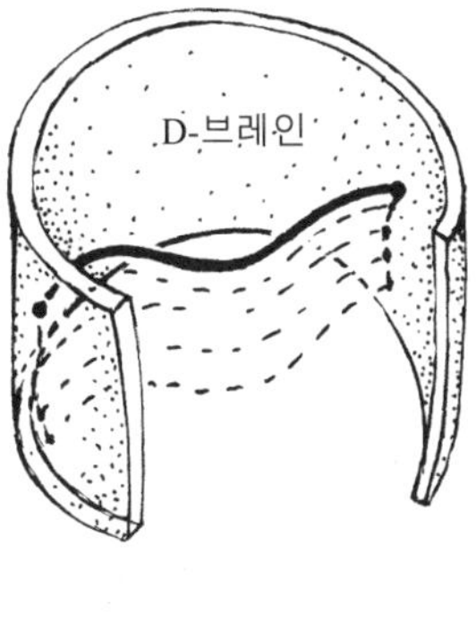

그림 31.16 열린 끈의 양쪽 끝은 시간꼴 $(q+1)$차원 부분공간인 D-브레인(또는 D-q-브레인)에 부착되어 있다. D-브레인은 (초대칭을 갖지만)기본적으로 고전적인 객체이며, 11차원 초중력이론의 안정한 해를 나타낸다(일종의 'BPS상태').

여기서 D-브레인을 자세하게 설명할 생각은 없다. 내가 지적하고 싶은 것은, D-브레인이 도입되면서 '끈이론의 철학'이 이전과 크게 달라졌다는 점이다. 끈이론학자들은 종종 우리가 D-브레인 위에서 살아간다고 주장한다. 즉, 우리가 인식하는 시공간이 D-브레인 안에 놓여 있다는 것이다. 그렇다면 우리가 여분차원을 인식하지 못하는 이유도 자연스럽게 설명된다. '우리의' D-브레인은 여분차원으로 확장되어 있지 않기 때문이다.

우리가 살고 있는 D-브레인(D-3-브레인)은 1 + 3차원일 것이다. 이것은 여분차원의 자유도를 제거해 주지는 않지만, 그 수를 크게 줄이는 효과가 있다. 왜 그런가? 이 시나리오에 의하면 우리는 D-브레인들 사이에 끼어 있는 고차원공간 속의 자유도를 인식하지 못하기 때문이다. 이 여분의 차원이 '우리가 살고 있는' D-브레인과 만나는 곳에서만 우리는 그 존재(여분차원)를 인식할 수 있다. 다시 수도용 호스를 예로 들어보자. 칼루자-클라인 이론을 연상시키는 '인자공간factor space'[78]을 떠올리는 대신(그림 31.3 참조), 우리가 인식하는 시공간은 어떤 고차원 공간의 일부인 4차원 부분공간이라고 하자. 이 상황을 그림으로 표현하면 그림 31.17과 같다. 즉, 호스의 길이방향을 따라 나있는 기다란 조각이 D-브레인 부분공간을 나타내고, 이곳이 바로 우리가 인식하는 '4차원 우주'에 해당된다.

이럴 때 함수자유도는 얼마나 될까? 이 상황은 31.3절에서 초기하학에 더 쉽게 접근하기 위해 채용했던 기하학과 비슷한 점이 있다(그림 31.2 참조). 지금 우리 관심은 D-브레인[기하학적으로는 (1 + 3)차원 시공간]에서의 거동에 국한되어 있으므로, 함수자유도는 어떤 큰 M에 대하여 $\infty^{M\infty^3}$으로 쓸 수 있다. 우리는 10차원 공간(또는 11차원)의 역학에 어

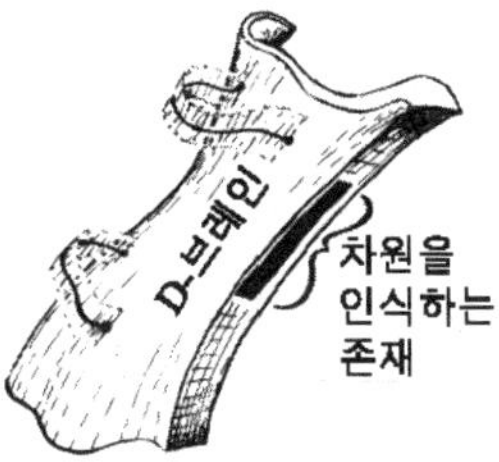

그림 31.17 D-브레인은 그림 31.3에 대한 새로운 관점을 제공한다. 즉, 고차원공간에 사는 생명체는 모든 여분차원에 걸쳐서 존재할 필요 없이 부분공간에만 존재할 수도 있다. 그곳은 아마도 바로 D-브레인의 경계일 것이다.

떤 제한조건을 가하면 우리가 아는 4차원(D-브레인) 역학방정식이 얻어짐을 가정하고 있으므로, 어떤 3차원 공간에서 주어진 초기 데이터만 있으면 4차원 공간 전체에 걸친 거동을 알아낼 수 있다. 그러나 일반적으로 이렇게 될 가능성은 거의 없기 때문에, 결국 $\infty^{M\infty^4}$의 초과자유도가 존재하게 된다. 다시 말해서, 자유도 문제가 전혀 해결되지 않는 것이다!

D-브레인에 대한 이와 같은 관점은 31.1절에서 언급한 '계층문제'를 해결하는 수단으로 사용되기도 한다. 자연에 존재하는 힘 중에서 중력이 그토록 약한 이유는 무엇인가? 이 질문은 다음과 같은 형태로 바꿀 수 있다. 중력의 기본상수인 플랑크 질량이 자연에 존재하는 입자의 질량보다 압도적으로 큰 이유(약 10^{20}배)는 무엇인가? D-브레인의 관점에서 이 질문에 답을 제시할 때에는 대개 '큰' 브레인과 '작은' 브레인이 도입된다. 한 브레인의 기하학적 구조가 다른 브레인으로 뻗어 가는 과정은 지수인자exponential factor로 표현되는데, 이것은 중력과 다른 힘의 강도비율(약 10^{40})을 설명하는 데 유용하다.[79] 하나의 D-브레인에서 다른 D-브레인으로 뻗어 있는 고차원시공간 모형은 M-이론과 같은 11차원 이론이 제시하는 기하학 모형 중 하나에 속한다. M-이론에서 11번째 차원은 열린 선분 구조로 되어 있으며, 각 경계의 기하학적 구조는 앞에서 논했던 10차원 공간과 같은 위상을 갖는다($\mathcal{M} \times \mathcal{Y}$). 다른 모형에서 11번째 차원은 S^1의 위상을 갖는다.

31.18 끈이론의 현주소

끈이론은 과연 미래의 이론물리학을 선도하게 될 것인가? 이 질문에는 확답을 내리기가 어렵다. 여기에는 수수께끼 같은 면도, 놀라운 면도 있으며, 상당히 부정적인 면도 함께 섞여 있기 때문이다. 이 시점에서 내 사견을 주장하는 것도 바람직한 처신은 아닐 것이다. 끈이론학자들은 대부분 매우 강한 신념을 보이는데, 학계에 완전히 수용된 이론이 아닌 한 이런 분위기는 진정될 필요가 있다고 생각한다. 끈이론이 가장 강력하게 주장하는 내용 중에는 그에 못지않은 확신을 갖고 반박할 수 있는 항목도 많이 있다(끈이론이 완전한 양자중력이론을 제공한다는 주장이 대표적인 사례이다). 그러나 끈/M-이론의 저변에서 무언가 심상치 않은 일이 진행되고 있다는 사실만은 인정해야 할 것 같다. 런던 왕립대학교의 수학자인 리처드 토머스Richard Thomas는 나에게 다음과 같은 내용의 전자우편을 보내온 적이 있다.

> 쌍대성(duality)이 얼마나 중요한 개념인지는 말로 설명하기가 어려울 정도입니다. 이로부터 쏟아져 나오는 새로운 예견들은 계속해서 저를 놀라게 합니다. 과거에는 절대로 불가능하다고 생각했던 것들이 가능하다고 속속 판명되고 있으니까요. 그동안 수학자들은 여러 차례에 걸쳐 이런 일이 불가능하다고 예견해 왔지만, 칸델라스(Candelas)와 델라오사(de la Ossa) 등은 수학자들의 생각이 틀렸음을 입증했습니다. 수학적인 개념상으로는 이것이 왜 사실인지 알 수가 없습니다. 그저 두 부분에서 독립적으로 계산을 수행하고서 비교해 보면 동일한 구조와 대칭성, 그리고 동일한 답이 얻어질 뿐입니다. 그러나 수학자의 눈에는 이들이 도저히 일치할 수 없을 것처럼 보입니다. 이 현상을 설

명하려면 무언가 더 고차원적인 논리가 필요합니다. 아무래도 이 거대한 수학이론에 자연의 섭리가 담겨 있는 것 같습니다……

토머스가 말한 '무언가'는 자연의 비밀과 무관한 순수 수학적 내용일 수도 있다. 나 역시 자연이 (지금까지 제안된 내용과는 조금 다른 방식으로) 이런 문제에 관심을 갖는다고 믿고 싶지만, 위와 같이 생각하는 것이 가장 공정한 자세일 것이다. 끈이론은 완전히 다른 것처럼 보였던 '물리적 상황'들이 수학적으로 긴밀하게 연결되어 있음을 보여 주었다(그러나 여기서 말하는 '물리학'은 실제 자연세계의 물리학에서 제거된 부분인 것 같다). 이것이 바로 끈이론이 갖는 강력한 힘의 원천이다. 이 상호관계들은 우연히 나타난 것일까? 아니면 그 저변에 무언가 심오한 이유가 있는 것일까? 내가 보기에는 아직 알려지지 않은 어떤 이유가 있긴 있는 것 같다. 그러나 이것이 사실이라고 해도, 끈이론이 진정한 '물리학'을 탐구한다고 주장하기는 어렵다. 끈이론의 관심사가 정말로 물리학이라면, 물리학의 어떤 면을 탐구하고 있다는 말인가?

이 문제를 적절하게 평가하려면, 우선 끈이론의 선두주자인 에드워드 위튼의 위상이 어느 정도인지 알고 있어야 할 것 같다. 그는 1980년대 후반부터 끈이론(그리고 M-이론)을 진두지휘했던 이 분야의 최고실력자이며, 1995년에 '끈이론의 2차 혁명'을 촉발한 장본인이기도 하다(31.14절 참조). 이 무렵에 위튼은 이미 끈이론 및 이와 관련된 여러 분야에서 중요한 업적을 남긴 저명인사였다. 끈이론은 30년의 역사를 거치면서 여러 명의 스타를 배출했는데, 그중에서도 위튼은 단연 뛰어난 인물이다. 위튼이 어떤 테마를 선택하여 연구를 시작하면, 얼마 지나지 않아 거의 모든 끈이론학자들이 그의 뒤를 따르는 실정이다. 끈이론학계에서 그의 영향력이 얼마나 절대적인지를 보여 주는 사례가 바로 31.16절에서 언급했던 말다세나의 논문이다. 이 논문은 수많은 학자들의 후속연구를 촉발한 명저인데, 처음 발표된 후로 한동안은 끈이론학자들의 이목을 끌지 못했다. 그러나 1998년에 위튼이 이 논문을 소개한 후로 졸지에 끈이론학자들 사이에서 가장 자주 인용되는 논문으로 급부상했다.[80]

흥미롭게도 위튼은 매우 중요하게 평가되는 최근논문에서[81] 표준 4차원 시공간으로 되돌아왔다(그래도 초대칭은 여전히 포함되어 있다). 그는 트위스터 이론과 끈이론의 아이디어를 결합하여, 몇 개의 글루온들 사이의 양-밀스 상호작용과 관련된 흥미로운 사실을 유도해 냈다(25.7절 참조). 이것은 트위스터 이론에 익숙한 내가 볼 때에도 매우 중요한 업적으로서(트위스터 이론은 33장에서 다룰 예정이다), 앞으로 새로운 결과들이 연이어 밝혀질 것으로 기대된다.

위튼이 이루어온 업적에 대해서는 의문의 여지가 없다. 그의 능력을 현장에서 직접 확인한 사례도 여러 번 있었다. 옥스퍼드 수학연구소에서 개최되는 세미나는 학계에 큰 영향을 미친 획기적인 아이디어의 산실로 유명한데, 그동안 내가 참석했던 세미나에서 탄생한 획기적인 아이디어의 대부분(또는 일부)은 위튼의 머리에서 나온 것이었다. 위튼의 한 마디에 새로운 연구분야가 탄생하고, 도저히 다룰 수 없을 정도로 난해했던 수학문제에 새로운 해결책이 제시되기도 한다. 위튼이 뛰어난 수학자라는 점에는 의심의 여지가 없다(실제로 그는 1990년에 '수학의 노벨상'으로 불리는 필즈상Fields Medal을 받았다. 수학자도 아닌 물리학자가 이런 상을 받았다는 것은 정말로 대단한 업적이 아닐 수 없다). 나는 위튼 자신도 자신의 능력이 수학 쪽에 치우쳐 있음을 인정하리라고 생각한다. 그는 자연의 운영방식을 깊이 관찰하고, 경로적분, 무한차원 함수공간과 더불어 양자장이론의 구조에서 영감을 얻었으며, 초대칭과 (일반화된)끈이론의 특성을 깊이 이해하여 지금과 같은 성공을 일궈 냈다. 만일 그의 생각이 옳다면, 위튼이라는 존재는 사람들로 하여금 초대칭과 끈이론에 자연의 섭리가 담겨 있다는 주장을 수용하게 하는 가장 강력한 동기가 될 것이다. 그러나 그 이전에 위튼은 자신이 생각하는 것보다 훨씬 뛰어난 수학자임이 분명하다! 끈이론이 틀린 것으로 판명된다 해도, 수학자로서 위튼의 명성은 아무런 상처도 입지 않을 것이다.

위튼과 연구동료들이 발견한 수학적 상호관계에 자연의 섭리가 담겨 있다는 주장을 어떻게 받아들여야 할까? 단정적으로 말하긴 어렵지만, 나는 그들의 주장을 그리 신뢰하지 않는 편이다. 여기서 우리는 350년 동안 수학의 최대난제로 군림했던 페르마의 마지막 정리를 증명한 영국 수학자 앤드루 와일즈의 사례를 떠올릴 필요가 있다(1.3절 참조). 실제로 그가 증명한 것은 "완전히 다른 것처럼 보이는 두 가지 계산이 항상 동일한 결과를 준다"는 사실이었는데, 이것은 와일즈의 증명이 발표되기 전까지는 수학자들 사이에서 '타니야마-시무라 추측'으로 알려졌었다(사실 와일즈가 증명한 것은 이 추측의 '일부'에 불과했지만, 그것만으로도 페르마의 마지막 정리를 증명할 수 있었다. 추측의 완벽한 증명은 그 후 브로일 Breuil과 콘라드Conrad, 다이아몬드Diamond, 리처드 테일러Richard Taylor에 의해 완결되었다).

타니야마-시무라 추측과 칼라비-야우 공간들 사이에 존재하는 거울대칭관계(31.14절 참조)는 무언가 비슷한 공통점을 갖고 있다. 두 경우 모두 무한히 긴 두 개의 수 목록을 갖는데, 신기하게도 이들이 완전히 일치하는 것이다. 수학에서는 이런 '기적 같은' 사건이 종종 발생한다. 이들이 일치하는 이유를 밝히려면 (적어도 나는)몇 년은 족히 걸릴 것이다. 지금까지 거울대칭을 이용하여 새롭게 밝혀진 관계들은 순전히 수학적인 논리만으로 탄생한 것이다.[82] 내가 아는 한, 이런 신비한 관계들은 (수학이 아닌)과학이론의 타당성을 입증하는 근거가 될 수 없다. 이 문제는 34.9절에서 다시 논하기로 한다.

앞에서 우리는 블랙홀의 엔트로피에 관한 끈이론의 논리가 어떤 '일치'를 보인다는 사실을 확인한 바 있다(31.15절 참조. 이것은 끈이론을 사용하지 않은 논리(31.5절 참조)보다 먼저 탄생했다). 이것이 과연 수학적인 우연일까? 아니면 이 논리를 실질적인 증명으로 받아들여야 할까? 이 장을 끝내기 전에, 20세기 물리학에서 일어났던 또 하나의 수학적 일치를 소개하고자 한다. 1912년에 볼데마르 포크트Woldemar Voigt는 잘못된 진동모형에 기초한 스펙트럼선 이론을 구축한 적이 있다. 그로부터 15년 후, 하이젠베르크와 요르단은 이 문제에 대한 올바른 접근법을 알아냈는데, 그 무렵에 하이젠베르크는 포크트의 연구결과를 회상하면서 다음과 같은 글을 남겼다.[83]

> 그는 적절하게 결합된 진동자들을 외부 장 속에 배열시키고 약한 자기장을 걸어서 파셴-백 효과(Paschen-Back effect)를 정확하게 재현하는 데 성공했다. 또한, 그는 장의 효과가 비교적 약한 중간지역에서 진동수와 세기를 복소수의 4제곱근이 섞여 있는 복잡한 수식으로 표현했다. 사람들은 그의 공식이 어떻게 나왔는지 도저히 이해할 수 없었으나, 실험결과와 정확하게 일치한다는 사실만은 분명했다. 그로부터 15년 후에 요르단과 나는 양자역학적 건드림이론으로 이 문제를 다루면서 과거와 비슷한 어려움에 직면했다. 진동수와 세기에 관하여, 놀랍게도 포크트와 동일한 공식이 얻어진 것이다. 얼마 후 우리는 그 이유를 이해할 수 있었다—그것은 단순한 수학적 일치에 불과했다.

끈이론을 비롯하여 최근에 제안된 일부 물리학이론들은 수학적 일치에 크게 의존하고 있다. 과연 이것이 자연의 섭리인가? 이 난해한 이슈는 나중에 34장에서 계속 다루기로 한다.

〈31장 후주〉

31–1절

31.1 전자의 전하를 나타내는 e와 자연로그의 밑수인 $e = 2.718281828459\cdots$를 혼동하지 않도록 주의하기 바란다(5.3절 참조).

31.2 자연에 존재하는 네 가지 힘 -강력, 전자기력, 약력, 중력의 세기에는 커다란 차이가 있는데, 각 힘의 크기는 결합상수의 크기로 비교할 수 있다. 위 순서대로 이 값을 나열하면 $1, \frac{1}{137}, \sim 10^{-6}, 10^{-31}$이다. 힘의 세기가 이토록 크게 다른 이유는 무엇일까? 물리학자들은 이것을 '계층문제'라고 부른다. 조지아 주립대학교의 웹사이트 hyperphysics.phy-astr.gsu.edu/hbase/forces/couple.html를 방문하면 결합상수에 대한 깔끔한 설명을 조회할 수 있다.

31.3 전하의 재규격화인자(renormalization factor)가 상대적으로 작은 이유는 전자기력의 발산이 로그함수 형태로 나타나기 때문이다. 독자들도 잘 알다시피, 스케일이 작은 단위계를 사용한다고 해서 "입자의 질량은 왜 그렇게 작은가?"라는 의문은 사라지지 않는다.

31.4 26.9절에 인용된 토프트의 말을 다시 한 번 읽어 보기 바란다.

31–2절

31.5 일반인을 위해 초대칭의 역사와 기본개념을 잘 정리해 놓은 책으로는

Kane(2001)을 추천한다. 좀 더 전문적인 입문서로는 Kane(1999)가 있다.

31.6 Witten(1982) 참조. 초대칭 양-밀스 이론을 이용하면 도널드슨의 4차원 다양체이론이 크게 단순화된다—Seiberg and Witten(1994), Donaldson and Kronheimer(1990) 참조. 존 바에즈(John Baez)는 "사이버그-위튼 이론을 적용하면 도널드슨이 했던 일부 증명이 1/1000 분량으로 짧아진다"고 했다.

31.7 Witten(1981) 참조. 초대칭을 이용한 양의 에너지(positive energy) 증명은 Deser and Teitelboim(1977)에 나와 있다. 블랙홀과 관련된 흥미로운 부등식은 Gibbons(1997)을 참조하라.

31.8 Greene(1999), 399p. 주5 참조.

31.9 Lawrie(1998) 참조. 더 자세한 내용을 알고 싶다면 Mohapatra(2002)를 읽어볼 것.

31–3절

31.10 여기서 N은 2의 거듭제곱으로 나타나는 경향이 있는데, 이것은 어떤 스피너의 성분 수에 해당한다(11.5, 33.2절 참조). 단, 초대칭대수의 원소 개수인 2^N과 혼동하지 않도록 주의를 요한다. 초대칭의 창시자가 직접 쓴 책을 읽고 싶다면 Wess and Bagger(1992)를 권한다!

31.11 초다양체(supermanifold)에 대해 더 자세한 내용을 알고 싶은 독자들은 DeWitt(1984)와 Rogers(1980)을 읽어 보기 바란다.

31–4절

31.12 이 문제에 관해서는 베른이 쓴 해설논문 Bern(2002)를 참조할 것. Deser(1999, 2000)도 도움이 될 것이다.

31.13 초중력이론의 재규격화를 향한 '마지막 희망'은 Deser(1999, 2000)을

참조 : Deser and Zumino(1976) 참조.

31.14 Hoyle *et al*.(2001) 참조.

31.15 이 값을 얻는 빠른 방법은 Penrose and Rindler(1984), p.389에 나와 있다.

31.16 기저공간(base space) $\mathcal{M}$은 (원한다면)번들 $\mathcal{B}$의 위쪽으로 들어 올릴 수 있다. 이렇게 하면 $\mathcal{B}$는 정준적 겹친 계량(canonical degenerate metric)을 갖게 된다. 그러나 이것이 번들의 기본적인 성질은 아니다.

31.17 아인슈타인-맥스웰 방정식이란 맥스웰의 에너지-운동량 텐서를 발생원(source)으로 하는 아인슈타인 방정식을 말한다. 또한, 여기에는 휘어진 시공간을 배경으로 하는 자유-맥스웰 방정식이 포함된다.

31.18 최근에 끈이론과 트위스터 이론을 결합하여 표준 4차원 시공간에서 펼쳐지는 이론이 제안되었다(31.31, 33,14, [후주 31.81] 참조).

31–5절

31.19 [후주 12.14]와 비교해 보라.

31.20 이것은 위대한 수학자 오일러(Euler)가 1777년에 발견했던 베타함수(β-function)과 관련되어 있다. 쌍대성(duality)에 관한 최초의 논문은 Goddard *et al*.(1973)을 참조하라.

31.21 끈이론의 역사는 Schwartz(2001), Veneziano(1968), Nambu(1970), Susskind(1970), Nielson(1970), Goddard *et al*.(1973)을 참조하라.

31.22 레게 궤적을 설명하는 모형을 최초로 생각했던 사람은 Veneziano (1968)였다. 일반적인 레게 이론은 Collins(1977)과 Penrose *et al*. (1978)을 참조하라.

31.23 끈이론과 트위스터 이론을 결합하는 시도가 부분적인 성공을 거두긴 했지만, 이것은 기본적으로 수학이론에 가까우며 통일된 물리적 관점은 아직 제시하지 못하고 있다. Shaw and Hughston(1990), [후주 31.76]

참조.

31-6절

31.24 Greene(1999) p.139에서 발췌. 1997년 12월 10일에 있었던 마이클 그린(Michael Green)과의 인터뷰 내용.

31.25 Witten(1996) 참조.

31.26 더 전문적인 내용은 Green *et al*.(1987), Polchinski(1998), Green (2000)을 참조하라.

31-7절

31.27 26차원이 유도되는 과정은 Green *et al*.(1987), Polchinski(1998), Green(2000)을 참조하라.

31.28 양자적 교환자에서 비정상과 관련된 숫자는 $24 - \sigma$이다. 여기서 σ는 공간차원에서 시간차원을 뺀 값을 의미한다.

31.29 초대칭을 도입한 경우, 비정상은 $8 - \sigma$가 0일 때 사라진다. 여기서 σ는 위와 같은 값이다.

31.30 강입자를 서술하는 끈이론은 평범한 고무줄과 약간의 차이가 있다. 고무줄은 '길이가 유한한' 자연스러운 상태에서(natural length) 장력이 0이지만, 강입자 끈은 자연스러운 상태에서 길이가 0이다.

31-8절

31.31 이런 주장은 Green(1999)에서 많이 찾아볼 수 있다.

31.32 1986년 캘리포니아 주립대 샌타바바라(Santa Barbara)캠퍼스에서 개최된 NSF-ITP 양자중력이론 워크샵에서 아브헤이 아쉬테카르(Abhay Ashtekar)가 했던 강연 중 발췌.

31.33 상대성이론을 연구하는 학자들이 모두 나의 의견에 동의하지 않겠지만, 양자역학과 중력을 통합하려면 양자장이론의 법칙이 바뀌어야 한다고

생각한다. 현재 이 제안은 그들에게 어느 정도 지지를 받고 있는 상황이다. 그러나 양자장이론을 연구하는 학자들은 별로 호의적이지 않은 것 같다.

31.34 '늘임자(dilaton)'라는 용어는 '팽창(dilation)'을 잘못 쓴 것이 아니라, 팽창 개념을 양자역학 버전의 단어로 표현한 것이다. 이것은 계량의 스케일 변화에서 나타나는 자유도에 기원을 둔다. 26장에서 말한 바와 같이 양자장이론 법칙에 의하면 양자화된 자유도는 입자 형태로 나타난다.

31–9절

31.35 Greene(1999) p.210에서 발췌. 1998년 5월 11일에 있었던 에드워드 위튼(Edward Witten)과의 인터뷰내용.

31–10절

31.36 여기서 70이라는 숫자는 리치 평평성을 만족하는 n-차원 공간에서 초기 $(n-1)$차원 곡면 위의 한 점당 할당된 성분의 수인 $n(n-3)$에서 나온 것이다. Wald(1984), Lichnerowicz(1994), Choquet-Bruhat and DeWitt-Morette(2000) 참조.

31.37 Penrose(2003), Brynat *et al*.(1991), Gibbons and Hartnoll(2002) 참조.

31–11절

31.38 Penrose(2003) 참조.

31.39 모듈라이(moduli)에 대해서는 Dine(2000)을 참조하라.

31.40 고전적인 서술 대신 양자장이론의 범주 안에서 결맞음상태(coherent state, 26.6절 참조)를 이용한 서술을 선호하는 사람도 있을 것이다. 그러나 어떤 경우에도 본문에서 제기된 문제를 피해갈 수 없다.

31.41 많은 끈이론학자들이 **R**을 역학적 과정으로 취급하려 시도하는데, 나는 이 점에 다소 비관적이다. 그러나 Ellis *et al*.(1997a, 1997b)의 예외적인 시도는 눈여겨볼 만하다.

31.42 호스의 진동을 양자장이론으로 서술했을 때, 들뜬 모드는 보존의 거동과 비슷하다(22.13, 23.8, 26.2절 참조). 따라서 임의의 $\mathcal{Y}$모드에는 여러 개의 양자가 존재할 수 있다. 양자적 서술이 적용되는 실제 물리계로는 가늘고 긴 광학 도파관(optical waveguide, 또는 광섬유)을 들 수 있다.

31–12절

31.43 Hawking and Penrose(1970) 참조.

31.44 이 조건은 시간꼴, 또는 널(null)측지선이 '포괄적인(generic)'곡률을 갖는다는 것을 의미한다. 여기서 '포괄적'이란, 선의 어딘가에 $k_{[a}R_{b]cd[e}k_{f]}k^c k^d \neq 0$인 점이 존재한다는 뜻이다. 여기서 널벡터 k^a는 측지선의 접선방향을 향한다. 간단한 방법으로 자유도를 계산해 보면, 임의의 '포괄적인' 시공간이 이 조건을 만족한다는 사실을 알 수 있다. 특이점정리는 평평하지 않은 공간에도 적용될 수 있다. 단, 리치텐서가 '음이 아닌 에너지 조건(non-negative energy condition)'을 만족해야 한다(27.9절과 [후주 27.20], 28.5절 참조). '컴팩트한 초공간(compact hyperspace)'에 대해서는 12.6절과 [후주 27.36]을 참조하라.

31.45 초원환면(hypertorus) $S^1 \times S^1 \times S^1 \times S^1 \times S^1 \times S^1$의 위상을 가지면서 곡률-0인 $\mathcal{Y}$는 예외지만, 요즘 끈이론학자들은 이런 모형을 선호하지 않는다(31.4절 참조).

31.46 이 결론은 앞에서 언급한 특이점정리를 전체 시공간 $\mathcal{M}$에 적용하여 얻어진 것이다. 이 과정에서 "컴팩트한 공간꼴 초공간이 존재한다"는 조건은 "점 p의 미래 빛원뿔 $\mathcal{C}$가 모든 방향으로 돌돌 말려서 자기 자신과 다시 만나는, 그런 p점이 존재한다"는 조건으로 대치되었다. $\mathcal{C}$의 궤

적은 일련의 빛 경로 ℓ(즉, 널 측지선 – 28.8절 참조)과 과거의 끝점 p에 의해 커버되며, 무한히 먼 미래까지 뻗어 있다. 이 조건은 'p에서 q로 가는 시간꼴 곡선이 존재하는 점 q'가 모든 ℓ에 존재할 때 충족된다. 본문에서 다루고 있는 정확한 $\mathcal{M} \times \mathcal{Y}$ 모형은 이 조건을 만족하지 않지만($\mathcal{M} \times \mathcal{Y}$에는 특이점이 없을 수도 있다), 크게 문제될 것은 없다. 일련의 8차원 빛 경로 ℓ 중에는 '$\mathcal{Y}$ 부분'으로 흘러들어갔다가 다시 시공간으로 돌아오지 못하는 아주 작은 2차원 부분집합이 존재한다. $\mathcal{C}$에 작은 건드림을 적용하면 이러한 특성이 사라지면서 특이점정리를 적용할 수 있게 된다. 자세한 내용은 이 책의 다른 어딘가에서 찾아볼 수 있을 것이다.

31.47 Minassian(2002) 참조.

31–13절

31.48 Smolin(2003), Nicolai(2003) 참조.

31.49 Smolin(2003), Gross and Periwal(1988), Nicolai(2003) 참조.

31.50 급수 $1 + 2^2 + 2^4 + 2^6 + 2^8 + \cdots$이 $-\frac{1}{3}$이라는 데에는 모호한 점이 없지만(해석적 접속을 통해 답을 구할 수 있다. 7.4절 참조), 사실은 이것도 보렐 가합성(Borel summable) 급수는 아니다. 끈의 총 진폭을 계산할 때 이 과정이 적용되었는지는 나도 잘 모르겠다.

31–14절

31.51 이것은 이형(heterotic) 끈이론에 적용되지 않는다. 앞으로 곧 알게 되겠지만, 이형 끈이론은 기본적인 구조 자체가 카이랄(chiral)성을 만족하고 있다.

31.52 이와 관련하여 가장 최근에 발표된 서적으로는 Gross *et al*.(2003)이 있다. Smolin(2003)에는 끈이론의 다양체에 대하여 더 많은 참고문헌이

소개되어 있으며, Polchinski(1988)도 참고할 만하다.

31.53 여기에는 약간 모호한 점이 있다. 스피너장은 기하학적 해석이 가능하기 때문에, 공간을 회전시키지 않고는 스피너장을 회전시킬 수 없다. Penrose and Rindler(1984) 참조.

31.54 '윅 회전(Wick rotation)'을 적용하여 리만 곡면으로 옮겨가면 이 차이는 정칙(holomorphic)과 반정칙(antiholomorphic)의 차이로 나타난다.

31.55 Greene(1999), Smolin(2003)에는 지금까지 알려진 모든 쌍대성과 그것들의 현황, 참고문헌이 소개되어 있다.

31.56 '거울대칭(mirror symmetry)'은 P로 표현되는 공간반전대칭(반전성, parity, 25.4절 참조)과 완전히 다른 개념이다.

31.57 Cox and Katz(1999), Strominger *et al.*(1996) 참조.

31.58 Kontsevich(1994), Strominger *et al.*(1996) 참조. 최근 연구결과는 Yui and Lewis(2003)을 참조할 것.

31.59 이 특별한 다양체는 '퀸틱스(quintics, '5차'라는 뜻)'라고 불리는 3차원 곡면이다. $\mathbb{CP}^m$에 존재하는 n차원 복소곡면의 '차수(order)'는 $\mathbb{CP}^m$에 속하는 일반적인 $(m-n)$차원 복소곡면과 만나는 점의 개수로 정의된다.

31.60 복소곡선의 차수에 대해서는 위의 [후주 - 59]를 참조하라. 지금은 $n=1$인 경우이다.

31.61 Cox and Katz(1999), Candelas *et al.*(1991), Kontsevich(1995) 참조.

31.62 Smolin(2003) 참조. 특히 여기 소개된 171번 참고문헌을 추천한다. Witten(1995) 참조. 대중적인 설명은 Greene(1999), p.203을 읽어보기 바란다.

31.63 Vafa(1996), Bars(2000) 참조.

31.64 Bryant *et al*.(1991)과 [후주 31.37] 참조.

31–15절

31.65 좀 더 적극적인 논리는 Thorne(1986)을 참조하라.

31.66 Strominger and Vafa(1996) 참조.

31.67 Greene(1999), p.340 참조.

31.68 독자들은 발생원이 없는(source free) 맥스웰장이 어떻게 0이 아닌 전하를 줄 수 있는지 궁금할 것이다. 블랙홀은 전하를 띤 물체가 응축되면서 생성될 수도 있기 때문에, 여기에는 아무런 문제도 없다. 이 경우, 모든 전하는 블랙홀 속으로 사라진다.

31.69 이 문제를 쉽게 설명한 책으로는 Horowitz(1998)를 추천한다.

31.70 이 '세는 과정(counting process)'에는 31.17에서 다루게 될 D-브레인도 포함된다.

31.71 [후주22.11] 참조.

31.72 이 점을 내게 지적해 준 사람은 아브헤이 아쉬테카르였다.

31–16절

31.73 '진짜' 홀로그램의 원리에 대해서는 Kasper and Feller(2001)을 참조하라.

31.74 Maldacena(1997), Witten(1998) 참조.

31.75 게리 기본스(Gary Gibbons)는 이 그림과 관련된 흥미로운 기하학을 제안했는데, 이것은 트위스터 이론과도 관련되어 있다. 본문과 관련된 다양한 아이디어들은 Penrose(1968a)에 소개되어 있다.

31.76 Einstein(1917) 참조.

31–17절

31.77 Ashtekar and Das(2000)에는 이런 현상의 대표적 사례가 나와 있다.

31.78 인자공간(factor space)은 번들의 기저공간(base space)과 비슷하다 (15.1～2절 참조).

31.79 Randall and Sundrum(1999a) 참조. 좀 더 일반적인 논의는 Randall and Sundrum(1999b)를 참조하라. Johnson(2003)은 D-브레인의 '표준 참고서적'으로 통한다. 튜록[Turok(2002)]은 D-브레인을 기상천외하게 응용하여 우주의 기원을 설명하는 '에크피로틱(ekpyrotic)' 모형을 제안했는데, 이 이론에 의하면 이전의 우주에서 두 개의 D-브레인이 거대한 충돌을 일으키면서 빅뱅이 일어났다고 한다. 튜록은 이 신기한 이론으로 '빅뱅의 특별함'이라는 수수께끼(27.13절 참조)를 나름대로 설명했다.

31–18절

31.80 [후주 31.74] 참조.

31.81 Nair(1988), Witten(2003), Cachazo *et al*.(2004a, 2004b, 2004c), Brandhuber *et al*.(2004) 참조.

31.82 31장[후주-57], [후주-58] 참조.

31.83 이 인용문은 하이젠베르크가 1975년에 독일 물리학회에서 "소립자란 무엇인가?"라는 제목으로 베풀었던 강연의 일부이다(이 사례를 나에게 알려준 아브헤이 아쉬테카르에게 감사드린다). Heisenberg(1989) 참조.

32
아인슈타인의 좁은 길—고리변수

32.1 정준적 양자중력이론

끈이론이 대중적인 인기를 누리는 건 사실이지만, 이것을 '마을에서 벌어지는 유일한 게임'으로 간주하는 것은 어리석은 생각이다(그러나 학계에는 이렇게 생각하는 물리학자도 있다. 31.8절 참조).[1] 현재 여러 가지 다른 이론들이 활발하게 연구되고 있으며, 각자 나름대로 장점과 단점을 갖고 있다. 마음 같아서는 양자이론과 시공간구조를 통합하려는 목적으로 탄생한 이 모든 이론을 독자들에게 일일이 소개하고 싶지만, 유감스럽게도 내 능력이 따라주질 않는다. 그래서 이들 중 학계의 관심이 비교적 높고 내가 보기에 양자역학과 일반상대성이론을 하나로 통합해줄 가능성이 큰 이론을 골라서 32～33장에 걸쳐 소개하기로 한다. 앞장에서 여러 번 강조한 바와 같이, 나는 시공간의 차원을 늘이거나 초대칭을 도입하는 등 지나치게 앞서가는 관점을 자제하고 좀 더 냉철한 자세를 취해야 한다고 생각한다[나는 개인적으로 안정성에 심각한 문제를 안고 있는 끈이론보다(31.11～12절 참조) 초대칭에 조금 더 너그러운 편이다]. 그러므로 앞으로 이어질 32～33장에서는 4차원 로렌츠 시공간과 관련된 아이디어를 주로 논하게 될 것이다. 원래 아인슈타인의 장방정식을[2] (초대칭 없이) 양자역학적으로 서술해야 할 공간은 10차원이나 11차원이 아닌 로렌츠 시공간이었다. 곧 알게 되겠지만, 앞으로 소개할 이론도 우리에게 친숙한 물리적 실체와는 한참 떨어져 있다. 어떤 점에서는 끈이론보다 더한 면도 있고, 또 어떤 점에서는 끈이론보다 친숙하게(또는 덜 이상하게) 느껴질 수도 있다. 이 장에서는 아쉬테카르 변수Ashtekar variable와 고리변수loop variable, 스핀네트워크에 대해 알아보고, 다음 장에서는 트위스터 이론을 집중 조명할 것이다. 그 외에 현재 연구되고 있는 불연속시공간과 q-변형 구조q-deformed structure(양자군quantum group), 비가환 기하학non-commutative geometry에 대해서도 언급할 것이다.

아인슈타인 이론의 양자화를 구현하는 가장 직접적인 방법의 하나는 이론 자체를 해밀토니안 형태로 표현한 후 21.2～3절에서 언급한 '정준 양자화canonical quantization'를 시도하는 것이다. 여기에도 어려운 점이 많이 있는데, 자세한 내용을 펼쳐 놓으면서 수렁에 빠지는 것은 나도 원치 않는다. 이 중 상당수는 아인슈타인 이론의 '일반공변성general covariance' 때문에 나타난 문제점이다(19.6절 참조). 그래서 어떤 좌표계를 사용해도 결과는 달라지지 않는다. 21.2절에서 말한 바와 같이, 운동량 p_a를 연산자 $i\hbar\partial/\partial x^a$[여기서 x^a는 (고전적인)켤레 위치변수이다]로 대치하는 표준 '양자화 처방전'은 결코 만병통치약이 아니다. 곡선좌표계curvilinear coordinate를 사용한다면 평평한 공간에서도 이 처방전을 사용할 수 없다. 따라서 정준 양자화 과정을 적용할 때에는 세심한 주의를 기울여야 한다.

또 한 가지 어려운 점은 일반상대성이론의 표준 해밀토니안이 다항식이 아닌 매우 복잡한 형태로 나타난다는 점이다. 또한, 우리를 공간꼴 초기 3-곡면 $\mathcal{S}$에서 멀어지는 쪽으로 안내하는 방정식(운동방정식) 이외에 $\mathcal{S}$ '안에서' 작용하는 구속조건constraint도 고려해야 한다.[3] 이 조건으로부터 $\mathcal{S}$ 위에서 주어진 데이터의 일관성 방정식consistency equation을 얻을 수 있으며, 구속방정식이 만족되면 시간이 흐름에 따라 데이터가 $\mathcal{S}$로부터 '(적어도 국소적으로)만족스럽게 멀어진다'. 그리고 이 진행과정에서 구속조건은 계속 만족된다.

일반상대성이론을 양자화하기 위한 정준적 접근법은 길고도 특이한 역사를 갖고 있다. 그 기원은 1932년까지 거슬러 올라가는데, 당시 디랙은 아인슈타인 이론에 나타나는 복잡한 구속조건을 다루기 위해 완전히 새로운 양자화과정을 개발했다.[4] 여러 해 동안 많은 물리학자가 이 방법을 이어받으면서 더욱 정교한 체계를 갖추게 되었으나,[5] 해밀토니언이 다항식 형태가 아니라는 사실 때문에 오랜 세월 답보상태에 빠져 있었다. 그러다가 1986년에 인도계 미국인 물리학자인 아브헤이 아쉬테카르Abhay Ashterkar가 중요한 진보를 이룩했다. 이론에 사용되는 변수를 절묘하게 선택하여 구속조건을 다항식으로 표현함으로써(아미타바 센Amitabha Sen이 먼저 제기했던 아이디어와 부분적으로 관련되어 있다)[6] 방정식의 구조를 획기적으로 단순화한 것이다. 또한, 그는 다루기가 만만치 않았던 해밀토니안의 분모를 제거하여 간단한 다항식으로 표현하는 데 성공했다.

32.2 아쉬테카르 변수에 대한 카이랄 입력

아쉬테카르가 발견한 '새로운 변수new variable(지금도 이런 이름으로 불린다)'의 놀라운 특징 중 하나는 중력자(중력의 양자)의 오른손부분

right-handed part과 왼손부분left-handed part에 대하여 비대칭이라는 것이다.[7] 22.7, 9절에서 말한 바와 같이, (스칼라가 아닌)질량이 없는 입자는 운동방향에 대하여 오른손과 왼손, 두 가지 스핀상태를 가질 수 있으며, 각각 입자의 '양의 나선성 상태positive helicity state'와 '음의 나선성 상태'로 불린다. 중력자는 스핀 = 2인 입자이므로 각 나선성 상태는 ($\hbar = 1$로 간주했을 때) $s = 2$와 $s = -2$에 해당한다. 여기서 s는 22.12절에서 정의했던 나선성을 의미한다. 원래 아쉬테카르의 접근법에서는 이 두 상태를 다르게 취급했다. 따라서 이 체계에는 좌-우 대칭성이 존재하지 않는다!

광자의 스핀은 1인데, 중력자의 스핀은 왜 2일까?(22.7, 33.7절 참조) 이 점을 잠시 짚고 넘어가자. 스핀이 2라는 것은 무엇을 의미하는가? 양자적 입자의 스핀값은 입자를 서술하는 장의 대칭성(그리고 장방정식)과 관련되어 있다(33.8절로 가면 알게 되겠지만, 입자의 스핀은 2-스피너 형태의 방정식에서 가장 명백하게 나타난다). 그러나 중력을 매개하는 중력자(스핀 2)와 전자기력을 매개하는 광자(스핀 1)의 차이는 기하학적 해석을 통해 비교적 쉽게 이해될 수 있다. 지금부터 두 개의 파동, 즉 빛을 구성하는 전자기파와 중력자를 구성하는 중력파의 성질을 비교해 보자.

전자기력의 경우, 파동의 기하학적 특성은 22.9절의 그림 22.12에 잘 표현되어 있다. 여기서 중요한 것은 전기와 자기가 '벡터량'이기 때문에 파동을 진행방향에 대해 π(180°)만큼 회전시키면 장의 값이 음(−)으로 변하고, 이것을 원래대로 되돌리려면 2π(360°)만큼 회전시켜야 한다는 것이다. 중력의 경우, 파동은 그림 17.8a, 17.9a, 28.15, 28.16에 예시된 '왜곡된 시공간' 중 하나이다. 여기서 파동을 π만큼 회전시키면 뒤틀림

distortion이 원상태로 돌아오기 때문에, 음으로 변하려면 $\frac{1}{2}\pi$만큼 회전시켜야 한다. 이것은 바일 곡률이 4중극자quadrupole의 성질을 갖기 때문에 나타난 결과이며(그림 28.15의 뒤틀린 타원), 31.9절에서 말한 대로 스핀 2에 해당한다. 일반적으로 스핀이 σ인 경우, 파동의 진행방향에 대하여 π/σ만큼 회전시키면 장이 음으로 변하고, $2\pi/\sigma$만큼 회전시키면 원래 값으로 되돌아온다(이것은 σ가 반정수일 때도 성립하는데, 이 경우에 장은 스피너 물체spinorial object가 된다. 11.3절 참조).

질량이 없는 장의 경우에는 여기서 논리를 더 이어나갈 수 있다. 왼손과 오른손의 원형편광으로 이루어진 평면파를 생각해 보자. 전자기파의 원형편광은 그림 22.12에 예시되어 있다. 양자화된 장에서 관련입자는 양 또는 음의 나선성을 갖는다(그림 22.13 참조). 스핀을 σ라고 했을 때, 나선성 값은 $\pm\sigma$이다($q^2 = z/w$를 $q^{2\sigma} = z/w$로 대치하면 그림 22.13과 같아진다). 따라서 중력에서 가능한 나선성 값은 $+2$와 -2이다.

나선성상태의 표현법을 이해하려면 이와 관련된 수학을 더 자세히 알아둘 필요가 있다. 사실, 위에서 언급한 좌-우 비대칭성은 다음 장에서 다루게 될 트위스터 이론의 중요한 특성이며, 아쉬테카르의 아이디어도 트위스터 이론에서 비롯되었다. 그중에서 지금 당장 우리에게 필요한 것은 일상적인 시공간에서 좌-우 비대칭성을 수학적으로 표현하는 방법이다. 질량이 없는 두 개의 장(중력장과 전자기장)을 서술하는 두 개의 텐서를 떠올려 보자. 이것은 다름 아닌 맥스웰장의 텐서 $\boldsymbol{F} = F_{ab}$와(19.2절 참조) 바일 등각텐서 $\boldsymbol{C} = C_{abcd}$이다(19.7절 참조). 이들은 모두 듀얼텐서dual tensor를 가지며, 지표표기법으로는 다음과 같이 정의된다.

$$*F_{ab} = \frac{1}{2}\,\varepsilon_{abpq}\,F^{pq}, \qquad *C_{abcd} = \frac{1}{2}\,\varepsilon_{abpq}\,C^{pq}{}_{cd}$$

(ε_{abpq}는 반대칭 레비치비타 텐서이며, 여기서는 오른손 정규직교기저의 표준을 따라 $\varepsilon_{0123}=1$이 되도록 선택했다. 12.7, 19.2절 참조). 듀얼 맥스웰텐서 $^*\boldsymbol{F}$는 19.2절에서 이미 다룬 바 있고, 듀얼 바일텐서 $^*\boldsymbol{C}$도 이와 비슷한 양이다. 바일텐서의 지표쌍 ab 대신 cd를 '듀얼화'할 수도 있지만, ab를 듀얼화한 것과 같은 결과를 준다.[32.1]

4차원 시공간에 놓인 한 점에서 2차원 평면요소는 단순 2-형식 $\boldsymbol{f}$ (또는 이중벡터bivector)로 표현된다(12.7절 참조). 맥스웰 텐서(2-형식) $\boldsymbol{F}$와 마찬가지로 $\boldsymbol{f}$의 듀얼 $^*\boldsymbol{f}$를 정의할 수 있는데, $\boldsymbol{f}$가 복소수일 때는 자기듀얼($^*\boldsymbol{f}=i\boldsymbol{f}$)이거나 반자기듀얼anti-self-dual ($^*\boldsymbol{f}=-i\boldsymbol{f}$)이 된다. 따라서 $\boldsymbol{f}$에 대응되는 (복소) 2-평면요소도 자기듀얼이거나 반자기듀얼이다. 이 개념은 트위스터 이론에서 중요한 역할을 한다(33.6절 참조).[32.2]

양자이론에서 파동함수로 해석되는 장은 복소수 형태를 취할 수 있다. 사실 이것을 해석하는 방법은 여러 가지가 있지만, 수학적으로는 모두 동일하다(26장 참조). 지금은 맥스웰 복소텐서와 바일 복소텐서가 각각 광자와 중력자의 파동함수를 나타낸다고 생각하는 편이 우리 목적에 가장 잘 부합한다. 고전적인 장의 특성인 실수조건reality condition 대신, 우리의 복소 파동함수는 양의 진동수를 가져야 한다(이것은 24.3절과 26.2절에서 요구했던 조건과 일치한다). 바일 곡률에서 이것이 실제로 무엇을 의미

[32.1] 그 이유를 설명하라(지표 대신 다이어그램을 사용해도 상관없다. 12.8절의 등식이 도움될 것이다).

[32.2] 자기듀얼인 $\boldsymbol{f}$를 서술하는 두 개의 지표 f_{ab}가 반자기듀얼 바일텐서(또는 맥스웰텐서)의 지표 한 쌍과 축약되었을 때(contracted) 결과가 0임을 증명하라.

하는지는 괘념치 말기로 하자. 임시방편으로 “지금 우리는 평평한 상태에서 무한소만큼만 벗어난 공간을 고려하고 있다”고 생각할 수도 있다. 그러면 $\boldsymbol{C}$는 민코프스키 공간의 장이 되고, 양의 진동수조건은 별다른 역할을 하지 못한다. 그러나 33.10 ~ 12절에 가면 알게 되겠지만, 이보다 좋은 해석방법이 있다.[8] 이제 오른손right-handed 광자와 중력자는 (양의 진동수를 갖는)자기듀얼 $^+\boldsymbol{F}$와 $^+\boldsymbol{C}$로 표현된다. 여기서 $^+\boldsymbol{F} = \frac{1}{2}(\boldsymbol{F} - i^*\boldsymbol{F})$이고 $^+\boldsymbol{C} = \frac{1}{2}(\boldsymbol{C} - i^*\boldsymbol{C})$이다. 따라서

$$*(^+\boldsymbol{F}) = i^+\boldsymbol{F}, \qquad *(^+\boldsymbol{C}) = i^+\boldsymbol{C}$$

이다. 왼손left-handed 광자와 중력자는 (양의 진동수를 갖는) 반자기듀얼 $^-\boldsymbol{F} = \frac{1}{2}(\boldsymbol{F} + i^*\boldsymbol{F})$와 $^-\boldsymbol{C} = \frac{1}{2}(\boldsymbol{C} + i^*\boldsymbol{C})$로 표현되며, 여기서

$$*(^-\boldsymbol{F}) = -i^-\boldsymbol{F}, \qquad *(^-\boldsymbol{C}) = -i^-\boldsymbol{C}$$

를 만족한다. 아쉬테카르의 원래 체계에서는 바일텐서의 자기듀얼 부분과 반자기듀얼 부분이 각기 다른 역할을 한다.

물리적인 관점에서 보면 무언가 이상하다는 생각이 든다. 중력장을 좌-우 비대칭으로 간주할 만한 근거가 없기 때문이다. 아인슈타인 표준 일반상대성이론에서도 좌-우 비대칭은 찾아볼 수 없다. 내가 아는 한, 우리는 이 의문에 두 가지 자세를 취할 수 있다. 하나는 해밀토니안을 단순화하기 위해 도입한 수학에서 좌-우 비대칭성이 별로 중요한 역할을 하지 않는다고 생각하는 것이고, 다른 하나는 자연의 깊숙한 곳에 좌-우 비대칭성이 존재하여, 위에서 거론한 방법으로 이 비대칭성을 찾는다고 생각하는 것이다. 사실 약한 상호작용에서 분명하게 알 수 있듯이, 자연에는 좌-우 비대칭이 존재한다(25.3절 참조). 어떤 면에서 보면 전자기력에도

비대칭의 흔적이 남아 있다고 볼 수 있는데, 이것은 약한 상호작용과 전자기력을 통합한 약전자기이론electroweak theory을 통해 간접적으로 확인 가능하다. 그러나 중력은 아직 이런 식으로 다른 힘과 통합되지 않았기 때문에, 중력이 직접 또는 간접적으로 비대칭성을 갖는다고 생각할 만한 근거는 없다. 끈이론학자들의 관점을 빌린다면, 양자중력이론의 목적이 '중력을 훨씬 넘어선 심오한 법칙을 찾는 것'이라고 생각할 수도 있다. 사실 현재 통용되고 있는 고전적 시공간은 더욱 근본적인 '무언가'의 근사적인 서술일 지도 모른다. 만일 그 '무언가'에 카이랄성chirality이 내재해 있다면[이형 끈이론이 이와 같은 특성을 갖는다(31.14절 참조). 아쉬테카르의 이론과 트위스터 이론도 마찬가지다], 약한 상호작용에 카이랄 비대칭이 존재하는 이유를 더욱 쉽게 이해할 수 있을 것이다.

32.3 아쉬테카르 변수의 형태

아쉬테카르의 카이랄 변수는 어떤 형태인가? 카이랄성이 나타나는 이유는 4차원 로렌츠 공간에 적용되는 두 종류의 2-스피너 중 하나를 비대칭적으로 선택했기 때문이다. 25.2절에서 말한 바와 같이 전자의 파동함수 ψ는 두 개의 복소성분을 갖는 α_A와 $\beta_{A'}$으로 구성되어 있다. 이들 중 프라임(′)이 없는 지표는 전자의 지그zig부분, 또는 왼손(음의 나선성)부분에 해당하고, 프라임이 붙은 지표는 재그zag부분, 또는 오른손(양의 나선성)부분에 해당한다. 또한, 약한 상호작용은 지그 부분 α_A와 관련되어 있고 재그 부분 $\beta_{A'}$과는 무관하다(25.3절 참조). 시공간에서 프라임이 없는 스피너와 프라임이 붙은 스피너 중 하나를 다른 하나보다 '더 근본적인 양'으로 간주하면, 근본적인 레벨에서 음-양 나선성이 구별되는 시공간체계가 구축될 것이다.

아쉬테카르의 이론(그리고 트위스터 이론)은 바로 이런 식으로 구축되었다. 그가 공간꼴 3-곡면 $\mathcal{S}$에서 선택한 정준변수canonical variable는 기본적으로 $\mathcal{S}$에 내재한 (역)3-계량 $\boldsymbol{\gamma}$의 성분이며, (프라임이 없는)스핀접속 $\boldsymbol{\Gamma}$의 성분은 $\mathcal{S}$에서 취했다. 좀 더 정확하게 말하면 이들은 국소 스피너 기저에 해당하는 역계량 성분으로서, 2-형식으로 표현된다. 또한, 스핀 접속 $\boldsymbol{\Gamma}$는 '$\mathcal{S}$ 고유의 스피너'가 아니라, 전체 4차원 공간에 걸쳐 정의된 스피너 α_A의 평행이동parallel transport을 의미한다.[9] 그러므로 $\boldsymbol{\Gamma}$는 프라임이 없는 4-공간 스피너 α_A를 4-공간 계량접속에 의거하여(14.2, 8절 참조) 3-공간 $\mathcal{S}$에 놓인 어떤 곡선을 따라 평행이동시키는 방법을 알려주고 있다.[10] 3-계량(밀도) $\boldsymbol{\gamma}$의 장은 운동량변수의 역할을 하며, 접속 Γ의 장은 여기 대응되는 켤레위치conjugate position의 역할을 한다(그림 32.1 참조). 양자이론에서 운동량 p_a가 x^a표현에서(21.1절 참조) $i\hbar\partial/\partial x^a$로 대치되는 것처럼, $\boldsymbol{\Gamma}$표현에서는 $\boldsymbol{\gamma}$의 장이 $i\hbar\delta/\delta\boldsymbol{\Gamma}$로 대치된다

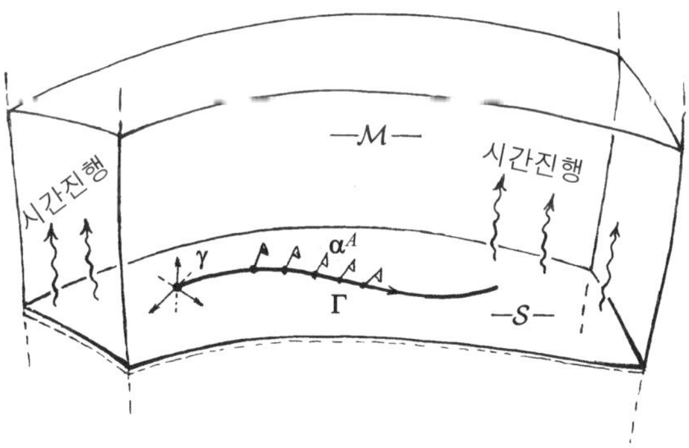

그림 32.1 시공간 $\mathcal{M}$ 속의 공간꼴 3-곡면 $\mathcal{S}$에서 정의된 아쉬테카르의 정준변수는 $\mathcal{S}$에 한정된 4-공간 스핀 접속 $\boldsymbol{\Gamma}$를 위치변수로 갖는다(그림에서 스피너 α^A는 반쪽 화살표로 표현되어 있다). 운동량변수는 기본적으로 $\mathcal{S}$의 (역)고유계량 $\boldsymbol{\gamma}$의 성분이다[이것은 2-형식으로 표현되며, $\mathcal{S}$의 각 점에서 정규직교기저(orthonormal basis)를 형성한다].

($\delta/\delta\mathbf{\Gamma}$는 20.5절에서 언급했던 '범함수미분functional derivative'을 의미한다). 또한, $\boldsymbol{\gamma}$표현에서는 $\mathbf{\Gamma}$가 $-i\hbar\delta/\delta\boldsymbol{\gamma}$로 대치된다.

접속 $\mathbf{\Gamma}$는 $\mathcal{S}$의 내재곡률intrinsic curvature과 관련된 부분인 $\mathbf{\Gamma}_1$과 외재곡률extrinsic curvature과 관련된 부분 $\mathbf{\Gamma}_2$로 나눌 수 있는데(즉, $\mathbf{\Gamma}_2$는 $\mathcal{S}$ 안에서 $\mathcal{S}$가 어떻게 휘어져 있는지를 보여 준다. 그림 32.2 참조), 이들 사이의 관계는 다음과 같다.

$$\mathbf{\Gamma} = \mathbf{\Gamma}_1 + i\mathbf{\Gamma}_2$$

(카이랄성을 처음부터 반대로 잡았다면, 이 관계는 $\mathbf{\Gamma} = \mathbf{\Gamma}_1 - i\mathbf{\Gamma}_2$가 되었을 것이다) $\mathbf{\Gamma}$는 번들접속을 정의하는데(15.8절 참조), 여기서 기저공간은 $\mathcal{S}$이고 파이버는 (프라임이 붙지 않은) 스핀 공간 $\mathbb{S}$이며(2차원 복소 벡터공간), 파이버와 관련된 군은 SL(2, ℂ)이다(13.3절 참조).[11]

사실 아쉬테카르 접근법은 기술적인 문제점을 안고 있다. 파이버군 SL(2, ℂ)가 컴팩트하지 않기 때문에 원치 않는 무한차원의 기약표현irreducible representation이 존재하고, 이들 중 대부분은 유니터리하지 않다(13.7절 참조). 이 모두는 양자중력이론을 구축하는 데 심각한 걸림돌로 작용한다. 그래서 논리를 더 진행하기 위해 접속 $\mathbf{\Gamma}$를 조금 수정하여

$$\mathbf{\Gamma}_\eta = \mathbf{\Gamma}_1 + \eta\mathbf{\Gamma}_2$$

로 정의한다. η는 0이 아닌 실수로서, 바베로-이미치 매개변수Barbe-

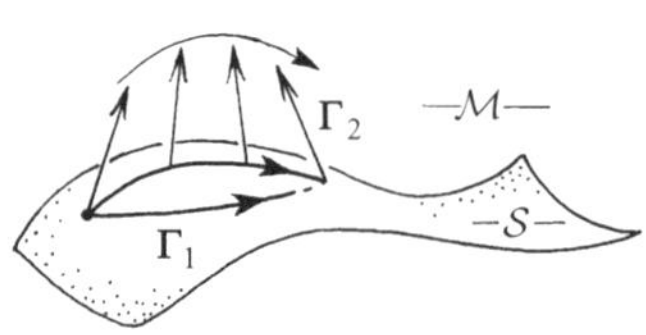

그림 32.2 접속 $\mathbf{\Gamma}$는 $\mathbf{\Gamma} = \mathbf{\Gamma}_1 + i\mathbf{\Gamma}_2$로 표현된다. 여기서 $\mathbf{\Gamma}_1$은 $\mathcal{S}$의 내재곡률(intrinsic curvature)을, $\mathbf{\Gamma}_2$는 외재곡률(extrinsic curvature)을 의미한다(즉, $\mathbf{\Gamma}_2$는 $\mathcal{M}$ 안에서 $\mathcal{S}$가 어떻게 휘어져 있는지를 보여 준다).

ro-Immirzi parameter라고 한다. 이와 같은 수정은 순전히 기술적인 조치로서, 관련된 군이 컴팩트한 SU(2)로 바뀌고 (기약)표현은 유니터리한 유한차원이 된다. 각각의 $\mathbf{\Gamma}_\eta$에 의해 정의된 고전적 이론과 $\mathbf{\Gamma}$에 의해 정의된 이론의 차이점은 '정준변환canonical transformation' 뿐이다. 즉, 고전적 이론들은 위상 공간에서 서로 다른 '일반화좌표'로 서술되었지만(20.2절 참조) 모두 동일하다(동일한 심플렉틱 구조를 갖는다. 14.8, 20.4절 참조). 그러나 이로부터 만들어진 양자장이론들은 반드시 같을 필요가 없다. 이것은 21.2절에서 제기했던 이슈이기도 하다. 일반적으로 양자화 과정은 일반화좌표의 변화에 대하여 불변이 아니다. 그러나 $\mathbf{\Gamma}$를 $\mathbf{\Gamma}_\eta$로 대치했을 때 이론이 얼마나 손상되는지는 분명치 않다. 어쨌거나 '더 쉬운' $\mathbf{\Gamma}_\eta$을 먼저 취급하면 많은 것을 배울 수 있다. 여기서 얻어진 이론이 원래 의도했던 양자중력이론(η가 $\pm i$나 0이 아니면 기하학적으로 성립되지 않는다)이 아니라 일종의 '장난감모형'에 불과하다고 생각할 수도 있지만, 일단은 아인슈타인 이론의 표준 양자화 버전에서 크게 벗어나지 않는다고 가정하자.

$\mathbf{\Gamma}_\eta$의 경우, SU(2)의 기약표현들이 (비상대론적인)표준 양자역학의 (질량있는 입자의)여러 스핀상태들과 수학적으로 동일하기 때문에 다루기가 비교적 쉽다. 22.8절에서 말한 대로 이 여러 스핀상태들은 $\frac{1}{2}n\hbar$(n은 자연수, 0, 1, 2, 3, 4, 5, ……)의 스핀값을 갖는다(역시 22.8절에서 말한 대로, 각 n값에 대한 표현공간은 n개의 지표를 갖는 대칭 스핀텐서 $\psi_{AB\cdots D}$로 이루어져 있다). 이 다양한 '스핀값'들이 어떻게 사용되는지는 잠시 후에 알게 될 것이다.

32.4 고리변수

초기 3-곡면 $\mathcal{S}$에서 일반공변성(19.6절 참조)을 더 분명하게 드러내려면 관련된 양들을 어떻게 표현해야 하는가? 일반적인 양자상태를 일련의 간단한 '기본 양자중력상태'로 표현하면 된다. 양자중력상태는 불연속적인 방식으로 표현되며, $\mathcal{S}$에서의 공변성도 간단하게 구현될 수 있다(기본상태는 잠시 후에 언급될 것이다). 이렇게 하면 '일반적인' 상태는 기본상태의 선형중첩으로 표현된다. 여기 필요한 요소들을 이해하기 위해, $\mathcal{S}$에 속하는 닫힌 고리를 상상해 보자. 그리고 접속 $\mathbf{\Gamma}$를 이용하여 프라임이 없는 스피너 α^A를 고리를 따라 '자신에게 평행하게' 이동시켰을 때 어떤 효과가 나타나는지 알아보자. 이런 식으로 고리를 한 바퀴 돌아서 출발점으로 되돌아오면 스핀 공간 $\mathbb{S}$의 선형변환이 이루어진다. 이 변환은 2×2 복소행렬 $T^A{}_B$로 정의되는데(13.3절 참조), 이 행렬의 각 성분은 $\mathcal{S}$에서 기저를 어떻게 선택하느냐에 따라 달라진다. 그러나 대각합 $T^A{}_A$는 기저 선택과 무관한 복소수이다.[32.3] 즉, 대각합에는 스핀 접속 $\mathbf{\Gamma}$의 특성이 반영되어 있다(이것은 '윌슨 고리Wilson loop'라는 더욱 일반적인 개념의 일례이다. 케니스 윌슨Kenneth Wilson은 이 아이디어를 게이지 이론에 최초로 도입했다[12]). 1988년에 카를로 로벨리Carlo Rovelli와 리 스몰린Lee Smolin, 테드 제이콥슨Ted Jacobson은 일반상대성이론에 이 아이디어를 적용하면서 고리와 무관한 대각합을 일반상대성이론의 '고리변수'라고 불렀다. 이 고리변수를 양자적 연산자로 취급하면, 서두에서 언급했던 '기본상태'는 이 연산자의 고유상태가 된다.

[32.3] 왜 그런가?

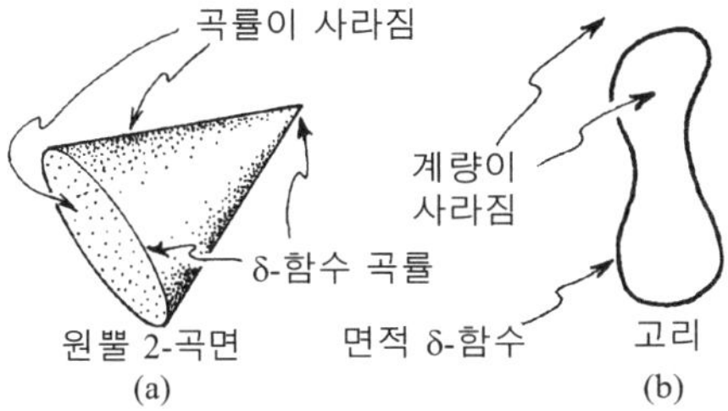

그림 32.3 (a) 원뿔의 밑면과 옆면의 곡률은 0이지만, 밑면의 모서리와 꼭짓점에서의 곡률은 델타함수로 표현된다[양자중력이론에 사용되는 레게-미적분학(Regge-calculus)은 이와 비슷한 방식으로 4차원 공간에 적용되며, 여기서 2-공간의 곡률은 델타함수로 표현된다. 그림 33.3 참조]. (b) 그러나 고리 양자중력이론에서는 고리의 선을 따라 면적 델타함수가 존재하고, 그 외의 지역에서는 계량이 사라진다.

기본 양자중력상태는 우리에게 친숙한 계량기하학의 관점에서 볼 때 매우 기이한 특성을 갖고 있으며, '매끈한 기하학'으로 대변되는 고전적 일반상대성이론과도 큰 차이가 있다. 앞으로 알게 되겠지만, 이 기본상태들은 9.7절과 21.10절에서 다뤘던 (디랙)델타함수와 비슷한 기하학적 '특이성'을 갖고 있다. 우선 $\mathcal{S}$를 아무런 특징이 없는 단조로운 다양체라고 가정하고,[13] 일련의 닫힌 고리들이 $\mathcal{S}$에 놓여 있다고 생각하자. 지금 우리는 각 고리상태의 모든 기하학적 특성이 고리의 선을 따라 집중되어 있다고 생각할 참이다. 이것은 평면에 기반을 둔 원뿔의 기하학과 비슷하다(그림 32.3 참조). 원뿔의 밑면과 옆면 사이의 모서리와 꼭짓점의 곡률에 델타함수가 존재하는데,[32.4] 이것은 양자중력이론을 구축할 때 종종 나타나는 현상으로서 흔히 '레게 미적분학Regge calculus'으로 알려져 있다(33.1절 참조). 그러나 원뿔과는 달리 지금 우리가 다루는 고리에서는 전

[32.4] 14.5절의 아이디어를 이용하여 설명해 보라.

체 계량이 고리를 따라 일종의 델타함수 형태로 집중되어 있고, 고리의 내부와 외부에서는 계량이 완전히 사라진다. 이때 계량이 집중된 정도는 고리에 할당된 '스핀' $j=\frac{1}{2}n$으로 표현되며, 각 스핀값은 SU(2)의 서로 다른 표현에 대응한다(여기에 적절한 접속은 $\boldsymbol{\Gamma}$지만, 지금 우리는 $\boldsymbol{\Gamma}_\eta$을 사용하고 있다).

위 설명은 다소 추상적이어서, 더 구체화할 필요가 있다. 여기서 말하는 '계량'은 고리와 만나는 2-곡면요소에 고유의 '면적'을 할당하는 일반적인 계량이다. 그런데 각 고리의 선을 따라 면적이 집중되어 있으면, 이곳에서 면적은 델타함수로 표현된다. 이게 대체 무슨 뜻일까? 3차원 곡면 $\mathcal{S}$에 속한 2차원 곡면 $\mathcal{T}$를 생각해 보자(반드시 닫힌 곡면일 필요는 없다). $\mathcal{T}$는 다양한 고리와 여러 지점에서 만날 수 있는데, 하나의 고리와 만날 때마다 그 지점에 어떤 면적 값이 기록된다고 하자. 그러면 고리들이 $\mathcal{T}$와 만나는 점에만 면적이 할당되므로, 이곳에서 계량의 델타함수적 특성이 분명하게 드러난다. 이때 각 교차점에는

$$8\pi G\eta\hbar\sqrt{j(j+1)}$$

값이 할당되는데, 여기서 $j=\frac{1}{2}n$은 특정 고리의 '스핀' 값이다(그림 32.4 참조). 그리고 모든 고리에 대하여 위 면적을 더해 준다.

끈이론과 고리변수이론 사이에는 흥미로운 차이가 있다. 끈이론이 대부분 건드림을 통해 양자중력으로 접근을 시도하는 반면, 고리변수는 근

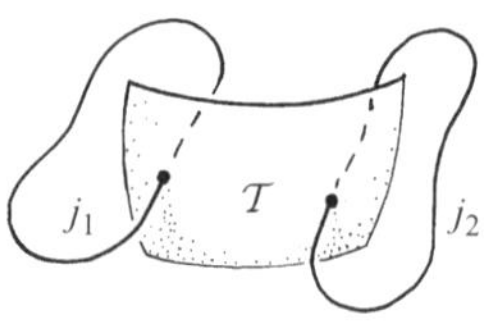

그림 32.4 3차원 곡면 $\mathcal{S}$에 속해 있는 2차원 곡면 $\mathcal{T}$. 각 고리들이 $\mathcal{T}$와 만나는 점에는 $8\pi G\eta\hbar\sqrt{j(j+1)}$의 면적이 할당된다($j$는 고리의 '스핀' 값이다).

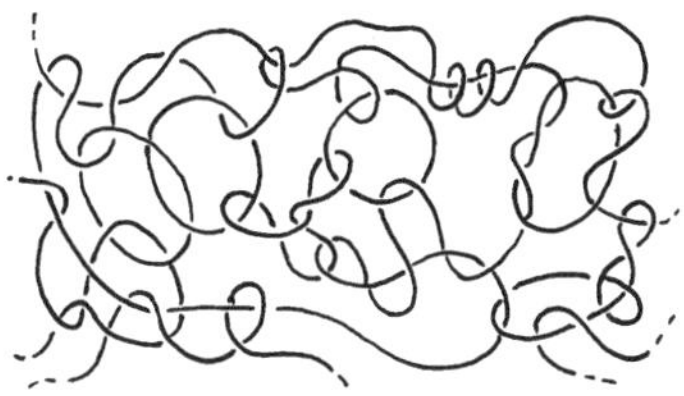

그림 32.5 거의 고전적인 시공간에 고리 변수를 도입하면 거의 균일한 '짜임상태(weave)'의 중첩으로 표현된다.

본적으로 비 건드림non-perturbative 이론이다. 또한, 끈이론에서는 거의 모든 계산을 '평평한' 시공간(즉, 민코프스키 공간 𝕄과 6차원 칼라비-야우 공간의 곱, 31.14절 참조)에서 수행하면서 주로 배경공간의 약한 장에 관심을 둔다. 여기에 건드림을 적용하여 약한 장의 극한weak-field limit으로부터 멀어지는 방식으로 이론이 진행되는 것이다(즉, 주로 작은 매개변수의 멱급수전개를 다룬다. 26.10, 31.9절 참조). 그러나 고리변수에서는 기본고리상태(또는 스핀네트워크 상태, 32.6절 참조)가 전혀 평평하지(또는 고전적이지) 않으며, 고리를 따라(또는 스핀네트워크의 선을 따라) 측정된 면적이 델타함수로 표현된다. 거의 고전적인 시공간을 고리변수로 표현하려면 그림 32.5와 같이 고리가 거의 균일하게 퍼져 있는 '짜임상태weave'를 고려해야 한다.

이것은 다분히 위상학적인 설명이다. 고리와 고리 사이의 거리는 전체적인 그림에 아무런 영향도 미치지 않는다(고리의 안이나 밖에서는 '계량' 자체가 의미를 상실하기 때문이다). 우리에게 중요한 것은 고리들 사이의 위상적인 '연결상태linking'와 '매듭상태knotting(또는 교차상태)', 그리고 각 고리에 할당된 불연속의 '스핀값'뿐이다. 그러므로 이 위상적인 불연속 체계를 끝까지 유지하면 ($\mathcal{S}$ 안에서의)일반공변성을 완전하게 구현할 수 있다.

32.5 매듭과 연결을 서술하는 수학

양자중력의 고리변수 체계를 구축하려면 매듭이나 연결의 위상과 관련된 수학이 필요하다. 이 분야는 매우 복잡하기로 유명한데, 기본적인 요소는 꼬이지 않은 한 무더기의 끈일 뿐이다! 지금 우리에게는 닫힌 고리형 끈이 실제로 '매듭져 있는지knotted', 또는 '풀려 있는지'를 판단할 수학적 기준이 필요하다('매듭'이란 일상적인 유클리드 3차원 공간에서 줄을 끊지 않고 고리의 모양만 변형시켜서 '꼬이지 않은 원'으로 만들 수 없는 상태를 의미한다. 그림 32.6 참조). 마찬가지로, 둘 또는 그 이상의 고리가 서로 완전하게 분리될 수 있는지를 판단하는 수학적 기준도 있어야 한다. 고리를 끊지 않고 낱개로 완전히 분리할 수 있다면 이들은 '연결되어 있지 않다unlinked.' 이것을 수학적으로 어떻게 표현할까? 지난 20세기에('알렉산더 다항식' 같은) 온갖 기발한 아이디어들이 제시되었으나, 최근 들어 물리학을 기반으로 한 더욱 정확하고도 흥미로운 방법이 개발되어 학계의 관심을 끌었다. 이것은 이름도 다양하여 존스 다항식Johns polynomial, 홈플라이HOMFLY 다항식, 또는 카우프만Kauffmann 다항식 등으로 불리고 있다.[14]

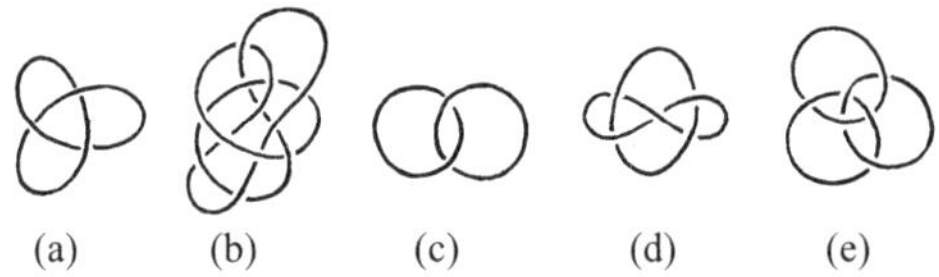

그림 32.6 매듭(knot)과 연결(link). (a) 매듭이 지어진 고리의 예—3중 매듭. (b) 매듭이 없는 고리의 예(눈으로 보기에는 분명치 않음). (c) 두 고리의 단순한 연결. (d) 화이트헤드 연결(Whitehead link)—두 고리는 연결지수[linking number, 한 고리가 다른 고리를 한 바퀴 도는 동안 곡면과 만나는 알짜회수(net number)]가 0이지만 분리될 수 없다. (e) 보로메오 링(Borromean ring)—연결된 쌍은 없지만 어떤 고리도 분리될 수 없다.

그림 32.7 그림 12.17 ~ 18과 그림 13.6 ~ 9의 텐서다이어그램 대수는 매듭(knot)과 연결(link)을 다루는 대수체계로 일반화할 수 있다. 단, 새로운 대수에서는 하나의 지표선(index line)이 다른 지표선의 '위로' 지나간 경우와 '아래로' 지나간 경우를 다르게 취급한다.

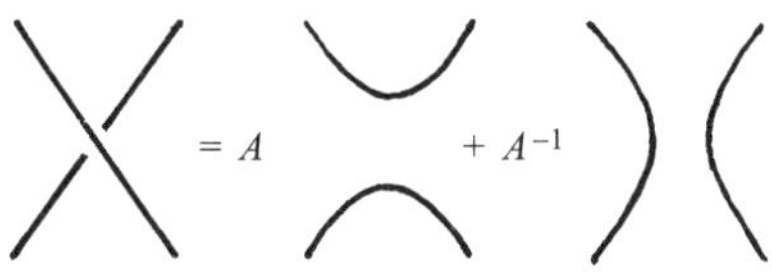

그림 32.8 카우프만 대수의 기본등식을 나타내는 다이어그램($q = A^2 = e^{i\pi/r}$). 이것은 스핀네트워크 이론의 근간을 이루는 '바이너 대수'의 q-변형 버전에 해당된다.

이 새로운 수학은 일종의 '다이어그램 대수학'을 통해 쉽게 이해될 수 있다. 이 다이어그램은 12.8절에서 텐서 대수를 표현하기 위해 도입하고(그림 12.17과 12.18절 참조) 13장에서 집중적으로 다뤘던 다이어그램(그림 13.6 ~ 9 참조)을 일반화한 것이다. 일반화된 버전에서는 두 개의 지표선index line이 교차할 때 '위로 지나간 경우'와 '아래로 지나간 경우'를 다르게 취급한다(그림 32.7 참조). 다이어그램 대수에는 다양한 대수적 항등식이 등장하는데, 그림 32.8은 그중 하나인 카우프만 대수를 표현한 것이다. 이 등식들은 앞으로 다루게 될 스핀네트워크 이론에서 중요한 일을 맡게 된다.

그림 32.8의 A는 복소수이며, 종종 $q = A^2 = e^{i\pi/r}$로 표현된다[$A = -1$이면 스핀네트워크 이론의 근간을 이루는 '바이너 미적분학binor calculus'이 된다. Penrose(1971a, 1971b) 참조]. 또한, 여기에는 그림

12.17의 대칭자symmetrizer. 대칭화 및 반대칭자antisymmetrizer. 반대칭화와 비슷한 개념도 있다. 이와 관련된 이론이 소위 말하는 'q-변형'구조인데, 이름이 적절치 않아서 종종 '양자군quantum group'이라 불리곤 한다. 그러나 양자군과 양자역학 사이에 어떤 관계가 있는지는 아직 분명치 않으며, 근본적인 단계에서 양자군이 물리학에 적용되는 원리도 아직은 추론 단계이다.

에드워드 위튼은 지금까지 서술한 새로운 수학(존스 다항식 등)과 물리학을 연결하는 '위상수학적 양자장이론topological field theory'을 개발했다.[15] 이 이론에서는 장방정식이 완전히 사라지는 대신 대역적 구조global structure와 '결함glitch' 속에 필요한 정보가 담겨 있으며, 이 결함은 (국소적으로 사라진)장에게 발생원source(공식 번역용어는 '샘'으로 되어 있으나, 다른 단어와 연결했을 때 어감이 다소 어색하여 '발생원'을 사용하기로 한다 : 옮긴이)을 제공하는 것으로 간주된다. 대표적인 사례로는 (1 + 2)차원 일반상대성이론을 들 수 있다. 1 + 2차원, 즉 3차원에서 바일텐서는 항상 사라지고 모든 곡률은 리치텐서에 의해 좌우되므로, '빈 공간(리치-평평성을 만족하는 공간)'에서는 모든 곡률이 사라진다. 그러나 점-발생원에 의한 중력장은 간단치 않다not trivial. 왜냐하면, 점-발생원이 대역적인 기하구조에 '결함'을 일으키기 때문이다. 이 상황은 그림 32.9에 표현되어 있는데, 여러 가지 면에서 그림 28.4의 우주끈과 비슷하다. 다만, 지금은 배경이 3차원 공간이 아니라 (1 + 2)차원 시공간이라는 점이 다르다. 그림과 같이 발생원의 시간꼴 세계선을 따라 시공간이 제거되고, 그 결과로 나타난 두 개의 평평한 경계면이 다시 붙는다. 고전적인 그림에서 이러한 발생원의 세계선은 항상 직선으로 나타나지만, 고전모형에 기초한 양자장이론[장(지금은 곡률장)이 사라졌으므로 '위상수학적 양자장이론'이 더 정확한 표현이다]에서는 곡선이 될 수도 있고 매듭이나 연결이 나타날 수도 있다. 따라서 위상수학적 양자장이론의 기본 아이디어로부터 매듭이나 연결과 관련된 수학을 유추할 수 있는 것이다.[16] 그런데 고리변수를 이용하면 위상수학적 양자장이론과 비슷한 체계를 구축할 수 있다. 왜냐하면 '결함'을 제외한 곳에서는 면적에 아무런 기여도 하지 못하고, 이 결함이라는 것이 바로 고리에 해당하기 때문이다. 단, 고리변수이론에서는 장이 사라지지 않는다는 차이가 있다.

위상수학적 양자장이론은 수학적으로 흥미로운 이론임이 분명하지만, 장방정식이 전혀 없기에 물리학이론으로 보기에는 다소 무리가 있다. 현재 학계에 수용되는 물리학이론은 대부분 장이 미래로 전파되는 방식을 말해 주는 방정식에 기초하고 있다. 그러나 위상수학적 양자장이론의 아이디어를 트위스터 이론과 결합시키면 무언가 유용한 결과가 얻어질 수도 있다. 33장에서 보게 되겠지만(33.11절), 트위스터 -공간표현에서도 국소적으로 장방정식이 사라진다. 위상수학적 양자장이론을 트위스터 이론에 적용하는 작업은 아직 초보적인 단계에 불과하지만,[17] 앞으로 어떤 식

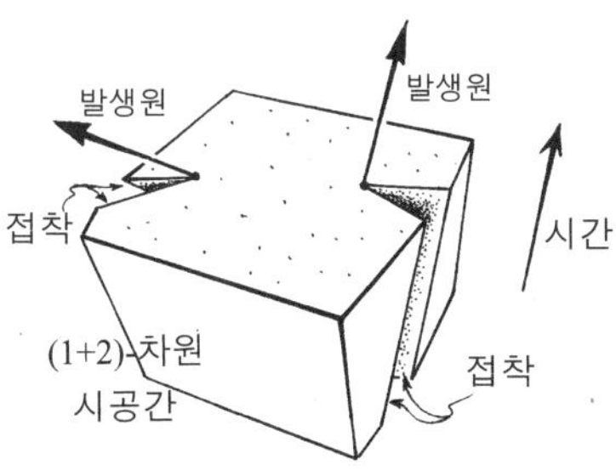

그림 32.9 (2 + 1)차원 일반상대성이론에서 발생원(source, 질량)이 없을 때에는 시공간이 평평하다(평평한 시공간에서는 리치텐서가 0이고, 바일텐서는 3차원에서 항상 0이기 때문이다). 그러나 발생원의 세계선에 의해 평평한 시공간에 결함이 생기는데(원뿔특이점), 이것은 그림 28.4와 28.2절에서 논했던 우주끈에 의한 효과와 비슷하다. 고전적으로 발생원의 세계선은 항상 직선이지만, 양자버전 이론에서는 이 조건이 완화된다. 이것이 바로 위상수학적 양자장이론의 한 사례이다.

으로 전개될지 그 귀추가 주목된다.

32.6 스핀네트워크

고리상태가 3차원 기하학의 극한(델타 함수)적 배열로서 놀라운 특성을 갖기는 하지만, 적절한 (직교)기저를 제공하지는 못한다. 이 문제를 해결하려면 고리들끼리 교차를 허용하도록 일반화할 필요가 있다. 이로부터 우리는 '교차하는 고리선'의 네트워크와 마주치게 되는데, 여기서 한 가지 질문이 자연스럽게 떠오른다 "교차점에서는 무엇을 어떻게 다뤄야 하는가?" 그 해답은 내가 지난 50년 동안 연구해 왔던 '스핀네트워크 spin network'에서 찾을 수 있다.

스핀네트워크란 무엇이며, 내가 1950년대에 이 분야에 관심을 두게 된 이유는 무엇인가? 당시 나의 주 관심사는 어떤 양의 불연속적인 조합으로 물리학을 서술하는 것이었다. 왜냐하면, 그 무렵에 "물리학과 시공간은 근본적인 단계에서 연속이 아닌 불연속적 구조를 갖는다"는 주장이 설득력을 얻고 있었기 때문이다(3.3절 참조). 또한, 마흐의 원리 Mach's principle (28.5절 참조)[18]에 기초하여 '공간 자체는 원래 존재하는 것이 아니라 유도된 것'이라는 주장도 있었다. 우주의 삼라만상은 물체와 배경공간의 상호관계가 아닌 물체끼리의 상호관계로부터 설명된다는 것이다.

나는 이 모든 조건을 만족하려면 주어진 계의 총 스핀을 양자역학적으로 고려하는 것이 최선이라는 결론에 도달했다. 스칼라량 $j(=\frac{1}{2}n)$로 정의되는 '총 스핀'은 말 그대로 주어진 계의 전체적인 스핀을 나타내는 양으로서, 스핀의 특정방향 성분 m과는 의미가 다르다('j'와 'm'은 양자역학의 각운동량을 $\hbar$단위로 나타낼 때 흔히 사용되는 기호이다. j는 정수 또는 반정수이고, m은 $-j$와 j사이에서 정수간격의 값을 가질 수 있다. 22.8, 22.10 ~ 11절 참조). 총 스핀의 실제크기(서로 직각을 이루는 세 방향의 m값을 제곱하여 더하고서 제곱근을 취한 값)는 $\hbar\sqrt{j(j+1)}$인데, 그림 32.4의 면적에도 이와 동일한 인자가 들어 있다. $n(=2j)$은 자연수만을 가질 수 있으며(보존은 짝수, 페르미온은 홀수이다. 23.7절 참조), 방향과는 무관하지만 공간의 방향성과는 밀접한 관계에 있다. 나는 불연속체의 조합에서 출발하여 실제의 물리적 공간을 재현하고자 한다면 가장 눈여겨봐야 할 물리량이 바로 n으로 표현되는 총 스핀이라고 생각한다. 일단 올바른 길로 들어섰다면, 그다음으로 눈여겨봐야 할 것이 양자역학적 확률이다. 이 값은 측정기구의 여러 부분이 다른 부분에 대하여 어떤 각도를 이루고 있는지에 무관한 '순수 확률'로 간주할 수 있다.

지금부터 총 스핀 $\frac{1}{2}n\hbar$를 'n-유닛n-unit'으로 부르기로 하자. 편하게 생각하기 위해 이 유닛을 입자로 간주할 수도 있지만, 물론 소립자는 아니다. 예를 들어 수소원자의 총 스핀을 잘 정의해 주면 위 경우에 완전하게 맞아떨어진다[$n=0$이면 오쏘수소ortho-hydrogen, $n=2$이면 파라수소(헬륨)para-hydrogen라고 한다[19]]. 순수확률은 어떻게 구해야 하는가? 예를 들자면 EPR-봄 1-유닛 쌍(A, B)와 (C, D)를 취하여 이들이 각각 0-유닛 상태에서 출발했다고 생각하면 된다(그림 32.10 참조). B와 D를 합쳐서 하나의 유닛으로 만들면 이들은 0-유닛이나 2-유닛이 될 수 있고, 각각의 확률은 $\frac{1}{4}$과 $\frac{3}{4}$이다.[32.5] A와 C를 하나의 유닛으로 묶어도 가능한 경우와 확률은 모두 같다. 그러나 이 두 가지 확률은 서로 독립이지 않다. 왜냐하면 한 경우가 0-유닛이면 다른 경우는 2-유닛이

[32.5] 왜 그런가?

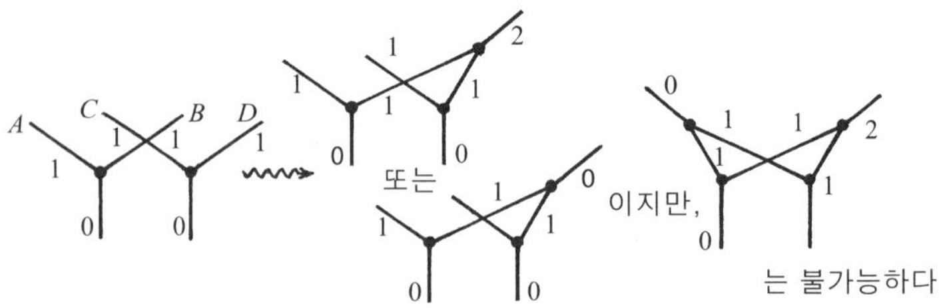

그림 32.10 스핀네트워크(spin network). 각 선분에 할당된 숫자는 입자 또는 부분계(subsystem)의 총 스핀 $\frac{n}{2} \times \hbar$를 n-유닛으로 나타낸 것이다. 이 그림은 0-유닛에서 출발한 EPR-봄 1-유닛 쌍 (A, B)와 (C, D)를 나타낸 것이다(그림 23.2와 같은 상황이다). B와 D가 결합하여 하나의 단위가 되면 0-유닛이나 2-유닛이 될 수 있는데, 각각의 확률은 $\frac{1}{4}$과 $\frac{3}{4}$이다. A와 C가 하나의 유닛으로 묶여도 확률은 동일하다. 그러나 이 두 경우는 서로 독립이지 않다. 한 경우가 0-유닛(또는 2-유닛)이면 다른 경우는 2-유닛(또는 0-유닛)이 될 수 없기 때문이다.

될 수 없기 때문이다(그 반대도 마찬가지다).

이것은 내가 순수확률을 계산할 때 사용하는 방법인데, 결과는 항상 유리수로 나타난다(불연속으로 분포된 유한한 개수의 가능성 중에서 무작위선택이 이루어지기 때문이다). 방금 다룬 문제는 매우 간단한 사례에 불과하지만, 이로부터 일반적인 아이디어를 유추할 수 있다. 특정 스핀네트워크에 포함된 모든 유닛은 초기 0-유닛에서 위와 같은 과정을 거쳐 만들어진 것으로 생각할 수 있으므로(단, 이 과정을 다이어그램으로 표현할 수는 없다), 공간의 특정 방향을 선호하는 경향은 없다. 유닛의 다양한 쌍들은 하나로 결합하여 단일 유닛이 될 수 있으며, 반대로 하나의 유닛이 한 쌍의 유닛으로 갈라질 수도 있다. 그림 32.11은 후자의 사례를 나타낸 것이다. 이 모두를 어떤 시공간 안에서 일어나는 사건으로 시각화할 수도 있으나, 원래 스핀네트워크 이론에서는 배경시공간이라는 것이 없다. 기본 아이디어는 공간에 필요한 모든 개념을 '스핀의 네트워크'와 '두 유닛

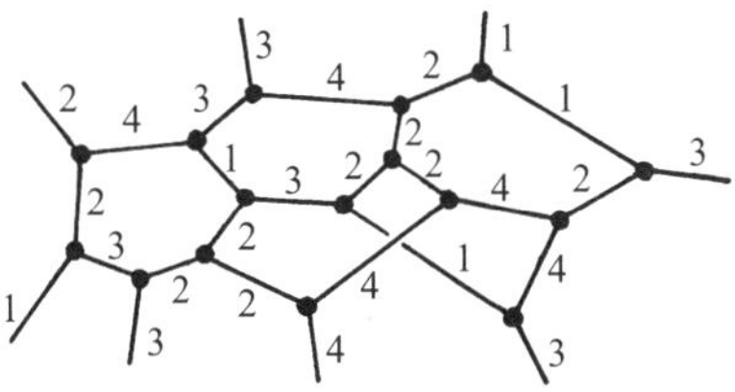

그림 32.11 스핀네트워크의 사례. 실제 배경시공간 다양체를 상정할 필요는 없다. 공간과 관련된 모든 개념은 스핀의 네트워크와 확률(두 유닛이 결합하여 제3의 유닛이 될 때)로부터 만들어낼 수 있다. 꼭짓점에서는 항상 3개의 선이 만나기 때문에, 연결관계가 유일하게 결정된다.

이 합쳐져서 제3의 유닛이 형성되는 확률'로부터 구축하는 것이다(이 확률은 양자역학 법칙을 통해 계산할 수 있다). 스핀네트워크의 특징 중 하나는 모든 꼭짓점에서 세 개의 선이 만난다는 것이다. 바로 이러한 특성 때문에 확률이 유일하게 결정된다. 스핀네트워크의 위상학적(그래프) 구조와 각 선에 할당된 스핀양자수만 주어지면 모든 필요한 계산을 수행할 수 있다.

나는 확률을 계산하기 위해 일종의 '조합과정(헤아리는 법 counting)'을 개발했다(모든 확률은 유리수이다). 여기 필요한 법칙은 원래 표준 양자역학의 스핀에서 나온 것이지만, 근원은 다 잊어버리고 스핀네트워크 체계가 일종의 '조합적 우주'를 서술한다고 생각해도 상관없다. 그러면 적절하게 '큰' 스핀네트워크로부터 기하학의 개념(지금은 3차원 유클리드 기하학)을 이끌어낼 수 있다. 주된 아이디어는 스핀이 큰 유닛이 '공간의 방향'을 정의한다고 간주하는 것이다(테니스공의 회전축과 비슷하다고 생각하면 된다). 그리고 유닛이 큰 '두 회전축 사이 각도'는 한쪽에서 1-유닛을 분리하여 다른 쪽에 갖다 붙임으로써 측정할 수 있다. 한쪽 스핀이 '업'이고 다른 쪽 스핀이 '다운'일 확률이 바로 두 스핀 축 사이의 각도이다.[32.6]

여기에 추가로 필요한 것은 '양자적 확률'(유닛이 큰 두 스핀 축 사이의 각도로부터 계산됨)과 '미지확률probability through ignorance'을 구별하는 방법이다. 미지확률은 두 개의 큰 유닛 사이의 연결이 불충분할 때 나타난다(29.3～4절에서 논했던 밀도행렬에서도 이 두 가지 확률이 서로에게 미묘한 영향을 미쳤다). 이 '미지인자'를 제거하는 방법은 하나의 큰 유닛에서 1-유닛을 다른 유닛으로 이전시키는 과정을 반복 실행하여 이전과 동일한 확률이 나오는 경우를 선택하는 것이다. 이 경우에 속하는 일련의 큰 유닛들로부터 기하학의 정리를 증명할 수 있다. 즉, 위와 같이 양자적 확률을 통해 정의된 '각도기하학angle geometry'은 일상적인 3차원 유클리드 공간에서의 방향과 정확하게 일치한다.[20] 스핀네트워크의 양자적 조합으로부터 유클리드 기하학의 개념이 유도되는 것이다.

앞으로 알게 되겠지만, 내가 애초에 제안했던 스핀네트워크 이론은 시공간의 양자화를 위해 고안된 고리변수이론과 큰 차이가 있다. 무엇보다도 스핀네트워크는 중력을 고려한 이론이 아니었다. 그래서 나는 스핀네트워크가 양자중력이론에서 중요한 역할을 한다는 사실을 깨달았을 때 놀라지 않을 수 없었다. 물론 두 이론은 시공간을 양자역학적인, 그리고 불연속적인 객체로 간주한다는 점에서 공통된 관점을 갖고 있긴 하다. 그러나 고리변수에서는 n이 면적을 의미하지만 스핀네트워크에서는 스핀값을 의미한다. 면적과 스핀은 단위부터가 다른데, 이 사실은 고리변수이론에 등장하는 중력상수 G를 보면 알 수 있다. 이 문제와 그 속에 담긴 의미는 잠시 후에 살펴볼 것이다.

스핀네트워크는 고리변수 양자중력이론에 어떤 형태로 등장하는가?

[32.6] 이 각도는 확률의 관점에서 어떤 의미를 갖는가?

앞에서 말한 대로, 스핀네트워크의 교차점은 한 쌍의 고리가 만나면서 생긴 것이다. 또한 이곳은 고리의 j-값이 변하는 지점이기도 하다. 따라서 고리변수이론에서는 네 개(또는 그 이상)의 선이 한 교차점에서 만나게 된다. 그러나 한 점에서 만나는 선이 세 개일 때에만 '유일한 해석'이 가능하기 때문에, 네 개인 경우에는 어느 정도의 모호함이 존재한다. 따라서 각 마디(분기점)에 유일한 해석을 내리려면 별도의 추가조건(뒤엉킴연산자intertwining operator)이 필요하다. 한 가지 방법이 그림 32.12에 예시되어 있는데, 네 개의 선이 한 점에서 만나는 'X'자형 그래프는 두 개의 3중 분기점을 갖는 'H'자형 그래프의 선형결합으로 표현할 수 있다.

내가 처음에 소개했던 스핀네트워크와 고리변수 스핀네트워크 사이에는 또 다른 중요한 차이점이 있다. 나의 이론이 전체적으로 조합적인 구조를 갖는 반면, 고리변수 스핀네트워크는 다양체 $\mathcal{S}$ 안에서 위상학적 구조를 추가로 갖고 있다. 예를 들어 네트워크 선으로 매듭을 짓거나 다른 선과 연결함으로써 추가정보를 제공하는 식이다(그림 32.13 참조). 여기서 얻은 정보는 여전히 불연속의 조합적 성질을 가지며, 전체적으로는 위상과 관련된 정보라고 할 수 있다. 그러나 이 내용을 수학적으로 표현하

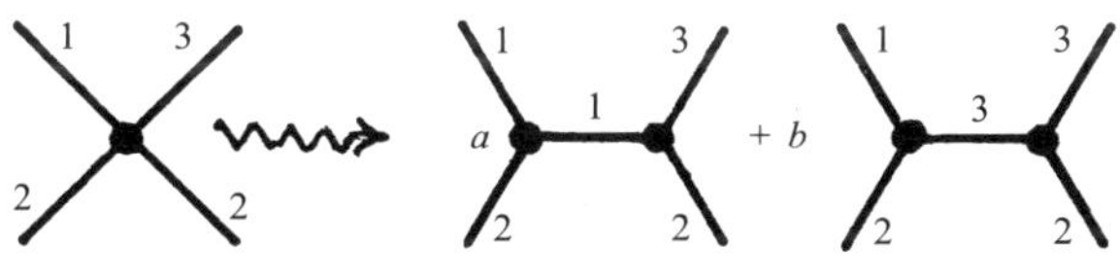

그림 32.12 고리변수이론에 등장하는 스핀네트워크의 모든 마디(분기점)에서는 네 개(또는 그 이상)의 선들이 교차하여 유일한 해석이 불가능하기 때문에, '뒤엉킴(interwining)'과 관련된 정보가 추가로 필요하다. 'X'자형 그래프를 두 개의 3중 분기점을 갖는 'H'자형 그래프의 선형결합으로 표현한 후 계수 a와 b를 결정하면 이 모호함을 제거할 수 있다.

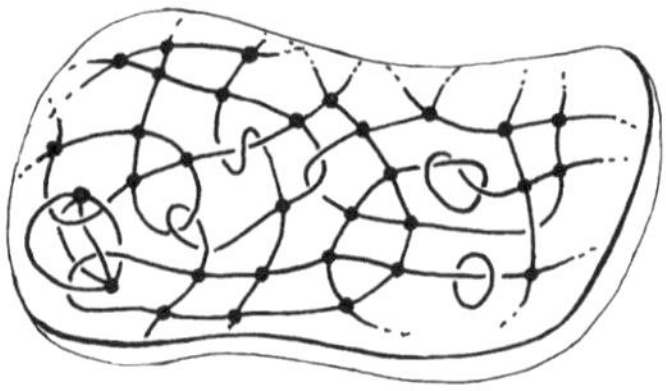

그림 32.13 표준 고리변수이론의 스핀네트워크는 서로 분리되어 있지 않고 특정 구조가 없는(그러나 해석적인) 3-곡면($\mathcal{S}$)에 놓여 있다. 여기서는 위상학적 연결상태와 매듭이 중요한 정보를 제공한다.

기란 개개의 마디에서 일어나는 일을 표현하는 것보다 훨씬 어렵다.

고리와 관련하여 지금까지 설명한 내용은 정적static인 경우에 한정되어 있으므로, 특별한 역학체계를 도입할 필요가 없었다. 사실 지금 우리가 논하는 고리와 스핀네트워크는 아인슈타인의 일반공변성 원리에 입각하여 일반상대성이론의 구속방정식constraint equation(곡면 $\mathcal{S}$ 위에서 만족해야 할 조건들)을 풀기 위한 초석이라고 할 수 있다. 이는 대단한 발전이지만, 아인슈타인 방정식에 입각하여(32.1절 참조) $\mathcal{S}$에서 멀어지는 쪽으로 진행되는 역학적 변화과정을 서술하는 더 어려운 문제를 풀기에는 아직 힘에 부쳐 보인다(이 문제는 종종 '해밀턴 구속조건Hamiltonian constraint'이라 불린다). 토머스 티만Thomas Thiemann이 해밀턴-진행문제에 하나의 가능한 해답을 제시하긴 했지만, 이것이 아인슈타인 이론에 부합하는지는 확실치 않다.[21]

이 난해한 역학적 이슈는 아직 미제이나, 고리변수체계를 다른 분야에 응용할 여지는 남아 있다. 특히 스핀네트워크를 이용하면 블랙홀의 엔트로피를 끈이론보다 훨씬 직접적이고 현실적인 방식으로 설명할 수 있다(31.15절 참조). 여기서 블랙홀의 기하학은 아인슈타인 방정식의 슈바르츠실트해나 커 진공해의 기하학과 일치한다. 여기에 적절한 근사적 접근법을 적용하면 스핀네트워크로부터 중력적 양자상태의 수를 정확하게 헤아릴 수 있다. 블랙홀이 커지기 시작했을 때의 엔트로피는 베켄슈타인-호킹 공식 $S_{BH} = \frac{1}{4}A(k = c = G = h = 1)$와 잘 일치한다. 그런데 호킹의 인자 $\frac{1}{4}$을 정확하게 재현하려면 바베로-이미치 매개변수 η를 다음과 같은 값으로 선택해야 한다.

$$\eta = \frac{\log 2}{\pi\sqrt{3}}$$

언뜻 보기에는 좀 이상한 값 같지만, 이렇게 하면 전하나 회전, 또는 우주상수 등이 존재하는 경우에 베켄슈타인-호킹의 엔트로피를 재현할 수 있다(물론 이런 때에는 다른 방법으로도 정확한 답을 얻을 수 있다).[22] 여기에는 숫자들의 명백한 '우연의 일치'가 많으며, 이들이 이론을 좌지우지하는 듯 보인다. 서로 다른 두 방법으로 계산한 별개의 두 무한수열이 항대항으로term-by-term 일치해야만 하고, 실제로 그렇게 된다. 이는 양자역학의 몇몇 개념 속에 숨겨진 심오한 무모순성의 발현일지도 모른다.

블랙홀에서 얻어진 결과는 바베로-이미치 매개변수 η를 바라보는 관점에 약간의 변화를 요구한다. 앞에서 말한 대로 $\eta = \pm i$일 때만 기하학적으로 옳은 이론이 얻어지기 때문에, 굳이 η를 도입한 것은 '논리를 더 진행하기 위한 방편'에 불과하다고 생각할 수도 있다. 실제로 η를 실수로 택하면 컴팩트하지 않은 $SL(2, \mathbb{C})$군이 컴팩트한 $SU(2)$군으로 대치되어 수학적으로 다루기가 쉬워진다. 그런데 다양한 지평선에 대하여 수행한 블랙홀 엔트로피 계산이 올바른 결과를 주고 있으므로(바베로-이미치 매개변수 η를 $\log 2/\pi\sqrt{3}$으로 잡았을 때), 고리변수를 연구하는 학자들은 올바른 양자중력이론을 얻기 위해 η를 실수로 취해야 한다는 생각을 갖기 시작했다.

물론 이것은 어디까지나 하나의 가능성일 뿐이다. 나는 η를 그런 희한한 값으로 선택해야 하는 기하학적 이유를 아직도 잘 모르겠다. 위와 같이 η가 실수인 경우에는 32.3절에서 언급한 '카이랄'적 특성이 완전히 사라지고, 내재곡률과 외재곡률이 골고루 섞인 $\mathbf{\Gamma}_\eta$의 의미도 모호해지기 때문이다. 이 문제는 앞으로 더 연구해야 할 것이다.

32.7 고리양자중력이론의 현주소

지금부터 아쉬테카르-로벨리-스몰린이 창안한 고리변수이론의 현주소를 조명하고, 완전한 양자중력이론으로 발전할 가능성을 타진해보기로 한다. 물론 이것은 어디까지나 내 개인적인 의견이며, 나의 현재 위치상 약간의 편견이 작용할 수도 있음을 미리 일러두는 바이다. 고리양자중력을 연구하는 학자 중에는 나와 가까운 친구도 많이 있고, 내가 정규 방문교수직을 맡은 미국의 두 대학(시러큐스Syracuse 대학교와 펜실베이니아 주립대학교)의 물리학자들은 이 분야의 연구를 선도하고 있다. 게다가 내가 오랜 세월 동안 연구해온 스핀네트워크가 고리양자중력에서 중요한 역할을 하고 있다는 사실은 나에게 기쁜 소식이 아닐 수 없다. 그러나 나는 아쉬테카르 변수/고리변수 연구에 본격적으로 참여하고 있지 않기 때문에, 한 걸음 물러나 비교적 공정한 입장에서 평가할 수 있지 않을까 생각한다.

나는 초창기의 아쉬테카르 변수와 나중에 등장한 고리변수는 양자중력이론에 커다란 기여를 했다고 본다. 이 이론들은 양자장이론에 아인슈타인 일반상대성이론을 도입하는 혁신적인 아이디어를 제공했다. 그러나 이런 것들은 디랙을 비롯한 물리학자들이 반세기 전에 도입한 이론이기 때문에, 정준 양자중력이론에서 가장 중요한 발전이라고 말하기는 좀 곤란하다. 고리변수는 '일반공변성'에서 제기된 근본적인 문제를 다뤘고, 이 내용은 '불연속 시공간'이라는 흥미로운 분야로 발전했다. 그뿐만 아니라 순수 중력을 연구하던 학자들도 최근에는 중력 이외의 상호작용을 같이 연구하고 있으므로, 고리변수이론은 물리학의 가장 깊은 근본을 탐구하는 이론으로 진화하고 있다.[23]

그러나 고리변수가 '기하학적으로 옳은' $\mathbf{\Gamma}$ 대신 (η값이 정해지지 않은) $\mathbf{\Gamma}_\eta$을 채용했다는 사실이 약간의 걸림돌로 작용하고 있다. 내가 보기에 $\mathbf{\Gamma}$를 사용했을 때 나타나는 문제점이 극복되지 않는 한, 이런 방법으로는 완전히 신뢰할 만한 양자중력이론을 얻을 수 없다. 또한 아인슈타인 이론의 구속조건은 스핀네트워크로 다룰 수 있지만, 아인슈타인 - 해밀토니안을 고리변수체계 속에 완전히 융합시키는 작업은 아직 제대로 구현되지 않았다.

그런데 놀랍게도 이런 난점들은 아쉬테카르 - 고리변수이론이 안고 있는 문제점과 무관하지 않은 것 같다. 양자중력이론을 구현하기 위해 탄생한 다른 정준적 접근과 마찬가지로, 아쉬테카르 - 고리변수이론의 체계는 (일반적인 시공간이 아닌) 3차원 공간 $\mathcal{S}$를 표현하는 방법에 따라 달라진다. 앞에서 확인한 바와 같이 '일반공변성'에서 3차원 공간과 관련된 문제는 고리/스핀네트워크를 적절히 적용하여 다룰 수 있다. 그러나 이것을 4차원 시공간의 공변성문제로 확장하면 마치 판도라의 상자를 연 것처럼 온갖 문제들이 쏟아져 나온다. 내가 아는 한, 고리변수이론에서는 이 문제가 충분히 언급되지 않았다.[24]

이 난점은 시간의 흐름을 (아인슈타인의 이론에 입각하여)공변적인 4차원 시공간체계에서 표현하는 문제와 관련되어 있으며, 또한 양자중력이론의 '시간문제(종종 '동결된 시간frozen time'문제라 부르기도 한다)' 하고도 관련되어 있다. 일반상대성이론에서는 시간의 진행과 좌표변환(하나의 시간을 다른 시간으로 대치하는 변환)을 구별하지 않는다. 그런데 일반적으로 공변성을 만족하는 이론은 좌표변환에 무관해야 하므로, '시간진행'의 개념은 매우 근본적이고 중요한 문제이다. 30.11절에서 밝힌 바와 같이, 나는 상태벡터의 축소과정 **R**을 만족스럽게 설명하지 못하는 한 이 문제를 해결할 수 없다고 생각한다. **R**에 대한 이해가 깊어지면 일반적인 원리도 커다란 변화를 겪게 될 것이다.

이 이슈와 관련하여, 고리변수 접근법보다 공변적 서술에서 더 큰 문제가 되는 현안이 하나 있다. 어떤 면에서 보면 고리변수 접근법은 성공의 '희생양'이라고 할 수 있다! 스핀네트워크의 기저상태들은 좌표와 무관하게 표현될 수 있지만, 이들이 양자적으로 중첩된 상태는 해석이 불분명하다. 일반공변성 원리에 의하면, 서로 중첩된 스핀네트워크들의 '위치'에는 상호대응관계가 존재하지 않는다. 이 모든 것으로부터 거의 고전적인 세계가 창출되는 과정을 어떻게 이해해야 하는가?

지금쯤이면 (특히 30장을 통해)독자들도 알고 있겠지만, 나는 양자이론과 중력이 조화롭게 합쳐지려면 표준 양자역학이 근본적인 단계에서 달라져야 한다고 생각한다. 특히 **R**과정을 현실적인 물리적 과정(**OR**)으로 간주하는 것이 중요하다. 고리변수로 이것을 구현할 수 있을까? 어느 정도 가능성은 있다. 고리변수에서 스핀네트워크의 $n(=2j)$값은 플랑크 길이의 제곱단위를 갖는 '면적'을 의미하는 반면, 내가 창안했던 원래 스핀네트워크에는 계량이나 중력이 포함되어 있지 않으며, 여기서 스핀 n은 '각운동량'을 의미했다. 그러나 나의 원래 아이디어에 의하면 이 수들은 총 스핀값을 측정한 결과이며(각 네트워크에 **R**이 작용한 결과), 그 확률은 두 개의 유닛이 결합하여 제3의 유닛이 만들어지는 과정에서 나타난다. 만일 **R**이 객관적인 중력적 현상이라면 내가 30장에서 주장한 대로 이 단계에 중력적 과정을 도입해야 하는데, 이런 경우에는 스핀네트워크의 확률문제와 중력을 분리할 수가 없다. 상태축소를 자연스럽게 이 체계 속에 포함하려면 고리변수와 스핀네트워크가 완전하게 결합되어야 할 것 같다. 만일 이것이 실현된다면 30장에서 말한 중력적 **OR**체계를 세우는 길도 더욱 분명해질 것이다.

끝으로 고리변수와 관련된 다른 연구결과들을 소개하면서 이 장을 마칠까 한다. 요즘은 전자기력까지도[25] 고리변수의 체계 안에서 설명되고 있기 때문에,[26] 고리변수는 이제 순수 중력이론이라고 말할 수 없다. 이보다 덜 파격적이긴 하지만, 고리양자중력의 스핀네트워크를 4차원 이상으로 확장하려는 시도도 있다. 이들 중 하나가 스핀네트워크의 고차원 버전인 '스핀거품spin foams'인데, 스핀값 $n = 2j$가 할당된 2차원 곡면에서 스핀네트워크의 시간에 따른 진행을 스핀거품으로 표현하는 이론이다. 루이스 크레인Louis Crane과 존 바렛John Barrett 등이 창안한 이 아이디어는[27] 그동안 다른 물리학자들에 의해 몇 가지 수정이 가해지면서 많이 개선되었으나,[28] 양자중력이론과 어떤 관계에 있는지는 아직 분명치 않다. 이것은 트위스터 이론과도 어떤 식으로든 관련이 있을 것으로 추정되므로, 앞으로 그 귀추가 주목된다. 트위스터 이론의 기본 개념은 다음 장에서 소개될 것이다.

나는 이 책의 여러 곳에서(특히 30장에서) 양자상태의 축소가 시공간의 특이성 및 시간되짚기에 대한 비대칭성과 밀접하게 관련되어 있음을 강조한 바 있다. 시공간의 특이성에 의한 양자적 효과를 고리변수로 설명하려는 시도는 이미 시작되었다.[29] 이 분야에 대해 자세한 언급은 할 수 없지만, 시간 비대칭성이 나타나는 이유는 아직 분명하게 알려지지 않고 있다.

〈32장 후주〉

32–1절

32.1 Greene(1999) 참조.

32.2 아이러니하게도 아인슈타인은 말년에 통일장이론을 연구하면서 자신이 제안했던 '좁은 길'에 크게 연연하지 않았다.

32.3 구속조건(constraint)과 해밀토니안 체계에 관해서는 Dirac(1964), Ashtekar(1991), Wald(1984)를 참조하라.

32.4 Dirac(1950, 1964), Pirani and Schild(1950), Bergmann(1965), Arnowitt *et al*.(1962) 참조. 3차원 공간 양자중력의 슈뢰딩거 방정식에 해당하는 휠러-드윗 방정식(Wheeler-DeWitt equation)에 대해서는 DeWitt(1967)을 참조하라.

32.5 Isham(1975), Kuchar(1981) 참조.

32.6 Sen(1982), Ashtrka-1r(1986, 1987) 참조.

32–2절

32.7 앞으로 곧 알게 되겠지만, 카이랄성이 분명한 아쉬테카르의 접근법은 기술적인 문제와 직면하면서 변화를 겪게 된다. 나는 이런 식으로 변형된 이론이 원래 의도했던 양자중력에 근접할 수는 있지만, 완전히 같을 수는 없다고 생각한다.

32.8 선형화된(linearized) 중력이론의 초기 버전은 Fierz and Pauli(1939)를 참조하라. Sachs and Bergmann(1958)에는 더 많은 정보가 담겨

있다. 비선형 중력이론은 Penrose(1976a, 1976b)를 참조하라.

32–3절

32.9 Ashtekar(1986, 1987) 참조. 전체적인 개요는 Ashtekar and Lewandowski(2004)를, 그리고 교과서로는 Rovelli(2003)을 추천한다!

32.10 '지표(index)'가 작용하는 방식을 이해하려면 먼저 3차원 역계량(inverse 3-metric)이 γ^{rs}임을 알아야 한다(rs는 3차원 지표이다). $\mathcal{S}$ 안에서 s에 대한 듀얼(dual, 쌍대, 12.7절 참조)을 만들면 t와 u에 반대칭인 $\gamma^{r}{}_{tu}$(밀도)가 얻어지는데, 아래쪽에 붙은 지표는 4-공간에서 정의된 2-형식 지표로 간주할 수 있고, 여기서 반자기듀얼 부분(anti-self-dual part)을 취하면 한 쌍의 대칭적 스피너 지표 P, Q를 갖는 $\gamma^{r}{}_{PQ}$가 얻어진다. 이것은 $\gamma^{r}{}_{P}{}^{Q}$와 동일하며, P, Q에 대한 대각합이 0이다. $\boldsymbol{\Gamma}$를 지표로 표기한 $\Gamma_{r}{}^{P}{}_{Q}$은 스핀공간에서 정의된 1-형식 행렬로서 대각합이 0이다[이것은 SL(2, $\mathbb{C}$) 접속이기 때문이다]. 정준변수에 대하여 $\boldsymbol{\Gamma}$의 지표구조는 γ와 반대이다. 더 자세한 내용은 Ashtekar(1986, 1987)과 Ashtekar and Lewandowski(2004), Rovelli(2003)을 참조하기 바란다.

32.11 1981년에 센(Sen)이 일반상대성이론의 구속조건을 다항식의 형태로 단순화할 때 도입한 것이 바로 이 접속(connection)이었다. 흥미로운 것은 같은 해에 위튼이 동일한 접속을 이용하여 일반상대성이론에서 '총 에너지 양수 조건'을 증명했다는 사실이다[19.8절, Witten(1981) 참조]. 내가 아는 바로는 이 접속은 $\mathcal{S}$의 초곡면 트위스터 공간(hypersurface twistor space)을 구축할 때 처음 사용되었는데[Penrose and MaCallum(1972), Penrose(1975) 참조], 이것은 트위스터 이론과 아쉬테카르 변수가 가장 가깝게 연결되는 부분이기도 하다.

32–4절

32.12 이와 관련된 양자장이론의 기술적인 내용은 Wilson(1976)을 참조하라. Zee(2003), Rovelli and Smolin(1990)도 도움이 될 것이다.

32.13 다양체 $\mathcal{S}$의 구조는 지금 우리가 의도한 것보다 더 복잡해도 상관없다. $\mathcal{S}$는 위상뿐만 아니라 미분가능성[또는 매끈함(smoothness), 10.2절과 12.3절 참조. 33.1절과 비교해볼 것]까지 결정하기 때문이다. 아쉬테카르-르완도프스키[Ashtekar-Lewandowski) 접근법에서는 계산상의 편의를 위해 $\mathcal{S}$를 해석적 구조를 갖는 다양체로 정의했다(Ashtekar-Lewandowski(1994) 참조]. 이것은 6.4절에서 언급한 C^{ω}와 같다.

32–5절

32.14 매듭이론의 쉬운 입문서로는 Adams(2000)을 추천한다. 좀 더 기술적인 내용은 Rolfsen(2004)과 Kauffman(2001)을 참조하라.

32.15 해설논문으로는 Labastida and Lozano(1997)가 있고, 위튼의 원조논문은 Witten(1988)을 참조하라.

32.16 그러나 위상수학적 양자장이론(TQFT)은 이와 관련된 엄밀한 수학정리를 제공하지 못한다.

32.17 Penrose(1988a) 참조. 새로운 트위스터-끈 개념은 Witten(2003)을 참조하라. [후주 31.81]도 도움이 될 것이다.

32–6절

32.18 내가 마흐의 원리에 관심을 두게 된 것은 나의 동료이면서 친구이자 조언자인 데니스 시아마(Dennis Sciama) 덕분이었다.

32.19 Levitt(2001) 참조.

32.20 Penrose(1971a), Moussouris(1983) 참조.

32.21 Thiemann(1996, 1998a, 1998b, 1998c, 2001) 참조.

32.22 Ashtekar *et al*. (1998, 2000) 참조. 그러나 최근 발표된 연구결과에 따르면 본문에 제시된 η 값에 오류가 있으며, 필요한 수정을 가하면 훨씬 복잡한 값으로 변한다. 그러나 앞으로 이 책에서 언급될 내용은 위의 수정에 영향을 받지 않는다. Domagala and Lewandowski(2004), Dreyer, Markopoulou, and Smolin(2004) 참조.

32–7절

32.23 Thiemann(1998c) 참조.

32.24 Hawking and Hartle(1983)과 32장 [후주 - 3]～[후주 - 5] 참조. Smolin(2003)과 해설논문 Ashtekar and Lewandowski(2004)도 읽어보기 바란다. 이 책의 참고문헌 중 상당수는 여기서 발췌한 것이다. 참고문헌 게재를 허락해 준 아쉬테카르에게 감사의 말을 전한다.

32.25 Varadarajan(2000) 참조.

32.26 Varadarajan(2001) 참조.

32.27 Barrett and Crane(1998), Baez(1998), Reisenberger(1997, 1999) 참조.

32.28 Barrett and Crane(2000), Baez(2000), Reisenberger and Rovelli (2001, 2002), Perez(2003) 참조.

32.29 Bojowald(2001), Ashtekar *et al*.(2003) 참조.

33
더욱 급진적인 관점 : 트위스터 이론

33.1 기하학에 불연속적 요소가 존재하는 이론들

앞장에서 서술한 이론들은 미시세계의 양자적 요소와 거시세계의 휘어진 시공간을 통합한다는 점에서 '급진적인 이론'이라고 할 수 있다. 그러나 우리에게는 아인슈타인의 이론과 양자역학의 배경이 되는 시공간을 기존과 전혀 다른 관점에서 바라본 '더욱 급진적인 이론'이 필요할지도 모른다. 거의 모든 물리학이론이 실수real number에 기초한 연속적 시공간을 가정하지만, 여기 사용된 수학체계가 자연의 궁극적인 구성요소를 서술하는 데 정말로 적합한 선택인지는 의문의 여지가 있다(이 문제는 3.3절에서 잠시 언급되었다).

앞에서 우리는 양자중력이론을 향한 고리변수 접근법을 통해 '연속적이고 매끈하게 변하는' 시공간에서 '위상적으로 불연속 특성을 갖는' 새로운 시공간으로 개념적 전환을 시도해 보았다. 그러나 몇몇 물리학자는 '양자시공간'의 특성을 깊은 수준에서 이해하려면 훨씬 더 급진적인 시공간의 개념이 필요하다고 강력하게 주장하고 있다. 32.6절에서 언급한 초창기의 스핀네트워크 이론은 완전히 불연속적인 특성을 갖고 있지만, 표준 고리변수는 스핀네트워크가 놓인 3-곡면을 여전히 연속적인 객체로 간주하는 이론이었다. 가장 작은 스케일에서 자연의 행동방식을 서술하려면 불연속적이고 조합적인 체계가 필요한데, 고리변수에는 이 점이 충분히 반영되어 있지 않다.

그동안 물리학자들은 초창기의 스핀네트워크나 스핀 거품과 전혀 다른 관점에서 불연속적이고 조합적인 이론들을 구축해 왔다. 그중에서도 1965년에 아마바라Ahmavaara가 제안한 공간모형이 가장 파격적인 이론으로 꼽힌다[1](우리는 이 이름을 16.1절에서 접한 적이 있다). 그는 기존 물리학의 근간을 이루었던 실수체계 수학을 어떤 유한체finite field $\mathbb{F}_p$로 대치해야 한다고 주장했다[여기서 p는 매우 큰 소수(1과 자기 자신 외에는 약수를 갖지 않는 수)이다]. $\mathbb{F}_p$는 정수에 '모듈로 p'를 취함으로써 얻어진다(모듈로modulo의 정의는 16.1절을 참조하라). 그 외의 다른 제안 중에는 여러 개의 정육면체를 똑바로 쌓았을 때 꼭짓점들이 격자를 형성하는 것처럼 시공간을 '주기적으로 반복되는 격자구조'로 간주한 모형도 있다(그림 33.1 참조).[2] 라파엘 소킨Raphael Sorkin이 제안한 '인과적 집합 기하학 causal-set geometry[3](아마바라의 아이디어와 밀접하게 연관되어 있다[4])'은 물리적으로 훨씬 그럴듯한 모형으로서, 시공간이 불연속이고 유한한 점들로 이루어져 모든 점이 '인과적 연결'을 통해 서로 연결되어 있음을 기본 아이디어로 삼는다. 고전적으로 말하자면 이 '인과적 연결'은 한 점에서 다른 점으로 신호가 전달될 확률을 의미한다. 따라서 임의의 한 점은 다른 점의 빛원뿔 표면이나 내부에 놓여야 한다(그림 33.2 참조). 소킨이 제안한 '인과적 연결'은 무작위적인 특성을 갖기 때문에, 특수상대성이론의 로렌츠 불변성과 비슷한 개념이 나타날 수 있다. 그러나 격자형 시공간에서는 로렌츠 불변성을 구현하기가 쉽지 않다(격자모

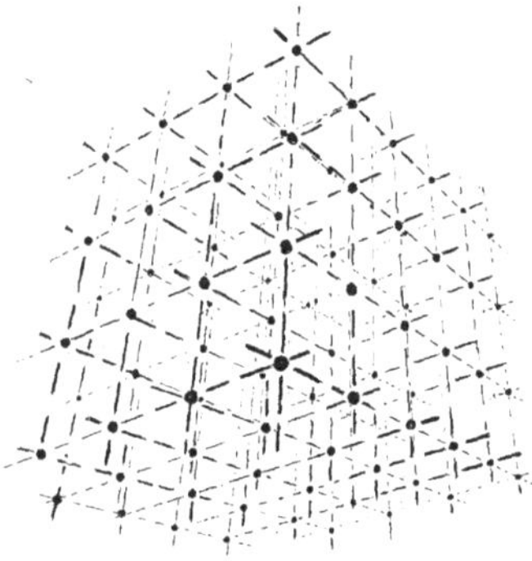

그림 33.1 스나이더-쉴트형(Snyder-Schild-type) 시공간은 정육면체를 똑바로 쌓은 것과 비슷하게 주기적인 격자형태로 되어 있다(여기에는 우리 생각보다 훨씬 다양한 로렌츠 불변량이 존재할 수 있다!).

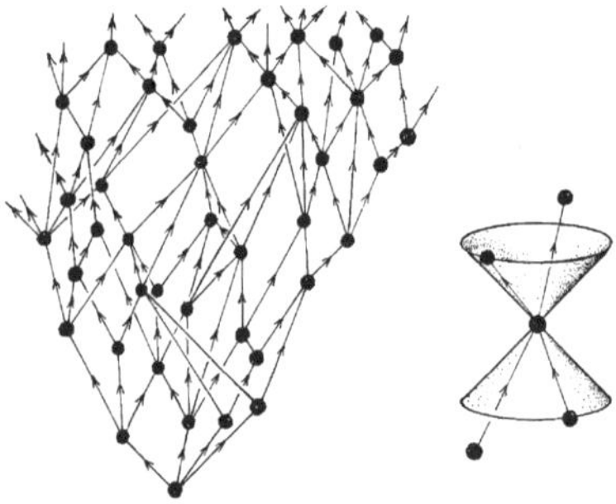

(a) (b)

그림 33.2 (a) 인과적 집합 기하학(causal-set geometry)이 말하는 불연속 우주모형. (b) 각 점들은 로렌츠 인과율을 통해 서로 연결되어 있으므로, 모든 화살표는 빈 원뿔(null cone)의 내부나 표면에 놓여야 한다.

형에는 이런 대칭이 우리 생각보다 훨씬 많이 존재한다). 이밖에 새로운 시공간을 제안한 이론으로는 데이비드 핑클슈타인David Finklestein의 양자집합론(또는 4원수 기하학quaternion geometry)과[5] 코린 매노그Corinne Manogue와 티비언 드레이Tevian Drey의 8원수 물리학이론(11.2, 16.2절 참조) 등이 있다.[6]

툴리오 레게Tullio Regge는 1959년에 또 하나의 흥미로운 양자중력이론을 제안했다. 이 이론에 의하면 시공간은 불규칙적인 4차원 4면체로 이루어진 다각형(또는 초다면체)이며 곡률은 2차원 모서리에 델타함수(9.7절 참조) 형태로 집중되어 있는데, 레게는 이 모서리를 '뼈대'라고 불렀다[7](그림 33.3 참조. 그림 32.3a와 32.4도 참조하라). 양자상태는 '파

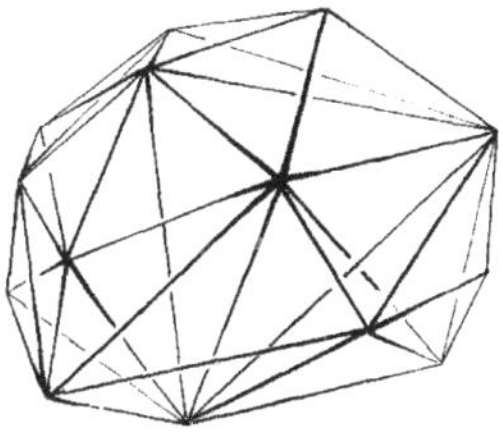

그림 33.3 '레게 미적분학(Regge calculus)'에서 시공간은 4차원 4면체[5-단체(5-simplexes)]로 이루어진 다각형[또는 초다면체(polytope)]로 간주된다. 시공간의 곡률은 2차원 모서리(일반적으로 3각형)를 따라 델타함수 형태로 존재하는데, 이것을 '뼈대'라고 한다.

인만의 과거총합(26.6절 참조)'에 입각하여 위와 같은 공간들에 복소수 가중치를 곱해서 더한 것으로 정의된다. 시공간 자체는 조합적인 방법으로 서술되며, 곡률의 강도를 나타내는 '각도'는 각각의 뼈대 위에서 정의된다. 28.2절(그림 28.4)에서 언급했던 '우주끈'도 이와 같은 기하학의 한 사례로 볼 수 있다.

리처드 조자Richard Jozsa [8]와 크리스토퍼 아이샴Christopher Isham [9]이 제안했던 '토포스 이론topos theory'도 꽤 파격적이고 흥미로운 이론이다. 이것은 '직관주의적 논리([후주 2.6] 참조)'에 기초한 일종의 집합론이라고 할 수 있다.[10] 직관주의적 논리에서는 귀류법적 증명(2.6절과 3.1절 참조)을 인정하지 않는다! 이 책에서는 자세한 설명을 생략하겠지만, 관심 있는 독자들은 관련문헌을 참고하기 바란다.

그 외에 앞으로 물리학에서 중요한 역할을 하게 될 이론으로는 카테고리 이론과 그 확장 버전인 n-카테고리 이론을 들 수 있다. 1945년에 새뮤얼 아일렌버그Samuel Eilenberg와 선더스 맥 레인Saunders Mac Lane [11]이 창안한 이 이론은 매우 단순한(그러나 혼란스러운) 추상적 개념에 의존한 지극히 일반적인 대수체계로 이루어져 있는데, 그 기원은 대수적 위상수학에서 찾을 수 있다(이 분야는 세간에서 종종 '추상적 넌센스'라고 부르기도 한다). 카테고리 이론은 기본적인 구성요소가 '객체를 연결하는 화살표'뿐이어서, 어느 정도의 위력을 발휘할지는 다소 의심의 여지가 있다. 또한, 이 이론에는 앞에서 언급한 다른 이론들과 마찬가지로 매우 '조합적인' 특성이 있다. 카테고리 이론을 확장한 n-카테고리 이론은 호몰로지 개념을 호모토픽으로 확장한 것이다(7.2절 참조). 카테고리 이론은 이미 트위스터 이론에 어떤 입력input을 제공하고 있으며(33.9절 참조), n-카테고리 이론은 고리와 연결, 그리고 스핀 거품(32.7절 참조)및 q-변형구조(32.5절 참조)와 관련되어 있다.[12] 나는 이러한 개념들이 21세기 물리학에서 기존의 시공간 개념을 대신하여 중요한 역할을 할 것으로 믿는다.

필즈상을 받은 수학자인 알랭 콘느Alain Connes가 개발한 '비가환 기하학non-commutative geometry'은 비교적 학계의 주류에 속하는 이론이다. 그 내용을 이해하기 위해, 먼저 매끈한 실다양체 $\mathcal{M}$을 떠올려 보자. $\mathcal{M}$에는 일련의 매끈한 실함수(스칼라)가 정의되어 있다(C^∞-매끈한 함수라고 생각하면 된다. 6.3절 참조). 이 함수들은 서로 더하거나 곱할 수 있으며, 함수에 실수(상수)가 곱해질 수도 있다. 이들은 '실수 $\mathbb{R}$에서 가환적 대수체계' $\mathcal{A}$를 이룬다(12.2절 및 [후주 12.5]와 비교해 보라). 만일 우리에게 대수체계 $\mathcal{A}$가 주어져 있는데 이것이 어디서 비롯된 체계인지 전혀 모른다고 해도, 이로부터 다양체 $\mathcal{M}$을 다시 만들어낼 수 있다.[13] 이처럼 $\mathcal{M}$과 $\mathcal{A}$는 서로 상대방으로부터 구축될 수 있으므로, 이들은 수학적으로 '동등하다'고 말할 수 있다.

양자역학에서는 비가환 대수체계가 종종 등장한다. 그 대표적인 예가 x^a와 p_a인데, 이들은 표준적 정준 교환규칙 $p_b x^a - x^a p_b = i\hbar\delta^a_b$를 만족한다(21.2절 참조). 대수체계 $\mathcal{A}$로부터 다양체 $\mathcal{M}$을 구축하듯이 x^a와 p_a 대수체계로부터 다양체를 구축하면 소위 말하는 '비가환 기하학'이 얻어진다. 또 다른 예로는 양자역학적 각운동량의 성분 L_1, L_2, L_3를 들 수 있다 (22.8절에서 언급한 대로, 이들 사이에는 $L_1 L_2 - L_2 L_1 = i\hbar L_3$, $L_2 L_3 - L_3 L_2 = i\hbar L_1$, $L_3 L_1 - L_1 L_3 = i\hbar L_2$라는 비가환법칙이 성립한다). 이 연산자들은 평범한 S^2-구의 회전의 생성원generator으로 생각할 수 있다. 이 경우에도 L_1, L_2, L_3가 만족하는 대수체계로부터 비가환 기하학을 얻을 수 있는데, 이것을 '비가환구'라 한다. 이 아이디어에는 여러 가지 미묘하고 아름다운 수학적 구조와 예상치 못한 응용분야가 숨어 있는데, 이 책에서는 설명을 생략한다. 비가환 기하학은 나중에 트위스터의 양자화를 다룰 때 다시 언급될 것이다 (33.7절 참조).

알랭 콘느와 동료들은 입자물리학의 표준모형을 포함하는 새로운 이론을 구축하기 위해 비가환 기하학을 발전시켰다.[14] 이들은 대수 $\mathcal{A}_1 \times \mathcal{A}_2$로 만들어진 $\mathcal{A}$를 사용했는데, 여기서 $\mathcal{A}_1$은 (계량의 부호가 양으로 결정된)시공간에서 정의된 함수의 (가환)대수이고, $\mathcal{A}_2$는 표준모형의 내부대칭군에서 발생한 비가환대수이다. 이 모형은 특수상대성이론의 로렌츠식 아이디어를 포함하지 않으며, 물론 일반상대성이론과도 무관하다. 내가 보기에 비가환 기하학은 자신의 잠재적 능력을 아직 충분히 발휘하지 못한 것 같다. 그러나 이 모형은 아직 시작에 불과하며, 아직 그 존재가 확인되지 않은 힉스보존Higgs boson과도 관련되어 있다.[15]

이 모든 아이디어는 불연속적인 시공간, 또는 양자적 특성이 반영된 시공간을 구축하려는 목적으로 탄생한 것이다. 앞으로 이 장의 나머지 부분에서는 트위스터 이론을 집중적으로 다룰 예정이다 (나는 이 이론을 40년 넘게 연구해 왔다!). 트위스터 이론은 시공간에 불연속성을 특별히 요구하는 대신, 그동안 시공간의 점들이 물리학에서 해왔던 중요한 역할을 박탈하는 이론이다. 여기서 시공간은 부차적인 요소이며, 가장 근본 요소는 다름 아닌 '트위스터'이다. 트위스터 이론은 스핀네트워크나 아쉬테카르 변수와 관련되어 있고 비가환 기하학과 연결될 가능성도 있으나, '불연속 시공간'과 관련된 어떤 개념도 직접 제시하지는 않는다. 이 이론은 연속적인 실수체계를 벗어나 있으며, 물리학을 선도하는 지침으로 '복소수의 마법'에 크게 의존한다. 트위스터 이론에 의하면 복소수는 양자역학뿐 아니라 시공간의 구조를 정의하는 데에도 근원적인 역할을 하고 있다. 이런 방법을 통해 거시세계 물리학과 미시세계 물리학을 연결하는 실마리를 찾는 것이 트위스터 이론의 목표이다.

33.2 트위스터와 빛의 경로

21장과 22장에서 서술한 바와 같이 복소수체계는 양자역학의 핵심이다. 양자상태의 중첩에서 계수의 형태로 나타나는 '진폭'이 복소수이기 때문에 복소 힐베르트 공간이 양자역학의 활동무대로 등장했다. 이 진폭은 보통 추상적인 양으로 간주되며, 실제 관측에서 특정 값이 얻어질 확률을 계산할 때 결정적인 역할을 한다. 그런데 22.9절에서 언급한 대로 이 복소수들은 공간의 기하학적 구조와 긴밀하게 연결되어 있다. 이 관계를 가장 분명하게 보여 주는 사례가 스핀 $\frac{1}{2}$인 양자역학적 입자이다. 이 경우에 가능한 스핀상태는 리만 구면에 입각한 공간 속에서 각기 다른 방향을 향하고 있다. 또한, 22.10절에서 말한 바와 같이 스핀 값이 큰 상태들도 마요라나 표현을 통해 리만 구면의 공간기하학으로 표현된다. 리만 구면이 기하학적으로 근본적인 역할을 하는 경우는 양자역학뿐만이 아니다. 상대성이론의 시공간에서도 리만 구면은 핵심적인 역할을 한다(18.5절 참조). 관측자가 바라보는 시야를 리만 구면으로 간주할 수 있기 때문이다. 곧 알게 되겠지만, 이 사실은 트위스터 이론의 핵심을 이루는 중요한 개념이다.

트위스터 이론을 인도하는 또 하나의 중요한 원리는 '양자적 비국소성quantum non-locality'이다. 신비한 EPR 효과(23.3~6절 참조)와 양자적 공간이동에서 분명하게 나타나는 '얽힘(23.9절 참조)'에서 알 수 있듯이, 인과율에 입각한 국소적 영향만으로는 물리적 거동을 완전하게 이해할 수 없다. 따라서 우리에게는 기초적인 수준에서 비국소적 특성을 고려한 이론이 필요하다.

어떤 식으로 접근해야 할까? 스핀네트워크 이론에서 실마리를 찾아보자. 32.6절에서 말한 대로, 모든 스핀네트워크는 초기에 EPR 쌍에서 시작된 것으로 생각할 수 있다. 따라서 그 후에 나타나는 스핀네트워크의 모든 선은 얽힘 연결로 간주할 수 있다. 얽힘에 담긴 양자 정보는 얽힘선, 또는 스핀네트워크 선을 따라 이런저런 방향으로 '이동'한다. 스핀네트워크 이론에서는 시간이 특별히 정의되어 있지 않다(원래 스핀네트워크 이론은 앞으로 흐르는 시간과 뒤로 흐르는 시간, 그리고 옆으로 흐르는 시간 등 다양한 시간의 관점에서 해석할 수 있다. 그림 33.4 참조). 그러므로 '얽힘'에서 시간이 역행하는 신기한 특성은 '시간이 흐르는 방향에 무관한' 스핀네트워크의 특성에서 비롯된 것으로 해석할 수 있다.

트위스터 이론이 '상대론적 체계를 도입하기 위해 스핀네트워크를 변

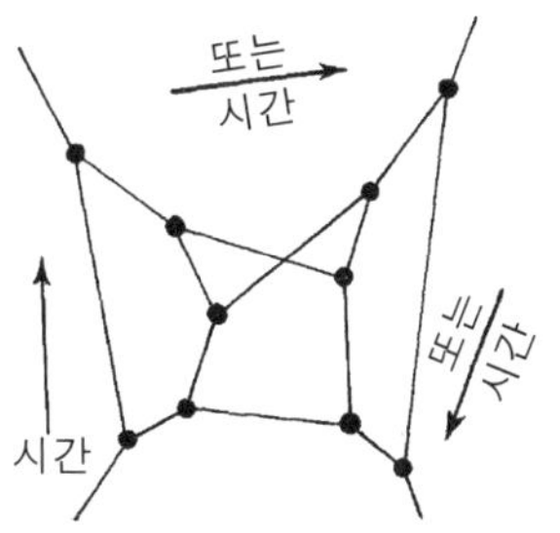

그림 33.4 스핀네트워크 이론의 오리지널 버전에서 모든 선들은 얽힘 연결(quanglement links)로 간주할 수 있다(23.9절과 그림 23.7 참조). 이 이론에서 시간은 앞, 뒤, 옆 등 임의의 방향으로 흐를 수 있으며, 이들 중 어떤 시간을 선택해도 결과는 달라지지 않는다.

형시킨 이론'이라고 생각할 수도 있다. 상대성이론에서 이상적인 빛의 경로 (또는 이것을 일반화한 스핀)는 어떻게 보면 '얽힘'이 전달되는 경로라고 생각할 수 있다. 트위스터 이론에는 원래 일상적인 시공간의 개념이 없지만, 이론으로부터 시공간을 만들어낼 수 있다. 이것은 철학적인 관점에서 스핀네트워크와 비슷하다. 스핀네트워크가 시공간의 '어딘가'에 존재하는 것이 아니라, 이로부터 시공간의 개념이 만들어지기 때문이다.

트위스터로 서술되는 시공간은 비국소적인 특성을 갖는다. 또한, 트위스터로 서술되는 물리적 장은 복소수의 놀라운 마법과 양자장이론에서 '양의 진동수조건'의 기본이 되는 (24.3, 33.10절 참조) '정칙holomorphic'이라는 또 하나의 복소수 마법이 결합되어 '총체적인holistic' 특성을 갖는다 (복소수 마법은 이 책에서 아직 충분히 설명되지 않았는데, 33.9절에서 본격적으로 다룰 예정이다. 사실 이 내용은 9.7절에서 초함수이론을 논할 때 잠시 언급된 적이 있다). 따라서 트위스터 이론이 갖는 비국소적 성질은 이론 자체의 탄생동기와 밀접하게 관련되어 있다고 볼 수 있다. 즉, 자연이 근본 단계에서 복소수와 불가분의 관계임을 굳게 믿으면서 복소수 마법을 십분 활용하고 있는 것이다. 앞으로 당분간은 트위스터 이론과 일반상대성이론이 얼마나 깊이 연관되어 있는지를 밝히는 데 주력할 예정이다. 이로부터 우리는 양자장이론과 입자물리학, 그리고 기존의 양자역학을 일반화한 비선형 양자역학을 새로운 관점에서 바라보게 될 것이다.

트위스터 이론을 이해하는 첫 번째 단계로, 일상적인 (민코프스키)시공간 $\mathbb{M}$에서 빛의 경로 (광선light ray)에 해당하는 트위스터를 생각해 보자. 빛의 경로는 한 쌍의 '사건 (시공간 속의 한 점)' 사이를 연결하는 '인과적 연결고리causal link'로 간주할 수 있다. 그러나 여기서 사건 자체는 부차적인 요소이다. 임의의 사건 R (시공간의 한 점 R)은 R을 통과하는 일련의 빛의 경로를 통해 정의될 수 있다(그림 33.5 참조). 통상적인 시공간에서 빛의 경로 Z는 '궤적'이고 사건 R은 하나의 점에 대응되지만, 트위스터 공간에서 빛의 경로는 '점 $\mathbf{Z}$'로 표현되고 사건은 궤적 $\mathbf{R}$로 표현된다.

여기서 말하는 트위스터 공간은 개개의 점들이 민코프스키 공간에서의 빛 경로를 나타내는 공간으로서, 흔히 $\mathbb{PN}$으로 표기한다[16](33.5절의 용어와 일관성을 유지하기 위한 표기법이다). 따라서 $\mathbb{PN}$의 한 점 $\mathbf{Z}$는 $\mathbb{M}$ 내부에 있는 하나의 궤적 Z(빛의 경로)에 대응되며, $\mathbb{M}$에 존재하는 하나의 점 R은 $\mathbb{PN}$ 안에서 하나의 궤적(리만 구면 $\mathbf{R}$, 18.5절 참조)에 대응된다. 이제 트위스터 이론의 핵심으로 들어가 보자. 통상적으로 시공간에서 서술되던 물리학 개념들은 적절한 해석과정을 거쳐 트위스터 공간에서 동등하게 서술될 수 있다(그러나 이 두 서술은 비국소적으로 연결된

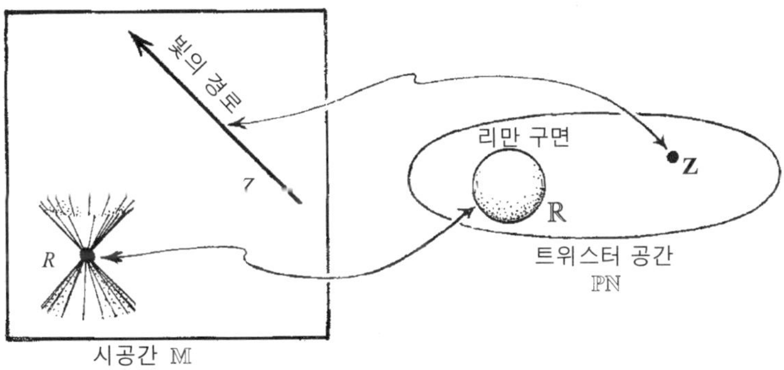

그림 33.5 민코프스키 시공간 $\mathbb{M}$에서 빛의 경로 Z는 어떤 '궤적'을 의미하지만, 트위스터 공간 $\mathbb{PN}$에서는 하나의 점 $\mathbf{Z}$에 대응된다[사영 널 트위스터 공간(projective null twistor space)]. 또한, $\mathbb{M}$에 존재하는 임의의 점 R(사건)은 $\mathbb{PN}$에서 리만 구면 $\mathbf{R}$로 표현된다(이 구는 R에서 빛 경로의 '천구'를 나타낸다). 대응관계가 완전해지려면 컴팩트화된 민코프스키 공간 $\mathbb{M}^\#$을 도입해야 한다(그림 33.9 참조).

다). $\mathbb{M}$과 $\mathbb{PN}$은 어떤 변환을 거쳐 점대점point-to-point으로 대응되는 것이 아니라, 비국소적인 대응관계에 있다. 그러나 우리는 $\mathbb{PN}$ 공간으로부터 위에서 말한 '해석법'의 실마리를 찾을 수 있다. 앞으로 시공간과 트위스터 공간의 대응관계를 하나씩 풀어가다 보면 트위스터 기하학의 놀랍고도 풍부한 내용이 서서히 그 모습을 드러낼 것이다.

$\mathbb{PN}$ 속의 궤적 $\mathbf{R}$은 민코프스키 공간 $\mathbb{M}$ 속의 한 점 R에 있는 관측자의 '천구celestial sphere (관측 가능한 영역)를 나타낸다. R의 천구는 R을 통과하는 일련의 빛의 경로로 간주할 수 있다. 앞에서 말한 대로, 이 구는 자연스럽게 1차원 복소공간 (복소곡선, 8장 참조)인 리만 구면이 된다. 따라서 시공간의 점들은 트위스터 공간 $\mathbb{PN}$에서 복소해석적 객체 (정칙객체holomorphic object)로 간주할 수 있는데, 이것은 트위스터 이론의 저변에 깔린 복소수철학과 일맥상통한다. 앞으로 33.5～6절에서는 이 '복소해석의 철학'이 더욱 완벽한 트위스터 공간 $\mathbb{T}$로 어떻게 확장되는지 알아볼 것이고, 33.8～12절에서는 이 아이디어가 질량이 없는 선형 및 비선형 장에 적용되는 과정을 다루게 될 것이다.

그러나 $\mathbb{PN}$ 공간 자체는 복소공간이 아니므로 '복소해석적 철학'에 곧바로 부합하지는 않는다. n차원 복소다양체를 실수로 환산하면 항상 짝수인 $2n$ −차원 다양체가 되는데, $\mathbb{PN}$ 은 5개의 실수차원을 갖기 때문에 [33.1] 복소다양체가 될 수 없다 (12.9절 참조). 이제 곧 알게 되겠지만 (33.6절 참조) '빛의 경로'에 스핀 (사실은 나선성, 22.7절 참조)과 에너지를 부여하여 좀 더 물리적인 '질량이 없는 입자'로 만들면 6차원 공간 $\mathbb{PT}$가 얻어진다. 이 $\mathbb{PT}$는 3개의 복소차원을 갖는 복소공간으로 해석될

[33.1] 빛의 경로 (light ray)의 자유도가 5인 이유는 무엇인가?

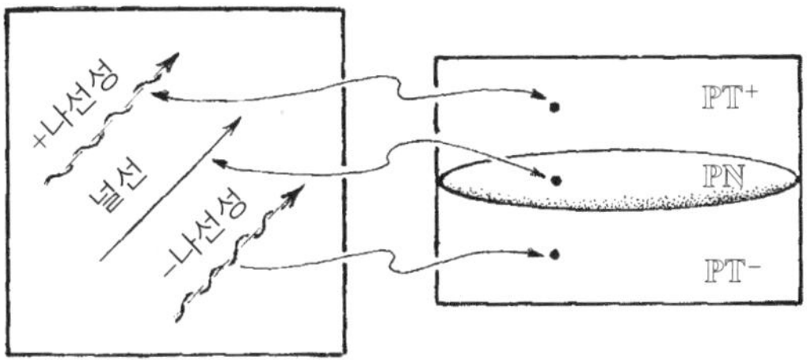

그림 33.6 5차원 실다양체 $\mathbb{PN}$은 트위스터 공간 $\mathbb{PT}$를 두 개의 3차원 복소다양체 $\mathbb{PT}^+$와 $\mathbb{PT}^-$로 분할한다. 이들은 각각 '양의 나선성을 가지는 질량 없는 입자'와 '음의 나선성을 가지는 질량 없는 입자'를 나타낸다.

수 있다. 또한 $\mathbb{PN}$은 $\mathbb{PT}$의 내부에 놓인 공간으로서, $\mathbb{PT}$를 두 개의 복소다양체 조각인 $\mathbb{PT}^+$와 $\mathbb{PT}^-$로 분할한다. 여기서 $\mathbb{PT}^+$는 양의 나선성을 갖는 질량 없는 입자를 나타내고 $\mathbb{PT}^-$는 음의 나선성을 갖는 질량 없는 입자를 나타낸다(그림 33.6 참조). 그러나 트위스터를 질량이 없는 입자로 간주하는 것은 잘못이다. 트위스터는 질량이 없는 입자를 서술하는 변수를 제공한다(이것은 공간상의 한 점을 가리키는 위치벡터 **x**와 비슷하다. 입자는 **x**로 표현되는 지점을 점유하지만, 벡터 **x** 자체를 입자로 간주하는 것은 잘못이다).

트위스터 이론은 '양자화된 시공간'을 기존과 크게 다른 관점에서 바라본다. 기존 양자(장)이론은 계량텐서 g_{ab}에 적용되며, 이것은 시공간(다양체)의 계량장tensor field으로 간주되었다. 또한 양자화된 계량은 하이젠베르크 불확정성원리에 의해 형태가 '흐릿해지는fuzzy' 현상을 겪게 되고, 계량이 흐릿한 4차원 공간에서 빈 원뿔(그리고 인과율의 개념)은 '양자적 불확정성'의 영향을 받는다(그림 33.7a 참조). 따라서 시공간벡터가 공간꼴인지, 널null인지, 또는 시간꼴인지를 구별하는 고전적 개념이 존재하지 않는데, 이것은 기존의 양자중력이론에 커다란 걸림돌로 작용하였다. 왜냐하면 양자장이론에서 인과율이 성립하려면 공간꼴로 분리되어 있는 사건들 사이에서 정의된 장연산자가 가환commute이어야 하기 때문이다. '공간꼴' 개념에 양자적 불확정성이 개입하면 표준 양자장이론의 과정들(장연산자의 교환관계도 포함된다. 26.2 ~ 3절 참조)을 직접 적용할 수 없게 된다. 그러나 트위스터 이론은 이와 관련하여 전혀 다른 그림을 제시하고 있다. 앞으로 양자화과정은(그것이 어떤 형태이건 간에) 통상적 시공간이 아닌 트위스터 공간에 적용하기로 한다. 그리고 통상적인 관점에서는 불확정성원리에 의해 '빈 원뿔'이 흐릿해지고 '사건' 자체는 영향을 받지 않지만, 우리는 트위스터의 관점에 서서 '사건'이 흐릿해지고 '빛의 경로'는 영향을 받지 않는 것으로 간주한다(그림 33.7(b) 참조).

방금 본 바와 같이 트위스터 이론은 천구를 1차원 복소다양체 리만 구면으로 간주하는 등 (양자역학에서는 볼 수 없었던)복소수의 마법 같은 특성을 십분 활용한 이론이다. 우리는 이로부터 시공간 구조와 양자역학적 과정을 통합할 실마리를 찾고자 한다. 한 가지 짚고 넘어갈 것은 위에서 말한 시공간의 기하학적 특성이 우리가 알고 있는 특정한 차원에만 적

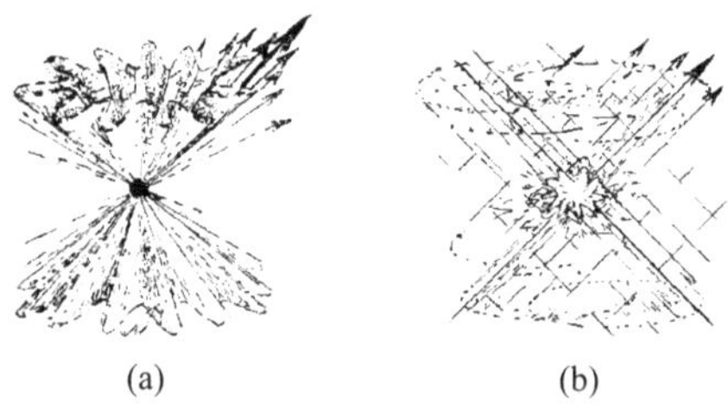

그림 33.7 (a) 통상적인 관점에서 '양자화된 시공간'은 계량이 '흐릿해지고(fuzzy)' 그 결과 빛원뿔도 흐릿한 형태를 띠게 된다. 그러므로 한 지점에서 널방향과 시간꼴방향, 그리고 공간꼴방향은 양자적 불확정성을 띠게 된다. (b) 트위스터 이론의 관점에서 볼 때 트위스터 공간(지금은 $\mathbb{PN}$)에도 빛의 경로가 존재하지만, 이들의 교차점은 양자적 불확정성의 영향을 받는다. 따라서 '시공간의 한 점'이라는 개념 자체가 '흐릿해진다.'

용된다는 사실이다. 상대성이론에서 리만 구면이 천구와 같이 중요한 역할을 하려면 (18.5절 참조) 시공간은 로렌츠타입의 4차원이어야 하는데, 이것은 고차원 시공간을 요구하는 끈이론이나 칼루자-클라인 이론과 커다란 대조를 이룬다. 트위스터 이론의 복소수마법은 (특수)상대성이론의 4차원 시공간과 가정 밀접하게 관련되어 있다 (이 내용은 33.4절에서 다시 언급할 것이다).

진도를 더 나가기 위해, 스핀네트워크로 되돌아가 보자. 앞에서 스핀네트워크를 논할 때에는 '공간상의 변위displacement'를 고려하지 않았다. 여기에 '기하학적 극한'을 취하면 유클리드 각도가 도입되지만, '거리'의 개념은 도입되지 않는다. 고리변수이론에서 거리와 관련된 개념은 스핀이 아닌 면적과 관련된 숫자 ($n = 2j$)에서 나타난다. 그러나 원래 스핀네트워크 이론에서 스핀은 각도와 관련된 '각운동량'이기 때문에 거리 개념이 없다. 따라서 스핀네트워크에 병진변위를 비롯한 실제 거리의 개념을 도입하려면 선형운동량 역할을 하는 무언가가 필요하다. 이를 위해서는 회전군에서 유클리드 운동과 관련된 전체 군으로 관심을 돌려야 하는데, 여기에 상대론적 효과까지 고려했을 때 우리에게 필요한 것은 다름 아닌 푸앵카레군 (18.2절 참조)이다.[17]

나는 고리변수이론이 개발되기 전인 1950년대 후반에서 1960년대 초반에 걸쳐 이 문제를 집중적으로 연구했다. 당시 나는 푸앵카레군의 특성이 직접 반영되도록 스핀네트워크를 일반화하는 작업에 전념하고 있었는데, 푸앵카레군이 '반단순군semi-simple group (13.7절 참조)'이 아니라는 점 때문에 골머리를 앓고 있었다. 이것은 군의 표현을 생각할 때 별로 반가운 소식이 아니다. 그래서 나는 푸앵카레군을 '등각군conformal group'으로 일반화하면 (등각군은 반단순군이다) 스핀네트워크 이론을 더욱 일반적인 수학체계로 표현할 수 있다고 생각했다(민코프스키 계량의 보존 대신 빛원뿔의 보존을 요구하면 푸앵카레군이 등각군으로 일반화된다). 등각군은 트위스터 이론에서 중요한 역할을 하며, 특히 $\mathbb{PN}$ 공간의 대칭군 역할을 한다(등각군에서 비 반전 부분은 앞서 언급했던 $\mathbb{PT}^+$와 $\mathbb{PT}^-$의 대칭군을 이룬다). 등각군의 구체적인 역할은 다음에 이어지는 두 개의 절에 걸쳐 알아보기로 한다.

33.3 등각군 : 컴팩트화된 민코프스키 공간

지금부터 등각군이 하는 일을 더 자세히 알아보자. 등각군은 특히 질량이 없는 장(맥스웰장 등)과 관련된 물리학에서 중요한 역할을 한다. 질량이 없는 장의 방정식은 푸앵카레군뿐만 아니라 등각군 변환에 불변이다.[18] 자연을 바라보는 관점 중에는 질량이 없는 입자(또는 장)를 자연의 근본 구성요소로 간주하고, 질량을 부차적인 특성으로 간주하는 관점이 있다. 사실 이것은 25장에서 언급한 표준모형의 관점이기도 하다. 즉, 대칭성이 자발적으로 붕괴하는 과정에서 힉스보존Higgs boson에 의해 모든 입자가 질량을 획득한다는 것이다(25.5절 참조). 어쨌거나, 트위스터 이론은 질량이 없는 장/입자와 등각군이 물리학의 기본요소라는 믿음에 기초하고 있다. 이제 곧 알게 되겠지만(33.8절 참조) 질량이 없는 입자와 장은 트위스터 이론에서 매우 간결한 형태로 서술되며, 이러한 사실은 트위스터 이론의 초석을 이룬다.

등각군이란 무엇인가? 엄밀히 말하면 등각군은 민코프스키 공간 $\mathbb{M}$에 작용하지 않고, 이것을 조금 확장한 '컴팩트화된 민코프스키 공간' $\mathbb{M}^\#$에 작용한다. $\mathbb{M}^\#$은 아름다운 대칭성을 보유한 닫힌 다양체로서, 민코프스키 공간보다 훨씬 우아한 기하학적 특성을 갖는다. 그러나 $\mathbb{M}^{\#}$은 실제의 시공간이 아니라 수학적 편의를 위해 도입된 공간임을 명심해야 한다. $\mathbb{M}^{\#}$은 트위스터의 기하학과 물리적 시공간의 기하학을 연결하는 중개자 구실을 할 뿐이다.

리만 구면과 복소평면의 관계를 떠올리면 이 상황을 쉽게 그려볼 수 있다. 8.3절에서 말한 바와 같이 복소평면에 '무한대 원소 (∞로 표기함)'를 포함시키면 리만 구면이 얻어지는데, 여기에는 원래 평면보다 훨씬 큰 대칭성이 존재한다. 이와 비슷하게 표준 민코프스키 공간 $\mathbb{M}$에 무한대 원소, 즉 '무한대에서의 빛원뿔'을 포함시키면 컴팩트화된 민코프스키 공간 $\mathbb{M}^{\#}$이 얻어진다. 이 경우에도 $\mathbb{M}^{\#}$은 원래의 $\mathbb{M}$보다 훨씬 큰 대칭을 갖는다(이 대칭과 관련된 군이 등각군이다).

공간 $\mathbb{M}^{\#}$은 컴팩트한 4차원 실다양체로서, 로렌츠타입의 등각계량을 갖고 있다. 27.12절에서 말한 대로, 로렌츠타입 등각계량은 공간 속에서 정의된 일련의 빈 원뿔으로 이루어져 있다. 이와 같은 구조는 흔히 계량의 동치류를 이용하여 표현되는데, 모든 곳에서 양의 값을 갖는 매끄러운 스칼라장 Ω에 대하여 $\boldsymbol{g}' = \Omega^2\boldsymbol{g}$를 만족할 때 $\boldsymbol{g}$와 $\boldsymbol{g}'$은 동일한 것으로 간주된다. 그리고 이런 식으로 계량 $\boldsymbol{g}$의 스케일을 고정해도 빈 원뿔은 변하지 않는다(그림 33.8 참조). 이제 $\mathbb{M}$(등각다양체로 간주함)에서 컴팩트한 등각다양체 $\mathbb{M}^{\#}$으로 넘어가기 위해 위에서 말한 '무한대에서의 빛원뿔' $\mathscr{I}$를 추가해 보자. 27.12절에서 말한 대로 3-곡면 $\mathscr{I}^-$와 $\mathscr{I}^+$는 각각 민코프스키 공간의 '과거 널무한대'와 '미래 널무한대'를 의미한다(그림 27.16b 참조. $\mathscr{I}^-$는 '스크리-마이너스scri-minus', $\mathscr{I}^+$는 '스크리-플러스scri-plus'로 읽는다). 이제 $\mathbb{M}$에서 그림 33.9와 같이 $\mathscr{I}^-$와 $\mathscr{I}^+$를 하나로 연결하면 $\mathbb{M}^{\#}$이 만들어진다. $\mathscr{I}^-$의 점들과 $\mathscr{I}^+$의 점들은 공간적으로 정 반대에 위치하지만, 동일한 점으로 간주된다. 그러면 $\mathscr{I}^-$에 속하는 한 점 a^-의 빛원뿔은 $\mathscr{I}^+$에 속하는 한 점 a^+의 빛원뿔과 동일한 위치에 놓이게 되고, 따라서 a^-와 a^+는 같은 점이 된다. 또한 시간과 공간의 무한대를 나타내는 세 점 i^-, i^0, i^+는 하나의 점 i와 같아진다.[33.2] 앞서 말한 대로 등각다양체 $\mathbb{M}^\#$은 민코프스키 공간보다 많은 대칭성을 갖는데, 10차원 푸앵카레군이 아니라 15차원의 대칭군, 즉 '등각군'을 갖는다.

$\mathbb{M}^\#$의 기하학적 특성과 변환군을 설명하는 좋은 방법이 있다. 6차원 유사 유클리드 공간 $\mathbb{E}^{2,4}$의 원점 O에 위치한 빛원뿔 $\mathcal{K}$를 생각해 보자. 계량의 부호수를 $+ + - - - -$로 선택하고 표준좌표를 w, t, x, y, z, v라 하면 $\mathcal{K}$는 다음 방정식으로 주어진다.

$$w^2 + t^2 - x^2 - y^2 - z^2 - v^2 = 0$$

또한, $\mathbb{E}^{2,4}$에서 ds^2의 계량은 다음과 같다.

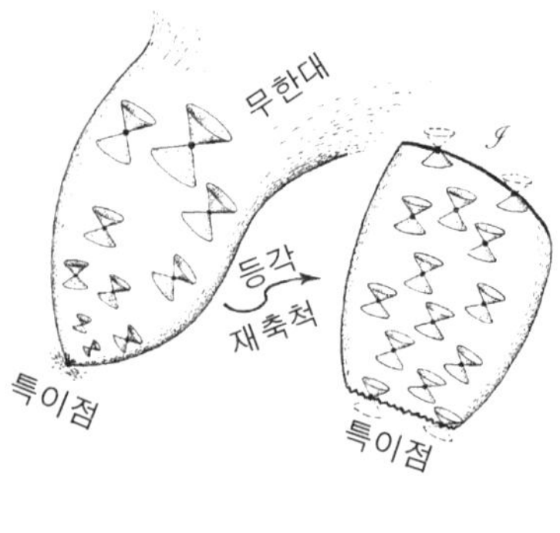

그림 33.8 로렌츠타입 다양체 $\mathbb{M}$의 빛원뿔 구조는 등각구조와 동일하다. $\mathbb{M}$에 등각적 재축척(conformal rescaling)을 적용하면 계량에 영향을 주지만, 인과적 특성은 변하지 않는다($\boldsymbol{g}$에 등각적 재축척을 적용하여 $\boldsymbol{g}'$이 되었을 때, 이들 사이에는 $\boldsymbol{g}' = \Omega^2 \boldsymbol{g}$의 관계가 있다. 여기서 Ω는 모든 곳에서 양의 값을 갖는 스칼라장이다). 재축척을 거치면 특이점과 무한대영역을 가시화할 수 있다.

[33.2] $\mathscr{I}^-$와 $\mathscr{I}^+$를 일치시키는 과정을 일상적인 시공간에서 점대점 대응으로 설명할 수 있겠는가? $\mathbb{M}^\#$의 위상은 왜 $S^1 \times S^3$인가? 시공간의 차원이 짝수인 경우와 홀수인 경우에는 어떤 중요한 차이가 있는가?

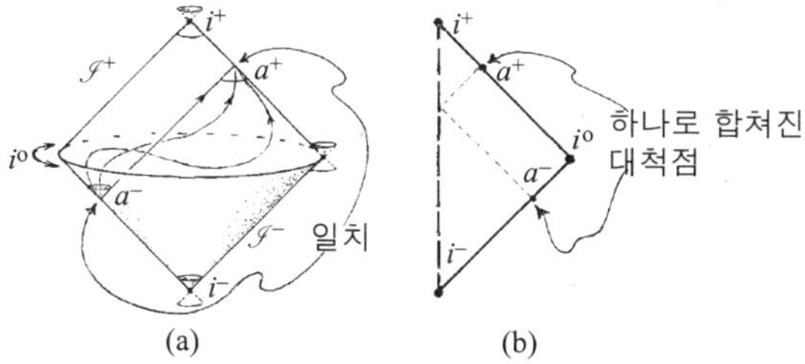

그림 33.9 표준 민코프스키 공간 $\mathbb{M}$에서 미래 널무한대(future null infinity) $\mathscr{I}^+$와 과거 널무한대(past null infinity) $\mathscr{I}^-$를 하나로 연결하여 $\mathscr{I}$로 만들면 컴팩트화된 민코프스키 공간 $\mathbb{M}^\#$이 얻어진다. (a) $\mathscr{I}^-$에 속한 임의의 한 점 a^-의 미래 빛원뿔은 $\mathscr{I}^+$에 속한 점 a^+의 빛원뿔과 동일한 위치에 놓이게 되고[이 빛원뿔은 빛의 속도로 진행하는 평면파의 파동선단(wavefront)이 거쳐온 과거를 나타낸다], a^-와 a^+는 같은 점이 된다. 또한, 공간상의 무한대인 $\mathscr{I}^0$와 시간상의 과거 및 미래 무한대인 $\mathscr{I}^-$, $\mathscr{I}^+$는 하나의 점 $\mathscr{I}$와 같아진다. (b) 그림 27.15(b)의 엄밀한 등각 다이어그램을 이용하여 $\mathscr{I}$를 표현한 그림. 여기서 a^-와 a^+는 전체 다이어그램 S^2 상에서 대척점에 있다.

$$ds^2 = dw^2 + dt^2 - dx^2 - dy^2 - dz^2 - dv^2$$

이것은 꼭짓점이 O에 위치한 5차원 원뿔cone을 의미하는데, 이것을 시각적으로 표현하기 위해 전력을 기울인 결과가 그림 33.10이다. 이 그림에는 $\mathcal{K}$가 두 조각(과거와 미래)으로 분리된 것처럼 보이지만, 사실은 '하나의 조각'으로 연결되어 있다.[33.3] 이제 $\mathcal{K}$를 5차원 널평면 $w - v = 1$로 잘라낸 '단면'을 살펴보자. 이 단면은 4차원 다양체로서(포물면), $\mathbb{E}^{2,4}$에서 유래한 내재계량은 다음과 같다.[33.4]

$$ds^2 = dt^2 - dx^2 - dy^2 - dz^2$$

[33.3] 그 이유를 설명해 보라.

[33.4] 왜 그런가?

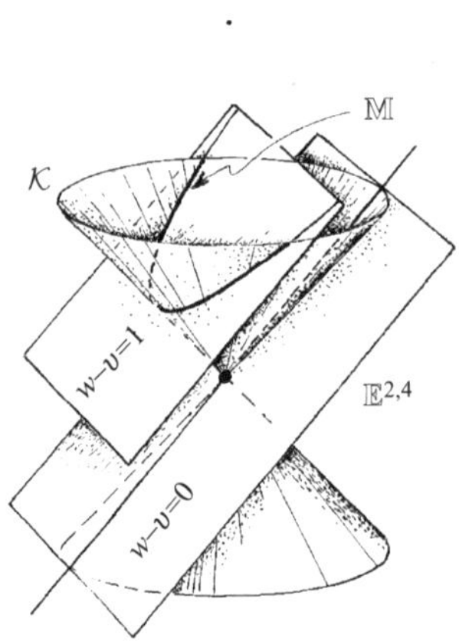

그림 33.10 컴팩트화된 민코프스키 공간 $\mathbb{M}^\#$은 유사 유클리드 공간 $\mathbb{E}^{2,4}$에서 $w^2 + t^2 - x^2 - y^2 - z^2 - v^2 = 0$으로 주어지는 빛원뿔 $\mathcal{K}$ 의 생성원들로 이루어진 추상적인 공간이다. 5차원 평면 $w - v = 1$이 $\mathcal{K}$ 와 만나면서 형성되는 4차원 포물단면 $\mathbb{M}$은 민코프스키의 내재계량 $ds^2 = dt^2 - dx^2 - dy^2 - dz^2$을 갖는다. $w - v = 0$에 속한 $\mathcal{K}$ 의 생성원들(이 그림에는 시간 차원이 하나밖에 표현되어 있지 않기 때문에 눈에 보이지 않는다)은 $w - v = 1$과 평행하며 $\mathbb{M}$과 만나지 않는다. 이 생성원들은 $\mathscr{I}$의 점들을 제공한다.

이것은 평범한 민코프스키 공간의 계량과 일치한다(18.1절 참조). 그러므로 우리는 이 단면이 $\mathbb{E}^{2,4}$에 '휘어진 채로' 박혀 있음에도 민코프스키 공간 $\mathbb{M}$으로 간주할 수 있는 것이다(겉으로 드러난 형태는 그림 33.10의 포물선과 같다). 이 그림에서 $\mathbb{M}^\#$을 어떻게 찾을 수 있을까? $\mathbb{M}^\#$은 $\mathcal{K}$ 의 완전한 생성원들로 이루어진 추상적인 공간이다(O를 지나면서 $\mathcal{K}$ 에 속하는 직선 하나가 생성원 하나에 해당한다). 따라서 $\mathbb{M}^\#$의 모든 점은 $\mathcal{K}$ 의 생성원으로 간주할 수 있으며(그림 33.10 참조), $\mathbb{M}^\#$은 $\mathbb{E}^{2,4}$의 원점에 위치한 관측자가 바라보는 '천구'에 해당한다!

이와 같은 체계가 제대로 작동하는 비결은 무엇일까? 5차원 평면 $w - v = 0$ 위에 있지 않은 생성원들은 각기 특정한 지점에서 $\mathbb{M}$과 만나기 때문에, 모든 생성원은 $\mathbb{M}$과 일대일로 대응된다. 그러나 생성원 중에는 방금 언급한 5차원 평면에 속하는 것도 있다. 이런 식으로 정의된 $\mathbb{M}^\#$은 $\mathcal{K}$ 의 임의의 단면에서 국소적으로 유래된 로렌츠타입의 등각계량을 갖는다.[33.5]

$\mathbb{E}^{2,4}$에 작용하는 유사 직교군 O(2,4)는(13.8, 18.1 ~ 2절 참조) 계량 ds^2을 보존하는 '회전'으로 구성되어 있다. 이것은 $\mathcal{K}$의 생성원을 다른 생성원으로 변환시키고, 따라서 $\mathbb{M}^\#$를 자기자신으로 보낸다. 그뿐만 아니라 이 과정에서 $\mathbb{M}^\#$의 등각적 구조는 변하지 않는다.[33.6] O(2,4)에는 $\mathbb{M}^\#$에 항등원으로 작용하는 원소가 두 개 있는데, 하나는 O(2,4)의 항등원 자신이고 다른 하나는 O(2,4)의 음항등원negative identity element이다. 음항등원은 각 생성원의 방향을 바꾸는 것 외에는 항등원과 동일하게 작용한다. 생성원의 방향을 바꿨을 때 대응관계가 2대1이라는 것만 빼면 O(2,4)는 등각군의 모든 조건을 만족한다. O(2,4)는 5차원 평면 $w - v = 0$을 보존하는 10차원 부분군을 포함하는데, 이것이 바로 $\mathbb{M}$의 푸앵카레군이다.[33.7] 사실 이 논리는 18.5절에서 "평범한 구(컴팩트화된 유클리드 평면)에 등각변환을 가하면 로렌츠군 O(1,3)이 얻어진다"는 사실을 증명할 때 사용했던 논리를 고차원으로 일반화한 것이다.

33.4 트위스터와 고차원 스피너

지금까지 말한 내용을 트위스터와 어떻게 연결할 수 있을까? 트위스터를 가장 간단하게 정의하면 'O(2,4)의 축소된 스피너reduced spinor(또는 반 스피너half spinor)'라고 할 수 있다(생소한 수학용어에 놀랄 필

[33.5] 임의의 단면에서 얻어진 등각계량이 다른 단면에서 얻어진 등각계량과 항상 같은 이유는 무엇인가? 이런 식으로 정의된 $\mathscr{I}$의 모든 점이 위 정의와 일치하는 이유는 무엇인가? [도움말 : 18.4절과 그림 18.9를 참고할 것]

[33.6] 왜 그런가? [예제 33.5]의 결과를 이용하여 설명해 보라.

[33.7] O(2,4)의 무한소 원소(infinitesimal element)를 나타내는 6×6 행렬은 어떤 조건을 만족해야 하는가? 이들 중 어떤 행렬이 푸앵카레 무한소변환에 해당하는가?

요는 없다. 물리적인 의미는 잠시 후에 설명할 것이다!). 축소된 스피너의 개념은 11.5절에서 설명한 바 있다. 유사직교군 $O(n-r, n+r)$이 $2n$ 차원 공간에 작용했을 때, 축소된 스피너 공간은 2^{n-1}차원이다. $n=3$(그리고 $r=1$)인 경우, 축소된 스피너 공간은 4차원이 되는데, 이것이 바로 앞에서 말했던 트위스터 공간이다.[19]

그러나 트위스터 공간을 이런 식으로 정의하면 트위스터의 기하학적 의미나 물리적 의미를 가늠하기 어려울 뿐만 아니라, $2(n-1)$차원의 모든 시공간에서 트위스터 이론이 가능해지기 때문에 '트위스터가 4차원 시공간에 특화되어 있다'는 주장이 무색해진다(33.2절 끝 부분 참조). 그래서 전술한 $\mathcal{K}$의 구축법을 일반화하고($\mathcal{K}$의 차원을 $2n-1$로 취함) $2(n-1)$차원 민코프스키 공간을 컴팩트화해서 위와 비슷한 방식으로 작용하게 만든다. 여기에 이전과 마찬가지로 두 개의 좌표 w와 v를 도입하되, 하나는 계량의 부호를 $-$로 취하고 다른 하나는 $+$로 취한다. 그러면 트위스터 공간은 2^{n-1}차원이 된다. 이것은 홀수인 $2n-1$차원 시공간에서도 여전히 성립하지만, 이 경우에는 축소된 스피너 개념이 존재하지 않으며 2^n차원 스핀 공간 전체가 트위스터 공간 역할을 하게 된다. 그러나 트위스터는 카이랄성chirality을 갖기 때문에 홀수차원에는 적용되지 않는다(이 내용은 33.7, 12, 14절에서 자세히 다룰 예정이다). 축소된 스핀공간으로 들어가야 카이랄 체계를 구현할 수 있고(즉, 트위스터의 표현방식으로 왼쪽과 오른쪽을 구별할 수 있고, 33.7절 참조), 약한 상호작용의 카이랄성을 고려할 수 있다(25.3절 참조). 나중에 알게 되겠지만, 트위스터 이론을 n차원으로 일반화하면 많은 물리적(그리고 복소해석적) 핵심을 놓치게 된다.

트위스터는 시공간의 점들에 작용하여 다른 시공간의 점들로 보내는

'시공간 변환군(등각군)'에 의거하기 때문에, '시공간 속의 한 점'이 아닌 '시공간의 대역성에 의거하는 전체'로 보는 것이 타당하다. 벡터나 텐서, 또는 스피너 등과 같이 국소적인 양들은 공간 속의 한 점에 작용하는 대칭군에 의거한다[예 : 회전군, 로렌츠군(13.8절 참조) 등]. 그래서 트위스터는 벡터나 텐서, 또는 스피너보다 다루기가 어렵지만, 이미 주어진 시공간 다양체가 아닌 실제 시공간에 적용되는 체계를 세울 때 트위스터의 대역성 globality이 장점으로 작용한다. 33.2절에서 말한 대로 트위스터 이론의 주된 목적 중 하나는 바로 이와 같은 체계를 구축하는 것이다. 이런 접근법이 안고 있는 가장 큰 문제는 휘어진 시공간 $\mathbb{M}$에 적용하기가 어렵다는 점이다($\mathbb{M}$에는 등각대칭이 존재하지 않는다). 트위스터 이론은 이와 같은 문제점을 놀라운 방법으로 극복했는데, 자세한 내용은 33.11~12절에서 다루기로 한다.

이 절의 서두에서와 같이 트위스터를 O(2,4)의 축소된 스피너로 정의하면, 트위스터 이론에 대해 매우 제한적인 관점밖에 가질 수 없다. 이런 식으로는 시공간이 딱히 4차원이어야 하는 이유를 설명할 수 없고, 트위스터 이론이 자연의 심오한 이론으로 발전하기를 기대할 이유도 없다. 트위스터 이론의 목적을 좀 더 정확하게 이해하기 위해, 29장과 30장의 메시지를 다시 떠올려 보자. 현대 이론물리학의 가장 큰 목적은 양자역학과 중력을 하나의 체계로 통합하는 것이지만, 실제로 우리에게 필요한 것은 '신성불가침'으로 군림하지 않고 시공간의 기하학처럼 '유연하게 대처하는' 양자(장)이론이다. 물론 기존의 양자역학 원리에는 아름답고도 심오한 진리가 담겨 있으므로 쉽게 포기할 수는 없다. 그러나 트위스터 이론에서는 양자장이론의 법칙을 곧바로 적용하지 않고, 그 내용을 세밀히 분석하여 아인슈타인의 원리와 일치하는 것들을 골라냄으로써 상대성이론과 양자역학의 조화로운 결합을 모색하고 있다. 트위스터 이론을 안내하는 가장 중요한 길잡이는 이 책에서 여러 번 언급된 바 있는 '복소수의 마법'이다. 이와 더불어 로렌츠타입의 4차원 공간에 대한 아인슈타인의 이론도 중요한 길잡이 역할을 한다(차원을 높이거나 계량의 부호를 바꾼 시공간은 트위스터 이론의 관심사가 아니다).

로렌츠타입 4차원 시공간은 어떤 점에서 특별한가? 18.5절과 32.3절에서 강조한 바와 같이 관측자의 천구는 자연스럽게 등각적 특성을 가지며 리만 구면으로 해석할 수 있다. 공간과 시간의 차원을 임의로 변경해도, 천구가 등각다양체 구조를 갖는다는 사실은 변하지 않는다.[33.8] 그러나 로렌츠타입 4차원 시공간에서는 이 등각다양체를 복소다양체(리만 구면)로 간주할 수 있다. 여기서 공간이나 시간의 차원을 바꾸면 이와 같은 대응관계가 사라진다. 이러한 특성을 중요하게 취급하는 이유는 무엇인가? 트위스터 이론에서는 복소수의 마법이 남김없이 발휘된다. 트위스터 공간은 복소다양체이고, 우리는 이 복소다양체에 곧바로 물리적인 해석을 내릴 수 있다. 일반적인 논리를 거치면 '공간차원과 시간차원의 차이를 4로 나눴을 때 나머지가 2인 때에만' 트위스터 공간은 임의의 복소공간이 될 수 있다.[20] 칼루자-클라인 이론과 10 또는 11차원 초중력이론, 26차원 끈이론과 10차원 초끈이론, 11차원 초중력이론과 M-이론, 12차원 F-이론 등은 한결같이 이 조건을 만족하지 않는다(F-이론은 시간이 2차원이다)!

[33.8] 왜 그런가?

33.5 트위스터 기초기하학과 좌표

지금부터 표준 민코프스키 4차원 공간에서 일반적인 트위스터의 물리적 의미와 기하학적 의미를 알아보자. $\mathbb{M}$ 속의 한 점 R을 우리에게 이미 친숙한 민코프스키 좌표 t, x, y, z로 표현하고, 빛의 속도를 $c=1$로 간주한 단위계를 사용하는 것이 가장 쉽다. 주어진 $\mathbb{M}$에 대한 전체 트위스터 공간 $\mathbb{T}$는 4차원 복소 벡터공간으로서, 표준 복소좌표 Z^0, Z^1, Z^2, Z^3를 사용할 것이다. 이 좌표로 서술되는 트위스터 $\mathbf{Z}$가 다음 행렬식을 만족할 때 (행렬식의 계산법은 13.3절을 참조할 것), $\mathbf{Z}$는 시공간의 한 점 R로 '입사한다incident'고 말한다 (또는 역으로 'R이 $\mathbf{Z}$로 입사한다'고 말할 수도 있다).

$$\begin{pmatrix} Z^0 \\ Z^1 \end{pmatrix} = \frac{i}{\sqrt{2}} \begin{pmatrix} t+z & x+iy \\ x+iy & t-z \end{pmatrix} \begin{pmatrix} Z^2 \\ Z^3 \end{pmatrix}$$

평평한 공간의 트위스터 기하학은 여기서 출발한다! [33.9]

12.8절의 표기법에 따라 (추상 -)지표표기법을 사용하여 트위스터 $\mathbf{Z}$를 Z^α로 표기하기도 한다 (표준좌표계에서 $\mathbf{Z}$의 성분은 Z^0, Z^1, Z^2, Z^3이다). 개개의 트위스터 $\mathbf{Z}$ 또는 Z^α ($\mathbb{T}$의 원소)는 복소켤레 $\bar{\mathbf{Z}}$를 가지며, 이것을 '듀얼트위스터'라 한다 ($\bar{\mathbf{Z}}$는 듀얼트위스터 공간 $\mathbb{T}^*$의 원소이다). $\bar{\mathbf{Z}}$를 지표표기법으로 나타내면 지표가 아래로 내려온 $\bar{Z}_\alpha$가 되고, 각 성분은 다음과 같다.

$$(\bar{Z}_0,\ \bar{Z}_1,\ \bar{Z}_2,\ \bar{Z}_3) = (\overline{Z^2},\ \overline{Z^3},\ \overline{Z^0},\ \overline{Z^1})$$

[33.9] 이 행렬식을 일상적인 대수식으로 표현해 보라.

이 관계를 주의 깊게 보지 않으면 혼동을 일으키기 쉽다. 좌변에 있는 네 개의 양(복소수)은 듀얼트위스터 $\bar{\mathbf{Z}}$의 성분이고, 우변에 있는 네 개의 양은 복소수 Z^2, Z^3, Z^0, Z^1의 복소켤레를 의미한다. 그러므로 $\bar{\mathbf{Z}}$의 $\bar{Z}_0$ 성분은 $\mathbf{Z}$의 Z^2 성분의 복소켤레와 같다(다른 세 성분도 마찬가지다). 복소켤레를 취할 때 앞의 두 성분과 뒤의 두 성분이 뒤바뀐 것에 주의하라. $\bar{\mathbf{Z}}$는 듀얼트위스터이므로, 원래의 트위스터 $\mathbf{Z}$와 (에르미트)스칼라곱을 취하여(13.9, 22.3절 참조) 트위스터의 크기(의 제곱)를 계산할 수 있다.

$$\bar{Z} \bullet Z = \bar{Z}_\alpha Z^\alpha = \bar{Z}_0 Z^0 + \bar{Z}_1 Z^1 + \bar{Z}_2 Z^2 + \bar{Z}_3 Z^3$$
$$= \overline{Z^2}\, Z^0 + \overline{Z^3}\, Z^1 + \overline{Z^0}\, Z^2 + \overline{Z^1}\, Z^3$$
$$= \frac{1}{2}(|Z^0 + Z^2|^2 + |Z^1 + Z^3|^2 - |Z^0 - Z^2|^2 - |Z^1 - Z^3|^2)$$

마지막 식에 의하면 에르미트 표현 $\bar{Z}_\alpha Z^\alpha$의 부호수signature는 $(+\,+\,-\,-)$이다[33.10](13.9절 참조). (트위스터 공간의 대칭에는 SU(2, 2)군과 O(2,4)군의 국소적 동일성이 내포되어 있다. 13.10절 참조) 또한 위에서 정의한 '입사관계'로부터 다음의 사실을 알 수 있다—트위스터 Z^α가 실제 민코프스키 공간 $\mathbb{M}$ 속의 한 사건으로 입사하려면 크기가 0이어야 한다($\bar{Z}_\alpha Z^\alpha = 0$).[33.11] $\bar{Z}_\alpha Z^\alpha = 0$일 때, 트위스터 $\mathbf{Z}$를 '널null'이라고 한다.

지금까지 서술한 내용을 33.2절과 연결하려면 사영 트위스터 공간

[33.10] 마지막 식을 증명해 보라. 이로부터 어떻게 부호수를 알아낼 수 있는가?

[33.11] 증명해 보라. 그리고 Z^2와 Z^3가 동시에 0이 아닌 경우, 그 역을 증명하라[즉, $\bar{Z}_\alpha Z^\alpha = 0$이면 $\mathbf{Z}$로 입사하는(incident) 사건이 반드시 존재함을 증명하라].

ℙ𝕋와 친해질 필요가 있다. ℙ𝕋는 복소 벡터공간 𝕋로부터 만들어진 3차원 복소사영공간complex projective 3-space (ℂℙ³)이다. 트위스터 기하학은 대부분 𝕋보다 ℙ𝕋에서 더 쉽게 표현된다. 이제 복소수 Z^0, Z^1, Z^2, Z^3는 ℙ𝕋의 동차좌표homogeneous coordinate이며, 서로 다른 세 개의 비율

$$Z^0 : Z^1 : Z^2 : Z^3$$

는 ℙ𝕋의 점을 나타내는 표지label가 된다. 널 사영트위스터로 이루어진 공간 ℙℕ은 6차원 실공간 ℙ𝕋의 5차원 부분실공간이며, 이곳에서 트위스터의 크기는 0이다.

$$\bar{Z}_\alpha Z^\alpha = 0$$

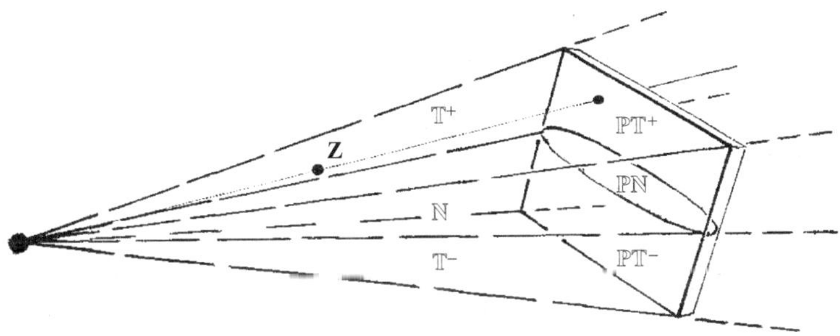

그림 33.11 트위스터 공간 𝕋는 유사 에르미트 계량(pseudo-Hermitian metric)을 갖는 복소 벡터공간이며, 사영 트위스터 공간 ℙ𝕋(ℂℙ³)는 𝕋의 1차원 빛경로(ray)로 이루어진 공간이다. 따라서 트위스터 **Z**의 좌표가 (Z^0, Z^1, Z^2, Z^3)일 때, 여기 대응되는 ℙ𝕋의 점은 각 좌표 사이의 비율 $Z^0 : Z^1 : Z^2 : Z^3$에 의해 결정된다. 7차원 실부분공간 ℕ (여기서 $\bar{Z}_\alpha Z^\alpha = 0$이다)은 트위스터 공간 𝕋를 4차원 복소공간 $\mathbb{T}^+$(양의 트위스터 : $\bar{Z}_\alpha Z^\alpha > 0$)와 $\mathbb{T}^-$(음의 트위스터 : $\bar{Z}_\alpha Z^\alpha < 0$)로 분할한다. 이 공간들의 사영 버전은 5차원 실공간 ℙℕ ($\mathbb{M}^\#$ 에서 빛의 경로를 나타냄)과 두 개의 3차원 복소공간 $\mathbb{PT}^+$[나선성이 양(+)이면서 질량이 없는 입자를 나타냄], $\mathbb{PT}^-$ [나선성이 음(−)이면서 질량이 없는 입자를 나타냄]이다.

또한 이 방정식은 벡터공간 $\mathbb{T}$에서 널 비사영트위스터로 이루어진 7차원 부분실공간 $\mathbb{N}$을 정의한다. $\bar{Z}_\alpha Z^\alpha > 0$이면 양 트위스터positive twistor로 이루어진 $\mathbb{T}^+$가 얻어지고, $\bar{Z}_\alpha Z^\alpha < 0$이면 음 트위스터로 이루어진 $\mathbb{T}^-$가 얻어진다. 이로부터 사영공간 $\mathbb{PT}^+$와 $\mathbb{PT}^-$를 정의할 수 있다(그림 33.11 참조. 그림 33.6과 비교해 보라).

절의 서두에서 언급한 '입사관계'를 이용하여, 그림 33.5의 $\mathbb{PN}$과 $\mathbb{N}$이 기하학적으로 어떤 관계에 있는지 알아보자. 이 관계로부터 가장 먼저 알 수 있는 사실은 $\mathbb{M}$에 속한 두 점(사건) P, R이 (0이 아닌)하나의 트위스터 $\mathbf{Z}$로 입사할 때(따라서 $\mathbf{Z}$는 널트위스터이다), 이들은 '널분리null-separated'되어 있어야 한다. 즉, P와 R은 서로 상대방의 빛원뿔 위에 놓여 있다. 결국 $\mathbb{M}$에 속하면서 $\mathbf{Z}$로 입사하는 모든 점끼리는 거리가 0이어야 하므로, $\mathbf{Z}$가 빛의 경로($\mathbb{M}$ 속의 널직선null straight line)를 정의하는 셈이다(그림 33.12 참조). 그뿐만 아니라 트위스터 $\mathbf{Z}$에 0이 아닌 복소수 λ를 곱하여 Z^α를 λZ^α로 대치해도 $\mathbf{Z}$가 나타내는 빛의 경로는 달라지지 않는다(즉, Z^α와 λZ^α는 동일한 광선을 나타낸다). 일반적으로는 (0이 아닌)널 사영트위스터로 입사하는 사건의 궤적이 바로 빛의 경로(광선)에 해당한다. 그러나 $Z^2 = Z^3 = 0$인 특수한 경우에는 Z^α로 입사하는 점이 $\mathbb{M}$에 존재하지 않기 때문에 더 신중한 해석을 내릴 필요가 있다. 이럴 때 널트위스터는 '무한대에서의 빛의 경로'로 간주할 수 있다($\mathbb{M}$이 아닌 $\mathbb{M}^\#$에 놓여 있는 $\mathscr{I}$의 생성원).[33.12]

이제 반대의 경우를 살펴보자. 사건 R을 실수좌표 t, x, y, z에 고정시키면 R로 입사하는 트위스터 $\mathbf{Z}$의 공간은 Z^0, Z^1, Z^2, Z^3로 이루

[33.12] 이 문장에서 주장하는 내용을 구체적으로 증명해 보라.

어진 두 개의 선형 동차관계식에 의해 정의된다. 이 선형관계식은 $\mathbb{PT}$에서 평면을 결정하고, 이들의 교차점(두 관계식을 모두 만족하는 $\mathbb{PT}$의 점들)은 $\mathbb{PT}$ 안에서(사실은 $\mathbb{PN}$ 안에서) 사영선projective line **R**을 형성하는데 ($\mathbb{CP}^1$), 이것이 바로 우리가 원했던 리만 구면이다(15.4, 6절 참조). 그러므로 $\mathbb{M}$에 속한 점(사건)들은 트위스터 공간에서 $\mathbb{PN}$ 내부의 사영선으로 표현된다. $Z^2 = 0 = Z^3$이면 $\mathbb{PN}$에서 특별한 사영선이 얻어지는데, 앞으로 이것을 **I**로 표기하기로 한다. 이 특별한 선은 무한대에 있는 빛원뿔 $\mathscr{I}$의 꼭짓점 i를 나타내고, $\mathscr{I}$에 속하는 다른 점 Q는 $\mathbb{PN}$에서 **I**와

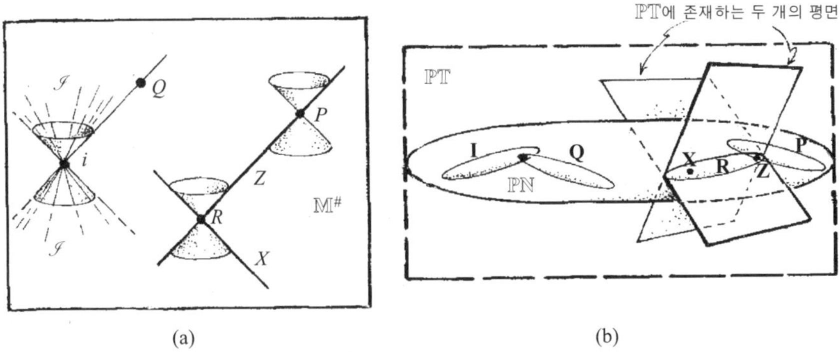

그림 33.12 트위스터의 입사관계로부터 주어지는 $\mathbb{M}^\#$과 $\mathbb{PN}$의 기초기하학. (a) $\mathbb{PN}$ 속에서 한 점(널 사영트위스터) **Z**를 고정시킨다. **Z**로 입사하는 $\mathbb{M}^\#$의 두 점 P와 R은 빛경로를 구성한다. 왜냐하면, 이들은 '널분리(null-separated)'되어 있기 때문이다. (b) $\mathbb{M}^\#$의 한 점 R을 고정시킨다. R로 입사하는 $\mathbb{PN}$의 점 **Z**와 **X**는($\mathbb{PT}$ 안에서 두 평면이 만나는 곳에 놓여 있음) 복소사영선(complex projective line)을 형성하는데, 이것이 바로 리만 구면이다. $\mathbb{M}^\#$에 속한 점 P와 R은 빛경로 Z 위에서 널분리되어 있으며, 한 점 **Z**에서 만나는 리만 구면 **P**와 **R**에 대응된다(이 리만 구면은 $\mathbb{PT}$의 사영기하학에서 사영직선이기도 하기 때문에, 이 점을 고려하여 옆으로 길게 그려 놓았다!). 리만 구면 중에서 특별한 것은 **I**인데, 이것은 $\mathbb{M}^\#$에서 점 i를 나타낸다. i는 공간꼴/시간꼴 무한대를 규정하는 점으로서, 무한대 빛원뿔 $\mathscr{I}$의 꼭짓점에 해당한다. $\mathscr{I}$에 속하는 다른 점 Q는 $\mathbb{PN}$에서 **I**와 만나는 사영선 **Q**로 표현된다.

만나는 사영선 **Q**로 표현된다.[33.13] 이 상황은 그림 33.12에 요약되어 있다.

이 복소구조는 실로 놀라운 방법으로 (표준 시간차원과 공간차원을 갖는)민코프스키 공간의 기하학을 표현하고 있다. $\mathbb{PN}$을 일차구조로, $\mathbb{M}$을 이차구조로 생각했을 때, 민코프스키 공간 $\mathbb{M}$은 '$\mathbb{PN}$ (시공간의 유한한 점들만 원한다면 $\mathbb{PN}-\mathscr{I}$)에 놓여 있는 복소선complex line의 공간'으로 재해석할 수 있다. 이것은 시공간의 점보다 빛의 경로를 더 근본적인 객체로 간주한 관점이다. 빛경로 Z와 X의 교점은 $\mathbb{PN}$에서 이에 대응되는 점 **Z**와 **X**를 포함하는 사영선으로 표현되며, P와 R이 '널분리'되어 있다는 조건은 $\mathbb{PN}$에서 이에 대응되는 사영선 **P**와 **R**이 '교차한다'는 조건으로 대치된다(그림 33.12 참조). 이처럼 트위스터 공간은 통상적인 시공간과 완전히 다른 물리적 기하학을 제안하고 있다. 통상적인 시공간의 점들은 $\mathbb{PN}$에 있는 리만 구면으로 표현되고 $\mathbb{PN}$의 각 점은 시공간 속의 빛경로를 나타내는데, 이 대응관계는 모두 비국소적이다. 그러나 정확한 기하법칙을 적용하면 한 체계에서 다른 체계로 자유롭게 이동할 수 있다.

33.6 질량 없이 자전하는 입자의 트위스터 기하학

이미 여러 차례 강조한 바와 같이, 트위스터 이론의 기본 아이디어는 복소수의 마법을 십분 활용하는 것이다. $\mathbb{PN}$은 규모가 큰 복소사영선(4개의 실변수) 체계를 갖지만, $\mathbb{PN}$ 자체는 복소다양체가 아니다(33.2절에서 말한 대로 $\mathbb{PN}$은 홀수 실차원 공간이기 때문에 복소다양체가 될 수 없

[33.13] 왜 그런가?

다). 그러나 여기에 실수차원 하나를 추가한 $\mathbb{PT}(\mathbb{CP}^3)$는 복소다양체가 될 수 있다. 그렇다면 $\mathbb{PT}$에 추가된 점들에 물리적으로 자연스러우면서 의미 있는 해석을 내릴 수 있을까? 놀랍게도 가능하다 (33.2절 참조). 실제 광자는 $\mathbb{M}$ 안에 존재하는 단순한 광선 (빛의 경로)이 아니라, 그 이상의 구조를 갖고 있다. 광선은 특정 방향을 향해 광속으로 이동하는 질량이 없는 입자를 나타낼 뿐이지만, 광자는 에너지와 스핀이라는 물리량을 갖고 있다. 앞으로 당분간은 이 특성을 고전적인 관점에서 다루기로 한다. 광자는 진행방향에 대하여 오른쪽과 왼쪽으로 회전할 수 있다 (우측편광은 양의 나선성, 좌측편광은 음의 나선성으로 정의한다. 22.7절 참조). 이 나선성helicity의 크기는 플랑크상수 $\hbar$의 단위이다. 나선성이 $+$ (또는 $-$)인 고전적 광자는 $\mathbb{PT}^+$의 (또는 $\mathbb{PT}^-$의) 한 점으로 표현되며, 여분차원은 광자의 에너지에 해당한다. 이 표현법은 광자뿐만 아니라 질량이 없고 스핀이 $\frac{1}{2}n\hbar$인 모든 입자 ($n \neq 0$)에 적용할 수 있다.

이것을 트위스터 이론에 적용하는 방식은 대충 다음과 같다. 트위스터 $\mathbf{Z}$의 처음 두 성분 Z^0와 Z^1은 2-스피너 $\boldsymbol{\omega}$의 두 성분과 같다. 스피너를 지표표기법 ω^A로 나타냈을 때, $\omega^0 = Z^0$, $\omega^1 = Z^1$이다 (22.8절, 25.2절 참조). $\mathbf{Z}$의 나머지 두 성분 Z^2와 Z^3는 프라임이 붙은 (듀얼)스피너 π의 성분과 같은데, 역시 지표표기법 $\pi_{A'}$을 사용하면 $\pi_{0'} = Z^2$, $\pi_{1'} = Z^3$이다. 이것을 간단하게 줄여 쓰면

$$\mathbf{Z} = (\boldsymbol{\omega}, \boldsymbol{\pi})$$

가 되는데, 여기서 $\boldsymbol{\omega}$와 $\boldsymbol{\pi}$는 트위스터 $\mathbf{Z}$의 스피너부분을 의미한다. $\mathbf{Z}$의 복소켤레 $\bar{\mathbf{Z}}$의 스피너 부분은 순서가 바뀌어서

$$\bar{\mathbf{Z}} = (\bar{\boldsymbol{\pi}}, \bar{\boldsymbol{\omega}})$$

가 되고, 트위스터의 크기norm는 다음과 같이 쓸 수 있다.

$$\bar{Z}_\alpha Z^\alpha = \bar{\mathbf{Z}} \bullet \bar{\mathbf{Z}} = \bar{\boldsymbol{\pi}} \bullet \boldsymbol{\omega} + \bar{\boldsymbol{\omega}} \bullet \boldsymbol{\pi} = \bar{\pi}_A \omega^A + \bar{\omega}^{A'} \pi_{A'}$$

트위스터 $\mathbf{Z}$와 민코프스키 시공간의 한 점 $R = (t, x, y, z)$ 사이의 '입사관계incidence relation'는 다음과 같다.

$$\boldsymbol{\omega} = ir\pi$$

이것을 지표표기법으로 쓰면 $\omega^A = ir^{AA'}\pi_{A'}$이 된다. 여기서 $\boldsymbol{r}$(또는 $r^{AA'}$)은 다음과 같은 형태의 행렬이다.

$$\begin{pmatrix} r^{00'} & r^{01'} \\ r^{10'} & r^{11'} \end{pmatrix} = \frac{1}{\sqrt{2}} \begin{pmatrix} t+z & x+iy \\ x+iy & x+t-z \end{pmatrix}$$

$\boldsymbol{\pi}$의 외적outer product $\bar{\boldsymbol{\pi}}\,\boldsymbol{\pi}$(축약 없음, 14.3절 참조)는 4-운동량을 서술하므로, 스피너 $\boldsymbol{\pi}$는 질량이 없는 입자의 운동량과 관련되었다고 볼 수 있다. 그리고 $\boldsymbol{\omega}$와 $\bar{\boldsymbol{\pi}}$의 대칭곱symmetrized product은 입자의 6-각운동량(18.7, 19.2, 22.12, 32.2절 참조)의 반자기듀얼 부분을 서술하고 있으므로 $\boldsymbol{\omega}$는 입자의 각운동량과 관련되어 있다.[21] 운동량과는 달리 각운동량은 시공간의 원점 O의 위치에 따라 달라진다. 특별한 언급이 없으면 각운동량은 O에 대한 값으로 간주한다. 운동량/각운동량의 원점-독립성/의존성은 트위스터 $\mathbf{Z}$의 두 스피너 부분 $\boldsymbol{\pi}$와 $\boldsymbol{\omega}$의 '병진거동(병진이동에 대한 반응)'에 그대로 반영되어 있다. 시공간의 원점 O를 벡터 $\boldsymbol{q}$로 표현되는 점 Q로 이동했을 때, 스피너 부분은 다음과 같이 변환된다.[33.14]

[33.14] 이와 같은 변환 하에서 트위스터와 시공간의 점 사이의 '입사관계'가 보존된다는 것을 증명하라. 또한, 트위스터의 크기(norm)도 보존됨을 증명하라.

$$\boldsymbol{\pi} \mapsto \boldsymbol{\pi}, \ \boldsymbol{\omega} \mapsto \boldsymbol{\omega} - iq\boldsymbol{\pi}$$

운동량과 각운동량으로 만들어진 스칼라인 나선성 's'도 원점의 위치와 무관하다. 나선성은 트위스터 크기의 반인데, 그 형태는 다음과 같다.

$$s = \frac{1}{2}\bar{Z}_\alpha Z^\alpha = \frac{1}{2}\bar{\mathbf{Z}} \bullet \mathbf{Z}$$

(이것은 $\bar{\boldsymbol{\omega}}\boldsymbol{\pi}$의 실수부와 같다) 트위스터를 이용하면 질량이 없는 입자를 22.12절의 4-벡터/텐서보다 훨씬 간결하게 서술할 수 있다. 이로써 우리는 널이 아닌 트위스터를 질량 없이 회전하는 고전적 입자로 간주할 수 있게 되었다($\mathbf{Z}$와 $e^{i\theta}\mathbf{Z}$는 동일한 입자에 대응된다. 여기서 θ는 실수이다[33.15]. 그림 33.6과 비교해 보라).

우리는 널이 아닌 트위스터의 기하학적 해석을 아직 분명하게 내리지 못했다. 이 작업을 완성하기 위해 민코프스키 공간 $\mathbb{M}$의 좌표 t, x, y, z를 복소수로 대치한 $\mathbb{CM}$(또는 이것을 컴팩트화한 $\mathbb{CM}^\#$)을 도입해 보자. $\mathbb{CM}^\#$에는 (0이 아닌)임의의 트위스터 Z^α로 입사되는 점들의 궤적으로 이루어진 (자명하지 않은) 2차원 복소평면이 항상 존재하는데, 이것을 α-평면이라고 하자. 여기에 접하는 2-형식2-form이 자기듀얼이기 때문에, α-평면도 자기듀얼이라고 할 수 있다(32.2절 참조). 이 α-평면은 Z^α, 또는 Z^α에 상수가 곱해진 트위스터를 나타낸다(그림 33.13 참조). 이와 비슷하게, 듀얼트위스터 W_α는 $\mathbb{CM}^\#$에서 반자기듀얼 2차원 복소평면인 β-평면을 정의한다.[33.16]

[33.15] $\mathbf{Z}$가 위상자유도(phase freedom)를 갖는 이유를 설명하라. 그리고 나선성 $s > 0$인 입자의 에너지에 관한 정보가 $\mathbb{PT}^+$ 속에서의 위치에 담겨 있는 이유를 설명하라.

[33.16] 왜 그런가?

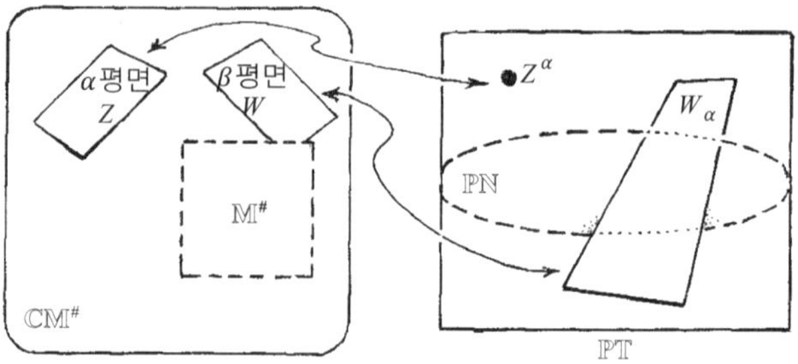

그림 33.13 복소시공간에서의 트위스터 및 듀얼트위스터의 표현. $\mathbb{CM}^{\#}$ 에는 (0이 아닌) 임의의 트위스터 Z^{α}로 입사되는 점들의 궤적으로 이루어진 (간단하지 않은) 2차원 복소평면 'α-평면'이 존재하며, 이 평면은 모든 곳에서 자기듀얼(self-dual)이다. 또한 이와 비슷하게 $\mathbb{CM}^{\#}$ 에는 (0이 아닌) 임의의 듀얼트위스터 W_{α}로 입사되는 점들의 궤적으로 이루어진 2차원 복소평면 'β-평면'이 존재하며, 이 평면은 모든 곳에서 반자기듀얼(anti-self-dual)이다. 이 궤적의 실수점(real point)에는 널트위스터나 널듀얼트위스터만 존재할 수 있다. 따라서 실수점들은 빛의 경로를 형성한다(그림 33.12 참조).

지금까지 복소시공간에서 트위스터의 기하학적 특성을 살펴보았다. 이것을 과연 '실수'에 바탕을 둔 그림으로 시각화할 수 있을까? $\mathbb{CM}^{\#}$의 실수구조는 복소켤레의 개념 속에 들어 있다. 복소켤레를 취하면 α-평면과 β-평면이 뒤바뀌는데, 이는 트위스터의 위-지표와 아래-지표가 뒤바뀌는 것과 같고(즉, 트위스터와 듀얼트위스터가 뒤바뀐다) '자기듀얼'과 '반자기듀얼'도 뒤바뀐다. $\mathbb{PT}$의 사영기하학의 관점에서 보면 복소켤레는 점과 평면을 뒤바꾼다고 할 수 있다. 왜냐하면, 듀얼트위스터는 $\mathbb{PT}$에서 하나의 평면을 결정하기 때문이다.[33.17] 이 사실을 이용하면 널이 아닌 사영 트위스터 Z^{α}를 실수에 기초한 시공간 기하학으로 해석할 수 있다. 제일 먼저 할 일은 Z^{α}를 자신의 복소켤레인 $\bar{Z}_{\alpha}$로 표현하는 것이다.

[33.17] 왜 그런가?

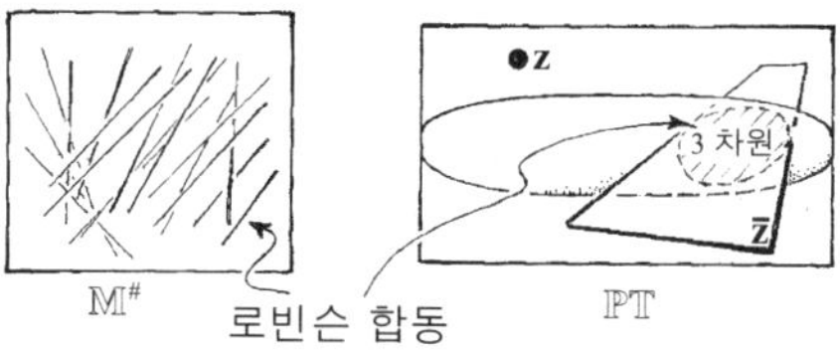

그림 33.14 복소켤레 $\bar{Z}_\alpha$를 활용하면 널이 아닌 트위스터 Z^α를 실수에 기초한 시공간의 기하학으로 해석할 수 있다. $\bar{Z}_\alpha$는 $\mathbb{PT}$에서 복소 사영평면을 정의하고, 이 평면은 세 개의 실수차원을 갖는 궤적으로서 $\mathbb{PN}$과의 교점에 의해 위치가 결정된다. 이 궤적은 $\mathbb{M}^\#$ 안에서 세 변수를 갖는 일련의 빛의 경로를 정의하는데, 이것을 '로빈슨 합동(Robinson congruence)'이라고 한다.

$\bar{Z}_\alpha$는 듀얼트위스터로서 $\mathbb{PT}$에 존재하는 복소평면과 관련되어 있다. 이 평면은 세 개의 실수차원을 갖는 궤적으로서, $\mathbb{PN}$과의 교점에 의해 위치가 결정된다. 우리는 이 궤적이 $\mathbb{M}$ 안에서 세 변수를 갖는 일련의 빛의 경로를 정의하는 것으로 해석할 수 있다. 따라서 이 경로들은 기하학적으로 트위스터 Z^α를 나타낸다(전체적으로 상수가 곱해진 것만큼 차이가 날 수 있다. 그림 33.14 참조).

빛의 경로는 복잡하게 꼬여 있지만, 그 배열에서 놀라운 특징을 찾을 수 있다. 예를 들어 어느 한순간의 $\mathbb{E}^3$(즉, 민코프스키 공간 $\mathbb{M}$에서 '지금'에 해당하는 3차원 유클리드 공간)을 생각해 보자. $\mathbb{M}$ 속에서 진행하는 임의의 광선(특정 방향을 향해 광속으로 움직이는 질량이 없는 점 입자)은 $\mathbb{E}^3$상에서 '화살표'가 붙은 하나의 점으로 표현할 수 있다. 물론 이 화살표는 입자가 현재 이동 중인 방향을 가리킨다. 이처럼 3개의 변수를 갖는 일련의 광선들은 트위스터 공간에서 하나의 트위스터 $\mathbf{Z}$를 표현하고 있다(이것을 '로빈슨 합동'이라고 한다). 그림 33.15에는 여러 개의 원(그리고 하나의 직선)이 표준 3차원 공간 $\mathbb{E}^3$를 채우고 있다. $\mathbb{E}^3$의 각 점

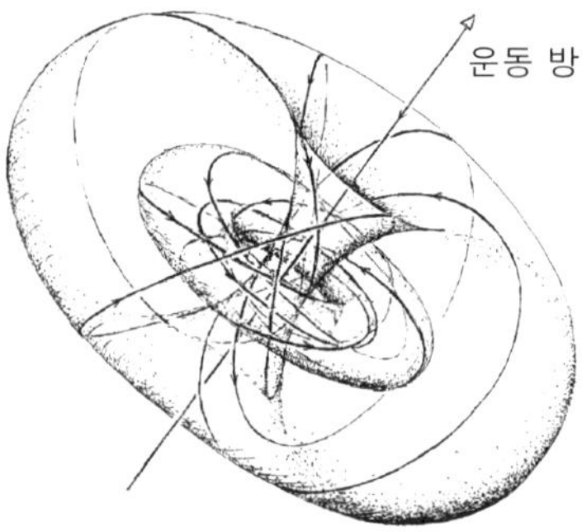

그림 33.15 어느 한 순간에 잡은 '로빈슨 합동(Robinson congruence)'의 스냅 샷(그림 속의 원들은 S^3에 있는 '클리포드 평행선(Clifford parallels, 15.4절 참조)'을 3차원 유클리드 공간에 입체로 투영한 것이다. 그림 8.7(a)와 그림 15.8 참조. 이 원과 하나의 직선이 $\mathbb{E}^3$ 전체를 채우고 있다). $\mathbb{E}^3$의 각 점에는 직선을 따라 광속으로 이동하는 입자(광선)가 대응되고, 각 입자의 진행방향은 그 점을 통과하는 원의 접선방향과 같다. 이 모든 배열은 시간이 흐름에 따라 그림의 중심에 나있는 직선(의 반대)방향을 향해 광속으로 이동한다. 이것은 Z^α로 서술되는 '질량 없이 회전하는(spinning) 입자'의 운동과 각운동량을 나타낸다.

에는 하나의 입자가 존재하며, 이것은 그 점을 지나는 원의 접선방향을 따라 광속으로 이동하고 있다. 여기서 시간이 흐르면 이 배열상태는 중심에 나있는 직선을 따라 통째로 (광속으로)이동한다. 이 전체적인 이동은 트위스터로 표현된 '질량 없이 회전하는spinning 입자의 운동'을 나타내고 있다. 사실 원의 배열상태는 S^3에 있는 '클리포드 평행선(15.4절 참조)'을 3차원 유클리드 공간에 입체로 투영한 것이다(8.3절, 그림 8.7a 참조).

지금까지 말한 빛의 경로(광선)는 물리적 실체가 아니라, (투영된)트위스터를 기하학적으로 시각화한 것에 불과하다. 그러나 위에서 언급한 배열 속에는 질량 없이 회전하는 (고전적)입자의 각운동량에 대한 정보가 들어 있다.[22] 이 상황은 분명히 비국소적이다. 그림 33.15에는 입자의 스핀을 에너지로 나눈 값을 반지름으로 갖는 가장 작은 원이 존재하는데, 이

원의 중심은 (대충 말하자면)회전하는 입자의 위치를 나타낸다(그러나 이 중심의 궤적은 로렌츠변환에서 우리가 원하는 대로 거동하지 않기 때문에, 질량이 없는 입자를 나타내는 광선으로 간주할 수 없다).[33.18] 이것이 바로 트위스터가 제공하는 실공간 해석이다.[23]

33.7 트위스터 양자이론

지금까지 우리는 '평평한 공간'에서 트위스터의 기초기하학을 대략 살펴보았다. 그러나 독자 중에는 이런 의문을 떠올리는 사람도 있을지 모른다. "기하학적으로는 꽤 그럴듯하다. 그런데 이런 것이 물리학과 무슨 상관이란 말인가? 트위스터 이론은 시공간 구조와 양자역학적 원리를 통합하는 데 어떤 기여를 할 수 있는가?" 지금까지 우리는 트위스터 이론이 제법 '깔끔한' 기하학 및 대수학적 체계를 갖고 있으며 질량이 없는 입자를 서술할 수 있다는 놀라운 사실을 확인했지만, 여기에 양자역학이나 일반상대성이론을 적용하지는 않았다. 지금부터 이 작업을 수행할 것이다!

트위스터 이론의 기초로 돌아가서 생각해 보자. 지금부터 나는 시공간과 관련된 모든 개념이 트위스터 공간 $\mathbb{T}$에 딸린 부수적인 개념이라는 사실을 보이고자 한다. 복소공간 $\mathbb{T}$는 표준 시공간체계에서 볼 수 없었던 복소수의 마법을 펼치기에 더없이 좋은 곳이다. 그래서 기존의 시공간에 사용되던 실수좌표 대신 복소 트위스터변수 Z^α를 사용하기로 한다. 이제 트위스터 변수에는 위치와 운동량이 섞여 있다. 그렇다면 표준 양자화과

[33.18] 가장 작은 원의 중심을 찾고(33.5절의 좌표계를 사용할 것), 이 점이 로렌츠 속도변환 하에서 어떻게 변환되는지 확인하라.

정에서 요구했던

$$p_a \mapsto i\hbar \frac{\partial}{\partial x^a}$$

(또는 $x^a \mapsto i\hbar\partial/\partial p_a$)는 어떤 형태로 달라져야 할까? x^a와 p_a는 정준켤레변수canonical conjugate variable로서, 연산자 교환관계 $p_b x^a - x^a p_b = i\hbar\delta_b^a$를 만족한다(21.2절 참조). 이와 비슷하게 변수 Z^α와 $\bar{Z}_\alpha$를 정준켤레 연산자로 간주하자.

$$Z^\alpha \bar{Z}_\beta - \bar{Z}_\beta Z^\alpha = \hbar\delta_\beta^\alpha$$

위치와 운동량과 마찬가지로, Z^α와 $\bar{Z}_\alpha$는 자기들끼리는 교환법칙을 만족한다. 즉, $Z^\alpha Z^\beta - Z^\beta Z^\alpha = 0$이고 $\bar{Z}_\alpha \bar{Z}_\beta - \bar{Z}_\beta \bar{Z}_\alpha = 0$이다.[33.19]

양자 트위스터 공간의 '좌표계'가 비가환적이라는 사실을 좀 더 세밀하게 파헤치다 보면 Z^α와 $\bar{Z}_\alpha$의 양자적 비가환성으로부터 기하학과 관련된 흥미로운 문제가 제기된다. 트위스터 공간 $\mathbb{T}$를 고전적인 8차원 실다양체로 간주한다면 Z^α와 $\bar{Z}_\alpha$를 서로 독립적이고 가환적인commuting 변수로 사용할 수 있다(10.1절 참조). 그러나 양자화된 버전에서 Z^α와 $\bar{Z}_\alpha$는 교환법칙을 만족하지 않는다(가환적이지 않다). 이와 같은 '양자적 쌍' Z^α와 $\bar{Z}_\alpha$를 독립적인 좌표로 사용하려면 33.1절에서 언급했던 비가환 기하학을 도입해야 한다. 이 문제도 파고들다 보면 매우 흥미로울 텐데, 누군가가 이미 연구했는지는 나도 잘 모르겠다.

일상적인 위치공간에서 입자를 서술하는 파동함수 $\psi(\mathbf{x})$에는 운동량

[33.19] 트위스터의 교환자(commutator)에 허수단위 i가 나타나지 않는 이유는 무엇인가? 힐베르트 공간 연산자의 일반적인 성질을 이용하여 설명해보라.

p가 등장하지 않고, 운동량을 나타내는 연산자 $\partial/\partial x^a$가 **p**를 대신한다. 트위스터의 경우에도 이런 논리를 적용할 수 있을까? 일단 그대로 따라 한다면 '트위스터 파동함수' $f(Z^\alpha)$에는 $\bar{Z}_\alpha$가 등장하지 않고, $\bar{Z}_\alpha$는 연산자 $\partial/\partial Z^\alpha$로 대치된다. 결론부터 말하자면 이것은 옳은 선택이다. 그런데 f가 $\bar{Z}_\alpha$와 무관하다는 것은 대체 무슨 뜻인가? 수학적으로 표현하면 $\partial f/\partial \bar{Z}_\alpha = 0$인데, 이것은 바로 $f(Z^\alpha)$가 Z^α의 복소해석함수임을 말해주는 코시-리만 방정식이다(10.5절 참조).

이것은 매우 놀랍고도 눈여겨볼 만한 사실이다. 트위스터 파동함수는 복소해석적이어서 복소수의 마법세계에 잘 어울린다는 뜻이다. 복소켤레변수 $\bar{Z}_\alpha$를 연산자로 표현하면

$$\bar{Z}_\alpha \mapsto -\hbar \frac{\partial}{\partial Z^\alpha}$$

인데, 이것은 복소해석적 연산자이다. 따라서 양자역학 버전으로 옮겨가도 복소해석적 성질은 그대로 유지된다. 그리고 트위스터를 질량이 없는 입자의 운동량과 각운동량으로 해석했던 우리의 시도는 트위스터의 교환규칙을 통해 다시 한 번 타당성이 입증되었다. 따라서 운동량과 각운동량의 교환자는 위에서 제시한 트위스터의 교환자 속에 포함되어 있다.[24]

나선성 s는 특별히 관심을 끄는 양이다. 지금은 s도 연산자로 간주해야 하는데, 그 고유값은 질량이 없는 입자에 한하여 $\hbar$의 반정수배로 나타난다($\ldots, -2\hbar, -\frac{3}{2}\hbar, -\hbar, -\frac{1}{2}\hbar, 0, \frac{1}{2}\hbar, \hbar, \frac{3}{2}\hbar, 2\hbar, \ldots$). Z^α의 비가환성을 적절히 이용하면 나선성연산자는 다음과 같이 쓸 수 있다.[25, [33.20]]

[33.20] s에 대한 두 가지 표현을 모두 유도해 보라.

$$s = \frac{1}{4}(Z^{\alpha}\bar{Z}_{\alpha} - \bar{Z}_{\alpha}Z^{\alpha}) \mapsto -\frac{1}{2}\hbar(2 + Z^{\alpha}\frac{\partial}{\partial Z^{\alpha}})$$

여기서 연산자

$$\boldsymbol{\Upsilon} = Z^{\alpha}\frac{\partial}{\partial Z^{\alpha}}$$

를 '오일러 동질성연산자Euler homogeneity operator'라고 한다(천재 수학자 오일러는 이 책의 5, 6, 7, 9장에 걸쳐 등장했다). 오일러가 증명한 바로는 $\boldsymbol{\Upsilon}$의 고유함수는 동차함수이며, 동차도degree of homogeneity를 고유값으로 갖는다. 다시 말해서, 다음 조건이 만족되면

$$\boldsymbol{\Upsilon}f = uf$$

(u는 어떤 수) 다음과 같은 동차성 조건이 성립한다.[33.21]

$$f(\lambda Z^{\alpha}) = \lambda^{u} f(Z^{\alpha})$$

질량이 없고 나선성이 S인(즉, $sf = \hbar S f$, 여기서 s는 나선성연산자이고 S는 고유값이다) 입자의 트위스터 파동함수는 복소해석적이면서 동차도가 $-2S-2$이다.[33.22]

특히 광자의 트위스터 파동함수($S = \pm 1$)는 동차도가 0인 왼쪽성분($S = -1$)과 동차도가 -4인 오른쪽성분($S = 1$)의 합으로 표현된다. 그 외에 질량이 없는 뉴트리노의 파동함수는 동차도가 -1이고(나선성은 $-\frac{1}{2}$이다), (질량이 없는)반뉴트리노의 파동함수는 동차도가 -3이

[33.21] 증명해 보라.

[33.22] 왜 그런가?

며, 질량이 없는 스칼라입자의 파동함수는 동차도가 -2이다. 지금 우리의 논의에서 가장 중요한 중력자는 평평한 민코프스키 공간에서 (잠정적으로) 질량이 없고 스핀이 2인 입자로 간주한다 ($S = \pm 2$). 중력자의 왼쪽 부분 ($S = -2$)에 해당하는 트위스터 파동함수는 동차도가 2이고, 오른쪽부분 ($S = 2$) 트위스터 파동함수의 동차도는 -6이다.

이와 같은 좌우 불균형은 트위스터 이론의 카이랄성을 보여 주는 사례이다. 곧 알게 되겠지만, 트위스터 이론에 일반상대성이론을 도입하면 좌우 불균형이 두드러지게 나타난다. 앞으로 당분간은 트위스터의 (선형) 파동함수를 물리적으로 해석하는 데 중점을 둘 것이다. 이 과정에서 좌우 불균형이 어떤 문제를 야기하지는 않는다. 그러나 우리의 파동함수 $f(Z^{\alpha})$ (흔히 '트위스터 파동함수'라고 함)를 해석하는 데에는 매우 중요하면서도 미묘한 문제가 숨어 있다. 지금부터 이 문제를 심층 분석해 보자.

33.8 질량이 없는 장의 트위스터 표현

질량이 없으면서 임의의 스핀을 갖는 입자의 파동함수는 슈뢰딩거 파동방정식을 조금 변형시킨 '질량이 없는 자유장 방정식 massless free-field equation'을 통해 구할 수 있다.[26] 25.3절에서 언급했던 (디랙-바일) 뉴트리노 방정식이 그 대표적인 사례이다. 지금 여기서 구체적인 이야기를 풀어놓기는 적절치 않지만, 방정식 자체는 22.8절과 25.2절의 2-스피너 체계를 이용하여 간단하게 쓸 수 있다. 나선성이 음, 즉 $S = -\frac{1}{2}n$이면 방정식에 $\psi_{AB\cdots D}$가 등장하고, $S = \frac{1}{2}n$이면 프라임이 붙은 $\psi_{A'B'\cdots D'}$이 등장한다. 이들은 n개의 지표에 대해 완전히 대칭적이고 진동수가 양 (+)이며, 각자 다음의 방정식을 만족한다.

$$\nabla^{AA'}\psi_{AB\cdots D}=0, \qquad \nabla^{AA'}\psi_{A'B'\cdots D'}=0$$

여기서 $\nabla^{AA'}$은 그래디언트 연산자 ∇^a의 2-스피너버전이다(14.3절 참조).[33.23] 스핀이 0이면 위 방정식은 $\Box\psi=0$의 파동방정식이 된다. 여기서 $\Box$는 24.5절에서 도입했던 '달랑베르 연산자'이다. 편리한 2-스피너 기호 덕분에 위 방정식에서 미묘한 구석을 찾을 수 있다. $n=2$이면 (스핀 1) 위 방정식은 곧바로 자유장에 대한 맥스웰 방정식이 된다(반자기듀얼인 경우와 자기듀얼인 경우).[33.24] 그리고 $n=4$이면 반자기듀얼 부분과 자기듀얼 부분으로 나뉘어서 약한 장weak-field에 대한 아인슈타인 방정식이 되는데, 이 경우에 곡률은 평평한 공간 $\mathbb{M}$의 무한소 건드림으로 간주된다.[27]

이 방정식은 트위스터 함수와 어떤 관계에 있는가? 놀랍게도 트위스터 함수 $f(Z^\alpha)$에서 시작하여 경로적분을 수행하면(7.2절 참조) 위의 질량이 없는 자유장 방정식의 (양의 진동수를 갖는)일반해가 자동으로 얻어진다.[28] 사실 이렇게 얻은 표현은 '양의 진동수조건'을 부과하지 않아도 완벽하게 맞아 들어간다. 그러나 이 조건은 트위스터 체계로부터 쉽게 충족될 수 있다(33.10절 참조). 이와 관련된 내용을 자세히 알 필요는 없고, 기본 아이디어는 다음과 같다. 나선성이 양이면 $f(Z^\alpha)$에 $\boldsymbol{\pi}$(33.6절 참조)를 n번 곱하고(이 과정에서 프라임이 붙은 지표 n개가 등장한다), 나선성이 음이면 $\partial/\partial\boldsymbol{\omega}$를 n번 취한다(이 과정에서 프라임이 없는 스피너 지

[33.23] 나선성이 $-\frac{1}{2}n$일 때 이 방정식을 구체적으로 써보라. $\psi_r=\psi_{00\cdots011\cdots1}$의 표기법을 이용할 것 (0은 $n-r$개이고 1은 r개이다. ∇^a를 $\nabla^{AA'}$으로 바꾸는 방법은 앞에서 민코프스키 좌표 t, x, y, z를 $r^{AA'}$으로 바꾸는 방법과 같다).

[33.24] $\psi_{00}=C_1-iC_2$, $\psi_{01}=-iC_3$, $\psi_{11}=-C_1-iC_2$, $\mathbf{C}=2\mathbf{E}-2i\mathbf{B}$이고(19.2절 참조) $\psi_{A'B'}$도 이와 동일한 형태의 관계를 만족할 때, 본문의 내용을 증명해 보라.

표 n개가 등장한다). 그다음에 2-형식 $d\pi_{0'} \wedge d\pi_{1'}$을 곱한 후 적절한 2차원 경로를 따라 적분을 수행하는데, 이 과정에서 입사관계 $\boldsymbol{\omega} = i\boldsymbol{r}\boldsymbol{\pi}$를 이용하여 $\boldsymbol{\omega}$를 소거한다. 적분이 끝나면 $\boldsymbol{\pi}$가 제거되면서 시공간의 한 점 R에서 지표가 붙어 있는 $\psi_{\dots}$가 얻어진다(즉, $\psi_{\dots}$는 $\boldsymbol{r}$만의 함수이다). 적분경로는 (고정된 $\boldsymbol{r}$에 대하여) $\boldsymbol{\omega} = i\boldsymbol{r}\boldsymbol{\pi}$ 궤적 안에 놓여 있다[즉, $\mathbb{N}$ 안에서 사건 R을 표현하는 선 $\mathbf{R}$(의 비사영 버전[29]) 안에 놓여 있다. 그림 33.16 참조].

선 $\mathbf{R}$이 트위스터 영역 $\mathbb{PT}^+$ 전체에 걸쳐 있어도 경로적분이 성립하기를 요구하면 양의 진동수조건은 자동으로 충족된다. $\mathbb{PT}$ 내부의 선들은 33.6절에서 말한 대로 '복소시공간의 점'에 대응되고, 부분영역 $\mathbb{PT}^+$에 있는 선은 $\mathbb{CM}$의 부분영역인 $\mathbb{M}^+$의 점에 대응된다(이것을 '전위 튜브 forward tube'라고 한다[30]). 이 내용은 33.10절에서 다시 언급될 것이다.

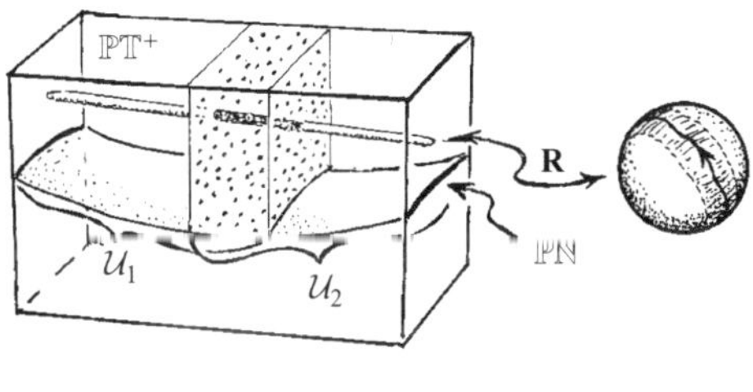

그림 33.16 트위스터의 경로적분. 동차도(homogeneoue of degree)가 $-n-2$인 트위스터 함수 f(나선성 $= n/2$)에 $\boldsymbol{\pi}$를 n번 곱하거나(n이 양수인 경우), $\partial/\partial\boldsymbol{\omega}$를 $-n$번 취한다(n이 음수인 경우). 이 과정에서 지표가 붙게 된다. 그리고 여기에 2-형식(2-form) $\boldsymbol{\tau} = d\pi_{0'} \wedge d\pi_{1'}$을 곱한다. 그다음, 시공간의 한 점 R(위치벡터 $\boldsymbol{r}$)을 선택하고 입사관계 $\boldsymbol{\omega} = i\boldsymbol{r}\boldsymbol{\pi}$로 정의된 (트위스터 공간 속의) $\mathbf{R}$ 영역 안에서 경로적분을 수행하면 $\boldsymbol{\pi}$가 없어지면서 질량이 없는 장방정식의 해가 얻어진다. 위의 그림에서 $\mathbf{R}$은 트위스터 공간의 위쪽 반에 해당하는 $\mathbb{PT}^+$(또는 $\mathbb{T}^+$)에서 취했고, f는 $\mathcal{U}_1$과 $\mathcal{U}_2$가 겹치는 곳에서 복소해석적이다. $\mathcal{U}_1$과 $\mathcal{U}_2$의 열린 집합(open set)은 $\mathbb{PT}^+$(또는 $\mathbb{T}^+$)전체를 커버한다.

나선성이 섞여 있는 질량이 없는 장(예 : 평면편광된 광자)도 이런 식으로 서술할 수 있는데, 이 경우에 트위스터의 파동함수는 나선성이 다른 두 파동함수의 합으로 표현된다.

나는 이런 표현이 가능하다는 사실 자체가 놀라울 뿐이다. 트위스터 체계에서는 질량없는 장방정식이 아예 사라지고 '순수한 복소해석성pure holomorphicity'이 그 자리를 대신한다. 그런데 이 표현을 자세히 들여다보면 트위스터 함수를 해석하는 데 있어서 무언가 미묘한 구석이 발견된다. 이 문제는 질량없는 장의 '음/양 진동수 분리(33.10절 참조)'와 놀라운 방식으로 관련되어 있으며, 휘어진 트위스터 공간을 도입할 때에도 핵심적인 역할을 한다. 그 미묘함이란 무엇인가? 트위스터 함수는 일반적인 의미의 함수가 아니라, '복소해석적 층공간 코호몰로지holomorphic sheaf cohomology'의 원소이다.[31]

33.9 트위스터 층공간 코호몰로지

층공간 코호몰로지란 무엇인가? 수학적인 내용은 꽤 복잡하지만, 사실은 매우 자연스러운 개념이다. 이 중에서도 우리의 주된 관심사는 소위 말하는 '1차 층공간 코호몰로지'이다. 이 개념을 머릿속에 그리는 가장 쉬운 방법은 여러 개의 좌표조각을 이어 붙여서 다양체를 만드는 과정을 상상하는 것이다(10.2, 12.2절과 그림 12.5a 참조). 이런 때에는 한 쌍의 좌표조각이 서로 겹쳐지는 부분에서 '추이함수'라는 것이 정의되는데, 이 함수는 한 조각의 좌표를 다른 조각의 좌표로 변환시켜 주는 역할을 한다. 12.2절과 그림 12.5(a)에서 언급한 바와 같이, 세 개의 조각이 겹치는 부분에서 추이함수는 어떤 타당성조건을 만족해야 한다.

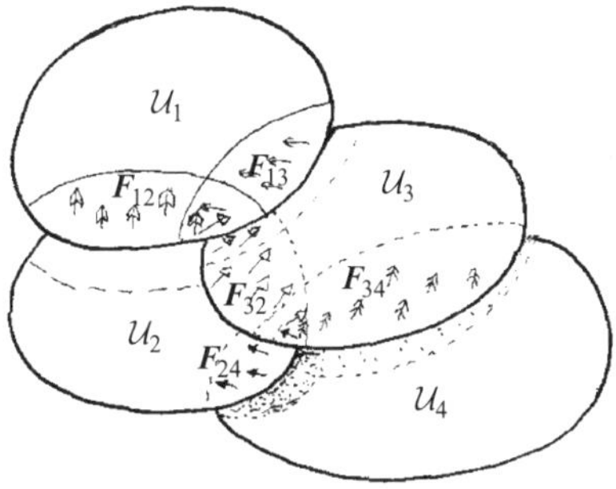

그림 33.17 여러 개의 좌표조각을 연결하여 다양체를 만드는 과정 (그림 12.5a 참조. 한 쌍의 좌표조각이 서로 겹쳐지는 부분에서 이들이 연결되는 방식은 '추이함수'에 의해 결정된다). 여기서는 추이함수가 항등함수에서 무한소만큼 다르다고 가정한다. 한 쌍의 좌표조각 $\mathcal{U}_i$와 $\mathcal{U}_j$가 매끄럽게 연결되려면, 조각 $\mathcal{U}_i$는 $\mathcal{U}_j$에 대하여 얼마나 이동해야 하는가? 그 답을 알려 주는 것이 바로 벡터장 $\boldsymbol{F}_{ij}$이다 (각 좌표조각은 평평한 좌표공간에서 열린집합 $\mathcal{U}_1$, $\mathcal{U}_2$, $\mathcal{U}_3$, … 로 표현된다).

이제 좌표조각을 이어 붙여서 만든 다양체를 생각해 보자. 단, 이들을 연결하는 추이함수가 항등함수에서 무한소만큼 다르다고 가정하자 (그림 33.17 참조). 하나의 조각 $\mathcal{U}_i$와 다른 조각 $\mathcal{U}_j$ 사이에서 일어나는 이 무한소이동은 이들이 겹쳐지는 부분에서 정의된 벡터장 $\boldsymbol{F}_{ij}$로 표현된다. $\boldsymbol{F}_{ij}$는 $\mathcal{U}_i$가 $\mathcal{U}_j$에 대하여 얼마나 (무한소만큼) 변해야 하는지를 알려주는 함수이다. 또는 이와 반대로 $\mathcal{U}_j$를 $\mathcal{U}_i$에 대하여 맞출 수도 있는데, 이 경우에는 좌표의 이동이 반대방향으로 일어난다. 따라서 좌표의 이동정도를 말해 주는 벡터장 $\boldsymbol{F}_{ji}$는 $\boldsymbol{F}_{ij}$와 다음과 같은 관계에 있다 (그림 33.18a 참조).

$$\boldsymbol{F}_{ji} = -\boldsymbol{F}_{ij}$$

세 좌표조각 $\mathcal{U}_i$, $\mathcal{U}_j$, $\mathcal{U}_k$가 겹쳐지는 경우에는 다음과 같은 타당성조건이 만족되어야 한다 (그림 33.18b 참조).[33.25]

$$\boldsymbol{F}_{ij} + \boldsymbol{F}_{jk} = \boldsymbol{F}_{ik}$$

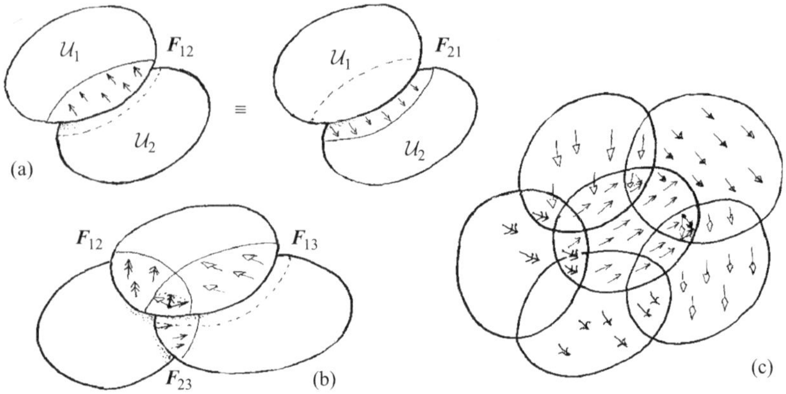

그림 33.18 벡터장 $\boldsymbol{F}_{ji}$는 타당성 조건을 만족해야 한다. (a) $\mathcal{U}_i$와 $\mathcal{U}_j$가 겹치는 부분에서는 $\boldsymbol{F}_{ji} = -\boldsymbol{F}_{ij}$이다. 예를 들어 $\mathcal{U}_1$과 $\mathcal{U}_2$의 일부를 겹쳐서 다양체를 만들고자 할 때, 벡터장 $\boldsymbol{F}_{12}$는 '$\mathcal{U}_1$이 $\mathcal{U}_2$에 대해' 어떻게 이동해야 하는지를 알려준다. 이와 반대로 '$\mathcal{U}_2$를 $\mathcal{U}_1$에 대해' $-\boldsymbol{F}_{12}$만큼 이동시켜도 동일한 결과를 얻을 수 있다($\boldsymbol{F}_{21} = -\boldsymbol{F}_{12}$). (b) 세 개의 좌표조각 $\mathcal{U}_1$, $\mathcal{U}_2$, $\mathcal{U}_3$가 겹치는 곳에서는 $\boldsymbol{F}_{ij} + \boldsymbol{F}_{jk} = \boldsymbol{F}_{ik}$가 만족되어야 한다. 즉, $\mathcal{U}_2$에 대한 $\mathcal{U}_1$의 이동 $\boldsymbol{F}_{12}$는 $\mathcal{U}_3$에 대한 $\mathcal{U}_1$의 이동 $\boldsymbol{F}_{13}$와 $\mathcal{U}_2$에 대한 $\mathcal{U}_3$의 이동 $\boldsymbol{F}_{32}$의 합과 같다. (c) 모든 조각을 각자 일괄적으로 이동시키면 결과에 아무런 영향도 주지 않는다(각 조각의 좌표만 달라질 뿐이다). 이런 경우 $\mathcal{U}_j$에 대한 $\mathcal{U}_i$의 이동은 $\boldsymbol{F}_{ij} = \boldsymbol{H}_i - \boldsymbol{H}_j$로 표현되며, 최종적으로 얻어지는 다양체는 달라지지 않는다.

좌표조각마다 별도로 좌표계를 (무한소)이동시키는 '자명한' 변형도 가능하다. 즉, 임의의 조각 $\mathcal{U}_i$를 다른 조각과 무관하게 벡터장 $\boldsymbol{H}_i$만큼 일괄적으로 이동시키는 것이다. 그러면 $\mathcal{U}_i$와 $\mathcal{U}_j$를 연결하는 '자명한' 추이함수 벡터장 $\boldsymbol{F}_{ij}$는 다음과 같이 쓸 수 있다.

$$\boldsymbol{F}_{ji} = \boldsymbol{H}_i - \boldsymbol{H}_j$$

[33.25] 좌표조각 세 개가 겹쳐지는 경우에도 $\boldsymbol{F}_{ij}$의 반대칭성($\boldsymbol{F}_{ji} = -\boldsymbol{F}_{ij}$)이 요구된다는 것을 증명하라.

이것은 자명한 변형이기 때문에, 결과적으로 얻어지는 다양체에 아무런 영향도 주지 않는다(그림 33.18c 참조).

이 과정은 1차 층공간 호몰로지의 법칙을 말해 준다.[32] 지금 우리는 굳이 벡터장을 고려할 필요가 없으므로, $\boldsymbol{F}_{ij}$를 스칼라 함수 f_{ij}로 대신할 것이다. 이전과 마찬가지로 f_{ij}는 $\mathcal{U}_i$와 $\mathcal{U}_j$의 교차영역에서 $f_{ij} = -f_{ji}$를 만족하고, 3중 교차영역에서는 $f_{ij} + f_{jk} + f_{ki} = 0$을 만족한다. 그리고 이들을 모두 모아 놓은 집합을 $\{f_{ij}\}$라 하고 또 다른 집합을 $\{g_{ij}\}$라 했을 때, 서로 대응되는 모든 원소들의 차이, 즉 $\{f_{ij} - g_{ij}\}$가 $\{h_i - h_j\}$와 같이 자명한 형태이면 $\{f_{ij}\}$와 $\{g_{ij}\}$는 동일한 것으로 간주한다. $\{f_{ij}\}$는 $\{h_i - h_j\}$ 형태의 '모듈로modulo (법)'로 축약되어 있는데, 여기서 말하는 모듈로는 16.1절에서 언급된 것과 같은 의미이다(서문에서 언급한 '동치류' 개념과 비슷하다). 코호몰로지 이론에 등장하는 함수들(f_{ij}나 h_i)은 극히 일반적인 함수인 반면, 트위스터 이론에서는 주로 복소해석함수를 다룬다. 그래서 복소해석적 층공간 코호몰로지라는 개념이 도입된 것이다.

코호몰로지 개념은 특히 트위스터 함수와 밀접하게 연관되어 있다. 트위스터 함수는 단순히 하나의 복소해석함수 f가 아니라, 복소해석함수의 집합 $\{f_{ij}\}$으로 생각해야 한다. 여기서 개개의 f_{ij}는 한 쌍의 열린 집합 $\mathcal{U}_i$와 $\mathcal{U}_j$가 겹치는 영역에서 정의된 함수로서 $f_{ij} = -f_{ji}$를 만족하고, 세 개가 겹치는 경우에는 $f_{ij} + f_{jk} + f_{ki} = 0$을 만족한다. 그리고 열린 집합을 모두 모아 놓은 $\{\mathcal{U}_i\}$는 우리가 고려하는 트위스터 공간 $\mathcal{Q}$ 전체를 커버한다(덮는다). [덮개covering $\{\mathcal{U}_i\}$에 대한] $\mathcal{Q}$에 존재하는 1차 코호몰로지 원소는 $\{f_{ij}\}$ 집합으로 표현되며, 이들은 $\mathcal{U}_i$에서 정의된 h_i에 대하여 $hi - hj$ 형태의 '모듈로'로 축약되어 있다. 함수 f_{ij}의 집합은 코호몰로지 원소 자체가 아니라, 이 신비한 원소의 표현법을 제공할 뿐이다. 그래서 f_{ij}를 1차 코호몰로지 원소의 '대표원소 representative'라고 한다.

코호몰로지를 엄밀하게 정의하려면 영역 $\mathcal{Q}$의 덮개가 더욱 세밀해지도록 극한을 취해야 한다. 그런데 다행히도 복소해석적 층공간 코호몰로지의 경우, $\mathcal{U}_i$가 '슈타인 집합 Stein set'이라는 단순한 형태의 집합이면 위와 같은 극한을 취할 필요가 없다는 수학정리가 있다[33](임의의 슈타인 집합에서는 복소해석적 1차 층공간 코호몰로지가 항상 사라진다). 따라서 모든 $\mathcal{U}_i$를 슈타인 집합으로 제한하면 $\mathcal{Q}$에서 정의된 코호몰로지 원소를 언급할 때 '덮개 $\{\mathcal{U}_i\}$에 대한'이라는 수식어를 일일이 달고 다닐 필요가 없다. 코호몰로지의 개념은 슈타인 집합의 특별한 선택에 영향을 받지 않는다. 코호몰로지 원소는 $\mathcal{Q}$에서 정의된 '그 무엇'으로, 어떤 덮개를 사용해도 달라지지 않는다.[34] 이것은 (복소해석적)층공간 코호몰로지가 가진 마법 같은 성질 중 하나이다!

이것을 33.8절에서 다뤘던 트위스터 함수와 경로적분에 어떻게 적용해야 하는가? 가장 간단한 경우는 현재 고려 중인 트위스터 공간이 단 두 개의 조각 $\mathcal{U}_1$, $\mathcal{U}_2$로 덮이는 경우이다. 이런 경우에는 추이함수가 하나만 있으면 되는데, 이것이 바로 33.8절에서 말한 '트위스터 함수'로서 $f(Z^\alpha)=f_{12}=-f_{21}$이다. 위에서 언급한 층공간 코호몰로지 법칙에 의하면 $f(Z^\alpha)$와 $g(Z^\alpha)$의 차이가 자명하면, 즉

$$f-g=h_1-h_2$$

이면 $f(Z^\alpha)$와 $g(Z^\alpha)$는 동일한 함수로 간주한다. 여기서 h_1은 $\mathcal{U}_1$에서 광역적으로 globally 정의된 함수이고, h_2는 $\mathcal{U}_2$에서 광역적으로 정의된 함수이다. f와 g가 이런 식으로 동일한 함수일 때, 이들을 이용한 경로적

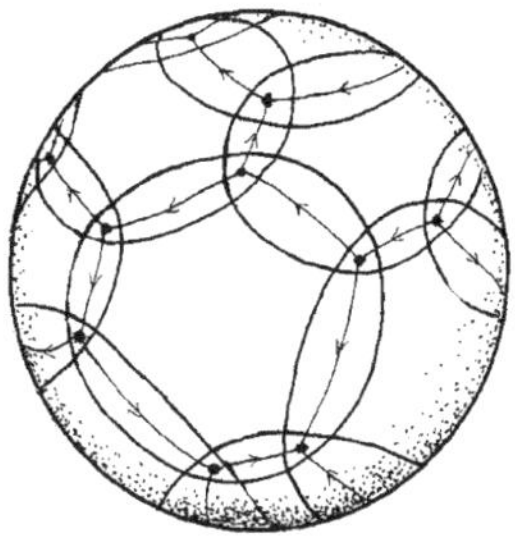

그림 33.19 덮개 $\{\mathcal{U}_i\}$가 세 개 이상일 때에는 (리만 구면 위에서) 분기점이 있는 경로를 이용하여 트위스터 함수를 계산할 수 있다.

분이 동일한 결과를 준다는 것은 어렵지 않게 증명할 수 있다. 그러나 이보다 복잡하게 조각을 붙여야 하는 경우도 종종 있다. 위에서 언급한 방식으로 트위스터 함수들 사이의 동일성을 규정하는 코호몰로지 법칙은 경로적분에서 옳은 답을 얻어내는 데 기여하고 있지만, 사실 이 경로는 좌표조각들이 겹치는 각 영역에서 분기점이 하나씩 존재하는 경우로 일반화되어야 한다 (그림 33.19 참조).[35]

코호몰로지는 기본적으로 '비국소적인' 특성을 갖는다. 어떤 영역 $\mathcal{Q}$에서 코호몰로지 원소가 정의되어 있을 때, 이들이 $\mathcal{Q}$의 부분영역인 $\mathcal{Q}'$에서도 코호몰로지 원소가 되려면 어떤 조건이 만족되어야 할까? 충분히 작은 (열린) 부분공간 $\mathcal{Q}'$에서 주어진 f_{ij}에 대하여 $f_{ij} = h_i - h_j$를 만족하는 h를 항상 찾을 수 있기 때문에, 이런 극한에서 코호몰로지 원소는 결국 사라지게 되고 이런 의미에서 코호몰로지는 비국소적이다.

트위스터 함수에는 이처럼 비국소적인 특성이 있기 때문에, 어떤 특정한 점에서 f_{ij}에 부여된 값 자체는 별로 중요하지 않다. 이 점을 에워싸는 충분히 작은 부분영역을 잡으면, 이곳에서 코호몰로지 원소는 완전히 사라진다 (그림 33.20 참조). 트위스터 함수에 내재한 비국소성은 EPR-효과와 양자얽힘에 나타나는 비국소성을 떠올리게 한다 (23.10절 참조). 아직 단언할 수는 없지만, EPR 현상의 비국소적 성질은 트위스터의

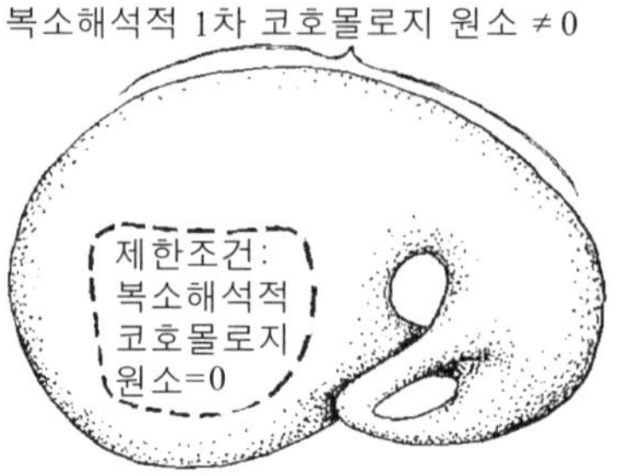

그림 33.20 코호몰로지 원소는 임의의 부분영역으로 제한될 수 있다. 그러나 이 영역이 충분히 작으면 코호몰로지 원소는 사라진다. 이런 의미에서 코호몰로지는 비국소적 (non-local) 특성을 갖고 있다.

비국소성과 연결되어 있을 가능성이 있다. 앞으로 연구가 진척되면 트위스터 이론이 EPR-효과의 신비한 특성을 풀어 줄지도 모른다.

'코호몰로지 원소'는 공간 $\mathcal{Q}$에서 정의된 '그 무엇'으로, $\mathcal{Q}$에서 정의된 함수와 비슷하지만 기본적으로 비국소 성질을 갖고 있다. 이 '그 무엇'의 사례 중 하나가 $\mathcal{Q}$에서 정의된 (복소)벡터번들이다(15.2, 5절 참조). 번들의 정의에 의하면 기저공간 $\mathcal{Q}$의 충분히 작은 영역 위에 놓인 번들은 '위상학적 곱'이라는 점에서 자명한 번들이라고 할 수 있다(15.2절, 그림 15.3 참조). 이것은 1차 코호몰로지 원소를 충분히 작은 영역으로 축소시켰을 때 자명해지는(즉, 사라지는) 현상의 한 사례에 해당한다. 따라서 코호몰로지 원소에 담긴 정보는 근본적으로 비국소 성질을 갖고 있다.

간단한 그림을 통해 코호몰로지 개념의 기초적인 사례를 알아보자. 그림 33.21은 현실적으로 만들 수 없는 상상 속의 도형으로, 흔히 '트리바tribar'라고 불린다.[36] 그림을 보면 알 수 있겠지만, 일상적인 유클리드 공간에서는 이와 같은 도형이 존재할 수 없다. 그러나 '국소적으로 보면' 이 그림에는 불가능한 구석이 전혀 없다. 즉, '구현 불가능성'은 비국소적인 성질이며, 그림에서 충분히 작은 영역만 고려하면 불가능은 사라진다. 이런 그림에서 '불가능'의 개념은 특별한 코호몰로지 원소로 표현될 수 있다.[37, [33.26]] 그러나 함수 $\{f_{ij}\}$가 상수인 코호몰로지는 비교적 단순한 경

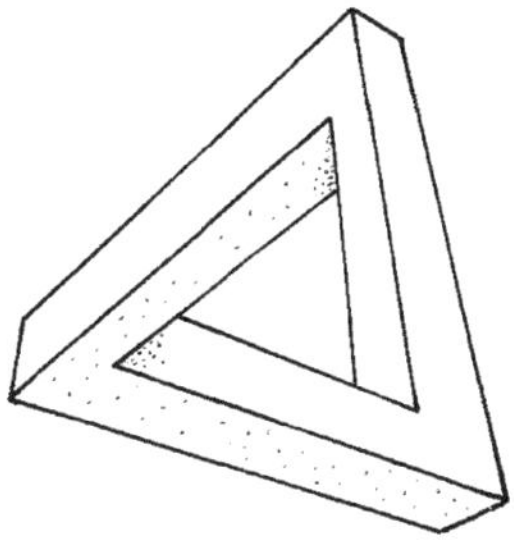

그림 33.21 현실적으로 만들 수 없는 도형('트리바') 그림. 국소적으로 보면 이 그림에는 불가능한 구석이 없다. 구현 불가능성은 코호몰로지 원소로 표현되며, 충분히 작은 영역만 고려할 때에는 사라진다.

우에 속한다.

이 정도는 층공간 코호몰로지의 기본 개념을 살짝 맛본 것에 불과하다. 수학에서는 이 개념을 적용할 수 있는 분야가 엄청나게 많은데, 모든 경우가 복소해석적인 것은 아니다. 트위스터 이론과 관련된 '층공간 sheaf'은 복소해석함수로 표현되며, 이 경우에 코호몰로지는 마법 같은 위력을 발휘한다('층공간'이란 원래 '현재 관심을 두는 특별한 함수형태'를 칭하는 용어지만, 대부분 이보다 훨씬 일반적인 의미로 사용되고 있다[38]). 코호몰로지에는 여러 가지 형태가 있는데, 그중 일부는 끈이론의 칼라비-야우 공간(31.4절 참조)에서 중요한 역할을 한다. 또한 층공간 코호몰로지 요소는 다양한 방법으로 정의될 수 있는데, 이들은 외관상으로 전혀 다르게 보이지만 수학적으로는 완전히 동등하다.[39] 나는 (층공간)코호몰로지가 1.3절에서 논했던 플라톤식 개념의 훌륭한 사례라고 생각한다. 이것은 복소수체계 ℂ와 마찬가지로 우리가 어떤 식으로 표현하건 간에, 항상 우리의 의도를 넘어서 '스스로 자라는' 생명력을 갖고 있는 것 같다.

[33.26] 직접 시도해 보라[도움말 : 우선 그림 33.21을 몇 개의 겹치는 그림으로 분해하라 ($\{\mathcal{U}_i\}$). 단, $\mathcal{U}_i$는 구조적으로 타당한 3차원 도형이어야 한다. 그다음, 관측자의 눈에 비친 이 3차원 구조물의 거리에 로그를 취하여 $\{f_{ij}\}$를 계산하라].

33.10 트위스터와 양/음 진동수 분리

양자장이론의 근간을 이루는 '양의 진동수조건'은 트위스터 이론에서 어떻게 구현될 수 있을까? 9.2 ~ 3절에서 알아본 바와 같이 리만 구면 S^2를 남반구 S^-와 북반구 S^+로 분리하면, 적도 S^1에서 정의된 함수가 양의 진동수부분과 음의 진동수부분으로 분리된다. 이때 양의 진동수부분은 S^-쪽으로 확장되고 음의 진동수부분은 S^+쪽으로 확장된다(그림 33.22a 참조). 복소사영공간은 리만 구면과 완전하게 일치하지 않지만 전체적으로 질량이 없는 입자에 직접 적용될 수 있는데, 그 이유는 리만 구면 S^2에서 정의된 함수와 사영공간 $\mathbb{PT}$의 1차 층공간 코호몰로지 원소가 비슷한 특성을 갖기 때문이다. 리만 구면의 적도 S^1에 대응되는 것은 공간 $\mathbb{PN}$

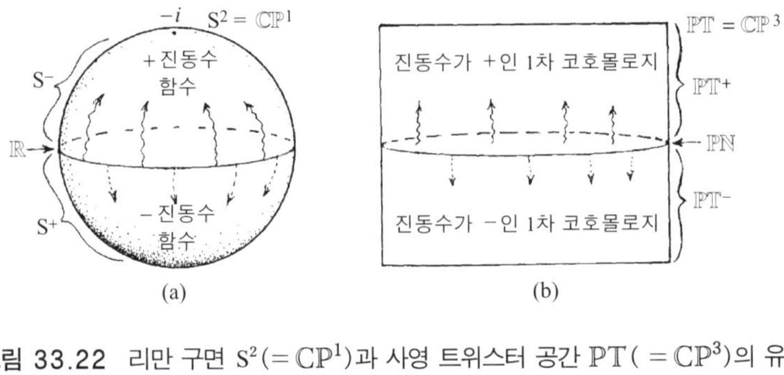

그림 33.22 리만 구면 $S^2(=\mathbb{CP}^1)$과 사영 트위스터 공간 $\mathbb{PT}(=\mathbb{CP}^3)$의 유사성. (a) S^2의 실수축 R에서 정의된 복소함수는 양의 진동수부분과 음의 진동수부분으로 분리된다. 이들 중 양의 진동수 부분은 리만 구면의 북반구 S^-를 향해 복소해석적으로 확장되고, 음의 진동수 부분은 남반구 S^-를 향해 복소해석적으로 확장된다(이 그림에서는 실수축 $\mathbb{R}$이 리만 구면의 적도에 있다. 그러므로 $-i$는 북극점이고 i는 남극점에 해당한다. 그림 8.7, 9.10과 9.5절 참조). (b) 사영 트위스터 공간 $\mathbb{PN}$에서 정의된 (질량이 없는 장을 표현하는) 1차 코호몰로지 원소는 양의 진동수 부분과 음의 진동수 부분으로 분리된다. 이들 중 양의 진동수부분은 $\mathbb{PT}^+$를 향해 위쪽으로 확장되고, 음의 진동수부분은 아래쪽에 있는 $\mathbb{PT}^-$를 향해 확장된다.

이며, 이것은 $\mathbb{PT}(\mathbb{CP}^3)$를 $\mathbb{PT}^+$와 $\mathbb{PT}^-$로 분리한다. 이 상황은 S^1이 리만 구면 $S^2(\mathbb{CP}^1)$를 두 개의 반구 S^-와 S^+로 분리하는 것과 비슷하다(그림 33.22b 참조).[40]

좀 더 구체적으로 말하면 S^1, S^-, S^+에서 정의된 복소함수는 각각 $\mathbb{PN}$, $\mathbb{PT}^+$, $\mathbb{PT}^-$에서 정의된 1차 코호몰로지 원소와 비슷하다. $\mathbb{M}$에서(엄밀하게는 $\mathbb{M}^\#$에서) 정의된 질량이 없는 장은 $\mathbb{PN}$의 1차 코호몰로지 원소로 표현된다. 이들은 $\mathbb{PT}^+$로 확장되는 원소와 $\mathbb{PT}^-$로 확장되는 원소의 합으로 (유일하게)표현되는데, 전자는 '진동수가 양인 질량이 없는 장'에 해당하고, 후자는 '진동수가 음인 질량이 없는 장'에 해당한다.[41] 시공간의 관점에서 볼 때, (질량이 없는)확장된 장은 전위 튜브에서 정의되는데, 이것은 $\mathbb{CM}^\#$의 부분영역인 $\mathbb{M}^+$로서, $\mathbb{PT}^+$ 내부의 사영선으로 표현되는 점들로 이루어져 있다(33.8절 참조). $\mathbb{CM}^+$에서 이 점들은 위치벡터의 허수부가 시간꼴이면서 과거를 향하는 (복소수)점에 해당한다.[33.27]

$\mathbb{PT}$와 리만 구면 사이의 유사성을 잘 활용하면 트위스터 이론에서 끈이론과 비슷한 개념을 이끌어낼 수 있다. 31.5절과 13절에서 말한 바와 같이, 끈의 궤적은 리만 곡면으로 표현된다. 리만 구면$(\mathbb{CP}^1)$은 가장 간단한 형태의 리만 곡면이다. 그러나 일반적인 끈이론에서는 여러 개의 핸들(종수genus가 큰 리만 곡면, 8.4절 참조)이 달린 곡면이 등장한다. 이 리만 곡면은 핸들 이외에 '구멍(경계선이 S^1인)'도 갖고 있다(그림 31.5 참조). 이와 비슷하게[42] $\mathbb{PT}$를 일반화해서 핸들과 구멍을 추가할 수 있

[33.27] 증명해 보라. 입사관계를 정의하는 방정식을 이용하여 "$\mathbb{CM}$의 한 점 R에 대한 복소 위치벡터 r^a의 허수부가 과거를 향하는 시간꼴일 때, r^a는 $\mathbb{PT}^+$의 사영선으로 표현된다"는 사실을 증명하면 된다.

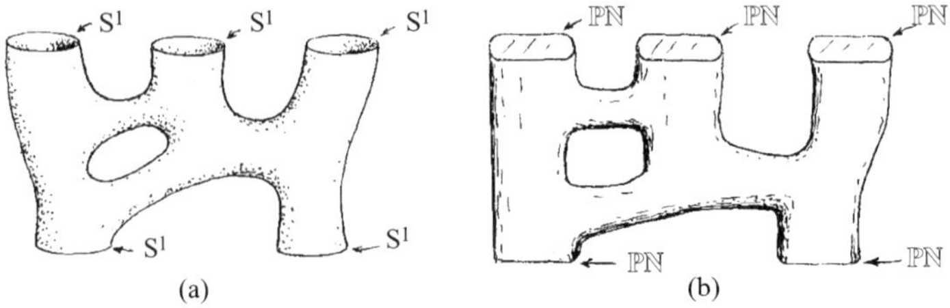

그림 33.23 (a) 리만 구면을 유한한 크기의 구멍과 핸들을 갖는 리만 곡면으로 확장하여 만들어진 (끈이론 타입의) 등각장이론 (그림 31.5 참조. 개개의 구멍은 외부에서 정보가 유입되는 지점을 나타낸다). (b) $\mathbb{PT}$를 일반화한 트위스터 버전에서도 리만 곡면과 비슷하게 핸들과 구멍이 존재하며, 구멍의 경계는 $\mathbb{PN}$과 동일하다 ('프레첼 트위스터 공간'이라고 한다).

는데 (경계선은 $\mathbb{PN}$과 동일하다), 이것을 '프레첼 트위스터 공간pretzel twistor space'이라고 한다. 여기에 기초하여 양자장이론을 구축할 수 있지만 (그림 33.23 참조), 아직은 연구단계이므로 확실한 결론을 내릴 수는 없다.

역사적으로 볼 때 양의 진동수조건 (그리고 $\mathbb{PT}$가 $\mathbb{PN}$에 의해 두 영역으로 분할되는 현상)이 트위스터 이론에 강한 동기를 부여한 것은 1963년이었는데, 이것은 질량이 없는 장이 복소해석적 1차 층공간 코호몰로지를 통해 트위스터로 표현된다는 사실이 알려진 것보다 12년 이상 전의 일이었다.[43] 그런데 놀라운 것은 여기에도 로렌츠 부호수Lorentzian signature를 갖는 4차원 시공간의 특성이 반영되어 있다는 점이다. 또한, 일반적인 함수 (0차 코호몰로지 원소)나 고차 코호몰로지 원소가 아닌 1차 코호몰로지 원소들이 트위스터 이론에서 중요한 역할을 한다는 것도 주목할 만한 사실이다. 물론 트위스터 이론에는 고차 코호몰로지 개념도 등장하지만, 트위스터 이론의 근간을 이루는 것은 1차 코호몰로지 원소들이다. 특히 이들은 트위스터 공간의 '변형deformation'과 직접적으로 관련되어 있는데, 다음절에서 이 내용을 좀 더 자세히 알아보기로 한다.

33.11 비선형 중력자

지금까지 언급된 코호몰로지 원소(트위스터 함수)들은 트위스터 공간에 단순히 물감처럼 칠해져 있다는 점에서 다분히 '수동적인' 개념이라고 할 수 있다. 즉, 이들은 시공간에 단순히 존재하는 장으로서, 다른 장에 아무런 영향도 미치지 않는다. 이제 코호몰로지 원소가 다른 장에 영향을 미치는 '능동적인' 경우를 고려하기 위해, 트위스터 공간에 칠해진 물감이 '마르면서' 공간이 변형된다고 생각해 보자(그림 33.24 참조). 이런 일이 어떻게 생길 수 있는지 알아보기 위해, 우선 앞에서 정의했던 수동적인 트위스터 함수 f_{ij}가 적절한 과정을 거쳐 벡터장 $\boldsymbol{F}_{ij}$로 대치되었다고 가정하자. $\boldsymbol{F}_{ij}$의 방향을 따라 겹친 조각들을 무한소만큼 이동시켜서 접합부를 말리면drying, 무한소만큼 휘어진 트위스터 공간이 만들어진다. 이 변형은 일종의 '멱법(14.6절 참조)'으로서, (물감이 완전히 마르면)이로부터 유한한 양만큼 변형된 트위스터 공간을 얻을 수 있다.

이 과정이 성공적으로 적용되었을 때 제일 먼저 얻어지는 것은 반자기듀얼 중력이다.[44] 무한소(약한 장)의 경우에는 질량이 없는 장의 나선성이 $S = -2$이므로, 앞의 공식에서 동차도에 $-2S - 2$를 적용하면 동

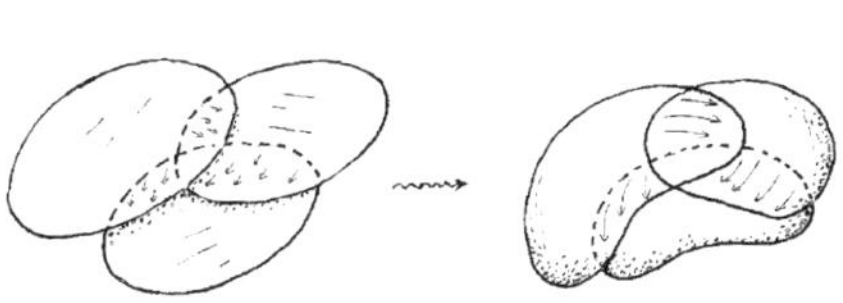

(a) (b)

그림 33.24 1차 코호몰로지 벡터장은 '수동적인(공간에 단순히 칠해져 있는)' 개념이다. 여기에 능동적인 특성을 부여하기 위해, 겹친 부분의 벡터장에 멱법(exponentiation)을 가하는 것을 '물감을 말리는 과정'으로 생각해 보자. 그러면 조각이 겹친 부분에서 유한한 이동이 일어나면서 휘어진 공간이 얻어진다.

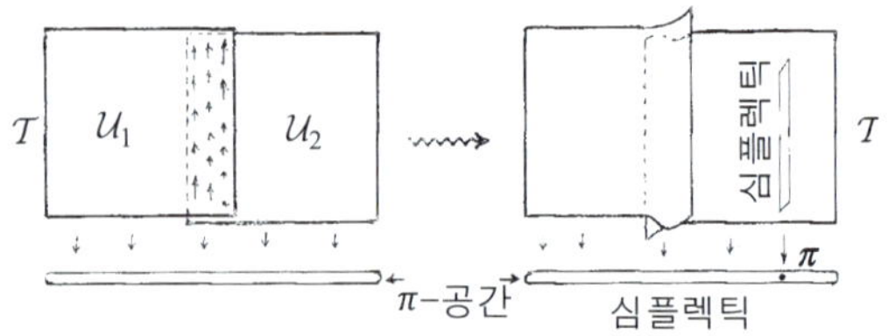

그림 33.25 그림 33.24의 아이디어를 반자기듀얼 중력 (두 개의 조각)의 트위스터 표현에 적용한 결과. 벡터장은 $(\partial f/\partial\omega^0)\,\partial/\partial\omega^1 - (\partial f/\partial\omega^1)\,\partial/\partial\omega^0$이 되고, 여기서 f는 동차도가 2인 함수이다. 이로부터 휘어진 트위스터 (부분)공간이 $\mathcal{T}$가 얻어지며, $\mathcal{T}$를 $\boldsymbol{\pi}$공간으로 투영시키는 광역적 투영 (global projection)이 존재한다. 이 투영의 각 파이버들은 $\boldsymbol{\pi}$공간과 마찬가지로 복소 심플렉틱 2차원 공간을 이룬다.

차도가 2인 트위스터 함수 $f\,(=f_{ij})$가 얻어진다. 여기서 우리는 문제의 단순화를 위해 두 개의 조각 $\mathcal{U}_1$, $\mathcal{U}_2$가 33.5절의 표준좌표로 표현되는 평평한 트위스터 공간 $\mathbb{T}$의 일부라고 가정했다. f로부터 만들어진 벡터장 $\boldsymbol{F}$는 다음과 같은 형태가 되어야 한다.

$$\boldsymbol{F} = \frac{\partial f}{\partial\omega^0}\frac{\partial}{\partial\omega^1} - \frac{\partial f}{\partial\omega^1}\frac{\partial}{\partial\omega^0}$$

f의 동차도는 2이고, 이것은 두 연산자의 동차도와 정확하게 상쇄되어 전체적인 동차도는 0이 된다. 따라서 $\boldsymbol{F}$는 사영 트위스터 공간에 적용될 수 있다.[33.28]

이제 하나의 좌표조각을 다른 조각에 대하여 무한소만큼 밀어내는 위 변환에 멱법을 적용한다고 상상해 보자 (그림 33.25 참조). 그 결과는 '휘어진' 트위스터 공간 (의 부분) $\mathcal{T}$로 나타난다. 무한소 이어맞추기 관계를

[33.28] $\boldsymbol{F}$의 동차도가 0이라는 사실이 $\mathbb{PT}$에 존재하는 벡터장임을 의미하는 이유는 무엇인가? [도움말 : $\boldsymbol{F}$와 $\boldsymbol{\Upsilon}$의 교환자 (commutator)는 어떻게 되는가?]

나타내는 위 식에 $\boldsymbol{\pi}$에 관한 미분이 등장하지 않는다는 것은, 두 개의 조각에서 트위스터의 $\boldsymbol{\pi}$ 부분이 동일하다는 것을 의미한다. 그러므로 전체 접합공간 $\mathcal{T}$에서 스피너 $\boldsymbol{\pi}$를 '제거하는' 연산은 전체 $\mathcal{T}$에 대하여 타당하게 적용될 수 있다. 다시 말해서, $\mathcal{T}$를 스피너 $\boldsymbol{\pi}$공간으로 보내는 광역적 투영global projection이 존재한다. $\mathcal{T}$와 $\boldsymbol{\pi}$공간의 '제로 원소'를 무시하면 (또는 아예 제거하면) $\mathcal{T}$는 $\boldsymbol{\pi}$공간 위에 놓인 일종의 파이버번들이 된다 (15.2절 참조).[45] 개개의 파이버 ($\boldsymbol{\pi}$의 역상inverse image, 즉 $\boldsymbol{\pi}$ '위에' 놓여 있는 $\mathcal{T}$의 일부분)는 $\boldsymbol{\pi}$공간과 마찬가지로 심플렉틱 구조를 갖는 2차원 복소다양체이다 (14.8절 참조. 여기서는 면적이 2차원 다양체에서 정의된다는 뜻이다).

시공간의 각 점을 번들 $\mathcal{T}$의 복소해석적 단면에 대응시키면 휘어진 트위스터 공간과 시공간을 연결할 수 있다 (복소해석적 단면의 개념은 15.5절을 참조하라. 여기서는 $\boldsymbol{\pi}$공간에서 $\mathcal{T}$로 가는 사상mapping을 뜻한다). 이것이 어떻게 타당한 정의가 될 수 있을까? 평평한 $\mathcal{T}$의 경우, 이것은 (복소)시공간의 한 점 R을 $\boldsymbol{\pi} \mapsto \mathbf{Z} = (i\boldsymbol{r\pi}, \boldsymbol{\pi})$의 사상으로 표현하는 것에 해당한다. 평평한 사영 트위스터 공간 $\mathbb{PT}$에서 이 단면은 직선 $\mathbf{R}$(리만 구면, $\mathbb{CP}^1$)에 해당하는데, 33.5절에서는 이 $\mathbf{R}$을 이용하여 시공간의 한 점 R을 표현했었다.[33.29] 그런데 놀랍게도 시공간의 점에 대한 이런 식의 정의는 휘어진 트위스터 공간 $\mathcal{T}$에도 적용될 수 있다. 평평한 경우와 마찬가지로, 휘어진 트위스터 공간에도 일련의 복소해석적 4-복소변수 단면이 존재한다 (사영공간 $\mathbb{P}\mathcal{T}$에서 이것은 일련의 4-복소변수 선 $\mathbb{CP}^1$에 해당한다).[46] 따라서 이들은 4차원 복소다양체 $\mathcal{M}$으로 표현할 수 있다. 여기

[33.29] 이 선이 $\mathbb{PT}-\mathbf{I}$의 '단면'인 이유를 설명하라.

서 4차원이 등장하는 것은 일본 수학자 코다이라 쿠니히코Kunihiko Kodaira의 정리로부터 얻어진 결과로서,[47] 높은 복소차원의 마법을 보여주는 좋은 사례이다 (실다양체만 고려하면 무한히 많은 변수가 등장하지만, 15. 5절에서 확인한 바와 같이 복소해석적 단면의 변수는 크게 제한될 수 있다).

이 과정은 그림 33.26에 도식적으로 표현되어 있다 (사영적 표현). 우선 복소 민코프스키 시공간 $\mathbb{CM}$ 속의 적절한 영역 $\mathcal{R}$에서 시작해 보자. $\mathcal{R}$을 $\mathbb{CM}$ 속에 있는 한 점 R 근방의 적절한 (열린)영역으로 잡으면 문제가 단순해진다. 여기에 대응되는 사영공간 $\mathbb{PT}$ 속의 영역 $\mathcal{Q}$는 $\mathcal{R}$에 속하는 점들을 나타내는 일련의 선으로 이루어져 있으며, 이것은 $\mathcal{R}$을 나타내는 $\mathbb{PT}$ 속 직선 **R**의 근방 ('관상근방tubular neighbourhood'이라고 함)에 해당한다 (그림 33.26b, c 참조). $\mathcal{Q}$의 위상은 $S^2 \times \mathbb{R}^4$로 취할 수 있는데, S^2는 선 **R** (또는 사영 $\boldsymbol{\pi}$-공간)의 위상에서 비롯된 것이고, $\mathbb{R}^4$는 영역 **R**에 포함된 각 점들의 인접한 근방의 가로부분transverse part을 서술한다. S^2 (여기서는 사영 $\boldsymbol{\pi}$-공간)는 두 개의 반구로 분리되었다고 생각할 수 있는데, 이들 사이에는 미세하게 겹친 영역이 존재하며, $\mathcal{Q}$는 반구의 바로 위에 놓여 있는 두 개의 겹친 (열린 집합)조각 $\mathcal{U}_1$, $\mathcal{U}_2$로부터 만들어진 것으로 생각할 수 있다 (그림 33.26d 참조). 이제 위 벡터장에 의거하여 $\mathcal{U}_2$를 $\mathcal{U}_1$에 대해 '밀어내면' 변형된 사영 트위스터 공간 $\mathbb{PT}$가 얻어진다 (그림 33.26e, f 참조).

$\boldsymbol{\pi}$로 투영되어 (그림 33.26f 참조) 번들 구조를 주는 광역적 투영도 존재하지만, 지금은 $\mathcal{U}_1$과 $\mathcal{U}_2$ 내부의 직선이 분리되어 더는 단면이 존재하지 않는다. 그러나 코다이라의 정리에 의하면 $\mathbb{PT}$에는 4-변수를 갖는 새로운 복소해석적 곡선들이 존재하며, 이들이 번들 구조의 실질적인 복소

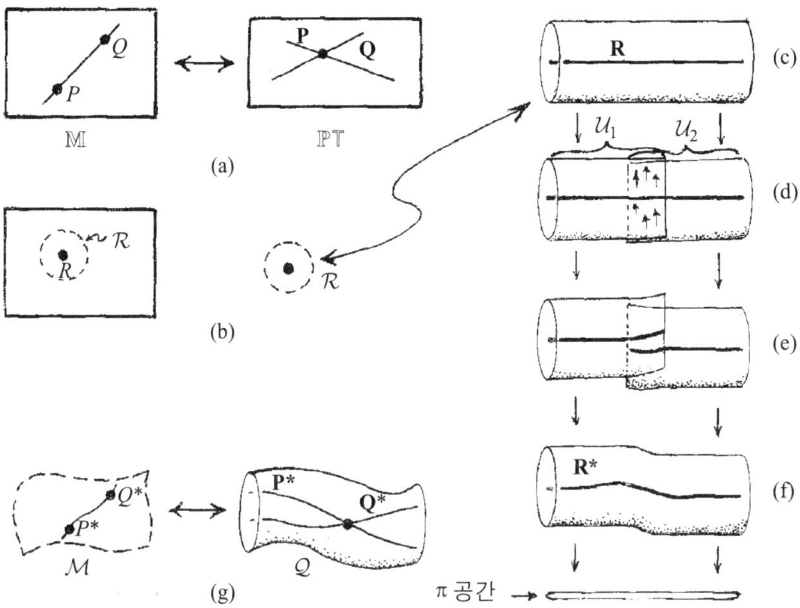

그림 33.26 왼쪽 비선형 중력자(left-handed non-linear graviton)의 구축과정. (a) 평평한 공간의 표준 트위스터에서 ℂ𝕄에 속하는 점 P와 Q는 이에 대응되는 ℙ𝕋 내부의 직선 **P**와 **Q**가 만날 때 서로 널-분리되어 있다(null-separated). (b) 우리는 ℙ𝕋를 어떻게든 변형시켜서 휘어진 트위스터 공간을 만들고 싶다. 그러나 수학정리에 의하면 이런 변형은 광역적으로 수행될 수 없다. 그래서 ℂ𝕄 속의 한 점 R의 적절한 (열린)근방 $\mathcal{R}$을 취하여 '시공간'의 출발점으로 삼는다. (*c*) 이것은 ℙ𝕋 속의 직선 **R**의 '관상근방(tubular neighbourhood)' $\mathcal{Q}$에 해당한다. (d) 그림 33.25의 과정을 적용하여 $\mathcal{Q}$를 변형시킬 수 있다($\mathcal{Q}$는 두 개의 열린 집합 $\mathcal{U}_1$과 $\mathcal{U}_2$의 결합으로 간주한다). (e) 그러나 이 과정에서 원래의 선 **R**이 분리되기 때문에, 이것으로는 시공간의 점을 정의할 수 없다. (f) 이 시점에서 일본 수학자 코다이라 쿠니히코의 정리가 해결사로 등장한다. 이 정리에 의하면 일련의 4-변수 '선 **R**[컴팩트한 복소해석적 곡선으로, 원래의 선과 동일한 위상류(topological class)에 속함]'이 존재하여 우리의 목적을 이룰 수 있다. (g) 우리가 찾는 '비선형 중력자 공간' $\mathcal{M}$(4차원 복소공간)은 코다이라의 곡선 **R***로 주어진다. $\mathcal{M}$의 (복소 등각)계량은 "$\mathcal{M}$ 속의 두 점 P^*와 Q^*는 이에 대응되는 $\mathbb{P}\mathcal{T}$ 내부의 선 **P***와 **Q***가 서로 만날 때 널-분리되어 있다"는 조건으로부터 정의된다. $\mathcal{M}$의 바일 곡률은 자동으로 반자기듀얼이며, 리치 평평성을 만족한다.

해석적 단면이 된다. 이 과정을 통해 구축된 공간 $\mathcal{M}$의 각 점은 위 단면들 중 하나에 대응된다(그림 33.26f, g 참조). $\mathcal{M}$에는 계량 $\boldsymbol{g}$가 자연스럽게 할당되고, 바일 곡률은 반자기듀얼이며 리치 평평성을 만족한다. "$\mathcal{M}$에 속하는 두 점 P^*와 Q^*는 이에 대응되는 $\mathbb{P}\mathcal{T}$ 내부의 선 $\mathbf{P}^*$와 $\mathbf{Q}^*$가 서로 만날 때 널-분리되어 있다null-separated"는 사실로부터 $\boldsymbol{g}$의 빈원뿔(등각적 구조)을 구할 수 있다(그림 33.26g 참조).

독자들은 여기서 말하는 시공간 $\mathcal{M}$이 실제로 존재하는 물리적 시공간과 정말로 일치하는지 의심스러울 것이다. 그도 그럴 것이, $\mathcal{M}$은 복소공간이기 때문이다(실다양체로 간주하면 4차원이 아닌 8차원 공간이 된다). 평평한 경우에는 $\mathbb{N}$에 놓여 있는 $\mathbb{T}$의 단면을 취하여 시공간의 실수점($\mathcal{M}$에서의 '한 사건'에 해당함)을 골라내면 $\mathcal{M}$을 민코프스키 공간 $\mathbb{M}$의 복소화공간 $\mathbb{CM}$으로 간주할 수 있다. 그러나 시공간이 휘어졌으면 이와 같은 '사치'를 누릴 수 없다. 이런 경우에는 위 과정을 거쳐 얻은 시공간이 복소다양체가 되는데, 로렌츠타입의 실시공간을 복소화해도 이와 같은 시공간을 구현할 수 없다.

왜 그런가? 반자기듀얼 바일 곡률을 갖는 로렌츠타입 4차원 다양체는 바일 평평성을 만족한다(자기듀얼 중 0인 부분에 복소켤레를 취하면 반자기듀얼 부분이 되는데, 이것도 0이기 때문이다). 만일 이것이 리치 평평성까지 만족한다면 완전히 평평한 공간이 된다. 그러나 복소공간인 경우에는[48] 자명하지 않으면서 리치 평평한 반자기듀얼 4차원 다양체가 엄청나게 많이 존재한다. 놀라운 것은 이 모든 다양체들이 전술한 트위스터 과정을 거쳐 (적어도 국소적으로) 얻어진다는 사실이다!

이 복소공간 $\mathcal{M}$을 어떻게 활용할 수 있을까? 물리학적 관점에서 볼 때 리치 평평한 반자기듀얼 복소 4차원 공간은 (어떤 적절한 의미에서 양의 진동수를 갖고 있다면) '왼쪽 중력자left-handed graviton'를 서술하는 것으로 해석할 수 있다. 사실 이것은 일종의 '파동함수'라는 점에서 비선형 중력자로 해석된다. 그러나 지금 이것은 선형근사linear approximation가 아니라 (리치 평평한)비선형 아인슈타인 진공방정식의 해이다. 만일 우리가 트위스터 함수 f를 '칠하고 말려서' 트위스터 공간을 변형시키지 않고 단순히 코호몰로지 원소로 간주했다면 위에서 말한 선형근사가 되었을 것이다. 이처럼 트위스터 이론은 의외의 기묘한 방식으로 양자이론과 시공간구조의 통합을 시도하고 있다. 우리의 트위스터 파동함수는 이제 비선형 객체가 되어, 표준 선형 양자역학의 법칙들(22.2 ~ 4절 참조)에서 벗어나기 시작한다.

지금까지 서술한 과정에서 한 가지 주목할 만한 점이 있다. 휘어진 트위스터 공간 $\mathcal{T}$에서 임의의 점 $\mathbf{Z}$를 취했을 때, $\mathbf{Z}$에 충분히 가까운 근방에 있는 점들은 평평한 트위스터 공간 $\mathbb{T}$에서 취한(그러나 '무한대' 영역 $\mathbf{I}$에 있지 않은—33.5절 참조) 임의의 점 $\mathbf{Z}'$의 근방에 있는 점들과 구조적으로 동일한 특성을 갖는다. 따라서 트위스터 공간의 국소 구조는 '플로피하다floppy'고 말할 수 있으며(14.8절에서 사용된 용어의 의미에서), 휘어진 공간 $\mathcal{M}$에 들어 있는 모든 정보들(곡률 등)은 $\mathcal{T}$ 안에 국소적이 아니라 광역적으로 저장되어 있다. 이것은 앞서 언급한 대로 "충분히 작은 영역으로 국한시키면 트위스터 함수로부터 정의된 코호몰로지 원소가 사라진다"는 사실이 반영된 결과이다. 트위스터 공간에는 장방정식이 존재하지 않는다. 보통 시공간 장방정식(지금은 반자기듀얼 아인슈타인 방정식)의 해에 들어 있는 정보는 트위스터 공간의 구축과정에 비국소적으로 저장되어 있다.[49]

33.12 트위스터와 일반상대성이론

'비선형 중력자 구축법'은 1970년대 중반부터 트위스터 이론의 핵심 주제로 떠올랐다. 초기에는 두 가지 방향으로 연구가 진행되었는데, 그중 하나는 오른쪽 비선형 중력자를 먼저 구축한 후 왼쪽 비선형 중력자와 결합시켜서 최종적으로 혼합편광상태(평면편광된 비선형 중력자)를 만드는 것이었다. 30장에서 강조한 바와 같이, 일상적인 **U**-양자이론이 아인슈타인의 일반상대성이론과 올바르게 결합하려면 양자이론의 선형법칙에 어떤 수정이 가해질 필요가 있는데, '비선형 중력자'는 이 취지에 잘 부합하는 개념이다. 그러나 앞 절에서 대두된 중력자는 두 가지 가능한 나선성 중 한쪽만 고려되었기 때문에 '반쪽 중력자'라고 할 수 있다.

주의 깊은 독자들은 "트위스터 Z^α 대신 듀얼 트위스터 W_α를 도입하여 앞의 과정을 다시 반복하면 오른쪽 중력자를 서술하는 비선형 파동함수를 구할 수 있을지도 모른다"고 생각할 것이다.[33.30] 실제로 이 방법을 적용하면 동차도가 2인 오른쪽 중력자와 동차도가 -6인 왼쪽 중력자가 얻어진다. 그러나 이 경우에는 왼쪽 나선성상태가 사라지기 때문에 문제는 여전히 남아 있다. 그렇다고 왼쪽 상태에는 W_α를 사용하고 오른쪽 상태에 Z^α를 사용할 수도 없다. 왜냐하면, 우리는 '나선성이 섞여 있는' 상태를 서술할 필요도 있기 때문이다.[50]

동차도가 -6인 트위스터 함수 $f(Z^\alpha)$에 멱법을 적용하여 오른쪽 비선형 중력자를 얻어 내는 문제를 흔히 '(중력)구글리 문제googly problem'라고 한다('구글리'는 크리켓 경기에서 '진행방향에 대하여 오른쪽

[33.30] 왜 그런가? [도움말 : 공간반전(spatial reflection) 하에서 트위스터가 듀얼 트위스터로 변하는 이유는 무엇인가?]

으로 회전하는 공'을 뜻하는 용어이다). 이 문제는 한동안 해결되지 않은 채 남아 있다가, 근 25년 만에 그럴듯한 해가 제시되었다. 최근 들어 오른쪽 비선형 중력자를 구축하는 새로운 방법이 제안되었으나,[51] 아직은 완벽한 결과를 얻어내지 못하고 있다. 자세한 내용은 이 책의 범위를 벗어나기 때문에 설명을 생략한다.

시공간 $\mathcal{M}$이 점근적으로 평평한 경우에는 $\mathcal{M}$으로부터 $\mathcal{T}$를 직접 구축할 수 있다. 또한 주어진 $\mathcal{T}$로부터 $\mathcal{M}$의 구축을 시도하는 가설도 있다. 이것은 "리치 평평성(아인슈타인의 진공방정식)을 적절하게 고려해 주면 순수하게 '트위스터적인' $\mathcal{T}$로부터 시공간의 점들을 만들어낼 수 있다"는 가설이다. 이 가설은 에즈라 뉴먼Ezra T. Newmann과 동료들이 오랜 세월 동안 연구해 왔던 '빛원뿔 조각($\mathcal{M}$ 속의 빛원뿔과 널무한대 $\mathscr{I}^+$의 교점)을 이용한 시공간의 해석'과 깊이 연관되어 있다.[52] 이 가설은 사실일 가능성이 크지만, 아직 엄밀한 증명은 완성되지 않았다.[53]

트위스터 이론이 진행되는 또 하나의 방향, 즉 왼쪽 비선형 중력자에서 출발한 연구는(1975, 1976년) 중력이론을 다른 게이지장과 연결하는 쪽으로 발전해 왔다. 1976년에서 77년까지 리처드 워드Richard Ward는 트위스터 구축과정을 이용하여 일반적인 반사기듀얼 게이지장을 구할 수 있음을 증명했다. 워드의 구축법은 수학적으로도 매우 흥미로운 주제였는데, 특히 '가적분 계integrable system (일반적으로 풀 수 있는 비선형 방정식)'라는 분야와 밀접하게 관련되어 있다. 트위스터 이론은 이 분야에서 매우 유용한 관점을 제공한다.[54] 나선성이 섞인 중력자를 구축하기 위해 지금까지 겪어온 과정을 돌이켜 보면, (나선성이 섞인) 일반적인 게이지장도 트위스터 체계를 통해 다룰 수 있을 것으로 추측된다.

33.13 트위스터 입자물리학

지금까지 언급된 내용만 보면 트위스터 이론은 현실의 물리학과 별로 연관성이 없을 것 같다. 실질적인 응용을 위해서는 트위스터 이론의 두 가지 부분이 더 개발되어야 하는데, 그중 하나가 양자장이론을 트위스터의 관점에서 다루는 것이다. 옥스퍼드 대학교의 앤드루 호지스Andrew Hodges와 그의 제자들은 파인만 다이어그램 대신 트위스터 다이어그램을 이용한 섭동적 양자장이론을 선도하고 있는데 (나를 포함한 몇 명의 물리학자가 1970년대 초 그의 연구에 도움을 준 바 있다), 이 이론은 고차원 경로적분을 포함하며, 전통적인 파인만식 과정에서 나타나는 다양한 무한대를 피해 가는 등 놀라운 성과를 거두었다.[55] 그러나 이들의 접근방법은 다른 이론보다 복잡하고 어떤 경로적분을 수행해야 할지를 알려주는 기본원리가 부족하여 다소 어려움을 겪고 있다.

트위스터와 관련하여 앞으로 개발되어야 할 또 하나의 분야는 '트위스터 입자이론'이다. 이 분야의 선두주자는 졸탄 페르제Zoltan Perjés와 조지 스팔링George Sparling, 레인 휴스턴Lane Hughston, 폴 토드Paul Tod, 플로렌스 추 Florence Tsou (추성춘) 등인데, 이들은 내가 제안했던 아이디어에서 출발하여 1970～1980년대 초반에 많은 진보를 이루다가 그 후로 다소 침체기를 겪고 있다. 기본적인 아이디어는 질량이 없는 입자를 단 하나의 트위스터 변수를 갖는 트위스터 파동함수 $f(Z^\alpha)$로 표현하고, 질량이 있는 입자는 여러 개의 변수 $X^\alpha, \cdots, Z^\alpha$로 표현한다는 것이다. 질량이 있는 입자의 운동량과 각운동량은 개개의 트위스터의 기여분을 모두 더하여 얻어지며, 트위스터 변수와 이들의 복소켤레의 변환에서 유래되는 내부대칭군도 존재한다 (이 변환하에서 입자의 운동량과 각운동량은 변하지 않는다). 여기서는 약전자기력의 U(2)와 강력의 SU(3)가 약간 일반화된 형태로 등장하고, 표준모형의 입자분류법과 놀라운 유사성이 발견되기도 했으나, 어떤 기술적인 이유 때문에 진도를 더 나가지 못하고 있다. 구글리 문제에 대한 최근 연구가 긍정적인 결과를 낳는다면(그리고 이것이 게이지장에 적용될 수 있다면) 이 분야는 다시 한 번 활력을 얻게 될 것이다.

개인적인 생각이지만, 입자물리학의 모형에 대한 찬-추Chan-Tsou의 제안은(25.8절 참조) 트위스터 이론에도 적용할 수 있다. 이 제안의 핵심은 원래의 게이지군 이외에 입자의 (비가환)대칭군의 듀얼군이 존재한다는 것이다. 그런데 트위스터 이론에 의하면 (워드의 구축법과 그 '구글리 버전'을 통해)각 군들은 반자기듀얼 버전과 자기듀얼 버전을 갖고 있어서, 게이지군의 듀얼형식이 원래의 게이지군과 함께 중요한 역할을 한다는 추측을 낳게 한다. 따라서 트위스터 입자이론은 찬-추의 제안을 바탕으로 미래의 입자물리학에서 나름대로 일익을 담당하게 될 것이다. 또한, 이 이론은 트위스터 다이어그램을 사용한 양자장이론에도 중요한 영향을 미칠 것이다.

33.14 트위스터 이론의 미래

지금까지 트위스터 이론을 설명하면서 나름대로 여러 가지 전망을 소개했지만, 사실 트위스터 이론에 관한 나의 의견은 학계의 지지를 받는 다수 의견이 아니다. 나는 내 인생의 절반 이상을 트위스터 이론과 함께 보냈기 때문에, 이 분야를 한 번도 연구해보지 않은 물리학자들과 의견이 같을 수는 없을 것이다. 현재 활동 중인 물리학자 중에서 트위스터 이론을 자세히 아는 사람은 얼마 되지 않으며, 끈이론이나 초대칭을 알고 있는 사람 수와 비교하면 거의 없는 것이나 마찬가지다. 현재 이론물리학계에서 트위스터 이론은 결코 '주류'라고 할 수 없다.

그러나 끈이론과 마찬가지로 트위스터 이론은 순수수학분야에 가장 큰 영향을 미친 물리학이론으로 평가되고 있다. 트위스터 이론은 가적분계와 표현론,[56] 그리고 미분기하학에 중요한 기여를 했다(미분기하학에서는 세르게이 메르쿨로프Sergei A. Merkulov와 슈바흐호퍼L.J. Schwachhöfer가 비선형 중력자 구축법을 이용하여 '홀로노미 문제holonomy problem'의 해를 구했다.[57] 그 외에 트위스터 이론은 '하이퍼켈러 다양체hyperkähler manifold'와 '졸공간Zoll space'의 구축에도 중요한 기여를 했다[58]) 그동안 트위스터 이론을 이끈 원동력은 주로 수학적 관심과 수학적 우아함이었으며, 엄밀하면서도 다양한 결과를 내놓는 수학구조에서 추진력을 얻어 왔다.

솔직한 독자들은 이렇게 반문하고 싶을 것이다. "앞에서 끈이론이 다분히 수학적인 이론이며 자연의 섭리에 접근하는 뚜렷한 지침이 없다고 그렇게 비난을 했는데, 이런 점에서 보면 트위스터 이론도 다를 것이 없지 않은가?" 어떤 면에서 보면 올바른 지적이라고 할 수 있다. 현대물리학이 추구하는 길을 트위스터 이론이 유도한다고 믿을 만한 근거는 아직 없다. 그리고 많은 학자가 이론에 내재한 카이랄적 특성이 이론 자체를 공간의 비대칭 쪽으로 너무 강하게 밀어붙인다고 느끼고 있다. 중력에 관한한, 좌-우 비대칭이 중요한 역할을 한다는 물리적 증거는 아직 발견되지 않았다. 이 책의 27∼28장과 30장에서 나는 양자역학과 중력이 조화롭게 결합하려면 시간의 비대칭성을 고려해야 한다고 주장한 바 있다. 그러나 공간에 비대칭성을 요구할 만한 물리적 근거는 없다(간접적이긴 하지만 양자장이론의 CPT-정리는 예외이다. 25.4절과 30.2절 참조).

물론 이론체계가 공간에 비대칭이라고 해서 물리적 효과까지 비대칭적이라는 뜻은 아니다. $(Z^{\alpha}, -\hbar\partial/\partial Z^{\alpha})$로 생성된 대수체계와 $(\hbar\partial/\partial\bar{Z}_{\alpha}, \bar{Z}_{\alpha})$로 생성된 대수체계가 동일하다는 것이 그 증거이다. 그러므로 트위스터 표현(Z^{α} 변수)으로부터 어떤 결과가 얻어졌건 간에, 듀얼트위스터 표현($W_{\alpha} = \bar{Z}^{\alpha}$ 변수)으로도 동일한 결과가 얻어진다. 즉, 최종적으로 얻어진 이론에는 중력의 좌-우 비대칭이 나타나지 않는다는 뜻이다.

현재 트위스터 이론이 안은 가장 큰 약점은 실제세계를 서술하는 물리학이론이 아니라는 점이다. 지금까지 트위스터 이론은 실제 자연현상을 단 한 번도 예견하지 못했다. 그러나 나는 트위스터 이론이 고전물리학의 해밀토니안 체계에 필적하는(또는 그 이상의) 이론이라고 생각한다. 해밀턴 이론은 고전물리학의 체계를 바꾸지 않았지만 기존과는 완전히 다른 새로운 관점을 제시했고, 나중에는 양자역학의 체계를 세우는 데 결정적인 역할을 했다(21 ~ 23장 참조). 이와 마찬가지로 트위스터 이론은 물리적 변화를 꾀하지 않고 기존 물리학체계를 새로운 관점에서 다시 세우는 이론이다. 다소 낙천적인 생각이긴 하지만, 나는 트위스터 이론이 미래에 물리학의 도약대가 되기를 희망한다.

물론 회의적인 시각을 갖지 말란 법도 없다. 미래의 물리학이 큰 도약을 이룬다고 해도, 트위스터 이론은 끈이론(또는 M-이론)처럼 미학적이나 수학적으로만 어필하는 이론으로 남을지도 모른다. 그러나 두 이론은 시공간의 차원이 달라서 수학적으로 양립할 수 없다. 누군가가 "트위스터 이론은 끈이론이 틀렸다고 주장하고, 끈이론은 트위스터 이론이 틀렸다고 주장한다!"고 비난해도 사실 할 말은 없다. 그러나 끈이론(또는 M-이론)의 여분차원을 시공간이 아닌 '내부차원'으로 해석한다면 트위스터 이론과 양립할 수 있다. 이런 식의 재해석은 나름대로 타당한 관점을 제시하고 있지만, 끈이론학자들은 대체로 동의하지 않을 것이다.

이와 관련하여 31.18절에서 잠시 언급했던 위튼의 연구결과를 떠올려 보자.[59] 그는 이 논문에서 트위스터 이론과 끈이론의 아이디어를 결합하여 양-밀스 산란진폭에 대한 새롭고 흥미로운 해석을 내렸는데, 그 배경은 다름 아닌 4차원이었다!

어쨌거나, 현재 트위스터 이론은 새로운 추진력을 필요로 하고 있다. 성공적인 물리학이론에 거의 예외 없이 등장하는 라그랑지안과 파인만 경로적분은 장방정식에서 출발하여 양자장이론으로 가는 안전한 길을 제시해 준다(26.6절 참조). 그러나 33.9절과 11절에서 강조한 바와 같이 트위스터 이론에는 장방정식이 존재하지 않기 때문에, 완전한 트위스터-양자장이론을 구축하려면 무언가 새로운 아이디어가 필요하다.[60]

트위스터 이론으로 무언가를 예견할 수 있을까? 내가 보기에 트위스터 이론의 내용 중에서 가장 '예견'에 가까운 것은 우주의 곡률 K가 음수라는 것이다($K < 0$). 그 이유를 이해하기 위해, 우선 27~28장(특히 27.13절)의 내용을 떠올려 보자. 빅뱅은 지극히 '균일한' 특성을 가지며, FLRW모형과 매우 비슷하다. 이 모형은 등각적으로 평평한데(바일 곡률 $= 0$), 평평한 트위스터 공간($\mathbb{CP}^3$)을 이용하여 매우 간단하게 표현될 수 있다.[61] $K > 0$, $K = 0$, $K < 0$인 각각의 경우에 정확한 대칭군이 존재하지만, $K < 0$인 때에만 복소해석적 군이 존재할 수 있다. 사실 이 군은 트위스터 이론에서 '복소수 마법'의 출발점이라 할 수 있는 로렌츠군 O(1, 3)으로서, 리만 구면의 복소해석적 변환군이다. 그렇다면 이 리만 구면은 어디에 있는가? 이것은 쌍곡 3차원 공간의 '무한대'에 해당하며(그림 2.11에 제시된 에셔M. C. Escher의 그림에서 가장자리 원에 해당함), 18.5절에서 언급한 '천구'와 비슷하다(18.4절의 쌍곡 3차원 공간의 경계선,

그림 18.10 참조).

사실 ‘$K < 0$’이라는 것은 트위스터 이론이 내놓은 예견이라기보다, 그 저변에 깔려 있는 복소해석적 철학에 가깝다. 여기서 한 걸음 더 나아가 우주상수 Λ의 값도 예견할 수 있을까? 지금까지 구축된 트위스터 이론은(33.12절 참조) Λ가 0인 경우만을 허용하며, 앞으로 이론이 수정된다고 해도 $\Lambda \neq 0$을 허용할 가능성은 거의 없다. 그렇다면 트위스터 이론은 Λ가 0임을 예견하는 것일까? 그렇지 않다!(나는 개인적으로 $\Lambda = 0$을 선호한다) 최근에 얻어진 관측자료들은 $\Lambda > 0$임을 강하게 시사하고 있다. 이것은 트위스터 이론이 앞으로 풀어야 할 숙제이다. 트위스터 이론이 당당한 물리학이론으로 자리를 잡으려면 지금보다 개선되어야 한다는 점에는 이견의 여지가 없다!

양자이론의 법칙들은 어떻게 되는가? 트위스터 이론은 변화의 방향을 뚜렷하게 제시하고 있는가? 33.11절에서 언급한 ‘비선형 중력자’의 특성으로 미루어볼 때, 트위스터 이론은 결국 양자역학 법칙에 어떤 (비선형적)수정을 요구하게 될 것이다. 그러나 이 수정에 ‘시간의 비대칭성’이 포함될 가능성은 별로 없다. 30.2, 3, 9절에서 시간 비대칭의 필요성을 논하긴 했지만, 트위스터 이론에서 이것을 요구할 근거는 그리 많지 않다. 단, 33.12절에서 언급된 ‘구글리 문제’는 시간 비대칭의 여부에 따라 결과가 달라질 수 있기 때문에, 좀 더 지켜봐야 할 것 같다. 트위스터 이론의 탄생동기 중 하나는 양자적 상태축소를 설명하는 것이었는데, 현재로서는 이 문제와 관련하여 아무런 결론도 내리지 못한 셈이다.

마지막으로 트위스터 이론의 원동력이라 할 수 있는 복소해석적 철학에 대해 할 말이 있다. 이 철학은 그동안 강력한 추진력을 발휘해 왔는데, 그 위력이 너무 막강하여 트위스터를 연구하는 사람들에게 과도한 기대감

을 안겨 주기도 했다(예를 들면 질량이 없는 장을 트위스터로 표현하는 방법. 선형표현은 33.8 ~ 10절을 참조하고 비선형표현은 33.11 ~ 12절을 참조할 것). 그러나 앞으로 트위스터 이론은 확률값(비 복소해석적 절댓값 제곱규칙 $z \mapsto |z|^2$에 부합하는)이나 실수-시공간 등 실수와 관련된 비 복소해석적 거동도 다룰 수 있어야 한다. 9장(9.7절 참조)의 끝 부분에서 논한 초함수이론을 적용하면 이 문제를 비교적 쉽게 다룰 수 있을 것이다. 초함수이론에 의하면 함수의 비해석적 거동은 복소해석 연산을 통해 매우 우아하고 깔끔하게 표현될 수 있다. 트위스터 이론이 이 모든 문제를 과연 얼마나 완벽하게 해결할 수 있을까? 일단은 기다려보는 수밖에 없을 것 같다.

〈33장 후주〉

33–1절

33.1 Ahmavaara(1965) 참조.

33.2 Schild(1949), 't Hooft(1984), Snyder(1947) 참조.

33.3 Sorkin(1991), Rideout and Sorkin(1999), Markopoulou and Smolin(1997) 참조. 이 분야에서 이루어진 가장 중요한 진전은 Markopoulou(1998)를 참조하라.

33.4 Kronheimer and Penrose(1967), Geroch *et al.*(1972), Hawking *et al.*(1976), Myrheim(1978), 't Hooft(1978) 참조.

33.5 Finkelstein(1969) 참조.

33.6 Smolin(2001), Gursey and Tze(1996), Dixon(1994), Manogue and Schray(1993), Manogue and Dray(1999) 참조.

33.7 오리지널 논문은 Regge(1962)를 참조할 것. 관련서적으로는 Immirzi (1997)이 있다.

33.8 조자(Jozsa)는 자신의 박사학위논문에서 이 아이디어를 제안했다. Jozsa(1981) 참조.

33.9 Isham and Butterfield(2000) 참조.

33.10 Goldblatt(1979) 참조.

33.11 Eilenberg and Mac Lane(1945), Mac Lane(1988), Lawvere and Schanuel(1997) 참조.

33.12 Baez and Dolan(1998), Baez(2000), Chari and Pressley(1994) 참조.

33.13 Connes and Berberian(1995) 참조.

33.14 그외에도 비가환 기하학은 순수수학과 응용물리학 분야에서 유용하게 사용되고 있다. Connes(1990, 1998) 참조. 응용물리학에 적용된 사례로는 비가환 기하학을 이용한 재규격화 과정을 들 수 있다. 이 책 26.9절과 Kreimer(2000) 참조.

33.15 Connes and Berberian(1995) 참조.

33–2절

33.16 ℙℕ을 더욱 엄밀하게 정의하려면 '무한대에서의 빛 경로(light rays at infinity)'에 해당하는 (리만)구면이 포함되어야 한다(33.3절 참조).

33.17 여기서 푸앵카레군에는 방향성이 없는(non-directional) 스칼라량이 있어야 한다(카시미르 연산자, 22.12절 참조). 이 양들은 총 스핀과 정지질량(의 제곱)이다. 그러나 정지질량이 무엇의 정수 곱으로 표현되는지 알 수 없기 때문에, 전체적인 그림은 분명치 않다. 이 접근법은 존 무소리스(John Moussouris)의 옥스퍼드 대학교 박사학위논문을 통해 개발되었다[Moussouris(1983) 참조].

33–3절

33.18 McLennan(1965), Penrose(1963, 1964, 1965a, 1986) 참조.

33–4절

33.19 Penrose and Rindler(1986) 참조. 특히 부록(Appendix)을 읽어보기 바란다.

33.20 Harvey(1990), Penrose and Rindler(1986), Budinich and Trautman(1988) 참조.

33–6절

33.21 Penrose and Rindler(1986), Huggett and Tod(2001) 참조.

33.22 시공간의 한 사건 $\boldsymbol{x}$에는 두 개의 널방향(null direction)이 존재한다. 그중 하나가 $\boldsymbol{x}$를 통과하는 빛의 경로의 방향이고, 다른 하나는 트위스터로 표현되는 회전하는 입자의 4-운동량의 방향이다. 이 두 개의 널방향은 '주 널방향(principal null direction)'으로서, $\boldsymbol{x}$에서 취한 입자의 각운동량(의 자기듀얼 부분, 또는 반자기듀얼 부분)의 마요라나 표현(22.10절 참조)에 의해 결정된다. Wald(1984), Huggett and Tod(2001) 참조.

33.23 Penrose(1967, 1975, 1987b), Penrose and Rindler(1986) 참조.

33–7절

33.24 Penrose(1968b), Huggett and Tod(2001) 참조.

33.25 Huggett and Tod(2001), Penrose and Rindler(1986), Hughston(1979) 참조.

33–8절

33.26 Dirac(1936), Fierz(1938, 1940), Penrose(1965a) 참조.

33.27 Fierz and Pauli(1939), Penrose and Rindler(1986), Penrose (1965a), Penrose and MacCallum(1972) 참조.

33.28 Penrose(1968b, 1969c, 1987b), Huggett and Tod(2001), Hughston (1979), Whittaker(1903), Bateman(1904, 1944) 참조.

33.29 이것은 $\mathbb{PN}$에서 선 $\mathcal{R}$을 나타내는 $\mathbb{C}^2$에 해당한다(그림 33.11 참조). 트위스터를 연구하는 학자들에게는 이 경로적분의 사영버전이 더 익숙할 것이다. 이 버전에서는 2-형식 $\boldsymbol{\tau} = d\pi_{0'} \wedge d\pi_{1'}$ 대신 1-형식 $\boldsymbol{\tau} = \pi_{0'} d\pi_{1'} - \pi_{1'} d\pi_{0'}$이 사용되고 적분경로는 1차원이다.

33.30 Huggett and Tod(2001), Hughston(1979), Penrose and Rindler (1986) 참조.

33.31 마이클 아티야 경은 트위스터 이론 초창기에 이 부분을 개발하는 데 큰 공헌을 했다. 트위스터 코호몰로지와 관련된 초기 논리는 Penrose (1979b)를 참조하고, 구체적인 내용은 Eastwood *et al*.(1981)을 참조하라.

33–9절

33.32 이것을 'Čech 코호몰로지'라고 한다. 그 외에도 다양한 방법으로 코호몰로지 개념을 유도할 수 있다. Wells(1991), Ward and Wells(1989), Griffiths and Harris(1978) 참조.

33.33 Gunning and Rossi(1965), Ward and Wells(1989), Wells(1991), Penrose and Rindler(1986) 참조.

33.34 Gunning and Rossi(1965), Penrose and Rindler(1986) 참조.

33.35 Penrose and Rindler(1986) 참조.

33.36 Penrose and Penrose(1958) 참조.

33.37 Penrose(1991) 참조.

33.38 Gunning and Rossi(1965), Griffiths and Harris(1978), Chern (1979), Wells(1991) 참조.

33.39 Gunning and Rossi(1965), Griffiths and Harris(1978), Chern (1979), Wells(1991), Eastwood *et al*.(1981) 참조.

33–10절

33.40 여기서 +와 −부호는 편의상 붙인 것이므로 바꿔도 무방하다(9.2절 참조).

33.41 이와 관련된 용어 하나를 소개한다. 원래의 장이 해석적이지 않으면(C^{ω}가 아니면) 이 장은 ($\mathbb{M}$ 위에서)초함수적이다(hyperfunctional, 9.7절 참조). Bailey *et al*.(1982) 참조.

33.42 Hodges *et al*.(1989) 참조.

33.43 Penrose(1987b) 참조.

33–11절

33.44 Penrose(1976a, 1976b), Ward(1977), Penrose and Ward(1980), Penrose and Rindler(1986) 참조.

33.45 여기에는 기술적으로 미묘한 구석이 있는데, 구축과정에 등장하는 모든 연산은 복소해석적이지만 정작 $\mathcal{T}$는 복소해석적 파이버번들이 아니다(15.5절 참조). 왜냐하면 $\mathcal{T}$는 엄밀히 말해서 복소해석적 곱공간(product space)이 아니기 때문이다. 이런 경우에 $\mathcal{T}$를 '복소해석적 파이버화(holomorphic fibration)'이라고 한다. Penrose(1976b) 참조.

33.46 정상적인 조건에서만 그렇다. Huggett and Tod(2001), Ward and Wells(1989), Penrose and Ward(1980) 참조.

33.47 Kodaira(1962) 참조.

33.48 또는 부호가 양으로 정해진 실수의 경우(+ + + +)나 부호가 나뉜 경

우(+ + − −)도 마찬가지다. Penrose(1976b), Hansen *et al.*(1978), Atiyah *et al.*(1978), Dunajski(2002) 참조.

33.49 이것은 32.5절에서 언급한 위상수학적 양자장이론(topological QFT)과 밀접하게 관련되어 있다. [후주 32.17] 참조.

33–12절

33.50 이 문제는 '앰비트위스터(ambitwistor)'를 이용한 반전-대칭적 접근법으로 다룰 수도 있는데, 부분적으로 성공을 거둔 것으로 평가된다. Penrose(1975), LeBrun(1985, 1990), Isenberg *et al.*(1978), Witten(1978), Penrose and Rindler(1986) 참조. 평평한 공간의 앰비트위스터는 기본적으로 (W_α, Z^α) 쌍이며 $(W_\alpha Z^\alpha = 0)$, 복소광선(complex light rays)을 나타낸다. 그러나 이것은 트위스터 함수를 파동함수로 간주한 원래의 취지에 어긋난다. 왜냐하면 앰비트위스터를 이용한 표현은 변수(Z^α)와 복소변수(W_α)가 동시에 등장하는 고전적 표현이기 때문이다. 또한 앰비트위스터 접근법으로 비선형 장을 표현하면 수학적으로 어려운 난관에 봉착하게 된다.

33.51 Penrose(2001) 참조.

33.52 Frittelli *et al.*(1997), Bramson(1975), Penrose(1992) 참조.

33.53 Penrose(2001) 참조.

33.54 Mason and Woodhouse(1996) 참조.

33–13절

33.55 비교적 오래된 관련서적으로는 Penrose and MacCallum(1972)와 Penrose(1975)를 추천한다. 최근 발표된 서적이나 논문은 Hodges(1982, 1985, 1990a, b, 1998)를 참조하라.

33–14절

33.56 트위스터의 수학체계에 관해서는 Bailey and Baston(1990), Baston

and Eastwood(1989), Mason and Woodhouse(1996)를 참조하라.

33.57 Merkulov and Scheachhofer(1998) 참조.

33.58 Gindikin(1986, 1990), Lebrun and Mason(2002) 참조.

33.59 [후주 31.81] 참조.

33.60 라그랑지안은 트위스터 이론에서 물리적 상호작용의 이해에 핵심적인 역할을 하지만, 이론 안에서 일반적인 체계가 갖춰진 것은 아니다. 아이러니하게도 트위스터 이론은 장방정식을 함축적으로 풀어서 물리적 장을 (질량이 없는 장에 한하여 트위스터 동차함수로)표현하는 데 성공했으나, 바로 이 때문에 라그랑지안 체계에 어려움을 초래했다. 전통적인 양자역학 체계에서 장방정식은 '과거의 총합(sum over histories)'으로부터 탄생하는데, 이 아이디어가 이치에 맞으려면 장방정식이 위배될 수도 있다. 그래서 경로적분을 세밀하게 수행하여 고전계에 양자적 보정을 가한다. 그러나 이론체계가 장방정식의 위배를 허용하지 않는다면 이와 같은 과정을 적용할 수 없다! 내가 보기에 트위스터 이론 및 일반적인 물리학이론에서 라그랑지안이 진정으로 어떤 의미를 갖는지, 다시 한 번 깊이 생각해봐야 할 것 같다.

33.61 Penrose and Rindler(1986) 참조.

34
실체에 이르는 길을 찾아서

34.1 20세기 물리학의 위대한 이론들

기원후 세 번째 천년기에 들어선 지금, 우리는 물리학이론으로부터 우리가 살고 있는 이 놀라운 세상에 대해 무엇을 알게 되었는가? 지금부터 찬찬히 과거를 되돌아보면서 재고정리를 해보자. 물론 그동안 우리는 엄청나게 많은 자연현상을 새로 이해할 수 있게 되었다. 이 모든 것은 세심한 관찰과 실험, 그리고 복잡하면서도 영감 어린 도약을 이끌었던 수학적 논리 덕분이었다. 고대 그리스의 공간기하학에서 출발한 정교한 사고는 뉴턴 역학을 비롯한 고전역학과 맥스웰의 전자기이론, 그리고 열역학이라는 찬란한 금자탑을 쌓았고, 20세기에 들어서는 아인슈타인의 걸작인 특수 및 일반상대성이론과 심오하고 신비하면서도 더할 나위 없이 정확한 양자역학을 낳았으며, 자연의 모든 현상을 양자이론으로 서술하는 양자장이론(QFT)으로 이어졌다. 특히 입자물리학과 우주론의 표준모형은 전례를 찾아보기 어려울 정도로 큰 성공을 거두었다.

많은 이론물리학자들은 20세기 후반의 물리학이 '만물의 이론'에 거의 접근한 것으로 생각해 왔다. 사실 이런 관점은 당시 이론물리학을 거의 점령하다시피 했던 끈이론을 염두에 둔 것이었는데, 끈이론이 M-이론(또는 F-이론)이라는 정체불명의 이론으로 둔갑한 후로는 위와 같은 관점을 더는 유지하기 어렵게 되었다.

나는 지금의 물리학이 '최종이론'으로 가려면 아직 갈 길이 멀다고 생각한다. 31장에서 다뤘던 끈이론도 올바른 길로 가고 있지 않은 것 같다. 끈이론에서 새로운 수학적 아이디어가 다량으로 생산된 것은 사실이지만, '놀라운 수학이론'에 불과하다는 느낌을 지울 수 없다. 우리 눈에 보이는 시공간의 차원(1 + 3차원)보다 더 높은 차원을 주장하는 이론들이 '물리학적 이해'에 더 가까이 갔다고 보기는 어렵다. 32장과 33장에서 소개한 이론들은 나의 개인적인 연구경력과 밀접하게 관련되어 있긴 하지만, 아직은 부족한 점이 많다. 물리학의 궁극적인 목적은 '실재하는 자연'을 이해하는 것인데, 지금의 끈이론이나 고리변수이론, 또는 트위스터 이론이 그 원대한 목적을 이루어 주리라고 믿는 것은 성급한 판단이라고 본다.

그러나 지난 20세기에 인류가 자연을 이해하는 데 획기적인 발전을 이루어낸 것만은 분명한 사실이다. 그 내용 중 일부를 소개하는 것이 이 책의 목적이었다. 20세기 최고의 물리학이론 하나를 꼽는다면, 나는 주저 없이 아인슈타인 일반상대성이론을 선택할 것이다. 대다수 물리학자들은 양자이론(그리고 양자장이론)을 최고의 이론으로 생각하고 있지만, 나는 동의하지 않는다. 양자역학이 일반상대성이론보다 훨씬 넓은 영역에 걸쳐 다양한 자연현상들을 설명해 주긴 하지만, 그 자체로 완벽한 이론체계를 갖췄다고 보기는 어렵다. 물론 여기서 가장 큰 걸림돌이 되는 것은 29장에서 논했던 '측정역설'이다. 앞에서도 여러 번 강조했지만, 나는 양자역학이 완전한 이론이 아니라고 생각한다. 앞으로 양자역학이 완전한 이론으로 거듭난다면(21세기에 이루어질 가능성이 크다) 아인슈타인 일반상대성이론보다 막강한 위력을 발휘할 것이다. 30장에서 말한 바와 같이 완전한 양자역학에 '큰 질량과 먼 거리'로 극한을 취하면 아인슈타인의 이론이 자연스럽게 얻어질 것으로 기대된다(끈이론학자들은 이와 같은 통합이 이미 이루어졌다고 주장하지만, 나는 결코 그렇게 생각하지 않는다. 독자들도 31.8절을 읽었다면 내 의견에 동의할 것이다).

일반상대성이론은 규모가 큰 시공간의 특성을 서술하는 이론으로 손색이 없다(아인슈타인 방정식에 우주상수 Λ가 포함될 수 있다). 그러나 규모가 플랑크 거리(10^{-35} m)보다 작거나 밀도가 5×10^{93} g/cm^{3}에 육박하는 특이점 근처에서는 일반상대성이론도 심각한 수정이 필요하다. 일반상대성이론이 미시세계에 적용되지 않는다는 사실은 하도 자주 언급되어서 이젠 식상할 정도이다. 궤도운동을 하는 중성자별이나 블랙홀, 그리고 중력렌즈 효과처럼 대상물체의 스케일이 큰 경우 일반상대성이론은 매우 정확하게 맞아 들어간다. 여기서 '정확하다'는 말은 우주상수를 도입하지 않은 표준 아인슈타인 이론이 그렇다는 뜻이다.

그렇다면 우주상수는 어떻게 되는가? 지난 몇 년 동안 얻어진 관측결과들은 우주상수가 양수라는 쪽에 힘을 실어주고 있다. 만일 Λ가 정말로 필요한 상수라면 그 값은 매우 작을 것으로 추정된다. Λ를 곡률로 간주하면 거리 제곱의 역수가 되는데, 그 거리라는 것이 관측가능한 우주의 반지름 규모이기 때문에 우주적 스케일이 아니면 Λ는 거의 무시할 수 있다. 또한 Λ를 유효밀도 Ω_Λ로 간주한다면, 현재 우주의 평균밀도인 10^{-27} kg/m^3(이 값은 현재 인공적으로 도달할 수 있는 진공의 밀도보다 훨씬 작다)의 2 ~ 3배를 넘지 않기 때문에, 이 경우 역시 Λ는 우주적 스케일에서만 의미를 가질 수 있다. 그러나 양자장이론의 관점에서 볼 때 Λ는 양자 요동(양자장이론에서 하이젠베르크 불확정성원리에 의해 나타나는 현상.

21.11, 29.6, 30.14절 참조)에 의한 진공의 유효밀도에 해당하기 때문에, 현재 관측된 값보다 거의 10^{120}배(10^{160}배라는 제안도 있다) 이상 커야 한다! 이것은 양자장이론의 가장 난해한 수수께끼로서,[1] 양자중력이론이나 끈이론 등 기존의 그 어떤 이론도 마땅한 답을 제시하지 못하고 있다. 그러나 나는 이 문제를 별로 심각하게 생각하지 않는다. 앞으로 더욱 개선된 양자장이론과 양자중력이론을 통해 양자 요동 자체가 크게 수정되어야 한다는 것이 나의 관점이다(30.4절 참조).

물론 지금까지 관측된 다양한 자연현상들은 기존의 양자역학과 양자장이론이 옳다는 것을 입증하고 있다. 그러나 이 사실은 양자이론의 기초에 변화가 요구된다는 내 주장과 아무런 모순도 일으키지 않는다(이 내용은 30장에서 다룬 바 있다). 내가 말하는 '수정'이 중요한 역할을 하려면 상태벡터의 객관적 축소(중력적 OR)가 일어나는 양자중력 수준으로 들어가야 하는데, 지금까지 수행된 그 어떤 실험도 이 수준에 도달하지 못했기 때문이다. 또한, 15 km 거리에서 관측된 양자얽힘 현상은[2] 내가 말하는 수정과 완벽하게 일치한다. 왜냐하면 이 얽힘은 10^{-19}줄(J)의 에너지를 가진 한 쌍의 광자만을 포함하고 있는데, 광자가 실제로 관측되지 않는 한 중력적 OR에 의한 자발적 상태축소는 일어나지 않기 때문이다[이 에너지 수준에서는 측정기구에 의해 객관적 축소(OR)가 일어날 수 있다]. 지금까지 가장 무거운 질량을 대상으로 양자역학의 타당성을 확인한 사례는 빈 대학교의 안톤 차일링거와 동료들이 수행한 실험을 들 수 있다.[3] 이들은 '버키볼bucky ball'이라 불리는 C_{60}(그리고 C_{70})으로 이중 슬릿 실험을 했는데, 흔히 '풀러렌fullerenes'으로 알려진 이 탄소분자는 60개의 탄소원자들이 모여서 축구공 같은 대칭구조를 이루고 있다(C_{70}의 대칭성은 C_{60} 보다 조금 낮다). 풀러렌 분자의 직경은 거의 나노미터(10^{-9}

m)수준이며, 약 10^{-7} m 떨어진 두 지점에서 중첩되어 간섭을 일으키는데 이 거리는 버키볼 직경의 100배 정도에 해당한다. 30.11절에 의하면 이와 같은 중첩은 중력적 OR에 의해 스스로 붕괴될 때까지 거의 수십만 년이 걸린다. 따라서 차일링거의 실험결과도 나의 주장과 어긋나지 않는다.

물론 앞으로 실행될 실험에서는 상황이 달라질 수도 있다. 30.13절에서 언급한 FELIX 우주실험이나 샌타바버라 대학교의 딕 보우미스터가 실행 중인 실험은 중력적 OR을 직접 관측할 수 있을 것으로 기대되고 있으며, 이와 관련된 다양한 실험들이 21세기 초에 실행될 예정이다. 나는 이 실험들이 양자역학을 바라보는 우리 관점에 큰 변화를 가져다주기를 기대한다.

31 ~ 33장에서 다뤘던 이론들(양자역학과 중력을 통합하는 이론들)은 실험적인 면에서 전혀 다른 상황에 처해 있다. 양자중력이론을 실험으로 검증하려면 입자가 엄청나게 큰 에너지에 도달해야 하는데, 현존하는(또는 건설 예정인) 입자가속기로는 도저히 이 수준에 도달할 수 없다[내가 아는 한, 유일한 예외는 '거대한 여분차원'을 측정하는 실험이다(31.4절 참조). 이 실험은 가까운 거리에서 중력의 '거리제곱 반비례법칙'에 수정을 가할 수도 있으며, 높은 에너지에서 양자중력효과에 의해 로렌츠 공변성에 위배되는 결과를 낳을 수도 있다[4]]. 사실 전통적인 양자중력이론을 실험으로 검증한다는 것은 결코 쉬운 일이 아니다. 이런 실험은 (플랑크 거리나 플랑크 시간의 미세한 영역에서)시공간 구조에 어떤 변화를 요구할 뿐, 표준 양자역학적 과정에는 아무런 영향도 주지 않을 것이기 때문이다. 30장에서 말한 것처럼 일반상대성이론의 효과에 의해 양자역학 법칙이 수정된다면, 이 효과는 현재의 측정기술로 감지할 수 있으므로 실험을 통해 검증 가능하다. 만일 이런 실험이 성공적으로 수행되어 양자역

학 법칙이 바뀐다면, 현재 수학 쪽으로 치우쳐 있는 양자중력이론을 본연의 물리학으로 유도하는 데 커다란 힘이 될 것이다.

표준 양자중력이론은 실험데이터가 많이 부족하여 아직은 '궁금증을 자아내는' 이론으로 남아 있다. 입자물리학(그리고 우주론)의 표준모형을 넘어서 우주의 기본 구성요소를 더욱 심도 있게 이해하려면 강력과 양력, 전자기력 이외에 중력까지 포함하는 양자이론이 반드시 필요하다. (단순히 재규격화가 가능한 이론이 아닌)본질적으로 유한한 양자장이론을 얻으려면 플랑크 길이 규모에서 무한대를 잘라내야 하는데, 중력에도 이런 조치를 취할 수 있어야 한다(31.1절 참조). 그러나 이 분야는 실험자료가 거의 없어서, 연구가 대부분 수학 쪽으로 치우쳐 있다.

34.2 수학으로 이루어진 기초물리학

이 책의 주제를 한마디로 요약한다면 '수학적 개념과 물리적 거동 사이의 관계'라고 할 수 있다. 지난 세월 동안 물리학은 한 편으로 수학적 비판과 유혹, 새로운 발견을 등에 업고, 다른 한편으로는 세밀한 실험을 통해 수학적 이론을 확인하면서 균형 있는 발전을 거듭해 왔다. 최근의 이론물리학처럼 실험이 수반되지 않으면 이와 같은 균형을 유지할 수 없다. 물리학이론이 수학적인 면에서 일관성coherence[5]을 보인다고 해도, 이것만으로는 옳은 길을 가고 있다고 확신할 수 없다(요즘은 이 명백한 사실이 종종 무시된다). 그런데 현대물리학에서는 수학적 아름다움이 과거보다 훨씬 큰 가치를 갖게 되었다. 많은 물리학자들은 디랙과 슈뢰딩거, 아인슈타인, 파인만 등의 성공사례를 거론하면서 미학적인 매력이 이론의 앞길을 안내할 수 있다고 강조한다. 사실 기초물리학에서 미학적 가치가 중요한 역할을 해온 것은 분명한 사실이다.

미학적 가치는 수학적 일관성을 판단할 때 중요한 요소로 작용한다. 대부분의 사례에서 아름다움과 일관성은 밀접하게 연관되어 있기 때문이다. 물리학이론이 수학적으로 일관되어야 한다는 것은 당연한 요구이다. 미학적 기준과는 달리, 수학적 일관성은 객관적으로 판단할 수 있다는 장점을 갖고 있다. 반면에 미학적 아름다움은 다분히 주관적인 판단에 속한다.

대부분 수학적 일관성은 한눈에 자명하게 드러나지 않는다. 오랜 시간 동안 수학을 집중적으로 연구해온 학자라면 특별한 체계 안에서 미묘한 통일성을 찾아낼 수도 있겠지만, 외부 사람들에게는 그저 당혹스러울 뿐이다. 이들은 이러저러한 특성이 왜 특별한 장점으로 작용하는지, 수학자들이 "놀랍고도 아름답다!"고 감탄하는 것이 대체 왜 놀랍고 아름다운지 알 길이 없다. 그러나 이런 문제에 대하여 객관적인 관점을 유지할 수 있는 사람은 바로 외부인들이다. 여러 해 동안 특별한 수학문제에 집중해온 학자들은 편협한 생각을 갖기 쉽기 때문이다!

물리학이론이 수학적으로 일관되고 아름답다는 것은 경우에 따라 장점이 될 수도 있겠지만, 이것만으로 이론이 옳다고 단정지을 수는 없다. 대부분의 경우에는 물리학적 고찰이 수학보다 훨씬 중요하다. 그러나 실험자료가 부족할 때에는 수학적 '품질'이 중요한 잣대로 부각된다. 과연 이것이 바람직한가? 단정적으로 말할 수는 없다. 개개의 학자들은 수학적 아름다움을 추구할 권리가 있으며, 여기에는 아무런 잘못도 없다. 단, 자신이 얻은 놀라운 결과를 주변 동료들에게 열변을 토하며 설명했는데, 그들이 전혀 감동 받지 않는다고 해도 실망해선 안 된다. 나는 아름다움을 추구하는 마음이 이론과학의 새로운 아이디어를 개발하는 중요한 동기라고 생각한다. 그러나 미학적 기준으로 개발된 이론이 실험과 관측의 제한을 받지 않으면 물리적으로 검증할 수 없는 사잇길로 빠지기 쉽다.

과학의 역사를 돌이켜 보면 수학체계가 아주 아름다워서 자연의 비밀을 밝혀줄 새로운 기대주로 관심을 끌었던 이론이 결국 원래의 기대에 부응하지 못한(적어도 처음에 기대했던 것과는 다른 길로 간) 사례를 쉽게 찾을 수 있다. 그 대표적인 예가 아름다운 나눗셈대수를 형성하는 4원수체계이다(11.1절 참조). 해밀턴은 1843년에 4원수체계를 처음 발견하고서 자연의 모든 법칙을 4원수로 표현하기 위해 무려 22년 동안이나 이 분야를 파고들었으나, '순수한 4원수(나눗셈대수를 형성하는 원래의 4원수)'는 향후 기초물리학의 발전에 별다른 기여를 하지 못했다. 물론 해밀턴의 다른 업적들은 기초물리학에 지대하고도 직접적인 영향을 미쳤다. 해밀턴이 연구 초기에 기초를 닦았던 해밀토니안이나 해밀턴의 원리, 해밀턴-야코비 방정식 등은 고전물리학뿐만 아니라 20세기의 양자역학과 양자장이론에서도 핵심적인 역할을 하고 있다(20.2절과 21.1~2절 참조). 그러나 4원수는 나눗셈대수라는 특성을 제대로 활용하지 못한 채 약간의 일반화과정을 거쳐 물리학의 변방에 남는 정도로 만족해야 했다.

19세기 중반의 물리학자라면 4원수의 아름다운 수학적 매력에 쉽게 매료되었을 것이다(11.1절 참조). 4원수를 비롯한 기타 몇 종류의 대수학은 순수수학에 선풍을 일으켰지만, 주류물리학에는 직접적인 영향을 미치지 못했다. 그 후 클리포드가 4원수를 고차원으로 일반화했고, 파울리와 디랙이 시공간과 관련된 로렌츠 부호수를 채택하면서 드디어 4원수 물리학이 가능해졌다(11.5절, 24.6~7절 참조). 이것은 물리학에서 매우 중요한 부분을 차지하고 있지만, 초창기에 관심을 끌었던 나눗셈 대수체계는 이 과정에서 아무런 역할도 하지 못했다!

수학의 아름다움에 관한 문제는 34.9절에서 다시 언급될 것이다. 이 문제는 수학의 '독립'이라는 또 하나의 흥미로운 문제와 관련되어 있다. 고대 그리스 시대부터 자연의 행동양식을 설명하는 이론은 아름다운 수학을 낳았고, 결국 이들은 물리학으로부터 독립하여 각자 고유한 응용분야를 개척했다. 어떤 수학은 이 응용분야를 찾는 데 수백 년이 걸리기도 했다(기원전 200년경에 아폴로니오스Apollonios가 연구했던 원뿔곡선conic section은 16 ~ 17세기에 와서야 뉴턴과 케플러의 행성운동이론에서 진가를 발휘했고, 1640년에 증명된 '페르마의 소정리Fermat's little theorem'는 20세기 암호학에서 중요한 역할을 했다). 수학(특히 훌륭한 수학)은 자신이 처음 탄생한 배경과 전혀 다른 분야에서 진가를 발휘하곤 하는데, 이것은 수학이 그만큼 굳건하고 생명력이 강하다는 증거이다. 그리고 신기하게도 자연의 행동방식은 새로운 수학적 아이디어를 제공하는 원천이 되어 왔다. 자연이 근본적인 단계에서 수학법칙에 따라 운영되고 있다는 사실을 받아들인다면, 자연으로부터 탄생한 수학적 개념들이 정밀하게 들어맞는 것은 그다지 놀랄 일이 아니다. 정말로 놀라운 것은 자연법칙 속에 든 수학체계에 미묘한 특성이 있으며, 이런 수학이 원래 목적에서 크게 벗어나 나름대로 적용분야를 찾아간다는 사실이다(뉴턴과 라이프니츠의 미적분학이 대표적인 사례이다. 6장 참조).

그 반대는 어떨까? 아직 가설단계인 물리학이론이 수학분야에서 다양한 연구를 촉진한다면, 그 이론이 옳다고 주장할 수 있을까? 31 ~ 33장에서 소개한 이론들이 바로 이런 경우에 속한다. 이 질문은 미묘한 구석이 있어서 결론을 내리기가 쉽지 않다.

특히 끈이론은 아름다운 수학적 개념들을 탄생시켰고 이로부터 막강한 추진력을 얻었지만(트위스터 이론과 아쉬테카르-호킹의 접근법도 비슷한 경우라고 할 수 있다), 물리적 실체와 얼마나 가까운지는 분명치 않다. 요즘은 순수 수학자들조차 새로 발견된 수학개념이 끈이론과 관련되어 있다는 이유만으로 물리학에 응용될 수 있다고 믿을 정도이다! 물론 자신이 발견한 개념이 물리학에 적용되기를 바라는 수학자들의 희망사항을 모르는 바는 아니지만, 그들은 끈이론이 '물리학이론'임을 입증하는 실험적 증거가 (적어도 지금까지는)단 한 건도 발견되지 않았음을 명심해야 할 것이다. 세계적으로 유명한 이론물리학자들로부터 전폭적인 지지를 받는다는 이유만으로 끈이론은 물리학이론이 될 수 있을까? 이 시점에서 현재 기초물리학의 연구동향을 잠시 돌아볼 필요가 있다.

34.3 물리학이론에서 '유행'의 역할

1997년 12월에 인도 푸네Pune 시에서 개최된 '일반상대성이론 및 중력 국제학회'에서 카를로 로벨리Carlo Rovelli가 했던 연설은 지금도 내 기억에 생생하게 남아 있다.[6] 로벨리는 고리변수이론의 창시자 중 한 명임에도(32.4절 참조), 웬만해서는 이 분야에서 자신이 전문가임을 자처하지 않는 사람이다. 그가 학회석상에서 내린 결론은 많은 점에서 내 생각과 일치하고 있었다. 당시 그는 지난 몇 년 동안 양자중력이론과 관련하여 학술지에 발표된 논문들을 조사했는데, 각 분야에서 평균 한 달 사이에 발표된 논문 수는 다음과 같았다.

끈이론 : 69

고리 양자중력 : 25

휘어진 공간에서의 양자장이론 : 8

격자 접근법 : 7

유클리드 양자중력 : 3

비가환 기하학 : 3

양자우주론 : 1

트위스터 이론 : 1

기타 : 6

이제 독자들도 대충 눈치챘겠지만, 이 책의 후반부는 위에 열거된 각 테마들을 간략하게 소개하는 식으로 집필되었다(휘어진 공간에서의 양자장이론은 호킹 효과와 연계하여 30.4절에서 간단하게 설명했고, 시공간을 불연속객체로 취급한 격자접근법은 33.1절에서 언급되었다. 그리고 호킹 접근법의 특징인 유클리드 양자중력이론은 28.9절에서 간단하게 다루었다. 양자우주론은 중력적 자유도의 대부분을 무시한 채 단순한 시공간에서 펼쳐지는 우주론이며, 기타 이론들은 31 ~ 33장에서 간간이 인용되었다). 위 통계에서 알 수 있듯이, 끈이론과 관련된 논문 편수는 그 외 다른 분야의 논문을 모두 합한 것보다 많다. 이와 같은 통계를 지금 다시 낸다면 끈이론의 점유율은 더 높게 나타날 것이다. 과학연구가 다수결을 원칙으로 하는 민주주의에 입각해서 진행된다면, 다른 분야의 연구방향조차 끈이론학자들에 의해 결정될 것이다![7]

다행히도 과학은 민주주의를 따르지 않는다. 소수그룹에 속하는 학자들도 자신만의 과학적 논리로 주류학자들과 경쟁할 자격이 있으며, 단지 소수라는 이유만으로 불이익을 감수할 필요는 없다. 중요한 것은 논문의 편수가 아니라 이론의 수학적 일관성과 실험과의 일치 여부이다. 그런데 과연 학자들이 학계의 '유행'으로부터 완전히 자유로울 수 있을까? 학계의 주류가 어떤 이론이건 간에, 그들을 모두 무시하고 자신이 옳다고 생각하는 이론에 일로매진하는 일이 과연 가능할까? 별로 그럴 것 같지 않다. 당대에 주류로 인정받지 못하는 이론(7개의 여분차원이 '찌그러진 7차원-구[8]'를 형성한다는 11차원 초중력이론 등)도 있지만, 한때 학계의 주류로 등극하여 전성기를 누리다가 수십 년 전에 변방으로 밀려난 이론도 많이 있다[레게 궤적(31.5절 참조)과 제프리 츄Geoffrey Chew의 해석적 S-행렬[9] 등]. 과학이론의 '인기도'는 과학적 타당성을 판단하는 부분적인 지표가 될 수 있다.

경제분야에서는 덩치가 큰 집단일수록 소집단을 희생시키면서 자신의 덩치를 더 키우려는 경향이 있는데, 과학의 '유행'도 이와 비슷한 양상으로 진행된다. 특히 요즘처럼 비행기나 인터넷이 일상화된 사회에서는 이런 현상이 더욱 심하게 나타난다. 한 과학자가 새로운 아이디어를 발표하면 학회나 인터넷을 통해 순식간에 전 세계로 퍼지고, 그 반응도 거의 실시간으로 확인할 수 있다. 통신수단이 발달할수록 학자들 간의 경쟁이 치열해지고, 그 결과 학자들은 "다수 의견을 따르지 않으면 시대에 뒤쳐진다"는 위기감을 느끼게 된다. 과학이론은 끊임없이 '실험 검증'이라는 도마 위에 올라야 하지만, 유행 자체는 이런 것과 무관하게 퍼져 나간다. 그러므로 양자중력이론처럼 실험 검증이나 반론에 직면할 가능성이 별로 없는 이론을 접할 때에는 충분한 검증 없이 은연중에 사실로 인정하는 실수를 범하지 않도록 각별한 주의를 기울여야 한다.

과학적 유행은 특별한 수학체계나 표기법 등에서 나름대로 중요한 역할을 하고 있다. 이런 것은 위에서 말한 문제보다 심각하지 않지만 연구개발에서는 여전히 중요한 요소이다. 곧 알게 되겠지만, 디랙의 4-성분 스피너 체계(22.8, 24.7, 25.2절 참조)가 이보다 나중에 개발된 바르텔 반 데르 웨르덴Bartel L. van der Waerden의 2-성분 스피너보다 훨씬 널리 사용되는 것도 유행이 낳은 일종의 아이러니라 할 수 있다. 양자전기역학에서는 거의 예외 없이 4-스피너를 사용하지만, 로버트 게로치 Robert Geroch의 증명에 의하면[10] 2-스피너를 사용하는 편이 훨씬 간단하다(2-스피너 체계는 22.8절에서 간략하게 언급한 바 있다). 디랙은 1928년에 그 유명한 방정식을 유도할 때 4-스피너를 사용했다. 디랙의 방정식이 세간에 알려지면서 스피너의 중요성이 크게 부각되었고, 다음 해인 1929년 네덜란드의 물리학자 반 데르 웨르덴이 2-스피너 체계를 개발했다.[11] 그러나 전자의 방정식을 발견한 디랙의 명성이 워낙 압도적이었기에 당시 물리학자들은 너나 할 것 없이 디랙의 접근법을 채용했고, 반 데르 웨르덴의 뛰어난 스피너 체계는 거의 알려지지 않았다. 훗날 디랙은 반 데르 웨르덴의 스피너를 매우 훌륭한 업적으로 인정했다고 전해진다. 나는 1950년대에 2-스피너 체계에 대한 디랙의 강좌를 직접 들으면서, 그전까지만 해도 끔찍하게 복잡했던 개념들을 말끔하게 정리할 수 있었다.

디랙은 1936년에 2-스피너 체계를 사용하여 자신의 방정식을 스핀이 큰 입자로 일반화했다.[12] 그러나 2-스피너 체계가 불편했던 일부 물리학자들은 디랙의 고-스핀 방정식에서 특별한 사례를 발견하여 더핀-켐머-페샤우 방정식 Duffin-Kemmer-Petiau equation (1936 ~ 1939, 스핀 = 0 또는 1)과 라리타-슈윙거 방정식 Rarita-Schwinger equation (1941, 스핀 $=\frac{3}{2}$)으로 명명했다. 물론 여기에는 4-스피너 체계가 사용되었다.

디랙은 유행을 좇는 물리학자가 아니었다. 심지어는 자신이 탄생시킨 유행조차 무시할 때도 있었다. 그러나 다른 물리학자들은 자신도 모르는 사이에 그 유행 속으로 깊숙이 빠져들었다. 나는 1970년대에 유럽 입자가속기센터(CERN)에서 초대칭의 창시자라 할 수 있는 브루노 주미노 Bruno Zumino와 대화를 나눈 적이 있다(1974년 브루노와 율리우스 베스

Julius Wess[13]가 발표한 초대칭이론은 트위스터 이론과 밀접하게 관련되어 있다). 그때 브루노는 2-스피너 체계가 얼마나 유용한지 자신도 잘 알고 있으며, 새로운 아이디어를 2-스피너로 구현한 논문도 발표해 보았다고 했다. 그런데 그로부터 몇 달 후에 세간의 존경을 받던 물리학자 압두스 살람Abdus salam이 브루노와 똑같은 아이디어를 4-스피너로 구현한 논문을 발표했고, 이 분야를 연구하던 학자들은 브루노의 논문을 무시하고 살람의 논문만 줄기차게 인용했다. 훗날 브루노는 "(기술적으로 우월한) 2-스피너를 사용하는 실수를 두 번 다시 반복하지 않겠다"고 다짐했다!

현역으로 활동 중인 학자들, 특히 젊은 물리학자들은 학술적 유행에서 벗어나고 싶어도 실행에 옮기기 어렵다. 주된 원인은 현대 수리물리학이 갖는 유별난 특성 때문이다. 현대 수리물리학은 특정한 한 분야를 골라내어 완전히 습득하는 것조차 거의 불가능할 정도로 다양한 분야들이 복잡다단하게 얽혀 있다. 이런 상황에서 여러 연구동향을 한눈에 관망하는 것은 대부분의 젊은 학자들에게 무리한 요구가 아닐 수 없다. 이들이 한 분야를 선택하고 나면 이미 알려진 참고문헌을 뒤지는 수밖에 없고, 그러다 보면 자연스럽게 유행에 합류하게 된다. 이것이 바로 큰 덩치가 '거의 공짜로' 자신의 몸집을 더 크게 키우는 비결이다.

지금까지 지적한 것은 주로 실험이 필요 없는 이론에 적용되는 내용이지만, 실험분야도 (조금 다른 이유에서)유행의 영향을 받는다. 다들 알다시피, 기초물리학의 첨단실험을 수행하려면 고가의 실험장비가 필요하다. 실험은 대부분 비용이 많이 들기 때문에 국가나 기업체의 지원을 받아야 하고, 제한된 예산 내에서 실험종목을 선별하는 위원회가 결성된다. 위원회의 구성원 중에서 과학 지식을 갖춘 사람들은 '현재 주류에 속하는 물리학을 연구해온 사람들'이 대부분이기 때문에, 자연스럽게 그쪽과 관련된 실험을 집중적으로 지원하게 된다. 즉, 외부의 지원을 받을 수 있는 실험종목이 특정분야로 한정되는 것이다. 이런 식의 체제가 유지되는 한, 물리학은 커다란 변화를 기대하기 어렵다.

34.4 틀린 이론은 실험으로 반증될 수 있는가?

물리학이 유행의 영향을 받는다고 해도, 실험을 통해 틀린 방향을 지적할 수 있다면 큰 문제가 되지 않는다. 지금까지 과학은 이런 과정을 거치면서 발전해 왔다. 저명한 과학철학자 칼 포퍼는 새로 등장한 이론의 수용가능성을 판단하는 기준으로 '실험적 반증 가능성'을 제안했다.[14] 그러나 현대과학은 규모가 너무 방대해져서 포퍼의 엄밀하고 이상적인 기준을 곧이곧대로 적용하기 어렵다.

현대 입자물리학의 초대칭이론을 예로 들어 보자. 이것은 우아한 수학체계에 바탕을 둔 이론으로서, 이론학자들은 초대칭 덕분에 재규격화가 가능한 양자장이론을 쉽게 구축할 수 있게 되었다(31.2절 참조). 무엇보다 중요한 것은 초대칭이 끈이론의 핵심을 이룬다는 사실이다. 오늘날 초대칭은 '표준' 입자물리학의 한 부분으로 간주될 정도로 확고한 입지를 굳혔지만, 실험 증거는 거의 전무한 상태이다(31.2절 참조). 초대칭이론에 의하면 자연을 구성하는 모든 기본입자는 '초대칭짝'을 가져야 한다. 그러나 초대칭입자는 지금까지 단 한 번도 발견되지 않았다. 그 이유는 (역시 초대칭이론에 의하면)초대칭이 붕괴하면서 초대칭입자의 질량이 엄청나게 커졌기 때문이다. 현재 운용되고 있는 어떤 입자가속기도 이 정도의 질량(에너지)에 도달하지 못하기 때문에 발견되지 않는다는 것이다. 앞으로 출력이 더 큰 입자가속기가 건설되어 초대칭짝이 발견된다면 물리학의 새로운 이정표가 세워질 것이다. 그러나 가속기의 출력이 충분히 커졌는데도 초대칭짝이 여전히 발견되지 않았다고 가정해 보자. 초대칭이론이 자연스레 폐기될까? 전혀 그렇지 않다. 내가 초대칭을 지지하는 학자라면 "초대칭짝의 질량이 우리 예상보다 훨씬 큰 것 같다"면서 더욱 큰 가속기의 건설을 재촉할 것이다.

유행을 타고 있는 물리학이론을 전통적인 실험을 통해 반증하기란 결코 쉬운 일이 아니다. 그뿐만 아니라 새로운 실험을 수행하기 위해 엄청난 비용이 요구되는 현실도 이론을 반증하는 데 심각한 걸림돌로 작용한다. 초대칭 이외에도 입자물리학에는 새로운 입자를 예견하는 이론이 많이 있는데, 대부분 입자의 질량-에너지가 검증 가능한 수준을 한참 넘어선다. 다양한 버전의 대통일이론(GUT)과 끈이론도 이런 식의 '검증 불가능한 예견'을 내놓고 있어서, 현실적으로 검증이나 반증이 불가능하다.

이런 이론들은 앞에서 말한 '포퍼의 기준'에 부합되지 않는다. 그렇다면 이들은 '과학 이론'이 될 수 없는 것일까? 내가 보기에 포퍼의 기준은 지나치게 엄밀한 것 같다. 또 하나의 흥미로운 사례로 디랙의 자기홀극magnetic monopole을 떠올려 보자(28.2절 참조). 우주 어딘가에 자기홀극이 존재한다면, 모든 하전입자의 전하가 어떤 특정 전하량의 정수배로 나타나는 이유를 설명할 수 있다. 자기홀극이 '어딘가에' 존재한다고 주장하는 이론들은 분명히 포퍼의 기준에서 벗어나 있다. 물론 자기홀극이 어디선가 발견되기만 하면 디랙의 이론은 당장 사실로 입증된다. 그러나 자기홀극이 발견되지 않았다고 해도 이론은 폐기되지 않는다. 실험가들이 아무리 오랜 세월 동안 헛고생했다고 해도, "자기홀극은 아직 발견되지 않았다"는 사실만으로 이론을 반증할 수는 없기 때문이다![15] 이런 상황에서도 이론은 여전히 '과학적'이며, 연구할 만한 가치가 충분히 있다.

우주론분야에서도 이와 비슷한 상황이 연출되고 있다. 27.12절에서 말한 바와 같이, 입자지평선particle horizon을 넘어선 영역은 관측할 수 없다. 그러나 이 영역이 관측 가능한 영역과 물리적으로 비슷하다는 '과학적 가설'을 세울 수는 있다(인플레이션 이론은 대부분 이 가설을 인정하지 않지만, 표준 우주모형의 일부로 자리잡았다. 27.11절 참조). 따라서 이 가설도 관측을 통해 반증될 수 없다.

우리의 관심을 관측 가능한 우주로 한정한다고 해도, 큰 규모에서 균질과 등방을 가정한 공간의 곡률 K는 여전히 의문으로 남는다($K > 0$, $K = 0$, $K < 0$ 모두 가능하다. 27.11절 참조). 만일 우리의 이론이 $K = 0$임을 주장하는데 사실이 그렇지 않다면 관측을 통해 반증될 수 있다. 평평한 공간에서 벗어난 정도는 그 값이 아무리 작아도 정밀한 관측으로 확인할 수 있기 때문이다(현실적으로는 불가능할지 몰라도, 적어도 원리적으로는 그렇다). 그러나 누군가가 $K \neq 0$을 주장했는데 실제로 $K = 0$이었다면, 이 이론은 관측을 통해 반증될 수 없다. 왜냐하면, 모든 관측에는 미세한 오차가 수반되기 마련이고 이 오차에 의해 $K > 0$이나 $K < 0$이 허용될 여지가 항상 남아 있기 때문이다. 만일 누군가가 $K > 0$을 주장했는데 실제 곡률이 $K < 0$이었다거나, 또는 $K < 0$을 주장했는데 실제의 곡률이 $K > 0$이었다면, (원리적으로)관측을 통해 반증될 수 있다. 반면에 실제의 우주가 $K = 0$이라면 관측을 통해 확인할 수 없고,[16] $K \neq 0$이면 확인이 가능하다. 따라서 $K > 0$이나 $K < 0$을 주장하는 이론은 (실제의 우주가 $K \neq 0$이라면)포퍼의 기준을 만족하며, 관측으로 확인할 수 있다. 또한 $K = 0$을 주장하는 이론도 원리적으로는 포퍼의 기준에 부합

하지만, 실제의 우주가 이렇다면 확인할 수 없다!

나는 포퍼의 기준이 정말로 과학이론에 합당한 것인지 의심스럽다. $K > 0$과 $K = 0$, $K < 0$은 포퍼의 기준에서 볼 때 미묘한 차이를 갖고 있지만, 내가 보기에는 모두 똑같은 '과학적 이론'일 뿐이다. 대다수의 우주론학자는 $K = 0$이라고 했을 때 우주의 곡률이 털끝만큼의 오차도 없이 정확하게 0이어야 한다는 까다로운 조건을 부과하지 않는다. 그럼에도, $K > 0$ 또는 $K < 0$을 주장하는 '옳은' 이론은 관측을 통해 검증될 수 있기 때문에 입지가 좀 더 나은 편이다(과학이론의 수용가능성을 판단하는 포퍼의 기준은 다분히 부정적인 쪽에 무게를 두지만, 모든 과학이론은 자신이 사실임을 확인해줄 방법을 찾고 있다). $K = 0$을 예견하는 이론이 학계에 수용되려면(즉, 사실로 확인되려면) 무언가 다른 검증절차를 거치는 수밖에 없다.

관측으로 검증 가능한 다른 이론이 부수적인 결과로 $K = 0$을 포함한다면, 비록 간접적이긴 하지만 $K = 0$을 확인할 수 있다. 현재 선풍적인 인기를 끌고 있는 인플레이션 우주론이 바로 그런 경우이다(28.4절 참조). 초대칭이론이 입자물리학의 표준모형 속에 '거의' 자리를 잡은 것처럼, 대다수 학자는 인플레이션 우주론을 표준 우주모형의 한 부분으로 간주한다! 지금부터 여기에 포퍼의 기준을 적용하여 인플레이션 우주론의 현주소를 조명해 보자.

독자 중에는 인플레이션 이론이 당연히 포퍼의 기준에 부합한다고 생각하는 사람도 있을 것이다. 지난 10여 년 동안 $K = 0$은 인플레이션 이론의 한 부분으로 간주되었으며,[17] 나 역시 여러 학회에 참석하면서 이와 같은 주장을 끊임없이 들어 왔다.[18] 따라서 관측결과가 $K \neq 0$임을 강하게 시사한다면 인플레이션 이론은 그 즉시 폐기된다! 포퍼의 원리에 의하면 여기에는 의심의 여지가 없다. 사실 인플레이션 이론이 예견한 우주 배경복사는 관측결과와 대체로 잘 일치하고 있다. 그런데 1990년대 중반에 우주의 평균 물질밀도(바리온과 암흑물질을 합한 밀도) Ω_d가 공간의 평평성을 가정했을 때 이론적으로 예측되는 값의 약 $\frac{1}{3}$에 불과하다는 사실이 관측을 통해 알려졌다(밀도 Ω_d와 Ω_Λ는 임계밀도의 일부이다. 아인슈타인 방정식에서 우주상수 항을 제거했을 때 우주의 밀도가 임계밀도와 같으면 $K = 0$이 된다. 28.10절 참조). 지금까지 알려진 Ω_d의 값은 약 0.3이다. 그래서 인플레이션 이론을 지지하는 학자들은 $K < 0$을 허용하는 쪽으로 이론을 수정하기 시작했다.[19] 그런가 하면 호킹-하틀의 무경계이론에 입각하여 $K > 0$을 주장했던 호킹 쪽 학자들도 그들의 이론에 $K < 0$을 포함시키는 방법을 모색해 왔다.[20]

한동안 이런 상황이 계속되다가, 1998년에 멀리 떨어진 초신성을 관측한 결과(28.10절 참조) 아인슈타인 방정식에 양의 우주상수($\Lambda > 0$)가 포함되어야 한다는 의견이 제시되었다. 이것은 물질밀도 Ω_d에 에너지밀도 Ω_Λ가 더해져야 한다는 것을 의미하는데, $\Omega_d + \Omega_\Lambda = 1$이면 $K = 0$이라는 결론이 내려진다(수정되기 전의 호킹-하틀 무경계이론에 의하면 $\Omega_d + \Omega_\Lambda > 1$이어야 한다). 여기에 $\Omega_\Lambda \approx 0.7$을 요구하면 공간의 전체적인 평평성($K = 0$)은 관측결과와 일치하게 된다. 이런 맥락에서 인플레이션 학자들은 대부분 $K = 0$을 인플레이션 우주론의 결과로 받아들이고 있다. 포퍼가 생존했다면 이런 현실을 바라보면서 무슨 말을 했을지 몹시 궁금하다!

요즘은 '제5원소quintessence'라는 새로운 요소(새로운 장)를 도입한 인플레이션 이론이 설득력을 얻고 있다. 제5원소는 암흑 에너지의 음압(음의 압력)을 통해 '유효 우주상수'를 제공하는데, 자세한 내용은 이 책의 참고문헌에 소개된 「슈타인하르트의 연구논문Steinhardt et al. (1999)」을 참조하기 바란다. 사람들은 이 이론이 새로운 위상의 인플레이션 이론이라며 크게 흥분하고 있다!(28.10절 참조) 이처럼 환상적인 이론들은 앞으로 새로운 관측결과에 재빠르게 대응하면서 살길을 모색해갈 것이다.

나는 이런 종류의 주장을 접할 때 각별한 주의를 기울여야 한다고 생각한다. 내용이 실험결과와 일치한다고 해도, 위와 같이 미묘한 구석은 여전히 남아 있기 때문이다. 학계에서 높은 인기를 누리는 이론이 관측결과를 자신에게 유리한 쪽으로 해석할 때도 있다. 예를 들어 관측위성 부메랑BOOMERanG[21]이 지상으로 보내온 우주배경복사 관측자료를 최초로 접했던 인플레이션 학자들은 관측결과가 $K = 0$ (따라서 $\Lambda > 0$)을 입증하고 있다고 강력하게 주장했다. 일반적으로 어떤 실험이 수행되면 방대한 양의 데이터와 분석결과가 얻어지는데, 실험에 관여한 학자들은 그 결과를 독점하기 위해 원자료raw data를 몇 년 동안 외부에 공개하지 않는다. 그래서 관측자료를 다른 관점에서 해석하려면 자료가 공개될 때까지 상당기간을 기다려야 한다. 부메랑 관측에서는 팀의 일원이었던 바헤 구르자단Vahe Gurzadyan이 데이터를 입수하여 타원분석법을 적용한 끝에(28.10절 참조), $K < 0$이라는 결론을 내렸다(이 결과는 WMAP의 데이터와도 일치했다). WMAP 관측자료에서 $\ell = 2$인 경우에 나타난 비정상적 데이터처럼(그림 28.19에서 가로축에 가려서 안 보이는 부분), 구르자단의 결과는 인플레이션 학자들에게 별로 반가운 소식이 아니었다. 명쾌한 결과가 나오려면 모든 자료가 공개되어 다양한 분석이 이루어질 때까지 기다리는 수밖에 없다!

이처럼 과학적 유행은 그것을 반대하는 과학자들이 있음에도 연구방향에 지대한 영향력을 행사하고 있다. 여기에 객관성이 결여된 것은 자연의 잘못이 아니다. 객관적인 세계는 항상 그곳에 있었고, 새로운 자연현상을 발견하고 이해하는 것은 물리학자의 본분이다. 유행을 타는 이론이 주관적인 색채를 띠는 것은 나약한 인간이 사회의 압력과 재정의 압박을 받으면서 한정된 능력으로 혼란스러운 자연을 상대하기 때문이다.

34.5 물리학의 다음 혁명은 어디에서 시작될 것인가?

물리학의 현주소를 바라보는 나의 관점이 다분히 비관적이라는 것은 나도 인정한다. 그러나 장밋빛 미래를 논하는 다른 물리학자들보다는 훨씬 현실적이라는 점도 강조하고 싶다. 또한, 나는 일부 작가들처럼[22] 현대 물리학이 기본적인 면에서 더는 발전할 수 없는 단계에 이르렀다고 주장할 생각도 없다. 앞으로 관측을 전혀 실시하지 않는다고 해도, 분석해야 할 데이터는 이미 엄청나게 쌓여 있다. 자료가 모자라서 지식의 한계에 도달하는 일은 없을 거라는 이야기다.

현대의 관측자료들은 대부분 자동으로 저장되며, 이론학자와 실험학자들은 여기 담긴 방대한 정보 중 자신의 세부전공과 관련된 극히 일부에만 관심을 둔다. 데이터가 많으면 분석방법에 따라 천차만별의 결과가 나올 수 있는데, 학자들이 자신의 관심사에 한정된 방식으로 분석을 시도한다면 역시 한정된 결과밖에 얻을 수 없다. 겉으로 드러나지는 않지만, 이 방대한 데이터 속에는 자연의 숨은 비밀을 밝혀줄 단서가 숨어 있을지도 모른다. 예를 들어 일반상대성이론은 아인슈타인의 영감 어린 통찰력에서 탄생했는데, 사실 이 내용은 갈릴레오 이전부터 관측자료 속에 이미 들어있었으나 아무도 간파하지 못했던 것뿐이다. 현대에는 관측자료가 비교도

안 될 정도로 많기에, 자연의 비밀을 밝혀줄 단서가 도처에 숨어 있으리라 추정된다. 아마도 개중에는 관점을 조금만 바꾸면 명백하게 드러나는 단서도 있을 것이다.

나는 자연을 기존과 다른 새로운 관점에서 바라볼 필요가 있다고 굳게 믿는 사람이다. 관점을 바꾸면 양자역학의 측정역설과 EPR-효과의 비국소성, 양자얽힘(23장과 29장 참조) 등 해묵은 난제들을 새로운 각도에서 바라볼 수 있을 것이다. 30장에서 말한 바와 같이 측정역설은 일반상대성이론의 원리(특히 갈릴레오-아인슈타인의 등가원리)와 깊이 연관되어 있다. 앞으로 새로운 관측자료가 확보되면(FELIX나 지상관측 등, 31.13절 참조) 양자이론에 대한 이해는 더욱 깊어질 것이다. 또는 다른 형태의 실험(고차원 시공간의 가능성을 타진하는 실험)을 통해 양자중력의 비밀이 풀릴 수도 있고, 실험이 아닌 이론을 통해 앞으로 나아갈 수도 있다.

33장에서 소개했던 이론들에서 자연의 비밀을 밝혀줄 실마리를 찾을 수 있을까? 이 점에 관해서는 사람마다 보는 시각이 다를 수밖에 없다. 물론 내 의견도 그 중 하나에 불과하다. 40여 년 동안 트위스터 이론을 집중적으로 연구해온(지금도 하고 있다!) 나로서는 물리학에 혁신을 가져올 후보로 트위스터 이론을 꼽고 싶다. 그러나 트위스터 이론은 그동안 많은 발전을 이루었음에도(33장 참조), 양자역학의 측정역설을 해결하기에는 아직 부족한 점이 많다.

33장에서 언급된 이론들에 대해 어떤 관점을 고수하건 간에, 발상의 전환을 통한 새로운 관점이 필요한 것만은 분명한 사실이다. 이 과업을 어떻게 이룰 수 있을까? 아인슈타인처럼 외부와 접촉을 줄이고 혼자 심사숙고해야 할까? 아니면 실험에서 발견된 신기한 현상들을 설명하는 데 전념해야 할까? 알베르트 아인슈타인은 자신의 사고력을 극한으로 몰아붙인 끝에 일반상대성이론이라는 세기의 걸작을 '오직 혼자만의 능력으로' 탄생시켰다(로렌츠와 푸앵카레, 마흐, 민코프스키, 그로스만 등 다른 물리학자들의 공헌도 있었지만, 전체적으로는 아인슈타인의 '1인 작품'이라고 할 수 있다). 반면에 양자역학은 여러 물리학자가 집단으로 이루어낸 '공동작품'으로서, 다양한 실험에 근거하여 자신의 갈 길을 찾았다. 요즘 이론물리학계는 분위기가 크게 변하여, 아인슈타인처럼 연구를 혼자 진행하여 커다란 공헌을 하기가 거의 불가능해졌다. 학계에서 살아남으려면 연구원들 사이에 긴밀하게 정보를 교환하는 팀워크와 방대한 계산을 빠르게 수행하는 대형 컴퓨터, 수시로 학계의 대세를 간파하여 그 분야로 재빨리 뛰어드는 민첩성 등을 고루 갖춰야 한다. 이런 분위기에서 관점의 근본적인 변화를 기대할 수 있을까? 좀 더 지켜봐야 하겠지만, 나는 가능성이 별로 없다고 본다. 만일 그 변화라는 것이 20세기 초의 양자역학처럼 주로 실험에 의해 선도된다면 집단연구를 통해 새로운 변화가 나타날 수도 있다. 그러나 양자중력이론에서 이런 변화가 일어나려면 일반상대성이론이 양자역학의 구조 자체에 영향을 준다는 실험 증거가 발견되어야 한다(30장 참조). 만일 이것이 이루어지지 않는다면, 아인슈타인처럼 혼자 연구하는 쪽이 유리하다고 생각한다. 이런 상황에서는 물리학적 영감과 더불어 수학적 아름다움이 중요한 동기로 작용할 것이다.

내가 수학적 아름다움을 강조하는 이유는 물리학의 기본을 깊이 파고들수록 자연을 서술하는 수학체계가 더욱 정교해지기 때문이다. 이때 나타나는 수학은 단순히 계산만을 위한 것이 아니라, 이보다 덜 근본적인 단계에서 등장하는 수학보다 훨씬 복잡하면서도 미묘하고 아름다운 특성을 갖고 있다. 그러므로 물리학의 진보가 실험이 아닌 이론에 의해 주도된다면 수학의 중요성이 더욱 크게 부각될 것이고, 수학의 미적 감각을 통해 적절한 아이디어를 찾아내는 능력도 필요할 것이다.

이 과업을 이루려면 어떤 조건이 충족되어야 하는가? 당연히 떠오르는 질문이지만, 답을 제시하기가 쉽지 않다. 책 후반부에 언급된 다양한 접근법들에서 알 수 있듯이, 수학 및 물리학의 미적 기준이 다르면 이론의 근간을 이루는 수학도 완전히 다른 방향으로 전개된다(심지어는 서로 상충하는 때도 있다). 학자 중에는 "모든 접근법을 하나로 통합한 후 필요한 부분을 골라내는 방법을 찾아야 한다"고 주장하는 사람도 있다. 여러 이론이 심각하게 상충하므로, 이들 중 하나만 살아남고 다른 모든 것은 폐기되어야 한다고 주장할 수도 있다. 내가 보기에 진리는 이 양극단의 중간쯤에서 찾아야 할 것 같다. 각 이론은 저마다 자신만의 기본원리를 내세우고 있지만, 그 외의 다른 부분에서 중요한 요소가 발견될지도 모른다.

내가 소개한 이론 중 일부는 서로 완전히 일치하지는 않지만, 어느 정도 공통된 배경을 갖는다. 특히 32장에서 언급된 고리변수이론과 트위스터 이론(33장 참조)은 공통점이 많아서, 이들을 조합하면(스핀네트워크, 스핀 거품, n-카테고리 이론, 또는 비가환 기하학 등과 연계하여) 무언가 새로운 체계가 탄생할 것 같기도 하다. 그러나 여분차원을 주장하는 끈이론은 트위스터나 고리변수와 어떻게 통합해야 할지, 구체적인 그림이 떠오르지 않는다. 물론 끈 자체는 통합의 걸림돌이 아니다(31.5절 참조). 심지어는 초대칭도 트위스터 이론과 결합될 수 있다.[23] 그러나 끈이론이 주장하는 시공간의 차원과 부호수가 트위스터 이론의 복소해석적 철학에 위배되기 때문에(33.4절의 마지막 단락 참조), 근본적인 단계에서 트위스터 이론이나 고리변수이론과 조화를 이루지 못한다. 얼마 전까지 끈이론학자들은 끈이론으로 (1 + 3)차원 이론을 재현하는 데 별 관심이 없었으나, 지금은 분위기가 조금 변하여 이 문제를 심각하게 고려하고 있다.

34.6 실체란 무엇인가?

지난 2,500년 동안, 그리고 특히 지난 수백 년 사이에 과학이 장족의 발전을 이룬 것은 분명한 사실이지만, '실체에 이르는 길road to reality'은 아직 찾지 못했다는 것이 내 생각이다. 이 길을 찾기 위해서는 새로운 통찰이 반드시 필요하다. 독자들 중에는 실체에 이르는 길 자체가 환상에 불과하다고 생각하는 사람도 있을 것이다. 그럴지도 모른다. 그동안 우리는 자연을 놀랍도록 정확하게 서술하는 수학 위에서 다양한 길을 모색해 왔지만, 자연의 모든 현상을 하나의 수학체계로 통합하는 역사적 과업은 허황된 꿈에 불과할지도 모른다. 또 다른 사람들은 '물리적 실체'라는 것이 우리 생각과 무관하게 객관적인 개념이라고 생각할 수도 있다.

그렇다면 이런 질문을 던져 보자. "물리적 실체란 무엇인가?" 이것은 지난 수천 년 동안 끊임없이 제기되어온 질문으로, 각 시대의 철학자들은 다양한 방식으로 해답을 제시해 왔다. 현대를 사는 우리는 '현대과학'이라는 위대한 산물 위에 걸터앉아, 우리 선조들보다 한층 더 냉철한 시각으로 해답에 접근할 수 있다고 자신한다. 그러나 현대과학자들은 대부분 질문에 답하기보다는 질문을 피해가고 싶을 것이다. 그들은 질문 자체가 잘못되었다고 주장한다. 실체가 무엇인지를 묻는 것보다 "실체는 어떻게 작동하는가?"를 묻는 것이 올바른 질문이라는 것이다. 사실 '어떻게(How?)'는 이 책의 주제이기도 하다. 우주와 그 구성물질을 관장하는 법칙을 '어떻게' 서술해야 하는가?

독자들에게는 이것이 난처한 질문을 회피하는 수단처럼 보일 수도 있다. 우주의 구성물질들이 행동하는 방식을 알았다고 해도, "그런 식으로 행동하는 주체는 무엇인가?"라는 질문은 여전히 남아 있다. '무엇(What?)'이란 질문은 '왜(Why?)'를 묻는 유사 깊은 질문과 밀접하게 얽혀 있다. 우리 우주를 구성하는 물질들은 왜 그런 특이한 방식으로 행동하는가? 그러나 그 물질의 정체(what)를 모르는 한, 그런 식으로 행동하는 이유(why)도 결코 알 수 없을 것이다.

현대과학은 '무엇?'과 '왜?'라는 질문에 선뜻 답을 내놓지 못한다. 그러나 가장 깊은 수준의 실체에 관한 질문이 아니라면, '무엇'과 '왜'를 묻는 말에는 대체로 답을 제시할 수 있다. 예를 들어 "콜레스테롤 분자는 무엇으로 구성되어 있는가?"라거나 "성냥을 거친 면에 그으면 왜 불이 붙는가?", "오로라의 정체는 무엇인가?", "태양은 왜 빛을 발하는가?", "수소원자나 수소분자의 형태를 유지시키는 힘의 원천은 무엇인가?", "우라늄 원자는 왜 불안정한가?"와 같은 질문에는 나름 답을 제시할 수 있다. 그러나 누군가가 "전자란 무엇인가?", "공간은 왜 3차원인가?"라고 물으면 갑자기 할 말이 없어진다. 물리적 실체를 찾는 길은 바로 이런 질문 속에 들어 있다.

31 ~ 33장에서 알 수 있듯이, 현대물리학자들은 수학적 모형을 통해 자연의 섭리를 설명하고 있다. 이것은 구체적인 내용과 상관없이 거의 모든 이론에서 나타나는 현상이다. 마치 물리학자들이 플라톤의 수학적 이상향에서 '실체'를 찾는 것처럼 보인다. '만물의 이론'을 자칭하는 모든 이론은 먼저 수학 체계를 갖추고서 순수한 수학법칙에서 물리적 실체를 찾는 방식으로 전개되고 있다. 앞에서 지적한 대로 만물의 이론으로 가는 길은 아직 멀고도 험난하지만, 자연의 비밀을 깊이 파고들수록 플라톤의 수학적 이상향으로 더욱 깊이 들어간다는 것만은 분명한 사실이다. 왜 그

런가? 지금 우리 눈에는 미스터리로 보일 뿐이다. 이것은 1.4절에서 언급했던 세 미스터리 중 첫 번째 미스터리에 해당한다. 그림 1.3에 약간의 부가적 장식을 더해서 이 상황을 표현하면 그림 34.1과 같다.

그런데 수학적 개념들은 '그들만의 세계'에 존재하는 것일까? 만일 그렇다면 우리가 찾는 궁극적 실체라는 것도 그 추상적인 세계에 속할 것이다. 일부 사람들은 플라톤의 수학세계가 '현실적'이라는 주장을 쉽게 수용하지 못하고, 물리적 실체가 단순히 추상적인 개념으로 구축되었다는 관점에 불편함을 느낄 수도 있다. 나는 플라톤의 이상적 세계가 수학적 개념에 일종의 '현실성'을 부여한다고 생각하지만(1.3절에서 이 점을 주장한 바 있다), 플라톤적 세계의 추상적 실체와 물리적 실체를 동일시하지는 않는다. 그림 34.1에는 나의 이러한 생각이 도식적으로 표현되어 있다. 이 그림에서 세 세계(플라톤의 수학세계와 물리적 세계, 그리고 정신세계)는 각자 나름대로 실체를 가지며, 각각의 세계는 그 앞의 세계에서 발견

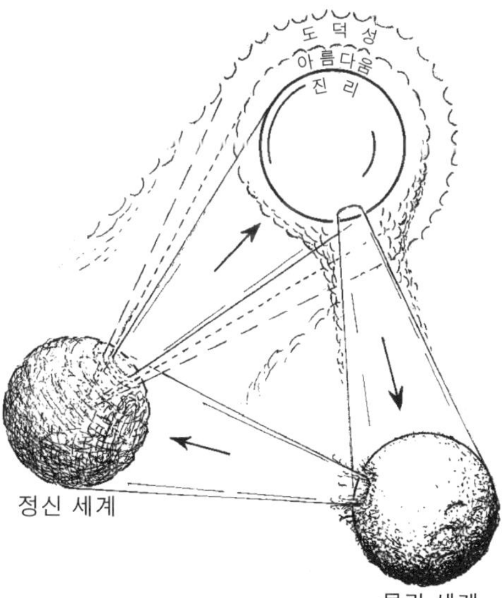

그림 34.1 '세 가지 세계와 세 개의 미스터리(그림 1.3 참조)'를 표현한 또 하나의 다이어그램. 이 그림에는 '수학적 진리' 외에 '아름다움'과 '도덕성'이라는 플라톤적 절대가치가 추가되어 있다. 아름다움과 진리는 한데 얽혀 있으며, 아름다움과 물리학 이론은 물리적 세계로 인도하는 안내자 역할을 한다. 또한, 도덕성은 궁극적으로 정신세계에 의해 좌우된다.

된다(세 세계는 순환구조를 이룬다). 어떤 면에서 보면 플라톤의 세계는 셋 중에서 가장 원초적인 세계라 할 수 있다. 왜냐하면, 수학은 오직 논리만으로 그 모습을 드러내기 때문이다. 어쨌거나 이 순환적 구조는 신비하고도 역설적이다. 각 세계는 다음에 이어지는 세계를 완전히 포함하면서, 자기자신은 그전 세계의 작은 부분에 의해 좌우된다.

34.7 물리학이론에서 정신의 역할

그림 34.1에서 각각의 '세계'는 나머지 둘과 확실하게 구별되는 독특한 세계이다. 그러나 나는 이들 중 그 어느 것도 다른 두 세계에서 분리하여 따로 고려할 수는 없다고 생각한다. 그런데 이들 중 하나가 정신세계이기 때문에, '물리학이론에서 정신의 역할'과 함께 '물리적 구조에서 정신의 현현顯現'이라는 문제가 제기될 수 있다. 나는 이 책에서 인간의 정신에 대한 언급을 최대한 자제해 왔으나, 사실 '정신'은 물리적 실체를 이해하는 데 없어서는 안 될 중요한 요소이다(나는 인간의 정신을 심각하게 다룬 책을 집필한 적이 있다. 그러나 논쟁거리가 다분한 이 문제를 여기서 깊이 파고들 생각은 없다[24]). 정신과 관련된 문제는 정의 자체가 모호하기 때문에 논쟁의 여지가 다분하지만, 그렇다고 완전히 무시할 수도 없다. 정신세계를 그림 34.1의 다른 두 세계와 연결하지 않더라도, 인간 정신이 물리학이론에서 직접 또는 간접적으로 중요한 역할을 했던 사례는 이 책의 곳곳에서 찾아볼 수 있다.

그 대표적인 예가 27.13절과 28.6～7절에서 다뤘던 인류원리이다. 누군가에게 '관측될 수 있는' 모든 우주는 의식을 창조할 능력을 갖고 있어야 한다. 왜냐하면, 관측행위란 궁극적으로 의식을 가진 생명체의 활동이기 때문이다. 이 근본적인 요구에 의해 범우주적 물리법칙이나 물리적 변수에는 '의식이 존재할 수 있다(또는 앞으로 존재할 수 있어야 한다)'는 제한조건이 부과되며, 이 조건은 자연의 근본상수들이 갖는 어떤 특별한 값 속에 반영되어 있다(31.1절 참조). 우리가 자연에서 자주 마주치는 값들을 인류원리의 결과로 간주하는 것은 이제 상식처럼 보편화되었다.

그러나 자연상수들이 (수학적 이유가 아닌)인류원리에 의해 결정되었다고 해도, 의식이 존재하기 위해 어떤 조건이 필요한지 알려진 바가 전혀 없기에 이런 원리는 거의 쓸모가 없다. 특히 공간적으로 무한하고 균일한 우주($K \leq 0$)에서는 인류원리가 완전히 무용지물이 된다. 이런 우주에서는 물질 분포가 어떤 식으로든 나타날 수 있는데, 개중에는 의식을 가진 생명체가 탄생하는 데 매우 불리한 분포도 있기 때문이다(28.6절 참조). 내가 보기에는 기본상수들이 수학적 논리를 통해 결정된다는 쪽이 훨씬 그럴듯하게 보인다. 이런 관점에서는 우주의 크기가 무한하다 해도 인류원리와 같은 문제를 야기하지 않는다.

이와는 무관하지만, 생명체의 의식(정신)은 양자역학의 **R**부분을 해석할 때에도 매우 중요한 역할을 한다(27.7～8절 참조). 사실 양자역학에 내려진 대부분의 '관례적인' 해석은 궁극적으로 '무언가를 인식하는 존재'에 의존하며, 따라서 "인식하는 존재란 무엇인가?"라는 질문을 피해갈 수 없다! 코펜하겐 해석에 의하면[29.1절의 관점 (a)] 파동함수는 객관적인 물리적 실체가 아니라 '관측자의 마음속에 존재하는 그 무엇'이다. 또한, 이 해석은 측정이라는 것이 궁극적으로 '의식을 가진 존재'에 의해 수행되기를 요구한다. 물론 현실적인 응용단계에서는 '고전적인 측정기구'를 통해 측정이 이루어지는 것으로 간주하지만, 이것은 미지의 중간과정을 덮어두기 위한 미봉책에 불과하다. 왜냐하면 모든 측정장비는 결국 양자적 입자들로 이루어져 있고, 이들을 표준 양자역학의 **U**-과정에 적용하면 결코 고전적인 거동을 보이지 않을 것이기 때문이다(이것은 기본적으로 슈뢰딩거의 고양이역설에서 제기된 문제이다. 29.7～9절, 30.10～13절 참조). 사실은 주변환경의 결어긋남 관점도[29.1절의 관점 (c)] 미봉책에 가깝다. 주변환경 속으로 정보가 사라졌다고는 하지만, 객관적으로 보면 결코 사라질 수 없기 때문이다. 그러나 여기서 주관성을 배제하려면 '누구에게 인식되었는가?'라는 문제로 되돌아가게 되고, 결국은 '의식을 가진 관측자'라는 문제로 귀결된다.

어떤 관점을 취하건 간에, 양자역학의 **U**-과정을 '우주를 서술하는 진리'로 받아들이는 한 결국은 다중세계해석 쪽으로 내몰릴 수밖에 없다[29.1절의 관점 (b)]. 다중세계관점에 설득력이 있으려면 '의식을 가진 관측자'라는 존재가 무엇으로 이루어졌는지를 분명하게 설명할 수 있어야 한다. 왜냐하면 관측자가 인지한 '실체'는 '관측자의 상태'와 연관되어 있어서, 관측자에게 어떤 상태가 허용되는지를 모르면 어떤 실체상태(외부세계)가 허용되는지도 알 수 없기 때문이다. 다시 말해서, 이 세계는 우리에게 객관적인 객체로 인식되고 있지만, 사실은 관측자의 의식이 무수한 양자적 중첩 중에서 어느 쪽으로 흘러가느냐에 따라 결과가 좌우된다는 것이다. 의식을 가진 관측자를 적절하게 서술하는 이론이 없는 한, 다중세계해석은 미완의 이론으로 남을 수밖에 없다(29.8절 참조).[25]

정합적 과거 접근법[29.2절의 관점 (d)] 또한 '관측행위의 주체는 누구인가?'에 따라 영향을 받는다[이 개념은 겔만-하틀의 IGUS이론(29.9절 참조)에서 언급되었다[26]]. 위그너가 제안했던 관점[29.2절 관점 (f)의 한 버전]에서 의식(또는 일반적으로 살아 있는 생명체)이 **U**-과정을 위배한다는 아이디어도 양자역학에서 정신(또는 관측자를 구성하는 그 무엇)의 역할을 염두에 둔 것이다. 내가 아는 한 '관측자의 의식'을 도입할 필요가 없는 해석은 드브로이-봄의 해석과[29.2절의 관점 (e)][27] 양자역학의 근본적인 변화를 요구하는 해석[29.2절의 관점 (f)]뿐이다. 이 해석에 의하면 **U**와 **R**은 시간을 따라 진행되는 객관적 물리계를 근사적으로 서술한 것이다.

여러 곳(특히 30장)에서 이미 강조해온 바와 같이, 나는 위에서 마지막으로 언급된 관점, 즉 **U**과정에 이어 객관적 **R**(객관적 상태축소, **OR**) 과정이 중력의 영향을 받아 일어난다는 관점을 고수하는 쪽이다. 이 '중력적 **OR**'은 자발적으로 일어나는 과정으로서, 의식을 가진 존재를 끌어들일 필요가 없다. 일상적인 환경에서 **OR**은 끊임없이 나타나고 있으며, 큰 스케일로 근사를 취하면 고전적인 세계가 거의 정확하게 얻어진다. 그러므로 관측이 행해졌을 때 나타나는 양자적 상태축소(**R**)를 설명하기 위해 '의식을 가진 관측자'를 추가로 고려할 필요가 없는 것이다.

이와는 별도로, 나는 의식이라는 현상을 '외부'의 물리적 세계에서 일어나는 실제 물리적 과정으로 생각하고 싶다. 이것은 근본적으로 **OR**과정을 이용하여 설명할 수 있을지도 모른다. 나의 관점은 위에서 언급한 "관측자의 의식에 의해 **R**-과정이 일어난다"는 관점과 기본적으로 정반대이다. 나는 물리적 과정 **R**에 의해 (부분적으로)의식이 창출된다고 생각한다![28]

이 주장을 실험으로 검증할 수 있을까? 나는 할 수 있다고 믿는다. 스튜어트 해머로프Stuart Hameroff[29]는 인간의 두뇌에서 위 주장과 관련된 부분인 '**A**-격자형 신경 미세소관A-lattice neuronal microtubules'구조를 처음으로 제안했는데[시냅스 클리트린 synaptic clathrins (내포작용에 관여하는 단백질)[30]도 또 하나의 가능한 후보로서, C_{60}과 비슷한 분자구조로 되어 있다], 이것은 실험으로 확인될 가능성이 크다. 해머로프의 이론에 의하면 인간의 두뇌 속에는 넓은 영역에 걸쳐 작용하는 큰 스케일의 양자적 결맞음체계가 존재하며(고온 초전도체와 비슷한 특성을 갖고 있다.[31] 28.1절 참조), 이 체계 속에서 A-격자형 신경 미세소관이 중요한 역할을 한다. 이 두뇌 속의 양자계가 부분적으로 상태축소(통제된 **OR**)를 일으킬 때마다 의식이 탄생한다는 것이다. 이 과정에서 단백질분자들이 결맞은 상태에서 (30.11 ~ 12절에서 설명한 방식에 따라)중력적 **OR**에 영향을 주도록 두뇌의 여러 부분들이 유기적으로 협조하고 있다.

앤드루 더긴스도 (미세소관 가설에 특별히 적용되지는 않지만)실험으로 검증할 수 있는 독창적인 아이디어를 제안했다. 이 아이디어는 두뇌의 여러 부분이 각기 다른 패턴의 지각(시각적 이동인지, 색상인지, 형태인지 등)을 창출한다는 사실에 기초하는데, 의식은 이 모두가 하나의 이미지로 합쳐지면서 나타나는 현상이다. 학자들은 이것을 흔히 '결합문제 binding problem'라고 부른다. 더긴스는 의식의 이미지가 형성되는 과정에서 벨 부등식이 심각하게 위배되는 사례가 있는지 테스트할 것을 제안했다. 만일 이런 사례가 있다면 EPR-형태의 비국소적 사건이 일어난다는 뜻이며(23.3 ~ 5절 참조), 이는 곧 큰 스케일에서의 양자적 효과가 인간 의식의 일부분임을 강하게 시사할 것이다. 아직은 어떤 결론을 내릴 만한 데이터를 확보하지 못했지만, 가능성은 충분히 있다고 본다.[32]

내가 보기에, 물리학의 가장 깊은 수준에서 완전성을 추구하는 이론은 모두 인간의 의식이나 정신과 연결되어 있는 것 같다. 일부 사람들은 "의식은 관측 가능한 현상이 아니라 머릿속에서 진행되는 그 무엇"이라며 이 문제를 피해 가거나 평가절하하고 있다. 이들의 주장을 따르면 의식의 발현에는 물리적으로 중요한 요소라고 할만한 것이 전혀 없다. 이 문제에 대한 표준적인 의견은 '계산적 기능주의computational functionalism' 로서, 의식이라는 것이 (아직은 그 특성을 모르는)계산의 결과에 불과하다는 관점이다. 나는 이 관점을 주장하는 학자들과 (괴델의 정리와 튜링의 계산가능성 개념을 인용하면서)격렬한 논쟁을 벌였으며, 아직 완전하게 규명되지 않은 (중력적) **OR**이 인간의 의식을 좌우한다는 내 이론을 강력하게 제안했다.[33] 내가 주장하는 중력적 **OR**은 계산불가능한non-computational 이론이다(즉, 튜링 머신의 시뮬레이션 범위를 벗어나 있다. 16.6절 참조). 이런 식으로 **OR**을 구현하는 이론은 아직 초보적인 단계에 있지만 몇 가지 실마리가 확보된 상태이다.

34.8 수학을 통해 실체로 접근하는 긴 여정

앞 절에서 지적한 바와 같이, 자연의 실체를 이해하기 위한 우리의 여정은 아직 갈 길이 한참 멀다. 이 여정은 끝이라는 것이 아예 없을 수도 있고, 원리적으로 실체를 이해하는 궁극의 이론이 탄생하여 화려한 대미를 장식할 수도 있다. 이런 이론이 구체적으로 어떤 형태일지는 모르겠지만, 지금까지 우리가 알고 있는 이론들과 크게 다를 것이라는 점만은 분명하다. 인류가 지난 2,500년 동안 자연의 실체를 탐구하면서 깨달았던 가장 중요한 사실은 깊은 수준에서 물리적 세계와 수학체계가 어떤 통일성을 보인다는 점이었다.[34] 이것이 바로 1.3절과 34.1절에서 언급했던 '첫 번째 미스터리'이다. '실체에 이르는 길'이 결국 목적지에 도착한다면, 그곳에서 심오한 '단순성'이 우리를 맞이할 것이다. 그러나 지금까지 제안된 어떤 이론도 이와 같은 단순함을 보여주지 못하는 것 같다.

고대 그리스인이 처음 발견했던 이 미스터리는 지금까지 거의 모든 이론에 예외 없이 적용되어 왔다. 우리의 여정이 끝나려면 아직 한참 멀었지만, 우리가 알고 있는 가장 깊은 수준에서 수학을 통해 우주의 상당 부분을 이해할 수 있었다. 그중에서 가장 큰 성공을 거둔 수학개념으로는 실수체계와 기하학을 들 수 있다. 초기의 기하학은 고대 그리스인이 발전시켰던 유클리드 기하학이었으나, 훗날 이 분야는 유클리드 유형에서 벗어나 람베르트, 가우스, 로바체프스키, 보여이, 리만, 벨트라미 등 다양한 기하학으로 발전했다. 그 후 민코프스키는 시간과 공간을 합병했고 아인슈타인의 일반상대성이론은 '휘어진 시공간'이라는 혁명적인 개념을 낳았다. 또한 아르키메데스에서 시작되어 페르마, 뉴턴, 라이프니츠, 오일러, 코시, 카르탕 등으로 이어진 미적분학과 미분(적분)방정식, 변분법 calculus of variation 등은 자연의 행동양식을 이해하는 데 반드시 필요한 요소로서, 근본적으로 기하학과 밀접하게 연관되어 있다. 이밖에도 맥스웰, 볼츠만, 기브스, 아인슈타인 등이 개발한 통계적 개념들 덕분에 규모가 크고 복잡한 물리계의 특성을 이론적으로 예측할 수 있게 되었으며, 하이젠베르크의 행렬이론에서 시작하여 복소 힐베르트 공간과 클리포드 대수, 그리고 디랙과 폰 노이만 등의 표현이론과 무한차원 함수해석에 이르는 양자역학 전반에 걸쳐 수학은 핵심적인 역할을 해 왔다.

이처럼 수학이 자연의 운영방식에 깊이 관여하고 있으므로, 수학의 특성을 파고들다 보면 물리학이론으로는 표현 불가능한 심오한 문제에 접근할 수 있을지도 모른다. 내가 보기에 물리학에 사용되는 수학의 특징은 '복소수체계'와 '대칭'으로 요약될 수 있다. 고전물리학은 주로 실수체계에 기반을 둔 반면, 양자역학은 복소수체계에 크게 의존하고 있다. 그리고 대칭은 20세기 물리학의 핵심을 이루는 개념으로서, 게이지이론에서 중요한 역할을 한다.

먼저 복소수체계부터 살펴보자. 이 책의 여러 곳에서 반복적으로 강조해온 바와 같이 복소수의 수학은 마법과 같은 위력을 발휘하며, 우주는 가장 깊은 단계에서 복소수 마법을 십분 활용하고 있는 것처럼 보인다. 이것은 자연 자체가 복소수체계를 닮았기 때문일 수도 있고, 자연을 서술하는 물리학이 복소수 수학을 사용했기 때문에 그렇게 보일 수도 있다. 아마도 학자들은 대부분 후자에 가까운 관점을 갖고 있을 것이다. 그러나 이들에게도 미스터리는 여전히 남아 있다. 양자역학의 중첩원리와 슈뢰딩거 방정식, 그리고 양의 진동수조건과 양자장이론에 등장하는 무한차원 복소구조(26.3절 참조) 등 양자이론 전반에 걸쳐 복소수체계가 중요한 역할을 맡게 된 이유를 설명할 수 있어야 한다. 이런 물리학자들에게 실수는 '자연스러운' 수이고 복소수는 '신비한' 존재이다. 그러나 순수하게 수학적인 관점에서 볼 때 실수가 복소수보다 더 자연스러울 이유는 없다. 복소수의 마법을 생각하면 오히려 복소수가 실수보다 더 자연스럽다고 볼 수도 있다(또는 복소수를 신이 인간에게 준 '천혜의 수'라고 생각할 수도 있다).

내가 볼 때 물리학에서 복소수(더 정확하게는 복소해석적 성질)가 핵심적인 역할을 하는 것은 자연스러운 현상이다. 오히려 물리학에서 실수체계가 중요한 역할을 하는 이유를 묻는 편이 더 타당한 질문일 것이다.[35] 표준 양자역학은 복소수에 기반을 두지만, 이론 자체는 복소해석적이 아니다. '관측가능한 양'들이 에르미트 연산자로 표현되어야 한다는 조건과(22.5절 참조) 양자계의 시간 진행이 (단순히 복소 선형적이 아니라)유니터리하게 이루어진다는 조건이 양자이론의 비 복소해석적 성질을 잘 보여주고 있다. 그리고 유니터리성은 복소수의 복소켤레 개념($z \mapsto \bar{z}$)에 기초한다. 이와 더불어 양자상태들 사이에 요구되는 직교성orthogonality도 비 복소해석적 개념이다. 관측가능한 양들이 에르미트 연산자로 표현되는 이유는 관측된 물리량이 '실수'여야 한다는 조건에서 기인한 것이고, 유니터리성은 '확률은 보존되어야 한다(즉, 절댓값 제곱규칙)'는 조건에서 탄생한 것이다. 여기서 복소수진폭 z는 다음과 같은 비 복소해석적 연산을 거쳐 확률로 전환된다.

$$z \mapsto \bar{z}z$$

이것은 기본적으로 '양자 정보(즉 양자 얽힘, 23.10절 참조)'에서 '고전 정보(측정확률)'로의 변환을 의미한다. 이 과정에서 양자적 복소해석성은 붕괴되고, 직교성이 측정의 중요한 특성으로 떠오른다. 즉, 양자역학에 측정이 개입되는 순간부터 비 복소해석성이 나타나기 시작하는 것이다.

물론 양자역학의 배경인 시공간에서는 실수가 나름대로 역할을 하고 있다. 만일 중력적 **OR**이 양자상태축소의 진정한 원인으로 밝혀진다면, 실수(비 복소해석적)에 기초한 시공간도 $z \mapsto \bar{z}z$라는 연산과 관련지어 이해할 수 있을 것이다. 그렇다면 복소해석적 연산에 크게 의존하는 트위스터 이론에서 어떤 실마리를 찾을 수 있지 않을까? 아니면 불연속 시공간체계를 구축하기 위해 복소수 마법으로부터 불연속조합의 원리를 찾아내야 할까?(3.3, 3.5, 32.6, 33.1절 참조) 어쨌거나 나는 자연의 물리적 실체가 복소수체계 속에 반영되어 있다고 굳게 믿는다.

그다음으로, 현대물리학의 총아라 할 수 있는 대칭의 역할에 대해 생각해 보자. 대칭 개념이 물리학에 유용하다는 점에는 이견의 여지가 없다. 상대성이론(로렌츠군)과 양자역학은 대칭의 역할에 크게 의존하고 있다. 그런데 과연 대칭이라는 것이 자연의 속성인지, 또는 우연히 나타난 것인지, 아니면 근사적 서술의 결과인지는 한 번쯤 짚고 넘어갈 필요가 있다.

현대 입자물리학은 대칭을 자연의 근본 특성으로 간주하며, 현재의 우주가 대칭에서 벗어난 이유를 초기우주의 대칭붕괴에서 찾고 있다. 13.1절과 15.2, 4절에서 언급한 대로 번들 접속에는 정확한 대칭이 요구되며, 약전자기이론에 등장하는 '정확한' U(2)대칭은 약전자기력 electroweak force의 게이지 대칭 역할을 한다(15.1, 8절 참조). 이 대칭은 빅뱅이 일어난 직후(약 10^{-12}초 후)에 자발적으로 붕괴했다. 그러나 28.3절에서 말한 바와 같이 우주 초기에 대칭이 붕괴했다는 이론은 몇 가지 문제점을 안고 있다. 이 문제는 약전자기이론의 U(2)대칭뿐만 아니라 더 큰 대칭을 도입한 대통일이론(GUT)에도 여전히 존재한다.

GUT의 큰 대칭군은 정말로 입자물리학을 단순하게 만들어 주었는가? 처음부터 대부분의 대칭이 근본적으로 붕괴되어 있었다고 가정하면 이론이 더 단순해지지 않을까? 후자의 경우라면(약전자기이론에는 잘 맞아 들어간다. 28.3절 참조) 현재의 이론에 등장하는 대칭은 대부분 근본 단계에서 근사적인 서술에 불과하며, 명백한 대칭이 나타나는 이유를 더욱 깊은 영역에서 찾아야 한다.

표준 양자이론에는 두 가지 형태의 붕괴된 대칭이 모두 존재한다. 자발적으로 붕괴된 대칭의 사례로는 초전도체[U(1)대칭붕괴]를 들 수 있고, 주어진 현상을 대칭 개념으로 훌륭하게 설명해낸 사례로는 원자 스펙트럼의 분류를 들 수 있다.[36] 그러나 후자는 근사적인 서술에 불과하며, 이 현상은 더욱 깊은 수준에서 더 작은 대칭성을 갖는 이론으로 설명되어야 한다. 미래의 입자물리학에서 두 상황 중에 어느 쪽을 중요하게 취급할지는 더 두고 봐야 알 것 같다.[37]

이와 관련된 또 하나의 관심사로 리만 구면을 들 수 있다. 리만 구면은 초기에 아무런 대칭을 부과하지 않아도 결과적으로 정확한 대칭군이 나타날 수 있다는 점에서 우리의 관심을 끈다. 복소평면 조각들을 '대칭이 없는' 특별한 방식으로 덧붙여서 복소다양체를 만들었는데 그 위상이 S^2로 나타났다면 이것은 리만 구면과 동일하며, 처음에 조각들을 아무리 불규칙적으로 붙였다고 해도 여기에는 정확한 SL(2, C) 대칭군(비 반전 로렌츠군)이 대응된다.[38]

자연에 존재하는 상수들에도 대칭과 관련된 미스터리가 존재한다(31.1절 참조). 이 숫자들은 대칭붕괴와 비슷한 과정을 거치면서 우주 초기에 결정된 것일까?(휠러/스몰린 유형의 제안, 28.6절 참조) 카비보 각(25.7절 참조)이나 와인버그각과 같은 일부 상수들은 이런 과정을 통해 결정된 것으로 추정되지만, 이보다 깊은 수준의 이론에서 오직 수학적인 논리를 통해 결정될지도 모를 일이다(물론 이것은 나의 개인적인 추측일 뿐이다[39]).

이와 관련하여 약한 상호작용의 카이랄 비대칭성도 질문 대상이 될 수 있다(25.3절 참조). 표준모형의 정상적인 접근법에 의하면 카이랄 비대칭은 이론 자체에 내재한다. 그러나 (대부분의)뉴트리노는 질량을 갖고 있어서(즉, 정지질량이 0이 아니어서) 표준 약전자기이론에서 벗어나 있다. 그렇다고 약한 상호작용에 카이랄 비대칭을 가져온 원흉으로 왼쪽-뉴트리노를 '비난'할 수는 없다. 질량을 갖는 뉴트리노는 왼쪽 '지그 입자'가 아니다. 질량이 있으면 오른쪽 '재그'부분도 갖기 때문이다(25.2절 참조). 어떤 특별한 형태의 표준모형(질량이 있는 뉴트리노를 포함하도록 조금 확장된 모형)에서는 이전에 좌/우 대칭이었던 모형이 자발적으로 붕괴했다고 생각할 수도 있다. 그러나 좌-우 비대칭은 우주 초기에 일어난 자발적 대칭붕괴 때문이 아니라 처음부터 존재했다는 것이 통상적인 견해이다.

시간의 비대칭성(27 ~ 28장 참조)도 생각해 볼만한 문제이다. 우주 초기에 일어났다는 자발적 대칭붕괴로는 시간 비대칭을 초래할 수 없다. 보통은 열역학 제2법칙을 '이용하여' 이 문제를 설명하고 있지만, 이 법칙으로부터 시간의 비대칭성을 유도할 수는 없다.

34.9 아름다움과 기적

지금부터는 물리학이론의 가장 깊은 영역에서 발견되는 수학의 신비함에 대해 논해 보자. 나는 이론물리학의 연구방향이 두 가지 요인에 의해 크게 좌우된다고 생각한다. 그런데 이 요인을 구체적으로 언급한 과학서적은 아직 본 적이 없다. 여기에 너무 집착하다 보면 소위 말하는 '과학적 탐구방법'에서 크게 벗어날 가능성이 농후하기 때문이다. 그 첫 번째 요인은 이 책의 여러 곳에서 언급한 바 있는 '아름다움' 또는 '우아함'이고, 두 번째는 학자로서 도저히 거부할 수 없는 유혹인 '기적'이다(이것은 19.8절과 21.5절, 그리고 31.14절에서 잠시 언급되었다). 나의 경험을 토대로 자신 있게 말하건대, 아름다움과 기적은 물리학자의 연구방향에 가장 강력한 영향을 미치는 요인이다.

이 절의 주제인 '기적'을 논하기 전에, 먼저 이론의 '아름다움'부터 도마 위에 올려 보자. 사실 이 둘은 서로 무관하지 않다. 위에서 말한 대로, 그동안 커다란 성공을 거둔 물리학이론들은 거의 예외 없이 아름다운 외관을 갖고 있다. 역사상 최초의 정확한 물리학이론은 고대 그리스인의 공간이론이라고 할 수 있는데, 그 기초가 되었던 유클리드 기하학은 누가 봐도 아름답기 그지없다. 그로부터 약 1,500년 후에 탄생한 뉴턴 역학은 그 저변에 깔린 심플렉틱 기하학symplectic geometry과 더불어 더할 나위 없이 아름다운 구조를 갖고 있으며, 이 사실은 후에 라그랑지안과 해밀토니안 체계가 성립되면서 더욱 분명하게 밝혀졌다(20.4절 참조). 또한 맥스웰 전자기학은 고도로 정교한 수학체계로 표현되고, 아인슈타인의 일반상대성이론은 아름다움의 극치를 보여준다. 물론 양자역학도 예외는 아닌데, 그중에서도 수학적으로 가장 아름다운 체계를 꼽는다면 나는 디랙의 상대론적 파동방정식에 등장하는 스핀 체계와 파인만의 경로적분을 꼽고 싶다.

그런데 수학적으로 아름다운 물리학이론이 우주의 작동원리와 정확하게 맞아 들어가지 않아도, 수학 자체로 여전히 빛을 발할 수 있을까? 이런 이론이 기존의 보석 같은 순수수학이론에 필적할 수 있을까? 어느 정도 가능성은 있지만, 반드시 그렇지는 않다고 생각한다. 물리적 세계와 무관한 수학이론 중에는 물리학이론에 견줄 정도로 아름다운(또는 훨씬 아름다운) 이론이 수도 없이 많다(16.3절 참조).

물리학에 거의 영향을 주지 않으면서 아름답고 심오했던 수학을 떠올려 보자. 칸토어의 무한대이론이 그 대표적인 사례이다. 내가 볼 때 이것은 수학 역사상 가장 아름답고 심오한 이론이라 할 수 있다. 그러나 우리가 아는 물리적 세계에 칸토어의 이론이 적용된 사례는 거의 찾아보기 어렵다(16.3, 4, 7절 참조). 그 후에 등장한 괴델의 불완전성 정리(16.6절 참조)도 수학역사에 한 획을 긋는 뛰어난 업적이었으나 물리학과는 거의 무관하다. 그 외에 넓은 응용분야와 심오한 아이디어로 무장한 카테고리 이론도(33.1절 참조) 물리학과는 별 인연이 없다.

불완전성 정리와 카테고리 이론은 21세기 물리학에 공헌할 가능성이 있지만(33.1, 34.7절 참조) 아직은 짐작일 뿐이다. 그 외에 아름답고 심오한 기존 수학이론들이 미래의 물리학과 연결될 가능성은 거의 없어 보인다. 지난 1990년대 말에 앤드루 와일즈가 근 350년 만에 증명에 성공하여 세간의 화제가 되었던 페르마의 마지막 정리를 예로 들어 보자. 이 증명은 방대한 양의 수학개념과 천재적인 아이디어로 점철되어 있지만, 물리학 법칙과는 거리가 멀다. 20세기 수학분야에서는 그밖에도 (연속군과 불연속군을 모두 포함한)단순군의 분류 등 뛰어난 업적들이 양산되었는데, 물리학에서 단순군을 부분적으로 응용한 사례는 있지만 단순군으로부터 새로운 물리학이론이 탄생할 가능성은 거의 없다. 수학적인 분류는 물리학자들이 어떤 가능성을 점칠 때 보조수단으로 활용되는 정도이다. 또 다른 사례를 들어 보자. 19세기에 수학자 리만은 제타 함수 및 소수prime number의 분포와 관련된 가설을 제안했다. 이것이 바로 그 유명한 '리만 가설'로서(7.4절 참조), 수학적으로 매우 중요하고 아름다운 가설로 널리 알려졌으나 역시 물리학과는 거리가 멀다. 물론 리만 가설을 물리학에 적용할 여지가 전혀 없는 것은 아니지만,[40] 리만의 이론이 물리적 세계의 모형을 제시한다고 말하긴 어렵다.

그렇다면 다가올 미래에 심오하고 아름다운 수학과 물리학 사이의 긴밀한 관계가 밝혀질 것인가? 아니면 과거에 이룬 성공 때문에 우리가 물리학과 수학의 관계를 과대평가하는 것은 아닐까? 이 질문은 그림 1.3 속에 함축되어 있다. 플라톤의 수학적 이상향에서 얼마나 많은 부분이 물리적 세계에 투영되고 있는가?

이와 함께 다음과 같은 질문도 던져야 한다 ? 어떤 수학이 물리적 세계의 행동양식과 깊이 관련되었는지, 판단하는 방법이 있는가? 이것은 매우 흥미로운 이슈이다. 미래에는 수학과 물리학의 신비로운 관계를 좌우하는 핵심요인을 더 분명하게 이해할 수 있을 것이다.

나는 독자들이 위와 같은 논의를 통해 수학의 아름다움을 판단하는

(다소 모호하긴 하지만) 지침을 나름대로 갖게 되기를 바란다. 이미 앞에서 여러 번 강조한 바와 같이, 이론물리학을 연구할 때 미학적 기준에서 내린 판단이 바람직한 결과를 낳았다는 점만은 부인할 수 없다. 미적 가치가 거의 동일한 몇 가지 선택의 갈림길에 섰을 때 어느 쪽을 선택할 것인지는 거의 개인 취향에 따라 결정된다. 그런데 경우에 따라서는 수학적 우아함보다 훨씬 강한 유혹이 나타날 수도 있다. 이것이 바로 내가 말하는 '기적'이다.

양자중력이론의 최근 역사를 살펴보면 이와 같은 사례를 쉽게 찾을 수 있는데, 대표적인 예가 초중력이론이다(31.2절 참조). 아인슈타인의 표준 일반상대성이론을 양자장이론의 건드림 접근법에 적용하면 2차항에서 재규격화가 불가능한 무한대가 나타나는데, 여기에 초대칭을 도입하면 무한대를 야기한 항이 기적처럼 상쇄된다.[41] 게다가 이 상쇄과정에 연루된 항이 엄청나게 많았기 때문에, 당시 초중력을 연구하던 학자들은 눈앞에 나타난 기적이 '옳은 길을 가고 있다'는 신호이며, 모든 차수에서 이와 같은 상쇄가 일어나 결국에는 진정한 양자중력이론을 얻으리라고 하늘같이 믿었다! 그러나 막상 3차항을 계산해 보니, 안타깝게도 재규격화할 수 없는 무한대가 다시 등장했고 학자들은 어쩔 수 없이 고차원 시공간으로 눈을 돌리게 되었다. 그 후 초중력은 한동안 별다른 진전 없이 침체기를 겪다가 1990년대 말에 'M-이론으로 가는 여러 개의 길 중 하나'로 화려하게 부활했다(31.4, 14절 참조).

끈이론과 M-이론은 이와 같은 기적을 여러 차례 겪어 왔다. 그중 가장 중요한 기적은 여러 끈이론들이(31.4절 참조) M-이론으로 통합된다는 것을 강하게 시사했던 거울대칭의 발견이었다. 거울대칭은 정말로 마술 같은 위력을 발휘하여, 칸델라스와 동료들이 수행했던 계산에서 과거에는 전혀 무관하게 보였던 숫자들이 정확하게 일치했다(31.4절 참조). 이것이 바로 내가 앞에서 말한 의미의 '기적'에 해당한다. 칸델라스가 거울대칭을 이용하여 얻은 317,206,375라는 숫자는 후에 대수기하학자들에 의해 맞는 값으로 판명되었으며, 이것은 끈이론/M-이론이 올바른 길을 가고 있음을 증명하는 기적으로 간주되었다! 이들의 주장이 옳건 그르건 간에, 거울대칭이 보여준 '기적'이 끈이론에 막강한 추진력을 제공한 것만은 부인하지 못할 사실이다. 여기에 자극을 받은 순수수학자들도 관련 분야를 집중적으로 연구하기 시작했는데, 거울대칭에 담긴 수학적 의미는 아직 분명하게 밝혀지지 않았다.[42]

이런 명백한 '기적'이 과연 옳은 길로 가고 있다는 지표가 될 수 있을까? 사실 이것은 매우 심오하면서도 난해한 질문이다. 가끔은 기적이라는 것이 물리학적 '계시'로 작용할 수도 있겠지만, 이런 판단을 내릴 때에는 극도로 신중해야 한다. 디랙의 상대론적 파동방정식에 전자의 스핀이 자연스럽게 포함된 것도 이런 기적에 속한다. 또한 보어가 각운동량을 양자화해서 수소원자의 스펙트럼을 이론적으로 정확하게 재현한 것과, 아인슈타인의 일반상대성이론이 휘어진 시공간을 도입하여 과거 70여 년 동안 미스터리였던 수성 근일점의 이동을 정확하게 설명한 것도 물리학역사에 길이 남을 기적이었다. 그러나 이것은 기적을 논하기 전에 물리학이론으로부터 자연스럽게 유도된 결과이며, 이론을 확인하는 과정에서 약간의 기적이 작용했을 뿐이다. 반면에 초중력이나 거울대칭은 순전히 수학적인 기적에 의존하기 때문에 물리적 당위성이 결여되어 있다. 수학적 기적이 일어난 이유를 이해한다면 기적의 정체를 밝힐 수 있겠지만, 그렇다고 해도 기적의 유혹에서 완전히 자유롭지는 못할 것이다.

한 가지 분명한 사실은 수학적인 기적이 항상 안내자 역할을 할 수는 없다는 것이다. 나는 오랜 세월 동안 트위스터 이론을 연구해 오면서 이와 같은 기적과 조우하여 크게 고무됐던 적이 여러 번 있었다. 트위스터를 서술하는 복소해석함수가 질량이 없는 장방정식의 해를 양산해 낸다는 사실을 발견한 것과(33.8절 참조) 비선형 중력자를 성공적으로 구축한 것(33.11절 참조)이 대표적이다. 과연 이것으로 트위스터 이론이 올바른 길을 가고 있다고 자신할 수 있을까? 이 점에서 나는 신중을 기할 수밖에 없다. 트위스터 이론에서 일어난 기적과 끈이론의 기적을 비교할 생각은 없지만, 둘 모두 '올바른 지표'가 될 수 없다는 점만은 분명하다. 트위스터 이론과 끈이론이 모두 옳을 수는 없기 때문이다!

물론 이것은 두 이론의 '현재 상태'를 놓고 봤을 때 그렇다는 뜻이다. 지난 몇 달 사이에 흥미로운 연구결과가 발표되었는데, 여기서 어떤 수확을 거둔다면 앞 단락의 마지막 문장이 순식간에 무효가 될 수도 있다. 이 연구는 끈이론의 아이디어를 트위스터 이론의 영역에 적용한 것으로서, 제안자는 이 분야의 선두주자인 에드워드 위튼이다[43](이 내용은 31.18절과 33.14절에서 잠시 언급된 바 있다). 끈이론을 표준 4차원 시공간 물리학에 적용한 이 접근법은 입자의 상호작용과 직접적으로 관련된 일종의 양-밀스 이론으로서, 기존의 끈이론에 심각한 변화를 가져올 수도 있다. 이것이 어떻게 가능할까? 위튼은 끈이론의 리만 곡면이 사상되는mapped '표적공간target space'을 칼라비-야우 3차원 복소다양체(표준 끈이론의 여분차원)가 아닌 사영 트위스터 공간 $\mathbb{PT}$($\mathbb{CP}^3$, 33.5절 참조)로 간주했다. 앞에서 강조한 바와 같이 트위스터 기하학의 배경은 4차원 시공간이며, '여분차원' 같은 개념은 아예 존재하지 않는다! 새로 제기된 이론에는 여전히 초대칭이 포함되어 있는데, $\mathbb{PT}$의 초대칭 버전을 일종의 칼라비-야우 공간으로 간주할 수 있다(이렇게 하면 어떤 '비정상성'이 상쇄된다. 그러나 내가 보기에는 비정상성이 상쇄되어야 할 필요성이 다소 과장되어 있으며, 초대칭을 굳이 도입해야 할 이유도 충분치 않다). 이 이론에서 리만 곡면은 종수(8.4절 참조)가 0인 리만 구면을 형성하는데,[44] 이것은 '끈' 개념이 포함되어 있었던 초기 트위스터 이론과 일맥상통한다.[45]

만일 끈이론이 이와 같은 식으로 변한다면(내가 보기에는 매우 큰 변화이다), 끈이론의 '기적'은 물리적으로 어떤 의미를 갖게 될 것인가? 내 짐작에는 꽤 중요한 의미가 있을 것이며, 리처드 토머스가 말했던 '끈/M-이론의 저변에서 은밀하게 진행되는 심상치 않은 일(31.18절)'의 실체도 밝혀질 것이다. 그러면 끈이론에서 여분차원에 의존하지 않는 장점만을 골라낼 수 있을까? 나는 가능하다고 본다. 리만 구면을 복소다양체로 사상하는 아이디어에 기초한 양자장이론에는 무언가 심오한 구석이 있다(리만 구면을 종수가 더 높은 다양체로 사상하는 것도 가능하다).[46] 이것이 트위스터 이론과 연결될 가능성도 있지만, 구체적인 결과는 더 지켜봐야 할 것 같다.

34.10 심오한 질문에 답이 제시되면서 더 심오한 질문이 제기되다

앞에서 몇 개 절에 걸쳐 논의된 내용은 현재의 물리학 수준에서 결론을 내릴 수 없는 이슈들로서, 21세기 물리학이 해답을 찾아 주기를 바랄 뿐이다. 그러나 20세기 후반에 우리가 알게 된 사실을 되돌아볼 때, 인류는 어느 정도 자신감을 가져도 좋을 듯하다. 우리는 고대인들을 심란하게(때로는 공포에 떨게) 만들었던 수수께끼의 상당부분을 해결했고, 심지어는 그것을 우리에게 유용한 쪽으로 활용할 수도 있게 되었다. 현대인은 과학적 방법으로 개발된 각종 약과 치료기술(엑스선, 초음파, 단층촬영, 방사선, 레이저 등) 덕분에 질병의 공포에서 해방되었다. 이런 기술 대부분은 물리학에 대한 이해가 과거보다 깊어지면서 탄생한 것들이다. 물리학은 이 밖에도 수력발전과 전기조명, 각종 신소재, TV, 무선통신, 컴퓨터, 인터넷, 각종 교통수단 등 헤아릴 수 없이 많은 현대문명의 이기를 탄생시켰다.

그뿐만 아니라 오늘날 우리가 알고 있는 화학의 기본법칙들도 본래는 양자역학에 뿌리를 두고 있다. 생물학도 결국은 물리학 법칙으로 환원될 수 있지만, 생물학적 행동이 오직 물리적 행동에 의존한다고 믿을 만한 근거는 없다. 따라서 생물학은 궁극적으로 수학의 지배를 받는다고 할 수 있다.

씨앗이 발화하여 식물이 되는 기적 같은 과정을 예로 들어 보자. 같은 종류의 씨앗에서 자란 식물들은 거의 비슷한 구조를 갖는다. 식물의 성장을 제어하는 DNA는 분자들이 모여서 형성된 특별한 구조이므로, 결국 식물의 성장과 세부구조가 물리학 법칙, 특히 양자역학법칙의 지배를 받는 셈이다(슈뢰딩거는 1944년에 저서 『생명이란 무엇인가?What is Life?』에서 이 문제를 심도 있게 다루었다[47]). 그뿐만 아니라 식물의 성장은 궁극적으로 구성입자에 작용하는 물리적 힘을 통해 제어된다. 이 힘은 주로 전자기력이지만, 원자의 종류를 좌우하는 것은 핵력이므로 강한 상호작용도 식물의 성장에 영향을 주는 셈이다.

큰 스케일에서 보면 약력도 중요한 영향을 미치고 있다. 약력은 매우 약한 힘이지만(강력의 10^{-7}배, 전자기력의 10^{-5}배에 지나지 않는다) 인류가 지금까지 겪어온 일 중 가장 드라마틱한 사건의 원인을 제공했다. 마그마의 온도가 높은 것은 지구의 내부에서 수시로 일어나는 방사능붕괴 때문인데(미미하긴 하지만 다른 요인도 있다), 이 현상을 유발하는 힘이 바로 약력이다. 즉, 화산 폭발은 결국 입자들 사이의 약한 상호작용 때문이다. 역사를 뒤져 보면 서기 535년경부터 몇 년 동안 인류 전체가 추위와 기근에 시달린 적이 있는데, 화산이 대규모 폭발을 일으키면서 화산재가 대기를 뒤덮어 태양빛을 차단한 것이 그 원인이었다. 이 대재앙은 서기 535년에 자바 섬 근교의 크라카토아 화산이 폭발하면서 시작된 것으로 추정된다(크라카토아 화산은 1883년에 또 한 번 폭발했으나, 규모가 작아서 심각한 재앙은 없었다).

문명인들이 목격한 더욱 극적인 사건으로는 기원전 1628년에 테라 Thera (그리스 산토리니 섬)에서 일어났던 화산폭발을 들 수 있다. 이 폭발로 테라의 모든 문명이 순식간에 사라졌고, 이 사건은 결국 크레타 섬에 있는 크노소스의 몰락으로 이어졌다(다이달로스가 설계했다는 미궁이 이곳에 있었다).[48] 그래서 테라의 몰락이 아틀란티스 대륙의 전설로 변형되었다는 설도 있다.[49] 이런 대재앙이 없었다면 지금과 같은 문명이 탄생할 수 없었을지도 모른다(화산폭발과는 무관하지만, 소행성이 지구와 충돌하여 공룡이 멸종하는 바람에 작은 포유동물이 지구의 주인으로 떠올라 영장류로 진화할 수 있었다). 고대 그리스 문화는 테라 섬의 붕괴 덕분에 찬란하게 꽃피울 수 있었던 것일까?

우주에서 목격된 가장 큰 폭발은 약력보다 훨씬 더 약한 중력 때문에 일어났다(수소원자에서 중력은 전자기력의 약 10^{-40}배이며, 약력의 10^{-38}배이다). 퀘이사(준성 전파원)에 막대한 에너지를 공급하는 것은 다름 아닌 블랙홀이다. 그러나 지구로부터 너무 멀리 떨어져 있어서 가장 밝은 퀘이사인 3C273은 엄청나게 밝은 빛을 발함에도 근처 시리우스 Sirius (천랑성)보다 10^6배나 어둡게 보인다. 맑고 고요한 밤에 하늘을 바라보면 수많은 별이 쏟아질 듯 찬란하게 빛나고 있지만, 사실 우리 눈에 보이는 것은 우주의 극히 일부분에 불과하다. 맨눈으로 보이는 가장 먼 천체(안드로메다은하)까지의 거리는 3C273까지 거리의 1/1,000이고 관측 가능한 우주 끝까지 거리의 1/10,000에 불과하다!

블랙홀의 중심에 있는 시공간 특이점은 우주 전체를 통틀어 가장 미스터리이며, 지금의 물리학 수준으로는 어떤 예측도 할 수 없다. 이뿐만 아니라 우리가 이해할 수 없는 미스터리는 도처에 널려 있다(34.5, 7, 8절 참조). 아마도 21세기에는 20세기에 이룩한 것보다 훨씬 많은 지식을 획득해, 과학 논리로 많은 미스터리를 설명할 수 있게 될 것이다. 그러나 이런 진보는 시간만 흐른다고 이루어지는 것이 아니다. 연구의 진행방향을 크게 바꿔 놓을 참신하고 대담한 아이디어가 있어야 한다. 자연을 바라보는 관점에 미묘한 변화가 필요할지도 모른다. 정말로 중요한 무언가를 우리가 놓치고 있는 것은 아닐까……?

〈34장 후주〉

34–1절

34.1 Mukohyama and Randall(2003) 참조.

34.2 Tittel *et al*.(1998) 참조.

34.3 Arndt *et al*.(1999) 참조.

34.4 Amelino-Camelia *et al*.(1998), Gambini and Pullin(1999), Amelio-Camelia and Piran(2001), Sarkar(2002) 참조. 이들과 다른 관점은 Magueijo and Smolin(2002)를 참조하라.

34–2절

34.5 나는 여기서 '타당성(consistency)'보다 조금 강한 의미로 '일관성(coherence)'이라는 단어를 사용했다. 여기에는 타당성과 함께 '유기적 통일성'이 포함된다.

34–3절

34.6 Rovelli(1998) 참조.

34.7 내 동료 중 몇 사람은 이미 그렇게 되었다고 믿고 있다!

34.8 15.4절에서 말한 대로 S^7은 S^4 위에 있는 S^3 번들로서, S^3의 클리포드 평행(Clifford parallels)과 유사하다. S^7은 '접벡터의 7차원 틀(frame)이 모든 점에 연속적으로 할당될 수 있다'는 의미에서 '평행가능(parallelizable)'하다고 말한다. S^7을 찌그러뜨리는 과정은 모든 방향으로 (위와 같은 의미에서)'평행하게' 체계적으로 구현될 수 있다. Jensen(1973) 참조.

34.9 레게 궤적은 Collins(1997)를 참조하고, S-행렬은 Chew(1962)를 참조할 것.

34.10 Geroch(시카고 대학교 강의노트, 출판되지 않음) 참조.

34.11 van der Waerden(1929), Infeld and van der Waerden(1933), Penrose and Rindler(1984, 1986), O'Donnell(2003) 참조.

34.12 Dirac(1936) 참조. 스핀이 큰 경우 다른 버전의 방정식은 Corson(1953)을 참조할 것.

34.13 Wess and Zumino(1974) 참조.

34–4절

34.14 Popper(1934) 참조.

34.15 이런 종류의 아이디어를 흥미롭게 이용한 사례는 Aldiss and Penrose

(2000)에서 찾아볼 수 있다.

34.16 최근에 부메랑이 이 사실을 확인했다는 주장이 제기되었다. 이에 대한 반박은 Bouchet *et al*.(2002)를 참조하라.

34.17 1950년대에 본디(Bondi)와 골드(Gold), 그리고 호일(Hoyle)이 주장했던 정상상태 우주론은[Hoyle(1948), Bondi and Gold(1948) 참조] 포퍼의 기준을 충족시키는 이론이었으며, 이것을 반박하는 논리도 $K \neq 0$으로 귀결되었다. 그러나 2.7 K의 우주배경복사가 빅뱅의 강력한 증거로 대두하면서 정상상태우주론의 입지는 크게 좁아졌다. 27.4, 7, 10, 11, 13절 참조.

34.18 Linde(1993) 참조.

34.19 Bucher *et al*.(1995), Linde(1995) 참조.

34.20 Hawking and Turok(1998) 참조.

34.21 Lange *et al*.(2001) 참조.

34–5절

34.22 존 호건(John Horgan)의 저서 『과학의 종말(The End of Science), 1996』 참조.

34.23 Ferber(1978), Ward and Wells(1989), Delduc *et al*.(1993), Ilyenko(1999) 참조.

34–7절

34.24 Penrose(1989, 1994, 1997a, 1997b) 참조.

34.25 Deutsch(2000), Lockwood(1989) 참조.

34.26 Gell-Mann(1994), Hartle(2004) 참조.

34.27 그러나 이 문제에 대한 데이비드 봄(David Bohm)의 관점을 들어 보면, 그는 의식과 양자역학을 서로 무관하게 생각하지 않는 것 같다.

34.28 Penrose(1989, 1994, 1997) 참조.

34.29 Hamerhoff and Watt(1982), Hamerhoff(1987, 1988), Hamerhoff and Penrose(1996) 참조.

34.30 Koruga *et al*.(1993) 참조.

34.31 Anderson(1997) 참조.

34.32 이것은 사적인 대화를 통해 내린 결론이다. 더긴스의 연구는 지금도 진행 중이며, 논문은 아직 발표되지 않았다.

34.33 Penrose(1987a, 1994), Hamerhoff and Penrose(1996) 참조.

34–8절

34.34 이 통일성이 얼마나 놀라운지, 얼마나 미스터리한지는 학자들의 논쟁거리일 뿐이다. 저명한 수리물리학자 유진 위그너는 1960년에 '물리학에 미치는 수학의 불가해한 효과'라는 제목으로 강연한 적이 있다. 그러나 수학자 앤드루 글리슨(Andrew Gleason)은 1990년에 이와 반대의 관점에서 "수학과 물리학이 일치하는 것은 수학이 '질서의 과학'이기 때문이다"라고 주장했다. 나의 개인적인 관점은 글리슨보다 위그너 쪽에 가깝다. 물리학에 적용되는 수학은 정교할 뿐만 아니라 미묘하고 복잡하기 때문에, 자연의 '질서'를 서술하는 것 이상의 역할을 한다고 생각한다.

34.35 이 관점은 S-행렬의 복소해석성에 중점을 두는 제프리 츄(Geoffrey Chew)의 관점과 비슷하다. Chew(1962) 참조.

34.36 Dyson(1966)의 서문 참조.

34.37 Penrose(1988b) 참조.

34.38 이 사실은 일반상대성이론에서 점근적으로 평평한 시공간의 점근적 대칭을 연구할 때 중요하게 취급된다. Sachs(1962a, 1962b), Penrose and Rindler(1986) 참조.

34.39 Eddington(1946)과 비교해 보라.

34–9절

34.40 리만 가설과 물리학의 관계는 Sautoy(2004)와 Berry and Keating (1999)를 참조하라. 오일러 제타 함수(ζ-function)와 물리학 사이의 또 다른 관계로는 "제타 함수 규칙화(ζ-function regularization)"가 있다. 인터넷에서 http://lanl.arxiv.org를 방문하여 이 단어로 검색을 시도하면 288개의 관련논문을 찾을 수 있다.

34.41 Wess and Bagger(1992) 참조. 이 책 31장의 [후주-13]도 참조하라.

34.42 31장 [후주-57]과 [후주-58] 참조.

34.43 31장 [후주-81] 참조.

34.44 이 조건은 리만 곡면을 '시공간의 점을 나타내는 트위스터 공간 속의 선'으로 제한하지 않는다. 기본적으로 '종수 = 0'이라는 조건은 닫힌 고리가 없는 나무 양-밀스 과정(tree Yang-Mills process)을 고려한다는 뜻이다(26.8절 참조).

34.45 Shaw and Hughston(1990), Hodges(1985, 1990a, 1990b) 참조.

34.46 이것을 '시그마-모형(σ-model)'이라고 한다. Ketov(2000) 참조.

34–10절

34.47 Schrödinger(1967) 참조.

34.48 이 사건과 관련된 그림은 Davies(1997)의 89~97쪽을 참조하라(책의 서문도 여기서 발췌한 것이다). 이와 관련된 전설은 Hamilton(1999)를 참조하라.

34.49 아틀란티스 대륙과 관련된 최근 설은 Friedrich(2000)을 참조하라.

맺음말

남부 이탈리아의 작은 도시 출신으로 물리학과 박사후과정postdoctorial을 밟고 있는 안테아Antea는 수학 못지않게 예술적 재능도 뛰어난 학생이다. 어느 날 그녀는 독일 포츠담 근교 골름Golm시에 있는 알베르트 아인슈타인 연구소에서 동쪽으로 나있는 커다란 창문을 통해 맑게 개인 밤하늘을 바라보았다. 20세기 말에 지어진 이 유명한 연구소는 아인슈타인의 휴가용 별장이 있던 장소에서 그리 멀지 않은 곳에 자리잡았으며, 연구원들은 대부분 아인슈타인의 일반상대성이론과 양자역학을 하나로 통합하는 양자중력이론을 연구하고 있다.

안테아도 이 분야를 주 전공으로 삼았지만, 그녀는 연구소의 신참이었고 그녀가 추구하는 연구방향은 다른 동료들이 볼 때 '이단'에 가까울 정도로 독특했다. 그날 밤 안테아는 다른 동료들이 모두 귀가하여 집에서 잠을 자고 있을 새벽녘까지 연구소 위층의 도서관에 홀로 남아 어떤 은하에서 방출되는 방대한 에너지에 관한 연구에 몰입하고 있었다. 그녀는 지구와 태양계가 이 은하에서 멀리 떨어져 있는 것이 매우 다행이라고 생각했다. 거리가 가까웠다면 모든 것이 순식간에 증발해 버렸을 것이다. 학계에서는 이 거대한 폭발의 에너지원이 블랙홀일 것으로 추정하고 있다.

안테아는 블랙홀의 내부가 신비의 영역이라는 사실을 잘 알고 있다. 그곳은 시공간의 특이점으로서, 양자중력이론이 완성되지 않는 한 그 특성을 과학적으로 설명할 수 없을 것이다. 그러나 안테아의 진짜 관심사는 초대형 폭발을 일으키는 블랙홀이 아니라, 모든 폭발의 최상급이자 원조라 할 만한 '빅뱅'이었다. 안테아는 빅뱅이 모든 좋은 일과 나쁜 일의 근원이라고 생각했다. 그러나 빅뱅에 나타나는 시공간의 특이성은 블랙홀보다 더욱 난해한 미스터리를 간직하고 있다. 안테아는 이 미스터리의 근원 속에 상대성이론과 양자역학을 통일하는 열쇠가 숨겨져 있다는 사실을 잘 알고 있다.

그날 새벽은 매우 고요했고 별빛은 너무도 청명했다. 안테아는 팔짱을 끼고 계단 위의 난간에 기대서서 커다란 창문 밖으로 빛나는 별들을 한동안 바라보았다. 깊은 상념에 잠겨 시간이 얼마나 흘렀는지도 모르고 있었다. 그녀는 밤하늘을 바라볼 때마다 경외감에 빠지곤 했다. 건물 위의 커다란 반구형 돔에서 보이는 별은 지구에서 아득히 멀리 떨어져 있지만, 우주적 스케일에 비교하면 별 것 아니었다. 그녀는 우주 어디선가 일어난 폭발이 지금 당장 눈에 보인다면, 그곳이 아무리 멀다고 해도 폭발과 함께 방출된 광자는 자신의 눈에 도달할 때까지 아무런 시간의 흐름도 느끼지 못할 것이라고 생각했다. 폭발과정에서 생성된 작은 중력자도 마찬가지일 것이다. 이들 중 일부는 아인슈타인 연구소에서 250 km쯤 떨어져 있는 하노버 근처의 중력파감지기에 도달할 것이다. 그녀는 문득 우주에서 일어난 폭발과 자신이 즉각적으로 접촉하고 있음을 느꼈다!

안테아는 동쪽 하늘을 응시하다가 새벽 동이 트기 직전의 붉은 하늘을 가로지르며 날아가는 초록색 빛줄기를 보았다. 초록색 섬광은 물리적으로 익히 알려진 현상이었지만, 직접 보는 것은 처음이었다. 갑자기 그녀는 이상한 감정을 느끼면서 지난 밤 내내 자신을 괴롭혔던 어떤 수학문제가 떠올랐다.

그리고는 곧 이상한 생각에 빠져들기 시작했다……

찾아보기

Ⅰ- : 1권
Ⅱ- : 2권

1-형식 Ⅰ-305, 313 ~ 314, 359, 365, 368, 372, 382
  n-다양체 Ⅰ-378
  밀도(1-형식) Ⅰ-313 ~ 314
1의 n제곱근 Ⅰ-178 ~ 181
2-상태계의 리만구면 Ⅱ-105 ~ 113
3중 매듭 trefoil knot Ⅱ-676
3차원 기하학 Ⅰ-47
4원수 기하학 Ⅰ-329 ~ 334
4원수 quaternion Ⅰ-323 ~ 325
8원수 octonion Ⅰ-328, 556 ~ 557
π-중간자 Ⅰ-182
ADS/CFT(말다세나) 추론 Ⅱ-639 ~ 641
BPS상태 Bogomol'nyi-Prasad-Sommerfield state Ⅱ-643
C^8-매끈한 함수 C^8-smooth function Ⅰ-191 ~ 199
C^{ω}-매끈한 함수 C^{ω}-smooth function Ⅰ-200
CERN(스위스 제네바) Ⅱ-239
CPT정리 Ⅱ-231, 492
D-브레인 Ⅱ-565, 643 ~ 645
e(자연로그의 밑수) Ⅰ-169
FAPP 해석[모든 실용적인 목적을 위해(for all practical purpose)] Ⅱ-479
FELIX 실험(레이저-간섭계 엑스선을 이용한 자유 궤도 실험) Free-orbit Experiment with Laser Interferometry X-rays Ⅱ-550, 562
FLRW 모형(프리드먼-르메트르-로버트슨-워커 모형) Friedmann-Lemaître-Robertson-Walker model Ⅱ-346 ~ 347, 349, 364

i(−1의 제곱근) Ⅰ-131, 137 ∼ 141
M-이론 Ⅱ-631, 643, 645 ∼ 646
O(3)군 Ⅰ-397 ∼ 399
PSR 1913+16 연성계 double-neutron-star system 1913 Ⅰ-707
q-변형 구조 q-deformed structure Ⅱ-662
SO(3) 군 Ⅰ-397, 400, 405, 453
U-과정, **R**-과정 Ⅱ-164, 183, 495 523
W-보존 W-boson Ⅱ-217, 224, 233, 235
yes/no 측정 Ⅱ-88 ∼ 91, 98, 109
Z-보존Z-boson Ⅱ-217, 224, 233, 235

ㄱ

가법적 양자수 additive quantum number Ⅰ-130
가상입자 virtual particle Ⅰ-131 /Ⅱ-217, 286
가약성 reducibility Ⅰ-426 ∼ 433
가우스, 카를 프리드리히 Gauss, Carl Friedrich Ⅰ-98
가우스 분포 Gaussian distribution Ⅱ-315
가우스곡률 Gaussian curvature Ⅰ-484
가우스법칙 Gauss law Ⅰ-681
각운동량 Ⅱ-99, 680
각진동수 Ⅰ-262
간섭무늬 Ⅱ-33 ∼ 35, 43, 44
갈릴레오 갈릴레이 Galileo Galilei Ⅰ-560, 587, 589, 591
갈릴레오의 상대성원리 Ⅰ-591, 593, 594 ∼ 595
갈릴레오의 피사 사탑 실험 Ⅰ-599 ∼ 600, 602
강력 strong force Ⅱ-216
강입자(하드론) hadron Ⅰ-182 /Ⅱ-239
　강한 상호작용 Ⅱ-240, 248
강자성 ferromagnetism Ⅱ-373
강한 상호작용 Ⅱ-240, 248
강한 인류원리 strong anthropic principle Ⅱ-404 ∼ 405
거대인력체 Great Attractor Ⅱ-347
건드림전개 perturbation expansion Ⅱ-291
게로치, 로버트 Geroch, Robert Ⅱ-783
게이지 변환 gauge transformation Ⅰ-685
게이지 불변성 gauge invariance Ⅰ-685, 742 ∼ 743

게이지곡률 gauge curvature Ⅰ-683 ~ 690
게이지접속 gauge connection Ⅰ-507, 509, 684
게이지홀극 gauge monopole Ⅱ-381
겔만, 머리 Gell-Mann, Murry Ⅱ-241
결합법칙 Ⅰ-323
겹선형변환(뫼비우스 변환) bilinear transformation Ⅰ-248, 439
겹침 degeneracy Ⅰ-418
겹침압력 degeneracy pressure Ⅱ-333
경로적분 contour integral Ⅰ-215 ~ 216, 220 ~ 224
계량 metric Ⅰ-343 434, 461, 496
계승 factorial Ⅰ-169
고리변수 loop variable Ⅱ-662
고유값(고유벡터) eigenvalue(eigenvector) Ⅰ-416 ~ 419
고유함수(고유상태) eigenfunction(eigenstate) Ⅱ-37
고전군 classical group Ⅰ-403, 425
곡률 Ⅰ-476, 483 ~ 484, 495, 503
곡률텐서 Ⅰ-474 ~ 475, 483 ~ 484, 494, 499
골드, 토머스 Gold, Thomas Ⅱ-392
골드바흐의 추측 Goldbach conjecture Ⅰ-580
곱셈군 product group Ⅰ-404, 545
공리 axiom Ⅰ-50, 75
공변미분 covariant derivative Ⅰ-469 ~ 473
공집합 null set Ⅰ-127
관측가능량 observables Ⅱ-83 ~ 88
광년 light-year Ⅰ-621
광자 Ⅰ-615 ~ 616, 622 ~ 624, 638, 665, 678
  -의 스핀 Ⅱ-96
  광전효과 photoelectric effect Ⅱ-29 ~ 30, 33
  나선성상태 helicity state Ⅱ-96, 112
  매개하향변환 parametric down-conversion Ⅱ-180
  빔 분할기 beam splitter Ⅱ-45 ~ 49
  이중슬릿 실험 two-slit experiment Ⅱ-42 ~ 44
  편광 polarization Ⅱ-98 ~ 98
광행차 stellar abberation Ⅰ-653 ~ 654
괴델, 쿠르트 Gödel, Kurt Ⅰ-574, 579
괴델의 불완전성 정리 incompleteness theorem Ⅰ-568, 571
교환관계 commutation relation Ⅱ-59

교환법칙 Ⅰ-323 ~ 324, 396
구글리 문제 googly problem Ⅱ-756
구르자단, 바헤 Gurzadyan, Vahe Ⅱ-790
구면삼각형 Ⅰ-97
구면조화함수 spherical harmonics Ⅱ-117, 119 ~ 121
구면좌표 spherical polar coordinate Ⅱ-117 ~ 118
구스, 앨런 Guth, Alan Ⅱ-387 ~ 8, 396 ~ 397
구조상수 structure constant Ⅰ-424
군곱 group product Ⅰ-422
군교환자 group commutator Ⅰ-423
귀납적 집합 recursive set Ⅰ-577
귀류법(歸謬法) proof by contradiction Ⅰ-95, 108
규격화된 파동함수 normalizes wavefunction Ⅱ-52
그라스만 대수 Grassmann algebra Ⅰ-342 ~ 343, 347
그라스만, 헤르만 Grassmann, Hermann Ⅰ-329
그라스만곱 Grassmann product Ⅰ-364 ~ 367
그래디언트 gradient Ⅰ-311 ~ 312, 361, 371
그레이브스, 존 Graves, John Ⅰ-328
그린, 마이클 Green, Michael Ⅱ-592
극좌표 Ⅰ-163, 171
글루온(아교입자) gluon Ⅰ-129 /Ⅱ-217, 227, 247
기본스-페리의 논리 Ⅱ-506, 511
기수 cardinal number Ⅰ-561
기약표현 irreducible representation Ⅰ-431
기저공간 base space Ⅰ-511
기하학적 양자화 geometric quantization Ⅱ-24
꼬임률텐서 torsion tensor Ⅰ-474 ~ 476, 481 ~ 483
끈결합상수 Ⅱ-635
끈이론 Ⅰ-733
-의 2차 혁명 Ⅱ-628, 647
-의 여분차원 Ⅱ-565, 579 ~ 580, 583, 596, 606
-의 역학 Ⅱ-602 ~ 605
-의 현주소 Ⅱ-646 ~ 651

ㄴ

나눗셈환 division ring Ⅰ-325

나무 그래프(나무 다이어그램) tree graph II-285
나선성 helicity II-92 ~ 98, 111 ~ 112, 664 ~ 665
남부 요이치로 Nambu Yoichiro II-588
내부차원 I-508, 510 ~ 511
네만, 유발 Ne'eman, Yuval II-241
네모파 square wave I-281 ~ 284
노출 특이점 naked singularity II-416
뇌터정리 Nöther's theorem I-694, 741 ~ 742
뉴랜더-니렌베르그 정리 Newlander- Nirenberg theorem I-387
뉴먼, 에즈라 Newman, Ezra T. II-757
뉴턴, 아이작 Newton, Isaac I-99, 594 ~ 598
뉴턴 시공간 I-594 ~ 598
뉴턴역학 I-594 ~ 598
뉴턴의 제1 법칙 I-595
뉴턴의 제2 법칙 I-596
뉴턴의 제3 법칙 I-597, 601

ㄷ

다양체 manifold I-237, 298 ~ 299, 305 ~ 306, 312
    고차원 다양체 I-350 ~ 355
    다중연결된 다양체 multiply connected manifold I-353 ~ 354
    매끈한 다양체 smooth manifold I-462, 464
    복소다양체 I-386, 388
    심플렉틱 다양체 symplectic manifold I-502 ~ 504
다입자계 many-particle system II-142 ~ 145
다중세계해석 many-world interpretation II-74
다중우주 multiverse II-440
단순군 simple group I-402 ~ 404
단조화운동 simple harmonic motion I-727 ~ 728, 731
닫힌 우주 II-352
달랑베르 연산자 d'Alembertian '파동연산자' 항목 참조
대수학의 기본 정리 I-143
대척점 I-337
대충뽑기 coarse graining II-308 ~ 309, 313
대칭군 I-394
    군 공리 group axioms I-401

대칭붕괴 Ⅱ-237
　초기우주의 대칭붕괴 Ⅱ-372 ~ 377
대통일이론 grand unified theories, GUTs Ⅱ-249, 377, 573
더긴스, 앤드루 Duggins, Andrew Ⅱ-802
데데킨트, 리하르트 Dedekind, Richard Ⅰ-117, 120, 125
데이비슨, 클린턴 Davisson, C. J. Ⅱ-28
데이비슨-저머 Davisson-Germer의 실험 Ⅱ-28
데자르그의 정리 Desargues theorem Ⅰ-530 ~ 531, 555
델 페로, 스키피오네 del Ferro, Scipione Ⅰ-144, 158
도덕성morality Ⅰ-66
도플러효과 Ⅱ-327
동시성 simultaneity Ⅰ-589, 640
동치류(同値類) equivalence class Ⅰ-286
듀얼공간 dual space Ⅰ-426 ~ 427,
드 지터 공간 de Sitter space Ⅱ-390 ~ 391, 393 ~ 394
　반-드 지터 공간 anti-de Sitter space Ⅱ-390 ~ 392, 393
드브로이 공작, 루이 de Broglie, Prince Louis Ⅱ-29
드브로이 진동수 Ⅱ-221
드브로이 파장 Ⅱ-29
등가원리 Ⅰ-599 ~ 604
등각나선 equiangular spiral Ⅰ-176
등각 다이어그램 conforman diagram Ⅱ-354 ~ 359
등각 재축척 conformal rescaling Ⅰ-686
등각군 conformal group Ⅱ-709 ~ 715
등방 isotropic Ⅱ-346
디랙, 폴 Dirac, Paul Ⅰ-123 /Ⅱ-77, 189, 198, 403
　-의 바다 Dirac's sea Ⅱ-267 ~ 270
　-의 자기홀극 Ⅱ-378, 382
　디랙 델타함수 Ⅰ-210, 290
　디랙방정식 Ⅱ-218
　디랙연산자 Ⅱ-204
　디랙표기법 Ⅱ-75 ~ 78
디리클레 급수 Dirichlet series Ⅰ-230
디오판토스 Diophantos Ⅰ-54
디키, 로버트 Dicke, Robert Ⅱ-403
또 다른 진공 Ⅱ-269, 504

ㄹ

라그랑주, 조제프 Lagrange, Joseph L. Ⅰ-115, 716 /Ⅱ-275
라그랑주 정리 Ⅰ-579
라디안 radian Ⅰ-80
라이스너-노드스트롬해 Reissner-NordstrØm solution Ⅱ-634
라이프니츠, 고트프리드 빌헬름 Leibniz, Gottfried Wilhelm Ⅰ-369
라이프니츠 공식 Leibniz rule Ⅰ-203
라이프니츠 법칙 Ⅰ-471～472
라플라스, 피에르 시몽 Laplace, Pierre Simon Ⅱ-332
라플라스 방정식 Ⅰ-318
라플라스 연산자 Ⅰ-318
람다입자 Ⅱ-217
람베르트, 요한 하인리히 Lambert, Johann Heinrich Ⅰ-84, 86, 96, 646
러셀, 버트런드 Russell, Bertrand Ⅰ-571
러셀의 역설 Russell paradox Ⅰ-571
레게, 툴리오 Regge, Tullio Ⅱ-698
레게 궤적 Regge trajectory Ⅱ-589
레게 미적분학 Regge calculus Ⅱ-673, 699
레게 반복 Regge recurrence Ⅱ-240
레겟, 토니 Leggett, Tony Ⅱ-165
레너드, 필립 Lenard, Philipp Ⅱ-30
레비치비타, 툴리오 Levi-Civita, Tullio Ⅰ-499
레비치비타 접속 Ⅰ-501
레일리-진스 Rayleigh-Jeans 복사공식 Ⅱ-31
렙톤 lepton Ⅱ-240
로그 logarithm Ⅰ-87, 170
-의 밑수 Ⅰ-169
자연로그 Ⅰ-87, 170
로랑 급수 Laurent series Ⅰ-264, 266～268
로렌츠, 헨드릭 안톤 Lorentz, Hendrick Antoon Ⅰ-437, 614
로렌츠 직교성 Lorentzian orthogonality Ⅰ-638～644
로렌츠계량 Lorentz metric Ⅰ-463, 498, 625
로렌츠군 Lorentz group Ⅰ-439
로바체프스키, 니콜라이 이바노비치 Lobachevski, Nicolai Ivanovich Ⅰ-98
로바체프스키 기하학 Lobachevski geometry '쌍곡기하학' 항목 참조
로벨리, 카를로 Rovelli, Carlo Ⅱ-672, 780

로빈슨 합동 Robinson congruence　II-729
뤼더스점 Lüders point　II-138
류(類), 클래스 class　I-572
리, 소푸스 Lie, Sophus　I-422
　리 도함수 Lie derivative　I-486 ~ 496
　리괄호 Lie bracket　I-486 ~ 487, 491, 494 ~ 495, 503
　리군 Lie group　I-398, 488
　리대수 Lie algebra　I-420 ~ 426, 489 ~ 490
리만-크리스토펠 텐서 Riemann-Christoffel tensor　I-499 ~ 500
리만, 베른하르트 Riemann, Bernhard　I-233
　리만가설 Riemann hypothesis　I-230
　리만기하학　I-104
　리만다양체　I-497
　리만사상정리 Riemann mapping theorem　I-252 ~ 255
　리만접속 Riemannian connection　I-498
리만곡면 Riemann surfaces　I-233 ~ 238
　-의 절댓값(법) modulus　I-250
　종수 genus　I-248
리만구면 Riemann sphere　I-236, 238, 243 ~ 245, 439
　진동수 분할　I-271, 273, 280
리우빌의 정리 Liouville's theorem　I-734
리정다오 Lee Tsung Dao　II-225
리치 스칼라 Ricci scalar　I-701
리치텐서 Ricci tensor　I-699, 702, 705

ㅁ

마셜, 윌리엄 Marshall, William　II-548
마술원판 magic disc　I-555 ~ 556
마요라나, 에토르 Majorana, Ettore　II-114
마요라나 묘사법 Majorana description　II-105, 113 ~ 117
마요라나 스피너장 Majorana spinor field　II-267
마인딩, 페르디난드 Minding, Ferdinand　I-99
마텔스키 Matelski, J. P.　I-59
마하비라 Mahavira　I-126
마흐-젠더 Mach-Zehnder 간섭계　II-48 ~ 49
마흐의 원리 Mach's principle　II-397

만델브로트 집합 Mandelbrot set　Ⅰ-58 ~ 59
말다세나, 후안 Maldacena, Juan　Ⅱ-638
말다세나 추측(ADS-CFT 추측)　Ⅱ-639
매끈한 함수 smooth function　Ⅰ-385, 491
매듭과 연결 konts and links　Ⅱ-676 ~ 679
맥 레인, 선더스 Mac Lane, Saunders　Ⅱ-699
맥동성 pulsar　Ⅰ-707
맥로린 급수 Maclaurin's series　Ⅰ-199
맥스웰, 제임스 클럭 Maxwell, James Clerk　Ⅰ-671 ~ 672, 678 /Ⅱ-314
맥스웰 분포 Maxwell distribution　Ⅱ-314 ~ 316
맥스웰의 전자기이론(방정식)　Ⅰ-672 ~ 673, 675, 677 ~ 678, 681 ~ 682
맨전하 bare charge　Ⅱ-287 ~ 8
메르쿨로프, 세르게이 Merkulov, Sergei A.　Ⅱ-760
멕시코 모자형 위치에너지　Ⅱ-375
멤브레인 membrane (p-브레인, 브레인)　Ⅱ-631
파이버번들 fiber bundle　Ⅱ-246
멱급수 power series　Ⅰ-145
멱급수의 수렴　Ⅰ-145 ~ 151
멱법(冪法) exponentiation　Ⅰ-489
모듈라이 문제 moduli problem　Ⅱ-613
몬스터군 monster group　Ⅰ-403
뫼비우스번들　Ⅰ-515 ~ 516, 518 ~ 519, 535
무리수　Ⅰ-109, 112 ~ 117, 120
　2차 무리수 quadratic irrational number　Ⅰ-115
무한대　Ⅰ-550, 552, 554
　-의 크기　Ⅰ-580 ~ 583
무한소 infinitesimal　Ⅰ-123
무한소 군원소 infinitesimal group element　Ⅰ-489
무한차원 대수　Ⅱ-263 ~ 266
물리적 실체　Ⅱ-39
물리학이론에서 유행의 역할　Ⅱ-780 ~ 785
물리학이론에서 정신의 역할　Ⅱ-798 ~ 803
뮤온 muon　Ⅱ-234, 240
미 이론 Mie's theory　Ⅰ-743
미분　Ⅰ-185 ~ 186, 189 ~ 190
　외미분　Ⅰ-361, 370 ~ 373
미분가능성　Ⅰ-300 ~ 301

미세구조상수 fine structure constant Ⅱ-567
미셸, 존 Michell, John Ⅱ-332
미적분학 Ⅰ-123, 185
미적분학의 기본 정리 Ⅰ-185, 205, 370
민코프스키, 헤르만 Minkovski, Hermann Ⅰ-621
민코프스키 공간 Ⅰ-623
  컴팩트화된compactified 민코프스키 공간 Ⅱ-641, 710 ~ 711
민코프스키 기하학 Ⅱ-202
  대칭군 Ⅰ-635 ~ 637
  상대론적 에너지와 각운동량 Ⅰ-657, 667
민코프스키 시공간 Ⅰ-51, 621, 631, 680
밀도행렬 density matrix Ⅱ-443, 452 ~ 455
밀리컨, 로버트 Milikan, Robert Ⅰ-135

ㅂ

바나흐-타르스키 정리 Banach-Tarski theorem Ⅰ-563
바리온 baryon Ⅱ-240
바리온수 보존법칙 baryon number conservation Ⅱ-44
바베로-이미치 변수 Barbero-Immirzi parameter Ⅱ-670, 687
바에즈, 존 Baez, John Ⅱ-652
바일, 헤르만 Weyl, Hermann Ⅰ-685 ~ 689
바일 곡률 가설 weyl curvature hypothesis Ⅱ-413 ~ 418, 418, 421
바일곡률 Weyl curvature Ⅱ-416
바일의 게이지이론 gauge theory Ⅰ-686, 687
바일텐서 Weyl tensor Ⅰ-702 ~ 705
바파, 쿰룸 Vafa, Cumrum Ⅱ-633
반-드 지터 공간 anti-de Sitter space Ⅱ-390 ~ 392
반 데르 웨르덴, 바르텔 van der Waerden, Bartel L. Ⅱ-782
반대칭 Ⅰ-414, 424, 430, 450 ~ 454
반대칭 레비치비타 Ⅰ-410 ~ 411, 413
반선형성 antilinearity Ⅰ-443 ~ 444
반양성자 Ⅰ-131 /Ⅱ-217
반입자 Ⅰ-130, Ⅰ-181 /Ⅱ-217, 224, 228 ~ 433
반전 비대칭 reflection asymmetry Ⅱ-223 ~ 430
반전성 parity Ⅰ-181
반정칙함수 antiholomorphic function Ⅱ-621

반중성자 II-217
배위공간 configuartion space I-350 ~ 351, 353, 462, 717 ~ 720
백색왜성 white-dwarf II-337
백조자리 X-1 Cygnus X-1 II-337
범함수미분 functional differentiation I-739
베네치아노, 가브리엘레 Veneziano, Gabriele II-588
베셀, 케스퍼 Wessel, Casper I-151
베이드먼, 레프 Vaidman, Lev II-93
베켄슈타인, 제이콥 Bekenstein, Jacob II-501
베켄슈타인-호킹 공식 Bekenstein-Hawking formula II-345, 632 ~ 633, 635, 637
베크렐, 앙리 Becquerel, Henri II-216
베타(β)붕괴 II-224 ~ 228
벡터공간 vector space I-324
벡터장 vector field I-307, 309, 724, 734
벨, 존 Bell, John S. II-150, 470
벨 부등식 II-151, 156
벨트라미, 유지니오 Beltrami, Eugenio I-98 ~ 100
보로메오 링 Borromean ring II-676
보스-아인슈타인 응축 Bose-Einstein condensation II-169
보어, 닐스 Bohr, Niels II-51, 74, 440
보어의 원자이론 II-133, 135
보우미스터, 딕 Bouwmeester, Dick II-548, 775
보존 boson I-181 ~ 2 / II-153, 166 ~ 72, 191 ~ 2
　-의 밀집성 II-169
　-의 스핀 II-166
　-의 양자상태 II-171
　보존과 페르미온의 차이 II-168
복소다양체 complex manifold I-386, 388, 504
복소벡터번들 complex vector bundle I-525 ~ 529
복소수 complex number I-131, 137 ~ 139
　-의 절댓값 I-163
　-의 제곱근 I-137
　-의 편각 I-163
복소화 complexification I-432, 440, 633
복소시공간 II-727 ~ 728
복소차원 complex dimension I-295 ~ 298

복소켤레 complex conjugate Ⅰ-296
복소평면 complex plane Ⅰ-151 ~ 152, 154
복소함수 complex function
-의 경로적분 Ⅰ-215 ~ 216
-의 매끈함 Ⅰ-214 ~ 216, 221
-의 미분 Ⅰ-214 ~ 216
복소해석적 절단면 holomorphic cross-section Ⅰ-526
복소해석적 층공간 코호몰로지 holomorphic sheaf cohomology Ⅱ-738 ~ 739
복소해석(정칙)함수 holomorphic function Ⅰ-216, 226 ~ 228 /Ⅱ-421, 621, 733
본, 막스 Born, Max Ⅱ-82
본디, 헤르만 Bondi, Hermann Ⅰ-710 /Ⅱ-392
본디-삭스의 에너지 보존법칙 Bondi-Sachs energy conservation law Ⅰ-710 ~ 711
볼츠만, 루드비히 Boltzmann, Ludwig Ⅱ-308
볼츠만 상수 Ⅱ-308, 316 ~ 317
볼츠만 엔트로피 Ⅱ-308 ~ 310
볼츠만 통계 Ⅱ-311
봄, 데이비드 Bohm, David Ⅱ-150
봄 타입의 EPR 실험 Ⅱ-153 ~ 155
봄벨리, 라파엘 Bombelli, Raphael Ⅰ-137
부분군 subgroup Ⅰ-398 ~ 402
부정적분 Ⅰ-208
부호수 signature Ⅰ-436 ~ 437, 440
분시점 branch point Ⅰ-235
불연속원소 기하학 Ⅱ-696 ~ 702
브라마굽타 Brahmagupta Ⅰ-126
브라벡터 bra vector Ⅱ-77
브룩스 Brooks, R. Ⅰ-59
블랙홀 Ⅱ-331 ~ 338
-의 등각 다이어그램 Ⅱ-509
-의 사건지평선 Ⅱ-336 ~ 337, 339 ~ 340
-의 엔트로피 Ⅱ-341 ~ 345
-의 조력 Ⅱ-339
-의 증발 Ⅱ-523
-의 특이점 Ⅱ-340 ~ 341

블랙홀 기원설 II-381
호킹의 블랙홀 온도 II-500 ~ 513
블로흐 구 Bloch sphere II-459 ~ 461
비가환 게이지이론 non-Abelian gauge theory II-246 ~ 247, 381 ~ 382
비가환 기하학 non-commutative geometry II-700 ~ 701, 732
비반전 대칭군 non-reflective symmetry group I-397 ~ 398, 453 ~ 454
비선형 중력자 non-linear graviton II-749 ~ 755
비앙키 대칭 Bianchi symmetry I-476, 500
비앙키 항등식 Bianchi identuty I-476, 544, 701
비정규부분군 non-normal subgroup I-400
비정상성 anomaly II-596
빅 크런치 Big Crunch II-348, 361, 366, 401, 407
빅뱅 Big Bang I-237, 324 ~ 331
빅뱅의 특별함 II-359 ~ 366
빈 측정 null measurement II-92 ~ 95, 97 ~ 98
빛 '광자' 항목 참조
빛원뿔 light cone I-615 ~ 618, 623
빛의 속도 I-612 ~ 615, 620

ㅅ

사건지평선 II-335, 336 ~ 341
사모스 섬의 피타고라스 Pythagoras I-48, 70
사무엘 고드스미트 Goudsmit, Samuel II-207
사영공간 projective space I-529 ~ 532
사이먼, 크리스토프 Simon, Christoph II-548
사케리, 지롤라모 Saccheri, Jesuit Girolamo I-94 ~ 96
사토 가츠오토 Sato Katsuoko II-388
사토 미키오 Sato Mikio I-285
삭스, 레이너 Sachs, Rayner I-710
산란행렬(S-행렬) scattering matrix II-283 ~ 284
살람, 압두스 Salam, Abdus II-784
삼각형 닮음법칙 I-79 ~ 80
상대론적 양자역학 I-737 /II-144
상전이 phase transition II-376
상태벡터 state vecto II-37
상태축소(**R**-과정) state reduction II-68, 439, 450 ~ 451

생성연산자 II-259 ~ 263
샤피로, 어윈 Shapiro, Irwin I-709
서스킨트, 레너드 Susskind, Leonard II-590
선속 flux I-692
선택공리 axiom of choice I-55 ~ 56, 562 ~ 564
선형변환 I-404 ~ 410
세계선 world line I-595
센, 아미타바 Sen, Amitabha II-663
셔크, 조엘 Scherk, Joël II-597
소멸연산자 II-260 ~ 261
소실점 vanishing point I-529 ~ 530, 533
소킨, 라파엘 Sorkin, Raphael II-697
수렴원환 annulus of convergence I-266 ~ 269
수성의 공전궤도 I-708
수학적 객관성 I-53 ~ 55
수학적 모형 I-52
수학적 증명 I-50
순서수 ordinal number I-127
순환군 cyclic group I-182, 396
슈뢰딩거, 에르빈 Schrödinger, Erwin I-124 /II-51, 816
-의 고양이 I-471 ~ 474
-의 덩어리 II-531 ~ 533
슈뢰딩거 파동방정식 II-25 ~ 27, 56 ~ 58, 439
슈뢰딩거-뉴턴 방정식 II-542 ~ 543
슈미트, 브라이언 Schmidt, Brian II-425
슈미트 분해 Schmidt decomposition II-478
슈바르츠, 존 Schwartz, John II-597
슈바르츠실트, 카를 Schwarzschild, Karl II-335
슈바르츠실트 해 Schwarzschild solution II-335
슈바흐호퍼 Schwachhöfer, L. J. II-760
슈타인집합 Stein set II-742
슈테른-게를라흐 Stern-Gerlach 실험장치 II-115 ~ 116
스나이더, 하틀랜드 Snyder, Hartland II-339
스나이더-쉴트형 시공간 Snyder-Schild-type spacetime II-698
스몰린, 리 Smolin, Lee II-407, 672
스칼라곱 scalar product I-314
스칼라장 scalar field I-300, 358, 300

스타로빈스키, 알렉세이 Starobinski, Alexei II-388
스탭, 헨리 Stapp, Henry II-151, 155
스테빈, 시몬 Stevin, Simon I-599
스토니, 조지 존스턴 Stoney, George Johnstone II-568
스토니 단위 Stoney unit II-568
스톡스 벡터 Stokes vector II-112
스트로밍거, 앤드루 Strominger, Andrew II-633
스트롬, 스타인 아릴데 StrØmme, Stein Arilde II-629
스팔링, 조지 Sparling, George II-758
스피너 물체 spinorial object I-332 ~ 333, 338, 339, 340, 523, 524 / II-101
스피너장 spinor field II-625
스핀 거품 spin foams II-691
스핀spin II-143, 166, 170, 174
 -이 큰 입자 II-113 ~ 116, 783
 총 스핀 total spin II-680 ~ 681
스핀과 스피너 II-99 ~ 105
스핀네트워크 spin network II-680 ~ 688
시간여행 II-513 ~ 517
시간의 비대칭성 II-491 ~ 493
시공간 spacetime I-123, 326
 고차원 시공간 II-581 ~ 586, 596
 뉴턴의 시공간 I-605 ~ 612
시그마입자 II-217
신속도 rapidity I-650, 651
실수 real number I-112
실체란 무엇인가? II-795 ~ 798
심플렉틱 다양체 symplectic manifold I-502 ~ 504
심플렉틱구조 I-502
심플렉틱군(사교군) symplectic group I-450 ~ 455
쌍곡(로바체프스키)기하학 hyperbolic geometry I-82
 -의 길이덧셈 I-87
 -의 등각 모형 conformal model I-84
 -의 등각표현 conformal representation I-85 ~ 86
 -의 사영표현 projective representation of hyperbolic geometry I-88 ~ 89
 -의 역사 I-94 ~ 100
쌍곡평면의 반구표현법 hemispheric representation I-90, 92

쌍둥이 역설 twin paradox Ⅰ-641
쐐기곱 wedge product Ⅰ-344

ㅇ

아담스 Adams W. S. Ⅰ-709
아르강, 장 로베르 Argand, Jean Robert Ⅰ-151 ~ 152
아름다움과 기적 Ⅱ-809 ~ 815
아리스토텔레스의 물리학 Ⅰ-589 ~ 591
아마바라 Ahmavaara, Y. Ⅰ-550 /Ⅱ-697
아벨, 닐스 헨리크 Abel, Niels Henrik Ⅰ-396
아벨군 Ⅰ-396
아쉬테카르, 아브헤이 Ashtekar, Abhay Ⅱ-663
아쉬테카르-로벨리-스몰린-제이콥슨의 고리변수이론 Ashtekar-Rovelli-Smolin-Jacobson theory of loop variable Ⅰ-559
아쉬테카르 변수 Ashtekar variable Ⅱ-663 ~ 664
아쉬테카르 정준변수 canonical variable Ⅱ-669 ~ 671
아이샴, 크리스토퍼 Isham, Christopher Ⅱ-699
아인슈타인, 알베르트 Einstein, Albert Ⅰ-621 /Ⅱ-30
아인슈타인-카르탕-시아마-키블 스핀/꼬임률 이론 Einstein-Cartan ~ Sciama-Kibble spin/torsion theory Ⅰ-475
아인슈타인-포돌스키-로젠(EPR) Einstein-Podolsky-Rosen 실험
  EPR 효과 Ⅱ-149
  봄 타입의 EPR 실험 Ⅱ-149 ~ 150, 153 ~ 159
아인슈타인 장방정식 Ⅰ-696 ~ 702
아인슈타인 질량-에너지 등가원리 Ⅰ-693
아일렌버그, 새뮤얼 Eilenberg, Samuel Ⅱ-699
아핀 매개변수 affine parameter Ⅰ-479, 499
아핀공간 affine space Ⅰ-461, 596
아하로노프-봄 효과 Aharonov-Bohm effect Ⅰ-689 ~ 690
안장점 saddle point Ⅰ-720, 721
알렉산더 다항식 Ⅱ-676
알파(α)붕괴 Ⅰ-224
암흑물질 Ⅱ-424
암흑 에너지 Ⅰ-703
앤더슨, 칼 Anderson, Carl Ⅱ-212
야노스 보여이(본문에서 헝가리인은 성-이름 순으로 표기하였음) János Bolyai Ⅰ-98

야우싱퉁 Yau Shing-Tung II-625
야코비 방정식 Jacobi equation I-485
야코비 항등식 Jacobi identity I-424
야코비안 Jacobian I-370
약전자기 대칭군 II-234 ~ 239
약전자기 상호작용 II-223 ~ 230
약한 인류원리 weak anthropic principle II-403 ~ 405
양-밀스 이론 Yang-Mills theory I-691 / II-246
양성자 proton I-129 ~ 130, 182 / II-132
양자 원격이동 quantum teleportation II-173 ~ 179
양자간섭 quantum interference I-689
양자상태축소에 나타나는 시간 비대칭 II-494 ~ 500
양자색역학 quantum chromodynamics, QCD II-239
양자얽힘(퀀글먼트) quantum entanglement I-623 / II-73, 142, 149 ~ 151
양자장이론 Quantum Field Theory, QFT II-257 ~ 258
양자적 실체 II-38 ~ 44
양자전기역학 Quantum Electrodynamics, QED II-285
양자점 quantum dots II-147
양자점프(양자도약) quantum jump II-50 ~ 51
양자정보이론 II-478
양자중력 quantum gravity I-671 / II-340, 407
양자 컴퓨터 II-147, 149, 177, 180
양자화 quantization II-493
양전닝 Yang Chen Ning I-341 / II-225
양전자 positron II-209 ~ 212, 229
에너지 I-123 ~ 124
에너지 등분배 equipartition of energy II-315
에너지의 양자가설 I-670
에딩턴 경, 아서 Eddington, Sir Arthur I-709 / II-318, 567
에르고스피어 ergosphere II-519 ~ 520
에르미트, 샤를 Hermite, Charles I-442
에르미트 구조 Hermitian structure I-461
에르미트 켤레 Hermitian conjugate I-445 ~ 446
에르미트 스칼라곱 I-447 ~ 448
에르미트 연산자 I-446
에르미트 행렬 I-446
에르미트 형식 Hermitian form I-442 ~ 443

에버렛 3세, 휴 Everett III, Hugh II - 441
에셔, 모리츠 코르넬리스 Escher, M. C. I - 82, 83, 84, 88, 90
에우독소스 Eudoxos I - 117
엔트로피 II - 307 ~ 310
엘리추, 압샬롬 Elitzur, Avshalom II - 93
엘리추 - 베이드먼 Elitzur - Vaidman 폭탄실험 II - 93 ~ 94
엘링스트러드, 가이르 Ellingstrud, Geir II - 629
여접공간 cotangent space I - 361
여접번들 cotangent bundle I - 328 ~ 329, 538
연분수 continued fraction I - 114
연속무늬 I - 71
연속체가설 continuum hypothesis I - 570
연쇄법칙 chain rule I - 306
열린 영역 open region I - 225, 226
열에너지 I - 658
열역학 thermodynamics I - 671
열역학 제1법칙 II - 307
열역학 제2법칙 II - 305 ~ 306
  열역학 제2법칙의 유도 II - 316 ~ 320
열진공 thermal vacuum II - 504
열평형 thermal equilibrium II - 314, 365
예외군 exceptional group I - 450
오메가 - 마이너스입자 II - 217
오일러, 레온하르트 Euler, Leonhard I - 147 ~ 148, 186, 215
오일러 - 라그랑주 방정식 Euler - Lagrange eqiation I - 719
오일러 - 리만 제타함수 I - 230
오일러 공식 I - 172 ~ 173
오일러 동질성연산자 Euler homogeneity operator II - 734
오펜하이머, 로버트 Oppenheimer, J. Robert II - 339
옴니엄 omnium II - 440
와인버그각(약한 섞임각) Weinberg angle II - 236
와일즈, 앤드루 Wiles, Andrew I - 54, 55, 579 / II - 649
완화기 decoupling II - 350 ~ 351
외미분 exterior derivative I - 311 ~ 312
외미적분학 exterior calculus I - 368
외미적분의 기본 원리 fundamental theorem of exterior calculus I - 217
우드하우스, 닉 Woodhouse, Nick I - 310 ~ 311

우젠슝 Wu Chien-Shiung I-341 /II-225
우주검열 cosmic censorship II-341, 471, 524
우주론 II-321 ~ 324
우주변수 cosmological parameters II-422 ~ 432
우주상수 I-702 ~ 704 /II-348 ~ 349, 424 ~ 425, 429 ~ 430
우주의 등방성 II-346 ~ 347
우주의 위상적 결함 cosmic topological defects II-377 ~ 382
우주의 팽창 II-350 ~ 351
운동량
  운동량공간 II-58 ~ 63
  운동량공간표현 momentum space representation II-58 ~ 63
  운동에너지 I-657
울렌백, 조지 Uhlenbeck, George II-207
워드, 리처드 Ward, Richard II-757
워렌, 존 Warren, John I-152
원형편광 circular polarization II-96, 111
원환면 torus I-236, 248 ~ 249, 352
웜홀 wormhole II-515 ~ 517
위상공간 phase space II-354 ~ 355, 462 ~ 463, 717 /II-308 ~ 310
위상 topology I-248, 351
위상수학적 양자장이론 topological field theory II-678 ~ 680
위상적 꼬임률 topological torsion I-354
위치상태 position state II-56 ~ 58, 87
위치에너지 I-657 ~ 658
위튼, 에드워드 Witten, Edward II-591, 592, 604, 627, 647 ~ 678, 814
윅, 기안 카를로 Wick, Gian Carlo II-419
윅 회전 Wick rotation II-418 ~ 419, 622
윌슨, 케니스 Wilson, Kenneth II-672
윌슨 고리 Wilson loop II-672
유니터리 변화(**U**-과정) unitary evolution II-51 ~ 52, 69 ~ 71, 439, 450 ~ 451
유니터리군 unitary group I-442 ~ 443
유사계량 pseudo metric I-437 ~ 438
유사구 pseudosphere I-648
유사반지름 pseudo-radius I-86
유사정규직교 기저 pseudo-orthogonal basis I-448 ~ 449
유사직교군 pseudo-orthogonal group I-439

유카와 히데키 Yukawa Hideki II-240
유클리드기하학 I-47, 50 ~ 51
유클리드의 평행선 공준 parallel postulate I-76 ~ 78
유클리드화 Euclideanization II-418 ~ 419, 421
유한곱셈군 finite multiplicative group I-179
유한장 finite field I-550 ~ 55
음계의 기초 I-49
인과율의 위배 causality violation I-625
인류원리 anthropic principle II-364, 402 ~ 409, 798 ~ 799
인자공간 factor space I-402
인자배열문제 factor-ordering problem II-24
인플레이션 우주론 inflation cosmology II-350 ~ 354
일반공변성 원리 principle of general covariance I-698
일반상대성이론 I-624 ~ 627, 698, 704, 708 ~ 711
　에너지-운동량 텐서 energy-momentum tensor II-691 ~ 696
일반선형군 general linear group $412
입자물리학 I-180, 399, 507
　전자의 지그재그zig-zag 도식 II-217 ~ 223
　쿼크의 색 II-244 ~ 249
　트위스터 이론 twister theory II-758 ~ 759
　표준모형의 근간 II-215 ~ 216
입체사영 stereographic projection I-91

ㅈ

자기딸림 연산자 self-adjoint operator II-85
자기모멘트 II-115
자기홀극 I-682
자연로그 I-87, 168 ~ 173
자연수 I-125 ~ 128
장난감 우주 toy universe II-147 ~ 148
재규격화 renormalization II-286 ~ 288
저머, 레스터 Germer, L. H. II-28
적색편이 redshift II-327, 336
전기전하 I-129, 130, 601, 680
전위튜브 forward tube II-737, 747
전자 I-129 /II-240

-의 궤도 각운동량 II-133
-의 스핀 I-204 ~ 207
-의 전하 I-204 ~ 207
-의 지그재그zig-zag 도식 II-217 ~ 223
-의 파동함수 II-42 ~ 43
자기회전비율 gyromagnetic ratio I-512
전자기퍼텐셜 I-683
전하-전류벡터 charge-current vector I-673
전하보존법칙 I-672, 679 ~ 680
전하켤레 charge conjugation II-230
절단정리 excision theorem I-120 ~ 121
점근선 asymptote I-99
점근적 자유 asymptotic freedom II-290
접공간 tangent space I-462, 489
접번들 tangent bundle I-527, 536
접속 connection I-473 ~ 478
정규모드 normal mode I-728, 731
정규부분군 normal subgroup II-399 ~ 400
정규연산자 normal operator II-84 ~ 86
정규진동수 normal frequency I-728, 731
정보수집사용계 information gathering and using system, IGUS II-480
정수 integer I-108
정적분 I-209
정적작용원리 principle of stationary action I-719, 739
정준켤레변수 canonical conjugate variable II-732
정준투영 canonical projection I-512
정합적 과거 consistent histories II-444, 447 ~ 448
제이콥슨, 테드 Jacobson, Ted II-672
제타함수 -function I-230
조자, 리처드 Jozsa, Richard II-699
존스 다항식 Jones polynomial II-676
졸공간 Zoll space II-760
좌표조각 coordinate patches I-243 ~ 244, 300
주기함수 I-259, 260, 261

주미노, 브루노 Zumino, Bruno　II-783
주변환경의 결어긋남 environmental decoherence　II-442
주코프스키 변환 Zhoukowski transformation　I-253, 254
중간자(메존) meson　II-200 ~ 201, 240
중력 gravitation　I-46 / II-289, 290, 329
　-의 양자이론　II-601
　-의 에너지 밀도　I-691
　-의 조수효과　I-610 ~ 611, 697
　뉴턴의 중력법칙　I-597
　아인슈타인의 중력이론　I-599, 697 ~ 698
　중력적 OR(객관적 상태환원)　II-543 ~ 544
　중력적 자체에너지　II-539
　중력파　I-707
중력자 graviton　II-96, 576
　-의 스핀　II-603, 664
　-의 파동함수　II-666
　비선형 중력자　II-663 ~ 668
중성미자(뉴트리노) neutrino　I-180 ~ 181 / II-216, 240
중성자　II-216, 239 ~ 240
중성자별　I-707 / II-334
중첩 superposition　II-264, 271, 553 ~ 554, 690
지수함수 exponential function　I-169 ~ 170
지평선 문제 horizon problem　II-388
직교군 orthogonal group　I-433 ~ 442
직교성 orthogonality　I-619, 638 ~ 644
직교여공간 orthogonal complement　I-638 ~ 641, 676 ~ 677
진공분극 vacuum polarization　II-286 ~ 287
진공상태　II-259, 267 ~ 268, 269 ~ 270
진폭 amplitude　II-87
질량　I-131, 600 ~ 601
　-보존법칙　I-47, 659 ~ 661
　-이 없는 입자　I-652, 665 ~ 666 / II-227 ~ 228, 235
　-이 없는 장의 방정식　II-735 ~ 738
　상대론적 질량　I-661 ~ 662
질량이 없는 장 massless feild　II-735 ~ 738
집적점 accumulation point　I-374

ㅊ

차수 붙은 대수 graded algebra Ⅰ- 347
차원 Ⅰ- 355 ~ 356
복소차원과 실차원 Ⅰ- 295 ~ 298
차일링거, 안톤 Zeilinger, Anton Ⅱ- 774
찬드라세카르, 수브라마니안 Chandrasekhar, Subrahmanyan Ⅱ- 334, 342
찬드라세카르 한계질량 Ⅱ- 334
찬홍모 Chan Hong - Mo Ⅱ- 250 ~ 251
천구(天球) celestial sphere Ⅰ- 652 ~ 657
초곡면 hypersurface Ⅱ- 579, 580
초끈 superstring Ⅰ- 596 ~ 598
초다양체 supermanifold Ⅱ- 577, 578
초대칭 supersymmetry Ⅰ- 329 /Ⅱ- 571 ~ 576
-의 대수와 기하학 Ⅱ- 576 ~ 581
초신성 supernova Ⅱ- 334
초전도 superconductivity Ⅱ- 373
초중력 supergravity Ⅰ- 475 ~ 476 /Ⅱ- 571
초함수 hyperfunction Ⅰ- 284 ~ 292
추상적 선형변환 Ⅰ- 408, 411
추셩춘(플로렌스 추) Tsou Seung Tsun(Tsou, Florence) Ⅱ- 250 ~ 251, 758
추이함수 transition function Ⅰ- 303 ~ 304, 356 ~ 357
추적선 tractrix Ⅰ- 99
충실한 표현 faithful representation Ⅰ- 421
츄, 제프리 Chew, Geoffrey Ⅱ- 782
측지선 geodesics Ⅰ- 477 ~ 486, 499
층공간 코호몰로지 sheaf cohomology Ⅱ- 738 ~ 745

ㅋ

카디널리티 cardinality Ⅰ- 560
카르노, 사디 Carnot, Sadi Ⅱ- 307
카르다노, 지롤라모 Cardano, Gerolamo Ⅰ- 137
카르탕, 엘리 Cartan, Élie Ⅰ- 368, 402
카비보 각 Cabbibo angle Ⅱ- 248, 249, 808
카시미르 연산자 Casimir operator Ⅱ- 104, 126
카우프만 다항식 Ⅱ- 676
카우프만 대수 Kauffmann algebra Ⅱ- 677

카이랄성(손잡이성) chirality　Ⅰ-341, 375 ~ 377 / Ⅱ-220
카터, 브렌든 Carter, Brandon　Ⅱ-403 ~ 404, 512
카테고리 이론 category theory　Ⅱ-699
칸델라스, 필립 Caldelas, Philip　Ⅱ-629 ~ 630
칸토어, 게오르그 Cartor, Georg　Ⅰ-119, 127, 559
칸토어의 대각선 슬래쉬 Cantor's diagonal slash　Ⅰ-570 ~ 574, 577
칼라비, 유지니오 Calabi, Eugenio　Ⅱ-625
칼라비-야우 공간 Calabi-Yau space　Ⅱ-613, 618, 625 ~ 630
칼루자, 테오도르 Kaluza, Theodor　Ⅰ-509 / Ⅱ-582
칼루자-클라인 이론　Ⅱ-582 ~ 586
커-뉴먼 계량 Kerr-Newman metric　Ⅱ-512
커 계량 Kerr metric　Ⅱ-342
커슈너, 로버트 Kirschner, Robert　Ⅱ-425
컴팩트성 compactness　Ⅰ-373 ~ 377
케이온 kaon　Ⅰ-217
케일리, 아서 Cayley, Arthur　Ⅰ-328, 411
케플러, 요하네스 Kepler, Johannes　Ⅱ-301
켓벡터 ket vector　Ⅱ-77
코다이라 쿠니히코 Kodaira Kunihiko　Ⅱ-752
코다이라의 정리　Ⅱ-752 ~ 753
코벡터공간 covector space　Ⅰ-358, 361 ~ 364
코시, 오귀스탱 Cauchy, Augustin　Ⅰ- 148, 215
코시-리만 방정식 Cauchy-Riemann equation　Ⅰ-214, 217, 222, 239, 315 ~ 320
코시 공식 Cauchy formula　Ⅰ-221 ~ 224
코츠-오일러 공식 Cotes-Euler formula　Ⅰ-174 ~ 175
코펜하겐 해석　Ⅱ-440
　슈뢰딩거의 고양이　Ⅱ-471 ~ 474
코헨, 폴 Cohen, Paul　Ⅰ-570
코호몰로지 cohomology　Ⅱ-783 ~ 745
콘느, 알랭 Connes, Alain　Ⅱ-700
콤프턴 산란 Compton scattering　Ⅱ-232
쿠퍼쌍 Cooper pair　Ⅱ-169
쿼크 quark　Ⅰ-129 ~ 130, 181 / Ⅱ-217, 234
　-의 맛깔 flavour　Ⅱ-242 ~ 249
쿼크수 quarkiness　Ⅰ-182
퀘이사(준성 전파원) quasar　Ⅱ-341

퀴리점 Curie point II-373 ~ 374, 375, 378
크로넥커 델타 Kronecker delta I-409
크리스토펠, 엘빈 Christoffel, Elwin I-498
크리스토펠 접속 Christoffel connection I-498
클라우지우스, 루돌프 Clausius, Rudolf II-308
클라인, 오스카 Klein, Oskar I-509 / II-570, 582
클라인-고든 방정식 Klein-Gordon equation II-200, 612
클라인 표현 Klein representation I-98
클리포드, 윌리엄 킹돈 Clifford, William Kingdon I-329 / II-201 ~ 202
클리포드-디랙 대수 원소 Clifford-Dirac algebra element II-201 ~ 204
클리포드-디랙 제곱근 II-201 ~ 204
클리포드 대수 I-329, 338 ~ 342 / II-201 ~ 204
클리포드 평행 I-522
클리포드번들 I-519 ~ 525
킬링, 빌헬름 Killing, Wilhelm I-402
킬링벡터 Killing vector I-500, 501, 694 ~ 695
　시간꼴 킬링벡터 timelike Killing vector II-503, 514, 515
킬링형식 Killing form I-432

ㅌ

타우온 tauon I-240
타원기하학 I-101 ~ 102
타원체 ellipsoid I-405 ~ 406
탈레스 Thales of Miletus I-48 ~ 49
탈출속도 II-332
태양에너지 II-328 ~ 329
테아이테토스 Theaetetos I-117
테일러, 조셉 Taylor, Joseph I-707
텐서 tensor I-381 ~ 386
　곡률텐서 curvature tensor I-474 ~ 475, 483 ~ 484, 494
　꼬임률 torsion I-474 ~ 486
　추상-지표 표기법 abstract-index notation I-382, 408
　텐서곱 tensor product I-428
　텐서 대수 tensor algebra I-378
텐서 표현공간 tensor representation space I-426 ~ 433
토드, 폴 Tod, Paul II-758

토머스, 리처드 Thomas, Richard II-815
토포스이론 topos theory II-699
토프트, 제라드 't Hooft, Gerard II-289 ~ 290
톱니파 sawtooth wave I-281
투영 연산자 projector II-89 ~ 92
튜록, 닐 Turok, Niel II-422
튜링, 앨런 Turing, Alan I-574
튜링머신 Turing machine I-574 ~ 580
트위스터 다이어그램 II-758
트위스터 양자이론 II-731 ~ 735
트위스터 이론 twistor theory II-756 ~ 757
트위스터 이론의 미래 II-759 ~ 764
트위스터 층공간 코호몰로지 Twister sheaf cohomology II-738 ~ 745
트위스터공간 II-732, 735 ~ 738
트위스터와 고차원 스피너 II-715 ~ 718
트위스터함수 II-735, 736 ~ 738
티만, 토머스 Thiemann, Thomas II-686

ㅍ

파노평면 Fano plane I-556 ~ 559
파동-입자의 이중성 II-34 ~ 38, 44 ~ 45
파동연산자(달랑베르 연산자) wave operator II-198
파동함수 wavefunction II-25, 143 ~ 145
- -의 붕괴 II-52 ~ 55
- -의 확률분포 II-52 ~ 55
- -의 총체적 특성 II-44 ~ 50
- -의 위상 phase II-40 ~ 43
- 트위스터 파동함수 II-735 ~ 738

파울러, 윌리엄 Fowler, William II-405
파울리, 볼프강 Pauli, Wolfgang II-207, 209, 215
파울리-루반스키 스핀벡터 Pauli-Lubanski spin vector II-127, 128
파울리 배타원리 Pauli exclusion principle II-169, 170, 208, 210, 243, 260
파웰, 세실 Powell, C. F. II-240
파이버번들 fiber bundle I-507 ~ 511
- 꼬인twist 번들 I-511, 513, 514, 517,
- 번들의 곡률 I-540 ~ 546

번들의 기저공간　Ⅰ-511～516, 536, 537-
번들의 수학적 개념　Ⅰ-511～516
번들의 자명성 non-triviality　Ⅰ-535～540
번들의 절단면 cross-section　Ⅰ-516～519
복소벡터번들 complex vector bundle　Ⅰ-525～529
접번들 tangent bundle　Ⅰ-525～529
클리포드 번들 Clifford bundle　Ⅰ-519～525, 534, 545
파이온 pion　Ⅱ-230
파인만, 리처드 Richard Feynman　Ⅱ-204, 231
파인만 그래프　Ⅱ-280～285
파인만 다이어그램　Ⅱ-221, 223
파인만 전파인자 Feynman propagator　Ⅰ-278, 279, 294～295
파인만의 경로적분(과거총합) Feynman path integral　Ⅱ-277～280
파일럿 파동 pilot-wave　Ⅱ-444, 488, 449, 481
파포스의 정리 Pappos theorem　Ⅰ-529～531, 557
패러데이, 마이클 Faraday, Michael　Ⅰ-613, 671
펄무터, 사울 Perlmutter, Saul　Ⅱ-425
페르마, 피에르 드 Fermat, Pierre de　Ⅰ-54
페르마의 마지막 정리　Ⅰ-54, 56, 579 /Ⅱ-649
페르미, 엔리코 Fermi, Enrico　Ⅱ-255
페르미온　Ⅰ-181～182 /Ⅱ-166～169
-의 양자상태　Ⅱ-169～172
페르제, 졸탄 Perjés, Zoltan　Ⅱ-758
편미분　Ⅰ-298～304
평면편광　Ⅱ-111
평평성 문제 flatness problem　Ⅱ-389
평행이동 parallel transport　Ⅰ-464～469
포크트, 볼데마르 Voigt, Woldemar　Ⅱ-650
포퍼, 칼 Karl Popper　Ⅱ-785
포퍼의 기준 Popper's criterion　Ⅱ-785～791
폭, 블라디미르 Fock, V. A.　Ⅱ-271
폭 공간 Fock space　Ⅱ-271
폰 노이만, 존 von Neumann, John　Ⅱ-90, 455

폰타나, 니콜로(타르탈리아) Fontana, Niccolò I-144
폴친스키, 조지프 Polchinski, Joseph II-599
표현론 representation theory II-285～290
푸리에, 조제프 Fourier, Joseph I-259
푸리에급수 Fourier series I-258～264
푸리에변환 Fourier transformation I-273～276
푸리에 해석 Fourier analysis I-259～264
푸아송, 시몽 데니스 Poisson, Siméon Denis I-502
푸아송 괄호 Poisson bracket I-502～503
푸앵카레, 앙리 Poincaré, Henri I-98, 614～615, 621
푸앵카레 도움정리 Poincaré lemma I-372, 683
푸앵카레 원반 Poincaré disc I-84
푸앵카레군 Poincaré group I-636 / II-419, 709～710, 712, 715
풀러렌 fullerenes, C_{60} II-774～775
프레게, 고틀로프 Frege, Gottlob I-561
프리드먼, 알렉산드르 Friedmann, Alexandr II-327, 346
프리드먼의 먼지모형 dust model II-350, 351, 353
플라톤 Plato I-47～48, 51～53, 117
플라톤의 수학적 이상향 I-47～48, 112
플랑크 거리 II-773
플랑크 단위 II-568
플랑크 상수 II-31, 568
플랑크 스케일 I-122
플랑크, 막스 Planck, Max II-30
플레이페어 공리 Playfair axiom I-77
플로피 구조 floppy structure I-503～504
피츠제럴드-로렌츠 수축효과 FitzGerald-Lorentz contraction I-655～657
피타고라스 정리 I-49
필리포노스, 이오아네스 Philiponos, Ioannes I-599
핑클슈타인, 데이비드 Finklestein, David II-698

ㅎ

하디 Hardy, G. H. I-95
하디, 루시엔 Hardy, Lucien II-159, 464, 478
하디의 EPR 타입 실험 II-159～162

하우스도르프 공간 Hausdorff space Ⅰ-356
하이젠베르크, 베르너 Heisenberg, Werner Ⅱ-83, 650 ~ 651
 -의 불확정성원리 Ⅱ-40, 60 ~ 63
 -의 운동방정식 Ⅱ-81 ~ 82
하이젠베르크 묘사 Heisenberg picture Ⅱ-80 ~ 83
하이퍼켈러 다양체 hyperkähler manifold Ⅱ-760
하지듀얼 Hodge dual Ⅰ-674, 677
하틀, 제임스 Hartle, James Ⅱ-418
하틀-호킹의 무경계이론 no-boundary theory Ⅱ-418 ~ 422, 789
함수의 곡률 Ⅰ-190 ~ 193
 변곡점(變曲點) inflection Ⅰ-193
함수의 기울기 Ⅰ-189 ~ 191
함수의 주기 Ⅰ-260
합규약 summation convention Ⅰ-378 ~ 381
합동 congruence Ⅰ-76
항등원 identity element Ⅰ-394
해리엇, 토머스 Hariot, Thomas Ⅰ-96
해머로프, 스튜어트 Hameroff, Stuart Ⅱ-801
해밀턴, 윌리엄 로완 Hamilton, William Rowan Ⅰ-322, 326, 335 /Ⅱ-202
 -의 원리(정적작용원리) Hamilton′s principle Ⅰ-719 ~ 718
해밀토니안 체계 Ⅰ-716, 717, 722 ~ 726
해밀토니안 함수 Ⅱ-22 ~ 25
해밀토니안의 흐름 flow Ⅱ-724, 725
해석적 접속 analytic continuation Ⅰ-227 ~ 231
해석함수 analytic function Ⅰ-200 ~ 201
핸들(종수) handle, 종수 Ⅰ-248 ~ 249
행렬 matrix Ⅰ-405 ~ 412
 -의 고유값과 고유벡터 Ⅰ-416 ~ 420
 -의 대각합 trace Ⅰ-415 ~ 416
 에르미트 행렬 Ⅰ-446 ~ 447
 전치행렬 transpose matrix Ⅰ-427
 직교행렬 orthogonal matrix Ⅰ-439
 행렬식 determinant Ⅰ-412 ~ 416
허블, 에드윈 Hubble, Edwin Ⅰ-703 /Ⅱ-327
헐스, 러셀 Hulse, Russell Ⅰ-707
헤르츠, 하인리히 Hertz, Heinrich Ⅰ-614 /Ⅱ-29
헤비사이드, 올리버 Heaviside, Oliver Ⅰ-187 /Ⅱ-18

헤비사이드 계단함수 Heaviside step function Ⅰ-187
호모토픽(연속변형) homotopic Ⅰ-218
호몰로그(유사) homologous Ⅰ-218, 221
호일, 프레드 Hoyle, Fred Ⅱ-392, 405
호지스, 앤드루 Hodge, Andrew Ⅱ-758
호킹, 스티븐 Hawking, Stephen Ⅱ-418, 431, 443, 470, 501 ~ 502, 525
호킹복사 Ⅱ-517 ~ 521
호킹의 블랙홀 온도 Ⅱ-500 ~ 505
호킹폭발 Ⅱ-512 ~ 526
호프, 하인즈 Hopf, Heinz Ⅰ-520
호프 파이버화 Hopf fibration Ⅰ-520
혼돈계 chaotic system Ⅱ-304 ~ 305
홀, 아스페드 Hall, Aspeth Ⅱ-490
홀로그래픽 원리 holographic principle Ⅱ-638 ~ 641
홈플라이(HOMFLY)다항식 Ⅱ-676
화이트헤드 연결 Whitehead link Ⅱ-676
화이트홀 white hole Ⅱ-510, 513
확률분포 Ⅱ-52 ~ 58
횡단선 transversal Ⅰ-77, 78
후르비츠 Hurwitz Ⅰ-328
휠러, 존 Wheeler, John A. Ⅱ-231, 407, 568
휴스턴, 레인 Huston, Lane Ⅱ-758
흑체복사 Ⅱ-30 ~ 32
힉스입자 Higgs particle Ⅱ-217, 237 ~ 238
힉스장 Higgs field Ⅱ-237 ~ 238
힐베르트, 다비드 Hilbert, David Ⅰ-747
힐베르트 공간 Ⅰ-582 /Ⅱ-76, 87, 88

실체에 이르는 길 2권

1판 1쇄 발행 2010년 11월 30일
1판 3쇄 발행 2021년 5월 25일

지은이 | 로저 펜로즈
옮긴이 | 박병철
펴낸이 | 황승기
마케팅 | 송선경
편집 | 김지혜, 곽지은, 김슬기
디자인 | 미래미디어
표지 디자인 | 디자인 소울
펴낸곳 | 도서출판 승산
등록날짜 | 1998년 4월 2일
주 소 | 서울시 강남구 역삼동 723번지 혜성빌딩 402호
대표전화 | 02-568-6111
팩시밀리 | 02-568-6118
이메일 | books@seungsan.com
웹사이트 | www.seungsan.com

ISBN 978-89-6139-036-1 93420
ISBN 978-89-6139-035-4 (세트)

■ 도서출판 승산은 좋은 책을 만들기 위해 언제나 독자의 소리에 귀를 기울이고 있습니다.